ILLUSTRIERTE

TECHNISCHE WÖRTERBÜCHER

IN SECHS SPRACHEN:

Deutsch, Englisch, Französisch, Russisch, Italienisch, Spanisch

Unter Mitwirkung der Verlagsbuchhandlung R. Oldenbourg

herausgegeben und bearbeitet von

Alfred Schlomann

Ingenieur

BAND XI

Eisenhüttenwesen

Unter redaktioneller Mitwirkung

von

Direktor WILHELM VENATOR, Ingenieur,
Klotzsche-Königswald bei Dresden

und

Dr. COLIN ROSS, Ingenieur, München

Mit über 1600 Abbildungen und zahlreichen Formeln

VERLAG:

MÜNCHEN UND BERLIN, R. OLDENBOURG

London: CONSTABLE and Co., LTD. – Paris: H. DUNOD & E. PINAT
— St. Petersburg: K. L. RICKER — Mailand: ULRICO HOEPLI —
Barcelona: LIBRERÍA NACIONAL Y EXTRANJERA

1911

Vorwort.

Die Aufgabe, deren Lösung in dem vorliegenden Bande versucht wurde, war, ein Wörterbuch zu schaffen, das dem Eisenhüttenmann, dem Chemiker, dem Betriebsingenieur, dem Hochöfner, dem Stahlwerksmann und Walzwerker wie dem Gießereifachmann ein möglichst erschöpfendes und weitestgehendes, zuverlässiges lexikographisches Hilfsmittel bietet. Der ungeheuere Umfang des Gebietes, das in alle übrigen Zweige der Technik hinübergreift, gebot eine riesige Sammlung von Wortmaterial aus Fachwerken und Fachzeitschriften, vor allem aber direkt aus der Praxis. Anderseits mußte eine sorgfältige kritische Auslese getroffen werden, um den Umfang des Bandes nicht zu sehr auszudehnen.

Die hierbei maßgebenden Gesichtspunkte waren, außer den lediglich auf die Eisenhüttentechnik bezüglichen Worten auch die übrigen Zweige der Technik so weit zu berücksichtigen, als sie für den Eisenhüttenmann bei seiner Arbeit in Betracht kommen. Es konnte dies um so leichter geschehen, als die in Frage kommenden Gebiete ihre ausführliche Bearbeitung in den schon erschienenen Bänden der »Illustrierten Technischen Wörterbücher« bereits gefunden haben. Es seien hier besonders Band I »Maschinenelemente«, Band II »Elektrotechnik«, Band III »Dampfmaschinen und Dampfkessel«, Band IV »Verbrennungsmaschinen« und Band VII »Hebezeuge« genannt. Wer also tiefer in diese Spezialgebiete einzudringen wünscht, sei auf diese Fachbände verwiesen.

Für die Einteilung des Stoffes waren zwei Wege möglich: entweder das Gebiet nach allgemein hüttentechnischen Gesichtspunkten zu ordnen oder nach den speziellen Verfahren der Eisenindustrie. Nach eingehenden Erwägungen wurde der letztere Weg gewählt, um dem Fachmann eine schnelle Orientierung über die auf seinem Gebiete vorkommenden Ausdrücke zu ermöglichen. Um Wiederholungen zu vermeiden, wurden dabei diejenigen Worte, die in den verschiedenen Gebieten vorkommen, dort bedacht, wo sie die ausgedehnteste oder wichtigste Verwendung finden. So wurde z. B. die Chemie in das Kapitel »Betriebslaboratorium« eingeordnet, das Allgemeine über Öfen in das Kapitel »Hochöfen«.

Die Feststellung der fremdsprachlichen Ausdrücke fand bei diesem Bande fast ausnahmslos im Auslande durch persönlichen Meinungsaustausch mit den fremdsprachlichen Mitarbeitern statt. Es wurden zu diesem Zwecke mehrmonatliche Reisen nach England, Belgien, Frankreich, Italien, Spanien und Rußland gemacht, und es dürfte auf diese Weise volle Gewähr dafür geboten sein, daß wirklich nur die gebräuchlichsten Ausdrücke der lebenden Sprachen Aufnahme gefunden haben. Besondere Schwierigkeit bot hierbei das Kapitel 1 »Einteilung des Eisens«, weil es bis jetzt keine einheitliche, autoritative Festlegung der Bezeichnungen der verschiedenen Eisensorten gibt. So bedeutet z. B. »Basic pig iron« in England und Amerika gänzlich verschiedene Roheisenarten. Es mußte daher in den Sprachen, in denen ein wirklich genauer Ausdruck für die in anderen Ländern gebräuchliche Bezeichnung fehlt, eine kurze Definition gegeben werden.

Inbezug auf die deutschen Ausdrücke ist bei diesem Bande den Wünschen nach Vermeidung von Fremdwörtern in höherem Maße Rechnung getragen worden. Es sind aber in solchen Fällen, in denen die Fremdwörter vollständig eingebürgert sind und keine guten deutschen Worte an ihre Stelle gesetzt werden konnten, die ersteren stehen geblieben; in vielen Fällen waren sie jedoch ganz zu vermeiden, wo nicht, stehen sie neben der Verdeutschung an zweiter oder dritter Stelle. Es ist für die Schriftleitung von Wert, die Stellungnahme der Fachwelt gegenüber diesen besonders vom »Allgemeinen Deutschen Sprachverein« verfolgten Bestrebungen kennen zu lernen.

Die Redaktion der »Illustrierten Technischen Wörterbücher« ist sich auch bei diesem Bande voll bewußt, daß es nicht möglich ist, schon mit der ersten Auflage eine unbedingt vollständige und in jeder Beziehung mustergültige Arbeit zu liefern. Sie glaubt aber, für sich in Anspruch nehmen zu können, das bis heute Mögliche erreicht zu haben, und hofft, daß sie mit diesem Werk den Eisenhüttenleuten ein wertvolles internationales Hilfsmittel zur Verständigung und zur Förderung wissenschaftlichen Ideenaustausches und gegenseitiger Handelsbeziehungen geschaffen hat.

In ganz hervorragender Weise wurde die Arbeit durch den »Verein Deutscher Eisenhüttenleute« gefördert, der die Bestrebungen des Herausgebers sowohl durch Rat und Tat als auch durch Verwendung bei den ausländischen wissenschaftlichen Verbänden unterstützt hat. In gleichem Maße fand die Redaktion die Unterstützung des Auslandes. So wurde die französische Bearbeitung durch die »Société Anonyme John Cockerill« in Seraing gefördert, wo Herr Hochofendirektor Emil Hiertz sein Wissen und seine umfassende Erfahrung in den Dienst des Unternehmens stellte, während Herr Ingenieur Alexander Gouvy in Düsseldorf eine nochmalige Überprüfung und Ergänzung der ersten Übersetzung in aufopferndster Weise vollzog. — Den englischen Teil hat das »Iron and Steel Institute« durch Herrn Sidney bearbeitet, dem die Redaktion dafür zu besonderem Danke verpflichtet ist. Auch der Mitarbeit der Firma Hubers & Mond, London, sei dankbar gedacht. — In Italien waren es außer den Herren Edmond Hutin in Portovecchio und Dr. Vieri Sevieri in Portoferraio besonders die »Società Alti Forni, Fonderie & Acciaierie di Piombino« in Portovecchio und die »Società Anonima Elba« in Portoferraio, welche sich in den Dienst der Sache stellten. — Für Spanien wurden die Übersetzungen unter der Leitung des Herrn Francisco Schulze in Bilbao von einer Anzahl dort tätiger Hütteningenieure bewerkstelligt und mit Rücksicht auf die kastilianischen Ausdrücke von Herrn Prof. Jiménez in Madrid überarbeitet. — Lebhaften Anteil haben auch hervorragende Ingenieure Rußlands an der Bearbeitung genommen.

Das beigegebene Verzeichnis der Mitarbeiter legt gegenüber der Öffentlichkeit Zeugnis davon ab, daß die Redaktion bestrebt war, in enger Fühlung mit der maßgebenden Fachwelt das Werk zustande zu bringen.

Ich sage auch an dieser Stelle nochmals allen, welche mir bei der Bearbeitung in so reichem Maße ihre Unterstützung angedeihen ließen, meinen verbindlichsten Dank. Insbesondere danke ich Herrn Direktor Wilhelm Venator in Dresden für die aufopfernde und hingebende Tätigkeit bei der ersten Zusammenstellung des Manuskriptes und Herrn Dr. Colin Roß für die Assistenz, die er bei der endgültigen Überarbeitung der Manuskriptaufstellung, insbesondere aber für die Beschaffung der fremdsprachlichen Ausdrücke auf langen Reisen im Ausland mir geleistet hat.

Ich hoffe zuversichtlich, daß auch dieser XI. Band, dessen Bearbeitung einen Zeitraum von nahezu vier Jahren in Anspruch genommen hat, eine günstige Aufnahme finden wird, und daß durch ihn der internationalen technischen Wissenschaft weitere Förderung zuteil wird. »Glück auf!«

München, im April 1911.

Der Herausgeber:
Alfred Schlomann, Ingenieur.

Verzeichnis der Mitarbeiter.

Deutschland.

Dr. Colin Roß, Ingenieur, München.
Direktor Wilhelm Venator, Ingenieur, Klotzsche-Königswald bei Dresden.

Badische Maschinenfabrik und Eisengießerei vorm. G. Sebold und Sebold & Neff, Durlach.
Gebrüder Benckiser, Eisenwerk, Pforzheim.
Benrather Maschinenfabrik Aktiengesellschaft, Benrath bei Düsseldorf.
Felix Bischoff, Werkzeuggußstahlfabrik, Duisburg.
Bismarckhütte, Filiale Berlin.
Duisburger Maschinenbau-Aktien-Gesellschaft vorm. Bechem & Keetmann, Duisburg.
Gutehoffnungshütte, Aktienverein für Bergbau und Hüttenbetrieb, Oberhausen, Rheinland.
W. C. Heraeus, Platinschmelze, Hanau.
Krefelder Stahlwerk Aktien-Gesellschaft, Krefeld.
Friedrich Krupp A.-G., Gußstahlfabrik, Essen-Ruhr.
Lothringer Hüttenverein, Aumetz-Friede, Kneutlingen (Lothringen).
Martin & Pagenstecher, G. m. b. H., Fabrik feuerfester Erzeugnisse, Mülheim a. Rh.
Rheinische Stahlwerke, Abteilung Duisburger Eisen- und Stahlwerke, Duisburg.
Union-Elektrizitäts-Gesellschaft, Abteilung für Licht- und Kraftübertragungsanlagen, Berlin.

England und Amerika.

Eugen Eichel, Consulting Engineer, formerly Engineer of the General Electric Company, Schenectady, U. S. A.
Hubers & Mond, London.
Charles Jaeger, Wien.
F. Rogers, Consulting Metallurgist and Engineer, London.
Leicester P. Sidney, Secretary of the »Iron and Steel Institute«, London.

The Adams Company, Dubuque, Iowa, U. S. A.
I. Beardshaw & Son, Ltd., Baltic Steel Works, Sheffield.
Bethlehem Steel Company, South Bethlehem, Pa., U. S. A.
Fielding & Platt, Ltd., Atlas Iron Works, Gloucester.
Head, Wrightson & Co., Ltd., Teesdale Iron Works, Thornaby on Tees.
The Steel Company of Scotland, Ltd., Glasgow.
Thermit Limited, London.

Frankreich und Belgien.

Déchamps, Professeur à l'Université de Liège, Liège.
Démaret-Fresson, Professeur à l'École des Mines, Mons.
A. Greiner, Directeur général de la Société J. Cockerill, Seraing.
A. Gouvy, Ingénieur, Düsseldorf.
E. Hiertz, Ingénieur, Chef de Service à la Société J. Cockerill, Seraing.
Servais, Ingénieur, Secrétaire de l'«Association des Ingénieurs sortis de l'École des Mines de Liège», Liège.
Jules Yernoux, Ingénieur, Mons.

Russland.

И. Д. Аваловъ, князь, горн. инж., преподав. Политехническаго и Горнаго Инст., С.-Петербургъ.
И. А. Антиповъ, горн. инж., преподав. Технологическаго Института, лаборантъ Геологическаго комитета, С.-Петербургъ.
А. А. Байковъ, проф. Политехническаго Инст. и Высшихъ Женскихъ Курсовъ, С.-Петербургъ.
Б. И. Бокій, проф. Горнаго Инст., тов. предсѣдателя 13. отд. И. Р. Т. О., С.-Петербургъ.
Н. С. Верещагинъ, проф. Политехническаго Института, С.-Петербургъ.
А. М. Драгомировъ, инж. пут. сообщ., ст. лаборантъ въ Политехническомъ Инст., С.-Петербургъ.
М. Г. Евангуловъ, проф. Технологическаго и Горнаго Инст., С.-Петербургъ.
И. И. Ефронъ, горн. инж., преподав. Горнаго Инст., С.-Петербургъ.
И. А. Корзухинъ, горный инженеръ, С.-Петербургъ.
В. В. Кочуковъ, инженеръ-технологъ, С.-Петербургъ.
А. Н. Кузнецовъ, горн. инж., преподав. Горнаго и Политехническаго Инст., С.-Петербургъ.
А. С. Ломшаковъ, проф. Политехническаго и Технологическаго Инст., С.-Петербургъ.
Д. Н. Монастырскій, ст. лаборантъ въ Политехническомъ Инст., С.-Петербургъ.
М. А. Павловъ, проф. Политехническаго Инст., редакторъ „Извѣст. Об-ва Горн. Инж.", С.-Петербургъ.
Н. И. Подкопаевъ, горн. инж., лаборантъ въ Горномъ и Электротехническомъ Инст, С.-Петербургъ.
Р. Р. Шванъ, инж.-техн., пом. начальника кузнечн. и шинопрокатн. мастерскихъ Путиловскихъ заводовъ, С.-Петербургъ.
Акц. Общ. Бр. Белеръ и Ко., Москва.

Italien.

Società Alti Forni, Fonderie & Acciaierie di Piombino, Portovecchio (Pisa).

Hutin Edmond, Ingegnere Capo
Bourggraff Augusto, Ingegnere
Comi, ,,
Dufour Berte Donato, ,,
Cocito Mario, Ingegnere
Migliorini Giorgio, Dottore
Vivaldi Fausto, ,,
Comotto Adolfo, Geometra

tutti della società anzidetta.

Società Anonima »Elba«, Portoferraio, Isola d'Elba

Sevieri Vieri, Dottore
Barbieri, Ingegnere
Signorini, Ingegnere
Zucchi, ,,

tutti della società anzidetta.

Berghinz Emilio, Ingegnere — Sedegliano, Codroipo (Udine)

Spanien.

R. Dann, Ingeniero de la Sociedad Altos Hornos de Vizcaya, Bilbao.
Profesor Luis Jiménez, Madrid.
R. Kröber, Ingeniero de la Sociedad «Orconera Iron Ore Co.», Bilbao.
J. Larrea, Ingeniero de la Sociedad Altos Hornos de Vizcaya, Bilbao.
Federico Roviralta, Ingeniero Industrial y Profesor de la Escuela de Artes y Oficios, Santander.
Francisco Sans, Ingeniero de la Sociedad Altos Hornos de Bilbao, Bilbao.
Francisco Schulze, Bilbao.
Pedro Valls, Técnico de la Sociedad »Talleres de Densti«, Aceros Moldeados, Bilbao.
Wilhelm Wakonigg, Ingeniero, Bilbao.

Inhaltsübersicht.

I. **Einteilung des Eisens** 1
Roheisen 1
Schmiedbares Eisen 9
Schweißmetall, Schweißeisen, Gerbeisen, Gärbeisen 9
Flußmetall, Flußeisen, Blockeisen 11
Eisenlegierung (Ferrolegierung) 14
Handelseisen (Merkantileisen) 17
Halbzeug 18
Fertigware, Fertigeisen 18
Eisenbahnmaterial 22
Bleche 25
Draht 27

II. **Abnahme und Prüfung des Materials** 30
Abnahme 30
Außenbesichtigung 35
Stoffprüfung 41

III. **Eisenerzvorkommen und Eisenerze** 56
Lagerstättenkunde 56
Erzarten 66

IV. **Aufbereitung der Eisenerze** 74
Scheidung 75
Waschen der Erze 79
Rösten der Erze 81
Laugung, Auslaugen 89
Magnetische Aufbereitung 91
Formung (Brikettierung), Ziegelung 94

V. **Brennstoffe** 98
Verkokung 102

VI. **Zuschläge** 111

VII. **Feuerfeste Stoffe** 114

VIII. **Hüttenwerkanlagen** 122
Verlade- und Beförderungsvorrichtungen 122
Krane 125
Lagervorrichtungen 130
Kipper 131
Wägevorrichtungen 133
Seilbahnen 135
Massenbeförderung 138
Wasserversorgung 140
Wassergewinnung 140
Wasserförderung 141
Wasserleitung 144
Wasserbehälter 145
Wasserreinigung 146
Rückkühlung 148
Gebäulichkeiten 149
Kesselanlagen 151
Elektrizitätswerk, Elektrische Zentrale 165

IX. **Laboratorium** 173
Physikalisch-chemische Geräte 178
Brenner 183
Glasgerät 185
Maßanalytisches Gerät 191
Porzellangerät 193
Platingerät 194
Übriges Gerät 196
Reagentien, Chemikalien 203
Chemie des Eisens 213
Gang der Analyse 222
Probenahme 227
Lötrohrprobe 234
Wägung, Wiegen 235
Auflösung 241
Fällung 242
Filterung 243
Eindampfen 246
Verbrennung 248
Schmelzen 250
Zerfall, Dissoziation 253
Elektroanalyse 257
Gasanalyse, gasanalytische Untersuchung 267
Metallkunde, Metallmikroskopie 272
Herstellung der Schliffe 274
Entwicklung des Gefüges 277
Das Mikroskop 278
Die photographische Technik 281
Spezielle Metallographie des Eisens 283

X. **Der Hochofen** 285
Hochofenbau, Aufbau 287
Gekühlte Teile des Hochofens 296
Schlacken- und Eisenabstich 299
Heißwindleitung 300

Rast 302
Schacht, Ofenschacht 303
Gicht 307
Nebenapparate 314
Gasreinigung 315
Winderhitzer 318
Gebläse 325
Gichtaufzüge 329
Betrieb des Hochofens 332
Das Gichten 333
Abstich, Hochofenabstich 338
Verlauf des Hochofenganges 344
Betriebsstörungen 353
Außerbetriebsetzung 354
Nebenerzeugnisse des Hochofens 355
Schlacken 355
Gichtgas 359
Zufällige Nebenerzeugnisse 361

XI. **Darstellung des Schweißeisens** 362
Rennen 362
Herdfrischen 363
Puddeln 366
Puddelöfen 367
Teile des Puddelofens 367
Betrieb des Puddelofens 373

XII. **Flußeisenerzeugung, Flußeisenherstellung** . . . 381
Tiegelstahldarstellung 381
Tiegelherstellung 381
Tiegelschmelzofen 384
Windfrischen, Frischen mit Luft 387
Bessemer und Thomasanlage 387
Birne (Konverter), Frischbirne 389
Betrieb des Konverters, der Birne 395
Frischen auf Flußeisen im Flammofen 402
Aufbau des Ofens 403
Generatoren 404
Gasleitung 406
Arbeitsverfahren 409
Glühfrischen 414
Zementieren, Zementstahldarstellung 416

XIII. **Eisen- und Stahlgießerei** 421
Formerei 421
Modelltischlerei 422
Formstoffe, Formmaterialien 425
Formergerätschaft, Formerwerkzeug 434
Arten der Formen 438
Form- und Gießereimaschinen 448
Kernformerei, Kernmacherei 458
Schmelzerei 463
Zerkleinerung der Masseln 463

Schmelzöfen 465
Gebläse 469
Kuppelofenschmelzen, Kupolofenschmelzen . . 473
Gießerei 475
Gießkrane und Gießwagen 476
Gießgefäße 477
Gießen des Eisens 481
Abguß, Gußstück 486
Putzerei 489

XIV. **Schmieden und Pressen** 495
Hammeranlage, Hammerhütte 495
Schmiedepressen 504

XV. **Walzwerke, Eisenwalzwerke** 510
Die Walzen 512
Getriebe 518
Kupplungen 519
Walzenständer 520
Walztische 524
Blocktransport 526
Das Walzen 529
Adjustieren 533
Drahtwalzen 535
Röhrenwalzen 537

XVI. **Härten des Stahles** 540
Härteöfen 540
Härtevorgang 542
Anlassen, Nachlassen 547

XVII. **Schutz des Eisens** 550

XVIII. **Erzeugung** 555

XIX. **Lieferung** 558

Anhang
Elektrische Stahlerzeugung, Elektrostahlerzeugung 564

Alphabetisch geordnetes Wortregister mit Angabe der Seite und Spalte, in denen jedes einzelne Wort zu finden ist.
a) Deutsch, englisch, französisch, italienisch, spanisch in einem Alphabet 574
b) Russisch 733

I.

Einteilung des Eisens

Classification of Iron, Grading of Iron (A*)

Classification du fer

Классификація сортовъ желѣза

Classificazione del ferro

Clasificación del hierro

Roheisen
Pig Iron
Fonte crue *ou* brute, fonte en gueuses
Чугунъ
Ferro crudo
Hierro bruto *ó* crudo, fundición 1

Siliciumeisen (n), Ferrosilicium (n)
ferro-silicon
ferro-silicium (m)
ферросилицій (m)
ferro (m) silicio
ferro-silicio (m) 2

siliciumreiches graues Roheisen (n), hochsiliciertes Eisen (n), Schwarzeisen (n), Glanzeisen (n)
high silicon [pig] iron, pig iron rich in silicon, silvery gray
fonte (f) grise riche en silicium, fonte (f) très siliceuse *ou* à haute teneur en silicium, fonte (f) brillante
чугунъ (m), богатый кремніемъ; сильно кремнистый чугунъ; серебристый *или* сѣрый кремнистый чугунъ
ghisa (f) grigia siliciosa, ghisa (f) brillante, ghisa (f) nera 3
fundición (f) gris muy siliciosa, fundición (f) de fractura glaseada

tiefgraues Roheisen (n), dunkelgraues Roheisen (n)
dark gray pig iron
fonte (f) grise foncée, fonte (f) grise noire
тёмносѣрый чугунъ (m) 4
ghisa (f) grigio-nera
fundición (f) gris negra

gewöhnliches graues Roheisen (n), graues Roheisen (n)
gray pig iron
fonte (f) grise ordinaire, fonte (f) grise
сѣрый чугунъ (m)
ghisa (f) grigia, ghisa (f) comune 5
fundición (f) gris

*) A = americanism

1	lichtgraues Roheisen (n) fine grained pig iron fonte (f) grise claire	свѣтлосѣрый чугунъ (m) ghisa (f) grigio-chiara fundición (f) gris clara
2	stark halbiertes Roheisen (n) strongly mottled pig iron fonte (f) truitée	трёхчетвертной *или* сильно половинчатый чугунъ (m) ghisa (f) trotata fundición (f) atruchada
3	halbiertes Roheisen(n), Forelleneisen (n), Kerneisen (n) mottled white pig iron fonte(f) truitée blanche	половинчатый чугунъ (m) ghisa (f) trotata bianca fundición (f) atruchada blanca
4	schwach halbiertes Roheisen (n) lightly mottled pig iron fonte (f) demi-truitée	слабо - половинчатый чугунъ (m); третной сѣрый чугунъ ghisa (f) semitrotata fundición (f) semi-atruchada
5	grelles Roheisen (n), halbweißes Roheisen (n), Eisen (n) vom Rohgang white cold blast pig iron fonte (f) blanche à vent froid	стылый *или* холодный чугунъ (m); бѣлый чугунъ сырого хода ghisa (f) bianca fredda fundición (f) mate de marcha fría
6	gewöhnliches *oder* gemeines weißes Roheisen (n), Weißeisen (n), Matteisen (n), Treibeisen (n) white pig iron fonte (f) blanche ordinaire	бѣлый чугунъ (m); обыкновенный *или* передѣльный бѣлый чугунъ; зернистый бѣлый чугунъ ghisa (f) bianca calda fundición (f) blanca ordinaria
7	luckiges Floß (n) porous pig iron, open grain pig fonte (f) caverneuse	ноздреватый чугунъ (m) ghisa (f) cavernosa fundición (f) mate atruchada y cavernosa
8	kleinluckiges Eisen (n) close grained pig iron fonte (f) à petites cavernes	мелко-ноздреватый чугунъ (m) ghisa (f(a piccole caverne fundición (f) con ampollas pequeñas
9	großluckiges Eisen (n) very open grained pig iron fonte (f) caverneuse très froide, fonte (f) à grandes cavernes	крупно-ноздреватый чугунъ (m) ghisa (f) a grandi caverne fundición (f) con ampollas grandes

weißstrahliges Roheisen (n), strahliges Weißeisen (n), Weißstrahl (m), blumiges Floß (n)
white spiegel looking pig iron
fonte (f) blanche à structure rayonnée
бѣлый лучистый чугунъ (m)
ghisa (f) bianca a struttura raggiata *o* radiale
fundición (f) blanca radiada 1

---

hochstrahliges Roheisen (n)
highly radiated pig iron, markedly spiegel looking iron
fonte (f) blanche à texture franchement rayonnée
сильно лучистый чугунъ (m)
ghisa (f) fortemente raggiata *o* radiale
fundición (f) blanca muy radiada 2

Spiegeleisen (n), Spiegel (m), Spiegelfloß (n), Hartfloß (n)
specular iron, spiegel
fonte (f) spiegel, fonte (f) miroitante
зеркальный чугунъ (m); [шпигель (m)]
ghisa (f) specolare
fundición (f) spiegel, fundición (f) especular 3

Grauspiegel (m), Saumspiegel (m)
gray spiegel iron
fonte (f) spiegel grise
чугунъ (m) съ каймой
ghisa (f) specolare grigia
fundición (f) spiegel gris ó especular gris 4

---

kleinspiegeliges Weißeisen (n)
white crystalline iron, platy pig iron
fonte (f) blanche à facettes
малозеркальный чугунъ (m)
ghisa (f) bianca a faccette
fundición (f) spiegel ó especular con facetas pequeñas 5

Grobspiegel (m)
coarsely crystalline pig iron
fonte (f) miroitante *ou* spiegel à texture grossière
крупнозеркальный чугунъ (m)
ghisa (f) specolare grossolana
fundición (f) especular ó spiegel de textura gruesa 6

---

stark manganhaltiges Spiegeleisen (n)
high manganese spiegel, specular iron *or* spiegel containing a large amount of manganese
fonte (f) spiegel à haute teneur en manganèse
зеркальный чугунъ (m), богатый содержаніемъ марганца
ghisa (f) specolare con forte quantità di manganese
fundición (f) spiegel ó especular con gran proporción de manganeso 7

---

dichtes Roheisen (n)
compact grained pig iron
fonte (f) à texture compacte
чугунъ (m) плотнаго строенія
ghisa (f) a tenore composto *od* a struttura compatta
fundición (f) de textura compacta 8

1 Holzkohlenroheisen(n)
charcoal pig iron
fonte (f) au charbon de bois

древесно-угольный чугунъ (m); чугунъ древесно-угольной плавки
ghisa (f) al carbone di legna
fundición (f) al carbón vegetal

---

2 Anthrazitroheisen (n)
anthracite pig iron
fonte (f) à l'anthracite

антрацитовый чугунъ (m); чугунъ, выплавленный на антрацитѣ
ghisa (f) all'antracite
fundición (f) á la antracita

---

3 Koksroheisen (n)
coke pig iron
fonte (f) au coke

коксовый чугунъ (m); чугунъ, выплавленный на коксѣ
ghisa (f) al coke
fundición (f) al cok

---

4 geschmolzenes Roheisen (n), flüssiges Roheisen (n) (dem Hochofen entnommen)
hot metal, direct metal
fonte (f) à l'état de fusion (provenant directement du haut-fourneau)

чугунъ (m), расплавленный въ доменной печи
ghisa (f) allo stato di fusione, ghisa (f) proveniente direttamente dagli alti forni
fundición (f) en estado de fusión (de procedencia directa del alto horno)

---

5 heiß erblasenes Roheisen (n), mit heißem Wind erblasenes Roheisen (n)
hot blast pig iron
fonte (f) fabriquée à haute température, fonte (f) au vent chaud

чугунъ (m) горячаго хода; чугунъ, полученный при горячемъ ходѣ печи
ghisa (f) fabbricata ad alta temperatura, ghisa (f) a vento caldo
fundición (f) fabricada á alta temperatura

---

6 kalt erblasenes Roheisen (n), mit kaltem Wind erblasenes Roheisen (n)
cold blast pig iron
fonte (f) fabriquée à basse température, fonte (f) au vent froid

чугунъ (m) холоднаго хода; чугунъ, полученный при холодномъ ходѣ печи
ghisa (f) fabbricata a bassa temperatura, ghisa (f) a vento freddo
fundición (f) fabricada á baja temperatura

---

7 in Sandformen gegossenes Roheisen (n)
sand cast iron, sand cast pig
fonte (f) coulée en sable

чугунъ (m), отлитый въ песокъ
ghisa (f) colata in sabbia
fundición (f) colada en moldes de arena

sandfreies Roheisen (n) sandless pig iron fonte (f) sans sable	чугунъ (m), свободный отъ песка ghisa (f) senza sabbia fundición (f) limpia de arena	*1*
gefeintes Roheisen (n) refined cast iron fonte (f) mazée, fonte (f) de mazéage *ou* de finage	отбѣленный чугунъ (m) ghisa (f) raffinata fundición (f) colada encima de la escoria	*2*
entphosphortes Roheisen (n), Bell-Krupp-Metall (n) washed metal, Bell-Krupp metal, dephosphorized pig iron fonte (f) épurée *ou* de déphosphoration, métal (m) Bell-Krupp	чугунъ (m), освобожденный отъ фосфора; дефосфориз[ир]ованный чугунъ; металлъ (m) Белля-Круппа ghisa (f) depurata *o* defosforata, metallo (m) Bell-Krupp fundición (f), depurada, metal (m) Bell-Krupp	*3*
entschwefeltes Roheisen (n) desulphurized pig iron fonte (f) désulfurée	чугунъ (m), освобожденный отъ сѣры; обезсѣренный чугунъ ghisa (f) dissulfurata *o* desolforata fundición (f) desazufrada	*4*
Siegerländer Roheisen (n) Siegerland pig iron fonte (f) de Siegen	зигенскій чугунъ (m) ghisa (f) di Siegen fundición (f) [procedente de la localidad] de Siegen	*5*
Luxemburger Roheisen (n) Luxemburg pig iron fonte (f) de Luxembourg	люксембургскій чугунъ (m) ghisa (f) del Lussemburgo fundición(f) de Luxemburgo	*6*
steierisches Roheisen (n) Styrian pig iron fonte (f) de Styrie	штирійскій чугунъ (m) ghisa (f) di Stiria fundición (f) de Estiria	*7*
schwedisches Roheisen (n) Swedish pig iron fonte (f) de Suède *ou* suédoise	шведскій чугунъ (m) ghisa (f) di Svezia, ghisa (f) svedese fundición (f) de Suecia	*8*
englisches Roheisen (n) English pig iron fonte (f) anglaise	англійскій чугунъ (m) ghisa (f) inglese fundición (f) inglesa	*9*
schottisches Roheisen (n) Scotch pig iron fonte (f) écossaise	шотландскій чугунъ (m) ghisa (f) scozzese fundición (f) escocesa	*10*

1 Gießereiroheisen (n)
cast iron, pig iron for castings, foundry pig iron
fonte (f) de moulage
литейный чугунъ (m)
ghisa (f) da fonderia
fundición (f) para moldeo

---

2 Hämatiteisen (n), Hämatit (m)
hematite iron
fonte-hématite (m)
гематитъ (m); чугунъ (m) изъ краснаго желѣзняка
ferro (m) d'ematite
hierro-hematites (m) ó procedente de la hematites

---

3 schlackenhaltiges Roheisen (n)
cinder pig iron
fonte (f) contenant des scories, fonte (f) métisse
чугунъ (m), содержащій примѣсь шлаковъ
ghisa (f) con scorie
fundición (f) escoriosa

---

4 weiches Gießereieisen (n)
soft foundry pig iron
fonte (f) douce de moulage
мягкій литейный чугунъ (m) для машиннаго литья *или* для машинныхъ отливокъ
ghisa (f) dolce per fondere pezzi di macchine
fundición (f) dulce para moldeo de piezas de máquinas

---

5 mittelhartes Gießereieisen (n)
medium hard foundry pig iron
fonte (f) de moulage moyennement dure
литейный чугунъ (m) средней твёрдости
ghisa (f) da fonderia di media durezza
fundición (f) semi-dura para moldeo

---

6 Hartgußroheisen (n)
chill foundry pig iron
fonte (f) pour moulage en coquille
чугунъ (m) для литья съ закалкой
ghisa (f) per fusione in conchiglia
fundición (f) para moldear en coquillas

---

7 Bestmaschinengußeisen (n), Qualitätsmaschinengußeisen (n)
best foundry pig iron
fonte (f) spéciale pour pièces de machines
чугунъ (m) лучшаго качества для машиннаго литья *или* для машинныхъ отливокъ
ghisa (f) buona per pezzi di macchine
fundición (f) especial para moldeo de piezas de máquinas

---

8 zähes Gießereieisen (n)
tough foundry pig iron
fonte (f) de moulage résistante
вязкій литейный чугунъ (m)
ghisa (f) resistente da fonderia
fundición (f) tenaz para moldeo

Roheisen (n) für feuerbeständigen Guß
foundry pig iron for fire proof castings
fonte (f) de moulage pour pièces allant au feu

чугунъ (m) для огнестойкихъ отливокъ
ghisa (f) per fondere pezzi che vanno al fuoco 1
fundición (f) para moldeo de piezas refractarias

Roheisen (n) für säurebeständigen Guß
foundry pig iron for acid proof castings
fonte (f) de moulage pour pièces devant résister aux acides

чугунъ (m) для кислотопостоянныхъ отливокъ
ghisa (f) per fondere pezzi che devono resistere agli acidi 2
fundición (f) para piezas que deben resistir á los ácidos

Gußeisen (n)
cast iron
fonte (f)

чугунъ (m)
ghisa (f) 3
fundición (f), hierro (m) colado

Roheisenguß (m), Grauguß (m), Eisenguß (m)
cast (*or* pig) iron castings
pièce (f) de fonte, fonte (f) moulée, moulage (m) en fonte grise

чугунная отливка (f); чугунное литьё (n); сѣрый чугунъ (m)
ghisa (f), ghisa (f) grigia da fonderia 4
pieza (f) de fundición, fundición (f) de molde, fundición (f) gris para moldeo

---

Weichguß (m), Temperguß (m), Roheisen (n) für den Temperguß, Tempergußeisen (n)
malleable iron, malleable pig iron (A*), pig iron for malleable castings
fonte (f) douce de moulage, fonte (f) malléable

отливка (f), обжигаемая для придаванія ей ковкости
ghisa (f) bianca *o* dolce da fonderia 5
fundición (f) dulce para moldeo

Holzkohlenroheisen (n) (auf dem Herd gefrischt), Herdfrischroheisen (n), Frischereiroheisen (n), Frischfeuerroheisen (n)
charcoal hearth cast iron, pig iron for refining
fonte (f) mazée, fonte (f) de finage *ou* ayant subi un premier affinage

древесно-угольный чугунъ (m) для передѣлки въ горнахъ; передѣлочный чугунъ древесно-угольной плавки 6
ghisa (f) di primo affinaggio, ghisa (f) da affinaggio
fundición (f) de primer afino

---

* A = americanism

1	Bessemerroheisen (n) hematite pig iron, Bessemer pig iron fonte (f) pour le procédé Bessemer, fonte (f) Bessemer	бессемеровскій чугунъ (m) ghisa (f) Bessemer fundición (f) destinada al procedimiento Bessemer
2	Thomasroheisen (n), basisches Roheisen (n) basic pig (pig iron with more than 1 ½ % phosphorus and less than 0,5 % silicon (A*) fonte (f) (pour le procédé) Thomas *ou* basique	томасовскій чугунъ (m) ghisa (f) Thomas *o* basica fundición (f) destinada al procedimiento Thomas, fundición (f) básica
3	Phosphorroheisen (n), Roheisen (n) mit mehr als 1 % Silicium und beliebigem Phosphorgehalt phosphoric pig iron, basic pig iron (A*) fonte (f) phosphoreuse, fonte (f) contenant plus de 1 % de silicium et une quantité quelconque de phosphore	чугунъ, содержащій одинъ процентъ кремнія и любое количество фосфора; чугунъ съ однопроцентнымъ содержаніемъ кремнія и любымъ содержаніемъ фосфора ghisa (f) fosforosa, ghisa (f) contenente più dell' 1 % di silicio ed una quantità arbitraria di fosforo fundición (f) con cierta proporción de fósforo, fundición (f) con más de 1 % de silicio y cualquier cantidad de fósforo
4	Martinroheisen (n), Stahleisen (n), Stahlroheisen (n) open hearth pig iron fonte (f) (pour le procédé) Martin *ou* pour acier	мартеновскій чугунъ (m); чугунъ, предназначенный для передѣла въ сталь ferro (m) (per il processo) Martin *o* per acciaio fundición (f) (para el procedimiento) Martin *ó* para acero
5	Puddelroheisen (n) forge pig iron, pig iron for puddling fonte (f) de puddlage	пудлинговый чугунъ (m) ghisa (f) da pudellaggio fundición (f) para pudelaje
6	Puddelspiegel (m) specular forge pig iron fonte (f) spiegel pour puddlage	пудлинговый высшаго сорта чугунъ (m); полузеркальный чугунъ ghisa (f) specolare per pudellaggio fundición (f) spiegel *ó* especular para pudelaje

* A = americanism

Sondergußeisen (n), [Spezialgußeisen (n)]
alloy cast iron, special cast iron
fonte (f) spéciale

специальный чугунъ (m)
ghisa (f) speciale 1
fundición (f) especial

---

nickelhaltiges Roheisen (n)
pig iron containing nickel
fonte (f) au nickel *ou* contenant du nickel

чугунъ (m), содержащій никкель
ghisa (f) al nickel *o* contenente nickel 2
fundición (f) al níquel *ó* que contiene níquel

Schmiedbares Eisen

Malleable iron

Fer malléable

Ковкое желѣзо

Ferro fucinabile *o* malleabile 3

Hierro maleable

Schweißmetall, Schweißeisen, Gerbeisen, Gärbeisen
Wrought iron
Métal soudé *ou* forgé, fer soudé *ou* forgé, fer corroyé

Сварочный металлъ; сварочное желѣзо
Metallo fucinato *o* saldato, ferro fucinato *o* saldato 4
Metal soldado *ó* forjado, hierro soldado *ó* forjado, hierro batido

---

schweißbar (adj)
weldable (adj)
soudable (adj)

свариваемый
saldabile (agg) 5
soldable (adj)

Schweißstahl (m)
weld steel, weldable steel
acier (m) soudable

сварочная сталь (f)
acciaio (m) saldato
acero (m) batido *ó* soldado 6

Rohstahl (m)
raw steel
acier (m) naturel

сырая сталь (f)
acciaio (m) greggio *o* naturale 7
acero (m) bruto

Schweißschmiedeeisen (n), Schweißeisen (n)
weld iron
fer (m) soudant *ou* soudable

сварочное желѣзо (n)
ferro (m) saldato 8
hierro (m) [dulce] soldado

---

sehniges Eisen (n)
fibrous iron
fer (m) nerveux, nerf (m)

жилистое желѣзо (n)
ferro (m) fibroso
hierro (m) fibroso, nervio (m), fibra (f) 9

Grobkorneisen (n)
coarse grained iron
fer (m) à gros grain

крупнозернистое желѣзо (n)
ferro (m) a grana grossa 10
hierro (m) de grano grueso

1 Feinkorneisen (n)
fine grained iron
fer (m) à grain fin

мелкозернистое желѣзо (n)
ferro (m) a grana fina
hierro (m) de grano fino

---

2 Rennfeuereisen (n)
soft iron
fer (m) doux, fer (m) de finerie

сыродутное желѣзо (n); желѣзо, полученное сыродутнымъ способомъ
ferro (m) dolce
hierro (m) dulce

---

3 Herdfrischeisen (n)
bloomery *or* knobbled iron
fer (m) au bois (obtenu au bas-foyer)

кричное желѣзо (n)
ferro (m) d'affinaggio al basso fuoco
hierro (m) refinado á fragua baja

---

4 Herdfrischstahl (m)
charcoal hearth steel
acier (m) au bas-foyer, acier (m) de finerie

кричная сталь (f)
acciaio (m) d'affinaggio al basso fuoco
acero (m) refinado á fragua baja

---

5 Rosenstahl (m)
rose steel
acier (m) fleuri, acier (m) à la rose

самая твёрдая кричная сталь (f), обнаруживающая тёмныя пятна при изломѣ
acciaio (m) con frattura a rosa
acero (m) con mancha gris

---

6 Wilderstahl (m), wilder Stahl (m)
wild steel
acier (m) sauvage

дикая сталь (f)
acciaio (m) grezzo, ghisa (f) acciaiosa
acero (m) natural

---

7 Flammofenstahl (m)
steel of a reverbatory furnace
acier (m) au four à réverbère

сталь (f), полученная на поду отражательной печи; мартеновская сталь
acciaio (m) ottenuto col forno a riverbero
acero (m) al horno de reverbero

---

8 Puddeleisen (n), Puddelstahl (m)
puddled iron, puddled steel
fer (m) puddlé, acier (m) puddlé

пудлинговое желѣзо (n); пудлинговая сталь (f)
ferro (m) pudellato, acciaio (m) pudellato
hierro (m) de pudelaje, acero (m) de pudelaje

---

9 gärben (v), gerben (v), Stahl gärben (v)
piling and welding of weld steel
corroyer (v), corroyer (v) l'acier

раффинированіе (n) стали посредствомъ прокатки и сварки
fucinare (v), fucinare (v) l'acciaio
batir (v) *ó* soldar (v) el acero

Gärbstahl (m), Gerbstahl (m)
wrought steel
acier (m) corroyé
сварочная сталь (f); раффинированная сталь, полученная посредствомъ прокатки и сварки
acciaio (m) fucinato
acero (m) batido ó soldado 1

Edelstahl (m)
refined steel
acier (m) fin
сталь (f) лучшаго качества
acciaio (m) raffinato
acero (m) refinado 2

---

doppelt gefeinter [raffinierter] Stahl (m)
double refined steel
acier (m) deux fois raffiné
дважды раффинированная сталь (f); сталь двойной раффинировки
acciaio (m) raffinato due volte
acero (m) doble-refinado 3

Flußmetall, Flußeisen, Blockeisen
Fluid Metal
Fer en lingot
Бѣлые штыки чугуна
Metallo omogeneo *o* fuso, ferro omogeneo *o* fuso *od* in lingotti
Lingote de hierro 4

Flußstahl (m)
ingot steel, half hard and hard *or* medium and high carbon steel
acier (m) fondu, acier (m) homogène
литая сталь (f)
acciaio (m) omogeneo, acciaio (m) fuso
acero (m) homogéneo, acero (m) fundido 5

Flußeisen (n)
ingot iron, mild steel, soft steel, low carbon steel, ingot metal (steel)
acier (m) doux, acier (m) extra-doux, fer (m) fondu, fer (m) homogène
ковкое литое желѣзо (n)
ferro (m) omogeneo, ferro (m) fuso
acero (m) dulce, hierro (m) fundido 6

Tiegelstahl (m), Gußstahl (m), Tiegelgußstahl (m)
crucible steel, crucible cast steel
acier (m) au creuset, acier (m) fondu au creuset
тигельная сталь; тигельная литая сталь (f)
acciaio (m) al crogiuolo, acciaio (m) fuso al crogiuolo
acero (m) al criso' 7

Bessemerstahl (m), Bessemereisen (n), saures Eisen (n)
acid steel, Bessemer steel, acid Bessemer steel
acier (m) Bessemer (acide)
бессемеровкая сталь (f); бессемеровское желѣзо (n) [кислый способъ]
acciaio (m) Bessemer
acero (m) Bessemer (ácido) 8

1	Thomasstahl (m), Thomaseisen (n), basisches Eisen (n) basic steel, mild steel acier (m) Thomas (basique)	томасовская сталь (f); томасовское желѣзо (n) [основной способъ] acciaio (m) Thomas, ferro (m) Thomas, ferro (m) basico acero (m) Thomas (básico)
2	Martinstahl (m) open hearth steel, [Martin steel] acier (m) Martin	мартеновская сталь(f) acciaio (m) Martin acero (m) Martin
3	saurer Siemens-Martinstahl (m) acid open hearth steel acier (m) Siemens-Martin (par le procédé acide)	сименсъ-мартеновская сталь (f), полученная кислымъ способомъ acciaio (m) Siemens-Martin (al processo acido) acero (m) Siemens-Martin (ácido)
4	basischer Siemens-Martinstahl (m) basic open hearth steel acier (m) Siemens-Martin (par le procédé basique), acier (m) sur sole basique	сименсъ-мартеновская сталь (f), полученная основнымъ способомъ acciaio (m) Siemens-Martin (al processo basico) acero (m) Siemens-Martin (por el procedimiento básico)
5	Elektrostahl (m) electric steel acier (m) au four électrique	электросталь (f) acciaio (m) elettrico *od* ottenuto elettricamente acero (m) al horno eléctrico
6	schmiedbares Gußeisen (n), schmiedbarer Guß (m), Temperguß (m) malleable pig iron, malleable cast iron, malleable castings fonte (f) malléable	ковкій чугунъ (m) ghisa (f) malleabile, ghisa (f) fucinabile hierro (m) maleable, fundición (f) maleable
7	Erzstahl (m), Uchatiusstahl (m) direct steel from the ore process acier (m) fabriqué par l'ore-process, acier (m) Uchatius	сталь (f), полученная изъ чугуна при помощи окисленія рудой; сталь Ухатіуса acciaio (m) fabbricato coll' „ore-process", acciaio (m) al minerale acero (m) fabricado por el procedimiento con minerales

Zementstahl (m), Blasenstahl (m) blister steel, cement steel, converted steel acier (m) cémenté *ou* de cémentation, acier (m) de cémentation à soufflures	цементная сталь (f); морянка (f); томлянка (f) acciaio (m) cementato *o* di cementazione acero (m) cementado	1
Zementgärbstahl (m) (1 mal, 2 mal gegärbt) shear steel, double shear steel acier (m) de cémentation corroyé (à double corroyage)	односварочная сталь (f); двусварочная сталь acciaio (m) di cementazione affinato (una volta, due volte) acero (m) cementado batido ó soldado (doble)	2
Wootzstahl (m), indischer Stahl (m) indian steel, Wootz acier (m) Wootz, acier (m) indien	сталь (f) Вутца; индійскій булатъ (m) acciaio (m) Wootz, acciaio (m) indiano acero (m) Wootz ó de la India	3
Damaszener Stahl (m), Damaststahl (m) damask steel, damascined acier (m) damassé	дамасская сталь (f); булатъ (m) acciaio (m) damascato acero (m) damasceno	4
Werkzeugstahl (m) tool steel acier (m) à outils	инструментальная сталь (f) acciaio (m) da attrezzi *o* da utensili acero (m) para herramientas	5
Schnelldrehstahl (m) high speed tool steel acier (m) pour tours à grande vitesse, acier (m) rapide	быстрорѣжущая сталь (f); сталь для быстрой обработки металловъ acciaio (m) per torni di grande velocità acero (m) para tornos de gran velocidad ó rápido	6
Meißelstahl (m) chisel steel, chisel temper acier (m) à burins	сталь (f) для зубилъ acciaio (m) da scalpelli acero (m) para cinceles	7
Diamantstahl (m) extra hard steel, best tool steel acier-diamant (m)	алмазная сталь (f) acciaio (m) diamante acero-diamante (m)	8
Lochstempelstahl (m) steel for punches acier (m) pour poinçons	сталь (f) для пу[а]нсоновъ *или* для прессовыхъ штемпелей acciaio (m) per punzonatrici acero (m) para punzones	9

1 Döpperstahl (m)
steel for dies and stamps
acier (m) pour bouterolles et étampes
сталь (f) для штампъ
acciaio (m) per stampi
acero (m) para buterolas *ó* estampas

2 Gewindebohrstahl (m)
steel for screw taps
acier (m) pour forets
сталь (f) для свёрлъ
acciaio (m) per madreviti
acero (m) para machos de roscar

3 Federstahl (m)
spring steel
acier (m) à ressorts
пружинная сталь (f)
acciaio (m) da molle
acero (m) para resortes

4 Triebstahl (m)
pinion steel
acier (m) à pignons *ou* pour engrenages
сталь (f) для машинныхъ частей
acciaio (m) da rocchetti *od* ingranaggi
acero (m) para piñones de engranaje

5 Ankerstahl (m)
anchor steel
acier (m) à marque d'ancre
сталь (f) для якорей
acciaio (m) per àncore
acero (m) para anclas

6 Waffenstahl (m)
small arm steel
acier (m) pour armes
сталь (f) для холоднаго оружія
acciaio (m) da armi
acero (m) para armas

7 Münzstahl (m), Persanerstahl (m)
Brescian steel
acier (m) de Brescia
сырцовая сталь (f); сталь (f), изъ которой приготовляются штампы для монетъ
acciaio (m) di Brescia
acero (m) bresciano

8 Magnetstahl (m)
magnet steel
acier (m) pour aimants
сталь (f) для магнитовъ
acciaio (m) per magneti
acero (m) para imanes

9 **Eisenlegierung, [Ferrolegierung]**

Iron Alloy

Alliage de fer

Желѣзный сплавъ

Lega di ferro

Aleación de hierro

10 Verschmelzungskörper (m), [Legierungskörper (m)]
alloy constituent
constituant (m) d'un alliage
тѣло (m) сплава
costituente (m) della lega
metal (m) de la aleación

11 hochhaltige Verschmelzung (f), hochprozentige Legierung (f)
alloy of high percentage
alliage (m) à haute teneur
высокопроцентный *или* высокопробный сплавъ (m)
lega (f) ad alto tenore
aleación (f) rica

geringhaltige Verschmelzung (f), niedrigprozentige Legierung (f)
alloy of low percentage
alliage (m) à faible teneur
низкопроцентный *или* низкопробный
сплавъ (m) 1
lega (f) a basso tenore
aleación (f) pobre

Eisenmangan (n), Ferromangan (n)
ferro-manganese
ferro-manganèse (m)
ферромангань (m)
ferro (m) manganese, 2
manganese (m)
ferro-manganeso (m)

Siliciumeisen (n), Ferrosilicium (n)
ferro-silicon
ferro-silicium (m)
ферросилицій (m); кремнистое желѣзо
(n) 3
ferro (m) silicio
ferro-silicio (m)

Silicospiegel (m), Ferromangansilicium (n)
ferro silico-manganese
silicospiegel (m), ferromanganèse (m) siliceux
марганцово-кремнистое желѣзо (n); силико-шпигель (m); кремнисто-зеркальный
чугунъ (m) 4
ferro (m) silicio-manganese
ferro-mangano-silicio (m), silico-spiegel (m)

Karborund (n), Siliciumkarbid (n)
carborundum, silicid of carbon
carbure (m) de silicium, carborundum (m)
карбидъ (m) кремнія; карборундъ (m)
carborundo (m), car- 5
buro (m) di silicio
carburo (m) de silicio

Eisenchrom (n), [Ferrochrom (n)]
ferro-chromium
ferrochrôme (m)
феррохромъ (m); хромистое желѣзо (n) 6
ferro (m) al cromo
ferrocromo (m)

Eisennickel (n), [Ferronickel (n)], Nickeleisen (n)
ferro-nickel
ferronickel (m)
ферроникель (m); никкелистое желѣзо (n)
ferro-nickel (m), ferro 7
(m) al nickel
ferro-níquel (m), hierro (m) al níquel

Molybdaennickel (n)
nickel-molybdenum
alliage (m) de molybdène et nickel
молибденистый никкель (m)
lega (f) di molibdeno 8
e nickel
molibdeno-níquel (m)

Eisenwolfram (n), [Ferrowolfram (n)]
ferro-tungsten
ferrotungstène (m)
ферровольфрамъ (m); ферровольфрамистое
желѣзо (n) 9
ferro (m) al tunsteno
ferro-tungsteno (m)

Eisenmolybdaen (n), [Ferromolybdaen (n)], Molybdaeneisen (n)
ferro-molybdenum
ferromolybdène (m)
ферромилибденъ (m); молибденистое же-
лѣзо (n) 10
ferro (m) al molibdeno
ferromolibdeno (m)

1	Eisenvanadium (n), [Ferrovanadium (n)], Vanadiumeisen (n) ferro-vanadium ferrovanadium (m)	Феррованадій (m); ванадіевое желѣзо (n) ferro (m) al vanadio ferrovanadio (m)
2	Eisentitan (n), [Ferrotitan (n)] ferro-titanium ferrotitane (m)	ферротитанъ (m); титанистое желѣзо (n) ferro (m) al titanio ferrotitanio (m)
3	Eisenmangantitan (n), [Ferromangantitan (n)] ferro-manganese titaniferous ferromanganèse (m) titanifère	ферромангантитанъ (m) ferro (m) manganese al titanio ferromangano (m) titanio
4	Eisenphosphor (n), [Ferrophosphor (n)], Phosphoreisen (n) ferro-phosphorus ferrophosphore (m), fer (m) phosphoreux	феррофосфоръ (m); фосфористое желѣзо (n) ferro (m) al fosforo ferrofósforo (m)
5	Phosphormangan (n) phosphor-manganese mangano-phosphore (m)	фосфористый марганецъ (m) manganese (m) al fosforo fósforo-manganeso (m)
6	Eisenbor (n), [Ferrobor (n)] ferro-boron ferrobore (m)	ферроборъ (m); бористое желѣзо (n) ferroboro (m) ferroboro (m)
7	Sonderstahl (m), [Spezialstahl (m)] alloy steel, special steel acier (m) spécial	специальная сталь (f) acciaio (m) speciale acero (m) especial
8	Kohlenstoffstahl (m) carbon-steel acier (m) au carbone	углеродистая сталь (f) acciaio (m) al carbonio acero (m) rico en carbono
9	übersättigtes Eisen (n) supersaturated iron fer (m) sursaturé	пересыщенный чугунъ (m); пересыщенное желѣзо (n) ferro (m) soprasaturato hierro (m) sobresaturado
10	Siliciumstahl (m) silicon-steel acier (m) au silicium	кремнистая сталь (f) acciaio (m) al silicio acero (m) al silicio
11	Nickelstahl (m) nickel-steel acier (m) au nickel	никкелевая сталь (f) acciaio (m) al nickel acero (m) al níquel
12	Chromnickelstahl (m) chromium-nickel-steel acier (m) au chrome et nickel	хромоникелевая сталь (f) acciaio (m) al cromo e nickel acero (m) al cromoníquel

Chromstahl (m) chromium steel acier (m) chromé *ou* au chrome	хромистая сталь (f) acciaio (m) al cromo acero (m) al cromo	1
Manganstahl (m) manganese steel acier (m) au manganèse	марганцовая сталь (f) acciaio (m) al manganese acero (m) al manganeso	2
Wolframstahl (m) tungsten steel acier (m) au tungstène	вольфрамистая сталь (f) acciaio (m) al tunsteno acero (m) al tungsteno	3
Molybdaenstahl (m) molybdenum steel acier (m) au molybdène	молибденистая сталь (f) acciaio (m) al molibdeno acero (m) al molibdeno	4
Titanstahl (m) titanium steel acier (m) au titane	титанистая сталь (f) acciaio (m) al titanio acero (m) al titanio	5
Vanadinstahl (m) vanadium steel acier (m) au vanadium	ванадiевая сталь (f) acciaio (m) al vanadio acero (m) al vanadio	6
Borstahl (m) boron steel acier (m) au bore	бористая сталь (f) acciaio (m) al boro acero (m) al boro	7
Silberstahl (m) silver-steel acier (m) argenté	серебристая сталь (f) acciaio (m) argentato acero (m) con grano argentino	8

Handelseisen, [Merkantileisen] **Merchant Iron, Commercial Iron** **Fer marchand**	**Продажное желѣзо** **Ferro commerciale, ferro mercantile** **Hierro comercial**	9
Eisenzeug (n) iron ware produits (m pl) de l'industrie du fer	желѣзныя издѣлія (n pl) prodotti (m pl) dell'industria metallurgica productos (m pl) de la siderurgia	10
Eisensorte (f) qualities of iron, grades of iron (A*) sorte (f) de fer	сортъ (m) желѣза qualità (f) di ferro clase (f) de hierro	11
minderwertiges Eisen (n) ungraded iron fer (m) de qualité inférieure	недоброкачественное желѣзо (n) ferro (m) di qualità inferiore, ferro (m) poco buono hierro (m) de calidad inferior	12

* A = americanism

1	**Halbzeug** **Semi-manufactured** *or* **Half-finished Products** **Demi-produit**		**Полупродуктъ** **Prodotto incompleto, prodotto non finito** **Semi-productos, productos bastos**
2	Walzeisen (n) rolled iron fer (m) laminé		прокатное желѣзо (n) ferro (m) laminato hierro (m) laminado
3	Rohbarren (m), Rohzaggel (m), Eisenzagel (m) muck bar (A*), puddle bar barre (f) de fer brut, ébauché (m)		сырая болванка (f); свинка (f); штыкъ (m) barra (f) di ghisa *o* greggia barra (f) de fundición ó de hierro crudo
4	Block (m) ingot lingot (m)	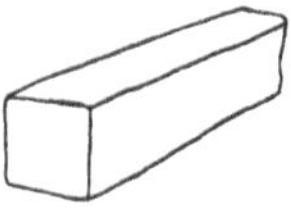	болванка (f) lingotto (m) tocho (m)
5	Barren (m), Platte (f) bar, plate, bloom (a large bar above 5 inches square) bloom (m)		штыкъ (m); чушка (f); свинка (f) barra (f), lastra (f), piastra (f) bloom (m)
6	Bramme (f) slab bloom brame (f)	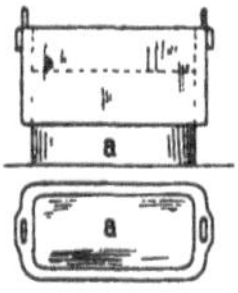 n	болванка (f) для прокатки листового желѣза pacchetto (m) empaquetado (m), paquete (m)
7	Platine (f) sheet billets, [flat bars] larget (m)		плоская болванка (f) piatto (m) pletina (f)
8	Knüppel (m) billet (a bar under 5 inches square billette (f)		заготовка (f); квадратная болванка (f) billette (f pl) paquete (m) para laminar
9	**Fertigware. Fertigeisen** **Finished Iron** **Produit fini**		**Готовый продуктъ** **Prodotto finito** **Productos acabados**
10	Stabeisen (n), Stangeneisen (n) bar iron, rounds (A*), rods (A*) fer (m) en barres		брусковое *или* полосовое желѣзо (n) ferro (m) in barre hierro (m) [laminado] en barras

* A = americanism

Grobeisen (n)
large iron bars, blooms
gros fers (m pl)

крупносортное желѣзо (n)
ferro (m) in grossi profili 1
hierro (m) gordo

Feineisen (n)
small iron bars, billets
petits fers (m pl)

мелкосортное желѣзо (n)
ferro (m) in piccoli profili 2
hierro (m) fino

Vierkanteisen (n), Quadrateisen (n)
square *or* oblong iron
fer (m) plat rectangulaire

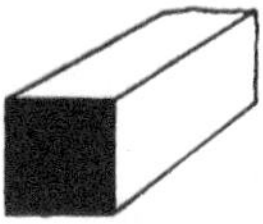

четырёхгранное желѣзо (n); квадратное желѣзо
ferro (m) piatto rettangolare 3
hierro (m) rectangular plano

---

unbearbeiteter Stab(m)
unwrought bar
barre (f) non travaillée

необработанный брусъ (m)
barra (f) non lavorata 4
barra (f) en bruto

Rundeisen (n)
round iron
fer (m) rond

круглое желѣзо (n)
ferro (m) tondo 5
hierro (m) redondo

---

halbrundes Eisen (n)
half round iron
fer (m) demi-rond

полукруглое желѣзо (n)
ferro (m) mezzo tondo *o* semitondo 6
hierro (m) media caña

Flacheisen (n)
flat iron
fer (m) plat, fer (m) méplat

полосовое желѣзо (n)
ferro (m) piatto 7
llanta (f)

Bandeisen (n)
band iron, hoop iron, strip iron
[fer (m)] feuillard (m)

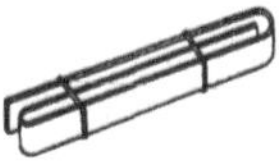

обручное *или* шинное желѣзо (n)
ferro (m) a nastro 8
fleje (m)

Formeisen (n). [Fassoneisen (n)]
section iron
[fer (m)] profilé (m), fer (m) en barres façonné

фасонное желѣзо (n)
ferro (m) profilato, ferro (m) in barre sagomate 9
hierro (m) perfilado

Winkeleisen (n)
angle iron
fer (m) d'angle, [fer de cornière (f)

угловое желѣзо (n); угольникъ (m); уголокъ (m)
ferro (m) ad angolo *o* cantonale, ferro (m) angolare 10
hierro (m) angular, escuadra (f)

1 gleichschenkliges Winkeleisen (n)
equal angle, angle with equal sides
cornière (f) à ailes égales

равнобокій уголокъ (m) *или* угольникъ (m); угловое желѣзо (n) съ полками одинаковой величины
cantonale (m) a lati uguali
escuadra (f) de alas iguales

---

2 Schenkel (m)
web
aile (f)

a

полка (f) уголка
lato (m), fianco (m)
ala (f)

---

3 ungleichschenkliges Winkeleisen (n)
unequal angle, angle with unequal sides
cornière (f) à ailes inégales

неравнобокій уголокъ (m) *или* угольникъ (m); угловое желѣзо (n) съ полками неодинаковой величины
cantonale (m) a lati disuguali
escuadra (f) de alas desiguales

---

4 rundkantiges Winkeleisen (n)
angle with round corners
cornière (f) à coins arrondis

уголокъ (m) *или* угольникъ (m) съ закруглёнными кромками
cantonale (m) ad angolo tondo
escuadra (f) con esquinas redondeadas

---

5 scharfkantiges Winkeleisen (n)
angle with sharp corners
cornière (f) à arêtes vives

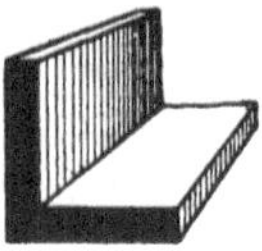

уголокъ (m) *или* угольникъ (m) съ острыми кромками
cantonale (m) ad angolo vivo
escuadra (f) con aristas vivas

---

6 Z-Eisen (n)
Z-iron
fer (m) en Z

Z-образное *или* зетовое желѣзо (n)
ferro (m) a Z
hierro (m) en Z

---

7 Träger (m)
girder, beam
poutrelle (f), fer (m) à plancher

балка (f)
ferro (m) per travi
vigueta (f)

---

8 T-Eisen (n), T-Träger (m)
T-iron
fer (m) T

тавровое желѣзо (n)
ferro (m) a T
hierro (m) [simple] T

---

9 H-Eisen (n), Doppel-T-Eisen (n), I-Eisen (n)
double T-iron, I-iron, H-iron
fer (m) [en] double T, poutrelle (f)

двутавровое желѣзо (n)
ferro (m) a doppio T
hierro (m) ó vigueta (f) doble T

---

10 englischer Träger (m)
English standard joist
poutrelle (f) anglaise

англійская балка (f)
trave (f) inglese
vigueta (f) de perfil inglés

[-Eisen (n), U-Eisen (n) channel, U-iron fer (m) [, fer (m) à U		швеллерное *или* корытное желѣзо (n); U-образное желѣзо ferro (m) ad U hierro (m) U	*1*
Quadranteisen (n), Säuleneisen (n) quadrant iron fer (m) à colonnes		квадрантное желѣзо (n) ferro (m) a colonne barra (f) de sección en cuadrante para columnas	*2*
Wulsteisen (n) bulb flats, bulb angles, bulb rails fer (m) à boudin	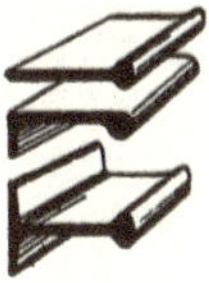	бимсовое *или* головчатое желѣзо (n) ferro (m) a bordino hierro (m) bulb, barra (f) con bordón	*3*
Flachwulsteisen (n) flat bulb iron fer (m) plat à boudin		плоскобимсовое желѣзо (n) ferro (m) piatto a bordino llanta (f) bulb ó llanta (f) con bordón	*4*
Winkelwulsteisen (n) bulb angle cornière (f) à bourrelet		угло-бимсовое желѣзо (n) cantonale (m) a bordino escuadra (f) con bordón	*5*
Flanschwulsteisen (n) bulb rail fer (m) T à bourrelet		тавро-бимсовое желѣзо (n) ferro (m) a T a bordino hierro (m) T con bordón	*6*
Breiteisen (n) flat billets large-plat (m)		широкое полосовое желѣзо (n) ferro (m) piatto largo llanta (f) basta, palanquilla (f) plana	*7*
keilförmiges Eisen (n) wedge shaped iron fer (m) à biseau		клиновое желѣзо (n); колосниковое желѣзо ferro (m) a cuneo hierro (m) en cuña	*8*
Kreuzeisen (n) cross iron fer (m) en croix		желѣзо (n) крестообразнаго сѣченія ferro (m) a croce hierro (m) en cruz	*9*

1	**Eisenbahnmaterial** **Railway Material** **Produits pour chemins de fer**		**Желѣзнодорожный матеріалъ** **Materiale per ferrovie** **Productos para ferrocarriles**
2	Schiene (f) rail rail (m)	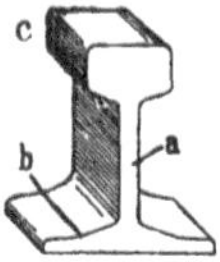	рельсъ (m) rotaia (f) carril (m), rail (m)
3	Steg (m) web âme (f)	a	шейка (f) *или* стержень (m) рельса anima (f), stelo (m) *o* gambo (m) della rotaia alma (f), nervio (m)
4	Fuß (m) foot, flange patin (m)	b	пята (f) *или* подошва (f) рельса pattino (m), piede (m) patín (m), pie (m), asiento (m)
5	Kopf (m) head tête (f), champignon (m)	c	головка (f) fungo (m), testa (f) cabeza (f)
6	Vollbahnschiene (f) rail for trunk lines, heavy rail rail (m) de grande voie *ou* de voie normale		рельсъ (m) [для] ширококолейныхъ дорогъ rotaia (f) per ferrovia normale carril (m) para vía de tipo normal *ó* vía ancha
7	Kleinbahnschiene (f) rail for light railway, light rail rail (m) pour voie étroite *ou* chemin de fer vicinal		рельсъ (m) [для] узкоколейныхъ дорогъ rotaia (f) per ferrovia secondaria carril (m) para vía estrecha
8	Straßenbahnschiene (f) tramway rail rail (m) de tramway		трамвайный рельсъ (m); рельсъ [для] городскихъ желѣзныхъ дорогъ rotaia (f) da tramway carril (m) de tranvía
9	Grubenschiene (f) rail for mines rail (m) pour mines		рельсъ (m) [для] рудничныхъ дорогъ rotaia (f) per miniera carril (m) para minas

eiserne Schwelle (f)
iron sleeper, tie (A*)
traverse (f) en fer, traverse (f) métallique

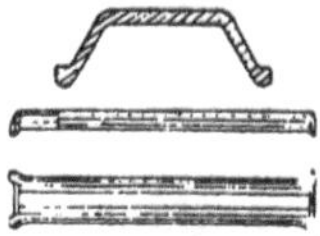

желѣзная шпала (f)
или поперечина (f) 1
traversa (f) di ferro
traviesa (f) de hierro

---

gepreßte Schwelle (f)
pressed sleeper
traverse (f) emboutie

штампованная шпала (f) *или* поперечина
(f) 2
traversa (f) pressata
traviesa (f) embutida

Querschwelle (f)
cross sleeper
traverse (f)

поперечина (f); шпа-
ла (f) 3
traversa (f)
traviesa (f)

Längsschwelle (f)
longitudinal sleeper
longrine (f)

продольный лежень (m)
longherina (f), longarina (f) 4
larguero (m)

Verschlußkappe (f)
joint
plaque (f) obturatrice (de traverse)

захватъ (m) *или* загибъ (m) концовъ поперечинъ
cappello (m) *o* cuffia (f) 5
di guardia
placa (f) de cierre (de los extremos de la traviesa)

Radlenker (m)
guard rail
contre-rail (m)

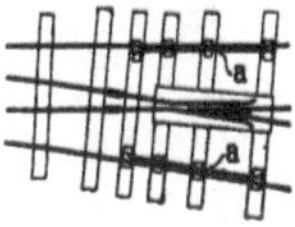

a

направляющій рельсъ
(m); контръ-рельсъ 6
controrotaia (f)
contra-carril (m)

Kleineisenzeug (n)
small iron ware
petites pièces (f pl) en fer

поковки (fpl)
piccolo materiale (m) *od* accessori (m pl)
d'armamento 7
accesorios (m pl) de hierro

Lasche (f), Stoßlasche (f)
fish plate
éclisse (f)

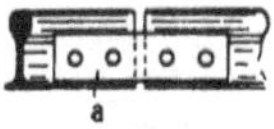

a

накладка (f)
stecca (f) 8
eclisa (f), brida (f)

Flachlasche (f)
flat fish plate
éclisse (f) plate

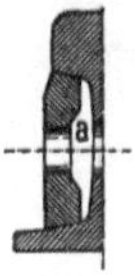

a

плоская накладка (f)
stecca (f) piatta, copri-
giunto (m) piatto 9
eclisa (f) plana, brida (f) plana

---

* A = americanism

1 Winkellasche (f), Kremplasche (f)
angle fish plate, angle splice bar (A*)
éclisse (f) cornière *ou* d'équerre

угловая *или* уголковая накладка (f)
stecca (f) a corniera
brida (f) en ángulo *ó* en escuadra

---

2 Laschenbolzen (m)
fish plate bolt
boulon (m) d'éclisse

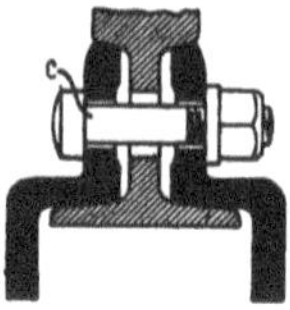

c

стыковый болтъ (m)
chiavarda (f) della stecca
tornillo (m) de eclisa

---

3 Unterlagplatte (f)
stay plate
plaque (f) d'appui, selle (f)

подкладка (f)
piastrina (f) d'appoggio per la base
placa (f) de asiento, silla (f)

---

4 Hakenplatte (f)
hook plate
selle (f) à crochet

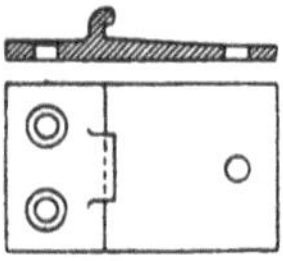

крючковатая подкладка (f); подкладка съ ребордою
piastrina (f) a gancio *o* di ritegno
silla (f) de gancho

---

5 Klemmplatte (f)
clamp plate
griffe (f) de serrage

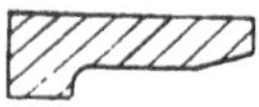

защемляющаяся пластинка (f) *или* планка (f)
piastrina (f) a rampone, piastrina (f) d'attacco
grapa (f) de sujeción

---

6 Hakennagel (m), Schienennagel (m)
spike, dog spike, rail spike, dog headed spike
crampon (m) (de rail)

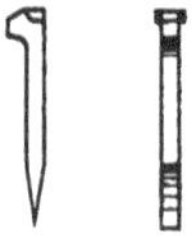

рельсовый костыль (m)
chiodo (m) *od* arpione (m) per rotaie
grapa (f), escarpia (f) [de carril]

---

7 Bandeisen (n), Reifeisen (n)
hoop iron, strip iron
fer (m) plat, fer (m) à bandage

бандажное желѣзо (n)
ferro (m) piatto
fleje (m), llanta (f)

---

8 Eisenquerschnitte (m pl) [Profile (n pl)] für Eisenbahnwagenbau
iron sections for building rolling stock
fers (pl m) profilés pour wagons de chemin de fer

профили (f pl) желѣза для вагоностроенія
profilati (m pl) per costruzione di vagoni
hierros (m pl) perfilados para vagones de ferrocarril

---

9 Wagenbeschlag (m)
carriage fittings
ferrures (f pl) de wagons

желѣзная оковка (f)
armatura (f) in ferro dei vagoni
ferretería (f) para coches *ó* vagones

---

* A = americanism

Wagenfeder (f) carriage spring ressort (m) de wagon		вагонная рессора (f) molla (f) da vagone muelle (m) de coches ó vagones	1
Bufferfeder (f), Spiralfeder (f) buffer spring ressort (m) de choc, ressort (m) de tampon	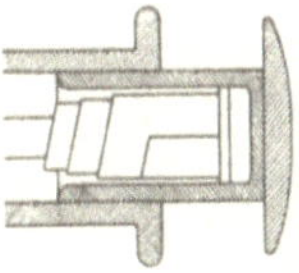	буферная рессора (f); спиральная рессора molla (f) del respingente muelle (m) de tope	2
Puffer (m), Buffer (m) buffer tampon (m) de choc		буферъ (m) paracolpi (m), paraurti (m), respingente (m) tope (m)	3

Bleche	**Листовой металлъ**	
Sheet Metal	**Lamiera**	4
Tôle, plaque	**Chapa, palastro**	

Walzblech (n) rolled sheet metal tôle (f) laminée	катанный листъ (m) lamiera (f) laminata chapa (f) laminada	5
Eisenblech (n) sheet iron tôle (f) en fer	желѣзный листъ (m); листовое желѣзо (n) lamiera (f) di ferro chapa (f) ó palastro (m) ó plancha (f) de hierro	6
schwaches Eisenblech (n), dünnes Eisenblech (n) thin sheet iron tôle (f) mince *ou* fine	тонкое листовое желѣзо (n) lamiera (f) sottile chapa (f) delgada de hierro	7
gehämmertes Eisenblech (n) hammered sheet iron tôle (f) martelée	прокованное листовое желѣзо (n) lamiera (f) martellata chapa (f) martillada	8
Schweißeisenblech (n) wrought iron plate tôle (f) en fer soudé	сварочное листовое желѣзо (n) lamiera (f) di ferro saldato chapa (f) de hierro pudelado	9
Flußeisenblech (n) mild steel plate tôle (f) en acier doux	литое листовое желѣзо (n) lamiera (f) di ferro omogeneo chapa (f) de acero dulce	10
Stahlblech (n) steel plate tôle (f) d'acier	листовая сталь (f) lamiera (f) d'acciaio chapa (f) de acero	11
Gußstahlblech (n) cast steel plate tôle (f) en acier fondu	литая листовая сталь (f) lamiera (f) d'acciaio fuso chapa (f) de acero fundido	12

1 Feinblech (n)
thin plate
tôle (f) mince *ou* fine

тонкое листовое желѣзо (n)
lamiera (f) sottile
chapa (f) fina

---

2 Schwarzblech (n)
black sheet iron
tôle (f) noire

чёрная жесть (f)
lamiera (f) nera
chapa (f) negra

---

3 Grobblech (n)
thick sheet iron
grosse tôle (f)

толстое листовое желѣзо (n); полукотельное желѣзо
lamiera (f) grossa
chapa (f) gruesa

---

4 Formblech (n)
profiled sheet iron
tôle (f) profilée

фасонное листовое желѣзо (n)
lamiera (f) profilata *o* sagomata
chapa (f) perfilada

---

5 Kesselblech (n)
boiler plate
tôle (f) de chaudière

котельное листовое желѣзо (n)
lamiera (f) da caldaie
chapa (f) para calderas

---

6 Bördelblech (n), Krempblech (n)
flanged plate
tôle (f) à emboutir, tôle (f) à bord tombé *ou* rabattu

листъ (m) для днища
lamiera (f) flangiata
chapa (f) para embutir, chapa (f) con borde doblado, chapa (f) rebordeada

---

7 Feuerblech (n)
fire box plate, furnace plate
tôle (f) de foyer (de chaudière)

листъ (m) для огневой коробки
lamiera (f) da focolare
chapa (f) de hogar (de caldera)

---

8 Mantelblech (n)
jacket sheet iron, shell plate
tôle (f) d'enveloppe *ou* de corps cylindrique

корпусный листъ (m); листъ для корпусовъ
lamiera (f) da rivestimento
chapa (f) para el cuerpo cilíndrico *ó* de caldera

---

9 Schiffsblech (n)
ship plate
tôle (f) de navires

корабельное листовое желѣзо (n)
lamiera (f) per navi
chapa (f) para buques

---

10 Behälterblech (n)
tank sheet iron
tôle (f) à réservoirs

резервуарное желѣзо (n)
lamiera (f) per serbatoi
chapa (f) para depósitos

---

11 Riffelblech (n)
riffeled sheet iron, chequered plate
tôle (f) striée

рифлёное *или* шахматное желѣзо (n)
lamiera (f) striata
chapa (f) estriada

---

12 Warzenblech (n)
sheet iron provided with projections
tôle (f) gaufrée

полосное рифлёное желѣзо (n); гофрированное желѣзо
lamiera (f) a prominenze
chapa (f) estampada

Wellblech (n) corrugated iron tôle (f) ondulée		волнистое желѣзо (n) lamiera (f) ondulata chapa (f) ondulada	*1*
bogenförmiges Wellblech (n) curved corrugated iron tôle (f) ondulée cintrée	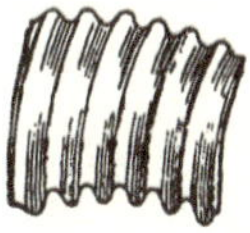	волнистое желѣзо (n) съ глубокими волнами lamiera (f) ondulata a curva chapa (f) ondulada y combada	*2*
gestreiftes Blech (n) checker plate tôle (f) rainurée		полосатое листовое желѣзо (n) lamiera (f) striata *o* rigata chapa (f) rayada	*3*
gelochtes Blech (n) punched *or* perforated plate tôle (f) perforée	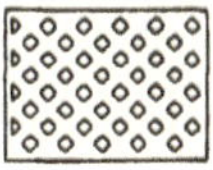	продырявленное листовое желѣзо (n) lamiera (f) forata chapa (f) perforada	*4*
Rohblech (n) raw *or* unfinished sheet iron tôle (f) brute		неотдѣланное листовое желѣзо (n) lamiera (f) greggia chapa (f) bruta	*5*
geputztes Blech (n) finished sheet iron tôle (f) nettoyée		отдѣланное листовое желѣзо (n) lamiera (f) finita chapa (f) enderezada	*6*
Ausschußblech (n) sheet iron scraps tôle (f) de rebut		бракованное желѣзо (n) lamiera (f) di scarto chapa (f) de desecho	*7*
Panzerplatte (f) armour plate plaque (f) de blindage		броневая плита (f) piastra (f) da corazza plancha (f) de blindaje	*8*
Stahlseite (f) der Panzerplatte steel *or* hardened face of armour plate face (f) aciérée de la plaque de blindage		стальная сторона (f) броневой плиты rivestimento (m) *o* fiancata (f) d'acciaio della piastra da corazza capa (f) *ó* revestimiento (m) de acero de la plancha de blindaje	*9*

Draht — **Проволока**
Wire — **Filo [di ferro]** *10*
Fil — **Alambre**

Stahldraht (m) steel wire fil (m) d'acier	стальная проволока (f) filo (m) d'acciaio alambre (m) de acero	*11*
Drahteisen (n) wire rod fer (m) à étirer	желѣзо (n) для проволоки ferro (m) da ridurre in filo hierro (m) para estirar	*12*

1 Drahtnummer (f)
gauge of wire
numéro (m) de fil, jauge (f) du fil
номеръ (m) проволоки
numero (m) del filo
número (m) del alambre

---

2 Drahtsorte (f)
quality of wire
espèce (f) de fil
сортъ (m) проволоки
qualità (f) *o* specie (f) del filo di ferro
clase (f) de alambre

a

3 Drahtstärke (f)
diameter of wire
épaisseur (f) *ou* diamètre (m) du fil
толщина (f) проволоки
grossezza (f) *e* spessore (m) del filo di ferro
espesor (m) del alambre

---

4 Flachdraht (m)
flat wire
fil (m) méplat
плоская проволока (f)
filo (m) di ferro piatto
alambre (m) plano

---

5 dünngezogener Eisendraht (m)
thin drawn iron wire
fer (m) écroui *ou* passé à la filière, fer (m) étiré
тонкотянутая желѣзная проволока (f)
filo (m) di ferro sottile *o* stirato sottilmente
alambre (m) pasado por la hilera *ó* trefilado

---

6 Formdraht (m)
small section wire
fil (m) profilé
фасонная проволока (f)
filo (m) profilato
alambre (m) perfilado

---

7 Klavierdraht (m)
piano wire, flower wire
fil (m) pour cordes de piano, fil (m) de clavecin
фортепіанная проволока (f)
filo (m) per corde da pianoforte
alambre (m) para cuerdas de piano

---

8 Baueisen (n)
constructional *or* building iron
fer (m) de construction
строительное желѣзо (n); сорта (mpl) желѣза, употребляемые для построекъ
ferro (m) da costruzione
hierro (m) para construcciones

---

9 Zaineisen (n)
bar iron
fer (m) en barreaux fins rainurés
желѣзные прутки (mpl) для выдѣлки мелкосортныхъ издѣлій; полосовое желѣзо (n) съ зубчатой поверхностью
ferro (m) per barre da siepi *o* da steccati
hierro (m) en varillas finas ranuradas

---

10 Hufeisen (n)
horseshoe
fer (m) à cheval
подкова (f)
ferro (m) da cavallo
herradura (f)

Hufstabeisen (n)
horseshoe iron
fer (m) pour ferrure de cheval

прутковое желѣзо (n) для выдѣлки подковъ
barra (f) per ferri da cavallo 1
hierro (m) para herraduras

Hufnageleisen (n)
nail iron for horseshoes
fer (m) pour clous à ferrer

желѣзо (n) для выдѣлки подковныхъ гвоздей
barra (f) per chiodi del ferro da cavallo 2
hierro (m) para clavos de herradura

Hakeneisen (n)
hook iron
fer (m) pour crochets

желѣзо (n) для выдѣлки крюковъ
ferro (m) da uncini o da ganci 3
hierro (m) para ganchos, gancho (m)

Alteisen (n), altes Eisen (n)
scrap iron
vieux fer (m), ferraille (f)

старое ржавое желѣзо (n)
ferrovecchio (m), ferracci (mpl) 4
hierro (m) viejo

Abfalleisen (n), Schrot (m)
waste iron, scrap iron
riblon (m), mitraille (f), chutes (f pl) de fer

[желѣзо (n)] -ломъ (m)
rottami (m pl) di ferro
metralla (f), hierro (m) de desecho, chatarra (f) (Vizcaya) 5

Feilspan (m), Feilstaub (m)
filings, file dust
limaille (f)

опилки (f pl)
limatura (f) 6
limaduras (f pl)

II.

Abnahme und Prüfung des Materials
Taking over and Testing of Material
Réception et essai des matériaux
Пріемка и испытаніе матеріаловъ
Collaudo e prova del materiale
Recepción y ensayo de los materiales

1	**Abnahme** **Taking over** **Réception**	**Пріемка** **Collaudo, accettazione** **Recepción**
2	Abnahmebeamter (m) inspector agent-réceptionnaire (m)	пріёмщикъ (m) impiegato (m) per il collaudo, collaudatore (m) empleado (m) encargado de la recepción
3	Bürgschaftspflicht (f) guarantee garantie (f)	обязательство (n); гарантія (f) garanzia (f) garantía (f)
4	handelsüblich (adj) customary (adj) in trade suivant l'usage commercial	принято въ торговомъ дѣлѣ secondo l'uso del mercato en conformidad con las costumbres comerciales
5	prüfen (v), untersuchen (v) to examine, to test essayer (v), examiner (v)	испытать esaminare (v), provare (v) ensayar (v), probar (v)
6	Vornahme (f) der Probe, Prüfung (f), Probe (f) testing, examination prise (f) d'essai	испытаніе (n) presa (f) del campione efectuación (f) del ensayo

Versuch (m)
experiment, test
analyse (f), expérience (f), essai (m), recherche (f)
опытъ (m)
analisi (f), prova (f), esperimento (m), saggio (m)
ensayo (m), experiencia (f), experimento (m), análisis (f) 1

Vorversuch (m)
preliminary experiment *or* test
essai (m) *ou* analyse (f) préliminaire
предварительный опытъ (m)
prova (f) *od* analisi (f) preliminare
ensayo (m) previo 2

Prüfungsverfahren (n), Prüfungsart (f)
testing method
méthode (f) d'essai, procédé (m) d'analyse
способъ (m) испытанія; методъ (m) испытанія
sistema (m) di prova, metodo (m) d'analisi
método (m) ó procedimiento (m) de ensayo 3

Probe (f) mit einem abgetrennten Stück
test with detached piece
essai (m) sur un échantillon *ou* morceau détaché
проба (f) надъ отрѣзаннымъ образцомъ
prova (f) sopra un pezzo separato
ensayo (m) con pieza separada 4

---

ungeteiltes Gebrauchsstück (n)
undivided piece for use
pièce (f) utilisable entière
цѣльный кусокъ (m), предназначенный къ употребленію
pezzo (m) intero
pieza (f) útil no dividida 5

Kaltprobe (f)
cold test
essai (m) à froid
холодная проба (f)
prova (f) a freddo
ensayo (m) en frío 6

Warmprobe (f)
heat test, hot test
essai (m) à chaud
горячая проба (f)
prova (f) a caldo
ensayo (m) en caliente 7

---

satzweise
by sets, in series
par série
въ нѣсколько пріёмовъ
per serie
por juegos, por series 8

Gußsatz (m)
set of castings
série (f) de pièces de fonte
отлитая партія (f); партія литого продукта
serie (f) di getti
juego (m) de piezas de fundición 9

Prüfungsvorschrift (f)
directions *or* rules for testing, testing conditions
règlement (m) d'essai
инструкція (f) для испытанія
regolamento (m) o prescrizioni (f pl) di prova
reglamento (m) de ensayo 10

1	**Gütevorschrift (f)** **specification of quality** **prescriptions (f pl) de qualité**	**технические условія (n pl)** **prescrizioni (fpl) *o* precetti (mpl) per la qualità** **prescripciones (f pl) de calidad**
2	**Gütestufe (f)** **degree of quality, grade (A*)** **degré (m) *ou* échelle (f) de qualité**	**доброкачественность (f)** **grado (m) *o* scala (f) di qualità** **grado (m) *ó* escala (f) de calidad**
3	**Beschaffenheit (f)** **quality** **qualité (f), nature (f)**	**качество (n)** **qualità (f), natura (f)** **calidad (f), naturaleza (f)**
4	**Haltbarkeit (f)** **durability** **résistance (f)**	**прочность (f)** **resistenza (f)** **resistencia (f), durabilidad (f)**
5	**Schneidhaltigkeit (f)** **shearing resistance** **résistance (f) du tranchant *ou* taillant (d'un outil)**	**способность (f) сохранять рѣжущія свойства** **resistenza (f) al taglio** **resistencia (f) del corte *ó* del filo**
6	**Verschleißhärte (f)** **resistance to wear** **résistance (f) à l'usure**	**прочность (f) по отношенію къ изнашиванію** **resistenza (f) allo sfregamento** **resistencia (f) al desgaste**
7	**Normalangabe (f)** **standard specification** **spécification (f) *ou* indication (f) normale, normes (fpl)**	**нормы (f pl)** **specificazione (f) normale** **indicación (f) normal**
8	**Grenzwert (m)** **limit value** **valeur (f) limite**	**предѣльная величина (f); предѣльное значеніе (n)** **valore (m) limite** **valor (m) límite**
9	**Abweichung (f)** **aberration, tolerance, divergence, deflection** **différence (f), écart (m)**	**отклоненіе (n)** **differenza (f)** **diferencia (f)**
10	**zulässige Abweichung (f)** **permissable aberration *or* tolerance** **écart (m) toléré, tolérance (f)**	**допустимое отклоненіе (n)** **differenza (f) ammessa *o* tollerata** **diferencia (f) admisible, tolerancia (f)**

* A = americanism

Probenauswahl (f), Auswahl (f) der Proben selection of test pieces choix (m) des échantillons		выборъ (m) образцовъ scelta (f) dei campioni elección (f) de muestras *ó* pruebas	*1*
Gebrauchsstück (n) piece for use pièce (f) à employer *ou* utilisable		часть (f), предназначенная къ употребленію pezzo (m) pronto pieza (f) utilizable	*2*
Probestück (n), Versuchstück (n), Probe (f) test piece pièce (f) d'essai, échantillon (m), éprouvette (f)		образецъ (m) pezzo (m) di prova pieza (f) de ensayo, muestra (f)	*3*
Probestreifen (m) test strip barreau (m) plat pour les essais		пробная полоса (f) nastro (m) *o* striscia (f) di prova tira (f) de ensayo	*4*
Stoffstreifen (m) strip of material barreau (m) plat de métal (à essayer)	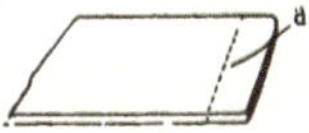 a	полоса (f) матеріала nastro (m) *o* striscia (f) di materiale tira (f) de material	*5*
Abfallende (n) waste end, crop end chute (f)	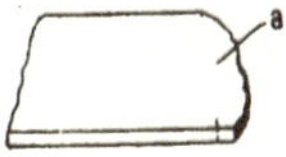 a	конецъ (m), поступающій въ отбросъ ritaglio (m), rimasuglio (m) extremo (m) de desperdicio, recorte (m)	*6*
Ersatzstück (n) spare piece, reserve piece pièce (f) de réserve, éprouvette (f) de réserve		запасная часть (f) pezzo (m) di riserva pieza (f) de repuesto	*7*
Herrichten (n) der Probe preparation of test piece *or* proof préparation (f) des éprouvettes *ou* des pièces d'essai		приготовленіе (n) образца preparazione (f) della prova preparación (f) de las piezas de ensayo	*8*
vorgeschriebene Form (f) prescribed *or* specified shape *or* form forme (f) prescrite		форма (f) согласно предписанію forma (f) prescritta forma (f) prescrita	*9*
Bearbeitung (f) treatment travail (m) (de préparation), ajustage (m)		обработка (f) lavorazione (f) trabajo (m) (de preparación)	*10*
fertig beschneiden (v) to finish, to clip, to machine couper (v) à dimension		обрѣзать соразмѣрно ritagliare (v) recortar (v)	*11*

1 Querschnitt (m)
cross section
section (f)
поперечное сѣченіе (n)
sezione (f)
corte (m) transversal

2 Scherenschnitt (m)
shearing line
section (f) obtenue par cisaillement
разрѣзъ (m), сдѣланный ножницами
linea (f) di taglio
corte (m) por cizalla

3 aushobeln (v)
to plane
dresser (v), raboter (v)

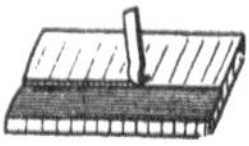

выстругать
piallare (v)
planear (v), cepillar (v)

4 aushauen (v)
to cut, to chip out
découper (v) au ciseau
выруб-ить (-ать) зубиломъ
tagliar (v) via
recortar (v) con el cincel

5 Versuchsergebnis (n), Prüfungsergebnis (n)
result of test *or* experiment
résultat (m) de l'essai
результатъ (m) испытанія
risultato (m) della prova
resultado (m) del ensayo

6 Mittelwert (m) der Versuchsergebnisse
average of test results
moyenne (f) des résultats d'essai
среднее значеніе (n) результатовъ испытанія
risultato (m) medio
valor (m) medio de los resultados de ensayo

7 die Probe verwerfen (v)
to reject the test
refuser (v) *ou* rejeter (v) l'échantillon
отказаться отъ испытанія
rifiutare (v) la prova
rehusar (v) *ó* desechar (v) la muestra *ó* prueba

8 Kennzeichen (n), Merkmal (n)
mark, sign, stamp
marque (f)
обозначеніе (n); отмѣтка (f)
marca (f)
marca (f)

9 stempeln (v)
to stamp, to mark
poinçonner (v), estampiller (v)

отмѣтить; отмѣчать
punzonare (v), marcare (v)
marcar (v), punzonar (v)

10 Fabrikzeichen (n)
trade mark, brand
marque (f) de fabrique
фабричное клеймо (n)
marca (f) di fabbrica
marca (f) de fábrica

11 Gattungsnummer (f)
number of kind *or* sort
numéro (m) d'ordre, numéro (m) de la série
сортовый номеръ (m)
numero (m) d'ordine
número (m) de clase *ó* de especie

12 Jahreszahl (f)
number of year
indication (f) de l'année, date (f)
годъ (m)
annata (f)
número (m) del año

Außenbesichtigung **Outer Inspection** **Examen extérieur**	**Наружный осмотръ** **Esame esterno** **Observación exterior**	1
Beurteilung (f) nach dem Aussehen examination according to appearance appréciation (f) d'après l'aspect extérieur	сужденіе (n) по наружному виду giudizio (m) dai dati esterni apreciación (f) por la vista	2
Oberflächenreinheit (f) cleanliness of surface netteté (f) de la surface	чистота (f) поверхности purezza (f) della superficie nitidez (f) de la superficie	3
Fehlerstelle (f) defective portion, defect part *or* point endroit (m) défectueux	порокъ (m); изъянъ (m) punto (m) difettoso sitio (m) de un defecto	4
äußerer Fehler (m), sichtbarer Fehler (m) visible defect défaut (m) extérieur *ou* visible	наружный порокъ (m) *или* изъянъ (m) difetto (m) esterno defecto (m) exterior *ó* visible	5
Walzhaut (f) skin due to rolling couche (f) d'oxyde du laminage	плена (f) crosta (f) *o* strato (m) d'ossido sul pezzo laminato cascarilla (f) procedente de la laminación	6
Walzsplitter (m) splinter, chip paille (f) de laminage	осколокъ (m) плены scaglia (f) di laminazione viruta (f) de laminación	7
Walzsinter (m), Glühspan (m) scale croûte (f) de laminage	раковина (f) fessura (f) crica (f) *ó* grieta (f) de laminación	8
Vertiefung (f) hollow, groove creux (m)	углубленіе (n) cavità (f) hoyo (m)	9
einwalzen (v) to roll in introduire (v) par laminage	ввальцевать; вдавить при прокаткѣ cilindrare (v) introducir (v) por laminación	10

1	wegmeißeln (v) to chisel off découper (v) *ou* enlever (v) au ciseau	сруб-ить (-ать) зубиломъ scalpellare (v) quitar (v) con el cincel
2	Rißfreiheit (f) free from flaws *or* cracks sans criques (f pl)	безъ трещинъ; отсутствіе (n) царапинъ senza fessure (f pl), senza crepacci (m pl) sin grietas (f pl)
3	Riß (m), Einriß (m) flaw, crack fente (f), crevasse (f), fissure (f)	трещина (f); рванина (f) fessura (f), crepaccio (m) grieta (f)
4	Querriß (m), Kantenriß (m) cross crack, edge crack crique (f) transversale, fissure (f) d'angle	поперечная трещина (f); трещина у кромки fessura (f) *o* crepaccio (m) trasversale grieta (f) transversal
5	Längenriß (m), Längsriß (m) longitudinal crack crique (f) longitudinale	продольная трещина (f) fessura (f) *o* crepaccio (m) longitudinale grieta (f) longitudinal
6	Oberflächenriß (m) surface crack crique (f) à la surface	трещина (f) на поверхности; поверхностная трещина fessura (f) *o* crepaccio (m) alla superficie grieta (f) en la superficie
7	laufendes Meter (n) current metre mètre (m) courant	погонный метръ (m) metro (m) corrente metro (m) lineal
8	Rand (m) edge, rim bord (m)	край (m) bordo (m), orlo (m) borde (m), canto (m)
9	Kante (f) edge arête (f)	кромка (f) canto (m), spigolo (m) arista (f)
10	Ecke (f) corner angle (m)	уголъ (m) angolo (m) ángulo(m)
11	Lehre (f), [Schablone (f)] template, templet, pattern calibre (m), gabarit (m)	шаблонъ (m); калибръ (m) calibro (m) plantilla (f)

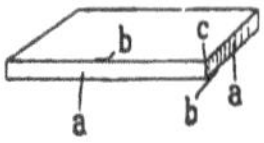

a

b

c

Genauigkeit (f) der vereinbarten Abmessungen exactitude of measurements agreed to, accuracy of the dimensions agreed upon *or* specified exactitude (f) des dimensions convenues	точность (f) условленныхъ размѣровъ precisione (f) delle dimensioni convenute exactitud (f) de las dimensiones convenidas	*1*
vorgeschriebene Länge (f) prescribed *or* specified length longueur (f) prescrite	предписанная длина (f); длина согласно предписанію lunghezza (f) prescritta longitud (f) prescrita	*2*
genaue Länge (f) exact length longueur (f) exacte	точная длина (f) lunghezza (f) esatta *o* precisa longitud (f) exacta	*3*
Spielraum (m) play jeu (m), tolérance (f)	предѣлъ (m) отклоненія giuoco (m), tolleranza (f) juego (m), tolerancia (f)	*4*
Dickenabweichung (f) difference in thickness différence (f) d'épaisseur	отклоненіе (n) толщины variazione (f) *o* differenza (f) di spessore diferencia (f) *ó* tolerancia (f) en el grueso	*5*
vorgeschriebene Stärke (f) specified width épaisseur (m) prescrite	предписанная толщина (f); толщина согласно предписанію spessore (m) prescritto espesor (m) prescrito	*6*
Lagergröße (f) stock size dimensions (f pl) sur parc *ou* en magasin	размѣры (m pl), имѣющіеся на складѣ dimensioni (f pl) sui piazzali *od* in magazzino tamaño (m) corriente de almacén	*7*
festes *oder* fixes Maß (n) fixed measure mesure (f) déterminée	нормальный размѣръ (m); опредѣлённый размѣръ misura (f) fissa medida (f) fija	*8*
unfest (adj), unfix (adj) unfixed (adj) arbitraire (adj)	неточный; отличный отъ нормальнаго; неопредѣлённый arbitrario (agg) arbitrario (adj)	*9*

1 messen (v)
to measure
mesurer (v)

мѣрить; измѣр-ить (-ять)
misurare (v)
medir (v)

---

2 die Probe ausmessen (v)
to measure the test piece
mesurer (v) les dimensions de l'éprouvette

опредѣл-ить (-ять) размѣры образца; обмѣр-ить (-ять) образецъ
misurare (v) le dimensioni della provetta
medir (v) las dimensiones de la muestra

---

3 Messung (f)
measurement
mesurage (m), prise (f) de mesures, mesure (f)

измѣренiе (n); обмѣръ (m)
misura (f), misurazione (f)
medición (f), medida (f)

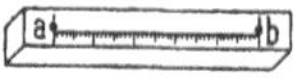

a, b

4 Maß (n)
measure
mesure (f)

мѣра (f)
misura (f)
medida (f)

---

5 Meßwerkzeug (n), Meßinstrument (n)
measuring instrument
instrument (m) de mesure

измѣрительный приборъ (m)
strumento (m) di misura
instrumento (m) de medición ó de medida

---

6 Maßstab (m)
scale, measuring rule
règle (f) divisée

масштабъ (m)
regolo (m) (con divisioni)
escala (f)

---

7 Anleg[e]maßstab (m)
bevel scale with knob
règle (f) divisée [dont l'échelle se place contre l'objet à mesurer]; (fig.): double décimètre (m)

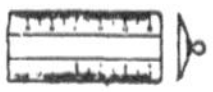

масштабная линейка (f)
doppio decimetro (m)
regla (f) graduada, doble decimetro (m)

---

8 Metermaßstab (m)
meter scale
mètre (m) pliant

масштабъ (m) въ метрахъ
scala (f) metrica
escala (f) métrica plegable

---

9 Bandmaß (n), Meßband (n)
tape measure
mètre (m) à ruban

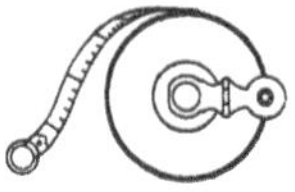

рулетка (f)
metro (m) a nastro
cinta (f) métrica

---

10 Lehre (f)
gauge
jauge (f)

калибръ (m); лерка (f)
calibro (m)
calibre (m)

gepaßt (adj), gelichtert (adj), [kalibriert(adj)] calibrated (adj) calibré (adj)		калиб[ри]рованный calibrato (agg) calibrado (adj)	1
Schublehre (f), Schieblehre (f) caliper square jauge (f) à coulisse, pied (m) à coulisse		раздвижной калибръ (m); штангенциркуль (m); шубригель (m) calibro (m) a corsoio calibre (m) para medir gruesos, pies (m pl) de Rey	2
Schraublehre (f) screw gauge, screw caliper jauge (f) à vis, palmer (m)		винтовой калибръ (m); винтовая лерка (f) calibro (m) a vite calibre (m) de tornillo, Palmer (m)	3
Feinstellschraube (f), [Mikrometerschraube (f)], Feinschraublehre (f) micrometer screw gauge *or* micrometer caliper palmer (m), jauge (f) micrométrique	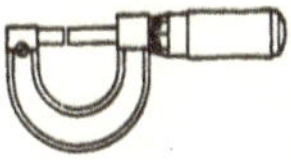	микрометрическій винтъ (m); толщиномѣръ (m) Пальмера; пальмеръ (m) micrometro (m) calibre (m) micrométrico	4
Mikrometerlehre (f) vernier caliper jauge (f) micrométrique	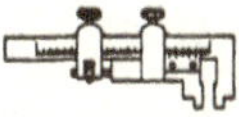	микрометрическій калибръ (m); микрометрическая лерка (f) calibro (m) micrometrico calibre (m) de precisión con graduación micrométrica	5
Stichmaß (n) template jauge (f) à relever les alésages, compas (m) pour alésages, gabarit (m)		остроконечный (раздвижной) нутромѣръ (m) calibro (m) calibre (m) para diámetros interiores	6
Tiefenlehre (f) depth gauge jauge (f) de profondeur, pied (m) de profondeur		калибръ (m) для измѣренія глубины calibro (m) di profondità calibre (m) para huecos ó para alturas ó para profundidades	7
Lochlehre (f) hole gauge jauge (f) pour trous		дыромѣръ (m); калибръ (m) для измѣренія круглыхъ отверстій calibro (m) per fori o per diametri calibre (m) para agujeros	8

1 Tasterlehre (f), Rachenlehre (f)
caliper gauge
calibre (m) à mâchoire, calibre-mâchoire (m)

постоянный калибръ (m)
calibro (m) a mascelle
calibre (m) de compás

---

2 Blechlehre (f)
sheet gauge
jauge (f) pour les tôles

калибръ (m) *или* калиберная дощечка (f) для измѣренія толщины листовъ
calibro (m) per lamiere
calibre (m) para chapa

---

3 Lehre (f), [Schablone (f)]
template
gabarit (m)

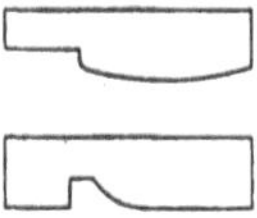

шаблонъ (m)
sagoma (f), profilo (m)
plantilla (f), modelo (m)

---

4 Streichmaß (n)
marking gauge, carpenter's gauge
trusquin (m)

раздвижной ресмусъ (m)
tracciatore (m) a mano
bramil (m)

---

5 Parallelreißer (m), Parallelreißstock (m)
surface gauge, scribing block
trusquin (m)

ресмусъ (m); чертилка (f)
tracciatore (m), traccia-parallele (m)
bramil (m) de mármol

---

6 Stellwinkel (m), Schmiege (f), Schrägmaß (n)
bevel protractor
sauterelle (f), fausse équerre (f), équerre (f) pliante

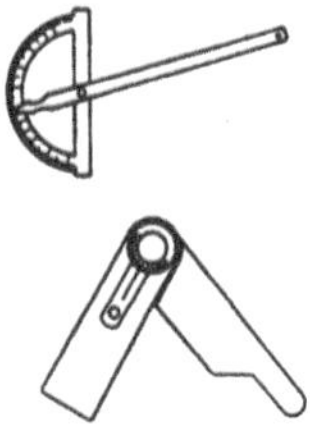

малка (f); угломѣръ (m)
squadra (f) falsa, calandrino (m)
saltarregla (f), pantómetro (m), sentanilla (f), falsa escuadra (f), escuadra (f) plegable

---

7 Richtschiene (f)
levelling rule
règle (f) à dresser [en métal]

провѣрочная *или* вывѣрочная линейка (f)
regolo (m) di metallo per livellare
regla (f) de metal para enderezar

---

8 Senklot (n), Senkblei (n)
plumb bob
fil (m) à plomb

отвѣсъ (m)
piombino (m), filo (m) a piombo
plomada (f)

---

9 Tasterzirkel (m)
calipers (pl)
compas (m) d'épaisseur

кронциркуль (m)-толщиномѣръ (m)
compasso (m) di spessore
compás (m) de gruesos

Feinschraubzirkel (m), [Mikrometerzirkel (m)]
micrometer calipers (pl)
compas (m) d'épaisseur micrométrique

микрометрическій толщиномѣръ (m); касательный измѣритель (m) съ указателемъ
compasso (m) micrometrico
compás (m) micrométrico de gruesos con esfera
1

Außentaster (m)
outside calipers (pl)
compas (m) d'épaisseur

кронциркуль (m)-толщиномѣръ (m) (толстомѣръ (m))
compasso (m) di spessore
compás (m) de gruesos
2

Lochtaster (m), Innentaster (m)
inside calipers (pl)
[compas (m)] maître (m) de danse

нутромѣръ (m); кронциркуль (m) для измѣренія внутреннихъ размѣровъ
compasso (m) per fori
compás (m) de huecos
3

Zirkel (m), Spitzzirkel (m)
dividers (pl)
compas (m) diviseur, compas (m) à pointes sèches

остроконечный дѣлительный циркуль (m)
compasso (m) divisore
compás (m) de puntas
4

Meßpunkt (m)
measuring point, punch mark
point (m) d'où l'on prend la mesure

исходная точка (f) при измѣреніи; точка измѣренія
punto (m) di riferimento
punto (m) donde se toma la medida
5

Stoffprüfung
Examination of Material
Examen des matières

Испытаніе матеріаловъ
Prova del materiale
Ensayo de los materiales
6

Schlag (m)
blow, shock, impact
choc (m)

ударъ (m)
urto (m)
choque (m), golpe (m)
7

Schlagbeanspruchung (f), Beanspruchung (f) auf Schlagfestigkeit
shock *or* blow stress
épreuve (f) au choc

усиліе (n) при ударѣ; подвергнуть удару
sollecitazione (f) d'un corpo per urto
exposición (f) de un cuerpo al choque
8

Schlagfestigkeit (f)
resistance to shock, strength under shock
résistance (f) au choc

сопротивленіе (n) удару; прочность (f) на ударъ
resistenza (f) all'urto
resistencia (f) al choque
9

1	Schlagversuch (m), Fallversuch (m), Schlagprobe (f) shock or impact test essai (m) au choc		ударная проба (f); проба на ударъ prova (f) per urto ensayo (m) al choque
2	Biegeprobe (f) bending test essai (m) de flexion *ou* de pliage		испытаніе (n) на изгибъ *или* на сгибаніе; проба (f) гибомъ *или* загибомъ prova (f) di flessione *o* di piegatura ensayo (m) de flexión *ó* de doblado
3	Biegestelle (f) bending point endroit (m) de pliage	a	мѣсто (n) загиба punto (m) di piegatura *o* di flessione punto (m) de flexión
4	biegbar (adj), biegsam (adj) pliable (adj), pliant (adj), flexible (adj) pliable (adj)		гибкій; сгибаемый flessibile (agg), pieghevole (agg) flexible (adj), plegable (adj)
5	Warmbiegeprobe (f) hot bending test essai (m) de pliage à chaud		испытаніе (n) на изгибъ въ нагрѣтомъ видѣ; проба (f) на изгибъ въ нагрѣтомъ состояніи prova (f) di piegatura a caldo ensayo (m) de doblado en caliente
6	Kaltbiegeprobe (f) cold bending test, bending test in a cold state essai (m) de pliage à froid		испытаніе (n) на изгибъ въ холодномъ видѣ; проба (f) на изгибъ въ холодномъ состояніи prova (f) di piegatura a freddo ensayo (m) de doblado en frío
7	Abschreckbiegeprobe (f), Härtungsbiegeprobe (f) bending test in tempered (quenched) state essai (m) de flexion *ou* pliage après trempe		испытаніе (n) на изгибъ послѣ предварительнаго быстраго охлажденія; проба (f) на изгибъ послѣ предварительной закалки prova (f) di piegatura dopo la tempera ensayo (m) de flexión de un cuerpo templado
8	biegen (v) to bend plier (v), courber (v)	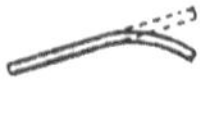	гнуть; согнуть; сгибать piegare (v), curvare (v) encorvar (v), doblar (v)

um einen Dorn biegen (v)
to bend round a mandrel
plier (v) autour d'un mandrin

загнуть на оправѣ
piegare (v) sopra un mandrino
curvar (v) ó doblar (v) sobre un mandril 1

Durchbiegung (f)
deflection
flèche (f)

прогибъ (m)
flessione (f), freccia (f) d'incurvamento
flecha (f) 2

Mindestdurchbiegung (f)
minimum deflection
flèche (f) minima

минимальный *или* наименьшій прогибъ (m)
flessione (f) minima
flecha (f) minima 3

---

das Nieteisen zu einer Schleife biegen (v)
to bend the rivet iron into a loop
plier (v) en boucle le fer à rivets

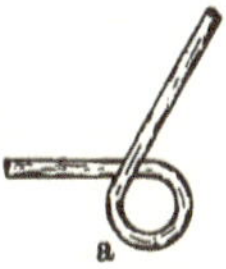

a

согнуть заклёпочное желѣзо въ петлю
piegare (v) a nodo il ferro da chiodi
doblar (v) el hierro de remaches hasta formar un lazo 4

Schleife (f)
loop
boucle (f)

a

петля (f)
nodo (m)
lazo (m) 5

Biegehalbmesser (m)
bending radius
rayon (m) de pliage *ou* de cintrage

r

радіусъ (m) загиба
raggio (m) di piegatura *o* di curvatura
radio (m) de flexión *ó* de curvatura 6

Biegegröße (f)
bending coefficient
coefficient (m) de pliage

$$Bg = 50\frac{s}{r}$$

величина (f) загиба
ampiezza (f) della piegatura
coeficiente (m) de la flexión *ó* curvatura 7

Biegepresse (f)
bending press
presse (f) à plier *ou* à cintrer *ou* à courber

сгибающій прессъ (m); прессъ для загиба *или* для загибанія
pressa (f) da piegare
prensa (f) para encorvar *ó* doblar 8

Hin- und Herbiegeprobe (f)
alternating bending test, test by bending in opposite directions
essai (m) de pliage alternatif en sens inverse

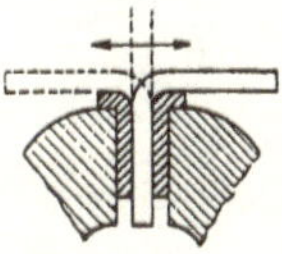

испытаніе (n) на изгибъ попеременно въ одну и другую сторону
prova (f) di piegatura ripetuta in sensi opposti
prueba (f) por doblado [en uno y otro sentido de vaivén] 9

Biegebacken (f pl)
bending jaws
mâchoires (f pl) de pliage [*ou* de cintrage]

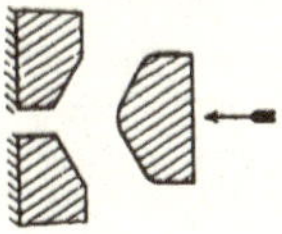

губы (f pl) сгибающаго пресса
mascelle (f pl) di piegatura
mordazas (f pl) para doblar 10

1	Schlagbiegeprobe (f) shock *or* blow bending test essai (m) de flexion au choc		испытаніе (n) на изгибъ посредствомъ ударовъ prova (f) di flessione all'urto ensayo (m) de flexión al choque
2	Kerbbiegeprobe (f), Kerbschlagprobe (f) shock test on notched bar essai (m) au choc sur éprouvette entaillée	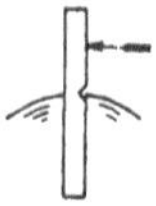	испытаніе (n) на изгибъ врубленнаго образца *или* образца со врубомъ prova (f) di flessione su campione intaccato ensayo (m) á la flexión sobre material entallado
3	Brechprobe (f), Bruchprobe (f) breaking test essai (m) de rupture		испытаніе (n) на изломъ; испытаніе на разрывъ prova (f) alla frattura ensayo (m) de rotura
4	Geschmeidigkeit (f) ductility, malleability malléabilité (f)		ковкость (f); тягучесть (f) malleabilità (f), duttilità (f) maleabilidad (f)
5	geschmeidiges Eisen (n) ductil *or* soft iron fer (m) malléable *ou* ductile		ковкое желѣзо (n); мягкое желѣзо ferro (m) malleabile *o* duttile hierro (m) maleable *ó* dúctil
6	brüchiges Eisen (n) short iron fer (m) cassant		ломкое желѣзо (n) ferro (m) fratturabile hierro (m) quebradizo
7	sprödes Eisen (n) brittle iron fer (m) aigre		хрупкое желѣзо (n) ferro (m) friabile hierro (m) duro y quebradizo
8	Bruchdehnung (f) elongation allongement (m) de rupture par unité de longueur	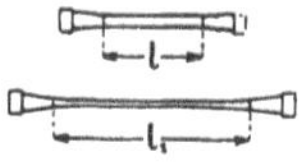 $\frac{l_1 - l}{l}$	удлиненіе (n) при разрывѣ allungamento (m) di rottura alargamiento (m) de rotura
9	Bruch (m) fracture cassure (f), fracture (f)		изломъ (m) frattura (f), rottura (f) fractura (f), rotura (f)
10	schiefer Bruch (m) oblique *or* inclined fracture cassure (f) en sifflet		косой изломъ (m) frattura (f) *o* rottura (f) obliqua rotura (f) oblicua

Bruchaussehen (n)
appearance of fracture
aspect (m) de la cassure

видъ (m) излома
aspetto (m) della frattura o della rottura 1
aspecto (m) de la rotura

Bruchfläche (f)
fracture, surface of fracture
surface (f) de la cassure, cassure (f), section (f) de rupture

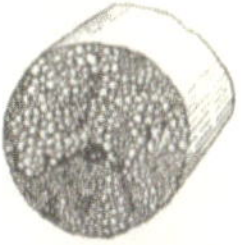

изломъ (m); поверхность (f) излома
frattura (f), superficie (f) di rottura 2
superficie (f) de la rotura

---

körnig (adj)
granular (adj)
granulé (adj)

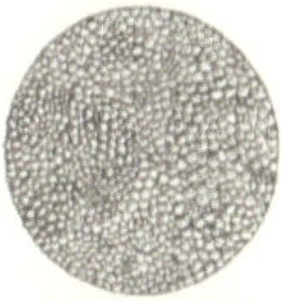

зернистый
granulare (agg) 3
granulado (adj)

---

feinkörnig (adj)
fine grained (adj)
à grain fin, finement granulé (adj)

мелкозернистый
a grana fina, finamente granulato (agg) 4
de grano fino, finamente granulado (adj)

---

grobkörnig (adj)
coarse grained (adj)
à gros grain, grossièrement granulé (adj)

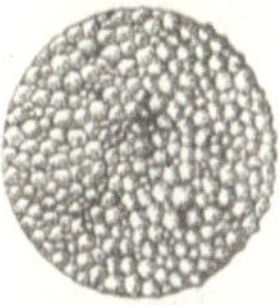

крупнозернистый
a grana grossa, grossamente granulato (agg) 5
de grano grueso, toscamente granulado (adj)

---

schuppig (adj)
scaly (adj), laminated (adj)
écailleux (adj), conchoidal (adj)

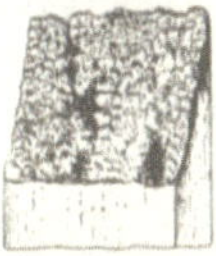

чешуйчатый
squamoso (agg) 6
escamoso (adj)

---

blätterig (adj)
wavy (adj), foliated (adj)
feuilleté (adj)

пластинчатый
lamellare (agg) 7
foliado (adj), en forma de hojas

Blatt (n), Schicht (f), Absonderungsfläche (f)
lamina
lamelle (f)

листъ (m); плоскость (f) отслоенія
lamina (f) 8
lámina (f), laminilla (f)

1 geschichtet (adj)
laminated (adj)
stratifié (adj)

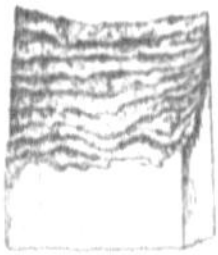

слоистый
stratificato (agg)
estratificado (adj)

---

2 sehnig (adj)
fibrous (adj)
nerveux (adj), fibreux (adj)

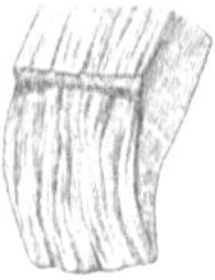

жилистый
nervoso (agg)
nervudo (adj)

---

3 zackig (adj)
serrated (adj), notched (adj)
dentelé (adj), hérissé (adj)

зубчатый
dentato (agg)
dentado (adj)

---

4 kristallinisch (adj)
crystalline (adj)
cristallin (adj)

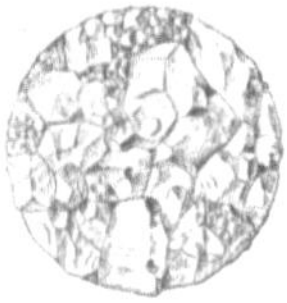

кристаллическій
cristallino (agg)
cristalino (adj)

---

5 strahlig (adj)
radiated (adj), radiolated (adj)
rayonnant (adj)

лучистый
raggiato (agg), radiale (agg)
radiado (adj), con rayos

---

6 stengelig (adj)
spiky (adj)
à tige, ayant des rais

шестоватый; стержнеобразный
gambuto (agg), caulino (agg)
entallecido (adj)

---

7 zellig (adj)
cellular (adj)
cellulaire (adj)

ячеистый
cellulare (agg)
celular (adj)

---

8 netzförmig (adj)
net shaped (adj), reticulated (adj)
réticulaire (adj), en [forme de] réseau

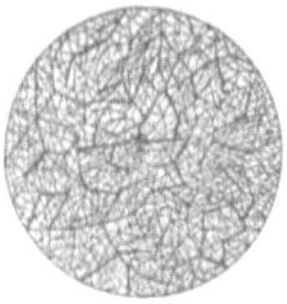

сѣткообразный
reticolare (agg), a forma di rete
reticular (adj), en forma de redecilla

säulenförmig (adj)
columnar (adj)
en [forme de] colonnes

колонкообразный; въ видѣ колонокъ
a forma di colonne, colonnare (agg) 1
columnario (adj), en forma de columnas

---

nadelförmig (adj)
needle shaped (adj), acicular (adj)
aciculaire (adj), aiguillé (adj), hérissé (adj) d'aiguilles

игольчатый; иглообразный
a forma d'aghi, aghiforme (agg) 2
acicular (adj), en forma de agujas

Kern (m) des Bruchquerschnitts
core of the fracture
noyau (m) de [la] cassure

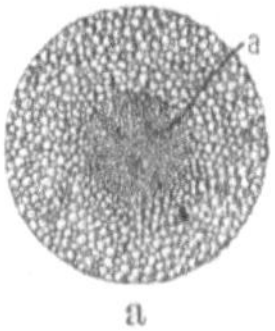

ядро (n) поперечнаго сѣченія излома
nocciolo (m) della frattura 3
núcleo (m) de la sección transversal de rotura

---

krispelig (adj)
blistered (adj)
crêpelé (adj)

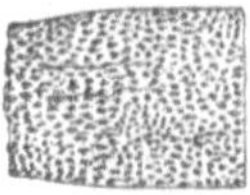

мерейный
increspato (agg) 4
erizado (adj)

---

narbig (adj)
rough (adj), scarred (adj)
balafré (adj)

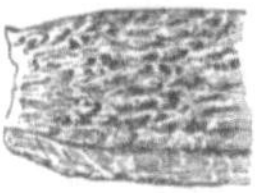

сучковатый; рубцеватый
intagliato (agg), sfregiato (agg) 5
excoriáceo (adj)

---

knitterig (adj)
crumpled (adj)
froissé (adj)

мятый
gualcito (agg) 6
arrugado (adj)

---

gefältelt (adj)
wrinkled (adj)
plissé (adj)

складкообразный; складчатый
rugoso (agg) 7
plegado (adj), rugoso (adj)

Fließfigur (f)
strain figures (pl)
figure (f) d'écoulement *ou* d'étirage

видъ (m) матеріала въ состояніи текучести
aspetto (m) di frattura stirata 8
cara (f) *ó* figura (f) de fusión

1	Kaltbruch (m) cold brittleness, cold short qualité (f) d'un fer cassant à froid		хладноломкость (f) frattura (f) a freddo fractura (f) en frio
2	kaltbrüchiges Eisen (n) cold short iron fer (m) cassant à froid		хладноломкое желѣзо (n) ferro (m) fragile a freddo hierro (m) quebradizo en frio
3	heißbrüchiges Eisen (n), rotbrüchiges Eisen (n) hot brittle iron, red short iron fer (m) cassant à chaud		теплоломкое желѣзо (n); красноломкое желѣзо ferro (m) fragile a caldo hierro (m) quebradizo en caliente
4	faulbrüchiges Eisen (n) burned iron fer (m) rouverin (à chaud et à froid)		хрупколомкое желѣзо (n) ferro (m) fragile a caldo ed a freddo hierro (m) muy quebradizo (en frio y en caliente)
5	Beizbrüchigkeit (f) corroding brittleness décapage (m) *ou* corrosion (f) rendant le fer cassant		ломкость (f) протравленнаго желѣза fragilità (f) per corrosione fragilidad (f) por corrosión
6	Zug (m) pull, tension, stress traction (f)		растяженіе (n) trazione (f) tracción (f)
7	auf Zug beanspruchen (v) to put under tensile stress solliciter (v) [un corps] par traction, faire travailler (v) [un corps] à la traction	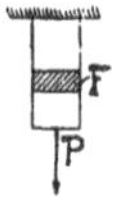	подверг-нуть (-ать) растяженію sollecitare (v) un corpo per trazione someter (v) [un cuerpo] á la tracción
8	Zugfestigkeit (f), Zerreißfestigkeit (f) resistance to tensile stress, tensile strength résistance (f) à la traction		сопротивленіе (n) растяженію *или* разрыву; прочность (f) на растяженіе *или* на разрывъ resistenza (f) alla trazione resistencia (f) á la tracción
9	Zugspannung (f) intensity of tensile stress, tension tension (f) de traction, traction (f) unitaire	 $\sigma = \frac{P}{F}$	напряженіе (n) отъ растяженія tensione (f), coefficiente (m) di trazione intensidad (f) de tracción, coeficiente de tracción

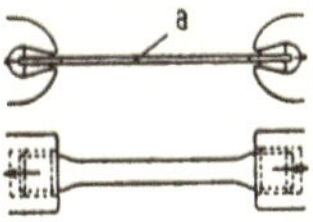

1
Zerreißprobe (f)
tensible test
essai (m) de rupture
испытаніе (n) *или* проба (f) на разрывъ
prova (f) di frattura, saggio (m) di trazione
ensayo (m) de rotura

2
zerreißen (v)
to tear, to break
se rompre (v) [par traction]
разорвать; разрывать
rompersi (v) [per trazione]
romperse (v) [por tracción], desgarrarse (v)

3
Probestab (m), Versuchsstab (m)
test rod, test piece *or* bar
barreau (m) d'épreuve, barreau (m) d'essai
a
стержень (m) *или* брусокъ (m), предназначенный для испытанія
barretta (f) di prova
varilla (f) de ensayo, probeta (f)

4
Zerreißmaschine (f)
machine for testing tensile strength
appareil (m) pour l'essai de rupture
машина (f) для испытанія на разрывъ
macchina (f) per la prova a rottura
aparato (m) para el ensayo de rotura

5
Feilhieb (m)
notch
trait (m) de lime
царапина (f) напильникомъ
segno (m) lasciato dalla lima
trazo (m) de lima, picadura (f)

6
absolute Festigkeit (f)
ultimate tensile strength
résistance (f) absolue
абсолютная прочность (f)
resistenza (f) assoluta
resistencia (f) absoluta

7
Dehnung (f)
dilatation, expansion
allongement (m)
растяженіе (n)
dilatazione (f)
dilatación (f), alargamiento (m)

8
Zähigkeit (f)
tenacity
ténacité (f)
тягучесть (f); вязкость (f)
tenacità (f)
tenacidad (f)

9
Dehn[ungs]zahl (f), [Elastizitätsmodul (m)]
modulus of elasticity, Young's modulus
module (m) d'élasticité
модуль (m) упругости
modulo (m) d'elasticità
módulo (m) de elasticidad

10
zähes Gefüge (n), zähe Struktur (f)
tough structure
structure (f) résistante
вязкая *или* тягучая структура (f)
struttura (f) tenace *o* resistente
estructura (f) sólida

11
Stützweite (f)
span
portée (f)
пролётъ (m)
portata (f)
vano (m)

1 Freilage (f)
test piece supported at both ends
distance (f) entre supports

въ незакрѣпленномъ положенiи
posizione (f) libera
posición (f) libre

---

2 Spannsprödigkeit (f)
tension brittleness
facilité (f) de cassure par tension, fragilité (f) de tension

хрупкость (f) вслѣдствiе внутреннихъ напряженiй
facilità (f) di frattura per tensione
facilidad (f) de rotura por tensión

---

3 Drehung (f), [Torsion (f)]
torsion, twist
torsion (f)

крученiе (n); скручиванiе (n)
torsione (f)
torsión (f)

---

4 Drehbeanspruchung (f), Beanspruchung (f) auf Verdrehen, [Torsionsbeanspruchung (f)]
torsional stress, torsional loading
travail (m) d'un corps à la torsion, effort (m) de torsion subi par un corps

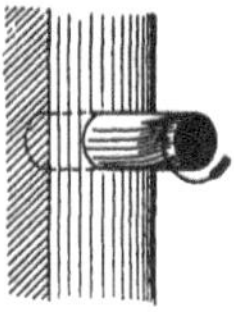

подвергнуть крученiю *или* скручиванiю; нагрузка (f) отъ скручиванiя *или* на скручиванiе
sollecitazione (f) alla torsione
esfuerzo (m) de torsión

---

5 Drehfestigkeit (f), [Torsionsfestigkeit (f)]
torsional strength
résistance (f) à la torsion

прочность (f) на крученiе; сопротивленiе (n) скручиванiю
resistenza (f) alla torsione
resistencia (f) á la torsión

---

6 Drehspannung (f), [Torsionsspannung (f)]
intensity of torsional stress
tension (f) de torsion

напряженiе (n) отъ крученiя *или* отъ скручиванiя
tensione (f) di torsione
intensidad (f) de torsión

---

7 Drehversuch (m), [Torsionsversuch (m)]
torsion test
essai (m) à la torsion

испытанiе (n) на крученiе *или* на скручиванiе
saggio (m) di torsione
ensayo (m) de torsión

---

8 Drehmoment (n), [Torsionsmoment (n)]
twisting moment, turning moment, moment of torsion
moment (m) de torsion

моментъ (m) крученiя; крутящiй *или* скручивающiй моментъ
momento (m) di torsione
momento (m) de torsión

---

9 Drehkraft (f), [Torsionskraft (f)]
torsional load, turning force
force (f) de torsion

сила (f) крученiя; скручивающее *или* крутящее усилiе (n)
forza (f) di torsione
fuerza (f) de torsión

Kräftepaar (n)
couple
couple (m) [de forces]

пара (f) силъ
coppia (f) [di forze]
par (m) de fuerzas, fuerzas (f pl) apareadas 1

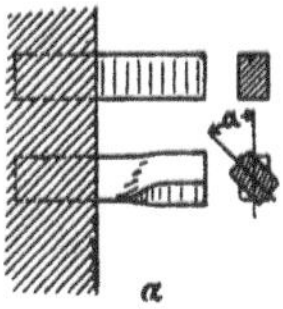

Verdrehung (f)
torsion
torsion (f)

скручиваніе (n)
torsione (f)
torsión (f) 2

Drehwinkel (m)
angle of torsion, torsion angle
angle (m) de torsion

уголъ (m) крученія
angolo (m) di torsione
ángulo (m) de torsión 3

Winkelveränderung (f), Schiebung (f)
alteration of angle, angular slip
déformation (f) angulaire, glissement (m)

сдвигъ (m) при крученіи; скольженіе (n) при крученіи
deformazione (f) angolare
deformación (f) angular 4

Verdrehungselastizität (f), [Torsionselastizität (f)]
torsional elasticity
elasticité (f) de torsion

упругость (f) скручиванія; упругость при крученіи
elasticità (f) di torsione
elasticidad (f) de torsión 5

Verwindeprobe (f), Verdrehprobe (f)
torsion test in which the torsion is measured by the angle of twist
essai (m) de torsion

испытаніе (n) на скручиваніе
prova (f) di torsione
ensayo (m) de torsión 6

---

verwinden (v), verdrehen (v)
to twist
tordre (v)

скру-тить (-чивать)
torcere (v)
torcer (v) 7

Windung (f)
turn
tour (m), pas (m)

витокъ (m)
giro (m), avvolgimento (m)
torcedura (f), vuelta (f) 8

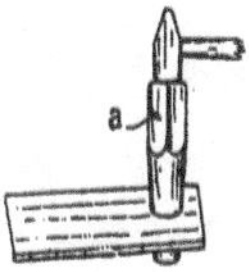

Lochprobe (f)
drift test
essai (m) de perçage *ou* de poinçonnage, essai (m) [d'un corps] au poinçonnage

испытаніе (n) *или* проба (f) на пробивку дыръ
prova (f) di foratura *o* di punzonatura
ensayo (m) de perforación á punzón 9

---

durchlochen (v)
to punch
percer (v), poinçonner (v)

проби-ть (-вать) дыры
forare (v), punzonare (v)
perforar (v), agujerear (v) 10

1 Lochstempel (m)
punch, stamp
poinçon (m)

a

пунсонъ (m); пуансонъ (m); штемпель (m)
punzone (m)
punzón (m)

---

2 Lochung (f)
perforation
poinçonnage (m)

пробивка (f) дыръ
foratura (f)
horadamiento (m)

---

3 auslochen (v)
to mortise, to punch
poinçonner (v)

проби-ть (-вать) отверстіе
punzonare (v)
agujerear (v), punzonar (v)

---

4 das Loch auftreiben (v)
opening out the hole, to emboss the hole
agrandir (v) le trou

расширить отверстіе
allargare (v) il foro
agrandar (v) el agujero

---

5 Schmiedeprobe (f)
forging test
essai (m) de forgeage, essai (m) [d'un corps] au forgeage *ou* à la forge

кузнечная проба (f); испытаніе (n) на ковкость
prova (f) di fucinazione
ensayo (m) á la forja *ó* de forjado

---

6 ausschmieden (v)
to forge, to hammer
étirer (v) [sous le marteau]

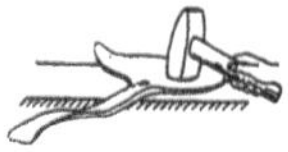

выков-ать (-ывать)
stirare (v) al maglio
estirar (v), malear (v), martillar (v)

---

7 auf 1 1/2 (eineinhalbfache) Probenbreite ausschmieden (v)
to forge out to 1 1/2 times the test width
marteler (v) l'éprouvette à 1 1/2 fois sa largeur, étirer (v) l'éprouvette sous le marteau à 1 1/2 fois sa largeur primitive

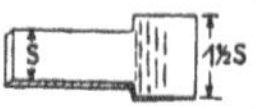

оттянуть молоткомъ до полуторной длины
stirare (v) il campione sotto il maglio ad 1 volta e 1/2 la sua larghezza
estirar (v) al martillo la pieza de prueba hasta 1 1/2 veces su ancho primitivo

---

8 mit der Hammerfinne quer zur Walzrichtung schmieden (v)
to forge with the edge of the hammer across the direction of rolling
marteler (v) [le métal] avec la panne du marteau transversalement au [sens de] laminage

ковать *или* проковывать лицомъ молота поперечно къ направленію прокатки
battere (v) colla penna del martello in senso trasversale a quello della laminazione
estirar (v) el metal con la peña del martillo en sentido transversal del laminado

Ausbreit[e]probe (f)
hammering test
essai (m) d'élargissement, essai (m) [d'un corps] à l'élargissement
испытаніе (n) на раскатку
prova (f) di allargamento 1
ensayo (f) de la maleabilidad de un cuerpo

a

ausbreiten (v)
to flatten
élargir (v)
раскат-ать (-ывать)
allargare (v) 2
estirar (v), ensanchar (v)

Ausbreitung (f)
flattening out
élargissement (m)
раскатка (f)
allargamento (m) 3
ensanchamiento (m)

Streckung (f)
stretching, drawing
étirage (m)
прокатка (f)
stiramento (m), distendimento (m) 4
laminado (m), alargamiento (m), estirado (m)

Stauchprobe (f), Schlagprobe (f)
shock crushing test, upsetting test, jumping up test
essai (m) d'écrasement à choc, essai (m) [d'un corps] au refoulement *ou* à l'écrasement
испытаніе (n) на расковку
prova (f) di appiattimento o di schiacciamento 5
prueba (f) de recalcar, prueba (f) de aplastar

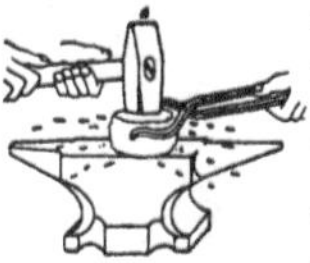

stauchen (v), zusammenstauchen (v)
to upset, to jump
refouler (v), écraser (v), aplatir (v)
осадить, осаждать; расков-ать (-ывать)
appiattire (v), schiacciare (v) 6
aplastar (v)

Stauchung (f)
jumping
refoulement (m), aplatissement (m), écrasement
осадка (f); осаживаніе (n); расковка (f) 7
schiacciamento (m)
aplastamiento (m)

Härte (f)
hardness
dureté (f)
твёрдость (f)
durezza (f) 8
dureza (f)

Härtemessung (f)
measurement *or* determination of hardness
mesure (m) *ou* détermination (f) de la dureté
опредѣленіе (n) твёрдости
misura (f) della durezza 9
medida (f) *ó* determinación (f) de la dureza

Härtegrad (m)
degree of hardness
degré (m) de dureté
шкала (f) *или* скала (f) твёрдости
grado (m) di durezza 10
grado (m) de dureza

Ritzhärte (f)
scratch hardness, sclerometric hardness
résistance (f) au striage, dureté (f) sclérométrique
склерометрическая твёрдость (f)
durezza (f) sclerometrica 11
dureza (f) esclerométrica

1 Ritzversuch (m)
scratch test
essai (m) sclérométrique, essai (m) de pénétration par striage

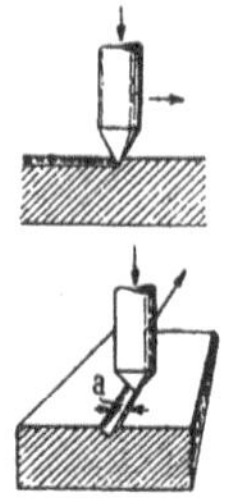

склерометрическая проба (f); проба нанесенiемъ царапинъ
prova (f) sclerometrica *o* di penetrazione per striatura
ensayo (m) de penetración por hendidura *ó* por rayado

---

2 Strichbreite (f)
width of scratch
largeur (f) de la rayure *ou* de la strie

a

ширина (f) царапины
lunghezza (f) della scanalatura *o* della stria
anchura (f) de la estria

---

3 Ritzhärteprüfer (m)
sclerometer
scléromètre (m)

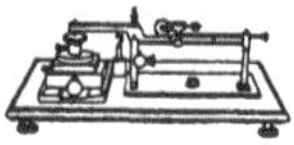

склерометръ (m)
sclerometro (m) a punta
esclerómetro (m) de rayado

---

4 Eindruckverfahren (n), Kugelhärteprobe (f)
ball test, Brinell's method
procédé (m) d'empreinte *ou* d'estampage par pression, procédé (m) Brinell

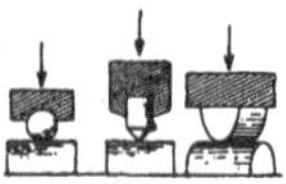

способъ (m) вдавливанія
processo (m) di stampo a pressione
procedimiento (m) del estampado

---

5 Kugelhärteprüfer (m)
ball hardness testing machine
presse (f) à bille pour l'essai de dureté

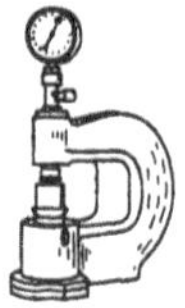

шаровой склерометръ (m)
sclerometro (m) a sfera
esclerómetro (m) de bolas

---

6 Wasserdruckprobe (f), [hydraulische Prüfung (f)]
hydraulic test
épreuve (f) hydraulique, essai (m) hydraulique

гидравлическое испытаніе (n); водяная проба (f); проба водой
prova (f) idraulica
prueba (f) hidráulica

---

7 Flüssigkeitsdruck (m)
hydraulic pressure
pression (f) hydraulique

давленіе (n) жидкости
pressione (f) idraulica
presión (f) hidráulica

---

8 Probedruck (m)
test pressure
pression (f) d'épreuve

пробное давленіе (n)
pressione (f) di prova
presión (f) de ensayo

---

9 Betriebsdruck (m)
working pressure
pression (f) normale de travail

рабочее давленіе (n)
pressione (f) di lavoro
presión (f) normal de trabajo

Probenverschluß (m)
test plug
fermeture (f) d'essai *ou* d'épreuve

запоръ (m) *или* затворъ (m) трубы
chiusura (f) dell'organo in prova
cierre (m) de ensayo *ó* de prueba 1

---

die Röhre während der Wasserdruckprobe abhämmern (v)
to hammer the tube during the hydraulic test
frapper (v) sur les tuyaux à l'aide du marteau pendant l'épreuve hydraulique

ударять молоткомъ по трубѣ во время гидравлическаго испытанія; обстукивать молоткомъ трубу во время водяной пробы 2
battere (v) i tubi durante la prova idraulica
martillar (v) los tubos durante la prueba hidráulica

Normaltabelle (f)
standard scale
table (f) normale

нормальная таблица (f)
tabella (f) normale 3
tabla (f) normal

III.

Eisenerzvorkommen und Eisenerze

Occurrence and Deposit of Iron Ores; Iron Ores

Gisement et minerais

Мѣсторожденія желѣзной руды и желѣзныя руды

Giacimenti e minerali di ferro

Yacimientos y minerales de hierro

1 **Lagerstättenkunde**
Theory of Deposit of Ores
Théorie des gisements
Ученіе о мѣсторожденіяхъ полезныхъ ископаемыхъ
Teoria sui giacimenti minerali
Conocimiento de los yacimientos

2 Lagerung (f), Bildung (f), Formation (f)
formation
formation (f)
формація (f)
formazione (f)
formación (f)

3 Flöz (n)
seam, bed, vein, lode
couche (f), lit (m), filon (m), veine (f)

флецъ (m); пластъ (m)
banco (m), vena (f)
capa (f), vena (f), filón (m), veta (f)

4 Eisenerzlagerstätte (f)
deposit of iron ores
gisement (m) *ou* gîte (m) de minerai de fer
мѣсторожденіе (n) желѣзной руды
giacimento (m) di minerali di ferro
[lugar de] yacimiento (m) de minerales de hierro

5 gangartige Lagerstätte (f)
gangue deposit
gisement (m), filon (m), veine (f)

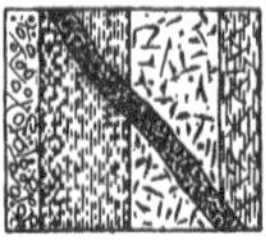

жильное мѣсторожденіе (n)
giacimento (m) a filone
criadero (m), filón (m)

geschichtete Lagerstätte (f) stratified ore deposit, stratum gisement (m) stratifié	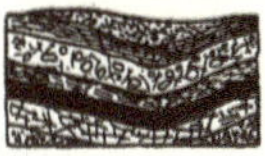	пластовое мѣсторожденіе (n) giacimento (m) stratificato criadero (m) en capas	1
massige Lagerstätte (f), Erzstock (m) solid ore deposit, ore stockwork, ore body gisement (m) en amas	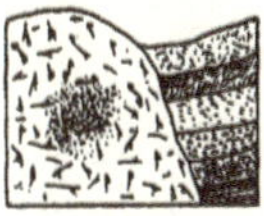	сплошное мѣсторожденіе (n); рудный штокъ (m) giacimento (m) massiccio criadero (m) en masa	2
Trümmerlagerstätte (f) sedimentary deposit gisement (m) sédimentaire		разсыпное *или* обломочное мѣсторожденіе (n) sedimento (m) di detriti criadero (m) sedimentario	3
verworfene *oder* gestörte Lagerstätte (f) faulted *or* dislocated deposit gite (m) disloqué		мѣсторожденіе (n) съ нарушеннымъ строеніемъ giacimento (m) dislocato criadero (m) irregular *ó* dislocado	4
Streichen (n) direction of strike direction (f)	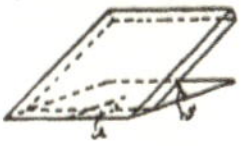 α	простираніе (n) direzione (f) rispetto alla rosa dei venti dirección (f), corrida (f), rumbo (m), arrumbamiento (m)	5
Einfallen (n) inclination, dip inclinaison (f), pendage (m), plongement (m)	β	паденіе (n) inclinazione (f) rispetto all'orizzonte echado (m), inclinación (f), buzamiento (m), pendiente (m), manteo (m) (en México)	6
Mächtigkeit (f) thickness, width épaisseur (m), puissance (f)		мощность (f) мѣсторожденія potenza (f) espesor (m), grueso (m), poder (m), potencia (f), abrigo (m) (Méx.)	7
Eisenerzgrube (f) iron ore mine mine (f) de fer		желѣзный рудникъ (m) miniera (f) di ferro mina (f) de hierro	8
Gewinnungsart (f) system *or* method of working (mining) mode (m) *ou* méthode (f) d'extraction *ou* d'exploitation		система (f) добычи metodo (m) d'estrazione modo (m) *ó* método de extracción *ó* de explotación	9

1 Tiefbau (m)
deep mine *or* level workings
exploitation (f) souterraine *ou* en profondeur

подземная разработка (f) мѣсторожденія
scavo (m) sotterraneo
explotación (f) subterránea

---

2 Tagebau (m)
open workings
exploitation (f) à ciel ouvert *ou* au jour

открытая разработка (f); разработка разносомъ
scavo (m) a giorno
explotación (f) á cielo abierto

---

3 Baggerbetrieb (m)
dredge working, dredging
dragage (m)

черпаніе (n); драг[ир]ованіе (n)
lavoro (m) a draga
explotación (f) con dragas

---

4 Dampfschaufelbetrieb (m)
steam shovel excavation
dragage (m) à la pelle à vapeur

паровое землечерпаніе (n)
escavazione (f) *o* scavo (m) a vapore
explotación (f) con cavadores de vapor

---

5 Erzförderung (f)
ore raising *or* mining
extraction (f) des minerais

доставка (f) *или* подняті (n) рудъ на дневную поверхность
estrazione (f) dei minerali
extracción (f) de minerales

---

6 Gefüge (n) [*oder* Struktur (f)] des Eisenerzes
structure of iron ore
structure (f) des minerais de fer

структура (f) желѣзной руды
struttura (f) del minerale di ferro
estructura (f) de los minerales ó de las menas de hierro

---

7 faseriges Eisenerz (n)
fibrous iron ore
minerai (m) de fer fibreux

волокнистая желѣзная руда (f)
minerale (m) di ferro fibroso
mineral (m) de hierro fibroso

---

8 pulverförmiges Eisenerz (n), staubförmiges Eisenerz (n)
fine *or* small iron ore, powdery iron ore
minerai (m) de fer pulvérulent

порошкообразная желѣзная руда (f)
minerale (m) di ferro polverulento
mineral (m) de hierro pulverulento

weiches Eisenerz (n)
soft iron ore
mineral (m) de fer tendre
мягкая желѣзная руда (f)
minerale (m) di ferro tenero 1
mineral (m) de hierro blando

---

dichtes Eisenerz (n)
dense iron ore
mineral (m) de fer dense
плотная желѣзная руда (f)
minerale (m) di ferro denso 2
mineral (m) de hierro denso

---

derbes Eisenerz (n)
compact iron ore
mineral (m) de fer compact *ou* massif
сплошная *или* сливная желѣзная руда (f)
minerale (m) di ferro compatto 3
mineral (m) de hierro compacto

---

mulmiges Eisenerz (n)
friable iron ore
mineral (m) de fer friable
вывѣтрѣлая желѣзная руда (f)
minerale (m) di ferro friabile 4
mineral (m) de hierro friable

---

erdiges Eisenerz (n)
earthy iron ore
mineral (m) de fer terreux

землистая желѣзная руда (f)
minerale (m) di ferro terroso 5
mineral (m) de hierro terroso

---

lockeres, toniges Eisenerz (n)
loose, argillaceous iron ore
mineral (m) de fer argileux non compact
рыхлая, глинистая желѣзная руда (f)
minerale (m) di ferro cavernoso *od* argilloso 6
mineral (m) de hierro arcillosa flojo

---

hartes Eisenerz (n)
hard iron ore
mineral (m) de fer dur
твёрдая желѣзная руда (f)
minerale (m) di ferro duro 7
mineral (m) de hierro duro

---

sprödes Eisenerz (n)
brittle iron ore
mineral (m) de fer dur et cassant
хрупкая желѣзная руда (f)
minerale (m) di ferro fragile 8
mineral (m) de hierro frágil

---

poriges Eisenerz (n)
porous iron ore
mineral (m) de fer poreux

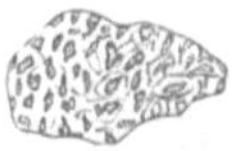

пористая желѣзная руда (f)
minerale (m) di ferro poroso 9
mineral (m) de hierro poroso

---

magnetisches Eisenerz (n)
magnetic iron ore
mineral (m) de fer magnétique
магнитная желѣзная руда (f)
minerale (m) di ferro magnetico 10
mineral (m) de hierro magnético

1	trockenes Erz (n) dry ore minerai (m) sec	сухая руда (f) minerale (m) secco mineral (m) seco
2	nasses Eisenerz (n), feuchtes Eisenerz (n) wet iron ore, moist iron ore minerai (m) de fer humide *ou* imprégné d'eau	мокрая желѣзная руда (f) minerale (m) di ferro bagnato mineral (m) de hierro húmedo
3	wasserhaltiges Eisenerz (n) iron ore containing water, water bearing iron ore minerai (m) de fer aquifère	желѣзная руда (f), содержащая воду; желѣзная руда съ содержаніемъ воды minerale (m) di ferro con alto tenore in acqua mineral (m) de hierro acuoso
4	kohlensäurehaltiges Eisenerz (n) iron ore containing carbonic acid minerai (m) de fer à teneur d'acide carbonique, minerai (m) de fer carbonaté	желѣзная руда (f), содержащая углекислоту; желѣзная руда съ содержаніемъ углекислоты; углекислая желѣзная руда minerale (m) di ferro contenente acido carbonico mineral (m) de hierro que contiene ácido carbónico, mineral (m) de hierro carbonado
5	kalkiges Eisenerz (n) calcareous iron ore minerai (m) de fer calcareux	известковая желѣзная руда (f) minerale (m) di ferro con tenore in carbonato di calce mineral (m) de hierro calcáreo
6	schwefelhaltiges Eisenerz (n) sulphurous iron ore minerai (m) de fer sulfureux	сѣрнистая желѣзная руда (f); желѣзная руда, содержащая сѣру; желѣзная руда съ содержаніемъ сѣры minerale (m) di ferro solforoso mineral (m) de hierro sulfuroso
7	phosphorhaltiges Eisenerz (n) phosphatic iron ore minerai (m) de fer phosphoreux	фосфористая желѣзная руда (f); желѣзная руда, содержащая фосфоръ; желѣзная руда съ содержаніемъ фосфора minerale (m) di ferro fosforoso mineral (m) de hierro fosforido

kupferhaltiges Eisenerz (n)
cupriferous iron ore
minerai (m) de fer cuivreux
желѣзная руда (f) съ содержанiемъ мѣди; желѣзная руда, содержащая мѣдь; мѣдистая желѣзная руда
minerale (m) di ferro con rame
mineral (m) de hierro cobrizo 1

---

bleihaltiges Eisenerz (n)
iron ore containing lead, galenical iron ore
minerai (m) de fer plombifère
желѣзная руда (f) съ содержанiемъ свинца; желѣзная руда, содержащая свинецъ
minerale (m) di ferro con tenore in piombo
mineral (m) de hierro plomizo 2

---

zinkhaltiges Eisenerz (n)
zinciferous iron ore
minerai (m) de fer zincifère
желѣзная руда (f), содержащая цинкъ; желѣзная руда съ содержанiемъ цинка
minerale (m) di ferro con tenore in zinco
mineral (m) de hierro cincifero 3

---

arsenhaltiges Eisenerz (n)
arsenical iron ore
minerai (m) de fer arsénieux
желѣзная руда (f), содержащая мышьякъ; желѣзная руда съ содержанiемъ мышьяка; мышьяковистая желѣзная руда
minerale (m) di ferro arsenioso
mineral (m) de hierro arsenioso 4

---

titanhaltiges Eisenerz (n)
titaniferous iron ore
minerai (m) de fer titanifère
желѣзная руда (f) съ содержанiемъ титанiя; желѣзная руда, содержащая титанiй; титанистая желѣзная руда
minerale (m) di ferro titanifero
mineral (m) de hierro titanifero 5

---

nickelhaltiges Eisenerz (n)
nickeliferous iron ore
minerai (m) de fer nickelifère
желѣзная руда (f), содержащая никкель; желѣзная руда съ содержанiемъ никкеля
minerale (m) di ferro nickelifero
mineral (m) de hierro niquelifero 6

---

leicht schmelzbares Erz (n)
easily fusible iron ore
minerai (m) facilement fusible
легкоплавкая руда (f)
minerale (m) facilmente fusibile
mineral (m) de hierro fácilmente fusible 7

1	schwer schmelzbares Erz (n) refractory iron ore minerai (m) difficilement fusible *ou* réfractaire	тугоплавкая руда (f) minerale (m) difficilmente fusibile mineral (m) de hierro difícilmente fusible
2	selbstschmelziges Erz (n), selbstgehendes Erz (n) self-fusible ore, self-fluxing ore minerai (m) de fer fusible par lui-même	самоплавкая руда (f) minerale (m) autofusibile mineral (m) de hierro fusible por sí mismo
3	leicht reduzierbares Erz (n) easily reducible ore minerai (m) de fer facilement réductible	легко восстановимая *или* восстановляемая руда (f) minerale (m) facilmente riduttibile mineral (m) fácilmente reducible
4	leichte Reduzierbarkeit (f) easy reduction réductibilité (f) facile	лёгкая восстановимость (f) *или* восстановляемость (f) riducibilità (f) facile reducibilidad (f) fácil
5	schwer reduzierbares Erz (n) difficultly reducible ore minerai (m) difficilement réductible	трудно восстановимая *или* восстановляемая руда (f) minerale (m) difficilmente riducibile mena (f) difícilmente reducible
6	schwere Reduzierbarkeit (f) difficult reduction réductibilité (f) difficile	трудная восстановимость (f) *или* восстановляемость (f) riducibilità (f) difficile reducibilidad (f) difícil
7	Roherz (n) raw ore minerai (m) brut *ou* cru	сырая *или* необожжённая руда (f) minerale (m) greggio mineral (m) bruto ó crudo
8	Wände (f pl), Stückerz (n) knockings (pl), lump ore minerai (m) en morceaux, minerai (m) gros	кусковая руда (f) minerale (m) a pezzi mineral (m) grueso, mineral (m) en pedazos
9	Grubenklein (n) smalls (pl), fines (pl) fines (f pl), mince (m) de la mine, menu (m) de la mine	подрудокъ (m); рудная мелочь (f); бусъ (m); подсѣвокъ (m) minerale (m) minuto di detrito mineral (m) menudo
10	Haldenerz (n) waste heap ore minerai (m) de halde	руда (f) изъ отваловъ minerale (m) della scarica mineral (m) de vaciadero

Scheiderz (n) screened ore minerai (m) trié, minerai (m) riche *ou* de scheidage (triage)	отобранная *или* сортированная руда (f); обогащённая руда minerale (m) scelto mineral (m) apartado, mineral (m) deslodado	1
scheiden (v) to cob, to screen trier (v)	отобрать (отбирать) руду; обогатить, (обогащать) руду scegliere (v), separare (v) apartar (v)	2
Klauberz (n) picking ore minerai (m) trié au marteau *ou* à la main	руда (f) ручной разборки minerale (m) spaccato mineral (m) apartado á mano *ó* partido con la maza	3
ausklauben (v) to pick trier (v) au marteau *ou* à la main	разбирать *или* отбирать *или* отдѣлять (ручной работой) руду отъ пустой породы spaccare (v) il minerale in pezzi partir (v) con la maza y apartar, apartar (v) á mano	4
Graupe (f) grains (pl) minerai (m) en grains, grenailles (f pl) de criblage	орѣшникъ (m) minerale (m) in pezzi piccoli mineral (m) en granos, granos (m pl) de acribadura	5
Gemenge (n), Konglomerat (n) conglomerate conglomérat (m)	конгломератъ (m) conglomerato (m) conglomerado (m), pudinga (f)	6
Linsenerz (n) oolitic ore fer (m) oolithique *ou* en lentilles	жёлтый глинистый желѣзнякъ (m); оолитовая желѣзная руда (f) ferro (m) oolitico hierro (m) oolitico	7
Nierenerz (n) nodular ore, kidney ore minerai (m) en rognons, roussier (m)	почковидная руда (f); руда въ видѣ почекъ minerale (m) reniforme mineral (m) en riñones	8
Verwitterung (f) weathering effritement (m), désagrégation (f) (par les agents atmosphériques)	вывѣтриванiе (n) disaggregazione (f) all'aria desagregación (f)	9

1	verwittertes Eisenerz (n) weathered iron ore minerai (m) de fer effrité *ou* désagrégé	вывѣтрѣлая желѣзная руда (f) minerale (m) di ferro disaggregato mineral (m) de hierro desagregado
2	frisches Eisenerz (n) fresh iron ore minerai (m) de fer frais	свѣжая желѣзная руда (f) minerale (m) di ferro scavato di fresco mineral (m) de hierro fresco
3	kristallinisches Eisenerz (n) crystalline iron ore minerai (m) de fer cristallin	кристаллическая желѣзная руда (f) minerale (m) di ferro cristallino mineral (f) de hierro cristalino
4	rauhes Eisenerz (n) raw iron ore minerai (m) de fer brut *ou* rugeux	сырая (т. е. не обожжённая и не отобранная) желѣзная руда (f) minerale (m) di ferro crudo mineral (m) de hierro bruto
5	durchwachsenes Eisenerz (n) incrustated iron ore minerai (m) de fer veiné d'autres matières	желѣзная руда (f), куски которой проникнуты другимъ минераломъ; руда, пронизывающая куски пустой породы minerale (m) di ferro concresciuto mineral (m) de hierro con vetas de otros minerales
6	Strich (m) streak trait (m)	простиранiе (n) tratto (m) trazo (m)
7	Eisengehalt (m) contents of iron teneur (f) en fer	содержанiе (n) желѣза tenore (m) in ferro tanto (m) por ciento de hierro
8	Feuchtigkeitsgehalt (m), Nässe (f) percentage of moisture teneur (f) en humidité	содержанiе (n) влаги tenore (m) in umidità tanto (m) por ciento de humedad *ó* de agua
9	Stückgehalt (m), Geröll (n) grading, proportion of lump ore proportion (f) de gros	содержанiе (n) кусковой руды proporzione (f) di minerale in pezzi nel giacimento *o* deposito, ciottoli (mpl) tanto (m) por ciento *ó* proporción (f) *ó* contenido (m) de pedazos gruesos

Feinerzgehalt (m)
contents of fine ore
proportion (f) de menu, teneur (f) en fines
содержаніе (n) мелкой руды
proporzione (f) di minerale minuto nel giacimento *o* deposito 1
tanto (m) por ciento de minerales finos

Bestimmung (f) der Stückgröße durch Absieben, Klassieren (n)
sizing *or* grading by sifting
détermination (f) de la grosseur par criblage
опредѣленіе (n) величины кусковъ грохоченіемъ
determinazione (f) della grossezza per vagliatura 2
determinación (f) del grueso por cribadura

Erzlieferungsvertrag (m)
contract for the supply of ore
contrat (m) de livraison de minerais
контрактъ (m) *или* письменный договоръ (m) на поставку руды
contratto (m) di fornitura di minerali 3
contrato (m) de entrega de minerales

Bezeichnung (f) des Erzes
classification of ore
désignation (f) du minerai
названіе (n) руды
designazione (f) del minerale 4
designación (f) del mineral

Herkunft (f)
origin
provenance (f)
происхожденіе (n)
provenienza (f)
origen (m), procedencia (f) 5

Eigenart (f) *oder* Merkmal (n) *oder* Charakter (m) des Erzes
characteristics of the ore
caractère (m) du minerai
свойства (npl) руды
caratteristica (f) del minerale 6
caracteristica (f) del mineral

Grundlage (f), Basis (f)
base, basis
base (f)
основаніе (n)
base (f) 7
base (f)

Skala (f)
scale
échelle (f)
шкала (f); скала (f)
scala (f) 8
escala (f)

Abzug (m) für Mehrgehalt an Kieselsäure, Phosphor und Schwefel
deduction for excessive percentage of silicic acid, phosphorus and sulphur
déduction (f) pour excès en silice, phosphore et soufre
вычетъ (m) *или* сбавка (f) въ цѣнѣ за большее содержаніе кремневой кислоты (кремнекислоты), фосфора и сѣры
defalco (m) per tenore eccessivo in acido silicico, fosforo e solfo 9
deducción (f) á consecuencia de un exceso de ácido silícico, fósforo y azufre

1	**Erzarten** **Classification of Minerals** **Espèces de minerals**		**Сорта руды** **Specie di minerali** **Clases de minerales**
2	Eisenoxydul (n) ferrous oxide oxyde (m) ferreux, protoxyde (m) de fer	FeO	закись (f) желѣза ossido (m) ferroso protóxido (m) de hierro
3	Eisenoxyd (n) ferric oxide oxyde (m) ferrique, sesquioxyde (m) de fer	Fe_2O_3	окись (f) желѣза ossido (m) ferrico peróxido (m) *ó* sesquióxido (m) de hierro anhidro
4	Roteisenstein (m) red hematite oxyde (m) de fer anhydre, hématite (f) rouge		красный желѣзнякъ (m); безводная окись (f) желѣза sesquiossido (m) di ferro, ematite (f) rossa hematites (f) roja
5	roter Glaskopf (m) hematite iron ore fer (m) oligiste concrétionné, hématite (f) rouge mamelonnée		красная стеклянная голова (f); кровавикъ (m) ematite (f) a superficie vetrosa hematites (f) roja concrecionada
6	Eisenglimmer (m) micaceous iron ore fer (m) oligiste *ou* micacé		желѣзная слюдка (f); желѣзистая слюдка oligisto (m) micaceo hierro (m) micáceo
7	Eisenglanz (m) specular iron ore fer (m) oligiste *ou* spéculaire	Fe_2O_3	желѣзный блескъ (m) ferro (m) speculare, oligisto (m) hierro (m) especular
8	Hämatit (m) hematite hématite (f)		гематитъ (m) ematite (f) hematites (f)
9	Ocker (m) ochre, yellow earth ocre (m)		охра (f) ematite (f) bruna ocre (m), almagre (m)
10	Eisenhydroxyd (n) hydroxide of iron hydrate (m) de fer, peroxyde (m) de fer hydraté	$Fe_2(OH)_6$	гидратъ (m) окиси желѣза idrossido (m) di ferro *o* ferrico peróxido (m) de hierro hidratado
11	Brauneisenstein (m), Limonit (m), wasserhaltiges Eisenoxyd (n) limonite, brown iron ore, brown hematite oxyde (m) de fer hydraté, limònite (f), hematite (f) brune		бурый желѣзнякъ (m); водная окись (f) желѣза; лимонитъ (m) sesquiossido (m) di ferro idrato, limonite (f) hematites (f) parda, hierro (m) pardo

Brauneisenstein-knollen (m pl) brown iron ore nodules grumeaux (m pl) *ou* nodules (m pl) d'hématite brune		желвакообразный бурый желѣзнякъ (m) ematite (f) bruna a noduli granos (mpl) *ó* globulillos (mpl) de hematites parda	1
Schaleneisenstein (m) botryoidal iron ore, kidney ore minerai (m) de fer en rognons		скорлуповатый желѣзнякъ (m) minerale (m) di ferro in arnioni mineral (m) de hierro en riñones	2
Minette (f) oolitic iron ore minette (f)		желѣзнякъ (m) оолитоваго строенія ferro (m) oolitico minuto hierro (m) oolítico	3
Rasenerz (n), Seeerz (n), Wiesenerz (n), Sumpferz (n) limonite, bog ore, marsh ore, meadow ore limonite (f), minerai (m) des prairies, minerai (m) des lacs		дерновая руда (f); озерная руда; луговая руда; болотная руда limonite (f), minerale (m) di ferro d'origine idrica *o* delle paludi e dei laghi limonita (f), hierro (m) pantanoso	4
Bohnerz (n) pisolitic iron, bean ore minerai (m) de fer en grains		бобковая руда (f); зернистый бурый желѣзнякъ (m) limonite (f) pisolitica *o* in grani hierro (m) pisolítico	5
oolithischer Brauneisenstein (m) oolitic brown iron ore fer (m) oolithique		оолитовый бурый желѣзнякъ (m) ferro (m) oolitico hierro (m) pardo oolítico	6
Gelbeisenerz (n) yellow iron ore minerai (m) de fer jaune	$K_2SO_4 + 4Fe_2(SO_4)_3 + 9H_2O$ $Na_2SO_4 + 4Fe_2(SO_4)_3 + 9H_2O$	жёлтая желѣзная руда (f) ocra (f) di ferro mineral (m) de hierro amarillo	7

Eisenoxyduloxyd (n) ferroso-ferric-oxide sesquioxyde (m) *ou* peroxyde (m) de fer	Fe_3O_4	магнитная закись-окись (f) желѣза sesquiossido (m) *o* perossido (m) di ferro peróxido (m) *ó* sequióxido (m) de hierro	8
Magnetit (m), Magneteisenerz (n) magnetite fer (m) magnétique, magnétite (f)	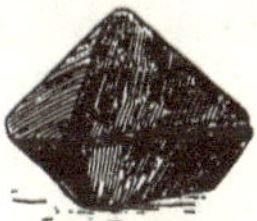 Fe_3O_4	магнетитъ (m); магнитный желѣзнякъ (m) magnetite (f) hierro (m) magnético, magnetita (f)	9

1	künstlicher Magnetit (m) artificial magnetite magnétite (f) artificielle		искусственный магнетитъ (m) magnetite (f) artificiale magnetita (f) artificial
2	Magneteisensand (m) magnetic sand sable (m) magnétique		магнитный песокъ (m) т. е. песокъ со значительнымъ содержаніемъ зёренъ магнитнаго желѣзняка sabbia (f) di magnetite magnetita (f) en polvo
3	Magnetkies (m) magnetic pyrites pyrite (f) magnétique	$Fe_n S_{n+1}$	магнитный колчеданъ (m); пирротинъ (m) pirite (f) magnetica pirita (f) magnética
4	Eisenkarbonat (n) carbonate of iron carbonate (m) de fer, sidérose (f)	$FeCO_3$	углежелѣзистая соль (f); сидеритъ (m) carbonato (m) di ferro carbonato (m) de hierro, siderosa (f)
5	Spateisenstein (m) siderite, spathic iron fer (m) spathique	$FeCO_3$	шпатоватый желѣзнякъ (m) ferro (m) spatico, siderite (f) hierro (m) espático, siderita (f)
6	Stahlstein (m) iron spar, sparry iron fer (m) oxydé carbonaté		стальная руда (f) minerale (m) d'acciaio mineral (m) dulce, óxido (m) de hierro carbonatado
7	Braunerz (n), Blauerz (n), reifer Eisenspat (m) vivianite, brown ore minerai(m) de fer brun, minerai (m) de fer bleu, vivianite (f), fer (m) spathique mûr	$Fe_3(PO_4)2 + 8H_2O$	бурая желѣзная руда (f); вивіанитъ (m); синяя желѣзная руда siderite (f) ossidata all'aria mineral (m) de hierro pardo, mineral (m) de hierro azul, hierro (m) espático alterado
8	Toneisenstein (m) clay ironstone, clay band minerai (m) de fer argileux		глинистый желѣзнякъ (m) sferosiderite (f) argillosa mineral (m) de hierro arcilloso
9	Rostspat (m) sparry iron ore (red) minerai (m) carbonaté grillé		обожжённый желѣзный шпатъ (m) minerale (m) carbonato torrefatto, siderite (f) calcinata mineral (m) de hierro carbonatado calcinado

Kohleneisenstein (m) blackband minerai (m) houiller, blackband		углистый желѣзнякъ (m) sferosiderite (f) carboniosa, minerale (m) di ferro situato nei giacimenti di carbon fossile hierro (m) (muy) carbonatado litoideo, blackband	1
schwefelsaures Eisenoxyd (n), Eisenoxydsulfat (n) ferric sulphate sulfate (m) ferrique	$Fe_2(SO_4)_3$	сѣрнокислая окись (f) желѣза; соль (f) окиси желѣза solfato (m) ferrico persulfato (m) de hierro	2
schwefelsaures Eisenoxydul (n), Eisenoxydulsulfat (n) ferrous sulphate, green vitriol *or* copperas sulfate (m) ferreux	$FeSO_4$	сѣрнокислая закись (f) желѣза solfato (m) ferroso sulfato (m) ferroso, vitriolo (m) verde	3
Schwefelkies (m), Eisensulfid (n) ferrous sulphide sulfure (m) de fer, pyrite (f) de fer	FeS_2	сѣрный колчеданъ; пиритъ (m); желѣзный колчеданъ (m) bisolfuro (m) di ferro, pirite (f) di ferro sulfuro (m) de hierro, pirita (f) de hierro	4
eigentliches Manganerz (n) proper manganese ore minerai (m) de manganèse proprement dit		собственно марганцовая руда (f) minerale (m) di manganese propriamente detto mineral (m) de manganeso	5
Psilomelan (m) psilomelane, black iron ore braunite (f), oxyde (m) manganique	$H_2MnO_4+H_2O$	псиломеланъ (m) psilomelano (m), ossido (m) manganico manganita (f) anhidra	6
Manganspat (m) manganese spar, carbonate of manganese, rhodonite carbonate (m) de manganèse	$MnCO_3$	марганцовый шпатъ (m) spato (m) manganico, carbonato (m) di manganese carbonato (m) de manganeso	7
Waderz (n) wad wad (m), composé (m) de peroxyde et oxyde de manganèse hydraté		вадъ (m) wad (m) wad (m), peróxido (m) y óxido de manganeso hidratado	8

1	Manganit (m) manganite manganite (f), acerdese (f)	$Mn\,O(HO)$	манганитъ (m) manganite (f) manganita (f), acerdesa (f)
2	Braunstein (m), Pyrolusit (m) pyrolusite pyrolusite (f), peroxyde (m) *ou* bioxyde (m) de manganèse	$Mn\,O_2$	пиролюзитъ (m) pirolusite (f), biossido (m) di manganese pirolusita (f), manganeso (m) negro
3	Hausmannit (m) hausmannite hausmannite (f), oxyde (m) manganique	$2\,Mn\,O + Mn\,O_2$	гаусманитъ (m) ossido (m) manganico óxido (m) mangánico, hausmannita (f)
4	Mangankiesel (m), Hartmangan (n), Rhodonit (m) rhodonite rhodonite (f), silicate (m) de manganèse	$Mn\,Si\,O_3$	орлецъ (m); кремнекислый марганецъ (m); родонитъ (m) rodonite (f) rodonita (f), silicato (m) de manganeso
5	manganhaltiges Eisenerz (n) manganiferous iron ore minerai (m) de fer manganésé		желѣзная руда (f), содержащая марганецъ; желѣзная руда съ содержанiемъ марганца; марганцовистая желѣзная руда minerale (m) di ferro manganesifero mineral (m) de hierro manganesifero
6	manganhaltiges Zinkerz (n) manganiferous zinc ore mineral (m) de zinc manganésé		цинковая руда (f) съ содержанiемъ марганца; цинковая руда, содержащая марганецъ minerale (m) di zinco manganesifero mineral (m) de cinc manganesifero
7	manganhaltiges Silbererz (n) manganiferous silver ore minerai (m) d'argent manganésé		серебряная руда (f) съ содержанiемъ марганца; серебряная руда, содержащая марганецъ minerale (m) d'argento manganesifero mineral (m) de plata manganesifero
8	Purpurerz (n), Kiesabbrand (m) calcined pyrites, purple ore résidu (m) de pyrites grillées		пурпуровая руда (f); остатки (m pl), получающiеся при добыванiи сѣрной кислоты изъ сѣрныхъ колчедановъ residui (m pl) di piriti dopo la torrefazione residuos (m pl) de piritas calcinadas

Eisenoxyd (n) von der Teerfarbenerzeugung
oxide of iron from the coal tar industry
oxyde (m) de fer provenant de la fabrication des couleurs retirées du goudron
окись (f) желѣза, получаемая при производствѣ гудронныхъ красокъ
ossido (m) di ferro della fabbricazione dei colori di catrame 1
óxido (m) de hierro producido en la fabricación de los colores de alquitrán

---

Beimengung (f)
admixture
additions (f pl)
примѣсь (f)
aggiunta (f) 2
materiales (m pl) mezclados al hierro

Einsprengung (f)
dissemination
matières (f pl) disséminées dans la masse

вкраплина (f); включенie (n)
minerali (m pl) disseminati in una massa 3
material (m) diseminado en la masa

eingesprengt (adj)
disseminated (adj)
disséminé (adj)
вкраплённый
disseminato (agg) 4
diseminado (adj)

schädlicher Bestandteil (m)
detrimental constituent
substance (f) nuisible
вредная составная часть (f)
elemento (m) nocivo 5
elemento (m) dañoso ó nocivo

Nebenbestandteil (m)
secondary constituent
substance(f) secondaire
второстепенная составная часть (f)
elemento (m) ausiliare 6
elemento (m) secundario

Bleiglanz (m)
galenite
galène (f), sulfure (m) de plomb

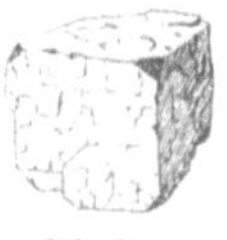

PbS

свинцовый блескъ (m); свинчакъ (m)
galena (f), solfuro (m) di piombo 7
galena (f); Perú: espejado (m); Bol.: liga (f)

Zinkspat (m)
calamine, smithsonite (A*)
smithsonite (f), zinc (m) carbonaté

$ZnCO_3$

цинковый шпатъ (m)
carbonato (m) di zinco 8
carbonato (m) de cinc, smithsonita (f)

Galmei (m)
calamine
calamine (f)

$ZnCO_3$

галмей (m)
calamina (f) 9
calamina (f)

Kieselzinkerz (n)
siliceous calamine *or* zinc ore
hydrosilicate (m) de zinc

Zn_2SiO_4, H_2O

кремнекислый галмей (m); каламинъ (m)
silicato (m) di zinco idrossilo 10
hidrosilicato (m) de cinc

* A = americanism

1 **Zinkblende (f)**
zincblende
blende (f), zinc (m) sulfuré

ZnS

цинковая обманка (f); сфалеритъ (m)
solfuro (m) di zinco, blenda (f)
blenda (f), esmanil (m), Méx: metal (m) negro

---

2 **Kupferkies (m)**
copper pyrites
chalcopyrite (f), pyrite (f) cuivreuse, cuivre (m) pyriteux

Cu_2S, Fe_2S_3

мѣдный колчеданъ (m)
calcopirite (f), pirite (f) ramosa
pirita (f) de cobre ó cobriza, cobre (m) piritoso

---

3 **Eisenkies (m), Pyrit (m)**
iron pyrites
pyrite (f) de fer

FeS_2

сѣрный колчеданъ (m); пиритъ (m)
pirite (f) di ferro
pirita (f) de hierro

---

4 **Arsenkies (m), Mispickel (m)**
arsenical pyrites, mispickel
pyrite (f) arsenicale, mispickel (m)

$FeAsS$

мышьяковый колчеданъ (m)
pirite (f) arsenicale
pirita (f) arsenical

---

5 **Titanit (m), Sphen (m)**
titanite
titanite (f)

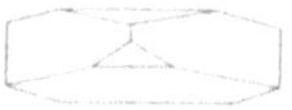

TiO_2

титанитъ (m)
titanite (f)
titanita (f)

---

6 **Quarz (m)**
quartz
quartz (m)

SiO_2

кварцъ (m)
quarzo (m)
cuarzo (m); Méx.: guija (f)

---

7 **Hornblende (f)**
hornblende
hornblende (f)

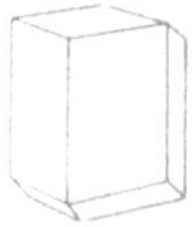

роговая обманка (f); амфиболъ (m)
orneblenda (f)
hornablenda (f)

---

8 **Granat (m)**
garnet
grenat (m)

гранатъ (m); вениса (f)
granato (m)
granate (m)

Kalkspat (m)
calcspar
spath (m) calcaire

известковый шпатъ (m) 1
spato (m) calcare
espato (m) calizo

$CaCO_3$

Apatit (m)
apatite
apatite (f), phosphorite (f)

апатитъ (m); фосфорнокислая известь (f) 2
apatite (f)
apatita (f)

$Ca_3(PO_4)_2, CaCl_2$

IV.

Aufbereitung der Eisenerze

Dressing of Iron Ores

Préparation des minerais de fer

Подготовка или обработка желѣзныхъ рудъ

Preparazione *o* trattamento dei minerali di ferro

Preparación de los minerales de hierro

---

1 Aufbereitungsanlage (f)
dressing plant
installation (f) de préparation *ou* de triage
фабрика (f) для обработки рудъ
impianto (m) di preparazione
instalación (f) de preparación

---

2 vorbereitendes Verfahren (n)
dressing process
opérations (f pl) préparatoires
подготовительный процессъ (m)
processo (m) preparatorio
operaciones (f pl preparatorias

---

3 Trennungsvorgang (m)
process of separation
marche (f) des opérations de séparation
процессъ (m) раздѣленія
processo (m) di separazione
proceso (m) *ó* marcha (f) de la separación

---

4 Aufbereitungsgut (n)
product of dressing
produit (m) du triage
продуктъ (m) обработки *или* подготовки
prodotto (m) del trattamento
producto (m) de la preparación

---

5 verhüttbares Gut (n)
product ready for smelting
produit (m) utilisable pour la fusion
продуктъ(m), готовый для металлургической обработки
prodotto (m) per alto forno
producto (m) utilizable para la fusión

Schlich (m), Schliech (m), [Schlieg (m)], aufbereitetes Erz (n)
concentrates, dressed ore
schlich (m), minerai (m) trié, minerai (m) concentré

шлихъ (m); обогащённая руда (f) въ мелкомъ состоянiи
schlich (m), minerale (m) preparato
eslique (m), gandinga (f) 1

---

hältiges Gut (n)
mineralised product
produit (m) riche en métal

рудоносный продуктъ (m); продуктъ съ содержанiемъ металловъ
prodotto (m) utile
producto (m) mineralizado 2

---

unhältiges Gut (n)
non-mineralised product, tailings
produit (m) stérile, stérile (m)

пустая порода (f)
prodotto (m) sterile
producto (m) estéril 3

---

gleichgekörnt (adj)
with grains of equal size
à grain homogène

равной *или* одинаковой крупности
equigranulare (agg)
de grano homogéneo 4

---

gleichschwer (adj)
of equal weight
de poids égal

равнаго *или* одинаковаго вѣса
di eguale peso
de igual peso 5

Ausbringen (n)
yield
rendement (m)

выходъ (m); полученie (n)
rendimento (m)
rendimiento (m) 6

Aufbereitungsverlust (m), Abgang (m)
loss due to dressing *or* screening
perte (f) au triage

потери (f pl) при обогащенiи
perdita (f) per trattamento
pérdida (f) en la preparación 7

Scheidung
Separation
Triage

Рудоразборка
Separazione, scelta
Apartado; separación 8

---

scheiden (v)
to separate, to screen
trier (v)

разбирать
separare (v), scegliere (v)
apartar (v), separar (v) 9

Handscheidung (f)
separation by hand
triage (m) à la main, scheidage (m)

ручная разборка (f)
separazione (f) a mano
apartado (m) ó separación (f) á mano 10

Scheidevorrichtung (f)
screening device
installation (f) de triage

рудоразборное устройство (n)
dispositivo (m) separatore
instalación (f) de apartado 11

1	Scheidezweck (m) object of separation but (m) du triage	цѣль (f) разборки scopo (m) della separazione objeto (m) del apartado
2	trockne Scheidung (f) dry separation triage (m) *ou* séparation (f) à sec, triage (m) sec	сухая разборка (f); сухое отдѣленіе (n) separazione (f) a secco apartado (m) *ó* separación (f) por via seca
3	Erzgemenge (n) mixture of ores mélange (m) de minerais	смѣсь (f) руды; рудная смѣсь mescolanza (f) di minerali mezcla (f) de minerales
4	Erzstaub (m) ore dust, fines poussière (f) de minerai	рудная пыль (f) polvere (f) di minerale polvo (m) de mineral
5	Gangart (f), Nebengestein (n), Ganggestein (n) gangue gangue (f), mort-terrain (m)	пустая порода (f) ganga (f) ganga (f)
6	Zerkleinerungsanlage (f) crushing plant installation (f) de broyage	дробильная установка (f) impianto (m) per frantumare instalación (f) de trituración
7	Zerkleinerung (f) crushing, disintegration broyage (m), concassage (m)	измельченіе (n); дробленіе (n) triturazione (f) trituración (f)
8	Grobzerkleinerung (f) coarse grinding broyage (m) grossier	крупное измельченіе (n) *или* дробленіе (n) triturazione (f) grossa quebrantamiento (m), trituración (f) grosera
9	Feinzerkleinerung (f) fine grinding *or* crushing broyage (m) fin	мелкое измельченіе (n) *или* дробленіе (n) triturazione (f) fina *o* sottile trituración (f) fina
10	zerkleinern (v) to crush, to disintegrate concasser (v), broyer (v)	измельч-ать (-ить); дробить triturare (v), tritare (v) triturar (v), desmenuzar (v), quebrantar (v), machacar (v)

Zerstückelung (f) breaking into small pieces casser (v) en morceaux		разбивка (f) на куски sminuzzare (v) quebrantamiento (m)	1
Zerkleinerungsmaschine (f) grinding *or* crushing machine concasseur (m), broyeur (m)		машина (f) *или* станокъ (m) для измельченія macchina (f) per tritare, macinatrice (f) quebrantadora (f), trituradora (f)	2
Pochwerk (n) stamp mill bocard (m)		толчея (f); устройство (n) для толченія palmento (m) bocarte (m)	3
Stempel (m), Pochstempel (m) stamp pilon (m) de bocard		песть (m) stampo (m), martello (m) mazo (m) de bocarte	4
Schaft (m), Stempelschaft (m) shaft tige (f) de [pilon de] bocard	a	стержень (m) песта asta (f) del martello mango (m) de bocarte	5
Pochschuh (m), Pocheisen (n) beating iron, shoe sabot (m) de bocard	b	башмакъ (m) piede (m) del martello zapata (f) de bocarte	6
Pochtrübe (f) pulp, slime eau boueuse (f) des bocards		толчейная муть (f); толчейный шламъ (m) fango (m) del palmento fangos (m pl) del bocarte	7
Erzwalzwerk (n) crushing mill concasseur (m) à cylindres	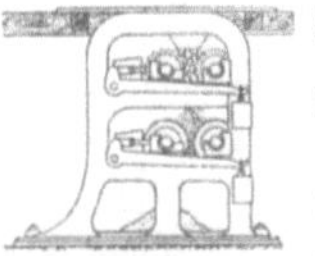	вальцовая рудодробилка (f) mulino (m) *o* macina (f) a cilindri per minerali molino (m) de cilindros para minerales	8
Walzenmühle (f) roller mill moulin (m) à cylindres	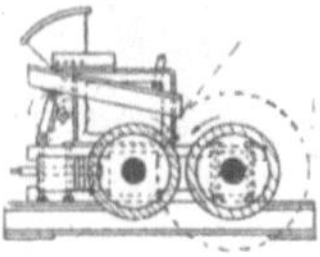	вальцовая мельница (f) macina (f) a cilindri molino (m) de cilindros	9

1	Kollergang (m) crushing mill with vertical runners, edge mill, pug mill broyeur (m) à meules	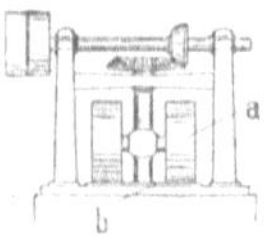	дробильная *или* рудная мельница (f) съ бѣгунами macinatoio (m) [molino (m)] triturador (m) de muelas
2	Läufer (m) runner meules (f pl) de broyeur	a	бѣгуны (m pl) [въ рудной мельницѣ] macina (f), mola (f) muelas (f pl) de triturador
3	Mahlbahn (f) grinding path plateau (m) des meules, cuvette (f)	b	дно (n) бѣгунной чаши piano (m) di macinazione fondo (m) de la cuba, cazuela (f)
4	Königswelle (f) vertical shaft arbre (m) de commande principal	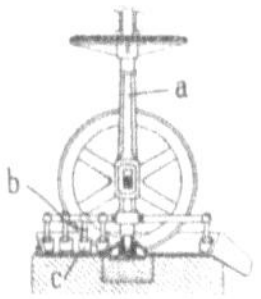	главный вертикальный валъ (m) albero (m) di comando principale árbol (m) de mando principal
5	Schab[e]vorrichtung (f) scraping device, scraper ramasseur (m)	a b	скребки (m pl) apparecchio (m) per raschiare aparato (m) rascador
6	Schab[e]messer (n) scraper knife lame (f), grattoir (m)	c	скребной ножъ (m); скребокъ (m) raschiatoio (m) rasqueta (f), raspador (m)
7	Glockenmühle (f) bell crusher broyeur (m) à cloche	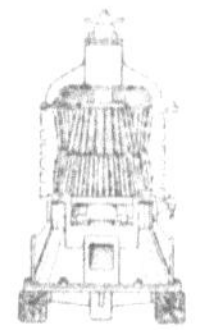	колокольчатая мельница (f) macina (f) a campana molino (m) de conos, molino (m) de campanas
8	Steinbrecher (m), Erzquetsche (f) stone breaker concasseur (m) à calcaire *ou* à minerais, casse-pierres (m), broyeur (m) à mâchoires	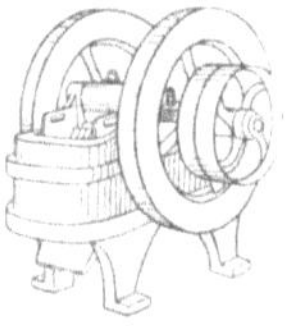	дробилка (f); рудодробилка (f) rompipietre (m) a mascelle quebrantadora (f), machacadora (f)

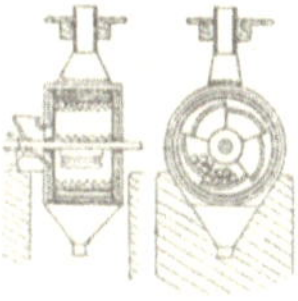

Kugelmühle (f)
ball mill
broyeur (m) à boulets

шаровая мельница (f)
macina (f) a palle
molino (m) de bolas 1

Brechbacke (f)
jaw
mâchoire (f) [de broyeur]

щека (f) [дробилки]
mascella (f)
mandíbula (f) [de quebrantadora] 2

Rohrmühle (f)
tube mill
tube (m) broyeur

трубчатая дробилка (f)
mulino (m) a tubo
molino (m) de tubo 3

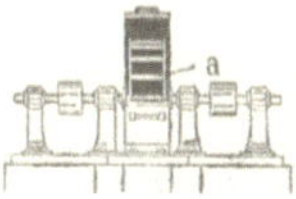

Schleudermühle (f)
disintegrator, centrifugal mill
broyeur (m) centrifuge, désintégrateur (m)

дробильный барабанъ (m); центробѣжный дезинтеграторъ (m)
macina (f) centrifuga, disintegratore (m)
molino (m) centrifugal 4

---

a

Korb (m)
basket
lanterne (f), enveloppe (f)

кузовъ (m)
rivestimento (m), inviluppo (m), fasciame (m)
jaula (f), cubierta (f) 5

Waschen der Erze

Washing of the Ores, Ore Washing

Lavage des minerais

Обмывка или промывка рудъ

Lavatura *o* lavaggio dei minerali 6

Lavado de los minerales

---

nasse Aufbereitung (f)
wet dressing
préparation (f) [par voie] humide

обработка (f) *или* подготовка (f) мокрымъ путёмъ
preparazione (f) per via umida
preparación (f) [por vía] húmeda 7

---

nasse Scheidung (f)
wet separation
triage (m) par voie humide

мокрое отдѣленіе (n)
separazione (f) umida
separación (f) [por vía] húmeda 8

Entfernung (f) sandiger, toniger Bestandteile
elimination of sandy, argillaceous ingredients
élimination (f) des matières sableuses *ou* argileuses

удаленіе (n) песчаныхъ и глинистыхъ частей
eliminazione (f) d'elementi sabbiosi *od* argillosi
eliminación (f) de los elementos arenosos *ó* arcillosos 9

No.			
1	Anreicherung (f) der Erze concentration *or* dressing of the ores enrichissement (m) des minerais		обогащенie (n) рудъ arricchimento (m) dei minerali enriquecimiento (m) de los minerales
2	Waschverfahren (n) washing process procédé (m) de lavage, marche (f) du lavage		процессъ (m) промывки; промывка (f) processo (m) di lavaggio proceso (m) de lavado ó de deslodamiento
3	Verwaschung (f) washing lavage (m)		смывка (f); сносъ (m) lavaggio (m) lavado (m)
4	Aufrühren (n) stirring mise (f) en suspension par agitation		взбалчиванie (n) agitazione (f), rimestamento (m) agitación (f)
5	Schlämmen (n), Abschlämmen (n) decanting décantage (m)		отмучиванie (n) decantazione (f) decantación (f)
6	Wäsche (f), Erzwäsche (f) ore washery lavoir (m) à minerais, laverie (f)	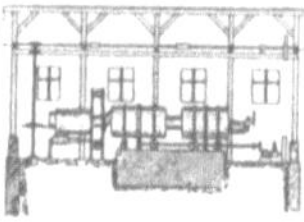	промывальная фабрика (f) lavaggio (f) di minerali lavadero (m) de minerales
7	Holzgerinne (n) wood trough, chute launder chicane (f) en bois, chenal (m) en bois		деревянный жолобъ (m) *или* ларь (m) labirinto (m) di legno laberinto (m) de madera, rigola (f)
8	Gefälle (n) fall pente (f), inclinaison (f)	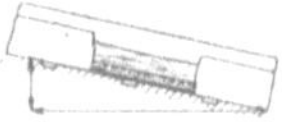	уклонъ (m); скатъ (m) caduta (f), dislivello (m) caida (f), inclinación (f)
9	Trog (m) vat, trough cuve (f), réservoir (m)		ковшъ (m) serbatoio (m) cuba (f), depósito (m)
10	sich drehende Waschtrommel (f) revolving washing drum tambour (m) laveur rotatif	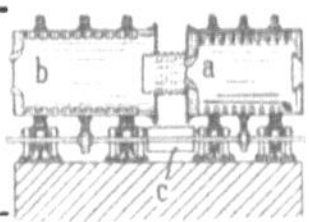	вращающiйся промывной барабанъ (m) tamburo (m) per lavaggio tambor (m) lavador rotatorio
11	Rauhwaschtrommel (f), Vorwaschtrommel (f) preliminary washing drum trommel (m) de préparation	a	барабанъ (m) для предварительной промывки tamburo (m) per primo lavaggio tambor (m) lavador ó trommel (m) preparatorio

Tratschtrommel (f), Fertigwaschtrommel (f)
finishing drum
trommel (m) finisseur

b

барабанъ (m) для окончательной промывки
tamburo (m) per finire il lavaggio
tambor (m) lavador de acabado 1

Gefluder (n)
flume, channel, discharge, launder
rigole (f) d'écoulement (du produit lavé)

c

спускное отверстіе (n) [для воды]
canale (m) di scarico
reguera (f) de descarga 2

Klärteich (m)
settling tank
bassin (m) décanteur

отсадочный бассейнъ (m); освѣтлительный бассейнъ
bacino (m) di decantazione
estanque (m) de clarificación 3

Rösten der Eisenerze

Calcination *or* Roasting of Iron Ores

Grillage des minerais de fer

Обжиганіе желѣзныхъ рудъ

Torrefazione *o* calcinazione dei minerali di ferro 4

Calcinación de los minerales de hierro

---

physikalische und chemische Vorbereitung (f)
physical and chemical preparation
préparation (f) physique et chimique

физическая и химическая подготовка(f)
preparazione (f) meccanica e chimica
preparación (f) física y química 5

Auflockerung (f)
breaking, disintegration
désagrégation (f)

разрыхлѣніе (n)
disaggregazione (f)
disgregación (f) 6

Austreiben (n) flüchtiger Bestandteile
expelling of volatile matter
expulsion (f) des matières volatiles

выдѣленіе (n) летучихъ веществъ
espellere (v) le materie volatili
expulsión (f) de los elementos volátiles 7

Austreiben (n) der Kohlensäure
driving off carbonic acid
expulsion (f) de l'acide carbonique

выдѣленіе (n) углекислоты
espellere (v) l'anidride carbonica
expulsión (f) del ácido carbónico 8

Erhöhung (f) der Reduktionsfähigkeit
increasing the reductibility
accroissement (m) de la réductibilité

увеличеніе (n) возстановительной способности
aumento (m) della riducibilità
aumento (m) de la reducibilidad 9

1 oxydierende Röstung (f)
oxidising roasting *or* calcination
grillage (m) oxydant
окислительное *или* окисляющее обжиганіе (n)
torrefazione (f) ossidante
calcinación (f) para oxidación

---

2 Oxydationswirkung (f)
oxidising effect *or* action
action (f) oxydante
окисляющее *или* окислительное дѣйствіе (n)
azione (f) ossidante
acción (f) oxidante

---

3 Magnetisierung (f)
magnetisation
aimantation (f)
намагничeніе (n); намагничиваніе (n)
magnetizzazione (f)
imanación (f), imantación (f), magnetización (f)

---

4 Entfernung (f) des Schwefels, Entschwefelung (f)
desulphurisation
élimination (f) du soufre, desulfuration (f)
удаленіе (n) *или* выдѣленіе (n) сѣры
eliminazione (f) del solfo
eliminación (f) del azufre

---

5 schwefelige [sulfatisierende] Röstung (f)
sulphatising roasting *or* calcination
grillage (m) de sulfatation
обжиганіе (n) съ цѣлью образованія сѣрнокислыхъ солей
torrefazione (f) per eliminazione del solfo
calcinación (f) para sulfatación

---

6 Röstgut (n)
ore to be roasted *or* calcined
matière (f) à griller
обжигаемыя вещества (n pl)
materiale (m) da torrefare
materia (f) para calcinar *ó* tostar

---

7 Rösterzeugnis (n)
product of roasting, calcined product
produit (m) du grillage
продуктъ (m) обжиганія
prodotto (m) di torrefazione
producto (m) de calcinación

---

8 Röstanlage (f)
roasting *or* calcining plant *or* installation
installation (f) de grillage
обжигательная установка (f); устройство (n) для обжига
impianto (m) di torrefazione
instalación (f) de calcinación *ó* de tostión

---

9 Röstverfahren (n)
method of roasting *or* calcination
procédé (m) *ou* méthode (f) de grillage
способъ (m) обжиганія; обжигъ (m)
procedimento (m) di torrefazione
procedimiento (m) *ó* modo (m) de calcinación

Haufenröstung (f) heap roasting, roasting in heaps grillage (m) en meules *ou* en tas	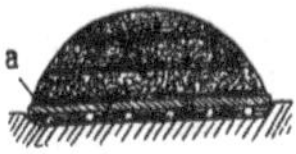 	обжиганіе (n) въ кучахъ torrefazione (f) in mucchi calcinación (f) en montones	*1*
Röstbett (n) roasting bed lit (m) de grillage	a	подстилка (f) кучи letto (m) di torrefazione lecho (m) de calcinación	*2*
Stadelröstung (f) stall roasting grillage (m) en stalles		обжиганіе (n) въ стойлахъ torrefazione (f) all'aria calcinación (f) sobre área empedrada	*3*
Röstofen (m) roasting *or* calcining furnace, calciner, kiln four (m) de grillage	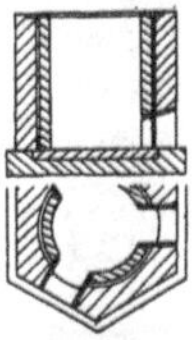	обжигательная печь (f) forno (m) di torrefazione horno (m) de calcinación	*4*
gemauerter Röstofen (m) brick roasting furnace, bricked calciner, kiln four (m) de grillage en maçonnerie	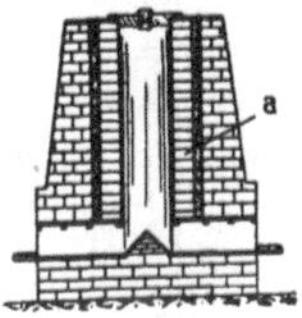 	обжигательная печь (f) съ наружной кладкой forno (m) di torrefazione in muratura horno (m) de calcinación de mampostería	*5*
Gemäuer (n) brickwork massif (m) de maçonnerie	a	кладка (f) muratura (f) mampostería (f)	*6*
Siegerländer Schachtofen (m) Siegerland shaft furnace four (m) à cuve du Siegerland	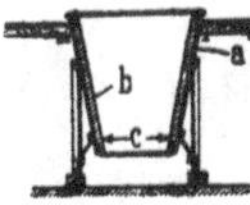 	зигенская шахтная печь (f) forno (m) a tino di Siegerland horno (m) de cuba (Siegerland)	*7*
Blechmantel (m) iron shell *or* covering manteau (m) en tôle, enveloppe (f) en tôle	a	желѣзная одёжда (f) *или* желѣзный кожухъ (m) [печи] inviluppo (m) di lamiera envuelta (f) de chapa	*8*
Ofenfutter (n) furnace lining revêtement (m) du four	b	футеровка (f) *или* выкладка (f) печи rivestimento (m) [interno] del forno revestimiento (m) [interior] del horno	*9*
Verengung (f) narrowing rétrécissement (m)	c	суженіе (n); пережимъ (m) restringimento (m) estrechamiento (m)	*10*

1 Clevelander Röstofen (m)
Cleveland roasting furnace
four (m) de grillage du Cleveland

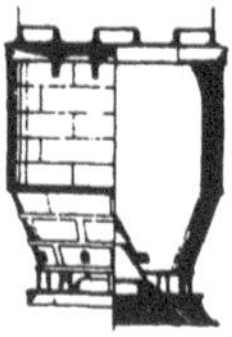

кливелендская обжигательная печь (f)
forno (m) di torrefazione di Cleveland
horno (m) de calcinación de Cleveland

---

2 Abrutschkegel (m)
charging cone
cône (m) de glissement

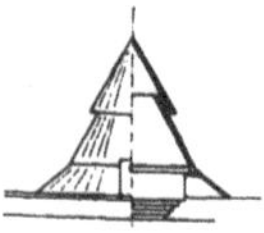

подъ (m) печи въ видѣ конуса
cono (m) di scivolamento
cono (m) central de desviación ó resbalamiento

---

3 Steinpfeiler (m)
stone pillar
pilier (m) en brique

каменный столбъ (m)
pilastro (m) di pietra
pilar (m) de piedra

---

4 Gußeisensäule (f)
cast iron column
colonne (f) en fonte

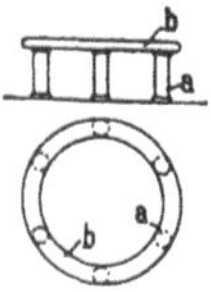

a

чугунная колонна (f)
colonna (f) di ghisa
columna (f) de fundición

---

5 Gußeisenkranz (m)
cast iron rim *or* flange
couronne (f) en fonte

b

чугунное кольцо (n)
corona (f) di ghisa
corona (f) de fundición

---

6 Ausbauchung (f)
bellying, widening
bombement (m), ventre (m)

расширенie (n)
allargamento (m), ventre (m)
ensanche (m)

---

7 steirischer Röstofen (m)
Styrian roasting furnace
four (m) de grillage styrien

штирiйская обжигательная печь (f)
forno (m) di torrefazione stiriano
horno (m) de calcinación estirio

---

8 Mauersattel (m)
wall saddle
selle (m) de mur

лещадь (f), покатая на двѣ стороны
sella (f) di muro
silla (f) de muro

Treppenrost (m)
step grate
grille (f) à gradins

ступенчатые колосники (m pl); ступенчатая колосниковая рѣшётка (f) 1
griglia (f) a gradini
emparrillado (m) en escalones

Westmanscher Gasröstofen (m)
Westman's gas fired roasting furnace
four (m) de grillage au gaz de Westman

газовая обжигательная печь (f) Вестмана
forno (m) di torrefazione a gas di Westman 2
horno (m) de calcinación de gas de Westman

Fillaferscher Röstofen (m)
Fillafer's roasting furnace
four (m) de grillage de Fillafer

обжигательная печь (f) Филлафера
forno (m) di torrefazione di Fillafer 3
horno (m) de calcinación de Fillafer

Witkowitzer Röstofen (m)
Witkowitz roasting furnace
four (m) à griller de Witkowitz

Витковицкая обжигательная печь (f); обжигательная печь завода Витковицъ 4
forno (m) di torrefazione di Witkowitz
horno (m) de calcinación de Witkowitz

Ringofen (m) zum Brennen des Kalksteins
annular furnace for roasting limestone
four (m) annulaire à griller le calcaire

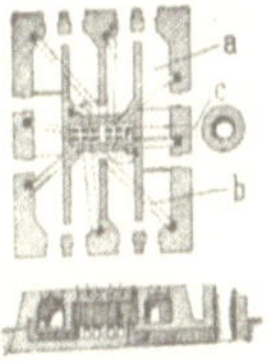

кольцевая печь (f) для обжига известняковъ
forno (m) anulare per torrefare il calcare 5
horno (m) anular para calcinar la piedra caliza

Heizkammer (f)
heating chamber
chambre (f) de chauffe

a

нагрѣвательная камера (f)
camera (f) di riscaldamento 6
cámara (f) de calentamiento

Kanal (m)
channel, conduit
canal (m), carneau (m)

b

каналъ (m)
canale (m), condotto (m) 7
canal (f), conducto (m)

Rauchkanal (m), Essenkanal (m)
chimney flue
canal (m) *ou* conduit (m) *ou* carneau (m) de fumée

c

дымовой каналъ (m); дымовой ходъ (m)
condotto (m) del fumo 8
conducto (m) de humo

Schlitz (m)
slot
fente (f)

щель (f); окно (n)
fessura (f) 9
hendidura (f)

1 Gichtbeförderung (f)
conveying *or* transport of charge
transport (m) au gueulard
доставка (f) къ колошнику
trasporto (m) alla bocca
transporte (m) al cargadero

2 Brücke (f), Verbindungsbrücke (f)
connecting bridge
pont (m) de communication

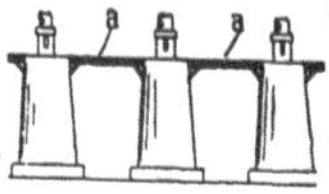

a

помостъ (m); колошниковый мостъ (m); площадка (f) у колосника
ponte (m) di comunicazione
puente (m) de comunicación

3 Einfüllen (n) der Erze, Aufgeben (n), Beschicken (n)
charging of ores
chargement (m) des minerais
засыпка (f) *или* загрузка (f) руды
carica (f) dei minerali
carga (f) de los minerales

4 Anzünden (n), Anblasen (n)
igniting
allumage (m), mise (f) à feu
зажиганіе (n)
accensione (f)
inflamación (f), encendido (m)

5 Erhitzen (n)
reheating
chauffage (m)
нагрѣваніе (n)
riscaldamento (m)
calentamiento (m), caldeo (m)

6 Brennzeit (f), Betriebszeit (f)
burning period, period of roasting
durée (f) de marche, durée (f) du grillage
время (n) горѣнія; время, потребное для обжиганія
durata (f) d'accensione
duración (f) de la calcinación

7 Wärmeausnutzung (f)
utilisation of heat
utilisation (f) de la chaleur
использованіе (n) *или* утилизація (f) тепла
utilizzazione (f) del calore
utilización (f) del calor

8 aufsteigendes Feuer (n)
rising fire
feu (m) montant
восходящее пламя (n)
fuoco (m) ascendente
fuego (m) ascendente

9 Rösttemperatur (f)
roasting temperature
température (f) de grillage
температура (f) обжига
temperatura (f) di torrefazione
temperatura (f) de calcinación

10 Glühhitze (f)
temperature *or* heat of incandescence
chaleur (f) d'incandescence
калильный жаръ (m)
calore (m) d'incandescenza
calor (m) de incandescencia

11 Rotglut (f)
red heat
rouge (m), chaleur (f) rouge
красное каленіе (n)
calore (m) rosso
calor (m) rojo

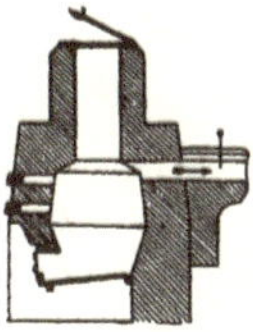

Gasfeuerung (f)
gas firing
foyer (m) au gaz
газовая топка (f)
focolare (m) a gas
hogar (m) de gas 1

Röstgas (n)
roasting gas, flue gas
gaz (m) de grillage, gaz (m) brulé
газообразные продукты (m pl) обжига; продукты горѣнія
gas (m) di torrefazione
gas (m) de calcinación 2

Gasatmosphäre (f)
gaseous atmosphere
atmosphère (f) gazeuse
газовая атмосфера (f)
atmosfera (f) gazosa
atmósfera (f) gaseosa 3

Luftzug (m)
air draught
tirant (m) d'air, tirage (m)
воздушная тяга (f)
tiraggio (m)
corriente (f) de aire 4

reichliche Luftzuführung (f)
ample supply of air
introduction (f) d'air amplement suffisante
вполнѣ достаточный подводъ (m) воздуха
introduzione (f) d'aria abbondante
introducción (f) de aire abundante 5

vollständige Verbrennung (f)
complete combustion
combustion (f) complète
полное горѣніе (n); совершенное сгораніе (n)
combustione (f) completa
combustión (f) completa 6

aufsteigender Luftstrom (m)
rising air current
courant (m) d'air montant *ou* ascendant
подымающійся кверху токъ (m) воздуха
corrente (f) d'aria ascendente
corriente (f) de aire ascendente 7

Luftzuführungsöffnung (f)
air inlet
ouverture (f) d'arrivée d'air, orifice (m) d'amenée d'air
отверстіе (n) для подвода воздуха
foro (m) di tiraggio
abertura (f) para la entrada de aire 8

a

Ziehöffnung (f)
discharging hole
ouverture (f) de défournement
a
выгребное отверстіе (n)
foro (m) per lo scarico
abertura (f) de descarga 9

Störöffnung (f), Schüröffnung (f)
stirring hole
orifice (m) de tisonnage, porte (f) de tisonnage
b
отверстіе (n) для разбивки настылей и спёкшихся массъ руды
apertura (f) di lavoro
abertura (f) para atizar 10

1 Schauöffnung (f)
inspection hole, peep hole
regard (m)

c

глядѣлка (f); очко (n) *или* отверстіе (n) для наблюденія; смотровое отверстіе
traguardo (m), spia (f)
orificio (m) de inspección

---

2 Schürstange (f)
poker, rabble
ringard (m)

соколъ (m); пика (f); шуровой ломъ (m)
gancio (m) da fuoco
revolvedor (m)

---

3 Verstopfung (f) des Röstofens
clogging up *or* scaffolding of the roasting furnace
engorgement (m) du four de grillage

засореніе (n) обжигательной печи; образованіе (n) котла въ печи
ingorgo (m) del forno di torrefazione
obstrucción (f) del horno de calcinación

---

4 Losbrechen (n) des Erzes
breaking off the ore
décrochage (m) du minerai

разбивка (f) руды
distacco (m) del minerale
desprendimiento (m) del mineral

---

5 Ziehen (n) des Erzes
drawing off the ore
défournement (m) du minerai

выгребаніе (n) руды
scarico (m) del minerale
sacar (v) el mineral, descarga (f) del mineral

---

6 gezogenes Erz (n)
drawn ore
minerai (m) défourné

выгребная руда (f)
minerale (m) scaricato
mineral (m) descargado

---

7 Entleerung (f) des Ofens
emptying the furnace
vidange (f) du four

опоражниваніе (n) печи
vuotatura (f) del forno
vaciado (m) del horno

---

8 gut gelungene Röstung (f)
proper roasting
grillage (m) bien réussi *ou* propre

удачный обжигъ (m)
torrefazione (f) ben riuscita
calcinación (f) perfecta

---

9 mangelhafte Röstung (f)
defective roasting
grillage (m) défectueux

неудачный обжигъ (m)
torrefazione (f) difettosa
calcinación (f) defectuosa ó imperfecta

---

10 geröstetes Erz (n)
roasted ore, calcined ore
minerai (m) grillé

обожжённая руда (f)
minerale (m) torrefatto
mineral (m) calcinado ó tostado

---

11 ungeröstetes Erz (n)
unroasted ore, raw ore
minerai (m) non grillé

необожжённая руда (f)
minerale (m) non torrefatto
mineral (m) no calcinado

unvollkommen geröstetes Erz (n)
incompletely roasted ore
minerai (m) imparfaitement grillé
необожжённая вполнѣ руда (f); недожжённая руда
minerale (m) imperfettamente torrefatto
mineral (m) imperfectamente calcinado 1

Röstverlust (m)
loss due to roasting
perte (f) au grillage
потеря (f) при обжиганіи
perdita (f) per torrefazione
pérdida (f) por calcinación 2

Röstkern (m)
roasting core
noyau (m) de grillage
ядро (n) пожога; сердцевина (f) обжигаемой массы
nucleo (m) di torrefazione
núcleo (m) de calcinación 3

Zerfallen (n) des Erzes
crumbling of the ore
effritement (m) du minerai
распаденіе (n) руды
scomposizione (f) dei minerali
descomposición (f) ó desmoronamiento (m) del mineral 4

Haltbarkeit (f)
durability
résistance (f), dureté (f)
крѣпость (f)
durata (f), stabilità (f)
durabilidad (f) 5

Laugung, Auslaugen
Lixiviation, Dissolving out
Lixiviation, lessivage
Выщелачиваніе
Lisciviazione
Lixiviación, lejiviación 6

Verwittern (n), Verwitterung (f)
weathering
décomposition (f) par les agents atmosphériques, effritement (m)
вывѣтриваніе (n)
alterazione (f)
decomposición (f) por acción atmosférica 7

Ausfrieren (n) der Erze
freezing out the ore
préparation (f) des minerais par le froid
вымораживаніе (n) рудъ
metodo (m) di preparazione al gelo
preparación (f) de los minerales por la helada 8

Laugeanlage (f)
lixiviation plant, leaching plant
installation (f) de lessivage
установка (f) для выщелачиванія
impianto (m) di lisciviazione
instalación (f) de lejiviación 9

1	Laugebottich (m) lixiviation *or* leaching vat cuve (f) à lessiver	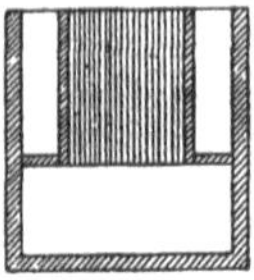	чанъ (m) для выщелачиванія tino (m) di lisciviazione cuba (f) para lejivar
2	Abbrand (m) waste, deads, residue, losses perte (f) au feu, déchet (m)		остатки (m pl) отъ обжиганія perdita (f), calo (m) merma (f) de fuego
3	Laugerückstand (m) lixiviation residue, slimes résidu (m) de lessivage		остатки (m pl) отъ выщелачиванія residui (m pl) di lavaggio residuos (m pl) de lejiviación
4	kupferhaltige Lauge (f) lye containing copper lessive (f) cuprifère		мѣдный растворъ (m) liscivia (f) ramifera lejía (f) cuprífera
5	entkupferte Lauge (f) decuperated *or* decoppered lye lessive (f) décuivrée		растворъ (m) послѣ выдѣленія мѣди liscivia (f) privata del rame lejía (f) descobrada
6	Kupfervitriol (m), Kupfersulfat (n) sulphate of copper, blue vitriol blue copperas, blue stone sulfate (m) de cuivre, vitriol (m)	$CuSO_4 + 5H_2O$	мѣдный *или* синій купоросъ (m); сѣрномѣдная соль (f); сѣрнокислая мѣдь (f) solfato (m) di rame sulfato (m) de cobre, vitriolo (m) azul
7	Zementkupfer (n) cement copper cuivre (m) dissous précipité, cuivre (m) cémenté		цементная мѣдь (f) rame (m) di cementazione cobre (m) precipitado de su disolución
8	zinkhaltige Lauge (f) lye containing zinc lessive (f) zincifère		цинковый растворъ (m) liscivia (f) a zinco lejía (f) cincífera
9	entzinkte Lauge (f) lye freed from zinc lessive (f) dézinguée		растворъ (m) послѣ выдѣленія цинка liscivia (f) liberata dallo zinco lejía (f) libertada del cinc
10	Zinkvitriol (n), Zinksulfat (n) sulphate of zinc, white vitriol, white copperas sulfate (m) de zinc	$ZnSO_4 + 7H_2O$	цинковый *или* бѣлый купоросъ (m); сѣрнокислый цинкъ (m); сѣрноцинковая соль (f) solfato (m) di zinco sulfato (m) de cinc, vitriolo (m) blanco

säurehaltiges Abwasser (n) waste water containing acid eaux-vannes (f pl) acides		кислый растворъ (m) послѣ выдѣленія металловъ acqua (f) acida satura agua (f) de purga ácida	*1*
Magnetische Aufbereitung **Magnetic Separation *or* Dressing** **Préparation magnétique**		**Магнитное обогащеніе** **Preparazione *o* trattamento magnetico** **Preparación magnética**	*2*
Magnetismus (m) magnetism magnétisme (m)		магнитизмъ (m) magnetismo (m) magnetismo (m)	*3*
magnetisch (adj) magnetic (adj) magnétique (adj)		магнитный magnetico (agg) magnético (adj)	*4*
Magnetisierung (f) magnetisation aimantation (f)		намагничиваніе (n); намагниченіе (n) magnetizzazione (f) imanación (f), imantación (f), magnetización (f)	*5*
paramagnetisch (adj) paramagnetic (adj) paramagnétique (adj)		парамагнитный paramagnetico (agg) paramagnético (adj)	*6*
quermagnetisch (adj), nicht magnetisch (adj), [diamagnetisch (adj)] diamagnetic (adj) diamagnétique (adj)		діамагнитный diamagnetico (agg) diamagnético (adj)	*7*
eisenmagnetisch (adj) ferromagnetic (adj) ferromagnétique (adj)		ферромагнитный ferromagnetico (agg) ferromagnético (adj)	*8*
magnetische Durchlässigkeit (f), [Permeabilität (f)] magnetic permeability perméabilité (f) magnétique		магнитная проницаемость (f) permeabilità (f) magnetica permeabilidad (f) magnética	*9*
magnetische Anziehungskraft (f) magnetic attractive capacity, magnetic sensibility pouvoir (m) d'attraction magnétique		притягательная способность (f) магнита potere (m) d'attrazione magnetica poder (m) de atracción magnética	*10*
Magnet (m) magnet aimant (m)	 	магнитъ (m) magnete (m) imán (m)	*11*
Nordpol (m) north pole pôle-nord (m)	N	сѣверный полюсъ (m) polo (m) nord polo (m) norte	*12*

1	Südpol (m) south pole pôle-sud (m)	S	южный полюсъ (m) polo (m) sud polo (m) sur
2	Hufeisenmagnet (m) horse shoe magnet aimant (m) en fer à cheval		подковообразный магнитъ (m) magnete (m) a ferro di cavallo imán (m) en forma de herradura
3	Stahlmagnet (m) steel magnet aimant (m) d'acier		стальной магнитъ (m) magnete (m) d'acciaio imán (m) de acero
4	Dauermagnet (m) permanent magnet aimant (m) permanent		постоянный магнитъ (m) magnete (m) permanente imán (m) permanente
5	Polstärke (f) strength of pole intensité (f) polaire		интенсивность (f) полюса; магнитная масса (f) полюса intensità (f) polare intensidad (f) polar ó de polo
6	Einheitspol (m) unit of pole pôle (m) ayant une unité d'intensité		магнитный полюсъ (m), равный единицѣ polo (m) unitario polo (m) unitario
7	magnetische Kraftspannung (f), magnetomotorische Spannung (f) magnetomotive tension *or* potential tension (f) magnétomotrice		магнитодвижущее напряженіе (n) tensione (f) magnetomotrice tensión (f) magnetomotriz
8	magnetischer Widerstand (m) magnetic resistance résistance (f) magnétique		магнитное сопротивленіе (n) resistenza (f) magnetica resistencia (f) magnética
9	magnetisches Feld (n) magnetic field champ (m) magnétique		магнитное поле (n) campo (m) magnetico campo (m) magnético
10	Kraftlinie (f) line of force ligne (f) de force	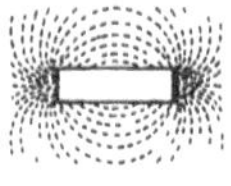	силовая линія (f); линія силъ linea (f) di forza línea (f) de fuerza
11	Feldintensität (f), Feldstärke (f) field intensity intensité (f) de champ	$H = \frac{m}{r_2}$	напряженіе (n) *или* интенсивность (f) магнитнаго поля intensità (f) del campo intensidad (f) del campo

Elektromagnetismus (m)
electromagnetism
électromagnétisme (m)

электромагнитизмъ (m)
elettromagnetismo (m) 1
electro-magnetismo (m)

Elektromagnet (m)
electromagnet
électroaimant (m), électro (m)

электромагнитъ (m)
elettromagnete (m) 2
electro-imán (m)

---

elektrischer Strom (m)
electric current
courant (m) électrique

электрическій токъ (m)
corrente (f) elettrica 3
corriente (m) eléctrica

Elektrizitätsquelle (f)
source of electricity
source (f) d'électricité

источникъ (m) электричества
sorgente (f) d'elettricità 4
manantial (m) de electricidad

---

bewegter Magnet (m)
movable magnet
aimant (m) mobile

подвижный магнитъ (m)
magnete (m) mobile 5
imán (m) móvil

Bewegungsrichtung (f)
direction of movement
sens (m) du mouvement

направленіе (n) движенія
senso (m) del movimento 6
sentido (m) del movimiento

Scheidevorrichtung (f) mit Dauermagnet
separator with permanent magnet
séparateur (m) *ou* trieur (m) à aimant permanent

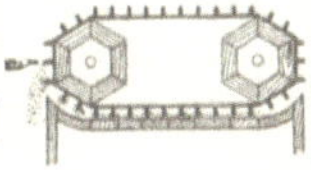

рудоотдѣлительное приспособленіе (n) съ постояннымъ магнитомъ 7
separatore (m) con magnete permanente
separador (m) con imán permanente

---

elektromagnetischer Apparat (m) von Siemens
Siemens' electromagnetic apparatus
appareil (m) électromagnétique de Siemens

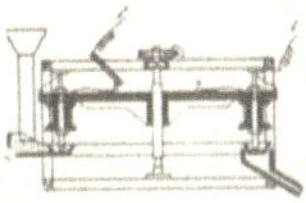

электромагнитный приборъ (m) Сименса
apparecchio (m) elettromagnetico di Siemens 8
aparato (m) electromagnético de Siemens

Magnettrommel (f), Trommelapparat (m)
drum apparatus
appareil (m) à tambour *ou* trommel

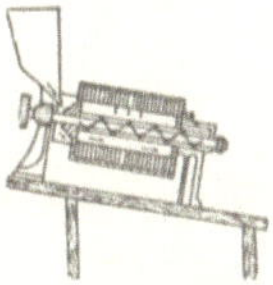

барабанный приборъ (m)
apparecchio (m) a tamburo 9
aparato (m) de tambor

Kesslerscher Apparat (m)
Kessler apparatus
appareil (m) [de] Kessler

приборъ (m) Кесслера
apparecchio (m) [di] Kessler 10
aparato (m) [de] Kessler

1 feststehender Magnet (m)
stationary magnet
aimant (m) fixe

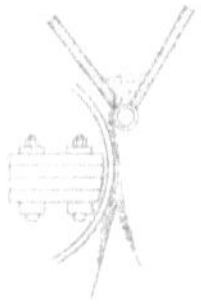

неподвижный магнитъ (m)
magnete (m) fisso
imán (m) fijo

---

2 Dreipolanordnung (f)
three-pole construction
disposition (f) tripolaire *ou* à trois pôles

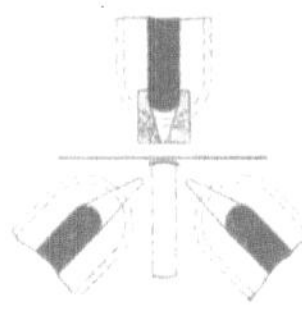

трёхполюсная конструкція (f); конструкція съ тремя полюсами
costruzione (f) tripolare
disposición (f) tripolar

---

3 Scheider (m) von Edison
Edison apparatus
appareil (m) d'Edison

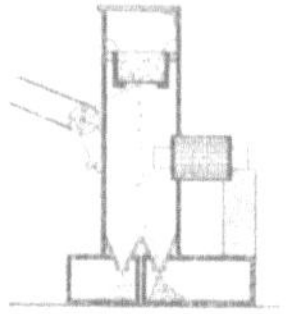

приборъ (m) Эдисона
apparecchio (m) di Edison
aparato (m) Edison

---

4 Erzscheider (m) nach Wetherill
Wetherill's ore separator
trieur (m) *ou* séparateur (m) de minerais de Wetherill

рудоотдѣлитель (m) Витериля
separatore (m) di minerali secondo Wetherill
separador (m) de minerales de Wetherill

5 **Formung, [Brikettierung], Ziegelung**

Briquetting

Briquettage

Брикетированіе; связываніе мелкой руди или мелкаго угля въ куски разнообразной формы

Formazione di mattonelle

Fabricación de aglomerados

6 Brikettierungsanlage (f)
briquetting plant
installation (f) de briquettage

брикетный заводъ (m)
impianto (m) per la fabbricazione di mattonelle
instalación (f) para la fabricación de aglomerados

---

7 Formpreßverfahren (n), Brikettierverfahren (n)
briquetting method
procédé (m) de briquettage

процессъ (m) брикетированія
processo (m) per la fabbricazione di mattonelle
proceso (m) de la fabricación de aglomerados

Mischapparat (m) mixing apparatus, mixer mélangeur (m)	приборъ (m) для смѣшиванія mescolatore (m) mezclador (m)	1
Glühofen (m) heating stove *or* furnace four (m) à recuire	калильная печь (f) forno (m) di ricottura horno (m) de cocer ó de recocer	2
sich drehender Ofen (m) revolving furnace four (m) rotatif *ou* tournant	вращающаяся печь (f) forno (m) rotativo horno (m) giratorio	3
Binden (n), Agglomerieren (n) agglomerating agglomération (f)	агломерація (f); связываніе (n) мелкихъ частицъ agglomerazione (f) aglomeración (f)	4
Bindemittel (n) binding material liant (m), matière (f) agglomérante	связующее вещество (n) agglutinante (m) liga (f), aglutinante (m)	5
toniges Bindemittel (n) argillaceous binding material matière (f) agglomérante argileuse	глинистое связующее вещество (n) agglutinante (m) argilloso material (m) aglutinante arcilloso	6
mit Dampf behandelte Hochofenschlacke (f) blast furnace slag treated with steam laitier (m) de haut-fourneau traité à la vapeur	доменные шлаки (mpl), обработанные паромъ scoria (f) d'alto forno trattata al vapore escoria (f) de alto horno tratada al vapor	7
fein gemahlener Quarz (m) pulverised quartz quartz (m) finement moulu *ou* broyé	кварцъ (m), измельчённый въ порошокъ; мелко измельчённый кварцъ quarzo (m) finamente macinato cuarzo (m) finamente pulverizado	8
Teer (m) tar goudron (m)	дёготь (m); смола (f) catrame (m) alquitrán (m)	9
Erzziegel (m), Erzpreßstein (m) ore briquette briquette (f) de minerai	рудный брикетъ (m) mattonella (f) di minerale aglomerado (m) de mineral	10
getrockneter Preßstein (m) dried briquette briquette (f) séchee	высушенный брикетъ (m) mattonella (f) secca aglomerado (m) secado	11

1	gesinterter Preßstein (m) sintered briquette briquette (f) frittée		спекшійся брикетъ (m) mattonella (f) sgretolata aglomerado (m) calcinado
2	Ziegelform (f) brick shape forme (f) de brique		форма (f) кирпича forma (f) di mattone forma (f) de ladrillo
3	Würfelform (f) cube shape forme (f) cubique	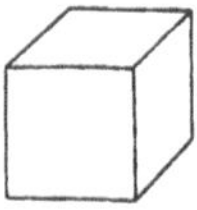	форма (f) куба; кубиковый forma (f) di dado forma (f) cúbica
4	Walzenform (f) cylindrical shape forme (f) cylindrique	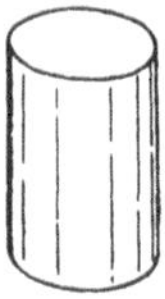	цилиндрическая форма (f); цилиндрическій forma (f) cilindrica forma (f) cilíndrica
5	Kugelform (f) ball shape forme (f) sphérique		форма (f) шара; шарообразный; шаровидный forma (f) sferica forma (f) esférica
6	Eiform (f) egg shape forme (f) ovoïde		форма (f) яйца; яйцевидный forma (f) ovoidale forma (f) oval
7	Durchlässigkeit (f) für Gase permeability to gases perméabilité (f) aux gaz		проницаемость (f) для газовъ permeabilità (f) ai gas permeabilidad (f) á los gases
8	Widerstandfähigkeit (f) gegen Druck und Zerreibung resistance to pressure and friction résistance (f) à l'écrasement et au frottement		сопротивленіе (n) сжатію и раздавливанію resistenza (f) alla pressione e triturazione poder (m) de resistencia á la presión y al frotamiento
9	Porigkeit (f), [Porosität (f)] porosity porosité (f)		пористость (f); скважность (f) porosità (f) porosidad (f)

Verhalten (n) im Hochofen
behaviour in the blast furnace
manière (f) de se comporter dans le haut-fourneau

состоянiе (n) въ доменной печи *или* въ домнѣ
modo (m) di comportarsi nell'alto forno 1
modo (m) de portarse en el alto horno

Gichtstaubverminderung (f)
reduction of furnace dust
réduction (f) de la poussière au fourneau, réduction (f) de la teneur en poussière des gaz du gueulard

уменьшенiе (n) колошниковой пыли
diminuzione (f) di polvere alla bocca del forno 2
disminución (f) del polvo de los gases del alto horno

V.

Brennstoffe

Fuels

Combustibles

Горючее; горючій матеріалъ; горючее вещество

Combustibili

Combustibles

---

1 Holz (n)
wood
bois (m)

дерево (n)
legno (m)
madera (f), leña (f)

---

2 Holzkohle (f)
charcoal
charbon (m) de bois

древесный уголь (m)
carbone (m) di legna
carbón (f) vegetal

---

3 Holzkohlenlösche (f)
charcoal dust
fraisil (m) de charbon de bois

мелкій древесный уголь (m); древесноугольная пыль(f)
brace (f)
cisco (m) de carbón vegetal

---

4 Holzkohlenmeiler (m)
charcoal heap
meule (f) à charbon de bois

древесноугольная куча (f); костёръ (m)
carbonaia (f)
carbonera (f) ó horno (m) [para hacer carbón vegetal]

---

5 Torf (m)
peat
tourbe (f)

торфъ (m)
torba (f)
turba (f)

---

6 Braunkohle (f)
brown coal, lignite
lignite (m)

бурый уголь (m); лигнитъ (m)
lignite (f)
lignito (m)

---

7 Steinkohle (f)
pit coal
houille (f), charbon (m) de terre

каменный уголь (m)
carbone (m) fossile
hulla (f), carbón (m fósil ó de piedra, hornaguera (f)

langflammige Kohle (f)
cannel coal, long flaming coal
charbon (m) à longue flamme

длиннопламенный уголь (m); уголь съ длиннымъ пламенемъ 1
carbone(m) a fiamma lunga
carbón (m) de llama larga

Fettkohle (f)
bituminous coal, cannel *or* gas coal
charbon (m) gras, houille (f) grasse

жирный уголь (m)
carbone (m) grasso propriamente detto 2
hulla (f) grasa

Backkohle (f)
baking coal
charbon (m) collant

жирный *или* смолистый уголь (m); спекающійся уголь
carbone (m) agglutinante *o* bituminoso 3
hulla (f) blanda, carbón (m) aglutinante

---

halbfette Kohle (f)
semi-bituminous coal
houille (f) demi-grasse

полужирный уголь (m)
carbone (m) semigrasso 4
hulla (f) semigrasa

---

kurzflammige Kohle (f)
steam coal, short flaming coal, furnace coal
charbon (m) à courte flamme

короткопламенный уголь (m); уголь съ короткимъ пламенемъ 5
carbone (m) a corta fiamma
carbón (m) de llama corta

Magerkohle (f)
non-bituminous *or* non-baking coal
houille (f) maigre

тощій уголь (m); неплавкій *или* неспекающійся уголь 6
carbone (m) magro
hulla (f) seca

Sinterkohle (f)
sintering coal, cherry coal
houille (f) maigre à longue flamme

длиннопламенный спекающійся уголь (m)
carbone (m) grasso a 7
fiamma lunga
hulla (f) seca de llama larga

---

backende Sinterkohle (f)
baking cherry coal
houille (f) maigre collante

сухой спекающійся уголь (m)
carbone (m) agglutinante a fiamma lunga 8
hulla (f) seca aglutinante

---

sinternde Sandkohle (f)
sintering sand coal
houille (f) maigre sableuse

сухой уголь (m)
carbone (m) sabbioso 9
a fiamma lunga
hulla (f) seca arenosa

Eßkohle (f)
forge coal
charbon (m) de forge

кузнечный уголь (m)
carbone (m) da fucina 10
carbón (m) de fragua

1	Gaskohle (f), Schmiedekohle (f) gas coal, smith's coal houille (f) à gaz, houille (f) pour feux de forge	82—85 % C	газовый уголь (m) carbone (m) da gas hulla (f) rica en gases, hulla (f) para fragua
2	Kokskohle (f) coking coal houille (f) à coke	85—90 % C	коксовый уголь (m) carbone (m) da coke carbón (m) para cok
3	Anthrazit (m) anthracite anthracite (f)	90—95 % C	антрацитъ (m) antracite (f) antracita (f)
4	Förderung (f) coal extraction extraction (f)		выдача (f); подъёмъ (m); доставка (f); добыча (f) [на рудникахъ] estrazione (f) extracción (f)
5	Steinkohlengrube (f), Kohlenzeche (f) coal mine, colliery houillère (f), charbonnage (m), mine (f) de charbon		каменноугольная копь (f) miniera (f) di carbone fossile, carboniera (f) mina (f) de carbón, hullera (f)
6	Schachtanlage (f) shaft installation *or* plant (A*) installation (f) d'une fosse *ou* d'un puits		шахта (f) *или* рудникъ (m) съ шахтой; оборудованіе (n) *или* устройство (n) шахты impianto (m) di pozzo instalación (f) de un pozo
7	Förderkohle (f), Rohkohle (f) rough coal, coal coming from the mine, run of mine houille (f) crue, tout-venant (m), charbon (m) brut		рядовой уголь (m) carbone (m) grezzo di miniera carbón (m) bruto ó tal como sale de la mina
8	Kohlengröße (f), Korngröße (f), Körnung (f) size, size of coal, grading grosseur (f) du grain, grosseur (f) du charbon		величина (f) кусковъ угля grossezza (f) del grano, grossezza (f) del carbone grueso (m) del grano, tamaño (m) del carbón
9	Stückkohle (f), großstückige Kohle (f) large coal, best coal charbon (m) en morceaux, gaillettes (f pl)		крупный *или* кусковый *или* отборный уголь (m); уголь въ кускахъ; откатъ (m); плитнякъ (m) carbone (m) in pezzi carbón (m) en grandes pedazos, carbón (m) machacado grueso

* A = americanism

1

Würfelkohle (f)
cobbles (pl), lump coal, lumps (pl)
gailletin (m), grélats (m pl), grélassons (m pl)

кулачникъ (m); уголь (m) въ кускахъ величиною въ кулакъ
carbone (m) a cubi
carbón (m) en pedazos de tamaño medio, carbón (m) galleta

2

Nußkohle (f)
nut coal, nuts (pl), chestnut coal
gailletteries (f pl), charbon (m) gailleteux, noisettes (f pl)

орѣшникъ (m); уголь (m) величиною въ орѣхъ
carbone (m) in pezzi grossi come una noce
carbón (m) del tamaño de almendra, galleta (f) menuda

3

Grieskohle (f), Perlkohle (f), Erbskohle (f)
pea coal
charbon (m) menu

мелкій орѣшникъ (m); сѣмячко (n)
carbonella (f)
carbón (m) menudo

4

Gruskohle (f), Kohlengrus (m)
slack, slack coal, small coal
charbon (m) fin, fines (f pl), charbon (m) pulvérisé

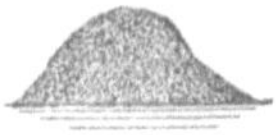

угольная мелочь (f)
carbone (m) in pezzetti
menudo (m), carbón (m) fino, carbón (m) granulado

5

Steinkohlenklein (n)
culm
houille (f) menue

мелкій каменный уголь (m); каменноугольная мелочь (f)
carbone (m) fossile minuto
hulla (f) menuda

6

Staubkohle (f)
dust coal, culm
charbon (m) poussiéreux

самый мелкій уголь (m); штыбъ (m)
carbone (m) in polvere
carbón (m) en polvo

7

Kohlenstaub (m)
coal dust, culm
poussière (m) de charbon

каменноугольная пыль (f)
polvere (f) di carbone
polvo (m) de carbón

8

Kohlenschlamm (m)
coal washings *or* slimes
boue (f) de charbon, schlamms (m pl)

угольная грязь (f); угольный шламъ (m)
fango (m) di carbone
fango (m) de carbón

9

Aschengehalt (m)
percentage of ashes
teneur (f) en cendres

содержаніе (n) золы
tenore (m) in cenere
tanto (m) por ciento de cenizas

10

Gehalt (m) an Schiefer, Gehalt (m) an Bergen
contents of slate
teneur (f) en schiste, proportion (f) de roches

содержаніе (n) сланцовъ; содержаніе пустыхъ породъ
tenore (m) in schisto
tanto (m) por ciento de esquisto

1 gewaschene Kohle (f), aufbereitete Kohle (f)
washed *or* dressed coal
charbon (m) lavé, charbon (m) préparé

промытый уголь (m); обогащённый уголь
carbone (m) lavato *o* preparato
carbón (m) lavado

---

2 Kohlenwäsche (f)
coal washing plant
lavoir (f) à charbon

углемойка (f); фабрика (f) для промывки угля
lavaggio (m) del carbone
lavadero (m) de carbón

---

3 Kohlenscheider (m), Sichtungsanlage (f)
separating plant
installation (f) de triage, triage (m)

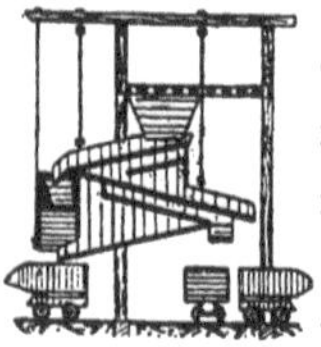

обогатительная фабрика (f)
impianto (m) di separazione
instalación (f) de apartado

---

4 Vorratbehälter (m)
store tank, bin
réservoir (m), accumulateur (m)

запасная камера (f); запасной резервуаръ (m)
serbatoio (m)
recipiente (m)

---

5 Förderrinne (f)
conveyor trough
rigole (f) transporteuse, gouttière (f) à secousses

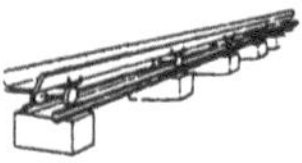

жолобъ (m) [для подачи угля], движущійся толчками
trasportatore (m) a scosse
conducto (m) de impulsión mecánica

---

6 **Verkokung**
Coking
Carbonisation (de la houille)

Коксованіе; переугливаніе
Trasformazione in coke
Coquificación

---

7 Kokserzeugung (f)
production of coke
fabrication (f) du coke

производство (n) *или* образованіе (n) кокса
fabbricazione (f) di coke
producción (f) de cok

---

8 Koks (m)
coke
coke (m)

коксъ (m)
coke (m)
cok (m)

---

9 Verkokungsfähigkeit (f)
coking capacity
pouvoir (m) cokéfiant

способность (f) къ коксованію; способность переугливаться
facilità (f) di trasformarsi in coke
poder (m) de coquificación

Backfähigkeit (f) caking capacity pouvoir (m) collant		спекаемость (f); способность (f) спекаться carattere (m) agglutinante poder (m) de aglutinarse	1
Gasgehalt (m) contents of gas teneur (f) en gaz		содержаніе (n) газа tenore (m) in gas tanto (m) por ciento de gas	2
Gasausbeute (f) gas yield rendement (m) en gaz		добыча (f) газа rendimento (m) in gas rendimiento (m) en gas	3
Koksofen (m) coke oven four (m) à coke		коксовальная *или* коксовая печь (f) forno (m) a coke horno (m) de cok	4
halbgeschlossener backofenförmiger Koksofen (m) half closed coke oven four (m) à coke demiclos		полузакрытая коксовальная печь (f) forno (m) a coke del tipo dei forni da pane horno (m) de cok semicerrado	5
Bienenkorbofen (m) bee hive oven four (m) à ruche	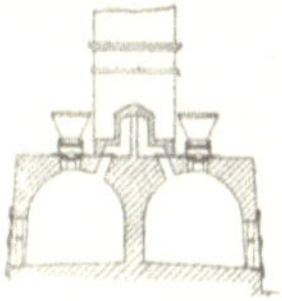	ульевидная печь (f); ульевая печь для коксованія forno (m) ad alveare horno (m) de colmena	6
geschlossener Koksofen (m) closed coke oven four (m) à coke clos		закрытая коксовальная печь (f) forno (m) a coke chiuso horno (m) de cok cerrado	7
Koksofen (m) für Gewinnung der Nebenerzeugnisse coke oven with utilisation of bye products four (m) à côke à récupération des sousproduits	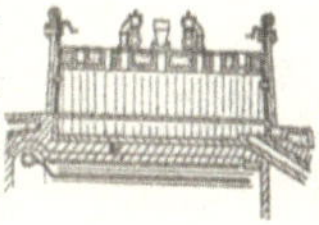	коксовальная печь (f) съ улавливаніемъ побочныхъ продуктовъ forno (m) a coke a ricupero horno (m) de cok con recuperación	8
Koksofengruppe (f), Koksofenbatterie (f) battery of coke ovens batterie (f) de fours à coke	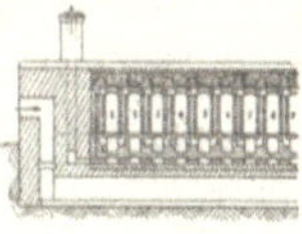	батарея (f) коксовальныхъ печей batteria (f) di forni a coke batería (f) de hornos de cok	9

1	Sohlenkanal (m) bottom flue canal (m) de la sole	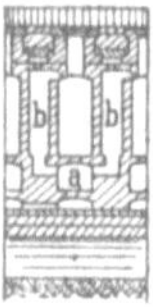	подовный каналъ (m); каналъ въ поду печи canale (m) della suola *o* del fondo conducto (m) de la solera *ó* plaza
2	Heizkanal (m) heating flue carneau (m) de chauff[ag]e		топочный ходъ (m) *или* каналъ (m); дымоходъ (m) canale (m) di riscaldamento conducto (m) de caldeo
3	Abhitzekanal (m) waste heat flue conduit (m) d'évacuation des gaz chauds		каналъ (m) для отвода отходящихъ газовъ condotto (m) dei gas caldi conducto (m) de escape de los gases calientes
4	Stirnseite (f) front side front (m), face (f)		лобовая передняя сторона (f) parte (f) frontale lado (m) frontal
5	Koksofentür (f) door of coke oven porte (f) de four à coke		дверцы (f pl) коксовальной печи porta (f) del forno a coke puerta (f) del horno de cok
6	Anfahren (n) der Kohlen supplying the coal amenée (f) du charbon		подвозъ (m) угля trasporto (m) del carbone transporte (m) de los carbones á los hornos
7	Nässen (n) der Kohle wetting the coal arrosage (m) du charbon		смачиванiе (n) угля innaffiamento (m) del carbone riego (m) del carbón
8	einfüllen (v) to charge remplir (v), charger (v)	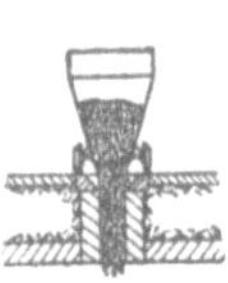	загру-зить (-жать); заполн-ить (-ять) caricare (v) rellenar (v), cargar (v)

a

a

Füllöffnung (f)
charging hole
orifice (m) de chargement

засыпное отверстіе (n)
apertura (f) di caricamento
abertura (f) de carga 1

vierseitiger, trichterförmiger Wagen (m)
rectangular funnel-shaped truck
wagon (m) trémie rectangulaire

четырёхсторонняя воронкообразная вагонетка (f); четырёхугольный вагончикъ (m) воронкообразной формы 2
vagone (m) tramoggia rettangolare
vagón (m) tolva rectangular

Schieberboden (m)
sliding bottom
fond (m) à coulisse

выдвижное дно (n)
fondo (m) scorrevole 3
fondo (m) de corredera

Einstampfen (n)
stamping
tassage (m), damage (m), pilonnage (m)

утрамбовка (f)
pigiamento (m) 4
apisonamiento (m)

Kohlenstampfmaschine (f)
coal stamping machine
machine (f) à damer le charbon, pilonneuse (f)

машина (f) для утрамбовки угля
macchina (f) per pigiare il carbone 5
máquina (f) de apisonar el carbón

Stampfmaschine (f) mit elektrischem Antriebe
stamping machine driven by electric motor
pilonneuse (f) électrique

машина (f) съ электрическимъ приводомъ для утрамбовки [угля]
macchina (f) per pigiare elettrica 6
máquina (f) de apisonar eléctrica

Stampfform (f)
stamping form
moule (m) *ou* caisse (f) de pilonnage

форма (f) для утрамбовки
forma (f), stampo (m)
caja (f) ó molde (m) para el apisonamiento 7

Vorgang (m) beim Verkoken
process of coking
marche (f) de la carbonisation

процессъ (m) коксованія
processo (m) di formazione del coke 8
marcha (f) de la coquificación

Zersetzung (f) der Kohlenwasserstoffe
decomposition of the hydrocarbons
décomposition (f) des hydrocarbures

разложеніе (n) углеводородовъ
decomposizione (f) degli idrocarburi 9
descomposición (f) de los hidrocarburos

1 Garungsdauer (f)
carbonising period
durée (f) de la distillation

продолжительность (f) *или* періодъ (m) коксованія
durata (f) di cottura
duración (f) de la destilación

---

2 vollständig gar (adj)
burned (adj) off
parfaitement cuit (adj) *ou* distillé (adj)

вполнѣ спѣлый [коксъ (m)]
perfettamente cotto (agg)
perfectamente destilado (adj) *ó* cocido (adj)

---

3 Verkokungstemperatur (f)
temperature of coking
température (f) de carbonisation

температура (f) коксованія
temperatura (f) di riduzione in coke
temperatura (f) de coquificación

---

4 Koksausdrückmaschine (f)
coke pushing machine *or* pusher
défourneuse (f)

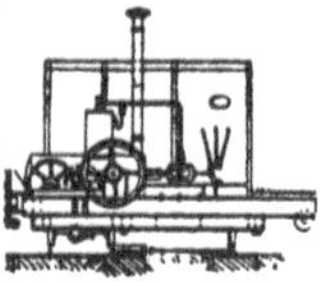

коксовыталкиватель (m); машина (f) для выгрузки *или* для выдавливанія кокса
macchina (f) per sfornare il coke
máquina (f) para descargar el cok

---

5 Entleerung (f) des Ofens
emptying of the oven
défournement (m) du four

разгрузка (f) печи
scarico (m) del forno, sfornamento (m)
descarga (f) del horno

---

6 Kokskuchen (m)
coke cake
saumon (m) de coke

скоксовавшаяся масса (f); коксовый пирогъ (m)
pane (m) di coke
masa (f) aglutinada de cok

---

7 Backen (n) des Kokses
caking of the coal, clinkering, baking of the coke
agglutination (f) du coke, cuisson (f) du coke

спеканіе (n) кокса
impasto (m) *od* agglutinamento (m) del coke
aglutinación (f) del cok

---

8 zusammengebackene Masse (f)
baked *or* caked mass
masse (f) agglutinée

спекшаяся масса (f)
massa (f) agglutinata
masa (f) aglutinada

---

9 Löschen (n) des Kokses
damping down of the coke, quenching of the coke
extinction (f) du coke

гашеніе (n) кокса
estinzione (f) del coke
extinción (f) del cok

---

10 Graphitablagerung (f)
deposit of graphit
dépôt (m) de graphite

отложеніе (n) графита
deposito (m) di grafite
depósito (m) de grafito

basaltartige Form (f) basaltlike shape forme (f) basaltique	столбчатый; базальтообразный forma (f) basaltica forma (f) basáltica	1
traubenartige Bildung (f) grapelike formation forme (f) de grappe	гроздеобразное образованіе (n) formazione (f) a grappoli forma (f) de racimo	2
Hochofenkoks (m) blast furnace coke coke (m) de haut-fourneau	коксъ (m) для доменныхъ печей coke (m) d'alto forno cok (m) de alto horno	3
Gießereikoks (m) foundry coke coke (m) de fonderie	литейный коксъ (m); коксъ для литейныхъ мастерскихъ coke (m) da fonderia cok (m) de fundición	4
Magerkoks (m) lean coke coke (m) maigre	тощій коксъ (m) coke (m) magro cok (m) magro *ó* seco	5
Eßkohlenkoks (m) forge coal coke coke (f) de charbon de forge	коксъ (m) изъ кузнечнаго угля coke (m) di carbone di fucina cok (m) de carbón de fragua	6
Schaumstück (n) porous piece morceau (m) poreux	губка (f) pezzo (m) di schiuma pedazo (m) poroso	7
schaumig (adj) porous (adj) poreux (adj), spongieux (adj)	губчатый schiumoso (agg) poroso (adj)	8
Großkoks (m) large coke coke (m) en morceaux	крупный *или* отборный коксъ (m) coke (m) grosso cok (m) en pedazos	9
Bruchkoks (m) broken coke déchet (m) de coke, coke (m) moyen	коксъ (m) въ обломкахъ coke (m) a pezzi cok (m) quebrantado	10
Siebkoks (m) sifted coke coke (m) criblé *ou* tamisé	грохоченный коксъ (m) coke (m) vagliato cok (m) cribado	11
Brechkoks (m), Knabbelkoks (m) crushed coke coke (m) concassé	коксовые отбросы (m pl) coke (m) spezzato cok (m) machacado	12
Koksklein (n) coke dross coke (m) menu, fraisil (m) de coke	коксовая мелочь (f); мелкій коксъ (m) coke (m) minuto cok (m) menudo	13

1	großstückig (adj) in large pieces en gros morceaux		въ крупныхъ кускахъ in pezzi grossi en grandes pedazos
2	silberhell (adj) silvery (adj) clair (adj), argenté (adj)		серебристый chiaro (agg), argenteo (agg) claro (adj), plateado (adj)
3	metallisch klingend (adj) metallic sounding (adj) rendant un son métallique		дающій металлическій звукъ (m) di suono metallico de sonido metálico
4	rissig (adj) cracked (adj) crevassé (adj), fissuré (adj)		въ трещинахъ screpolato (agg) rajado (adj), agrietado (adj)

5	Koksofengas (n) coke oven gas gaz (m) de four à coke		газъ (m) коксовальныхъ печей gas (m) di forno a coke gas (m) de horno de cok
6	Ammoniak (n) ammonia gaz (m) ammoniaque	NH_3	аммiакъ (m) ammoniaca (f) amoníaco (m)
7	Ammoniakwasser (n) liquid ammonia eau (f) ammoniacale	NH_4OH	аммiачная вода (f) acqua (f) ammoniacale agua (f) amoniacal
8	schwefelsaures Ammoniak (n) ammonium sulphate sulfate (m) d'ammoniaque	$(NH_4)_2SO_4$	сѣрнокислый аммоній (m) solfato (m) d'ammonio sulfato (m) de amoníaco
9	Benzol (n) benzol, benzene benzol (m)	C_6H_6	бензолъ (m) benzolo (m) benzol (m)

10	Heizwertbestimmung (f) des Kokses determination of calorific value détermination (f) de la puissance calorifique		опредѣленіе (n) теплотворной способности determinazione (f) della potenza calorifica determinación (f) de la potencia calorífica
11	Heizwert (m), kalorischer Effekt (m) calorific effect effet (m) calorifique		тепловой *или* калориметрическій эффектъ (m); калорическое дѣйствіе (n) effetto (m) calorifico, effetto (m) termico efecto (m) calorífico [ó calorimétrico]

oberer Heizwert (m)
gross calorific value
puissance (f) calorifique brute *ou* maxima

полная (калориметрическая) теплопроизводительность (f)
potere (m) calorifico superiore, potere (m) calorifico massimo
poder (m) calorifico bruto, potencia (f) calorifica bruta 1

---

unterer Heizwert (m)
net calorific value
puissance (f) calorifique nette *ou* minima

рабочая теплопроизводительность (f) (за вычетомъ тепла водяного пара въ продуктахъ сгоранія)
potere (m) calorifico minimo
poder (m) calorifico neto, potencia (f) calorifica neta 2

---

den Heizwert bestimmen (v)
to determine the calorific value
déterminer (v) la puissance calorifique

опредѣлить теплопроизводительность *или* теплотворную способность
determinare (v) il potere calorifico
determinar (v) la potencia calorifica 3

---

chemische Heizwertbestimmung (f)
chemical determination of the calorific value
détermination (f) chimique de la puissance calorifique

опредѣленіе (n) теплотворной способности *или* теплопроизводительности химическимъ путёмъ
determinazione (f) chimica del potere calorifico
análisis (m) químico para determinar la potencia calorifica 4

---

den Heizwert aus der Analyse berechnen (v)
to calculate the calorific value from the analysis
calculer (v) la puissance calorifique d'après l'analyse

вычислить теплопроизводительность *или* теплотворную способность по даннымъ анализа
determinare (v) il potere calorifico in base all'analisi
deducir (v) del análisis la potencia calorifica 5

---

den Heizwert durch einen Heizwertmesser [kalorimetrisch] ermitteln (v)
to determine the calorific value by the calorimetric method
déterminer (v) la puissance calorifique par voie calorimétrique

опредѣлить теплопроизводительность *или* теплотворную способность калориметрическимъ путёмъ
determinare (v) il potere calorifico col calorimetro
determinar (v) la potencia calorifica por medio del calorímetro 6

1 Heizwertmesser (m), [Kalorimeter (n)]
calorimeter
calorimètre (m)

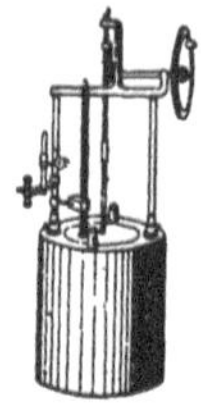

калориметръ (m)
calorimetro (m)
calorimetro (m)

---

2 Wärmemeßbombe (f), [kalorimetrische Bombe (f)]
calorimetric bomb
bombe (f) calorimétrique

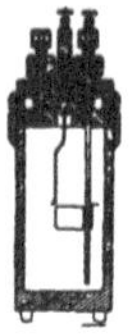

калориметрическая бомба (f)
bomba (f) calorimetrica
bomba (f) calorimétrica

VI.

Zuschläge	Плавень; примѣсь при плавкахъ; флюсъ
Flux	Sostanze addizionali
Additions	Sustancias adicionales

Flußmittel (n) flux fondant (m), flux (m)		флюсъ (m); плавень (m); флюсующій матеріалъ (m) fondente (m) fundente (m)	1
Kalkstein (m) limestone calcaire (m), castine (f)	$CaCO_3$	известнякъ (m); углеизвестковая соль (f); плотный известнякъ calcare (m) [piedra] caliza (f), castina (f)	2
Dolomit (m) dolomite dolomite (f)	$CaMg(CO_3)_2$	доломитъ (m) dolomite (f) dolomita (f), dolomía (f)	3
Flußspat (m) fluor-spar spath (m) fluor, fluorine (f)	CaF_2	плавиковый шпатъ (m); плавикъ (m) spato (m) fluore espato (m) fluor, fluorina (f)	4
Schillerfels (m), [Gabbro (m)] gabbro, limesoda feldspar gab[b]ro (m)		габбро (m) gabbro (m) gabbro (m)	5
Grünsteinschiefer (m), [Diabas (m)] diabase diabase (f)		діабазъ (m) diabasi (f) diabasa (f), amphibolita (f), onfibolita (f)	6
Granit (m) granite granit (m)		гранитъ (m) granito (m) granito (m)	7

1 Tonschiefer (m)
argillaceous slate, schist
schiste (m) argileux
глинистый сланецъ (m)
schisto (m) argilloso
esquisto (m) arcilloso

---

2 Ziegelsteinbrocken (m)
broken bricks
briques (m pl) concassés
кирпичный ломъ (m); ломъ кирпича
frammento (m) di mattoni
fragmento (m) de ladrillo

---

3 eisenhaltiger Abfall (m)
waste containing iron
déchet (m) ferrifère
отбросы (m pl), содержащіе желѣзо; желѣзосодержащіе отбросы
detrito (m) di ferro
desecho (m) ferrífero

---

4 Walzensinter (m)
mill cinder, mill scale
battitures (f pl) des laminoirs
окалина (f) изъ подъ валковъ
scaglie (f pl) dei laminatoi
batiduras (f pl) de los laminadores

---

5 Hammerschlag (m), Zunder (m)
hammer scale
battiture (f), oxydes (m pl)
изгарь (f); молотобоина (f); окалина (f)
scaglia (f)
batiduras (f pl)

---

6 Birnenauswurf (m), [Konverterauswurf (m)]
converter waste
projections (f pl) du convertisseur
выбросы (m pl) металла изъ реторты *или* изъ конвертора
proiezioni (f pl) del convertitore
desechos (m pl) del convertidor

---

7 Rennfeuerschlacke (f)
catalanian furnace slag, tap cinder
scorie (f) catalane *ou* de forge catalane *ou* de bas-foyer
сыродутные шлаки (m pl); шлаки, получаемые при выдѣлкѣ желѣза изъ рудъ при сыродутномъ производствѣ *или* въ каталонскихъ горнахъ
scoria (f) di basso fuoco
escoria (f) de horno catalán

---

8 Frischfeuerschlacke (f)
refining forge slag
scorie (f) de feu d'affinerie
кричные шлаки (m pl); шлаки, получаемые при кричномъ производствѣ
scoria (f) di forno d'affinaggio
escoria (f) de horno de refinar

---

9 Schweißofenschlacke (f)
reheating furnace slag, tap cinder
scorie (f) de réchauffage
шлаки (m pl) сварочныхъ печей
scoria (f) di ricottura
escorio (m) de horno de enalbar

Puddelschlacke (f) tap cinder, bulldog scorie (f) de puddlage	шлаки (m pl), получаемые при пудлинговании; пудлинговые шлаки scoria (f) di pudellatura escoria (f) de pudelaje	1
Thomasschlacke (f) Thomas slag, basic slag scorie (f) Thomas	шлаки, получаемые при томасированіи; томасовскіе шлаки (m pl) scoria (f) Thomas escoria (f) Thomas	2
eisenreiche Schlacke (f) slag rich in iron scorie (f) riche en fer	шлаки (m pl), богатые содержаніемъ желѣза scoria (f) ricca di ferro escoria (f) rica en hierro	3
eisenarme Schlacke (f) slag poor in iron scorie (f) pauvre en fer	шлаки (m pl), бѣдные содержаніемъ желѣза scoria (f) povera di ferro escoria (f) pobre en hierro	4
eisenschüssiger Ton (m) clay containing iron argile (f) ferrugineuse	желѣзистая глина (f) argilla (f) ferruginosa arcilla (f) ferruginosa	5
sandiger Eisenstein (m) sandy iron ore minerai (m) de fer sablonneux	песчанистый желѣзнякъ (m); желѣзистый песчаникъ (m) minerale (m) di ferro sabbioso mineral (m) de hierro arenoso	6
Phosphatkreide (f) phosphate chalk craie (f) phosphatée	известняки (m pl), содержащіе фосфоръ creta (f) fosforosa creta (f) fosfatada	7

VII.

Feuerfeste Stoffe — Refractory Materials — Matériaux réfractaires — Огнеупорные матеріалы — Materiali refrattari — Materiales refractarios

1	unschmelzbar (adj) infusible (adj), refractory infusible (adj)	неплавкій infusibile (agg) infusible (adj)
2	alkalische Erden (f pl) alkaline earths terres (f pl) alcalines	щелочныя земли (f pl) terre (f pl) alcaline tierras (f pl) alcalinas
3	Sandstein (m) sandstone grès (m), grès (m) rouge	песчаникъ (m) pietra (f) arenaria gres (m), piedra (f) arenisca
4	Quadersandstein (m) sandstone in blocks bloc (m) de grès	плитообразный песчаникъ (m) pietra (f) arenaria in blocchi bloque (m) de gres ó de piedra arenisca
5	Buntsandstein (m) variegated sandstone grès (m) bigarré	пёстрый песчаникъ (m) pietra (f) arenaria screziata piedra (f) arenisca bigarrada ó abbigarrada
6	Kohlensandstein (m) millstone grit grès (m) houiller	углистый песчаникъ (m) pietra (f) arenaria dell'epoca carbonifera piedra (f) arenisca de la formación hullera
7	Puddingstein (m) pudding stone poudingue (m)	пуддингъ (m) puddinga (f) almendrilla (f), piedra (f) pudding
8	Ganister (m) ganister ganister (m)	ганистеръ (m) ganistro (m) ganister (m)

Dinasziegel (m) Dinas brick brique (f) Dinas		кирпичъ (m) динасъ; кремнистый кирпичъ mattone (m) Dina ladrillo (m) Dinas	1
kieselige Stampfmasse (f) siliceous stamping mass pisé (m) siliceux		кремнистая масса (f) для сбивки impasto (m) *o* malta (f) silicea masa (f) silicea apisonada	2
kieselsäurereich (adj) rich (adj) in silicic acid riche (adj) en silice		богатый кремнекислотой; богатый кремнезёмомъ ricco (agg) in silice rico (adj) en silice	3
gebundene Kieselsäure (f) combined silicic acid silice (f) combinée		связанная кремнекислота (f) silice (f) combinata silice (f) combinada	4
gallertartige Kieselsäure (f) gelatinous silicic acid silice (f) gélatineuse		студенистый кремнезёмъ (m) silice (f) gelatinosa silice (f) gelatinosa	5
Stückquarz (m) quartz in lumps quartz (m) en morceaux		кварцъ (m) въ кускахъ pezzo (m) di quarzo cuarzo (m) en pedazos	6
quarzige Körner (n pl) quartzy grains (pl) grains (m pl) quartzeux		кварцевыя зёрнышки (n pl) *или* зёрна (n pl) кварца anelli (m pl) di quarzo granos (m pl) cuarzosos	7
den Quarz abschrecken (v) to cool the quartz étonner (v) le quartz		охладить быстро кварцъ granulare (v) il quarzo enfriar (v) bruscamente el cuarzo	8
weißer Bauxit (m) white bauxite bauxite (f) blanche		бѣлый боксить (m) bauxite (f) bianca bauxita (f) blanca	9
gelbe Abart (f) yellow variety variété (f) jaune		жёлтая разновидность (f) varietà (f) gialla variedad (f) amarilla	10
feuerfester Ton (m) fire clay argile (f) réfractaire		огнеупорная глина (f) argilla (f) refrattaria arcilla (f) refractaria	11
wasserhaltiges Tonerdesilikat (n) hydrated silicate of aluminia silicate (m) d'alumine hydraté	$2\,SiO_2 \cdot Al_2O_3 \cdot 2\,H_2O$	водный силикатъ (m) глинозёма silicato (m) idrato di allumina silice (f) aluminosa hidrófera	12

No.	German / English / French	Formula	Russian / Italian / Spanish
1	sedimentärer Ton (m) sedimentary clay argile (f) sédimentaire		осаждённая *или* отмученная глина (f) argilla (f) sedimentare arcilla (f) sedimentaria
2	junger Ton (m) young clay *or* loam argile (f) récente		молодая глина (f) argilla (f) recente arcilla (f) reciente
3	grauer Ton (m) gray clay *or* loam argile (f) grise		сѣрая глина (f) argilla (f) grigia arcilla (f) gris
4	rötlicher Ton (m) reddish clay argile (f) rosée		красноватая глина (f) argilla (f) rosa arcilla (f) rósea
5	schiefriger Ton (m) slaty clay argile (f) schisteuse, argilite (m)		сланцеватая глина (f) argilla (f) schistosa arcilla (f) esquitosa
6	umgewandelter Ton (m) converted clay *or* loam argile (f) métamorphosée		метаморф[ир]ованная глина (f) argilla (f) metamorfosata arcilla (f) metamorfoseada
7	zerriebener Ton (m) triturated clay, washed clay argile (f) désagrégée *ou* triturée		растёртая глина (f) argilla (f) triturata arcilla (f) triturada
8	gebrannter Ton (m) terracotta terre (f) cuite, argile (f) cuite		обожжённая глина (f) terra (f) cotta arcilla (f) calcinada
9	unbrauchbarer Ton (m) useless clay argile (f) inutisable		негодная глина (f) argilla (f) inusabile *od* inservibile arcilla (f) inútil
10	fetter Ton (m) unctuous clay, fuller's earth argile (f) grasse		жирная глина (f) argilla (f) grassa arcilla (f) grasa
11	mager machen (v) decreasing the unctuosity of clay amaigrir (v)		сдѣлать тощей render (v) magro secar (v) [la arcilla]
12	Schamotte (f) chamot, fire brick, burned fire clay chamotte (f), argile (f) réfractaire grillée		шамотъ (m) terra (f) refrattaria chamota (f)
13	Porzellanerde (f), Kaolin (n'), kaolin, china clay kaolin (m), terre (f) à porcelaine	$2\,SiO_2 \cdot Al_2O_3 \cdot 2\,H_2O$	каолинъ (m); фарфоровая глина (f) caolina (f), terra (f) da porcellana caolina (f), tierra (f) porcelana

Kalk (m) chalk, lime chaux (f)	CaO	известь (f) calce (f) cal (f)	1
Magnesia (f) magnesium oxide magnésie (f)	MgO	магнезія (f) magnesia (f) magnesia (f)	2
Kalkstein (m) chalk, limestone pierre (f) calcaire, castine (f)	$CaCO_3$	известнякъ (m) calcare (m) piedra (f) de cal	3
Magnesit (m) magnesite magnésite (f)	$MgCO_3$	магнезитъ (m) magnesite (f) magnesita (f)	4
Rohdolomit (m) raw dolomite, basic material dolomie (f) crue	$CaMg(CO_3)_2$	сырой доломитъ (m) dolomite (f) cruda dolomita (f) bruta	5
Dolomitstein (m) dolomite brick brique (f) de dolomie		доломитовый кирпичъ (m) mattone (m) di dolomite ladrillo (m) de dolomita	6
Dolomitmasse (f) dolomite mass mélange (m) de dolomie		доломитовая масса (f) mescolanza (f) di dolomite masa (f) de dolomita	7
Dolomitmehl (n) dolomite powder poudre (f) de dolomie		доломитовая мука (f); доломитовый порошокъ (m) polvere (f) di dolomite polvo (m) de dolomita	8
kalkiges Bindemittel (n) calcareous binding material ciment (m) calcaire		известковый растворъ (m) cemento (m) calcare cemento (m) calcáreo, aglutinante (m) calcáreo	9

Kohlenstoffziegel (m) carbon brick brique (f) de carbone	углеродистый кирпичъ (m) mattone (m) di carbone ladrillo (m) de carbono	10
Vergasergraphit (m), Retortengraphit (m) retort graphite graphite (m) de cornue	ретортный графитъ (m) carbone (m) di storta grafito (m) de retorta	11
Holzkohlenasche (f) charcoal ashes (pl), pearlash fraisil (m) de charbon de bois	зола (f) древеснаго угля cenere (f) di carbone di legna ceniza (f) de carbón vegetal	12
feuerfester Mörtel (m) refractory mortar mortier (m) réfractaire	огнеупорный растворъ (m) malta (f) refrattaria mortero (m) refractario	13

1 Herstellung (f) der Steine
preparation of the stones
confection (f) des briques

изготовленіе (n) кирпичей
fabbricazione (f) dei mattoni
confección (f) de los ladrillos

---

2 Dolomithalle (f), Dolomitanlage (f)
dolomite shop, dolomite plant
atelier (m) à dolomie

мастерская (f) для обработки доломита; доломитовый заводъ (m)
officina (f) per preparare la dolomite
departamento (m) de dolomita

---

3 Rohstoff (m), [Rohmaterial (n)]
raw material
matière (f) première

сырой матеріалъ (m)
materia (f) prima
primeras materias (f pl)

---

4 atmosphärischer Einfluß (m)
atmospheric influence
influence (f) atmosphérique

атмосферное вліяніе (n)
agente (m) atmosferico
influencia (f) atmosférica

---

5 die Feuchtigkeit aufsaugen (v)
to absorb the moisture
absorber (v) l'humidité

впитывать влагу
assorbire (v) l'umiditá
absorber (v) la humedad

---

6 Frosteinwirkung (f)
influence of the frost
action (f) de la gelée

вліяніе (n) мороза
azione (f) del gelo
acción (f) de la helada

---

7 plötzlicher Temperaturwechsel (m)
sudden change of temperature
variation (f) brusque de température

внезапная *или* рѣзкая перемѣна (f) температуры
cambiamento (m) improvviso di temperatura
cambio (m) repentino ó brusco de temperatura

---

8 Brennen (n)
burning
cuisson (f)

горѣніе (n)
cottura (f)
cochura (f), cocción (f), calcinación (f)

---

9 Totbrennen (n)
dead roasting
surcuisson (f), cuisson (f) à fond

пережечь; обжечь до спеканія
stracottura (f), cottura (f) oltrepassata
cocción (f) ó calcinación (f) completa

---

10 glasig werden (v)
to become vitreous
se vitrifier (v)

становиться *или* сдѣлаться стекловиднымъ
vetrificarsi (v)
vitrificarse (v), quedar (v) glaseado

Dolomitbrennofen (m)
dolomite calcining kiln
cubilot (m) à dolomie

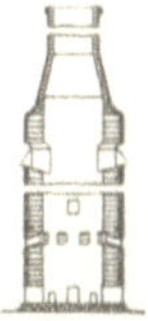

печь (f) для обжига доломита; доломитообжигательная печь (f) 1
forno (m) da dolomite
cubilote (m) para dolomita

Steinbrennofen (m)
kiln, oven
four (m) à cuire les briques

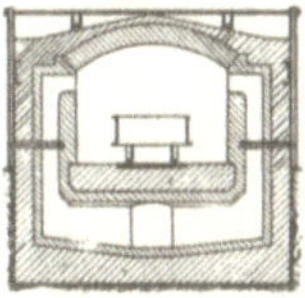

печь (f) для обжиганія кирпичей
forno (m) da mattoni 2
horno (m) para cocer ladrillos

Brennofen (m) für die Birnenböden
calcining furnace for converter bottoms
four (m) à cuire les fonds de convertisseurs

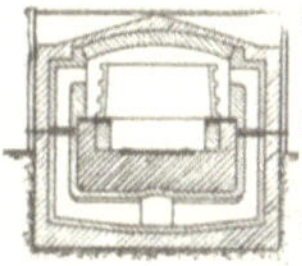

печь (f) для обжиганія днищъ конверторовъ
forno (m) per cuocere i fondi dei convertitori 3
estufa (f) para los fondos de convertidores

Herstellung (f) des Teiges
preparation of the mixture
préparation (f) de la pâte

приготовленіе (n) огнеупорной массы
confezione (f) dell'impasto 4
preparación (f) de la pasta

Dolomitmischer (m)
dolomite mixer
malaxeur (m) à dolomie

мѣшалка (f) для доломита
mescolatore (m) di dolomite 5
mezclador (m) de dolomita

---

wagerechter Tonmischer (m)
horizontal clay mixer
malaxeur (m) à argile horizontal

горизонтальная мѣшалка (f) для доломита
mescolatore (m) d'argilla orizzontale 6
mezclador (m) de arcilla horizontal

Mischtrichter (m)
mixing cone
trémie (f) de mélange

воронка (f) мѣшалки
tramoggia (f) di mescolanza 7
tolva (f) de mezcla

---

anfeuchten (v)
to moisten
mouiller (v)

смочить; смачивать
inumidire (v) 8
mojar (v)

---

kneten (v)
to knead, to pug
pétrir (v)

мѣсить
impastare (v) 9
amasar (v)

1 Teerdestillations-anlage (f)
tar distillation plant
installations (f pl) pour la distillation du goudron
установка (f) для проваривания смолы; устройство (n) для отгона летучихъ веществъ изъ смолы
impianto (m) per la distillazione del catrame
instalación (f) para la destilación del alquitrán

---

2 Teerkocherei (f)
tar boiling plant
chauffage (m) du goudron
проваривание (n) смолы; отгонъ (m) летучихъ веществъ изъ смолы
riscaldamento (m) del catrame
calentamiento (m) del alquitrán

---

3 Dampfkocherei (f)
steam boiling
chauffage (m) (du goudron) par la vapeur
проваривание (n) посредствомъ пара
riscaldamento (m) del catrame a vapore
calentamiento (m) del alquitrán por vapor

---

4 Kocherei (f) mit offenem Feuer
boiling on an open fire
chauffage (m) à feu nu
кипяченіе (n) въ открытой печи; провариваніе (n) на открытомъ огнѣ
riscaldamento (m) a fuoco scoperto o libero
calentamiento (m) á fuego abierto

---

5 Pressen (n) der Ziegel
pressing of the bricks
compression (f) des briques
прессованіе (n) кирпичей; формованіе (n) кирпичей подъ прессомъ
pressatura (f) dei mattoni
prensado (m) de los ladrillos

---

6 Druckwasserstein-presse (f)
hydraulic brick press
presse (f) à briques hydraulique
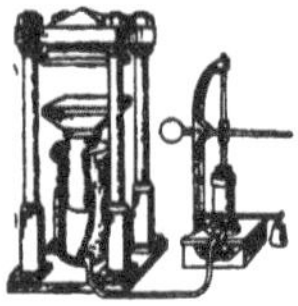
гидравлическій прессъ (m) для кирпичей
pressa (f) idraulica da mattoni
prensa (f) hidráulica de ladrillos

---

7 Niederdruck (m), Vordruck (m)
low pressure, preliminary pressure
basse pression (f), pression (f) préliminaire
низкое давленіе (n)
pressione (f) iniziale
baja presión (f), presión (f) preparatoria ó preliminar

---

8 Hochdruck (m), Hauptdruck (m)
high pressure
haute pression (f), pression (f) finale
высокое давленіе (n)
alta pressione (f), pressione (f) finale
alta presión (f), presión (f) final

Preßpumpe (f)
pressure pump
pompe (f) à compression

нагнетательный насосъ (m)
pompa (f) a [com]pressione 1
bomba (f) compresora

Preßkolben (m)
press plunger
piston (m) plongeur

поршень (m) -ныряло (n); плунжеръ (m)
stantuffo (m) di pressione 2
pistón (m) compresor

Preßzylinder (m)
compression cylinder
cylindre (m) de presse

цилиндръ (m) насоса
cilindro (m) a compressione 3
cilindro (m) compresor

Preßholm (m)
press cross beam
sommier (m) de presse

крестовина (f) насоса
sommità (f) del compressore 4
cabezal (m) del compresor

Preßplatte (f)
press plate
plateau (m) de compresseur, plateau (m) tournant

прессовальная плита (f) 5
placca (f) girevole
placa (f) del compresor

Unterstempel (m)
bottom stamp
piston (m) inférieur

поддонъ (m) прессы
stantuffo (m) inferiore 6
pistón (m) inferior

Formrahmen (m)
mould frame
moule (m)

форма (f)
cassetta (f) per la forma 7
molote (m), molde (m)

Akkumulator (m), Drucksammler (m)
accumulator, storage battery
accumulateur (m)

аккумуляторъ (m)
accumulatore (m) 8
acumulador (m)

Ausstoß (m)
discharging
démoulage (m)

выгрузка (f); выемка (f)
scarico (m) 9
expulsión (f) [de los ladrillos]

VIII.

Hüttenwerkanlagen

Metallurgical Works Plants

Installations des usines métallurgiques

Оборудованіе металлургическихъ заводовъ

Impianti di officine metallurgiche

Instalaciones de los talleres de siderurgia

---

1 **Verlade- und Beförderungsvorrichtungen**
Loading Plants and Transporting Installations
Installations de chargement et de transport
Приспособленія для загрузки и доставки
Impianti di caricamento e di trasporto
Disposiciones de carga y de transporte

2 Verladung (f)
loading, charging
chargement (m)
загрузка (f)
caricamento (m)
carga (f)

3 Verladerampe (f)
loading ramp *or* wharf
rampe (f) de chargement, estacade (f) de chargement

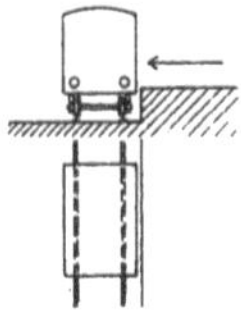

загрузочная платформа (f); погрузочная площадка (f)
rampa (f) di caricamento
rampa (f) de carga

4 Verladekai (m)
loading wharf *or* staiths
quai (m) de chargement

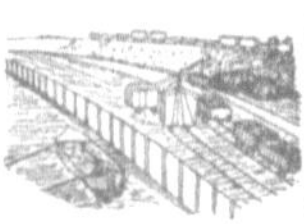

загрузочная *или* погрузочная набережная (f)
banchina (f) di caricamento
muelle (m) de carga

Erzladevorrichtung (f) ore loading device appareil (m) de chargement de minerais		приспособленіе (n) для загрузки руды caricatore (m) per minerali aparato (m) cargador para minerales	1
Verfrachtung (f) transport, conveying transport (m)		транспортъ (m); перевозка (f) trasporto (m) transporte (m)	2
Anfahren (n) der Erze delivery of ore arrivage (m) des minerais		подвозъ (m) руды arrivo (m) dei minerali acarreo (m) de los minerales	3
Ausladen (n) unloading, discharging déchargement (m)		разгрузка (f); выгрузка (f) scarico (m) descarga (f)	4
Hüttenbahnhof (m) mine station gare (f) d'usine		станція (f) металлургическаго завода stazione (f) metallurgica estación (f) de taller	5
Verschiebebahnhof (m), [Rangierbahnhof (m)] shunting station gare (f) de manœuvre *ou* de triage		сортировочная станція (f) stazione (f) di manovra *o* di smistamento estación (f) de maniobra	6
Hauptgleis (n) main track voie (f) principale		главный путь (m) binario (m) principale vía (f) principal	7
Nebengleis (n) shunting track, siding voie (f) auxiliaire, embranchement (n)		запасный путь (m) binario (m) secondario vía (f) auxiliar	8
Anschlußgleis (n) junction, connecting line voie (f) de raccordement	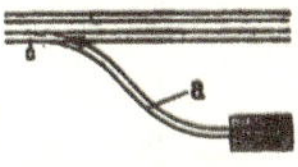 a	примыкающій путь (m) binario (m) di raccordo vía (f) de enlace, vía (f) de unión *ó* de empalme	9
Vollbahn (f), vollspurige Bahn (f) full gauge railway voie (f) normale	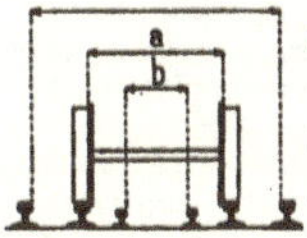 a	магистраль (f); ширококолейная дорога (f) binario (m) a scartamento normale vía (f) normal	10
Schmalspurbahn (f) narrow gauge railway voie (f) étroite	b	узкоколейная дорога (f) binario (m) a scartamento ridotto vía (f) estrecha	11

1 Überführung (f)
bridge, viaduct
passage (m) supérieur *ou* au-dessus, pont (m)

проведеніе (n) обыкновенной дороги по путепроводу надъ желѣзною дорогою
passaggio (m) superiore, ponte (m)
paso (m) superior, puente (m)

---

2 Unterführung (f)
under line bridge, underbridge
passage (m) sous la voie, tunnel (m) sous la voie

проведеніе (n) обыкновенной дороги подъ путепроводомъ желѣзной дороги
sottovia (f), sottopassaggio
paso (m) inferior ó por debajo

---

3 Schiebebühne (f)
travelling platform
chariot (m) transbordeur

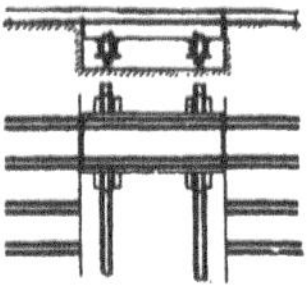

передвижная телѣжка (f)
carro (m) trasbordatore
transbordador (m)

---

4 Verschiebeseilbahn (f), [Rangierseilbahn (f)]
shunting cable railway
voie (f) funiculaire de manœuvre

сортировочная канатная дорога (f)
ferrovia (f) funicolare di manovra
vía (f) funicular de maniobra

---

5 Verschiebewinde (f) [Rangierwinde (f), Rangierspill (n)]
shunting drum
cabestan (m) de manœuvre *ou* de triage

сортировочная лебёдка (f)
argano (m) di manovra
cabrestante (m) de maniobra

---

6 Dampflokomotive (f)
steam locomotive
locomotive (f) à vapeur

паровозъ (m)
locomotiva (f) a vapore
locomotora (f) de vapor

---

7 elektrische Lokomotive (f)
electric locomotive
locomotive (f) électrique

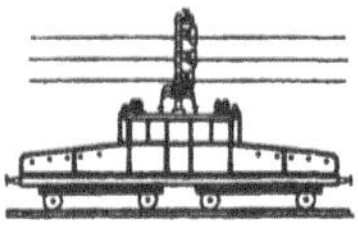

электровозъ (m)
locomotiva (f) elettrica
locomotora (f) eléctrica

---

8 Benzinlokomotive (f)
benzine *or* petrol locomotive
locomotive (f) à essence

бензиновый локомотивъ (m); бензиновозъ (m)
locomotiva (f) ad essenza
locomotora (f) de bencina

Wagenpark (m)
rolling stock
parc (m) à wagons

вагонный паркъ (m)
parco (m) di carri
parque (m) de vagones 1

---

offener Wagen (m)
open wagon *or* truck
wagon (m) ouvert

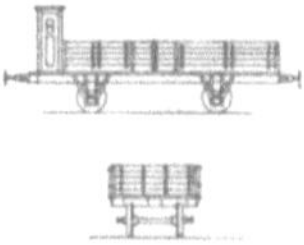

открытый вагонъ (m)
carro (m) aperto
vagón (m) abierto 2

---

geschlossener Wagen (m)
closed wagon *or* truck
wagon (m) fermé

закрытый вагонъ (m)
carro (m) chiuso
vagón (m) cerrado 3

Tragfähigkeit (f)
carrying capacity, load
charge (f) utile

подъёмная сила (f)
portata (f) massima
carga (f) máxima 4

Rauminhalt (m)
cubical contents, capacity
capacité (f), contenance (f), cube (m), volume (m)

ёмкость (f)
capacità (f)
capacidad (f), cabida (f), volumen (m) 5

Krane
Cranes
Grues

Краны
Gru
Grúas 6

Auslegerkran (m)
jib crane
grue (f) à flèche

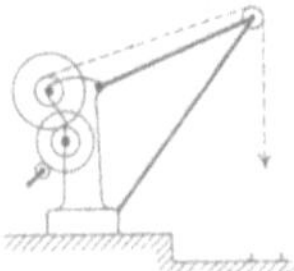

кранъ (m) со стрѣлкой
gru (f) a braccio
grúa (f) de pescante *ó* de aguilón 7

Bockkran (m), Überladekran (m)
gantry crane
grue (f) fixe à chevalet *ou* à portique

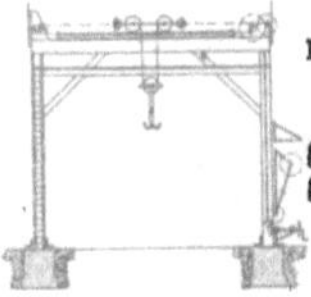

кранъ (m) на козлахъ; перегрузочный кранъ
gru (f) a cavalletto
grúa (f) fija de caballete 8

Wandkran (m)
wall crane
grue (f) murale *ou* d'applique

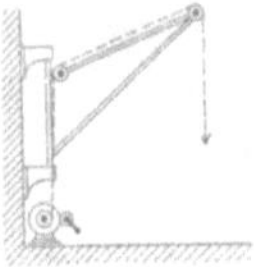

стѣнной *или* настѣнный поворотный кранъ (m)
gru (f) da muro
grúa (f) mural *ó* de pared 9

1 freistehender Kran (m)
independent *or* isolated crane
grue (f) isolée

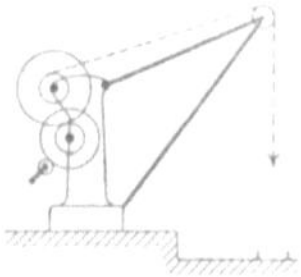

свободностоящій кранъ (m)
gru (f) indipendente
grúa (f) independiente ó aislada

---

2 Drehkran (m)
swing crane
grue (f) pivotante

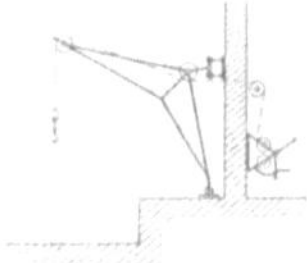

поворотный кранъ (m)
gru (f) girevole
grúa (f) giratoria

---

3 Torkran (m), [Portalkran (m)]
portal crane
grue (f) à portique

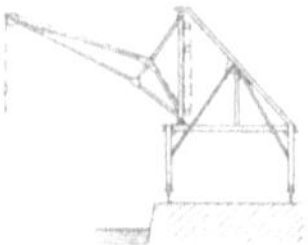

поворотный кранъ (m) на подвижныхъ козлахъ; травеллеръ (m)
gru (f) a portico
grúa-portal (m)

---

4 Brückenkran (m)
bridge crane
pont-grue (m)

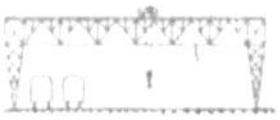

мостовой кранъ (m)
gru (f) mobile a cavalletto
puente-grúa (f) corredera

---

5 Laufkran (m)
overhead traveller, overhead travelling crane
pont-roulant (m)

подвижной мостовой кранъ (m)
gru (f) a ponte
grúa (f) móvil, [puente (m)] grúa (f) corredera

---

6 Laufkatze (f)
crab, carriage
chariot (m) [roulant] de grue

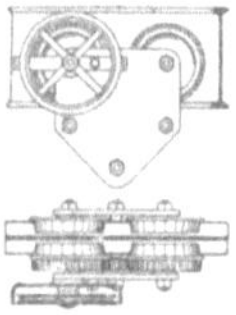

[подвижная] телѣжка (f); кошка (f)
carrello (m) mobile
carro (m) [móvil] de la grúa, gato (m) corredizo

---

7 Turmdrehkran (m)
rotary tower crane
grue (f) pivotante géante

башенный поворотный кранъ (m)
gru (f) a torre girevole
puente (m) giratorio ó grúa (f) giratoria de torre

Konsolkran (m)
bracket crane
grue (f) à console

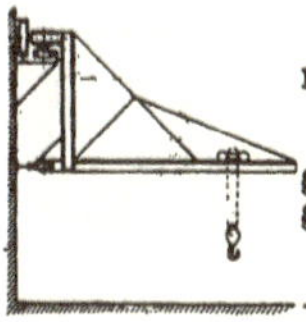

кранъ (m) на кронштейнахъ; консольный кранъ 1
gru (f) a mensola
grúa (f) de consola

Dampfkran (m)
steam crane
grue (f) à vapeur

паровой кранъ (m)
gru (f) a vapore 2
grúa (f) de vapor

---

feststehender Dampfkran (m)
fixed steam crane
grue (f) fixe à vapeur

неподвижный паровой кранъ (m)
gru (f) fissa a vapore 3
grúa (f) de vapor fija

---

fahrbarer Dampfkran (m)
locomotive steam crane
grue (f) roulante à vapeur

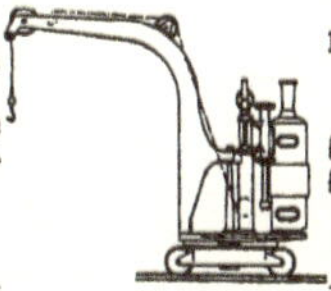

подвижной *или* ходячій паровой кранъ (m)
gru (f) mobile a vapore 4
grúa (f) de vapor rodante ó móvil

Verladebockkran (m)
discharging crane
grue (f) chevalet de transbordement

перегрузочный кранъ (m) на козлахъ
gru (f) di trasbordo a cavalletto 5
grúa (f) caballete de transbordo

[fahrbarer] Dampfkran (m) zum Löschen der Schiffe
locomotive steam crane for unloading ships
grue (f) roulante à vapeur pour le déchargement des bateaux

подвижной *или* ходячій паровой кранъ (m) для разгрузки судовъ
gru (f) mobile a vapore per scarico di navi 6
grúa (f) de vapor móvil para descargar los buques

Verladeanlage (f) mit obenlaufendem Drehkran
loading plant with rotary crane above
installation (f) de chargement à grue pivotante et roulante supérieure

загрузочное устройство (n) съ ходячимъ по нёмъ краномъ
impianto (m) per trasbordo a gru girevole mobile 7
instalación (f) de carga con grúa giratoria móvil de vía alta

---

Führerstand (m)
driver's stand
poste (m) de conducteur

a

площадка (f) [для] машиниста
posto (m) del macchinista 8
puesto (m) del conductor

1 Greifkran (m)
crane with grab gear
grue (f) dragueuse, grue (f) à mâchoires *ou* à griffe *ou* à grappin

кранъ (m) съ самосхватомъ
gru (f) con scavatore automatico
grúa (f) escavadora, grúa-draga (f)

---

2 Selbstentlader (m), Selbstentleerer (m), Selbstentladegefäß (n)
self-discharger
cuiller (f) *ou* drague (f) à déchargement automatique, déchargeur (m) automatique, grappin (m)

саморазгружающаяся подвѣсная койка (f); саморазгрузочный подвѣсный вагончикъ (m) *или* ящикъ (m); саморазгрузъ (m)
scaricatore (m) automatico
[coche] descargador (m) automático

---

3 Selbstentleerung (f)
automatic discharge
déchargement (m) automatique

автоматическое опоражниванiе (n); автоматическая разгрузка (f)
scaricamento (m) automatico
descarga (f) automática

---

4 Selbstentlader (m), selbstentladender Wagen (m)
self-discharging wagon
wagon (m) à déchargement automatique

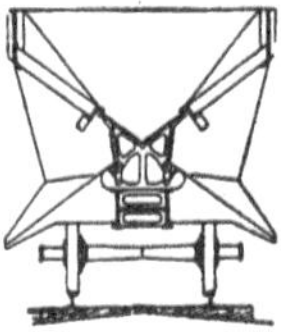

саморазгрузочный вагонъ (m); автоматически разгружающаяся вагонетка (f)
vagone (m) a scarico automatico
vagón (m) para descargamiento automático

---

5 Entladung (f) nach beiden Seiten des Gleises
discharge towards both sides of the track
déchargement (m) des deux côtés de la voie

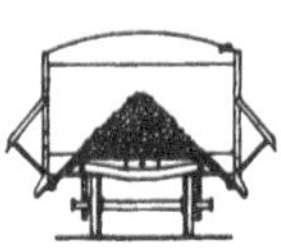

разгрузка (f) *или* выгрузка (f) пути съ обѣихъ сторонъ
scarico (m) bilaterale rispetto al binario
descarga (f) á los dos lados de la via

---

6 Schnellentlader (m)
rapid discharger
déchargeur (m) rapide

быстроразгружающаяся подвѣсная койка (f); быстроразгружающiйся подвѣсный вагончикъ (m) *или* ящикъ (m)
scaricatore (m) rapido
descargador (m) rápido

---

7 [Selbst-] Greiferbetrieb (m)
automatic gripping action
fonctionnement (m) par cuiller (à griffes) automatique *ou* par pelle automatique

дѣйствiе (n) съ самозахватомъ
funzionamento (m) a scavo automatico
funcionamiento (m) por cuchara (de garras) automática

[Selbst-]Greifer (m), Drehschaufelbagger (m), Greifbagger (m)
automatic grab
griffe (f) automatique, cuiller (f), benne-drague (f), pelle (f) automatique, grappin (m)

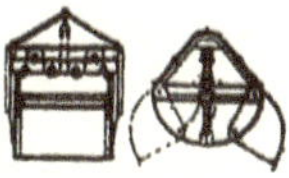

черпательная машина (f) съ поворотными ковшами *или* черпаками
mascella (f) automatica, cucchiaio (m) di scavo
cuchara (f) *ó* cubeta-draga (f) automática 1

Greiferkübel (m), zweiteiliger Kohlenkasten (m)
coal grab, grab, bucket grab
pelle (f) automatique, benne (f) de chargement automatique, benne (f) à charbon en deux compartiments, benne (f) à griffe

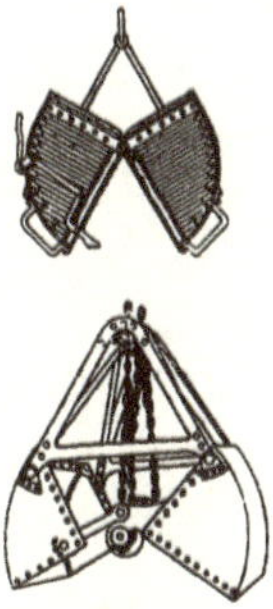

захватывающій ковшъ (m); угольный ящикъ (m) о двухъ частяхъ
draga (f), scavatore (m), secchia (f) in due pezzi
pala (f) automática [para cargar], cesta (f) de dos partes 2

Elevator (m)
elevator
élévateur (m)

элеваторъ (m)
elevatore (m)
elevador (m) 3

Lagerkran (m)
stock crane
grue (f) de magasin *ou* de dépôt

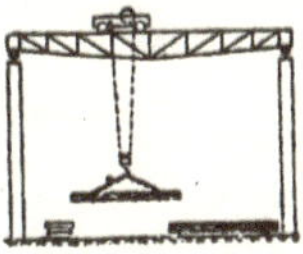

магазинный кранъ (m); кранъ для складовъ *или* для кладовыхъ
gru (f) da deposito
grúa (f) de almacén 4

Magnetkran (m)
magnet crane
grue (f) à aimant porteur *ou* à crochet magnétique, pont-roulant (m) magnétique

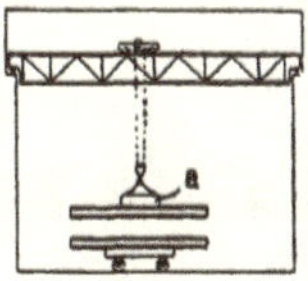

кранъ (m) съ магнитомъ
gru (f) a magnete
grúa (f) de imán 5

Kranmagnet (m)
crane magnet
aimant (m) de grue

a

крановой магнитъ (m); магнитъ крана
magnete (m) da gru
imán (m) de la grúa 6

1 **Lagervorrichtungen**
Stores
Dépots

Оборудованіе складовъ
Depositi
Depósitos

2 Stapeln (n)
to accumulate, to store
mise (f) en stock

складываніе (n); сваливаніе (n)
ammucchiamento (m)
apilamiento (m)

3 Erzlagerplatz (m)
ore storing place
dépôt (m) de minerais

рудный складъ (m)
deposito (m) di minerali
depósito (m) de minerales

4 Kokslagerplatz (m)
coke storing place
dépôt (m) de coke

коксовый складъ (m); складъ кокса
deposito (m) di coke
depósito (m) de cok

5 Eisenlager (n)
iron stores
magasin (m) *ou* entrepôt (m) à fers

складъ (m) желѣза; желѣзный складъ
magazzino (m) *o* deposito (m) di ferrami
almacén (m) *ó* depósito (m) de metales

6 Roheisenlager (n)
pig iron stores
magasin (m) des fontes

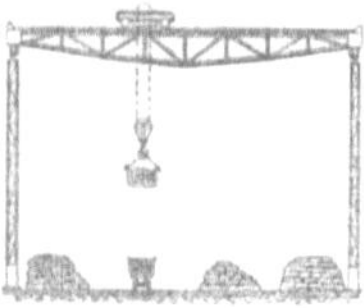

складъ (m) чугуна; чугунный складъ
magazzino (m) *o* deposito (m) di ferrami
almacén (m) de hierro

7 Blocklager (n)
ingot stores
parc (m) à lingots

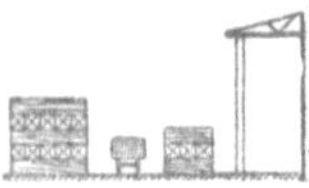

складъ (m) болванокъ
magazzino (m) di massi, deposito (m) di blocchi
almacén (m) de lingotes

8 Trägerlager (n)
girder stores
parc (m) à poutrelles

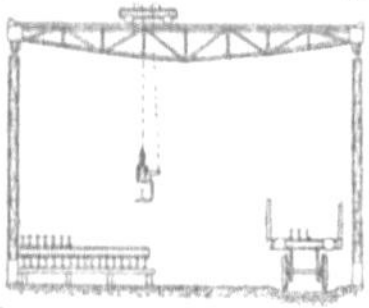

складъ (m) балокъ
magazzino (m) *o* deposito (m) di travature metalliche
almacén (m) de vigas

9 Aufnehmen (n) *oder* Abziehen (n) vom Lager
taking from the stores
reprise (f) du magasin

принятіе (n) со склада
levare (v) dal deposito, togliere (v) dal magazzino
recepción (f) del almacén

Sammelrumpf (m), [Vorrat-]Tasche (f), Bunker (m)
bunker, bin
soute (f), trémie (f), accumulateur (m)

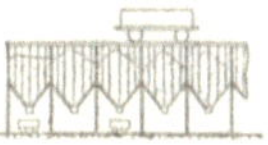

складочная яма (f)
tramoggia-collettore (f), caladeposito (m) 1
recipiente (m) de tolva, compartimiento (m)

Füllrumpf (m), Schütt-rumpf (m), Sammel-trichter (m)
loading hopper
trémie (f) de chargement

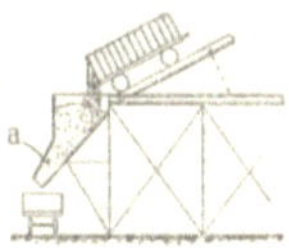

a

воронка (f) для загрузки; загрузочная воронка
tramoggia (f) di caricamento 2
tolva (f) de carga

Vorratbehälter (m), Erztasche (f)
storing reservoir for ore
réservoir (m), accumulateur (m)

запасная башня (f) для руды
serbatoio (m) di minerali 3
depósito (m) de minerales

Verschlußklappe (f)
hinged closing trap
trappe (f), obturateur (m) à charnière

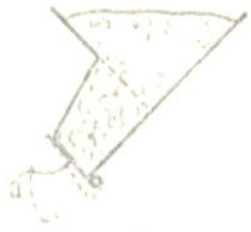

a

дверка (f); крышка (f)
botola (f) *o* falla (f) a cerniera 4
trapa (f) de bisagras ó de charnela

Kipper
Tipping Devices
Culbuteurs

Опрокидыватели
Armature a bilico, rovesciatori 5
Volcadores

Sturzgerüst (n)
tipping jetty *or* staiths
estacade (f) de déversement *ou* de déchargement

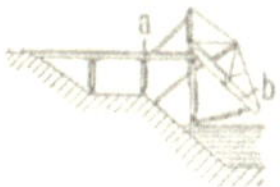

помостъ (m) для перегрузки сбрасываніемъ
armatura (f) del palco di gettata 6
andamio (m) para verter, vertedero (m)

Sturzbühne (f)
tipping stage
plate-forme (f) de déversement

a

пріёмная платформа, (f) на которую выкидываются грузы
piano (m) di rovesciamento, palco (m) di gettata 7
plataforma (f) del andamio

Sturzrinne (f)
chute, shoot
couloir (m) de déchargement

b

наклонный жолобъ (m) [по которому скатывается грузъ]
canalone (m) di gettata 8
plano (m) ó canal (f) para verter

1 Schüttrohr (n)
discharge pipe
tuyau (m) de déchargeur

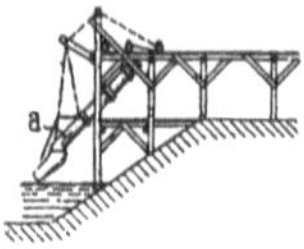

a

наклонная труба (f) для грузки въ насыпку
tubo (m) di gettata
tubo (m) de relleno

---

2 Rutsche (f)
chute, shoot
plan (m) incliné, couloir (m) incliné, glissoir (m)

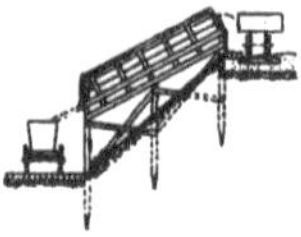

спускъ (m); наклонная плоскость (f); спускной жолобъ (m); рукавъ (m) для спуска *или* для ссыпки
piano (m) inclinato, scivolone (m)
plano (m) *ó* vertedor (m) inclinado

---

3 Kohlensturzbahn (f)
coal chute *or* shoot
voie (f) surélevée pour déchargement de charbon

путь (m) для выгрузки угля сбрасываніемъ
binario (m) di rovesciamento del carbone
plano (m) inclinado para verter el carbón

---

4 selbsttätiger Kohlenkipper (m)
automatic coal tip
basculeur (m) automatique à charbon

самодѣйствующій углеопрокидыватель (m); автоматическій углевысыпатель (m); автоматическій опрокидывающійся угольный вагонъ (m)
scaricatore (m) a bilico automatico pel carbone
báscula (f) automática para carbón

---

5 Kippbühne (f)
tipping stage
chargeur (m) *ou* déchargeur (m) à bascule

опрокидывающаяся платформа (f)
piano (m) caricatore a bilico
plataforma (f) basculante

---

6 Wagenkipper (m)
tilting *or* tipping wagon
culbuteur (m) à wagons

вагонный опрокидыватель (m); приспособленіе (n) для опрокидыванія вагоновъ
rovesciatore (m) di carri
volcador (m) de vagones

---

7 Plattformkipper (m)
tipping platform
plateforme (f) à bascule

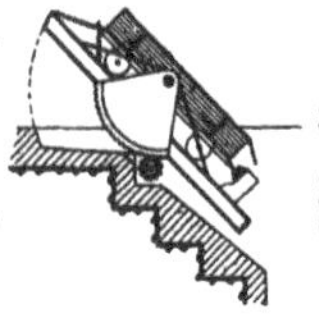

платформенный опрокидыватель (m)
piattaforma (f) a bilico
basculador (m) de plataforma

Kurvenkipper (m)
wagon tipping device
basculeur (m) courbe

опрокидыватель (m) съ криволинейнымъ подъёмомъ
armatura (f) a bilico con curva
basculador (m) de curva — 1

Kreiselwipper (m)
rotary tipper
culbuteur (m) basculant

вращающаяся люлька (f)
rovesciatore (m) girevole
volcador (m) giratorio — 2

Wippbrücke (f), Wiege (f)
tipping bridge
pont (m) basculant

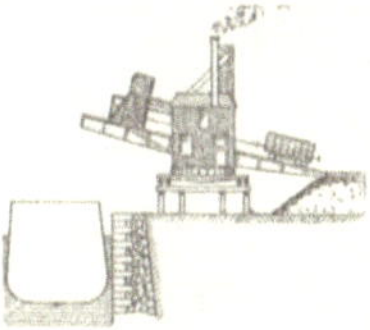

качающійся мостикъ (m); люлька (f)
ponte (m) a bilico
puente (m) de báscula — 3

Senkbühne (f)
lowering stage
chargeur (m) descendant

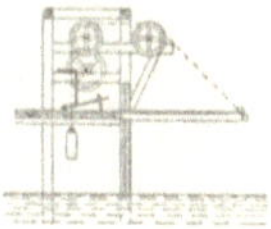

опускающаяся платформа (f)
piattaforma (f) mobile
plataforma (f) que baja y sube ó de movimiento vertical — 4

Wägevorrichtungen
Weighing Appliances
Pesage

Вѣсы
Basculle
Básculas — 5

Brückenwage (f)
weigh bridge
pont-bascule (m)

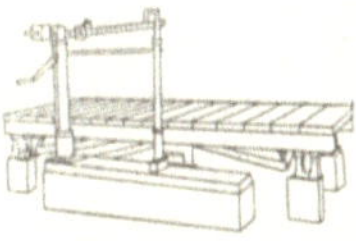

вѣсы (m pl) съ помостомъ; мостовая платформа (f); мостовые вѣсы; тереза (f)
bilancia (f) o basculla (f) a ponte
puente-báscula (m) — 6

Brücke (f)
platform of weigh bridge
pont (m) (de la bascule)

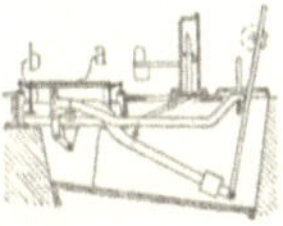

a

[вѣсовой] помостъ (m)
ponte (m) (della basculla)
puente (m) (de la báscula) — 7

Wägeschiene (f)
weigh bridge rail
rail (m) du pont [à bascule]

b

рельсъ (m) вѣсового помоста
binario (m) del ponte
carril (m) del puente [de báscula] — 8

1	Waggonwage (f), Gleiswage (f) wagon balance, truck balance bascule (f) à wagons		вагонные вѣсы (m pl); вагонный вѣсовый помостъ (m) bilancia (f) per carri báscula (f) para vagones
2	Zehnerwage (f), [Dezimalwage (f)] decimal balance *or* weighing machine bascule (f) décimale	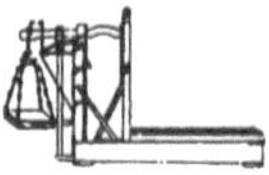	десятичные вѣсы (m pl) bilancia (f) decimale báscula (f) decimal
3	Hunderterwage (f), [Zentesimalwage (f)] centesimal balance *or* weighing machine bascule (f) centésimale	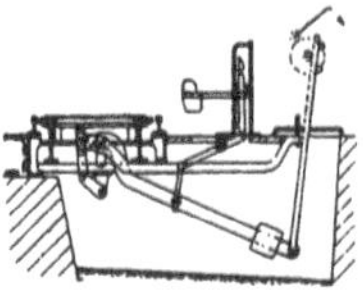	сотенные вѣсы (m pl) bilancia (f) centesimale báscula (f) centesimal
4	Wägekarte (f) weighing machine ticket carton (m) *ou* billet (m) indicateur du poids	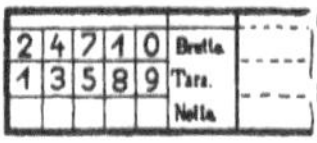	билетъ (m) автоматическихъ вѣсовъ scontrino (m) *o* marca (f) della pesata talón (m) del peso
5	Kartendruckvorrichtung (f) ticket printing machine imprime-cartes (m)	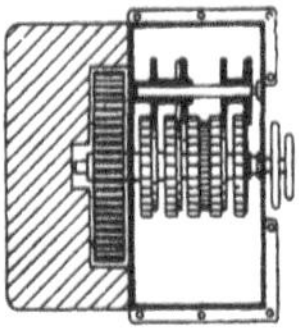	механизмъ (m) [автоматическихъ вѣсовъ] timbrascontrino (m) mecanismo (m) para imprimir los talones
6	Zählwerk (n) counting mechanism compteur (m)	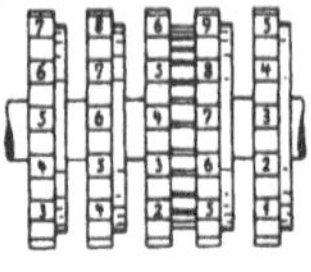	счётный механизмъ (m) contatore (m) contador (m), mecanismo (m) contador
7	Ladegewicht (n) load, charge tonnage (m), charge (f) utile		полезный грузъ (m) tonnellaggio (m) tonelaje (m)
8	Rohgewicht (n), [Bruttogewicht (n)] gross weight poids (m) brut	$Q = G_1 + G_2$	вѣсъ (m) брутто peso (m) lordo peso (m) bruto *ó* total
9	Reingewicht (n), [Nettogewicht (n)] net weight poids (m) net	G_1	вѣсъ (m) нетто peso (m) netto peso (m) neto

G_2

Leergewicht (n), totes Gewicht (n), [Tara-gewicht (n)]
tare
tare (f), poids (m) mort
вѣсъ (m) тара
tara (f)
tara (f) 1

---

theoretisches Gewicht (n)
theoretical weight
poids (m) théorique
теоретическій вѣсъ (m)
peso (m) teorico
peso (m) teórico 2

---

rechnungsmäßig (adj)
according to calculation
obtenu par le calcul
найти вычисленіемъ
ottenuto col calcolo
obtenido por el cálculo 3

Sollgewicht (n), [Normalgewicht (n)]
standard weight
poids (m) normal
нормальный вѣсъ (m)
peso (m) normale
peso (m) normal 4

Durchschnittgewicht (n)
average weight
poids (m) moyen
среднiй вѣсъ (m)
peso (m) medio
peso (m) medio 5

Spiel (n) der Wage
play of the weighing machine
jeu (m) *ou* mouvement (m) de la bascule

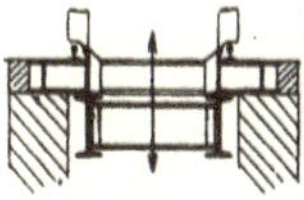

игра (f) вѣсовъ
oscillazione (f) della basculla *o* bilancia
juego (m) *ó* movimiento (m) de la báscula 6

---

die Wage spielt ein
the weighing machine is in equilibrium
la bascule descend *ou* fonctionne
вѣсы (m pl) приходятъ въ равновѣсіе
la bilancia segna
la báscula baja *ó* funciona 7

Seilbahnen
Cableways
Transports funiculaires
Канатныя дороги
Ferrovie funicolari
Ferrocarriles funiculares 8

Drahtseilbahn (f)
rope railway, cable railway
transporteur (m) funiculaire, transporteur (m) aérien à câble métallique

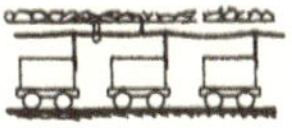

канатная дорога (f); проволочно-канатная дорога (f)
ferrovia (f) funicolare aerea
via (f) aérea de cable metálico 9

Kettenbahn (f)
chain railway
transporteur (m) à chaîne

цѣпная дорога (f)
trasportatore (m) a catena
ferrocarril (m) de cadena 10

Luftseilbahn (f), Seilhängebahn (f)
overhead rope railway, aerial ropeway
transporteur (m) aérien à câble

воздушная канатная дорога (f); канатно-проволочная дорога
trasportatore (m) aereo
via (f) aérea de cable 11

Schutznetz (n)
1 safety net
filet (m) protecteur

предохранительная сѣтка (f)
reticolato (m) *o* rete (f) di protezione
red (f) de protección *ó* protectora

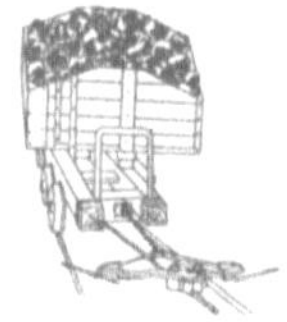

Klemmvorrichtung (f)
2 clutch
appareil (m) de serrage

зажимной приборъ (m); зажимное устройство (n)
attacco (m), apparecchio (m) d'agganciamento
aparato (m) de apriete

Mitnehmer (m)
3 catch, driver
entraîneur (m)

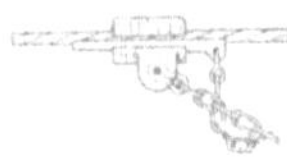

захватъ (m) для каната; захватывающій замокъ (m)
attacco (m)
conductor (m), disposición (f) de arrastre

Büchsenmitnehmer (m)
4 bush catch
entraîneur (m) à manchon

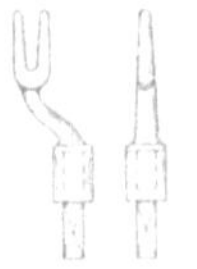

наставной захватъ (m) со втулкой
attacco (m) a bossolo
disposición (f) de arrastre con casquillo

---

angenieteter Mitnehmer (m) aus Stahlblech
5 riveted steel plate catch
entraîneur (m) en tôle d'acier rivetée

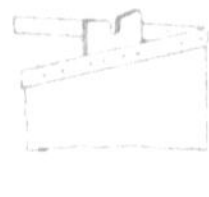

приклёпанный захватъ (m) изъ листовой стали
attacco (m) chiodato in lamiera d'acciaio
disposición (f) de arrastre de chapa de acero remachada

---

aufsteckbarer, geschmiedeter Mitnehmer (m)
6 detachable forged catch
entraîneur (m) forgé amovible

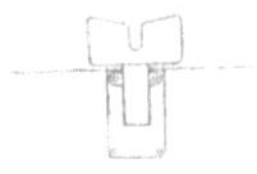

наставной кованый захватъ (m)
attacco (m) fucinato
disposición (f) de arrastre forjada y postiza *ó* de quita y pon

---

Mitnehmerglied (n)
7 catch member
chaînon (m) d'entraîneur

захватывающее звено (n)
maglia (f) d'attacco
argolla (f) de enganche

Anschlagpunkt (m)
8 stop
point (m) d'accrochage *ou* d'accouplement

мѣсто (n) сцѣпки
punto (m) d'agganciamento
punto (m) de enganche

---

selbsttätiges Abschlagen (n)
9 automatic uncoupling
décrochage (m) automatique

самодѣйствующее *или* автоматическое расцѣпленіе (n); автоматическая отцѣпка (f)
distacco (m) automatico
desenganche (m) automático

selbsttätige Abschlag[e]vorrichtung (f)
automatic uncoupling device
décrocheur (m) automatique

автоматическій *или* самодѣйствующій расцѣпляющій приборъ (m)
apparecchio (m) automatico di distacco 1
mecanismo (m) de desenganche automático

Fußrolle (f)
foot roller, guide roller
galet (m) conducteur *ou* de soutien

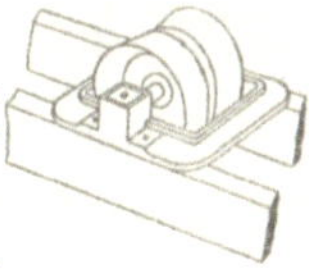

нижній роликъ (m); опорный шкивъ (m) *или* роликъ (m) *или* дискъ (m) для тягового каната 2
girella (f) di base
rodillo (m) conductor *ó* de apoyo

Spanngewicht (n)
tension weight
poids (m) tendeur

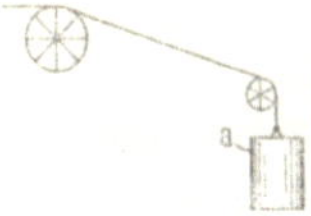

натяжной грузъ (m)
peso (m) tenditore 3
peso (m) tensor

---

liegender Antrieb (m)
horizontal drive
commande (f) horizontale

горизонтальный приводъ (m)
comando (m) orizzontale 4
impulsión (f) horizontal

---

stehender Antrieb (m)
vertical drive
commande (f) verticale

вертикальный приводъ (m)
comando (m) verticale 5
impulsión (f) vertical

Triebscheibe (f)
pulley, driving pulley
poulie (f) de commande *ou* motrice

приводный шкивъ (m)
puleggia (f) di comando 6
polea (f) motriz

Seilschmierer (m)
rope lubricator
appareil (m) de graissage du câble

приборъ (m) для смазки каната
ingrassatore (m) per fune 7
aparato (m) engrasador de cable

Klemmvorrichtung (f) für Verschiebebahnen
clutch for shunting railways
appareil (m) de serrage pour voies de manœuvre

зажимной приборъ (m) для сортировочныхъ путей
attacco (m) per binari di manovra 8
disposición (f) de apriete para vías de maniobra

Kettenverschleiß (m)
wear of chain
usure (f) de la chaîne

изнашиваніе (n) цѣпи
usura (f) della catena
desgaste (m) de la cadena 9

Kettenbruch (m)
fracture of chain
rupture (f) de chaîne

разрывъ (m) цѣпи
rottura (f) della catena 10
rotura (f) de la cadena

1 **Massenbeförderung**
Transport of Large Masses
Transport en masse
Перемѣщеніе массовыхъ грузовъ
Trasporto in massa
Transporte en masa

2 Erzwagen (m), Erzförderwagen (m)
ore wagon
wagonnet (m) à minerais

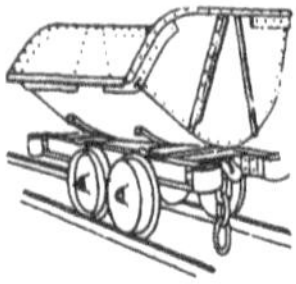

вагонетка (f) *или* вагончикъ (m) для перевозки руды
carro (m) per trasporto di minerali
vagoneta (f) para minerales

---

3 Förderer (m), [Transporteur (m)]
transporter
transporteur (m)
транспортёръ (m); передаточникъ (m)
trasportatore (m)
transportador (m)

---

4 Gurtförderer (m), [Gurttransporteur (m), Bandtransporteur (m)]
belt conveyor
transporteur (m) à courroie, transporteur (m) à bande

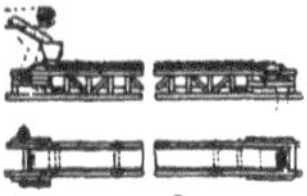

a

ленточный транспортёръ (m); пассъ (m)
trasportatore (m) a cinghia *od* a nastro
transportador (m) de correa *ó* cinta

---

5 Förderband n), [Transportband (n)]
conveying belt, transport band
bande (f) transporteuse

a

транспортная лента (f)
nastro (m) trasportatore
cinta (f) sin fin de transporte

---

6 Bandförderung (f)
belt conveyance
transport (m) par bande *ou* sur bande *ou* par ruban
перемѣщеніе (n) *или* подача (f) лентою
trasporto (m) a nastro
transporte (m) por cinta

---

7 Muldenrolle (f)
trough roller
rouleau (m) pour courber la bande

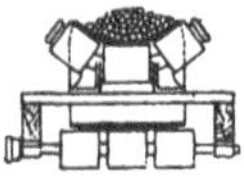

катки (m pl), придающіе лентѣ форму лотка
rulli (m pl) per curvare il nastro
rodillo (m) para encorvar la cinta

---

8 Sammeltrumm (n)
charging end
bande (f) collectrice, brin (m) collecteur (de la bande)
собирательный конецъ (m)
tratto (m) di nastro collettore
cinta (f) colectora

---

9 Verteilungstrumm (n)
discharging end
bande (f) distributrice, brin (m) distributeur (de la bande)
распредѣлительный конецъ (m)
tratto (m) di nastro distributore
cinta (f) distribuidora

---

10 Steigband (n)
inclined belt
bande (f) de transport inclinée, ruban (m) de transport incliné

a

наклонно движущаяся лента (f)
nastro (m) inclinato
cinta (f) inclinada de transporte

Sackförderer (m), [Sacktransporteur (m)]
sack *or* bag conveyor
transporteur (m) pour sacs

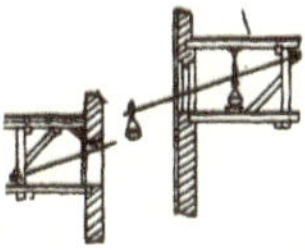

транспортёръ (m) для мѣшковъ
trasportatore (m) di sacchi a nastro 1
transportador (m) de sacos

Kratzerförderer (m), [Kratzertransporteur (m)]
push conveyor
transporteur (m) à racloirs *ou* raclettes

транспортёръ (m) со скребками
trasportatore (m) a raschiatoio 2
transportador (m) con rascadores

Kratzerscheibe (f), Kratzer (m)
scraper disc *or* plate
racloir (m)

a

скребокъ (m); крешеръ (m) 3
raschiatore (m)
disco (m) rascador

Kratzband (n)
scraping belt
ruban (m) à racloirs

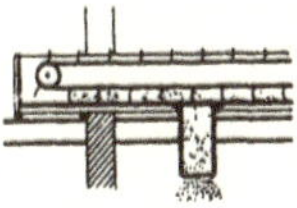

лента (f) со скребками
nastro (m) a raschiatori 4
cinta (f) de rascadores

Förderrinne (f)
conveying trough (shaking)
gouttière (f) transporteuse *ou* de transporteur

транспортёрный жолобъ (m); податочный лотокъ (m)
canale (m) di trasporto, scivolone (m), canalone (m) 5
canal (f) transportadora

Rinnentrog (m)
shaking trough, jig
conduit (m) *ou* canal (m) *ou* gouttière (f) de transporteur

a

желобчатый лотокъ (m)
corpo (m) dello scivolone 6
conducto (m) ó canal (f) del transportador

Förderschnecke (f)
screw conveyor
vis (f) *ou* hélice (f) transporteuse

винтовой транспортёръ (m); шнекъ (m); транспортный винтъ (m)
coclea (f) trasportatrice 7
tornillo (m) [ó sin-fin (m)] transportador

---

verstellbarer Ablader (m)
adjustable discharger
déchargeur (m) mobile

передвижное разгрузочное приспособленіе (n) 8
scaricatore (m) spostabile
descargador (m) móvil

Becherwerk (n), [Paternosterwerk (n)]
elevator, paternoster elevator
noria (f), élévateur (m) *ou* chaîne (f) à godets

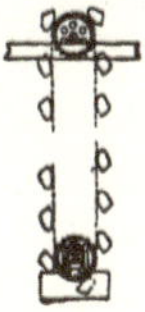

норія (f)
noria (f), elevatore (m) a tazze *od* a secchi 9
noria (f), elevador (m) de cangilones

1 **Wasserversorgung**
Water Supply
Alimentation et distribution d'eau

Водоснабженіе
Provvista d'acqua
Distribución de las aguas

---

2 Wassermenge (f)
quantity of water
quantité (f) d'eau

количество (n) воды
quantità (f) d'acqua
cantidad (f) de agua

---

3 stündliche Leistung (f) der Wasserversorgung
output of water supply per hour
quantité (f) d'eau par heure de la distribution d'eau

производительность (f) водоснабженія въ часъ
portata (f) oraria dell'impianto d'acqua
cantidad (f) de agua distribuida por hora

---

4 Wasserbedarf (m)
amount of water required
quantité (f) d'eau nécessaire

потребное количество (n) воды
bisogno (m) d'acqua
cantidad (f) necesaria de agua

---

5 Wasserverbrauch (m)
consumption of water
consommation (f) d'eau

расходъ (m) воды
consumo (m) d'acqua
consumo (m) de agua

---

6 Wassermangel (m)
dearth of water
manque (f) d'eau

недостатокъ (m) воды
mancanza (f) d'acqua
escasez (f) ó falta (f) de agua

---

7 **Wassergewinnung**
Procuring of Water
Captage de l'eau

Добываніе или полученіе воды
Presa d'acqua
Extracción ó captación de agua

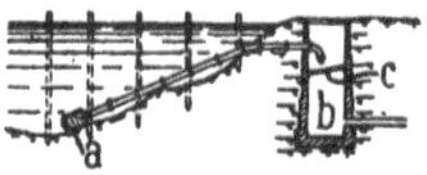

8 Saugkorb (m)
suction basket, jet
crépine (f) d'aspiration

a

всасывающая сѣтка (f)
cuffia (f) o spugna (f) d'aspirazione, succhiarola (f)
alcachofa (f) ó criba (f) de aspiración

---

9 Siebkammer (f), Filterkammer (f)
straining chamber
chambre (f) de filtration

b

камера (f) съ сѣткой; камера для фильтрованія
camera (f) di decantazione
cámara (f) de depuración ó de filtración

---

10 Fischrechen (m)
fish grid
écrille (f), grille (f) à poisson

c

сѣтка (f) для задержанія рыбы
griglia (f) per pesci
rejilla (f) para peces

Grundwassergewinnung (f)
procuring water from a subterranean source
captage (m) d'eau souterraine
добываніе (n) грунтовой *или* почвенной *или* подпочвенной воды
presa (f) d'acqua sotterranea 1
extracción (f) ó captación (f) de agua subterránea

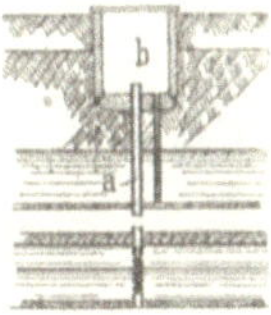

Quellfassung (f)
well shaft
captage (m) d'une source
перехватываніе (n) источника
presa (f) d'una sorgente 2
toma (f) de agua de manantial

Fassungsrohr (n)
well tube
tuyau (m) de la prise *ou* d'ascension d'eau
водозабирная труба (f)
tubo (m) di presa 3
tubo (m) de ascensión

a

Brunnenstube (f)
well chamber
chambre (f) *ou* puits (m) de la prise d'eau (de source)
люкъ (m) колодца
camera (f) del pozzo 4
cámara (f) de pozo

b

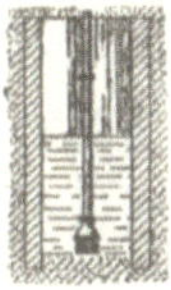

Brunnenanlage (f)
arrangement of wells
puits (m)
устройство (n) колодца; колодецъ (m); колодезь (m)
impianto (m) di pozzi 5
pozo (m)

Rohrbrunnen (m)
fountain
puits (m) tubulaire américain *ou* de Norton
трубчатый колодецъ (m); абессинскій колодецъ (m); нортоновскій колодецъ 6
pozzo (m) tubolare
pozo (m) tubular ó de Norton

Senkbrunnen (m)
sunk well
fonçage (m) tubulaire, puits (m) à enfoncement sous charge
опускной колодецъ (m)
pozzo (m)
pozo (m) de hundimiento sobre carga [fundición (f) tubular] 7

---

artesischer Brunnen (m)
artesian well
puits (m) artésien
артезіанскій колодецъ (m)
pozzo (m) artesiano 8
pozo (m) artesiano

Wasserförderung
Raising of Water
Elevation de l'eau
Подача или подъёмъ воды
Elevazione d'acqua 9
Elevación del agua

Pumpanlage (f)
pumping plant *or* station
installation (f) de pompes
насосная установка (f) *или* станція (f)
impianto (m) di pompe 10
instalación (f) de bombas

1 Handpumpe (f)
hand pump
pompe (f) à main

ручной насосъ (m)
pompa (f) a mano
bomba (f) de mano

---

2 Pulsometer (n)
pulsometer
pulsomètre (m)

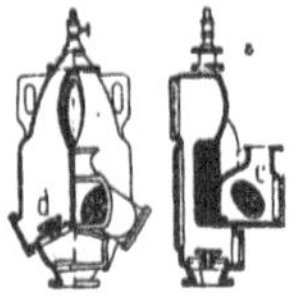

пульзометръ (m)
pulsometro (m)
pulsómetro (m)

---

3 Saugventil (n)
suction valve
soupape (f) d'aspiration

c

всасывающій клапанъ (m)
valvola (f) aspirante
válvula (f) de aspiración

---

4 Druckventil (n)
pressure valve
soupape (f) de refoulement

d

нагнетательный клапанъ (m)
valvola (f) premente
válvula (f) de presión ó de impulsión

---

5 Tiefbrunnenelevator (m)
deep well elevator, ejector
éjecteur (m) placé dans le puits

элеваторъ (m) для глубокихъ колодцевъ; эжекторъ (m)
elevatore (m) per pozzi
elevador (m) de pozo

---

6 Dampfpumpe (f)
steam pump
pompe (f) à vapeur

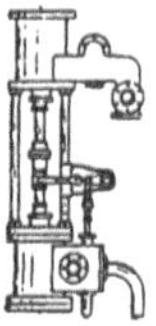

паровой насосъ (m)
pompa (f) a vapore
bomba (f) de vapor

---

7 einfach wirkende Pumpe (f)
single acting pump
pompe (f) à simple effet

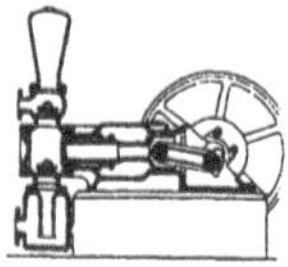

насосъ (m) простого дѣйствія
pompa (f) a semplice effetto
bomba (f) de simple efecto

---

8 doppelt wirkende Pumpe (f)
double acting pump
pompe (f) à double effet

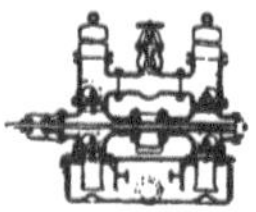

насосъ (m) двойного дѣйствія
pompa (f) a doppio effetto
bomba (f) de doble efecto

Doppelzylinderpumpe (f), [Duplexpumpe (f), Worthingtonpumpe (f)]
duplex pump, Worthington pump
pompe (f) duplex, pompe (f) Worthington

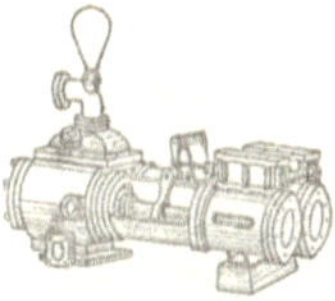

насосъ (m) дуплексъ; паровой насосъ Вортингтона
pompa (f) duplex, pompa (f) Worth- 1
ington
bomba (f) duplex, bomba (f) Worthington

Verbunddampfpumpe (f)
compound steam pump
pompe (f) à vapeur compound

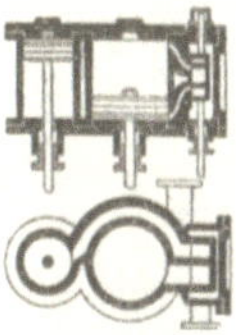

паровой насосъ (m) компаундъ
pompa (f) compound 2
a vapore
bomba (f) de vapor compound

Wanddampfpumpe (f)
wall steam pump
pompe (f) à vapeur murale

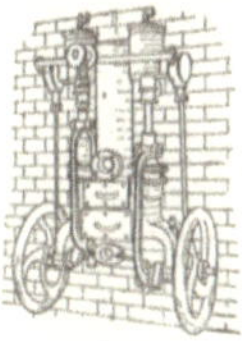

стѣнной паровой насосъ (m)
pompa (f) da muro a 3
vapore
bomba (f) mural de vapor

---

freistehende Dampfpumpe (f)
isolated steam pump
pompe (f) à vapeur isolée, pompe (f) à vapeur verticale avec bâti

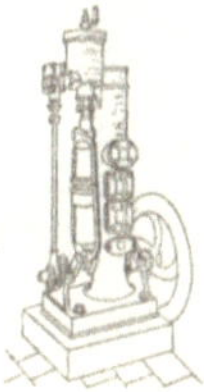

свободностоящій паровой насосъ (m)
pompa (f) a vapore iso- 4
lata
bomba (f) de vapor independiente

Zwillingsdampfpumpe (f)
twin steam pump
pompe (f) à vapeur jumelle

сдвоенный паровой насосъ (m)
pompa (f) a vapore ge- 5
mella
bomba (f) de vapor gemela

Drehkolbenpumpe (f), [Rotationspumpe (f)]
rotary pump
pompe (f) rotative

ротаціонный насосъ (m)
pompa (f) rotativa 6
bomba (f) rotatoria

Schleuderpumpe (f), [Zentrifugalpumpe (f)]
centrifugal pump
pompe (f) centrifuge

центробѣжный насосъ (m)
pompa (f) centrifuga 7
bomba (f) centrifuga

1 Umlaufpumpe (f), [Zirkulationspumpe (f)]
circulation pump
pompe (f) à circulation

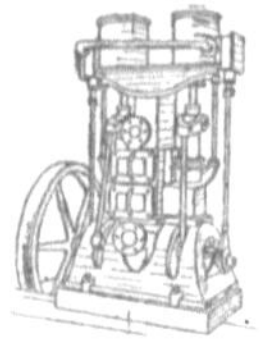

циркуляціонный насосъ (m)
pompa (f) di circolazione
bomba (f) de circulación

---

2 Dampfsauger (m), Dampfexhaustor (m)
steam exhaustor
exhausteur (m) à vapeur

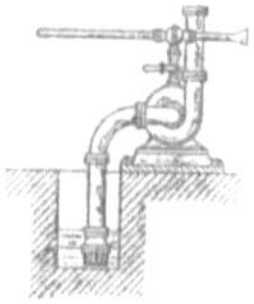

паровой эксгаусторъ (m)
aspiratore (m) a vapore
aspirador (m) de vapor

---

3 Tauchkolbenpumpe (f), Taucherkolbenpumpe (f), [Plungerpumpe (f)]
plunger pump
pompe (f) à piston plongeur

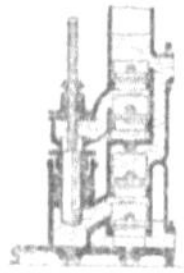

насосъ (m) съ ныряющими *или* со скальчатыми поршнями
pompa (f) a stantuffo tuffante
bomba (f) de émbolo buzo

---

4 Schachtpumpe (f)
shaft pump
pompe (f) de puits

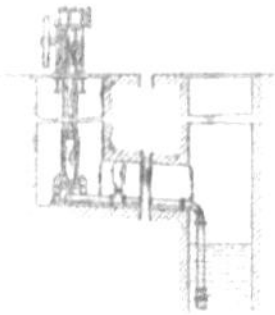

насосъ (m), устанавливаемый въ колодцѣ
pompa (f) per pozzi
bomba (f) para pozo

---

5 Pumpengestänge (n)
spars, scaffold
tiges (f pl) de pompe

штанги (f pl) насоса
asta (f) della pompa
vástagos (m pl) de la bomba

6 **Wasserleitung**
Water Conduit
Conduite d'eau

Водопроводъ
Conduttura d'acqua
Conducción ó conducto de agua, tubería de agua

7 Saugleitung (f)
suction conduit *or* pipes
conduite (f) d'aspiration

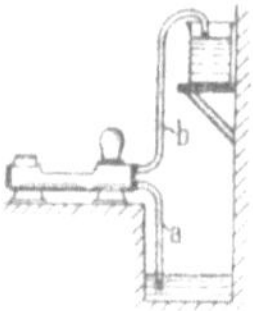

всасывающій трубопроводъ (m)
condotta (f) aspirante
tubería (f) de aspiración

---

a

8 Druckleitung (f)
delivery conduit *or* pipes
conduite (f) de refoulement

b

нагнетательный *или* напорный трубопроводъ (m)
condotta (f) premente
tubería (f) de presión ó impulsión

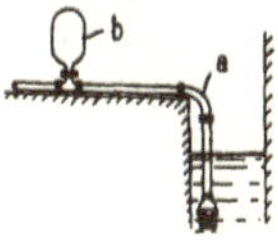

Saugrohr (n)
suction pipe
tuyau (m) d'aspiration

a

всасывающая труба(f)
tubo (m) aspirante
tubo (m) de aspiración 1

Saugwindkessel (m)
suction air chamber *or* vessel
chambre (f) à air de la conduite d'aspiration

b

воздушный колпакъ (m) всасыванія
camera (f) d'aria aspirante
depósito (m) de aire de la tubería de aspiración 2

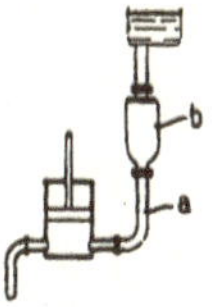

Druckrohr (n), Steigrohr (n)
delivery pipe
tuyau (m) de refoulement

a

нагнетательная труба (f)
tubo (m) premente
tubo (m) de impulsión 3

Druckwindkessel (m)
delivery air chamber *or* air vessel
réservoir (m) d'air de la conduite de refoulement

b

воздушный колпакъ (m) нагнетанія
camera (f) d'aria premente
depósito (m) de aire de la tubería de impulsión 4

Entlüftungsventil (n)
relief valve
ventouse (f) *ou* soupape (f) à air

воздушный клапанъ (m); вантузъ (m)
valvola (f) per l'aria
ventosa (f) 5

Wasserbehälter
Reservoir, Tank
Réservoir d'eau

Водоёмъ; водоёмное зданіе
Serbatoio d'acqua, rifornitore
Depósito de agua 6

Wasserturm (m)
water tower
château (m) d'eau

водоёмная *или* водонапорная башня (f)
castello (m) d'acqua
torre (f) de agua 7

Hochbehälter (m)
high level tank, elevated reservoir
réservoir (m) d'eau sous pression, réservoir (m) surélevé *ou* de distribution

a

высоко поставленный напорный резервуаръ (m) *или* бакъ (m)
serbatoio (m) elevato *o* posto in alto
depósito (m) elevado de agua *ó* de agua bajo presión 8

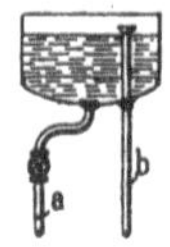

1 Fallrohr (n)
down main, service pipe
tuyau (m) descendant *ou* de distribution

спускная труба (f)
tubo (m) di scarico
tubo (m) descendente *ó* de descenso

---

a

b

2 Überlaufrohr (n)
overflow pipe
tube (m) de trop-plein

сливная труба (f)
tubo (m) dello sfioratore *o* di troppo pieno
tubo (m) de desagüe

---

3 Wasserpfosten (m), [Hydrant (m)]
hydrant, water post
borne-fontaine (f)

гидрантъ (m)
sbocco (m) d'acqua
hidrante (m)

4 Wassermesser (m)
water meter
compteur (m) d'eau

водомѣръ (m)
misuratore (m) *o* contatore (m) d'acqua
contador (m) de agua

5 Wasserreinigung
water purification
épuration de l'eau

водоочищенiе; очистка воды
depurazione dell'acqua
depuración del agua

6 Rohwasser (n), Naturwasser (n)
natural water
eau (f) brute, eau (f) naturelle *ou* non épurée

сырая *или* неочищенная вода (f); натуральная вода
acqua (f) impura, acqua (f) naturale
agua (f) natural

---

7 gereinigtes Wasser (n)
purified water
eau (f) épurée

очищенная вода (f)
acqua (f) depurata
agua (f) depurada

---

8 Klärung (f) des Wassers
clarification of water
clarification (f) de l'eau

процѣживанiе (n) воды
decantazione (f) *o* chiarificazione (f) dell'acqua
clarificación (f) del agua

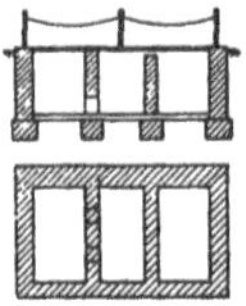

9 Klärbehälter (m)
settling tank
décanteur (m), réservoir (m) de clarification

отстойный сосудъ (m) *или* резервуаръ (m); отстойный бассейнъ (m) *или* ящикъ (m)
decantatore (m), serbatoio (m) di decantazione
decantador (m), depósito (m) de clarificación

a

Filter (n)
filter
filtre (m)

фильтръ (m)
filtro (m)
filtro (m) 1

Filterschicht (f)
filter bed
couche (f) filtrante

фильтрующій слой (m)
strato (m) filtrante
capa (f) filtradora 2

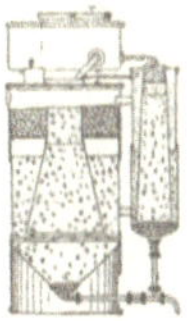

Kiesfilter (n)
pebble filter
filtre (m) à gravier

фильтръ (m) съ гравіемъ
filtro (m) di ghiaia
filtro (m) de piedras ó de gravilla 3

---

chemische Verunreinigung (f)
chemical impurity
souillure (f) par des substances chimiques

химическое загрязненіе (n); загрязненіе воды отъ химически растворённыхъ въ ней элементовъ
impurità (f) chimica
impureza (f) química 4

Ausfällung (f) der Verunreinigung
precipitation of impurities
précipitation (f) des impuretés

выдѣленіе (n) *или* осажденіе (n) примѣсей
precipitazione (f) delle impurità
precipitación (f) de las impurezas 5

Fällmittel (n), Niederschlagmittel (n)
precipitant, precipitating agent
précipitant (m), agent (m) de précipitation

осадочное средство (n); осаждающее вещество (n)
reagente (m) precipitante
precipitante(m),agente (m) de precipitación 6

Niederschlag (m)
precipitate, deposit, sediment
matière (f) précipitée, précipité (m), dépôt (m)

осадокъ (m)
materia (f) eterogenea da separare, precipitato (m), deposito (m)
materia (f) separada ó precipitada, precipitado (m), depósito (m), sedimento (m) 7

Enthärtung (f)
softening
adoucissement (m) des eaux

смягченіе (n) воды
addolcimento (m)
endulzamiento (m) del agua 8

Enteisenung (f)
deironing
déferrisation (f)

выдѣленіе (n) соединеній желѣза
separare (v) il ferro
separación (f) del hierro 9

1 **Rückkühlung**
Cooling with Water Circulation
Refroidissement (avec circulation d'eau)

Обратное [искусственное] охлажденіе
Refrigerazione (a circolazione d'acqua)
Refrigeración (con circulación de agua)

2 geschlossener Kreislauf (m)
closed circulation
circulation (f) (de l'eau) en circuit fermé

полная циркуляція (f); замкнутое водообращеніе (n)
ciclo (m) chiuso
circulación (f) (del agua) en un circuito cerrado

---

3 wiederholte Benutzung (f) des Wassers
repeated use of water
emploi (m) répété des eaux (par refroidissement)

неоднократное пользованіе (n) водой; неоднократное использованіе (n) воды
uso (m) ripetuto dell'acqua
uso (m) repetido del agua

---

4 Wasserkühlanlage (f)
water cooling plant
installation (f) d'appareils réfrigérants pour les eaux

устройство (n) *или* приспособленіе (n) для охлажденія воды
impianto (m) di refrigerazione dell'acqua
instalación (f) de refrigeración del agua

---

5 Kühlteich (m)
cooling pond
bassin (m) de refroidissement

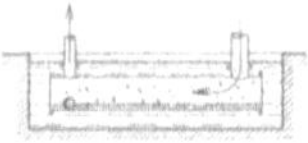

охлаждающій прудъ; бассейнъ (m) для охлажденія воды
bacino (m) di refrigerazione
estanque (m) de enfriamiento

---

6 Rieselwerk (n), Gradierwerk (n)
cooling tower
bâtiment (m) de graduation

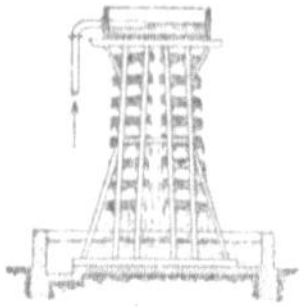

градирня (f)
impianto (m) di refrigerazione a gradini
enfriadero (m) de gradas

---

7 Rieselkühler (m)
trickling *or* dripping cooling plant
appareil (m) refroidisseur *ou* réfrigérant (m) à ruissellement

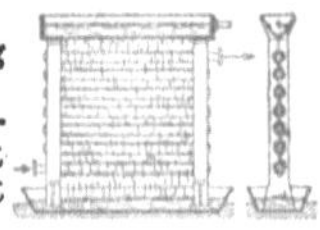

охладитель (m) съ орошеніемъ; оросительный охладитель
refrigerante (m) a corrente *od* ad irrigazione
enfriadero (m) por riego

---

8 berieseln (v)
to irrigate
ruisseler (v)

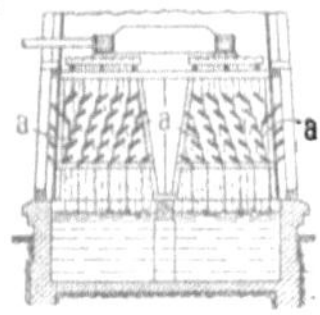

орошать
irrigare (v)
regar (v), rociar (v

Rieselfläche (f), Berieselungsfläche (f)
irrigation surface
nappe (f) de ruissellement

a

оросшаемая поверхность (f)
superficie (f) d'irrigazione
superficie (f) de riego 1

Kühlturm (m)
cooling tower
tour (f) de réfrigération

градирня (f); охлаждающая башня (f)
torre (f) di refrigerazione
enfriadero (m) de torre 2

Kaminkühler (m)
chimney cooler
réfrigérant (m) à cheminée

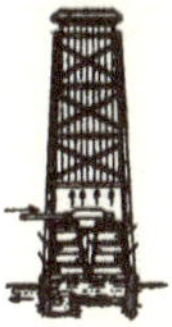

охлаждающая башня (f)
refrigerante (m) a camino
enfriadero (m) de chimenea 3

Gebäulichkeiten
Buildings
Bâtiments

Постройки
Edifizi
Edificios 4

Pförtnerhaus (n), [Portierbude (f)]
porter's lodge
loge (f) de portier

дворницкая (f); сторожевая будка (f); сторожка (f)
casa (f) del portiere
portería (f) 5

Verwaltungsgebäude (n)
administration building, offices
bâtiment (m) d'administration

зданіе (n) правленія; [у]правленіе (n)
edifizio (m) dell'amministrazione
edificio (m) de la administración 6

Direktionsgebäude (n)
manager's office
bâtiment (m) *ou* bureau (m) de direction

зданіе (n) дирекціи; дирекція (f)
edifizio (m) della direzione
edificio (m) de la dirección 7

Kanzleigebäude (n), Bureaugebäude (n)
office buildings
bureaux (m pl)

зданіе (n) конторы; контора (f)
edifizio (m) degli uffici
oficinas (f pl) 8

Maschinenhaus (n)
engine house
bâtiment (m) des machines

машинное зданіе (n) *или* помѣщеніе (n)
edifizio (m) [delle] macchine
casa (f) de máquinas 9

1 Kesselhaus (n)
boiler house
bâtiment (m) des chaudières

котельное зданіе (n) *или* помѣщеніе (n); котельная (f); кочегарка (f)
edifizio (m) [delle] caldaie
casa (f) de calderas

---

2 mechanische Werkstätte (f)
mechanical workshop, fitting shop
atelier (m) de construction mécanique

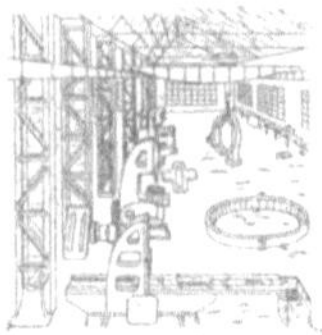

механическая мастерская (f)
officina (f) meccanica
taller (m) de construcción mecánica

---

3 Ausbesserungswerkstatt (f), [Reparaturwerkstätte (f)]
repair shop
atelier (m) de réparation

ремонтная мастерская (f)
officina (f) [delle] riparazioni
taller (m) de reparación

---

4 Schmiede (f)
smithy, forge
forge (f)

кузница (f)
officina (f) [dei] fabbri
fragua (f), forja (f)

---

5 Unfallwache (f)
ambulance station
infirmerie (f) de service, station (f) de secours

пріёмный покой (m)
guardia (f) medica
estación (f) ó casa (f) de socorro

---

6 Waschraum (m)
lavatory
lavoir (m), lavabos (m pl)

умывальня (f)
lavatoio (m)
cuarto (m) de lavar ó de aseo

---

7 Waschvorrichtung (f)
lavatory
installation (f) de lavabos

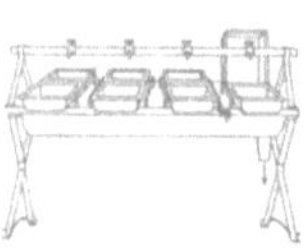

умывальникъ (m)
lavatoio (m)
lavabos (m pl)

Brausebad (n)
shower bath
douche (f)

душь (f); душъ (m)
doccia (f) 1
ducha (f)

Arbeiterwohnung (f)
workmen's dwelling *or* cottage
maison (f) *ou* habitation (f) ouvrière

квартира (f) *или* помѣщеніе (n) для рабочихъ; рабочая квартира; [заводская казарма (f)] 2
abitazione (f) operaia
habitación (f) ó casa (f) para obreros

Eisenwerk (n), Eisenverband (m), Eisenbau (m), Eisenkonstruktion (f)
iron building
construction (f) en fer, charpente (f) en fer

желѣзная конструкція (f)
costruzione (f) in ferro 3
construcción (f) de hierro

Holzwerk (n), Holzverband (m), Holzbau (m), Holzkonstruktion (f)
wood construction
construction (f) en bois, charpente (f) en bois

деревянная конструкція (f)
costruzione (f) in legno 4
construcción (f) de madera

Kesselanlagen
Boiler Plants
Installations de chaudières

Котельныя установки
Impianti di caldaie 5
Instalaciones de calderas

Feuerungsanlage (f)
firing plant, furnace installation
installation (f) de foyer

устройство (n) топки
impianto (m) di forni 6
instalación (f) de calderas

---

freistehende Kesselanlage (f)
open range boiler plant
installation (f) de chaudières découvertes *ou* à l'air libre

котельная установка (f), стоящая подъ открытымъ небомъ
impianto (m) scoperto di caldaie 7
instalación (f) de calderas al aire libre

überdachte Kesselanlage (f)
covered boiler plant
installation (f) de chaudières sous toit

крытая котельная установка (f); котельная установка подъ навѣсомъ
impianto (m) coperto di caldaie 8
instalación (f) de calderas cubierta

1 Dampfkessel (m)
steam boiler
générateur (m) de vapeur, chaudière (f) à vapeur
паровой котёлъ (m)
caldaia (f) a vapore
caldera (f) ó generador (m) de vapor

---

2 Hochdruckdampfkessel (m)
high pressure steam boiler
chaudière (f) *ou* générateur (m) à vapeur à haute pression
паровой котёлъ (m) высокаго давленія
caldaia (f) a vapore ad alta pressione
caldera (f) de vapor de alta presión

---

3 liegender Dampfkessel (m)
horizontal steam boiler
générateur (m) horizontal, chaudière (f) horizontale

горизонтальный паровой котёлъ (m)
caldaia (f) orizzontale
caldera (f) de vapor horizontal

---

4 stehender Dampfkessel (m)
vertical steam boiler
chaudière (f) verticale, générateur (m) vertical
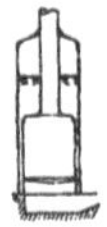
вертикальный паровой котёлъ (m)
caldaia (f) verticale
caldera (f) de vapor vertical

---

5 Mitteldruckdampfkessel (m)
medium pressure steam boiler
chaudière (f) *ou* générateur(m) à vapeur à pression moyenne
паровой котёлъ (m) средняго давленія
caldaia (f) a vapore a media pressione
caldera (f) de vapor de media presión

---

6 Niederdruckdampfkessel (m)
low pressure steam boiler
chaudière (f) *ou* générateur (m) à vapeur à basse pression
паровой котёлъ (m) низкаго давленія
caldaia (f) a vapore a bassa pressione
caldera (f) de vapor de baja presión

---

7 Kleinwasserraumkessel (m)
boiler with small water space
chaudière (f) *ou* générateur (m) à faible volume d'eau
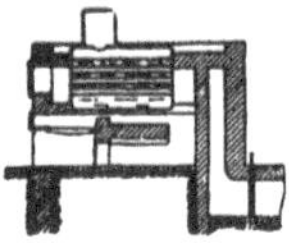
котёлъ (m) съ малымъ объёмомъ воды *или* съ малымъ водянымъ пространствомъ
caldaia (f) a piccolo volume d'acqua
caldera (f) de pequeño volumen de agua

---

8 Großwasserraumkessel (m)
boiler with large water space
chaudière (f) *ou* générateur (m) à grand volume d'eau
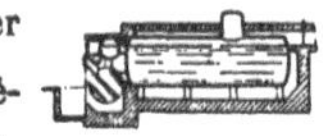
котёлъ (m) съ большимъ объёмомъ воды *или* съ большимъ водянымъ пространствомъ
caldaia (f) a gran volume d'acqua
caldera (f) de gran volumen de agua

Gegenstromkessel (m)
counter current boiler
générateur (m) *ou* chaudière (f) à contre-courant

котёлъ (m) съ противотокомъ; котёлъ съ взаимнопротивоположнымъ теченіемъ воды и топочныхъ газовъ
caldaia (f) a correnti contrarie
caldera (f) de corrientes invertidas
1

Gleichstromkessel (m)
concurrent boiler
chaudière (f) dans laquelle l'eau et les gaz chauds circulent dans le même sens

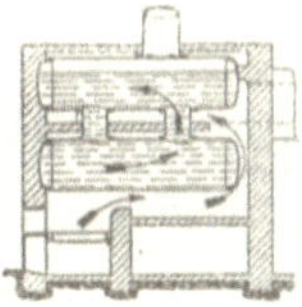

котёлъ (m) съ параллельнымъ теченіемъ; котёлъ съ теченіемъ воды и топочныхъ газовъ въ одномъ направленіи
caldaia (f) a correnti dello stesso senso
caldera (f) de corriente directa
2

Umlaufkessel (m)
circulation boiler
générateur (m) *ou* chaudière (f) à circulation

котёлъ (m) съ принудительной циркуляціей [воды]
caldaia (f) a circolazione
caldera (f) de circulación
3

Betriebkessel (m)
working boiler, plant boiler
chaudière (f) en service

рабочій котёлъ (m)
caldaia (f) in servizio
caldera (f) de servicio
4

Ersatzkessel (m), [Reservekessel (m)]
spare *or* stand by boiler
chaudière (f) de réserve

запасной котёлъ (m)
caldaia (f) di riserva
caldera (f) de reserva
5

Hilfskessel (m)
auxiliary boiler
chaudière (f) auxiliaire *ou* de secours

вспомогательный котёлъ (m)
caldaia (f) ausiliare
caldera (f) auxiliar
6

Einfachkessel (m), einfacher Walzenkessel (m)
single boiler
chaudière (f) formée d'un simple corps cylindrique

одиночный котёлъ (m)
caldaia (f) semplice
caldera (f) sencilla
7

Verbundkessel (m)
combination boiler
chaudière (f) combinée *ou* mixte

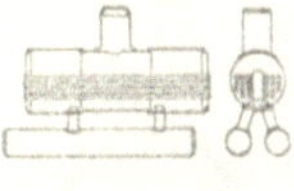

комбинированный *или* сложный *или* составной котёлъ (m)
caldaia (f) combinata
caldera (f) combinada
8

Staffelkessel (m), [Etagenkessel (m)]
multiple stage boiler
chaudière (f) étagée

этажный котёлъ (m)
caldaia (f) a piani
caldera (f) escaleriforme, caldera (f) con hervidores sobrepuestos
9

1 Kesselgruppe (f), Kesselbatterie (f)
battery of boilers
batterie (f) de chaudières

батарея (f) котловъ
batteria (f) di caldaie
batería (f) de calderas

---

2 Walzenkessel (m) mit Sieder, Bouilleurkessel (m)
French *or* elephant boiler
chaudière (f) à bouilleur[s]

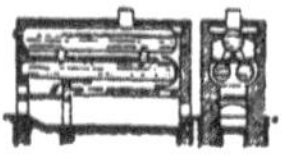

котёлъ (m) съ кипятильниками; французскій котёлъ
caldaia (f) a bollitori
caldera (f) de hervidor[es]

---

3 mehrfacher Walzenkessel (m)
multiple cylindrical boiler
chaudière (f) cylindrique multiple

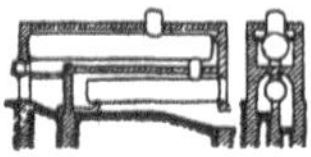

комбинированный *или* сложный *или* составной цилиндрическій котёлъ (m)
caldaia (f) cilindrica composta
caldera (f) cilíndrica múltiple

---

4 Batteriekessel (m)
battery boiler
générateur (m) *ou* chaudière (f) à plusieurs bouilleurs

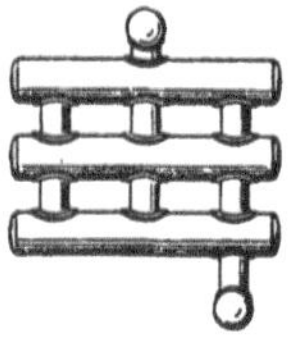

батарейный котёлъ (m)
caldaia (f) a batterie
caldera (f) de hervidores múltiples

---

5 Flammrohrkessel (m)
flue boiler
chaudière (f) *ou* générateur (m) à foyer intérieur

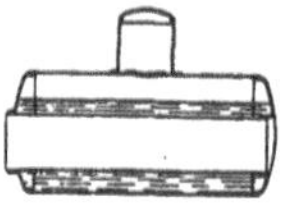

котёлъ (m) съ жаровой трубой; котёлъ съ жаровыми *или* съ пламенными трубами
caldaia (f) a focolare interno
caldera (f) de hogar[es] interior[es]

---

6 Wellrohrkessel (m)
boiler with corrugated flue tube
chaudière (f) *ou* générateur (m) à foyer intérieur ondulé

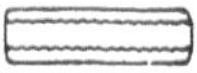

котёлъ (m) съ волнистыми жаровыми, (пламенными) трубами; котёлъ съ жаровой волнистой (пламенной) трубой
caldaia (f) a focolare ondulato
caldera (f) con hogar interior ondulado

---

7 Flammrohrkessel (m) mit Quersiederohren
flue boiler with cross tubes
chaudière (f) *ou* générateur (m) à foyer intérieur avec bouilleurs transversaux, chaudière (f) de Galloway

котёлъ (m) съ поперечными кипятильными трубками; котёлъ (m) съ галовеевскими трубками; котёлъ Галовея
caldaia (f) a focolare interno con bollitori trasversali
caldera (f) de hogar interior con hervidores transversales, caldera (f) de Galloway

Rauchrohrkessel (m), Siederohrkessel (m)
boiler with fire *or* smoke tubes
chaudière (f) *ou* générateur (m) à tubes de fumée

котёлъ (m) съ дымогарными *или* съ прогарными трубками; трубчатый котёлъ
caldaia (f) a tubi di fumo 1
caldera (f) con tubos de humo, caldera (f) tubular

Lokomobilkessel (m)
semi-portable Cornish multitubular boiler
chaudière (f) demi-fixe

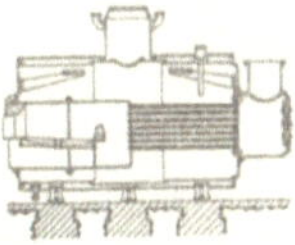

локомобильный котёлъ (m)
caldaia (f) da locomobile 2
caldera (f) semifija

Wasserröhrenkessel (m)
water tube boiler
chaudière (f) *ou* générateur (m) aquatubulaire *ou* à tubes d'eau

водотрубный котёлъ (m)
caldaia (f) a tubi d'acqua 3
caldera (f) con tubos de agua

Kohlenfeuerung (f)
coal firing
foyer (m) à charbon

топка (f) для угля
focolare (m) a carbone 4
hogar (m) para carbón

Holzfeuerung (f)
wood fired furnace
foyer (m) à bois

топка (f) для дровъ
focolare (m) a legna 5
hogar (m) para leña

Braunkohlenfeuerung (f)
lignite fired furnace
foyer (m) à lignite

топка (f) для бураго угля *или* для лигнита 6
focolare (m) a lignite
hogar (m) para lignito

Kohlenstaubfeuerung (f)
coal dust furnace
foyer (m) à poussière

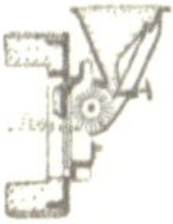

топка (f) для угольной пыли
focolare (m) a polvere di carbone 7
hogar (m) para carbonilla

Müllfeuerung (f)
refuse destructor furnace
foyer (m) à gadoues, foyer (m) à ordures ménagères

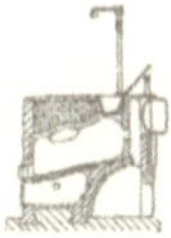

топка (f) для мусора
focolare (m) da spazzatura 8
hogar (m) para basuras

Teerfeuerung (f)
tar furnace
foyer (m) à goudron

топка (f) для смолы
focolare (m) a catrame
hogar (m) para alquitrán 9

Feuerung (f) mit Hochofengas
waste gas furnace
foyer (m) à gaz de haut-fourneaux

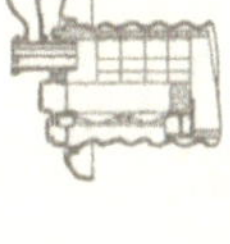

отопленіе (n) колошниковымъ газомъ; топка (f) газомъ доменныхъ печей
focolare (m) a gas d'alti forni 10
hogar (m) para gas de altos hornos

1 Feuerung (f) mit Petroleumrückständen
furnace for petroleum residue
foyer (m) pour résidus de la distillation du pétrole

отопленіе (n) нефтяными остатками; топка (f) мазутомъ
focolare (m) a residui di petrolio
hogar (m) para residuos de petróleo

---

2 Innenfeuerung (f)
internally fired furnace
foyer (m) intérieur

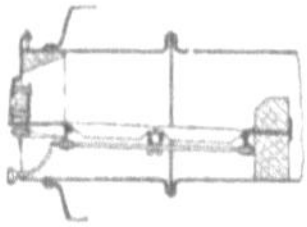

внутренняя топка (f)
focolare (m) interno
hogar (m) interior

---

3 Außenfeuerung (f)
externally fired furnace
foyer (m) extérieur

внѣшняя *или* наружная топка (f)
focolare (m) esterno
hogar (m) exterior

---

4 Vorfeuerung (f)
furnace in front of the boiler, fore hearth
foyer (m) antérieur

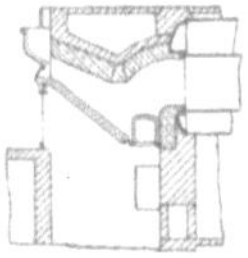

топка (f) передъ котломъ; передняя топка
focolare (m) anteriore
hogar (m) anterior

---

5 Unterfeuerung (f)
furnace under the boiler
foyer (m) inférieur

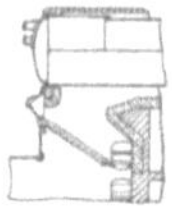

топка (f) подъ котломъ; нижняя топка;
focolare (m) inferiore
hogar (m) inferior

---

6 den Feuerraum mit feuerfesten Steinen auskleiden (v)
to line the furnace with fire bricks
revêtir (v) *ou* garnir (v) la boîte à feu de briques réfractaires

выложить (облицевать) топочное пространство огнеупорными кирпичами
rivestire (v) il focolare con mattoni refrattari
revestir (v) el hogar con ladrillos refractarios

---

7 mit der Hand beschicken (v)
to stoke by hand
charger (v) à la main *ou* manuellement

забрасывать топливо отъ руки; загружать топку отъ руки
caricare (v) a mano
cargar (v) á mano

---

8 mechanische Rostbeschickung (f)
mechanical stoking *or* charging
chargement (m) mécanique *ou* automatique de la grille

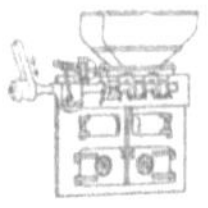

механическая загрузка (f) *или* засыпка (f) колосниковой рѣшётки; механическій кочегаръ (m)
carica (f) meccanica del focolare
carga (f) mecánica del mparrillado

mechanische Feuerung (f)
mechanical stoker
foyer (m) mécanique

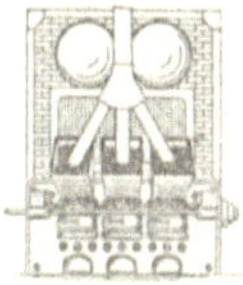

механическая топка (f); топка съ автоматической загрузкой; механическій кочегаръ (m) 1
focolare (m) meccanico
hogar (m) automático ó de carga mecánica

---

den Rost mechanisch beschicken (v)
to stoke mechanically *or* automatically
charger (v) automatiquement *ou* mécaniquement la grille

засыпать *или* загружать колосниковую рѣшётку механическимъ путёмъ 2
caricare (v) il focolare meccanicamente
cargar (v) el emparrillado mecánicamente ó automáticamente

Fülltrichter (m)
coal hopper
trémie (f) de chargement, trémie (f) à charbon

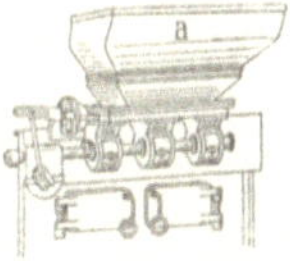

a

загрузочный ковшъ (m); воронка (f) для угля 3
imbuto (m) caricatore
tolva (f) de carga del carbón

Schüttfeuerung (f)
self-feeding furnace
foyer (m) à alimentation continue

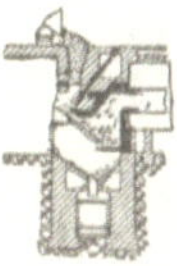

топка (f) съ непрерывной верхней засыпкой *или* загрузкой
focolare (m) a caricamento continuo 4
hogar (m) de alimentación continua

Kettenrostfeuerung (f)
chain grate stoker
foyer (m) avec grille à chaîne

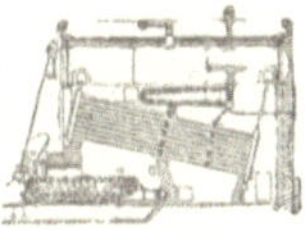

топка (f) съ цѣпной колосниковой рѣшёткой
focolare (m) con griglia a catena 5
hogar (m) con emparrillado de cadena

Walzenrostfeuerung (f)
furnace with cylinder grate
foyer (m) avec grille à rouleau

топка (f) съ роликовыми колосниками
focolare (m) con griglia a cilindro 6
hogar (m) con emparrillado cilíndrico

Schüttelrostfeuerung (f)
furnace with movable fire bars, shaking grate
foyer (m) avec grille à secousses

топка (f) съ качающимися колосниками
focolare (m) con griglia a scosse 7
hogar (m) con emparrillado sacudidor

1 Unterwindfeuerung (f)
forced draught furnace
foyer (m) à soufflage sous grille

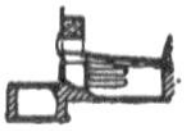

топка (f) съ нижнимъ дутъёмъ; топка съ дутьёмъ подъ рѣшётку
focolare (m) a tirata inferiore
hogar (m) con soplador por debajo del emparrillado

---

2 Dampfstrahlzerstäuber (m)
steam jet sprayer *or* atomiser
pulvérisateur (m) à jet de vapeur

пароструйный распылитель (m) *или* разбрызгиватель (m); пароструйная форсунка (f)
polverizzatore (m) a getto di vapore
pulverizador (m) de chorro de vapor

---

3 Rohrzerstäuber (m)
tubular sprayer *or* atomiser
pulvérisateur (m) à tubes concentriques, pulvérisateur-injecteur (m)

форсунка (f) съ концентрическими щелями *или* съ круглымъ выходомъ
polverizzatore (m) a tubo
pulverizador (m) tubular

---

4 Schlitzzerstäuber (m)
slot sprayer *or* atomiser
pulvérisateur (m) à fente

форсунка (f) *или* распылитель (m) *или* разбрызгиватель (m) съ плоскими щелями
polverizzatore (m) a fessura
pulverizador (m) de hendiduras

---

5 Streudüsenzerstäuber (m)
sprayer nozzle atomiser
pulvérisateur (m) à tuyère

форсунка (f) съ соплами
polverizzatore (m) ad ugelli
pulverizador (m) de toberas

---

6 Schleuderzerstäuber (m), Zentrifugalzerstäuber (m)
centrifugal sprayer *or* atomiser
pulvérisateur (m) centrifuge

центробѣжная форсунка (f); центробѣжный распылитель (m) *или* разбрызгиватель (m)
polverizzatore (m) centrifugo
pulverizador (m) centrifugo

---

7 Petroleumeinspritzer (m), [Petroleuminjektor (m)]
petroleum injector
injecteur (m) à pétrole

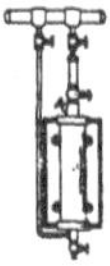

инжекторъ (m) для введенія въ котёлъ керосина; керосиновый инжекторъ
iniettore (m) di petrolio
inyector (m) de petróleo

Rundlochbrenner (m)
circular slot burner
brûleur (m) à orifice circulaire

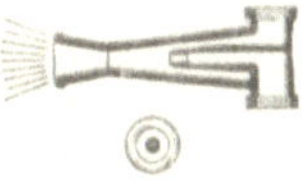

форсунка (f) (горѣлка) (f) съ метловиднымъ пламенемъ
becco (m) ad imboccatura rotonda 1
mechero (m) de orificio circular

Langlochbrenner (m)
long slot burner
brûleur (m) à embouchure oblongue, brûleur (m) à fente

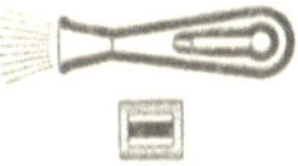

разрѣзная горѣлка (f); форсунка (f) (горѣлка) (f) съ длинными прорѣзами
becco (m) ad imboccatura oblunga 2
mechero (m) de hendidura ó de embocadura oblonga

Rundstrahlbrenner (m
fan tailed burner
brûleur (m) circulaire à jet en éventail

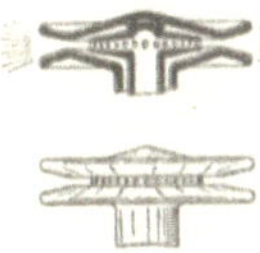

форсунка (f) (горѣлка) (f) съ пламенемъ въ видѣ вѣера; плоская тарелчатая форсунка 3
becco (m) circolare
mechero (m) circular con chorro en abanico

Kohlenzufuhr (f)
coal handling plant
amenée (f) du charbon

подача (f) *или* доставка (f) угля
trasporto (m) di carbone alla caldaia 4
transporte (m) del carbón á la caldera

Kohlenbeförderungsband (n)
belt conveyor for coal
bande (f) transporteuse [sans fin], transporteur (m) à bande [sans fin]

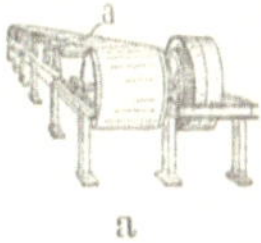

транспортная лента (f) [для угля]
cinghia (f) di trasporto per carbone 5
cinta (f) para el transporte del carbón

Kohlenzufuhr (f) durch Schnecke
supply of coal by means of a screw conveyor
amenée (f) du charbon par vis sans fin

подача (f) угля посредствомъ безконечнаго винта
trasporto (m) di carbone a coclea 6
transporte (m) del carbón por tornillo sin fin

Rost (m)
grate
grille (f)

колосниковая рѣшётка (f)
griglia (f), graticola (f) 7
emparrillado (m)

Rostfläche (f)
grate area
surface (f) de grille

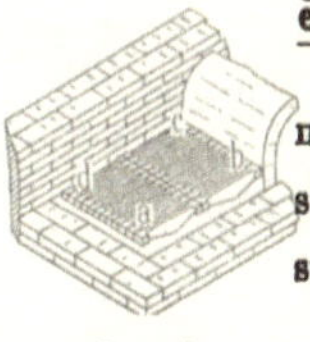

a b c d

площадь (f) колосниковой рѣшётки
superficie (f) della griglia 8
superficie (f) del emparrillado

1 gesamte Rostfläche (f)
total grate area
surface (f) totale de la grille, surface (f) de grille totale

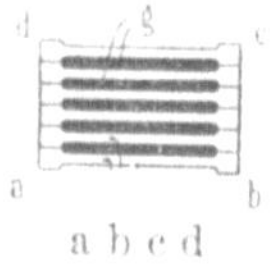

полная площадь (f) колосниковой рѣшётки
superficie (f) totale della griglia
superficie (f) total del emparrillado

---

2 wirksame Rostfläche (f)
useful grate area
surface (f) des vides de la grille, surface (f) active *ou* utile de la grille

живое сѣченіе (n) рѣшётки
superficie (f) utile della griglia
superficie (f) útil del emparrillado

---

3 Rostfuge (f), Rostspalt (m)
grate opening, airspace between the grate *or* fire bars
vide (m) *ou* lumière (f) de grille, intervalle (m) entre barreaux de grille

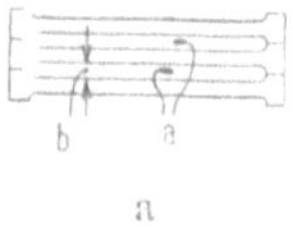

зазоръ (m) *или* щель (f) *или* просвѣтъ (m) между колосниками
vano (m) tra sbarre
hueco (m) *ó* intervalo (m) entre las barras del emparrillado

---

4 Ganzrost (m)
grate in one section
grille (f) à un seul panneau, grille (f) non subdivisée

цѣльная *или* простая колосниковая рѣшётка (f)
griglia (f) in una sola sbarra
emparrillado (m) de una pieza

---

5 geteilter Rost (m)
sectional grate
grille (f) à plusieurs panneaux, grille (f) subdivisée

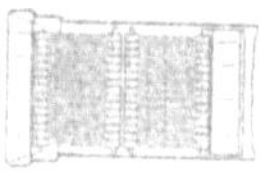

составная колосниковая рѣшётка (f)
griglia (f) di più sbarre
emparrillado (m) subdividido

---

6 Langrost (m)
long grate
grille (f) longue

продольная *или* длинная колосниковая рѣшётка (f)
griglia (f) lunga
emparrillado (m) largo

---

7 Flachrost (m), Planrost (m)
horizontal *or* flat grate
grille (f) horizontale

горизонтальная колосниковая рѣшётка (f)
griglia (f) orizzontale
emparrillado (m) horizontal

---

8 Roststab (m)
grate bar, fire bar
barreau (m) de grille

колосникъ (m)
sbarra (f) di griglia
barra (f) de emparrillado, hierro (m) de parrilla

---

9 Sparrost (m)
economical grate
grille (f) économique

экономическая колосниковая рѣшётка (f)
griglia (f) economica
emparrillado (m) económico

Siebrost (m)
sieve grate
grille-tamis (f)

ситообразная *или* рѣшетчатая колосниковая рѣшётка (f)
griglia (f) a crivello 1
emparrillado (m) de criba

Schrägrost (m)
inclined grate
grille (f) inclinée

наклонная колосниковая рѣшётка (f)
griglia (f) inclinata 2
emparrillado (m) inclinado

Rostneigung (f)
inclination of grate
inclinaison (f) de la grille

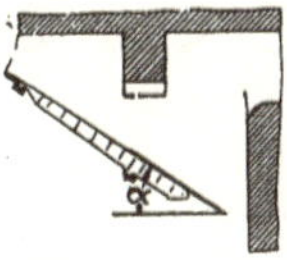

наклонъ (m) колосниковой рѣшётки
inclinazione (f) della griglia 3
inclinación (f) del emparrillado

Neigungswinkel (m)
angle of inclination
angle (m) d'inclinaison

α

уголъ (m) наклона
angolo (m) d'inclinazione 4
ángulo (m) de inclinación

Treppenrost (m)
stepped grate
grille (f) à gradins

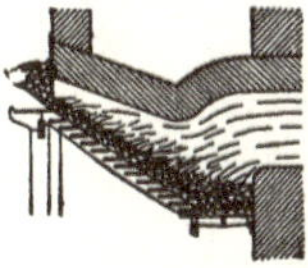

ступенчатая колосниковая рѣшётка (f)
griglia (f) a gradin 5
emparrillado (m) de escalones

Staffelrost (m),
[Etagenrost (m)]
multistage grate
grille (f) à étages

ярусная *или* этажная колосниковая рѣшётка (f)
griglia (f) a piani 6
emparrillado (m) de pisos

Schüttrost (m)
self-feeding *or* continuous charging grate, chute grate
grille (f) à chargement continu

колосниковая рѣшётка (f) съ непрерывной засыпкой *или* загрузкой
griglia (f) a caricamento continuo 7
emparrillado (m) para carga continua

Füllklappe (f)
charging door
clapet (m) de chargement

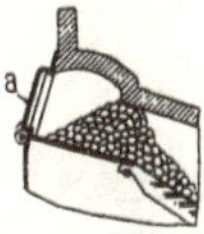

a

топочная дверца (f) загрузочной камеры
porta (f) di caricamento 8
puerta (f) de carga

---

fester Rost (m)
stationary *or* fixed grate
grille (f) fixe

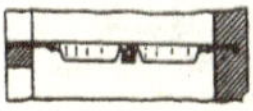

неподвижная колосниковая рѣшётка (f)
griglia (f) fissa 9
emparrillado (m) fijo

1 beweglicher Rost (m)
shaking grate
grille (f) mobile, grille (f) qu'on peut mouvoir, grille (f) déplaçable

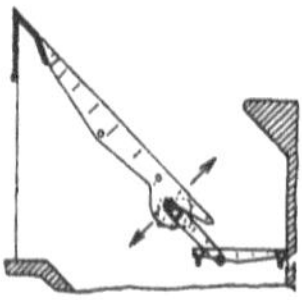

подвижная колосниковая рѣшётка (f)
griglia (f) mobile
emparrillado (m) móvil

---

2 Schlackenrost (m)
dumping grate, clinker grate
grille (f) à scories

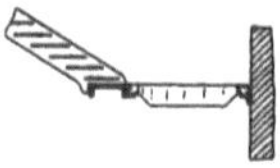

колосниковая рѣшётка (f) для шлаковъ [у ступенчатой топки]
griglia (f) per scorie
emparrillado (m) para escorias

---

3 Schieberost (m)
sliding grate
grille (f) coulissante *ou* glissante

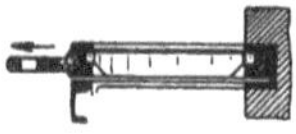

скользящая колосниковая рѣшётка (f)
griglia (f) oscillante
emparrillado (m) corredizo

---

4 Feuerbeständigkeit (f)
resistance against fire, being fire resistant, refractoriness
résistance (f) à l'action du feu

огнеупорность (f)
resistenza (f) al fuoco
resistencia (f) al fuego

---

5 Rostkühlung (f)
grate cooling
réfrigération (f) du foyer

охлажденіе (n) колосниковой рѣшётки
raffreddamento (m) della griglia
refrigeración (f) del emparrillado

---

6 Rieselrost (m)
grate with external water cooling
grille (f) à ruissellement

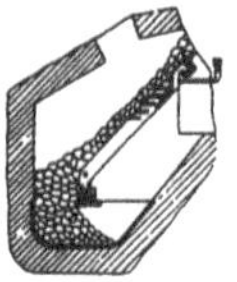

колосниковая рѣшётка (f), охлаждаемая водой; колосниковая рѣшётка съ водянымъ охлажденіемъ *или* съ циркуляціей воды
griglia (f) a scorrimento
emparrillado (m) con irrigación

---

7 Feuergeschränk (n), Garnitur (f)
furnace front
devanture (f) de foyer

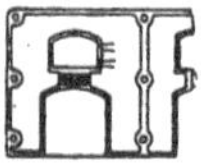

топочная рама (f); [гарнитура (f)]
fronte (f) del focolare
paramento (m) ó frente (m) del hogar

---

8 Schutzplatte (f)
baffle plate, protecting plate *or* shield
contre-porte (f)

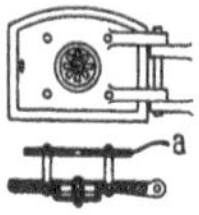
a

защитная плита (f); предохранительная плита
piastra (f) di protezione
contra-puerta (f)

Feuerschirm (m)
brick arch
écran (m), voûte (f) en briques

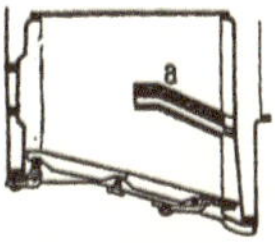

a

экранъ (m); отражательный листъ (m); отражательная плита (f) 1
parafuoco (m)
pantalla (f)

Schauöffnung (f)
peep hole, sight hole
regard (m)

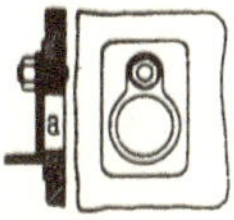

a

смотровое отверстіе (n); смотровой люкъ (m) 2
foro (m) di spia
mirilla (f)

Reinigungstür (f)
cleaning door, man hole
porte (f) de nettoyage

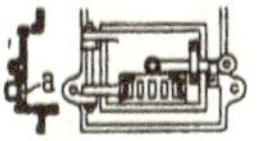

дверцы (f pl) *или* крышка (f) люка для чистки 3
porta (f) di pulizia
puerta (f) de limpieza

Putzöffnung (f)
cleaning hole
orifice (m) *ou* ouverture (f) de nettoyage

a

отверстіе (n) для чистки
apertura (f) di pulizia 4
abertura (f) de limpieza

Türverschluß (m)
door latch
fermeture (f) de porte

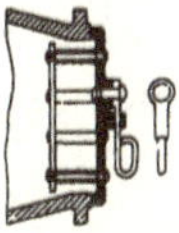

затворъ (m) дверецъ 5
chiusura (f) della porta
cierre (m) de la puerta

Aschenraum (n)
ash pit
cendrier (m)

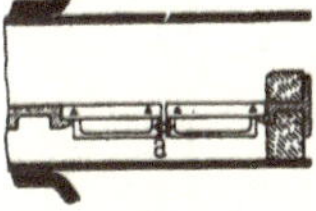

a

зольникъ (m); поддувало (n) 6
ceneraio (m)
cenicero (m)

Aschensack (m)
ash pocket
poche (f) à cendres, poche (f) de dépôt des cendres

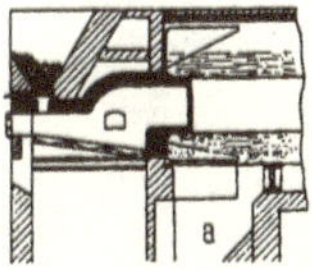

a

карманъ (m) для золы
pozzetto (m) per la cenere 7
hoyo (m) para las cenizas

Aschenkeller (m)
ash cellar, (ash pit)
cave (m) *ou* soute (f) aux cendres

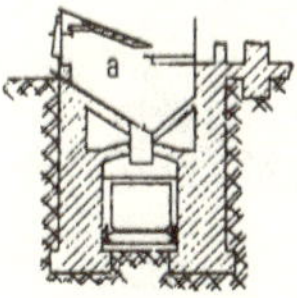

подвалъ (m) для золы
deposito (m) di cenere 8
cueva (f) para las cenizas

1 Aschenkasten (m)
ash pan
cendrier (m), bac (m) à cendres

a

зольникъ (m)
cassa (f) per la cenere
cenicero (m)

---

2 Aschenabfuhr (f)
removal of ashes
enlèvement (m) *ou* transport (m) *ou* extraction (f) des cendres

удаленіе (n) золы
trasporto (m) della cenere
extracción (f) de las cenizas

---

3 Heizer (m)
stoker, fireman
chauffeur (m)

кочегаръ (m)
fuochista (m)
fogonero (m)

---

4 Flugascheablagerung (f)
deposit of flue dust
dépôt (m) d'escarbilles

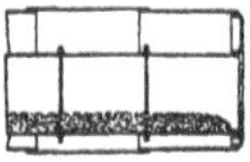

осажденіе (n) увлекаемой тягою (m) золы
deposito (m) di cenere volante
depósito (m) para pavesas encendidas

---

5 Sammelfuchs (m)
collecting flue
carneau (m) collecteur

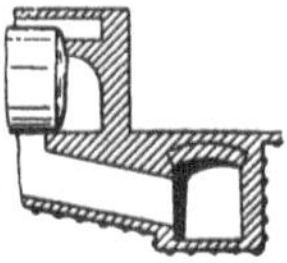

собирательный боровъ (m)
canale (m) collettore
canal (f) colectora

---

6 Schornstein (m), Kamin (m), Esse (f), Schlot (m)
chimney, chimney stack, smoke stack, funnel
cheminée (f) [d'usine]

дымовая труба (f)
camino (m), comignolo (m)
chimenea (f)

---

7 Schornsteinzug (m)
chimney draught
tirage (m) de cheminée

тяга (f) дымовой трубы
tiraggio (m) del camino
tiro (m) de la chimenea

---

8 Schornsteinlüfter (m), Schornsteinventilator (m)
chimney ventilator
ventilateur (m) de cheminée

вентиляторъ (m) *или* вертушка (f) дымовой трубы; флюгарка (f)
ventilatore (m) del camino
ventilador (m) de chimenea

den Schornstein befahren (v)
to climb up the chimney
monter (v) dans la cheminée, visiter (v) la cheminée

производить внутренній осмотръ дымовой трубы; осмотрѣть (осматривать) дымовую трубу внутри 1
salire (v) nel camino
subir (v) por la chimenea

Blitzableiter (m)
lightning rod *or* conductor
paratonnerre (m)

громоотводъ (m)
parafulmine (m) 2
pararrayos (m)

Winddruck (m)
wind pressure
pression (f) *ou* poussée (f) du vent

давленіе (n) вѣтра
pressione (f) del vento 3
presión (f) *ó* empuje (m) del viento

---

freistehender Schornstein (m)
isolated chimney
cheminée (f) indépendante

свободностоящая дымовая труба (f)
camino (m) indipendente 4
chimenea (f) aislada

Elektrizitätswerk, Elektrische Zentrale

Electric Central Station

Centrale électrique

Электрическая [центральная] станція

Centrale elettrica 5

Central eléctrica *ó* de electricidad

Hauptwerk (n), Primärstation (f)
primary station
station (f) primaire

первичная станція (f)
stazione (f) primaria 6
estación (f) primaria

Verteilungswerk (n), Verteilungszentrale (f)
distributing station
centrale (f) de distribution

распредѣлительная центральная станція (f)
stazione (f) di distribuzione 7
central (f) de distribución

Beleuchtungswerk (n), Beleuchtungszentrale (f)
lighting station
centrale (f) d'éclairage

освѣтительная центральная станція (f)
centrale (f) per luce 8
central (f) de alumbrado

1 Kraftwerk (n), Kraftstation (f)
power station
centrale (f) de force motrice
силовая [центральная] станція (f); силовая (f)
centrale (f) per forza
central (f) de fuerza motriz

---

2 Beleuchtungs- und Kraftübertragungswerk (n)
lighting and power station
installation (f) d'éclairage et de distribution d'énergie *ou* de force motrice
станція (f) для освѣщенія *или* передачи силы; освѣтительная и силовая станція
stazione (f) per luce e trasporto d'energia
estación (f) de alumbrado y distribución de fuerza

---

3 Gleichstromanlage (f)
continuous current plant
installation (f) à courant continu
установка (f) постояннаго тока
impianto (m) a corrente continua
instalación (f) de corriente continua

---

4 Wechselstromanlage(f)
alternating current plant
installation (f) à courant alternatif
установка (f) перемѣннаго тока
impianto (m) a corrente alternata
instalación (f) de corriente alterna

---

5 Einphasenstromanlage (f)
single phase current plant
installation (f) monophasée *ou* à courant [alternatif] monophasé
установка (f) однофазнаго тока; однофазная установка
impianto (m) a corrente monofasica
instalación (f) monofásica

---

6 Mehrphasenstromanlage (f)
multiphase current plant
installation (f) polyphasée *ou* à courant [alternatif] polyphasé
установка (f) многофазнаго тока; многофазная установка
impianto (m) a corrente polifasica
instalación (f) polifásica

---

7 Drehstromanlage (f)
three phase current plant
installation (f) triphasée *ou* à courant [alternatif] triphasé
установка (f) трёхфазнаго тока; трёхфазная установка
impianto (m) a corrente trifasica
instalación (f) [de corriente] trifásica

---

8 Niederspannungsanlage (f)
low tension plant
installation (f) à basse tension
установка (f) низкаго напряженія
impianto (m) a bassa tensione
instalación (f) de baja tensión

Hochspannungsanlage (f)
high tension plant
installation (f) à haute tension

установка (f) высокаго напряженія
impianto (m) ad alta tensione 1
instalación (f) de alta tensión

Kraftübertragung (f)
power transmission
transport (m) d'énergie

передача (f) силы
trasporto (m) di forza
transporte (m) de energía *ó* de fuerza 2

Kraftverteilung (f)
power distribution
distribution (f) de force [motrice]

распредѣленіе (n) силы
distribuzione (f) di forza 3
distribución (f) de fuerza

Zweileitersystem (n)
two wire system
système (m) bifilaire, système (m) à deux fils *ou* conducteurs

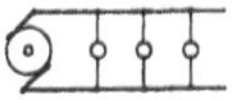

двупроводная система (f)
sistema (m) a due conduttori 4
sistema (m) bifilar *ó* de dos conductores

Mehrleitersystem (n)
multiple wire system
système (m) à plusieurs conducteurs *ou* fils

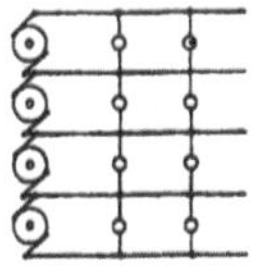

многопроводная система (f)
sistema (m) a più conduttori 5
sistema (m) de muchos conductores

Außenleiter (m)
outer mains
conducteur (m) extérieur

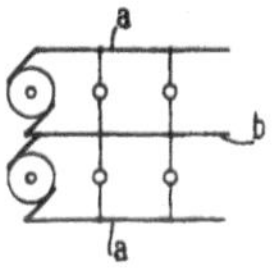

a, a

внѣшній проводъ (m) 6
conduttore (m) esterno
conductor (m) exterior

Mittelleiter (m), Nullleiter (m)
neutral wire, third wire, neutral
conducteur (m) *ou* fil (m) neutre *ou* du milieu, troisième conducteur (m) *ou* fil

b

средній *или* нейтральный *или* нулевой *или* уравнительный проводъ (m)
filo (m) neutro *o* di compensazione 7
conductor (m) neutro *ó* compensador

Wasserkraft (f)
water power
force (f) *ou* énergie (f) hydraulique

водяная сила (f); сила воды
forza (f) idraulica 8
fuerza (f) hidráulica

Leistungsfähigkeit (f) des Kraftwerkes
capacity of a central station
puissance (f) de la centrale

мощность (f) центральной станціи
potenzialità (f) della centrale 9
potencia (f) de la central

1 Wahl (f) der Betriebskraft
selection of motive power
choix (m) de la force motrice
выборъ (m) движущей *или* рабочей силы
scelta (f) della forza motrice
elección (f) de la fuerza motriz

---

2 Kosten (pl) der Kraft
cost of power
prix (m) de revient de la force motrice, dépenses (f pl) pour la force motrice
стоимость (f) силы
spese (f pl) per la forza motrice
gastos (m pl) de fuerza motriz

---

3 Antriebmaschine (f)
driving engine, prime mover
moteur (m)
двигатель (m)
motrice (f), macchina (f) di comando
máquina (f) motriz, motor (m)

---

4 Höchstbedarf (m) an Kraft
maximum demand for power
demande (f) *ou* consommation (f) maximum de force
наибольшее потребленіе (n) силы [электрической энергіи]; наибольшій спросъ (m) на силу [электрическую энергію]
consumo (m) massimo di forza
consumo (m) máximo de fuerza

---

5 gleichzeitiger Höchstbedarf (m)
simultaneous maximum demand
demande (f) *ou* consommation (f) maximum et simultanée d'énergie
наибольшее *или* максимальное одновременное потребленіе (n) тока; наибольшій одновременный спросъ (m) на силу [электрическую энергію]
consumo (m) massimo simultaneo
consumo (m) máximo y simultáneo de fuerza

---

6 geringster Bedarf (m)
minimum demand
demande (f) *ou* consommation (f) minimum d'énergie
наименьшій спросъ (m) на ..
consumo (m) minimo
consumo (m) mínimo de energía

---

7 Leitungsplan (m)
map of distributing system
plan (m) du réseau *ou* de la canalisation électrique

планъ (m) сѣти *или* канализаціи
piano (m) delle condutture
plano (m) de la canalización eléctrica

---

8 Dynamoraum (m)
dynamo room, generator room
salle (f) des dynamos

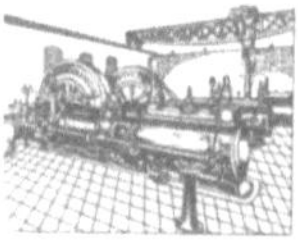

помѣщеніе (n) для динамомашинъ; динамомашинное отдѣленіе (n); электромашинное отдѣленіе
locale (m) per le dinamo
sala (f) de las dinamos

Sammlergebäude (n), Akkumulatorengebäude (n)
accumulator building, battery house
bâtiment (m) des accumulateurs

[акуумуляторное зданіе (n)]; аккумуляторное помѣщеніе (n)
fabbricato (m) per accumulatori
edificio (m) de los acumuladores 1

Betriebstrom (m)
working current
courant (m) de régime

рабочій токъ (m); рабочая сила (f) тока
corrente (f) di regime
corriente (f) de régimen 2

Stromschwankung (f)
fluctuation of current
fluctuation (f) de l'intensité du courant

колебаніе (n) силы тока
variazione (f) nella corrente
fluctuación (f) [de la intensidad] de corriente 3

Spannungsschwankung (f)
fluctuation of voltage
fluctuation (f) de la tension *ou* du voltage

колебаніе (n) напряженія
variazione (f) nella tensione
fluctuación (f) de la tensión 4

Verbrauchspannung (f)
voltage
tension (f) *ou* voltage (m) de régime

напряженіе (n) на мѣстѣ потребленія
tensione (f) al luogo di consumo
tensión (f) de régimen 5

Dynamomaschine (f)
dynamo-electric machine, dynamo
dynamo (f), machine (f) dynamo-électrique

динамомашина (f); динамо (f)
dinamo (f)
dinamo (f), máquina (f) dinamo-eléctrica 6

---

elektrische Maschinenanlage (f)
electric installation *or* plant
installation (f) de machine[s] électrique[s]

установка (f) электрическихъ машинъ; электрическая машинная установка; электрическая установка
impianto (m) di macchine elettriche
instalación (f) de máquinas eléctricas 7

---

unpolarisierte Maschine (f)
non polarized machine
machine (f) non polarisée

неполяризованная машина (f)
macchina (f) non polarizzata
máquina (f) no polarizada 8

---

umkehrbare Maschine (f)
reversible machine
machine (f) réversible

обратимая *или* реверсивная машина (f)
macchina (f) reversibile
máquina (f) reversible 9

1 Anlaßmaschine (f)
starting machine
machine (f) de démarrage

пусковая машина (f); машина для пуска въ ходъ
macchina (f) d'avviamento
máquina (f) de arranque

---

2 Induktionsmaschine (f)
induction machine
machine (f) d'induction

индукціонная машина (f)
macchina (f) d'induzione
máquina (f) de inducción

---

3 Maschinensatz (m)
set *or* group of machines
groupe (m) de machines

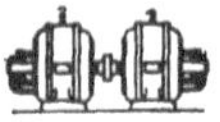

комплектъ (m) машинъ; машинный аггрегатъ (m)
gruppo (m) di macchine
grupo (m) de máquinas

---

4 Maschine (f) für Seilbetrieb
rope driven machine
machine (f) à commande par câbles

машина (f) для канатной передачи; машина для канатнаго привода; машина, работающая на канатную передачу
macchina (f) per comando a fune
máquina (f) con transmisión por cable

---

5 Maschine (f) für Riemenbetrieb
belt driven machine
machine (f) à commande par courroie

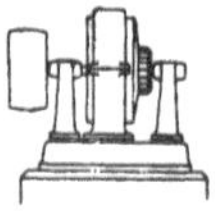

машина для привода ремнемъ; машина для ременнаго привода; машина, работающая на ременную передачу
macchina (f) per comando a cinghia
máquina (f) con transmisión por correa

---

6 unmittelbar [direkt] gekuppelte Maschine (f)
direct coupled machine
machine (f) à accouplement direct

машина (f), соединённая непосредственно
macchina (f) accoppiata direttamente
máquina (f) acoplada directamente

---

7 Dampfdynamo (f)
steam dynamo, steam driven generator (A*)
dynamo (f) à vapeur, generatrice (f) à vapeur

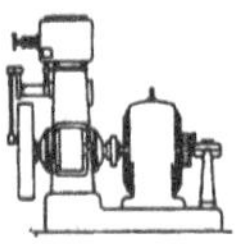

пародинамо (f)
dinamo (f) a vapore
dinamo (f) de vapor

---

8 Gasdynamo (f)
gas dynamo, gas driven generator (A*)
dynamo (f) à gaz

газодинамо (f)
dinamo (f) a gas
dinamo (f) de gas

---

* A = americanism

Turbodynamo (f)
turbo dynamo, turbo generator
turbogénératrice (f), turbodynamo (f)

турбодинамо (f); турбогенераторъ (m)
turbo-dinamo (f) 1
turbo-dinamo (f)

Schaltbrett (n)
switchboard
tableau (m) de distribution

распредѣлительная доска (f)
quadro (m) di distri- 2
buzione
cuadro (m) de distribución

Stromleitung (f)
conduction of the electric current
conducteurs (m pl) du courant, canalisation (f) électrique

проводка (f) электрическаго тока
conduttura (f) di cor-
rente 3
conducción (f) ó transmisión (f) de la corriente eléctrica

---

oberirdische Stromleitung (f)
aerial line, overhead line
canalisation (f) aérienne, ligne (f) aérienne

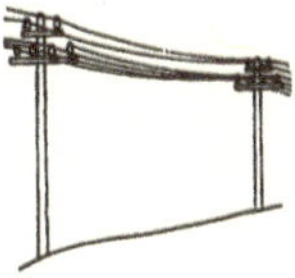

воздушная *или* надземная проводка (f)
или линія (f) *или* 4
канализація (f)
conduttura (f) aerea
línea (f) aérea

---

unterirdische Stromleitung (f)
underground line
canalisation (f) souterraine, ligne (f) souterraine

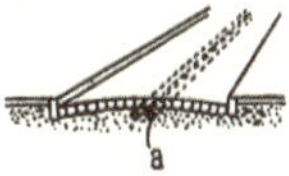

a

подземная проводка (f) *или* линія (f) *или* канализація (f)
conduttura (f) sotterra- 5
nea
línea (f) subterránea

Beleuchtungsanlage (f)
lighting installation
installation (f) d'éclairage

устройство (n) освѣщенія
impianto (m) d'illu-
minazione 6
instalación (f) de alumbrado

Lichtverteilung (f)
distribution of light
distribution (f) de la lumière

распредѣленіе (n) свѣта
distribuzione (f) della 7
luce
distribución (f) de la luz

Beleuchtungsmast (m)
standard, lamp standard
mat (m) de lanterne, candelabre (m)

a

фонарный столбъ (m); [фонарная мачта (f)]
palo (m) per illumina- 8
zione
poste (m) de alumbrado

1 Bogenlampe (f)
arc lamp
lampe (f) à arc

дуговая лампа (f)
lampada (f) ad arco
lámpara (f) de arco voltáico

---

2 Glühlampe (f)
glow lamp, incandescent lamp, bulb
lampe (f) à incandescence

калильная лампа (f); лампочка (f) накаливанія
lampadina (f) ad incandescenza
lámpara (f) incandescente ó de incandescencia

IX.

Laboratorium — Лабораторія
Laboratory — Laboratorio
Laboratoire — Laboratorio

öffentliches Laboratorium (n) public laboratory laboratoire (m) public	общественная лабораторія (f) laboratorio (m) pubblico laboratorio (m) público	1
Laboratoriumbetrieb (m) laboratory working conduite (f) du laboratoire	лабораторная работа (f); работа въ лабораторіи esercizio (m) del laboratorio servicio (m) del laboratorio	2
Laboratoriumvorstand (m) chief *or* head of laboratory chef (m) du laboratoire	завѣдующій (m) лабораторіей capo (m) del laboratorio jefe (f) del laboratorio	3
Hauptchemiker (m), Chefchemiker (m) chief chemist chimiste (m) en chef	главный химикъ (m) chimico (m) capo químico-jefe (m)	4
Hilfschemiker (m), Assistent (m) assistant chemist aide-chimiste (m)	помощникъ (m) главнаго химика; ассистентъ (m); лаборантъ (m); [изъ лицъ съ высшимъ образованіемъ] chimico (m) aiuto, chimico (m) assistente asistente (m) químico	5
Diplom-Chemiker (m) certified *or* diplomed chemist chimiste (m) diplômé	химикъ (m), имѣющій аттестатъ объ окончаніи высшаго учебнаго заведенія chimico (m) diplomato químico (m) titulado	6

1	Schiedschemiker (m) arbitration chemist chimiste (m) arbitre	химикъ (m) -экспертъ (m); химикъ-консультантъ (m) chimico (m) arbitro químico (m) árbitro
2	vereidigter Chemiker (m) sworn chemist chimiste (m) assermenté	присяжный химикъ (m) chimico (m) giurato químico (m) oficial [jurado]
3	Laborant (m) tester aide (m) de laboratoire, piston (m)	лаборантъ(m); помощникъ (m) химика [не получившій высшаго образованія] aiutante (m) di laboratorio, preparatore (m) ayudante (m) de laboratorio
4	Laboratoriumjunge (m), Spüljunge (m) laboratory boy gamin (m) de laboratoire	мальчикъ (m) при лабораторіи ragazzo (m) del laboratorio muchacho (m) de laboratorio
5	Laboratoriumdiener (m) laboratory servant garçon (m) de laboratoire	лабораторный сторожъ (m) servo (m) *od* inserviente (m) del laboratorio mozo (m) de laboratorio
6	Hauptlaboratorium (n) chief laboratory laboratoire (m) principal	главная лабораторія (f) laboratorio (m) principale laboratorio (m) principal
7	Betriebslaboratorium (n) works laboratory laboratoire (m) de fabrication	заводская лабораторія (f) laboratorio (m) d'esercizio laboratorio (m) de servicio
8	Raum (m) für die Probenahme room for sampling salle (f) des prises d'échantillon	комната (f) для взятія пробъ sala (f) dei saggi *o* dei campioni sala (f) para la toma de muestras
9	Vorbereitungsraum (m) preparation room salle (f) de préparation des échantillons	комната (f) для подготовительныхъ работъ sala (f) per la preparazione dei campioni sala (f) de preparación de las muestras

Arbeitsraum (m)
working room
salle (f) d'analyse. salle (f) de travail

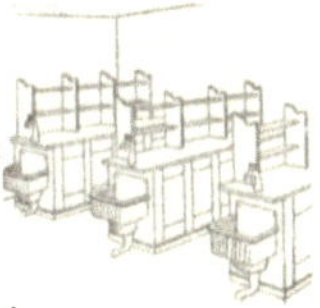

рабочее помѣщеніе (n)
sala (f) d'analisi, sala (f) di lavoro 1
sala (f) de trabajo

Abzug (m)
fume cupboard, stink cupboard
canal (m) d'aspiration *ou* de ventilation, hotte (f)

тяга (f); вытяжной шкафъ (m)
cappa (f) d'aspirazione 2
conducto (m) de ventilación

Laboratoriumtisch (m)
laboratory bench
table (f) de laboratoire

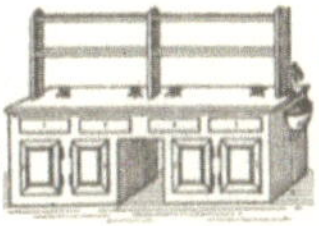

рабочій столъ (m) въ лабораторіи
tavolo (m) da lavoro 3
mesa (f) de laboratorio

Ausguß (m)
sink
évier (m)

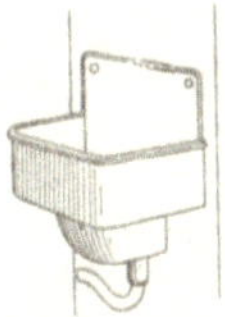

раковина (f)
acquaio (m)
vertedero (m) de las aguas 4

Ballon (m)
carboy
bonbonne (f), ballon (m), dame-jeanne (f)

баллонъ (m)
damigiana (f)
castaña (f), damajuana (f), garrafón (m) 5

Ballonfilter (n)
carboy filter
filtre (m) pour bonbonne

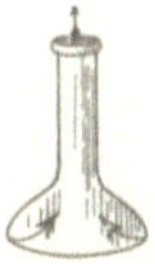

глиняный фильтръ (m)
filtro (m) da damigiana 6
filtro (m) para castaña

Ballonabfüller (m)
carboy filling apparatus
appareil (m) pour le remplissage des bonbonnes

приборъ (m) для заполненія баллона
apparato (m) per riempire le damigiane 7
aparato (m) para el relleno de las castañas

1 Ballonkipper (m)
carboy tipper
bascule (f) à bonbonnes

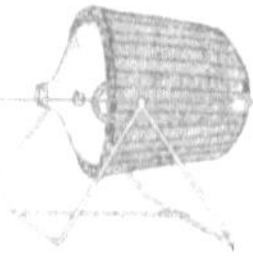

приборъ (m) для опрокидыванія баллона
apparecchio (m) per inclinare le damigiane
báscula (f) para castañas

---

2 Rührvorrichtung (f), Rührwerk (n)
stirring device, stirrer
agitateur (m)

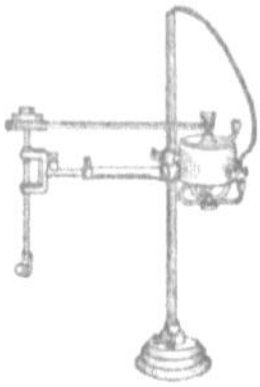

мѣшалка (f); приспособленіе (n) для перемѣшиванія
agitatore (m)
agitador (m)

---

3 Schleuder (f), Zentrifuge (f)
centrifugal apparatus
essoreuse (f)

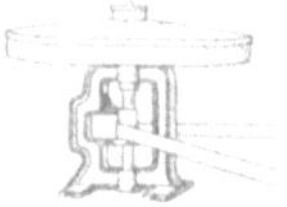

центрифуга (f)
separatore (m) centrifugo
separador (m) centrífugo

---

4 Wärmeplatte (f)
hot plate
plaque (f) de chauffage

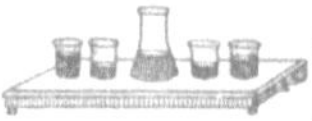

нагрѣвательная пластина (f)
piastra (f) di riscaldamento
placa (f) de calentamiento

---

5 Wasserwärmer (m)
warm water apparatus, geyser
appareil (m) à eau chaude

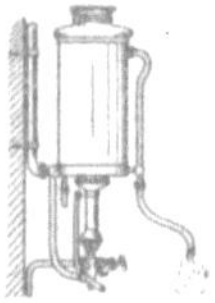

приборъ (m) *или* аппаратъ (m) для полученія тёплой воды
apparato (m) per acqua calda
aparato (m) de agua caliente

---

6 Heißwassertrichter (m)
hot water funnel
entonnoir (m) à eau chaude

воронка (f) для горячей воды
imbuto (m) per acqua calda
embudo (m) para agua caliente

---

7 Wägezimmer (n)
balance room
salle (f) de pesée *ou* des balances

вѣсовая (f); комната (f) для взвѣшиванія
sala (f) delle bilancie
sala (f) de las balanzas

---

8 Säurenraum (m)
acid room
dépôt (m) des acides

комната (f) для работъ съ кислотами
deposito (m) degli acidi
depósito (m) de los ácidos

Schwefelwasserstoffraum (m)
sulphuretted hydrogen chamber
chambre (f) d'hydrogène sulfuré

сѣроводородная (f); комната (f) для работъ съ сѣроводородомъ
camera (f) per l'idrogeno solforato
cámara (f) para la preparación del hidrógeno sulfurado 1

Schwefelwasserstoffapparat (m)
apparatus for producing sulphuretted hydrogen
appareil (m) pour la préparation de l'hydrogène sulfuré

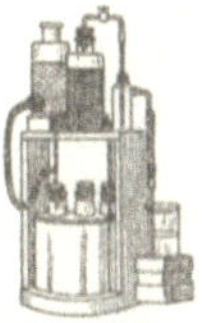

приборъ (m) для полученія сѣроводорода
apparato (m) per l'idrogeno solforato
aparato (m) para preparar el hidrógeno sulfurado 2

Verbrennungsraum (m)
combustion room
salle (f) de combustion

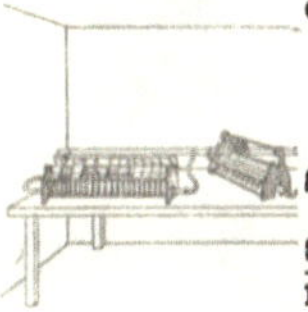

сожигательная (f); комната (f) для сожженія; комната для элементарнаго анализа
sala (f) per le combustioni
sala (f) de combustión 3

Raum (m) für metallographische Untersuchungen
room for metallographical researches, metallurgical room
salle (f) des recherches métallographiques

комната (f) *или* помѣщеніе (n) для металлографическихъ изслѣдованій
sala (f) per le analisi metallografiche
sala (f) para ensavos metalográficos 4

Steinsammlung (f), Mineraliensammlung (f)
collection of minerals
collection (f) minéralogique

коллекція (f) минераловъ
raccolta (f) di minerali
colección (f) de minerales 5

Spülraum (m)
washing room
chambre (f) de lavage

комната (f) для мытья посуды
camera (f) di lavaggio
cámara (f) de lavado 6

Vorratraum (m)
stores, stock room (A*)
magasin (m)

складъ (m)
magazzino (m)
almacén (m) 7

---

* A = americanism

1 **Physikalisch-chemische Geräte**
Physico-chemical Apparatus
Appareils physico-chimiques
Физико-химическіе приборы и аппараты
Apparati fisico-chimici
Aparatos físico-químicos

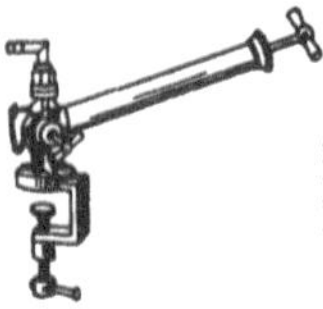

2 Luftpumpe (f)
air pump
pompe (f) à air
воздушный насосъ (m)
pompa (f) pneumatica
bomba (f) neumática ó de aire

3 Luftpumpenglocke (f), Rezipient (m)
air pump bell *or* receiver
cloche (f) de la pompe à air
колоколъ (m) воздушнаго насоса
campana (f) da pompa pneumatica
campana (f) de la bomba neumática

4 Luftpumpenteller (m)
air pump plate *or* disc
plateau (m) de pompe à air
подставка (f) воздушнаго насоса
piatto (m) della pompa pneumatica
plato (m) de la bomba neumática

5 Papinscher Topf (m)
digestor
marmite (f) de Papin, disgesteur (m)
папиновъ котёлъ (m); папиновъ сосудъ (m)
pentola (f) di Papin
digestor (m) de Papin

---

6 Dampftopf (m)
steam pot, water bath
autoclave (m)
паровой котёлъ (m)
autoclave (m)
autoclave (m)

7 Luftleerenmesser (m), [Vakuummeter (n)]
vacuum manometer
manomètre (m) à vide, vacuummètre (m)
вакуумметръ (m)
vacuometro (m)
vacuómetro (m)

---

8 Dampfkochkessel (m)
autoclave
chaudière (f) autoclave
котёлъ (m) для выпариванія
caldaia (f) generatrice di vapore
caldera (f) autoclave

9 Dampftrichter (m)
steam funnel
entonnoir (m) [pour filtrer] à tuyau de vapeur
воронка (f) для горячаго фильтрованія
imbuto (m) con tubo di vapore
embudo (m) con tubo de vapor

---

10 Dampfentwickler (m)
steam developer
chaudière (f)
парообразователь (m)
generatore (m) di vapore
generador (m) de vapor

Überhitzer (m)
superheater
surchauffeur (m)

перегрѣватель (m)
surriscaldatore (m)
recalentador (m) 1

Dampfüberhitzer (m)
steam superheater
surchauffeur (m) à vapeur

перегрѣватель (m) пара
surriscaldatore (m) di vapore
recalentador (m) de vapor 2

Dampfentwässerer (m)
steam trap
séparateur (m) d'eau

паросушитель (m)
essiccatore (m) di vapore
separador (m) de agua 3

Autoklav (m)
autoclave
autoclave (m)

автоклавъ (m)
autoclave (m)
autoclave (m) 4

Druckmesser (m), [Manometer (n)]
manometer, pressure gauge
manomètre (m)

манометръ (m)
manometro (m)
manómetro (m) 5

Auslauger (m), [Extraktionsapparat (m)]
extraction apparatus
appareil (m) d'extraction

экстракціонный аппаратъ (m); приборъ (m) для экстрагированія
apparato (m) d'estrazione
aparato (m) de extracción 6

Auslaughülse (f), [Extraktionshülse (f)]
extraction thimble
enveloppe (f) d'extracteur

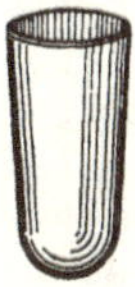

экстракціонная гильза (f)
inviluppo (m) d'estrazione
envoltura (f) de aparato de extracción 7

Auslaugtrichter (m), [Extraktionstrichter (m)]
extraction funnel
entonnoir (m) d'extracteur

экстракціонная воронка (f)
imbuto (m) d'estrazione
embudo (m) de extracción 8

1 Dichtigkeitsmesser (m), [Pyknometer (n)]
picnometer, specific gravity flask
flacon (m) à densité, pyknomètre (m)

пикнометръ (m)
picnometro (m)
picnómetro (m), vaso (m) de medir las densidades

---

2 Senkwage (f), [Aräometer (n)]
hydrometer
aréomètre (m)

ареометръ (m)
areometro (m)
areómetro (m)

---

3 Senkwagendichtheitsmesser (m), [Aräo-Pyknometer (n)] nach Eichhorn
Eichhorn's hydrometer
aréo-pyknomètre (m) d'Eichhorn

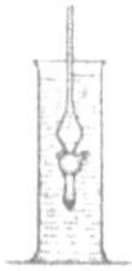

арео-пикнометръ (m) системы Эйхгорна
areo-picnometro (m) secondo Eichhorn
areo-picnómetro (m) de Eichhorn

---

4 hydrostatische Wage (f)
hydrostatic balance
balance (f) hydrostatique

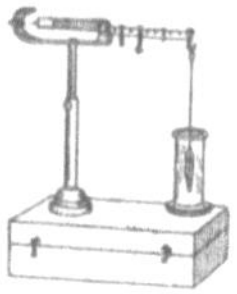

гидростатическіе вѣсы (m pl)
bilancia (f) idrostatica
balanza (f) hidrostática

---

5 Hitzemesser (m), [Pyrometer (n)]
pyrometer
pyromètre (m)

пирометръ (m)
pirometro (m)
pirómetro (m)

---

6 Heizwertmesser (m), [Kalorimeter (n)]
calorimeter
calorimètre (m)

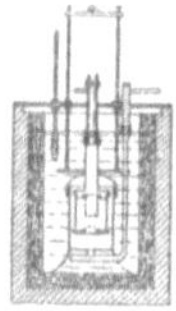

калориметръ (m)
calorimetro (m)
calorímetro (m)

---

7 Feuchtigkeitsmesser (m), [Hygrometer (n)]
hygrometer
hygromètre (m)

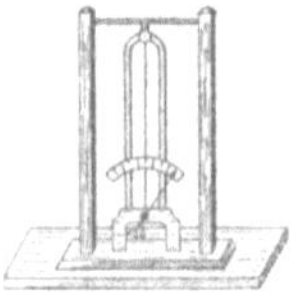

гигрометръ (m)
igrometro (m)
higrómetro (m)

---

8 Härteskala (f)
scale of hardness
échelle (f) de dureté

шкала (f) *или* скала (f) твёрдости
scala (f) delle durezze
escala (f) de dureza

Kathetometer (n)
cathetometer
cathétomètre (m)

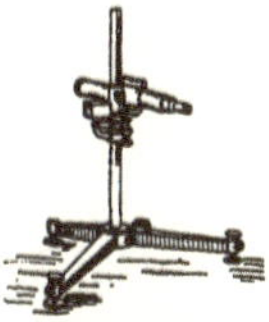

катетометръ (m)
catetometro (m)
catetómetro (m) 1

Nitrometer (n)
nitrometer
nitromètre (m)

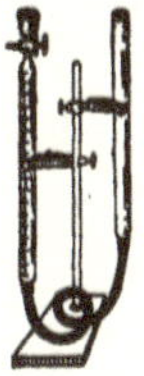

нитрометръ (m)
nitrometro (m)
nitrómetro (m) 2

Kaliapparat (m)
potash bulb
appareil (m) *ou* tube (m) à potasse

кали-аппаратъ (m)
apparato (m) per potassa
recipiente (m) para solución potásica 3

Eisen-Kohlenstoff-bestimmer (m)
apparatus for determination of carbon in iron
appareil (m) pour le dosage du carbone dans le fer

приборъ (m) *или* аппаратъ (m) для опредѣленія содержанія углерода въ желѣзѣ
apparecchio (m) per determinare il tenore di ferro e carbonio
aparato (m) para la determinación del carbono en el hierro 4

Petroleumprober (m)
petroleum *or* kerosene-oil (A*) tester
appareil (m) pour l'essai du pétrole

приборъ (m) для испытанія керосина
verificatore (m) di petrolio
ensayador (m) de petróleo 5

Äther-Extraktions-apparat (m) nach Corleis
Corleis' ether apparatus
appareil (m) à éther d'après Corleis

аппаратъ (m) для извлеченія эфиромъ [при анализѣ] системы Корлейсъ
apparato (m) per etere secondo Corleis
aparato (m) de éter de Corleis 6

---

* A = americanism

1 Äther-Extraktionsapparat (m) nach Rothe
Rothe's ether apparatus
appareil (m) à éther d'après Rothe

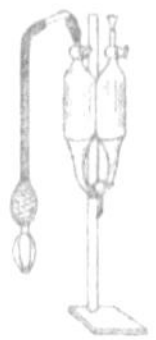

прибор (m) для извлеченія эфиромъ [при анализѣ] системы Рота
apparato (m) per etere secondo Rothe
aparato (m) de éter de Rothe

---

2 Windmesser (m), [Anemometer (n)]
anemometer
anémomètre (m)

анемометръ (m)
anemometro (m)
anemómetro (m)

---

3 Luftsauger (m), Aspirator (m)
aspirator
aspirateur (m)

аспираторъ (m)
aspiratore (m)
aspirador (m)

---

4 Kalcimeter (n)
calcimeter
calcimètre (m)

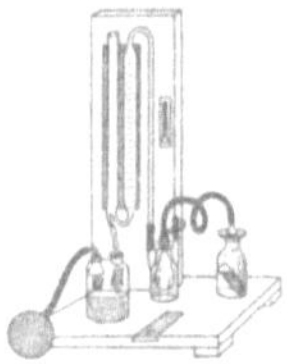

кальциметръ (m)
calcimetro (m)
calcímetro (m)

---

5 Natriumpresse (f)
sodium press
presse (f) à sodium

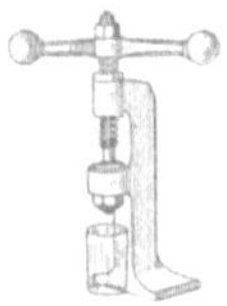

натріевый прессъ (m)
torchio (m) per sodio
prensa (f) para sodio

---

6 Wasserwage (f)
water level, spirit level, alcohol level (A*)
niveau (m) d'eau

водяные вѣсы (m pl)
livella (f)
nivel (m) de agua

---

7 Magnetnadel (f)
magnetic needle
aiguille (f) aimantée

магнитная стрѣлка (f)
ago (m) magnetico
aguja (f) magnética ó imantada

---

* A = americanism

Verdunstpfanne (f), [Vakuumapparat (m)]
vacuum-apparatus
appareil (m) à faire le vide, machine (f) pneumatique
вакуумъ-аппаратъ (m)
apparato (m) per fare il vuoto
aparato (m) para hacer el vacio 1

Scheide- und Schüttelvorrichtung (f)
separating and shaking apparatus
séparateur (m) avec agitateur
приборъ (m) для отдѣленія и встряхиванія
apparecchio (m) separatore ed agitatore
separador (m) con agitador 2

Brenner
Burner
Brûleur
Горѣлка
Becco
Mechero 3

Bunsenbrenner (m)
Bunsen burner
brûleur (m) de Bunsen
бунзеновская горѣлка (f)
becco (m) Bunsen
mechero (m) ó quemador (m) Bunsen 4

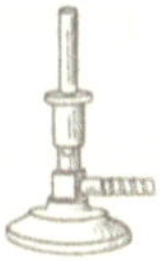

Azetylen-Bunsenbrenner (m)
acetylene Bunsen burner
brûleur (m) de Bunsen à l'acétylène
бунзеновская горѣлка (f) для ацетилена
becco (m) Bunsen per acetilene
mechero (m) de Bunsen de acetileno 5

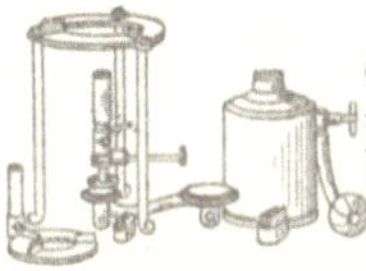

Benzinbrenner (m)
benzine burner
brûleur (m) à benzine
бензиновая горѣлка (f)
becco (m) per benzina
mechero (m) de bencina 6

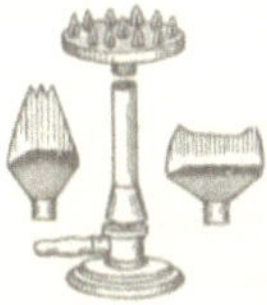

Teclubrenner (m)
Teclu burner
brûleur (m) de Teclu
горѣлка (f) системы Теклю
becco (m) di Teclu
mechero (m) ó quemador (m) de Teclu 7

Ölgasbrenner (m)
oil gas burner
brûleur (m) à huile lourde
горѣлка (f) для маслянаго газа
becco (m) a gas d'olio
mechero (m) de gas de aceite 8

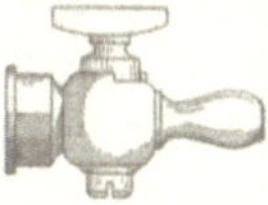

Hahn (m)
cock, tap
robinet (m)
кранъ (m)
robinetto (m)
grifo (m) 9

1 Schlauch (m)
rubber tubing
tuyau (m) flexible

трубка (f); отрѣзокъ (m) трубки
tubo (m) flessibile
tubo (m) flexible, manguera (f)

---

2 Schlauchkupplung (f)
rubber union *or* coupling
raccord (m) de tuyau

присоединеніе (n) трубки [къ водопроводному крану]
giunto (m) per tubo flessibile
unión (f) ó acoplamiento (m) de tubos

---

3 Spirituslampe (f)
spirit lamp, alcohol lamp (A*)
lampe (f) à esprit de vin

спиртовая лампа (f)
lampada (f) a spirito
lámpara (f) de alcohol

---

4 Docht (m)
wick
mêche (f)

a

фитиль (m)
lucignolo (m)
mecha (f)

---

5 Lampenteller (m)
lamp plate
assiette (f) de lampe

плошка (f)
piattello (m) della lampada
plato (m) de la lámpara

---

6 Leuchtgassauerstofflampe (f)
gas oxygen lamp
lampe (f) à gaz d'éclairage et à oxygène

лампа (f) для кислорода и свѣтильнаго газа
lampada (f) a gas illuminante *e* ad ossigeno
lámpara (f) de gas del alumbrado y de oxígeno

---

7 Magnesiumlampe (f)
magnesium lamp
lampe (f) au magnésium

магніевая лампа (f)
lampada (f) al magnesio
lámpara (f) de magnesio

---

8 Magnesiumband (n)
magnesium ribbon
bande (f) de magnésium

магніевая лента (f)
nastro (m) di magnesio
cinta (f) de magnesio

---

9 Gaskocher (m)
gas burner
fourneau (m) *ou* réchaud (m) à gaz

газовый кипятильникъ (m); газовая кухня (f)
fornello (m) a gas
hornillo (m) de gas

---

10 Petroleumkocher (m)
petroleum *or* kerosene-oil (A*) stove
fourneau (m) à pétrole, réchaud (m) à pétrole

керосинка (f); керосиновая кухня (f) *или* грѣлка (f)
fornello (m) a petrolio
hornillo (m) de petróleo

---

* A = americanism

Glasgerät **Glass Ware** **Appareils en verre**		**Стеклянная посуда** **Apparati di vetro** **Aparatos de vidrio**	1
Reagentienflasche (f) reagent bottle flacon (m) à réactifs		реактивная с[т]клянка (f); с[т]клянка для реактивовъ bottiglia (f) per reagenti frasco (m) para reactivos	2
Flaschenschild (n) label étiquette (f)	a	этикетъ (m); этикетка (f); ярлыкъ (m); ярлычёкъ (m) etichetta (f) rótulo (m), etiqueta (f)	3
Jenaer Geräteglas (n) Jena glass verre (m) de Jena		Iенское стекло (n) для приборовъ vetro (m) di Jena per apparati vidrio (m) de Jena para aparatos	4
Patenttropfglas (n) patent dropping bottle flacon (m) compte-gouttes breveté		патентованная капельная с[т]клянка (f) sgocciolatore (m) brevettato frasco (m) cuenta-gotas patentado ó con patente	5
Kapillarfläschchen (n) capillary bottle petit flacon (m) capillaire		капилярная с[т]кляночка (f) boccetta (f) capillare frasco (m) capilar	6
Hartglas (n) hard glass verre (m) dur		закалённое стекло (n) vetro (m) duro vidrio (m) duro	7
Webersches Glas (n) Weber's glass verre (m) de Weber		стаканъ (m) Вебера vetro (m) di Weber vidrio (m) de Weber	8
Meßkelch (m), [Mensur (f)] measuring glass vase (m) gradué		мензурка (f) bicchiere (m) graduato tubo (m) graduado	9
Meßkolben (m) measuring flask ballon (m) gradué		измѣрительная колба (f) storta (f) di misura, matraccio (m) tarato matraz (m) graduado	10

1 Prüfglas (n), Reagenzglas (n)
test tube
éprouvette (f), burette (f)

пробирка (f)
provino (m), provetta (f)
probeta (f), tubo (m) de ensayos

---

2 Kelch (m), Prüfkelch (m), Reagenzkelch (m)
test glass
éprouvette (f) conique, verre (m) à réactions

бокалъ (m), употребляемый для демонстрированія реакцій
bicchiere (m) a calice
probeta (f) cónica

---

3 Spritzflasche (f)
wash bottle
pissette (f)

промывалка (f)
spruzzetta (f)
matraz (m) de lavado

---

4 Spritzröhre (f)
tube for wash bottle
pipette (f)

трубка (f) промывалки
cannello (m) della spruzzetta
bombillo (m)

---

5 Heber (m)
syphon
syphon (m)

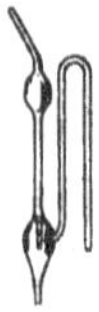

сифонъ (m)
sifone (m)
sifón (m)

---

6 Erlenmeyerkolben (m)
Erlenmeyer glass flask
ballon (m) en verre

стеклянная колба (f)
matraccio (m) conico
matraz (m) de vidrio

---

7 Rundkolben (m)
round bottom flask
ballon (m) rond

круглодонная колба (f)
matraccio (m) a fondo rotondo
matraz (m) redondo

Stehkolben (m) flat bottom flask ballon (m) *ou* flacon (m) à fond plat		плоскодонная колба (f) storta (f) verticale, matraccio (m) a fondo piatto matraz (m) de fondo plano	1
Kjeldahlkolben (m) Kjeldahl flask flacon (m) de Kjeldahl		колба (f) Кьельдаля flacone (m) di Kjeldahl frasco (m) de Kjeldahl	2
Fraktionskolben (m) fractional distillation flask ballon (m) à fractionner	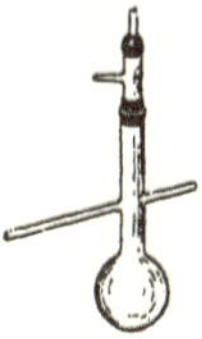	колба (f) для фракціонированія matraccio (m) per distillazione frazionata matraz (m) de destilación fraccionada	3
Fraktionsröhre (f) fractional distillation tube tube (m) à fractionner		трубка (f) для фракціонированія tubo (m) per distillazione frazionata tubo (m) para destilación fraccionada	4
Kochflasche (f) boiling flask flacon (m) à bouillir		сосудъ (m) для кипяченія; [фиг.:] колба (f) для кипяченія matraccio (m) resistente al fuoco frasco (m) de cocer	5
Becherglas (n) beaker gobelet (m)		стаканъ (m), употребляемый при химическихъ работахъ bicchiere (m) cubilete (m)	6
Hartglasbecher (m) hard glass beaker gobelet (m) en verre dur		стаканъ (m) изъ закалённаго стекла bicchiere (m) di vetro infusibile copa (f) de vidrio duro	7
Glühkolben (m), Retorte (f) retort cornue (f)	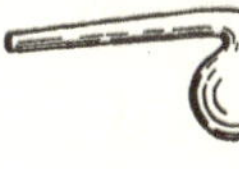	реторта (f) storta (f) retorta (f)	8

1 Retortenhalter (m)
retort stand
support (m) de cornue

штативъ (m) для ретортъ
sostegno (m) per la storta
porta-retorta (m)

---

2 Tropftrichter (m)
dropping funnel
entonnoir (m) compte-gouttes

капельная воронка (f)
imbuto (m) contagoccie
embudo (m) cuentagotas

---

3 Scheidetrichter (m)
separating funnel
entonnoir (m) séparateur

дѣлительная воронка (f)
tramoggia (f) separatrice
embudo (m) separador

---

4 Druckflasche (f)
pressure bottle
flacon (m) à pression

с[т]клянка (f) для нагрѣванія подъ увеличеннымъ давленіемъ
bottiglia (f) di pressione
botella (f) de presión

---

5 Woolffsche Flasche (f)
Woolff's bottle
flacon (m) de Woolff

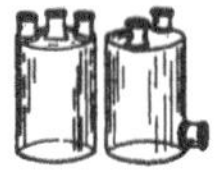

вульфова с[т]клянка (f)
bottiglia (f) di Woolff
frasco (m) de Woolff

---

6 Kobaltflasche (f)
cobalt glass bottle
flacon (m) en verre bleu *ou* de cobalt

сосудъ (m) изъ синяго [кобальтоваго] стекла
bottiglia (f) di cobalto
botella (f) de vidrio de cobalto

---

7 Flaschenkappe (f)
bottle cap, cap stopper
capuchon (m) de flacon

колпакъ (m) с[т]клянки
cappelletto (m) di bottiglia
sombrerete (m) de botella

säurefester Kasten (m)
acid proof box
boîte (f) à l'épreuve des acides
кислотоупорный ящикъ (m)
cassetto (m) resistente agli acidi
caja (f) resistente á los ácidos 1

Glaskasten (m), Glaswanne (f)
glass box
boîte (f) en verre

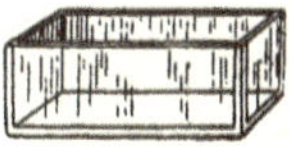

стеклянный ящикъ (m)
bacinella (f) di vetro
caja (f) de vidrio 2

Glasglocke (f)
glass bell, bell jar
cloche (f) en verre

стеклянный колпакъ (m)
campana (f) di vetro
campana (f) de vidrio 3

Glasplatte (f)
glass plate
plaque (f) en verre
стеклянная пластинка (f)
lastra (f) di vetro
placa (f) de vidrio 4

Uranglasplatte (f)
uranium glass plate
plaque (f) en verre d'urane
пластинка (f) изъ урановаго стекла
lastra (f) di vetro all'urano
placa (f) de vidrio de uranio 5

Deckgläschen (n)
glass cover
couvercle (m) en verre
покровное стёклышко (n)
coperchio (m) di vetro
cobertera (f) de vidrio 6

Uhrglas (n)
watch glass
verre (m) de montre
часовое стёклышко (n)
vetro (m) da orologio
vidrio (m) de reloj 7

Kugelröhre (f)
bulb tube
tube (m) à boules

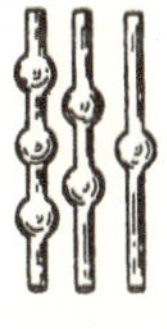

трубка (f) съ шарообразными раздутіями
tubo (m) a bulbo
tubo (m) de bolas 8

Perlröhre (f)
glass bead tube
tube (m) à perles
трубка (f) [дефлегматоръ (m)] съ раздутіемъ, наполненнымъ стеклянными бусами
tubo (m) con perle
tubo (m) de perlas 9

Sicherheitsröhre (f)
safety funnel, thistle funnel
tube (m) de sûreté

предохранительная трубка (f)
tubo (m) di sicurezza
tubo (m) de seguridad 10

1 Verbindungshahn (m)
connecting cock
robinet (m) de jonction

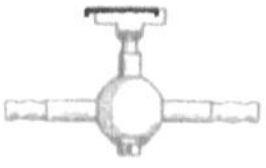

соединительный кранъ (m)
robinetto (m) di congiunzione
grifo (m) de unión

---

2 Dreiweghahn (m)
three way cock
robinet (m) à trois voies

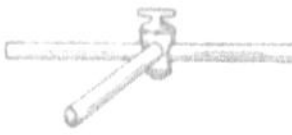

трёхходовый кранъ (m)
robinetto (m) a tre vie
grifo (m) de tres vias

---

3 Dreiwegstück (n)
»T« piece
tube (m) à trois branches

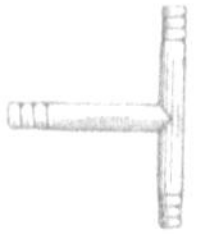

Т-образная трубка (f)
tubo (m) a tre vie
tubo (m) en T

---

4 Vorstoß (m), [Allonge (f)]
adapter
allonge (m)

аллонжъ (m); форштосъ (m)
tubo (m) d'allungamento, allunga (f)
tubo (m) de alargamiento, alargadera (f)

---

5 Glashahn (m)
glass cock
robinet (m) en verre

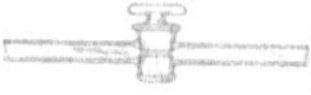

стеклянный кранъ (m)
robinetto (m) di vetro
grifo (m) de vidrio

---

6 Glasröhre (f)
glass tube
tube (m) en verre

стеклянная трубка (f)
tubo (m) *o* tubetto (m) di vetro
tubo (m) de vidrio

---

7 Rührstab (m), Glasstab (m)
glass rod
baguette (m) *ou* agitateur (m) en verre

стеклянная палочка (f) для помѣшиванія
bastoncino (m) *o* bacchetta (f) [di vetro] per agitare
varilla (f) de vidrio

---

8 Bürste (f)
brush
brosse (f)

щётка (f)
spazzola (f)
escobilla (f)

---

9 Röhrenwischer (m)
tube brush
brosse (f) à tubes

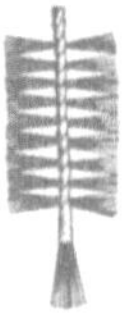

щётка (f) для прочистки трубокъ
spazzola (f) per tubi
escobilla (f) para tubos

Blaustift (m), Farbstift (m), Fettstift (m)
blue pencil, pencil for marking glass
crayon (m) bleu, crayon (m) en couleur, crayon (m) gras

синій карандашъ (m); цвѣтной карандашъ; жирный карандашъ
matita (f) bleu, matita (f) colorata, matita (f) grassa 1
lápiz (m) azul, lápiz (m) de color

Maßanalytisches Gerät
Volumetric Apparatus
Appareils pour l'analyse volumétrique

Приборы для объёмнаго анализа
Apparato per analisi quantitativa 2
Aparatos para el análisis cuantitativo

Pipette (f), Stechheber (m), Stechpipette (f)
pipette
pipette (f)

пипетка (f)
pipetta (f) 3
pipeta (f)

Meßheber (m), Meßpipette (f)
graduated pipette
pipette (f) graduée

измѣрительная пипетка (f); градуированная пипетка
pipetta (f) di misurazione *o* tarata 4
pipeta (f) de medida

Kugelhahnstechheber (m), Kugelhahnpipette (f)
weighing pipette with stopcocks
pipette (f) avec robinet à boule

пипетка (f) съ шарикомъ между кранами
pipetta (f) a robinetto sferico 5
pipeta (f) con grifo esférico

Vollstechheber (m), Vollpipette (f)
plain pipette
pipette (f) jaugée

пипетка (f) на полное выпусканіе; пипетка съ одной мѣткой 6
pipetta (f) tarata
pipeta (f) graduada

---

selbsttätige Vollpipette (f)
automatic plain pipette
pipette (f) jaugée automatique

автоматическая пипетка (f) съ одной мѣткой; автоматическая пипетка на полное пусканіе 7
pipetta (f) tarata automatica
pipeta (f) graduada automática

Pipettenständer (m)
pipette stand *or* holder
étagère (f) à pipettes

этажерка (f) *или* штативъ (m) для пипетокъ
portapipette (m) 8
estante (m) para pipetas

1 Pipettenflasche (f)
pipette bottle
flacon (m) à pipette

с[т]клянка (f) съ пипеткою
bottiglia (f) a pipetta
frasco (m) con pipeta

2 Meßröhre (f), Bürette (f)
burette
burette (f)

бюретка (f)
buretta (f)
probeta (f)

3 Regulierhahn (m)
regulating cock
robinet (m) de réglage

регулировочный кранъ (m)
robinetto (m) a regolazione
grifo (m) regulador

4 Quetschhahn (m)
clip, Mohr's clip
pince (f)

зажимъ (m) для резиновыхъ трубокъ
stringitubi (m) a morsetto
pinza (f)

5 Titerflüssigkeit (f)
titration solution, standard solution
solution (f) titrée

титровальный растворъ (m)
liquido (m) titolato *o* d'assaggio
líquido (m) para el análisis volumétrico

6 Normallösung (f)
standard solution
solution (f) normale

нормальный растворъ (m)
soluzione (f) normale
disolución (f) normal

7 Gehalt (m) einer Flüssigkeit, Titer (m) einer Flüssigkeit
standard strength of a solution, titration standard
titre (m) *ou* teneur (f) d'un liquide

титръ (m) жидкости
titolo (m) *o* composizione (f) d'un liquido
dosis (f) de un líquido

8 titrieren (v)
to titrate
titrer (v)

титровать
fare (v) un' analisi volumetrica con liquidi titolati, titolare (v)
dosificar (v)

9 Titrieren (n), Titration (f)
titration
titrage (m)

титрованіе (n)
analisi (f) volumetrica con liquidi titolati
dosificación (f)

10 Rücktitrieren (n)
back titration, restandardize
titrer (v) à nouveau, retitrer (v)

обратное титрованіе (n)
analisi (f) volumetrica ripetuta
rehacer (v) la dosificación

Titrierapparat (m)
titration apparatus
appareil (m) de titrage

приборъ (m) для объёмнаго анализа; титровальный аппаратъ (m)
apparato (m) per analisi volumetrica 1
aparato (m) de dosificación

Porzellangerät
Porcelain Ware
Appareils *ou* ustensiles en porcelaine

Фарфоровая посуда
Apparecchi *od* utensili di porcellana 2
Aparatos *ó* utensilios de porcelana

Teller (m) aus porigem Porzellan
plate *or* dish of porous porcelain
assiette (f) en porcelaine poreuse

тарелка (f) изъ пористаго фарфора
piatto (m) di porcellana porosa 3
plato (m) de porcelana porosa

Porzellantrichter (m)
porcelain funnel
entonnoir (m) en porcelaine

фарфоровая воронка (f)
imbuto (m) di porcellana 4
embudo (m) de porcelana

Porzellanwanne (f)
porcelain trough
cuve (f) en porcelaine

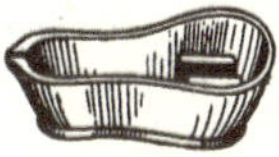

фарфоровая ванна (f); фарфоровая ванночка (f) 5
vasca (f) di porcellana
cuba (f) de porcelana

Kasserolle (f)
basin with handle
casserole (f)

кострюля (f)
casseruola (f) 6
cacerola (f)

Porzellantiegel (m)
porcelain crucible
creuset (m) en porcelaine

фарфоровый тигель (m)
crogiuolo (m) di porcellana 7
crisol (m) de porcelana

Porzellanröhre (f)
porcelain tube
tube (m) en porcelaine

фарфоровая трубка (f)
tubo (m) di porcellana 8
tubo (m) de porcelana

Porzellanring (m)
porcelain ring
anneau (m) de porcelaine

фарфоровое кольцо (n)
anello (m) di porcellana 9
anillo (m) de porcelana

1 Porzellanmaß (n)
porcelain measuring vessel
mesure (f) de porcelaine

фарфоровая мензурка (f)
misuratore (m) di porcellana
copa (f) de porcelana para medir, medida (f) de porcelana

---

2 Porzellaneinsatz (m)
desiccator disc
support (m) en porcelaine

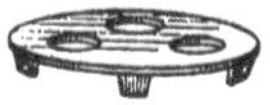

фарфоровая вставка (f)
sopporto (m) di porcellana
soporte (m) de porcelana

---

3 Porzellanbecher (m)
porcelain beaker
gobelet (m) en porcelaine

фарфоровый стаканъ (m)
bicchiere (m) di porcellana
copa (f) ó taza (f) de porcelana

---

4 Porzellanabdampfschale (f)
porcelain *or* china evaporating basin
vase (f) d'évaporation en porcelaine

фарфоровая чашечка (f) для выпариванія
bacinella (f) d'evaporazione di porcellana
vaso (m) de porcelana para evaporar

---

5 **Platingerät**
Platinum Ware
Ustensiles en platine

Платиновая посуда
Utensili di platino
Utensilios de platino

6 Platinmetall (n)
platinum
platine (m)

металлическая платина (f); платиновый металлъ (m)
platino (m)
platino (m)

---

7 Platindraht (m)
platinum wire
fil (m) de platine

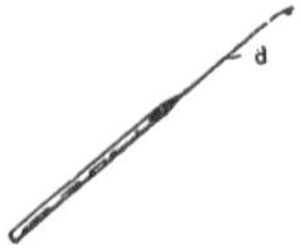

a

платиновая проволока (f)
filo (m) di platino
alambre (m) de platino

---

8 Platinnadel (f)
platinum pin
aiguille (f) de platine

платиновая игла (f)
ago (m) di platino
aguja (f) de platino

---

9 Platinblech (n)
platinum sheet
feuille (f) de platine

a

платиновая жесть (f)
lamiera (f) di platino
chapa (f) de platino

Platintiegel (m)
platinum crucible
creuset (m) en platine

платиновый тигель
(m); платиновый
тигелёкъ (m)
crogiuolo (m) di pla- 1
tino
crisol (m) de platino

Platinschale (f)
platinum basin
capsule (f) en platine

платиновая чашка (f)
capsula (f) di platino
cápsula (f) ó vasija (f) 2
de platino

Platinmuffel (f)
platinum muffle
moufle (m) en platine

платиновый муфель
(m)
muffola (f) di platino 3
mufla (f) de platino

Platinveraschungs-
schale (f)
platinum incineration
dish
capsule (f) en platine
pour incinérations

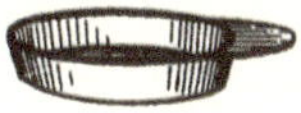

платиновая чашка (f)
или платиновый со-
судъ (m) для обзо-
ливанія
capsula (f) di platino 4
per incenerazione
cápsula (f) de platino
para incineraciones

Platinschiffchen (n)
platinum boat
nacelle (f) en platine

платиновая лодочка
(f)
navicella (f) di platino 5
navecilla (f) de platino

Platinkegel (m), Platin-
konus (m)
platinum cone
entonnoir (m) en pla-
tine

платиновый конусъ
(m)
cono (m) di platino 6
embudo (m) de platino

Platinlöffel (m)
platinum spoon
cuillère (f) en platine

платиновая ложечка
(f)
cucchiaio (m) di pla- 7
tino
cuchara (f) de platino

Platinspatel (m)
platinum spatula
spatule (f) en platine

платиновый шпатель
(m); платиновая ло-
паточка (f) 8
spatola (f) di platino
espátula (f) de platino

Platinmesser (n)
platinum knife
couteau (m) en platine

платиновый ножи-
[че]къ
coltello (m) di platino 9
cuchillo (m) de platino

1 **Übriges Gerät**
Miscellaneous Apparatus
Accessoires divers

Прочія принадлежности
Accessori diversi
Accesorios diversos

---

2 Kork (m)
cork
bouchon (m)

пробка (f)
turacciolo (m) *o* tappo (m) di sughero
tapón (m), corcho (m)

---

3 Korkplatte (f)
cork plate
plaque (f) en liége

пробковая пластина (f)
lastra (f) di sughero
placa (f) de corcho

---

4 Korkpresse (f)
cork presser
presse (f) à bouchons

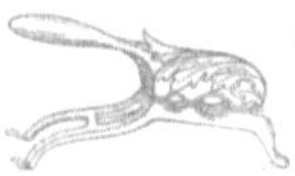

пробочный прессъ (m)
pressa (f) per tappi di sughero
prensa (f) para corchos

---

5 Korkmesser (n)
cork knife
couteau (m) à liége

пробочный ножикъ (m); ножъ (m) для нарѣзанія пробокъ
coltello (m) per tappi di sughero
cuchillo (m) para corcho

---

6 Korkzange (f)
cork pliers
pince (f) à liége

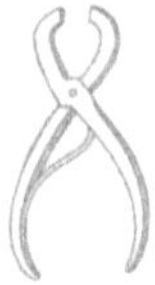

пробочные щипцы (m pl)
tenaglia (f) per tappi di sughero
tenazas (f pl) para corcho

---

7 Korkbohrer (m)
cork borer
drille (f) à bouchons

наборъ (m) пробочныхъ свёрлъ; пробочное сверло (n); сверло для проверчиванія въ пробкахъ отверстій
foratappi (m)
barrena (f) para corchos

---

8 Korkbohrerschärfer (m)
cork borer sharpener
outil (m) à affûter les drilles à bouchons

точилка (f) для пробочныхъ свёрлъ
affilatoio (m) per foratappi
útil (m) para afilar las barrenas para corchos

Kautschukware (f)
caoutchouc ware
pièces (f pl) en caoutchouc

каучуковый товаръ (m)
articoli (m pl) di gomma 1
artículos (mpl) de caucho

Guttaperchagerät (n)
guttapercha ware
pièces (f pl) en guttapercha

гуттаперчевыя принадлежности (f pl)
strumenti (m pl) di guttaperca 2
utensilios (m pl) de gutapercha

Guttaperchapapier (n)
guttapercha sheet
carton (m) en guttapercha

гуттаперчевая бумага (f)
carta (f) di guttaperca 3
cartón (m) de gutapercha

Guttaperchaflasche (f)
guttapercha bottle
bouteille (f) en guttapercha

гуттаперчевая с[т]клянка (f)
bottiglia (f) di guttaperca 4
frasco (m) de gutapercha

Gummiplatte (f)
rubber plate
plaque (f) en caoutchouc

резиновая пластина (f)
lastra (f) *o* foglia (f) di gomma 5
placa (f) de goma

Gummistopfen (m), Gummistöpsel (m)
rubber stopper, rubber bung, india rubber cork
bouchon (m) en caoutchouc

резиновая пробка (f)
tappo (m) di gomma 6
tapón (m) de goma

Gummiball (m), Gummigebläse (n)
rubber ball
poire (f) en caoutchouc

резиновый шаръ (m) [съ клапаномъ для надуванія воздуха] 7
pera (f) di gomma
pera (f) de goma

Gummifaden (m)
rubber strip
fil (m) en caoutchouc

резиновая нить (f)
filo (m) di gomma 8
hilo (m) de goma

Gummifahne (f)
rubber cap, policeman, couch
plaquette (f) en caoutchouc

резиновая этикетка (f)
foglio (m) *o* piastra (f) di gomma 9
placa (f) degoma

Gummischlauch (m)
rubber tubing
tuyau (m) en caoutchouc

резиновая трубка (f) *или* кишка (f)
tubo (m) di gomma 10
tubo (m) de goma

Maske (f), Schutzmaske (f)
face guard
masque (m)

маска (f)
maschera (f) 11
máscara (f)

1 Schutzbrille (f)
goggles (pl)
lunettes (f pl) protectrices

предохранительные очки (m pl)
occhiali (m pl) di protezione
gafas (f pl) protectoras

---

2 Gummikappe (f)
rubber cap
chapeau (m) *ou* calotte (f) en caoutchouc

резиновый колпачокъ (m)
cappuccio (m) di gomma
caperuza (f) de goma

---

3 Gummifinger (m)
rubber finger stall
doigt (m) en caoutchouc

резиновый палецъ (m)
dito (m) *o* ditale (m) di gomma
dedil (m) de goma

---

4 Gummihandschuh (m)
rubber glove
gant (m) en caoutchouc

резиновая перчатка (f)
guanto (m) di gomma
guante (m) de goma

---

5 Gestell (n), Ständer (m), Stativ (n)
stand
support (m)

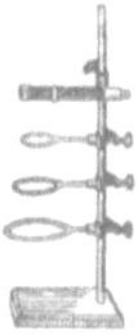

штативъ (m)
treppiede (m), sopporto (m)
soporte (m)

---

6 Ständerklemme (f)
clamp for stand
pince (f) de support

зажимъ (m) для штатива
morsetto (m) per treppiede, pinza (f)
pinzas (f pl) para soportes

---

7 Kolbenträger (m)
flask stand
support (m) de ballon

подставка (f) для колбы
sopporto (m) per storta
soporte (m) de matraz

---

8 Dreifuß (m)
tripod
trépied (m)

треножникъ (m)
treppiede (m)
trípode (m)

---

9 Drahtdreieck (n)
wire triangle
triangle (m) en fil de fer

проволочный треугольникъ (m)
triangolo (m) di filo metallico
triángulo (m) de alambre

Drahtgewebe (n)
wire gauze
tissu (m) *ou* toile (f) métallique

проволочная ткань (f); проволочная сѣтка (f)
rete (f) metallica, tessuto (m) metallico 1
tela (f) metálica

Kupferdrahtnetz (n)
copper wire gauze
toile (f) en fil de cuivre

сѣтка (f) изъ мѣдной проволоки
rete (f) in filo di rame 2
tela (f) de alambre de cobre

Kupferdrahtnetzrolle (f)
roll of copper wire gauze
toile (f) en fil de cuivre enroulée

свёрнутая въ трубку сѣтка (f) изъ мѣдной проволоки
rotolo (m) di rete in filo di rame 3
tela (f) de alambre de cobre enrollada

Baboscbes Siedeblech (n)
Babo's boiling sheet
tôle (f) de Babo

сѣтка (f) Бабо
rete (f) di Babo 4
chapa (f) de Babo

Bleiflasche (f)
lead bottle
flacon (m) en plomb

свинцовая бутыль (f)
fiala (f) di piombo 5
frasco (m) de plomo

Bleiröhre (f)
lead pipe
tuyau (m) en plomb

свинцовая трубка (f)
tubo (m) di piombo 6
tubo (m) de plomo

Bleischale (f)
lead basin *or* dish
capsule (f) en plomb

свинцовая чашака (f)
capsula (f) *o* bacinella (f) di piombo 7
cápsula (f) *ó* vasija (f) de plomo

Kupferdrehspan (m)
copper turnings
tournure (f) de cuivre

мѣдныя стружки (f pl)
truciolo (m) di rame, tornitura (f) di rame 8
virutas (f pl) de cobre

Eisendraht (m)
iron wire
fil (m) de fer

желѣзная проволока (f)
filo (m) di ferro 9
alambre (m) de hierro

Klavierdraht (m)
piano wire
fil (m) de clavecin

фортепiанная проволока (f)
filo (m) *o* corda (f) da pianoforte 10
cuerda (f) de piano

Aluminiumblech (n)
aluminium sheet
feuille (f) d'aluminium

алюминiевая жесть (f); листовой алюминiй (m) 11
lamiera (f) d'alluminio
chapa (f) de aluminio

Aluminiumdraht (m)
aluminium wire
fil (m) d'aluminium

алюминiевая проволока (f)
filo (m) d'alluminio 12
alambre (m) de aluminio

1 Aluminiumpulver (n)
aluminium powder
poudre (f) d'aluminium

алюминіевый порошокъ (m)
polvere (f) d'alluminio
polvo (m) de aluminio

---

2 Aluminiumfeilspan (m)
aluminium filings
limaille (f) d'aluminium

алюминіевыя опилки (f pl)
limatura (f) d'alluminio
limaduras (f pl) de aluminio

---

3 Quecksilbergefäß (n)
mercury vessel
récipient (m) à mercure

сосудъ (m) для ртути
vaso (m) per mercurio
recipiente (m) para mercurio

---

4 Quecksilberbüchse (f)
mercury box
réservoir (m) à mercure

сосудъ (m) для ртути
serbatoio (m) per mercurio
depósito (m) para mercurio

---

5 Quecksilberwanne (f)
mercury trough
cuve (f) à mercure

ртутная ванна (f)
vasca (f) di mercurio
cuba (f) para mercurio

---

6 Quecksilberzange (f)
mercury tongs
pince (f) à mercure

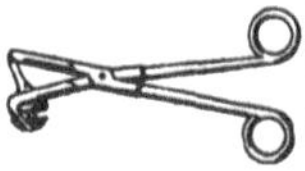

щипцы (m pl) для собиранія ртути
pinzetta (f) per tenere il mercurio
tenazas (f pl) para tener bajo mercurio

---

7 Metallschlauch (m)
flexible metal tube
tube (m) métallique flexible

металлическая трубка (f)
tubo (m) flessibile metallico
tubo (m) flexible metálico

---

8 Asbest (m)
asbestos
amiante (m), asbeste (m)

азбестъ (m)
asbesto (m), amianto (m)
asbesto (m), amianto (m)

---

9 Asbestgewebe (n)
asbestos fabric
tissu (m) d'asbeste

азбестовая ткань (f)
tessuto (m) d'asbesto *o* d'amianto
tela (f) de asbesto

---

10 Asbestschnur (f)
asbestos cord
cordon (m) d'amiante *ou* d'asbeste

азбестовый шнуръ (m)
cordone (m) d'asbesto *o* d'amianto
cordón (m) de asbesto *ó* de amianto

---

11 Asbestpapier (n)
asbestos paper
papier (m) d'amiante, carton (m) d'asbeste

азбестовая бумага (f)
cartone (m) d'asbesto *o* d'amianto
cartón (m) de asbesto

---

12 Asbestwolle (f)
asbestos wool
laine (f) d'amiante

азбестовая шерсть (f)
lana (f) d'asbesto *o* d'amianto
lana (f) de asbesto

Asbestplatte (f)
asbestos sheet
plaque (f) d'amiante
азбестовая пластина (f)
piastra (f) *o* strato (m) d'asbesto *o* d'amianto
placa (f) de asbesto 1

Asbestschale (f)
asbestos dish
capsule (f) d'amiante

азбестовая чашка (f)
bacinella (f) d'asbesto
cápsula (f) de asbesto 2

Asbestdrahtnetz (n)
asbestos wire net
toile (f) d'amiante

проволочная сѣтка (f), выложенная азбестомъ; азбестовая сѣтка
rete (f) di filo metallico ed asbesto
rejilla (f) de hilos de asbesto 3

Asbesthandschuh (m)
asbestos glove
gant (m) en amiante

азбестовая перчатка (f)
guanto (m) d'amianto
guante (m) de asbesto 4

Palladiumasbest (m)
palladium asbestos
asbeste (m) en palladium
палладированный азбестъ (m)
asbesto (m) *od* amianto (m) al palladio
asbesto (m) al paladio 5

Quarzgerät (n)
quartz ware
ustensiles (m pl) en quartz
кварцевая посуда (f) [фиг.:] кварцевый сосудъ (m)
utensili (m pl) di quarzo
utensilios (m pl) de cuarzo 6

Pergamentpapier (n)
parchment paper
papier (m) parcheminé
пергаментная бумага (f)
carta-pergamena (f)
papel (m) pergamino 7

Pergamentschlauch (m)
parchment pipe
tuyau (m) en parchemin
пергаментная трубка (f)
tubo (m) di pergamena
tubo (m) de pergamino 8

Hornblatt (n)
horn sheet
tablette (f) en corne
роговая пластинка (f)
spatola (f) *o* cucchiaio (m) di corno
tablilla (f) de asta 9

Unterlagring (m)
supporting ring
rondelle (f) de support de ballon

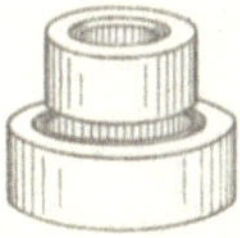

кольцо (n) для подкладыванія [подъ круглодонные сосуды]
anello (m) portastorte
anillo (m) de soporte de matraz 10

1 Untersatz (m) aus Hartgummi
ebonite support
soucoupe (f) en caoutchouc durci *ou* ébonite

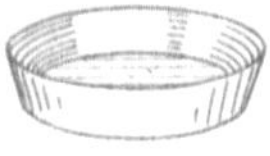

подкладка (f) изъ роговой *или* изъ твёрдой резины;
piattello (m) di ebonite
platillo (m) de goma endurecida *ó* ebonita

---

2 Strohkranz (m)
straw ring
couronne (f) de paille

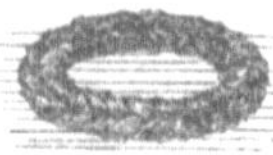

соломенное кольцо (n) [для подкладыванія подъ круглодонные сосуды]
poggiastorte (m) *od* anello (m) di paglia
corona (f) de paja

---

3 Dose (f)
box
boîte (f)

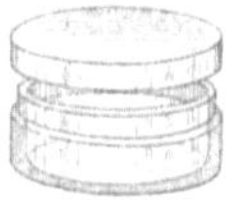

коробка (f)
scatola (f), scatolina (f)
caja (f)

---

4 Kapsel (f)
scoop
capsule (f)

капсюля (f)
capsula (f), navicella (f)
cápsula (f)

---

5 Presse (f)
press
presse (f)

прессъ (m)
pressa (f)
prensa (f)

---

6 Natriumzange (f)
sodium pliers
pince (f) à sodium

щипцы (m pl) для натрія
pinzetta (f) per sodio
tenazas (f pl) para sodio

---

7 Federzange (f), [Pinzette (f)]
forceps
pincette (f)

пинцетъ (m); щипчики (m pl)
pinzetta (f)
pinzas (f pl)

---

8 Spatel (m)
spatula
spatule (f)

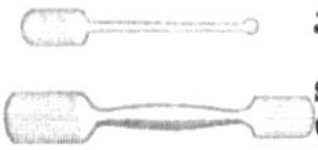

лопаточка (f); шпатель (m)
spatola (f)
espátula (f)

---

9 Löffel (m)
spoon
cuiller (f), cuillère (f)

ложка (f)
cucchiaio (m)
cuchara (f)

---

10 Putzleder (n)
chamois leather
peau (f) de chamois

замша (f) для чистки
pelle (f) per pulire
cuero (m) para limpiar

---

11 Schmirgel (m)
emery
émeri (m)

наждакъ (m)
smeriglio (m)
esmeril (m)

Schmirgelleinen (n) emery cloth toile (f) d'émeri		наждачное полотно (n) tela (f) a smeriglio *o* smerigliata tela (f) esmerilada	*1*
Glaspapier (n) glass paper papier (m) de verre		стеклянная шкурка (f) carta (f) vetrata papel (m) de vidrio	*2*
Glaspulver (n) glass powder poudre (f) de verre, verre (m) pulvérisé		стеклянный порошокъ (m) polvere (f) di vetro polvo (m) de vidrio	*3*
Sandpapier (n) sand paper papier (m) à sable		песчаная бумага (f); шкурка (f) carta (f) alla sabbia papel (m) esmerilado	*4*

Reagentien, Chemikalien **Reagents** **Réactifs**	**[Химическіе] Реактивы или реагенты** **Reattivi** **Reactivos**	*5*

destilliertes Wasser (n) distilled water eau (f) distillée	H_2O	дестилированная вода (f) acqua (f) distillata agua (f) destilada	*6*
hygroskopisches Wasser (n) hygroscopic water eau (f) hygroscopique		гигроскопическая вода (f) acqua (f) igroscopica agua (f) higroscópica	*7*
chemisch gebundenes Wasser (n), Hydratwasser (n) chemically combined water, hydrated water eau (f) chimiquement combinée, eau (f) d'hydratation		химически связанная вода (f); гидратная вода acqua (f) combinata chimicamente agua (f) químicamente combinada, agua (f) de hidratación	*8*
Säure (f) acid acide (m)		кислота (f) acido (m) ácido (m)	*9*
Salzsäure (f), Chlorwasserstoffsäure (f) hydrochloric acid acide (m) chlorhydrique	HCl	соляная кислота (f); хлористоводородная кислота acido (m) cloridrico ácido (m) clorhídrico	*10*
Salpetersäure (f) nitric acid acide (m) nitrique *ou* azotique	HNO_3	азотная кислота (f) acido (m) nitrico ácido (m) nítrico	*11*
rauchende Salpetersäure (f) fuming nitric acid acide (m) nitrique fumant		дымящая азотная кислота (f) acido (m) nitrico fumante ácido (m) nítrico humeante	*12*

No.	Deutsch / English / Français	Formel	Русский / Italiano / Español
1	gewöhnliche, käufliche, rohe Schwefelsäure (f) commercial sulphuric acid acide (m) sulfurique du commerce	H_2SO_4	обыкновенная, продажная, неочищенная сѣрная кислота (f) acido (m) solforico commerciale ácido (m) sulfúrico ordinario ó del comercio
2	chemisch reine Schwefelsäure (f) chemically pure sulphuric acid acide (m) sulfurique chimiquement pur		химически чистая сѣрная кислота (f) acido (m) solforico chimicamente puro ácido (m) sulfúrico químicamente puro
3	Königswasser (n) aqua regia eau (f) régale	$HNO_3 + 3HCl$	царская водка (f) acqua (f) regia agua (f) regia
4	Essigsäure (f) acetic acid acide (f) acétique	$C_2H_4O_2$	уксусная кислота (f) acido (m) acetico ácido (m) acético
5	Oxalsäure (f) oxalic acid acide (m) oxalique	$C_2H_2O_4$	щавелевая кислота (f) acido (m) ossalico ácido (m) oxálico
6	Weinsäure (f) tartaric acid acide (m) tartrique	$C_4H_6O_6$	винная кислота (f) acido (m) tartarico ácido (m) tartárico
7	Chromsäureanhydrid (n) chromic acid acide (m) chromique	CrO_3	хромовая кислота (f) acido (m) cromico ácido (m) crómico
8	Schwefelwasserstoff (m) sulphuretted hydrogen hydrogène (m) sulfuré	H_2S	сѣроводородъ (m); сѣрнистый водородъ (m) idrogeno (m) solforato, acido (m) solfidrico hidrógeno (m) sulfurado
9	Flußsäure (f) hydro-fluoric acid acide (m) fluorhydrique	HFl	плавиковая кислота (f); фтористоводородная кислота acido (m) fluoridrico ácido (m) fluorhídrico
10	Base (f) base, basis base (f)		основанie (n) base (f) base (f)
11	Ammoniak (n) ammonia ammoniaque (m)	NH_3	амміакъ (m) ammoniaca (f) amoníaco (m)
12	Ätzkali (n), [Kalihydrat (n)] hydrate of potash, caustic potash potasse (f) caustique	KOH	гидратъ (m) окиси калія; ѣдкое кали (n) potassa (f) caustica potasa (f) cáustica
13	Ätzkali (n) in Stangen stick caustic potash potasse (f) caustique en bâtonnets		ѣдкое кали (n) въ формѣ палочекъ potassa (f) caustica in bacchette *o* cannelli potasa (f) cáustica en barritas

Ätznatron (n), Natronhydrat (n) caustic soda soude (f) caustique	$NaOH$	гидратъ (m) окиси натрія; ѣдкій натръ (m) soda (f) caustica sosa (f) cáustica	*1*
Kalilauge (f) caustic potash solution solution (f) de potasse caustique		калійный щелокъ (m) soluzione (f) di potassa caustica disolución (f) de potasa cáustica	*2*
Natronlauge (f) caustic soda solution solution (f) de soude caustique		натровый щелокъ (m) soluzione (f) di soda caustica disolución (f) de sosa cáustica	*3*
wässeriges Ammoniak (n) ammonia water eau (f) ammoniacale	$NH_4(OH)$	водный растворъ (m) аммiака acqua (f) ammoniacale agua (f) de amoníaco ó amoníacal	*4*
Kalkwasser (n) lime water eau (f) *ou* lait (m) de chaux	$Ca(OH)_2$	известковая вода (f) acqua (f) di calce agua (f) de cal	*5*
Barytwasser (n) baryta water eau (f) de baryte	$Ba(OH)_2$	баритовая вода (f) acqua (f) di barite agua (f) de barita	*6*
Natronkalk (m) soda lime chaux (f) sodée		натристая известь (f) calce (f) sodata cal (f) sódica	*7*
kohlensaures Kali (n), Pottasche (f), Kaliumkarbonat (n) carbonate of potassium carbonate (m) de potasse	K_2CO_3	углекаліевая соль (f); углекислый калій (m); поташъ (m) carbonato (m) potassico *o* di potassa carbonato (m) potásico	*8*
kohlensaures Natron (n), Soda (f), Natriumkarbonat (n) carbonate of sodium carbonate (m) de soude	Na_2CO_3	угленатріевая соль (f); углекислый натръ (m); сода (f) carbonato (m) sodico *o* di soda carbonato (m) sódico	*9*
doppeltkohlensaures Natron (n), Natriumbikarbonat (n) sodium bicarbonate bicarbonate (m) de soude	$NaHCO_3$	двууглекислый натръ (m); двуугленатріевая соль (f); кислая угленатріевая соль bicarbonato (m) sodico *o* di soda bicarbonato (m) sódico	*10*
schwefelsaures Kali (n), Kaliumsulfat (n) sulphate of potassium sulfate (m) de potasse	K_2SO_4	сѣрнокаліевая соль (f); сѣрнокислый калій (m) solfato (m) potassico *o* di potassa sulfato (m) potásico	*11*
schwefelsaures Natron (n), Natriumsulfat (n) sulphate of sodium sulfate (m) de soude	Na_2SO_4	сѣрнонатріевая соль (f); сѣрнокислый натрій (m) solfato (m) sodico *o* di soda sulfato (m) sódico	*12*

1	Rhodanammonium (n) sulphocyanide of ammonium sulfocyanure (m) d'ammonium	NH_4CNS	роданистый аммонiй (m) solfocianuro (m) ammonico sulfocianuro (m) amónico
2	saures, schwefelsaures Kali (n) bisulphate of potassium sulfate (m) acide de potasse	$KHSO_4$	кислый сѣрнокислый калiй (m); кислая сѣрнокалiевая соль (f) bisolfato (m) di potassa, solfato (m) acido di potassa sulfato (m) ácido de potasa
3	Cyankalium (n), Kaliumcyanid (n) cyanide of potassium cyanure (m) de potassium	KCN	цiанистый калiй (m) cianuro (m) di potassio cianuro (m) potásico
4	chromsaures Kali (n), Kaliumchromat (n) chromate of potassium chromate (m) de potasse	$K_2CrO_4 + 3H_2O$	хромовокалiевая соль (f); хромовокислый калiй (m); жёлтая хромовая соль (f) cromato (m) potassico cromato (m) potásico
5	doppeltchromsaures Kali (n), Kaliumbichromat (n) bichromate of potassium bichromate (m) de potasse	$K_2Cr_2O_7$	хромпикъ (m); двухромовокислый калiй (m); двухромовокалiевая соль (f); красная хромовая соль (f) bicromato (m) potassico bicromato (m) potásico
6	essigsaures Kali (n), Kaliumacetat (n) acetate of potassium acétate (m) de potasse	CH_3COOK	уксуснокислый калiй (m); уксуснокалiевая соль (f) acetato (m) potassico acetato (m) potásico
7	essigsaures Ammoniak (n), Ammoniumacetat (n) ammonium acetate acétate (m) d'ammoniaque	CH_3COONH_4	уксуснокислый аммонiй (m); уксусноаммонiевая соль (f) acetato (m) ammonico acetato (m) amónico
8	kohlensaures Ammoniak (n), Ammoniumkarbonat (n) carbonate of ammonium carbonate (m) d'ammoniaque	$(NH_4)_2CO_3$	углекислый аммонiй (m); углеаммонiевая соль (f) carbonato (m) ammonico carbonato (m) amónico
9	phosphorsaures Natron (n), Natriumphosphat (n) phosphate of sodium phosphate (m) de soude	$Na_2HPO_4 + 12H_2O$	фосфорнокислый натрiй (m); фосфорнонатрiевая соль (f) fosfato (m) sodico fosfato (m) sódico

German / English / French	Formula	Russian / Italian / Spanish	No.
Chlorkalium (n), Kaliumchlorid (n) chloride of potassium chlorure (m) de potassium	KCl	хлористый калій (m) cloruro (m) potassico cloruro (m) potásico	1
Kochsalz (n), Natriumchlorid (n) common salt chlorure (m) de sodium, sel (m) commun	$NaCl$	поваренная соль (f); хлористый натрій (m) cloruro (m) di sodio, sale (m) comune *o* da cucina cloruro (m) sódico	2
Natriumammoniumphosphat (n) ammonium-sodium phosphate phosphate (m) de soude ammoniacal	$NaOH_4HP$	фосфорно-аммонійно-натріевая соль (f); фосфорнокислый аммоній (m) -натрій (m) fosfato (m) sodico ammoniacale fosfato (m) de sosa amónico	3
Fluorammonium (n) ammonium fluoride fluorure (m) d'ammoniaque	NH_4F	фтористый аммоній (m) fluoruro (m) ammonico fluoruro (m) amónico	4
Schwefelammonium (n) ammonium sulphide sulfure (m) d'ammoniaque	$(NH_4)_2S$	сѣрнистый аммоній (m) solfuro (m) ammonico sulfuro (m) amónico	5
Bariumchlorid (n), Chlorbarium (n) chloride of barium chlorure (m) de barium	$BaCl_2 + 2H_2O$	хлористый барій (m) cloruro (m) di bario cloruro (m) bárico	6
essigsaurer Baryt (m), Bariumacetat (n), acetate of barium acétate (m) de baryte	$Ba(C_2H_3O_2)_2$	уксуснобаріевая соль (f) acetato (m) di bario acetato (m) bárico	7
Chlorcalcium (n), Calciumchlorid (n) chloride of calcium chlorure (m) de calcium	$CaCl_2 + 6H_2O$	хлористый кальцій (m) cloruro (m) di calcio cloruro (m) cálcico	8
wasserfreies Chlorcalcium (n) chloride of calcium free of water chlorure (m) de calcium anhydre	$CaCl_2$	безводный хлористый кальцій (m) cloruro (m) di calcio secco *od* anidro cloruro (m) cálcico anhidro	9
Salmiak (m), Chlorammonium (n) sal ammoniac, ammonium chloride chlorure (m) d'ammoniaque	NH_4Cl	нашатырь (m); хлористый аммоній (m) cloruro (m) ammonico cloruro (m) amónico, amoníaco	10

1	Gips (m), schwefelsaurer Kalk (m) sulphate of calcium sulfate (m) de chaux	$Ca\,SO_4 + 2\,H_2O$	сѣрнокислая известь (f); сѣрнокальціевая соль (f); гипсъ (m) solfato (m) di calcio sulfato (m) cálcico
2	Chlorkalk (m) chloride of lime chlorure (m) de calcium *ou* de chaux	$Ca\,O\,Cl_2$	хлорная известь (f) cloruro (m) di calce cloruro (m) cálcico
3	schwefelsaure Magnesia (f), Bittersalz (n), Magnesiumsulfat (n) sulphate of magnesium sulfate (m) de magnésie	$Mg\,SO_4 + 7\,H_2O$	сѣрнокислый магній (m); сѣрномагніевая соль (f); горькая соль solfato (m) di magnesia sulfato (m) magnésico
4	Chlormagnesium (n), Magnesiumchlorid (n) chloride of magnesium chlorure (m) de magnésium	$Mg\,Cl_2 + 6\,H_2O$	хлористый магній (m) cloruro (m) di magnesia cloruro (m) magnésico
5	Eisenchlorid (n) chloride of iron chlorure (m) de fer	$Fe_2\,Cl_6 + 3\,H_2\,O$	хлорное желѣзо (n) cloruro (m) di ferro cloruro (m) férrico
6	Eisenoxydulammoniumsulfat (n) ferrous ammonium sulphate sulfate (m) de fer ammoniacal	$Fe\,(NH_4)_2\,(SO_4)_2 + 6\,H_2O$	сѣрножелѣзистоаммоніевая соль (f); соль Мора solfato (m) ferroso-ammonico, sale (m) di Mohr sulfato (m) ferroso-amónico
7	gelbes Blutlaugensalz (n), Kaliumeisencyanür (n), Kaliumferrocyanat (n) potassium ferrocyanide, yellow prussiate of potassium ferrocyanure (m) de potassium	$K_4\,Fe\,(CN)_6 + 3\,H_2O$	жёлтая (кровяная) соль (f); желѣзистосинеродистый калій (m); синькали (n) ferrocianuro (m) di potassa ferrocianuro (m) potásico
8	rotes Blutlaugensalz (n), Kaliumeisencyanid (n), Kaliumferricyanat (n) potassium ferricyanide, red prussiate of potassium ferrocyanide (m) de potasse	$K_3\,Fe\,(CN)_6$	красная кровяная соль (f); желѣзосинеродистый калій (m); красное синькали (n) ferricianuro (m) potassico ferricianuro (m) potásico
9	Zinnchlorür (n) stannous chloride chlorure (m) stanneux *ou* d'étain	$Sn\,Cl_2 + 2\,H_2O$	хлористое олово (n) cloruro (m) stannoso cloruro (m) estannoso
10	Zinnchlorid (n) stannic chloride hypochlorure (m) d'étain *ou* stannique	$Sn\,Cl_4$	хлорное олово (n) cloruro (m) stannico cloruro (m) de estaño ó estánnico

Bleizucker (m), Bleiacetat (n) lead acetate acétate (m) de plomb	$PbC_4H_6O_4 + 3H_2O$	уксусносвинцовая соль (f); уксуснокислый свинецъ(m); свинцовый сахаръ (m) acetato (m) di piombo acetato (m) de plomo ó plúmbico	1
gekörntes Kupferoxyd (n) granulated cuprous oxide oxyde (m) de cuivre en grains	CuO	зернёная окись (f) мѣди ossido (m) di rame granulato óxido (m) de cobre en granos	2
Chlorkupfer (n), Kupferchlorid (n) cupric chloride hypochlorure (m) de cuivre	$CuCl_2 + 2H_2O$	хлорная мѣдь (f) cloruro (m) ramico *o* di rame cloruro (m) cúprico	3
Kupferchlorür (n) cuprous chloride chlorure (m) cuivreux *ou* de cuivre	Cu_2Cl_2	хлористая (однохлористая) мѣдь (f) cloruro (m) ramoso cloruro (m) cuproso	4
Quecksilberoxydulnitrat (n) basic nitrate of mercury nitrate (m) de mercure basique	$Hg_2N_2O_6 + 2H_2O$	азотнортутная соль (f) закиси; закисная азотнокислая ртуть (f) nitrato (m) di mercurio basico nitrato (m) mercúrico básico	5
Quecksilberchlorür (n) mercurous chloride, calomel bichlorure (m) de mercure	Hg_2Cl_2	хлористая (однохлористая) ртуть (f); каломель (f) cloruro (m) mercuroso, calomelano (m) cloruro (m) mercurioso	6
Quecksilberchlorid (n) mercuric chloride chlorure (m) de mercure	$HgCl_2$	хлорная ртуть (f); сулема (f) cloruro (m) mercurico, sublimato (m) corrosivo cloruro (m) mercúrico, sublimado (m) corrosivo	7
metallisches Quecksilber (n) metallic mercury mercure (m) métallique	Hg	металлическая ртуть (f) mercurio (m) metallico mercurio (m) metálico	8
Quecksilberoxyd (n) mercuric oxyde oxyde (m) de mercure	HgO	окись (f) ртути ossido (m) di mercurio óxido (m) mercúrico	9

1	salpetersaures Silberoxyd (n), Höllenstein (m), Silbernitrat (n) silver nitrate nitrate (m) *ou* azotate (m) d'argent, pierre (f) infernale	$Ag\ NO_3$	азотнокислая окись (f) серебра; ляписъ (m); азотносеребряная соль (f) nitrato (m) d'argento nitrato (m) de plata ó argéntico, piedra (f) infernal
2	metallisches Silber (n) metallic silver argent (m) métallique	Ag	металлическое серебро (n) argento (m) metallico plata (f) metálica
3	Platinchlorid (n) platinic chloride chlorure (m) de platine	$Pt\ Cl_4 + 5\ H_2O$	хлорная платина (f); четырёххлористая платина cloruro (m) di platino cloruro (m) platínico
4	Palladiumoxydulnitrat (n) nitrate of palladium nitrate (m) de palladium	$Pd\ N_2\ O_6$	азотнопалладіевая соль (f); азотнокислый палладій (m) nitrato (m) di palladio nitrato (m) de paladio
5	schwefligsaures Natron (n), Natriumsulfit (n) sodium sulphite sulfite (m) de soude	$Na_2SO_3 + 7\ H_2O$	сѣрнисто-натріевая соль (f); сѣрнистокислый натрій (m) solfito (m) di soda sulfito (m) sódico
6	Natriumhyposulfit (n) hyposulphite of sodium hyposulfite (m) de soude	$Na\ H\ SO_2$	сѣрноватисто-натріевая соль (f); сѣрноватисто-кислый натръ (m) iposolfito (m) di soda hiposulfito (m) sódico
7	Molybdaensäureanhydrid (n) molybdic acid acide (m) molybdique, anhydrite (m) molybdique	$Mo\ O_3$	молибденовая кислота acido (m) molibdico óxido (m) de molibdeno
8	molybdaensaures Ammonium (n), Ammoniummolybdat (n) ammonium molybdate molybdate (m) d'ammoniaque	$(NH_4)_2\ Mo\ O_4$	молибденовокислый аммоній (m); молибденово-аммоніевая соль (f) molibdato (m) d'ammonio molibdato (m) amónico
9	arsenigsaures Natron (n), Natriumarsenit (n) sodium arsenite arsénate (m) de soude	$Na_2\ H\ As\ O_3$	мышьяковистокислый натрій (m); мышьяковистонатріевая соль (f) arsenito (m) sodico arsenito (m) sódico
10	Bleisuperoxyd (n) peroxide of lead peroxyde (m) de plomb, oxyde (m) puce	$Pb\ O_2$	двуокись (f) свинца perossido (m) di piombo, biossido (m) di piombo anhidrido (m) plúmbico, peróxido (m) de plomo, óxido (m) pulga

Natriumsuperoxyd (n) peroxide of sodium bioxyde (m) de sodium	Na_2O_2	перекись (f) натрія perossido (m) di sodio, biossido (m) di sodio bióxido (m) de sodio	1
Kaliumchlorat (n) potassium chlorate chlorate (m) de potasse	$KClO_3$	хлорновато-каліевая соль (f); хлорноватокислый калій (m); бертолетова соль clorato (m) di potassa clorato (m) potásico	2
Wasserstoffsuperoxyd (n) hydrogen peroxide eau (f) oxygénée	H_2O_2	перекись (f) водорода acqua (f) ossigenata agua (f) oxigenada	3
Neßlersches Reagens (n) Nessler's reagent réactif (m) de Nessler		несслеровъ реактивъ (m) reattivo (m) di Nessler reactivo (m) de Nessler	4
Chlor (n) chlorine chlore (m)	Cl	хлоръ (m) cloro (m) cloro (m)	5
Brom (n) bromine brome (m)	Br	бромъ (m) bromo (m) bromo (m)	6
Jod (n) iodine iode (n)	J	іодъ (m) iodio (m) yodo (m)	7
Indigolösung (f) indigo solution solution (f) d'indigo		растворъ (m) индиго soluzione (f) d'indaco disolución (f) de indigo	8
Lackmustinktur (f) litmus solution teinture (f) de tournesol		настойка (f) лакмуса tintura (f) di tornasole tintura (f) de tornasol	9
Jodlösung (f) iodine solution teinture (f) d'iode		растворъ (m) іода tintura (f) d'iodio tintura (f) de yodo	10
Jodkalium (n) potassium iodate iodure (m) de potassium	KJ	іодистый калій (m) ioduro (m) di potassio yoduro (m) potásico	11
Stärke (f) starch amidon (m)		крахмалъ (m) amido (m) almidón (m)	12
Pyrogallussäure (f) pyrogallic acid acide (m) pyrogallique	$C_6H_6O_3$	пирогаллолъ (m) acido (m) pirogallico ácido (m) pirogálico	13
Borax (m), borsaures Natron (n) borax, sodium borate borax (m), borate (m) de soude	$Na_2B_4O_7+10H_2O$	бура (f); борнонатріевая соль (f) borato (m) sodico, borace (m) borax (m), borato (m) sódico	14

1	Phosphorsalz (n) sodium ammonium phosphate phosphate (m) de soude et d'ammoniaque hydraté	$NaNH_4HPO_4 + 8H_2O$	фосфорная соль (f); фосфорно-аммоній-но-натріевая соль fosfato (m) sodico ammonico fosfato (m) sódico y de amoniaco hidratado
2	Alkohol (m) alcohol alcool (m)	C_2H_5OH	спиртъ (m); алькоголь (m) alcool (m) alcohol (m)
3	Äther (m), Schwefeläther (m) ether éther (m), éther (m) sulfurique	$(C_2H_5)_2O$	эфиръ (m); сѣрный эфиръ etere (m) solforico éter (m), éter (m) sulfúrico
4	Schwefelkohlenstoff (m) carbon bisulphide bisulfure (m) de carbone	CS_2	сѣрнистый углеродъ (m); сѣроуглеродъ (m) solfuro (m) di carbonio sulfuro (m) de carbono
5	Kobaltnitrat (n) nitrate of cobalt nitrate (m) de cobalt	$Co(NO_3)_2$	азотнокобальтовая соль (f) nitrato (m) di cobalto nitrato (m) de cobalto
6	Seesand (m) sea sand sable (m) de mer		морской песокъ (m) sabbia (f) di mare arena (f) de mar
7	Reagenzpapier (n) test paper papier (m) à réactif		реактивная бумага (f) carta (f) reagente *o* reattiva papel (m) reactivo
8	Lackmuspapier (n) litmus paper papier (m) de tournesol		лакмусовая бумага (f) carta (f) di tornasole papel (m) de tornasol
9	Curcumapapier (n) curcuma paper papier (m) de curcuma		куркумовая бумага (f) carta (f) alla curcuma papel (m) de curcuma
10	Karminpapier (n) carmine paper papier (m) carmin		карминовая бумага (f) carta (f) al carminio papel (m) rojo de girasol
11	Kongopapier (n) Congo paper papier (m) Congo		конго-бумага (f) carta (f) Congo papel (m) Congo
12	Eiweißpapier (n) albumen paper papier (m) à l'albumine *ou* albuminé		альбуминная бумага (f) carta (f) all'albumina *o* albuminata papel (m) de albumen
13	Phenolphtaleinpapier (n) phenolphtalein paper papier (m) à la phénolphtaléine		фенолфталеиновая бумага (f) carta (f) alla fenolftaleina papel (m) de fenoltaleina

Ozonpapier (n)
ozone paper
papier (m) à ozone
озоновая бумага (f)
carta (f) ozonoscopica
papel (m) de ozono 1

Stärkepapier (n)
starch paper
papier (m) à amidon
крахмальная бумага (f)
carta (f) all'amido
papel (m) de fécula 2

Jodkaliumpapier (n)
potassium iodide paper
papier (m) à l'iodure de potassium
іодъ-каліевая бумага (f)
carta (f) all'ioduro di potassio
papel (m) de ioduro de potasio 3

Jodkaliumstärkepapier (n)
potassium iodide and starch paper
papier (m) d'amidon à iodure de potassium
іодъ-крахмальная бумага (f)
carta (f) all'amido ed ioduro di potassio
papel (m) de fécula de ioduro de potasio 4

Chemie des Eisens

Chemistry of Iron

Étude chimique du fer

Химическія свойства желѣза

Studio chimico del ferro

Química del hierro 5

Element (n), Grundstoff (m)
element
élément (m)
элементъ (m)
elemento (m)
elemento (m) 6

Metalloid (n), Nichtmetall (n)
metalloid
métalloïde (m)
металлоидъ (m)
metalloide (m)
metaloide (m) 7

Metall (n)
metal
métal (m)
металлъ (m)
metallo (m)
metal (m) 8

metallisches Eisen (n)
metallic iron
fer (m) métallique
Fe
металлическое желѣзо (n)
ferro (m) metallico
hierro (m) metálico 9

gediegenes Eisen (n)
pure iron
fer (m) natif *ou* vierge
самородное желѣзо (n)
ferro (m) nativo *o* vergine
hierro (m) nativo *ó* virgen 10

chemisch reines Eisen (n)
chemically pure iron
fer (m) chimiquement pur
химически чистое желѣзо (n)
ferro (m) chimicamente puro
hierro (m) químicamente puro 11

elektrolytisch hergestelltes Eisen (n)
electrolytic iron
fer (m) [préparé par voie] électrolytique
желѣзо (n), полученное электролитическимъ путёмъ
ferro (m) elettrolitico
hierro (m) electrolítico 12

1	Meteoreisen (n) meteoric (cosmic) iron fer (m) météorique		метеорное желѣзо (n) ferro (m) meteorico hierro (m) meteórico
2	kristallisiertes Eisen (n) crystallised iron fer (m) cristallisé		кристаллическое желѣзо (n) ferro (m) cristallizzato hierro (m) cristalizado
3	Kristallform (f) crystaline state forme (f) cristalline		форма (f) кристалловъ forma (f) del cristallo forma (f) cristalina
4	Tannenbaumkristall (m) arborescent crystals cristal (m) en forme de sapin		ёлочный кристаллъ (m) cristallo (m) aghiforme cristal (m) en forma de abeto
5	Sauerstoff (m) oxygen oxygène (m)	O	кислородъ (m) ossigeno (m) oxigeno (m)
6	atmosphärischer Sauerstoff (m) atmospheric oxygen oxygène (m) de l'atmosphère *ou* atmosphérique		кислородъ (m) воздуха; атмосферный кислородъ ossigeno (m) atmosferico oxigeno (m) de la atmósfera
7	chemisch gebundener Sauerstoff (m) fixed oxygen, chemically combined oxygen oxygène (m) chimiquement combiné		химически связанный кислородъ (m) ossigeno (m) combinato chimicamente oxigeno (m) quimicamente combinado
8	Sauerstoffverbindung (f) oxygen compound composé (m) oxygéné		кислородное соединеніе (n) composto (m) ossigenato compuesto (m) oxigenado
9	Kohlenstoff (m) carbon carbone (m)	C	углеродъ (m) carbonio (m) carbono (m)
10	Kohlenstoffart (f) variety of carbon variété (f) de carbone		разновидность (f) углерода varietà (f) di carbonio variedad (f) de carbono
11	Graphit (m) graphite graphite (m)		графитъ (m) grafite (f) grafito (m)
12	Graphitausscheidung (f) separation *or* segregation (A*) of graphite dépôt (m) *ou* ségrégation (f) de graphite (dans le fer)		выдѣленіе (n) графита deposito (m) di grafite (nel ferro) depósito (m) de grafito (en el hierro)

* A = americanism

Ablagerung (f) deposition dépôt (m)		отложенiе (n) deposito (m) depósito (m)	1
graphitisch (adj) graphitic (adj) graphitique (adj)		съ содержанiемъ графита; содержащiй графитъ grafitico (agg) grafítico (adj)	2
nichtgraphitisch (adj) nongraphitic (adj) non graphitique (adj)		не содержащiй графита non grafitico (agg) no grafítico (adj)	3
graphitreich (adj) rich (adj) in graphite riche (adj) en graphite		сильно графитистый; богатый графитомъ ricco (agg) di grafite rico (adj) en grafito	4
graphitarm (adj) poor (adj) in graphite pauvre (adj) en graphite		бѣдный графитомъ povero (agg) di grafite pobre (adj) en grafito	5
Garschaum (m) refining foam bourre (f), limaille (f), graphite (m) déposé avant la solidification		спѣль (f) lustrino (m) grafito (m) depositado antes de la solidificación	6
Temperkohle (f) graphite graphite (m)		углеродъ (m) отжига carbonio (m) di ricottura carbono (m) de recocido	7
gestaltloser [*oder* amorpher] Kohlenstoff (m) amorphus carbon carbone (m) amorphe		аморфный углеродъ (m) carbonio (m) amorfo carbono (m) amorfo	8
Härtungskohle (f) hardening carbon carbone (m) de trempe		углеродъ (m) закала carbonio (m) di tempera carbono (m) de temple	9
Karbidkohle (f), Zementkohle (f) carbide carbon, cementing carbon carbone (m) de cémentation		углеродъ (m) карбида carbone (m) di cementazione carbono (m) de cementación	10
Eisenkarbid (n) iron carbide carbure (m) de fer		карбидъ (m) желѣза carburo (m) di ferro carburo (m) de hierro	11
Kohlenstoffbestimmung (f) determination of carbon dosage (m) du carbone		опредѣленie (n) углерода determinazione (f) del tenore di carbonio determinación (f) del tanto por ciento de carbono	12
Kohlensäure (f) carbonic acid acide (m) carbonique	CO_2	углекислота (f) acido (m) carbonico ácido (m) carbónico	13

1	Kohlensäurebestimmer (m) apparatus for the determination of carbonic acid appareil (m) pour le dosage de l'acide carbonique		аппаратъ (m) *или* приборъ (m) для опредѣленія углекислоты apparecchio (m) per determinare il tenore in acido carbonico aparato (m) para determinar el tanto por ciento de ácido carbónico
2	Silicium (n) silicium silicium (m)	Si	кремній (m) silicio (m) silicio (m)
3	Kieselsäureanhydrid (n) silicic acid silice (f), acide (m) silicique	SiO_2	кремнекислота (f); кремневая кислота (f) acido (m) silicico ácido (m) silicico
4	Phosphor (m) phosphorus phosphore (m)	P	фосфоръ (m) fosforo (m) fósforo (m)
5	Phosphorsäureanhydrid (n) phosphoric anhydride anhydride (m) phosphorique	P_2O_5	фосфорный ангидридъ (m) anidride (f) fosforica anhidrido (m) fosfórico
6	hochphosphorhaltiges Eisen (n) high phosphorous iron fer (m) à haute teneur en phosphore		чугунъ (m), богатый фосфоромъ; высокофосфористый чугунъ ferro (m) con alto tenore in fosforo hierro (m) con alta ó gran proporción de fósforo
7	Schwefel (m) sulphur soufre (m)	S	сѣра (f) solfo (m), zolfo (m) azufre (m)
8	Schwefelverbindung (f) sulphur compound composé (m) sulfuré		сѣрнистое соединеніе (n) composto (m) solforato compuesto (m) de fósforo
9	schweflige Säure (f) sulphurous acid acide (m) sulfureux	SO_2	сѣрнистая кислота (f) acido (m) solforoso ácido (m) sulfuroso
10	freie Schwefelsäure (f) in Abbränden free sulphuric acid in purple ore acide (m) sulfurique libre dans les résidus	H_2SO_4	свободная сѣрная кислота (f) въ остаткахъ отъ отжига колчедановъ acido (m) solforico libero nei residui ácido (m) sulfúrico libre en los residuos

German / English / French	Formula	Russian / Italian / Spanish	No.
Schwefeltrioxyd (n), Schwefelsäureanhydrid (n) sulphuric anhydride anhydride (m) sulfurique	SO_3	сѣрный ангидридъ (m) anidride (f) solforica anhidrido (m) sulfúrico	1
Mangan (n) manganese manganèse (m)	Mn	марганецъ (m) manganese (m) manganeso (m)	2
Manganoxydul (n) manganous oxide, manganese oxide oxyde (m) manganeux, protoxyde (m) de manganèse	MnO	закись (f) марганца ossido (m) di manganese protóxido (m) de manganeso	3
Mangansuperoxyd (n) manganese dioxide peroxyde (m) de manganèse, bioxyde (m) de manganèse	MnO_2	двуокись (f) марганца [неправильно: перекись (f) марганца] perossido (m) di manganese, biossido (m) di manganese peróxido (m) de manganeso	4
Manganoxyd (n) manganic oxide sesquioxyde (m) de manganèse	Mn_2O_3	окись (f) марганца ossido (m) manganico, sesquiossido (m) di manganese sesquióxido (m) de manganeso	5
Manganoxyduloxyd (n) trimanganic tetroxide oxyde (m) manganoso-manganique, oxyde (m) salin	Mn_3O_4	закись (f) -окись (f) марганца ossido (m) manganoso *o* manganico óxido (m) manganoso-mangánico	6
Kupfer (n) copper cuivre (m)	Cu	мѣдь (f) rame (m) cobre (m)	7
Kupferoxyd (n) oxide of copper oxyde (m) cuivrique *ou* de cuivre	CuO	окись (f) мѣди ossido (m) di rame óxido (m) cúprico	8
Nickel (n) nickel nickel (m)	Ni	никкель (m) nickel (m), nickelio (m) níquel (m)	9
Nickeloxydul (n) nickel oxide protoxyde (m) de nickel	NiO	закись (f) никкеля ossido (m) di nickel protóxido (m) de níquel	10
Kobalt (m) cobalt cobalt (m)	Co	кобальтъ (m) cobalto (m) cobalto (m)	11
Kobaltoxydul (n) cobalt oxide protoxyde (m) de cobalt	CoO	закись (f) кобальта protossido (m) di cobalto protóxido (m) de cobalto	12

No.	Deutsch / English / Français	Formel	Русский / Italiano / Español
1	Chrom (n) chromium chrome (m)	Cr	хромъ (m) cromo (m) cromo (m)
2	Chromoxyd (n) sesquioxide of chromium sesquioxyde (m) de chrome	$Cr_2 O_3$	окись (f) хрома ossido (m) di cromo óxido (m) crómico
3	Wolfram (n) tungsten tungstène (m)	W	вольфрамъ (m) tun[g]steno (m) tungsteno (m)
4	Arsen (n) arsenic arsenic (m)	As	мышьякъ (m) arsenico (m) arsénico (m)
5	Arsensäureanhydrid (n), Arsenpentoxyd (n) arsenic anhydride anhydride (m) arsenique, acide (m) arsenique	$As_2 O_5$	мышьяковая кислота (f); ортомышьяковая кислота acido (m) arsenico anhidrido (m) arsénico
6	arsenige Säure (f) arsenious acid anhydride (m) arsénieux, acide (m) arsénieux	$As_2 O_3$	мышьяковистая кислота (f) acido (m) arsenioso ácido (m) arsenioso, anhídrido (m) arsenioso
7	Arsenbestimmungsapparat (m) apparatus for determination of arsenic appareil (m) pour la recherche de l'arsenic		приборъ (m) для опредѣленія содержанія мышьяка apparato (m) per la determinazione del contenuto d'arsenico aparato (m) para la determinación del arsénico
8	Antimon (n) antimony antimoine (m)	Sb	сурьма (f); антимоній (m) antimonio (m) antimonio (m)
9	Schwefelantimon (n) sulphide of antimony sulfure (m) d'antimoine		сѣрнистая сурьма (f) solfuro (m) d'antimonio sulfuro (m) de antimonio
10	Zinn (n) tin étain (m)	Sn	олово (n) stagno (m) estaño (m)
11	Zink (n) zinc zinc (m)	Zn	цинкъ (m) zinco (m) cinc (m)
12	Zinkoxyd (n) oxyde of zinc oxyde (m) de zinc, blanc (m) de zinc	Zn O	окись (f) цинка ossido (m) di zinco óxido (m) de cinc

Wismut (n) bismuth bismuth (m)	Bi	висмутъ (m) bismuto (m) bismuto (m)	*1*
Aluminium (n) aluminium, aluminum (A*) aluminium (m)	Al	алюминій (m) alluminio (m) aluminio (m)	*2*
Titan (n) titanium titane (m)	Ti	титанъ (m) titanio (m) titano (m)	*3*
Titandioxyd (n), Titansäureanhydrid (n) titanic acid anhydride anhydride (m) titanique	Ti O_2	титановый ангидридъ (m); ангидридъ титановой кислоты; двуокись (f) титана anidride (f) titanica anhidrido (m) titánico	*4*
Vanadium (n), Vanadin (n) vanadium vanadium (m)	V	ванадій (m) vanadio (m) vanadio (m)	*5*
Blei (n) lead plomb (m)	Pb	свинецъ (m) piombo (m) plomo (m)	*6*
Bleioxyd (n) oxide of lead, litharge massicot oxyde (m) plombique *ou* de plomb	Pb O	окись (f) свинца; массикотъ (m) ossido (m) di piombo óxido (m) de plomo	*7*
Silber (n) silver argent (m)	Ag	серебро (n) argento (m) plata (f)	*8*
Gold (n) gold or (m)	Au	золото (n) oro (m) oro (m)	*9*
Osmium (n) osmium osmium (m)	Os	осмій (m) osmio (m) osmio (m)	*10*
Iridium (n) iridium iridium (m)	Ir	иридій (m) iridio (m) iridio (m)	*11*
Palladium (n) palladium palladium (m)	Pd	палладій (m) palladio (m) paladio (m)	*12*
Molybdaen (n) molybdenum molybdène (m)	Mo	молибденъ (m) molibdeno (m) molibdeno (m)	*13*

* A = americanism

No.	German / English / French	Formula	Russian / Italian / Spanish
1	Kalk (m), Calciumoxyd (n) lime, oxide of calcium chaux (f), oxyde (m) de calcium	$Ca\,O$	известь (f); окись (f) кальція calce (f), ossido (m) di calcio cal (f), óxido (m) de calcio
2	kohlensaurer Kalk (m), [Calciumkarbonat (n)] carbonate of lime carbonate (m) de chaux	$Ca\,CO_3$	углекислая известь (f); углекальціевая соль (f) carbonato (m) di calcio carbonato (m) de cal
3	schwefelsaurer Kalk (m), [Calciumsulfat] (n), Gips (m) sulphate of calcium, gypsum sulfate (m) de chaux, plâtre (m); (naturel:) gypse (m)	$Ca\,SO_4$	сѣрнокальціевая соль (f); гипсъ (m) solfato (m) di calcio, gesso (m) sulfato (m) de cal, yeso (m)
4	Magnesium (n) magnesium magnésium (m)	Mg	магній (m) magnesio (m) magnesio (m)
5	Magnesia (f) oxide of magnesium, magnesia magnésie (f), oxyde (m) de magnésium	$Mg\,O$	магнезія (f); окись (f) магнія magnesia (f), ossido (m) di magnesio magnesia (f), óxido (m) de magnesio
6	kohlensaure Magnesia (f), Magnesiumkarbonat (n) carbonate of magnesia carbonate (m) de magnésie, magnésie (f) carbonatée	$Mg\,CO_3$	углекислая магнезія (f); углемагніевая соль (f) carbonato (m) di magnesio, magnesite (f) carbonato (m) de magnesia
7	Tonerde (f) alumina alumine (f), oxyde (m) d'aluminium	$Al_2\,O_3$	глинозёмъ (m) ossido (m) d'alluminio, allumina (f) alúmina (f)
8	Barium (n) barium baryum (m)	Ba	барій (m) bario (m) bario (m)
9	Baryt (m), Bariumoxyd (n) oxide of barium protoxyde (m) de baryte, baryte (f)	$Ba\,O$	окись (f) барія ossido (m) di bario óxido (m) de bario, barita (f)
10	kohlensaurer Baryt (m), [Bariumkarbonat (n)] carbonate of barium carbonate (m) de baryum	$Ba\,CO_3$	углебаріевая соль (f) carbonato (m) di bario carbonato (m) de bario
11	schwefelsaurer Baryt (m), Schwerspat (m), [Bariumsulfat (n) sulphate of barium, barytes, heavy spar sulfate (m) de baryte; (naturel:) barytine (f), spath (m) pesant	$Ba\,SO_4$	сѣрнобаріевая соль (f); баритъ (m); тяжёлый шпатъ (m) solfato (m) di bario, barite (f) sulfato (m) de bario, baritina (f), espato (m) pesado

Strontium (n) **strontium** **strontium (m)**	Sr	**стронцій (m)** **stronzio (m)** **estroncio (m)**	*1*
Kalium (n) **potassium** **potassium (m)**	K	**калій (m)** **potassio (m)** **potasio (m)**	*2*
Natrium (n) **sodium** **sodium (m)**	Na	**натрій (m)** **sodio (m)** **sodio (m)**	*3*
Wasserstoff (m) **hydrogen** **hydrogène (m)**	H	**водородъ (m)** **idrogeno (m)** **hidrógeno (m)**	*4*
Kippscher Apparat (m) **Kipp's apparatus** **appareil (m) de Kipp**		**аппаратъ (m) Киппа** **apparato (m) di Kipp** **aparato (m) de Kipp**	*5*
Stickstoff (m) **nitrogen** **azote (m) [Az]**	N Az	**азотъ (m)** **azoto (m), nitrogeno (m)** **nitrógeno (m), ázoe (m)**	*6*
Stickstoffbestimmungsapparat (m) nach Kjeldahl **apparatus for the determination of nitrogen** **appareil (m) pour le dosage de l'azote**	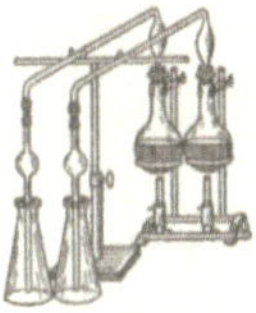	**приборъ (m) для опредѣленія азота** **apparato (m) per la determinazione dell'azoto** **aparato (m) para la determinación del nitrógeno**	*7*
Chlor (n) **chlorine** **chlore (m)**	Cl	**хлоръ (m)** **cloro (m)** **cloro (m)**	*8*
Chlorentwicklungsflasche (f) **chlorine developing apparatus** **appareil (m) pour la fabrication du chlore**		**аппаратъ (m) *или* приборъ (m) для образованія хлора** **generatore (m) di cloro** **aparato (m) generador de cloro**	*9*
Chlorentwicklungskolben (m) **chlorine developing flask** **ballon (m) pour la fabrication du chlore**		**колба (f) для образованія хлора** **storta (f) generatrice di cloro** **matraz (m) para la fabricación del cloro**	*10*
Bromierungsapparat (m) **bromification apparatus** **appareil (m) à brome**		**приборъ (m) для бромированія; аппаратъ (m) для насыщенія бромомъ** **apparato (m) per bromificazione** **aparato (m) de bromisación**	*11*

1 Bromwaschflasche (f)
bromine wash bottle
ballon (m) de lavage du brome
промывная с[т]клянка (f) для брома
bottiglia (f) di lavaggio per bromo
botella (f) para lavar el bromo

---

2 Flußsäureapparat (m), Flußsäurebereitungsapparat (m)
apparatus for producing hydrofluoric acid
appareil (m) pour la production de l'acide fluorhydrique

приборъ (m) для полученія фтористоводородной кислоты; аппаратъ (m) для полученія плавиковой кислоты
apparato (m) generatore di acido fluoridrico
aparato (m) para la producción de ácido fluorhídrico

3 **Gang der Analyse**
Procedure of Analysis
Marche de l'analyse
Ходъ анализа
Andamento dell'analisi
Marcha del análisis

4 chemische Einwirkung (f), chemische Reaktion (f)
chemical reaction
réaction (f) chimique
химическая реакція (f)
reazione (f) chimica
reacción (f) química

---

5 reagieren (v)
to react
réagir (v)
реагировать
reagire (v)
operar (v) una reacción, reaccionar (v)

---

6 Wärmetönung (f) der Reaktion
heat change due to reaction
effet (m) calorifique *ou* thermique de la réaction
тепловой эффектъ (m) химической реакціи
effetto (m) calorifico *o* termico della reazione
efecto (m) calórico *ó* térmico de la reacción

---

7 Reaktionswärme (f)
heat of reaction
chaleur (f) de la réaction
теплота (f) реакціи
calore (m) della reazione
calor (m) de la reacción

---

8 Reaktionstemperatur (f)
temperature of reaction
température (f) de la réaction
температура (f) реакціи
temperatura (f) della reazione
temperatura (f) de la reacción

---

9 wärmegebende Reaktion (f)
exothermal reaction
réaction (f) exothermique
экзотермическая реакція (f); реакція съ выдѣленіемъ тепла
reazione (f) esotermica
reacción (f) exotérmica

Verbindungswärme (f)
heat of combination
chaleur (f) de combinaison

теплота (f) соединенія
calore (m) di combinazione
calor (m) de combinación 1

---

wärmeverzehrende Reaktion (f)
endothermic reaction
réaction (f) endothermique

эндотермическая реакція (f); реакція съ поглощеніемъ тепла
reazione (f) endotermica
reacción (f) endotérmica 2

---

sich zersetzen (v)
to decompose
se décomposer (v)

разлагаться
decomporsi (v)
descomponerse (v) 3

Analysenmethode (f), analytische Methode (f)
method of analysis
méthode (f) d'analyse

методъ (m) *или* способъ (m) анализа; аналитическій методъ
metodo (m) d'analisi
método (m) de análisis 4

Analyse (f)
analysis
analyse (f)

анализъ (m)
analisi (f)
análisis (m *ó* f) 5

Gesamtanalyse (f)
total analysis
analyse (f) complète

общій анализъ (m)
analisi (f) completa
análisis (f) completa 6

Mengenuntersuchung (f), quantitative Untersuchung (f)
quantitative examination
analyse (f) quantitative

количественное изслѣдованіе (n); количественный анализъ (m)
analisi (f) quantitativa
análisis (f) cuantitativa 7

---

qualitative Untersuchung (f)
qualitative examination
analyse (f) qualitative

качественное изслѣдованіе (n); качественный анализъ (m)
analisi (f) qualitativa
análisis (f) cualitativa 8

---

gewichtsanalytische *oder* gravimetrische Bestimmung (f)
gravimetric determination
analyse (f) gravimétrique

вѣсовой анализъ (m)
analisi (f) per pesata, analisi (f) gravimetrica
análisis (f) para la determinación de los pesos 9

---

maßanalytische *oder* titrimetrische Bestimmung (f)
volumetric determination
analyse (f) volumétrique

объёмное опредѣленіе (n)
analisi (f) volumetrica
análisis (f) volumétrica 10

1 Heizwertuntersuchung (f)
calorimetric test
détermination (f) calorimétrique

калориметрическое изслѣдованіе (n)
determinazione (f) calorimetrica
determinación (f) calorimétrica

---

2 Einzelbestimmung (f), Bestimmung (f) einzelner Körper
determination of single substances
dosage (m) d'un seul corps

отдѣльное опредѣленіе (n); опредѣленіе отдѣльныхъ тѣлъ
determinazione (f) di un solo corpo
determinación (f) de un solo cuerpo

---

3 Prüfung (f) auf trocknem Wege
examination in dry state
analyse (f) par voie sèche

проба (f) *или* анализъ (m) сухимъ путёмъ
analisi (f) per via secca
análisis (f) por via seca

---

4 Prüfung (f) auf nassem Wege
examination in dissolved state
analyse (f) par voie humide

проба (f) *или* анализъ (m) мокрымъ путёмъ
analisi (f) per via umida
análisis (f) por vía húmeda

---

5 Nachweis (m)
test
décèlement (m) indication (f)

доказательство (n)
determinazione (f), prova (f)
revelación (f)

---

6 Berechnung (f) der Analyse
calculation of the analysis
calcul (m) de l'analyse

подсчётъ (m) анализа
calcolo (m) dell'analisi
cálculo (m) del análisis

---

7 Atomgewichtstafel (f)
table of atomic weights
tableau (m) des poids atomiques

таблица (f) атомныхъ вѣсовъ
tabella (f) dei pesi atomici
tabla (f) de los pesos atómicos

---

8 Atom (n)
atom
atome (m)

атомъ (m)
atomo (m)
átomo (m)

---

9 Molekül (n), Atomgruppe (f)
molecule, group of atoms
molécule (f), groupe (m) d'atomes

молекула (f); группа (f) атомовъ
molecola (f), gruppo (m) di atomi
molécula (f), agrupación (f) de átomos

---

10 einatomiges Molekül (n)
monatomic molecule
molécule (f) monatomique

одноатомная молекула (f)
molecola (f) monatomica
molécula (f) monatómica

zweiatomiges Molekül (n)
diatomic molecule
molécule (f) biatomique
двухатомная молекула (f)
molecola (f) biatomica 1
molécula (f) biatómica

---

dreiatomiges Molekül (n)
triatomic molecule
molécule (f) triatomique
трёхатомная молекула (f)
molecola (f) triatomica 2
molécula (f) triatómica

---

molekulare Zusammensetzung (f)
moleculary composition
édifice (f) moléculaire, structure (f) moléculaire
молекулярный составъ (m)
struttura (f) *o* composizione (f) molecolare 3
estructura (f) *ó* composición (f) molecular

Atomgewicht (n)
atomic weight
poids (m) atomique
атомный вѣсъ (m)
peso (m) atomico 4
peso (m) atómico

Gramm-Molekül (n)
gram molecule
gramme-molécule (m)
граммъ-молекула (f); моль (m)
molecola-grammo (f) 5
molécula-gramo (f)

Molekulargewicht (n)
molecular weight
poids (m) moléculaire
молекулярный вѣсъ (m) 6
peso (m) molecolare
peso (m) molecular

Gramm-Molekülgewicht (n)
gram molecular weight
poids (m) en grammes-molécules
вѣсъ (m) граммъ-молекулы
peso (m) in molecole-grammi 7
peso (m) en molécula-gramos

Gramm-Molekülvolumen (n)
gram molecular volume
volume (m) d'un gramme-molécule
объёмъ (m) граммъ-молекулы
volume (m) d'una molecola-grammo 8
volumen (m) de una molécula-gramo

---

chemische Zusammensetzung (f)
chemical composition
composition (f) chimique
химическій составъ (m)
composizione (f) chimica 9
composición (f) química

---

chemischer Aufbau (m), [chemische Konstitution (f)]
chemical constitution
constitution (f) chimique
химическое строеніе (n)
costituzione (f) chimica 10
constitución (f) química

---

chemische Verwandtschaft (f) *oder* Affinität (f)
chemical affinity
affinité (f) chimique
химическое сродство (n)
affinità (f) chimica 11
afinidad (f) química

1 chemische Verbindung (f)
chemical combination
combinaison (f) chimique, composé (m) chimique
химическое соединеніе (n)
combinazione (f) chimica
combinación (f) química, compuesto (m) químico

---

2 Bestandteil (m) einer Verbindung
constituent of a chemical combination
constituant (m) d'une combinaison
слагающая (f) *или* составляющая (f) соединенія
componente (m) d'una combinazione
componente (f) de una combinación

---

3 Verbindungsgleichung (f)
equation of combination, chemical combination
équation (f) d'une combinaison
уравненіе (n) соединенія
formula (f) d'una combinazione, equazione (f) chimica
ecuación (f) de una combinación, fórmula (f) química

---

4 chemisches Zeichen (n) *oder* Symbol (n)
chemical symbol
symbole (m) chimique
химическій символъ (m) *или* знакъ (m)
simbolo (m) chimico
símbolo (m) químico

---

5 Atomzahl (f)
atomic number
index (m) *ou* exposant (m) d'un atome
атомная цифра (f)
esponente (m) dell'atomo
índice (m) *ó* exponente (m) de un átomo

---

6 Verbindungsgewicht (n)
combining weight
poids (m) relatif d'un corps dans sa combinaison la plus simple
вѣсъ (m) соединенія
peso (m) di combinazione
peso (m) relativo de un cuerpo en su más simple combinación

---

7 Verbindungsvolumen (n)
combining volume
volume (m) relatif d'un gaz dans sa combinaison la plus simple
объёмъ (m) соединенія
volume (m) di combinazione
volumen (m) relativo de un gas en su más simple combinación

---

8 Zusammenstellung (f) der Analyse
writing down the analysis result
rédaction (f) des résultats de l'analyse
сопоставленіе (n) данныхъ анализа
verbale (m) sui resultati dell'analisi
redacción (f) de los resultados del análisis

---

9 Analysenbefund (m)
result of analysis
certificat (m) d'analyse
данныя (f pl) анализа
certificato (m) d'analisi
resultado (m) del análisis

---

10 Gewichtsverlust (m)
loss of weight
perte (f) en poids
потеря (f) *или* убыль (f) въ вѣсѣ
perdita (f) in peso
pérdida (f) de peso

verbürgter Gehalt (m) guaranteed contents teneur (f) garantie	гарантированное содержаніе (n) tenore (m) garantito tanto (m) por ciento garantizado	1
Analysen-Fehlergrenze (f) limit of error of analysis limite (f) d'erreurs d'analyse	предѣлъ (m) погрѣшности анализа limite (m) d'errore dell'analisi limite (m) de errores del análisis	2
Analysenunterschied (m) difference in analysis différence (f) dans les analyses	разница (f) въ анализахъ differenza (f) d'analisi diferencia (f) de los análisis	3
Analysenbericht (m) analysis certificate certificat (m) d'analyse	свидѣтельство (n) объ анализѣ certificato (m) d'analisi certificado (m) de análisis	4
Schiedsanalyse (f) arbitration analysis analyse (f) d'arbitrage	рѣшающій анализъ (m) analisi (f) arbitrale análisis (f) de arbitraje	5
Analysenkosten (pl) cost of analysis frais (m pl) d'analyse	стоимость (f) анализа spese (f pl) d'analisi gastos (m pl) de análisis	6
Gebühr (f) fee taxe (f)	вознагражденіе (n) tassa (f), spettanza (f) tasa (f)	7
Austausch (m) der Analysen exchanging analyses échange (m) des analyses	обмѣнъ (m) анализами scambio (m) d'analisi cambio (m) de los análisis	8

Probenahme **Sampling** **Prise d'essai *ou* d'échantillon**	**Взятіе пробы** **Presa di campione, campionatura** **Toma de una muestra**	9
Probegut (n), Probestoff (m) sampling material prise (f) d'essai	матеріалъ (m) для пробы campione (m) muestra (f)	10
Durchschnittsprobe (f) average sample résultat (m) moyen d'essai	средняя проба (f) campione (m) medio muestra (f) media	11

1 Quartieren (n) des Probegutes
quartering the sample
réduction (f) de la prise d'essai
взятіе (n) пробы на уменьшеніе
riduzione (f) del campione
reducción (f) ó fragmentación (f) de la muestra

---

2 Bohrprobe (f)
drill test
essai (m) de perçage *ou* de forage
проба (f), полученная сверленіемъ
prova (f) alla trapanatura *o* di foratura
ensayo (m) de horadamiento

---

3 Bohrspan (m)
drillings
copeau (m) de perçage *ou* de forage
стружка (f), полученная при сверленіи
truciolo (m) di trapanatura
viruta (f) de taladrado

---

4 Bohrmaschine (f) für Eisen und Stahl
drilling *or* boring (A*) machine for iron and steel
perceuse (f) *ou* machine (f) à forer pour fer et acier

сверлильный станокъ (m) для желѣза и стали
trapano (m) *o* perforatrice (f) per ferro ed acciaio
máquina (f) de taladrar para hierro y acero

---

5 bohren (v)
to drill
forer (v), percer (v)
сверлить
forare (v), trapanare (v)
taladrar (v), agujerear (v)

---

6 von der Seite bohren (v)
to drill from the side
percer (v) *ou* forer (v) sur le côté

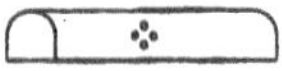

сверлить сбоку
trapanare (v) di fianco
taladrar (v) por el costado *ó* por el lado

---

7 von oben bohren (v)
to drill from above
percer (v) par-dessus

сверлить сверху
trapanare (v) di sopra
taladrar (v) desde arriba

---

8 in der Längsrichtung bohren (v)
to drill lengthways
percer (v) *ou* forer (v) dans le sens de la longueur *ou* en long

сверлить въ продольномъ направленіи
trapanare (v) per lungo
taladrar (v) en sentido longitudinal *ó* á lo largo

---

9 zerreiben (v)
to triturate
broyer (v), triturer (v)
растирать
macinare (v), triturare (v)
quebrantar (v), triturar (v)

---

10 Mörser (m)
mortar
mortier (m)

ступка (f)
mortaio (m)
mortero (m)

---

* A = americanism

Achatmörser (m), Achatschale (f) agate mortar mortier (m) en agate		агатовая ступка (f) mortaio (m) d'agata mortero (m) de ágata	1
Diamantmörser (m) diamant mortar mortier (m) diamant	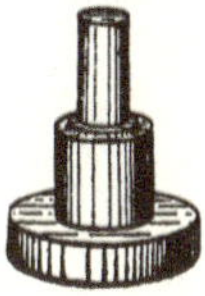	алмазная ступка (f) mortaio (m) d'acciaio diamante mortero (m) en diamante	2
Stahlmörser (m) steel mortar mortier (m) en acier		стальная ступка (f) mortaio (m) d'acciaio mortero (m) en acero	3
Reibschale (f) mortar mortier (m), cuvette (f) à broyer		ступка (f) mortaio (m) da miscela mortero (m)	4
Stößer (m), Reiber (m) pestle pilon (m) de mortier		пестъ (m) pestello (m) mano (f) de mortero	5
gußeiserne Reibeplatte (f) cast iron grinding plate plaque (f) de trituration en fonte		чугунная плита (f) для растиранія piastra (f) di triturazione di ghisa placa (f) de trituración de fundición	6
gußeiserner Reiber (m) cast iron grinder triturateur (m) en fonte		чугунная тёрка (f) trituratore (m) di ghisa triturador (m) de fundición	7
Zerkleinerungsplatte (f) crushing plate plaque (f) à triturer		пластинка (f) для измельченія piastra (f) di triturazione placa (f) de trituración	8
mechanisch betriebener Erzzerreiber (m) mechanically driven ore grinder triturateur (m) de minerai commandé mécaniquement		тёрка (f) съ механическимъ приводомъ [для измельченія рудъ] trituratore (m) di minerali a comando meccanico triturador (m) de minerales de mando mecánico	9
Siebung (f) sifting tamisage (m), triage (m)		грохоченіе (n); просѣиваніе (n) vagliatura (f) cribadura (f)	10

1 Trockensiebung (f)
dry sifting
tamisage (m) [à] sec

сухое грохоченіе (n) *или* просѣиваніе (n)
vagliatura (f) a secco
cribadura (f) seca

---

2 Siebvorrichtung (f)
sifting device
dispositif (m) de tamisage

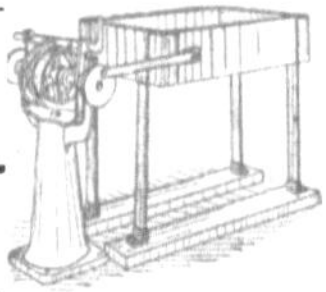

приспособленіе (n) для грохоченія *или* для просѣиванія
dispositivo (m) *od* apparecchio (m) per vagliare
disposición (f) de cribadura

---

3 Sieb (n)
sieve, strainer
tamis (m)

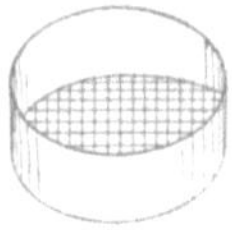

сито (n); рѣшето (n)
staccio (m), setaccio (m), tamigio (m)
tamiz (m)

---

4 Maschensieb (n)
mesh sieve
tamis (m) à mailles

сито (n); рѣшето (n)
staccio (m) a maglie
tamiz (m) de mallas

---

5 Wurfsieb (n)
sieve
claie (f), crible (m)

грохотъ (m)
crivello (m)
criba (f)

---

6 grobes Sieb (n), Grobsieb (n)
wide meshed sieve
tamis (m) grossier

крупное сито (n) *или* рѣшето (n); грохотъ (m) съ крупными отверстіями
staccio (m) grossolano *od* a maglie grosse
tamiz (m) de mallas anchas

---

7 feines Sieb (n), Feinsieb (n)
fine sieve
tamis (m) fin

мелкое сито (n) *или* рѣшето (n); грохотъ (m) съ мелкими отверстіями
staccio (m) fine *od* a maglie fini
tamiz (m) fino

---

8 Siebsatz (m)
set of sieves
série (f) de tamis

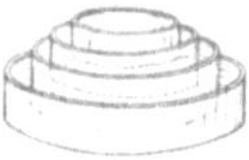

наборъ (m) ситъ *или* рѣшётъ
serie (f) di stacci
serie (f) de tamices

---

9 mechanische Siebvorrichtung (f)
mechanical strainer
appareil (m) de tamisage mécanique

механическое приспособленіе (n) для просѣиванія
stacciatura (f) meccanica
aparato (m) para el tamizado mecánico

---

10 Schüttelsieb (n), Schwingsieb (n)
shaking *or* swinging sieve
tamis (m) à secousses

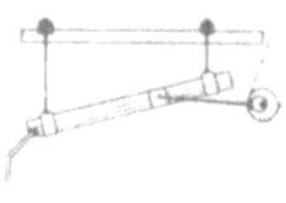

подвижное сито (n); сотрясающееся сито; сито со встряской
staccio (m) a scosse
tamiz (f) ó criba (f) de vaivén

Siebschale (f)
straining dish, strainer
tamis (m) cuvette

чашка (f) для просѣиванія
bacino (m) dello staccio
tamiz (m) de cubeta 1

Reifen (m)
hoop
cercle (m) (en bois)
кольцо (n) [деревянное]
cerchio (m)
cerco (m) (de madera) 2

Korngröße (f)
size of grain
grosseur (f) du grain
величина (f) зёренъ
grossezza (f) del grano
tamaño (m) del grano 3

Faustgröße (f)
fist size
grosseur (f) de poing
величиною съ кулакъ
grossezza (f) di pugno
tamaño (m) de puño 4

Eigröße (f)
egg size
grosseur (f) d'œuf
величиною съ яйцо
grossezza (f) d'uovo
tamaño (m) de huevo 5

Wallnußgröße (f)
walnut size
grosseur (f) de noix
величиною съ грецкій орѣхъ
grossezza (f) di noce
tamaño (m) de nuez 6

Haselnußgröße (f)
hazelnut size
grosseur (f) de noisette
величиною съ орѣшекъ
grossezza (f) di nocciuola
tamaño (m) de avellana 7

Trocknung (f)
drying
séchage (m)
сушка (f); сушеніе (n)
essiccazione (f), essiccamento (m)
secado (m) 8

---

getrocknete Probe (f)
dried sample
prise (f) d'essai séchée
высушенная проба (f)
campione (m) essiccato
muestra (f) secada 9

---

lufttrocken (adj)
air dry (adj)
séché (adj) à l'air
воздушносухой
essiccato (agg) all'aria
secado (adj) al aire 10

---

im Entfeuchter getrocknet (adj)
dried (adj) in the desiccator
séché (adj) dans le séchoir *ou* dessicateur
высушенный въ эксикаторѣ
essiccato (agg) nell'essiccatore
secado (adj) en el secadero *ó* desecador 11

Entfeuchter (m), [Exsiccator (m)]
desiccator
dessicateur (m), séchoir (m)

эксикаторъ (m)
essiccatore (m)
desecador (m), secadero (m) 12

1 Absaugentfeuchter (m), Absaugexsiccator (m)
vacuum desiccator
dessicateur (m) par le vide

вакуумъ-эксикаторъ (m)
essiccatore (m) a vuoto
desecador (m) por el vacío

---

2 Chlorcalciumzylinder (m), Trockenturm (m)
calcium chloride cylinder *or* tube
tube (m) à chlorure de calcium

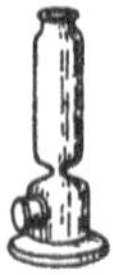

цилиндръ (m) для хлористаго кальція
cilindro (m) per cloruro di calcio
cilindro (m) para cloruro de calcio

---

3 Chlorcalciumröhre (f)
calcium chloride tube
tube (m) en U pour chlorure de calcium

трубка (f) съ хлористымъ кальціемъ
tubo (m) per cloruro di calcio
tubo (m) en U para cloruro de calcio

---

4 Trockenzylinder (m)
drying cylinder
tube (m) de séchage

сушильный цилиндръ (m)
cilindro (m) essiccatore
cilindro (m) para secar

---

5 Trockenröhre (f)
drying tube
tube (m) en U d'un appareil de séchage

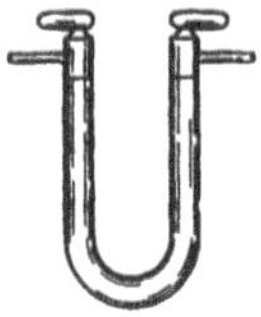

сушильная трубка (f)
tubo (m) d'essiccazione
tubo (m) en U para secar

---

6 Peligotröhre (f)
Peligot tube
tube (m) de Peligot

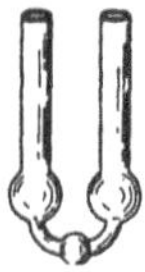

трубка (f) Пелиго
tubo (m) di Peligot
tubo (m) de Peligot

---

7 bei 100° C getrocknete Erzprobe (f)
ore dried at 100° C
minerai (m) séché à 100° C

руда (f), высушенная при 100° [ста градусахъ]
minerale (m) essiccato a 100° C
mineral (m) secado á 100° de Celsius *ó* á 100 céntigrados

Trockenschrank (m),
Trockenkasten (m)
drying oven
étuve (f)

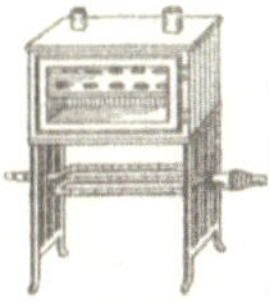

сушильный шкафъ (m)
stufa (f) d'essiccazione 1
estufa (f)

Absaugtrockenofen (m)
vacuum drying oven
four (m) à sécher dans le vide

вакуумъ-сушильня (f)
fornello (m) essiccatore a vuoto 2
horno (m) de secar en el vacío

Tiegeltrockner (m)
crucible drying apparatus
séchoir (m) à creusets

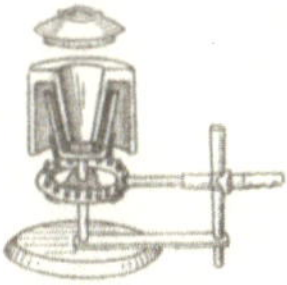

сушильникъ (m) для тиглей
essiccatoio (m) per crogiuoli 3
secadero (m) de crisoles

Ölbad-Trockenschrank (m)
oil bath
bain (m) d'huile

масляная баня (f)
bagno (m) d'olio 4
baño (m) de aceite

Luftbad (n)
air bath
bain (m) d'air

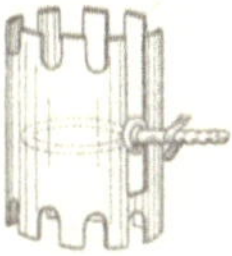

воздушная баня (f)
bagno (m) d'aria 5
baño (m) de aire

Trockengestell (n)
drying stand
support (m) de séchoir

штативъ (m) для высушиванія
sopporto (m) *o* sostegno (m) per essiccatoio 6
soporte (m) de desecador

Trocken- und Röstapparat (m)
drying and roasting apparatus
étuve (f) à sécher et griller

приборъ (m) для сушенія и обжиганія
apparato (m) d'essiccamento e calcinazione 7
aparato (m) para secar y calcinar

1 Probeglas (n)
sample bottle
flacon (m) à échantillons

пробирка (f)
vaso (m) per campione
probeta (f)

---

2 Probeschachtel (f)
sample box
boite (f) à échantillons

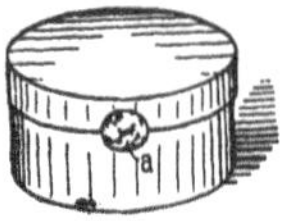

коробка (f) для храненія образцовъ
scatola (f) per campioni
caja (f) para muestras

---

3 Siegel (n)
seal
cachet (m)

a

печать (f)
sigillo (m)
sello (m)

---

4 versiegeln (v)
to seal
cacheter (v)

запечатать
sigillare (v)
sellar (v), cerrar (v) con sello

---

5 analysenfertig (adj)
ready (adj) for analysis
prêt (adj) pour l'analyse

готовый къ анализу
pronto (agg) per l'analisi
dispuesto (adj) para el análisis

6 Lötrohrprobe
Blowpipe Test
Essai au chalumeau

Проба при помощи паяльной трубки
Analisi al cannello ferruminatorio
Ensayo con el soplete

7 Ansiedescherben (m)
scorifier, fragment of a crucible for blow pipe testing
creuset (m) pour le dosage au chalumeau

шерберъ (m); сосудъ (m), въ которомъ производится шлакованіе со свинцомъ
frammenti (m pl) di crogiuolo per l'analisi al cannello
crisol (m) para el ensayo con el soplete

---

8 Lötrohr (n)
blowpipe
chalumeau (m)

паяльная трубка (f)
cannello (m) ferruminatorio
soplete (m)

Lötrohrprüfgerätschaft (f) blowpipe testing outfit appareils (m pl) pour l'essai au chalumeau	наборъ (m) для анализа съ паяльной трубкой apparecchi (m pl) per l'analisi al cannello aparatos (mpl) para el ensayo con el soplete	1
Lötrohrlampe (f) blowpipe lamp lampe (f) pour chalumeau	лампа (f) для паяльной трубки lampada (f) da saldatore lámpara (f) para soplete	2
Kapelle (f) cupel coupelle (f)	капéль (f) capsula (f), coppella (f) copela (f)	3
Kohlenhalter (m) carbon holder pince (f) à charbon	угледержатель (m) portacarbone (m) pinza (f) para carbón	4
Kohlenbohrer (m) carbon borer foret (m) à charbon	сверло (n) для угля succhiello (m) per carbone taladro (m) para carbón	5
Kohlensäge (f) carbon saw scie (f) à charbon	пила (f) для угля sega (f) per carbone sierra (f) para carbón	6

Flammenfärbung (f) colouring of flames coloration (f) de la flamme	окрашиваніе (n) пламени colorazione (f) della fiamma coloración (f) de la llama	7
Natriumflamme (f) sodium flame flamme (f) de sodium	пламя (n) натрія fiamma (f) del sodio llama (f) de sodio	8
Kobaltglas (n) cobalt glass verre (m) de cobalt	кобальтовое [синее] стекло (n) vetro (m) al cobalto vidrio (m) de cobalto	9

Wägung, Wiegen
Weighing
Pesage, pesées
Взвѣшиваніе, взвѣшеніе
Pesata
Peso, pesada 10

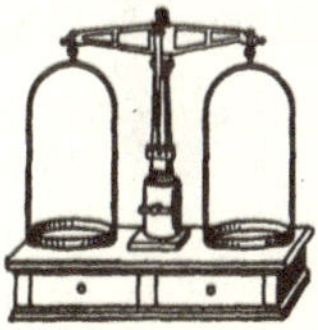

Säulenwage (f) column balance balance (f) à colonne	вѣсы (mpl) съ коромысломъ; вѣсы съ чашками bilancia (f) a colonna balanza (f) de columna	11

1 Tafelwage (f)
common balance, druggist's scales
balance (f) de Roberval

столовые вѣсы (mpl)
bilancia (f) da tavolo
balanza (f) Roberval

---

2 Handwage (f)
hand scales
balance (f) à main

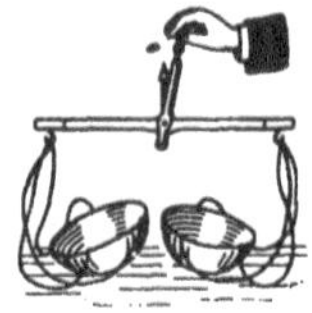

ручные вѣсы (m pl)
bilancia (f) a mano
balanza (f) de mano

---

3 Schnellwage (f)
quick balance
balance (f) rapide

безменъ (m)
bilancia (f) rapida
balanza (f) rápida

---

4 selbsttätige Wage (f)
automatic balance
balance (f) automatique

автоматическіе вѣсы (m pl)
bilancia (f) automatica
balanza (f) automática

---

5 chemische Analysenwage (f)
analytical balance
balance (f) de laboratoire

аналитическіе вѣсы (m pl)
bilancia (f) per analisi chimiche
balanza (f) para laboratorio

---

6 Feinwage (f), Präzisionswage (f)
precision balance
balance (f) de précision

точные вѣсы (m pl)
bilancia (f) di precisione
balanza (f) de precisión

---

7 Versuchswage (f)
assay balance
balance (f) d'essai

пробирные вѣсы (m pl)
bilancia (f) d'assaggio
balanza (f) de ensayo

---

8 Wagekasten (m)
balance case
caisse (f) de la balance

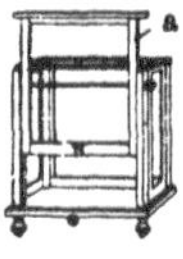

шкапикъ (m) вѣсовъ
cassetta (f) *o* vetrina (f) della bilancia
caja (f) de la balanza

---

9 Schiebetür (f)
sliding door
porte-glissière (f)

a

выдвижная дверка (f)
porta (f) a corsoio
puerta (f) corrediza

Marmorplatte (f)
marble plate
plaque (f) de marbre

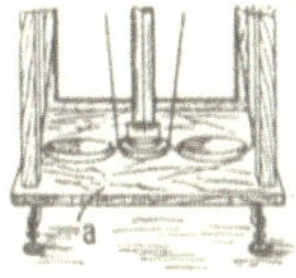

a

мраморная плита (f)
lastra (f) di marmo 1
placa (f) de mármol

Grundplatte (f) aus Spiegelglas
plate glass base
glace (f) du fond de la balance

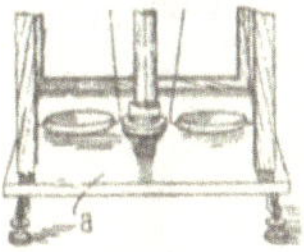

a

основанiе (n) изъ зеркальнаго стекла
lastra (f) di vetro da specchi 2
placa (f) inferior de cristal de la balanza

Messingsäule (f)
brass column
colonne (f) de laiton

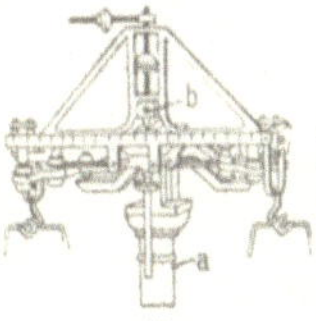

a

латунная колонна (f)
colonna (f) d'ottone 3
columna (f) de latón

Achse (f)
axis
axe (m)

b

ось (f)
asse (m) 4
eje (m)

Aufhängung (f), Gehänge (n)
hanging, suspension (A*)
suspension (f)

подвѣска (f)
sospensione (f) 5
suspensión (f)

Ausgleichaufhängung (f), Kompensationsaufhängung (f)
compensating hanging
suspension (f) compensée *ou* à compensation

компенсацiонная подвѣска (f)
sospensione (f) a compensazione 6
suspensión (f) compensada

Schneide (f)
edge
couteau (m)

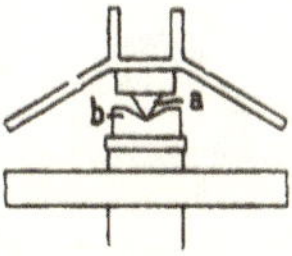

a

опорная призма (f)
coltello (m) 7
cuchillo (m) de balanza

Achatschneide (f)
agate edge
couteau (m) en agate

агатовая опорная призма (f)
coltello (m) d'agata 8
cuchillo (m) de ágata

---

* A = americanism

1 Karneolstein (m)
carneol
cornaline (f), sardoine (f)

сердоликъ (m)
cornalina (f)
cornalina (f)

---

2 Pfanne (f)
plane
plan (m) d'appui, entaille (f) du couteau

b

пластина (f) подставки
piano (m) d'acciaio
plano (m) de apoyo del cuchillo (con muesca)

---

3 kreisförmiger Balken (m)
circular beam
fléau (m) circulaire

круглое коромысло (n)
giogo (m) circolare
brazos (m pl) anulares

---

4 kurzarmig (adj)
short armed
à fléau court

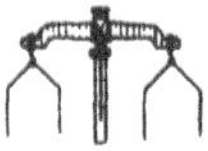

короткоплечiй
a bracci corti
de brazos cortos

---

5 langarmig (adj)
long armed
à fléau long

длинноплечiй
a bracci lunghi
de brazos largos

---

6 Wagschale (f)
balance pan
plateau (m) de balance

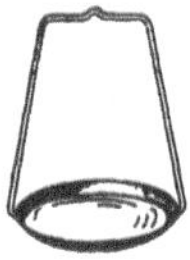

чашка (f) вѣсовъ
piattello (m) *o* coppa (f) ogivale della bilancia
platillo (m) de balanza

---

7 [Arretierung (f)]
Feststellung (f)
arrestment
arrêt (m)

арретиръ (m)
arresto (m)
tope (m)

---

8 Kurbel (f)
crooked handle
manivelle (f)

рукоятка (f)
manovella (f)
manivela (f)

---

9 Wageeinsatz (m) für Chlorcalcium
balance desiccator
récipient (m) à chlorure de calcium

сосудъ (m) для хлористаго кальцiя, [который ставится въ шкапикъ вѣсовъ]
piattello (m) di bilancia per cloruro di calcio
copa (f) para cloruro de calcio

---

10 wägen (v), abwiegen (v)
to weigh
peser (v)

взвѣшивать
pesare (v)
pesar (v)

---

11 Einwage (f)
quantity weighed for analysis
peseé (f)

навѣска (f)
pesata (f)
pesada (f)

German / English / French		Russian / Italian / Spanish	No.
einfacher Bruchteil (m), aliquoter Teil (m) proportional part part (f) égale *ou* déterminée, partie (f) aliquote		нѣкоторая часть (f) parte (f) aliquota parte (f) alicuota	*1*
Gewichtskasten (m) weights case caisse (f) à poids	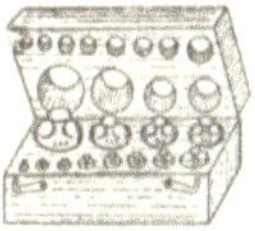	разновѣсъ (m) cassetta (f) per pesi caja (f) de pesas	*2*
Gewichte (n pl) weights (pl) poids (m pl)		разновѣсъ (m); разновѣски (m pl) pesi (m pl) pesas (f pl)	*3*
ausgleichen (v), tarieren (v) to tare tarer (v)		тарировать tarare (v) tarar (v)	*4*
Granat (m), Pyrop (m) garnet, pyrope pyrope (f), grenat (m) de Bohême		гранатъ (m); пиропъ (m) granato (m) granate (m), piropo (m)	*5*
Ausgleichschrot (m), Tarierschrot (m) tare *or* bird shot plomb (m) *ou* grenaille (f) à tarer		дробь (f) для тарированія pallini (m pl) di piombo per tarare perdigones (m pl) para tarar	*6*
Reiterlineal (n) divided rule for the rider règle (f) du cavalier	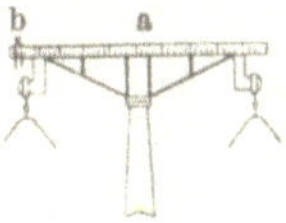 a	рычагъ (m) для ѣздока *или* для рейтера *или* для гусара regolo (m) del cavaliere regla (f) con jinete	*7*
Reiter (m) rider cavalier (m)	b	ѣздокъ (m); рейтеръ (m); гусаръ (m) cavaliere (m) jinete (m)	*8*
Teilung (f) des Reiterlineals notches (pl) *or* division of the rule for the rider cran (m) de la règle du cavalier		засѣчка (f) рычага для ѣздока *или* рейтера; зарубка (f) рычага для гусара suddivisione (f) del regolo del cavaliere linea (f) de la regla, entalladura (f) del brazo graduado	*9*
Reiterverschiebung (f) movement of the rider déplacement (m) du cavalier	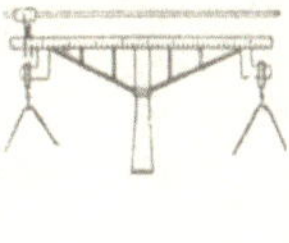	передвиженіе (n) ѣздока *или* рейтера *или* гусара spostamento (m) del cavaliere desplazamiento (m) del jinete	*10*

1 Wägeschiffchen (n) aus Aluminium
aluminium weighing boat
capsule (f) de pesée en aluminium

алюминіевая лодочка (f) для отвѣшиванія
navicella (f) d'alluminio per pesare
navecilla (f) ó cápsula (f) de aluminio para pesadas

---

2 Wiegegläschen (n)
weighing bottle
verre (m) de pesée

стаканчикъ (m) для отвѣшиванія
bicchiere (m) per pesare, pesafiltro (m)
frasquito (m) para pesadas

---

3 Wiegeröhrchen (n)
weighing tube
tube (m) de pesée

трубка (f) для отвѣшиванія
tubetto (m) per pesare
tubo (m) de pesadas

---

4 Wiegestechheber (m)
weighing pipette
pipette (f) pour pesées

пипетка (f) для отвѣшиванія
pipetta (f) per pesare
pipeta (f) de pesadas

---

5 Teilung (f)
division, dial
échelle (f)

шкала (f); скала (f)
scala (f)
escala (f)

---

6 Auslösung (f)
release
déclanchement (m)

разобщеніе (n)
liberazione (f)
suelta (f)

---

7 Ausschlag (m)
deflection
oscillation (f)

отклоненіе (n)
oscillazione (f)
oscilación (f)

---

8 Schwingungsdauer (f)
duration of oscillation
durée (f) d'oscillation

продолжительность (f) колебанія
durata (f) d'oscillazione
duración (f) de la oscilación

---

9 Empfindlichkeit (f)
sensitiveness
sensibilité (f)

чувствительность (f)
sensibilità (f)
sensibilidad (f)

---

10 empfindlich (adj)
sensitive (adj)
sensible (adj)

чувствительный
sensibile (agg)
sensible (adj)

---

11 Tragkraft (f)
charging capacity
poids (m) maximum

подъёмная сила (f)
capacità (f)
capacidad (f)

---

12 Belastung (f)
load, charge
charge (f)

нагрузка (f)
carico (m), portata (f)
carga (f)

Höchstbelastung (f)
maximum load
charge (f) maxima

максимальная нагрузка (f)
carico (m) massimo, portata (f) massima
carga (f) máxima 1

Auflösung
Solution
Dissolution

Растворенie
Soluzione
Disolución 2

Löslichkeit (f)
solubility
solubilité (f)

растворимость (f)
solubilità (f)
solubilidad (f) 3

auflösen (v), lösen (v)
to dissolve
dissoudre (v)

раствор-ить (-ять)
sciogliere (v), disciogliere (v)
disolver (v) 4

aufbrausen (v)
to effervesce
bouillonner (v)

вскипать
produrre (v) effervescenza
hervir (v) 5

Lösungsmittel (n)
dissolvant
dissolvant (m)

растворитель (m)
solvente (m)
disolvente (m) 6

ausziehen (v), [extrahieren (v)]
to extract
extraire (v)

извлечь; экстрагировать
estrarre (v)
extraer (v) 7

löslich (adj)
soluble (adj)
soluble (adj)

растворимый
solubile (agg)
soluble (adj) 8

unlöslich (adj)
insoluble (adj)
insoluble (adj)

нерастворимый
insolubile (agg)
insoluble (adj) 9

klare Lösung (f)
clear solution
solution (f) claire

прозрачный растворъ (m)
soluzione (f) limpida o chiara
disolución (f) clara 10

trübe Lösung (f)
turbid solution
solution (f) trouble

мутный растворъ (m)
soluzione (f) torbida
disolución (f) turbia 11

unlöslicher Rückstand (m)
undissolved residue
résidu (m) insoluble

нерастворимый остатокъ (m)
residuo (m) insolubile
residuo (m) insoluble 12

in Säure unlöslicher Rückstand (m)
residue unsoluble in acid
résidu (m) insoluble dans l'acide

остатокъ (m), нерастворимый въ кислотѣ
residuo (m) insolubile nell'acido
residuo (m) insoluble en el ácido 13

1	starke Säure (f), konzentrierte Säure (f) concentrated acid acide (m) concentré	концентрированная кислота (f) acido (m) concentrato ácido (m) concentrado
2	verdünnte Säure (f) diluted acid acide (m) dilué	разбавленная кислота (f) acido (m) diluito ácido (m) diluido
3	Base (f) base base (f)	основаніе (n) base (f) base (f)
4	neutrale Substanz (f) neutral substance substance (f) neutre	нейтральное вещество (n) sostanza (f) neutra substancia (f) neutra
5	neutralisieren (v), abstumpfen (v) to neutralise neutraliser (v)	нейтрализовать; усреднить neutralizzare (v) neutralizar (v)
6	**Fällung** **Precipitation** **Précipitation**	**Осажденіе** **Precipitazione** **Precipitación**
7	fällen (v), ausfällen (v) to precipitate précipiter (v)	осаждать precipitare (v) precipitar (v)
8	tropfenweiser Zusatz (m) addition drop by drop addition (f) par gouttes	прибавленіе (n) по каплѣ aggiunta (f) a goccie adición (f) gota á gota
9	Überschuß (m) des Fällungsmittels excess of precipitant excès (m) de réactif de précipitation	избытокъ (m) осадителя *или* осадочнаго средства eccesso (m) di precipitante exceso (m) de precipitante
10	in der Siedehitze ausfällen (v) to precipitate in boiling heat précipiter (v) en ébullition	осаждать при температурѣ кипѣнія precipitare (v) all'ebullizione precipitar (v) en ebullición
11	mit Schwefelwasserstoff fällen (v) to precipitate by means of sulphuretted hydrogen précipiter (v) par l'hydrogène sulfuré	осаждать сѣроводородомъ precipitare(v) coll'idrogeno solforato precipitar(v) con hidrógeno sulfurado
12	Niederschlag (m) precipitate précipité (m)	осадокъ (m) precipitato (m) precipitado (m)
13	kristallinisch (adj) crystalline (adj) cristallin (adj)	кристаллическій cristallino (agg) cristalino (adj)

flockig (adj) floky (adj) floconneux (adj)		хлопьями; хлопьевидный fioccoso (agg) en forma de copos	1
schleimig (adj) slimy (adj) gélatineux (adj)		слизистый gelatinoso (agg) gelatinoso (adj)	2
voluminös (adj) voluminous (adj) volumineux (adj)		объёмистый voluminoso (agg) voluminoso (adj)	3
fein verteilt (adj) finely divided (adj) finement divisé (adj)		мелко распредѣлённый finamente diviso (agg) dividido (adj) finamente	4
absitzen lassen (v), klären (v) to decant laisser déposer (v)		дать отсѣсть *или* отстояться; освѣтлить lasciar depositare (v) dejar reposar (v)	5
Klärflasche (f), Abklärflasche (f) decanting bottle verre (m) à clarifier		с[т]клянка (f) для отстаиванія; освѣтлительная банка (f) bottiglia (f) di decantazione frasco (m) de clarificación	6
Abklärgefäß (n), [Dekantiergefäß (n)] decanting vessel vase (m) à décanter		сосудъ (m) для декантированія; сосудъ для сливанія жидкости съ осадка recipiente (m) di decantazione recipiente (m) de decantación	7
abklären (v), [dekantieren (v)], abgießen (v) to decant décanter (v), verser (v)		декантировать; сливать decantare (v), versare (v) decantar (v), verter (v)	8
Kristallierungsgefäß (n) crystallisation vessel vase (m) à cristallisation		кристаллизаціонный сосудъ (m) recipiente (m) di cristallizzazione, cristallizzatore (m) vaso (m) de cristalización	9
Kristallierschale (f) crystallising basin *or* pan coupe (f) de cristallisation	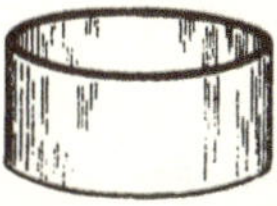	кристаллизаторъ (m) bacinella (f) di cristallizzazione copa (f) de cristalización	10
Filterung **Filtration** **Filtration**		**Фильтрація** **Filtrazione** **Filtración**	11
filterbar (adj) possible (adj) to be filtered filtrable (adj)		фильтрующійся filtrabile (agg) filtrable (adj)	12

1 filtern (v)
to filter
filtrer (v)

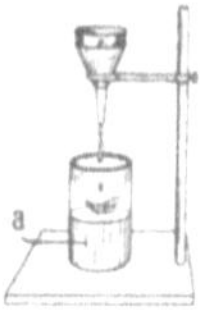

a

фильтровать
filtrare (v)
filtrar (v)

---

2 Filtrat (n)
filtrate
produit (m) filtré

фильтратъ (m)
prodotto (m) filtrato
liquido (m) filtrado

---

3 klares, helles Filtrat(n)
clear filtrate
solution (f) filtrée claire

прозрачный свѣтлый фильтратъ (m)
soluzione (f) filtrata chiara *o* limpida
disolución (f) filtrada clara

---

4 Filter (n *u.* m)
filter
filtre (m)

фильтръ (m)
filtro (m)
filtro (m)

---

5 Filterpapier (n)
filter paper
papier (m) filtrant *ou* à filtrer

фильтровальная бумага (f)
carta (f) da filtro
papel (m) de filtrar

---

6 Filterpresse (f)
filter press
filtre-presse (m), presse (f) à filtrer

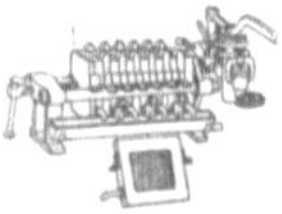

фильтрпрессъ (m)
pressa (f) da filtro
prensa (f) de filtro *ó* para filtrar

---

7 Filterkegel (m)
filter cone
entonnoir (m) de filtre

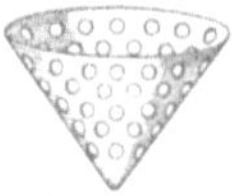

фильтровальный конусъ (m)
cono (m) da filtro
embudo (m) para filtros

---

8 Filterhalter (m)
filter ring
support (m) de filtre

фильтродержатель (m)
portafiltro (m)
porta-filtro (m)

---

9 Filtergestell (n), Filtrierstativ (n)
funnel holder
support (m) de filtre

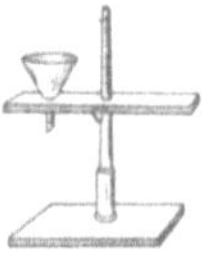

фильтровальный штативъ (m)
sostegno (m) *o* sopporto (m) del filtro
soporte (m) del filtro, porta-filtro (m)

Filterstechheber (m)
filtering pipette
pipette (f) à filtrer

фильтровальная пипетка (f)
pipetta (f) filtrante 1
pipeta (f) de filtración

Filterplatte (f)
filter disc
plaque (f) à filtrer

фильтровальная пластина (f)
piastra (f) filtrante 2
placa (f) de filtración

Filtertrichter (m)
(filter) funnel
entonnoir (m) à filtrer

фильтровальная воронка (f); воронка для фильтрованія
imbuto (m) filtrante 3
embudo (m) de filtración

Filtersieb (n)
funnel with perforated plate
tamis (m) à filtrer

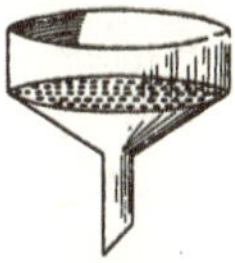

фильтровальное сито (n)
staccio (m) filtrante 4
criba (f) ó tamiz (f) de filtración

Filterröhre (f)
filtering tube
tube (m) à filtrer

фильтровальная трубочка (f)
tubo (m) per filtrare 5
tubo (m) de filtración

Filterschale (f)
filtration disc
capsule (f) à filtrer

чашка (f) для титрованія
bacinella (f) per analisi volumetrica 6
cápsula (f) de filtración

Saugpumpe (f)
suction pump
pompe (f) à vide

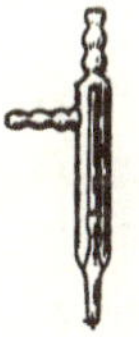

всасывающій насосъ (m)
pompa (f) aspirante 7
bomba (f) aspirante

Filterpumpe (f)
filter pump
pompe (f) à filtrer

насосъ (m) для фильтрованія
pompa (f) filtrante 8
bomba (f) de filtración

1 Absaugflasche (f), Filterflasche (f), Nutsche (f)
filtering flask
flacon (m) à filtrer dans le vide

c[т]клянка (f) для отсасыванія
bottiglia (f) per filtrazione forzata
frasco (m) de filtrar en el vacío

---

2 abnutschen (v), absaugen (v), filtern (v) im luftverdünnten Raum
to suck *or* drain off liquid, to filter by means of vacuum
filtrer (v) par aspiration

отсасывать; фильтровать въ разрѣжённомъ пространствѣ
filtrare (v) per aspirazione
filtrar (v) por aspiración

---

3 Goochscher Tiegel (m)
Gooch's crucible
creuset (m) de Gooch

тигель (m) Гуча
imbuto (m) di Gooch
crisol (m) de Gooch

---

4 Abtropfschale (f)
draining dish
passoire (f), vase (m) à égoutter, égouttoir (m)

чашка (f) для стеканія
bacinella (f) di sgocciolamento
enjugador (m)

---

5 Ablauftrichter (m)
condensing funnel
entonnoir (m) à trop-plein

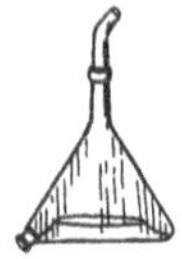

воронка (f)
imbuto (m) di scolo, imbuto (m)
embudo (m) de desagüe

---

6 auswaschen (v)
to wash out
laver (v)

промыть
lavare (v), sciacquare (v)
lavar (v)

7 Eindampfen
Evaporation, Concentration
Concentration par évaporation

Выпарить
Condensazione per evaporazione
Concentración por evaporación

8 Eindampfer (m)
evaporator
appareil (m) à concentrer

приборъ (m) для выпариванія
apparato (m) per evaporare
aparato (m) de evaporación

---

9 zur Trockne eindampfen (v)
to evaporate to dryness
évaporer (v) à siccité

выпарить досуха
evaporare (v) *o* tirare (v) a secco
evaporar (v) al *ó* á seco

Sirupdichte (f)
syrup consistence
consistance (f) sirupeuse

консистенція (f) сиропа
consistenza (f) sciropposa 1
consistencia (f) de jarabe

---

pulvertrocken (adj)
powder dry (adj)
sec (adj) comme la poudre

сухой, какъ порохъ; совершенно сухой
secco (agg) come la 2
polvere
seco (adj) como el polvo

---

abdampfen (v)
to evaporate
évaporer (v)

выпаривать
evaporare (v) 3
evaporar (v)

Abdampfkasserolle (f)
evaporating pan
vase (m) *ou* casserole(f) d'évaporation

выпаривательная кастрюля; кастрюля (f) для выпариванія
pentola (f) d'evapora- 4
zione
cacerola (f) de evaporación

Abdampfschale (f)
evaporating basin
capsule (f) à évaporation

выпаривательная чашка (f)
bacinella (f) d'evaporazione, capsula (f) 5
cápsula (f) de evaporación

Abdampfkolben (m)
evaporating flask
matras (m) à évaporation

выпаривательная колба (f)
matraccio (m) d'eva- 6
porazione
matraz (m) de evaporación

Wasserbad (n)
water bath
bain-marie (m)

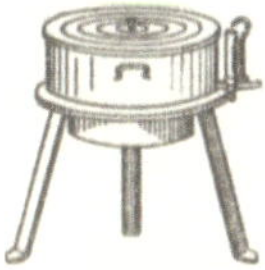

водяная баня (f)
bagno (m) d'acqua, bagnomaria (m) 7
baño(m) de María, baño (m) de agua

Einsatz (m) in das Wasserbad für Reagenzröhren
test tube holder for water baths
support (m) à introduire dans le bainmarie

вставка (f) для водяной бани
portaprovini (m) per bagno d'acqua 8
soporte(m) para el baño de María

Wasserbadring (m)
water bath ring
anneau (m) de bainmarie

вставное кольцо (n) для водяной бани
anello-sopporto (m)
per il bagno d'acqua 9
anillo (m) de baño de María

1 Schutztrichter (m)
protective funnel
entonnoir (m) de sûreté

предохранительная воронка (f)
imbuto (m) di sicurezza
embudo (m) de seguridad

---

2 Dampfbad (n)
steam bath
bain (m) de vapeur

паровая баня (f)
bagno (m) di vapore
baño (m) de vapor

---

3 Sandbad (n)
sand bath
bain (m) de sable

песчаная баня (f)
bagno (m) di sabbia
baño (m) de arena

---

4 Sandbadschale (f)
dish for sand bath
capsule (f) pour bain de sable

чашка (f) для песчаной бани
bacinella (f) per bagno di sabbia
cápsula (f) para baño de arena

---

5 aufnehmen (v) [mit Wasser *oder* Säure]
to dissolve
reprendre (v) avec de l'eau *ou* de l'acide

выщелочить [водою]; растворить [въ водѣ *или* кислотѣ]
riprendere (v) [con acqua *od* acido]
adicionar (v) *ó* disolver (v) con agua *ó* ácido

6 **Verbrennung**
Combustion
Combustion

Сожженіе; элементарный анализъ
Combustione
Combustión

7 Verbrennungsvorgang (m)
process of combustion
processus (m) de [la] combustion, marche (f) de la combustion; réactions (f pl) de [la] combustion

процессъ (m) горѣнія
processo (m) di combustione
proceso (m) *ó* marcha (f) *ó* reacciones (f pl) de la combustión

---

8 vollkommene Verbrennung (f)
perfect *or* complete combustion
combustion (f) complète

полное горѣніе (n); совершенное сгораніе (n)
combustione (f) completa
combustión (m) completa

---

9 Verbrennungsschälchen (n)
combustion boat
coupelle (f) *ou* capsule (f) de combustion

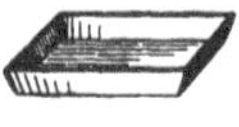

чашечка (f) для сожженія
capsula (f) di combustione
cápsula (f) de combustión

Verbrennungsröhre (f)
combustion tube
tube (m) à combustion

трубка (f) для сожженія
tubo (m) di combustione 1
tubo (m) de combustión

Verbrennungsofen (m)
combustion furnace
four (m) à combustion

печь (f) для сожженія *или* для элементарнаго анализа
forno (m) di combustione 2
horno (m) de combustión

Muffelofen (m) für Kohlenheizung
muffle furnace for coal
four (m) à moufle au charbon

муфельная печь (f) для угля
muffola (f) a carbone 3
horno (m) de mufla al carbón

Muffelofen (m) für Gasheizung
muffle furnace for gas
four (m) à moufle au gaz

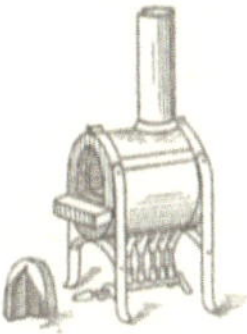

муфельная печь (f) для газа
muffola (f) a gas 4
horno (m) de mufla para gas

---

elektrischer Muffelofen (m)
electric muffle furnace
four (m) à moufle électrique

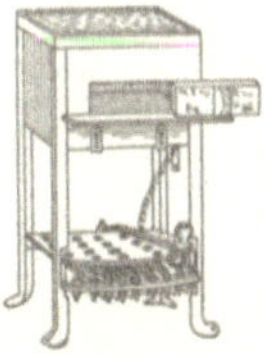

электрическая муфельная печь (f)
forno (m) elettrico a muffola 5
horno (m) de mufla eléctrico

Tonöfchen (n)
clay furnace
petit four (m) en terre réfractaire

маленькая глиняная печь (f)
fornello (m) di terracotta 6
hornillo (m) de arcilla

Tonplatte (f)
clay disc
plaque (f) en terre réfractaire

глиняная пластинка (f)
piastra (f) di terracotta 7
placa (f) refractaria

Einäschern (n) des Filters
1 burning the filter
incinération (f) du filtre

обзоливаніе (n) фильтра
incenerimento (m) de filtro
incineración (f) del filtro

Schmelzen
2 **Melting, Fusing**
Fusion

Плавленіе; сплавленіе
Fusione
Fusión

schmelzen (v)
3 to melt, to fuse
fondre (v)

плавить; сплавлять
fondere (v)
fundir (v)

Schmelzbarkeit (f)
4 fusibility, meltableness
fusibilité (f)

плавкость (f)
fusibilità (f)
fusibilidad (f)

Schmelzpunktbestimmungsapparat (m)
5 apparatus for the determination of melting points
appareil (m) pour la détermination du point de fusion

аппаратъ (m) *или* приборъ (m) для опредѣленія точки плавленія
apparato (m) per la determinazione del punto di fusione
aparato (m) para determinar el punto de fusión

schwaches Rösten (n), Glühen (n)
6 weak roasting, glowing
faible grillage (m)

слабый обжигъ (m)
debole calcinazione (f)
calcinación (f) ligera

Entweichen (n) flüchtiger Bestandteile
7 escaping of volatile compounds
dégagement (m) des produits volatils

выдѣленіе (n) летучихъ соединеній
scacciare (v) i prodotti volatili
escape (m) de los productos volátiles

Flüchtigkeit (f)
8 volatility
volatilité (f)

летучесть (f)
volatilità (f)
volatilidad (f)

reduzieren (v)
9 to reduce
réduire (v)

возстанавлять
ridurre (v)
reducir (v)

oxydieren (v)
10 to oxidise
oxyder (v)

окислять
ossidare (v)
oxidar (v)

oxydierender Zusatz (m)
11 oxidising addition
addition (f) oxydante

окислительная *или* окисляющая примѣсь (f)
aggiunta (f) ossidante
adición (f) oxidante

Zusetzen (n) von Erzen *oder* Schlacken
12 addition of ores *or* slags
addition (f) de minerais *ou* de scories

прибавленіе (n) руды: ошлакованіе (n)
aggiunta (f) di minerali *o* scorie
adición (f) de minerales de escorias

aufschließen (v)
to triturate
rendre (v) soluble *ou* désagreger (v) par fusion

предварительная химическая обработка (f) даннаго для анализа нерастворимаго *или* трудно растворимаго вещества, дѣлающая возможнымъ примѣненiе къ нему обычныхъ аналитическихъ методовъ 1
disaggregare (v) per fusione
hacer (v) soluble *ó* desagregar (v) por fusión

Blasetisch (m)
blow pipe table
table (f) de soufflage

паяльный столъ (m)
tavolo (m) con soffieria 2
mesa (f) de soplado

Gebläse (n)
blower
soufflerie (f)

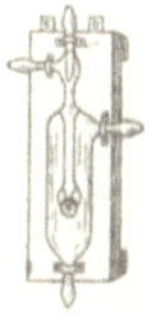

дутьё (n)
soffieria (f) 3
soplete (m)

Tretgebläse (m)
foot bellows
soufflerie (f) à pédale

дутьё (n) ножнымъ мѣхомъ
soffietto (m) a pedale 4
soplete (m) de pie

Blasebalg (m)
bellows
soufflet (m) de forge

воздуходувный мѣхъ (m) 5
soffietto (m)
fuelle (m)

Gebläselampe (f), Blaselampe (f)
blow pipe lamp
lampe (f) à chalumeau *ou* à soufflerie

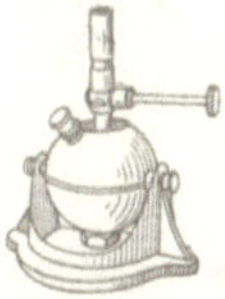

паяльная лампа (f) съ дутьёмъ
lampada (f) da saldatore 6
lámpara (f) de soplete, mechero-soplete (m)

Knallgasgebläse (n)
oxyhydrogen blow pipe
chalumeau (m) oxhydrique

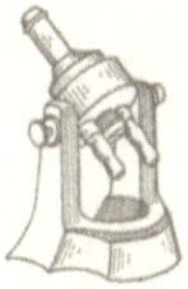

дутьё (n) гремучимъ газомъ
fiamma (f) ossidrica di gas tonante 7
mechero (m) de gas oxhídrico

1
Daniellscher Hahn (m)
Daniell's safety cock
robinet (m) de Daniell

кранъ (m) Даніэля
robinetto (m) di Daniell
grifo (m) de Daniel

2
Schmelzofen (m)
smelting furnace
four (m) à fusion

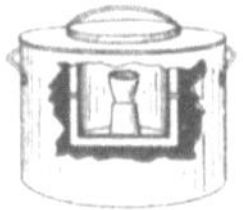

плавильная печь (f)
forno (m) fusorio
horno (m) de fusión

3
Rößlerscher Ofen (m)
Roessler's furnace
four (m) de Roessler

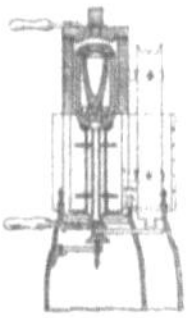

печь (f) Ресслера
forno (m) di Roessler
horno (m) de Roessler

4
Schmelztiegel (m)
crucible
creuset (m) de fusion

плавильный тигель (m)
crogiuolo (m) di fusione
crisol (m) para fusión

5
Schmelztiegelzange (f)
crucible tongs, pliers
pince (f) à creuset

щипцы (mpl) для плавильнаго тигля
pinza (f) per crogiuolo di fusione
tenazas (fpl) para crisoles

6
Glühring (m)
crucible triangle
anneau (m) de support pour creusets *ou* brûleurs

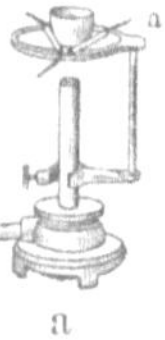

штативное кольцо (n) для прокаливанія
triangolo (m) per sostenere i crogiuoli
soporte (m) ó triángulo (m) para crisoles

7
Einschmelzglas (n)
combustion glass
verre (m) à fusion

стекло (n) для впаиванія [платины въ обыкновенное стекло]
vetro (m) fusibile
cristal (m) de fusión

8
Einschmelzröhre (f)
combustion tube
tube (m) à fusion

трубка (f) для запаиванія
tubo (m) di fusione
tubo (m) de fusión

9
Schmelzröhrchen (n)
melting tube
petit tube (m) à fusion

плавиленная трубка (f)
tubetto (m) di fusione
tubito (m) de fusión

Einsetzer (m), [Glühschiffchen (n)]
combustion boat
godet (m) *ou* nacelle (f) à fusion

вставка (f) [лодочка (f) для прокаливанія] 1
navicella (f) di fusione
navecilla (f) de fusión

Röhrenträger (m)
tube support
support (m) de tube

подставка (f) для трубокъ
portatubi (m) 2
soporte (m) para tubo

Glimmerbrille (f)
mica spectacles
lunettes (f pl) en mica

слюдяные очки (m pl)
occhiali (m pl) di mica 3
anteojos (m pl) de mica

Zerfall, Dissoziation
Dissociation
Dissociation

Распаденіе; диссоціація
Dissociazione 4
Disociación

Dissoziationsgrad (m)
degree of dissociation
degré (m) de dissociation

степень (f) диссоціаціи
grado (m) di dissociazione 5
grado (m) de disociación

Dissoziationstemperatur (f)
dissociation temperature
température (f) de dissociation

температура (f) диссоціаціи
temperatura (f) di dissociazione 6
temperatura (f) de disociación

Zerfallgrenze (f), Dissoziationsgrenze (f)
dissociation limit
limite (f) de dissociation

предѣлъ (m) диссоціаціи
limite (m) di dissociazione 7
limite (m) de disociación

Vergasung (f)
gasification (f)
gazéification (f)

газообразованіе (n)
gaseificazione (f) 8
gasificación (f)

---

vergasen (v)
to gasify
gazéifier (v)

образовать газъ; превращать въ газъ 9
gaseificare (v)
gasificar (v)

---

entgasen (v), trocken verdampfen (v)
to distill
distiller (v) à sec *ou* par voie sèche

выдѣл-ить (-ять) газъ; подверг-нуть (-ать) газъ сухой перегонкѣ
distillare (v) [a secco], trasformare (v) in gas 10
destilar (v)

Entgasung (f), trockne Verdampfung (f)
dry distillation
distillation (f) sèche

газовыдѣленіе (n); отгонка (f) газа; сухая перегонка (f) 11
distillazione (f) secca
destilación (f) seca

1
Entgasungserzeugnis (n), Verdampfungsprodukt (n), Destillat (n)
product of distillation or of distillate
produit (m) de distillation, distillé (m)
продуктъ (m) сухой перегонки; продуктъ перегонки; дестиллятъ (m)
prodotto (m) di distillazione
producto (m) de destilación

2
Vergasung (f) mit Wasserdampf
steam distillation
distillation (f) à la vapeur d'eau
перегонка (f) съ водянымъ паромъ
distillazione (f) con vapore acqueo
destilación (f) con vapor de agua

3
Vakuumdestillation (f)
vacuum distillation
distillation (f) dans le vide
перегонка (f) въ разрѣжённомъ пространствѣ
distillazione (f) nel vuoto
destilación (f) en el vacío

4
absatzweise Destillation (f), fraktionierte Destillation (f)
fractional distillation
distillation (f) fractionnée
частичная перегонка (f); фракціонированная перегонка
distillazione (f) frazionata
destilación (f) fraccionada

5
Absatz (m), Unterbrechung (f), Fraktion (f)
fraction
fraction (f)
фракція (f); частичный продуктъ (m) перегонки
frazione (f)
fracción (f)

6
stetige Destillation (f)
continous distillation
distillation (f) continue
непрерывная перегонка (f)
distillazione (f) continua
destilación (f) continua

7
destillieren (v)
to distill
distiller (v)
перегонять
distillare (v)
destilar (v)

8
Destillationsapparat (m)
distillation apparatus
appareil (m) de distillation
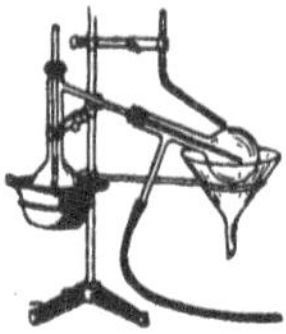
перегонный аппаратъ (m)
apparato (m) di distillazione
aparato (m) de destilación

9
Destillationskolben (m)
distillating flask
ballon (m) pour la distillation

перегонная колба (f)
storta (f) di distillazione
matraz (m) ó balón (m) de destilación

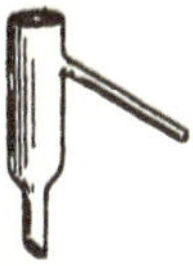

Destillationsröhre (f)
distillating tube
tube (m) de distillation

перегонная трубка (f)
tubo (m) di distillazione
tubo (m) de destilación 1

Destillationsaufsatz (m)
distillation head
ajoute (f) pour appareil de distillation

[предохранительная] насадка (f) на перегонную колбу
doppio tubo (m) per apparecchio di distillazione
tubo (m) accesorio de destilación 2

Destillationsvorlage (f)
distillation receiver
condenseur (m) d'appareil distillatoire

пріемникъ (m) для перегонки
condensatore (m)
condensador (m) de aparato de destilación 3

Destilliertopf (m)
distillation pot *or* vessel
vase (m) *ou* pot (m) pour la distillation

перегонный кубъ (m)
pentola (f) di distillazione
retorta (f) de destilación 4

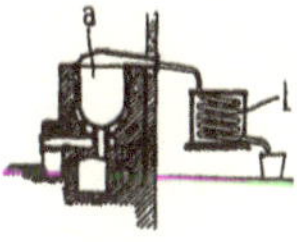

a

Destillierblase (f)
still
alambic (m) distillatoire

перегонный кубъ (m)
storta (f) di distillazione, lambicco (m)
retorta (f) de destilación, alambique (m) 5

---

b

Kühlschlange (f)
condenser coil
serpentin (m) refroidisseur

змѣевикъ (m) [холодильника]
serpentino (m) di raffreddamento o di condensazione
serpentin (m) de refrigeración 6

Kühler (m)
cooler
refroidisseur (m), condenseur (m), réfrigérant (m)

холодильникъ (m)
refrigeratore (m)
refrigerador (m) 7

Verdampfung (f)
evaporation
vaporisation (f)

испареніе (n)
vaporizzazione (f)
vaporización (f) 8

1	verdampfen (v) to evapórate vaporiser (v)	испар-ить (-ять); превращать въ паръ vaporizzare (v) vaporizar (v)
2	verdunsten (v), verdampfen (v) bei Lufttemperatur to evaporate évaporer (v) (à la température de l'air ambiant)	испар-иться (-яться) evaporare (v) evaporar (v)
3	sich verflüchtigen (v) to volatilise se volatiliser (v)	улетучиться; улетучиваться volatilizzarsi (v) volatilizarse (v)
4	Verflüchtigung (f), Verdichtung (f), Kondensation (f) condensation condensation (f)	конденсація (f) condensazione (f) condensación (f)
5	verflüchtigen (v), verdichten (v), kondensieren (v) to condense condenser (v)	конденсировать; сгущать condensare (v) condensar (v)
6	Kondensationsröhre (f) condensation tube tube (m) de condensation	конденсаціонная трубка (f) tubo (m) di condensazione tubo (m) de condensación
7	Sublimation (f) sublimation sublimation (f)	возгонка (f) sublimazione (f) sublimación (f)
8	sublimieren (v) to sublimate sublimer (v)	возгонять sublimare (v) sublimar (v)
9	Sublimationsapparat (m) sublimation apparatus appareil (m) de sublimation	приборъ (m) для возгонки apparato (m) di sublimazione aparato (m) de sublimación

Elektroanalyse | **Электроанализъ; аналитическій электролизъ**

Electrolytic Analysis | **Analisi per mezzo dell'elettricità** 1

Analyse par l'électricité | **Análisis por la electricidad**

Volumenenergie (f)
volume energy
énergie (f) volumétrique
$E = p \cdot v$
объёмная энергія (f)
energia (f) di volume
energía (f) volumétrica 2

Spannungsgröße (f), [Intensitätsgröße (f)]
intensity value
grandeur (f) ou valeur (f) de l'intensité
$p = \frac{E}{v}$
величина (f) напряженія
grandezza (f) dell'intensità
magnitud (f) de la intensidad 3

Kapazitätsgröße (f)
capacity value
grandeur (f) de la capacité
$v = \frac{E}{p}$
величина (f) ёмкости
grandezza (f) della capacità
magnitud (f) de la capacidad 4

---

elektrometrische Messung (f)
electrometric measurement
mesure (f) électrométrique
электрометрическое измѣреніе (n)
misurazione (f) elettrometrica
medida (f) electrométrica 5

---

chemisches Äquivalentgewicht (n)
chemical weight equivalent
équivalent (m) chimique, poids (m) équivalent chimique
химически эквивалентный вѣсъ (m); химическій эквивалентъ (m)
peso (m) equivalente chimico
[peso (m)] equivalente (m) químico 6

---

chemisch gleichwertige [äquivalente] Mengen (f pl)
chemically equivalent quantities (pl)
quantités (f pl) chimiquement équivalentes
химически эквивалентныя количества (n pl)
quantità (f pl) chimicamente equivalenti
cantidades (f pl) químicamente equivalentes 7

Ion (n)
ion
ion (m)
іонъ (m)
ione (m)
ión (m) 8

Kathion (n)
kathion, cathion
cathion (m)
катіонъ (m)
catione (m)
catión (m) 9

Anion (n)
anion
anion (m)
аніонъ (m)
anione (m)
anión (m) 10

Elektrolyt (m)
electrolyte
electrolyte (m)
электролитъ (m)
elettrolito (m)
electrolito (m) 11

1 Elektrolyse (f)
electrolysis
électrolyse (f)

электролизъ (m)
elettrolisi (f)
electrolisis (f)

---

2 elektrolysieren (v)
to elektrolyse
électrolyser (v), décomposer (v) par électrolyse *ou* par voie électrolytique

электролизовать
elettrolizzare (v), decomporre (v) per elettrolisi
electrolizar (v), descomponer (v) por electrolisis

---

3 Stromausbeute (f), elektrolytischer Wirkungsgrad (m)
electrolytic efficiency
rendement (m) électrolytique, effet (m) utile du courant

полезное дѣйствіе (n) тока; электролитическая отдача (f)
rendimento (m) elettrolitico
rendimiento (m) electrolitico

---

4 elektrolytische Spaltung (f) *oder* [Dissoziation (f)]
electrolytic dissociation
dissociation (f) électrolytique

электролитическая диссоціація (f)
dissociazione (f) elettrolitica
disociación (f) electrolitica

---

5 Molekularvolumen (n)
molecular volume
volume (m) moléculaire

молекулярный объёмъ (m)
volume (m) molecolare
volumen (m) molecular

---

6 Zustandsgleichung (f)
equation of electrolytic condition
équation (f) d'état

уравненіе (n) состоянія
equazione (f) di stato
ecuación (f) electrolitica

---

7 osmotischer Druck (m)
osmotic pressure
pression (f) osmotique

осмотическое давленіе (n)
pressione (f) osmotica
presión (f) osmótica

---

8 Innendruck (m)
internal pressure
pression (f) intérieure

внутреннее давленіе (n)
pressione (f) interna
presión (f) interior

---

9 Löslichkeitsbestimmung (f)
determination of solubility
détermination (f) de la solubilité

опредѣленіе (n) растворимости
determinazione (f) della solubilità
determinación (f) de la solubilidad

---

10 Löslichkeitsbeeinflussung (f)
influence on solubility
influence (f) [exercée] sur la solubilité

вліяніе (n) на растворимость
influenza (f) sulla solubilità
influencia (f) sobre la solubilidad

---

11 Löslichkeitsverminderung (f)
decrease of solubility
diminution (f) *ou* décroissement (m) de la solubilité

уменьшеніе (n) растворимости
diminuzione (f) della solubilità
disminución (f) de la solubilidad

äquimoleku are L - sung (f)
equi-molecular solution
solution (f) équimoléculaire

эквимолекулярный растворъ (m)
soluzione (f) equimolecolare 1
disolución (f) equimolecular

---

gleichwertige [äquivalente] Lösung (f)
equivalent solution
solution (f) équivalente

эквивалентный растворъ (m)
soluzione (f) equivalente 2
disolución (f) equivalente

Zerfallgrad (m) [Dissoziationsgrad (m)] einer Lösung
degree of dissociation of a solution
degré (m) de dissociation d'une solution

степень (f) диссоціаціи раствора
grado (m) di dissociazione d'una soluzione 3
grado (m) de disociación de una disolución

Dichteänderung (f) [Konzentrationsänderung (f)] des Elektrolyten
alteration of concentration of the electrolyte
variation (f) *ou* changement (m) de concentration de l'électrolyte

измѣненіе (n) концентраціи электролита
variazione (f) o cambiamento (m) di concentrazione dell'elettrolito 4
variación (f) *ó* cambio (m) de concentración del electrolito

---

einwertiges Ion (n)
monovalent ion
ion (m) monovalent

одновалентный іонъ (m) 5
ione (m) monovalente
ión (m) monovalente

---

mehrwertiges Ion (n)
multivalent ion
ion (m) multivalent *ou* polyvalent

многовалентный іонъ (m) 6
ione (m) polivalente
ión (m) polivalente

---

amphoterer Elektrolyt (m)
amphoteric electrolyte
électrolyte (m) amphotère

промежуточный электролитъ (m), т. е. подобно промежуточнымъ окисламъ, реагирующій съ кислотами и основаніями 7
elettrolito (m) amfoterio
electrolito (m) amfoterio

Zwitterion (n)
hybrid ion
ion (m) neutre *ou* hybride

промежуточный іонъ (m) 8
ione (m) neutro
ión (m) neutro

1	Äquivalentkonzentration (f) einer Lösung equivalent concentration of a solution concentration (f) [mesurée] en grammes-équivalents [par cm^3] d'une solution	эквивалентная концентрація (f) раствора concentrazione (f) equivalente d'una soluzione concentración (f) medida en gramos-equivalentes por cm^3 de una disolución
2	Grammäquivalent (n) gramme equivalent gramme-équivalent (m)	граммъ-эквивалентъ (m) grammo-equivalente (m) gramo-equivalente (m)
3	elektrolytische Reibung (f) der Ionen electrolytic friction of the ions frottement (m) électrolytique des ions	электролитическое тренie (n) ioновъ attrito (m) elettrolitico degl'ioni frotamiento (m) electrolítico de los iones
4	Dissoziationstheorie (f) dissociation theory théorie (f) de la dissociation	теорія (f) диссоціаціи teoria (f) della dissociazione teoría (f) de la disociación
5	Dissoziationskonstante (f), Affinitätskonstante (f) coefficient of dissociation constante (f) de dissociation, constante (f) d'affinité	постоянная (f) диссоціаціи; константа (f) химическаго сродства costante (f) di dissociazione *o* d'affinità constante (f) de disociación *ó* de afinidad
6	Grammol (n) gramme molecule grammol (m), gramme-molécule (m)	граммолекула (f); моль (m) grammo-molecola (m) gramo-molécula (m)
7	Grammion (n) gramme ion gramion (m), gramme-ion (m)	граммъ-іонъ (m) grammo-ione (m) gramión (m)
8	Konvektionsstrom (m) convection current courant (m) de convection	конвекціонный токъ (m) corrente (f) di convezione corriente (f) de convección
9	Endleitfähigkeit (f) des Elektrolyten, Grenzleitfähigkeit (f) des Elektrolyten limiting conductivity of the electrolyte conductance (f) limite de l'électrolyte	предѣльная проводимость (f) электролита conduttanza-limite (f) dell'elettrolito conductancia (f) límite del electrolito

1 Leitfähigkeitsbestimmung (f)
determination of the conductivity
détermination (f) de la conductance
опредѣленіе (n) проводимости *или* электропроводности
determinazione (f) della conduttanza
determinación (f) de la conductancia

---

2 Widerstandskapazität (f) des Gefäßes
resistance capacity of the vessel
capacité (f) de résistance de la cuve *ou* du récipient
сопротивленіе (n) ёмкости сосуда
capacità (f) di resistenza del recipiente
capacidad (f) de resistencia del recipiente

---

3 Leitfähigkeitsgefäß (n)
vessel for measuring conductivity
cuve (f) *ou* récipient (m) pour la mesure de la conductance
сосудъ (m) для опредѣленія проводимости *или* электропроводности
recipiente (m) per la misura della conduttanza
recipiente (m) para la medida de la conductancia

---

4 Gefälldraht (m)
measuring wire
fil (m) de mesure, fil (m) gradué
измѣрительная проволока (f)
filo (m) di misura
alambre (m) de medida *ó* graduado

---

5 Niederschlagelektrode (f)
precipitation electrode
électrode (f) de précipitation
электродъ (m) для осадка
elettrodo (m) di precipitazione
electrodo (m) de precipitación

---

6 Schalenelektrode (f)
dished electrode
électrode (f) capsulée *ou* à capsule

электродъ (m) въ видѣ чашки
elettrodo (m) a capsula
electrodo (m) de cápsula

---

7 Netzelektrode (f)
net shaped electrode
électrode (f) réticulaire *ou* rétiforme
сѣточный электродъ (m)
elettrodo (m) reticolato
electrodo (m) retiforme *ó* en forma de redecilla

---

8 zylindrische Mantelelektrode (f)
cylindrical shell electrode
électrode (f) [à manteau] cylindrique

цилиндрическій электродъ (m) т. е. въ видѣ цилиндрической поверхности
elettrodo (m) a mantello cilindrico
electrodo (m) de envuelta cilindrica

---

9 Normalelektrode (f)
standard electrode
électrode (f) normale
нормальный электродъ (m)
elettrodo (m) normale
electrodo (m) normal

1 Dezinormalelektrode (f)
deci-standard electrode
électrode (f) décinormale

децинормальный электродъ (m)
elettrodo (m) decinormale
electrodo (m) decinormal

---

2 Säureion (n)
acid ion
ion (m) acide

кислотный іонъ (m)
ione (m) acido
ión (m) ácido

---

3 Hydroxylion (n)
hydroxyl ion
ion (m) hydroxyle *ou* oxhydrile

гидроксильный іонъ (m)
ione (m) idrossile
ión (m) hidroxil

---

4 Basision (n)
basic ion
ion (m) basique

основной іонъ (m)
ione (m) basico
ión (m) básico

---

5 Temperaturkonstanz (f) der Lösung
constancy of temperature of a solution
constance (f) de la température de la solution

постоянство (n) температуры раствора
costanza (f) di temperatura della soluzione
constancia (f) de temperatura de la disolución

---

6 Zerfallwärme (f), [Dissoziationswärme (f)]
heat of dissociation
chaleur (f) de dissociation

теплота (f) диссоціаціи
calore (m) di dissociazione
calor (m) de disociación

---

7 isohydrische Lösungen (f pl), korrespondierende Lösungen (f pl)
isohydric solutions (pl)
solutions (f pl) isohydriques *ou* correspondantes

изогидричные растворы (m pl); соотвѣтствующіе растворы
soluzioni (f pl) isoidriche *o* corrispondenti
disoluciones (f pl) isohídricas *ó* correspondientes

---

8 Isohydrie (f) der Säurelösungen
isohydry of acid solutions
isohydrie (f) des solutions acides

изогидричность (f) кислотныхъ растворовъ
isoidria (f) delle soluzioni acide
isohidria (f) de las disoluciones ácidas

---

9 isohydrisch (adj)
isohydric (adj)
isohydrique (adj)

изогидричный
isoidrico (agg)
isohídrico (adj)

---

10 Dissoziationsgleichgewicht (n)
equilibrium of dissociation
équilibre (m) de dissociation

диссоціаціонное равновѣсіе (n)
equilibrio (m) di dissociazione
equilibrio (m) de disociación

Dissoziationsrückgang (m)
retrogression of dissociation
rétrogradation (f) *ou* recul (m) de la dissociation

обратный ходъ (m) диссоціаціи
retrogradazione (f) della dissociazione 1
retroceso (m) de la disociación

Ionenspaltung (f)
splitting up of ions
dédoublement (m) des ions

расщепленіе (n) іоновъ
sdoppiamento (m) degli ioni 2
desdoblamiento (m) de los iones

---

elektrolytischer Reibungswiderstand (m)
electrolytic frictional resistance
résistance (f) de frottement électrolytique

сопротивленіе (n) электролитическаго тренія
resistenza (f) d'attrito elettrolitica 3
resistencia (f) de frotamiento electrolítica

---

elektrische Endosmose (f)
electric endosmosis
endosmose (f) électrique, électro-endosmose (f)

электрическій эндосмосъ (m)
endosmosi (f) elettrica 4
endósmosis (f) eléctrica

---

suspendierte Teilchen (n pl)
suspended particles (pl)
particules (f pl) en suspension

частички (f pl) въ механически взвѣшенномъ состояніи
particelle (f pl) in sospensione 5
partículas (f pl) en suspensión

Elektrostenolyse (f)
electro-stenolysis
électrosténolyse (f), sténolyse (f) électrique

электростенолизъ (m)
elettrostenolisi (f) 6
electrostenolisis (f)

---

elektrolytischer Lösungsdruck (m), elektrische Lösungstension (f)
electrolytic solution pressure
tension (f) électrolytique de la solution

электролитическая упругость (f) растворенія
tensione (f) elettrolitica della soluzione 7
tensión (f) electrolítica de la disolución

Ionenverdichtung (f), [Ionenkonzentration (f)]
concentration of ions
concentration (f) des ions

концентрація (f) іоновъ
concentrazione (f) degli ioni 8
concentración (f) de los iones

---

zerfallen (v), spalten (v), dissoziieren (v)
to dissociate
dissocier (v)

диссоціировать
dissociare (v) 9
disociar (v)

Hydrolyse (f)
hydrolysis
hydrolyse (f), électrolyse (f) de l'eau

гидролизъ (m)
idrolisi (f) 10
hidrolisis (f)

1 Ionisationswärme (f)
heat of ionisation
chaleur (f) d'ionisation

теплота (f) іонизаціи
calore (m) d'ionizzazione
calor (m) de ionización

2 Ionenbildungsgeschwindigkeit (f), Bildungsgeschwindigkeit (f) der Ionen
velocity of formation of ions
vitesse (f) de formation des ions

скорость (f) образованія іоновъ
velocità (f) di formazione degl'ioni
velocidad (f) de formación de los iones

3 Zersetzungswert (m)
decomposition value
valeur (f) de décomposition

величина (f) разложенія
valore (m) di decomposizione
valor (m) de descomposición

4 Polarisationskapazität (f)
polarisation capacity
capacité (f) de polarisation

поляризаціонная ёмкость (f); ёмкость поляризаціи
capacità (f) di polarizzazione
capacidad (f) de polarización

5 Verdichtungspolarisation (f), Konzentrationspolarisation (f)
concentration polarisation
polarisation (f) de concentration

концентраціонная поляризація (f); поляризація концентраціи
polarizzazione (f) di concentrazione
polarización (f) de concentración

6 Gaspolarisation (f)
gas polarisation
polarisation (f) d'un gaz

поляризація (f) газа
polarizzazione (f) d'un gas
polarización (f) de un gas

7 Haftstärke (f) [Haftintensität (f)] der Ionen
intensity of retention of the ions
intensité (f) de retenue des ions, tendance (f) des ions à conserver *ou* retenir la charge électrique

удерживающая сила (f) *или* цѣпкость (f) іоновъ т. е. стремленіе (n) іоновъ сохранить электрическій зарядъ
intensità (f) di ritenuta degl'ioni
intensidad (f) de retención de los iones

8 Neubildungsgeschwindigkeit (f) der Ionen
regeneration velocity of the ions
vitesse (f) de reformation *ou* de régénération des ions

скорость (f) новообразованія іоновъ
velocità (f) di rigenerazione degl'ioni
velocidad (f) de regeneración de los iones

9 Zersetzungspunkt (m)
point of decomposition
point (m) de décomposition

точка (f) разложенія
punto (m) di decomposizione
punto (m) de descomposición

Zersetzungskurve (f)
curve of decomposition
courbe (f) de décomposition
кривая (f) разложенія
curva (f) di decomposizione
curva (f) de descomposición 1

elektrolytische Trennung (f)
electrolytic separation
séparation (f) électrolytique
электролитическое отдѣленіе (n)
separazione (f) elettrolitica
separación (f) electrolítica 2

Zersetzungspotential (n)
potential of decomposition
potentiel (m) de décomposition
потенціалъ (m) разложенія
potenziale (m) di decomposizione
potencial (m) de descomposición 3

Zersetzungsspannung (f)
decomposition pressure *or* voltage
tension (f) de décomposition
напряженіе (n) разложенія
tensione (f) di decomposizione
tensión (f) de descomposición 4

---

elektrochemischer Arbeitstisch (m)
electrochemical laboratory table
table (m) de travail pour les essais électro-chimiques
рабочій столъ (m) въ электрохимической лабораторіи
tavolo (m) di lavoro elettrochimico
mesa (f) de trabajo para los ensayos electroquímicos 5

Batterie (f)
battery
batterie (f) de piles

батарея (f)
batteria (f)
batería (f) 6

Batterieglas (n)
battery jar
récipient (m) en verre pour piles

батарейный сосудъ (m) *или* стаканъ (m)
vaso (m) di vetro per batterie
vaso (m) de vidrio de batería 7

Element (n)
cell
élément (m) de pile
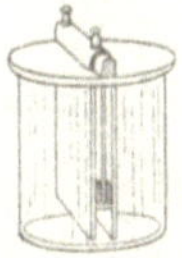
элементъ (m)
pila (f)
pila (f), elemento (m) 8

Klemme (f) für Elemente
terminal for cells
pince (f) *ou* borne (f) d'élément, serre-fil (m)

зажимъ (m) для элементовъ
morsetto (m) per elementi
borne (m) de pila 9

1	Tonzelle (f), [Diaphragma (n)] diaphragm vase (m) poreux		глиняный пористый сосудъ (m) diaframma(m) di terracotta vaso (m) poroso
2	Zinkplatte (f) für Elemente zinc plate for cells plaque (f) d'élément en zinc		цинковая пластинка (f) для элементовъ piastra (f) di zinco per elementi placa (f) de cinc para pilas
3	Zinkzylinder (m) zinc cylinder cylindre (m) de zinc		цинковый цилиндръ (m) cilindro (m) di zinco cilindro (m) de cinc
4	Zinkstab (m) zinc rod baguette (f) de zinc		цинковая палочка (f) bastoncino (m) di zinco varilla (f) de cinc
5	Sammler (m), Elektrizitätsspeicher (m), Akkumulator (m) accumulator, storage battery (A*) accumulateur (m)	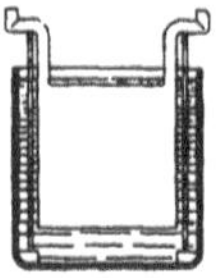	аккумуляторъ (m) accumulatore (m) acumulador (m)
6	Thermosäule (f) thermopile pile thermoélectrique	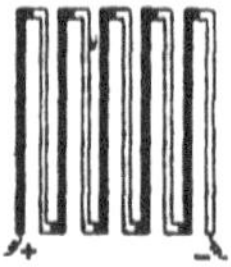	термоэлектрическій столбъ (m); термоэлектрическая батарея (f) pila (f) termoelettrica pila (f) termo-eléctrica
7	elektrischer Meßapparat (m) electric measuring apparatus appareil (m) de mesure électrique	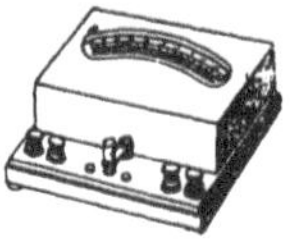	электрическій измѣрительный приборъ (m) istrumento (m) di misura elettrico instrumento (m) de medida eléctrico
8	Voltameter (n) voltameter voltamètre (m)	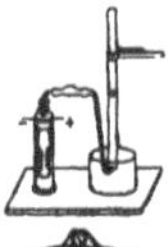	вольтаметръ (m) voltametro (m) voltámetro (m)
9	Ampèremesser (m), [Ampèremeter (n)] ammeter ampèremètre (m)	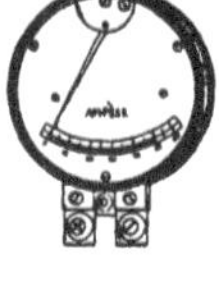	амперметръ (m) amperometro (m) amperímetro (m)

* A = americanism

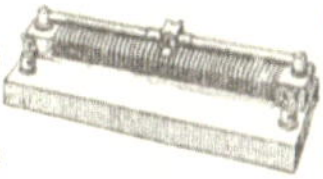

elektrischer Widerstand (m), [Rheostat (m)]
electric resistance
résistance (f) électrique
электрическое сопротивленіе (n); реостатъ (m)
resistenza (f) elettrica
resistencia (f) eléctrica 1

elektrischer Ofen (m)
electric furnace
four (m) électrique
электрическая печь (f)
forno (m) elettrico
horno (m) eléctrico 2

Gasanalyse, gasanalytische Untersuchung
Gas Analysis
Analyse du gaz
Анализъ газа; аналитическое изслѣдованіе газа
Analisi tecnica del gas 3
Análisis técnico del gas

Gaszusammensetzung (f)
composition of the gas
composition (f) du gaz
составъ (m) газа
composizione (f) del gas
composición (f) del gas 4

Gasbestandteile (m pl)
constituents (pl) of the gas
constituants (m pl) du gaz
составныя части (f pl) газа
componenti (m pl) *od* elementi (m pl) del gas, parti (f pl) costitutive del gas
elementos (m pl) constitutivos del gas 5

---

verdichtetes Gas (n), [komprimiertes Gas (n)]
compressed gas
gaz (m) comprimé
сжатый газъ (m)
gas (m) compresso
gas (m) comprimido 6

Luft (f)
air
air (m)
воздухъ (m)
aria (f)
aire (m) 7

Luftfeuchtigkeit (f)
humidity of the air, hygrometric condition
humidité (f) de l'air
влажность (f) воздуха
umidità (f) dell'aria
humedad (f) del aire 8

Luftdruck (m), atmosphärischer Druck (m)
atmospheric pressure
pression (f) de l'air, pression (f) atmosphérique
давленіе (n) воздуха; атмосферное давленіе
pressione (f) dell'aria, pressione (f) atmosferica
presión (f) del aire, presión (f) atmosférica 9

---

gasanalytischer Apparat (m)
gas analytical apparatus
appareil (m) pour l'analyse des gaz
приборъ (m) *или* аппаратъ (m) для газоваго анализа
apparato (m) per analisi di gas
aparato (m) para el análisis del gas 10

1 Gaswaschflasche (f)
gas wash bottle
flacon (m) laveur de gaz

промывная с[т]клянка (f); сосудъ (m) для промыванія газовъ
bottiglia (f) di lavaggio per gas
frasco (m) de lavado para gas

---

2 Trockenapparat (m)
drying apparatus
appareil (m) à dessécher les gaz

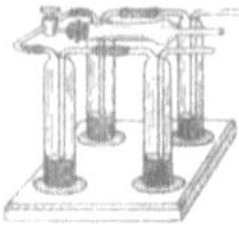

сушильный приборъ (m); приборъ для высушиванія
essiccatoio (m)
aparato (m) para secar los gases

---

3 Gasprüfer (m), Eudiometer (n)
eudiometer
eudiomètre (m)

эвдіометръ (m)
eudiometro (m)
eudiómetro (m)

---

4 Rauchgasuntersuchungsapparat (m), Orsatscher Apparat (m)
flue gas testing apparatus
appareil (m) d'analyse des gaz brûlés

анализаторъ (m) для дыма; приборъ (m) для изслѣдованія топочныхъ газовъ
analizzatore (m) del gas bruciato
aparato (m) para analizar el gas de combustión

---

5 Azotometer (n)
azotometer
azotomètre (m)

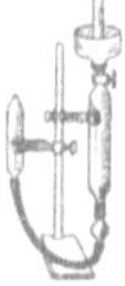

азотометръ (m)
azotometro (m)
azotómetro (m)

---

6 Gasentwicklungsapparat (m)
gas generating apparatus
gazogène (m), appareil (m) pour la production des gaz

аппаратъ (m) для производства газа
apparato (m) generatore di gas, gasogeno (m)
aparato (m) generador de gas, gasógeno (m)

---

7 Flasche (f) für Gasentwicklung, Gasentwicklungsflasche (f)
flask for developing gas, gas developing bottle
flacon (m) à *ou* pour le dégagement des gaz

с[т]клянка (f) для добыванія газа
fiala (f) per lo sviluppo del gas, bottiglia (f) generatrice di gas
botella (f) *ó* frasco (m) para la producción *ó* de generación de gas

---

8 pneumatische Wanne (f)
pneumatic trough
cuve (f) pneumatique

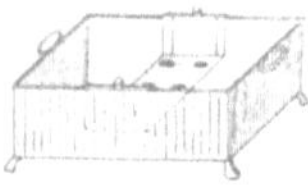

пневматическая ванна (f)
vasca (f) pneumatica
cuba (f) neumática

eine Gasprobe nehmen (v)
to take a sample of gas, to sample the gas
prendre (v) un échantillon de gaz, faire (v) une prise d'essai de gaz

взять пробу газа *или* газовую пробу
prendere (v) un campione *o* provino del gas 1
tomar (v) una muestra del gas

Absorptionsapparat (m) für Gase
absorption apparatus
appareil (m) d'absorption

абсорпцiонный *или* поглощающiй аппаратъ (m)
apparecchio (m) d'assorbimento 2
aparato (m) de absorción

Absorptionsflasche (f)
absorption bottle *or* flask
flacon (m) d'absorption

абсорпцiонная с[т]клянка (f)
recipiente (m) d'assorbimento 3
frasco (m) de absorción

Gasmeßröhre (f), Gasbürette (f)
gas burette
burette (f) à gaz

газовая бюретка (f)
buretta (f) a gas 4
probeta (f) de gas

Buntesche Gasbürette (f), Gasmeßröhre (f) nach Bunte
Bunte's gas burette
burette (f) à gaz de Bunte

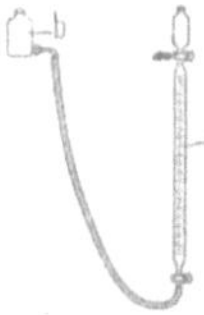

газовая бюретка (f) Бунте
buretta (f) a gas Bunte 5
probeta (f) de gas de Bunte

[graduiertes] Meßrohr (n)
[graduated] measuring tube, burette
tube (m) gradué, mesureur (m)

a

градуированная *или* калиб[ри]рованная измѣрительная трубка (f) 6
tubo (m) graduato
probeta (f) graduada, tubo (m) graduado

Niveauflasche (f)
levelling bottle
flacon (m) de niveau

b

с[т]клянка для поддержанiя уровня
bottiglia (f) di livello 7
frasco (m) de nivel

1 Sperrflüssigkeit (f)
sealing liquid
liquide (m) d'arrêt

жидкость (f) для затвора
liquido (m) di chiusura
liquido (m) separador

---

2 Verteilungsröhre (f)
distributing tube
tube (m) de distribution

распредѣлительная трубка (f)
tubo (m) di distribuzione
tubo (m) de distribución

---

3 Absorptionspipette (f)
absorption pipette
pipette (f) d'absorption

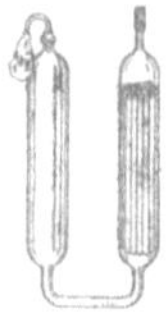

абсорпціонная *или* поглотительная пипетка (f); пипетка для поглощенія
pipetta (f) d'assorbimento
pipeta (f) de absorción

---

4 Absorptionsschlange(f)
absorption coil
serpentin (m) pour l'absorption *ou* à dessécher, tube(m) d'absorption

змѣевикъ (m) для поглощенія
serpentino (m) d'assorbimento
serpentin (m) para la absorción *ó* para secar

---

5 Absorptionsröhre (f)
absorption tube
tube (m) à dessécher

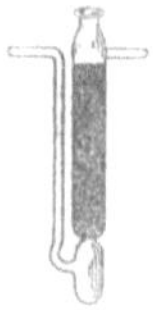

с[т]клянка (f) для поглощенія; поглотительная трубка (f)
tubo (m) d'assorbimento
tubo (m) para la absorción *ó* para secar

---

6 Gaszuführungskapillare (f)
gas inlet capillary tube
capillaire (m) d'arrivée du gas

газоподводная капилярная трубка (f)
tubo (m) capillare d'ammissione del gas
tubo (m) capilar conductor de gas

---

7 Dichtebestimmung (f)
determination of density
détermination (f) de la densité

опредѣленіе (n) плотности газа
valutazione (f) della densità
determinación (f) de la densidad

---

8 Gasdichte (f)
density of a gas
densité (f) d'un gaz

плотность (f) газа
densità (f) d'un gas
densidad (f) del gas

---

9 Gasteilungsröhre (f)
gas tee piece
tube (m) de séparation des gaz

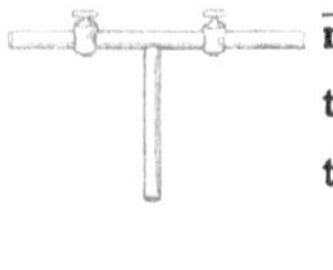

газораздѣлительная трубка (f)
tubo (m) divisore per gas, separatore (m)
tubo (m) repartidor de gas

Gassammelröhre (f)
gas collecting tube
tube (m) collecteur de gaz

газособирательная трубка (f)
tubo (m) collettore di 1
gas
tubo (m) colector de gas

Gassack (m)
gas bag
sac (m) *ou* poire (f) en caoutchouc pour gaz

мѣшокъ (m) для газа
sacca (f) *o* polmone (m) 2
di gas
saco (m) para gas

Gasbehälter (m)
gas reservoir
réservoir (m) à gaz

газособиратель (m); резервуаръ (m) для
газа 3
serbatoio (m) di gas
recipiente (m) de gas

Gasometer (n u. m)
gasmeter, gasometer
gazomètre (m)

газометръ (m)
gasometro (m) 4
gasómetro (m)

Gasdruckmesser (m)
manometer
manomètre (m) pour les gaz, appareil (m) à mesurer la pression des gaz

приборъ (m) для измѣренія давленія газовъ
misuratore (m) di pres- 5
sione per gas
instrumento (m) para medir la presión de los gases

Gaswage (f)
gas balance
balance (f) à gaz, appareil (m) à déterminer le poids spécifique

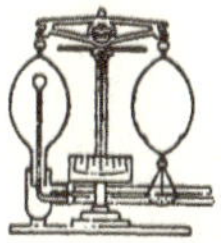

газовые вѣсы (mpl)
bilancia (f) per gas 6
balanza (f) para gas

Gasvolumeter (n)
gas volumeter
volumètre (m) à gaz

газовый волуметръ (m); приборъ (m)
для измѣренія объ- 7
ёма газа
volumetro (m) per gas
volúmetro (m) para gas

Gasuhr (f)
gas meter
compteur (m) à gaz

газовые часы (m pl)
contatore (m) a gas 8
contador (m) de gas

1 Gasregler (m)
gas regulator
régulateur (m) de gaz

регуляторъ (m) притока *или* давленія газа
regolatore (m) *o* moderatore (m) di gas
regulador (m) de gas

2 Metallkunde, Metallmikroskopie
Metallography
Métallographie

Металлографія; металломикроскопія
Metallografia
Metalografia

3 Metalluntersuchung (f), metallographische Untersuchung (f)
metallographic examination
recherche (f) métallographique

металлографическое изслѣдованіе (n)
ricerca (f) metallografica
ensayo (m) metalográfico

---

4 Allotropie (f)
allotropy
allotropie (f)

аллотропія (f)
allotropia (f)
alotropía (f)

---

5 allotrope Form (f)
allotropic form *or* modification
forme (f) allotropique

аллотропическая форма (f)
forma (f) allotropica
forma (f) alotrópica

---

6 gebundene [latente] Wärme (f)
latent heat
chaleur (f) latente

скрытая теплота (f)
calore (m) latente
calor (m) latente

---

7 polymorph (adj)
polymorphous (adj)
polymorphe (adj)

полиморфный
polimorfo (agg)
polimorfo (adj)

---

8 Abkühlungskurve (f)
cooling curve
courbe (f) de refroidissement

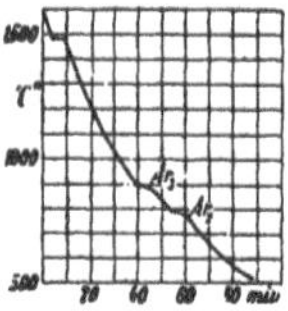

кривая (f) охлажденія
curva (f) di raffreddamento
curva (f) de enfriamiento

---

9 Umwandlungspunkte (m pl), Haltepunkte (m pl), kritische Punkte (m pl)
critical point
point (m) critique

Ar_2, Ar_3

температура (f) превращенія; критическая температура
punto (m) critico
punto (m) crítico

---

10 Umwandlungswärme (f)
critical heat
chaleur (f) critique

скрытая теплота (f) превращенія
calore (m) critico
calor (m) crítico

Hysterese (f), Hysteresis (f) hysteresis (f) hystérésis (m)	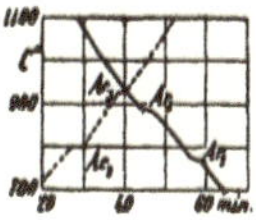	истерезисъ (m) isteresi (f) histéresis (m)	1
physikalisches Gemisch (n) physical mixture mélange (m) physique		физическая смѣсь (f) miscela (f) fisica mezcla (f) física	2
additiv (adj) additive (adj) additif (adj)		аддитивный aggregativo (agg) agregativo (adj)	3
Löslichkeit (f) solubility solubilité (f)		растворимость (f) solubilità (f) solubilidad	4
vollkommene Löslichkeit (f) perfect solubility solubilité (f) complète	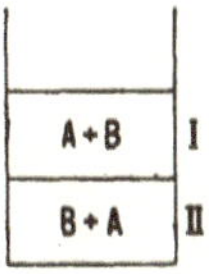	полная *или* совершенная растворимость (f) solubilità (f) completa solubilidad (f) completa	5
beschränkte Löslichkeit (f) limited solubility solubilité (f) limitée	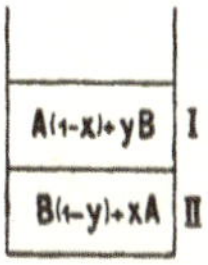	ограниченная растворимость (f) solubilità (f) limitata solubilidad (f) limitada	6
Löslichkeitskurve (f) curve of solubility courbe (f) de solubilité *ou* de concentration	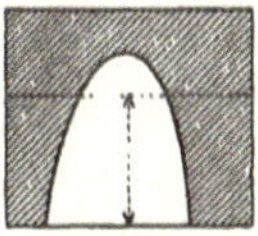	кривая (f) растворимости curva (f) di solubilità *o* di concentrazione curva (f) de solubilidad *ó* de concentración	7
Löslichkeitsfläche (f) surface of solubility surface (f) de solubilité	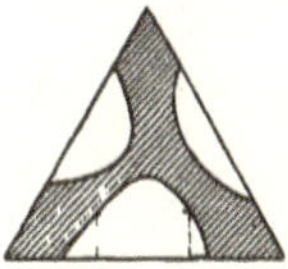	площадь (f) растворимости superficie (f) di solubilità superficie (f) de solubilidad	8
erstarrte Lösung (f) congealed solution, solidified solution solution (f) solidifiée		застывшій растворъ (m) soluzione (f) solida solución (f) sólida	9
feste Lösung (f) solid solution solution (f) cristallisée		твёрдый растворъ (m) soluzione (f) cristallizzata solución (f) sólida cristalizada	10

1	Mischkristall (m) mixed crystal corps (m) cristallisé dans le mélange		тѣло (n), кристаллизованное въ смѣси corpo (m) cristallizzato nella miscela cuerpo (m) cristalizado en la mezcla
2	Erstarrungsbild (n), Erstarrungsdiagramm (n) diagram of solidification diagramme (m) de solidification	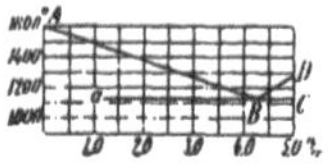	діаграмма (f) застыванія diagramma (m) dei tenori o delle proporzioni diagrama (m) de las proporciones
3	Mutterlauge (f) mother liquor liquide-mère (m)		маточный растворъ (m) liquido-madre (m) líquido-madre (m)
4	eutektische Mischung (f), Eutektikum (n) eutectic mixture mélange (m) eutectique		эвтектическая смѣсь (f); эвтектика (f) miscela (f) eutectica mezcla (f) eútectica
5	Phasenregel (f) phase rule loi (f) des phases	$F = n + 1 - \varphi$	правило (n) фазъ legge (f) delle fasi ley (f) de las fases
6	Freiheit (f) [der Phasen], Veränderungsmöglichkeit (f) der Phasen changeability of phases possibilité (f) de modification des phases	F	возможность (f) измѣненія possibilità (f) di modificare le fasi posibilidad (f) de modificarse las fases
7	Komponente (f) component constituant (m), composante (f)	n	вещество (m); независимое вещество; слагаемое (n); компонента (f) costituente (m), componente (m) constituyente (m), componente (m)
8	Phase (f) phase phase (f)	φ	фаза (f) fase (f) fase (f)
9	im Gleichgewicht stehen (v) to be in equilibrium être (v) en équilibre, coexister (v)		находиться въ равновѣсіи stare (v) in equilibrio, coesistere (v) estar (v) en equilibrio
10	**Herstellung der Schliffe** **Preparing the Slides** **Préparatión des surfaces polies**		**Изготовленіе шлифовъ** **Preparazione delle superfici levigate** **Preparación de las placas pulimentadas**
11	Schliffstück (n) slide plaquette (f) polie	 b a	шлифъ (m) pezzo (m) levigato placa (f) pulimentada

Schlifffläche (f) surface of slide surface (f) polie	a	поверхность (f) шлифа superficie (f) levigata superficie (f) pulimentada	1
Schleifriß (m) grinding strie (f) de la plaquette polie	b	основаніе (n) шлифа striatura (f) del pezzo levigato estría (f) de la placa pulimentada	2
mit der Feile ebnen (v) to plane by filing polir (v) à la lime		опиливать напилкомъ на плоскость spianare (v) colla lima pulimentar (v) con la lima	3
Grobschleifen (n) to grind roughly polissage (m) préparatoire *ou* grossier		предварительное шлифованіе (n); грубая шлифовка (f) spianatura (f) colla lima grossa pulimento (m) preparatorio, desbastado (m)	4
Feinschleifen (n) to grind finely polissage (m) fin		окончательное шлифованіе (n); тонкая шлифовка (f) spianatura (f) colla lima fine pulimento (m) acabado *ó* fino	5
die Probe kühlhalten (v) to keep the sample cool maintenir (v) l'échantillon froid		сохранять пробу холодною tenere (v) fresco il campione refrescar (v) la prueba	6
Schleifmittel (n) grinding material matière (f) à polir		вещество (n) для шлифовки; шлифовальный порошокъ (m) materia (f) per levigare, smeriglio (m) substancia (f) para pulimentar	7
Schmirgelpapier (n) emery paper papier (m) à l'émeri		наждачная бумага (f) carta (f) smerigliata papel (m) de esmeril	8
Schleifschmirgel (m) grinding emery émeri (m)		наждакъ (m) для шлифованія smeriglio (m) esmeril (m)	9
Schmirgelschlämmapparat (m) apparatus for decanting emery appareil (m) à délayer l'émeri		аппаратъ (m) для отмучиванія наждака apparecchio (m) per lavare lo smeriglio aparato (m) para lavar el esmeril	10
Holzscheibe (f) wooden disc disque (m) en bois		деревянный дискъ (m) *или* кругъ (m) disco (m) di legno disco (m) de madera	11

1	mit Tuch überziehen (v) to cover with cloth recouvrir (v) de drap		покрыть сукномъ coprire (v) con tela cubrir (v) con una tela
2	Polierrot (n), Juwelierrot (n) jeweller's red, Paris red rouge (m) à polir		крокусъ (m); красный полировальный порошокъ (m) rosso (m) per levigare, rosso (m) inglese rojo (m) de pulimentar *ó* de joyeros
3	Schleifbrett (n) grinding board planchette (f) à polir		полировальная доска (f) piano (m) di levigazione tablilla (f) de pulimentar
4	geschliffene Glasplatte (f) cut glass plate plaque (f) en verre poli	a	полированная стеклянная пластина (f) piastra (f) di vetro arrotato placa (f) de vidrio pulimentado
5	Seifenlösung (f) soap solution solution (f) de savon		растворъ (m) мыла soluzione (f) di sapone disolución (f) de jabón
6	polieren (v) to polish polir (v)		полировать levigare (v), lustrare (v) pulimentar (v)
7	Poliermaschine (f) motor for polishing moteur (m) à polir	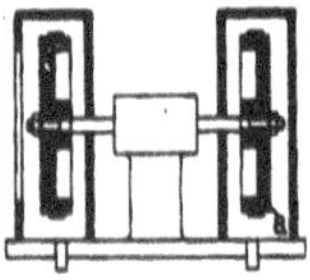	полировальный моторъ (m) motore (m) per levigare motor (m) para pulimentar
8	Flanellscheibe (f) flannel disc disque (m) en flanelle	n	кругъ (m), покрытый фланелью disco (m) di flanella *o* di panno disco (m) de flanela
9	Tonerde (f) clay, argillaceous earth argile (f)		глинозёмъ (m) argilla (f) arcilla (f)
10	geschlämmte Tonerde (f) washed argillaceous earth *or* clay argile (f) finement lavée *ou* délayée		отмученный глинозёмъ (m) argilla (f) lavata arcilla (f) finamente lavada
11	Zerstäuber (m) für geschlämmte Tonerde pulverisor for washed argillaceous earth *or* clay pulvérisateur (m) d'argile finement lavée *ou* délayée		пульверизаторъ (m) для отмученнаго глинозёма polverizzatore (m) per argilla lavata pulverizador (m) para arcilla finamente lavada

German / English / French	Russian / Italian / Spanish	No.
Entwicklung des Gefüges **Development of the Texture** **Développement de la texture**	**Проявленіе строенія, структуры** **Sviluppo della tessitura *o* struttura** **Desarrollo *ó* revelamiento de la estructura**	1
Gefügebestandteil (m) portion of the texture constituant (m) de la texture	составная часть (f) строенія *или* структуры costituente (m) della tessitura *o* struttura constituyente (m) de la estructura	2
entwickeln (v), sichtbar machen (v) to develop, to make visible développer (v), faire apparaître (v)	проявить; обнаружить; сдѣлать видимымъ sviluppare (v), rendere (v) visibile, rivelare (v) desarrollar (v), hacer (v) visible	3
das Gefüge bloßlegen (v) to expose *or* reveal the structure faire apparaître (v) la texture	проявить строеніе; обнаружить структуру rivelare (v) la struttura dejar (v) al descubierto la estructura	4
reine Schleiffläche (f) clean grinding surface surface (f) polie propre	чистая поверхность (f) шлифа superficie (f) levigata propria superficie (f) de pulimento limpia	5
matte Stelle (f) dull *or* dead spot partie (f) mate	матовое *или* тусклое мѣсто (n) superficie (f) appannata zona (f) mate	6
erhaben polieren (v), [reliefpolieren (v)] relief polishing polir (v) en relief	производить рельефную полировку; полировать въ рельефъ levigare (v) in rilievo pulimentar (v) en relieve	7
Ätzprobe (f) corroding proof échantillon (m) obtenu par corrosion	испытаніе (n) посредствомъ протравы; проба (f) травленіемъ campione (m) ottenuto con attacco acido prueba (f) obtenida por ataque	8
Ätzen (n) etching attaque (f) chimique, corrosion (f)	травленіе (n) attacco (m) acido *o* chimico, mordente (m) ataque (m) químico	9

1 Ätzfiguren (f pl)
etching figures
figures (f pl) de corrosion
фигуры (f pl) вытравленія
figure (f pl) di corrosione
figuras (f pl) de corrosión

---

2 ätzpolieren (v)
etching polishing
polir (v) par attaque à l'acide
производить травящую полировку
levigare (v) con attacco acido
pulimentar (v) por ataque de ácidos

---

3 Süßholzextrakt (m)
liquorice extract
extrait (m) de réglisse
экстрактъ (m) солодковаго *или* лакричнаго корня
estratto (m) di liquirizia
extracto (m) de regaliz

---

4 ätzen (v)
to etch, to bite, to attack, to corrode
attaquer (v) à l'acide
травить
attaccare (v) con acido, mordere (v)
atacar (v)

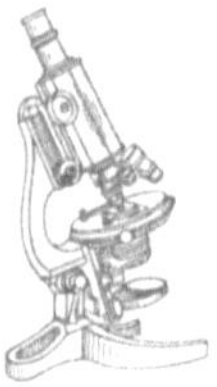

5 **Das Mikroskop**
The Microscope
Le Microscope
Микроскопъ
Il Microscopio
El Microscopio

6 durch das Mikroskop prüfen (v), mikroskopieren (v)
microscopical testing
observer (v) au microscope
разсмотрѣть (разсматривать) подъ микроскопомъ
osservare (v) al microscopio
observar (v) con el microscopio

7 Objektträger (m)
slide
porte-objet (m)
пластинка (f) для закрѣпленія на ней стёклышка съ изслѣдуемымъ объектомъ
portaoggetti (m)
porta-objeto (m)

---

8 Mikroskopierlampe (f)
microscope lamp
lampe (f) pour microscope
лампа (f) для микроскопныхъ работъ
lampada (f) da microscopio
lámpara (f) para microscopio

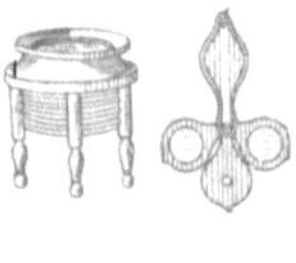

9 Lupe (f)
magnifier
loupe (f)
лупа (f); простой микроскопъ (m)
lente (f)
lente (f)

---

10 Beobachtung (f)
observation
observation (f)
наблюденіе (n)
osservazione (f)
observación (f)

German / English / French	Russian / Italian / Spanish	No.
Objektiv (n) objective objectif (m)	объективъ (m) obiettivo (m) objetivo (m)	1
Augenlinse (f), Okular (n) eye piece oculaire (m)	окуляръ (m) oculare (m) ocular (m)	2
Brennweite (f) focal length distance (f) focale	фокусное разстоянie (n) distanza (f) focale distancia (f) focal	3
Gesichtsfeld (n) field of view champ (m) de la lunette	поле (n) зрѣнія campo (m) visivo campo (m) de la lente	4
Sehweite (f) visual distance champ (m) de vision	разстоянie (n) яснаго зрѣнія distanza (f) visiva, portata (f) di vista campo (m) de visión	5
Vergrößerung (f) magnification grossissement (m)	увеличенie (n) ingrandimento (m) aumento (m)	6
Eigenvergrößerung (f) real magnification grossissement (m) à la distance de la vue distincte propre *ou* obtenu par l'objectif	истинное увеличенie (n) объектива ingrandimento (m) reale aumento (m) particular del objetivo	7
Gesamtvergrößerung (f) total magnification grossissement (m) total à la distance de la vue distincte	истинное увеличенie (n) микроскопа ingrandimento (m) totale aumento (m) total	8
förderliche Vergrößerung (f) available magnification grossissement (m) utile	потребное увеличенie (n) ingrandimento (m) utile aumento (m) útil	9
Luftbild (n) image image (v) virtuelle	мнимое изображенie (n) immagine (f) virtuale imagen (f) virtual	10
Abbildungsfehler (m) image fault défaut (m) dans la formation des images	искаженie (n) изображенія errore (m) nell'immagine defecto (m) en la formación de las imágenes	11
aplanatisch (adj) aplanatic (adj) aplanétique (adj)	апланатичный aplanatico (agg) aplanático (adj)	12
chromatisch (adj) chromatic (adj) chromatique (adj)	хроматическiй cromatico (agg) cromático (adj)	13

1	achromatisch (adj) achromatic (adj) achromatique (adj)	ахроматическій acromatico (agg) acromático (adj)
2	apochromatisch (adj) apochromatic (adj) apochromatique (adj)	апохроматическій apocromatico (agg) apocromático (adj)
3	Linsensystem (n) system of lenses système (m) de lentilles	система (f) линзъ sistema (m) di lenti, sistema (m) lenticolare sistema (m) lenticular
4	Beleuchtung (f) illumination éclairage (m)	освѣщеніе (n) illuminazione (f) alumbrado (m), iluminación (f)
5	auffallendes Licht (n) impinging light lumière (f) incidente	падающій свѣтъ (m) luce (f) incidente luz (f) incidente
6	beleuchtetes Objekt(n) illuminated object objet (m) éclairé	освѣщённый предметъ (m) oggetto (m) illuminato objeto (m) alumbrado
7	Beleuchtungsvorrichtung (f) illumination apparatus, condenser dispositif (m) d'éclairage	освѣтительный приборъ (m) *или* аппаратъ (m); освѣтитель (m) apparecchio (m) d'illuminazione disposición (f) para alumbrar
8	äußere Lichtquelle (f) exterior source of light source (f) de lumière extérieure	наружный источникъ (m) свѣта sorgente (f) di luce esterna luz (f) exterior
9	Lichtstärke (f) candle power, power of the light pouvoir (m) éclairant, intensité (f) lumineuse	сила (f) свѣта potere (m) luminoso, intensità (f) luminosa poder (m) luminoso, intensidad (f) luminosa
10	Lichtmenge (f) quantity of light quantité (f) de lumière	количество (n) свѣта quantità (f) di luce cantidad (f) de luz
11	Tageslicht (n) daylight lumière (f) du jour	дневной свѣтъ (m) luce (f) del giorno (diffusa) luz (f) natural
12	Sonnenlicht (n) sunlight lumière (f) du soleil	солнечный свѣтъ (m) luce (f) solare luz (f) solar
13	Kalklicht (n) lime light lumière (f) de Drummond	друммондовъ свѣтъ (m) luce (f) di Drummond luz (f) [de] Drummond ó de calcio

Gasglühlicht (n)
incandescent gas light
bec (m) à gaz incandescent

газокалильный свѣтъ (m)
becco (m) a incandescenza
mechero (m) de gas incandescente 1

Quecksilberlampe (f)
mercury lamp
lampe (f) à mercure

ртутная лампа (f)
lampada (f) a mercurio
lámpara (f) de mercurio 2

Strahlengang (m)
course of rays (pl)
trajet (m) des rayons

ходъ (m) лучей
direzione (f) dei raggi
dirección (f) de los rayos 3

Lichtbündel (n)
light bundle
faisceau (m) lumineux

пучёкъ (m) свѣтовыхъ лучей
fascio (m) luminoso
haz (m) de luz ó luminosa 4

Lichtfilter (n u. m)
light filter
filtre (m) à lumière

свѣтофильтръ (m)
filtro (m) luminoso
filtro (m) de luz 5

Blende (f)
diaphragm
écran (m)

діафрагма (f)
diaframma (m)
pantalla (f) 6

Objekttisch (m)
stage for the slide
porte-objet (m)

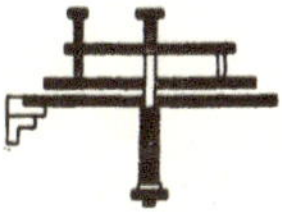

предметный столикъ (m)
tavola (f) per oggetti, portaoggetti (m)
porta-objetos (m) 7

Einstellung (f)
focussing
mise (f) au point

установка (f) на фокусъ
messa (f) a fuoco
graduación (f) 8

Mikroskopgestell (n) nach Martens
Martens microscope stand
support (m) de microscope d'après Martens

микроскопный штативъ (m) системы Мартенса
sostegno (m) da microscopio secondo Martens
soporte (m) de microscópio sistema Martens 9

Die photographische Technik
The Technical Photography
La technique photographique

Техника фотографіи
La tecnica fotografica
La técnica fotográfica 10

belichten (v)
to expose [to the light]
exposer (v) [à la lumière]

освѣщать
esporre (v) alla luce
exponer (v) [al sol, á la luz] 11

1	photographischer Apparat (m) photographic apparatus appareil (m) photographique	фотографическій аппаратъ (m) apparato (m) fotografico aparato (m) fotográfico
2	photographische Platte (f) photographic plate plaque (f) photographique	фотографическая пластинка (f) lastra (f) fotografica placa (f) fotográfica
3	Schiebekassette (f) sliding box châssis (m)	кассета (f) cassetta (f) chasis (m)
4	Negativ (n) negative négatif (m), épreuve (f) négative	негативъ (m) negativa (f) [prueba (f)] negativa
5	entwickeln (v) to develop développer (v)	прояв-ить (-лять) sviluppare (v) revelar (v)
6	Oberflächenentwicklung (f) surface development développement (m) de la surface (des clairs)	проявленіе (n) сильно освѣщённыхъ мѣстъ sviluppo (m) della superficie revelación (f) de la superficie
7	Tiefenentwicklung (f) bringing out the depths développement (m) en profondeur (des parties sombres)	проявленіе (n) затѣнённыхъ мѣстъ sviluppo (m) in profondità revelación (f) de las capas inferiores
8	Fixieren (n) fixing fixage (m)	закрѣпленіе (n); фиксированіе (n) fissaggio (m) fijación (f)
9	Positiv (n) positive positif (m), épreuve (f) positive	позитивъ (m) positiva (f) [prueba (f)] positiva
10	kopieren (v) to print tirer (v) une épreuve	копировать copiare (v), stampare (v), tirare (v) una copia tirar (v) una prueba
11	tonen (v) to shade, to tone virer (v), teinter (v)	окрашивать; вирировать virare (v) dar (v) el tono, virar (v)

Spezielle Metallographie des Eisens **Special Metallography** **Métallographie spéciale du fer**		**Специальная металлографія желѣза** **Metallografia speciale del ferro** **Metalografia especial del hierro**	*1*
Kleingefüge (n) fine texture texture (f) fine, grain (m) fin		микроскопическое строепie (n) tessitura (f) *o* struttura (f) fine estructura (f) fina, grano (m) fino	*2*
gekörnt (adj) pearly (adj) grenu (adj)		зернистый maculato (agg), granulato (agg) granulado (adj)	*3*
schwarze Nadeln (f pl) black needles aiguilles (f pl) noires		черныя иглы (f pl) aghi (m pl) neri agujas (f pl) negras	*4*
Ferrit (m) ferrite ferrite (f)	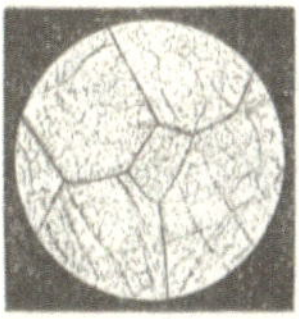	ферритъ (m) ferrite (f) ferrita (f)	*5*
Zementit (m) cementite, carbide of iron cémentite (f)	 C	цементитъ (m) cementite (f) cementita (f)	*6*
Perlit (m) pearlite perlite (f)		перлитъ (m) perlite (f) perlita (f)	*7*
Sorbit (m) sorbite sorbite (f)	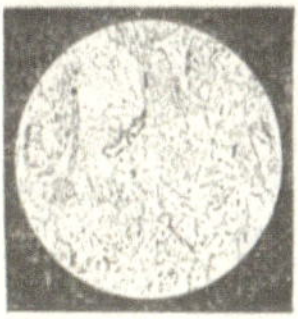	сорбитъ (m) sorbite (f) sorbita (f)	*8*

1 Hartilit (n), Austenit (n)
austenite
hartilite (f), austenite (f)

аустенитъ (m)
austenite (f)
hartilita (f), austenita (f)

A

---

2 Hartit (n), Martensit (n)
hardenite, martensite
hartite (f), martensite (f)

M

гарденитъ (m); мартенситъ (m)
hartite (f), martensite (f)
hartita (f). martensita (f)

---

3 Nebengefügebestandteil (m)
incidental constituent
partie (f) accessoire de la texture

второстепенная часть (f) строенія
costituente (m) secondario
parte (f) accesoria de la estructura

---

4 Hartperlit (m), Troostit (m)
hard pearlite, troostite
troostite (f), perlite (f) dure

троститъ (m)
troostite (f)
troostita (f)

---

5 Temperit (m), Sorbit (m)
sorbite
tempérite (f)

сорбитъ (m)
sorbite (f)
temperita (f)

---

6 Osmondit (m)
osmondite
osmondite (f)

осмондитъ (m)
osmondite (f)
osmondita (f)

X.

Der Hochofen — **Доменная печь; домна**
Blast Furnace — **Alto forno**
Haut-fourneau — **Alto horno**

Hochofenwerk (n), Hochofenanlage (f)
blast furnace plant
installation (f) de hauts fourneaux

чугунноплавильный заводъ; доменный заводъ (m)
impianto (m) di alti forni
establecimiento (m) ó instalación (f) de altos hornos 1

Holzkohlenhochofen (m)
charcoal blast furnace
haut-fourneau (m) au charbon de bois

древесноугольная доменная печь (f); доменная печь, работающая на древесномъ углѣ 2
alto forno (m) a carbone di legna
alto horno (m) de carbón vegetal

Kokshochofen (m)
coke blast furnace
haut-fourneau (m) au coke

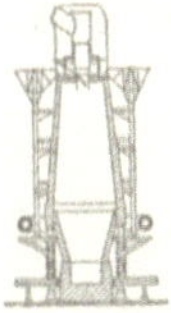

коксовая доменная печь (f); доменная печь, работающая на коксѣ 3
alto forno (m) a coke
alto horno (m) de cok

Anthrazithochofen (m)
anthracite blast furnace
haut-fourneau (m) à l'anthracite

антрацитовая доменная печь (f); доменная печь, работающая на антрацитѣ 4
alto forno (m) ad antracite
alto horno (m) de antracita

1 Blauofen (m), Blasofen (m), Blaseofen (m)
blast furnace, wind furnace
four (m) à soufflerie

блауофенъ (m); волчья печь (f); сыродутная печь
alto forno (m)
horno (m) con máquina soplante

---

2 Hochofen (m) mit offener Brust
blast furnace with open (m) hearth
haut-fourneau (m) à poitrine ouverte

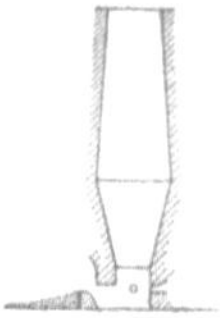

доменная печь (f) съ открытой грудью
alto forno (m) a petto aperto
alto horno (m) á pecho ó de frente abierto

---

3 Hochofen (m) mit geschlossener Brust
blast furnace with closed hearth
haut-fourneau (m) à poitrine fermée

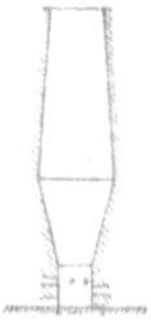

доменная печь (f) съ закрытой грудью
alto forno (m) a petto chiuso
alto horno (m) á pecho ó de frente cerrado

---

4 Hochofen (m) mit Rauhgemäuer
blast furnace with rough brickwork
haut-fourneau (m) avec massif en maçonnerie

доменная печь (f) съ кирпичнымъ кожухомъ
alto forno (m) in muratura massiccia
alto horno (m) con macizo de mampostería

---

5 Hochofen (m) mit eingebautem Gestell
blast furnace with chamber hearth
haut-fourneau (m) enveloppé

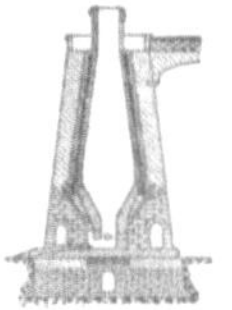

доменная печь (f) съ выложеннымъ горномъ
alto forno (m) con inviluppo o rivestito
alto horno (m) rodeado de pilares de ladrillu

---

6 schottischer Hochofen (m)
Scotch blast furnace
haut-fourneau (m) écossais

шотландская доменная печь (f)
alto forno (m) scozzese
alto horno (m) escocés

---

7 Hochofen (m) mit ovalem Gestell
blast furnace with oval hearth
haut-fourneau (m) à creuset ovale

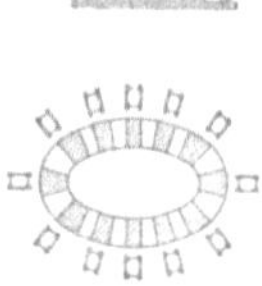

доменная печь (f) съ овальнымъ нижнимъ горпомъ *или* съ овальнымъ металлопріемникомъ
alto forno (m) con crogiuolo ovale
alto horno (m) de crisol ovalado

Hochofen (m) mit Blechmantel
blast furnace with sheet iron shell
haut-fourneau (m) à enveloppe en tôle

доменная печь (f) съ желѣзнымъ кожухомъ
alto forno (m) blindato
alto horno (m) con revestimiento de chapa 1

Eisenblechmantel (m)
sheet iron shell
enveloppe (f) en tôle de fer

a

кожухъ (m) изъ листового желѣза
blindaggio (m)
revestimiento (m) ó blindaje (m) de chapa de hierro 2

---

freistehender Hochofen (m)
independent free *or* separate blast furnace
haut-fourneau (m) à chemise nue

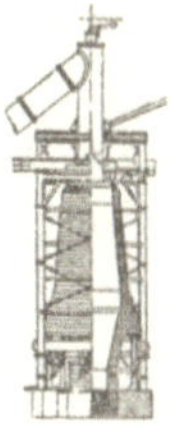

свободностоящая доменная печь (f); домна (f) со свободностоящей шахтой
alto forno (m) libero
alto horno (m) sin macizo 3

Hochofenbau, Aufbau
Blast Furnace Construction
Construction du haut-fourneau, construction

Устройство доменныхъ печей
Costruzione d'alti forni
Construcción del alto horno 4

Hochofenbauart (f)
type of construction of blast furnace
genre (f) de construction de haut-fourneau

типъ (m) доменной печи
genere (m) di costruzione d'alti forni
clase (f) de construcción del alto horno 5

Hochofenzeichnung (f)
blast furnace drawing
plan (m) *ou* dessin (m) de haut-fourneau

чертёжъ (m) доменной печи
disegno (m) d'alto forno
dibujo(m) de alto horno 6

Hochofenriß (m)
blast furnace section
profil (m) de haut-fourneau

профиль (m) доменной печи
profilo (m) d'un alto forno
perfil (m) de alto horno 7

Grundriß (m)
plan
plan (m) en projection horizontale, coupe (f) horizontale

планъ (m)
pianta (f)
planta (f), proyección (f) horizontal 8

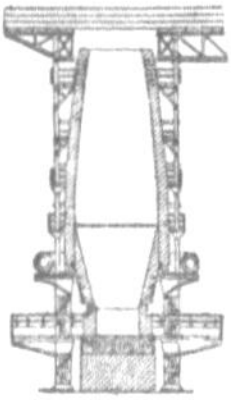

1 Aufriß (m)
elevation
élévation (f), coupe (f) verticale

вертикальный разрѣзъ (m)
sezione (f) *o* spaccato (m) verticale
alzado (m) elevación (f)

---

2 Ofendurchmesser (m)
diameter of furnace
diamètre (m) du fourneau

діаметръ (m) печи; поперечникъ (m)
diametro (m) del forno
diámetro (m) del horno

---

3 Abmessung (f)
dimension
dimension (f)

размѣръ (m); измѣренie (n)
dimensione (f)
dimensión (f)

---

4 Ofeninneres (n)
interior of blast furnace
intérieur (m) du haut-fourneau

внутренность (f) печи *или* рабочее пространство (n) печи
interno (m) dell'alto forno
interior (m) del alto horno

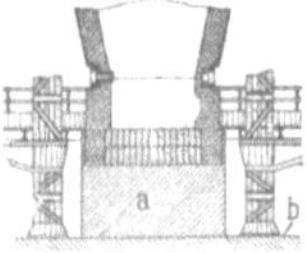

5 Grundmauer (f), Unterbau (m)
foundation
fondation (f)

основанie (n)
fondazione (f), fondamento (m)
fundación (f), cimiento (m)

a

---

6 Hüttensohle (f)
ground, level
sol (m) de l'usine

полъ (m) завода *или* уровень (m) заводского пола
suolo (m) dello stabilimento
nivel (m) del suelo de la fábrica

b

---

7 unzuverlässiger Baugrund (m)
unreliable building ground
terrain (m) *ou* sol (m) peu sûr

ненадёжный строительный грунтъ (m)
terreno (m) di fondazione poco sicuro
terreno (m) poco seguro

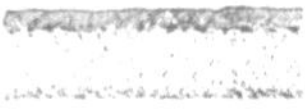

8 gewachsener Boden (m)
soil, natural soil
sol (m) naturel

материкъ (m); прочный грунтъ (m)
terreno (m) naturale
suelo (m) natural

9 sumpfiger Boden (m)
marshy soil
sol (m) marécageux

болотистый грунтъ (m)
terreno (m) palustre
suelo (m) fangoso

10 felsiger Boden (m)
rocky soil
sol (m) rocheux

скалистый грунтъ (m)
terreno (m) roccioso
suelo (m) de roca

Grundwasser (n)
ground water
nappe (f) d'eau souterraine

[под]почвенная *или* грунтовая вода (f) 1
acqua (f) sotterranea
agua (f) subterránea

Grundwasserspiegel (m)
level of ground water
niveau (m) de la nappe souterraine

a

уровень (m) [под]почвенной *или* грунтовой воды 2
livello (m) idrostatico
nivel (m) del agua subterránea

Fundament (n) auf Pfahlrost
pile foundation
fondation (f) sur pilotis

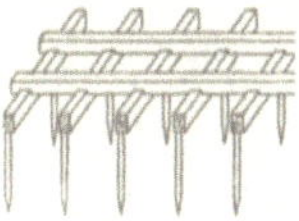

фундаментъ (m) на ростверкѣ и на сваяхъ
fondazione (f) su platea di palafitte 3
fundación (f) sobre pilotes

Fundament (n) aus Ziegelmauerwerk
brick foundation
fondation (f) en briques

фундаментъ (m) изъ кирпичной кладки; кирпичный фундаментъ
fondazione (f) di mattonato 4
fundación (f) de ladrillos

Fundament (n) aus Bruchsteinen
broken stone foundation
fondation (f) en moellons

фундаментъ (m) изъ бутовой кладки
fondazione (f) in pietrame di cava 5
cimiento (m) ó fundación (f) de piedra

Betonunterlage (f)
concrete base
soubassement (m) en béton

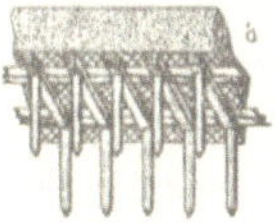

a

бетонная подстилка (f)
platea (f) o basamento (m) in calcestruzzo 6
base (f) de hormigón

Eisenbeton (m)
ferro concrete, reinforced concrete, concrete steel (A*)
béton (m) armé

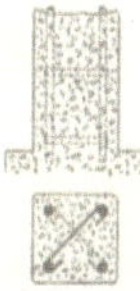

желѣзобетонъ (m)
cemento (m) armato 7
hormigón (m) armado

Stampfbeton (m)
stamped concrete
béton (m) damé

утрамбованный бетонъ (m)
calcestruzzo (m) battuto 8
hormigón (m) apisonado

* A = americanism

1 Schüttbeton (m)
heaped concrete
béton (m) coulé

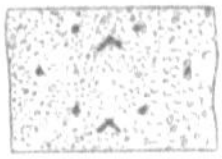

неутрамбованный *или* сыпучій бетонъ (m)
calcestruzzo (m) colato
hormigón (m) colado

---

2 Mauersockel (m), Steinsockel (m)
brick *or* stone wall
socle (m) en maçonnerie, socle (m) en pierre

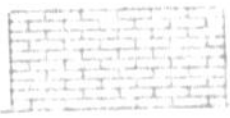

цоколь (m) изъ каменной кладки
zoccolo (m) in muratura
zócalo (m) *ó* pilar (m) de mampostería

---

3 Boden (m), Bodenstein (m)
base block, hearth block
fond (m) du creuset, brique (f) du creuset

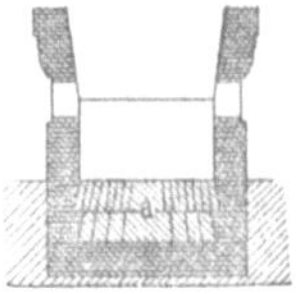

a

лещадь (f)
fondo (m) del crogiuolo
fondo (m) del crisol

---

4 Kreisform (f)
circular shape
forme (f) circulaire

форма (f) круга; кругообразная форма
forma (f) circolare
forma (f) circular

---

5 achteckige Form (f)
octagonal shape
forme (f) octogonale *ou* à huit pans

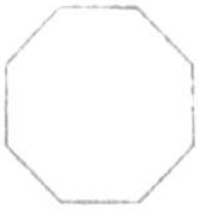

восьмиугольная форма (f)
forma (f) ottagonale
forma (f) octagonal

---

6 Kanäle (m pl) zur Bleigewinnung
channels for running lead
canaux (m pl) pour recueillir le plomb

каналы (m pl) для собиранія свинца
canali (m pl) per raccogliere il piombo
canales (f pl) para recoger el plomo

---

7 Scheitel (m) des Bodens
top of the base
sommet (m) *ou* clé (f) de voûte de la sole

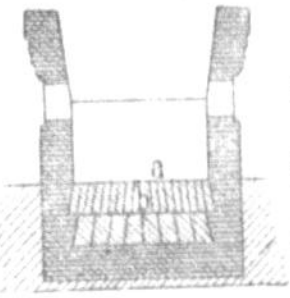

a

поверхность (f) лещади
prominenza (f) del suolo *o* del terreno
clave (f) de la plaza *ó* del fondo del crisol

---

8 scheitrechter Boden (m)
level plate
voûte (f) plate

b

плоская *или* прямолинейная арка (f); перемычка (f)
volta (f) piatta
bóveda (f) plana

---

freigelegter Boden (m)
uncovered base, exposed base
creuset (m) libre, fond (m) reposant sur poutrelles

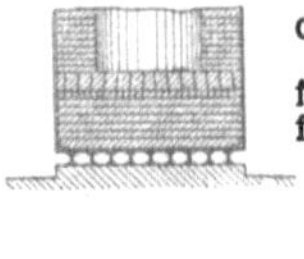

обнажённая лещадь (f)
fondo (m) libero
fondo (m) aislado del suelo

Rüstung (f)
iron fitting of the furnace, armour (A*) of the furnace
armature (f), blindage (m)

станины (f pl) *или* стойки (f pl) доменной печи
armatura (f), blindaggio (m)
armazón (f) 1

a

Eisenplatte (f), Fußplatte (f)
iron plate, sole plate
plaque (f) en fer, sabot (m), embase (f)

чугунная плита (f); основная плита
piastra (f) di fondazione in ferro, piastra (f) di base
placa (f) de hierro, placa (f) de base 2

---

b

Ankerschraube (f)
anchor screw, Lewis bolt
boulon (m) d'ancrage

анкерный болтъ (m); фундаментный болтъ
chiavarda (f) di fondazione
perno (m) de anclaje 3

Vorrichtung (f) zum Lockern und Anziehen der Schrauben
device for loosening and tightening the nuts
appareil (m) pour serrer et dégager les boulons

приспособленіе (n) для отпуска и натягиванія болтовъ
tenditore (m), serraviti (m)
aparato (m) para aflojar y apretar los tornillos 4

Vorherd (m)
forehearth
avant-creuset (m)

передній горнъ (m)
avancrogiuolo (m)
antecrisol (m) 5

---

a

b

Herd (m)
hearth
creuset (m)

горнъ (m); металлопріемникъ (m); нижняя часть (f) доменнаго горна; нижній горнъ (m)
crogiuolo (m)
crisol (m) 6

---

c

Herdsohle (f), Ofensohle (f)
hearth level
fond (m) du creuset, sole (f) du creuset

подъ (m) горна; лещадь (f)
suola (f)
fondo (m) del crisol, plaza (f) del crisol 7

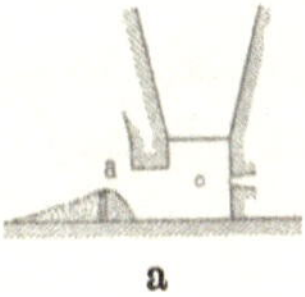

Brustöffnung (f)
hearth hole, hearth opening
ouverture (f) de la poitrine

отверстіе (n) груди
apertura (f) del petto
abertura (f) del frente ó delantera 8

a

---

* A = americanism

1	Tümpelgewölbe (n) tymp arch voûte (f) de la tympe		сводъ (m) темпеля volta (f) del timpano bóveda (f) de la tímpa
2	Tümpel (m), Tümpelstein (m) tymp stone tympe (f)	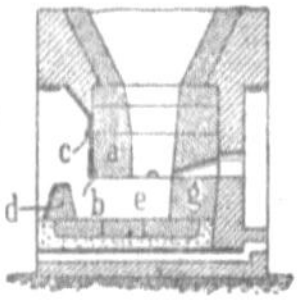 a	темпель (m) timpano (m) tímpa (f)
3	Tümpeleisen (n) tymp plate, tymp fer (m) de tympe, tymplon (m)	b	темпельный брусъ (m) ferro (m) del timpano hierro (m) de tímpa
4	Tümpelblech (n) tymp sheet iron *or* steel (A*) tôle (f) de la tympe, gendarme (m)	c	чугунная плита (f), облегающая темпель; темпельная доска (f) lamiera (f) del timpano chapa (f) de la tímpa
5	Dammstein (m), Wallstein (m) dam stone, baffle stone dame (f)	d	порогъ (m); порожный камень (m) pietra (f) di dama dama (f)
6	Seitenstein (m) side stone costière (f)	e	боковой камень (m) costiera (f) costero (m)
7	Rückstein (m) back stone pierre (f) faisant vis-à-vis à la dame, rustine (f)	g	задній камень (m) pietra (f) di dietro, rustico (m) rustina (f), pared (f) trasera
8	falscher Dammstein (m) false dam stone fausse dame (f)		ложный порогъ (m); порожный камень (m) falsa dama (f) falsa dama (f)
9	Wallplatte (f) dam plate, baffle plate plaque (f) de dame	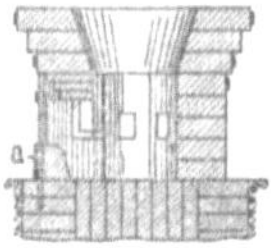 a	соковая доска (f) piastra (f) di guardia plancha (f) de dama
10	Stirnplatte (f) headplate plaque (f) frontale, gendarme (m)	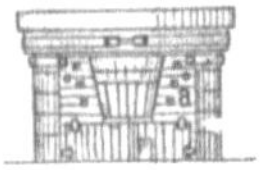 a	лицевая *или* лобовая плита (f) piastra (f) frontale placa (f) frontal

* A = americanism

Ausbauchung (f)
camber, belly
ventre (m), renflement (m)

утолщенiе (n)
ventre (m)
vientre (m) 1

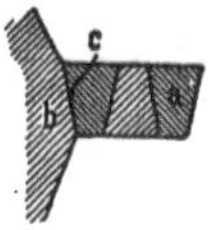

Keilstück (n)
wedge piece
voussoir (m)

a

клинъ (m)
mattone (m) a sezione trapezoidale
dovela (f) 2

Widerlager (n)
abutment
contrefort (m), culée (f)

b

подпора (f); контрфорсъ (m)
giunto (m) d'imposta
estribo (m) 3

Abschrägung (f)
tapering, bevelling
[brique (f) taillée en] biseau (m)

c

скосъ (m)
giunto (m)
bisel (m) 4

Arbeitsbühne (f)
working platform
plate-forme (f)

a

рабочая площадка (f)
piano (m) di lavoro
plataforma (f) 5

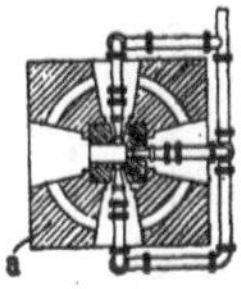

Eckpfeiler (m)
corner pillar
pilier (m) d'angle, pilier (m) de cœur

a

угловой устой (m)
pilastro (m) (d'angolo)
pilar (m) angular 6

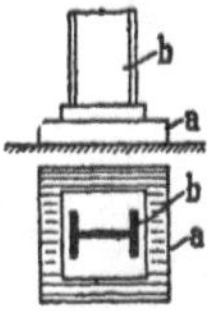

Säulenfuß (m)
base plate
base (f) des colonnes

a

основанiе (n) колоннъ *или* стоекъ
piede (m) *o* base (f) della colonna
base (f) de la columna 7

Säule (f), Ständer (m)
column
colonne (f)

b

колонна (f); стойка (f)
colonna (f)
columna (f) 8

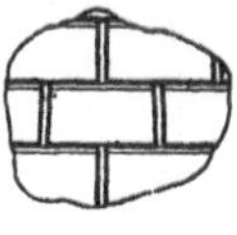

Manteleisen (n)
mantle sheet iron *or* steel (A*)
tôle (f) d'enveloppe

желѣзо (n) для кожуха; желѣзный кожухъ (m)
lamiera (f) di rivestimento
chapa (f) de blindaje 9

---

* A = americanism

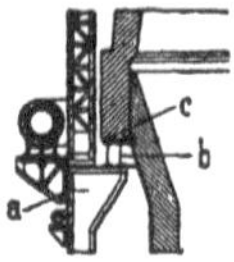

1 Eisenträger (m)
iron *or* steel (A*) stanchion
console (f) en fer

железная балка (f)
colonna (f) di ferro
consola (f) de hierro

a

---

2 Tragkranz (m)
bracket rim
couronne (f) (en fonte) de support, marâtre (f)

b

кольцо (n), поддерживающее шахту; опорное кольцо
marada (f)
corona (f) de soporte

---

3 Mantelplatte (f), Eisenkranz (m)
mantle bracket
support (m) du massif, couronne (f) de la marâtre

c

желѣзное кольцо (n) подъ шахтой
corona (f) della marada
placa (f) de soporte circular

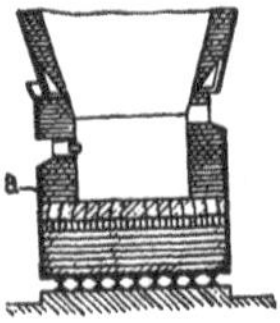

4 Gestellmantel (m)
hearth jacket
blindage (m) du creuset

одёжда (f) *или* кожухъ (m) горна
blindaggio (m) del crogiuolo
blindaje (m) del crisol

a

---

5 Gußeisenkranz (m)
cast iron crown
couronne (f) en fonte

чугунное кольцо (n)
corona (f) di ghisa
corona (f) de fundición

---

6 Schmiedeeisenring (m)
wrought iron ring
cercle (m) en fer forgé

желѣзное кольцо (n); стягивающее кольцо изъ желѣза
cerchio (m) di ferro battuto
cello (m) de hierro forjado

---

7 Stahlreif (m)
steel hoop
cercle (m) en acier

стальной ободъ (m)
cerchio (m) d'acciaio
cello (m) de acero

---

8 zum Ring gebogene T-Träger (m pl)
circular T-bearers
poutrelles (f) cintrées

тавровыя балки (f pl), согнутыя въ кольцо; кольцо (n) изъ тавроваго желѣза
trave (f) a curvatura circolare
viguetas (f pl) T dobladas en anillo

---

9 gußeiserner Ring (m)
cast iron ring
anneau (m) en fonte

чугунное кольцо (n)
anello (m) di ghisa
cello (m) de fundición

---

10 angegossener Zapfen (m)
cast-on pin
tenon (m) venu de fonte

прилитая цапфа (f)
manico (m) di fusione
espiga (f) fundida en una pieza con el anillo

---

* A = americanism

Eisenblechtafel (f)
sheet iron *or* steel (A*) plate
plaque (f) en tôle de fer

железный листъ (m)
lamiera (f)
placa (f) de chapa de hierro 1

Verschraubung (f)
screwing, bolting together
boulonnage (m)

болтовое соединенie (n) *или* скрѣпленie (n)
avvitatura (f)
fijación (f) por tornillos 2

Verbindungsschraube (f)
connecting screw *or* rod
boulon (m) d'assemblage

a

соединительный болтъ (m)
vite (f) di collegamento, bullone (m) di giunzione
tornillo (m) de unión 3

---

aufgenieteter Kranz (m) aus Winkeleisen
riveted angle iron rim
couronne (f) rivetée en fers cornières

приклёпанное кольцо (n) изъ углового желѣза
corona (f) formata da ferri d'angolo inchiodati
corona (f) de escuadras remachadas 4

---

umgelegtes Eisenband (n), Gürtel (m)
hoop, iron belt
ceinture (f) en fer plat

обхватывающая желѣзная лента (f); желѣзный обручъ (m)
cerchio (m), cintura (f)
cel (m) de llanta 5

Gestell (n)
hearth
ouvrage (m)

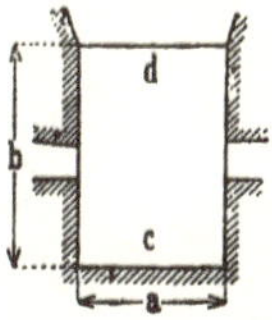

горнъ (m)
crogiuolo (m)
obra (f) del crisol 6

Gestellweite (f)
diameter of hearth
diamètre (m) de l'ouvrage

a

дiаметръ (m) горна
diametro (m) del crogiuolo
anchura (f) ó diámetro (m) de la obra 7

Gestellhöhe (f)
height of hearth
hauteur (f) de l'ouvrage

b

высота (f) горна
altezza (f) del crogiuolo
altura (f) de la obra 8

---

* A = americanism

1 Untergestell (n)
crucible, bottom of hearth *or* crucible
partie (f) inférieure de l'ouvrage, creuset (m)

c

нижняя часть (f) горна; металлопріемникъ (m)
crogiuolo (m)
parte (f) inferior de la obra, crisol (m)

---

2 Obergestell (n)
top of hearth *or* crucible
partie (f) supérieure de l'ouvrage, ouvrage (m)

d

верхняя часть (f) горна; надфурменная часть горна
presura (f)
parte (f) superior de la obra

3 **Gekühlte Teile des Hochofens**
Cooled Parts of the Blast Furnace
Parties refroidies du haut-fourneau

Охлаждаемыя части доменной печи
Parti raffreddate dell'alto forno
Partes refrigeradas del alto horno

4 Kühlvorrichtung (f)
cooling device
appareils (m pl) réfrigérants

устройство (n) охлажденія; охладительное устройство
dispositivo (m) *o* sistema (m) di raffreddamento
aparatos (m pl) refrigerantes

---

5 Wasserkühlung (f)
water cooling
refroidissement (m) par l'eau

водяное охлажденіе (n); охлажденіе водою
raffreddamento (m) ad acqua
refrigeración (f) por agua

---

6 Luftkühlung (f)
air cooling
refroidissement (m) par l'air

воздушное охлажденіе (n); охлажденіе воздухомъ
raffreddamento (m) ad aria
refrigeración (f) por aire

---

7 Kühlkasten (m)
cooling box, cooler
bâche (f) de refroidissement

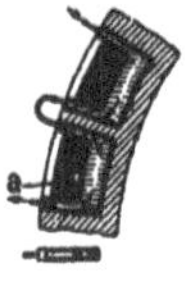

охладительная коробка (f)
cassa (f) di raffreddamento
caja (f) refrigerante

---

8 eingesetzte Rippe (f)
inserted rib
nervure (f) rapportée

a

вставленное ребро (n)
nervatura (f) incassata
nervio (m) inserto

Kühlform (f), wassergekühlte Form (f) cooled tuyere *or* twyer tuyère (f) refroidie par circulation d'eau	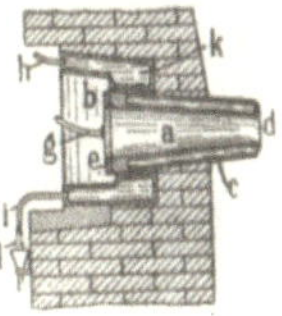 a	фурма (f) съ водянымъ охлажденіемъ; фурма, охлаждаемая водой tubiera (f) *od* ugello (m) raffreddato a circolazione d'acqua tobera (f) refrescada *ó* refrigerado por agua	1
gekühlter Rahmen (m) water jacketed frame cadre (m) refroidi	b	охлаждаемая рама (f) quadro (m) raffreddato marco (m) refrescado	2
Formwand (f) tuyere wall paroi (f) de la tuyère	c	стѣнки (f pl) фурмы parete (f) dell'ugello pared (f) de la tobera	3
Rüssel (m) der Form tuyere nozzle nez (m) de la tuyère	d	рыло (n) фурмы muso (m) dell'ugello morro (m) de la tobera	4
Verschlußdeckel (m) closing cover couvercle (m) obturateur	e	крышка (f) fondo (m) dell'ugello tapa (f) de cierre	5
Rohransatz (m) pipe junction raccord (m) de tuyau	g	патрубокъ (m) tubo (m) di giunzione unión (f) de tubo, manguito (m) de unión	6
Wasserzuflußrohr (n) water inlet pipe tuyau (m) d'arrivée d'eau	h	водопроводная труба (f); труба, подающая воду tubo (m) d'entrata dell'acqua tubo (m) de toma de agua	7
Wasserabflußrohr (n) water outlet pipe tuyau (m) d'écoulement d'eau	i	водоотводная труба (f) tubo (m) d'uscita dell'acqua tubo (m) de salida del agua	8
Drehschieber (m) swivel damper registre (m) tournant		вращающаяся задвижка (f) registro (m) girevole registro (m) giratorio	9
Kühlwasser (n) cooling water eau (m) de refroidissement	k	охлаждающая вода (f) acqua (f) di refrigerazione *o* raffreddamento agua (f) de refrigeración	10
erwärmtes Wasser (n) warmed water eau (f) réchauffée	l	подогрѣтая *или* нагрѣтая вода (f) acqua (f) scaldata agua (f) calentada	11

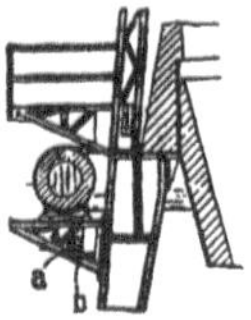

1 (Kühlwasser-)Rohrleitung (f)
piping, tubing
conduite (f) d'eau

трубопроводъ (m)
condotto (m) o conduttura (f) dell'acqua
conducto (m) de agua

a

2 Träger (m) des Kühlwasserrohres
bracket for the cooling water pipe
console (f) de support du tuyau d'eau de refroidissement

опора (f) водопровода
mensola (f) o sopporto (m) per il tubo dell'acqua di refrigerazione
soporte (m) del tubo de agua de refrigeración

b

3 Hängeeisen (n) des Zuflußrohres
support for water supply pipe
étrier (m) de suspension du tuyau d'arrivée

подвѣсная скоба (f) для водопроводной трубы
tirante (m) sospeso del tubo d'entrata
estribo (m) de suspensión del conducto de llegada

4 Berieselung (f)
irrigation
arrosage (m)

орошенiе (n)
innaffiamento (m)
riego (m)

5 Bespritzung (f)
spraying
aspersion (f)

спрыскиванiе (n)
spruzzamento (m)
aspersión (f)

6 Abflußrinne (f)
trough
rigole (f) *ou* chenal (m) d'écoulement

отводной жолобъ (m)
canale (m) *od* usciolo (m) di scolo
reguera (f) *ó* canal (f) de evacuación

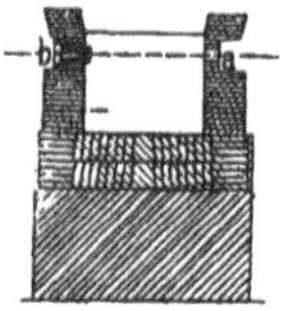

7 Ebene (f) der Windformen
tuyere level
niveau (m) des tuyères à vent

горизонтъ (m) воздушныхъ *или* духовыхъ фурмъ
livello (m) degli ugelli
nivel (m) de las toberas de aire

8 Formöffnung (f)
tuyere opening
chapelle (f)

a

глазъ (m) фурмы; фурменный глазъ
strombatura (f) *od* apertura (f) per l'ugello
arco (m) de la tobera

9 Windform (f), Blasform (f)
tuyere
tuyère (f) [à vent]

b

воздушная фурма (f); духовая фурма
ugello (m), tubiera (f)
tobera (f)

Bronzeform (f)
bronze tuyere
tuyère (f) en bronze

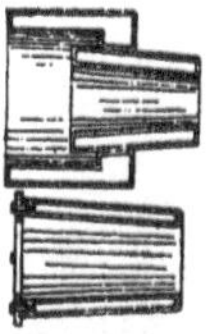

бронзовая фурма (f)
ugello (m) *o* tubiera (f) di bronzo
tobera (f) de bronce 1

Auge (n) der Form
opening of the tuyere
œil (m) de la tuyère

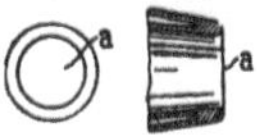

a

глазъ (m) *или* очко (n) фурмы; фурменный глазъ 2
apertura (f) dell'ugello
ojo (m) de la tobera

---

schlanke, kegelige Form (f)
conical tuyere
tuyère (f) conique

фурма (f), имѣющая видъ остраго усѣчённаго конуса
tubiera (f) conica, ugello (m) conico 3
tobera (f) cónica

---

kegelförmig (adj)
conical (adj)
conique (adj)

коническій; конусообразный
conico (agg) 4
cónico (adj)

Schlacken- und Eisenabstich
Topping out of the Slag, Slagging
Coulée de la fonte et du laitier

Выпускъ шлаковъ и чугуна
Colata delle scorie e della ghisa 5
Colada de las escorias y de la fundición

Schlackenloch (n)
slag hole, slag notch
trou (m) à laitier, bec (m) de passage du laitier

шлаковое отверстіе(n)
foro (m) per la scoria *o* loppa 6
escoriero (m), agujero (m) para las escorias

Schlackenform (f)
slag tuyere
tuyère (f) du trou de laitier, tuyère (f) à laitier

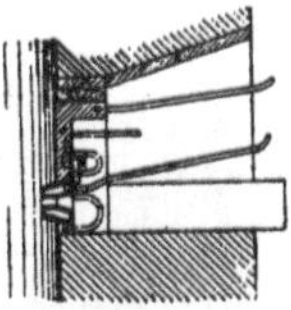

шлаковая фурма (f)
tubierina (f) per la scoria *o* loppa
tobera (f) del orificio de la escoria, tobera (f) de la escoria 7

Lürmannsche Schlackenform (f)
Lürmann slag tuyere
tuyère (f) à laitier Lürmann

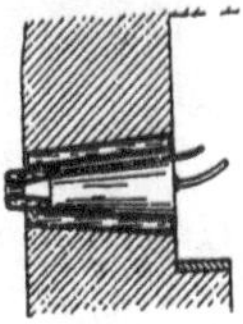

шлаковая фурма (f) Люрмана
tubierina (f) per la scoria *o* loppa Lürmann 8
tobera (f) de escoria sistema Lürmann

1	Schlackenabfluß (m) slag discharge rigoles (f pl) à laitier		шлаковый выпускъ (m) canale (m) per la scoria *o* loppa caños (m pl) de la escoria
2	Schlackenspur (f) cinder notch bec (m)	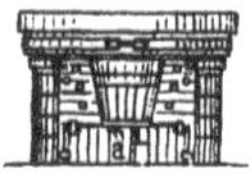 a	соковое отверстіе (n); соковое очко (n) usciolo (m) per la scoria *o* loppa agujero (m) para la escoria
3	Schlackentrift (f) flow of slag rigole (f) à laitier		шлаковый выпускъ (m) scarico (m) della scoria *o* loppa reguera (f) de la escoria
4	Stichloch (n), Stich (m), Abstichloch (n) tap hole trou (m) de coulée, stoupat (m)	 a	выпускное отверстіе (n); лётка (f) foro (m) di colata piquera (f), agujero (m) para la sangría
5	Eisenabflußrinne (f) iron runner rigole (f) de coulée	b	жолобъ (m) для чугуна canale (m) di colata canal (f) de colada
6	**Heißwindleitung** **Hot Air Main** **Conduite de vent chaud**	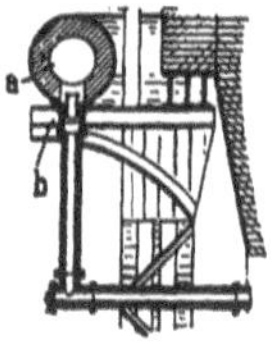 a	**Трубопроводъ для горячаго воздуха; подводъ горячаго дутья** **Condotto d'aria calda** **Conducto de aire caliente**
7	Traglappen (m) bracket console (f)	b	консоль (f); кронштейнъ (m) mensola (f) consola (f)
8	Kugellager (n) ball bearing coussinet (m) à billes		шариковый подшипникъ (m) sfera (f) cojinete (m) de bolas
9	Düsenstock (m), Windstock (m) blast connection porte-vent (m)		фурменный патрубокъ (m); воздухоподводящій рукавъ (m) portavento (m) porta-viento (m)

Anschlußstutzen (m) (an den Windkranz) **blast tube** **tubulure (f) du porte-vent**	a	**фурменный патрубокъ (m); воздухоподводящій рукавъ (m)** **gomito (m)** **tubo (m) del portaviento**	*1*
Düse (f), Mundstück (n) **nozzle** **buse (f)**	b	**сопло (n)** **ugello (m)** **busa (f), tobera (f), boquilla (f)**	*2*
Klappe (f) **flap valve** **clapet (m)**	c	**клапанъ (m)** **valvola (f)** **válvula (f) de charnela**	*3*
Schauöffnung (f), Schauloch (n) **peep hole, inspection hole** **regard (m)**	d	**глядѣлка (f); отверстіе (n) для наблюденія** **foro (m) *od* apertura (f) di spia** **mirilla (f)**	*4*
Glimmerplatte (f) **mica plate** **plaque (f) en mica**		**слюдяная пластинка (f)** **lastrina (f) di mica** **placa (f) de mica**	*5*
abnehmbarer Deckel (m) **removable cover** **couvercle (m) mobile**		**снимающаяся крышка (f)** **porticina (f)** **tapa (f) de quita y pon**	*6*
Befestigungsvorrichtung (f) **fixing device** **attache (f), fixation (f)**		**приспособленіе (n) для укрѣпленія** **apparecchio (m) per chiudere** **fijación (f)**	*7*
Bajonettverschluß (m) **bayonet lock** **fermeture (f) à baïonnette**		**штыковой затворъ (m)** **chiusura (f) a baionetta** **cierre (m) de bayoneta**	*8*
Bügel (m) **strap, stirrup** **étrier (m), bride (f)**	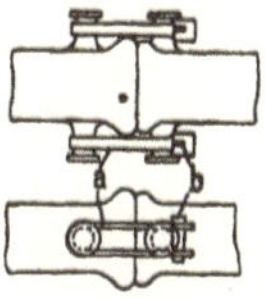 a	**бюгель (m); серьга (f)** **orecchione (m)** **estribo (m), tenedor (m)**	*9*
Keil (m) **wedge** **cale (f), coin (m)**	b	**чека (f)** **zeppa (f), chiavetta (f)** **cuña (f)**	*10*
Böckerscher Hahnverschluß (m) **Boecker's valve** **robinet (m) sphérique de Boecker**		**вращающійся клапанъ (m) Бёккера; шаровой затворъ (m) Бёккера** **valvola (f) di Boecker** **grifo (m) esférico de Boecker**	*11*

1 Kugelgelenk (n)
ball joint
joint (m) sphérique

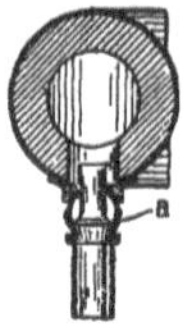

a

сферическое сочлененіе (n); шаровой стыкъ (m)
giunto (m) sferico
articulación (f) esférica

---

2 **Rast**
Boshes
Étalages

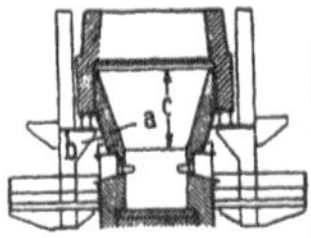

Заплечики
Sacca
Etalajes

3 Rastmauerung (f)
bosh brickwork
parois (f pl) des étalages, maçonnerie (f) des étalages

a

стѣнки (f pl) заплечиковъ
parete (f) della sacca
pared (f) de los etalajes

---

4 Rastmantel (m)
shell of bosh
enveloppe (f) des étalages

b

кожухъ (m) заплечиковъ
mantello (m) della sacca
revestimiento (m) de los etalajes

---

5 Rasthöhe (f)
height of bosh
hauteur (f) des étalages

c

высота (f) заплечиковъ
altezza (f) della sacca
altura (f) de los etalajes

---

6 Rastformen (f pl)
sections of boshes
profils (m pl) des étalages

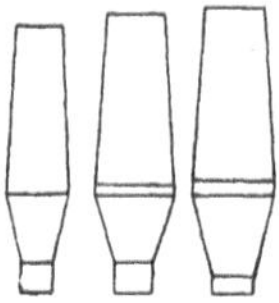

фурмы (f pl) въ заплечикахъ; (запасныя фурмы)
sezioni (f pl) della sacca
toberas (f pl) de los etalajes

---

7 Raststeine (m pl)
bosh stones
briques (f pl) d'étalages

кирпичи (m pl) заплечиковъ
mattoni (m pl) della sacca
ladrillos (m pl) de los etalajes

---

8 Rastwinkel (m)
angle of bosh
angle (m) des étalages

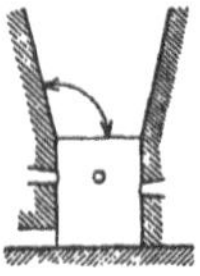

уголъ (m) заплечиковъ; наклонъ (m) заплечиковъ
angolo (m) della sacca
ángulo (m) de los etalajes

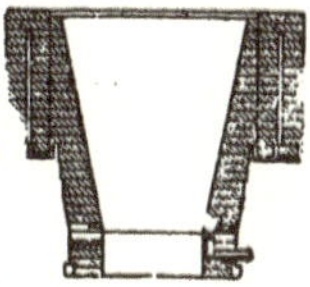

freistehende Rast (f)
free standing bosh
étalages (m) libres *ou* dégagés

свободные заплечики (m pl)
sacca (f) libera
etalajes (m pl) libres 1

---

mit Eisenbändern umgeben (v)
to surround with iron hoops
entourer (v) de cercles de fer

обхватить желѣзными связями
cerchiare (v) in ferro 2
ceñir (v) con llantas de hierro

Rastdruck (m)
pressure on the bosh
pression (f) des étalages

давленіе (n) [кладки] заплечиковъ
pressione (f) sulla sacca 3
presión (f) de los etalajes

Steinzustellung (f)
stone *or* brick work
appareillage (m) des briques

каменная *или* кирпичная кладка (f)
costruzione (f) in mattoni 4
construcción (f) de ladrillos

Massezustellung (f)
clay work
construction (f) en pisé réfractaire

набойка (f)
pigiata (f) 5
construcción (f) de masa refractaria

Bau (m) aus Stampfmasse
tamped *or* puddled clay
construction (f) en pisé réfractaire damé

задѣлка (f) утрамбованной массой
costruzione (f) al pestone 6
construcción (f) de masa refractaria apisonada

Kohlensack (m)
belly
ventre (m)

распаръ (m)
ventre (m) 7
vientre (f)

a

Schacht, Ofenschacht
Shaft, Stack (A*)
Cuve

Шахта; шахта доменной печи 8
Tino
Cuba

b

oberer Teil (m)
upper part
partie (f) supérieure

верхняя часть (f)
parte (f) superiore 9
parte (f) superior, tragante (m)

---

* A = americanism

1	unterer Teil (m) lower part partie (f) inférieure		нижняя часть (f) parte (f) inferiore parte (f) inferior
2	abgestumpfte Kegelform (f) truncated cone cône (m) tronqué		форма (f) усѣчённаго конуса tronco (m) di cono forma (f) de cono truncado
3	runder Querschnitt (m) circular section section (f) circulaire		круглое [поперечное] сѣченіе (n) sezione (f) circolare sección (f) circular
4	quadratischer Querschnitt (m) square section section (f) carrée		четырёхгранное [поперечное] сѣченіе (n) sezione (f) quadrata sección (f) cuadriforme
5	Kernschacht (m) lining of shaft chemise (f) réfractaire, parois (f pl) réfractaires	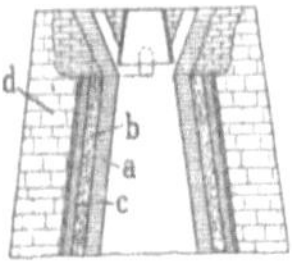 a	внутренняя кладка (f) шахты camicia (f) refrattaria, rivestimento (m) refrattario camisa (f) refractaria
6	Ausfüllstoff (m) packing material matières (f pl) de remplissage	b	матеріалъ (m) для забутки; забутка (f) materiale (m) di riempimento material (m) de relleno
7	Zwischenschacht (m) false lining fausse-chemise (f), remplissage (f) des murs	c	промежуточная кладка шахты (f) falsa camicia (f) revestimiento (m) intermedio
8	Hintermauerung (f) des Kernschachtes outer brickwork of shaft enveloppe (f) *ou* maçonnerie (f) extérieure de la cuve, gaine (f)	c	футеровка (f) внутренней шахты muratura (f) esterna della camicia revestimiento (m) de la camisa de la cuba
9	Rauhgemäuer (n) rough masonry massif (m) en maçonnerie	d	кожухъ (m) шахты; наружная кладка (f) шахты camicia (f) esterna macizo (m) de la cuba
10	Mauerkranz (m) wall rim, brick rim couronne (f) de maçonnerie		кирпичная одёжда (f) *или* кладка (f) corona (f) corona (f) de mampostería

Umhüllung (f), Mantel (m)
covering
enveloppe (f), gaine (f)

обмуровка (f)
mantello (m)
revestido (m), revestimiento (m) 1

Schacht (m) mit Mantel
iron plated shaft
cuve (f) avec enveloppe en tôle

шахта (f) съ кожухомъ
tino (m) blindato
cuba (f) con blindaje 2

---

freistehender Schacht (m)
independent shaft
cuve (f) dégagée *ou* libre

свободностоящая шахта (f)
tino (m) libero, tino (m) a camicia libera
cuba (f) sin macizo, cuba (f) libre 3

---

freigelegter Schacht (m)
free shaft
cuve (f) dégagée *ou* non isolée

шахта (f) съ раскрытой обмуровкой
tino (m) non isolato
cuba (f) no aislada 4

---

zugänglicher Schacht (m)
accessible shaft
cuve (f) accessible

доступная [для ремонта] шахта (f)
tino (m) accessibile
cuba (f) accesible 5

Schachtwandung (f)
shaft wall
chemise (f) de la cuve

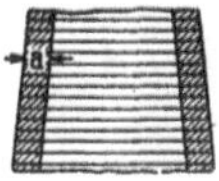

стѣнки (f pl) шахты; стѣны (f pl) шахты
parete (f) del tino
camisa (f) de la cuba 6

Wandstärke (f), Mauerstärke (f)
thickness of wall
épaisseur (f) de la paroi

a

толщина (f) стѣн[ок]ъ
spessore (m) della parete
espesor (m) de la pared 7

Schachtausmauerung (f)
shaft lining
maçonnerie (f) de la cuve

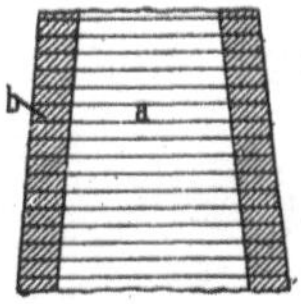

внутренняя шахта (f) доменной печи; кладка (f) шахты
muratura (f) del tino
mamposteria (f) de la cuba 8

Steinschicht (f)
course of brickwork
assise (f) de briques

a

слой (m) кладки
strato (m) di mattoni
hilada (f) de ladrillos 9

Schachtstein (m)
shaft brick
brique (f) de cuve

b

кирпичъ (m) шахты; кирпичъ для дѣла шахты
mattone (m) del tino
ladrillo (m) para cuba 10

Fuge (f)
joint, groove
joint (m)

щель (f)
giunto (m)
junta (f) 11

1 Steinausdehnung (f), Wachsen (n) des Mauerwerks
expansion of masonry
dilatation (f) des briques *ou* de la maçonnerie

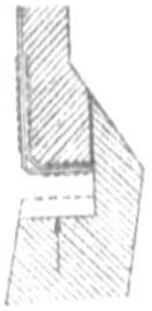

расширеніе (n) кладки
dilatazione (f) dei mattoni
dilatación (f) de los ladrillos *ó* de la mampostería

---

2 Lürmannsche Stopfbüchse (f)
Lürman's stuffing box
joint (m) de dilatation de Lürmann, presse-étoupes (m) de Lürmann

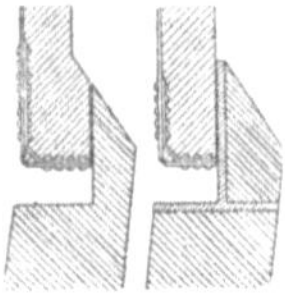

затворъ (m) Люрмана
giunto (m) di dilatazione Lürmann
caja (f) de estopas de Lürmann

---

3 einmauern (v)
to brick
maçonner (v), entourer (v) de maçonnerie

замуровать; обмуровать
murare (v)
mampostear (v), empotrar (v)

---

4 Baustoff (m)
building material
matériaux (m pl) de construction

строительный матеріалъ (m)
materiali (m pl) da costruzione
materiales (mpl) de construcción

---

5 basischer Stein (m)
basic brick
brique (f) basique

основной кирпичъ (m)
mattone (m) basico
ladrillo (m) básico

---

6 saurer Stein (m)
silica brick, acid brick
brique (f) acide (siliceuse)

кислый кирпичъ (m)
mattone (m) acido *o* silicioso
ladrillo (m) ácido (silicioso)

---

7 Quadersandstein (m)
sandstone
pierre (f) de taille

тёсаный камень (m)
pietra (f) da taglio, concio (m)
bloque (m) *ó* sillar (m) de piedra arenisca

---

8 Kohlenstoffstein (m)
carbon brick
brique (f) de carbone

углеродистый кирпичъ (m)
mattone (m) di carbone
ladrillo (m) de carbono

---

9 Widerstandfähigkeit (f)
refractoriness, strength
résistance (f)

прочность (f)
resistenza (f)
resistencia (f)

Gicht
Throat
Gueulard

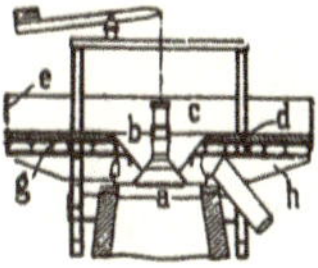

Колошникъ
Bocca
Boca, cagardero, tragante 1

Abschluß (m) des Schachtes
stopper of throat
fermeture (f) du gueulard

затворъ (m) шахты
chiusura (f) del forno
cierre (m) de la cuba 2

Gichtöffnung (f)
throat opening
ouverture (f) du gueulard

a

колошниковое отверстіе (n)
apertura (f) della bocca
abertura (f) del tragante 3

Gichtebene (f)
plane of throat
niveau (m) du gueulard

горизонтъ (m) засыпи
piano (m) della bocca
planicie (f) de carga, plano (m) del tragante 4

Gichtbühne (f)
throat platform, charging gallery
plate-forme (f) du gueulard

c

колошниковая площадка (f)
piattaforma (f) di caricamento
plataforma (f) del tragante ó de carga 5

Gichtbelag (m)
charging gallery foot plates
plancher (m) de la plate-forme du gueulard

d

полъ (m) колошниковой площадки; полъ (m) колошника
pavimento (m) della piattaforma di caricamento
pavimento (m) de la plataforma del tragante 6

Geländer (n) der Gichtbühne
taffrail round platform
garde-corps (m) du gueulard

e

ограждeніе (n) колошника
ringhiera (f) della piattaforma
paredes (f pl) de la plataforma 7

Träger (m) des Gichtbelages
platform brackets
support (m) de la plate-forme du gueulard, consoles (f pl) du gueulard

g

балки (f pl) для поддержанія колошниковаго пола
sopporto (m) della piattaforma di caricamento
soporte (m) de la plataforma del tragante 8

---

eisernes Tragstück (n)
iron bracket
console (f) en fonte

h

желѣзный кронштейнъ (m)
mensola (f) di ferro
consola (f) de hierro 9

1	Gichtbrücke (f) charge bridge pont (m) de chargement	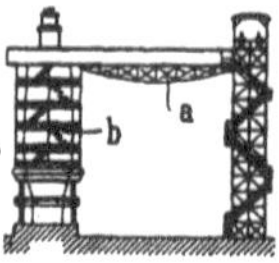	колошниковый мостъ (m) [къ подъёмнику] passerella (f) puente (m) de carga
2	Trägernetz (n) supporting girders treillis (m) de poutre	a	система (f) балокъ trave (f) enrejado (m) ó celosía (f) de la viga
3	Laufbühne (f) stagings round furnace plate-forme (f) de visite	b	мостки (m pl) [вокругъ шахты] terrazza (f) plataforma (f) de revista ó de visita
4	geriffeltes Eisenblech (n), Wellblech (n) corrugated sheet iron tôle (f) striée, tôle (f) ondulée		рифлёное листовое желѣзо (n); шахматное желѣзо lamiera (f) ondulata chapa (f) estriada, chapa (f) ondulada
5	abdecken (v) to cover, to close fermer (v), couvrir (v)		покры-ть (-вать) coprire (v) tapar (v)
6	Ofenrand (m) rim of furnace rebord (m) du fourneau		край (m) печи ultima fila (f) o bordo (m) del forno borde (m) del horno
7	Oberkante (f) upper rim arête (f) supérieure		верхняя кромка (f) spigolo (m) superiore arista (f) superior
8	Aufgichtvorrichtung (f), Begichtungsvorrichtung (f) charging device disposition (f) de chargement du gueulard		приспособленіе (n) для засыпки колошъ; засыпное устройство (n) apparecchio (m) o sistema (m) di caricamento disposición (f) de carga de la boca
9	selbsttätige Einschüttvorrichtung (f) automatic charging device chargement (m) automatique		приспособленіе (n) для автоматической засыпки; автоматическая загрузка (f) caricamento (m) automatico disposición (f) de carga automática
10	Erzverteiler (m) ore distributer distributeur (m) de minerai	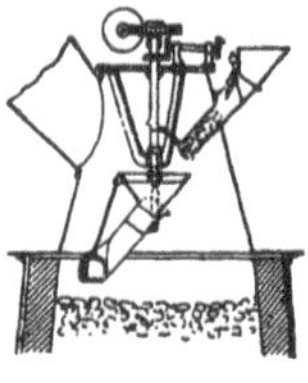	рудораспредѣлитель (m) distributore (m) del minerale distribuidor (m) de minerales

Eisenblechring (m) sheet iron ring *or* belt anneau (m) en tôle de fer		плоское желѣзное кольцо (n); кольцо изъ листового желѣза anello (m) in lamiera di ferro anillo (m) de chapa de hierro	*1*
Steinring (m) stone ring anneau (m) en briques		кольцо (n) кирпичной кладки anello (m) di mattoni anillo (m) de ladrillos	*2*
niederhängender Ring (m) suspended ring anneau (m) suspendu	 a	подвѣшенный цилиндръ (m) anello (m) sospeso o pendente anillo (m) suspendido	*3*
Gichtverschluß (m) throat stopper fermeture (f) du gueulard		колошниковый затворъ (m) apparecchio (m) di chiusura della bocca cierre (m) del tragante	*4*
geschlossene Gicht (f) closed top *or* throat gueulard (m) fermé	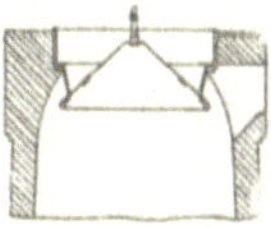	закрытый колошникъ (m) bocca (f) di caricamento chiusa, cono (m) chiuso tragante (m) cerrado	*5*
geöffneter Gichtverschluß (m) opened top *or* throat gueulard (m) ouvert	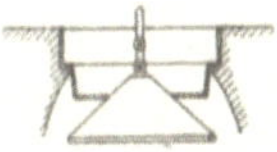	открытый колошникъ (m) bocca (f) di caricamento aperta, cono (m) aperto tragante (m) abierto	*6*
Senkung (f) des Kegels lowering of cone *or* bell descente (f) du cône	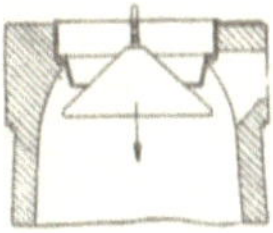	спускъ (m) *или* спусканіе (n) конуса abbassamento (m) *od* apertura (f) del cono bajada (f) *ó* descenso (m) del cono	*7*
Deckel (m) cover couvercle (m)	 a	крышка (f); колошниковая крышка coperchio (m) tapa (f)	*8*
Glocke (f) bell, cone cône (m), cloche (f)		колоколъ (m) campana (f), cono (m) campana (f)	*9*
glockenförmig (adj) bell shaped (adj) en forme de cloche		колоколообразный [фиг.:] конусообразный a forma di campana en forma de campana	*10*

1	Trichter (m) funnel, hopper cup, cone trémie (f), entonnoir (m)	 a	воронка (f) tramoggia (f) tolva (f)
2	Träger (m) des Trichters hopper brackets support (m) *ou* consoles (f pl) de la trémie	b	кронштейнъ (m) воронки sostegno (m) *o* sopporto (m) della tramoggia soporte (m) *ó* consola (f) de la tolva
3	Unterstützung (f) des Trichters support of the funnel support (m) de la trémie		подпорка (f) воронки sostegno (m) della tramoggia soporte (m) de la tolva
4	Parryscher Gasfang (m) Parry gas exit pipe prise (f) de gaz Parry	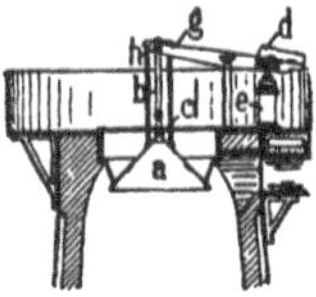	газоуловитель (m) Парри; воропка (f) Парри presa (f) di gas Parry toma (f) de gas Parry
5	Verschlußkegel (m), Kegel (m) bell cône (m) de fermeture	a	конусъ (m) cono (m) di chiusura cono (m) de cierre
6	Zugstange (f) bell lifting rod tige (f) de suspension (du cône)	b	штокъ (m) *или* подвѣсная тяга (f) конуса barra (f) di sospensione (del cono) varilla (f) de suspensión (del cono)
7	Gelenk (n) joint articulation (f)	c	шарниръ (m) giunto (m), gomito (m) articulación (f)
8	Gegengewicht (n) counterpoise contre-poids (m)	d	противовѣсъ (m) contrappeso (m) contrapeso (m)
9	Hebelwerk (n) leverage disposition (f) de leviers		рычажный механизмъ (m) sistema (m) di leve disposición (f) de palancas
10	Hebel (m) lever levier (m)	g	коромысло (n); балансиръ (m) leva (f) palanca (f)
11	Bewegung (f) des Hebels movement of the lever course (f) *ou* mouvement (m) du levier		движенie (n) балансира movimento (m) della leva movimiento (m) de la palanca

Wasserdruckbremse (f) hydraulic brake frein (m) hydraulique	e	гидравлическій тормазъ (m) freno (m) idraulico freno (m) hidráulico	1
Sicherheitsstange (f) bell safety rod tige (f) de sûreté (du cône)	h	предохранительная *или* запасная тяга (f) barra (f) di sicurezza (del cono) varilla (f) de seguridad (del cono)	2
Bremszylinder (m) brake cylinder cylindre (m) du frein	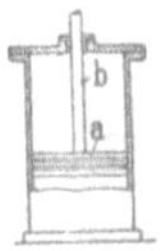	тормазной цилиндръ (m) cilindro (m) del freno cilindro (m) del freno	3
Kolben (m) piston piston (m)	a	поршень (m) stantuffo (m) émbolo (m)	4
Hubstange (f) bell lifting rod tige (f) du piston	b	штокъ (m) поршня gambo (m) vástago (m) del émbolo	5
Kette (f) chain chaîne (f)	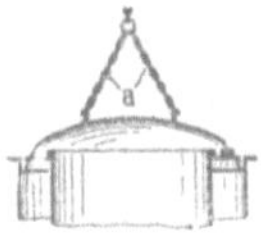 a	цѣпь (f) catena (f) cadena (f)	6
amerikanischer Gichtverschluß (m) American throat stopper système (m) de fermeture américain du gueulard	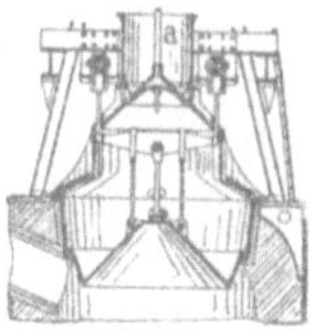	американскій колошниковый затворъ (m); двойной затворъ chiusura (f) americana sistema (m) americano de cierre del tragante	7
Füllzylinder (m) charging bin *or* hopper cylindre (m) de chargement	a	загрузочный цилиндръ (m); бадья (f) cilindro (m) di riempimento cilindro (m) de relleno	8
Gasfang (m) nach Faber du Faure gas outlet tube, down comer prise (f) de gaz Faber du Faure	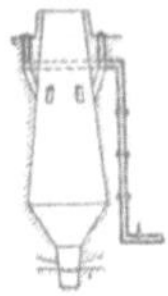	газоуловитель (m) Фабра-дю-Фора presa (f) di gas Faber toma (f) de gas Faber du Faure	9

1	von Hoffs Gasfang (m) von Hoff gas exit pipe, von Hoff gastake prise (f) de gaz von Hoff	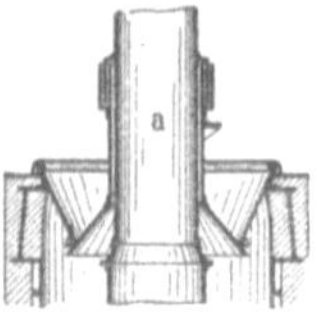	газоуловитель (m) фонъ-Гоффа presa (f) di gas Hoff toma (f) de gas von Hoff
2	festliegendes Rohr (n) fixed pipe tubulure (f) fixe	a	труба (f), укрѣплённая неподвижно tubo (m) fisso tubo (m) fijo
3	ringförmiger Gasfang (m), belgischer Gasfang (m) circular gas outlet tube, gastake prise (f) de gaz annulaire, prise (f) de gaz belge	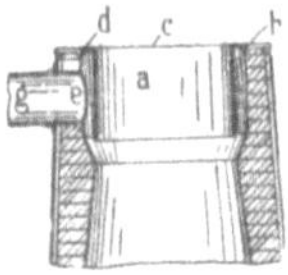	кольцевой газоуловитель (m) presa (f) di gas anulare *o* belga toma (f) de gas anular *ó* belga
4	gußeiserner Zylinder (m) cast iron cylinder cylindre (m) en fonte	a	чугунный цилиндръ (m) cilindro (m) di ghisa cilindro (m) de hierro fundido
5	ringförmiger Kanal (m) circular channel canal (m) annulaire	b	кольцевой каналъ (m) canale (m) circolare canal (f) anular
6	Rand (m) des Zylinders edge of the cylinder rebord (m) du cylindre	c	край (m) цилиндра bordo (m) del cilindro borde (m) del cilindro
7	herumlaufender Bord (m) circular rim bordure (f) périphérique *ou* circulaire	d	фланецъ (m) bordo (m) borde (m) circular
8	Entziehungsöffnung (f), Absaugeöffnung (f) outlet orifice (m) de départ du gaz	e	[газо]отводное отверстіе (n); газоотводъ (m) apertura (f) d'uscita abertura (f) de toma de gas
9	Entziehungsrohr (n), Absaugerohr (n) outlet tube tuyau (m) de prise de gaz	g	газоотводная труба (f); газоотводъ (m) presa (f) di gas tubo (m) de toma de gas
10	Darbys Gasfang (m) Darby's gas exit pipe, Darby gastake, Darby's gas catcher (A*) prise (f) de gaz Darby	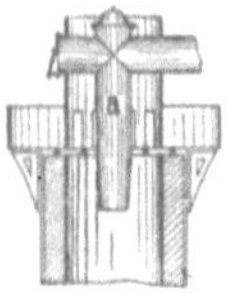	труба (f) Дерби presa (f) di gas Darby toma (f) de gas Darby

* A = americanism

Zentralrohr (n) central tube tuyau (m) central	a	центральная газоотводная труба (f) tubo (m) centrale tubo (m) central	1
einhängendes Rohr (n) suspended tube tuyau (m) suspendu	a	подвѣшенная труба (f) tubo (m) sospeso tubo (m) suspendido	2
doppelter Gichtverschluß (m) double stopper double fermeture (f)	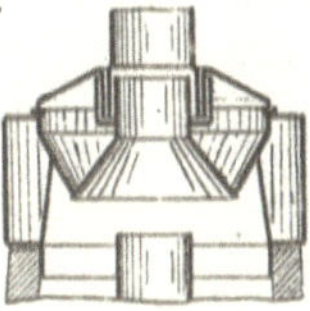	двойной затворъ (m) doppia chiusura (f) cierre (m) doble	3
Wasserverschluß (m), Wasserabschluß (m) water seal fermeture (f) hydraulique	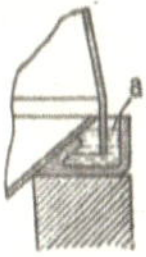	водяной затворъ (m) chiusura (f) idraulica, giunto (m) idraulico cierre (m) hidráulico	4
Wasserrinne (f) water trough rigole (f) à eau	a	жолобъ (m) съ водою; жолобъ, наполненный водою canale (m) dell'acqua reguera (f) de agua	5
Langenscher Gasfang (m) Langen's gas exit pipe prise (f) de gaz Langen		газоуловитель (m) Лангена presa (f) di gas Langen toma (f) de gas de Langen	6
Gasableitungsrohr (n) gas outlet pipe conduite (f) de départ du gaz	a	газоотводная труба (f) condotto (m) d'uscita del gas tubo (m) conductor ó de salida del gas	7
Haube (f) bonnet, hood chapeau (m)	b	насадка (f) cappello (m) sombrerete (m)	8
gemeinschaftliches Sammelrohr (n) common collecting pipe tuyau (m) collecteur général	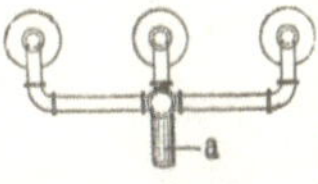 a	общая газоотводная труба (f) tubo (m) collettore tubo (m) colector común	9
Absperrvorrichtung (f) closing device vanne (f) d'isolement	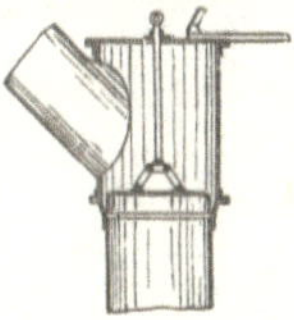	клапанъ (m); газовый клапанъ valvola (f) válvula (f) de cierre	10

1 Winde (f) für die Glocke
bell winch
treuil (m) de manœuvre du cône
лебёдка (f) *или* воротъ (m) для колокола
argano (m) per la manovra del cono
torno (m) para la campana

2 Handwinde (f)
hand winch
treuil (m) à main
ручная лебёдка (f); ручной воротъ (m)
argano (m) a mano
torno (m) de mano

---

3 Dampfwinde (f)
steam winch
treuil (m) à vapeur
паровая лебёдка (f); паровой воротъ (m)
argano (m) a vapore
torno (m) de vapor

---

4 Wasserdruck (m)
water pressure
pression (f) hydraulique
давленіе (n) воды
pressione (f) idraulica
presión (f) hidráulica

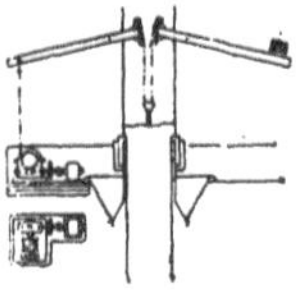

5 elektrischer Antrieb (m) der Glockenwinde
electric driving of the bell winch
commande (f) électrique du treuil de chargement
электрическій приводъ (m)
comando (m) elettrico dell'argano
impulsión (f) eléctrica del torno para la campana

6 **Nebenapparate**
Auxiliary Appliances
Appareils auxiliaires
Второстепенные приборы
Apparecchi ausiliari
Aparatos auxiliares

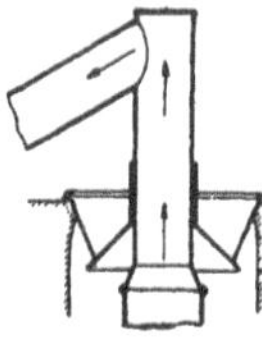

7 Ableitung (f) der Gase, Abführung (f) der Gase
conduction of the gases
conduite (f) des gaz (appareils (mpl) pour la)
отводъ (m) газовъ; [устройство:] газоотводъ (m)
conduttura (f) del gas
toma (f) *ó* conducción (f) de los gases

8 Klappenverschluß (m)
flap valve
fermeture (f) à clapet
клапанный затворъ (m); затворъ при помощи клапановъ
chiusura (f) a valvola
válvula (f) de bisagra

---

9 Sicherheitsvorrichtung (f), Sicherheitsklappe (f)
safety device, safety valve
dispositif (m) de sûreté, clapet (m) d'explosion
предохранительное приспособленіе (n); предохранительный клапанъ (m)
valvola (f) d'esplosione
válvula (f) [de bisagra] de explosión *ó* de seguridad

sich selbsttätig öffnen (v) to open automatically s'ouvrir (v) automatiquement		открываться автоматически aprirsi (v) automaticamente abrirse (v) automáticamente	1
wagerechtes Rohr (n) horizontal pipe tuyau (m) horizontal	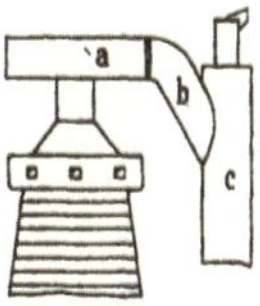 a	горизонтальная труба (f) tubo (m) orizzontale tubo (m) horizontal	2
geneigtes Rohr (n) inclined pipe tuyau (m) incliné	b	наклонная труба (f) tubo (m) inclinato tubo (m) inclinado	3
senkrechtes Rohr (n), Fallrohr (n) vertical pipe, downcomer tuyau (m) vertical	c	вертикальная труба (f) tubo (m) verticale tubo (m) vertical	4
Abscheidung (f) des Erzstaubes separation of the ore dust séparation (f) des poussières		отдѣленіе (n) рудной пыли separazione (f) delle polveri separación (f) del polvo de mineral	5
Gasreinigung **Gas Purification, Gas Cleaning (A*)** **Épuration des gas**		**Очистка газа** **Depurazione del gas** **Purificación de los gases**	6
reinigen (v) to purify épurer (v)		очищать depurare (v) purificar (v)	7
Trockenreinigung (f) der Gichtgase dry purification of the waste gases épuration (f) à sec des gaz du gueulard		сухая очистка (f) колошниковыхъ газовъ depurazione (f) a secco del gas purificación (f) seca del gas de alto horno	8
Standrohr (n) vertical pipe, downcomer tuyau (m) vertical de descente	a	вертикальная труба (f) tubo (m) verticale tubo (m) vertical de bajada	9
Gasreiniger (m) gas purifier, gas cleaner (A*) épurateur (m) [de gaz]	b	газоочиститель (m) depuratore (m) depurador (m) [de gas]	10

* A = americanism

1 Gichtstaub (m)
dust from throat of furnace
poussière (f) du gueulard
колошниковая пыль (f)
polvere (f) del gas
polvo (m) de gas de alto horno

---

2 (gemeinschaftlicher) Wasserbehälter (m)
(common) water tank
réservoir (m) d'eau (général)
c
общій водоёмъ (m); общій резервуаръ (m) съ водою
recipiente (m) (comune) d'acqua
recipiente (m) (común) de agua

---

3 eintauchen (v)
to dip
plonger (v)
погру-зить (-жать)
entrare (v)
sumergir (v)

---

4 Rohr (n) mit Scheidewänden
tube with baffle plates
tuyau (m) à chicanes

труба (f) съ перегородками
tubo (m) a pareti distinte *o* separate
tubo (m) con paredes separadoras

---

5 schräg stehendes Blech (n)
inclined plate
tôle (f) inclinée
a
косо установленный желѣзный листъ (m)
lamiera (f) inclinata
chapa (f) inclinada

---

6 Seitenkammer (f)
side chamber
chambre (f) latérale
b
боковая камера (f)
camera (f) laterale
cámara (f) lateral

---

7 Staubfang (m), Staubfänger (m)
dust catcher
caisse (f) à poussières

пыле[у]ловитель (m)
cassa (f) per raccogliere le polveri
colector (m) de polvo

---

8 Staubsack (m)
dust pocket *or* bin
sac (m) à poussières

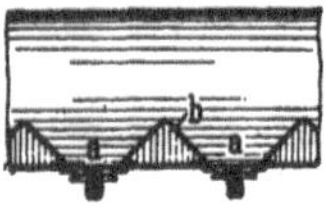

пылесобиратель (m)
sacco (m) da polvere
bolsillo (m) ó saco (m) de polvo

a

---

9 querlaufender Rücken (m)
cross back *or* baffle
paroi (f) transversale
b
поперечная стѣнка (f)
parete (f) trasversale
lomo (m) transversal

Holzhorde (f)
wood hurdle
claie (f) en bois

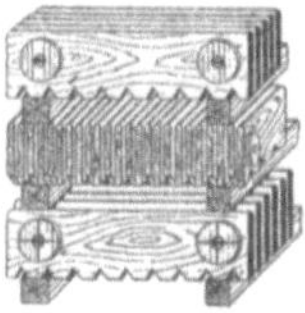

рѣшётка (f) изъ тёса
graticcio (m) di legno
enrejado (m) ó enlistonado (m) ó emparrillado (m) de madera 1

Naßreinigung (f)
wet purification, washing
épuration (f) par voie humide

мокрая очистка (f)
epurazione (f) ad acqua 2
purificación (f) húmeda

Waschvorrichtung (f)
washing device, washer
installation (f) de lavage

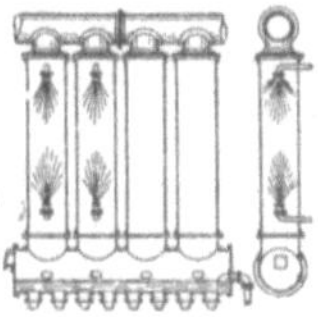

промыватель (m)
lavaggio (m)
instalación (f) de lavado 3

Gaswascher (m), Skrubber (m)
gas washer, scrubber
scrubber (m), laveur (m) à gaz

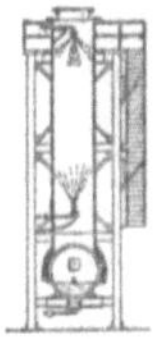

скрубберъ (m); газопромыватель (m)
lavaggio (m) a gas 4
lavador (m) de gas

Streudüse (f)
spray nozzle
tuyère (f) *ou* ajutage (m) de pulvérisation

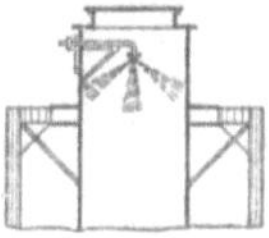

распыляющее сопло (n)
pera (f) d'innaffiamento 5
tobera (f) regadera

Schleudergebläse (n), Ventilator (m)
centrifugal blower
ventilateur (m) centrifuge

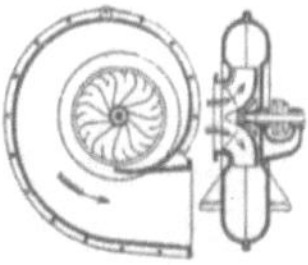

центробѣжный вентиляторъ (m)
ventilatore (m) centrifugo 6
ventilador (m) centrífugo

Theisenscher Wascher (m)
Theisen's washer
laveur (m) Theisen

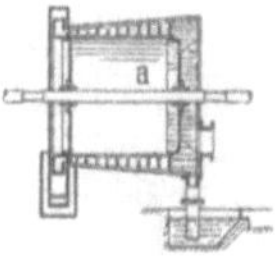

аппаратъ (m) Тейсcена
epuratore (m) Theisen 7
lavador (m) Theisen

Trommel (f)
drum
tambour (m)

a

барабанъ (m)
tamburo (m) 8
tambor (m)

1 Bianscher Wascher (m)
Bian's washer
laveur (m) Bian

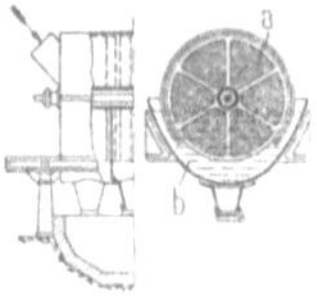

газоохладитель (m) Біана; промыватель (m) Біана
epuratore (m) Bian
lavador (m) Bian

---

2 Drahtgeflecht (n)
wire gauze
toile (f) métallique

a

проволочная ткань (f); проволочная сѣтка (f)
tela (f) metallica
tela (f) metálica

---

3 mit Wasser gefüllte Mulde (f)
trough filled with water
cuve (f) remplie d'eau

b

жолобъ (m) *или* лотокъ (m), наполненный водой
tinozza (f) piena d'acqua
caja (f) ó cuba (f) llena de agua

4 **Winderhitzer**
Air Heater
Appareils à air chaud

Воздухонагрѣватель; подогрѣватель дутья
Apparecchio ad aria calda
Aparatos calentadores del aire

5 eiserner Winderhitzer (m)
iron air heater
appareil (m) à air chaud en fonte

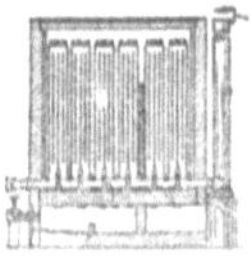

воздухонагрѣватель (m) съ чугунными трубами
apparecchio (m) di ghisa ad aria calda
calentador (m) de hierro del aire

---

6 liegender Winderhitzer (m)
horizontal air heater
appareil (m) à air chaud horizontal

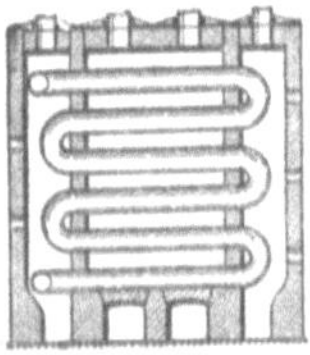

воздухонагрѣватель (m) съ лежачими *или* горизонтальными трубами
apparecchio (m) ad aria calda orizzontale
calentador (m) horizontal del aire

---

7 Winderhitzer (m) mit hängenden Röhren
air heater with suspended pipes
appareil (m) à air chaud à tuyaux verticaux suspendus

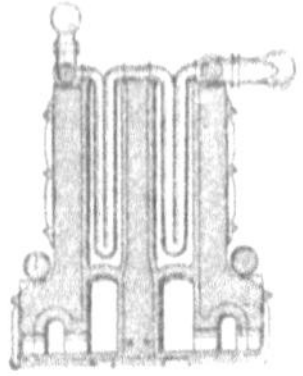

воздухонагрѣватель (m) съ висячими трубами
apparecchio (m) ad aria calda a tubi sospesi
calentador (m) del aire con tubos suspendidos

stehenderWinderhitzer (m)
vertical air heater
appareil (m) à air chaud vertical

воздухонатрѣватель (m) съ вертикальными трубами
apparecchio (m) ad aria calda verticale 1
calentador (m) vertical del aire

Heizkammer (f)
heating chamber
chambre (f) de chauffe

нагрѣвательная камера (f)
camera (f) di riscaldamento 2
cámara (f) de calefacción

Fußkasten (m) mit Muffe
base box with flange
boîte (f) de pied avec manchon

основной ящикъ (m) съ муфтой
cassa (f) di fondo con manicotto 3
caja (f) de fondo con manguito ó en cajes

---

angegossene Muffe (f)
cast-on flange
manchon (m) venu de fonte, tubulure (f) venue de fonte

прилитая муфта (f)
manicotto (m) fuso insieme
manguito (m) fundido en una pieza con el tubo 4

Rostkitt (m)
iron cement
mastic (m) de fer

желѣзная *или* чугунная замазка (f)
mastice (m) di ferro 5
mastic (m), cemento (m) para hierro

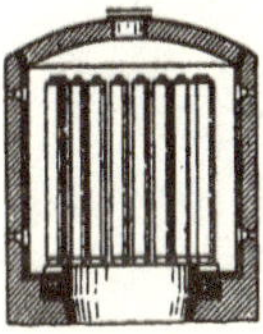

Röhrenstrang (m), Rohrstrang (m)
coil of piping
rangée (f) de tubes

рядъ (m) *или* система (f) трубъ
fila (f) di tubi 6
serie (f) de tubos

Doppelrohr (n)
double pipe
tube (m) double

двойная труба (f)
doppio tubo (m) 7
tubo (m) doble

Scheidewand (f)
separating wall
cloison (f)

a

перегородка (f)
tramezzo (m)
tabique (m), pared (f) intermedia 8

Versteifung (f) der Rohrwände
stiffening of the tube walls
renforcement (m) des parois du tube

b

приданіе (n) стѣнкамъ трубъ жёсткости
rinforzo (m) dei tramezzi 9
nervio (m) reforzador de las paredes de los tubos

1	zweischenkeliges Rohr (n), Hosenrohr (n), Siphonrohr (n) syphon pipe, U-pipe tube (m) en trompette, tube (m) à deux branches	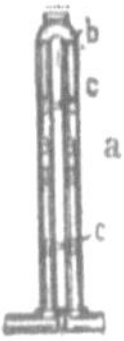	двухколѣнчатая *или* двухколѣнная труба (f); панталонная труба; сифонная труба tubo (m) a due braccia, tubo (m) ad U tubo (m) de dos brazos ó ramas
2	Schenkel (m) side leg, branch branche (f)	a	колѣно (n) braccio (m) brazo (m), rama (f)
3	Krümmling (m), Rohrkrümmer (m) bend coude (m)	b	колѣно (n) gomito (m) codo (m)
4	Quersteg (m) cross piece entretoise (f)	c	поперечина (f) trave (f) di collegamento, tirande (m) pieza (f) de consolidación
5	steinerner Winderhitzer (m) chequer brick heater *or* stove appareil (m) à air chaud en briques		каменный воздухонагрѣватель (m) apparecchio (m) di mattoni ad aria calda calentador (m) del aire de ladrillos refractarios
6	Whitwellscher Winderhitzer (m) Whitwell stove appareil (m) à air chaud *ou* récupérateur (m) Whitwell		воздухонагрѣватель (m) Витвелля apparecchio (m) ad aria calda *o* ricuperatore (m) Whitwell calentador (m) del aire ó recuperador (m) de Whitwell
7	Durchgangsöffnung (f) passage opening passage (f)	a	проходное окно (n); лазъ (m) passaggio (m) abertura (f) de paso
8	Winderhitzer (m) nach Cowper Cowper's stove appareil (m) à air chaud de Cowper	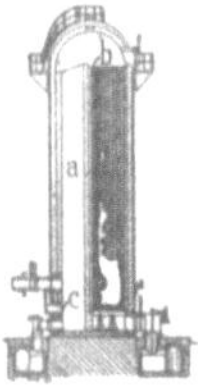	воздухонагрѣватель (m) Коупера apparecchio (m) ad aria calda Cowper calentador (m) del aire sistema Cowper
9	Wärmespeicher (m) heat accumulator, heat storage (A*) récupérateur (m) *ou* accumulateur (m) de chaleur		регенераторъ (m) ricuperatore (m) di calore cámara (f) de recuperación, acumulador (m) de calor

* A = americanism

Verbrennungsschacht (m)
combustion shaft
cheminée (f) de combustion, puits (m) de combustion
a
шахта (n), гдѣ происходитъ сгоранiе
pozzo (m) di combustione 1
chimenea (f) de combustión

Zug (m)
draught
tirage (m)
b
каналъ (m)
tiraggio (m) 2
tiro (m)

Lufteinströmöffnung (f)
air inlet hole
orifice (f) d'entrée d'air
c
отверстiе (n) для впуска воздуха
entrata (f) dell'aria 3
abertura (f) de entrada de aire

Lufteinströmklappe(f), Windklappe (f)
air inlet valve
clapet(m) d'entrée d'air

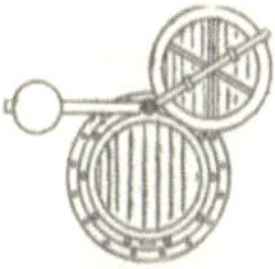

клапанъ (m), регулирующiй впускъ воздуха
valvola (f) per l'entrata dell'aria 4
válvula (f) de entrada de aire

Gußeisengitter (n)
cast iron grid
grille (f) en fonte

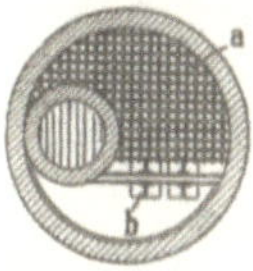

чугунная рѣшётка (f)
griglia (f) di ghisa 5
rejilla (f) de hierro colado

---

gußeiserner Fuß (m)
cast iron foot
pilier (m) en fonte
a
b
чугунная подставка (f)
piede (m) di ghisa 6
pilar (m) de hierro fundido

Kuppel (f), Haube (f)
bonnet, hood
calotte (f), coupole (f)

сводъ (m)
cupola (f), callotta (f) 7
cúpula (f)

Reinigungsöffnung (f)
cleaning hole, man hole
orifice (m) de nettoyage, trou (m) d'homme
a
лазъ (m); люкъ (m) для чистки
foro (m) di visita 8
abertura (f) de limpieza

Steinform (f)
shape of brick
forme (f) de brique

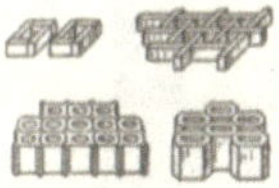

форма (f) кирпичей
forma (f) del mattone 9
forma (f) del ladrillo

---

hochkantig stehender Ziegel (m)
brick standing on edge
brique (f) sur champ

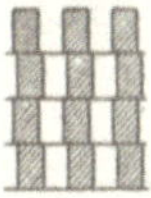

кирпичъ (m), поставленный на ребро
mattone (m) a coltello o per ritto 10
ladrillo (m) puesto de canto

1 Verschluß (m) des Winderhitzers
valve of the air heater
fermeture (f) de l'appareil à air chaud

затворъ (m) воздухонагрѣвателя
valvola (f) di chiusura del ricuperatore
cierre (m) del aparato calentador

---

2 Schieberventil (n)
slide valve
registre (m), vanne (f)

запорная задвижка (f)
valvola (f) a campana
válvula (f) de compuerta ó corredera

---

3 Ventilgehäuse (n)
valve box
boîte (f) *ou* logement (m) de la vanne

a

клапанная коробка (f)
cassa (f) della valvola
caja (f) de la válvula

---

4 Kaltwindschieber (m)
cold blast slide
vanne (f) à air froid, régistre (m) à air froid

задвижка (f), регулирующая поступленіе ненагрѣтаго воздуха
valvola (f) ad aria fredda
válvula (f) de aire frio

---

5 Heißwindschieber (m)
hot blast valve
vanne (f) à air chaud

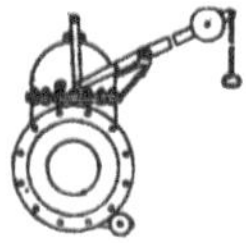

задвижка (f), регулирующая притокъ нагрѣтаго воздуха
valvola (f) ad aria calda
cierre (m) de aire caliente

---

6 wassergekühltes Ventil (n)
watercooled valve
valve (f) à circulation d'eau

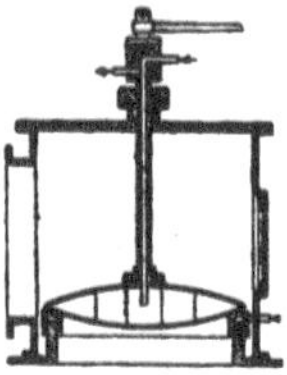

клапанъ (m) съ водянымъ охлажденіемъ; клапанъ, охлаждаемый водой
valvola (f) a circolazione d'acqua
válvula (f) refrescada por agua

---

7 Stahlgußschieber (m)
cast steel slide valve
vaune (f) en acier coulé

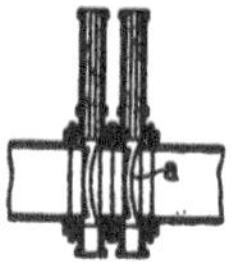

задвижка (f) изъ литой стали
valvola (f) in acciaio fuso
válvula (f) de acero fundido

---

8 gekrümmte Fläche (f)
curved surface
surface (f) bombée

a

изогнутая поверхность (f)
superficie (f) curva
superficie (f) combada

Gasventil (n) gas valve vanne (f) à gaz	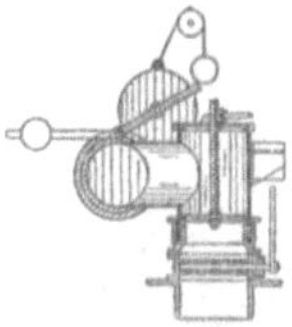	газовый клапанъ (m) valvola (f) a gas válvula (f) de gas	1
Tellerventil (n) disc valve vanne (f) à siège horizontal	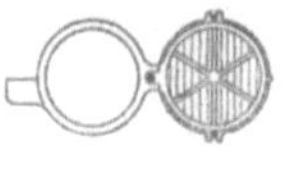	тарелочный *или* тарелкообразный клапанъ (m) valvola (f) a sede piana válvula (f) de plato	2
Burgersches Drehventil (n) Burger's rotary valve valve (f) rotative de Burger	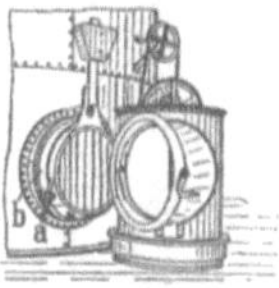	вращающійся клапанъ (m) Бургерса valvola (f) rotativa Burger válvula (f) giratoria de Burger	3
Verschlußschraube (f) closing screw boulon (m) de fermeture	a	зажимной винтъ (m) bollone (m) di chiusura tornillo (m) de cierre	4
Rahmen (m) frame cadre (m)	b	рама (f) inquadratura (f) marco (m)	5
Zahnstange (f) mit Getriebe rack with pinion crémaillère (f) avec pignon moteur	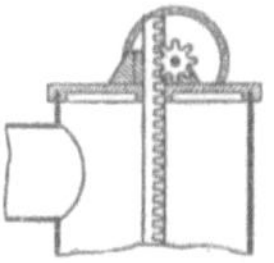	зубчатая рейка (f) съ шестерней cremagliera (f) cremallera (f) con piñón	6
Schmidtsche Brille (f) Schmidt's spectacle valve lunette (f) de Schmidt	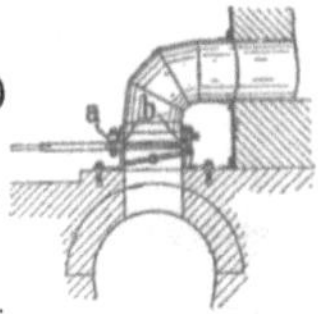	очки (npl) Шмидта valvola (f) Schmidt válvula-luneta (f) sistema Schmidt	7
Drehzapfen (m) pivot pivot (m)	a	цапфа (f), вокругъ которой происходитъ вращеніе asse (m) eje (m) de rotación	8
abgedrehter Bord (m) turned edge bord (m) tourné	b	обточенный фланецъ (m) bordo (m) *od* orlo (m) girato reborde (m) torneado	9

1	luftdichter, winddichter Abschluß (m) airtight joint *or* fitting fermeture (f) hermétique *ou* imperméable au vent		воздухонепроницаемый затворъ (m) chiusura (f) ermetica cierre (m) hermético
2	Windleitung (f) air pipe, blast pipe conduite (f) de vent	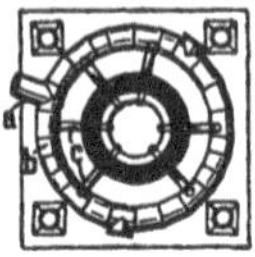	воздухопроводъ (m) condotto (m) del vento conducto (m) ó tubería (f) de viento
3	Hauptwindleitung (f) air main, blast main conduite (f) de vent principale	a	главная воздухопроводная труба (f): главный воздухопроводъ (m) condotto (m) principale del vento tubería (f) principal de viento
4	Verteilungsrohr (n), Windkranz (m) distribution pipe tuyau (m) distributeur, ceinture (f) porte-vent	b	распредѣлительная труба (f) tubo (m) distributore tubo (m) circular, tubo (m) de distribución
5	Abzweigrohr (n) branch pipe tuyau (m) branché	c	отвѣтвительная труба (f); отводъ (m) tubo (m) ramificato tubo (m) de ramificación
6	Windverteilung (f) air *or* blast distribution répartition (f) du vent		распредѣленie (n) воздуха distribuzione (f) del vento distribución (f) del viento
7	Ausgleichrohr (n) compensating pipe tuyau (m) à compensation		уравнительная *или* компенсацiонная труба (f) tubo (m) compensatore tubo (m) compensador ó de dilatación
8	Scheibenausgleicher (m) disc compensator compensateur (m) à disque	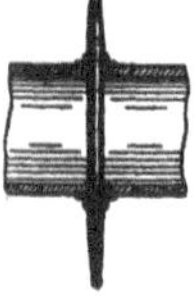	дисковый компенсаторъ (m) disco (m) compensatore, giunto (m) di dilatazione disco (m) compensador de dilatación
9	Stopfbüchsenausgleicher (m) stuffing box compensator compensateur (m) à presse-étoupes	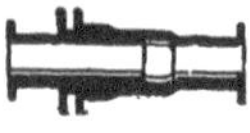	сальниковый компенсаторъ (m) compensatore (m) a premistoppa compensador (m) de dilatación con prensa-estopas

Packung (f)
packing, stuffing
bourrage (m)
набивка (f); прокладка (f)
guarnizione (f)
empaquetadura (f), guarnición (f) 1

Rollenlager (n)
roller bearing
palier (m) à rouleaux
роликовая опора (f); опора на роликахъ *или* на каткахъ
sopporto (m) a rulli
soporte (m) ó cojinete (m) de rodillos 2

Gebläse
Blower
Souffleries
Воздуходувки
Soffieria, soffietto
Máquinas soplantes 3

lederner Spitzbalg (m)
leather bellows
soufflet (m) en cuir

кожаный клинчатый *или* клинообразный мѣхъ (m)
mantice (m) di cuoio
fuelle (m) de cuero 4

Kastengebläse (n)
box blower
soufflerie (f) à caisse

ящичные мѣха (m pl)
soffieria (f) a cassa
máquina (f) soplante de caja 5

Zylindergebläse (n)
cylindrical blower
soufflerie (f) à cylindres
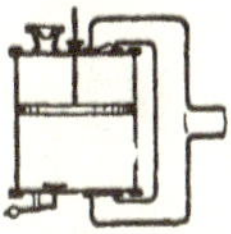
цилиндрическіе мѣха (m pl); цилиндрическая воздуходувка (f) *или* воздуходувная машина (f)
soffieria (f) a cilindro
máquina (f) soplante de cilindro 6

---

einzylindrig (adj)
mono-cylindrical (adj)
monocylindrique (adj)
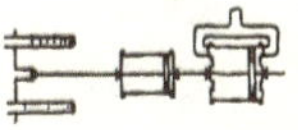
одноцилиндровый
monocilindrico (agg)
á ó de un cilindro 7

---

mehrzylindrig (adj)
poly-cylindrical
à plusieurs cylindres
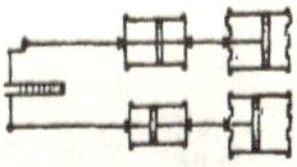
многоцилиндровый
a più cilindri
á varios cilindros 8

Wasserkraftgebläse (n)
hydraulic blower
soufflerie (f) hydraulique
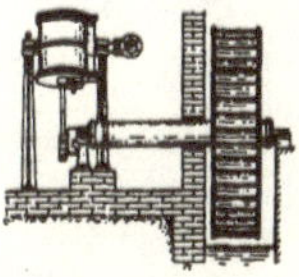
BOдодѣйствующая воздуходувка (f) *или* воздуходувная машина (f)
soffieria (f) idraulica
soplador (m) hidráulico 9

Dampfgebläse (n), Dampfkraftgebläse (n)
steam blower
soufflerie (f) à vapeur

паровая воздуходувка (f) *или* воздуходувная машина (f)
soffieria (f) a vapore
máquina (f) soplante de vapor 10

1 Schwinghebelmaschine (f)
beam engine
machine (f) à balancier

воздуходувка (f) *или* воздуходувная машина (f) съ балансиромъ
macchina (f) a bilanciere
máquina (f) de balancín

---

2 stehendes Gebläse (n)
vertical blower
soufflerie (f) verticale

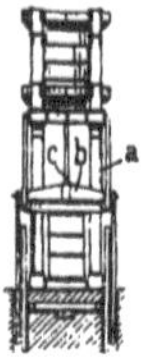

вертикальные *или* стоячiе мѣха (m pl); вертикальная воздуходувка (f) *или* воздуходувная машина (f)
soffieria (f) verticale
máquina (f) soplante vertical

---

3 Säule (f), Ständer (m)
column
colonne (f)

a

колонна (f); стойка (f)
colonna (f)
columna (f)

---

4 Querhaupt (n)
tie
traverse (f)

b

поперечина (f)
scorritoio (m)
cabezal (m) transversal

---

5 Kurbelstange (f)
connecting rod
bielle (f)

c

шатунъ (m)
biella (f)
biela (f)

---

6 Clevelandsches Gebläse (n) mit einer Kurbelstange
Cleveland blower with one connecting rod
machine (f) soufflante de Cleveland à une bielle

кливлендскiе мѣха (m pl) съ однимъ шатуномъ; кливлендская воздуходувка (f) *или* воздуходувная машина (f) съ однимъ шатуномъ
soffieria (f) di Cleveland ad una biella.
máquina (f) soplante con una biela sistema Cleveland

---

7 liegendes Gebläse (n)
horizontal blower
machine (f) soufflante horizontale

лежачiе *или* горизонтальные мѣха (m pl); горизонтальная воздуходувка (f) *или* воздуходувная машина (f)
soffieria (f) orizzontale
máquina (f) soplante horizontal

---

8 Antriebmaschine (f)
driving maschine
machine (f) motrice

двигатель (m)
macchina (f) motrice
máquina (f) motriz

---

9 Zwillingmaschine (f), Zwillingdampfmaschine (f)
twin engine
machine (f) jumelle

сдвоенная паровая машина (f)
macchina (f) gemella
máquina (f) gemela

Tandemmaschine (f)
tandem engine
machine (f) tandem

[паровая] машина (f) -тандемъ
macchina (f) a tandem
máquina (f) tándem 1

Verbundmaschine (f)
compound engine
machine (f) compound

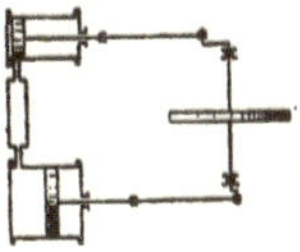

паровая машина -компаундъ; машина съ послѣдовательнымъ расширенiемъ
macchina (f) compound
máquina (f) compound 2

---

unmittelbare Kraftübertragung (f)
direct transmission of power
action (f) directe

прямая *или* непосредственная передача (f) силы
attacco (m) diretto, trasmissione (f) diretta
acción (f) directa, transmisión (f) directa de fuerza 3

Turbogebläse (n)
turbo blower
turbo-compresseur (m), soufflerie (f) rotative

воздуходувка (f) *или* воздуходувная машина (f), приводимая въ движенiе турбиной
turbo (m) soffiante
máquina (f) soplante de turbina 4

Gasgebläse (n), Gasmaschinengebläse (n)
gas blowing engine
soufflerie (f) *ou* soufflante (f) à gaz

воздуходувка (f) *или* воздуходувная машина (f), приводимая въ движенiе газовымъ двигателемъ
soffiante (f) *o* soffieria (f) a gas
máquina (f) soplante de gas 5

Viertaktmaschine (f)
four cycle engine
machine (f) à quatre temps

четырёхтактный двигатель (m) *или* моторъ (m)
macchina (f) a quattro tempi
máquina (f) de cuatro tiempos 6

Zweitaktmaschine (f)
two cycle engine
machine (f) à deux temps

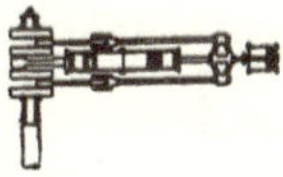

двухтактный двигатель (m) *или* моторъ (m)
macchina (f) a due tempi
máquina (f) de dos tiempos 7

---

einfach wirkend (adj)
single acting
à simple effet

простого дѣйствiя
a semplice effetto
de simple efecto 8

1	doppelt wirkend (adj) double acting à double effet	двойного дѣйствія a doppio effetto de doble efecto
2	Gebläse (n) mit elektrischem Antrieb blower with electric drive soufflerie (f) avec moteur électrique	воздуходувка (f) *или* воздуходувная машина (f), приводимая въ движеніе отъ электрическаго двигателя soffiante (f) *o* soffieria (f) elettrica máquina (f) soplante eléctrica
3	Windzylinder (m), Gebläsezylinder (m) blast cylinder cylindre (m) à vent *ou* soufflant	воздуходувный цилиндръ (m) cilindro (m) ad aria cilindro (m) de viento
4	Ventil (n) valve valve (f), soupape (f)	клапанъ (m) valvola (f) válvula (f)
5	Regler (m) governor, regulator régulateur (m)	регуляторъ (m) regolatore (m) di pressione regulador (m)
6	Ansaugvolumen (n) aspirated volume volume (m) d'air aspiré	количество (n) всасываемаго воздуха volume (m) di aspirazione volumen (m) aspirado
7	Windmenge (f) blast capacity quantité (f) de vent	количество (n) дутья quantità (f) d'aria cantidad (f) de viento
8	Windspannung (f), Windpressung (f) blast pressure pression (f) du vent	упругость (f) дутья; давленіе (n) воздуха, вдуваемаго въ печь pressione (f) del vento presión (f) del viento
9	gleichmäßiger Windstrom (m) uniform *or* continuous blast courant (m) d'air continu et régulier	равномѣрный токъ (m) воздуха; равномѣрное дутьё (n) corrente (f) d'aria continua corriente (f) continua de viento
10	kalter Wind (m) cold blast vent (m) froid	холодное дутьё (n) vento (m) freddo viento (m) frio
11	erhitzter, heißer Wind (m) hot blast vent (m) chaud	нагрѣтое *или* горячее дутьё (n) vento (m) caldo viento (m) caliente
12	Windtrocknung (f) drying the blast dessication (f) de l'air	сушеніе (n) *или* сушка (f) воздуха essiccazione (f) dell'aria desecación (f) del viento

Trockenanlage (f)
drying plant
installation (f) de séchage de l'air

сушилка (f); сушильня (f)
impianto (m) per l'essiccamento dell'aria 1
instalación (f) de desecación del aire

Windtrocknungsverfahren (n) von Gayley
Gayley's method of blast dry air
procédé (m) Gayley pour le séchage de l'air

способъ (m) сушки воздуха Гейлея
processo (m) d'essiccazione Gayley 2
procedimiento (m) para secar el aire sistema Gayley

Luftfeuchtigkeit (f)
humidity of air, moisture
humidité (f) de l'air

влажность (f) воздуха
umidità (f) dell'aria 3
humedad (f) del aire

Wassergehalt (m) in 1 ccm Luft
water contents per cm³ of air
teneur (f) en eau par cm³ d'air

содержанie (n) воды въ 1 (одномъ) кубическомъ метрѣ воздуха 4
tenore (m) in acqua
contenido (m) de agua por cent. cúb. de aire

Kühlkammer (f), Kühler (m)
cooling chamber
chambre (f) de refroidissement

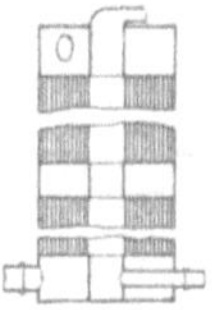

холодильная камера (f); холодильный приборъ (m); холодильникъ (m) 5
camera (f) refrigerante
cámara (f) de refrigeración

Chlorcalciumlösung (f)
solution of chloride of calcium
solution (f) de chlorure de calcium

растворъ (m) хлористаго кальцiя
soluzione (f) di cloruro di calcio 6
solución (f) de cloruro de calcio

Kältemaschine (f)
freezing machine
machine (f) frigorifique

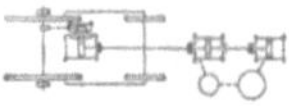

холодильная машина (f)
macchina (f) frigorifera 7
máquina (f) frigorifica

Gichtaufzüge
Elevators, Hoists, Charging Apparratus, Lift
Monte-charges

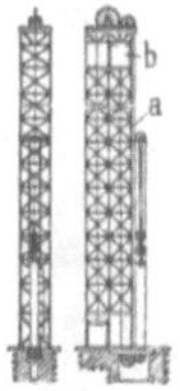

Колошниковые подъёмники
Montacariche 8
Montacargas

Fördergerüst (n) Förderturm (m)
lift frame, elevator frame, hoist frame
charpente (f) du monte-charges

a

сооруженie (n) для колошниковаго подъёмника
armatura (f) del montacariche 9
armadura (f) del montacargas

1 Förderschale (f), Fördergefäß (n)
elevator cage *or* bucket cage (f)

b

клѣтка (f); люлька (f)
gabbia (f) del montacariche
plataforma (f) del montacargas

---

2 einfach wirkender Aufzug (m)
single acting lift *or* elevator
monte-charges (m) à simple effet

подъёмникъ (m) простого дѣйствія
montacariche (m) a semplice effetto
montacargas (m) de simple efecto

---

3 doppelt wirkender Aufzug (m)
double acting lift *or* elevator
monte-charges (m) à double effet

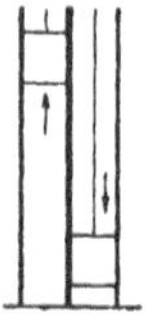

подъёмникъ (m) двойного дѣйствія
montacariche (m) a doppio effetto
montacargas (m) de doble efecto

---

4 Wassertonnenaufzug (m)
water balanced lift
monte-charges (m) à balance d'eau

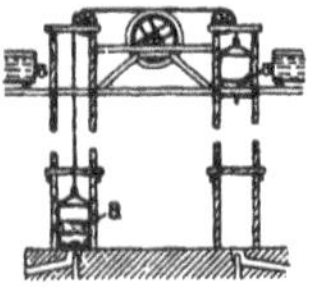

водяные вѣсы (m pl)
montacariche (m) a bilanciere d'acqua
montacargas (m) con balanza ó contrapeso de agua

---

5 Wassergefäß (n)
water tank
cuve (f) à eau

a

сосудъ (m) съ водою
recipiente (m) d'acqua
tonel (m) ó cuba (f) de agua

---

6 Wasserdruckaufzug (m)
hydraulic lift
monte-charges (m) hydraulique

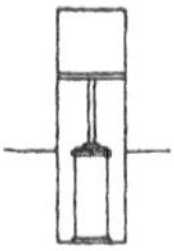

гидравлическій подъёмникъ (m); водостолбовой подъёмникъ (m)
montacariche (m) idraulico
montacargas (m) hidráulico

---

7 Luftdruckaufzug (m)
pneumatic lift
monte-charges (m) pneumatique

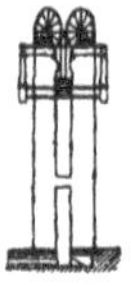

пневматическій подъёмникъ (m)
montacariche (m) pneumatico
montacargas (m) neumático

---

8 Gichtaufzug (m) mit Seilscheibenantrieb, Steilaufzug (m)
lift with rope drive
monte-charges (m) à câble

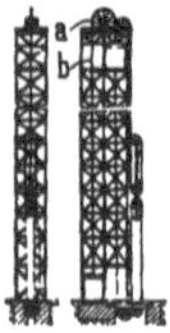

колошниковый подъёмникъ (m) съ канатной передачей
montacariche (m) a cavo
montacargas (m) de cable

Seiltrommel (f), Seilscheibe (f) winding drum *or* rope pulley tambour (m) *ou* molette (f) du câble	a	шкивъ (m) для канатной передачи tamburo (m) del cavo tambor (m) de cable	1
Drahtseil (n) wire rope, cable câble (m) métallique	b	проволочный канатъ (m) cavo (m) metallico cable (m) de alambre ó metálico	2
Aufsetzvorrichtung (f) catch device, safety catch, keps palier (m) d'arrêt de la cage		приспособленіе (n) для подпиранія клѣтки arresto (m) della gabbia disposición (f) de parada de la plataforma	3
Schrägaufzug (m) inclined lift *or* hoist monte-charges (m) incliné		наклонный подъёмникъ (m) montacariche (m) a piano inclinato montacargas (m) inclinado	4
selbsttätige Aufgebevorrichtung (f) automatic charging chargement (m) automatique	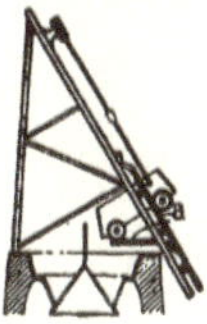	автоматическая *или* самодѣйствующая подача (f) caricamento (m) automatico alimentación (f) automática, carga (f) automática	5
Kippvorrichtung (f) tipping device dispositif (m) de renversement, culbuteur (m)	a	приспособленіе (n) для опрокидыванія; опрокидыватель (m) meccanismo (m) di rovesciamento aparato (m) vertedor ó volcador	6
Seilbahnbegichtung (f) aerial railway charging chargement (m) par câble aérien		засыпка (f) колоши посредствомъ канатной дороги caricamento (m) a ferrovia aerea carga (f) por cable aéreo	7
Gichtseilbahn (f) aerial railway câble (m) aérien de gueulard	a	колошниковая канатная дорога (f); канатная дорога (f), ведущая на колошникъ ferrovia (f) aerea cable (m) aéreo de carga	8

1 Gichtkarren (m), Erzkarren (m), Förderhund (m)
wheel barrow, skip
benne (f) de chargement, brouette (f) de chargement

колошниковая телѣжка (f)
vagone (m) da minerale
carretilla (f) de carga

---

2 **Betrieb des Hochofens**
Working of the Blast Furnace
Fonctionnement *ou* marche du haut-fourneau

Доменное производство; работа доменной печи; веденіе доменной печи
Marcia dell'alto forno
Funcionamiento del alto horno

---

3 Hochofendirektor (m)
blast furnace manager, blast furnace president (A*), general manager (A*)
directeur(m) des hauts-fourneaux

директоръ (m) доменнаго завода; начальникъ (m) доменнаго цеха
direttore (m) dell'alto forno
director (m) de altos hornos

---

4 Betriebsleiter (m)
under manager, works manager
chef (m) de service

завѣдующій (m) производствомъ
capo-servizio (m)
jefe (m) de servicio

---

5 Betriebsingenieur (m)
engineer in charge
ingénieur (m) de l'exploitation

заводскій инженеръ (m)
ingegnere (m) di servizio
ingeniero (m) de la fabricación ó explotación

---

6 Schmelzmeister (m)
head melter
maître-fondeur (m), chef-fondeur (m)

доменный мастеръ (m)
capo-forno (m)
maestro (m) de altos hornos ó fundidor

---

7 Aufseher (m)
foreman
surveillant (m)

смотритель (m)
sorvegliante (m)
encargado (m)

---

8 Hochofenarbeiter (m)
furnace man *or* hand
ouvrier (m) de haut-fourneau

доменный рабочій (m); рабочій у доменной печи
operaio (m) del alto forno
obrero (m) de alto horno

---

9 Erzverlader (m)
charge labourer
chargeur (m) de minerai

грузчикъ (m) руды
operaio (m) addetto a caricare il minerale
cargador (m) de minerales

---

* A = americanism

Gichtarbeiter (m) man in charge of throat ouvrier (m) au gueulard	засыпщикъ (m); рабочій (m) на колошникѣ печи operaio (m) di piattaforma obrero (m) de plataforma	1
Maschinenwärter (m) engineer machiniste (m)	машинистъ (m) macchinista (m) maquinista (m)	2
Fördermaschinist (m) engineer [or man] in charge of hoist machiniste (m) du monte-charges	машинистъ (m) при подъёмѣ macchinista (m) del montacariche maquinista (m) del montacargas	3
Das Gichten **Charge** **Charge, chargement**	**Засыпка колоши** **Caricamento** **Cargamento, carga**	4
Herbeischaffen (n) der Schmelzstoffe bringing the materials to be smelted transport (m) des matières premières, amenée (f) du combustible et du lit de fusion	доставка (f) плавильныхъ матеріаловъ trasporto (m) delle materie prime *o* di fusione transporte (m) de las materias de fusión	5
Beschickung (f) charge, burden charge (f)	засыпка (f); загрузка (f) carica (f) carga (f)	6
Zusammensetzung (f) der Beschickung composition of the charge *or* burden composition (f) de la charge	составленіе (n) шихты composizione (f) della carica composición (f) de la carga	7
Erzgemisch (n) mixture of ore *or* ores mélange (m) de minerais	смѣсь (f) рудъ mescolanza (f) dei minerali mezcla (f) de minerales	8
Gattierung (f) burden lit (m) de fusion	шихтованіе (n); смѣшеніе (n) рудъ и флюсовъ въ желательномъ соотношеніи; составленіе (n) шихты letto (m) di fusione mezcla (f) de las cargas	9
gattieren (v) to calculate the burden préparer (v) le lit de fusion	шихтовать; составлять шихту preparare (v) il letto di fusione mezclar (v)	10

1	Erzsatz (m), Erzpost(f) charge of ores and fluxes charge (m) de minerai	рудная сыпь (f) carica (f) di minerale carga (f) de mineral
2	Möller (m) mixture of ores and fluxes lit (m) de fusion	шихта (f) letto (m) di fusione lecho (m) de fusión
3	Berechnung (f) des Möllers calculation of the mixture calcul (m) du lit de fusion	расчётъ (m) шихты calcolo (m) del letto di fusione cálculo (m) del lecho de fusión
4	Möllerung (f) to make the mixture préparation (f) du lit de fusion	шихтованіе (n); смѣшеніе (n) рудъ и флюсовъ въ желательномъ соотношеніи; составленіе (n) шихты preparazione (f) del letto di fusione preparación (f) del lecho de fusión
5	Gewichtverhältnis (n) proportion by weight proportion (f) en poids	вѣсовое отношеніе (n) proporzione (f) in peso proporción (f) en peso
6	Mrazeks stöchiometrisches Verfahren (n) stoichiometric[al] method of Mrazek méthode (f) stœchiométrique de Mrazek	стехіометрическій способъ (m) Мразека método (m) stechiometrico Mrazek método (m) estequiométrico de Mrazek
7	Möllerhaus (n) mixing shed, ore house halle (f) de mélange	шихтарникъ (m) locale (m) per mescolare o dosare casa (f) de mezcla
8	abmessen (v) to measure mesurer (v)	отмѣри-ть (-вать) misurare (v) medir (v)
9	Gemäß (n) measure mesure (f) pour volume	объёмная мѣра (f) misura (f) per volume medida (f) para volumen ó de capacidad
10	abwägen (v) to weigh peser (v)	отвѣ-сить (-шивать) pesare (v) pesar (v)
11	Durchschnittgewicht (n) average weight poids (m) moyen	средній вѣсъ (m) peso (m) medio peso (m) medio

aufgichten (v), gichten (v)
to charge
charger (v)

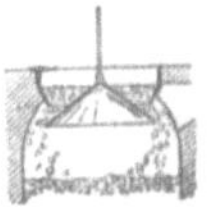

засыпать; заваливать
caricare (v), fare (v) la carica
echar (f) la carga, cargar (v) 1

Erzgicht (f)
ore charge, charge of ore
charge (f) de minerais

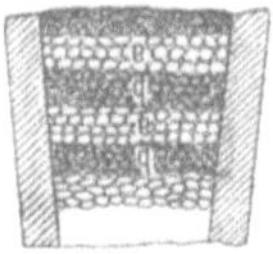

a

рудная колоша (f)
carica (f) di minerale
carga (f) de mineral 2

Brennstoffgicht (f)
charge of fuel
charge (f) de combustible

b

колоша (f) горючаго
carica (f) di combustibile
carga (f) de combustible 3

Beschickungssäule (f)
stock column
colonne (f) des charges

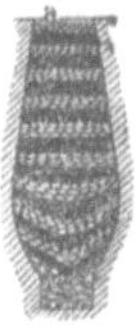

столбъ (m) шихты
colonna (f) delle cariche
columna (f) de las cargas 4

Beschickungsoberfläche (f)
stock line
surface (f) de la charge

a

поверхность (f) засыпи
superficie (f) della carica
superficie (f) de la carga 5

Verteilung (f) der Schmelzstoffe
distribution of the stock
répartition (f) des matières à fondre

распредѣленіе (n) плавильныхъ матеріаловъ
distribuzione (f) della carica
distribución (f) ó repartición (f) de las materias de fusión 6

---

dichte Lagerung (f)
dense charge
chargement (m) serré

плотно лежащая засыпь (f)
caricamento (m) compresso
lechos (m pl) comprimidos 7

Niedergehen (n) der Gicht
dropping of the charge
descente (f) de la charge

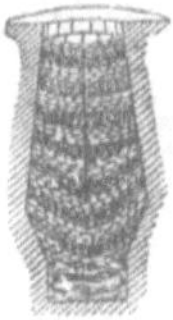

опусканіе (n) шихты *или* колошъ
discesa (f) della carica
bajada (f) ó descenso (m) de la carga 8

---

abwärts gleiten (v)
to descend, to drop
descendre (v)

опускаться
discendere (v)
descender (v) 9

1 Gichtanzeiger (m)
stock line gauge
indicateur (m) de la descente des charges

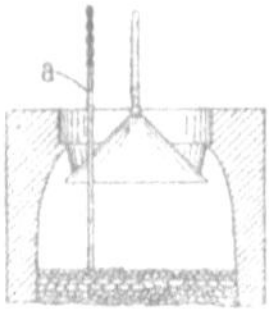

a

мѣрникъ (m) *или* указатель (m) колоши
indicatore (m) della discesa delle cariche
indicador (m) del descenso de las cargas

---

2 Hochofenschmelze (f)
blast furnace smelting
fusion (f) au haut-fourneau

доменная плавка (f)
fusione (f) nell'alto forno
fusión (f) al alto horno

---

3 Austrocknen (n)
drying the furnace
séchage (m)

сушить; высушить
essiccamento (m) della muratura
secar (v)

---

4 anwärmen (v)
to warm
chauffer (v)

подогрѣ-ть (-вать); разогр-ѣть (-вать)
scaldare (v)
calentar (v)

---

5 einfache Rostfeuerung (f)
simple grate firing
foyer (m) simple à grille

обыкновенная колосниковая топка (f); обыкновенная топка съ колошниковой рѣшёткой
focolare (m) semplice a griglia
hogar (m) sencillo de parrilla

---

6 Lockerung (f) des Steinverbandes
loosening of the brickwork
désagrégation (f) de la maçonnerie

ослабленіе (n) связи между камнями; образованіе (n) щелей въ кладкѣ
disgregazione (f) della muratura, screpolarsi (v) della muratura
desunión (f) ó desagregación (f) de la mampostería

---

7 Kokskorb (m)
coke basket
corbeille (f) à coke

корзина (f) съ коксомъ
paniere (m) da coke
cesto (f) de cok

---

8 flammender Brennstoff (m)
flaming fuel
combustible (m) flambant

пламенное топливо (n); горючее (n), дающее пламя
combustibile (m) che brucia con fiamma
combustible (m) flameando

Füllen (n)
filling
remplissage (m)

заполненіе (n); наполненіе (n)
riempimento (m) 1
relleno (m)

---

verkohlter Brennstoff (m)
carbonised fuel
combustible (m) privé des matières volatiles *ou* carbonisé

обугленное горючее (n) *или* топливо (n); обугленный горючій матеріалъ (m) 2
combustibile (m) carbonizzato
combustible (m) carbonizado

Verstopfung (f) des Gestells
blocking of the hearth
engorgement (m) du creuset

загроможденіе (n) горна
crogiuolo (m) bloccato 3
obstrucción (f) del crisol

Rostschlagen (n)
removal of clinker
nettoyage (m) des grilles

очистка (f) колосниковой рѣшётки
pulizia (f) delle griglie 4
limpieza (f) de las parrillas

Krücke (f)
fire rake
râble (m)

крючокъ (m)
gancio (m) 5
paleta (f) *ó* gancho (m) de fundidor

Holzscheit (n)
fire wood
bûche (f) de bois

полѣно (n); дрова (n pl)
pezzo (m) di legno, ciocco (m) 6
leño (m)

---

leere Koksgicht (f), Koks (m) ohne Erz
charge of coke without ore
fausse charge (f), coke (m) sans minéral

холостая колоша (f)
carica (f) bianca 7
carga (f) de cok solo (sin minerales)

Schlackenzusatz (m)
cinder charging
addition (f) de scories

присадка (f) шлаковъ
aggiunta (f) di scoria 8
adición (f) de escorias

Ersticken (n) des Hochofens
choking *or* clogging [of] the blast furnace scaffolding, sticking of the blast furnace
engorgement (m) du haut-fourneau

пріостановка (f) доменной печи
ostruzione (f) del passaggio del gas 9
estrechamiento (m) del paso de los gases

---

nachfüllen (v)
to charge
remplir (v)

дополн-ить (-ять); досыпать
riempire (v) 10
rellenar (v)

Anblasen (n)
starting, blowing in, putting in blast
mise (f) en feu

задувка (f)
messa (f) in marcia 11
manera (f) de encender (el alto horno)

Luftzutritt (m)
air inlet *or* intake
entrée (f) d'air

доступъ (m) *или* притокъ (m) воздуха 12
entrata (f) d'aria
acceso (m) de aire

1 **Abstich, Hochofenabstich**
Tapping of Blast Furnace
Coulée

Выпускъ изъ доменной печи
Colata
Sangría, colada

2 abschlacken (v)
to slag out, to tap off the slag
laisser couler (v) *ou* lâcher (v) le laitier, décrasser (v)

спускать шлакъ
fare (v) la loppa
sangrar (v) la escoria

3 abfließen (v)
to run *or* flow off
couler (v)

стекать
colare (v)
correr (v)

4 Schlackendecke (f)
slag cover
couverture (f) de laitier

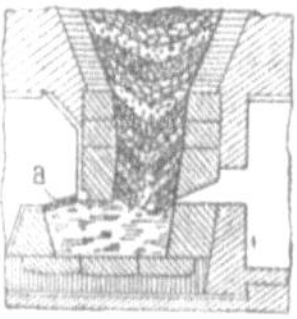

a

верхній слой (m) [застывшаго] шлака въ печахъ съ открытой грудью
copertura (f) della loppa
cubierta (f) ó capa (f) de escoria

5 Schlackenwagen (m)
slag wagon
chariot (m) à laitier

вагонъ (f) для уборки *или* для откатки шлаковъ
vagone (m) per loppa
vagón (m) para escoria

6 abstechen (v)
to tap
couler (v), percer (v)

выпус-тить (-кать)
colare (v)
sangrar (v), hacer (v) la colada

7 Blasen (n) unter vollem Druck
blowing under full pressure
soufflage (m) à pleine pression

полное дутьё; дутьё (n) подъ полнымъ давленіемъ
soffiamento (m) a tutta pressione
el soplar ó soplo (m) á plena presión

8 Abstellen (n) des Gebläses
shutting off *or* stopping the blast
arrêt (m) du soufflage

остановка (f) дутья
fermare (v) il forno
parada (f) de la máquina soplante

9 das Stichloch öffnen (v) *oder* durchstoßen (v)
to tap
percer (v) le trou de coulée

сдѣлать выпускъ; пробить выпускное отверстіе
aprire (v) il foro di colata
destapar (v) la piquera, picar (v)

10 eiserner Spieß (m)
tapping iron *or* bar
ringard (m) en fer

желѣзный ломъ (m)
stanga (f) o sbarra (f) di ferro
espetón (m) de hierro

verstahlte Spitze (f)
steel *or* hardened point
pointe (f) aciérée

настaленный конецъ (m)
punta (f) d'acciaio 1
punta (f) acerada

Rengel (m)
tapping iron
ringard (m)

длинный желѣзный ломъ (m)
stanga (f) 2
espetón (m)

Abstichprobe (f)
tapping sample
prise (f) d'essai à la coulée

проба (f); проба, взятая изъ выпущеннаго металла
prendere (v) il campione 3
prueba (f) de la colada

Gießhalle (f)
casting house
halle (f) de coulée

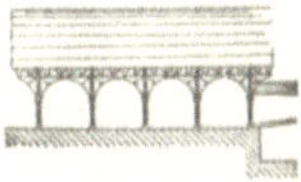

поддоменникъ (m); литейный сарай (m)
campo (m) di colata 4
tinglado (m) de colada

überdachen (v)
to roof [in]
couvrir (v) d'une toiture

перекрыть; покрыть крышею
coprire (v) 5
techar (v)

Verteilung (f) des Roheisens
distribution of the pig iron
distribution (f) de la fonte

распредѣленіе (n) доменнаго чугуна
distribuzione (f) della ghisa 6
distribución (f) de la colada

Eisenstrom (m)
flow, stream of metal
jet (m) de fonte

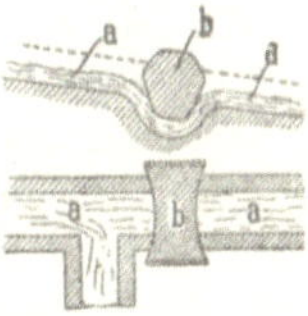

струя (f) чугуна
getto (m) *o* corrente (f) di ghisa 7
corriente (f) de fundición

a

Streicheisen (n)
skimmer
pelle (f) de retenue

b

лощинка (f); полировальная дощечка (f); [желѣзная лопатка (f), примѣняемая при выпускѣ чугуна для задерживанія шлаковъ] 8
pala (f) di ritegno
pala (f) de retención

Roheisenmassel (f)
pig iron, pig (A*)
gueuset (m), gueuse (f)

свинка (f)
pane (m) di ghisa
lingote (m) de fundición 9

* A = americanism

Gießbett (n), Masselbett (n)
1 casting bed, pig bed
lit (m) de coulée, moules (mpl) à gueusets

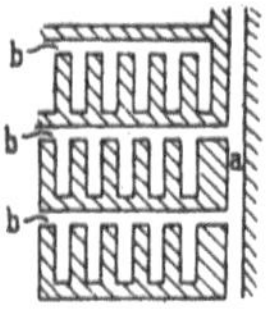

литейный *или* доменный дворъ (m)
stampa (f)
lecho (m) de colada

Gosse (f), Graben (m)
2 main runner
fossé (m), chenal (m)

a

жолобъ (m); борозда (f)
rigola (f), canale (m) principale
reguera (f), fosa (f)

Nebenkanäle (m pl), parallele Rinnen (f pl)
3 sow, feeder
chenal (m) latéral, gueuse (f) intermédiaire

b

параллельные жолоба (m pl); параллельныя борозды (f pl)
margosa (f), canale (m) secondario
reguera (f) lateral, canales (f pl) derivadas

Sandform (f)
4 sand mould
moule (m) en sable

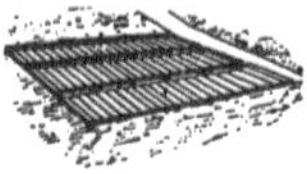

песочная форма (f)
forma (f) di sabbia
molde (m) de arena

Unreinigkeiten (f pl)
5 impurities
impuretés (f pl)

примѣси (fpl)
impurità (fpl)
impurezas (fpl)

---

gußeiserne Form (f), Gußschale (f), Kokille (f)
6 cast iron mould, chill [mould]
moule (f) en fonte, coquille (f), lingotière (f)

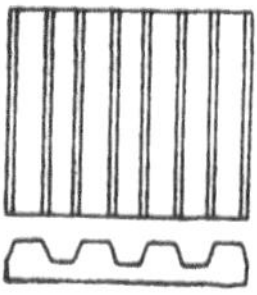

чугунная форма (f) *или* изложница (f)
conchiglia (f)
molde (m) de fundición, coquilla (f)

Abstichschaufel (f), Schütze (f)
7 tapping shovel
pelle (f) de barrage

лопата (f), [которою перегораживаютъ литейную бороздку по наполненіи формы металломъ]
pala (f) d'arresto *o* di chiusura
pala (f) de defensa

Gießmaschine (f)
8 casting machine
machine (f) à couler

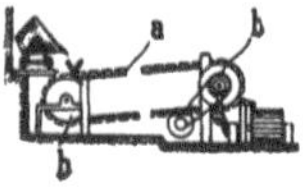

машина (f) для разливки
macchina (f) per colare
máquina (f) de moldeo ó fundir

Band (n) ohne Ende, endlose Kette (f)
9 endless chain *or* band *or* belt
bande (f) *ou* chaîne (f) sans fin

a

безконечная лента (f); безконечная цѣпь (f)
catena (f) senza fine
cinta (f) sin fin, cadena (f) sin fin

wagerechte Trommel (f) horizontal drum tambour (m) horizontal	b	горизонтальный барабанъ (m) tamburo (m) orizzontale tambor (m) horizontal	1
die Gußformen besprengen (v) to wet *or* to sprinkle the moulds asperger (v) les lingotières		спрыснуть чугунныя формы aspergere (v) *o* inaffiare (v) le forme rociar (v) los moldes	2
Kalkwasser (v) lime water eau (f) de chaux	a	известковая вода (f); известковое молоко (n) acqua (f) di calce agua (f) de cal	3
Gießrad (n) casting wheel roue (f) de coulée	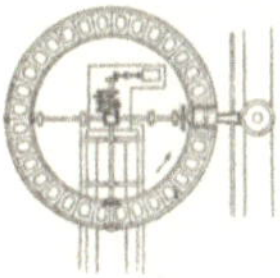	литейное колесо (n); колесо для разливки ruota (f) per colare rueda (f) de moldeo ó fundir	4
Roheisenwagen (m) pig iron wagon wagon (m) pour le transport de la fonte		вагонъ (f) для уборки чугуна vagone (m) per trasportare la ghisa vagón (m) para el transporte de los lingotes	5
Gießpfanne (f) ladle poche (f) de coulée		[литейный] ковшъ (m) siviera (f) caldero (m) de colada	6
Pfannenausguß (m) lip of ladle bec (m) de la poche	a	носъ (m) ковша becco (m) della siviera boca (f) del caldero	7
kippen (v) to tip basculer (v), renverser (v)		опрокидывать vuotare (v), inclinare (v) volcar (v)	8
ausgießen (v) to pour [out] déverser (v)		выли-ть (-вать) versare (v) vaciar (v) [el contenido]	9
Schneckengetriebe (v) worm gear transmission (f) par vis sans fin		червячная передача (f) ingranaggio (m) a vite perpetua, ingranaggio (m) a vite senza fine engranaje (m) de tornillo sin fin	10

1 den Herd entleeren (v)
to tap the hearth
vider (v) le creuset

опорожн-ить (-ять) горнъ
vuotare (v) l crogiuolo
vaciar (v) el crisol

---

2 Reinigung (f) des Herdes
cleaning the hearth
nettoyage (m) du creuset

чистка (f) горна
pulitura (f) del crogiuolo
limpieza (f) del crisol

---

3 Haken (m), Schaffhaken (m)
hook, rake
crochet (m)

крючокъ (m)
rampino (m)
gancho (m), corchete (m)

---

4 das Stichloch verschließen (v)
to plug *or* to stop up the tap hole
boucher (v) le trou de coulée

забить выпускъ *или* выпускное отверстіе
tappare (v) il forno
tapar (v) la colada ó piquera

---

5 Massepfropfen (m)
fire clay plug
bouchon (m) *ou* tampon (m) d'argile refractaire

пробка (f) изъ огнеупорный массы
tappo (m)
tapón (m) de arcilla, cebolla (f)

---

6 Gestübbe (n)
material for making plug
masse (f) *ou* matière (f) pour boucher

набойка (f)
terra (f) per tappare
mezcla (f) para tapar la piquera

---

7 Stichlochstopfmaschine (f)
tap hole stopping machine, mud gun (A*), clay gun
machine (f) à boucher le trou de coulée

машина (f) для забивки выпускного отверстія
macchina (f) per fare la bocchetta
máquina (f) para tapar la piquera

---

8 Abstichpause (f)
tapping interval
intervalle (m) entre les coulées

промежутокъ (m) времени между двумя выпусками
durata (f) della colata
parada (f) de la colada, intervalo (m) entre las coladas

---

9 die Formen nachsehen (v)
to inspect the tuyeres
inspecter (v) les tuyères

осмотрѣть (осматривать) фурмы
guardare (v) le tubiere
revisar (v) las toberas

---

* A = americanism

die Düsen zurückziehen (v)
to draw back the nozzles
reculer (v) les buses
отодвинуть назадъ сопло
levare (v) il portavento 1
retirar (v) las busas ó boquillas

---

losbrechen (v)
to break out
décrocher (v), dégager (v), percer (v)
вынимать; выламывать 2
aprire (v) la tubiera
romper (v)

Ansatz (m), erstarrter Ansatz (m)
obstruction, bear, scaffold
loup (m), matières (f pl) figées
настыль (f)
guarnizione (f) 3
agarrado (m), lobo (m)

Verstopfung (f) des Stichloches
freezing *or* stopping up of tap hole
blocage (m) *ou* obstruction (f) du trou de coulée
затычка (f) выпускного отверстія
foro (m) di colata bloccato 4
obstrucción (f) de la piquera

Bohrmaschine (f) zum Öffnen des Stichloches
drilling machine for opening the tap hole
foret (m) pour trouer le trou de coulée

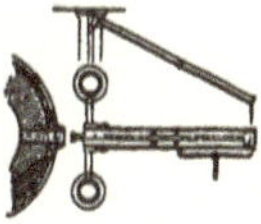

машина (f) для пробиванія выпускного отверстія
macchina (f) per fare il foro di colata 5
máquina (f) de barrenar la piquera

---

aufschmelzen (v)
to melt away
fondre (v), ouvrir (v) au chalumeau
оплавить
fondere (v), dare (v) l'ossigeno 6
abrir (v) por fusión

Menneverfahren (n)
Menne method
procédé (m) Menne
способъ (m) Менне
processo (m) Menne
procedimiento (m) Menne 7

Knallgas (n)
oxyhydrogen gas
gaz (m) détonant
гремучій газъ (m)
gas (m) fulminante *od* ossidrico 8
gas (m) explosible ó oxhídrico ó detonante

Gebläsebrenner (m)
blow pipe burner
brûleur (m) à vent

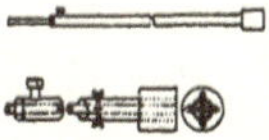

горѣлка (f) съ дутьёмъ
tubo (m) 9
mechero (m) con soplete

Magnesitmasse (f)
magnesite mass
masse (f) de magnésite
магнезитовая масса (f)
massa (f) di magnesite 10
masa (f) de magnesita

---

gepreßte Kohle (f)
pressed coal
charbon (m) comprimé
брикетъ (m); прессованный уголь (m)
carbone (m) compresso 11
carbón (m) comprimido

1 Karborund (m), Siliciumkarbid (n)
carborundum
carborundum (m), carbure (m) de silicium
карборундъ (m); карбидъ (m) кремнія
carborundum (m), carburo (m) di silicio
carburo (m) de silicio, carborúndum (m)

---

2 mittelst elektrischen Lichtbogens öffnen (v)
to open the tap hole by means of electric arc
dégager (v) à l'arc électrique, ouvrir (v) au moyen de l'arc voltaïque
оплавить настыль при помощи вольтовой дуги
apertura (f) con elettrico arco
abrir (v) con arco eléctrico ó voltáico

3 **Verlauf des Hochofenganges**
Blast Furnace Process
Allure du haut-fourneau
Доменный процессъ
Andamento o marcia dell'alto forno
Marcha del alto horno

4 Gang (m) des Hochofens
working of the blast furnace
marche (f) du haut-fourneau
ходъ (m) доменной печи
andamento (m) o marcia (f) dell'alto forno
marcha (f) del alto horno

---

5 wechselnder Ofengang (m)
irregular working of blast furnace
allure (f) variable du haut-fourneau
перемѣнный ходъ (m) доменной печи
marcia (f) variabile del alto forno
marcha (f) variable del alto horno

---

6 Durchsetzzeit (f)
period of working charge
durée (f) de passage de la charge
время (n) прохожденія рудъ черезъ печь; продолжительность (f) пребыванія въ печи
durata (f) del passaggio della carica
periodo (m) de paso de la carga

---

7 ununterbrochener Betrieb (m)
continuous working
fonctionnement (m) continu ou ininterrompu
непрерывное дѣйствіе (n)
funzionamento (m) continuo
funcionamiento (m) continuo

---

8 Ofenreise (f)
life of blast furnace
campagne (f) d'un fourneau
кампанія (f) печи
campagna (f) del forno
campaña (f) del horno

---

9 Fassungsraum (m)
capacity
capacité (f) du fourneau, volume (m) du fourneau
объёмъ (m); вмѣстимость (f)
capacità (f) o volume (m) del forno
capacidad (f) del alto horno

Deutsch / English / Français	Русский / Italiano / Español	
Berechnung (f) der Beschickung calculation of charge calcul (m) des charges	расчётъ (m) шихты calcolo (m) delle cariche cálculo (m) de las cargas	1
versuchsmäßig (adv) experimentally (adv) expérimentalement (adv)	на основаніи опытныхъ данныхъ sperimentalmente (avv) experimentalmente (adv)	2
Möllerausbringen (n) yield rendement (m) des minerais	выходъ (m) чугуна изъ шихты rendimento (m) dei minerali rendimiento (m) de la mezcla	3
Berechnung (f) der Schlacken calculation of slags calcul (m) du laitier	расчётъ (m) шлаковъ calcolo (m) della loppa cálculo (m) de las escorias	4
Chemie (f) des Hochofenganges chemistry of the blast furnace process chimie (f) du haut-fourneau	химія (f) доменнаго процесса chimica (f) dell'alto forno química (f) del alto horno	5
Gleichung (f) equation équation (f)	уравненіе (n) equazione (f) ecuación (f)	6
Gleichgewichtszustand (m) state of equilibrium état (m) d'équilibre	состояніе (n) равновѣсія stato (m) d'equilibrio estado (m) de equilibrio	7
stöchiometrisches Äquivalent (n) stoichiometric[al] equivalent équivalent (m) stœchiométrique	стехіометрическій эквивалентъ (m) equivalente (m) stechiometrico equivalente (m) estequiométrico	8
Raumteil (m) volume volume (m) partiel	часть (f) по объёму parte (f) di volume parte (f) de volumen	9
chemische Bindung (f) chemical combination combinaison (f) chimique	химическое соединеніе (n) combinazione (f) chimica combinación (f) química	10
Wärmebilanz (f), Wärmehaushalt (m) heat equation, heat balance bilan (m) calorifique	тепловой балансъ (m) bilancio (m) calorifico balance (m) térmico	11
Wärmeverbrauch (m) heat consumption consommation (f) de chaleur	расходъ (m) тепла consumo (m) di calore consumo (m) de calor	12

1 Wärmeausgleichung (f)
heat interchange
équilibre (m) calorifique

компенсація (f) тепла
equilibrio (m) termico
equilibrio (m) térmico

---

2 Wärmeeinnahme (f)
heat absorption
absorption (f) de chaleur

приходъ (m) тепла
assorbimento (m) di calore
absorción (f) de calor

---

3 Wärmeausgabe (f)
evolution of heat
dégagement (m) de chaleur

расходъ (m) тепла
sviluppo (m) del calore
expendio (m) ó desprendimiento (m) de calor

---

4 Eisen- und Schlackenwärme (f)
heat in iron and slag
chaleur (f) de la fonte et du laitier

теплота (f), заключающаяся въ чугунѣ и шлакахъ; теплота, уносимая чугуномъ и шлакомъ
calore (m) della ghisa e della loppa
calor (m) del hierro y de la escoria

---

5 Gichtgaswärme (f)
waste gas heat
chaleur (f) des gaz du gueulard

теплота (f), заключённая въ колошниковыхъ газахъ; количество (n) тепла, уносимое газами
calore (m) dei gas alla bocca del forno
calor (m) de los gases del alto horno

---

6 allgemeine Vorgänge (m pl) im Hochofen
general phenomena in the blast furnace
phénomènes (m pl) qui se produisent dans le haut-fourneau

общіе процессы (m pl) въ доменной печи
andamento (m) generale del alto forno
fenómenos (m pl) generales en el alto horno

---

7 hüttenmännischer Vorgang (m)
metallurgical process
opération (f) métallurgique

заводскій процессъ; металлургическій процессъ (m)
operazione (f) metallurgica
proceso (m) metalúrgico

---

8 Gasstrom (m)
gas current
courant (m) gazeux

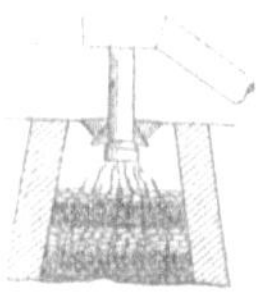

токъ (m) газовъ
corrente (f) gassosa
corriente (f) de gas

---

9 Vorwärmezone (f), Vorbereitungszone (f)
preliminary heating zone
zone (f) de chauffage préalable

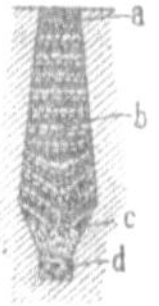

a

подготовительный поясъ (m)
zona (f) di riscaldamento, zona (f) di preparazione
zona (f) calentadora ó de caldeo previo

Reduktionszone (f) reduction zone zone (f) de réduction	b	поясъ (m) возстановленія zona (f) di riduzione zona (f) de reducción	1
Reibung (f) friction frottement (m)		треніе (n) attrito (m) fricción (f)	2
Kohlungszone (f) carburisation *or* carbonising zone zone (f) de carburation	c	поясъ (m) обугливанія zona (f) di carburazione zona (f) de carburación	3
Schmelzzone (f) melting zone zone (f) de fusion	d	поясъ (m) плавленія zona (f) di fusione zona (f) de fusión	4
Vorwärmung (f) preliminary heating chauffage (m) préalable		подогрѣвъ (m); предварительное нагрѣваніе (n) riscaldamento (m) preliminare calentamiento (m) ó caldeo (m) previo	5
Austreibung (f) von Wasser expulsion of water expulsion (f) de l'eau		испареніе (n) воды evaporazione (f) dell'acqua expulsión (f) ó evaporación (f) del agua	6
direkte Reduktion (f) direct reduction réduction (f) directe		прямое *или* непосредственное возстановленіе (n) riduzione (f) diretta reducción (f) directa	7
indirekte Reduktion(f) indirect reduction réduction (f) indirecte		непрямое *или* косвенное возстановленіе (n) riduzione (f) indiretta reducción (f) indirecta	8
reduzieren (v) to reduce réduire (v)		возстанавлять ridurre (v) reducir (v)	9
Reduktionstemperatur (f) reduction temperature température (f) de réduction		температура (f) возстановленія temperatura (f) di riduzione temperatura (f) de reducción	10
Eisenschwamm (m) spongy iron éponge (f) de fer		губчатое желѣзо (n); губчатый металлъ (m) spugna (f) di ferro esponja (f) de hierro	11
Zerfallen (n) to decompose, to disintegrate se désagréger (v), tomber (v) en poussière		распаденіе (n) decomporsi (v) desagregarse (v), descomponerse (v)	12

1 Zersetzungsprodukt (n)
product of decomposition, decomposition product
produit (m) de la décomposition

продуктъ (m) разложенія
prodotto (m) della decomposizione
producto (m) de descomposición

---

2 Oberfeuer (n)
escape of heat to upper part
feu (m) au gueulard

появленіе (n) температуры плавленія въ областяхъ печи, гдѣ имѣется ещё значительное количество невозстановленныхъ рудъ
temperatura (f) alla bocca del forno
temperatura (f) de fusión

---

3 Trichterbildung (f)
funnel formation, formation of pipes
formation (f) d'entonnoir

образованіе (n) воронки
formazione (f) d'imbuto
formación (f) de conos

---

4 Entmischung (f) des Möllers
separation of the constituents of the charge
séparation (f) des éléments de la charge

распаденіе (n) шихты на составныя части; разложеніе (n) шихты
separazione (f) degli elementi della carica
separación (f) de los elementos de la carga

---

5 Kohlung (f)
carburisation, carbonisation
carburation (f)

обуглероживаніе (n)
carburazione (f)
carburación (f)

---

6 Kohlungsgrad (m)
degree of carbonisation
degré (m) de carburation

степень (f) обуглероживанія
grado (m) di carburazione
grado (m) de carburación

---

7 Kohlenstoffverbrauch (m)
consumption of carbon
consommation (f) de carbone

расходъ (m) углерода
consumo (m) di carbone
gasto (m) ó consumo (m) de carbono

---

8 Kohlenstoffausscheidung (f)
separation of carbon
séparation (f) de carbone

выдѣленіе (n) углерода
separazione (f) di carbone
separación (f) de carbono

---

9 Wasserstoffbildung (f)
formation of hydrogen
dégagement (m) d'hydrogène

образованіе (n) водорода
sviluppo (m) d'idrogeno
formación (f) de hidrógeno

German / English / French	Russian / Italian / Spanish	
Vergasung (f) des festen Brennstoffes gasification of the solid fuel gazéification (f) du combustible solide	газификація (f) твёрдаго горючаго; превращеніе (n) твёрдаго горючаго въ газообразное состояніе gaseificazione (f) del combustibile solido gasificación (f) del combustible sólido	1
vergasende Wirkung(f) gasifying action effet (m) gazéifiant	газообразованіе (n) effetto (m) gaseificante efecto (m) gasificador	2
Schmelzgang (m) progress *or* process of melting fusion (f)	ходъ (m) плавки andamento (m) della fusione marcha (f) de fusión	3
Schmelzbuch (n) charge book livre (m) des charges	плавильный журналъ (m) registro (m) delle cariche diario (m) ó libro (m) de cargas	4
sintern (v) to sinter, to clinker se concrétionner (v), s'agglutiner (v), se fritter (v)	спекать agglutinarsi (v) aglutinarse (v), concrecionarse (v)	5
Sinterung (f) sintering agglutination (f), frittage (m)	спеканіе (n) agglutinamento (m) aglutinación (f)	6
verschlacken (v) to slag scorifier (v)	ошлаков-ать (-ывать) scorificare (v) escorificar (v)	7
schlackenbildend (adj) slag forming scorifiant, formant du laitier	шлакообразовательный scorificante escorificante, formando escoria	8
Verbindung (f) der Metalloide mit dem Eisen combination of metalloids with iron combinaison (f) des metalloïdes avec le fer	соединеніе (n) металлоидовъ съ желѣзомъ combinazione (f) dei metalloidi col ferro combinación (f) de los metaloides con el hierro	9
Zersetzung (f) des Kalksteins decomposition of limestone décomposition (f) de la castine	разложеніе (n) известняка decomposizione (f) del calcare descomposición (f) de la castina	10
Sauerstoffüberschuß (m) excess of oxygen excès (m) d'oxygène	избытокъ (m) кислорода eccesso (m) d'ossigeno exceso (m) de oxigeno	11

Oxydation (f)
1 oxidation
oxydation (f)

окисленіе (n)
ossidazione (f)
oxidación (f)

Gebläsewind (m), Wind (m)
2 blast
vent (m) de la soufflerie

дутьё (n)
aria (f) soffiata, vento (m) soffiato
viento (m) de la máquina soplante, viento (m) inyectado

Windberechnung (f)
3 calculation of blast
calcul (m) du vent

вычисленіе (n) *или* опредѣленіе (n) количества дутья
calcolo (m) dell'aria *o* del vento
cálculo (m) del viento

Windverbrauch (m)
consumption of blast
4 volume (m) d'air nécessaire, consommation (f) de vent

расходъ (m) дутья; расходъ воздуха
consumo (m) d'aria *o* di vento
consumo (m) de viento

Windpressung (f), Pressung (f) des
5 Windes
blast pressure
pression (f) du vent

давленіе (n) дутья; упругость (f) дутья
pressione (f) dell'aria *o* del vento
presión (f) del viento

Spannungsverlust (m)
6 drop *or* loss of pressure
perte (f) de pression

потеря (f) въ упругости
perdita (f) di pressione
pérdida (f) de presión

Düsenquerschnitt (m)
7 nozzle section
section (f) de la buse

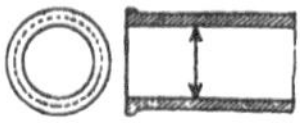

сѣченіе (n) сопла
sezione (f) dell' ugella
sección (f) de la boquilla *ó* tobera

Gasspannung (f)
8 gas pressure
pression (f) du gaz

упругость (f) газовъ
pressione (f) del gas
presión (f) del gas

Quecksilbermanometer (n)
9 mercury pressure gauge, manometer
manomètre (m) à mercure

ртутный духомѣръ (m) *или* манометръ (m)
manometro (m) a mercurio
manómetro (m) de mercurio

Spiel (n) des Gebläses
10 action of the blast
allure (f) *ou* variation (f) de la soufflerie

ходъ (m) дутья
andamento (m) *o* marcia (f) della soffieria
marcha (f) de la máquina soplante

Federmanometer (n)
spring pressure gauge
11 manomètre (m) métallique, manomètre (m) à tube élastique

пружинный духомѣръ (m) *или* манометръ (m)
manometro (m) metallico, manometro (m) a tubo elastico
manómetro (m) metálico, manómetro (m) de tubo elástico

Temperatur (f) im Hochofen
temperature in the blast furnace
température (f) dans le haut-fourneau

температура (f) въ доменной печи
temperatura (f) nell'alto forno 1
temperatura (f) en el alto horno

Gichttemperatur (f)
throat temperature
température (f) au gueulard

температура (f) колошника
temperatura (f) alla bocca del forno 2
temperatura (f) en el bragante

Temperaturmessung(f)
[pyrometric] measurement of temperature
mesure (f) des températures, pyrométrie (f)

измѣренie (n) температуры
pirometria (f) 3
medida (f) de las temperaturas

Metallverschmelzung (f), [Metallegierung (f)]
metal alloy
alliage (m) métallique

металлическiй сплавъ (m)
lega (f) metallica 4
aleación (f) de metales

Hitzemesser (m), Pyrometer (n)
pyrometer
pyromètre (m)

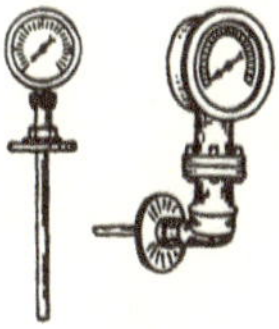

пирометръ (m)
pirometro (m) 5
pirómetro (m)

Metallhitzemesser (m), Metallpyrometer (n)
metal pyrometer
pyromètre (m) métallique

металлическiй пирометръ (m)
pirometro (m) metallico 6
pirómetro (m) metálico

Graphithitzemesser (m), Graphitpyrometer (n)
graphite pyrometer
pyromètre (m) à graphite

графитный пирометръ (m)
pirometro (m) a grafite 7
pirómetro (m) de grafito

Lufthitzemesser (m), Luftpyrometer (n)
air pyrometer
pyromètre (m) à air

воздушный пирометръ (m)
pirometro (m) ad aria 8
pirómetro (m de aire

1
elektrischer Hitzemesser (m), elektrisches Pyrometer (n) von Le Chatelier
thermo-electric pyrometer (Le Chatelier), thermocouple
électropyromètre (m) *ou* pyromètre (m) électrique [de] Le Chatelier

элекртическій пирометръ (m) Ле-Шателье
pirometro (m) elettrico di Le Chatelier
pirómetro (m) eléctrico de Le Chatelier

2
optischer Hitzemesser (m), optisches Pyrometer (n)
optical pyrometer, radiation pyrometer
pyromètre (m) optique
оптическій пирометръ (m)
pirometro (m) ottico
pirómetro (m) óptico

3
die Temperatur eines Körpers aus seiner Strahlung messen(v)
to measure the temperature of a body by means of its radiation
mesurer (v) la température d'un corps par son rayonnement
измѣрить температуру тѣла на основаніи его лучеиспускательной способности
misurare (v) la temperatura d'un corpo per mezzo della sua radiazione
medir (v) la temperatura de un cuerpo por medio de su radiación

---

4
Temperaturerniedrigung (f)
lowering *or* fall *or* drop of temperature
abaissement (m) de la température
пониженіе (n) температуры
abbassamento (m) di temperatura
descenso (m) *ó* baja (f) de la temperatura

5
Strahlung (f), Wärmestrahlung (f)
radiation, thermal radiation, radiation of heat
rayonnement (m) *ou* radiation (f) calorifique
излученіе (n) тепла
[ir]radiazione (f) di calore
radiación (f) de calor

6
Wärmeleitung (f)
heat conduction, conduction of heat, thermal conduction
conductibilité (f) calorifique
теплопроводность (f)
conduzione (f) di calore
conductibilidad (f) calorifica

7
Gargang (m)
normal working
allure (f) normale
спѣлый ходъ (m)
andamento (m) o marcia (f) normale
marcha (f) caliente *ó* normal

8
Rohgang (m)
cold *or* irregular working
allure (f) froide
сырой ходъ (m)
andamento (m) o marcia (f) fredda
marcha (f) fria

heißgarer Gang (m)
working too hot, endothermic working
allure (f) extra-chaude

перепѣлый ходъ (m)
andamento (m) *o* marcia (f) caldissima 1
marcha (f) caliente exagerada

Betriebstörungen
Irregularities of Working
Arrêt dans le fonctionnement, perturbation dans le fonctionnement

Расстройство хода плавки
Arresto *o* perturbazione di funzionamento 2
Interrupciones *ó* perturbaciones de la marcha *ó* en el servicio

Lecken (n) der Form
leaking of the tuyere
fuite (f) de la tuyère

течь (f) въ фурмѣ
fuga (f) della tubiera 3
escape (m) *ó* fuga (f) de la tobera

Arbeiten (f pl) im Ofeninnern
working inside the blast furnace
travaux (m pl) à l'intérieur du haut-fourneau

работы (f pl) внутри печи
lavori (m pl) interni del forno 4
trabajos (m pl) en el interior del alto horno

Hängen (n) der Gicht, Feststauen (n), Gewölbebildung (f)
hanging *or* scaffolding [of the charge]
accrochage (m) des charges, formation (f) de voûtes

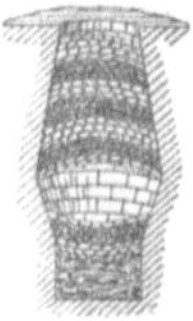

застаиванiе (n) *или* зависанiе (n) колоши
arresto (m) nella discesa, formazione (f) di volta 5
suspensión (f) de las cargas, formación (f) de bóvedas

Versetzung (f)
scaffold
accrochage (m)

настыль (f); загроможденiе (n)
arresto (m), intoppo (m) 6
obstrucción (f), interrupción (f) del pasaje de los gases

Stürzen (n) der Gicht
slip *or* fall of scaffold
chute (f) des charges *ou* des accrochages

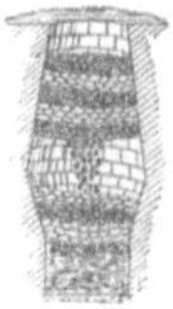

уханiе (n) колоши
caduta (f) delle cariche 7
caída (f) de las cargas

Gasexplosion (f)
gas explosion
explosion (f) de gaz

взрывъ (m) газа
esplosione (f) di gas 8
explosión (f) de gas

Schadhaftwerden (n) des Gestelles
deterioration *or* defective condition of the hearth
détérioration (f) de l'ouvrage *ou* du creuset

неполадка (f) въ горну; порча (f) горна
deterioramento (m) dello sdrucciolo del crogiuolo 9
deterioración (f) del crisol

die Öffnungen verstreichen (v)
to close the openings
luter (v) les ouvertures

замазать *или* забить отверстія
tappare (v) *o* chiudere (v) le aperture
tapar (v) las aberturas (con arcilla) 1

Wiederanblasen (n)
restarting, putting in blast again, blowing in
resoufflage (m)

новая задувка (f)
risoffiamento (m)
volver (v) á encender 2

Ausblasen (n), Niederblasen (n)
blowing out
mise (f) hors feu

выдувка (f)
messa (f) fuori esercizio, spengere (v)
el apagar, extinción (f) 3

---

ausblasen (v), niederblasen (v)
to blow out
mettre (v) hors feu, éteindre (v)

выдуть
arrestare (v) la marcia, spengere (v)
apagar (v) 4

---

baufällig (adj)
out of repair, defective (adj)
en mauvais état

ветхій
in cattivo stato
en estado de ruina 5

Ausräumen (n)
clearing
dégarnissage (m)

уборка (f); очистка (f)
sguarnitura (f)
vaciado (m) 6

---

das Ofenmauerwerk abbrechen (v)
to break down the brickwork
démolir (v) la maçonnerie

разрушить кладку стѣнъ шахты
demolire (v) la muratura
derribar (v) la mampostería 7

Nebenerzeugnisse des Hochofens
By-products of the Blast Furnace
Produits accessoires du haut-fourneau

Побочные продукты доменной плавки
Prodotti secondari dell'alto forno
Productos accesorios del alto horno 8

Schlacken
Cinder, Slag
Laitier

Шлакъ; сокъ
Scoria, loppa
Escoria 9

Hochofenschlacke (f)
blast furnace slag
laitier (m) du haut-fourneau

доменный шлакъ (m) *или* сокъ (m)
loppa (f) dell'alto forno
escoria (f) de alto horno 10

Hüttenabfall (m)
waste
déchets (m pl)

заводскіе отбросы (m pl)
rottami (m pl)
desechos (m pl) 11

die Öffnungen verstreichen (v)
to close the openings
luter (v) les ouvertures
замазать *или* забить отверстія
tappare (v) *o* chiudere (v) le aperture 1
tapar (v) las aberturas (con arcilla)

Wiederanblasen (n)
restarting, putting in blast again, blowing in
resoufflage (m)
новая задувка (f)
risoffiamento (m) 2
volver (v) á encender

Ausblasen (n), Niederblasen (n)
blowing out
mise (f) hors feu
выдувка (f)
messa (f) fuori esercizio, spengere (v) 3
el apagar, extinción (f)

---

ausblasen (v), niederblasen (v)
to blow out
mettre (v) hors feu, éteindre (v)
выдуть
arrestare (v) la marcia, spengere (v) 4
apagar (v)

---

baufällig (adj)
out of repair, defective (adj)
en mauvais état
ветхій
in cattivo stato 5
en estado de ruina

Ausräumen (n)
clearing
dégarnissage (m)
уборка (f); очистка (f)
sguarnitura (f) 6
vaciado (m)

---

das Ofenmauerwerk abbrechen (v)
to break down the brickwork
démolir (v) la maçonnerie
разрушить кладку стѣнъ шахты
demolire (v) la muratura 7
derribar (v) la mampostería

Nebenerzeugnisse des Hochofens
By-products of the Blast Furnace
Produits accessoires du haut-fourneau
Побочные продукты доменной плавки
Prodotti secondari dell'alto forno 8
Productos accesorios del alto horno

Schlacken
Cinder, Slag
Laitier
Шлакъ; сокъ
Scoria, loppa 9
Escoria

Hochofenschlacke (f)
blast furnace slag
laitier (m) du haut-fourneau
доменный шлакъ (m) *или* сокъ (m)
loppa (f) dell'alto forno 10
escoria (f) de alto horno

Hüttenabfall (m)
waste
déchets (m pl)
заводскіе отбросы (m pl)
rottami (m pl) 11
desechos (m pl)

1 Schlackenkuchen (m)
slag cake
gateau (m) de laitier

коврига (f) шлака
blocco (m) di loppa
torta (f) de escoria

---

2 Schlackenblock (m)
slag block
bloc (m) de laitier

шлакъ (m) въ видѣ крупныхъ глыбъ; глыба (f) шлака
blocco (m) di loppa
bloque (m) de escoria

---

3 Schlackenhalde (f)
dump
terril (m), crassier (m), halde (f)

куча (f) шлаковъ; шлаковая куча
deposito (m) di loppa
escorial (m)

---

4 Absturzplatz (m)
dumping place, dump
lieu (m) de déversement

мѣсто (n) свалки; отвалъ (m)
scarico (m)
lugar (m) de vaciar ó para verter la escoria

---

5 Zusammensetzung (f)
composition
constitution (f), composition (f)

составъ (m)
costituzione (f), composizione (f)
constitución (f), composición (f)

---

6 saure, lange Schlacke (f)
acid slag
laitier (m) acide, laitier (m) filant

кислый тянущійся шлакъ (m)
loppa (f) acida, loppa (f) filante
escoria (f) ácida

---

7 basische, kurze Schlacke (f)
basic slag
laitier (m) basique, laitier (m) court au crochet

основной короткій шлакъ (m)
loppa (f) basica, loppa (f) secca
escoria (f) básica

---

8 Orthosilikat (n)
orthosilicate
orthosilicate (m)

ортосиликатъ (m); однокремнеземикъ (m)
ortosilicato (m)
ortosilicato (m)

---

9 Metasilikat (n)
metasilicate
métasilicate (m)

метасиликатъ (m); двукремнеземикъ (m)
metasilicato (m)
metasilicato (m)

---

10 zähflüssig (adj)
viscous (adj)
visqueux (adj)

вязкій
viscoso (agg)
viscoso (adj)

---

11 leichtflüssig (adj)
fluid (adj)
fluide (adj), facilement fusible (adj)

легкоплавкій
liquido (agg)
muy fusible (adj)

---

12 strengflüssig (adj)
refractory (adj)
réfractaire (adj), difficilement fusible (adj)

трудноплавкій
refrattario (agg)
difícil (adj) á ó de fundir

dünnflüssig (adj) thinly liquid (adj) très fusible (adj), très fluide (adj)	жидкій fluido (agg) de gran fluidez	1
Silizierungsgrad (m) degree of silication teneur (f) en silice, acidité (f)	степень (f) окремнѣнія; кислотность (f) grado (m) d'acidità contenido (m) en silice, grado (m) de silicatación	2
Schlackenverschmelzung (f) melting *or* fusion of slags fusion (f) du laitier	сплавленіе (n) шлака fusione (f) della loppa fusión (f) de la escoria	3
Garschlacke (f) rich slag, tap cinder laitier (m) chaud	спѣлый шлакъ (m) loppa (f) calda escoria (f) de marcha caliente *ó* normal	4
Rohschlacke (f) raw *or* poor slag laitier (m) froid	сырой шлакъ (m) loppa (f) fredda escoria (f) de marcha fria	5
Tempern (n), langsames Abkühlen (n) tempering, slow cooling refroidissement (m) lent	отжигъ (m); медленное охлажденіе (n) raffreddamento (m) lento enfriamiento (m) lento	6
Ausscheidung (f) separation séparation (f), cristallisation (f)	выдѣленіе (n) cristallizzazione (f) segregación (f)	7
steinige Schlacke (f) stony slag laitier (m) pierreux	камневидный шлакъ (m) loppa (f) pietrosa escoria (f) petrosa *o* pétrea	8
bimsteinartig (adj) pumicestone like [slag], porous (adj) [slag], honeycombed [slag] boursouflé (adj), poreux (adj)	пемзовидный spugnoso (agg) semejante (adj) á piedra pómez, poroso (adj)	9
schaumig (adj) frothy (adj) écumeux (adj)	пѣнистый spumoso (agg), schiumoso (agg) espumoso (adj)	10
kieselig (adj) siliceous (adj) siliceux (adj)	кремнистый silicioso (agg) silíceo (adj)	11
kalkreich (adj) rich (adj) in lime (basic) calcareux (adj)	известковый calcareo (agg) calcáreo (adj)	12
tonerdereich (adj) rich (adj) in clay alumineux (adj)	глинозёмистый alluminoso (agg) aluminoso (adj)	13

1 glasig (adj)
vitreous (adj)
vitreux (adj)
стекловидный
vetroso (agg), vitreo (agg)
vítreo (adj), vidrioso (adj)

2 porphyrartig (adj)
porphyritic (adj)
porphyrique (adj)
порфировидный
porfirico (agg)
porfidico (adj)

3 Verwertung (f) der Schlacke
utilisation of slag
utilisation (f) du laitier
примѣненіе (n) *или* использованіе (n) шлака
utilizzazione (f) della loppa
utilización (f) de la escoria

4 eingeschlossene Eisenkörner (n pl)
enclosed iron grains, shot
grains (m pl) de fer englobés

включённыя зёрна (n pl) чугуна
granuli (m pl) di ferro trasportati
granos (m pl) de hierro encerrados

5 Wascheisen (n)
iron from washery
fonte (f) provenant des lavoirs
отмытое желѣзо (n)
ghisa (f) proveniente dai lavatoi
hierro (m) procedente del lavado

6 Wegebaustoff (m)
road material, ballast
matériaux (m pl) pour la confection des routes
матеріалъ (m) для устройства дорогъ
materiali (m pl) per la costruzione delle strade
material (m) para la construcción de caminos

7 Aufschüttungsmasse (f)
filling material
matériaux (m pl) de remblayage
матеріалъ (m) для насыпей
materiali (m pl) di riempimento
material (m) para terraplenar ó de relleno

8 Schlackenstein (m)
slag brick *or* stone
brique (f) de laitier
шлаковый камень (m)
mattone (m) di loppa
ladrillo (m) de escoria

9 Schlackenwolle (f)
slag wool
laine (f) de laitier
шлаковая шерсть (f)
lana (f) di loppa
lana (f) de escoria, escoria (f) filamentosa

10 Schlackenfaden (m)
slag thread
fil (m) de laitier
шлаковая нить (f)
filo (m) di loppa
hilo (m) de escoria

11 Schlackenziegel (m)
slag brick
brique (f) de laitier

шлаковый кирпичъ (m)
mattone (m) di loppa
ladrillo (m) de escoria

12 Zersetzung (f)
decomposition
décomposition (f)
разложеніе (n)
decomposizione (f)
descomposición (f)

zerfallen (v)
to disintegrate, to decompose
tomber (v) en poussière, s'effriter (v)

разложиться; разсыпаться; распадаться
polverizzarsi (v), ridursi (v) in polvere 1
desagregarse (v)

Körnung (f), Granulierung (f)
granulation
granulation (f)

зерненіе (n); дробленіе (n); грануляція (f) 2
granulazione (f)
granulación (f)

---

körnen (v), granulieren (v)
to granulate
granuler (v)

зернить; дробить; гранулировать 3
granulare (v)
granular (v)

---

gekörnte Schlacke (f), granulierte Schlacke (f)
granulated slag
laitier (m) granulé

дроблёный *или* гранулированный шлакъ (m) 4
loppa (f) granulata
escoria (f) granulada

Schlackensand (m)
slag sand
sable (m) de laitier

шлаковый песокъ (m)
sabbia (f) di loppa 5
arena (f) de escoria

Eisenportlandzement (m)
iron Portland cement, slag cement, slag Portland cement
ciment (m) de laitier portland

желѣзистый портландскій цементъ (m)
cemento (m) di loppa 6
cemento (m) de escoria de alto horno

Schlackenpresse (f)
slag press
presse (f) à laitier

шлаковый прессъ (m)
pressa (f) da loppa 7
prensa (f) de escoria

Porigkeit (f)
porosity
porosité (f)

пористость (f)
porosità (f) 8
porosidad (f)

Durchlässigkeit (f)
permeability
perméabilité (f)

проницаемость (f)
permeabilità (f) 9
permeabilidad (f)

Lufterhärtung (f)
air hardening
prise (f) *ou* durcissement (m) à l'air

затвердѣваніе (n) на воздухѣ
presa (f) *o* solidificazione (f) all'aria 10
solidificación (f) al aire

Gichtgas
Blast Furnace Gas
Gaz du gueulard

Колошниковый газъ
Gas del forno 11
Gas de alto horno

Gewinnung (f), Entziehung (f)
drawing off
prise (f) du gaz, emploi (m) du gaz

полученіе (n); добываніе (n); отведеніе (n) [газа] 12
presa (f) del gas
toma (f) de gas

1	Gasgemenge (n) gas mixture mélange (m) gazeux	газовая смѣсь (f) mescolanza (f) gassosa mezcla (f) de gases
2	brennbarer Bestandteil (m) combustible constituent élément (m) combustible	горючая составная часть (f) parte (f) combustibile elemento (m) combustible
3	Befeuerung (f) der Dampfkessel firing of steam boilers chauffage (m) des chaudières	отопленіе (n) паровыхъ котловъ riscaldamento (m) delle caldaie calefacción (f) de las calderas
4	Kohlenoxydgehalt (m) carbon monoxide contents teneur (f) en oxyde de carbone	содержаніе (n) окиси уклерода tenore (m) in ossido di carbonio proporción (f) de óxido de carbono
5	Wasserdampf (m) steam vapeur (f) d'eau	водяной паръ (m) vapore (m) d'acqua vapor (m) de agua
6	Gichtflamme (f) throat flame flamme (f) du gueulard	колошниковое пламя (n) fiamma (f) alla bocca del forno llama (f) del tragante
7	aus dem Ofen saugen (v) to draw from the furnace aspirer (v) hors du haut-fourneau	высасывать изъ печи aspirare (v) dal forno aspirar (v) del horno
8	Gasweg (m) gas duct *or* passage trajet (m) des gaz	каналъ (m) для газа canale (m) del gas trayecto (m) de los gases
9	Gasstrom (m) current of gas courant (m) gazeux	теченіе (n) газа; токъ (m) газа corrente (f) di gas corriente (f) de gas
10	Gasverlust (m) loss of gas perte (f) de gaz, fuite (f) de gaz	потеря (f) газа perdita (f) di gas pérdida (f) *ó* escape (m) *ó* fuga (f) de gas
11	Zündflamme (f) ignition flame flamme (f) d'allumage	запальное пламя (n) fiamma (f) d'accensione llama (f) de inflamación

Deutsch / English / Français		Русскій / Italiano / Español	
Zufällige Nebenerzeugnisse **Occasional *or* Accidental By-products** **Produits accessoires non constants**		**Случайные побочные продукты** **Prodotti secondari occasionali** **Productos accesorios no constantes ú ocasionales**	*1*
Gichtschwamm (m), zinkischer Anbruch (m), Ofenbrand (m) zinc deposit cadmies (f pl), dépôt (m) de zinc		цинковая настыль (f) deposito (m) d'ossido di zinco depósitos (m pl) de óxido de cinc, cadmia (f)	*2*
Zinkstaub (m) zinc dust cadmies (f pl) fines		цинковая пыль (f) polvere (f) di zinco polvo (m) de cinc	*3*
Ofenblei (n) pig lead plomb (m) de fourneau		свинецъ (m), получаемый изъ кладки печей piombo (m) del forno plomo (m) de horno	*4*
silberhaltig (adj) argentiferous (adj) argentifère (adj)		содержащій серебро argentifero (agg) argentífero (adj)	*5*
Eisensau (f), Sau (f), Eisenklumpen (m) iron blocks, sow, bear loup (m), bloc (m)		жукъ (m); козёлъ (m) blocco (m) lobo (m)	*6*
Eisenabscheidung (f) iron separation ségrégation (f) de fer		отдѣленіе (n) желѣза separazione (f) *o* segregazione (f) di ferro segregación (f) de hierro	*7*
Frischeisen (n) refined iron, finery iron fer (m) affiné		желѣзистая настыль (f); губчатое желѣзо (n) ferro (m) affinato hierro (m) afinado	*8*
alkalische Salze (n pl) alkaline salt sels (m pl) alcalins		щелочныя соли (f pl) sali (m pl) alcalini sales (f pl) alcalinas	*9*
Cyankalium (n) potassium cyanide cyanure (m) de potassium		ціанистый калій (m) cianuro (m) di potassio cianuro (m) potásico	*10*
Chloralkalien (n pl) alkaline chlorids chlorures (m pl) alcalinis		хлористыя щёлочи (f pl) cloruri (m pl) alcalini cloruros (m pl) alcalinos	*11*
Cyanstickstofftitan (n) titanium cyanonitride cyanure (m) de potasse et de titane	$Ti(CN)_2 + 3\,Ti_3N_2$	азотистосинеродистый титанъ (m) cianuro (m) di potassio e di titanio cianuro (m) de potasio y de titano, nitrocianuro (m) de titano	*12*
Zinksilikat (n) zinc silicate silicate (m) de zinc		силикатъ (m) цинка silicato (m) di zinco silicato (m) de cinc	*13*

XI.

Darstellung des Schweißeisens

Manufacture *or* Production of Wrought Iron

Fabrication du fer soudé

Получение сварочнаго желѣза

Fabbricazione del ferro dolce

Fabricación del hierro dulce

---

1 **Rennen**
Direct Production of Wrought Iron
Extraction directe du fer de son minerai
Обработка рудъ въ сыродутныхъ горнахъ
Processo diretto, metodo catalano
Extracción directa del hierro de su mineral, método catalán

2 Rennfeuer (n), Luppenfrischfeuer (n)
bloomery fire, catalan hearth
bas-foyer (m), forge (f) catalane

сыродутный горнъ (m)
basso fuoco (m)
forja (f) catalana

---

3 Luppe (f), Dackel (m), Deul (m), Stück (n)
bloom, lump
loupe (f), balle (f) en fer

a

крица (f)
palla (f) di ferro
esponja (f) de hierro, zamarra (f)

---

4 Schmelzofen (m)
smelting *or* melting furnace
four (m) de fusion
плавильная печь (f)
forno (m) di fusione
horno (m) de fusión

Stückofen (m)
bloomery furnace
four (m) à loupes

доменица (f); сыродутная шахтная печь (f) 1
forno (m) a palla
horno (m) de zamarras

---

oxydierendes Schmelzen (n)
oxidising smelting
fusion (f) oxydante

окислительная плавка (f)
fusione (f) per ossidazione 2
fusión (f) oxidante

---

nachrennen (v)
to fine, refine
affiner (v)

доводить
affinare (v) 3
afinar (v)

Herdfrischen
Refining in the Open Hearth
Affinage au bas-foyer

Передѣлъ чугуна въ кричномъ горну 4
Affinaggio al basso fuoco
Afino al bajo hogar

Frischverfahren (n), Frischmethode (f)
fining process, refining
méthode (f) *ou* procédé (m) d'affinage

кричный способъ (m) выдѣлки желѣза
metodo (m) *o* processo (m) d'affinaggio 5
método (m) de afino

---

entkohlen (v), frischen (v)
to decarburise
affiner (v) *ou* décarburer (v) la fonte

передѣлывать чугунъ; обезуглероживать чугунъ 6
decarburare (v) la ghisa
de[s]carburar (v) *ó* afinar (v) la fundición

Frischer (m)
finer, refiner
affineur (m)

кричный мастеръ (m)
operaio (m) addetto all'affinaggio 7
afinador (m)

Frischherd (m), Frischfeuer (n)
finery fire, low hearth
four (m) *ou* foyer (m) *ou* feu (m) d'affinerie

кричный горнъ (m)
fuoco (m) d'affinaggio 8
horno (m) *ó* forja (f) de afino

offener Herd (m)
open hearth
foyer (m) découvert

открытый кричный горнъ (m)
fuoco (m) aperto 9
forja (f) descubierta, horno (m) descubierto

bedecktes Frischfeuer (n)
covered finery
foyer (m) comtois couvert

закрытый кричный горнъ (m)
fuoco (m) d'affinaggio chiuso
forja (f) cubierta, horno (m) cubierto de afino, forja (f) del Franco-Condado 10

1 schwedisches, modernes Frischfeuer (n), Lancashire-Frischherd (m)
Swedish, modern bloomery fire, Lancashire hearth
bas-foyer (m), feu (m) d'affinerie suédois *ou* moderne

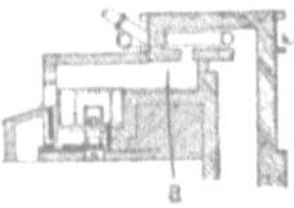
a

современный шведскій кричный горнъ (m)
fuoco (m) d'affinaggio Lancashire
bajo horno (m), forja (f) *ó* fuego (m) de afino sueco

---

2 Vorwärmeherd (m)
hearth for heating, fore hearth
foyer (m) à réchauffer, cassin (m)

a

чугунникъ (m); подогрѣватель (m)
forno (m) di riscaldo
horno (m) de recalentar

---

3 Zacken (m)
bed plate
plaque (f) *ou* taque (f) de fond

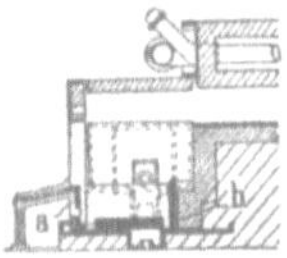
a, b

доски (f pl) *или* плиты (f pl), ограничивающія рабочее пространство
placca (f) di fondo (in ghisa)
solera (f), placa (f)

---

4 Arbeitszacken (m), Schlackenzacken (m) Brustzacken (m), Vorderzacken (m)
fore plate
plaque (f) de laiteral *ou* de chio, paroi (f) de laiteral

a

передняя *или* соковая доска (f)
placca (f) laterale di lavoro
placa (f) lateral

---

5 Aschenzacken (m), Hinterzacken (m)
back plate
plaque (f) de rustine, haire (f)

b

задняя *или* хвостовая доска (f)
placca (f) del rustico, placca (f) posteriore
rustina (f), placa (f) posterior

---

6 Formzacken (m)
tuyere plate
taque (f) de varme, porges (m pl)

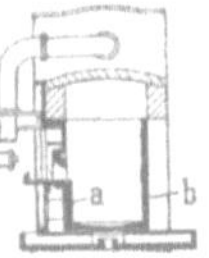
a

фурменная доска (f)
placca (f) per l'ugello
[placa (f) de] warma (f)
placa (f) de tobera

---

7 Formsattel (m)
tuyere saddle
assise (f) de la tuyère

сѣдло (n) фурмы; фурменное сѣдло
base (f) dell'ugello
asiento (m) de la tobera

---

8 Windzacken (m), Gichtzacken (m)
baffle plate
[plaque (f) de] contrevent (m)

b

противофурменная доска (f)
placca (f) in faccia all'ugello
contraviento (m)

Frischfeuerbetrieb (m)
finery process
travail (m) au bas-foyer

кричное производство (n)
processo (m) d'affinaggio
trabajo (m) á la forja de afino 1

Frischfeuereisen (n), Holzkohleneisen (n)
fined iron, refined iron, charcoal iron
fer (m) affiné, fer (m) au bois

кричное желѣзо (n)
ferro (m) affinato, ferro (m) al carbone di legna
hierro (m) afinado (por el carbón de madera) 2

---

garschmelzig (adj)
low silicon pig
fonte (f) rapide (pauvre en silicium et manganèse)

легко передѣлываемый т. е. бѣдный марганцемъ, кремнiемъ и прочими окисляемыми тѣлами
ghisa (f) povera di silicio e manganese
fundición (f) rápida (pobre en silicio y manganeso) 3

---

garschmelziges Eisen (n), luckiges Floß (n)
open white pig
fonte (f) blanche poreuse

ноздреватый скоропередѣлывающiйся чугунъ (m)
ghisa (f) bianca porosa
fundición (f) blanca porosa 4

---

rohschmelzig (adj)
high silicon pig
cru (adj) (riche en silicium et manganèse)

трудно передѣлываемый т. е. богатый марганцемъ, кремнiемъ и прочими окисляемыми тѣлами
ghisa (f) ricca di silicio e manganese
fundición (f) rica en silicio y manganeso 5

Garfrischen (n)
white iron fining
affinage (m) complet

спѣлый ходъ (m) переработки
affinaggio (m) della ghisa bianca
afino (m) completo 6

Rohfrischen (n)
gray iron fining
affinage (m) imparfait, travail (m) de la loupe, premier affinage (m)

сырой ходъ (m) переработки
affinaggio (m) della ghisa grigia
afino (m) incompleto 7

Einmalschmelzerei (f), Schwalarbeit (f)
single refining, slag washing process
affinage (m) au bain de scorie, procédé (m) à une seule fusion

работа (f) съ однократнымъ расплавленiемъ *или* съ однократной переплавкой
affinaggio (m) al bagno di scorie, processo (m) con una sola fusione
afino (m) al baño de escoria, procedimiento (m) de una sola fusión 8

1	Schwal (m), Schlacke (f) rich finery cinder, slag scorie (f)	шлакъ (m) scoria (f) escoria (f)
2	Zweimalschmelzerei (f), Wallonenfrischen (n) Walloon process procédé (m) wallon *ou* à un soulèvement	работа (f) съ двукратнымъ расплавленіемъ *или* съ двукратной переплавкой processo (m) vallone *od* ad una sola rifusione procedimiento (m) valón *ó* de doble fusión
3	Dreimalschmelzerei (f), deutsches Frischverfahren (n) triple melting-down process procédé (m) à deux soulèvements *ou* allemand	работа (f) съ трёхкратнымъ расплавленіемъ *или* съ трёхкратной переплавкой processo (m) con doppia rifusione, processo (m) tedesco procedimiento (m) alemán *ó* de triple fusión
4	Schirbel (m) bloom, slab lopin (m), maquette (f)	кусокъ (m) крицы palla (f) zamarra (f)
5	Feinarbeit (f) fine working, fine smelting, refining travail (m) d'affinage	процессъ (m) очищенія; процессъ окисленія примѣсей желѣза processo (m) d'affinaggio procedimiento (m) *ó* trabajo (m) de afino
6	gefeintes Roheisen (n) refined pig iron fonte (f) épurée, fonte (f) mazée	очищенное желѣзо (n) ghisa (f) affinata fundición (f) purificada
7	Feinschlacke (f) rich fining slag scorie (f) douce, scorie (f) riche	богатый шлакъ (m); спѣлый шлакъ scoria (f) ricca di ossidi escoria (f) dulce *ó* rica

8 **Puddeln** — **Пудлинговать**

To puddle — **Pudellare**

Puddler — **Pudelar**

9	Puddelhütte (f), Puddelwerk (n) puddling works puddlage (m)	пудлинговая мастерская (f) stabilimento (m) di forni a pudellaggio taller (m) de pudelaje
10	Flammofen (m) reverbatory furnace four m) à réverbère	отражательная печь (f); пламенная печь forno (m) a riverbero horno (m) de reverbero

Puddelöfen **Puddling Furnaces** **Fours à puddler**	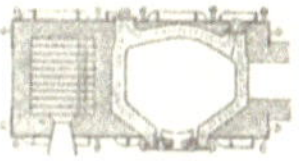	**Пудлинговая печь** **Forni a pudellaggio** **Hornos de pudelar**	1
Doppelpuddelofen (m) double puddling furnace four (m) à puddler double		двойная пудлинговая печь (f) doppio forno (m) a pudellaggio horno (m) doble de pudelar	2
Springerscher Puddelofen (m) Springer's puddling furnace four (m) à puddler système Springer	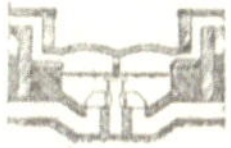	пудлинговая печь (f) Шпрингера forno (m) a pudellaggio sistema Springer horno (m) de pudelar sistema Springer	3
Wendeofen (m), wendbarer Puddelofen(m) rotary puddling furnace four (m) à puddler tournant	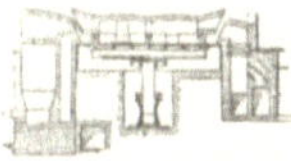	поворачивающаяся пудлинговая печь (f) forno (m) a pudellaggio girevole horno (m) giratorio de pudelar	4
Drehpuddelofen (m) revolving puddling furnace four (m) à puddler rotatif		вращающаяся пудлинговая печь (f) forno (m) a pudellaggio rotativo horno (m) de pudelar rotatorio	5
Zylinderofen (m) cylinder furnace four (m) cylindrique		цилиндрическая печь (f) forno (m) cilindrico horno (m) cilindrico	6
Tellerofen (m) puddling furnace with revolving hearth four (m) à sole tournante	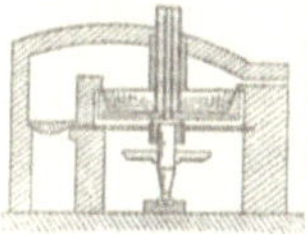	тарелочная печь (f) forno (m) di fusione a piatto girevole horno (m) de solera giratoria	7
Teile des Puddelofens **Parts of the Puddling Furnace** **Parties du four à puddler**		**Части пудлинговой печи** **Parti del forno a pudellaggio** **Partes del horno de pudelar**	8
Feuerung (f) firing chauffage (m)		топка (f) riscaldamento (m) calefacción (f)	9
Feuerraum (m), Heizraum (m) fire place or chamber, grate foyer (m), chauffe (f)	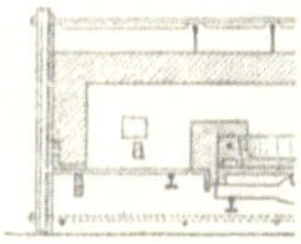 a	топочное пространство (n) focolare (m) hogar (m)	10

Rostfeuerung (f)
1 grate firing
foyer (m) à grille

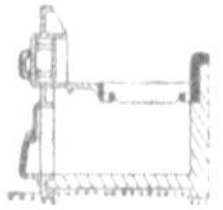

колосниковая топка (f); топка съ колосниковой рѣшёткой
focolare (m) a griglia
hogar (m) de parrilla

Rostträger (m), Rostschwelle (f)
grid *or* fire bar bearer
2 supports (pl) des barreaux de la grille, sommier(m) de grille, châssis (m) de grille

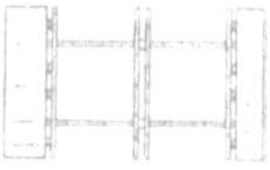

колосниковая рама (f); система (f) колосниковыхъ балокъ
armatura (f) di sostegno della griglia
durmiente (m) de emparrillado, marco (m) de parrilla, larguero (m) de parrilla

---

Roststab (m)
3 fire bar
barreau (m) de grille

колосникъ (m)
sbarra (f) della griglia
barra (f) de emparrillado

Aschenfall (m)
4 ash pit
cendrier (m)

a

зольникъ (m)
ceneraio (m)
cenicero (m)

Feuerbrücke (f)
5 fire bridge
autel (m)

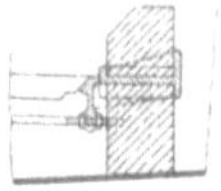

большой порогъ (m)
altare (m)
puente (m), altar (m) del hogar

Flammenloch (n)
flame hole
6 passage (m) de la flamme

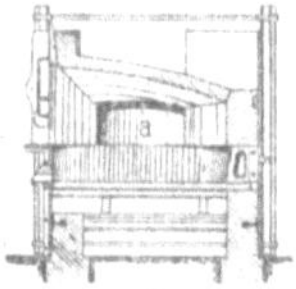

a

пламенный ходъ (m); пламенное окошко (n)
apertura (f) d'entrata della fiamma
paso (m) de la llama

Feuertür (f)
7 coaling door
porte (f) du foyer

рама (f) топочныхъ дверецъ
porta (f) del focolare
puerta (f) del hogar

Arbeitsherd (m)
8 hearth
laboratoire (m)

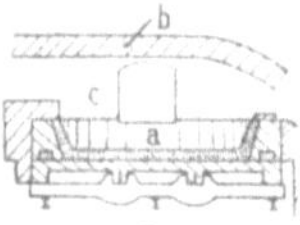

a

подъ (m)
aia (f), focolare (m), laboratorio (m)
laboratorio (m)

Herdgewölbe (n) roof *or* arch of the furnace voûte (f)	b	сводъ (m) надъ подомъ volta (f) del focolare bóveda (f)	*1*
Herdwand (f), Wange (f), Herdwange (f) side wall paroi (f) latérale du four	c	боковая стѣнка (f) печи parete (f) laterale, cordone (m) pared (f) lateral del horno	*2*
Schaffplatte (f) fore plate plaque (f) d'avant		передняя плита (f) placca (f) *o* piastra (f) anteriore placa (f) delantera	*3*
Sohlplatte (f), Bodenplatte (f) bottom plate, base plate plaque (f) de la sole	 a	подовая плита (f) placca (f) della suola placa (f) de la solera	*4*
Legeeisen (n), Herdeisen (n) hearth plate plaque (f) du foyer	b	колода (f) placca (f) del focolare placa (f) del hogar	*5*
wassergekühlter Boden (m) water cooled bottom sole (f) à courant d'eau		подъ (m), охлаждаемый водой suola (f) raffreddata [con acqua] solera (f) refrigerada por agua	*6*
hohlgegossene Einfassung (f) hollow cast frame cadre (m) coulé creux		пустотѣлая рама (f); полая рама parete (f) laterale vuota (per il passaggio dell'acqua per raffreddamento) marco (m) colado hueco	*7*
Abflußrohr (n) water discharge pipe tuyau (m) de décharge	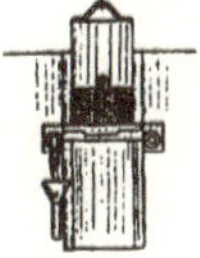	водоотводная труба (f) tubo (m) di scarico tubo (m) de descarga de agua	*8*
Schlackenherd (m) slag hearth sole (f) en scories		шлаковый подъ (m) печи aia (f) *o* focolare (m) a rivestimento di scorie solera (f) para escorias	*9*
Herdfutter (n), Ausfütterung (f), Auskleidung (f) hearth lining garnissage (m) de la sole	a	футеровка (f) пода печи rivestimento (m) della suola revestimiento (m) de la solera	*10*
Herdtiefe (f) depth of the hearth profondeur (f) de la sole du four	b	глубина (f) ванны altezza (f) del focolare profundidad (f) de la solera del horno	*11*

1	Muldenform (f) concave shape of hearth forme (f) de cuvette, forme (f) concave		чашеобразная форма (f) forma (f) concava forma (f) cóncava, forma (f) de molde
2	Garschlackenboden (m), Schwalboden (m) slag bed, slag bottom fond (m) en scorie		подъ (m), покрытый спѣлыми шлаками suola (f) di scorie solera (f) de escorias
3	Schlackenbad (n) slag bath bain (m) de scories		шлаковая ванна (f) bagno (m) di scorie baño (m) de escorias
4	eisenoxydhaltiges Gut (n) material containing ferric oxide substance (f) *ou* masse (f) riche en oxyde de fer		матеріалъ (m), содержащій окись желѣза sostanza (f) ferrosa material (m) que contiene óxido de hierro
5	eisenoxydreich (adj) rich (adj) in ferric oxide riche (adj) en oxyde de fer		богатый окисью желѣза alto tenore (m) in ossido di ferro rico (adj) en óxido de hierro
6	Vorglühherd (m) fore hearth chaufferie (f), sole (f) à réchauffer, cassin (m)	 a	подогрѣватель (m); чугунникъ (m) camera (f) di raffreddamento horno (m) de recalentar
7	Einsatztür (f) charging door porte (f) de chargement	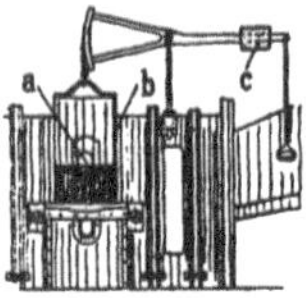 	заслонка (f) рабочаго окна porta (f) di caricamento puerta (f) de carga
8	Arbeitstür (f), Kratzentür (f) puddling door porte (f) à brasser, porte (f) de râblage	a	окно (n) для перемѣшиванія клюшкой porta (f) di lavoro puerta (f) de trabajo, puerta (f) de amasar
9	angegossene Führungsleiste (f) cast on guide bar guidage (m) venu de fonte	b	прилитая направляющая планка (f) guida (f) in ghisa per porta guía (f) de puerta fundida en una pieza
10	Gegengewicht (n) der Tür door counter weight *or* balance weight contrepoids (m) de la porte	c	противовѣсъ (m) дверецъ contrappeso (m) della porta contrapeso (m) de la puerta

Arbeitschwelle (f) working sill bord (m) *ou* seuil (m) du trou de travail, banc (m)	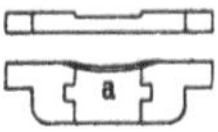	рабочій порогъ (m) soglia (f) *od* appoggio (m) per l'utensile di lavoro marco (m) del agujero de trabajo	1
Einsatzstück (n) door sill pièce (f) rapportée	a	вкладышъ (m); запасная часть (f) pezzo (m) di ricambio pieza (f) de recambio	2
Schlackenblech (n) slag plate tôle (f) d'écoulement de la scorie	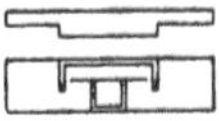	шлаковый порогъ (m) lamiera (f) per trattenere le scorie, lamiera (f) di sbarramento chapa (f) de colar la escoria	3
Wasserkasten (m), Kühltrog (m) cooling trough, water tank, bosh bâche (f) à eau	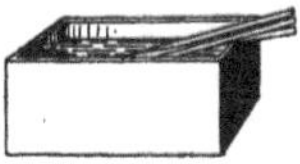	колода (f) съ водою [для охлажденія инструментовъ] cassetta (f) d'acqua per raffreddamento cubeta (f) de agua	4
Gezähe (n) puddling tools (pl) outils (m pl)	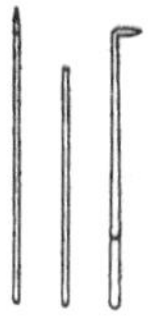	инструменты (m pl) utensili (m pl), riavoli (m pl) di ferro herramientas (f pl)	5
Kratze (f), Rührhaken (m) iron rake, rabble crochet (m), brassoir (m), râble (m)		клюшка (f); клюка (f) raschiatoio (m) espetón (m), hurgón (m)	6
keilförmige Kratze (f) wedge shaped rabble fer (m) à biseau		клинообразная клюшка (f); клиновидная клюка (f) raschiatoio (m) conico palanca (f) de cuña	7
Spitz (m), Brechstange (f) puddling bar, pointed rabble ringard (m) pointu, poinçon (m)		ломъ (m); ломокъ (m) stanga (f) a punta palanca (f) de punta	8

1	Zange (f) tongs (pl), pair of tongs, pliers (A*) tenaille (f)		клещи (f pl) tanaglia (f) tenazas (f pl)
2	Fuchs (m) flue rampant (m), carneau (m) conduisant à la cheminée	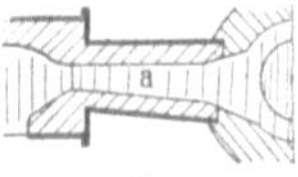	боровокъ (m) canale (m) che va al camino conducto (m) [de llegada] á la chimenea, canal (f) de llamas
3	fliegender Fuchs (m), ansteigender Fuchs (m) ascending flue, uptake rampant (m) ascendant	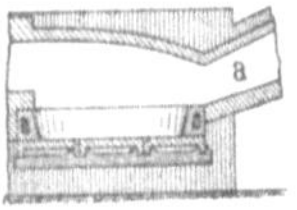	восходящій боровокъ (m) canale (m) montante *od* ascendente conducto (m) de llamas ascendente
4	fließender Fuchs (m), geneigter Fuchs (m) inclined flue rampant (m) incliné vers le bas	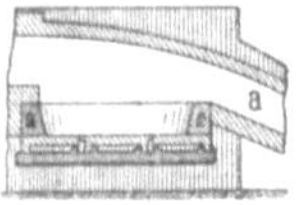	понурый боровокъ (m) canale (m) discendente conducto (m) de llamas inclinado hacia abajo
5	Fuchsbrücke (f) flue bridge autel (m) du rampant	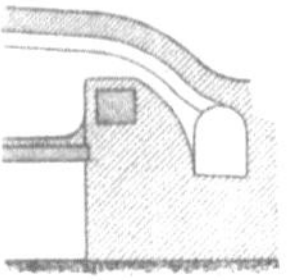	задній порогъ (m); малый порогъ ponte (m) del canale puente (m) ó altar (m) del conducto
6	Fuchsdecke (f) flue roof voûte (f) du rampant		сводъ (m) боровка volta (f) del canale bóveda (f) del conducto
7	Abzugkanal (m) main flue carneau (m) de la cheminée		пароотводный каналъ (m) canale (m) del camino canal (f) de la chimenea
8	Umgebungskanal (m) lateral flue, side flue carneau (m) *ou* conduit (m) de dérivation		обводный каналъ (m) canale (m) di derivazione conducto (m) de derivación
9	Esse (f) chimney, stack cheminée (f)	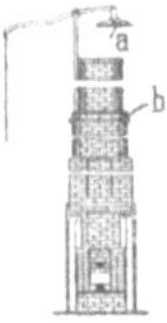	дымовая труба (f) camino (m) chimenea (f)

* A = americanism

Temper (m) chimney lid clapet (m) de cheminée	a	заслонка (f) дымовой трубы cappello (m), valvola (f) di chiusura tapa (f) de la chimenea	1
Kaminbeschlag (m) iron fittings of the chimney armature (f) de la base de la cheminée	b	обшивка (f) дымовой трубы armatura (f) del camino armazón (m) de la base de la chimenea	2
Ausrüstung (f) des Ofens iron fittings of the furnace armature (f) du four	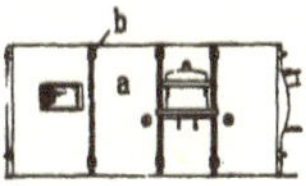	арматура (f) печи armatura (f) del forno armazón (m) del horno	3
Umkleidungsplatte (f) casing chemise (f) de revêtement, plaque (f) de revêtement	a	плита (f) арматуры; обставная плита placca (f) di rivestimento placa (f) de revestimiento	4
Stehanker (m), Zugstange (f) tie rod tirant (m)	b	тяжъ (m); тяга (f) tirante (m) tirante (m)	5

Betrieb des Puddelofens **Working of the Puddling Furnace** **Marche du travail au four à puddler**	**Ходъ пудлинговой печи** **Marcia *od* andamento dell'operazione di pudellaggio** **Funcionamiento del horno de pudelar**	6
Puddelverfahren (n) puddling process procédé (m) de puddlage	процессъ (m) пудлингованія pudellaggio (m) procedimiento (m) de pudelaje	7
Puddler (m) puddler puddleur (m)	пудлинговщикъ (m) operaio (m) pudellatore pudelador (m)	8
Handpuddeln (n) hand puddling puddlage (m) à la main	пудлингованіе (n) *или* перемѣшиваніе (n) въ-ручную pudellaggio (m) a mano pudelaje (m) á mano	9
Einsatz (m) charge charge (f)	насадка (f); садка (f) carica (f) carga (f)	10

Heissen (m), kleine Einsatzmenge (f)
1 charge of pig
charge (f) de fonte, charge (f) faible
расплавляемыя по частямъ количества (n pl) чугуна, предназначаемыя для одной [на]садки
carica (f) di ghisa
carga (f) pequeña de fundición

einsetzen (v)
2 to charge
charger (v)
насадить; посадить
caricare (v)
cargar (v)

das Eisen vorwärmen (v), glühen (v)
3 to heat the iron
chauffer (v) la fonte
нагрѣвать чугунъ
riscaldare (v) la ghisa
calentar (v) la fundición

---

niederschmelzen (v)
4 to melt, to smelt
fondre (v)
расплавить; плавить
fondere (v)
fundir (v)

---

abschmelzendes Metall (n)
5 dropping metal, metal coming to nature
métal (m) entré en fusion
расплавляющійся по каплямъ металлъ
metallo (m) fondente
metal (m) que empieza á fundirse

Eisenmasse (f)
6 bloom ball
masse (f) de fer
масса (f) чугуна
massa (f) o blocco (m) di ferro
masa (f) de hierro

Flammenführung (f)
7 flame baffling
conduite (m) des flammes
направленіе (n) пламени
condotto (m) delle fiamme
conducto (m) de las llamas, conducción (f) de las llamas

Helligkeit (f) der Flamme, Lauch (m)
8 brightness of the flame
clarté (f) de la flamme
яркость (f) пламени
luminosità (f) della fiamma
claridad (f) de la llama

---

sternbildende Funken (mpl)
9 star like sparks
étincelles (f pl) étoilées
звѣздообразныя искры (f pl)
faville (f pl) a stella
chispas (f pl) de estrella

Puddelschlacke (f)
10 tap cinder, bulldog
scorie (f) de puddlage
пудлинговые шлаки (mpl)
scoria (f) di pudellaggio
escoria (f) de pudelaje

Schlackenansatz (m), Frischvogel (m)
11 adhesion of the slag
garnissage (m) de scories
шлаковый наростъ (m)
rivestimento (m) di scorie
adhesión (f) de escoria

Aussehen (n) der Schlacke, Lacht (f)
appearance of the slag
aspect (m) de la scorie d'affinerie
видъ (m) шлака
aspetto (m) della scoria 1
aspecto (m) de las escorias de afino

aufbrechen (v), aufstechen (v)
to break up
soulever (v)
надламывать
sollevare (v), staccare (v) 2
levantar (v)

Kohlenoxydentwicklung (f)
formation *or* evolution of carbon monoxide *or* carbonic oxide
dégagement (m) de l'oxyde de carbone
образованіе (n) окиси углерода
formazione (f) dell'ossido di carbonio 3
formación (f) de óxido de carbono

Sauerstoffabgabe (f)
evolution of oxygen
dégagement (m) d'oxygène
освобожденіе (n) *или* выдѣленіе (n) кислорода
cessione (f) d'ossigeno 4
desprendimiento (m) de oxígeno

---

sauerstoffreicher Gasstrom (m)
gas current rich in oxygen
courant (m) de gaz riche en oxygène
потокъ (m) газа, богатый кислородомъ; окислительное пламя (n)
corrente (f) di gas ricco d'ossigeno 5
corriente (f) de gas rico en oxígeno

Einwerfen (n) von Schlacke
charging of slag
chargement (m) de scories
завалка (f) шлаковъ
caricamento (m) delle scorie 6
carga (f) de escorias

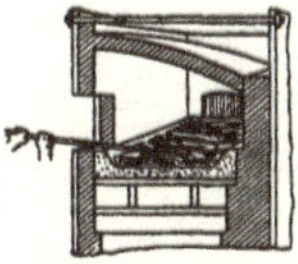

rühren (v), durchrühren (v)
to puddle, to stir up, to rabble
puddler (v), brasser (v)
перемѣшивать
rimescolare (v) 7
pudelar (v), bracear (v), remover (v)

Eisenbad (n)
iron bath
bain (m) de fer
металлическая ванна (f); ванна чугуна
bagno (m) di ferro 8
baño (m) de hierro

Kochzeit (f), Kochabschnitt (m), [Kochperiode (f)]
boiling period
période (f) de bouillonnement
періодъ (m) кипѣнія
periodo (m) d'ebollizione
periodo (m) de ebullición ó de formación de burbujas 9

1 Entkohlung (f), Garen (n)
decarburisation
décarburation (f)
обезуглераживаніе (n); поспѣваніе (n) товара
decarburazione (f)
descarburación (f)

2 teigig gewordenes Eisen (n)
pasty iron
fer (m) à l'état pâteux
тѣстообразное желѣзо (n)
ferro (m) pastoso
hierro (m) en estado de fusión pastosa

3 umsetzen (v)
to change
faire (v) un tour de fer, retourner (v)
переворачивать
cambiare (v)
remover (v)

4 in Haufen setzen (v)
to pile up, to ball
tasser (v), agglomérer (v)

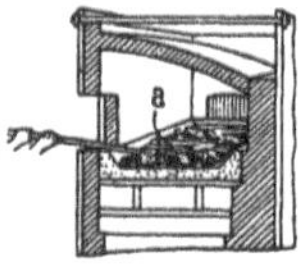

a

образовать кучи
dividere (v) in piccole palle
formar (v) las bolas

5 Haufen (m)
ball
tas (m)
куча (f)
piccola palla (f)
bola (f), montón (m)

6 Eisenballen (m)
iron ball, puddle ball
boule (f) de fer, loupe (f)
колобокъ (m) желѣза; крица (f); жмакъ (m)
palla (f) di ferro
bola (f) de hierro

7 ballenförmig (adj)
ball shaped (adj)
en forme de loupe
шарообразный
a forma di palla
en forma de bola

8 schwammiges Eisen (n
porous iron, spongy iron
fer (m) poreux, fer (m) spongieux
губчатое желѣзо (n)
ferro (m) poroso o spugnoso
hierro (m) poroso, hierro (m) esponjoso

9 Luppenmachen (n)
forming puddle balls, balling, balling up
former (v) les loupes

a

образованіе (n) *или* накатываніе (n) крицъ
formare (v) le palle
formar (v) las bolas

10 Puddelluppe (f)
puddle ball
loupe (m) de puddlage
пудлинговая крица (f)
palle (f pl) di pudellaggio
bola (f) de pudelaje

11 Eisenkörnchen (n)
iron grains *or* particles
grains (m pl) *ou* particules (f pl) de fer
зёрнышко (n) желѣза
granelli (m pl) *o* particelle (f pl) di ferro
granos (m pl) *ó* partículas (f pl) de hierro

12 Phosphorabscheidung (f)
separation of phosphorus
déphosphoration (f)
выдѣленіе (n) фосфора
defosforazione (f)
de[s]fosforación (f)

zängen (v)
to shingle, to hammer the bloom
cingler (v), expulser (v) la scorie

обжимать
eliminare (v) la scoria
exprimir (v) la escoria, cinglar (v) 1

Zängarbeit (f)
shingling
cinglage (m)

обжимка (f)
eliminazione (f) della scoria
cinglado (m) 2

Dampfhammer (m)
steam hammer
marteau-pilon (m) à vapeur

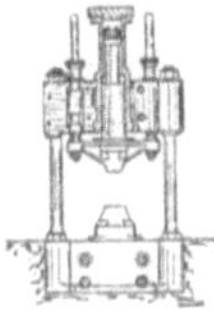

паровой молотъ (m)
maglio (m) a vapore
martillo-pilón (m) de vapor 3

Luppenquetsche (f)
squeezer, alligator (A*), crocodile press
presse (f) à cingler, cingleur (m) à levier

жомъ (m) для крицъ
compressore (m)
cinglador (m) de palanca 4

Luppenmühle (f)
rotary squeezer
moulin (m) à cingler, cingleur (m) rotatif

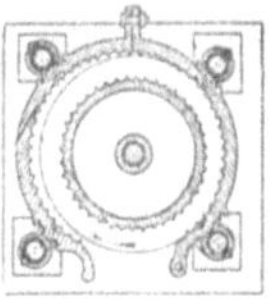

жомъ (m) *или* мельница (f) для крицъ
compressore (m) rotativo
molino (m) de exprimir ó expulsar la escoria, cinglador (m) giratorio 5

Rohbarren (m)
puddled bar
fer (m) ébauché

пуддельбарсъ (m)
ferro (m) sbozzato
hierro (m) desbastado 6

---

achtkantiger Block (m)
octagonal block
bloc (m) octogone

восьмигранный брусъ (m)
massello (m) ottagonale
bloque (m) octogonal 7

---

eingeschlossene Schlacke (f)
enclosed *or* included slag
scorie (f) interposée

заключённый шлакъ (m)
scoria (f) d'inclusione
escoria (f) interpuesta ó encerrada 8

Luppenwalzwerk (n)
roughing rolls, roughing train, blooming mill
train (m) ébaucheur

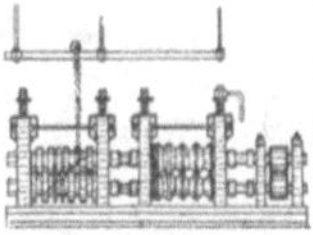

станъ (m) для прокатки обжатыхъ крицъ
treno (m) sbozzatore
tren (m) laminador de tochos 9

---

* A = americanism

1 Rohschiene (f)
bar, muck bar (A*), No. 1 bar, best bar
fer (m) ébauché, barre (f) de fer brut, mill bars (m pl)

мильбарсъ (m)
billetta (f)
tocho (m) laminado, barra (f) de hierro bruto

---

2 Paketieren (n)
piling, fagoting
préparation (f) des paquets, paquetage (m)

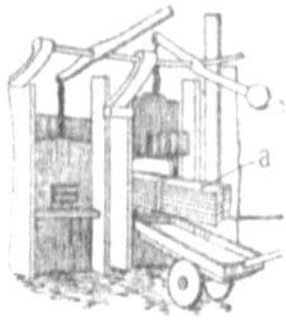

приготовленіе (n) пакетовъ
fabbricazione (f) *o* preparazione (f) dei pacchetti
empaquetado (m)

---

3 Schweißpaket (n)
pile, fagot
paquet (m) de fer à souder

a

пакетъ (m)
pacchetto (m) di ferro da pudellare
paquete (m) de hierro para soldar

---

4 zusammenschweißen (v)
to weld
souder (v)

сваривать
saldare (v)
soldar (v)

---

5 Schweißfeuer (n)
welding fire
four (m) à souder

сварочный горнъ (m)
fuoco (m) per saldare
forja (f) de soldar

---

6 Schweißofen (m)
welding furnace
four (m) à réchauffer

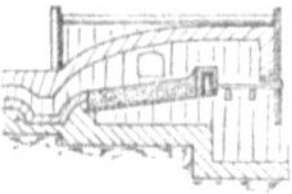

сварочная печь (f)
forno (m) per riscaldare
horno (m) de recalentar

---

7 Eisenabbrand (m)
iron waste, iron loss
déchet (m) de fer

угаръ (m)
perdita (f) di ferro
desperdicio (m) de hierro

---

8 Metallverlust (m)
loss of metal
perte (f) en métal

потеря (f) металла
perdita (f) di metallo
pérdida (f) de metal

---

9 Maschinenpuddeln (n)
machine *or* mechanical puddling
puddlage (m) mécanique *ou* à la machine

механическое пудлингованіе (n)
pudellaggio (m) meccanico
pudelaje (m) á máquina

---

10 mechanischer Puddler (m)
mechanical puddler
puddleur (m) mécanique

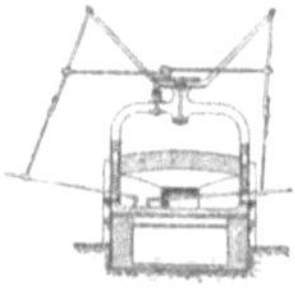

механическій пудлингеръ (m)
apparecchio (m) meccanico per pudellare
pudelaje (m) mecánico

---

* A = americanism

Drehpuddeln (n) revolving puddling puddlage (m) rotatif	пудлингованіе (n) во вращающихся печахъ; пудлингованіе въ печахъ съ вращающимся подомъ pudellaggio (m) rotativo pudelaje (m) giratorio	1
Sehnepuddeln (n) puddling of fibrous iron puddlage (m) de fer nerveux	пудлингованіе (n) на волокнистое желѣзо pudellaggio (m) di ferro fibroso pudelaje (m) de hierro fibroso	2
Sehne (f) fibre nerf (m)	волокно (n); жилка (f) fibra (f), nervatura (f) fibra (f)	3
Schlackenpuddeln (n), Kochpuddeln (n), fettes Puddeln (n) slag puddling puddlage (m) en scories, puddlage (m) gras	кипѣніе (n) ванны pudellaggio (m) grasso pudelaje (m) caliente	4
Trockenpuddeln (n) dry puddling puddlage (m) sec	сухое пудлингованіе (n) pudellaggio (m) magro pudelaje (m) seco	5
Kornpuddeln (n), Puddeln (n) auf Korn puddling for crystalline iron puddlage (m) en fer à grains	пудлингованіе (n) на зернистое желѣзо pudellaggio (m) a grana pudelaje (m) de hierro granulado	6
Korn (n) crystal, grain (A*) grain (m)	зерно (n) grana (f) grano (m)	7
Stahlpuddeln (n) puddling of steel puddlage (m) d'acier	пудлингованіе (n) на сталь pudellaggio (m) d'acciaio pudelaje (m) de acero	8
Stahldeul (m), Schrei (m), [Cotta (m)] ball *or* lump of puddled steel loupe (f), masse (f) d'acier	стальная крица (f) palla (f) *o* massello (m) d'acciaio bola (f) *ó* masa (f) de acero	9

* A = americanism

1 Feinpuddeln (n)
refining puddling
affinage (m)

очищенiе (n) повторнымъ пудлингованiемъ
affinaggio (m), affinatura (f)
afino (m)

---

2 Erzpuddeln (n)
ore puddling
puddlage (m) de minerai

пудлингованiе (n) при посредствѣ руды
pudellaggio (m) di minerale
pudelaje (m) de mineral

XII.

Flußeisenerzeugung, Flußeisenherstellung

Manufacture of Steel by Fusion

Fabrication du fer et de l'acier par fusion

Получение или производство литого желѣза

Fabbricazione del ferro e dell'acciaio per fusione

Fabricación del hierro y del acero por fusión

Tiegelstahldarstellung
Crucible Steel Process, Pot Steel Process
Fabrication de l'acier au creuset
Получение или производство тигельной стали
Fabbricazione al crogiuolo
Fabricación del acero al crisol 1

Tiegelstahlhütte (f)
crucible steel works
aciérie (f) pour la fabrication au creuset
заводъ (m) для производства тигельной стали; сталеплавильный заводъ
acciaieria (f) al crogiuolo
fábrica (f) de acero al crisol 2

Tiegelherstellung
Manufacture of Crucibles
Fabrication des creusets
Приготовленіе тиглей
Fabbricazione dei crogiuoli
Fabricación de los crisoles 3

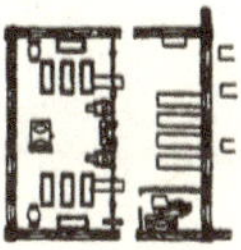

Tiegelfabrik (f)
crucible works
atelier (m) pour la fabrication des creusets
тигельная мастерская (f)
impianto (m) per la fabbricazione dei crogiuoli
taller (m) para la fabricación de crisoles 4

Tiegelmasse (f)
refractory materials for crucibles, crucible material
matière (f) pour creusets
тигельная масса (f)
materiale (m) refrattario per i crogiuoli
material (m) para crisoles 5

1	Tiegelscherben (f pl) old crucible material débris (m pl) *ou* recoupes (f pl) de creusets		черепки (m pl) тиглей ricuperi (m pl) *o* detriti (m pl) dei crogiuoli fragmentos (m pl) de crisoles
2	Tiegel (m) crucible, melting pot creuset (m)	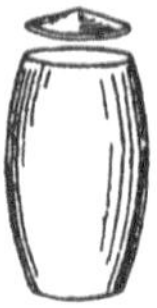	тигель (m) crogiuolo (m) crisol (m)
3	Tiegelbauch (m) crucible belly partie (f) convexe, ventre (m) du creuset	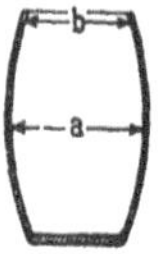 a	широкая часть (f) тигля ventre (m) del crogiuolo vientre (m) del crisol
4	Verjüngung (f) delivery, draught, mouth partie (f) étroite, rétrécissement (m)	b	суженіе (n) orlo (m) *o* bocca (f) del crogiuolo reducción (f), boca (f)
5	Graphittiegel (m) graphite crucible creuset (m) en graphite		графитовый тигель (m); тигель изъ графита crogiuolo (m) di piombaggine *o* grafite crisol (m) de plombagina *ó* grafito
6	gereinigter Graphit (m) refined graphite, washed graphite graphite (m) lavé		очищенный графитъ (m) grafite (f) lavata *o* purificata grafito (m) lavado
7	Tontiegel (m) fire clay *or* clay crucible creuset (m) en argile *ou* en terre réfractaire		глиняный тигель (m); тигель изъ глины crogiuolo (m) d'argilla crisol (m) de arcilla *ó* tierra refractaria
8	Magerungsmittel (n) lean clay, lean material matière (f) amaigrissante		вещество (n), уменьшающее пластичность глины; тощая масса (f) materia (f) per smagrire la pasta materia (f) para desengrasar la arcilla
9	die Tiegel formen (v) to mould the crucibles mouler (v) les creusets		формовать тигли impastare (v) i crogiuoli modelar (v) los crisoles

* A = americanism

Töpferscheibe (f)
potter's lathe *or* wheel
tour (m) *ou* roue (f) à potier

гончарный станокъ (m)
ruota (f) del pentolaio 1
torno (m) *ó* rueda (f) de alfarero

Tiegelpresse (f)
crucible press
presse (f) à creusets

тигельный прессъ (m)
pressa (f) per crogiuoli 2
prensa (f) de crisoles

Messingform (f)
brass mould
moule (f) en laiton

латунная форма (f); форма изъ жёлтой мѣди
forma (f) d'ottone
molde (m) de latón

---

einölen (v)
to oil, to rub over with oil, to anoint (A*)
huiler (v), graisser (v)

смазать масломъ
oliare (v), ingrassare (v) 4
engrasar (v), aceitar (v)

Nonne (f)
mould. matrix
matrice (f)

матрица (f) для изготовленія тиглей
matrice (f) 5
matriz (f)

Mönch (m)
die, punch, stamp
pilon (m)

сердечникъ (m); болванъ (m); пестъ (m) 6
pestello (m), pilone (m)
punzón (m), macho (m)

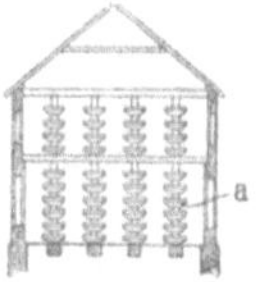

Trockenraum (m)
drying room
étuves (f pl) de séchage

сушильня (f)
essiccatoio (m) 7
estufas (f pl) de secar, secadero (m)

---

a

Fachgestell (n)
shelf stand, rack
établi (m) à façonner [les creusets], étagère (f)

полки (f pl)
graticcio (m) 8
estante (m) para colocar los crisoles

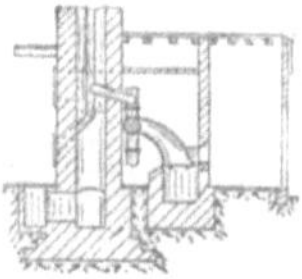

Heizofen (m)
reheating oven
calorifère (m)

нагрѣвательная печь (f)
forno (m) di riscaldamento 9
calorifero (m)

---

reifer Tiegel (m), fertig getrockneter Tiegel (m)
finished *or* ready dried crucible
creuset (m) cuit *ou* séché

высушенные, готовые тигли (m pl)
crogiuolo (m) essiccato 10
crisol (m) cocido *ó* seco

Feuerbeständigkeit (f)
refractoriness
résistance (f) au feu

огнеупорность (f); огнепостоянство (n)
resistenza (f) al fuoco 11
resistencia (f) al fuego

---

* A = americanism

1 **Tiegelschmelzofen**
Crucible Melting Furnace, Pot Furnace
Four à creuset
Печь для плавки тигельной стали
Forno a crogiuoli
Horno para crisoles

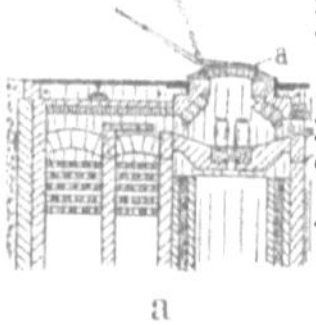

2 Gewölbedeckel (m)
arch lid
couvercle (m) de la voûte
подъёмный сводъ (m)
coperchio (m) della volta
tapadera (f) de la bóveda

---

3 Käse (m), Untersatz (m)
stand, crucible stand, cheese
fromage (m), tourte (f)
подставка (f) подъ тигли изъ огнеупорной глины
formaggio (m), graticola (f), piastra (f)
torta (f)

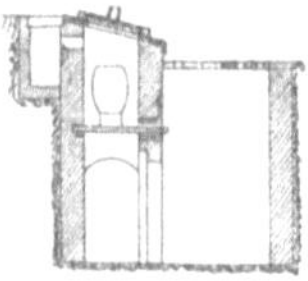

4 Tiegelschachtofen (m)
shaft crucible furnace
four (m) à cuve pour creusets
тигельный горнъ (m)
forno (m) a manica *od* a vento per crogiuoli
horno (m) de cuba para crisoles

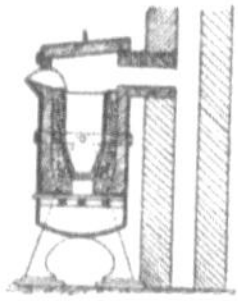

5 Piatofen (m)
Piat furnace
four (m) système Piat, four (m) à creuset transportable, four (m) Piat
печь (f) Піа
forno (m) a sistema Piat
horno (m) sistema Piat, horno (m) transportable para crisoles

---

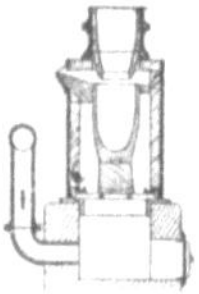

6 eintiegliger Ofen (m)
single crucible furnace
four (m) à un seul creuset
печь (f) для одного тигля; однотигельная печь
forno (m) per un sol crogiuolo
horno (m) de un solo crisol

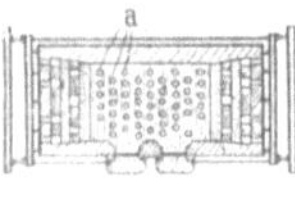

7 mehrtiegliger Ofen (m)
multiple crucible furnace
four (m) à plusieurs creusets
печь (f) для нѣсколькихъ тиглей; многотигельная печь
forno (m) per più crogiuoli
horno (m) para varios crisoles

---

a

8 Parallelreihe (f)
parallel row
rangée (f) parallèle
параллельный рядъ (m)
disposizione (f) parallela
fila (f) paralela

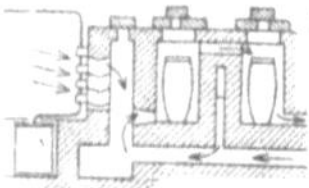

9 Petroleumfeuerung (f)
oil fired furnace
foyer (m) à pétrole
нефтяное отопленіе (n); отопленіе нефтью; нефтяная топка (f)
focolare (m) a petrolio
hogar (m) de petróleo

Tiegelinhalt (m)
crucible contents, crucible charge
charge (f) du creuset
содержимое (n) тигля
contenuto (m) del crogiuolo 1
carga (f) del crisol

widerstandfähig (adj)
resistant (adj)
résistant (adj), solide (adj)
выдерживающій высокую температуру; огнестойкій
resistente (agg), solido (agg) 2
resistente (adj), sólido (adj)

leck werden (v)
to leak
couler (v), fuir (v)
дать течь
fendersi (v) 3
salirse (v)

auslaufen (v)
to leak, to run out, to flow out
se vider (v)
вытекать
vuotarsi (v) 4
vaciarse (v)

Glühofen (m)
heating furnace
four (m) à recuire

калильная печь (f)
forno (m) d'arroventamento 5
horno (m) de recocer

Bodenheizung (f)
bottom heating
chauffage (m) par le fond

a

отопленіе (n) съ пода
riscaldamento (m) del fondo 6
calentamiento (m) por el fondo

in Rotglut brennen (v)
to heat to red heat
chauffer (v) au rouge
нагрѣваться до температуры краснаго каленія 7
riscaldare (v) al calor rosso
calentar (v) al rojo

Einsetzen (n) des Tiegels
setting in *or* placing the crucible
enfournement (m) du creuset

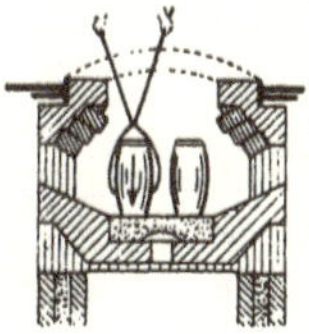

насадка (f) тиглей
collocamento (m) *o* posa (f) del crogiuolo 8
enhornamiento (m) del crisol

Einschmelzen (n)
melting down
fusion (f)
плавленіе (n)
fusione (f) 9
fusión (f)

Schmelzverlauf (m)
process *or* state *or* progress of smelting
allure (f) de la fusion
ходъ (m) плавки
andamento (m) della fusione 10
marcha (f) de la fusión

Wellen (n), Wallen (n), Aufwallen (n)
boiling
bouillonnement (m)
кипѣніе (n) и выдѣленіе (n) газовыхъ пузырей 11
ribollimento (m)
hervor (m)

Ruhigwerden (n)
killing
repos (m), se calmer (v)
приведеніе (n) въ состояніе покоя
ritornare (v) 12
calmarse (v), reposo (m)

Probierstange (f)
1 test rod, test piece
baguette (f) de fer d'essai

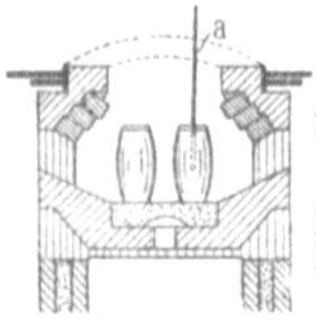

a

прутъ (m) для изслѣдованія хода плавки
barra (f) per la prova
barra (f) de ensayo

---

der Stahl wird gar
2 the steel becomes refined
l'acier est affiné

сталь (f) поспѣла
l'acciaio diventa affinato
el acero está afinado

---

abstehen (v), nachkochen (v)
3 to leave molten steel quiescent
laisser reposer (v)

отстояться
ribollire (v)
dejar reposar (v)

---

die Tiegel herausnehmen (v) *oder* herausheben (v)
4 to take out *or* lift *or* draw the crucibles
enlever (v) *ou* retirer (v) les creusets

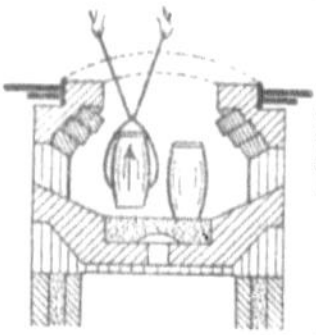

вынуть тигли
levare (v) i crogiuoli
levantar (v) *ó* sacar (v) los crisoles

Schlackenkruste (f)
5 slag crust
croûte (f) de scorie

шлаковый наростъ (m); шлаковая настыль (f)
crosta (f) di scorie
costra (f) de escorias

---

schwimmende Schlacke (f)
6 floating slag
scorie (f) surnageante *ou* flottante

плавающій шлакъ (m)
scoria (f) galleggiante
escoria (f) flotante

Metallstrahl (m)
7 stream of metal
jet (m) de métal

струя (f) металла
getto (m) di metallo
chorro (m) de metal

Kaltschweiße (f), unganze Stelle (f)
8 flaw, crack
cavité (f), soufflure (f), crique (f)

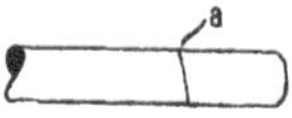

a

плена (f); свищъ (m)
cavità (f)
grieta (f), cavidad (f)

Veredelung (f)
9 refining
affinage (m)

улучшеніе (n)
affinaggio (m)
afino (m)

Windfrischen, Frischen mit Luft
Converting
Affinage au vent *ou* par soufflage
Продувка въ конвертерахъ
Affinaggio al vento 1
Afino neumático

Bessemer- und Thomas-anlage
Bessemer Steel and Thomas Works
Aciéries Bessemer et Thomas
Бессемеровскіе и томасовскіе заводы
Acciaierie Bessemer e Thomas 2
Fábricas de acero de los sistemas Bessemer y Thomas

Bessemerstahlwerk (n)
Bessemer steel works
aciérie (f) Bessemer

бессемеровскій заводъ (m); бессемеровская фабрика (f); мастерская (f) для бессемерованія 3
acciaieria (f) Bessemer
fábrica (f) de acero sistema Bessemer

Thomasstahlwerk (n)
basic steel works
aciérie (f) Thomas

томасовскій заводъ (m); томасовская фабрика (f); мастерская (f) для томасированія 4
acciaieria (f) Thomas
fábrica (f) de acero sistema Thomas

Großbessemerei (f)
converting in large converters
travail (m) au grand convertisseur
большое бессемерованіе (n)
affinaggio (m) in convertitore grande 5
trabajo (m) en grandes convertidores

Kleinbessemerei (f)
converting in small converters
travail (m) en petits convertisseurs
малое бессемерованіе (n)
affinaggio (m) in convertitore piccolo 6
trabajo (m) en convertidores pequeños

Kleinbessemerbirne (f)
small Bessemer convertor
petit convertisseur (m), petite cornue (f)

реторта (f) для малаго бессемерованія
piccolo convertitore (m) 7
convertidor (m) pequeño

1 Birnenhalle (f), Konverterhalle (f)
converter shed *or* shop
halle (f) *ou* atelier (m) des convertisseurs *ou* des cornues

помѣщеніе (n) ретортъ; зданіе (n) конвертеровъ
locale (m) dei convertitori
taller (m) *ó* sala (f) de los convertidores

---

2 Anordnung (f) der Birnen
arrangement of the converters
disposition (f) des convertisseurs

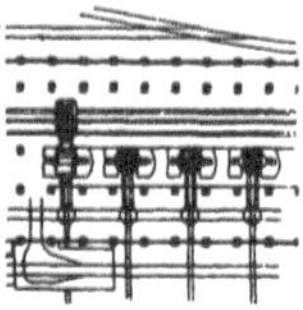

расположеніе (n) ретортъ *или* конвертеровъ
disposizione (f) dei convertitori
disposición (f) de los convertidores

---

3 Schutzblech (n)
screen, guard plate
tôle (f) protectrice, plaque (f) de garde

a

защитный листъ (m); напыльникъ (m)
lamiera (f) protettrice
plancha (f) protectora

---

4 Aufgebesohle (f)
charging platform
plate-forme (f) de chargement

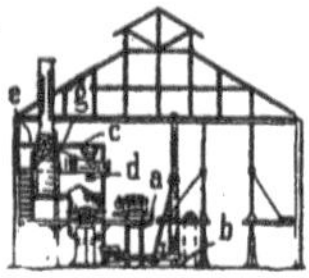

a

погрузочная площадка (f); платформа (f) для завалки
piano (m) di carica
plataforma (f) de carga

---

5 Abstichsohle (f)
pouring level
niveau (m) de coulée

b

выпускное окно (n) *или* отверстіе (n)
piano (m) di colata
foso (m) de las lingoteras

---

6 Kalkbeschickbühne (f)
lime charging floor
plate-forme (f) pour l'addition de chaux

c

площадка (f) для забрасыванія извести
piano (m) di carica per l'addizione del fondente
plataforma (f) para la adición de piedra caliza *ó* de cal

---

7 Lutte (f)
lime bin
rigole (f) à chaux

d

воронка (f) для засыпки извести
canala (f)
tarjea (f), canal (f)

---

8 Kaminbühne (f)
chimney platform
plate-forme (f) des cheminées

e

площадка (f) у напыльниковъ
piano (m) dei camini
plataforma (f) *ó* piso (m) de las chimeneas

Rauchfang (m), Funkenesse (f) chimney hood hotte (f) de la cheminée, hotte (f) à étincelles	g	напыльникъ (m) cappa (f) del camino campana (f) de la chimenea	1
Umschmelzofen (m) remelting furnace four (m) à refondre		печь (f) для переплавки; плавильная печь forno (m) di rifusione horno (m) de segunda fusión	2
Mischerhaus (n), Mischergebäude (n) mixing shed halle (f) *ou* bâtiment (m) des mélangeurs	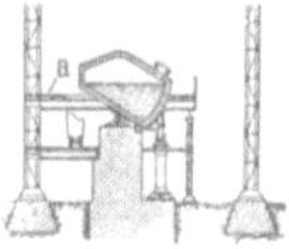	помѣщеніе (n) миксеровъ; зданіе (n), въ которомъ помѣщаются миксера locale (m) dei mescolatori sala (f) de los mezcladores	3
Mischerbühne (f) mixer platform plate-forme (f) des mélangeurs	a	площадка (f) *или* платформа (f) для обслуживанія миксеровъ piano (m) dei mescolatori plataforma (f) de los mezcladores	4
Mischer (m), Roheisenmischer (m) pig iron mixer mélangeur (m), mélangeur (m) de fonte	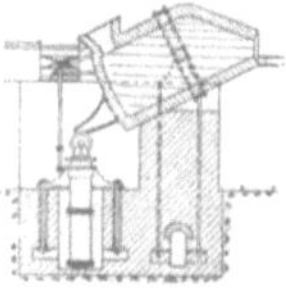	миксеръ (m) mescolatore (m) mezclador (m), mezclador (m) de hierro crudo ó de fundición	5
walzenförmiger Roheisenmischer (n) cylindrical pig iron mixer mélangeur (m) cylindrique	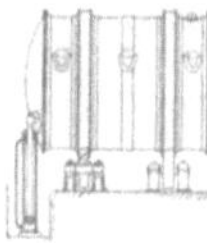	цилиндрическій миксеръ (m) mescolatore (m) cilindrico mezclador (m) cilíndrico	6
Birne, [Konverter], Frischbirne **Converter** **Convertisseur, cornue**	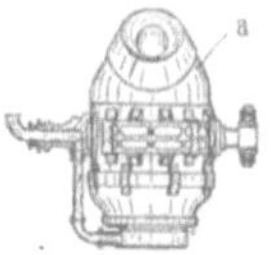	**Реторта; конвертеръ** **Convertitore** **Convertidor**	7
Blechgefäß (n) steel shell enveloppe (f) en tôle	a	сосудъ (m) *или* ковшъ (m) изъ листового желѣза rivestimento (m) di lamiera envoltura (f) de palastro	8
Mündung (f) der Birne throat of the converter ouverture (f) de la calotte, bec (m) de la cornue	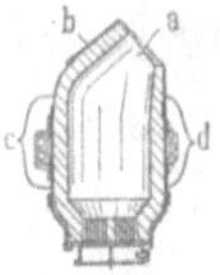 a	горло (n) реторты *или* конвертера becco (m) del convertitore boca (f) del convertidor	9

1	Haube (f), Hals (m) belly calotte (f)	b	шлемъ (m); носъ (m) cupola (f), collo (m) cuello (m)
2	Rücken (m), glatter erhabener Teil (m) underside, shoulder dos (m), partie (f) convexe	c	спинка (f) *или* задняя сторона (f) реторты dorso (m) espalda (f)
3	Bauch (m) breast ventre (m)	d	сферическая часть (f) шлема ventre (m) vientre (m)
4	trennbare Teile (m pl) removable parts (pl) parties (f pl) amovibles		смѣняемыя части (f pl pezzi (m pl) *o* parti (f pl) di ricambio partes (f pl) separables
5	feuerfestes Futter (n) der Birne refractory lining garnissage (m) réfractaire	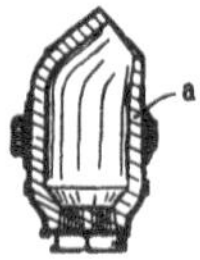 a	огнеупорная футеровка (f) реторты rivestimento (m) refrattario camisa (f) refractaria
6	Ausmauern (n) der Birne lining the converter garnissage (m) en briques		кирпичная кладка (f) реторты *или* конвертера rivestimento (m) di mattoni camisa (f) ó revestimiento (m) de ladrillos
7	Bodenplatte (f) bottom plate plaque (f) de fermeture du fond	a	днище (n) placca (f) di fondo placa (f) de cierre del fondo
8	Losboden (m) loose bottom fond (m) amovible		отъёмное днище (n) fondo (m) mobile fondo (m) móvil
9	Abnehmboden (m) removable (conical) plug fond (m) amovible (conique)	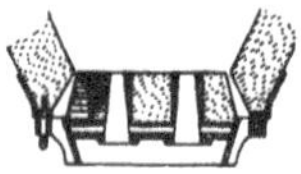	отъёмное коническое днище (n) fondo (m) ricambiabile (conico) fondo (m) cambiable (cónico)
10	Durchziehboden (m) removable cylindrical plug fond (m) cylindrique perforé		днище (n) съ соплами fondo (m) ricambiabile cilindrico fondo (m) cilíndrico perforado

Nadelboden (m)
perforated bottom, needle bottom
fond (m) en terre réfractaire perforée avec des baguettes

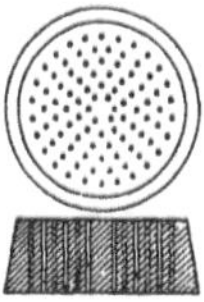

днище (n) съ соплами
fondo (m) forato
fondo (m) de arcilla refractaria perforada con varillas 1

---

auswechselbar (adj)
interchangeable (adj)
interchangeable (adj)

перемѣнный; съёмный
ricambiabile (agg)
cambiable (adj) 2

Bodenstampfmaschine (f)
plug ramming machine
machine (f) à damer les fonds

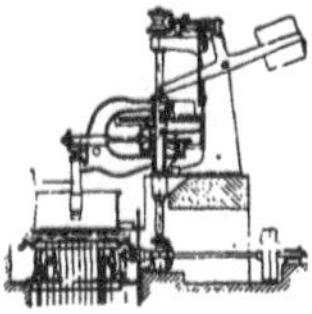

машина (f) для сбивки днища
macchina (f) per la preparazione del fondo
máquina (f) de apisonar los fondos 3

Stampfer (m)
rammer, stamper
pilon (m)

a

трамбовка (f); пестъ (m)
battitore (m) meccanico
pisón (m), mazo (m) 4

Handstampfer (m)
hand rammer
pilon (m) à main

ручная трамбовка (f); пестъ (m) для ручной сбивки
battitore (m) a mano
apisonador (m) á mano 5

Birnenbodenform (f)
converter bottom mould
moule (m) pour fond de cornue

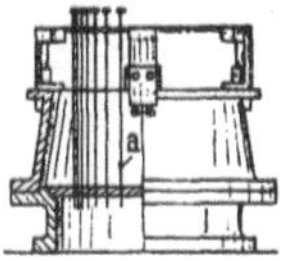

форма (f) для днища реторты
forma (f) per il fondo del convertitore
molde (m) para fondo de convertidor 6

Stahlnadel (f)
steel plug pin
baguette (f) en acier

a

стальной стержень (m)
ago (m) d'acciaio
varilla (f) de acero 7

---

die Nadeln zurückziehen (v)
to withdraw the plug pin
retirer (v) les baguettes

вынуть стержни
ritirare (v) gli aghi
retirar (v) las varillas 8

---

schichtweise
in layers
par couches

по слоямъ; слоями
a strati
por capas 9

Einsetzen (n) des Bodens
1 inserting the plug
mise (f) en place du fond

вставка (f) днища; установка (f) днища
montaggio (m) del fondo
colocación (f) del fondo

Ausstoßen (n) des Bodens
2 removal of the plug
enlèvement (m) du fond

удаленіе (n) днища
estrazione (f) del fondo
levantamiento (m) del fondo

Ausschubwagen (m), Teleskopwagen (m), Bodeneinsetzwagen (m)
3 truck, telescope carriage
truck (m) de manœuvre à télescope

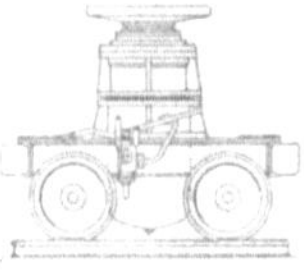

телѣжка (f) для установки днища
apparecchio (m) di manovra a telescopio
truck (m) ó carro (m) de maniobra telescópico

Drehen (n) der Birne
4 tipping the converter
renversement (m) du convertisseur

вращеніе (n) конвертера *или* реторты
girare (v) il convertitore
giro (m) del convertidor

Birnenständer (m)
5 converter stand, support
support (m) des paliers du convertisseur

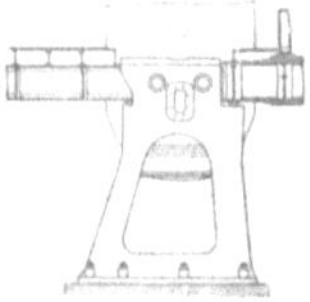

опора (f) стойки для реторты *или* для конвертера
cavalletto (m) di sopporto del convertitore
soporte (m) de los cojinetes del convertidor

Birnenring (m)
6 trunnion ring
ceinture (f), anneau (m) à tourillons

поясъ (m) реторты *или* конвертера
anello (m) di cintura del convertitore
anillo (m) de sujeción del convertidor

Stahlgußzapfen (m), Birnenzapfen (m)
7 trunnion
tourillon (m) en acier

a, b

стальная цапфа (f); цапфа реторты *или* конвертера
perno (m) d'acciaio
muñon (m) ó eje (m) de acero

Wanderzapfen (m)
8 pinion trunnion
tourillon (m) à pignon

b

цапфа (f) съ надѣтой шестерней
perno (m) con ingranaggio
eje (m) del piñon

Tragpratzen (m), Tragpratze (f)
9 supporting brackets
agrafe (f)

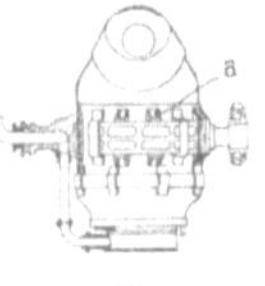

a

лапа (f); скоба (f)
sopporto (m)
grapa (f)

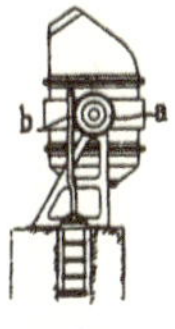

a

angegossener Zahnkranz (m)
cogs on pinion wheel
anneau (m) denté venu de fonte
зубчатый ободъ (m), отлитый за одно съ . . .
ingranaggio (m), ruota (f) dentata
anillo (m) dentado fundido en la misma pieza 1

---

b

Zahnstange (f), gezahnte Stange (f)
rack
crémaillère (f)
зубчатая рейка (f)
asta (f) dentata
cremallera (f) 2

Drehachse (f)
axis of rotation
axe (f) de rotation
ось (f) вращенія
asse (m) di rotazione
eje (m) de rotación 3

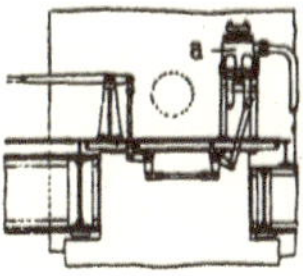

Wendevorrichtung (f)
rotating apparatus
appareil (m) de renversement *ou* de rotation
приспособленіе (n) для поворота
apparecchio (m) per la rotazione
aparato (m) para volcar el convertidor 4

---

a

Wendezylinder (m)
rotating cylinder
cylindre (m) hydraulique pour le renversement
цилиндръ (m) для вращенія реторты; гидравлическій цилиндръ
cilindro (m) idraulico
cilindro (m) hidráulico para volcar el convertidor 5

---

elektrische Kippvorrichtung (f)
electric tilting apparatus
appareil (m) de renversement à commande électrique
электрическій опрокидыватель (m)
apparecchio (m) di rotazione a comando elettrico
aparato (m) para volcar de impulsión eléctrica 6

Drehbewegung (f)
turning *or* rotating motion
mouvement (m) de rotation
вращательное движеніе (n)
movimento (m) di rotazione
movimiento (m) de rotación 7

---

drehbar aufgehängt (adj)
suspended (adj) *or* slung (adj) in a rotating position
suspendu (adj) pour pouvoir basculer
подвѣшенъ такъ, чтобы можно было вращать
oscillante (agg)
suspendido (adj) para ó en disposición de girar 8

1	senkrechte Stellung (f) upright, vertical position, raised position (f) verticale		вертикальное положенiе (n) posizione (f) verticale posición (f) vertical
2	liegende Stellung (f) horizontal position, turned down, lowered position (f) horizontale	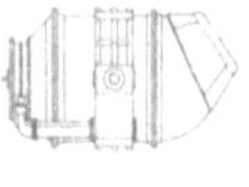	горизонтальное положенiе (n) posizione (f) orizzontale posición (f) horizontal
3	Windzuführung (f) blast inlet admission (f) du vent	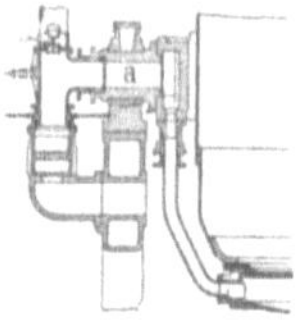	подводъ (m) дутья entrata (f) dell'aria introducción (f) del viento
4	Windkessel (m) blast box, blast tank (A*) boîte (f) à vent		воздушная коробка (f) serbatoio (m) d'aria caja (f) de viento
5	Windloch (n) blast inlet orifice (m) d'admission du vent		отверстiе (n) для прохода дутья foro (m) del vento agujero (m) del viento
6	hohler Zapfen (m) hollow trunnion tourillon (m) creux	a	полая *или* пустотѣлая цапфа (f) perno (m) vuoto, perno (m) del vento muñón (m) hueco
7	Windkasten (m) blast box boîte (f) à vent	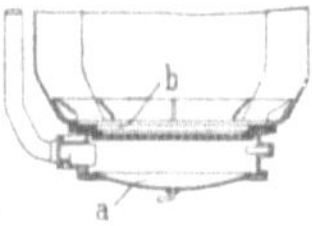	воздушная коробка (f) cassa (f) del vento, camera (f) d'aria caja (f) de viento
8	Windkastendeckel (m) lid of blast box plaque (f) de fond de la boîte à vent	a	крышка (f) воздушной коробки placca (f) di fondo della cassa del vento tapa (f) de la caja de viento
9	Zwischenring (m) middle ring ceinture (f) intermédiaire	b	промежуточное кольцо (n) anello (m) intermedio anillo (m) intermedio
10	Form (f), Ferne (f), Fere (f) tuyeres tuyères (f pl)	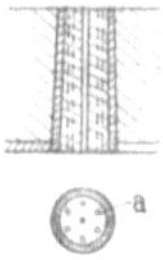	фурмы (f pl) tubiera (f) tobera (f)

* A = americanism

Windöffnung (f), Düse (f)
tuyere hole
embouchure (f) *ou* orifice (m) de la tuyère

a

фурменное отверстіе (n); сопло (n)
foro (m) della tubiera 1
agujero (m) de la tobera

Betrieb des Konverters, der Birne
Handling the Converter
L'opération au convertisseur

Работа реторты; дѣйствіе конвертера
Manovra del convertitore 2
Servicio del convertidor

paarweise umzechiger Betrieb (m), englisches System (n)
English system
système (m) anglais par deux convertisseurs

англійскій способъ (m) бессемерованія
sistema (m) inglese con due convertitori 3
sistema (m) inglés para dos convertidores

ununterbrochener Betrieb (m)
continuous blowing
travail (m) continu

непрерывное дѣйствіе (n); непрерывная работа (f)
operazione (f) *o* marcia (f) continua 4
trabajo (m) continuo

Leitung (f) des Prozesses
managing the process
conduite (f) de l'opération *ou* du procédé

веденіе (n) процесса
condotta (f) del processo di conversione 5
conducción (f) *ó* dirección (f) de la operación

Kanzel (f)
working platform
banc (m) *ou* plateforme (f) de manœuvre

распредѣлительный столъ (m); площадка (f) для маневрированія
banco (m) di manovra 6
plataforma (f) de maniobra

Beschickung (f) der Birne
charging the converter
chargement (m) du convertisseur

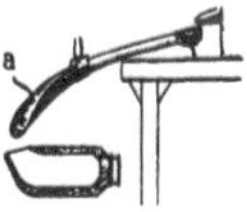

загрузка (f) конвертера
caricamento (m) del convertitore 7
carga (f) del convertidor

Einflußrinne (f)
gutter, trench
rigole (f) de chargement

a

впускной жолобъ (m)
canala (f) di colata 8
canal (f) de colada

Einsatzroheisen (n)
charge pig iron
fonte (f) chargée

чугунъ (m) для насадки; садка (f) чугуна
carica (f) di ghisa 9
hierro (m) *ó* fundición (f) para cargar

Roheisenbad (n)
pig iron bath
bain (m) de fonte

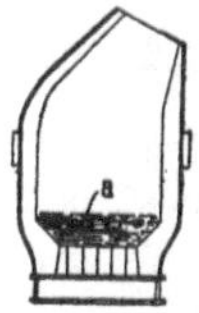

a

металлическая ванна (f); ванна чугуна
bagno (m) di ghisa 10
baño (m) de fundición

1 die Birne aufrichten (v)
to tilt *or* raise the converter
relever (v) le convertisseur

поднять реторту *или* конвертеръ
raddrizzare (v) il convertitore
levantar (v) el convertidor

2 blasen (v)
to blow
souffler (v), donner (v) le vent

продувать
soffiare (v)
dar (v) el viento, soplar (v)

3 Luftstrahl (m)
air blast, jet
jet (m) d'air

струя (f) воздуха; дутьё (n)
getto (m) d'aria
chorro (m) de aire

4 Birnenverfahren (n)
converter process
procédé (m) au convertisseur

процессъ (m) продувки; бессемерованіе (n)
processo (m) di conversione
procedimiento (m) de conversión

5 Bessemerverfahren (n), saures Verfahren (n)
Bessemer process, Bessemerization; acid method
procédé (m) Bessemer; procédé (m) acide

бессемеровскій процессъ (m); кислый основной процессъ
processo (m) Bessemer, processo (m) acido
procedimiento (m) Bessemer. procedimiento (m) ácido

6 Feinperiode (f), Schlackenbildungsperiode (f)
slag forming period
période (f) d'affinage, période (f) de formation des scories

первый періодъ (m); періодъ шлакообразованія
periodo (m) di formazione delle scorie
periodo (m) de afino, periodo (m) de formación de escorias

7 Koch-Eruptionsperiode (f)
the boil eruption period
période (f) de bouillonnement et de projections

второй періодъ (m); періодъ кипѣнія
periodo (m) d'eruzione e d'ebollizione
periodo (m) de ebullición y de proyecciones

8 heftiges Kochen (n)
strong boiling
bouillonnement (m) violent

сильное кипѣніе (n)
ebollizione (f) violenta
ebullición (f) ó efervescencia (f) violenta

9 Funkensprühen (n)
sparking
projection (f) d'étincelles

изверженіе (n) *или* выбрасываніе (n) искръ
proiezione (f) di scintille
proyección (f) de chispas

Eisenfunken (m) iron spark étincelle (f) de fer	искры (f pl) желѣза scintilla (f) di ferro chispa (f) de hierro	*1*
Schlackenkugel (f) slag ball balle (f) de scorie	шлаковый шарикъ (m) palla (f) di scoria bola (f) de escoria	*2*
Birnenauswurf (m) discharge from the converter projections (f pl)	изверженіе (n) конвертера *или* реторты; выбросы (m pl) proiezione (f) proyecciones (f pl)	*3*
Garfrischentkohlungsperiode (f) decarburising period période (f) de la combustion du carbone	періодъ (m) полнаго обезуглероживанія; періодъ окончательнаго выдѣленія углерода periodo (m) di decarburazione período (m) de combustión del carbono	*4*
vollständige Entkohlung (f) complete decarburisation décarburation (f) complète	окончательное выдѣленіе (n) углерода; полное обезуглероживаніе (n) decarburazione (f) completa decarburación (f) total	*5*
saures Eisen (n) acid steel fer (m) acide	желѣзо (n) кислаго процесса ferro (m) acido hierro (m) ácido	*6*
Bessemerschlacke (f) Bessemer slag scorie (f) Bessemer	бессемеровскіе шлаки (m pl) scoria (f) Bessemer escoria (f) Bessemer	*7*
Thomas-Gilchrist-Verfahren (n), basisches Verfahren (n) basic process, Thomas-Gilchrist process procédé (m) Thomas-Gilchrist, procédé (m) basique	способъ (m) Томаса и Гилькриста; основной процессъ (m) processo (m) Thomas o basico procedimiento (m) Thomas-Gilchrist, procedimiento (m) básico	*8*
Zuschlagkalkstein (m) limestone flux calcaire (m), castine (f)	известковый флюсъ (m) fondente (m) fundente (m) calizo, castina (f)	*9*

a

nachblasen (v) after blow sursoufflage (m)	передувка (f) iniezione (f) d'aria finale soplar (v) de nuevo, soplado (m) posterior	*10*

1	Entphosphorungs-periode (f) dephosphorising period période (f) de déphosphoration	періодъ (m) полнаго *или* окончательнаго выдѣленія фосфора periodo (m) di defosforazione periodo (m) de de[s]fosforización
2	Verschlackung (f) des Phosphors slagging of the phosphorus scorification (f) du phosphore	ошлакованіе (n) фосфора scorificazione (f) del fosforo escorificación (f) del fósforo
3	Phosphorabscheidung (f) elimination of phosphorus élimination (f) du phosphore	выдѣленіе (n) фосфора; дефосфор[из]ація (f) eliminazione (f) del fosforo eliminación (f) del fósforo
4	Gasaufnahme (f), Absorption (f) der Gase absorption of gases absorption (f) des gaz	поглощеніе (n) газовъ assorbimento (m) del gas absorción (f) de los gases
5	Rückkohlung (f) recarburisation recarburation (f)	обуглероживаніе (n) ricarburazione (f) recarburación (f)
6	Desoxydation (f), Reduktion (f) reduction désoxydation (f), réduction (f)	раскисленіе (n) disossidazione (f), riduzione (f) desoxidación (f), reducción (f)
7	Kohlungsstoff (m) carburisation material, pigging back addition (f) carburante	обуглероживающее вещество (n); обуглероживающій матеріалъ (m) addizione (f) riducente *o* carburante adición (f) carburante
8	Zusatz (m) von Ferromangan addition of ferromanganese addition (f) de ferromanganèse	присадка (f) ферромангана addizione (f) di ferro manganese adición (f) de ferromanganeso
9	sauerstoffhaltiges Eisen (n) iron containing oxygen, burnt iron fer (m) contenant de l'oxygène, fer (m) oxydé	желѣзо (n) съ содержаніемъ кислорода ferro (m) contenente ossigeno hierro (m) oxidado, óxido (m) de hierro
10	sauerstoffaufnehmender Zuschlag (m) deoxidising addition addition (f) absorbant de l'oxygène *ou* désoxydante, addition (f) réductrice	примѣсь (f), поглощающая кислородъ addizione (f) riducente adición (f) absorvente del oxígeno, adición (f) de efecto reductor

basisches Eisen (n) basic iron fer (m) basique	желѣзо (n) основного процесса ferro (m) basico hierro (m) básico	1
Thomasschlacke (f) basic slag, Thomas slag scorie (f) Thomas	томасовскій шлакъ (m) scoria (f) Thomas escoria (f) Thomas	2
phosphorreiche Schlacke (f) slag rich in phosphorus scorie (f) riche en phosphore	шлакъ (m), богатый фосфоромъ scoria (f) ricca di fosforo escoria (f) rica en fósforo	3
phosphorarme Schlacke (f) slag poor in phosphorus scorie (f) pauvre en phosphore	шлакъ (m), бѣдный фосфоромъ scoria (f) povera di fosforo escoria (f) pobre en fósforo	4
Calciumphosphat (n) phosphate of calcium phosphate (m) de chaux	фосфорно-кальціевая соль (f) fosfato (m) calcico fosfato (m) cálcico ó de cal	5
Eisenphosphat (n) phosphate of iron phosphate (m) de fer	фосфатъ (m) желѣза; фосфорножелѣзистая соль (f) fosfato (m) di ferro fosfato (m) de hierro	6
lösliche Phosphorsäure (f) soluble phosphoric acid acide (m) phosphorique soluble	растворимая фосфорная кислота (f) acido (m) fosforico solubile ácido (m) fosfórico soluble	7
Düngemittel (n) manure engrais (m)	удобреніе (n) concime (m) abono (m)	8

Beurteilung (f) des Vorganges inspection of the blow examen (m) de l'opération	сужденіе (n) о процессѣ esame (m) dell'andamento della conversione examen (m) de la operación	9
Aussehen (n) der Flamme appearance of the flame aspect (m) de la flamme	видъ (m) пламени aspetto (m) della fiamma aspecto (m) de la llama	10
rot erleuchteter Gasstrom (m) red gas stream jet (m) de gaz rouge, flamme (f) rouge	потокъ (m) газа, освѣщённаго краснымъ цвѣтомъ fiamma (f) rossa llama (f) roja	11

1 selbstleuchtende Flamme (f)
luminous flame
flamme (f) éclairante
самосвѣтящееся пламя (f)
fiamma (f) illuminante
llama (f) luminosa

2 blauer Streifen (m)
blue stripe
raie (f) bleue
синяя полоса (f)
striscia (f) bleu *o* turchina
raya (f) azul

3 weißer Saum (m)
white edge
bord (m) blanc
бѣлая кайма (f)
contorno (m) bianco
borde (m) blanco

4 geringe Leuchtkraft (f)
low lighting power
pouvoir (m) éclairant faible
незначительная сила (f) свѣта
potere (m) illuminante debole
poder (m) luminoso débil

5 Durchsichtigkeit (f)
transparency
transparence (f)
прозрачность (f)
trasparenza (f)
transparencia (f)

6 durchsichtiger Gasstrom (m)
transparent gas stream
courant (m) de gaz transparent
прозрачная струя (f) газа
corrente (f) di gas trasparente
corriente (f) de gas transparente

7 brauner Rauch (m)
brown smoke
fumée (f) brune
бурый дымъ (m)
fumo (m) scuro
humo (m) moreno *ó* pardo

8 dunkle Dämpfe (m pl)
dark fumes (pl)
fumées (f pl) *ou* vapeurs (f pl) de couleur foncée
тёмные пары (m pl)
vapori (m pl) scuri
vapores (m pl) obscuros

9 gefärbte Gläser (n pl), Chromopyrometer (n)
coloured glasses (pl), chromopyrometer
plaque (f) de verre coloré
окрашенныя стёкла (n pl); хромопирометръ (m)
lastra (f) di vetro colorato
vidrios (mpl) coloreados, cromo-pirómetro (m)

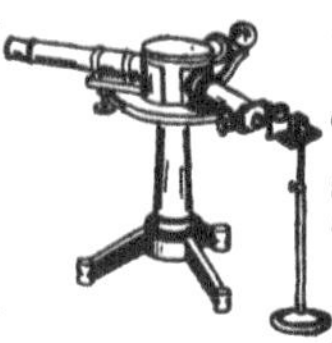

10 Spektralanalyse (f)
spectroscopical analysis
analyse (f) spectrale
спектральный анализъ (m)
analisi (f) spettrale
análisis (m *ó* f) espectral

11 spektralanalytische Untersuchung (f)
spectroscopical test
recherches (f pl) au spectroscope
изслѣдованіе (n) при помощи спектральнаго анализа
analisi (f) allo spettroscopio
examen (m) con el espectroscopio

Spektroskop (n) spectroscope spectroscope (m)	спектроскопъ (m) spettroscopio (m) espectroscopio (m)	1
ununterbrochenes Spektrum (n) uninterrupted spectrum spectre (m) continu	сплошной *или* непрерывный спектръ (m) spettro (m) continuo espectro (m) continuo	2
Natriumlinie (f) sodium line raie (f) de sodium	линія (f) натрія linea (f) del sodio raya (f) de sodio	3
Liniengruppe (f) group of lines groupe (f) de raies	группа (f) линій gruppo (m) di linee grupo (m) de rayas	4
gelbrotes Feld (n) yellowish red field champ (m) du spectre rouge jaunâtre	жёлтокрасная часть (f) спектра parte (f) dello spettro giallo-rossastro sección (f) del espectro rojo-amarillenta	5
Manganspektrum (n) manganese spectrum raie (f) du manganèse	спектръ (m) марганца linea (f) del manganese raya (f) del manganeso	6
Schöpfprobe (f) ladle sample, test sample prise (f) d'essai de métal liquide	проба (f) зачерпываніемъ presa (f) di metallo liquido per la prova, presa (f) di provetta toma (f) de metal liquido	7
flüssig entnommenes Eisen (n) molten test sample éprouvette (f) de métal liquide prélevée	проба (f) жидкаго металла provetta (f) liquida presa per la prova probeta (f) de metal liquido	8
erstarrte Metallprobe (f) solidified sample éprouvette (f) de métal solidifie	застывшая проба (f) металла provetta (f) solidificata prueba (f) ó muestra (f) de metal solidificado	9
Spießprobe (f) der Schlacke sample of slag taken with an iron rod prise (f) d'échantillon de la scorie avec une baguette de fer	проба (f) шлаковъ ломомъ *или* клюшкой presa (f) del campione di scoria toma (f) de una muestra de escoria con una varilla de hierro	10
Mündungsbär (m) slag adhering to the converter nose loup (m) de bec de cornue	шлаковый наростъ (m) у горла реторты; шлаковый козёлъ (m) deposito (m) di scoria sul becco lobo (m) de escoria	11

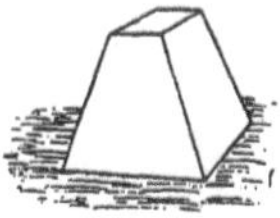

1 Losdrücken (n) der Mündungsbären
scraping of the slag on the converter nose
enlèvement (m) du loup

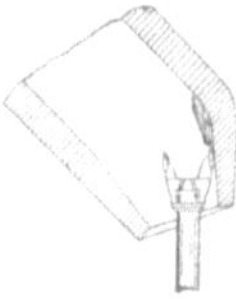

отрыванiе (n) шлаковаго нароста
rimozione (f) del deposito *o* del groppo
arranque (m) del lobo

---

2 Luftdruckmeißel (m)
pneumatic chisel
burin (m) à air comprimé

пневматическое зубило (n)
scalpello (m) ad aria compressa
cincel (m) de aire comprimido

---

3 **Frischen auf Flußeisen im Flammofen**

Manufacture of Ingot Metal in the Reverberatory Furnace

Fabrication de l'acier sur sole

Фришеванiе въ пламенной печи; передѣлъ на поду отражательной печи

Fabbricazione dell'acciaio su suola

Fabricación del acero en horno de reverbero

---

4 Martinstahlhütte (f)
open hearth steel works, Siemens-Martin steel works
aciérie (f) Siemens-Martin

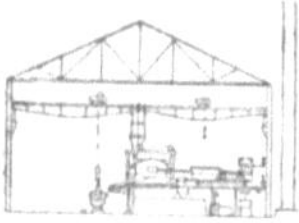

мартеновская мастерская (f)
acciaieria (f) Martin
fábrica (f) de acero Siemens-Martin

---

5 Schmelzflammofen (m)
reverberatory furnace
four (m) de fusion à réverbère, four (m) à sole

плавильная пламенная печь (f); плавильная отражательная печь
forno (m) a riverbero
horno (m) de fusión de reverbero

---

6 Siemens-Martinofen (m)
open hearth furnace
four (m) Siemens-Martin

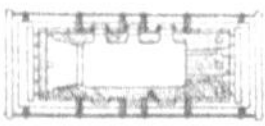

печь (f) системы Сименсъ-Мартена; мартеновская печь
forno (m) Siemens-Martin
horno (m) Siemens-Martin

---

7 feststehender Ofen (m)
fixed furnace
four (m) fixe

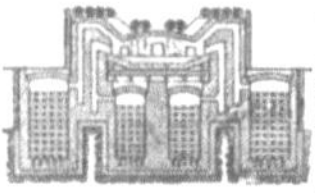

неподвижная печь (f)
forno (m) fisso
horno (m) fijo

---

8 Drehflammofen (m)
revolving reverberatory furnace
four (m) réverbère rotatif

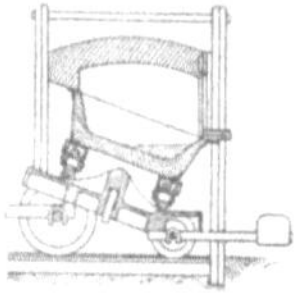

вращающаяся пламенная *или* отражательная печь (f)
forno (m) a riverbero rotante
horno (m) de reverbero rotatorio

Schaukelofen (m), Kippofen (m)
tilting open hearth furnace
four (m) oscillant *ou* culbutant

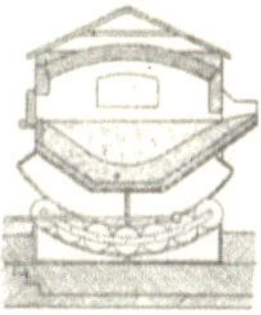

качающаяся *или* наклоняющаяся печь (f)
forno (m) oscillante *o* rotante
horno (m) oscilante *ó* basculante 1

Aufbau des Ofens
Furnace Construction
Construction du four

Постройка *или* надстройка печи
Costruzione del forno
Construcción del horno 2

Vorderseite (f)
charging side
face (f) avant (de travail)

передняя *или* рабочая сторона (f)
lato (m) della carica
frente (f) (de trabajo) 3

Rückseite (f)
tapping side, pouring side
face (f) arrière

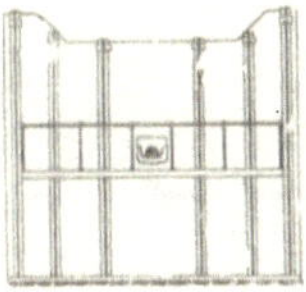

задняя сторона (f); сторона выпуска
lato (m) del foro di colata
espalda (f) 4

Stirnseite (f), Kopf (m)
end
face (f) de tête

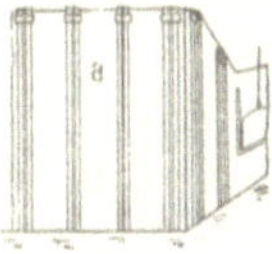

a

конецъ (m); головка (f)
testa (f)
cabeza (f), frente (m) 5

Herd (m)
hearth
sole (f)

a

подъ (m)
suola (f)
solera (f) 6

---

zugängliche Sohle (f)
accessible hearth
sole (f) accessible

a

доступный подъ (m)
suola (f) accessibile
solera (f) accesible 7

Stahlträger (m)
steel bearer, steel beam (A*)
poutre (f) en acier

b

стальная балка (f)
trave (f) d'acciaio
vigueta (f) de acero 8

* A = americanism

1 Gewölbeplatte (f)
arch plate, crown plate
plaque (f) de voûte
сводовая балка (f)
volta (f)
placa (f) de la bóveda

---

2 nach abwärts gezogenes Gewölbe (n)
concave roof *or* crown
voûte (f) surbaissée

a

изогнутый внизъ сводъ (m); понурый сводъ
volta (f) ribassata
bóveda (f) rebajada

---

3 nach der Mitte zu ansteigendes Gewölbe (n)
convex roof *or* crown
voûte (f) convexe, voûte (f) bombée au milieu

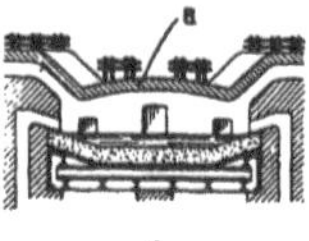

a

выпуклый къ серединѣ сводъ (m); сводъ куполомъ
volta (f) convessa
bóveda (f) convexa

---

4 Schiebetür (f)
sliding door
porte (f) coulissante

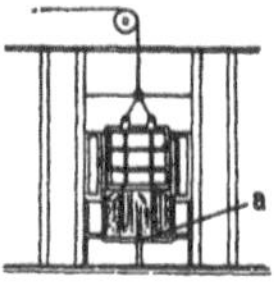

заслонка (f)
porta (f) a coulisse
puerta (f) de corredera

---

5 Türschwelle (f)
door sill
seuil (m) de porte

a

порогъ (m)
soglia (f) della porta
umbral (m) de la puerta

---

6 bewehrte [armierte] Schiene (f)
tie rail
rail (m) armé

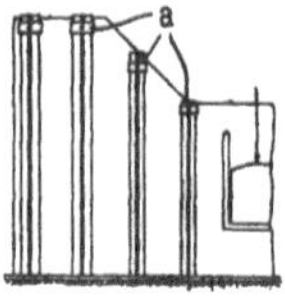

a

рельсовая арматура (f); арматура
rotaia (f) armata
carril (m) armado

7 **Generatoren**
Producers
Générateurs, gazogènes
Генераторы; газовики
Gasogeni
Generadores, gasógenos

8 Siemensscher Generator (m)
Siemens producer
gazogène (m) Siemens

генераторъ (m) *или* газовикъ (m) Сименса
gasogeno (m) Siemens
gasógeno (m) Siemens

---

9 Treppenrostgenerator (m)
stepped grate producer
gazogène (m) avec grille à gradins

генераторъ (m) *или* газовикъ (m) со ступенчатой топкой
gasogeno (m) con griglia a gradini
gasógeno (m) con parrillas de escalones

Duffscher Generator (m)
Duff producer
gazogène (m) Duff

генераторъ (m) *или* газовикъ (m) Диффа
gasogeno (m) Duff
gasógeno (m) Duff 1

Morganscher Generator (m)
Morgan producer
gazogène (m) Morgan

генераторъ (m) *или* газовикъ (m) Моргана
gasogeno (m) Morgan
gasógeno (m) Morgan 2

Doppelgenerator (m)
double producer
gazogène (m) double

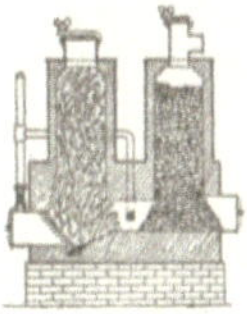

двойной генераторъ (m) *или* газовикъ (m)
gasogeno (m) doppio
gasógeno (m) doble 3

Vergasung (f)
gasification
gazéification (f)

превращенie (n) въ газъ; газеификацiя (f)
gaseificazione (f)
gasificación (f) 4

---

ununterbrochene Gaserzeugung (f)
continuous gas generation
production (f) de gaz continue

непрерывное *или* постоянное газообразованie (n)
produzione (f) continua di gas
producción (f) continua de gas 5

---

teerhaltiges Gas (n)
tar[r]y gas
gaz (m) riche en goudron

газъ (m), содержащiй смолу; смолистый газъ
gas (m) ricco di catrame
gas (m) rico en alquitrán 6

---

glühende Kohlenschicht (f)
incandescent layer of coals
couche (f) de charbon incandescent

слой (m) раскалённаго угля
strato (m) di carbone incandescente
capa (f) de carbón incandescente 7

---

wasserdichter Abschluß (m)
water seal
joint (m) hydraulique

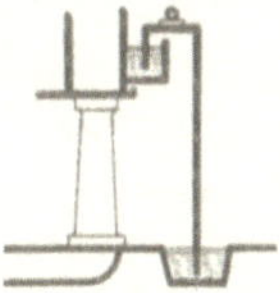

водяной затворъ (m)
giunto (m) a tenuta, chiusura (f) idraulica
junta (f) hidráulica 8

1 Füllvorrichtung (f)
charging hopper
dispositif (m) de chargement

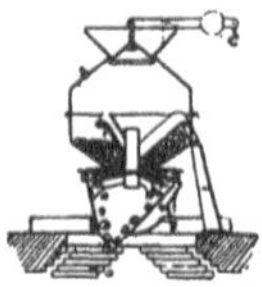

засыпное устройство (n); устройство для питанія генератора; [фиг.:] устройство для автоматическаго непрерывнаго питанія
apparecchio (m) di carica
disposición (f) para cargar

---

2 Kappe (f)
bonnet
chapeau (m)

a

крышка (f)
cappello (m), coperchio (m)
sombrerete (m)

---

3 **Gasleitung**
Gas Piping
Tuyauterie de gaz

Газопроводъ
Tubazione *o* conduttura del gas
Tubería de gas

---

4 Eintrittöffnung (f)
inlet hole
orifice (m) d'entrée

входное отверстіе (n)
porta (f) d'accesso *o* di visita
abertura (f) de entrada

---

5 Gasventil (n)
gas valve
valve (f) à gaz

газовый клапанъ (m)
valvola (f) a gas
válvula (f) de gas

---

6 Gasstrom (m)
gas current
courant (m) gazeux

потокъ (m) газа
corrente (f) di gas
corriente (f) de gas

---

7 Luftventil (n)
air valve
valve (f) à air

воздушный клапанъ (m)
valvola (f) ad aria
válvula (f) de aire

---

8 Umkehrung (f), Umschaltung (f)
switching, reversing
renversement (m)

перемѣна (f); перекидываніе (n)
inversione (f)
inversión (f)

---

9 Umsteuervorrichtung (f)
switching arrangement, reversing arrangement *or* gear (A*)
appareil (m) de renversement

перекидное устройство (n); устройство для перевода газа и воздуха
apparecchio (m) d'inversione
aparato (m) de invertir

---

10 Wechselklappe (f)
butterfly valve
valve (f) à papillon

перекидной клапанъ (m); клапанъ бабочкой
valvola (f) a farfalla
obturador (m) ó válvula (f) de mariposa

---

* A = americanism

Siemenssche Wechselklappe (f)
Siemens' butterfly valve
valve (f) à papillon de Siemens

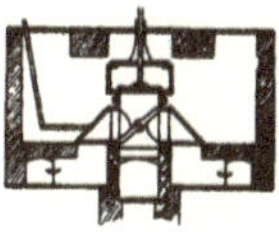

перекидной клапанъ (m) Сименса; клапанъ бабочкой системы Сименса
valvola (f) a farfalla Siemens 1
válvula (f) de mariposa sistema Siemens

Glocke (f) nach Hutter
Hutter's bell
cloche (f) Hutter

колоколъ (m) Гюттера
campana (f) Hutter 2
campana (f) Hutter

Doppelsitzventil (n)
double seat valve
soupape (f) à double siège

двухопорный клапанъ (m)
valvola (f) a doppia sede 3
válvula (f) de doble asiento

Muschelschieber (m)
mushroom valve
tiroir (m) à coquille

коробчатый золотникъ (m); плоскій коробчатый золотникъ
valvola (f) a conchiglia 4
válvula (f) ó distribuidor (m) en forma de concha

---

feuerfester Hahn (m)
valve of refractory material
robinet (m) à l'épreuve du feu

огнеупорный клапанъ (m) въ видѣ крана
valvola (f) in materia refrattaria 5
robinete (m) ó grifo (m) refractario

90°-Stellung (f)
at an angle of 90°
position (f) à 90°

подъ угломъ въ 90° [девяносто градусовъ] 6
posizione (f) a 90°
posición (f) á 90°

Wärmespeicher (m), Regenerator (m)
regenerator
régénérateur (m), récupérateur (m), chambre (f) de récupération

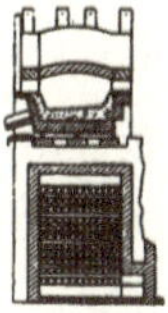

регенераторъ (m)
rigeneratore (m), ricuperatore (m) 7
regenerador (m), recuperador (m) de calor

Würfelwerk (n) der Wärmespeicher
checker work of a regenerator
empilage (m) des briques du régénérateur

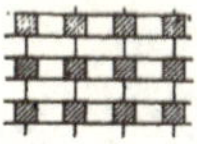

насадка (f) регенератора
impilata (f) dei mattoni di ricuperatore 8
conductos (m pl) sinuosos de los ladrillos del regenerador

Aufbau (m) der Ziegel
building up of the bricks
mode (m) d'empilage des briques

укладка (f) кирпичей
disposizione (f) dei mattoni del riempimento 9
manera (f) de empilar ó colocar los ladrillos

Zwischenwand (f), Scheidewand (f)
partition
cloison (f)

промежуточная стѣнка (f)
parete (f) di separazione 10
tabique (m)

1 aufgespeicherte Wärme (f)
accumulated heat, stored heat (A*)
chaleur (f) accumulée
накоплённое *или* накопившееся тепло (n)
calore (m) immagazzinato
calor (m) acumulado

---

2 Verbrennungsluft (f)
heat of combustion
air (m) de combustion
воздухъ (m) для сгоранія
aria (f) per la combustione
aire (m) de combustión

---

3 vorgewärmtes Heizgas (n)
regenerated gas
gaz (m) réchauffé
подогрѣтый горючій газъ (m)
gas (m) caldo
gas (m) recalentado

4 Gasleitung (f) nach dem Herde
gas flue to the hearth
conduite (f) de gaz vers le four
a
каналъ (m), приводящій газъ въ печь
arrivo (m) del gas, canale (m) d'arrivo del gas
conducto (m) del gas hacia el hogar

---

5 Steigkanal (m)
uptake
carneau (m) montant de gaz chauds
b
каналъ (m), поднимающійся кверху; восходящее колѣно (n) газопроводнаго канала
canale (m) verticale del gas caldo
canal (f) ó conducto (m) ascendente de gases calientes

---

6 senkrechter Gaskanal (m)
uptake
carneau (m) à gaz vertical
b
вертикальный газовый *или* газопроводный каналъ (m)
canale (m) verticale del gas
conducto (m) de gas vertical

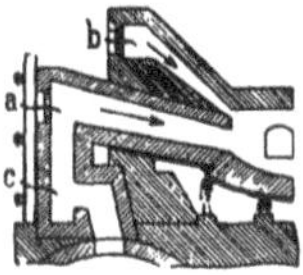

7 Gasweg (m)
gas port
parcours (m) du gaz
a
газовый каналъ (m); наклонное колѣно (n) газопроводнаго канала
direzione (f) del gas
camino (m) del gas

---

8 Luftweg (m)
air port
parcours (m) de l'air
b
воздушный каналъ (m)
direzione (f) dell'aria
camino (m) del aire

---

* A = americanism

Entstaubung (f)
removing the dust
séparation (f) des poussières
удаленіе (n) рудной пыли *или* копоти
separazione (f) delle polveri
separación (f) del polvo 1

Staubfang (m), Staubkammer (f)
dust chamber, dust collector, dust box
chambre (f) à poussière, sac (m) à poussière
пылеуловитель (m)
camera (f) della polvere
cámara (f) para el polvo 2

c

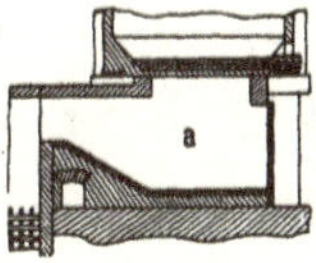

a

Schlackenkammer (f), Schlackenfang (m)
slag pocket, slag chamber
poche (f) à scories
шлаковая камера (f); шлаковикъ (m)
camera (f) della scoria
depósito (m) de escorias 3

Arbeitsverfahren
Furnace Practice
Mode de travail
Процессъ работы
Sistema di lavoro
Método de trabajo 4

Bedienung (f)
attendance
service (m) [du four]
обслуживаніе (n)
servizio (m) del forno
servicio (m) [del horno] 5

Schmelzer (m)
furnaceman (leading hand, first hand)
fondeur (m)
плавильщикъ (m)
fonditore (m)
fundidor (m) 6

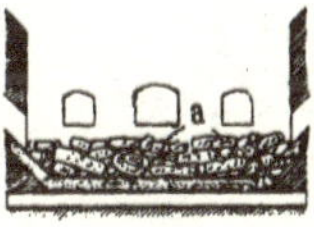

a

Schmelzstoff (m), Einsatz (m)
charge
matières (f pl) à fondre, charge (f)
плавильный матеріалъ (m); садка (f)
carica (f)
carga (f) 7

Einsatzgewicht (n)
weight of charge
poids (m) de la charge
вѣсъ (m) садки
peso (m) della carica
peso (m) de la carga 8

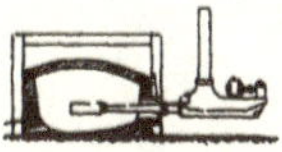

einsetzen (v)
to charge
charger (v)
посадить
caricare (v)
cargar (v) 9

Einsatzschaufel (f)
peel, charge shovel
pelle (f) de chargement
лопата (f) для посадки
pala (f) per caricare
pala (f) para cargar 10

1 Einsetzmaschine (f), Beschickmaschine(f), Chargiermaschine (f), Chargiervorrichtung (f)
charging device, charging machine
machine (f) à charger, chargeur (m) mécanique, enfourneuse (f), machine (f) à enfourner

машина (f) для посадки шихты; садочная машина
macchina (f) caricatrice od infornatrice
máquina (f) para cargar hornos

---

2 Beschickschwengel(m), Chargierschwengel (m)
balanced peel
levier (m) de chargement

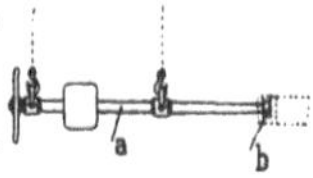

a

коромысло (n) для посадки; коромысло садочной машины
bilancia (f) o basculla (f) di caricamento
palanca (f) de carga

---

3 Schwengelkopf (m)
handle of peel
extrémité (f) *ou* tête (f) de levier

b

головка (f) коромысла
estremità (f) della bilancia
extremo (m) *ó* cabeza (f) de la palanca

---

4 Beschickungswagen (m), Beschickwagen (m)
charge wagon, charge bogie
wagon (m) de chargement

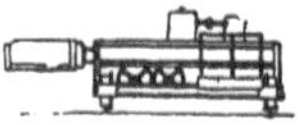

телѣжка (f) для посадки шихты
macchina (f) caricatrice a vagone
vagón (m) de carga

---

5 Beschickkran (m), Beschickungskran (m), Einsetzkran (m), Chargierkran (m)
charging crane
grue (f) de chargement, pont-roulant (m) de chargement

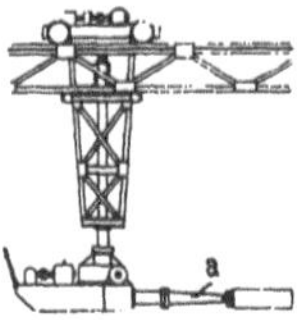

кранъ (m) для посадки шихты
caricatrice (f) a gru
grúa (f) para cargar

---

6 bewegliche Stange (f)
charging bar
flèche (f) mobile horizontale

a

подвижный стержень (m)
braccio (m) mobile
barra (f) móvil

---

7 Muldeneinsetzkran (m), Muldenchargierkran (m)
trough charging crane
grue (f) d'enfournement *ou* de chargement des récipients

кранъ (m) съ лотками для посадки
gru (f) per caricare *o* per infornare le cassette
grúa (f) para enhornar los moldes

---

8 Beschickmulde (f), Beschickungsmulde (f), Chargiermulde (f), Lademulde (f)
charging box
récipient (m) de chargement, cuiller (f) de chargement

лотокъ (m) для посадки
cassetta (f) di caricamento
molde (m) *ó* lingotera (f) de carga

Muldenkopf (m)
head of ingot mould
tête (f) de cuiller

a

головка (f) лотка
testa (f) della cassetta
extremo (m) del molde 1
ó de la lingotera

Schrotmulde (f)
scrap iron box
cuiller (f) à mitraille
ou à scraps

лотокъ (m) для посадки желѣзной мелочи
cassetta (f) per rottami 2
piccoli
molde (m) ó lingotera
(f) para metralla

Beschickungslöffel(m),
Chargierlöffel (m)
charging spoon *or* peel
pelleton (m), pelle (f)
de chargement

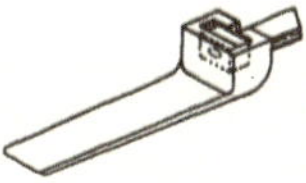

совокъ (m) для посадки
cucchiaio (m) di cari- 3
camento
cuchara (f) de carga

Entleerung (f) des
Kastens
tipping the box
déchargement (m) de
la boite

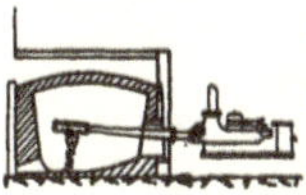

опоражниванiе (n)
ящика *или* лотка
rovesciamento (m) 4
della cassetta
descarga (f) de la caja

Aufarbeitung (f)
working down
traitement (m)

переработка (f)
processo (m)
tratamiento (m), pro- 5
cedimiento (m)

Regelung (f) des Luft-
stromes
regulation of the air
current
réglage (m) de l'air

регулированiе (n)
притока воздуха;
управленiе (n) при-
токомъ воздуха
regolazione (f) del- 6
l'aria
regulación (f) de la
corriente de aire

---

die Flammen auf den
Herd lenken (v)
to direct the flames on
to the hearth
diriger (v) les flammes
vers la sole

направить пламя къ
поду
dirigere (v) la fiamma
sulla suola 7
dirigir (v) las llamas
hacia la solera

---

in voller Hitze befind-
licher Ofen (m)
furnace in full heat
four (m) en pleine tem-
pérature

совершенно нагрѣтая
печь (f)
forno (m) in marcia
alla temperatura 8
massima
horno (m) á tempera-
tura máxima

---

ungeschmolzene Masse
(f)
unmelted mass
masse (f) non fondue

нерасплавленная
масса (f)
materia (f) non fusa 9
masa (f) no fundida

Verkürzung (f) der
Schmelzzeit
shortening of the melt-
ing period
réduction (f) de la
durée de la fusion

сокращенiе (n) про-
должительности
плавленiя
riduzione (f) del tempo 10
di fusione
disminución (f) del
tiempo de la fusión

1 Erzzusatz (m)
adding of ore
addition (f) de minerai

прибавленіе (n) руды
addizione (f) *od* aggiunta (f) di minerale
adición (f) de mineral

---

2 Endschlacke (f)
finishing slag
scorie (f) finale

шлакъ (m), полученный въ концѣ операціи
scoria (f) finale
escoria (f) final

---

3 steife Schlacke (f)
stiff slag
scorie (f) pâteuse *ou* épaisse

жёсткій шлакъ (m)
scoria (f) secca
escoria (f) espesa

---

4 mitgerissene Schlacke (f)
slag taken away
scorie (f) entraînée

шлакъ (m), увлечённый [жидкимъ металломъ]
scoria (f) trascinata dalla colata
escoria (f) arrastrada

---

5 Herdfutter (n)
lining
garnissage (m) de la sole

подъ (m) печи
rivestitura (f) *o* rivestimento (m) della suola
revestimiento (m) de la solera

---

6 Ausbesserungsmasse (f)
lining material for repairs
masse (f) servant à réparer le garnissage

масса (f), служащая для починки пода печи
massa (f) per arricchire la rivestitura
masa (f) para recomponer el revestimiento

---

7 Abarten (f pl) des Verfahrens
modification of the method
variantes (f pl) du procédé

видоизмѣненія (n pl) процесса
sistemi (m pl) differenti di fabbricazione
variedades (f pl) de los métodos de fabricación

---

8 vereinigtes Bessemer- und Martin-Verfahren (n)
combined Bessemer and open hearth process
procédés (m pl) Bessemer et Martin combinés

комбинированный способъ (m) Бессемера и Мартенса
processo (m) combinato Bessemer e Martin
procedimientos (m pl) Bessemer y Martin combinados

---

9 Erzfrischverfahren (n)
direct process, ore process
procédé (m) au minerai, ore-process (m)

рудный процессъ (m)
sistema (m) di fabbricazione col minerale
procedimiento (m) de afino del mineral

Zusammenschmelzverfahren (n)
melting down process (pig iron and scrap)
procédé (m) par fusion de fonte et riblons
процессъ (m) сплавленія
sistema (m) di fabbricazione dell'acciaio con ghisa e rottami 1
procedimiento (m) por fusión de la fundición y desperdicios de hierro

---

Haltbarkeit (f)
durability, life
solidité (f), durée (f)
прочность (f)
durata (f), durabilità (f) 2
solidez (f), duración (f)

Ofenreise (f), Schmelzreise (f)
life of furnace
campagne (f) d'un four
кампанія (f) печи; продолжительность (f) непрерывной работы печи
durata (f) della campagna d'un forno 3
campaña (f) de un horno

---

rasche Abnützung (f) des Ofens
quick wear and tear of the furnace
usure (f) rapide du four
быстрое изнашиваніе (n) печи
consumo (m) rapido 4
desgaste (m) rápido del horno

---

sich zusammenziehen (v)
to contract, to shrink
se contracter (v)
стягиваться
ritirarsi (v) 5
contraerse (v)

Sprung (m)
crack
crevasse (f), fissure (f)

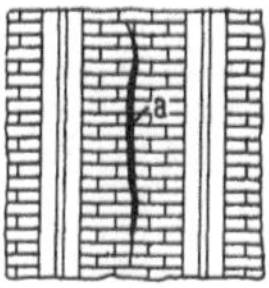

a

трещина (f)
fessura (f) 6
grieta (f)

---

durchbrennen (v)
to burn through
percer (v), brûler (v)
прогорѣть
sfondare (v) brucinando 7
agujerearse (v) por el calor

---

gründliche Ausbesserung (f)
thorough repair
réparation (f) à fond *ou* fondamentale
капитальный ремонтъ (m)
riparazione (f) radicale 8
reparación (f) general

Kopfende (n)
end
tête (f) du four
головка (f) печи
testa (f) del forno 9
cabeza (f) del horno

Ofenende (n)
furnace end
extrémité (f) du four
оконечность (f) печи
estremità (f) del forno 10
extremo (m) del horno

Vorderplatte (f)
front plate
plaque (f) de devant
передняя доска (f)
placca (f) o piastra (f) frontale 11
placa (f) de frente ó anterior

1	Träger (m) der Vorderplatte bracket carrying front plate console (f) de la plaque antérieure	балка (f), несущая переднюю доску sostegno (m) della placca frontale soporte (m) de la placa anterior
2	Endplatte (f) end plate plaque (f) de bout	задняя доска (f) placca (f) o piastra (f) d'estremità placa (f) de extremo
3	Stütze (f) des Rahmens stays (pl) support (m) du cadre	опора (f) рамы sopporto (m) del quadro soporte (m) del marco
4	**Glühfrischen** **Cementation of Malleable Iron, Malleableising** **Cémentation de fer malléable**	**Передѣлъ чугуна въ ковкое желѣзо окисленіемъ примѣсей при температурѣ недостаточной для плавленія ею; процессъ полученія ковкаго желѣза** **Fabbricazione della ghisa malleabile, cementazione ossidante** **Afino por cementación oxidante**
5	Glühspan (m) scale, iron scale, mill scale, rolling mill scale, hammer scale pailles (f pl) d'oxyde de fer	окалина (f); окислы (m pl) желѣза; желѣзная изгарь (f) scaglie (f pl) d'ossido di ferro escamas (f pl) de óxido de hierro
6	Glühspanschicht (f) oxide scale croûte (f) d'oxyde de fer	слой (m) окисловъ; слой окалины на поверхности желѣза strato (m) d'ossido di ferro capa (f) de óxido de hierro
7	Tonkiste (f) fire clay box caisse (f) en matière réfractaire	ящикъ (m) изъ огнеупорной массы cassetta (f) in materiale refrattario caja (f) de material refractario
8	Gärben (n), Gerben (n) refining raffinage (m), corroyage (m)	раффинированіе (n); раффинированіе при посредствѣ свариванія и прокатки raffinaggio (m) refinado (m), afino (m)

Erzglühfrischen (n) refining with iron ore affinage (m) avec du minerai de fer		раффинированіе (f) посредствомъ руды affinaggio (m) col minerale di ferro afino (m) por medio del mineral de hierro	1
Glühtopf (m) annealing box, cementing box pot (m) de cémentation	 a	сосудъ (m) *или* горшокъ (m) для прокаливанія cassetta (f) di cementazione ossidante pote (m) *ó* caja (f) de cementación	2
einpacken (v) to pack, to charge empaqueter (v), charger (v)		уложить; упаковать impacchettare (v) empaquetar (v), cargar (v)	3
Tempererz (n) iron ore *or* oxide, annealing ore minerai (m) pour fonte malléable		руда (f) для отжига minerale (m) per ghisa malleabile mineral (m) para fundición maleable	4
Glühmittel (n) cementing material matière (f) *ou* agents (m pl) de cémentation		окислитель (m); окисляющее вещество (n) sostanza (f) per la cementazione agentes (m pl) de la cementación	5
Verdünnungsmittel (n) diluting agent matière (f) pour retarder la cémentation oxydante		разжижающее средство (n) sostanza (f) per ritardare l'affinaggio ossidante material (m) para retardar la cementación oxidante	6
Brandeisen (n) burnt iron fer (m) brûlé		горѣлое желѣзо (n) ferro (m) bruciato hierro (m) quemado	7
Temperofen (m) furnace for making malleable iron, annealing furnace four (m) de cémentation	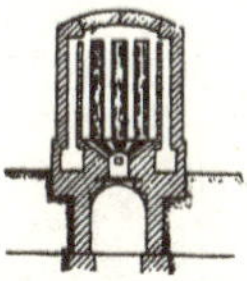	отжигательная печь (f) forno (m) a cementazione ossidante horno (m) de cementación	8
kalt legen (v) to damp down mettre (v) le four hors feu, refroidir (v)		выдуть печь mettere (v) il forno fuori di marcia, raffreddare (v) il forno retirar (v) el fuego del horno	9
einbetten (v) to embed recouvrir (v), placer (v) dans le cément		уложить въ . . .; посадить въ . . . impacchettare (v) colocar (v) [en el cemento]	10

1 Ofen (m) mit auswechselbarem Boden
furnace with removable bottom
four (m) à sole amovible

печь (f) съ перемѣннымъ подомъ
forno (m) a suola mobile
horno (m) con solera ó fondo cambiable

---

2 schmiedbarer Guß (m)
malleable casting
fonte (f) malléable

ковкій чугунъ (m)
ghisa (f) malleabile
fundición (f) maleable

---

3 **Zementieren, Zementstahldarstellung**
Cementation Process, Converting Process, Manufacture of Cement (*or* Blister) Steel
Fabrication d'acier cémenté, cémentation

Полученіе цементной стали; производство томлёной стали
Fabbricazione dell'acciaio cementato, cementazione
Cementación, fabricación del acero cementado

---

4 schlackenreines Eisen (n)
slag free iron
fer (m) exempt de scorie

желѣзо (n), свободное отъ шлаковъ
ferro (m) senza scorie
hierro (m) sin escoria

---

5 Zementierofen (m)
cementation *or* converting furnace
four (m) à cémenter

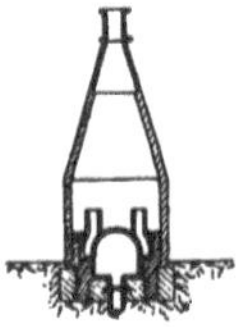

сталетомильная печь (f); печь для цементаціи
forno (m) a cementazione
horno (m) de cementación

---

6 englischer Zementierofen (m)
English converting furnace *or* cementation furnace
four (m) anglais à cémenter

англійская сталетомильная печь (f); англійская печь для цементаціи
forno (m) inglese a cementazione
horno (m) inglés de cementación

---

7 Zementierkiste (f)
cementing box
caisse (f) de cémentation

a

сталетомильный ящикъ (m); ящикъ для цементаціи
cassa (f) di cementazione
caja (f) de cementación

---

8 Härtetrog (m)
hardening trough
cuve (f) à tremper

закалочный лотокъ (m)
cassetta (f) per la tempera
pila (f) para templar

Zugreglung (f) draught regulation réglage (m) du tirage		регулированіе (n) тяги regolatore (m) del tiraggio graduación (f) del tiro	1
Querzug (m) cross flue, transverse flue carneau (m) transversal		поперечный каналъ (m) canale (m) trasversale conducto (m) transversal	2
Seitenzug (m) side flue carneau (m) latéral	a b	боковой каналъ (m) canale (m) laterale conducto (m) lateral	3
Rauchabzugöffnung (f) chimney hole orifice (m) du canal de fumée	c	дымовой каналъ (m); отверстіе (n) для вывода дыма apertura (f) del canale per il fumo abertura (f) del conducto de humo	4
die Kisten laden (v) to charge the boxes charger (v) les caisses *ou* les boîtes		наполн-ить [-ять] ящики caricare (v) le casse cargar (v) las cajas	5
Eintragöffnung (f) charging door porte (f) de chargement		рабочее отверстіе (n) porta (f) di caricamento puerta (f) de carga	6
anfeuern (v) to fire allumer (v)		разогрѣ-ть [-вать] accendere (v) encender (v)	7
Vollfeuer (n) full heat feu (m) au maximum d'intensité, plein feu (m)		полный огонь (m); полное пламя (n) fuoco (m) al massimo d'intensità, a tutto fuoco á todo fuego, fuego (m) de intensidad máxima	8
Einsatzhärtung (f), Oberflächenhärtung (f) case hardening, surface converting trempe (f) de surface		поверхностная цементація (f); поверхностное цементованіе (n) tempera (f) della superficie temple (m) de superficie	9
Zementstahlofen (m) steel cementing furnace four (m) à acier cémenté		сталетомильная печь (f); печь для полученія цементной стали forno (m) di cementazione horno (m) para acero de cementación	10

No.	German / English / French	Russian / Italian / Spanish
1	Sandverdichtung (f), Abdichtung (f) sand packing obturation (f) *ou* bouchage (m) au sable	покрытіе (n) слоемъ песка; уплотненіе(n) otturazione (f) con sabbia obturación (f) con arena
2	Leuchtgas (n) illuminating gas gaz (m) d'éclairage	свѣтильный газъ (m) gas (m) illuminante gas (m) del alumbrado
3	Azetylengas (n) acetylene gas gaz (m) acétylène	этиленовый газъ (m) gas (m) acetilene gas (m) acetileno
4	Nickelhärtungsverfahren (n) nickel hardening method procédé (m) de trempe au nickel	способъ (m) закалки никкелевой стали processo (m) di tempera al nickel procedimiento (m) de templar al níquel
5	Nickelflußeisen (n) nickel steel acier (m) au nickel	никкелевая литая сталь (f) acciaio (m) al nickel acero (m) al níquel
6	Nickelzusatz (m) addition of nickel addition (f) de nickel	прибавленіе (n) никкеля addizione (f) *od* aggiunta (f) di nickel adición (f) de níquel
7	Kohlung (f) durch festen Kohlenstoff carburisation by means of solid carbon carburation (f) par le carbone solide	обуглероживаніе (n) твёрдымъ углеродомъ carburazione (f) col carbonio solido carburación (f) por el carbono sólido
8	Zementierpulver (n), Härtepulver (n) cementing powder, cementation powder poudre (f) à cémenter	цементующій порошокъ (m); порошокъ для цементаціи polvere (f) di cementazione polvo (m) para cementar
9	Laubholzkohle (f) green wood charcoal charbon (m) de bois feuillu	уголь (m) изъ лиственнаго лѣса carbone (m) di legna (d'alberi frondiferi) carbón (m) vegetal de hojas
10	Nadelholzkohle (f) pine charcoal charbon (m) de bois de conifères	уголь (m) изъ хвойнаго лѣса carbone (m) di legna (d'alberi coniferi) carbón (m) de madera de coníferas
11	tierischer Stoff (m) animal substance matière (f) provenant d'animaux, matière (f) animale	животныя вещества (n pl) sostanza (f) o prodotto (m) animale producto (m) animal

Bierhefe (f) yeast, barm levure (f) de bière		пивныя дрожжи (f pl) lievito (m) di birra levadura (f) de cerveza	1
Mehl (n) flour farine (f)		мука (f) farina (f) harina (f)	2
gepulverte Birkenkohle (f) powdered birch charcoal charbon (m) de bouleau pulvérisé		берёзовый уголь (m), измельчённый въ порошокъ carbone (m) di betulla in polvere carbón (m) de abedul pulverizado	3
Lederkohle (f) leather charcoal charbon (m) de cuir		уголь (m), полученный изъ кожи; обугленная кожа (f) carbone (m) di cuoio carbón (m) de cuero	4
Hornkohle (f) horn charcoal charbon (m) de corne		уголь (m), полученный изъ рога; обугленный рогъ (m) carbone (m) di corno carbón (m) de cuerno	5
Kalisalpeter (m) potassium nitrate, nitre, salpetre, nitrate of potash nitre (m), salpêtre (m), nitrate (m) de potasse	KNO_3	каліевая селитра (f); азотнокаліевая соль (f) salnitro (m), nitrato (m) di potassa nitro (m), salitre (m), nitrato (m) potásico	6
Leim (m) glue colle (f)		клей (m) colla (f) cola (f)	7
Kolophonium (n) resin (*or* rosin) colophane (f)		канифоль (f) colofonia (f), pece (f) greca colofonia (f)	8
dickflüssiges Härtemittel (n) semi-fluid hardening medium matière (f) à tremper épaisse		густая закалочная жидкость (f) sostanza (f) densa per tempera materia (f) espesa para templar	9
Weinsäure (f) tartaric acid acide (m) tartrique		винная кислота (f) acido (m) tartarico ácido (m) tartárico *ó* tártrico	10
Rindstalg (m), Rindertalg (m) tallow suif (m)		животный жиръ (m) sego (m), sevo (m) sebo (m)	11
Beinschwarz (n) animal charcoal, bone black, bone charcoal charbon (m) d'os, animal (m) noir		костяной уголь (m) carbone (m) d'ossa, nero (m) animale carbón (f) de hueso, negro (m) animal	12

1 gebranntes Hirschhorn (n)
charred hartshorn
corne (f) de cerf calcinée
жжёный олений рогъ (m)
corno (m) calcinato di cervo
asta (f) ó cuerno (m) de ciervo calcinado

---

2 Klauenmehl (n)
hoof *or* neat's foot meal *or* flour
farine (f) de pieds de bœufs
роговая мука (f); [копытная мука]
farina (f) d'unghia di bue
harina (f) de pezuña de buey

---

3 Ochsenklauen (f pl)
ox hoofs
pieds (m pl) de bœuf
бычачьи копыта (n pl)
unghie (f pl) di bue
pezuñas (f pl) de buey

---

4 Härtetiefe (f)
depth of hardening
épaisseur (f) de trempe
глубина (f) закалки
spessore (m) *o* potenza (f) della tempera
espesor (m) del temple

XIII.

Eisen- und Stahlgießerei
Iron and Steel Casting, Foundry (A*)
Fonderie de fer et d'acier
Чугуно- и сталелитейное дѣло
Fonderia di ferro e d'acciaio
Fundición de hierro y acero

Formerei
Moulding
Moulage
Формовка
Formatura
Moldeo 1

Formhalle (f), Formerei (f)
moulding hall
halle (f) *ou* atelier (m) de moulage

формовочная (f)
tettoia (f) per formatura
taller (m) ó departamento (m) de moldeo 2

---

zweischiffige Formhalle (f)
two span moulding hall
halle (f) de moulage à double travée

формовочная (f), раздѣлённая рядомъ колоннъ на двѣ части
doppia tettoia (f) per formatura
taller (m) de moldeo de dos naves 3

Former (m)
moulder
mouleur (m)

формовщикъ (m)
formatore (m)
moldeador (m) 4

---

formen (v), einformen (v)
to mould
mouler (v)

формовать
formare (v)
moldear (v) 5

---

* A = americanism

1 **Modelltischlerei**
Pattern Shop
Modelage
Модельная мастерская; модельно-столярная мастерская
Sezione modellisti
Carpinteria de modelos

2 Modellager (n)
pattern store, storage (A*)
magasin (m) de modèles
складъ (m) моделей
magazzino (m) dei modelli
almacén (m) de modelos

3 Modell (n)
pattern, model
modèle (m)

модель (f)
modello (m)
modelo (m)

4 kegelig (adj), mit Anzug
conical
conique (adj)
придать конусъ; съ откосомъ
conico (agg)
cónico (adj)

5 Modellumriß (m)
outline of pattern
contour (m) du modèle

очертанiе (n) модели
contorno (m) del modello
contorno (m) del modelo

6 Formplatte (f), Modellplatte (f)
moulding board, plate with patterns
planche (f) de fond

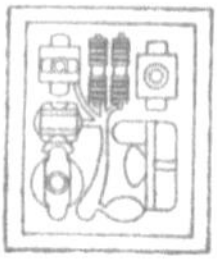

модельная плита (f)
placca (f) da formare
placa (f) de modelos

7 gesundes Holz (n)
sound wood
bois (m) sain
здоровое дерево (n); здоровая древесина (f)
legno (m) sano
madera (f) sana

8 geradfaserig (adj)
straight grained (adj)
à fibres droites
съ прямыми волокнами; прямослойное
a fibra diritta
de fibras derechas

9 Astloch (n)
knot
nœud (m)
свищъ (m)
nodo (m)
nudo (m)

10 lufttrocken (adj)
air dry (adj), air dried (adj)
séché (adj) à l'air
воздушно-сухое; воздушной сушки
asciugato (agg) all'aria
secado (adj) al aire

11 Werkstattzeichnung (f)
shop *or* works drawing
dessin (m) d'atelier
рабочiй чертёжъ (m)
disegno (m) per officina
dibujo (m) de taller

* A = americanism

Abmessung (f) des Gußstückes
dimensions of the casting
dimensions (f pl) de la pièce de fonte

размѣры (mpl) отливки
dimensioni (f pl) del pezzo di ghisa 1
dimensiones (f pl) de la pieza de fundición

Schwindmaß (n)
amount of contraction *or* shrinkage
[mesure (f) du] retrait (m)

усадочный масштабъ (m); мѣра (f) усадки
misura (f) del ritiro 2
[medida (f) de la] contracción (f)

---

schwinden (v), sich zusammenziehen (v)
to shrink
avoir (v) du retrait, se contracter (v)

давать усадку
ritirarsi (v) 3
contraerse (v)

---

zusammenleimen (v)
to glue
coller (v)

склеи-ть (-вать)
incollare (v) 4
encolar (v), pegar (v)

Unrundwerden (n)
to splay, to round off
s'ovaliser (v)

становиться некруглымъ; принимать некруглую форму
ovalizzarsi (v), farsi (v) ovale 5
perder (v) la forma circular, ovalarse (v)

---

scharfe Kante (f)
sharp edge, corner
arête (f) vive

острый край (m)
spigolo (m) vivo
arista (f) viva, canto (m) vivo 6

Hohlkehle (f)
hollow, groove, recess, channel, fluting
congé (m)

выкружка (f); закругленный переходъ (m) 7
raccordo (m)
media caña (f)

Lederhohlkehle (f)
leather hollow
congé (m) en cuir

кожаная выкружка (f)
raccordo (m) in cuoio 8
media caña (f) de cuero

---

ringförmiges Modell (n)
ring shaped pattern
modèle (m) annulaire

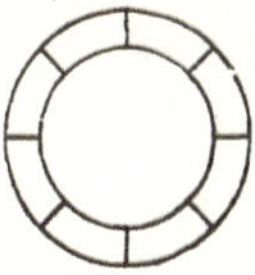

кольцеобразная модель (f)
modello (m) anulare 9
modelo (m) anular

1	geteiltes Modell (n) sectional pattern modèle (m) en deux parties	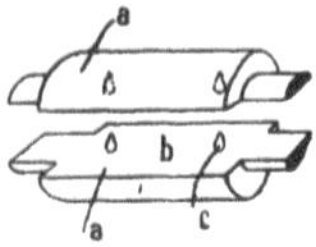	разрѣзная *или* разъёмная модель (f) modello (m) in due pezzi modelo (m) de dos mitades
2	Modellhälfte (f) pattern half moitié (f) de modèle	a	половинка (f) модели metà (f) modello mitad (f) del modelo
3	Trennungsebene (f) division plane surface (f) de séparation	b	плоскость (f) разъёма piano (m) di separazione superficie (f) de separación
4	Dübel (m), Stift (m) pin tenon (m), cheville (f)	c	шипъ (m); штифтъ (m) spina (f) clavija (f)
5	Modellack (m) pattern varnish *or* blacking laque (f) à modèles		модельный лакъ (m) cera (f) da modelli barniz (m) para modelos
6	polierte Oberfläche (f) polished surface surface (f) polie		полированная поверхность (f) superficie (f) lucidata superficie (f) pulimentada
7	rote Umränderung (f) red border bord (m) rouge		красное очертанiе (n) contorno (m) rosso borde (m) rojo
8	Kernmarke (f), Kerndrücker (m) top print, core mark portée (f) de noyau	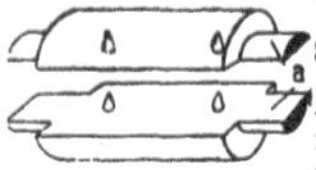 a	знакъ (m); [для сердечника]; мѣтка (f) portata (f) di nodo portada (f) de macho
9	schwarz streichen (v) to paint black, to blacken, to japan (A*) peindre (v) en noir		закрасить чёрной краской tingere (v) in nero pintar (v) de negro
10	schwarz strichen (v), [schwarz schraffieren (v)] to hatch hachurer (v) en noir		заштриховать чёрной краской tratteggiare (v) in nero rayar (v) en negro
11	Stirnfläche (f) front surface *or* face face (f) de devant		лобовая *или* торцовая поверхность (f) lato (m) anteriore frente (f)
12	Wachsmodell (n) wax model modèle (m) en cire		восковая модель (f) modello (m) di cera modelo (m) de cera

* A = americanism

Deutsch / English / Français	Русский / Italiano / Español	No.
Formstoffe, Formmaterialien **Moulding Materials** **Matériaux de moulage**	**Формовые матеріалы** **Materiali per la formatura** **Materiales de moldeo**	1
bildsamer Stoff (m) plastic material matière (f) plastique	пластичный матеріалъ (m) materia (f) plastica material (m) plástico	2
Bildsamkeit (f) plasticity, ductility plasticité (f), ductilité (f)	пластичность (f) plasticità (f) plasticidad (f), ductilidad (f)	3
drücken (v) to ram comprimer (v)	давить comprimere (v), pigiare (v) comprimir (v)	4
kneten (v) to knead malaxer (v), triturer (v)	мясить mescolare (v) mezclar (v), amasar (v)	5
pressen (v) to press comprimer (v), presser (v)	сжимать pressare (v) prensar (v)	6
Gasdurchlässigkeit (f) permeability for gas perméabilité (f) au gaz	газопроницаемость (f) permeabilità (f) ai gas permeabilidad (f) á los gases	7
Unschmelzbarkeit (f) infusibility infusibilité (f)	неплавкость (f) infusibilità (f) infusibilidad (f)	8
Zutat (f) addition addition (f)	примѣсь (f) aggiunta (f) añadido (m), adición (f)	9
Formsand (m), Modellsand (m) moulding sand sable (m) de moulage *ou* de fonderie	формов[очн]ый песокъ (m) terra (f) *o* sabbia (f) di fonderia arena (f) de moldear *ó* de fundición	10
Sandformerei (f) sand moulding moulage (m) au sable *ou* en sable	формовка (f) formatura (f) in sabbia moldeo (m) en arena	11
magerer, grüner Formsand (m) green sand sable (m) maigre *ou* vert	тощій формов[очн]ый песокъ (m); тощая формов[очн]ая земля (f) sabbia (f) *o* terra (f) magra arena (f) seca *ó* verde	12
fetter Formsand (m) fat sand sable (m) gras	жирный формов[очн]ый песокъ (m); жирная формов[очн]ая земля (f) sabbia (f) *o* terra (f) grassa arena (f) grasa	13

1	stark tonhaltiger Formsand (m) clayey sand sable (m) argileux	формов[очн]ый песокъ (m) съ сильной примѣсью глины sabbia (f) *o* terra (f) argillosa arena (f) arcillosa
2	Bindemittel (n) cement, binding material matière (f) agglutinante, liant (m)	связующее *или* вяжущее вещество (n) materia (f) agglomerante substancia (f) aglutinante
3	lehmige Beimengung (f) loamy addition addition (f) de matière argileuse	глинистая примѣсь (f) aggiunta (f) argillosa adición (f) de material arcilloso
4	ungebrauchter Sand (m) unused sand, virgin sand sable (m) frais	песокъ (m), не бывшій въ употребленіи sabbia (f) *o* terra (f) nuova arena (f) nueva
5	reiner, frischer Sand (m) clean fresh sand sable (m) neuf	чистый свѣжій песокъ (m) sabbia (f) *o* terra (f) fresca arena (f) nueva limpia
6	scharfer Sand (m) sharp sand sable (m) à arêtes vives	песокъ (m) изъ остроугольныхъ песчинокъ sabbia (f) *o* terra (f) a spigoli vivi arena (f) de grano puntiagudo ó de aristas vivas
7	Quarzsand (m) quartzose sand sable (m) quartzeux	кварцевый песокъ (m) sabbia (f) quarzosa arena (f) cuarzosa
8	Oberflächenrauheit (f) surface roughness rudesse (f) de la surface	шероховатость (f) поверхности scabrosità (f) della superficie aspereza (f) de la superficie
9	kantige Oberfläche (f) edged surface surface (f) anguleuse	угловатая поверхность (f) superficie (f) ruvida, superficie (f) ad angoli vivi superficie (f) de ángulos agudos
10	kleinzackig (adj) notched (adj), pointed (adj), toothed (adj) dentelé (adj), muni de petites pointes	мелкозазубренный; съ мелкими зазубринами dentellato (agg) dentelado (adj), provisto (adj) de puntas pequeñas

German / English / French	Russian / Italian / Spanish	No.
totgemahlen (adj) over ground (adj) moulu (adj) trop fin	измолоть до пыли; тонко измельчить macinato (agg) troppo fino molido (adj) demasiado fino	1
rundgeriebene Oberfläche (f) round ground surface surface (f) arrondie par frottement	округленная тренiемъ поверхность (f) superficie (f) arrotondata superficie (f) redondeada por frotamiento	2
gebrauchter Sand (m) used sand sable (m) déjà employé	песокъ (m), бывшiй въ употребленiи sabbia (f) già usata arena (f) ya empleada	3
Kernsandbeschaffenheit (f) condition of core sand forme (f) *ou* structure (f) des grains de sable	свойства (npl) *или* качества (npl) формов[очн]ой земли для приготовленiя шишекъ forma (f) *o* struttura (f) dei grani di sabbia forma (f) *ó* estructura (f) de los granos de arena	4
Metallsalz (n) metallic salt sel (m) métallique	металлическая соль (f) sale (m) metallico sal (f) metálica	5
organischer Stoff (m) organic material *or* substance matière (f) organique	органическое вещество (n) sostanza (f) organica materia (f) orgánica	6
verkohlen (v) to carbonize carboniser (v)	обуглить carbonizzare (v) carbonizar (v)	7
Masse (f), Formmasse (f) dry sand masse (f) à mouler	масса (f); формов[оч-н]ая масса materiale (m) per formatura masa (f) *ó* materia (f) para moldear	8
Verwitterungsbestandteil (m) weathered constituent éléments (m pl) décomposés à l'air	остатки (mpl) вывѣтривiпихся горныхъ породъ elementi (mpl) decomposti elemento (m) descompuesto al aire	9
Ton (m) clay glaise (f), argile (f)	глина (f) argilla (f) arcilla (f) [blanca]	10
kieselsaure Tonerde (f), Tonerdesilikat (n) silicate of aluminium silicate (m) d'alumine	силикатъ (m) глинозёма silicato (m) d'alluminio silicato (m) de alúmina	11

1	Bindevermögen (n) cementing *or* binding power pouvoir (m) agglutinant	вяжущая способность (f); способность связывать potenza (f) agglomerante poder (m) *ó* fuerza (f) aglutinante
2	bildsamer Ton (m) plastic clay, pipe clay argile (f) plastique	пластичная глина (f) argilla (f) plastica arcilla (f) plástica
3	magerer Ton (m) green clay argile (f) maigre	тощая глина (f) argilla (f) magra arcilla (f) magra
4	fetter Ton (m) soapy clay argile (f) grasse	жирная глина (f) argilla (f) grassa arcilla (f) grasa
5	schleimig (adj) mucilaginous (adj) mucilagineux (adj), visqueux (adj)	слизкій mucillagginoso (agg) mucilaginoso (adj), viscoso (adj)
6	hochfeuerfeste Masse (f) highly refractory material pâte (f) très réfractaire	огнеупорная масса (f) высокаго качества prodotto (m) molto refrattario masa (f) muy refractaria
7	gemahlener Schamottestein (m) clay brick, lime brick brique (f) alumineuse moulue	размельченный шамотъ (m) mattone (m) alluminoso macinato ladrillo (m) aluminoso molido
8	Lehm (m) loam terre (f) glaise	глина (f) terra (f) barro (m)
9	klebriger Brei (m) loamy paste pâte (f) grasse collante	клейкая кашица (f) pasta (f) grassa pasta (f) adherente
10	Verhüten (n) der Rissebildung prevention of cracking moyen (m) d'éviter les fissures	предотвращеніе (n) образованія трещинъ *или* рванинъ mezzo (m) per impedire la formazione di fessure medio (m) para evitar la formación de grietas *ó* hendiduras
11	Pferdedünger (m) horse dung fumier (m) de cheval	конскій навозъ (m) letame (m) *o* sterco (m) di cavallo estiércol (m) de caballo
12	verrotteter Pferdemist (m) rotten *or* decomposed horse dung fumier (m) de cheval décomposé	сгнившій конскій навозъ (m) letame (m) *o* sterco (m) di cavallo decomposto estiércol (m) de caballo descompuesto

Kuhdünger (n.) cow dung fumier (m) de vache *ou* d'étable	коровій помётъ (m) letame (m) *o* sterco (m) di vacca estiércol (m) de vaca	1
Kuhhaar (n) cow hair poil (m) de vache	коровій волосъ (m); коровья шерсть (f) pelo (m) di vacca pelo (m) de vaca	2
gehacktes Stroh (n) cut straw, chopped straw paille (f) hachée	рубленная солома (f) paglia (f) tritata paja (f) cortada	3
Torfmehl (n) powdered peat poudre (f) de tourbe	торфяная мука (f); торфяной мелкій порошокъ (m) polvere (f) di torba polvo (m) de turba	4
Gerberlohe (f) tan, tan bark tan (m)	дубильная корка (f) polvere (f) di concia casca (f) del curtido	5
Hede (f), Hanf (m) hemp chanvre (m)	лёнъ (m) canapa (f) cáñamo (m)	6
Lehmstein (m) loam brick brique (f) de terre glaise	глиняный кирпичъ (m) mattone (m) crudo ladrillo (m) de barro ó de greda	7
Luftstein (m) air dried brick brique (f) séchée à l'air	необжигаемый кирпичъ (m); кирпичъ воздушной сушки mattone (m) seccato all'aria ladrillo (m) secado al aire	8
Stroh (n) straw paille (f)	солома (f) paglia (f) paja (f)	9
Überzug (m) coating, incrustation couverture (f)	припылъ (m); покровъ (m) copertura (f) revestimiento (m)	10
zusammenbrennen (v), zusammenfritten (v) to frit fritter (f) ensemble	спекаться calcinare (v) tostar (v), fritar (v), calcinar (v)	11
anbrennen (v), anfritten (v), ansintern (v) to be calcined *or* fritted fritter (v) légèrement	пригор-ѣть (-ать) calcinare (v) ser (v) tostado, fritarse (v)	12
anschweißen (v) to weld souder (v) ensemble	навари-ть (-вать) saldare (v) insieme soldar (v)	13

1	Holzkohlenstaub (m) charcoal powder *or* dust poussier (m) de charbon de bois		древесноугольная пыль (f) polvere (f) di carbone di legna polvo (m) de carbón vegetal
2	Steinkohlenstaub (m) powdered coal poussier (m) de houille		каменноугольная пыль (f) polvere (f) di carbon fossile polvo (m) de hulla
3	Graphitstaub (m) powdered graphite poussier (m) de graphite		графитовая пыль (f) polvere (f) di grafite polvo (m) de grafito
4	mit Kohlenstaub einpudern (v) to face with charcoal powder saupoudrer (v) de poussier de charbon		покрыть угольной пылью ricoprire (v) con polvere di carbone espolvorear (v) con polvo de carbón
5	die Formen stäuben (v) to underface the mould saupoudrer (v) les moules		покрывать формы припыломъ spolverizzare (v) le forme empolvar (v) los moldes
6	Leinwandgazebeutel (m) bag for facing bourse (f) en toile		полотняный мѣшочекъ (m), служащій для припыливанія; холщовый мѣшочекъ для припудриванія древесноугольной пылью borsa (f) di tela per spolverizzare bolsa (f) de gasa de tela
7	Schwärze (f) smoke black, lamp black noir (m) de fumée		формовыя *или* формовочныя чернила (npl) nerofumo (m) negro (m) de humo
8	Schwärzepinsel (m) dusting brush, swab pinceau (m) à noir de fumée		кисть (f) для нанесенія чернилъ pennello (m) da nerofumo pincel (m) para negro de humo
9	Graphitwasser (n) graphite water eau (m) de graphite		отмученный графитъ (m) acqua (f) di grafite agua (f) de grafito
10	Steinkohlenmehl (n) fine coal dust poudre (f) de houille		каменноугольная мука (f); каменноугольный мелкій порошокъ (m) polvere (f) di carbon fossile polvo (m) de hulla fino

German / English / French	Russian / Italian / Spanish	
Weizenmehl (n) wheat flour farine (f) de froment	пшеничная мука (f) farina (f) di frumento harina (f) de trigo	1
abgestandenes Bier (n) sour beer bière (f) sure	выдохшееся пиво (n) birra (f) acida cerveza (f) ácida	2
Jauche (f) filthy water, dung water purin (m)	навозная жижа (f) acqua (f) fetida agua (f) de estiércol	3
Holzaschenwasser (n) wood ash liquor, pearl ash solution eau (f) de cendres de bois, eau (f) potassique	растворъ (m) древесной золы acqua (f) con cenere di legno agua (f) de cenizas de madera *ó* vegetales	4
auftragen (v) to moisten enduire (v)	наносить spennellare (v), tingere (v) untar (v), pintar (v)	5
Abblättern (n) to scale, to flake s'effeuiller (v)	отслаиванiе (n) staccarsi (v) a scaglie, sfogliarsi (v) deshojarse (v), exfoliación (f)	6
Gashülle (f) gas envelope enveloppe (f) de gaz	газовая оболочка (f) inviluppo (m) di gas envolvente (m) de gas	7
Aufbereitung (f) des Formsandes dressing of the moulding sand préparation (f) du sable de fonderie	подготовка (f) формов[очн]аго песка preparazione (f) meccanica della sabbia preparación (f) de la arena de fundición	8
Aufbereitung (f) durch Maschinen, [maschinelle Aufbereitung (f)] mechanical dressing préparation (f) mécanique	машинная подготовка (f) preparazione (f) meccanica preparación (f) mecánica	9
Frischsand (m) fresh sand sable (m) neuf	свѣжiй песокъ (m) sabbia (f) nuova arena (f) nueva	10
Altsand (m) old sand, used sand sable (m) vieux	песокъ (m), бывшiй уже въ употребленiи sabbia (f) vecchia arena (f) vieja	11
Wiederverwendung (f) des gebrauchten Sandes repeated use réemploi (m)	вторичное *или* повторное примѣненiе (n) secondo impiego (m) uso (m) repetido	12

1 Mühle (f)
grinding machine, crusher
broyeur (m), moulin (m)

машйна (f) для размола; мельница (f)
polverizzatore (m)
molino (m) triturador

---

2 Mahlgut (n)
grist, grain
produit (m) broyé

масса (f), подлежащая измалыванію
macinatura (f)
producto (m) pulverizado

---

3 Mahlfeinheit (f)
fineness of grinding
finesse (f) du broyage *ou* de mouture

мелкость (f) размола
finezza (f) della macinatura
finura (f) del producto molido

---

4 Beutelung (f)
sieving
blutage (m)

просѣвъ (m); просѣваніе (n)
stacciatura (f)
cernido (m)

---

5 [durcheinander-] mischen (v)
to mix together
mélanger (v),

смѣшать
mescolare (v)
mezclar (v)

---

6 Eisenausscheidung (f)
separation of iron
triage (m) du fer

выдѣленіе (n) желѣза
separazione (f) del ferro
separación (f) del hierro

---

7 Eisenscheider (m), [Eisenseparator (m)]
magnetic separator
séparateur (m) magnétique

отдѣлитель (m) желѣза; приборъ (m) для отдѣленія желѣза
separatore (m) magnetico
separador (m) magnético

---

8 Fremdkörper (m)
foreign body
corps (m) étranger

примѣсь (f); постороннее тѣло (n)
materia (f) estranea
cuerpo (m) extraño

---

9 Vermischung (f)
mixing
mélange (m), malaxage (m)

смѣшеніе (n)
mescolanza (f), miscela (f)
mezcla (f)

---

10 Mischmaschine (f)
mixing machine
malaxeur (m), mélangeur (m)

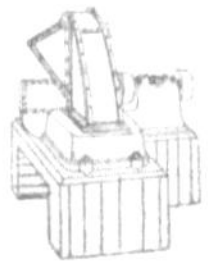

машина (f) для смѣшиванія [песку]
mescolatrice (f)
molino (m) de mezcla, mezclador (m)

---

11 Netzvorrichtung (f), Benetzvorrichtung (f)
sprinkling apparatus
appareil (m) à arroser

смачивающій приборъ (m)
apparecchio (m) per bagnare
aparato (m) de rociar

Aufgeber (m)
charging apparatus
appareil (m) chargeur

подающій приборъ (m)
apparecchio (m) caricatore
aparato (m) de cargar 1

Schüttelrinne (f)
shaking trough
gouttière [de transporteur] (f) à secousse

жолобъ (m) со встряской
piano (m) a scosse
canalón (m) transportador á sacudidas, transportador (m) vibrante 2

Schubrinne (f), Schubförderrinne (f)
pushing trough
gouttière (f) mobile *ou* conduit (m) mobile *ou* de transporteur à racloirs

подвижной жолобъ (m) со скребками *или* съ лопатками
canale (m) trasportatore a spinta
canal (f) móvil *ó* transportadora de rascadores 3

Schwingrinne (f), schwingende Rinne (f)
rocking *or* oscillating trough
conduit (m) oscillant, gouttière (f) oscillante [de transporteur]

качающійся жолобъ (m)
canale (m) trasportatore oscillante *od* a scosse
conducto (m) transportador oscilante 4

Tonschneider (m)
clay cutter *or* mixer
malaxeur (m) à argile

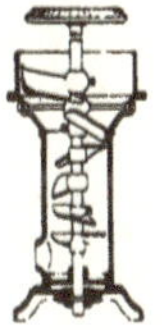

глиномялка (f)
mescolatore (m) d'argilla
amasador (m) de arcilla 5

---

den Ton schlämmen (v)
to wash the clay
laver (v) l'argile

отмучивать глину
lavare (v) l'argilla
lavar (v) la arcilla 6

Trockentrommel (f)
drying cylinder *or* drum
tambour (m) sécheur

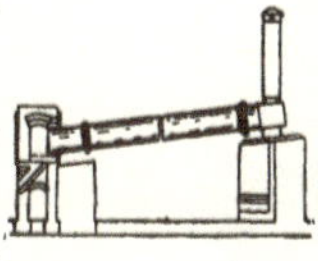

сушильный барабанъ (m) *или* цилиндръ (m)
stufa (f) d'essiccazione
tambor (m) para secar 7

Trockendarre (f)
drying house
étuve (f)

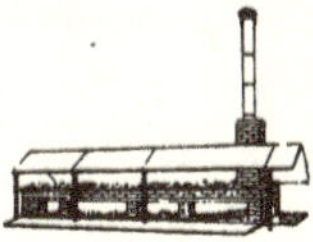

сушилка (f); сушильня (f)
stufa (f)
estufa (f) 8

No.	German / English / French		Russian / Italian / Spanish
1	**Formergerätschaft, Formerwerkzeug** **Moulder's Tools** **Ustensiles de mouleur**		**Инструменты формовщиковъ** **Attrezzi del formatore** **Herramientas del moldeador**
2	Formerschaufel (f) moulder's peel pelle (f) de mouleur	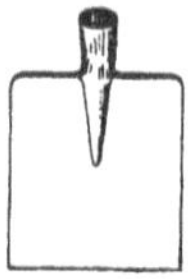	лопатка (f) формовщика; формовочная лопатка (f) pala (f) da formatore pala (f) del moldeador
3	Formerspaten (m) moulder's spade bêche (f) de mouleur	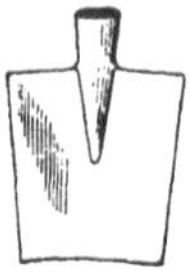	лопата (f) формовщика; формовочная лопатка vanga (f) da formatore azada (f) del moldeador
4	Schippe (f) shovel, peel pelle (f), escoupe (f)		лопата (f); лопатка (f) pala (f) pala (f)
5	Stampfer (m) rammer, tamper (A*) damoir (m)		трамбовка (f) piletta (f) pisón (m), atacador (m)
6	Flachstampfer (m) flat rammer damoir (m) plat		плоская трамбовка (f) piletta (f) piatta, battola (f) atacador (m) plano, pisón (m) plano
7	Spitzstampfer (m) pegging rammer damoir (m) en pointe		заострённая трамбовка (f) piletta (f) a punta pisón (m) ó atacador (m) cónico
8	Preßluftstampfmaschine (f) pneumatic rammer damoir (m) à air comprimé		пневматическая трамбовка (f); трамбовка, дѣйствующая сжатымъ воздухомъ battola (f) o batta (f) pneumatica máquina (f) de apisonar de aire comprimido
9	Schlagstärke (f) strength of blow force (f) du damage		сила (f) удара forza (f) della battuta fuerza (f) del golpe

* A = americanism

Handpreßluftstampfer (m)
hand pneumatic rammer
damoir (m) à main et à air comprimé

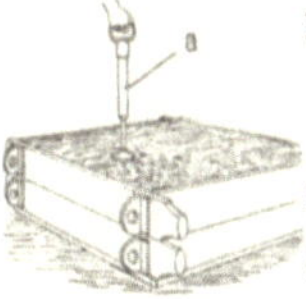

ручная пневматическая трамбовка (f); ручная трамбовка, дѣйствующая сжатымъ воздухомъ 1
piletta (f) pneumatica a mano
atacador (m) de mano y aire comprimido

a

Kranpreßluftstampfer (m)
crane pneumatic rammer
damoir (m) à grue et air comprimé

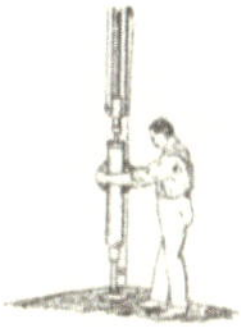

пневматическая трамбовка (f) для подвѣски къ крану; трамбовка, дѣйствующая сжатымъ воздухомъ и подвѣшиваемая къ крану 2
piletta (f) pneumatica servita da gru
atacador (m) suspendido al aire comprimido, atacador (m) de aire comprimido accionado por grúa

Richtscheit (n)
rule
règle (f)

a

прави́ло (n)
riga (f) 3
regla (f)

Setzwage (f)
plumb line, plumb rule
niveau (m) de maçon

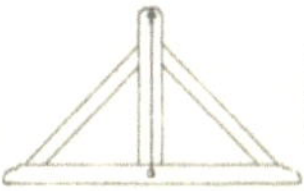

отвѣсъ (m)
archipenzolo (m) 4
nivel (m) de albañil

Wasserwage (f), [Libelle (f)]
water level, spirit level
niveau (m) à bulle d'air

водяной уровень (m); ватерпасъ (m)
livello (m) a bolla d'aria 5
nivel (m) de burbuja de aire, nivel (m) de agua

das Modell lockern (v)
to loosen the pattern, to rap
dégager (v) le modèle

расшатать модель
scampanare (v) il modello 6
desprender (v) el modelo

Modellhammer (m)
moulder's hammer
marteau (m) de mouleur

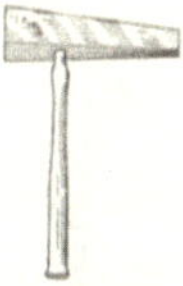

молотокъ (m) *или* кіянка (f) для расколачиванія модели
mazzuolo (m) da formatore 7
martillo (m) del moldeador

das Modell herausheben (v)
to withdraw the pattern
retirer (v) le modèle

вынуть (вынимать) модель
estrarre (v) il modello, sformare (v) 8
levantar (v) el modelo

1 Modellheber (m)
lifting handle
poignée (f) pour enlever le modèle

крючокъ (m) для вытаскиванія *или* для выниманія модели
maniglia (f) a vite per estrarre il modello
asa (f) para levantar el modelo

---

2 Holzschraube (f)
wood screw
vis (f) à bois

винтъ (m) для дерева; шурупъ (m)
vite (f) a legno
tornillo (m) para madera

---

3 Verreißen (n) der Form
to strip the mould
arracher (v) le moule

образованіе (n) трещинъ въ модели
sciupare (v) la formatura
estropear (v) el molde

---

4 die Form nacharbeiten (v)
to repair the mould
réparer (v) le moule, parachever (v) le moule

подправить форму
riparare (v) la formatura
arreglar (v) el molde

---

5 Formerstift (m)
pin, stake
pointe (f) de mouleur

формовочная шпилька (f)
punta (f), spilla (f)
gancho (m) para moldes

---

6 vorspringender Formteil (m)
boss
partie (f) de modèle en relief

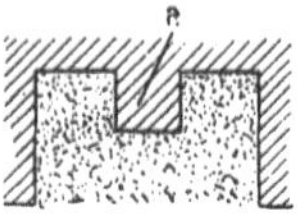

выступъ (m) *или* выступающая часть (f) формы
parte (f) sporgente di formatura
parte (f) saliente del modelo

---

7 Formung (f), [Fassonierung (f)]
shaping
façonnage (m)

фасонированіе (n); приданіе (n) формы
foggiatura (f)
perfilado (m)

---

8 Putzhäkchen (n)
scotch cleaner
crochet (m) de mouleur

крючокъ (m) для чистки; шпатель (m)
uncinetto (m)
espátula (f) de gancho

---

9 Kerngabel (f)
core fork
pince (f) à noyau

вилка (f)
pinzetta (f) per anima
pinza (f) para los machos

die Gußformen glätten (v) to smooth *or* to finish the moulds polir (v) *ou* lisser (v) les moules		сглаживать литейныя формы pulire (v) *o* lisciare (v) *o* riparare (v) le forme repasar (v) *ó* alisar (v) los moldes	*1*
Dämmbrett (n) smoother planchette (f) à lisser		чекмарь (m); прибойникъ (m); гладилка (f) съ рукояткой pialletto (m) per lisciare plancheta (f) de repasar	*2*
Stichel (m), [Lanzette (f)] trowel spatule (f)		фасонная гладилка (f) spatola (f) espátula (f)	*3*
Polier-S (n) spoon tool, egg *or* button sleeker spatule (f) à manche courbe		полозокъ (m); S образная полировальная гладилка (f) lisciatore (m) curvo espátula (f) de cuchara para pulir	*4*
Rundknopf (m) round sleeker *or* slaker *or* slicker *or* slecker pièce (f) à lisser ronde, polissoir (m) rond		круглая пуговка (f) lisciatore (m) rotondo alisador (m) redondo	*5*
Winkelknopf (m) angle sleeker équerre (f) à lisser		угловая пуговка (f) squadra (f) per lisciare *o* riparare escuadra (f) para repasar	*6*
Polierschaufel (f) scotch trowel truelle (f) à lisser	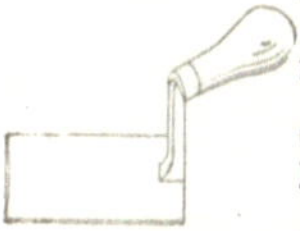	полировальная дощечка (f) cazzuola (f) pala (f) de alisar	*7*
Polierknopf (m) square corner smoother, polishing slicker équerre (f) à lisser		фасонная гладилка (f) *или* пуговка (f) squadra (f) per lisciare *o* riparare alisador (m) de escuadra	*8*
Handblasebalg (m) hand bellows (pl) soufflet (m) à main	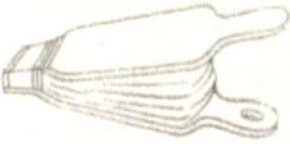	ручной мѣхъ (m) soffietto (m) a mano fuelle (m) de mano	*9*
Handfeger (m) hand brush brosse (f) de nettoyage à main		ручная щётка (f) spazzola (f) a mano cepillo (m)	*10*

1 Luftspieß (m)
pricker
poinçon (m) pour trous d'air

крючокъ (m) *или* шило (n) *или* шпилька (f) для образованія отдушинъ
spillo (m) per dare l'aria
baqueta (f) para agujeros de aire

2 **Arten der Formen**
Kinds of Mouldings
Espèces de moules

Типы формъ
Specie di formatura
Clases de moldes

3 Modellformerei (f)
pattern mouldery
moulage (m) avec modèles

формовка (f) по моделямъ
formatura (f) con modelli
moldeo (m) con modelos

4 einmalige *oder* verlorene Gußform (f)
temporary mould
moule (m) perdu

форма (f), могущая служить лишь одинъ разъ
formatura (f) perduta
molde (m) perdido

5 Herdformerei (f)
hearth moulding
moulage (m) à découvert

почвенная формовка (f); формовка въ почвѣ; формовка въ открытую
formatura (f) ferma in terra
moldeo (m) al descubierto

6 Herdform (f), offene Form (f)
hearth mould, open sand mould
moule (m) ouvert

почвенная форма (f); форма въ почвѣ; песочная форма; открытая форма
forma (f) ferma in terra
molde (m) descubierto

7 wagerechte, ebene Fläche (f)
horizontal plane
surface (f) plane, horizontale

горизонтальная плоскость (f)
superficie (f) piana *od* orizzontale
superficie (f) plana, horizontal

8 aufgraben (v)
to dig up, to hack
creuser (v), découvrir (v)

выкопать; раскопать
scavare (v)
cavar (v)

9 durchschaufeln (v)
turn over, to
mélanger (v) à la pelle

перекопать
mescolare (v) colla pala
mezclar (v) con la pala

10 sieben (v)
to sieve, to sift
tamiser (v)

просѣвать
vagliare (v), stacciare (v)
tamizar (v)

11 einklopfen (v)
to press the pattern home
asseoir (v) le modèle

вбивать
imprimere (v) il modello
colocar (v) el modelo

einstampfen (v)
to stamp
damer (v)
затрамбовать
battere (v) 1
apisonar (v)

Abgußtiefe (f)
depth of casting
hauteur (f) de la pièce coulée

a

глубина (f) отливки
altezza (f) del pezzo colato 2
altura (f) de la pieza colada

Einlauf (m)
inlet, gate, git
entrée (f), orifice (m) de coulée

b

литникъ (m)
entrata (f), bacino (m) 3
entrada (f)

Überlauf (m), [Niveau (n)]
overflow level
trop-plein (m)

c

уровень (m)
canale (m) da sfioro, pozzetto (m) di sfioro 4
rebosadero (m)

---

verdeckter Herd (m)
covered hearth
moule (m) couvert

закрытая почвенная форма (f)
formatura (f) chiusa 5
foso (m) de colada cubierto

Lehmplatte (f)
clay plate
plaque (f) d'argile

a

глиняная плита (f)
placca (f) d'argilla 6
placa (f) de arcilla

Windpfeife (f)
air hole, vent
orifice (m) de sortie des gaz

b

продуха (f); отдушина (f)
respiro (m)
abertura (f) de salida de los gases, respiradero (m) 7

Entweichen (n) der Luft
escape of air
dégagement (m) de l'air

вытеканіе (n) воздуха
uscita (f) dell'aria 8
salida (f) del aire

Kastenformerei (f)
moulding in boxes
moulage (m) en châssis

формовка (f) въ опокахъ
formatura (f) in staffe 9
moldeo (m) en caja

---

geschlossene Form (f)
closed mould
moule (m) fermé

закрытая форма (f)
forma (f) in staffa 10
molde (m) cerrado

Aufstampfboden (m), Modellbrett (n)
stamping board
planche (f) de damage, planche (f) à modèles

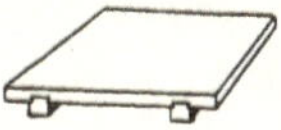

подмодельная доска (f)
tavolozzo (m), fondo (m) di legno piano 11
tabla (f) de modelo

Lehrboden (m)
gauge board
fond (m) de bois gabarié

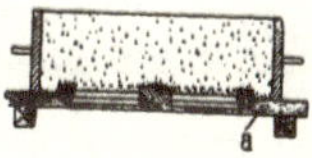

a

фальшивая опока (f)
tavolozzo (m) portamodello, fondo (m) di legno con modello 12
tabla (f) de fondo con modelo

Formkasten (m), Flaschen (m), Laden (m)
flask, box, casting box, bottle
châssis (m) de moulage

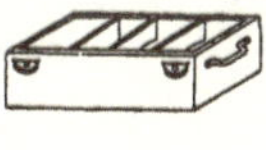

опока (f)
staffa (f) per gettare in forma 13
caja (f) de moldeo

1 zweiteilig (adj)
consisting of two pieces *or* parts
en deux parties

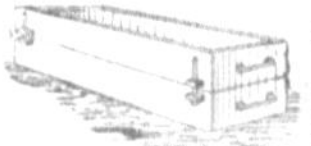

состоящій изъ двухъ частей
in due pezzi
en ó de dos partes

---

2 mehrteilig (adj)
consisting of several parts
en plusieurs parties

состоящій изъ нѣсколькихъ частей
in più pezzi
en varias partes

---

3 schmiedeeiserner Rahmen (m)
wrought iron frame *or* box
cadre (m) en fer forgé

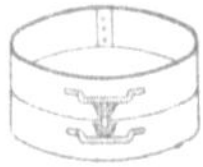

чугунная рама (f)
staffa (f) di ferro
caja (f) de hierro forjado

---

4 hölzerner Formkasten (m)
wooden frame *or* box
châssis (m) en bois

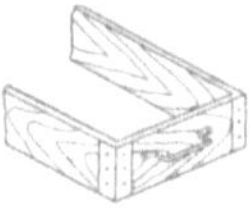

деревянная опока (f)
staffa (f) di legno
caja (f) de madera

---

5 zusammensetzbarer Formkasten (m)
built-up box
châssis (m) démontable

составная опока (f)
staffa (f) smontabile
caja (f) desmontable

---

6 amerikanischer Formkasten (m)
american frame *or* box
châssis (m) américain

американская опока (f); опока американскаго типа
staffa (f) americana
caja (f) americana

---

7 Formkasten (m) für Säulen
box for columns
châssis (f) pour colonnes

опока (f) для колоннъ
staffa (f) da colonne
caja (f) para columnas

---

8 Abschlagformkasten (m), aufklappbarer Formkasten (m)
snap flask
châssis (f) à charnière

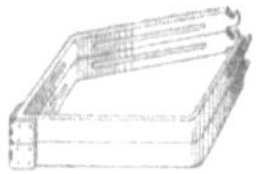

разъёмная *или* откидная опока (f)
staffa (f) da aprirsi lateralmente
caja (f) de charnela

---

9 geschnittener Formkasten (m), Abziehformkasten (m)
box with movable part
châssis (m) à pièces rapportées

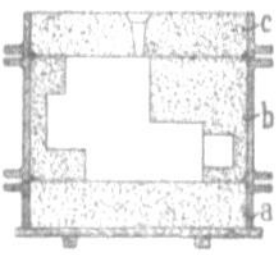

разрѣзная *или* разборная опока (f)
staffa (f) con pezzi riportati
caja (f) de varias piezas movibles

---

10 Unterkasten (m)
lower box, bottom box
châssis (m) inférieur

a

нижняя опока (f)
fondo (m)
caja (f) inferior

Mittelkasten (m) middle box châssis (m) intermédiaire	b	средняя опока (f) fascia (f) caja (f) del medio	1
Oberkasten (m) upper box châssis (m) supérieur	c	верхняя опока (f) coperchio (m) caja (f) superior	2
feste Zwischenwand (f) fixed division *or* partition wall paroi (f) de séparation fixe	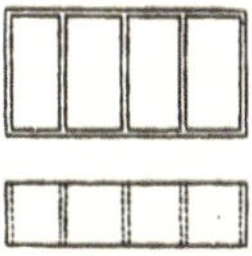	неподвижная перегородка (f) traversa (f) pared (f) de separación fija	3
Sandleiste (f) sand edge languette (f) à sable	 a	ребро (n) для удержанія формовочнаго песка sporto (m) della staffa reborde (m) para contener la arena	4
Schore (f), Steg (m) inner bar, traverse, tie entretoise (f)	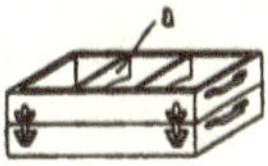 a	поперечное ребро (n) для удержанія формовочнаго песка traversa (f) traviesa (f)	5
Sandhaken (m), Gehänge (n) lifter, gagger, hangar crochet (m)		скоба (f) *или* крючокъ (m) для удаленія песка gancio (m) gancho (m)	6
Ohr (n) eye, staple oreille (f)	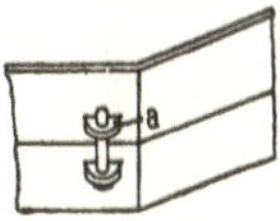 a	ушко (n); проушина (f) orecchio (m) oreja (f)	7
Handgriff (m) handle poignée (f)	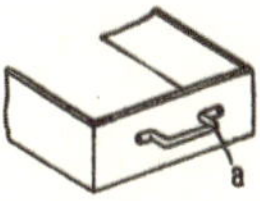 a	ручка (f) maniglia (f) asa (f)	8
Zapfen (m) pivot pivot (m), tenon (m)	 a	шипъ (m) tenone (m) muñequilla (f)	9

1 Zusammenbauen (n) der Form
building-up of box
monter (v) le moule
сборка (f) опоки
montare (v) la forma
montar (v) el molde

2 Formwand (f)
wall of box
paroi (f) du moule
стѣнка (f) опоки
parete (f) della forma
pared (f) del molde

3 Lykopodium (n)
lycopodium
poudre (f) de lycopode
плауновое сѣмя (n); ликоподій (m)
polvere (f) di licopodio
polvo (m) de licopodio

4 Streusand (m)
dry sand
sable (m) sec, sable (m) à saupoudrer
подсыпательный песокъ (m); сухой песокъ
sabbia (f) secca
arena (f) seca

5 den Formkasten wenden (v)
to turn the box
retourner (v) le châssis

повернуть опоку
capovolgere (v) la staffa
dar (v) vuelta á la caja

6 den Oberkasten aufsetzen (v)
to put-on the upper box
placer (v) le châssis supérieur

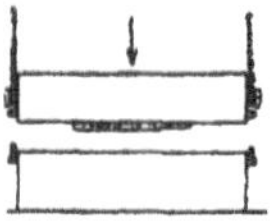

посадить верхнюю опоку
piazzare (v) il coperchio
colocar (v) la caja superior

7 sichere Führung (f)
safe guide
guidage (m) sûr
точная направляющая (f)
guida (f) sicura
guía (f) segura

8 Führungspfahl (m)
safety stake, register pin
pieu (m) de guidage

направляющій колышекъ (m)
picchetto (m) di guida
estaca (f) de guía

9 zusammenschrauben (v), versplinten (v)
to screw together
assembler (v) par vis *ou* goujons
скрѣп-ить(-лять) болтами; скрѣп-ить (-лять) чеками
chiudere (v) la staffa con bolloni
unir (v) con tornillos *ó* pasadores

10 verspannen (v)
to clamp
relier (v) avec des clavettes
закрѣп-ить (-лять)
chiudere (v) con chiavette
unir (v) con chavetas

11 Beschwerungsgewicht (n)
weight
poids (m) pour comprimer le moule

a

[придавливающій] грузъ (m)
peso (m)
peso (m) para contener *ó* oprimir el molde

gießfertige Form (f) mould ready for casting moule (m) prêt pour la coulée	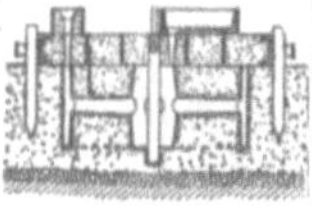	форма (f), готовая къ отливкѣ forma (f) pronta per colare molde (m) dispuesto para colar	1
Einguß (m) basin and gate entonnoir (m) de coulée	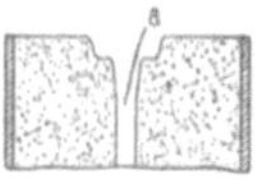	литникъ (m) bacino (m) di colata bebedero (m)	2
Eingußkanal (m) pouring head, git, gate, channel, inlet, sprue jet (m), gueule (f) du moule	a	литниковый каналъ (m) colata (f), canale (m) di colata canal (f) de colada	3
Eingußkasten (m) feed box bassin (m) de coulée	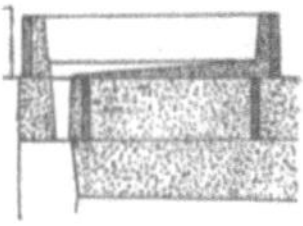	литниковый ящикъ (m) bacino (m) di colata cubeta (f) de colada	4
Einguß (m) mit Vormulde basin with mouth piece, pouring head with sunk basin entonnoir (m) de coulée, cuvette (f)	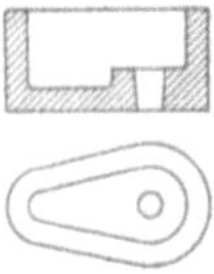	литникъ (m) съ зумпфомъ imbuto (m) di colata, bacino (m) di colata a vasca bebedero (m) de cubeta	5
einfacher, runder Einguß (m) simple gate, ball gate jet (m) de coulée rond *ou* simple	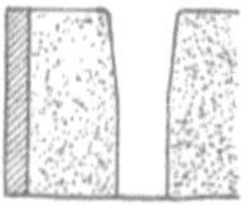	простой, круглый литникъ (m) colata (f) rotonda agujero (m) de colada *ó* bebedero (m) redondo	6
Eingußmodell (n) gate pin, runner pin modèle (m) de jet de coulée		модель (f) литника; баклушка (f) modello (m) di colata modelo (m) de agujero de colada	7
Keileinguß (m) wedge inlet, conical gate *or* runner jet (m) de coulée conique		клинообразный литникъ (m) colata (f) conica bebedero (m) de forma cónica	8
Gabeleinguß (m) double branch gate jet (m) de coulée en fourche	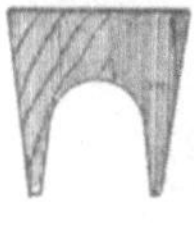	вилообразный литникъ (m) colata (f) a forcella agujero (m) *ó* bebedero (m) en forma de horquilla	9

1 angeschnittener Einguß (m)
ingate *or* gate *or* runner with side channels
jet (m) de coulée coudé

надрѣзанный литникъ (m)
colata (f) di fianco
canal (f) de colada acodada

---

2 Rohrtrichter (m)
circular gate
entonnoir (m) de coulée à tuyau

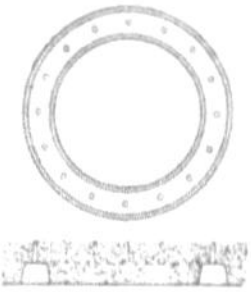

трубчатая воронка (f)
canale (m) di colata circolare
canal (f) de colada circular con tubos

---

3 Ring- *oder* Grateinguß (m)
circular gate runner
jet (m) de coulée annulaire

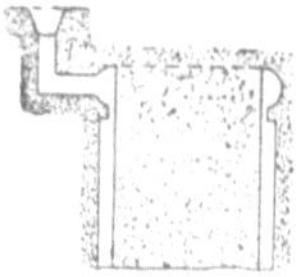

кольцевой литникъ (m)
colata (f) anulare
canal (f) de colada circular

---

4 Steiger (m), Steigeröffnung (f)
gas vent, riser
évent (m)

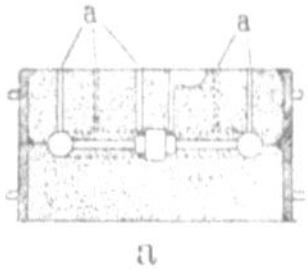

металлоподъёмникъ (m)
respiro (m)
salida (f) de los gases

---

5 Hanfseil (n)
hemp rope
corde (f) en chanvre

пеньковый канатъ (m)
corda (f) di canapa
cuerda (f) de cáñamo

---

6 geflochtenes Strohseil (n)
plaited straw rope
corde (f) en paille tressée

плетёный соломенный жгутъ (m); канатъ (m) изъ плетёной соломы
corda (f) di paglia intrecciata
cuerda (f) de paja trenzada

---

7 Dammgrube (f)
foundry pit
fosse (f) de coulée

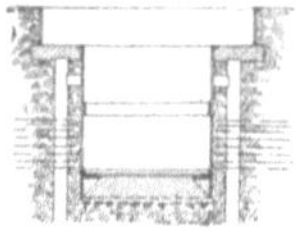

литейная яма (f)
fossa (f) per tubi
foso (m) de colada

---

8 Schablonenformerei (f)
templet moulding
moulage (m) au calibre *ou* à la trousse

шаблонная формовка (f); формовка по шаблону
formatura (f) a sagoma
moldeo (m) con calibre *ó* terraja

Spindel (f), Schablonenspindel (f) spindle and socket arbre (m) à calibre, bannière (f) de trousse	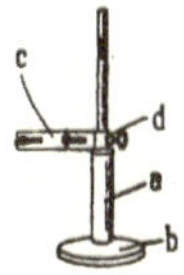 	стойка (f) asse (m) della sagoma porta-calibre (m)	1
Spindelstock (m) spindle porte-calibre (m), arbre (m) de trousse	a	стержень (m) стойки albero (m) árbol (m) de la terraja	2
Spindelfuß (m) socket pied (m) de l'arbre à calibre *ou* de trousse	b	подставка (f) *или* башмакъ (m) *или* ножка (f) стойки piede (m), base (f) pie (m) del árbol de la terraja	3
Schablonenhalter (m) arm support of template *or* sweep support (m) de la trousse	c	поперечина (f) для прикрѣпленія шаблона; державка (f) шаблона sopporto (m), bandiera (f) soporte (m) de la terraja	4
Stellring (m) binding ring anneau (m) de serrage	d	установочное кольцо (n) vite (f) di pressione anillo (m) de graduación	5
Armschablone (f) sweep templet, strickle board planche (f) à trousser *ou* calibrer	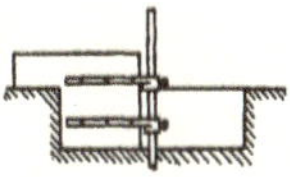	шаблонъ (m) для формовки спицъ braccio (m) della sagoma terraja (f) de brazo	6
die Form abdrehen (v) to sweep the mould, to strickle trousser (v) *ou* calibrer (v) le moule		получить форму вращеніемъ шаблона sagomare (v) la forma terrajar (v) el molde	7
Rundkörper (m), [Rotationskörper (m)] rotary body surface (f) de révolution		тѣло (n) вращенія corpo (m) di rotazione superficie (f) de revolución	8
Schlußpfropfen (m) plug bouchon (m)	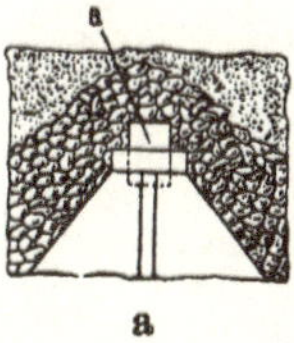 a	пробка (f) coperchio (m) tapón (m)	9

1 zusammengestellte Form (f)
built-up mould
moule (m) monté

составная *или* сборная форма (f)
forma (f) montata *o* piazzata
molde (m) montado

---

2 falsche Eisenstärke (f), Hemd (n)
thickness of false mould
largeur (f) de la chemise (f)

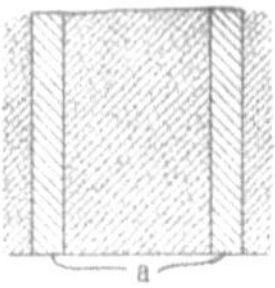

a

рубашка (f)
camicia (f)
camisa (f)

---

3 Ziehschablone (f)
strickling board
trousse (f) *ou* calibre (m) amovible

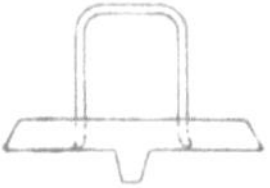

волочильный шаблонъ (m); шаблонъ для прямолинейнаго движенія
sagoma (f)
rasquete (m), terraja (f)

---

4 Ziehplatte (f)
strickle bench board
plaque (f) de calibre *ou* trousse amovible

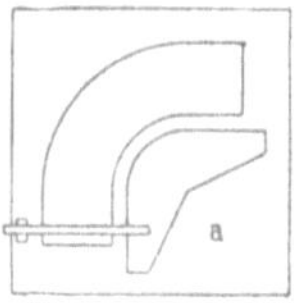

a

волочильная плита (f); плита для прямолинейнаго движенія
placca (f) per sagomare
placa (f) de rasquete

---

5 starre Form (f), mehrmalige, bleibende, beständige Form (f)
permanent mould
forme (f) fixe

постоянная форма (f)
forma (f) fissa
molde (m) fijo

---

6 Schalenform (f), Kokillenform (f)
chill, chill mould
coquille (f)

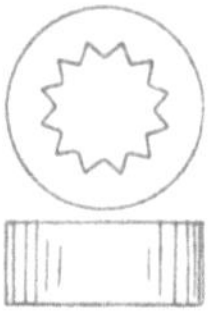

форма (f) изложницы
conchiglia (f)
coquilla (f), molde (m) metálico

---

7 Schale (f), Kokille (f)
ingot mould
lingotière (f)

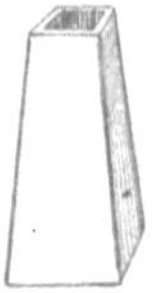

изложница (f); форма (f) для болванокъ
lingottiera (f), conchiglia (f)
lingotera (f)

---

8 Schienenrost (m)
grate bar, fire bar
grille (f) en rails de fer

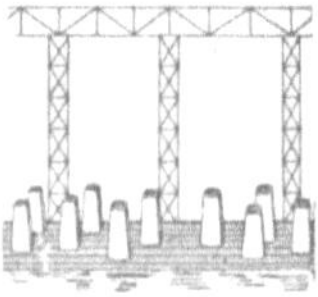

рельсы (m pl), расположенные въ видѣ колосниковъ
graticolato (m) costruito in ferro
parrilla (f) formada con carriles

Hartgußform (f)
castings in chills
moule (m) pour moulage en coquille

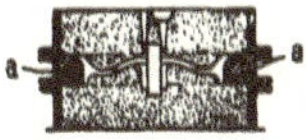

изложница (f) для твёрдой *или* закалённой *или* отбѣленной отливки
staffa (f) per formare in conchiglia
molde (m) para fundición dura 1

---

mit Spiritus einreiben (v)
to rub with spirits *or* alcohol (A*)
frotter (v) à l'esprit de vin

натереть (натирать) спиртомъ
stropicciare (v) *o* fregare (v) con spirito di vino
frotar (v) con espíritu de vino 2

---

angewärmte Schale (f)
preheated chill, warmed chill
coquille (f) chauffée

подогрѣтая *или* нагрѣтая изложница (f)
conchiglia (f) riscaldata
coquilla (f) ó molde (m) metálico calentado 3

---

plötzliches Abschrecken (n)
quenching
refroidissement (m) soudain, étonner (v)

мгновенное охлажденіе (n)
raffreddamento (m) improvviso
enfriamiento (m) rápido 4

Temperaturgefälle (n)
drop *or* fall of temperature
chute (f) de température

паденіе (n) температуры
abbassamento (m) di temperatura
caída (f) de temperatura 5

Außentemperatur (f)
surface temperature
température (f) extérieure

внѣшняя температура (f)
temperatura (f) esterna
temperatura (f) exterior 6

Innentemperatur (f)
internal temperature
température (f) intérieure

внутренняя температура (f)
temperatura (f) interna
temperatura (f) interior 7

---

freie Formerei (f)
free moulding
moulage (m) en terre

свободная формовка (f)
formatura (f) senza modello
moldeo (m) en la tierra 8

---

* A = americanism

1 **Form- und Gießerei-maschinen**
Sand Moulding and Foundry Work Machines
Machines à mouler (pour fonderies)
Формовочныя и литейныя машины
Macchine per formare e per fonderia
Máquinas de moldear para fundiciones

2 Formmaschine (f)
moulding machine
machine (f) à façonner les moules, machine (f) à mouler

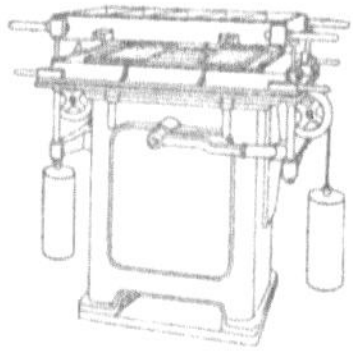

формовочная машина (f)
macchina (f) per formare, formatrice (f)
máquina (f) de moldear

---

3 Druckwasserformmaschine (f), hydraulische Formmaschine (f)
hydraulic moulding machine
machine (f) à mouler hydraulique

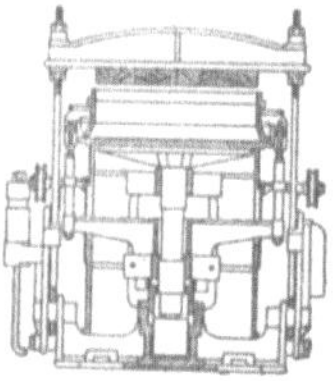

гидравлическая формовочная машина (f)
formatrice (f) *o* macchina (f) per formare idraulica
máquina (f) de moldear hidráulica

---

4 Abhebe[form]maschine (f), Maschine (f) mit Abhebewagen
moulding machine with lifting carriage
machine (f) à démouler, chariot (m) servant au démoulage

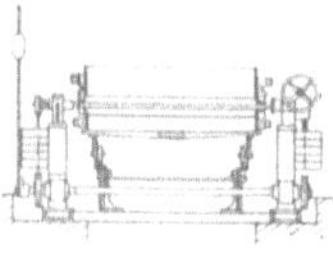

формовочная машина (f) со съёмной опокой
macchina (f) per formare con estrazione della forma a carrello
carro (m) de máquina para retirar moldes

---

5 Abhebevorrichtung (f)
lifting device
démouleuse (f), appareil (m) de démoulage, appareil (m) à enlever les châssis

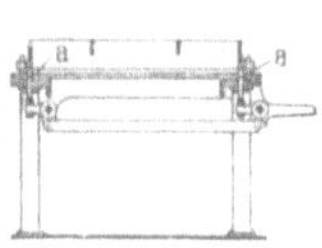

приспособленіе (n) для сниманія опоки
dispositivo (m) per l'estrazione della mezza staffa
disposición (f) de levantar las cajas

---

6 Abhebestift (m)
guide pin
tige (f) à soulever les châssis, tige (f) de démouleuse

a

приподнимающій штифть (m) *или* стержень (m)
spina (f) di estrazione
espiga (f) de levantar las cajas

Abhebemaschine (f) für flache Gegenstände
lifting type machine for flat castings
machine (f) à démouler pour pièces plates

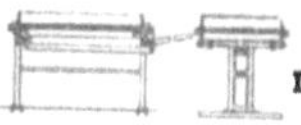

формовочная машина (f) со съёмной опокой для формованія плоскихъ предметовъ
macchina (f) per formare pezzi piatti 1
máquina (f) de retirar moldes para objetos planos

Handformmaschine (f) mit Stiftenabhebung
hand moulding machine with pin lifting arrangement
machine (f) pour le moulage à la main à tige de soulèvement *ou* de démoulage

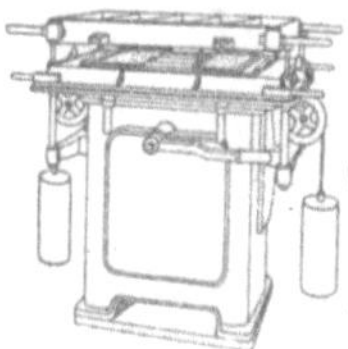

ручная формовочная машина (f) *или* машина для ручной формовки съ подъёмомъ опоки при помощи штифтовъ
macchina (f) da formare a mano con sollevamento a spina della staffa 2
máquina (f) de moldear á mano con elevación por espigas

Drehtischformmaschine (f)
moulding machine with rotary table
machine (f) à mouler avec plateau tournant

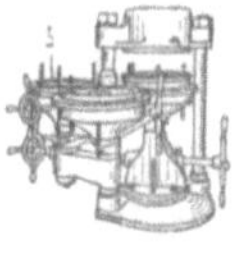

формовочная машина (f) съ поворотнымъ столомъ
macchina (f) da formare con piattaforma girevole 3
máquina (f) de moldear con mesa giratoria

Abhebe[form]maschine (f) mit Wendeplatte, [Wendeplattenabhebeformmaschine (f)]
turnover type moulding machine
machine (f) à démouler avec plaque à modèle renversable

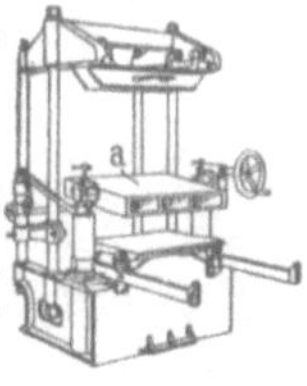

формовочная машина (f) со съёмной опокой и съ вращающейся *или* съ поворотной доской
macchina (f) da formare con piattaforma rovesciabile 4
máquina (f) de moldear con placa de inversión

Wendeplatte (f), drehbare Modellplatte (f)
turnover top table
plaque (f) à modèle renversable

a

вращающаяся *или* поворотная модельная доска (f)
placca-modello (f) rovesciabile 5
placa (f) de inversión, placa (f) de modelos reversible

1 Handformmaschine (f) mit Wendeplatte *oder* drehbarer Modellplatte
hand moulding machine with turnover pattern plate
machine (f) à mouler à la main avec plaque à modèle renversable

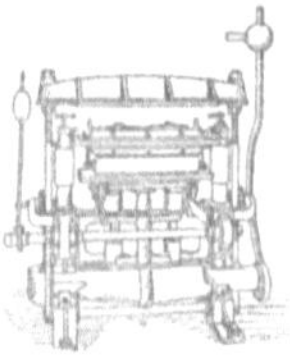

ручная формовочная машина (f) съ вращающейся *или* съ поворотной модельной доской
macchina (f) da formare a mano con piattaforma rovesciabile (attorno a perno orizzontale)
máquina (f) de moldear á mano con placa de modelos reversible

---

2 hydraulische Formmaschine (f) mit Wendeplatte, Wendeplattenabhebemaschine (f) mit Druckwasserpresse, Formmaschine (f) mit Wendeplatte und Druckwasseraushebung
hydraulic moulding machine with turnover table
machine (f) hydraulique à mouler avec plaque renversable à modèle

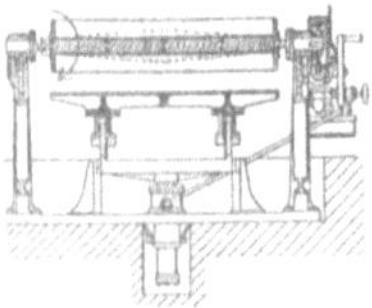

гидравлическая формовочная машина (f) со съёмной опокой и съ вращающейся *или* съ поворотной доской
macchina (f) idraulica per formare a mano con piattaforma rovesciabile (attorno a perno orizzontale)
máquina (f) de moldear hidráulica con placa de inversión, máquina (f) de moldear con placa reversible y levantamiento hidráulico

---

3 Doppelformmaschine (f)
moulding machine *or* press with two travelling pattern tables
machine (f) à mouler à double effet

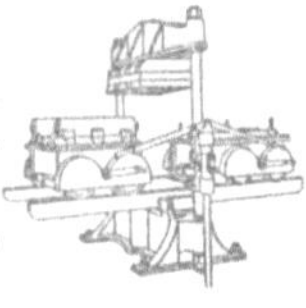

сдвоенная формовочная машина (f)
macchina (f) da formare doppia
máquina (f) de moldear de doble efecto

---

4 Durchziehen (n) [von Modellteilen]
pull through of pattern
moulage (m) par introduction et enlèvement du modèle *ou* par modèle rentrant

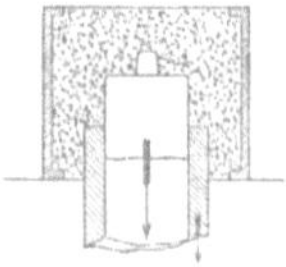

вытягиванiе (n) частей модели
estrazione (f) del modello su macchina a pettine
introducción (f) del modelo en la máquina de peine

---

5 Durchzug[form]maschine (f), Durchzieh[form]maschine (f)
stripping plate moulding machine
machine (f) à mouler à modèle rentrant *ou* à plateau-peigne

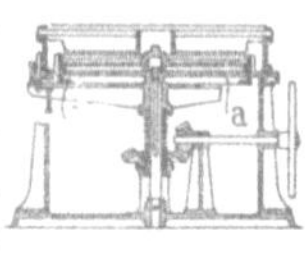

вытяжная формовочная машина (f)
macchina (f) da formare a pettine
máquina (f) de moldear de peine, máquina (f) de moldear de pasar el modelo de un lado á otro

Tischplatte (f)
table
table (f) de support des modèles

a

столъ (m)
portamodello (m) su macchina a pettine 1
placa (f) de mesa

Abstreifplatte (f), Durchziehplatte (f), Durchzugplatte (f)
stripping plate
plaque (f) à traverser *ou* à mouler à traversière (pour corps creux)

вытяжная плита (f)
pettine (m) 2
placa (f) de pasar

a

Durchzugring (m)
centreing frame *or* ring
couronne (f) à mouler centreuse

b

вытяжное кольцо (n)
portamodello (m)
corona (f) de moldear, corona (f) de pasar el modelo 3

Riemenscheibenformmaschine (f), Riemenrollenformmaschine (f), Durchziehmaschine (f) zum Einformen von Riemenrollen
pulley moulding machine
machine (f) pour moulage des poulies

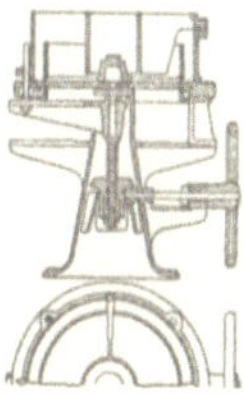

машина (f) для формовки ременныхъ шкивовъ; вытяжная формовочная машина для ременныхъ шкивовъ 4
macchina (f) per formare puleggie
máquina (f) de moldear poleas de transmisión

Riemenscheibenformmaschine (f) für große Durchmesser
machine for moulding large pulleys
machine (f) à mouler les poulies de grand diamètre

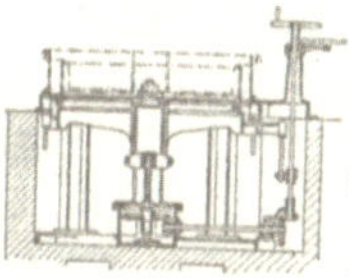

машина (f) для формовки ременныхъ шкивовъ большого діаметра; формовочная машина для ременныхъ шкивовъ большого діаметра 5
macchina (f) per formare puleggie di grande diametro
máquina (f) de moldear poleas de transmisión de grande diámetro

---

Kranzmodell (n)
rim pattern
modèle (m) à couronne

модель (f) обода
modello (m) di una corona 6
modelo (m) de una corona

Riemenscheibenmodellsatz (m)
set of pulley patterns
jeu (m) de modèles pour machines à mouler les poulies

наборъ (m) моделей для формовки ременныхъ шкивовъ
giuoco (m) di modelli per formare una puleggia 7
juego (m) de modelos para poleas de transmisión

1 Formkasten (m) der Riemenscheibenformmaschine
moulding box *or* flask for pulley moulding machine
châssis (m) de la machine à mouler les poulies

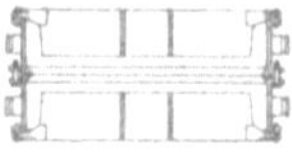

опока (f) машины для формовки ременныхъ шкивовъ
staffa (f) speciale per puleggie
caja (f) de moldes de la máquina de moldear poleas de transmisión

---

2 Teleskopriemenscheibenformmaschine (f)
telescopic moulding machine for pulleys
machine (f) télescopique à mouler les poulies

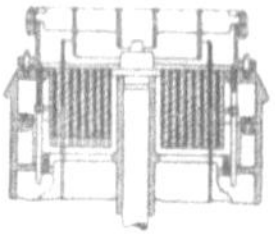

телескопическая машина (f) для формовки ременныхъ шкивовъ: телескопическая формовочная машина для ременныхъ шкивовъ
macchina (f) a telescopio per formare puleggie
máquina (f) telescópica de moldear poleas

---

3 Formmaschine (f) für Rippenrohre, Rippenrohrformmaschine (f)
moulding machine for ribbed pipes
machine (f) à mouler les tuyaux à ailettes

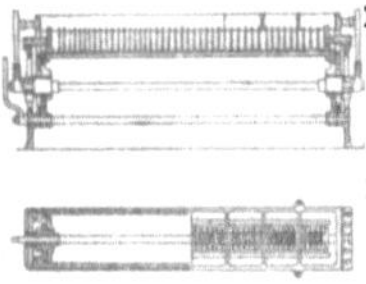

машина (f) для формовки ребристыхъ трубъ; формовочная машина для ребристыхъ трубъ
macchina (f) per formare radiatori
máquina (f) de moldear tubos de aletas

---

4 Handformmaschine (f) für bauchige Gegenstände
hand moulding machine for bellied articles
machine (f) pour le moulage à la main *ou* le façonnage des moules de pièces à forme rebondie *ou* ventrue

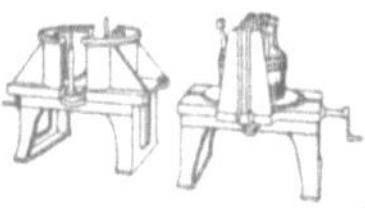

машина (f) для ручной формовки выпуклыхъ предметовъ; ручная формовочная машина для выпуклыхъ предметовъ
macchina (f) per formare pentole
máquina (f) de moldear á mano para potes etc.

---

5 Drehtischformmaschine (f) mit Abhebe- und Durchziehvorrichtung
stripping plate moulding machine with turning table
machine (f) à mouler et à démouler avec passage du modèle à travers la table tournante, machine (f) à plateau-peigne tournant

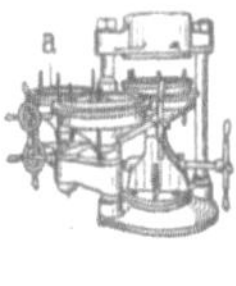

формовочная машина (f) со съёмнымъ и съ вытяжнымъ приспособленіями
macchina (f) a pettine con piattaforma spostabile
máquina (f) de moldear con mesa giratoria con disposición de levantar y pasar el modelo

---

6 [Einzel-]Aushubtisch (m)
single lifting table
table (f) tournante à levée

a

отдѣльный столъ (m) для вынимaнія
piattaforma (f) spostabile
mesa (f) giratoria levadiza

Formpresse (f), Preßformmaschine (f)
moulding press
machine (f) à mouler par pression, presse (f) à mouler

формовочный прессъ (m)
pressa (f) da formare
máquina (f) de moldear á presión, prensa (f) de moldear 1

Aufsatzrahmen (m)
filling frame
cadre (m) supérieur

a

рама (f) для наполненія опоки пескомъ
telaio (m) provvisorio a legnaccio
marco (m) superior 2

Gegen[druck]platte (f)
presser plate
plaque (f) supportant la pression, contremoule (m)

b

прижимная плита (f)
legnaccio (m)
placa (f) de contrapresión 3

---

ausschwenkbare Gegendruckplatte (f)
presser plate with throw over motion
plaque (f) de pression à bascule

a

откидная прижимная плита (f)
traversa (f) superiore ribaltabile
placa (f) de contrapresión de báscula 4

Druckwasserformpresse (f), hydraulische Formpresse (f)
hydraulic moulding press
presse (f) hydraulique à mouler

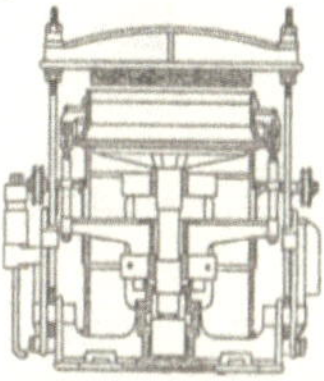

гидравлическій формовочный прессъ (m)
pressa (f) idraulica da formare
prensa (f) de moldear hidráulica 5

Hauptnonne (f)
cylinder for ramming piston
cylindre (m)

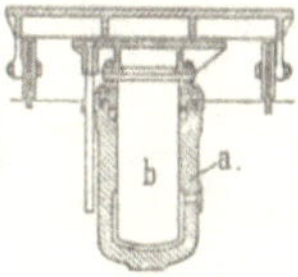

a

цилиндръ (m) пресса
cilindro (m) principale
cilindro (m) 6

Mönch (m)
ramming piston
piston (m) plongeur

b

ныряло (n); поршень (m) -скалка (f); плунжеръ (m)
stantuffo (m)
chupón (m) 7

1 Bockformmaschine (f)
upright moulding machine
machine (f) à mouler à chevalet

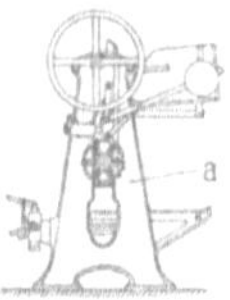

машина (f) *или* станокъ (m) съ рамой въ видѣ кóзелъ
macchina (f) da formare a cavalletto
máquina (f) de moldear sobre soporte de caballete

---

2 Bock (m)
standard, frame
chevalet (m)

a

кóзлы (mpl)
cavalletto (m), incastellatura (f) a cavalletto
caballete (m)

---

3 Formpresse (f) mit drehbarer Wendeplatte
moulding press with rotatable turnover plate
presse (f) à mouler avec plaque renversable

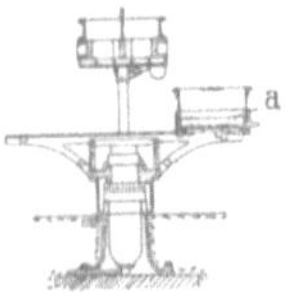

формовочный прессъ (m) съ поворотной и опрокидывающейся модельной плитой
pressa (f) da formare con piattaforma spostabile
prensa (f) de moldear con placa de inversión giratoria

---

4 Formwagen (m)
mould trolley *or* carriage
chariot (m) de machine à mouler

a

формовочная телѣжка (f) *или* каретка (f)
carrello (m) portastaffa
carro (m) porta-moldes

---

5 Doppelpresse (f), doppelte Formpresse (f), Formmaschine(f) für Doppelpressung
moulding machine with double ramming action
presse (f) à mouler à double effet

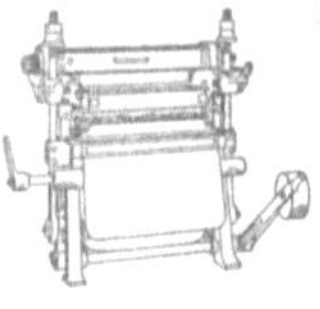

двойной формовочный прессъ (m)
pressa (f) da formare due faccie
prensa (f) de moldear de doble efecto, prensa (f) de moldear doble

---

6 Ausrichtmaschine (f), Zentriermaschine (f)
centreing moulding machine
presse (f) de précision *ou* à centrer les châssis

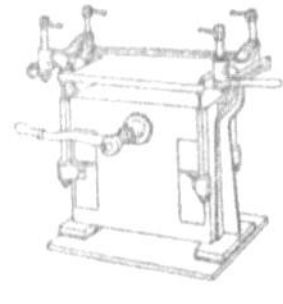

машина (f) *или* станокъ (m) для точной установки модельной доски *или* плиты
macchina (f) per precisare la posizione delle staffe
prensa (f) de precisión

---

7 Ausrichtrahmen (m), Zentrierrahmen (m)
centreing frame
cadre (m) de presse de précision *ou* à centrer les châssis

рама (f) для точной установки модельной доски *или* плиты; центрирующая рама
telaio (m) per centrare le staffe
marco (m) de prensa de precisión

Herdringmaschine (f)
hearth ring machine
machine (f) à mouler les cercles de fourneau de cuisine

машина (f) для формовки конфорокъ; формовочная машина для конфорокъ
macchina (f) da formare anelli per cucine *o* per stufe 1
máquina (f) de moldear anillos de cocinas

Zahnräderformmaschine (f), Räderformmaschine (f)
gear wheel moulding machine
machine (f) à mouler les roues dentées

машина (f) для формовки зубчатыхъ колёсъ; формовочная машина для зубчатыхъ колёсъ 2
macchina (f) per formare ingranaggi
máquina (f) de moldear engranajes

Formen (n) von Zahnrädern
moulding of gear wheels
moulage (m) de roues dentées

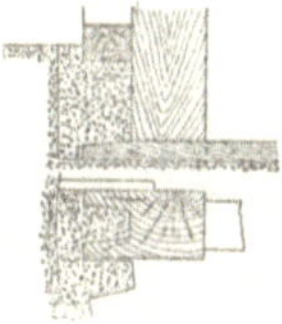

формовка (f) зубчатыхъ колёсъ; формовка шестеренъ
formatura (f) d'ingranaggi 3
moldeado (m) de engranajes

Zahnräderschablonier-maschine (f)
machine for moulding gear wheels by means of a tooth block
machine (f) à mouler les engrenages au moyen d'un fouloir porte-segment *ou* segment-fouloir *ou* trousse

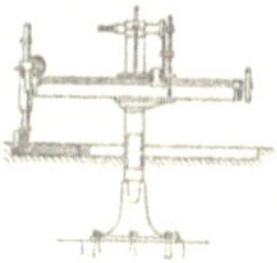

машина (f) для формовки зубчатыхъ колёсъ по шаблону
macchina (f) a sagoma *od* a sciablona per formare ingranaggi 4
máquina (f) de moldear engranajes por aparato divisor y plantilla

---

Schablonenhalter (m), Modellträger (m), Stößel (m)
tooth block holder
fouloir (m) porte-segment. segment-fouloir (m), trousse (f)

шаблонодержатель (m); поддержка (f) *или* держатель (m) шаблона
pilastro (m) *o* colonna (f) della sagoma *o* della sciablona 5
porta-plantilla (m), porta-modelo (m)

Zahnlückenmodell (n)
tooth block
modèle (m) de segment de denture

a

шаблонъ (m) впадинъ зубчатаго колеса
modello (m) del dente 6
modelo (m) de huecos de los dientes

allseitig beweglicher (senkrecht und wagerecht verschiebbarer) Schablonenhalter (m) *oder* Modellträger (m)
1 pattern holder with horizontal and vertical movement
fouloir (m) porte-segment mobile horizontalement et verticalement

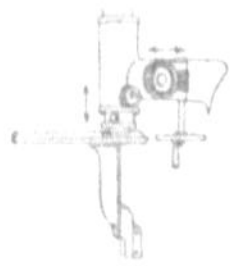

шаблонодержатель (m), свободно передвигающійся во всѣ стороны
portasagoma (m) (bandiera) mobile universale [verticale ed orizzontale]
porta-modelo (m) *ó* plantilla (m) móvil en todos sentidos

Formstößelführung (f)
2 pattern plate raising and lowering gear
guide (m) du portesegment

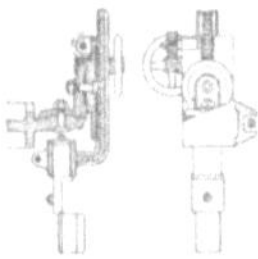

направляющія (f pl) шаблонодержателя
guida (f) del portasagoma
conducción (f) *ó* guía (f) de porta-modelo

Zahnräderdurchzugformmaschine (f)
stripping plate gear wheel moulding machine
3 machine (f) à mouler les engrenages avec plateau-peigne, machine (f) à mouler les engrenages avec traversée [de la table par le modèle]

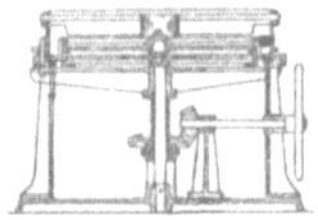

вытяжная формовочная машина (f) для зубчатыхъ колёсъ; вытяжная формовочная машина для шестерень
macchina (f) da formare ingranaggi a pettine *od* a settore
máquina (f) de moldear ruedas de engranajes con peine

Formen (n) der Zahnräder mit Durchzugringen
4 moulding of gear wheels with stripping plates
moulage (m) des engrenages avec modèle à segments traversant la table

формовка (f) зубчатыхъ колёсъ при помощи вытяжныхъ колецъ
formatura (f) a pettine *od* a settore degli ingranaggi
moldeado (m) de las ruedas dentadas con sectores que atraviesan la mesa

---

Säulenzahnräderformmaschine (f), Zahnräderformmaschine (f) auf einer Säule
5 gear wheel moulding machine mounted on a column
machine (f) à mouler les engrenages à colonne

формовочная машина (f) на колоннѣ для зубчатыхъ колёсъ; машина на колоннѣ для формовки шестерень
macchina (f) a colonna per formare ingranaggi
máquina (f) de moldear engranajes montada sobre una columna

Tischzahnräderformmaschine (f)
gear wheel moulding machine with table
machine (f) à mouler les engrenages avec table

формовочная машина (f) со столомъ для зубчатыхъ колёсъ; машина со столомъ для формовки шестеренъ
macchina (f) a tavola per formare ingranaggi
máquina (f) de moldear engranajes de mesa 1

Wandformmaschine (f)
gear wheel moulding machine attaching to the wall
machine (f) à mouler murale *ou* fixée à une paroi

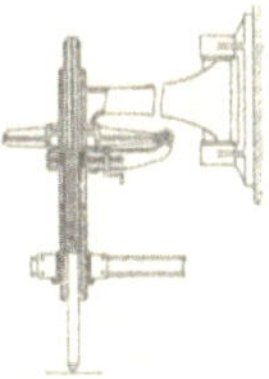

настѣнная формовочная машина (f)
macchina (f) da parete *o* murale per formare
máquina (f) de moldear mural 2

Zahnräderformmaschine (f) mit zwei Planscheiben
gear wheel moulding machine with two face plates
machine (f) à mouler les roues dentées avec deux plateaux

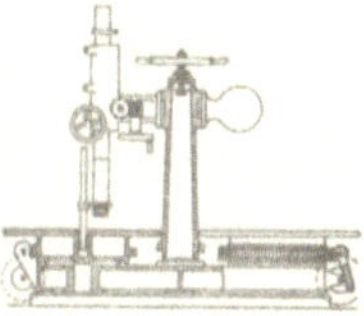

машина (f) съ двумя планшайбами для формовки зубчатыхъ колёсъ; формовочная машина съ двумя планшайбами для шестеренъ
macchina (f) a due piattaforme per formare ingranaggi
máquina (f) de moldear engranajes con dos platos 3

Formmaschine (f) für kleine Zahnräder
small gear wheel moulding machine
machine (f) à mouler les petites roues dentées

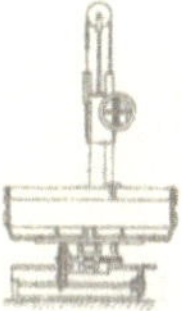

машина (f) для формовки шестеренъ; формовочная машина для шестеренъ
macchina (f) per formare piccoli ingranaggi
máquina (f) de moldear para engranajes pequeños 4

	Deutsch / English / Français		Русский / Italiano / Español
1	**Kernformerei, Kernmacherei** **Core Moulding** **Atelier à noyaux**		**Формовка шишекъ или стержней или сердечниковъ** **Officina per le anime** **Taller de machos**
2	Kernarbeiter (m), Kernmacher (m) core maker, pattern maker ouvrier (m) noyauteur		шишельникъ (m); стерженщикъ (m) animaio (m), animista (m) obrero (m) machero
3	Kernkasten (m) core box boîte (f) à noyau	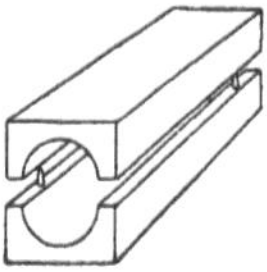	шишечный ящикъ (m) scatola (f) per anime caja (f) de machos
4	Kern (m) core noyau (m)		шишка (f); стержень (m); сердечникъ (m) anima (f) macho (m), alma (f)
5	Kernstück (n) angular core noyau (m) carré	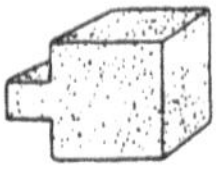	сердечниковая *или* шишечная часть (f) anima (f) quadrata macho (m) cuadrado
6	Rohrkern (m) tubular core noyau (m) de tuyau	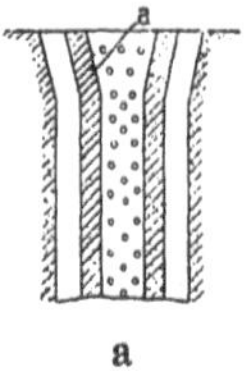	шишка (f) *или* стержень (m) *или* сердечникъ (m) трубы anima (f) di tubo alma (f) de tubo
7	Kerneinschnürung (f) core recess *or* groove rainure (f) de tuyau		шейка (f) шишки *или* стержня *или* сердечника incavo (m) dell'anima ranura (f) de macho
8	Kerneisen (n), Eiseneinlage (f) core iron armature (f) de fer, tige (f) de noyau	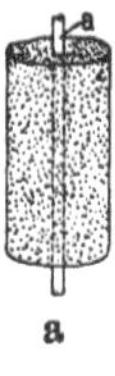	желѣзный стержневой *или* шишечный сердечникъ (m); желѣзная арматура (f) сердечника lanterna (f) varilla (f) de hierro del alma, armadura (f) del macho

Kerneisenrichtmaschine (f)
machine for centering the core iron
machine (f) à redresser les tiges de noyau

правильный станокъ (m) для стержневыхъ *или* шишечныхъ сердечниковъ 1
macchina (f) per raddrizzare le lanterne
máquina (f) de enderezar las armaduras

Kernformmaschine (f)
core moulding machine
machine (f) à mouler les noyaux

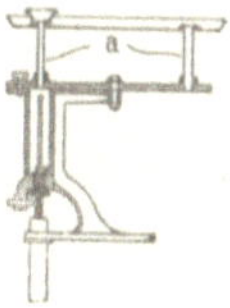

a

формовочный станокъ (m) для стержней *или* для шишекъ; машина (f) для формовки сердечниковъ 2
macchina (f) per fabbricare le anime
máquina (f) de fabricar los machos ó de hacer machos de fundición

---

Kernbüchse (f)
core box
tuyau (m) à noyau

шишечная втулка (f); сердечниковая трубка (f) 3
scatola (f) da anime
caja (f) de machos

Kernluft (f)
air in the core
air (m) du noyau

воздухъ (m) въ шишкѣ *или* въ стержнѣ *или* въ сердечникѣ 4
aria (f) dell'anima
aire (m) del macho

Wachsfaden (m)
waxed thread
fil (m) en cire

восковая нить (f); восковой фитиль (m); восковая свѣтильня (f) 5
cerino (m)
hilo (m) de cera

Bindfaden (m)
string
fil (m), ficelle (f)

бичовка (f)
filo (m) 6
bramante (m), cuerdecilla (f)

Zertrümmerung (f) des Kernes
breaking of the core
démolition (f) du noyau

разрушеніе (n) шишки *или* стержня *или* сердечника 7
rottura (f) dell'anima
destrucción (f) del macho

---

zerbrechlicher Kern (m)
brittle core
noyau (m) fragile

ломкая шишка (f); ломкій стержень (m) *или* сердечникъ (m) 8
anima (f) fragile
macho (m) frágil

Kernspindel (f)
core spindle
arbre (m) à noyau

патронъ (m); фонарь (m)
armatura (f) per anime 9
árbol (m) de núcleo ó macho

---

hohle Kernspindel (f)
core barrel
lanterne (f) à noyau

полый патронъ (m) *или* фонарь (m) 10
lanterna (f) per anima
linterna(f) para machos

1 unrunde *oder* gefurchte [profilierte] Kernspindel (f)
shaped core spindle
arbre (m) à noyau profilé

фасонный патронъ (m) *или* фонарь (m)
lanterna (f) scannellata per anima
árbol (m) de machos perfilado

---

2 Längsfurche (f)
longitudinal groove
rainure (f) longitudinale

a

продольная бороздка (f)
scannellatura (f)
canal (f) *ó* ranura (f) longitudinal

---

3 Luftspindel (f)
air core barrel
lanterne (f)

патронъ (m) *или* фонарь (m) съ отдушинами
lanterna (f)
linterna (f)

---

4 Kerngerippe (n)
core frame
armature (f) *ou* cage (f) du noyau

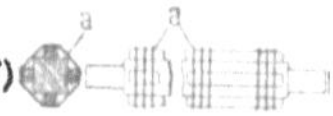

стержневая рамка (f); шишечный каркасъ (m) *или* скелетъ (m)
armatura (f) dell'anima
armadura (f) del macho

---

5 Bindedraht (m)
binding wire
fil (m) de fer

a

вязальная проволока (f)
filo (m) di ferro
alambre (m) para atar

---

6 Umwickelung (f)
binding, winding
enroulement (m)

обмотка (f)
avvolgimento (m)
enrollamiento (m), envoltura (f)

---

7 die Kernspindel umwickeln (v)
to bind *or* wind the core spindle *or* barrel
envelopper (v) la tige du noyau

обмотать патронъ *или* фонарь
avvolgere (v) l'armatura dell'anima
cubrir (v) la armadura del macho

---

8 Holzwollseil (n)
wood wool rope
tresse (f) en laine de bois

канатъ (m) изъ древесной шерсти
treccia (f) in lana di legno
cable (m) de lana de madera

---

9 Strohseilspinnmaschine (f)
straw rope spinning machine
machine (f) à faire les tresses de paille

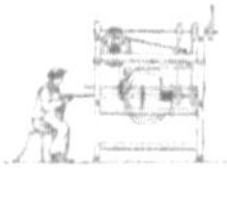

соломокрутка (f); машина (f) для свиванія соломенныхъ жгутовъ
macchina (f) per intrecciare la paglia
máquina (f) de trenzar la paja

---

10 Kerndrehlade (f), Kerndrehbank (f)
core lathe
tour (m) à noyaux

станокъ (m) для выточки шишекъ *или* стержней *или* сердечниковъ
tornio (m) da anime
torno (m) para machos

den Lehmkuchen herrichten (v)
to prepare the loam cake
ébaucher (v) la galette d'argile

приготов-ить (-лять) глиняный дискъ
sbozzare (v) la torta di argilla 1
preparar (v) la torta de arcilla

Volldrehen (n) des Kernes
to finish the core, to strickle the core
finissage (m) du noyau

полная обдѣлка (f) шишки *или* стержня *или* сердечника
rifinitura (f) dell'anima 2
terminación (f) del macho

Kernschablone (f)
core strickle, core templet, strickle board
trousse (f) à noyau

a

стержневой *или* шишечный шаблонъ (m); сердечниковый шаблонъ 3
sagoma (f) per anima
terraja (f) de macho

Krümmerkern (m)
curved core
noyau (m) coudé

шишка (f) *или* стержень (m) *или* сердечникъ (m) трубы съ отводомъ 4
anima (f) curva
macho (m) acodado

---

verlorener Sandkern (m)
lost sand core
noyau (m) perdu

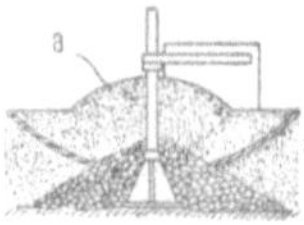

a

потерянная шишка (f); потерянный стержень (m) *или* сердечникъ (m) 5
anima (f) perduta
macho (m) perdido

Einlegen (n) der Kerne
laying-in of cores
mise (f) en place des noyaux

установка (f) шишекъ *или* стержней *или* сердечниковъ
piazzatura (f) delle anime 6
colocación (f) de los machos

Kernstütze (f)
chaplet
support (m) de noyau

жеребокъ (m); жеребейка (f)
sopporto (m) dell'anima con una lamiera 7
soporte (m) de macho

Wandstärkenkernstütze (f)
double headed chaplet
support (m) de noyau

двойной жеребокъ (m); двойная жеребейка (f)
sopporto (m) con un gambo e due lamiere 8
soporte (m) de macho

Patentkernnagel (m)
patent core nail
pointe (f) à noyau brevetée

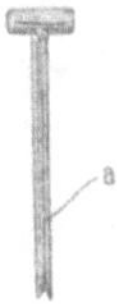

патентованный жеребокъ (m) *или* патентованная жеребейка (f) въ видѣ штифта со шляпкой 9
sopporto (m) per anime brevettato
clavo (m) de macho con patente

1	federnder Schenkel (m) split shank, shank, spring compass compas (m) à ressort	a	пружинящая ножка (f) gambo (m) del sopporto per anima cuerpo (m) flexible del clavo
2	gespreizter Schenkel (m) compass spread open, compass with spread shanks compas (m) écarté *ou* ouvert	 	растопыренныя ножки (f pl) sopporto (m) con due gambi compasso (v) aperto clavo (m) abierto
3	Schloß (n) binding core portée (f)	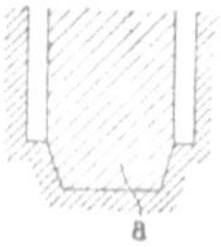 	замо́къ (m) portata (f) portada (f)
4	Trocknen (n) der Formen drying of the moulds séchage (m) des moules		сушка (f) формъ essiccatura (f) *od* asciugatura (f) delle forme secado (m) de los moldes
5	am Herstellungsplatze trocknen (v) to dry on the spot sécher (v) sur place	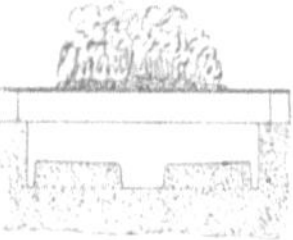	сушить на мѣстѣ изготовленія asciugare (v) la forma sul posto secar (v) en el lugar de fabricación
6	Trockenkorb (m) drying basket panier (m) à sécher	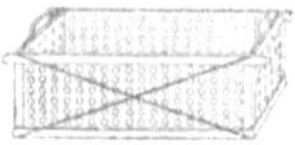	корзина (f) для сушки scatola (f) per asciugare cesta (f) para secar
7	fahrbarer Trockenofen (m) transportable basket drying stove four (m) à sécher transportable	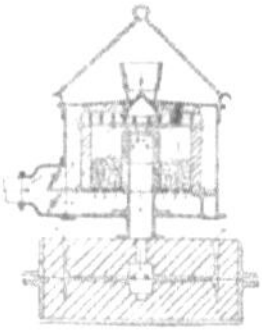	переносная сушильная печь (f) essiccatoio (m) trasportabile secadero (m) transportable
8	Trockenkammer (f), Darrkammer (f) drying chamber étuve (f), chambre (f) de séchage	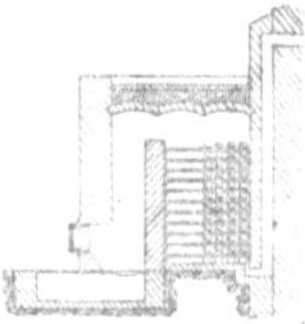	сушило (n); сушильная камера (f); сушильня (f) stufa (f), camera (f) di asciugatura estufa (f), cámara (f) de secado

mittelbare Heizung (f)
indirect heating
chauffage (m) indirect

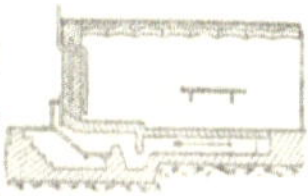

не непосредственное *или* косвенное отопленіе (n)
riscaldamento (m) indiretto
calefacción (f) indirecta 1

---

unmittelbare Heizung (f)
direct heating
chauffage (m) direct

непосредственное отопленіе (n)
riscaldamento (m) diretto
calefacción (f) directa 2

Trockenkammerwagen (m)
drying chamber carriage
chariot (m) d'étuve

телѣжка (f) для сушильной камеры
carro (m) per stufa
carro (m) de la estufa 3

Kerntrockenofen (m)
core drying stove
étuve (f) à noyaux

сушильная печь (f) для шишекъ *или* для стержней *или* для сердечниковъ
stufa (f) per anime
estufa (f) de secar machos 4

Schmelzerei
Smelting House
Fonderie

Плавильня
Fonderia
Fundición 5

Zerkleinerung der Masseln
Crushing of the Pigs
Cassage des gueuses

Дробленіе чугунныхъ свинокъ или штыковъ
Spezzatura dei masselli
Quebrantamiento de los lingotes 6

Massel (f)
pig
gueuse (f), gueuset (m)

свинка (f); штыкъ (m)
massello (m)
lingote (m) 7

zerschlagen (v)
to crush, to break
casser (v), briser (v)

разби-ть (-вать)
spezzare (v), rompere (v)
romper (v) 8

Zuschlaghammer (m)
sledge hammer
marteau (m) de frappeur

a

кувалда (f); балда (f)
mazza (f)
martillo (m) de golpear 9

---

brechen (v)
to break
casser (v)

ломать; дробить
rompere (v)
quebrantar (v) 10

---

sperrig (adj)
wide spreading
fragile (adj)

громоздкій
ingombrante (agg)
voluminoso (adj) 11

1	Fallwerk (n) pig breaker mouton (m), grue-mouton (f)		копёръ (m) berta (f), spezzarottami (m), montone (m) martinete (m) de caída
2	Fallkugel (f) drop weight, tup mouton (m) en forme de boule		шаровидная баба (f); гиря (f) palla (f) della berta, martino (m) maza (f) esférica
3	Auslösevorrichtung (f), Teufelsklaue (f) nippers (pl), tongs (pl) devil's claw dogs tenaille (f) à déclic	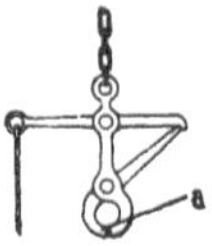	приспособленіе (n) для расцѣпленія клещей gancio (m) tenazas (f pl) con escape
4	Maul (n) mouth mâchoire (f)	a	зѣвъ (m) pinza (f) boca (f) de las tenazas
5	Hubhöhe (f) height *or* length of stroke hauteur (f) de chute		высота (f) подъёма alzata (f) altura (f) de caída
6	Bauwinde (f) hoist, winch (A*) treuil (m)		лебёдка (f); сложный воротъ (m) argano (m) torno (m)
7	Bohlenzaun (m) piling palissade (f) en madriers		досчатый заборъ (m) palizzata (f) empalizada (f)
8	Gußeisensplitter (m) cast iron chip *or* splinter éclat (m) de fonte		чугунный осколокъ (m) scheggia (f) di ghisa casco (m) de fundición
9	Masselbrecher (m) pig breaker casseur (m) de gueuses		дробилка (f) для свинокъ *или* для штыковъ; машина (f) для разламыванія штыковъ spezzamasselli (m) máquina (f) de quebrantar lingotes
10	standfester Masselbrecher (m) stable pig breaker casseur (m) de gueuses fixe		неподвижная дробилка (f) для свинокъ *или* для штыковъ; неподвижная машина (f) для разламыванія штыковъ spezzamasselli (m) fisso máquina (f) fija de quebrantar lingotes

* A americanism

fahrbarer Masselbrecher (m)
portable pig breaker
casse-gueuses (f) sur roues

подвижная дробилка (f) для свинокъ *или* для штыковъ; передвижная машина (f) для разламыванія штыковъ
spezzamasselli (m) portatile
quebrantador (m) de lingotes montado sobre ruedas ó portátil 1

---

hydraulischer Masselbrecher (m)
hydraulic pig breaker
casseur (m) à gueuses hydraulique

гидравлическая дробилка (f) для свинокъ *или* для штыковъ; гидравлическая машина (f) для разламыванія штыковъ
spezzamasselli (m) idraulico
quebrantador (m) hidráulico de lingotes 2

Exzenterpresse (f)
eccentric breaker
presse (f) à excentrique

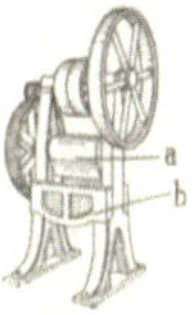

эксцентриковый прессъ (m)
spezzamasselli (m) ad eccentrico
prensa (f) de excéntrica 3

Stahlstößel (m)
steel nose of breaker
pilon (m) en acier

a

стальная баба (f)
mazza (f) d'acciaio
maza (f) de acero 4

Widerlager (n)
anvil
plaque (f) d'appui

b

опора (f)
piastra (f) d'appoggio
placa (f) de apoyo 5

Einspannen (n) der Massel
inserting the pig
mise (f) en place de la gueuse

укрѣпленіе (n) штыка
collocamento (m) dei masselli
fijación (f) del lingote 6

Brechmaul (n)
breaker mouth
mâchoire (f) du concasseur

a

зѣвъ (m) дробилки
bocca (f) dello spezzamasselli
boca (f) del quebrantador 7

Schmelzöfen
Smelting Furnaces
Fours de fusion

Плавильная печь
Forni fusori, fornaci da fondere
Hornos de fusión 8

Gießereiflammofen (m)
foundry reverberatory furnace
four (m) à réverbère de fonderie

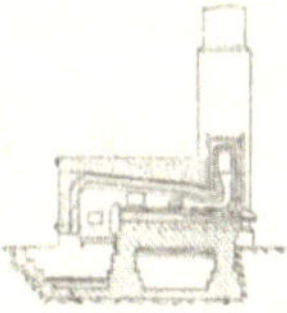

литейная пламенная печь (f); литейная отражательная печь
forno (m) a riverbero
horno (m) de reverbero para taller de fundición 9

1 Flammofen (m) mit gestrecktem Herde
reverberatory furnace with long hearth
four (m) à réverbère à longue sole

пламенная *или* отражательная печь (f) съ вытянутымъ подомъ
forno (m) a riverbero a suola lunga
horno (m) á reverbero de larga placa

---

2 Stichflamme (f)
narrow flame
flamme (f) pointante

острое пламя (n)
fiamma (f) concentrata
llama (f) delgada *ó* aguda

---

3 Herdfläche (f)
hearth surface
surface (f) de la sole

площадь (f) пода
superficie (f) del focolare *o* della suola
superficie (f) de la placa

---

4 Sumpfofen (m)
fire hearth-furnace
four (m) à avant-creuset

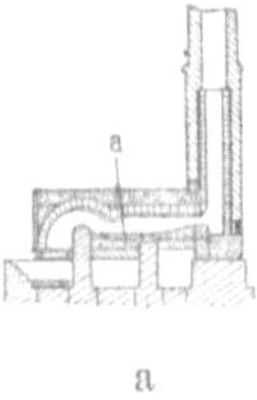

печь (f) съ зумпфомъ *или* съ металлособирателемъ
forno (m) con crogiuolo anteriore
horno (m) de crisol delantero

---

5 Sammelherd (m)
iron receiver
avant-creuset (m)

зумпфъ (m); металлособиратель (m)
crogiuolo (m) anteriore
antecrisol (m)

---

6 Gießereikuppelofen (m), Gießereikupolofen (m)
foundry cupola
cubilot (m) de fonderie

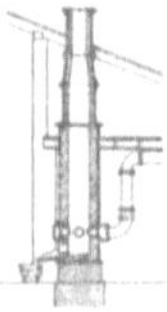

литейная вагранка (f)
cubilotto (m) per ghisa
cubilote (m) de fundición

---

7 Düsenreihe (f)
row of tuyeres
rangée (f) de tuyères

рядъ (m) фурмъ
ordine (m) d'ugelli
fila (f) de toberas

---

8 Oberwinddüse (f)
top blowing tuyere
tuyère (f) supérieure

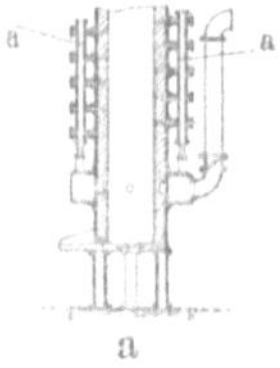

фурмы (f pl) для верхняго дутья; верхнія фурмы
ugello (m) superiore
tobera (f) de viento superior

---

9 Windkasten (m)
wind box, blast box
boîte (f) à vent

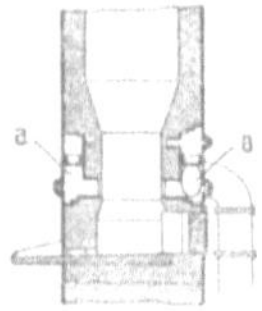

воздушная камера (f)
cassa (f) del vento
caja (f) de viento

Schaltgehäuse (n)
regulation box
boîte (f) de distribution

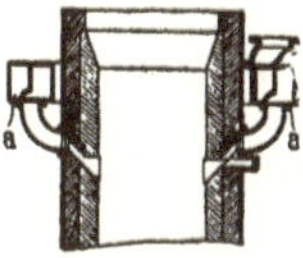

a

кольцевая труба (f); распредѣлительная труба
cassa (f) di regolazione
caja (f) de distribución 1

Einsteigöffnung (f)
man hole
trou (m) d'homme

a

лазъ (m); входное отверстіе (n)
porta (f) d'accesso 2
agujero (m) de hombre, abertura (f) de acceso

Bodenklappe (f)
ash door
porte (f) de fond à charnières

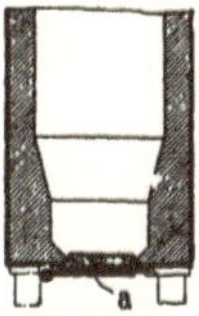

a

откидное днище (n)
fondo (m) mobile a cerniera 3
puerta (f) de fondo de bisagra

Setzboden (m)
charge *or* charging level *or* platform
niveau (m) de chargement

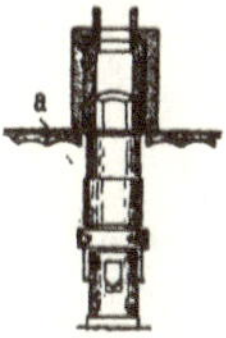

a

полъ (m) *или* платформа (f) на уровнѣ колошниковаго отверстія 4
piano (m) di caricamento
nivel (m) de carga

Schachtaufsatz (m)
shaft top
cheminée (f) de cubilot

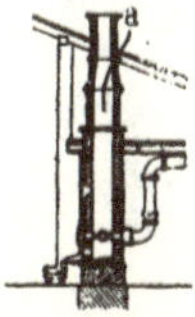

a

надставка (f) на шахту; газоотводная *или* колошниковая труба (f)
camino (m) del cubilotto 5
chimenea (f) del cubilote

Funkenkammer (f)
spark chamber
chambre (f) à étincelles

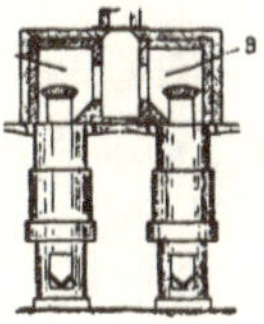

a

искроулавливающая камера (f)
camera (f) parascintille 6
cámara (f) de chispas

1	Niederschlagen (n) der Gichtflamme drop of the top flame extinction (f) de la flamme du gueulard		уничтоженіе (n) *или* устраненіе (n) колошниковаго пламени piegare (v) la fiamma del gueulard extinción (f) de la llama del tragante
2	Auffangen (n) der Funken catching of the sparks recueillir (v) les flammèches *ou* les étincelles		улавливаніе (n) искръ raccolta (f) delle scintille retención (f) de las chispas
3	Funkenlöschvorrichtung (f) spark quenching apparatus appareil (m) pour éteindre les étincelles	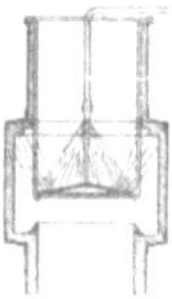	искротушитель (m) apparecchio (m) per spengere le scintille aparato (m) apagachispas
4	Staubbelästigung (f) dust nuisance *or* bother inconvénient (m) des poussières		вредъ (m), приносимый пылью inconveniente (m) causato dalle ceneri *o* polveri molestia (f) por desprendimiento de polvo
5	Irelandscher Ofen (m) Ireland furnace cubilot (m) Ireland	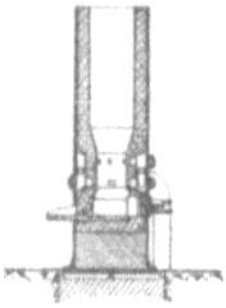	вагранка (f) Айерлэнда forno (m) Ireland cubilote (m) Ireland
6	Spurofen (m) rapid cupola, rapid cubilot (m) à rigole	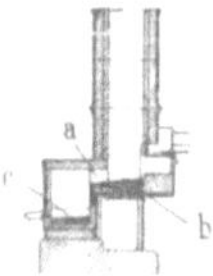	вагранка (f) съ передовымъ горномъ cubilotto (m) con avancrogiuolo cubilote (m) de canal
7	Spur (f), Schlitz (m) slot rigole (f) de coulée, trou (m) de coulée	a	шпуръ (m) *или* отверстіе (n) для стока чугуна canale (m) di colata canal (f) de colada
8	Schmelzherd (m) smelting hearth creuset (m)	b	подъ (m) вагранки crogiuolo (m) crisol (m)
9	Eisensammelraum (m) receiver avant-creuset (m)	c	передовой горнъ (m); копёжъ (m) для чугуна crogiuolo (m) anteriore, avancrogiuolo (m) antecrisol (m)

Krigarscher Ofen (m)
Krigar furnace
cubilot (m) Krigar

вагранка (f) Кригара
forno (m) Krigar 1
cubilote (m) Krigar

Saugkuppelofen (m), Saugkupolofen (m)
fan cupola, suction cupola
cubilot (m) à aspiration

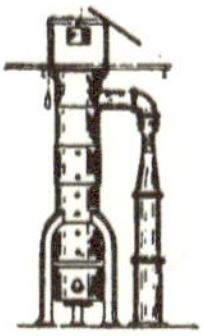

вагранка (f) со всасыванiемъ воздуха
cubilotto (m) ad aspirazione 2
cubilote (m) de aspiración

Saugluft (f)
suction air
air (m) aspiré

всасываемый воздухъ (m) 3
aria (f) aspirata
aire (m) aspirado

Luftverdünnung (f)
rarefaction, partial vacuum
raréfaction (f) de l'air

разрѣженiе (n) воздуха; депрессiя (f) воздуха 4
rarefazione (f)
rarefacción (f) del aire

Luftleere (f)
vacuum
vide (m)

пустота (f); безвоздушное пространство (n) 5
vuoto (m)
vacío (m)

Kleinkuppelofen (m), Kleinkupolofen (m)
small cupola
petit cubilot (m)

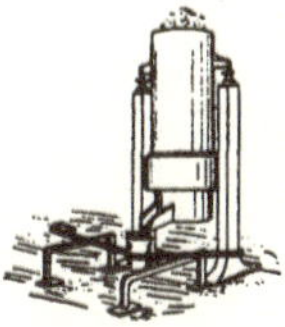

малая вагранка (f)
piccolo cubilotto (m) 6
cubilote (m) pequeño

Abfangplatte (f)
cupola supporting frame
plaque (f) de support

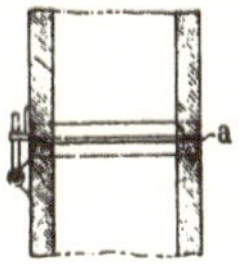

a

опорная плита (f)
anello (m) di sostegno del refrattario 7
placa (f) de soporte

---

zerlegbar (adj)
dissectible (adj), portable (adj)
démontable (adj)

разъёмный
smontabile (agg) 8
desmontable (adj)

Gebläse
Blower
Soufflerie

Воздуходувное устройство; воздуходувка
Ventilatore 9
Máquina soplante

Dampfstrahlgebläse(n)
steam jet blower
souffleur (m) à vapeur, injecteur (m) à vapeur

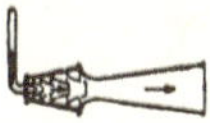

пароструйная воздуходувка (f); инжекторъ (m)
ventilatore (m) a getto di vapore 10
máquina (f) soplante de chorro de vapor

1 Hochdruckgebläse (n)
high pressure blower
ventilateur (m) à haute pression

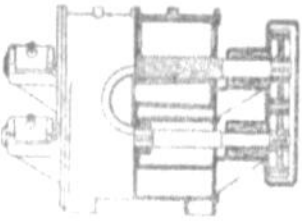

воздуходувка (f) высокаго давленія
ventilatore (m) ad alta pressione
ventilador (m) de alta presión

---

2 Schleudergebläse (n)
fan blower
ventilateur (m) centrifuge

центробѣжный вентиляторъ (m)
ventilatore (m) centrifugo
ventilador (m) centrífugo

---

3 Schaufel (f)
blade, vane
aube (f)

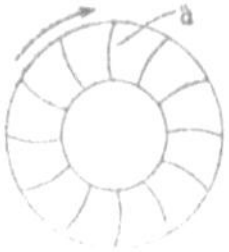

a

лопата (f); крыло (n)
pala (f) del ventilatore
álabe (m), paleta (f)

---

4 die Luft ansaugen (v)
to suck-in the air
aspirer (v) l'air

высосать воздухъ
aspirare (v) l'aria
aspirar (v) el aire

---

5 Flügel (m)
fan, piston
aile (f) de ventilateur

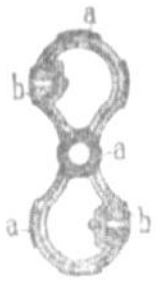

вращающійся поршень (m)
tamburo (m)
aleta (f), pala (f)

---

6 Flügelwelle (f)
fan shaft
arbre (m) du ventilateur

валъ (m) поршня
asse (m)
eje (m) de la pala

---

7 Dichtungsfläche (f)
packing surface
surface (f) de contact étanche

a

уплотняющая поверхность (f)
superficie (f) di contatto
superficie (f) de empaquetadura

---

8 Filzüberzug (m), Filzstreifen (m)
felt cover
couverture (f) en feutre

b

войлочная обшивка (f); полоса (f) войлока
copertura (f) di feltro
cubierta (f) de fieltro

---

9 dichter Abschluß (m)
tight joint
joint (m) étanche

плотный затворъ (m)
giunto (m) a tenuta
junta (f) estanca

---

10 Gehäusewandung (f)
casing shell
paroi (f) de l'enveloppe

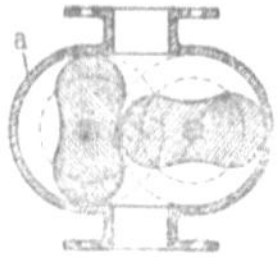

a

стѣнки (f pl) кожуха
parete (f) della cassa
pared (f) de la caja

Roots Gebläse (n), Kapselgebläse (n) Root's blower soufflerie (f) Root, ventilateur (m) de Root	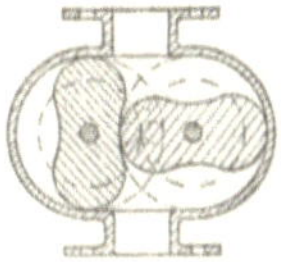	вентиляторъ (m) Рута; рутовскій вентиляторъ; вентиляторъ съ вращающимся поршнемъ ventilatore (m) Root ventilador (m) Root	1
Präzisionsgebläse (n) precision blower soufflerie (f) de précision		прецизіонный вентиляторъ (m) ventilatore (m) di precisione máquina (f) soplante de precisión	2
Enckesches Gebläse (n) Encke's blower soufflerie (f) Encke	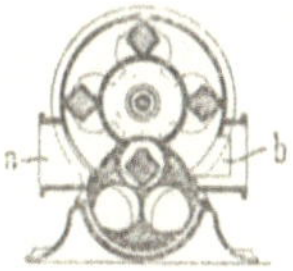	вентиляторъ (m) Энке ventilatore (m) Encke máquina (f) soplante Encke	3
Saugeseite (f) suction side côté (f) de l'aspiration	a	сторона (f) всасыванія lato (m) aspirante lado (m) de aspiración	4
Druckseite (f) pressure side côté (m) du refoulement	b	сторона (f) нагнетанія lato (m) premente lado (m) de la presión ó de impelación	5
Dichtungsfuge (f) packing joint joint (m)		уплотнённый шовъ (m) giunto (m) a guarnizione junta (f) de empaquetadura	6
Kapselwerk (n), Lehmannsches Gebläse (n) cased-in blower, Lehmann's blower ventilateur (m) enveloppé *ou* blindé, soufflerie (f) Lehmann	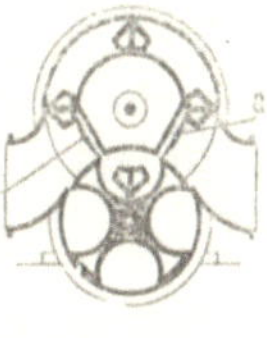	коробчатый вентиляторъ (m); вентиляторъ Лемана ventilatore (m) blindato ventilador (m) de envoltura ó blindado, soplador (m) Lehmann	7
Umströmkanal (m) circulation channel *or* passage, air way canal (m) de retour	a	каналъ (m) для циркуляціи canale (m) di circolazione *o* di ritorno canal (f) de regreso ó retorno	8
Hochdruckschraubengebläse (n) high pressure spiral blower soufflerie (f) hélicoïdale à haute pression		винтовой вентиляторъ (m) высокаго давленія ventilatore (m) a spirale ad alta pressione ventilador (m) helicoidal de alta presión	9

1	Kolbenflügel (m) piston vane *or* blade ailette (f) formant piston	a	поршневое крыло (n) aletta (f) di stantuffo aleta-pistón (f)
2	Dichtungswalze (f) packing drum cylindre (m) *ou* tambour (m) étanche	b	уплотняющій цилиндръ (m) cilindro (m) *o* tamburo (m) di guarnizione cilindro (m) *ó* tambor (m) de guarnición
3	achsiale Richtung (f) axial direction direction (f) axiale		направленіе (n) оси direzione (f) assiale dirección (f) axial
4	stoßfreier Gang (m) working without shocks, smooth working marche (f) douce *ou* sans chocs		плавный ходъ (m); ходъ безъ толчковъ funzionamento (m) regolare senza urti marcha (f) suave *ó* sin choques *ó* golpes
5	Drehkolbenpumpe (f), Bibus-Gebläse (n) rotary blower, Bibus' blower soufflerie (f) rotative, soufflerie (f) à piston rotatif, soufflerie (f) Bibus	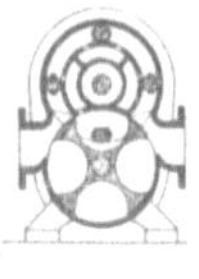	вентиляторъ (m) съ вращающимися поршнями; вентиляторъ Бибуса ventilatore (m) rotativo bomba (f) de émbolo rotatorio, soplador (m) Bibus
6	Aufnahmekammer (f) receiver réservoir (m) collecteur		пріемникъ (m) ricevitore (m) intermedio recipiente (m) de aire
7	Kapselhochdruckgebläse (n), Martin-Gebläse (n) Martin blower soufflerie (f) Martin, soufflerie (f) à haute pression à coquilles	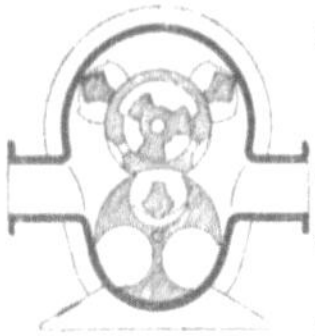	коробчатый вентиляторъ (m) высокаго давленія; вентиляторъ Мартина ventilatore (m) ad alta pressione Martin ventilador (m) de alta presión Martin
8	Luftförderung (f) air supply déplacement (m) d'air		подача (f) воздуха quantità (f) d'aria traslado (m) *ó* transmisión (f) de aire
9	Höchstpressung (f) maximum *or* highest pressure pression (f) maxima		наивысшее давленіе (n) pressione (f) massima presión (f) máxima
10	manometrischer Wirkungsgrad (m) manometric efficiency rendement (m) manométrique		манометрическое полезное дѣйствіе (n); полезное дѣйствіе по манометру rendimento (m) manometrico rendimiento (m) man métrico

Wassersäule (f)
water column, column of water
colonne (f) d'eau

водяной столбъ (m)
colonna (f) d'acqua 1
columna (f) de agua

Druckausgleich (m)
balance *or* equalization of pressure
compensation (f) de la pression

выравниванie (n) давленія
compensazione (f) della pressione 2
compensación (f) de la presión

Kuppelofenschmelzen, Kupolofenschmelzen
Melting in a Cupola Furnace
Fusion au cubilot

Плавка въ вагранкахъ
Fusione al cubilotto 3
Fundición al cubilote

Kuppelofen (m), Kupolofen (m)
cupola furnace
cubilot (m)

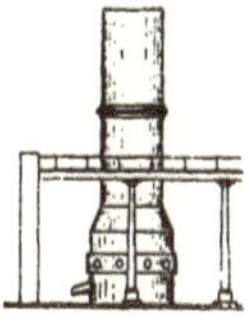

вагранка (f)
cubilotto (m) 4
cubilote (m)

Anfeuern (n)
firing
allumage (m)

растопка (f)
accensione (f) 5
encendido (m)

Füllkoks (m)
heating coke
coke (m) d'allumage

коксъ (m) для растопки
coke (m) per l'accensione 6
cok (m) para calentar

Satzkoks (m)
charge coke
coke (m) des charges, coke (m) de fusion

коксъ (m) для садки; коксъ въ колошѣ
carica (f) di coke 7
cok (m) para carga

Koksgabel (f)
coke fork
fourche (f) à coke

вилы (f pl) для сортировки кокса
forca (f) per coke 8
horquilla (f) para cok

Roheisengichtsatz (m)
pig iron charge
charge (f) de fonte

колоша (f) чугуна
carica (f) di ghisa 9
carga (f) de fundición

Sondersatz (m)
speciel charge
charge (f) spéciale

спеціальная колоша (f)
carica (f) speciale 10
carga (f) especial

Mischeisen (n)
mixed iron
fer (m) pour le mélange

шихта (f) чугуна
ferro (m) per la miscela
hierro (m) para la mezcla 11

Zusatzeisen (n)
added iron
fer (m) à ajouter, addition (f) de fer

присадка (f) чугуна
ferro (m) da aggiungere, ferro (m) addizionale 12
hierro (m) para añadir, adición (f) de hierro

No.	German / English / French	Russian / Italian / Spanish
1	Umschmelzverfahren (n) remelting process procédé (m) de refonte	процессъ (m) переплавки processo (m) di rifusione método (m) de refundición
2	Schmelzhitze (f) melting *or* fusion temperature chaleur (f) de fusion	плавильный жаръ (m) temperatura (f) di fusione calor (m) de fusión
3	verlangsamen (v) to slow down ralentir (v)	замедл-ить (-ять) rallentare (v) moderar (v)
4	heruntersickerndes Eisen (n) melting iron gouttelettes (f pl) de fonte	[расплавляющійся и] стекающій внизъ чугунъ (m) sgocciolamento (m) della ghisa hierro (m) que gotea
5	Absonderung (f) des Eisens separation of the iron séparation (f) de la fonte	отдѣленіе (n) чугуна separazione (f) della ghisa separación (f) de la fundición
6	Ablassen (n) der Schlacke tapping of the slag lâchage (m) de la scorie	спускъ (m) шлаковъ colata (f) della scoria salida (f) de la escoria
7	Überhitzung (f) des Eisens overheating of the iron surchauffe (f) de la fonte	перегрѣвъ (m) чугуна riscaldamento (m) eccessivo della ghisa sobrecalefacción (f) de la fundición
8	hitziges Eisen (n) hot iron fonte (f) chaude	горячій чугунъ (m) ghisa (f) calda fundición (f) caliente
9	überhitztes Eisen (n) superheated iron fonte (f) trop chaude *ou* surchauffée	перегрѣтый чугунъ (m) ghisa (f) eccessivamente riscaldata fundición (f) de sobrecalefacción
10	gleichmäßiger Ofengang (m) regular working of the furnace marche (f) *ou* allure (f) régulière	равномѣрный ходъ (m) печи andamento (m) *o* marcia (f) regolare marcha (f) regular
11	mattes Eisen (n) thickly liquid iron fonte (f) froide	густой чугунъ (m) ghisa (f) fredda fundición (f) fría
12	umgeschmolzenes Eisen (n) remelted iron fonte (f) refondue	переплавленный чугунъ (m) ghisa (f) rifusa fundición (f) refundida

Gußeisen (n) erster Schmelzung
cast iron, pig iron
fonte (f) de première fusion

чугунъ (m) первой плавки
ghisa (f) di prima fusione 1
fundición (f) de primera fusión

---

heißeingeschmolzenes Eisen (n)
hot smelted iron
fonte (f) fondue à température élevée, fonte (f) d'allure chaude

горячій чугунъ (m); горячо расплавленный чугунъ (m)
ghisa (f) ottenuta con andamento caldo 2
fundición (f) fundida á temperatura elevada

Schonung (f) des Ofenfutters
care of the furnace lining
ménagement (m) du revêtement du cubilot

сохраненіе (n) футеровки печи
cura (f) del rivestimento del forno 3
conservación (f) del revestimiento del cubilote

---

haltbar (adj)
solid (adj), durable (adj)
durable (adj)

прочный
durevole (agg) 4
durable (adj)

---

ausbesserungsbedürftig (adj)
in want of repair
nécessitant *ou* demandant une réparation

требующій ремонта
bisognoso (agg) di riparatura 5
necesitado (adj) de reparación

Gießerei — **Литейная**
Foundry — **Fonderia** 6
Fonderie — **Fundición**

Flur (m) der Eisengießerei
floor of foundry
sol (m) de la fonderie

полъ (m) литейной
suolo (m) *o* piano (m) della fonderia 7
piso (m) *ó* suelo (m) de la fundición

Gießgrube (f)
casting pit
fosse (f) de coulée

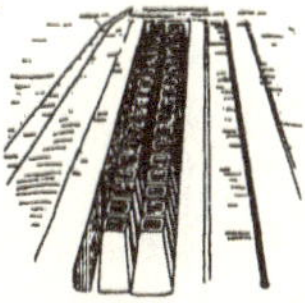

литейная яма (f)
fossa (f) di colata 8
foso (m) de colada

---

halbkreisförmige Gießgrube (f)
semi circular casting pit
fosse (f) de coulée demicirculaire

полукруглая литейная яма (f)
fossa (f) di colata semicircolare 9
foso (m) de colada semicircular

1 **Gießkrane und Gießwagen**
Casting Cranes and Carriages
Grues et wagonnets de coulée

Литейные краны и телѣжки
Gru e carrelli di colata
Grúas y vagonetas de colada

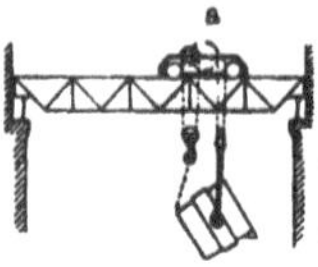

2 Gießkran (m)
foundry crane
grue (f) de coulée, grue (f) de transvasement

кранъ (m) для литейнаго ковша
gru (f) per fonderia *o* colata
grúa (f) para fundición

---

3 Gießlaufkatze (f)
foundry car, crab (A*)
chariot (m) de pont de coulée

a

телѣжка (f) для литейнаго ковша
carrello (m) di gru per fonderia *o* colata
carro (m) de la grúa para fundición

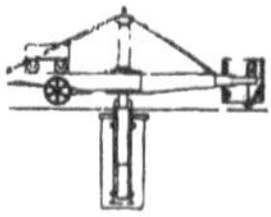

4 Drehkran (m)
turning crane
grue (f) pivotante centrale

поворотный кранъ (m)
gru (f) radiale
grúa (f) giratoria central

5 Kranhaken (m)
crane hook
crochet (m) de suspension de la grue

крюкъ (m) крана
gancio (m) di sospensione
gancho (m) de suspensión

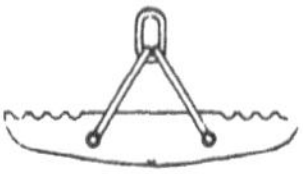

6 Kranbalken (m)
crane beam
volée (f), traverse (f) de grue

балансиръ (m) крана
bilanciere (m)
balancín (m) de grúa

7 Aufhängebügel (m)
suspension hook
étrier (m) de suspension

подвѣсная скоба (f); подвѣсный хомутъ (m); скоба для подвѣски
gancio (m) di sospensione
estribo (m) de suspensión

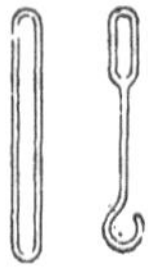

8 Krangehänge (n)
crane link
crochet (m) *ou* collier (m) de suspension

подвѣска (f) къ крану
gancio (m) ad occhio d'attacco
eslabón (m) de enganche

---

* A = americanism

Gießwagen (m)
casting carriage, ladle carriage
chariot (m) de coulée

вагонъ (m) съ литейнымъ ковшемъ
carro (m) di colata
vagoneta (f) de colada 1

Wagengestell (n)
carriage frame
châssis (m) de truck

a

кузовъ (m) вагона
telaio (m)
bastidor (m) de vagoneta 2

[Gieß-]Pfannenwagen (m)
ladle car
chariot (m) porteur ou transporteur de la poche de coulée, chariot (m) porte-poche

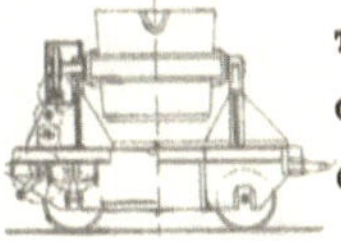

телѣжка (f) съ литейнымъ ковшемъ
carro (m) per secchioni da colata
carro (m) porta-crisol 3

Gießgefäße
Ladles
Poches de coulée

Литейный ковшъ
Caldaie di colata, siviere
Calderos de colada 4

Handkelle (f), Handgießlöffel (m)
hand ladle
poche (f) à main, cuiller (f) de coulée

ложка (f); черпакъ (m)
caldaia (f) a mano
cuchara (f) de colada 5

---

angenieteter Stiel (m)
riveted handle
manche (m) rivé

a

приклёпанная ручка (f)
manico (m) ribadito
mango (m) remachado 6

Holzstiel (m)
wooden-handle
manche (m) en bois

деревянная ручка (f)
manico (m) di legno
mango (m) de madera 7

a

Gießpfanne (f)
ladle
poche (f) de coulée

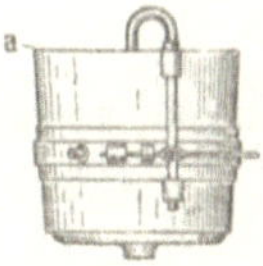

литейный ковшъ (m)
caldaia (f) di colata, siviera (f)
caldero (m) de colada 8

Pfannenrand (m)
rim of ladle
bord (m) de la poche

a

край (m) литейнаго ковша
bordo (m) della siviera
borde (m) del caldero 9

1 Gabelpfanne (f), Gabeltragpfanne (f)
ladle for ring carrier
poche (f) à fourche

ухватный ковшъ (m); ковшъ для переноски на вилахъ
siviera (f) a portante
caldero (m) para horca

---

2 Schnauze (f), Auskragung (f), Tülle (f)
lip
bec (m), évasement (m)

a

носъ (m) *или* носокъ (m) ковша
becco (m), dilatamento (m)
pico (m) de caldero

---

3 auswechselbare Schnauze (f)
interchangeable lip
bec (m) amovible

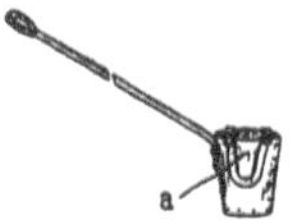

смѣняемый носъ (m) *или* носокъ (m)
becco (m) amovibile *o* smontabile
pico (m) desmontable *ó* intercambiable

---

4 gestanzte Gießpfanne (f)
stamped iron ladle
poche (f) en tôle emboutie

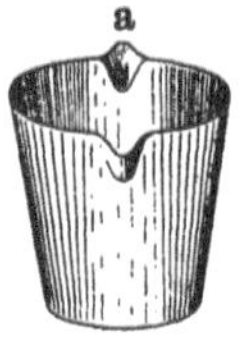

штампованный литейный ковшъ (m)
caldaia (f) di ferro stampato *od* imbottito
caldero (m) de hierro embutido

---

5 Traggabel (f)
ladle carrier
fourche (f) *ou* griffe (f) à poche de coulée

ухватъ (m); вилы (f pl) для переноски
forchetta (f), portante (m)
horquilla (f) portacuchara *ó* portacaldero, maneral (m)

---

6 fahrbare Pfanne (f)
ladle on wheels, travelling ladle, ladle car
poche (f) roulante

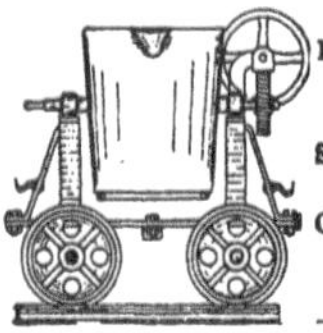

передвижной ковшъ (m); ковшъ на тележкѣ
siviera (f) girevole su carrello
caldero (m) montado sobre ruedas

---

7 Standpfanne (f)
fixed ladle
poche (f) fixe

неподвижный ковшъ (m)
siviera (f) fissa
caldero (m) fijo

---

8 Kranpfanne (f)
crane ladle
poche (f) de grue

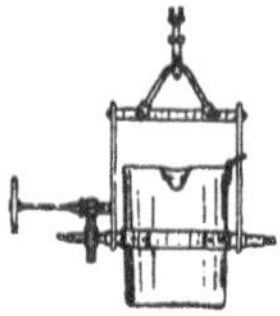

ковшъ (m), подвѣшиваемый къ крану
siviera (f) per gru
caldero (m) de grúa

Gabelkranpfanne (f)
hand tipping crane ladle
poche (f) de grue à fourche

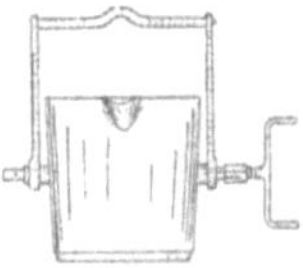

ковшъ (m) съ цапфами, подвѣшиваемый къ крану
siviera (f) per gru con portante 1
caldero (m) de grúa con horquilla

Pfannenbügel (m)
ladle support *or* handle, ladle hangers
étrier (m) de la poche

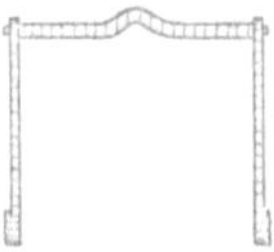

подвѣсная скоба (f) для ковша; бугель (m) для подвѣски ковша 2
staffa (f) *o* bilanciere (m) per siviera
estribo (m) del caldero

---

die Pfanne anwärmen (v)
to heat the ladle
chauffer (v) la poche

подогрѣ-ть (-вать) ковшъ
asciugare (v) la siviera 3
calentar (v) el caldero

---

die Pfanne kippen (v)
to tip the ladle
verser (v) *ou* faire basculer (v) la poche

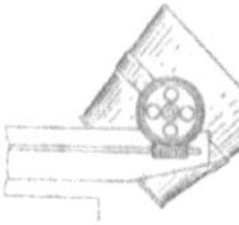

повернуть (поворачивать) ковшъ; наклон-ить (-ять) ковшъ 4
rovesciare (v) la caldaia
volcar (v) el caldero

Handkippvorrichtung (f)
hand tipping mechanism
dispositif (m) pour verser à la main

приспособленіе (n) для наклоненія *или* для поворачиванія отъ руки
apparecchio (m) per versare a mano 5
disposición (f) para verter á mano

Gießkran (m) mit selbsttätiger Kippvorrichtung
foundry crane with automatic tipping device
grue (f) de coulée à [dispositif de] basculeou renversement automatique

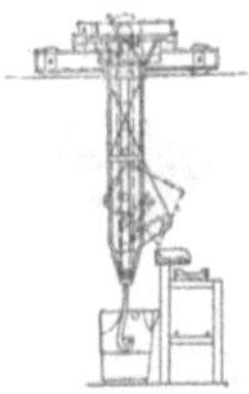

кранъ (m) для литейнаго ковша съ автоматическимъ опрокидывателемъ *или* съ самодѣйствующимъ приспособленіемъ для поворачиванія 6
gru (f) da fonderia con dispositivo di rotazione automatico
grúa (f) de colada con disposición automática de báscula

Pfannenführung (f)
ladle guide
guidage (m) de la poche

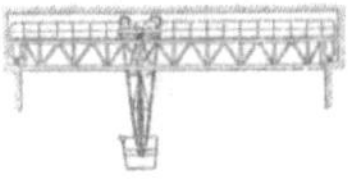

направляющія (f pl) ковша; направленіе (n) ковша
guida (f) per la secchia 7
guía (f) del crisol

1	Auslaß (m) ladle pouring appliance orifice (f) *ou* siège (m) de coulée		выпускное отверстіе (n) scaricatore (m) agujero (m) de caldero
2	Ventilstange (f) sleeve *or* stopper rod quenouille (f), tige (f) de bouchon	a	тяга (f) стопорнаго аппарата colonnetta (f) del tappo varilla (f) de tapón
3	Stopfen (m) stopper plug, stopper head tampon (m), bouchon (m), bobèchon (m)	c	пробка (f) tappo (m) tapón (m)
4	feuerfeste Hülse (f) sleeve gaine (f) *ou* tube (m) réfractaire	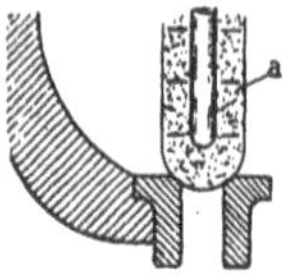 a	огнеупорная втулка (f) tubo (m) refrattario tubo (m) refractario
5	Stopfenhebevorrichtung (f) stopper lifting device mécanisme (m) de commande de la quenouille	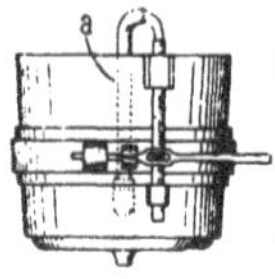 a	приспособленіе (n) для передвиженія пробки apparecchio (m) di manovra del tappo mecanismo (m) de la varilla de tapón
6	Ausflußöffnung (f) nozzle, teeming nozzle orifice (m) *ou* siège (m) de coulée	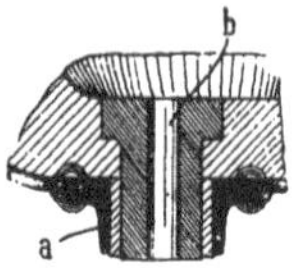	выпускное отверстіе (n) foro (m) di colata agujero (m) de la busa de colada
7	Auslaßstutzen (m) nozzle box tubulure (f) de coulée	a	выпускной патрубокъ (m) tubo (m) busa (f), tubo (m) de colada
8	gebrannte Hülse (f) nozzle brick sleeve tube (f) réfractaire	b	обожжённая огнеупорная втулка (f) involucro (m) *o* tubo (m) refrattario envoltura (f) refractaria del tubo

Gießen des Eisens
Casting of the iron
Coulée de la fonte
Литье *или* отливка желѣза
Colata della ghisa
Colada de la fundición 1

das Eisen abfangen (v)
to tap the iron
recevoir (v) la fonte
принимать *или* улавливать вытекающее желѣзо
prendere (v) la ghisa
recibir (v) la fundición 2

---

unruhig flackern (v)
to flare
vaciller (v)
колебаться
vacillare (v), barcollare (v)
vacilar (v), llamear (v) 3

das Eisen vergießen (v)
to cast the iron
couler (v) en moules
проливать желѣзо
colare (v) *o* gettare (v) nelle forme
colar (v) en moldes 4

durch Kippen aus der Schnauze gießen (v)
to cast over the lip by tipping
faire basculer (v) pour couler le métal par le bec
опрокидывая, лить черезъ носъ ковша
far colare (v) dal becco rovesciando
derramar (v) basculando por el pico 5

durch den Stopfen gießen (v)
to cast through the plug hole
couler (v) par la quenouille
лить черезъ спускное отверстіе
colare (v) dal tappo
colar (v) por el agujero de colada 6

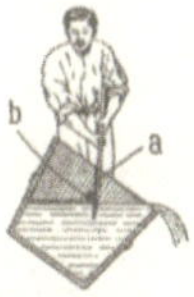

a

Krampstock (m)
skimmer
écumoir (m)
клюшка (f)
schiumaiuola (f) (per togliere la scoria)
espumadera (f) 7

---

b

Schaum (m)
skum, kish
écume (f)
пѣна (f)
schiuma (f), scoria (f)
espuma (f) 8

1 spratzen (v)
to spurt, to spit
cracher (v)

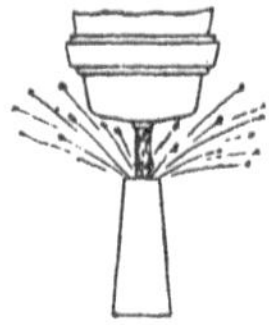

давать брызги
scintillare (v), spruzzare (v)
chisporrotear (v)

---

2 Gießtemperatur (f)
casting temperature
température (f) de coulée

температура (f) литья
temperatura (f) di fusione
temperatura (f) de colada

---

3 von zwei Seiten gießen (v)
to cast from two sides
couler (v) de deux côtés

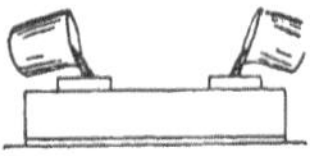

лить съ двухъ сторонъ
colare (v) o gettare (v) da due lati
colar (v) de los dos lados

---

4 die Form füllen (v)
to fill the mould
remplir (v) le moule

заполн-ить (-ять) форму
riempire (v) la forma
llenar (v) el molde

---

5 aufsteigender Guß (m)
bottom casting
coulée (f) en source

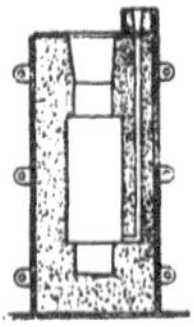

отливка (f) восходящей струёй
colata (f) a sifone
colada (f) por el fondo

---

6 Tangentialguß (m)
tangential casting
coulée (f) tangentielle

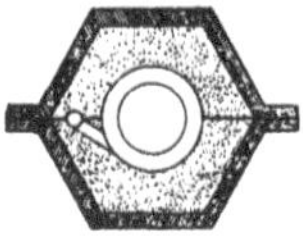

тангенціальная отливка (f); отливка по касательной
colata (f) tangenziale
colada (f) tangencial

---

7 Zentrifugalguß (m)
centrifugal casting
coulée (f) [par la force] centrifuge

центробѣжная отливка (f)
colata (f) [a forza] centrifuga
colada (f) centrifuga

---

8 aufrecht gießen (v)
top casting
couler (v) debout

отли-ть (-вать) вертикально
colare (v) in piedi
colar (v) de pie

---

9 Treiben (n) des Eisens
rising of the iron in the mould
remontée (f) de la fonte

вырастаніе (n) желѣза (отливки)
trasudamento (m) della ghisa
ascenso (m) de la fundición

---

10 Senkung (f) des Metallspiegels, Meniskus (m)
kick
ménisque (m), forme (f) concave de la surface

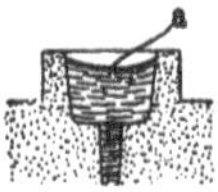

a

менискъ (m)
menisco (m) della ghisa
menisco (m), concavidad (f) de la superficie

Spiel (n) des Eisens surface play of iron miroitement (m) de la fonte		игра (f) отливки giuoco (m) della ghisa reverberación (f) de la fundición	1
Häutchen (n), Oxydhäutchen (n) pellicle of oxygen pellicule (f) d'oxyde		слой (m) окиси pellicola (f) d'ossido película (f) de óxido	2
Wanze (f) blisters (pl) pustule (f), poquette (f)		желѣзный клопъ (m) ruvidezza (f) verruga (f)	3
Druse (f) hollow druse trou (m)		друза (f); пустота (f) foro (m) agujero (m)	4
höckerartige Ausscheidung (f) humpy separation peau (f) de crapaud		комковатое *или* бородавкообразное выдѣленіе (n) superficie (f) scabra ampollas (f pl) formadas por el desprendimiento de gases	5
Aufstreuen (n) von Sand sand filling saupoudrer (v) avec du sable		посыпаніе(n) пескомъ; насыпаніе (n) песку coprire (v) con sabbia echar (v) arena	6
Lungern (n), Saugen (n) piping retassement (m), ravalement (m)		образованіе (n) усадочныхъ раковинъ ritiro (m) grieta (f), crica (f)	7
Seigerungserscheinung (f), Saigerungserscheinung (f) segregation, liquation phénomène (m) de liquation *ou* de ségrégation		явленіе (n) зейгированія *или* ликваціи; [фиг.:] сегрегація (f) fenomeno (m) di separazione, liquazione (f) fenómeno (m) de licuación	8
seigern (v), saigern (v) to segregate se séparer (v)		зейгировать; выдѣлять сплавы separarsi (v) separarse (v)	9
ausgeseigerter Tropfen (m) segregated *or* liquated portion gouttelette (f) séparée par liquation		зейгированная капля (f) goccia (f) segregata gota (f) *ó* gotera (f) segregada (por licuación)	10
Lunker (m) pipe, funnel retassement (m), retassure (f), cavité (f)		усадочная раковина (f) risucchio (m), soffiatura (f) cavidad (f), grieta (f) desoldadura (f)	11

1	Hohlraum (m) space cavity, blow hole cavité (f)		пустота (f) cavità (f) cavidad (f)
2	Blase (f), Gasblase (f) blister soufflure (f)		пузырь (m); газовый пузырь soffiatura (f) burbuja (f)
3	blasiger Stahl (m) blister steel acier (m) souffleux *ou* à soufflures		пузырчатая сталь (f) acciaio (m) soffiato acero (m) con burbujas
4	löcherig (adj) honeycombed (adj), blown hollow (adj) caverneux (adj)		ноздреватый cavernoso (agg) poroso (adj)
5	durchwachsen (adj) non homogeneous (adj) traversé (adj), non homogène (adj)		зарости, заростать; прорости, проростать non omogeneo (agg) no homogéneo (adj)
6	entweichendes Gas (n) escaping gas, evolved gas gaz (m) se dégageant		улетучивающійся газъ (m) gas (m) sviluppato gas (m) que escapa
7	eingeschlossenes Gas (n) occluded gas gaz (m) inclus *ou* enfermé *ou* emprisonné		включённый газъ (m) gas (m) occluso gas (m) aprisionado *ó* encerrado
8	lockere Stelle (f) occlusion, starved portion of cast with insufficient metal partie (f) peu dense		рыхлое мѣсто (n) parte (f) spugnosa parte (f) suelta *ó* poco densa
9	gesunde Stelle (f) sound part partie (f) saine		крѣпкое *или* цѣлое мѣсто (n) parte (f) sana parte (f) sana
10	schlackenhaltig (adj) containing slag contenant des scories		содержащій шлаки contenente (agg) delle scorie conteniendo *ó* que contiene escorias
11	schlackenfrei (adj) free (adj) from slags exempt (adj) de scorie		не содержащій шлаковъ esente (agg) da scorie exento (adj) de escorias, sin escorias
12	angelaufen (adj), oxydiert (adj) blued (adj), oxidized (adj) oxydé (adj)		побѣжалый; окисленный ossidato (agg) azulado (adj), oxidado (adj)

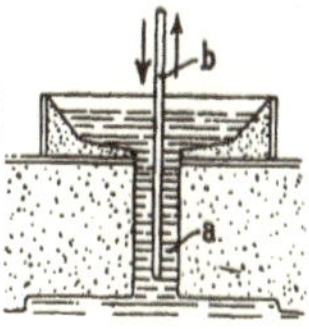

pumpen (v)
to stir vertically, to prick the molten metal
pomper (v)

высосать, высасывать; выкачать, выкачивать 1
pompare (v)
agujerear (v)

Pumpensteiger (m)
venting channel
canal (m) de pompage

a

водонапорный каналъ (m); водонапорная труба (f) 2
canale (m) di pompa
canal (f) de agujerear

Pumpenstock (m)
pricker, stirring rod
baguette (f) de pompage

b

штанга (f) насоса
barra (f) per pompare 3
varilla (f) de agujerear

---

nachfüllen (v)
to fill up
remplir (v), additionner (v)

пополн-ить (-ять)
riempire (v) 4
llenar (v)

---

ferrostatischer Druck (m)
ferrostatical pressure
pression (f) ferrostatique

ферростатическое давленіе (n)
pressione (f) ferrostatica 5
presión (f) ferrostática

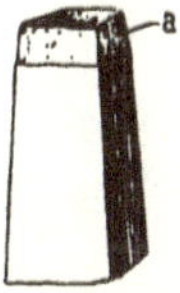

verlorener Kopf (m)
discard *or* dead head, lost head
jet (m), masselotte (f), tête (f) perdue

a

прибыль (f)
massellotta (f) 6
mazalote (f)

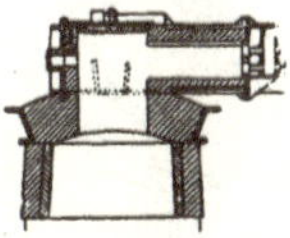

Heizen (n) des Blockkopfes
heating of the head
chauffage (m) de la tête du lingot

нагрѣваніе (n) верхней части болванки
riscaldamento (m) del getto 7
calentamiento (m) de la cabeza del lingote

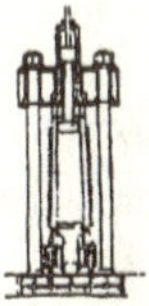

Dichtung (f), Dichtmachen (n)
compression
compression (f)

уплотненіе (n)
compressione (f) 8
compresión (f)

Gußblock (m), [Ingot (m)]
ingot
lingot (m)

слитокъ (m); [неправильно:] болванка (f) 9
lingotto (m)
lingote (m)

1 abstehen lassen (v)
to quiet
laisser (v) se calmer *ou* se reposer
дать отстояться
lasciar (v) riposare]
dejar reposar (v)

2 Erstarren (n)
solidification, setting, freezing (A*)
solidification (f)
застываніе (n)
solidificazione (f)
solidificación (f)

3 Abkühlung (f), Abkühlen (n)
cooling down
refroidissement (m)
охлажденіе (n)
raffreddamento (m)
enfriamiento (m)

4 Abkühlungsfläche (f)
cooling *or* refrigeration surface
surface (f) de refroidissement
поверхность (f) охлажденія
superficie (f) di raffreddamento
superficie (f) de enfriamiento

5 glühend bleiben (v)
to remain red hot
rester (v) rouge
остаться раскалённымъ
restare (v) rosso
quedar (v) rojo

6 Kruste (f)
crust
croûte (f)
корка (f)
crosta (f)
costra (f)

7 Schwindung (f)
contraction
contraction (f), retrait (m)
усадка (f)
contrazione (f)
contracción (f)

8 Außenhaut (f), Gußhaut (f), Haut (f)
skin
croûte (f) de la fonte
плёнка (f); кора (f)
crosta (f) della ghisa
costra (f) de la fundición

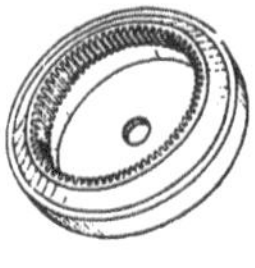

9 **Abguß, Gußstück**
Casting
Moulage, pièce de fonte
Отливка
Pezzo fuso
Pieza de fundición

10 Übermaß (n)
overmeasure, surplus, measure
tolérance (f), surépaisseur (f)
придатокъ (m); увеличенный размѣръ (m)
aggiuntaggio (m)
tolerancia (f), sobreespesor (m)

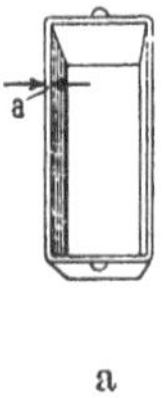

a

11 dünnwandiger Eisenguß (m)
thin walled casting
pièce (f) de fonte à parois minces
тонкостѣнная чугунная отливка (f)
pezzo (m) di ghisa sottile
pieza (f) de fundición de poco espesor

12 Eisenstärke (f)
wall thickness of the casting
épaisseur (f) de fonte
толщина (f) желѣзныхъ стѣнокъ
spessore (m) di ghisa
espesor (m) de fundición

* A = americanism

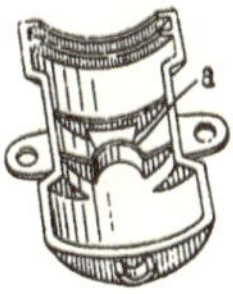

a

Vollguß (m), volles Gußstück (n) solid casting pièce (f) de fonte pleine *ou* massive	полная *или* цѣльная отливка (f) pezzo (m) massiccio pieza (f) de fundición maciza	1
Hohlguß (m) hollow casting pièce (f) de fonte creuse, moulage (m) creux	полая *или* пустотѣлая отливка (f) pezzo (m) vuoto pieza (f) de fundición hueca	2
gewundener, verzettelter Hohlraum (m) serpiginous hollow moulage (m) creux compliqué	извилистая пустота (f) vuoto (m) sagomato pieza (f) hueca complicada	3
Sandguß (m) sand casting moulage (m) *ou* coulée (f) en sable	отливка (f) въ пескѣ pezzo (m) colato in sabbia colada (f) ó fundición (f) en arena	4
Masseguß (m) dry sand casting moulage (m) en terre	отливка (f) въ массу pezzo (m) colato in argilla colada (f) ó fundición (f) en tierra	5
Lehmguß (m) loam casting moulage (m) en argile	отливка (f) въ глинѣ; глиняная отливка pezzo (m) colato fermo in terra colada (f) ó fundición (f) en arcilla	6
Schalenguß (m) chill casting moulage (m) en coquille	отливка (f) въ изложницахъ; кокильная отливка pezzo (m) colato in conchiglia colada (f) ó fundición (f) en coquilla ó molde metálico	7
Formguß (m) mould casting moulage (m) en châssis	формовочная отливка (f) pezzo (m) formato nella staffa colada (f) ó fundición (f) en molde	8
Maschinenguß (m) machine casting moulage (m) pour pièces de machine	машинное литьё (n); машинная отливка (f) ghisa (f) per pezzi di macchine fundición (f) para piezas de máquinas	9
Bauguß (m) structural casting moulage (m) de construction	строительное литьё (n) ghisa (f) da costruzioni piezas (f pl) de fundición para construcciones	10

1	Röhrenguß (m) tube casting moulage (m) de tuyaux	отливка (f) трубъ ghisa (f) da tubi fundición (f) para tubería
2	Stahlformguß (m) steel casting moulage (m) d'acier, acier (m) moulé en châssis	фасонное стальное литьё (n); фасонная стальная отливка (f) getto (m) d'acciaio acero (m) colado (en marcos)
3	aus Stahl gegossen (adj) steel cast (adj) coulé (adj) en acier	отлитый изъ стали colato (agg) in acciaio colado (adj) en acero ó de acero colado
4	weicher Stahlguß (m) soft cast steel, mild steel moulage (m) en acier doux	мягкое стальное литьё (n); мягкая стальная отливка (f) acciaio (m) colato dolce acero (m) colado dulce
5	harter Stahlguß (m) hard cast steel moulage (m) d'acier dur	твёрдое стальное литьё (n); твёрдая стальная отливка (f) acciaio (m) colato duro acero (m) colado duro
6	glashart (adj) glass hard (adj) dur (adj) comme le verre	твёрдости стекла duro (agg) come il vetro duro (adj) como el vidrio
7	weißstrahlige Hartgußkruste (f) hard white crust *or* skin with radiated structure croûte (f) dure à texture blanche rayonnante	бѣлолучистая кора (f) твёрдой *или* закалённой *или* отбѣленной отливки crosta (f) dura a sezione bianca raggiante capa (f) ó costra (f) de fundición dura de estructura blanca radiada
8	Gußspannung (f) casting stress tension (f) de coulée	напряженіе (n) въ отливкѣ tensione (f) di colata tensión (f) de colada
9	Biegespannung (f) bending stress tension (f) de pliage	напряженіе (n) при изгибѣ *или* отъ изгиба tensione (f) di flessione tensión (f) de flexión
10	innere Spannung (f) internal stress tension (f) interne	внутреннее напряженіе (n) tensione (f) interna tensión (f) interna
11	der Guß mißlingt the casting fails la coulée ne réussit pas	отливка (f) не удаётся la colata è mancata, il pezzo è scarto la colada fracasa ó sale mal

Fehlguß (m), Wrackguß (m), Kaltguß (m), Ausschuß (m)
spoiled casting
pièce (f) manquée, moulage (m) froid, rebut (m)
холодная отливка (f)
pezzo (m) scarto 1
pieza (f) defectuosa

Putzerei
Cleaning Shop
Atelier d'ébarbage
Отдѣлочная
Officina di sbavatura 2
Taller de rebarbado

Putzer (m)
cleanser
ébarbeur (m)
чистильщикъ (m)
sbavatore (m) 3
rebarbador (m)

Putzstück (n)
piece to be cleaned
pièce (f) à ébarber
очищаемый предметъ (m); предметъ, предназначенный для чистки 4
pezzo (m) sbavato
pieza (f) para rebarbar

den Guß putzen (v)
to clean the casting
nettoyer (v) les moulages, ébarber (v)

чистить *или* отдѣлать отливку
pulire (v) il pezzo, sbavare (v) 5
limpiar (v) la pieza de fundición

die Gußnaht entfernen (v)
to remove the seam or burr
enlever (v) les bavures de joint
снять *или* сгладить швовъ отливки
togliere (v) la sbavatura 6
quitar (v) la rebarbas de junta

Grat (m)
seam, juncture, burr
arête (f), bavure (f)
заусенцы (mpl); гратъ (m)
scalpello (m) 7
arista (f)

Kruste (f)
crust
croûte (f)
корка (f)
crosta (f) 8
costra (f)

Oberflächenkruste (f)
surface crust
croûte (f) superficielle
поверхностная корка (f)
crosta (f) superficiale 9
costra (f) superficial

Gußfehler (m)
flaw in the casting
défaut (m) de coulée
порокъ (m) *или* изъянъ (m) отливки
difetto (m) di fusione 10
defecto (m) de colada

oberflächlicher Fehler (m)
surface defect
défaut (m) de surface
порокъ (m) *или* изъянъ (m) на поверхности 11
difetto (m) superficiale
defecto (m) superficial

1	fehlerfrei (adj) faultless (adj) sain (adj), exempt (adj) de défaut		безупрёчный; безъ изъяна sano (agg) sano (adj), sin falta
2	Gußnarbe (f) fault, flaw balafre (f), défaut (m)		рубецъ (m) на поверхности отливки difetto (m) darta (f), defecto (m)
3	Unebenheit (f) unevenness, roughness inégalité (f) de surface, aspérités (f pl)		шероховатость (f) piano (m) ineguale asperezas (f pl)
4	Gußschaden (m) defective casting défectuosité (f) de la fonte		порча (f) *или* бракъ (m) при отливкѣ difetto (m) di ghisa defecto (m) de la fundición
5	anhaftender Formstoff (m) adhering moulding sand *or* material sable (m) de moulage adhérent		приставшій формовочный матеріалъ (m) sabbia (f) da formare aderente arena (f) del molde adherida
6	eingebrannter Sand (m) burnt sand sable (m) incrusté		пригорѣвшій песокъ (m) sabbia (f) bruciata arena (f) incrustada
7	Sandkruste (f) sand skin croûte (f) de sable		корка (f) песку crosta (f) di sabbia costra (f) de arena
8	Rauhigkeit (f) roughness rugosité (f)		шероховатость (f) superficie (f) ineguale rugosidad (f)
9	Putzwerkzeug (n) cleansing tool outil (m) d'ébarbage		инструментъ (m), служащій для чистки отливокъ arnese (m) per sbavare herramienta (f) de rebarbado
10	Gußputzbürste (f) brush brosse (f) à nettoyer		щётка (f) для чистки отливокъ spazzola (f) per sbavare escobilla (f), cepillo (m)
11	Gußstahldrahtbürste (f) mit Handgriff cast steel wire brush with handle brosse (f) à main en fil d'acier		стальная проволочная щётка (f) для чистки отливокъ съ ручкою spazzola (f) a mano in filo d'acciaio escobilla (f) de alambre de acero con mango
12	Drahtbürste (f) mit Gurt wire brush with strap brosse (f) en fil de fer à bride	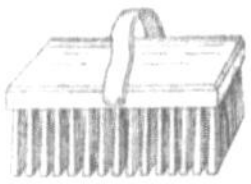	проволочная щётка (f) съ пояскомъ spazzola (f) in filo di ferro a striglia escobilla (f) de alambre con asa de cuero

Bürste (f) mit Bart
brush with side, groove brush
brosse (f) avec barbe

проволочная щётка (f) съ бородкой
spazzola (f) a barba
cepillo (m) para aristas ó con barba 1

---

doppelter Schrubber (m) aus Draht
double scrubber of wire
grattoir (m) double en fil d'acier

двусторонняя проволочная щётка-кисть (f); проволочная щётка въ видѣ двусторонней кисти; двусторонній кистеобразный скребокъ (m) изъ проволоки 2
spazzola (f) doppia in filo d'acciaio
escobilla (f) ó grata (f) doble de alambre

Zirkelgußputzbürste (f)
circular brush
queue (f) de rat pour fontes

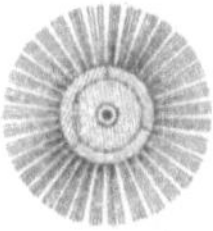

щётка (f) круглой формы для чистки литья; дисковая щётка для чистки отливокъ 3
spazzola (f) circolare
grata (f) ó cepillo (m) circular para limpiar fundición

Preßlufthammer (m)
pneumatic hammer
marteau (m) pneumatique

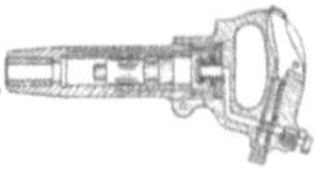

пневматическій молотокъ (m)
martello (m) pneumatico 4
martillo (m) neumático

Gußfeile (f)
file
lime (f) à fonte

напильникъ (m) *или* напилокъ (m) *или* подпилокъ (m) для чистки отливокъ 5
lima (f)
lima (f)

Feilenverbrauch (m)
consumption of files
consommation (f) de limes

расходъ (m) напильниковъ; изнашиваніе (n) подпилковъ
consumo (m) delle lime 6
consumo (m) de limas, desgaste (m) de las limas

Putzmittel (n)
cleansing material
matières (f pl) pour l'ébarbage *ou* le nettoyage

вещество (n) для чистки
materiale (m) per sbavare 7
material (m) de limpiar

Gußschrot (n)
iron shot, casting scrap
grenaille (f) de fonte

дробь (f), служащая для чистки отливокъ
grana (f) di ghisa 8
granalla (f) de fundición

1	Putzmaschine (f) cleansing machine machine (f) d'ébarbage *ou* de nettoyage		отдѣлочный станокъ (m); машина (f) для чистки macchina (f) per sbavare máquina (f) para limpiar
2	schleifen (v) to smooth, to grind meuler (v)		шлифовать arruotare (v), affilare (v) afilar (v), esmerilar (v), pulir (v)
3	Schleifstuhl (m) grinding bench machine (f) à meuler	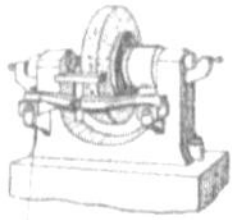	шлифовальный станокъ (m) macchina (f) da affilare máquina (f) de afilar ó esmerilar
4	Schmirgelscheibe (f) emery disc *or* wheel meule (f) à émeri	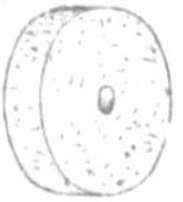	наждачный кругъ (m) mola (f) a smeriglio muela (f) de esmeril
5	Schutzhaube (f) protecting cap *or* cover enveloppe (f) de protection	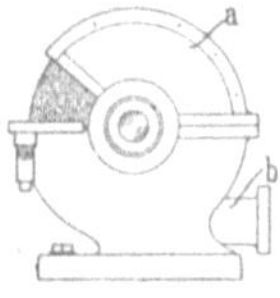 a	предохранительный кожухъ (m) copertura (f), guardia (f) cubierta (f) protectora
6	Absaugerohr (n) suction pipe tuyau (m) d'aspiration	b	отсасывающая труба (f) tubo (m) d'aspirazione tubo (m) de aspiración
7	hängende Schleifmaschine (f) overhead grinding machine machine (f) à meuler suspendue	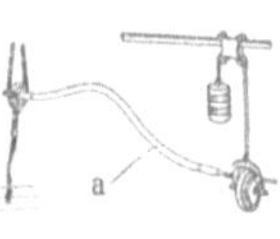	подвѣсный шлифовальный станокъ (m) macchina (f) da spianare sospesa máquina (f) de afilar suspendida
8	biegsame Welle (f) flexible shaft arbre (m) flexible	a	гибкій валъ (m) albero (m) flessibile eje (m) flexible
9	Sandstrahlgebläse (n) sand blast apparatus machine (f) à jet de sable		пескоструйный аппаратъ (m) macchina (f) a getto di sabbia soplador (m) de chorro de arena
10	Strahlrohr (n) nozzle lance (f) à jet de sable	a	пескоструйная труба (f) tubo (m) a getto lanza (f) del chorro de arena

drehbarer Tisch (m)
turntable
plateau (m) tournant, table (f) tournante

поворотный столъ (m)
piatto (m) girevole
mesa (f) giratoria 1

Putzscheuertrommel (f), Rollfaß (n)
cleansing drum
tambour (m) ou trommel (m) de nettoyage

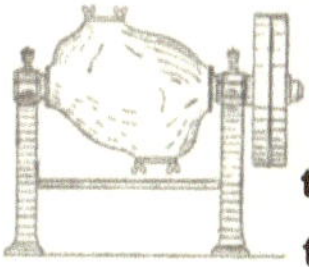

вращающійся барабанъ (m); вращающаяся бочка (f); отдѣлочный барабанъ; барабанъ для чистки отливокъ 2
tamburo (m) per togliere la sabbia
tambor (m) para la limpieza

---

tragbare Putzmühle (f)
portable cleansing mill
moulin (m) de nettoyage transportable

переносный вращающійся барабанъ (m); переносная вращающаяся бочка (f); переносный отдѣлочный барабанъ 3
mola (f) trasportabile
molino (m) de limpieza transportable

Kaltsägemaschine (f)
cold saw
scie (f) à froid

пила (f) для холодной распиловки
sega (f) a freddo 4
sierra (f) en frio

Blattsäge (f)
band saw
scie (f) alternative, scie (f) à lame

ленточная пила (f)
sega (f) alternativa
sierra (f) alternativa, sierra (f) de hojas ó de láminas 5

Sägebogen (m)
saw frame *or* bow
cadre (f) de scie

a

лучокъ (m) пилы
telaio (m) della sega 6
bastidor (m) de sierra

Sägeblatt (n)
saw blade, saw web
lame (f) de scie

b

пильный листъ (m); пильная лѐнта (f); полотно (n) пилы 7
lama (f) di sega
hoja (f) de sierra

Nachreinigung (f)
further cleansing
nettoyage (m) supplémentaire

подчистка (f); отдѣлка (f)
pulitura (f) supplementare 8
limpieza (f) suplementaria

---

mit Säure beizen (v)
to pickle
décaper (v) à l'acide

травить [отливку] кислотою
pulire (v) con acido 9
desoxidar (v) por medio del ácido

Säurebad (n)
acid bath, pickle
bain (m) d'acide

кислотная ванна (f)
bagno (m) d'acido 10
baño (m) de ácido

1	sauber (adj) clean (adj) propre (adj), net (adj)	чистый pulito (agg) limpio (adj)
2	die Gußlöcher verstopfen (v) to fill up the casting holes boucher (v) les soufflures	задѣлка (f) отверстій въ отливкѣ chiudere (v) le soffiature tapar (v) las sopladuras
3	Spachtelfarbe (f) spaddle mastic (m)	шпаклёвка (f) mastice (f) mastic (m), masilla (f)
4	spachteln (v), verschmieren (v) to fill up mastiquer (v)	шпаклевать mettere (v) del mastice masillar (v), enmasillar (v)

XIV.

Schmieden und Pressen
Forging and Pressing
Travail de forge et à la presse, forgeage
Ковка и прессованіе
Forgiatura e pressatura
Forja y trabajo con la prensa, forjado

Hammeranlage, Hammerhütte
Forge *or* Hammer Shop
Atelier de forge
Молотобойня; молотовая или молотобойная мастерская *1*
Impianto per forgiatura
Taller de forja

Wasserhammer (m)
hydraulic hammer
marteau (m) hydraulique
гидравлическій молотъ (m)
martello (m) idraulico *2*
martillo (m) hidráulico

Stielhammer (m)
shaft hammer
marteau (m) à levier *ou* à manche
рычажный молотъ (m)
martello (m)
martillo (m) de palanca *3*

Aufwerfhammer (m)
lift hammer, tilt hammer, helver, helve hammer
marteau (m) à soulèvement, maca (m)

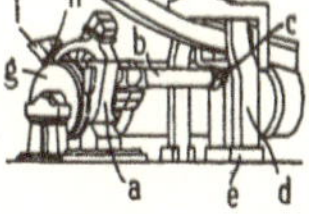

молотъ (m) съ прямымъ ударомъ
martello (m) frontale
martillo (m) de palanca horizontal, martillo (m) rebotador *4*

Hammerkopf (m), schmiedeiserner Kopf (m)
wrought iron head
tête (f) en fer forgé, frappe (f) en fer
a
желѣзный кованый боёкъ (m)
testa (f) *o* mazza (f) in ferro forgiato *5*
cabeza (f) de hierro forjado

Stiel (m), Helm (m)
handle, shaft, helve
manche (f)
b
молотовище (n)
manico (m) *6*
palanca (f)

1	Lagerbüchse (f) bearing bush boîte (f) à tourillon	c	подшипникъ (m) cassetta (f) *o* scatola (f) del sopporto casquillo (m) de cojinete
2	Büchsensäule (f) bracket for bearing bush, journal montant (m) *ou* châssis (m) du marteau	d	станина (f) молота ritto (m) del sopporto columna (f) *ó* bastidor (m) porta-cojinete
3	Schuh (m) iron shoe semelle (f)	e	основаніе (n) станины base (f) del ritto del sopporto zapata (f)
4	Daumentrommel (f) tappet *or* cam drum bague (f) à cames, tourniquet (m)	g	дискъ (m) *или* колесо (n) съ насаженными пальцами; барабанъ (m) съ насаженными лодыжками *или* кулаками albero (m) a palmole disco (m) de levas
5	Daumen (m), Hebekopf (m) tappet, cam came (f)	h	палецъ (m); лодыжка (f); кулакъ (m) palmola(f), bocciolo(m) leva (f)
6	Frosch (m) cam shoe sabot (m) de la came	i	деревянный башмакъ (m) пальца *или* лодыжки *или* кулака zoccolo (m) della palmola tope (m) de la leva
7	Prellung (f), Prellklotz (m), Reitel (m) recoil, spring beam billot (m), rabat (m)	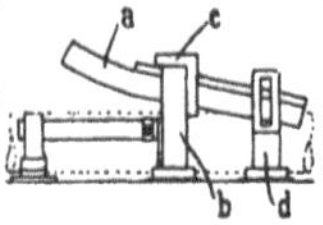 a	отбой (m) trave (f) elastica batidor (m), rebotador (m)
8	Reitelsäule (f) rabbit stand poupée (f) de rabat, ordon (m)	b	поддерживающія стойки (fpl) *или* станины (fpl) cavalletto (m) per la trave elastica batidor (m), columna (f) del batidor
9	Kopfplatte (f) head plate, top plate plaque (f) de tête, braie (f)	c	передняя стойка (f) *или* станина (f) testata (f) del cavalletto placa (f) de cabeza
10	Hintersäule (f) rear stand colonne (f) d'arrière	d	задняя стойка (f) *или* станина (f) cavalletto (m) posteriore columna (f) posterior

Schwanzhammer (m)
tail hammer
martinet (m) *ou* marteau (m) à queue

хвостовой молотъ (m); заднебойный молотъ
martello (m) ad altalena
martillo (m) de cola 1

Schwanz (m)
tail
queue (f)

a

хвостъ (m)
coda (f)
cola (f) 2

Wipphammer (m)
wipple hammer
martinet (m) à ressort

качающiйся молотъ (m); рычажный молотъ съ ножнымъ приводомъ
maglio (m) a molle *od* a leva con molle
martillo (m) *ó* martinete (m) de resortes á pedal 3

Gleishammer (m), Rahmenhammer (m), Parallelhammer (m)
drop hammer
mouton (m), marteau (m) guidé

пестовой молотъ (m)
maglio (m) a caduta libera, martinetto (m) libero *o* parallelo
martillo (m) *ó* martinete (m) de caída libre 4

Reibungshammer (m)
friction hammer
marteau (m) à friction

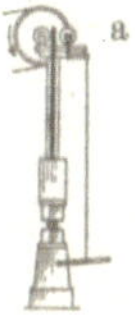

фрикцiонный молотъ (m); молотъ тренiя
maglio (m) a frizione
martinete (m) de fricción 5

Reibungsrolle (f)
friction roll
rouleau (m) de friction

a

фрикцiонный роликъ (m)
rullo (m) di frizione
rueda (f) de fricción, tambor (m) de fricción 6

Wickelhammer (m)
flexible belt drop stamp
mouton (m) à courroie

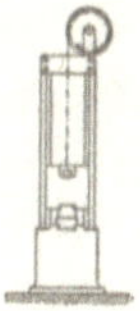

молотъ (m) съ наматывающимъ барабаномъ
maglio (m) a cinghia, berta (f) a cinghia
martillo (m) de correa 7

1 Wickelrolle (f), Wickeltrommel (f)
winding drum
poulie (m) d'enroulement

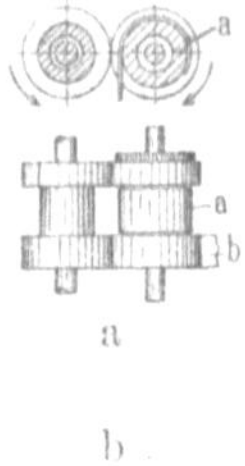

наматывающій роликъ (m); наматывающій барабанъ (m)
rullo (m) o tamburo (m) d'avvolgimento
polea (f) ó tambor (m) de enrollamiento

---

2 Backenbremse (f)
shoe brake
frein (m) à sabot

тормазъ (m) съ колодкой
freno (m) a ceppi
freno (m) de mordazas ó zapatas

---

3 Stangenreibhammer (m) mit Müllerschem Antrieb
drop stamp with Müller drive
marteau (m) à planche avec commande Müller

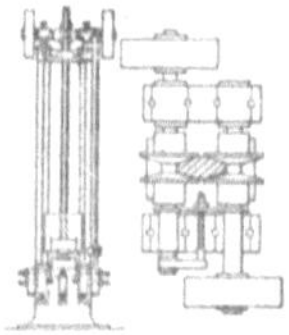

фрикціонный молотъ (m) съ доской съ приводомъ Мюллера
maglio (m) o berta (f) di frizione a tavola con comando sistema Müller
martillo (m) de caida por fricción de tabla con impulso sistema Müller

---

4 Dampfhammer (m)
steam hammer
marteau-pilon (m) à vapeur

паровой молотъ (m)
maglio (m) a vapore
martillo (m) de vapor

---

5 Dampfhammer (m) mit feststehendem Zylinder
steam hammer with fixed cylinder
marteau-pilon (m) avec cylindre fixe

паровой молотъ (m) съ неподвижнымъ цилиндромъ
maglio (m) a vapore a cilindro fisso
martillo-pilón (m) con cilindro de vapor fijo

---

6 einfach wirkender Dampfhammer (m)
single acting steam hammer
marteau-pilon (m) à simple effet

паровой молотъ (m) простого дѣйствія
maglio (m) a vapore a semplice effetto
martillo-pilón (m) de simple efecto

---

7 Dampfhammer (m) mit einseitigem *oder* C-förmigem Gestell
steam hammer with single standard, overhanging type steam hammer
marteau-pilon (m) avec montant en col de cygne, marteau-pilon (m) à simple jambage

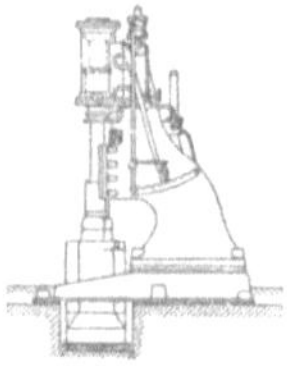

паровой молотъ (m) съ односторонней станиной *или* C-образной станиной
maglio (m) a vapore ad un sol montante
martillo-pilón (m) á vapor de bastidor sencillo *ó* en forma de C

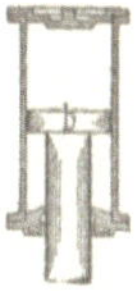

Dampfstiefel (m), Dampfzylinder (m)
steam cylinder
cylindre (m) à vapeur

паровой цилиндръ (m)
cilindro (m) del vapore
cilindro (m) de vapor 1

---

b

Hammerkolben (m)
hammer piston
piston (m) du marteau

поршень (m) молота
stantuffo (m) della mazza
émbolo (m) del martillo 2

Hammersteuerung (f)
hammer valve gear
distribution (f) du marteau

парораспредѣленіе (n) молота
distribuzione (f) *o* comando (m) dell'inversione di marcia della mazza battente
distribución (f) del martillo 3

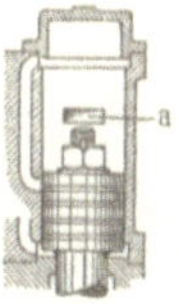

Kolbensteuerung (f), Steuerung (f) durch den Kolben
piston valve gear
distribution (f) par piston, admission (f) par piston

поршневое парораспредѣленіе (n)
distribuzione (f) a [mezzo di] stantuffo
distribución (f) por el émbolo 4

---

a

Ausströmkanal (m)
exhaust port
lumière (f) *ou* ouverture (f) d'échappement

выпускной каналъ (m)
apertura (f) o finestra (f) di scappamento
canal (f) de escape 5

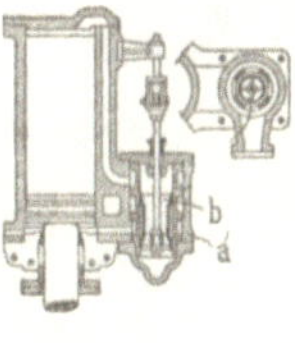

Schiebersteuerung (f)
slide valve gear
distribution (f) *ou* admission (f) par tiroir

золотниковое распредѣленіе (n); парораспредѣленіе круглыми золотниками
distribuzione (f) a cassetto cilindrico
distribución (f) por válvula corredera 6

Dampfeinlaßschieber (m)
admission valve, slide valve
tiroir (m) d'admission

паровпускной золотникъ (m)
cassetto (m) d'ammissione del vapore
caja (f) *ó* válvula (f) corredera de admisión 7

---

a

Steuerkasten (m)
steam chest
boîte (f) de distribution

золотниковая коробка (f)
camera (f) di distribuzione
caja (f) de distribución 8

---

b

Steuerschieber (m)
operating valve, regulating slide valve
valve (f) d'admission

золотникъ (m)
cassetto (m) di distribuzione
distribuidor (m) 9

1 Hahnsteuerung (f)
regulation by stop cock
distribution (f) par robinet

распредѣленіе (n) кранами
distribuzione (f) a robinetti
distribución (f) por grifos

---

2 Ventilsteuerung (f)
valve regulation
distribution (f) par soupape

клапанное распредѣленіе (n)
distribuzione (f) a valvola
distribución (f) por válvula

---

3 Handsteuerung (f)
hand regulation
distribution (f) à main

управленіе (n) отъ руки
distribuzione (f) a mano
distribución (f) á mano

---

4 Selbststeuerung (f)
automatic *or* self-regulation
distribution (f) automatique

самодѣйствующее *или* автоматическое управленіе (n)
distribuzione (f) automatica
distribución (f) automática

---

5 doppeltwirkender Dampfhammer (m)
double acting steam hammer
marteau-pilon (m) à vapeur à double effet

паровой молотъ (m) двойного дѣйствія
maglio (m) a vapore a doppio effetto
martillo-pilón (m) á vapor de doble efecto

---

6 Dampfhammer (m) mit Oberdampf
steam hammer admitting steam above the piston
marteau-pilon (m) à vapeur avec admission sur le piston

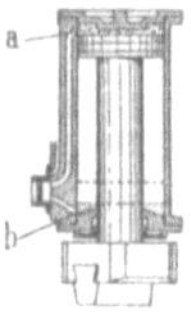

паровой молотъ (m) съ верхнимъ паромъ
maglio (m) a vapore con immissione superiore del vapore
martillo-pilón (m) á vapor con entrada de vapor por encima del émbolo

---

7 Oberdampf (m)
steam admitted above the piston
vapeur (f) admise au-dessus du piston

a

верхній паръ (m); паръ надъ поршнемъ
vapore (m) immesso superiormente
vapor (m) que entra por encima del émbolo

---

8 Unterdampf (m)
steam admitted below the piston
vapeur (f) admise au-dessous du piston

b

нижній паръ (m); паръ подъ поршнемъ
vapore (m) immesso inferiormente
vapor (m) que entra por debajo del émbolo

---

9 Kurbelhammer (m)
hammer operated by a crank
marteau (m) *ou* martinet (m) à manivelle

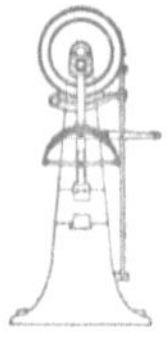

кривошипный молотъ (m)
maglio (m) a manovella
martinete (m) disco de manivela

Transmissionshammer (m)
belt driven hammer
marteau (m) à transmission

приводный молотъ (m)
maglio (m) a trasmissione
martinete (m) mecánico movido por transmisión 1

Lufthammer (m), pneumatischer *oder* atmosphärischer Hammer (m)
pneumatic hammer
marteau (m) pneumatique

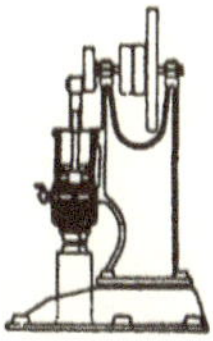

молотъ (m) съ пневматическимъ буферомъ
maglio (m) pneumatico *od* atmosferico
martillo (m) neumático 2

Luftdruckhammer (m)
compressed air hammer
marteau (m) à air comprimé

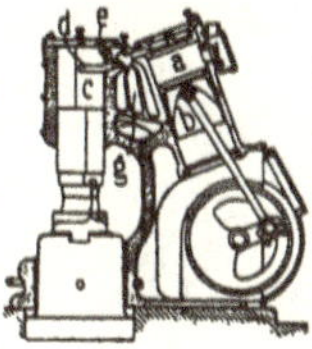

компрессорный молотъ (m)
maglio (m) ad aria compressa
martillo (m) de aire comprimido 3

Luftpumpenzylinder (m)
air pump cylinder
cylindre (m) à air

a

цилиндръ (m) воздушнаго насоса; цилиндръ компрессора
cilindro (m) della pompa d'aria
cilindro (m) de la bomba de aire 4

Luftpumpenkolben (m)
air pump piston
piston (m) pneumatique

b

поршень (m) воздушнаго насоса; поршень компрессора
stantuffo (m) della pompa d'aria
émbolo (m) de la bomba de aire 5

Bärzylinder (m)
hammer cylinder
cylindre (m) du mouton

c

цилиндръ (m), служащій бабой молота
cilindro (m) della mazza battente
cilindro (m) de la maza 6

Saugkanal (m)
suction port *or* passage
conduit (m) *ou* canal (m) *ou* lumière (f) d'aspiration

d

каналъ (m) всасыванія
canale (m) d'aspirazione
canal (f) de aspiración 7

Druckkanal (m)
pressure port *or* passage
conduit (m) *ou* canal (m) *ou* lumière (f) d'admission de l'air comprimé

e

каналъ (m) нагнетанія
canale (m) di compressione
canal (f) de presión 8

1 Windkammer (f)
air chamber *or* reservoir
chambre (f) *ou* réservoir (m) à air

g

воздушная камера (f)
camera (f) d'aria
cámara (f) de aire

---

2 den Hammer prellen (v)
to let the hammer rebound
laisser rebondir (v) le mouton

дать молоту отбой
ammortizzare (v) il colpo della mazza
rebotar (v) el martillo

---

3 federnder *oder* elastischer Puffer (m)
elastic buffer
butoir (m) élastique, amortisseur (m)

эластичный буферъ (m)
respingente (m) elastico
tope (m) elástico

---

4 Federprellung (f)
spring cushioning
amortissement (m) par ressort

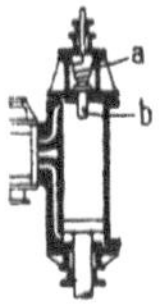

пружинный отбой (m)
ammortizzazione (f) a molla
rebote (m) por muelles

---

5 Wickelfeder (f)
volute spring, spiral spring
ressort (m) en spirale

a

наматывающая пружина (f)
molla (f) a spirale
resorte (m) espiral

---

6 Prellbolzen (m)
recoil spindle
tige (f) de butée *ou* d'amortisseur

b

отбойный болтъ (m)
stelo (m) ammortizzatore
espiga (f) de rebote

---

7 Hubbegrenzung (f)
length of stroke
hauteur (f) *ou* délimitation (f) de la levée

высота (f) хода
limite (m) d'alzata
altura (f) de la carrera, límite (m) de la elevación

---

8 Hammerkopf (m)
head
tête (f) de marteau, étampe (f), frappe (f) du marteau

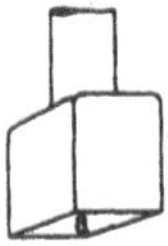

боёкъ (m); головка (f) молота
testa (f) del martello
cabeza (f) del mazo

---

9 Hammerbahn (f)
hammer face
panne (f)

a

наличникъ (m) молота
piano (m) della mazza battente
superficie (f) del mazo ó de la estampa

---

10 Amboß (m)
anvil
enclume (f) inférieure

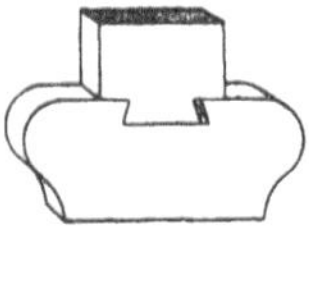

наковальня (f)
incudine (f)
yunque (m)

Schlagwirkung (f)
effect of stroke, strength of blow
effet (m) de la percussion, force (f) du marteau

ударное дѣйствіе (n)
portata (f) del martello 1
efecto (m) del golpe

Querschnittveränderung (f)
variation *or* change of cross section *or* sectional area
changement (m) de section

измѣненіе (n) поперечнаго сѣченія
variazione (f) della sezione 2
cambio (m) de sección

Querschnittverringerung (f)
reduction of cross section, drawing down
réduction (f) de section

уменьшеніе (n) поперечнаго сѣченія
diminuzione (f) della sezione 3
reducción (f) de la sección

---

das Eisen strecken (v)
to draw down the iron
étirer (v) le fer

подкатывать (тянуть) желѣзо 4
stirare (v) il ferro
estirar (v) el hierro

---

hämmern (v)
to hammer
marteler (v)

ковать
martellare (v), battere (v), forgiare (v) 5
martillar (v)

---

im Gesenk schmieden (v)
to swage
estamper (v), matricer (v), forger (v) en matrices

штамповать, ковать въ штампахъ
forgiare (v) su stampo 6
forjar (v) en estampa

---

schlichten (v)
to finish
parer (v), planer (v), finir (v)

сглаживать; ровнять; выравнивать
rifinire (v), ripassare (v) 7
terminar (v)

---

hochkantig stellen (v)
to place edgeways, to up-edge
placer (v) de champ

поставить ребромъ
piazzare (v) per piano 8
poner (v) de canto

---

das Arbeitsstück wenden (v) *oder* drehen (v)
to turn over the piece
retourner (v) la pièce

повернуть обрабатываемый предметъ
girare (v) il pezzo 9
dar (v) vuelta á la pieza

1 Beule (f)
dent, hammer mark
bosse (f)

желвакъ (m) [слѣдъ (m) отъ давленія бойка на разогрѣтый металлъ]
ammaccatura (f)
abolladura (f)

---

2 ausgebauchte Form (f)
concave form, dished form
forme (f) concave

выпуклая форма (f)
forma (f) concava
forma (f) cóncava

---

3 Finne (f), schmale Bahn (f)
pane, edge of a hammer
panne (f) du marteau

боёкъ (m)
faccia (f) del martello
boca (f) ó peña (f) del martillo

---

4 Furche (f)
groove
cannelure (f), rainure (f)

выемка (f); пазъ (m)
scannellatura (f)
ranura (f)

---

5 Lochring (m)
matrix, die, bed die
perçoir (m), matrice (f) à anneau

матрица (f)
matrice (f) anulare
matriz (f) de agujero

---

6 Durchschlag (m)
piercer, punch
chasse-pointes (m), poinçon (m)

пробойникъ (m)
punzone (m)
punzón (m)

---

7 Abschrot (m), Schrotmeißel (m)
chisel, cold chisel (A*)
burin (m), tranche (f), gouge (f)

рѣзакъ (m); прорубное зубило (n); ножъ (m)
tagliuolo (m), scalpello (m)
buril (m), corta-frío (m), tajadera (f)

---

8 abhauen (v)
to cut off
détacher (v), couper (v)

отруб-ить (-ать)
tagliare (v), levare (v)
cortar (v)

---

9 **Schmiedepressen**
Forging Presses
Presses à forger

Ковочные пресса
Presse per forgiare
Prensas de forjar

10 Druckwerk (n), Presse (f)
press
presse (f)

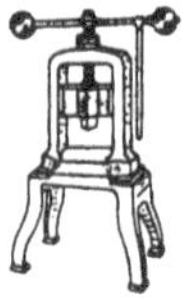

прессъ (m); [фиг.:] винтовой прессъ
pressa (f)
prensa (f)

* A = americanism

Prägwerk (n)
stamping press
presse (f) à matricer *ou* à estamper

чеканочный *или* штамповочный прессъ (m)
pressa (f) per coniare *o* per stampare 1
prensa (f) de estampar

Exzenterpresse (f)
eccentric press
presse (f) à excentrique

эксцентриковый прессъ (m)
pressa (f) ad eccentrico 2
prensa (f) excéntrica

Kniehebelpresse (f)
toggle lever press
presse (f) à levier coudé *ou* à genouillère

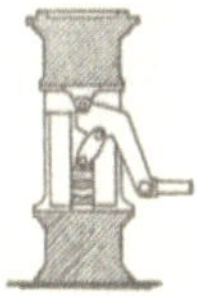

колѣнчатый прессъ (m); прессъ съ колѣнчатымъ рычагомъ
pressa (f) a leva articolata *od* a gomito 3
prensa (f) de eje acodado

Druckwasserschmiedepresse (f), hydraulische Schmiedepresse (f)
hydraulic forging press
presse (f) à forger hydraulique

гидравлическій ковочный *или* ковальный прессъ (m)
pressa (f) idraulica per forgiare 4
prensa (f) hidráulica de forjar

Dampfdruckschmiedepresse (f)
steam power forging press
presse (f) à forger à vapeur

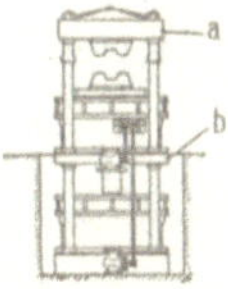

паровой ковочный *или* ковальный прессъ (m)
pressa (f) a vapore per forgiare 5
prensa (f) de forjar de presión de vapor

Kopfplatte (f), Querhaupt (n)
cross head
chapiteau (m) d'entretoisement supérieur

a

поперечина (f); траверса (f)
cappello (m), traversa (f) 6
travesta (f) superior

Zwischenboden (m)
floor level
plaque (f) intermédiaire d'entretoisement

b

промежуточное днище (n)
piastra (f) intermedia 7
placa (f) intermedia de arriostramiento

1 Preßkolben (m)
press plunger
piston (m) de compression

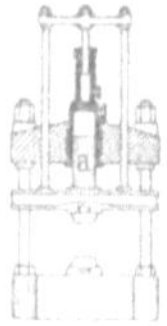

поршень (m) пресса
stantuffo (m) premente
émbolo (m) de presión

---

2 Mönch[s]kolben (m)
hydraulic ram *or* plunger
piston (m) plongeur, piston (m) hydraulique

ныряло (n); плунжеръ (m)
stantuffo (m) tuffante
émbolo (m) macho

---

3 Scheibenkolben (m)
solid piston, disc piston
piston (m) à plaque *ou* à disque

плоскій поршень (m); дисковый поршень
stantuffo (m) a piatto *od* a disco
émbolo (m) de disco

---

4 nebeneinanderliegende Kolben (m pl)
triplicate (quadruple etc.) plungers
pistons (m pl) parallèles

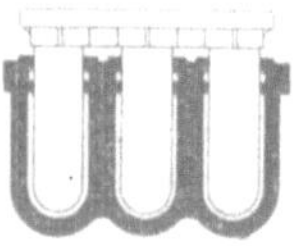

совмѣстно сопряжённые поршни (m pl); рядомъ лежащіе поршни
stantuffi (m pl) paralleli
émbolos (m pl) gemelos ó colocados uno al lado de otro

---

5 hintereinanderliegende Kolben (m pl)
tandem pistons
pistons (m pl) en tandem, pistons (m pl) concentriques

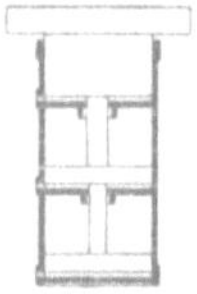

послѣдовательно сопряжённые поршни (m pl)
stantuffi (m pl) sovrapposti a tandem
émbolos (m pl) gemelos ó colocados uno detrás de otro

---

6 Lederringliderung (f)
leather packing
garniture (f) de piston en bagues de cuir

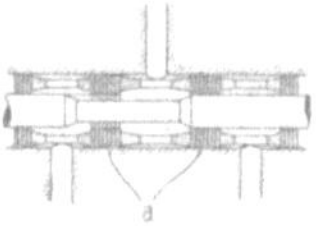

кожаная кольцевая прокладка (f)
guarnizione (f) di anelli di cuoio
empaquetadura (f) de arandelas de cuero, empaque (m) de arandelas de cuero

---

7 Lederring (m)
leather ring
bague (f) en cuir, joint (m) en cuir

a

кожаное кольцо (n)
anello (m) di cuoio
arandela (f) de cuero, anillo (m) de cuero

Stulpenliderung (f), Stulpliderung (f)
cup leather packing
garniture (f) en cuir embouti

манжетное уплотняющее кольцо (n); манжетное уплотненіе (n); манжетная набивка (f) 1
guarnizione (f) ad angolo *od* a manicotto
empaquetadura (f) de cuero embutido

Lederstulp (m)
leather cup
cuir (m) embouti

a

кожаная манжета (f)
bordo (m) *o* ribordo (m) di cuoio 2
anillo (m) de cuero embutido

---

doppelte Liderung (f)
double U leather packing
cuir (m) embouti double

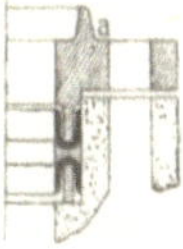

двойное уплотненіе (n); двойная набивка (f)
guarnizione (f) ad U 3
empaque (m) doble de cuero embutido

Brille (f), Stopfbüchsbrille (f)
gland, stuffing box gland
bride (f), bride (f) de boîte à presse-étoupe

a

сальниковая крышка (f); нажимная втулка (f) сальника
briglia (f), briglia (f) del premistoppa 4
tapa (f) del prensaestopas

Druckfläche (f)
area of pressure
surface (f) de pression

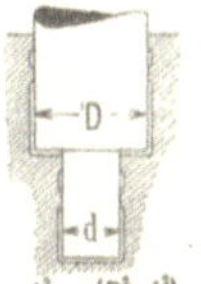

$\frac{d^2\pi}{4}$, $\frac{(D^2-d^2)\pi}{4}$

поверхность (f) давленія
superficie (f) *o* sezione (f) di pressione 5
superficie (f) de presión

Gegendruckfläche (f), Differential[druck]fläche (f)
area of counter pressure
surface (f) de contrepression

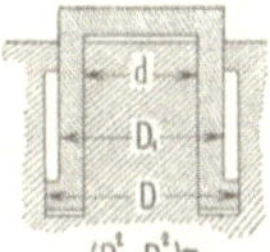

$\frac{(D^2-D_1^2)\pi}{4}$

поверхность (f) противодавленія
superficie (f) *o* sezione (f) di contropressione 6
superficie (f) de contrapresión

Druckflüssigkeit (f), Preßflüssigkeit (f)
pressure fluid
liquide (m) sous pression

напорная жидкость (f)
liquido (m) premente 7
liquido (m) comprimido

Flüssigkeitsdruck (m)
fluid pressure
pression (f) du liquide

давленіе (n) жидкости
compressione (f) del liquido 8
presión (f) del liquido

Überdruck (m)
pressure above the atmospheric
pression (f) effective

рабочее давленіе (n)
pressione (f) 9
presión (f) efectiva

1 Wasserdruckreglung (f)
regulation of water pressure
réglage (m) de la pression d'eau

регулированіе (n) водяного напора
regolazione (f) della pressione d'acqua
graduación (f) de la presión hidráulica

---

2 Druckübersetzer (m)
pressure transmittor
multiplicateur (m) de pression

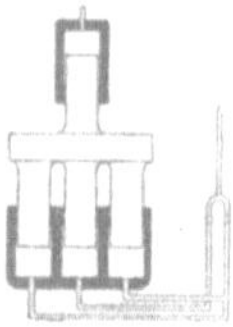

приборъ (m) для преобразованія давленія; мультипликаторъ (m)
moltiplicatore (m) di pressione
multiplicador (m) de presión

---

3 Druckwasserspeicher (m), [Druckwasser-] Akkumulator (m), Kraftsammler (m)
hydraulic accumulator
accumulateur (m) hydraulique

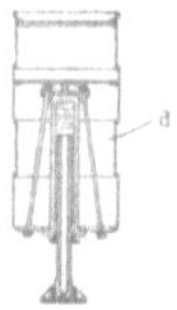

аккумуляторъ (m) напорной воды; гидравлическій аккумуляторъ; силособиратель (m)
accumulatore (m) idraulico
acumulador (m) hidráulico

---

4 Belastungsgefäß (n)
weight case
boîte (f) de charge

a

грузовой резервуаръ (m)
cassa (f) *o* recipiente (m) del contrappeso
recipiente (m) de carga

---

5 Belastungsring (m)
ring weight, weight ring
anneau (m) *ou* plaque (f) de charge

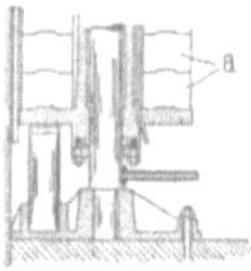

a

грузовое кольцо (n)
anello (m) *o* disco (m) di contrappeso
anillo (m) de carga

---

6 Entlüftungsventil (n)
air release valve
soupape (f) d'échappement d'air

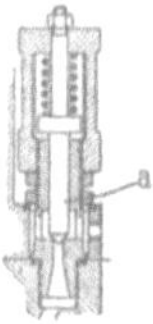

воздушный клапанъ (m); клапанъ для выпуска воздуха
valvola (f) di scappamento dell'aria
válvula (f) de escape de aire

---

7 Ventilkegel (m)
valve cone
pointeau (m) de soupape

a

конусъ (m) клапана
tappo (m) della valvola
cono (m) de válvula

Druckwasserspeicher (m) mit Luftbelastung, Luftakkumulator (m)
hydraulic accumulator working by compressed air
accumulateur (m) hydropneumatique

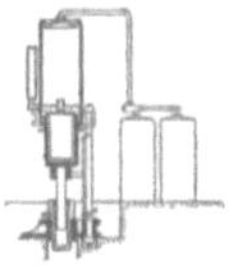

гидравлическій аккумуляторъ (m) съ воздушнымъ резервуаромъ для давленія; гидропневматическій аккумуляторъ; воздушный аккумуляторъ
accumulatore (m) idraulico a carico d'aria compressa, accumulatore (m) idro-pneumatico
acumulador (m) hidráulico con carga de aire — 1

Druckpumpe (f)
pressure pump
pompe (f) de compression

нагнетательный насосъ (m)
pompa (f) premente
bomba (f) de presión — 2

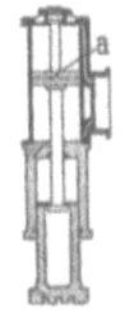

Pumpenkolben (m)
pump piston *or* plunger
piston (m) de pompe

поршень (m) насоса
stantuffo (m) della pompa
émbolo (m) de bomba — 3

---

a

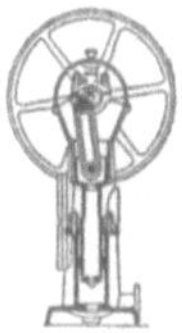

Riemenpumpe (f)
belt driven pump
pompe (f) commandée par courroie

приводный насосъ (m)
pompa (f) a trasmissione o con comando a cinghia
bomba (f) movida por correa — 4

Dampfpumpe (f)
steam pump
pompe (f) à vapeur

паровой насосъ (m)
pompa (f) a vapore
bomba (f) á vapor — 5

Wasserdruckpumpe (f)
hydraulic pump
pompe (f) à commande hydraulique

водонапорный насосъ (m)
pompa (f) a comando idraulico, pompa (f) idraulica
bomba (f) de impulsión hidráulica — 6

Druckwasserbetrieb (m)
hydraulic working
commande (f) hydraulique

дѣйствіе (n) напорной водой
funzionamento (m) ad acqua compressa
accionamiento (m) hidráulico — 7

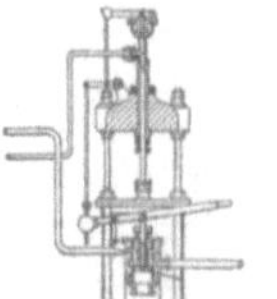

Steuern (n) der Presse
controlling the press
distribution (f) de la presse

управленіе (n) прессомъ
distribuzione (f) della pressa
distribución (f) de la prensa — 8

XV.

Walzwerke, Eisenwalzwerke
Iron Rolling Mills
Laminoirs [à fer]

Желѣзопрокатныя мастерскія
Laminatoio per ferro
Laminadores

1	Walzstrecke (f), Walzstraße (f) mill train, train of rolls train (m) de laminoir	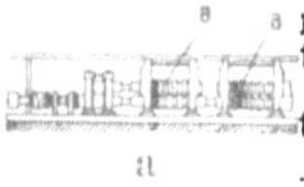	прокатный станъ (m) treno (m) del laminatoio tren (m) laminador
2	Vorstrecke (f), Vorstraße (f), Vorwalzwerk (n) cogging mill, blooming mill, roughing mill train (m) ébaucheur *ou* dégrossisseur	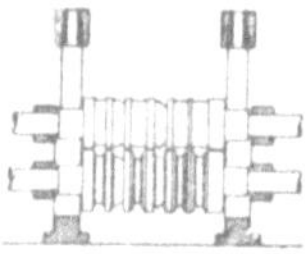	подготовительный *или* обжимочный станъ (m) [когда всѣ клѣти въ одной линіи] treno (m) sbozzatore tren (m) desbastador
3	Zwischenstrecke (f), Zwischenstraße (f), Zwischenwalzwerk (n) intermediate rolls, intermediate train train (m) préparateur *ou* moyen		промежуточный станъ (m) [когда клѣти въ разныхъ линіяхъ] treno (m) preparatore [tren (m)] preparador (m)
4	Fertigstrecke (f), Fertigstraße (f), Fertigwalzwerk (n) finishing rolls train (m) finisseur	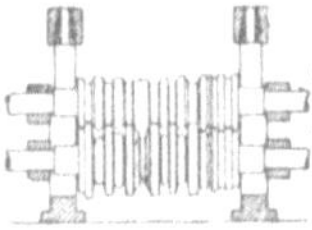	отдѣлочный станъ (m) treno (m) finitore tren (m) acabador *ó* terminador
5	Blechstrecke (f), Blechstraße (f) sheet rolling mill, plate mill (A*) laminoir (m) à tôles, train (m) à tôles	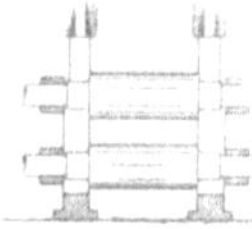	листопрокатный станъ (m) treno (m) a lamiere laminador (m) de chapas, tren (m) de chapas

* A = americanism

Panzerstrecke (f), Panzerplattenwalzwerk (n)
armour plate rolling mill, armour plate mill (A*)
laminoir (m) à blindages

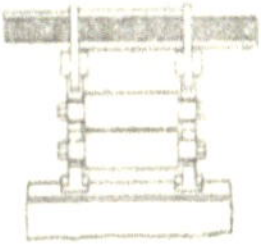

бронепрокатный станъ (m); станъ для прокатки броневыхъ плитъ
treno (m) a corazze
laminador (m) de planchas para blindaje
1

Feinblechwalzwerk (n)
thin sheet rolling mills, thin sheet mill (A*)
laminoir (m) à tôles minces, train (m) à tôles minces

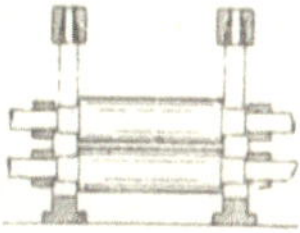

станъ (m) для прокатки тонкаго листового желѣза; станъ для прокатки кровельнаго желѣза
treno (m) a lamiere sottili
laminador (m) para chapa fina, tren (m) para chapa fina
2

Grobstrecke (f), Grobeisenstraße (f)
big mill, breaking down mill
gros train (m)

черновой станъ (m)
treno (m) grosso
tren (m) mediano
3

Blockstraße (f), Blockwalzwerk (n)
cogging mill, blooming mill, roughing mill
blooming (m)

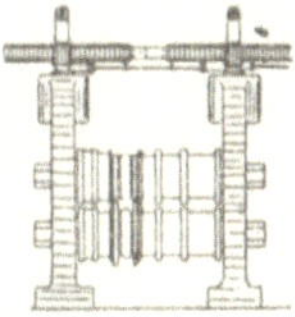

станъ (m) для обжима слитковъ; блуминъ (m)
treno (m) blooming
tren (m) blooming
4

Feinstrecke (f), Feineisenstraße (f)
small mill, small section rolling mill
petit train (m), train (m) à petits fers

мелкосортный станъ (m)
piccolo treno (m)
tren (m) pequeño
5

Drahtstrecke (f), Drahtstraße (f)
wire mill, looping mill, rod mill
train (m) à fil, train (m) à verges

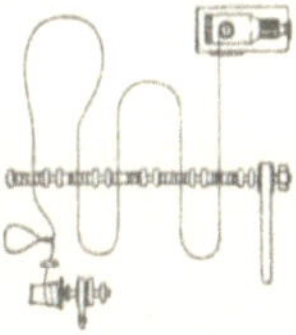

проволочный станъ (m)
treno (m) a fili, treno (m) a verghe
tren (m) de alambre
6

Schnellwalzwerk (n)
high speed rolling mill
train (m) rapide

бѣгающій станъ (m); крупный мелкосортный *или* мелкій среднесортный станъ
treno (m) rapido
tren (m) ó laminador (m) rápido
7

---

* A = americanism

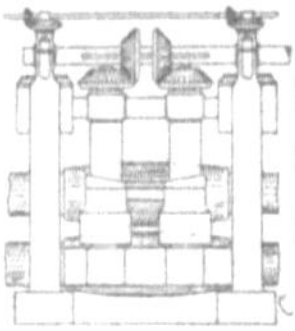

1 Universalwalzwerk (n)
universal rolling mill
train (m) universel *ou* à larges plats
универсальный станъ (m)
treno (m) universale *od* a larghi piatti
tren (m) universal

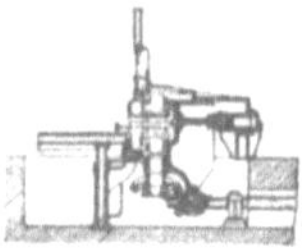

2 Reifenwalzwerk (n), Bandagenwalzwerk (n)
strip mill, tire mill
train (m) à bandages
станъ (m) для прокатки колецъ; бандажный станъ
treno (m) per cerchiature
tren (m) para bandajes ó aros

---

3 Räderwalzwerk (n)
wheel rolling mill, disc mill
laminoir (m) à roues
станъ (m) для прокатки колёсъ
treno (m) per ruote
laminador (m) para ruedas

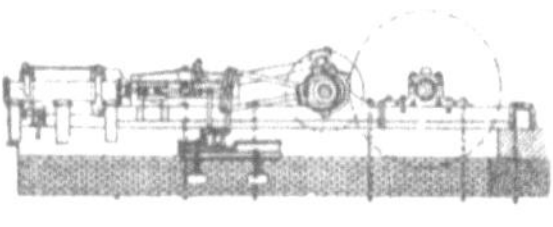

4 Walzenzugmaschine (f)
rolling mill engine
machine (f) motrice de laminoir
прокатная машина (f)
motrice (f)
máquina (f) motriz de tren laminador

---

5 **Die Walzen**
The rolls
Les cylindres
Валки
I cilindri
Los cilindros

6 Zweiwalzwerk (n), Duowalzwerk (n)
twin rolling mill, two high mill
laminoir (m) duo, train (m) duo
станъ (m) въ два валка; дуо-станъ
treno (m) a duo
tren (m) dúo

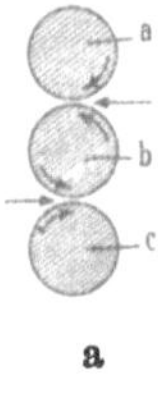

7 Dreiwalzwerk (n), Triowalzwerk (n)
three high mill
trio (m), train (m) trio
станъ (m) въ три валка; тріо-станъ
treno (m) a trio
tren (m) trio

---

8 Oberwalze (f)
top roll
cylindre (m) supérieur
a
верхній валокъ (m)
cilindro (m) superiore
cilindro (m) superior

---

9 Mittelwalze (f)
middle roll
cylindre (m) médian
b
средній валокъ (m)
cilindro (m) di mezzo
cilindro (m) [del] medio

Unterwalze (f)
bottom roll
cylindre (m) inférieur

c

нижній валокъ (m)
cilindro (m) inferiore 1
cilindro (m) inferior

Doppelzweiwalzwerk (n), Doppelduowalzwerk (n)
Dowlais mill
double-duo (m)

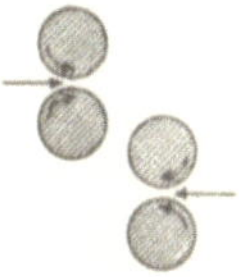

двойной станъ (m) въ два валка; двойной дуо-станъ; доппель-дуо-станъ 2
doppio-duo (m)
tren (m) doble dúo

---

angetriebene Walze (f)
direct coupled roll (bottom roll)
cylindre(m) commandé

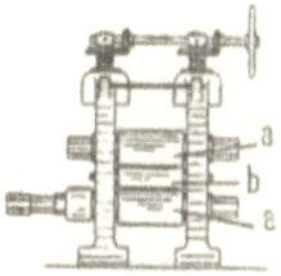

валокъ (m), получающій движеніе
cilindro (m) comandato 3
cilindro (m) conducido

a

Schleppwalze (f)
friction roll (top roll)
cylindre (m) libre *ou* entraîné

b

холостой валокъ (m)
cilindro (m) libero 4
cilindro (m) arrastrado *ó* loco

Walzenbund (m), Ballen (m) der Walze
body of roll
table (f) du cylindre

бочка (f) валка
tavola (f) del cilindro 5
tabla (f) del cilindro

a

Laufzapfen (m)
neck
tourillon (m), collet(m)

b

шейка (f) *или* цапфа (f) валка
collo (m) 6
muñón (m)

Kupplungszapfen (m)
wobbler
trèfle (m)

c

соединительный конецъ (m) валка; трефъ (m) 7
trefolo (m)
trébol (m)

Zapfenreibung (f)
journal friction
frottement (m) du tourillon

треніе (n) въ цапфахъ
sfregamento (m) del collo 8
rozamiento (m) del muñón

Vorwalze (f)
bloom roll, billet roll
cylindre (m) ébaucheur

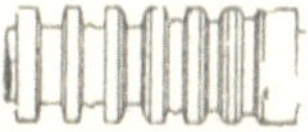

подготовительный валокъ (m); черновой валокъ 9
cilindro (m) sbozzatore
cilindro (m) preparador

Fertigwalze (f)
finishing roll
cylindre (m) finisseur

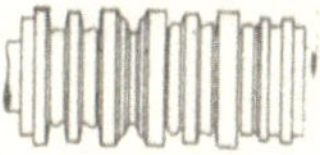

отдѣлочный валокъ (m) 10
cilindro (m) finitore
cilindro (m) acabador

Blockwalze (f)
cogging roll
cylindre (m) de blooming

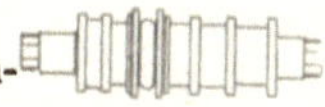

обжимной валокъ (m)
cilindro (m) blooming 11
cilindro (m) blooming

1	Blechwalze (f), Glattwalze (f) sheet roll, plate (A*) cylindre (m) à tôles		листовой валокъ (m) cilindro (m) per lamiere cilindro (m) para palastro ó chapa
2	Walzenbruch (m) fracture of roll rupture (f) de cylindre		поломка (f) валковъ rottura (f) del cilindro rotura (f) del cilindro
3	Kalibrierung (f) *oder* Kalibrieren (n) der Walzen design of rolls, roll drafting calibrage (m) des cylindres, tracé (m) des cannelures		калибровка (f) валковъ tracciato (m) dei canali calibrado (m) del tren, trazado (m) de las canales
4	Kaliberwalze (f) grooved roll cylindre (m) cannelé *ou* calibré		калиброванный валъ (m) cilindro (m) a canali cilindro (m) con canales ó calibrado
5	Kaliber (n) groove, pass, roll opening (A*) cannelure (f)	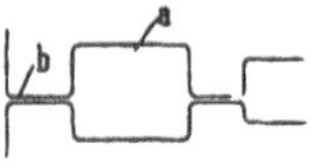 a	калибръ (m) canale (m) canal (f)
6	Rand (m) *oder* Ring(m) der Walze collar of the roll collet (m) du cylindre	b	буртикъ (m) валка cordone (m) del cilindro cordón (m) del cilindro
7	die Kaliber entwerfen (v) to design the passes tracer (v) les cannelures	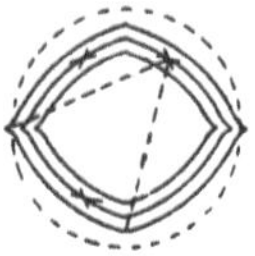	начертить калибры tracciare (v) i profili trazar (v) las canales
8	Schrumpfmaß (n) shrinkage, contraction retrait (m)		степень (f) обжатія ritiro (m) contracción (f)
9	Walzform (f), Profil (n) section of pass profil (m) de laminage		профиль (m) валка profilo (m) perfil (m) laminado
10	Formenbuch (n), Profilalbum (n) profile album album (m) des profils		альбомъ (m) профилей album (m) dei profili álbum (m) de los perfiles
11	Profilbegrenzung (f) shape of pass contour (m) du profil		контуръ (m) профиля contorno (m) contorno (m) del perfil
12	Kreisbogen (m) curvature arc (m) de circonférence		дуга (f) круга; кривая (f) круга circonferenza (f) arco (m) de círculo

* A = americanism

flache Kurve (f)
flat curve
courbe (f) surbaissée

плоская кривая (f)
curva (f) ribassata
curva (f) rebajada 1

---

steile Kurve (f)
steep curve
courbe (f) en ogive

крутая кривая (f)
curva (f) in ogiva
curva (f) peraltada 2

Eindrehen (n) der Kaliber
roll turning
tournage (m) des cylindres

обточка (f) калибровъ
tornitura (f) dei cilindri
abrir (v) las canales 3

---

eingeschnittene Stelle (f)
grooved *or* undercut part
partie (f) creuse du cylindre

врѣзанное мѣсто (n)
parte (f) intagliata *od* intaccata
parte (f) entallada *ó* hueca del cilindro 4

Walzenabstand (m)
distance between rolls
écartement (m) des cylindres

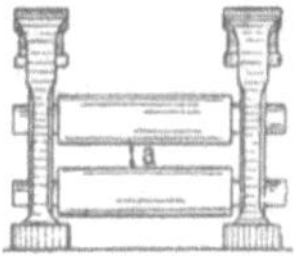

a

разстояніе (n) между валками
distanza (f) *o* scartamento (m) dei cilindri
juego (m) entre los cilindros 5

Walzlinie (f)
axis of grooves
ligne (f) médiane des cannelures

средняя линія (f) валковъ
linea (f) dei centri dei canali
linea (f) media de las canales 6

Oberdruck (m)
pressure of top roll
étirage (m) dû au cylindre supérieur

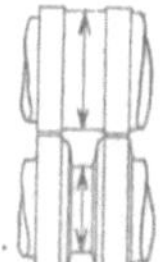

нормальное давленіе (n)
pressione (f) verticale
presión (f) vertical del cilindro superior 7

Seitendruck (m)
lateral pressure
pression (f) latérale

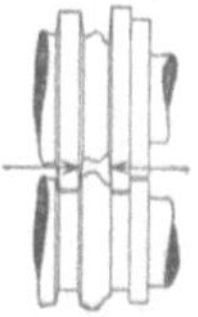

боковое давленіе (n)
pressione (f) laterale
presión (f) lateral 8

---

offenes Kaliber (n)
open pass
cannelure (f) ouverte

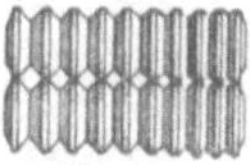

открытый ручей (m)
canale (m) aperto
canal (f) abierta 9

---

geschlossenes Kaliber (n)
closed pass, box pass
cannelure (f) fermée *ou* emboîtée

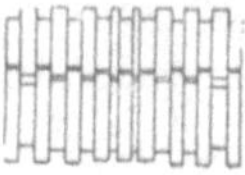

закрытый ручей (m)
canale (m) chiuso
canal (f) cerrada 10

1 Streckkaliber (n)
straight pass
cannelure (f) d'étirage

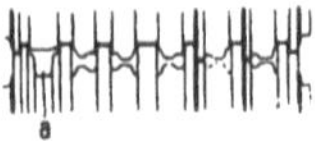

a

пропускной ручей (m)
canale (m) di stendimento *o* stiramento
canal (f) alargadora *ó* de estirar

---

2 Stauchkaliber (n)
up-set pass
cannelure (f) refouleuse *ou* de champ

a

ребровой ручей (m); ручей, вытянутый въ вертикальномъ направленіи
profilo (m) per ricalcare
canal (f) de canto *ó* de recalcar

---

3 Vorkaliber (n)
shaping groove
ébaucheur (m), cannelure (f) ébaucheuse

подготовительный ручей (m); черновой ручей
canale (m) sbozzatore
canal (f) desbastadora

---

4 Fertigkaliber (n)
finishing groove
finisseur (m), cannelure (f) finisseuse

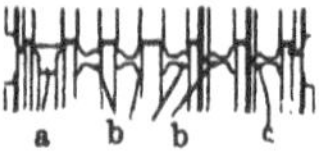

a b b c

чистовой ручей (m)
canale (m) finitore
canal (f) acabadora

---

5 Anfangskaliber (n)
first pass
première cannelure (f)

a

начальный ручей (m)
primo canale (m)
primera canal (f)

---

6 Entwicklungskaliber (n)
middle pass
cannelure (f) intermédiaire

b

обратный ручей (m)
calibro (m) intermediario
canal (f) dando la forma del perfil *ó* intermedia

---

7 Endkaliber (n), Schlußkaliber (n)
last pass
cannelure (f) finisseuse, dernière cannelure (f)

c

окончательный ручей (m)
canale (m) finitore, ultimo canale (m)
canal (f) acabadora

---

8 Abnahme (f) *oder* Druck (m) des Kalibers
reduction *or* draft of passes
réduction (f) de section *ou* serrage (m) des cannelures

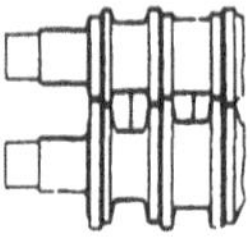

уменьшеніе (n) ручьёвъ
riduzione (f) di sezione dei canali
reducción (f) de la sección de las canales, presión (f) de las canales

---

9 Abnahmezahl (f)
coefficient of reduction *or* draft
coefficient (m) de réduction

коэффиціентъ (m) уменьшенія [ручьёвъ]
coefficiente (m) di riduzione
coeficiente (m) de reducción

---

10 Blindkaliber (n), blindes Kaliber (n)
false *or* blind pass
cannelure (f) à vide

плоскій ручей (m)
falso canale (m)
canal (f) ciega

---

11 Spitzbogenkaliber (n)
splayed circular pass
cannelure (f) ogive

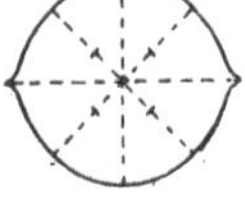

оживальный ручей (m
canale (m) ogivale
canal (f) ojival

Ovalkaliber (n) oval pass cannelure (f) ovale		овальный ручей (m) canale (m) ovale canal (f) ovalada	1
Vierkantkaliber (n) diamond pass cannelure (f) quadrangulaire	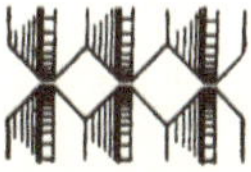	четырёхгранный ручей (m) canale (m) quadrangolare canal (f) cuadrangular	2
Flachkaliber (n) box pass cannelure (f) pour fers carrés *ou* plats		плоскій ручей (m) canale (m) per ferro piatto canal (f) para hierros cuadrados *ó* planos	3
Formkaliber (n) shaping pass cannelures (f pl) profilées		фасонный ручей (m) canale (m) profilato canales (f pl) perfiladas	4
Blockwalzkaliber (n) bloom *or* cogging pass cannelures (f pl) de blooming		ручей (m) обжимного стана tracciato (m) per blooming canales (f pl) de cilindro blooming	5
Trägerkaliber (n) girder pass cannelures (f pl) pour poutrelles	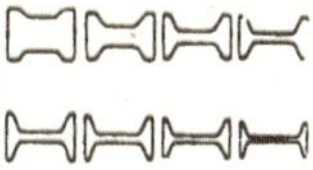	ручей (m) для балокъ tracciato (m) per travi canales (f pl) para vigas	6
Schienenkaliber (n) rail pass cannelures (f pl) à rails	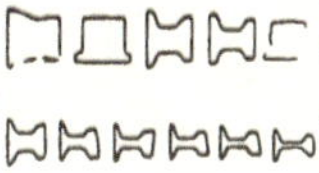	ручей (m) для рельсовъ tracciato (m) per rotaie canales (f pl) para carriles	7
Schwellenkaliber (n) sleeper pass cannelures (f pl) à traverses	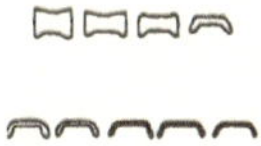	ручей (m) для шпалъ tracciato (m) per traverse canales (f pl) para traviesas	8
Belageisenkaliber (n) handrail pass, trough plate pass cannelures (f pl) pour fers zorès	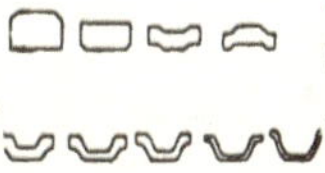	ручей (m) для желѣза Зореса tracciato (m) per ferri zorès canales (f pl) para hierros zorès	9
Laschenkaliber (n) fish plate pass cannelures (f pl) pour éclisses	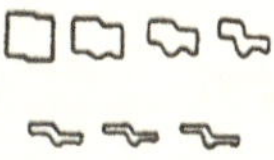	ручей (m) для накладокъ tracciato (m) per stecche canales (f pl) para bridas	10
Unterlagplattenkaliber (n) chair pass cannelures (f pl) pour plaques *ou* selles		ручей (m) для подкладокъ tracciato (m) per piastre canales (f pl) para placas de asiento *ó* sillas	11

1 periodisches Kaliber (n)
periodical pass
cannelures (f pl) à bossages *ou* à entailles

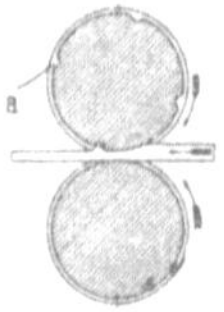

періодическій калибръ (m); ручей (m) съ углубленіями
profilo (m) con intacchi ad intagli
canales (f pl) con muescas

---

2 Vertiefung (f)
groove
entaille (f)

a

углубленіе (n)
intacco (m), intaglio (m)
muesca (f)

---

3 Nagelkaliber (n)
nail pass
cannelures (f pl) pour fer à clous

ручей (m) для прокатки желѣза для гвоздей
tracciato (m) per ferro da chiodi
canales (f pl) para hierro de clavos

---

4 unterbrochenes Kaliber (n)
tapering pass
cannelure (f) interrompue *ou* excentrique

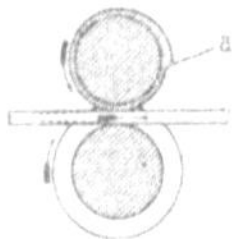

ручей (m) съ неравномѣрнымъ вырѣзомъ
canale (m) interrotto *od* eccentrico
canal (f) excéntrica

---

5 Verdickung (f)
taper
renflement (m)

a

утолщеніе (n)
eccentricità (f)
parte (f) alomada

---

6 Staffel- *oder* Stufenwalze (f)
stepped roll
cylindre (m) à gradins

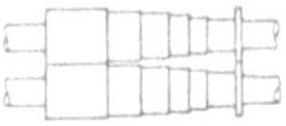

ступенчатый валокъ (m)
cilindro (m) a gradini
cilindro (m) escalonado

---

7 treppenartig (adj), terrassenartig (adj)
step shaped (adj)
à gradins

ступенчатый
a gradini
escalonado (adj)

8 **Getriebe**
Gear, Gearing, Pinion
Engrenages, cage à pignons

Приводъ
Pignoni
Engranajes

9 Antriebwelle (f)
driving shaft
arbre (m) d'attaque *ou* de commande

приводный валъ (m)
albero (m) d'attacco *o* di comando
árbol (m) motor

---

10 Eingriff (m) der Zähne
gearing *or* gear of teeth
engrènement (m) des dents

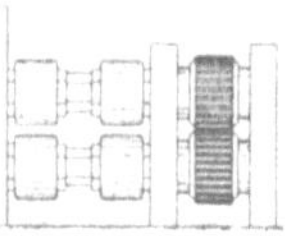

сцѣпленіе (n) зубцовъ
ingranaggio (m) dei denti
engranaje (m) de los dientes

Kamm (m), aufgegossener Zahn (m)
cast tooth, gear (A*)
dent (f) de pignon

a

литой зубъ (m) шестерни
dente (m) del pignone
diente (m) de engranaje 1

Winkelzahn (m)
helical tooth *or* gearing
dent (f) à chevron

угольчатый *или* шевронный зубецъ (m)
spina (f) di pesce
diente (f) angular *ó* en ángulo 2

Scheibe (f)
disc, guard
disque (m)

b

дискъ (m)
cordone (m)
disco (m) 3

Kammwalze (f)
pinion
pignon (m) à chevrons, pignon (m) denté

шестеренный валокъ (m)
pignone (m) a spina di pesce
piñon (m) *ó* plano (m) de dientes angulares 4

---

hohle Kammerwalze (f)
hollow helical gearing
pignon (m) creux

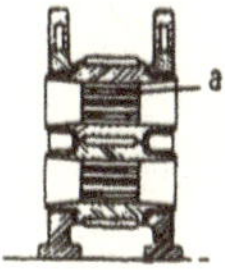

пустотный шестеренный валокъ (m)
dentatura (f) interna
piñon (m) hueco 5

Längsrippe (f)
longitudinal rib
côte (f) longitudinale

a

продольное ребро (n)
costa (f) longitudinale
nervio (m) longitudinal 6

Kupplungen
Couplings
Accouplements

Муфты
Giunti
Acoplamientos 7

kuppeln (v)
to couple
accoupler (v)

соедин-ить (-ять); сцѣп-ить (-лять)
accoppiare (v)
acoplar (v) 8

---

ausrückbare Kupplung (f)
sliding clutch
embrayage (m) mobile, griffe (f) d'attaque

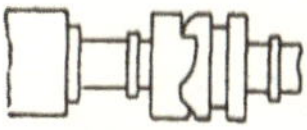

раздвижная муфта (f)
manicotto (m) mobile
embrague (m) 9

Kupplungsmuffe (f), Muffenhülse (f)
coupling, coupling box
manchon (m) d'accouplement

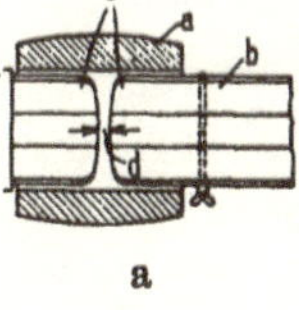

a

соединительная муфта (f); втулка (f) муфты
manicotto (m) d'accoppiamento
manguito (m) de acoplamiento 10

---

* A = americanism

1	Kupplungsspindel (f) coupling spindle arbre (m) d'accouplement, allonge (f)	b	соединительный шпиндель (m) albero (m) d'accoppiamento árbol (m) de acoplamiento
2	kugelförmiger Kopf (m) ball shaped head allonge (f) bombée, about (m) bombé	c	шарообразная головка (f) testa (f) arrotondata extremo (m) redondeado
3	Spielraum (m) play jeu (m)	d	свободное пространство (n) giuoco (m) juego (m)
4	Kleeblattform (f) wobbler trèfle (m)	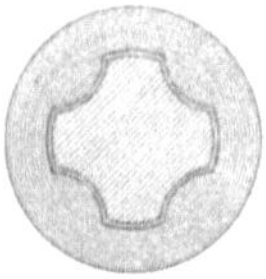	форма(f) соединительныхъ трефъ trefolo (m) forma (f) de trébol
5	Reibungskupplung (f) friction coupling accouplement (m) à friction		муфта (f) сцѣпленія; фрикціонная муфта; муфта тренія giunto (m) a frizione acoplamiento (m) de fricción
6	die Kupplung einrücken (v) *oder* schließen (v) to connect, to put in gear, to throw in clutch embrayer (v)		сцѣп-ить (-лять) муфту; привести муфту въ сцѣпленіе innestare (v) il giunto embragar (v)
7	die Kupplung ausrücken (v) *oder* lösen (v), entkuppeln (v) to disconnect, to throw out of gear, to throw out the clutch débrayer (v)		расцѣп-ить (-лять) муфту; привести муфту къ расцѣпленію disinnestare (v) il giunto desembragar (v), desacoplar (v)
8	**Walzenständer** **Housings, Stands (A*)** **Cage de laminoir**	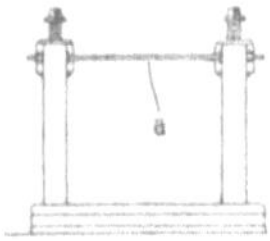	**Станины прокатныхъ становъ** **Sopporto di laminatoio** **Bastidor de tren laminador**
9	Walzgerüst (n) housings (pl) cage (f)		ставъ (m); клѣть (f) gabbia (f) caja (f) de cilindros
10	Querstab (m) cross bar tirant (m)	a	поперечина (f) tirante (m) tirante (m)

* A = americanism

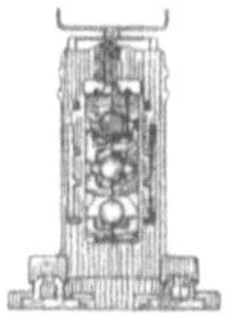

Walzenständer (m)
housing, stand (A*)
montant (m) de cage

станина (f) прокатнаго стана
sopporto (m) di laminatoio
bastidor (m) de laminador 1

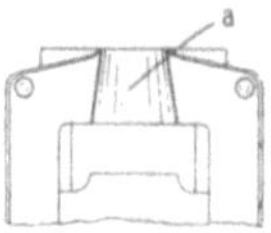

Ständerkopf (m)
top of housing
tête (f) de la cage, chapeau (m)

верхъ (m) *или* головка (f) станины
testa (f) della gabbia
cabeza (f) del bastidor 2

---

a

Verdickung (f), Verstärkung (f)
enlargement
renforcement (m)

утолщеніе (n)
rinforzo (m)
refuerzo (m) 3

Einbaustück (n)
housing accessories
pièce (f) de garniture de la cage, empoise (f)

подушка (f)
guarnitura (f)
guarnición (f) del bastidor 4

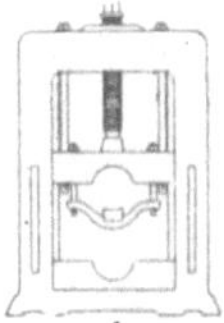

Walzenständer (m) für stetige Lagerung, Walzenständer (m) ohne Gewichtausgleich
ordinary *or* simple housing
cage (f) fermée ordinaire

станина (f) безъ уравновѣшенія валковъ
gabbia (f) chiusa ordinaria
bastidor (m) de laminador cerrado 5

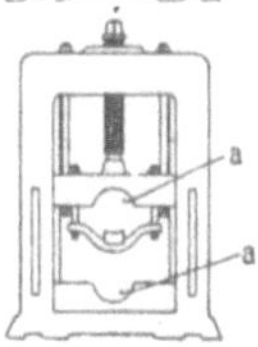

Zweiwalzenständer (m)
housing for two rolls
cage (f) à deux cylindres

станина (f) для дуо
gabbia (f) a due cilindri
bastidor (m) para dúo 6

---

a

Zapfenlager (n)
chocks
chaise (f), empoise (f), coussinet (m) de tourillon

вкладышъ (m) для цапфы
sedia (f)
cojinete (m) del muñón, empuesa (f) 7

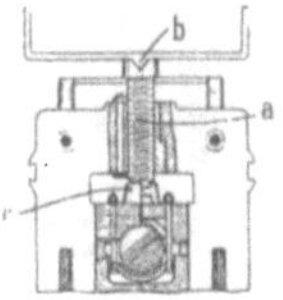

Druckschraube (f)
adjusting screw
vis (f) de serrage

нажимной винтъ (m)
vite (f) di pressione
tornillo (m) de presión 8

a

---

* A = americanism

1	aufgesteckter Schlüssel (m) screw key, socket wrench clef (f), coin (m)	b	ключъ (m) для поворота *или* для установки нажимного винта chiave (f) llave (f) para girar el husillo
2	Brechkapsel (f), Brechtopf (m) breaker boîte (f) de sûreté	c	нажимной стаканъ (m); предохранительная коробка (f) scatola (f) di sicurezza caja (f) de seguridad
3	Dreiwalzenständer (m) three high housing cage (f) à trio	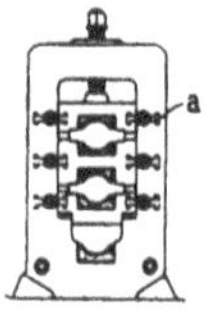	станина (f) для тріо gabbia (f) a trio caja (f) ó bastidor (m) para trío
4	Spannbügel (m) tension screw étrier (m) de serrage	a	хомутъ (m) vite (f) per registrare i cilindri estribo (m) tensor
5	Stützhebel (m) chock bearing levers corbeau (m)	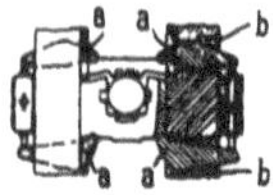 a	опорный рычагъ (m) leva (f) per la regolazione dei cuscinetti, leva (f) di registro palanca (f) de apoyo
6	Schlitz (m) slot fente (f)	b	щель (f) fenditura (f) canal (f)
7	Einstellung (f) regulation, adjustment réglage (m)		установка (f) registrazione (f) graduación (f)
8	Verstellung (f) screwing up *or* down, raising, lowering changement (m) de profil		неправильная установка (f) cambio (m) di profili cambio (m) de perfil
9	Kappenständer (m) open topped housing cage (f) à chapeau rapporté	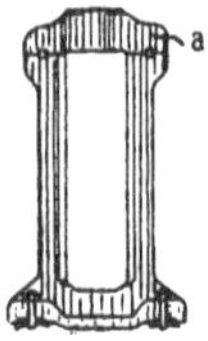	станина (f) съ отъёмной крышкой *или* головкой gabbia (f) aperta o con cappello bastidor (m) con travesía postiza
10	Kappe (f) removable top *or* hood chapeau (m)	a	крышка (f); головка (f) cappello (m) travesía (f)

Walzenständer (m) für veränderliche Lagerung, Walzenständer (m) mit Gewichtausgleichung balanced housings cage (f) à cylindres équilibrés	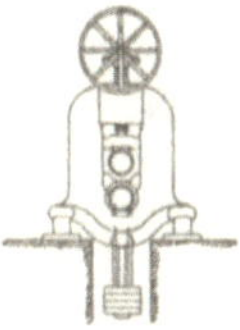	станина (f) съ уравновѣшенными валками gabbia (f) a cilindri equilibrati bastidor (m) para posiciones variables, bastidor (m) de cilindros equilibrados	*1*
ausgleichen (v) to balance équilibrer (v)		уравновѣ-сить (-шивать) equilibrare (v) equilibrar (v)	*2*
Gewichtausgleichung (f), Entlastung (f) balancing équilibrage (m)		уравновѣшиванiе (n) equilibrazione (f) equilibrio (m)	*3*
Gewichtausgleichung (f) durch Gewichte balancing by weights équilibrage (m) par contrepoids	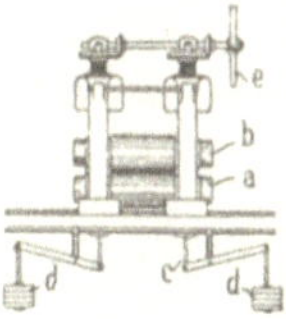	уравновѣшиванiе (n) посредствомъ противовѣса *или* посредствомъ грузовъ equilibrare (v) con contrappesi equilibrio (m) por pesos	*4*
festliegende Unterwalze (f) fixed bottom roll cylindre (m) inférieur fixe	a	неподвижный нижнiй валокъ (m); нижнiй валокъ безъ подъёма cilindro (m) inferiore fisso cilindro (m) inferior fijo	*5*
entlastete Oberwalze (f) balanced top roll cylindre (m) supérieur suspendu *ou* équilibré	b	уравновѣшенный верхнiй валокъ (m) cilindro (m) superiore sospeso *od* equilibrato cilindro (m) superior equilibrado	*6*
Tragstange (f) bearing rod support (m) du balancier, bielle (f) de suspension	c	опорный рычагъ (m) bilanciere (m) biela (f) de suspensión, candelero (m)	*7*
Gußeisenscheibe (f) cast iron disc disque (m) de fonte (pour contrepoids)	d	чугунный дискъ (m) disco (m) di ghisa disco (m) de hierro fundido	*8*
Handrad (n) hand wheel volant (m), manivelle (f) de serrage	e	маховичёкъ (m); колесо (n), приводимое въ движенiе отъ руки manovella (f) di serraggio timón (m), volante (m)	*9*
Gegendruck (m) back pressure, back lash contre-pression (f)		противодавленiе (n) contropressione (f) contra-presión (f)	*10*

1 Gewichtausgleichung (f) durch Wasserdruck
hydraulic balancing
équilibrage (m) hydraulique

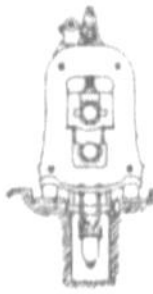

уравновѣшиванiе (n) при помощи гидравлическаго давленiя
equilibratore (m) idraulico
equilibrio (m) por presión hidráulica

---

2 Zylinder (m) mit Teilung
cylinder with scale
cylindre (m) avec échelle

цилиндръ (m) со скалой *или* со шкалой
cilindro (m) con scala
cilindro (m) graduado

---

3 Kammwalzenständer (m)
spindle box, spindle housings
cage (f) à pignons

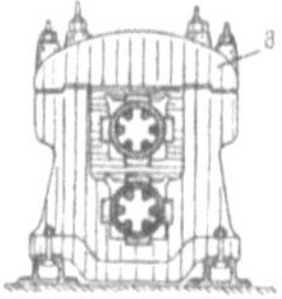

шестеренная станина (f)
gabbia (f) a pignoni
bastidor (m) con piñones

---

4 aufgeschraubter Deckel (m)
screwed-on cover, removable cap, bolted cover (A*)
chapeau (m) boulonné

a

навинченная крышка (f)
cappello(m) avvitato *od* inchiavardato
travesía (f) fijada por tornillos

5 Walztische
Roller Tables, Guards
Tabliers *ou* tables de laminoir

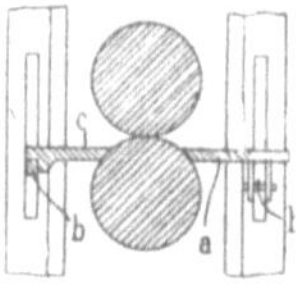

Прiемная доска
Placcas
Tableros de laminador

a

6 Auflage (f)
bracket
support (m)

b

опорный брусъ (m); опорная балка (f)
traversa (f)
descanso (m), apoyo (m)

---

7 Abstreifplatte (f)
guide, stripping plate (A*)
guide (m), plaque (f) de garde

c

направляющая доска (f)
guida (f)
placa (f) de guía

---

8 Abstreifmeißel (m)
guard
garde (f)

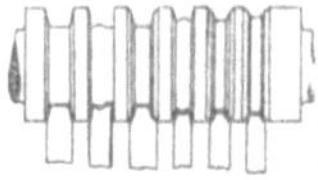

проводки (m pl)
guardia (f)
guías (f pl)

---

9 sich aufwickeln (v)
to warp
s'enrouler (v), former (v) un cordon

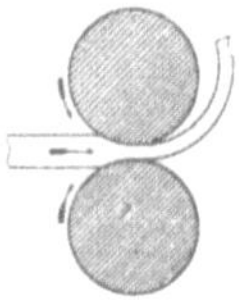

наматываться
fare (v) un cordone
formar (v) cordón

---

* A = americanism

Überhebvorrichtung (f) lifting blocks installation (f) de crochetage	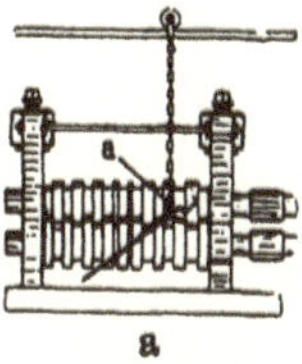	приспособленіе (n) для приподниманія sopporto (m) della crocetta *o* del rampino elevador (m)	1
Wippe (f), Dachwippe (f) lever crochetage (m), releveur (m)	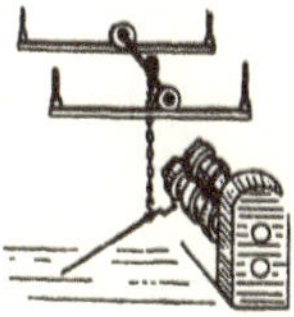	катающійся крышечный подъёмъ (m) elevatore (m) dei rampini elevador (m) de balancín	2
Hebetisch (m), Rollentisch (m) lifting table tablier (m) à rouleaux	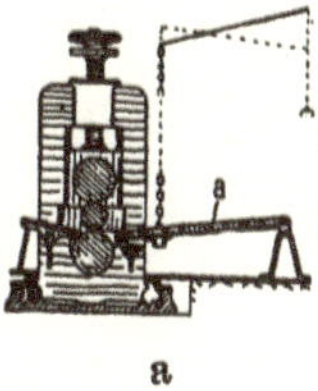	столъ (m) съ роликами tavola (f) a rulli tablero (m) de rodillos	3
gitterartig (adj) lattice like en forme de grille		рѣшеткообразный a forma di griglia en forma de parrilla	4
Zuführungsrollbahn (f) live roller gear bed rouleaux (m pl) d'amenée		ролленгангъ (m); рольгангъ (m); подводящій рольгангъ *или* самокатъ (m) rulli (m pl) conduttori rodillos (m pl) conductores	5
selbsttätiger Vorschub (m) automatic feed avance (f) automatique		самодѣйствующее подвиганіе (n) movimento (m) automatico avance (m) automático	6
Kantvorrichtung (f) tilter culbuteur (m)	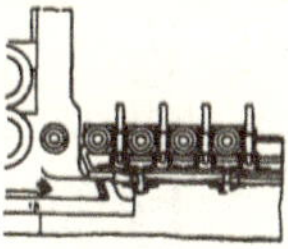	устройство (n) для кантованія *или* для поворачиванія giralingotti (m) volcador (m)	7

1 **Blocktransport**
Ingot Conveyance
Transport des lingots
Транспортъ или перевозка слитковъ
Trasporto dei lingotti
Transporte de los lingotes

---

2 Blockabstreifkran (m), Stripperkran (m)
ingot stripping crane
pont (m) roulant *ou* grue (f) à démouler

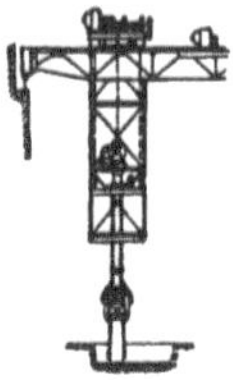

кранъ (m) для выниманія слитковъ изъ изложницъ
gru (f) per estrarre lingotti dalle lingottiere
grúa (f) para sacar los lingotes de los moldes

---

3 Abstreifer(m), Stripper (m), Stripperwerk (n)
ingot stripper
stripper (m), appareil (m) à démouler les lingots

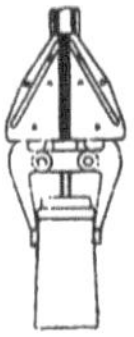

механизмъ (m) для выдавливанія *или* для выжиманія слитковъ изъ изложницъ
tanaglia (f) da lingotti
mordaza (f) para coger lingotes

---

4 abstreifen (v), strippen (v), den Block aus der Kokille drücken (v)
to strip the ingots
démouler (v) le lingot hors des lingotières, démouler (v) le lingot

выдавить слитокъ изъ изложницы
estrarre (v) i lingotti dalle lingottiere
echar (v) fuera el lingote

---

5 [Block-] Zangenkran (m)
ingot crane
grue (f) avec pince à lingots

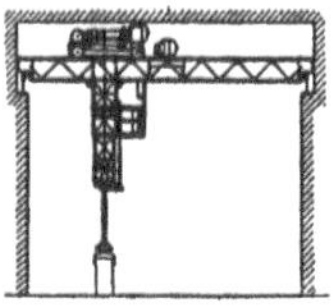

кранъ(m) съ клещами *или* со схватами для слитковъ
gru (f) a tanaglia per lingotti
grúa (f) con tenazas [para lingotes]

---

6 Blockkran (m), Blockförderkran (m)
ingot crane
pont (m) roulant pour le transport des lingots

кранъ (m) для переноски слитковъ
gru (f) per il trasporto dei lingotti
grúa (f) para el transporte de los lingotes

Blockzange (f)
ingot tongs *or* dogs, pincher (A*)
tenaille (f) à lingots

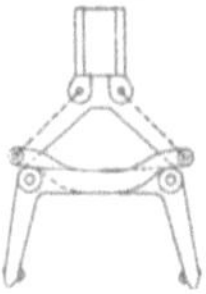

клещи (f pl) *или* схваты (m pl) для слитковъ
tanaglia (f) per lingotti
tenazas (f pl) para lingotes 1

---

selbsttätiges Greifen (n)
self-acting clutch
préhension (f) automatique

автоматическое схватыванie (n)
presa (f) automatica
prensión (f) automática 2

Heben (n) der Blöcke
lifting *or* twisting ingots
démoulage (m), enlèvement (m) des lingots

поднятie (n) слитковъ
sollevamento (m) dei lingotti
levantamiento (m) de los lingotes 3

Blockwagen (m)
billet *or* bloom trolley
wagonnet (m) à lingots

телѣжка (f) для слитковъ
carro (m) da lingotti
vagoneta (f) para lingotes 4

Ausgleichgrube (f), Wärmegrube (f), Durchweichungsgrube (f)
soaking pit, heated soaking pit
pits (m pl) ordinaires, pits (m pl) chauffés four (m) de réchauffage à lingots, puits (m)

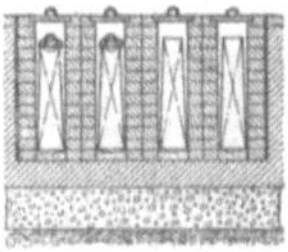

выравнивающie колодцы (m pl)
pozzo (m) ordinario
pits, hornos (m pl) de foso 5

Tiefofen (m)
reheating furnace
four (m) à réchauffer en sous-sol

подземная калильная печь (f); нагрѣвательный колодецъ; колодецъ (m) *или* колодезь (m) Джверса
forno (m) di riscaldo
horno (m) de recalentamiento 6

Tiefofenkran (m), Blockziehkran (m)
crane for the reheating furnace, soaking pit crane
grue (f) à lingots pour pits

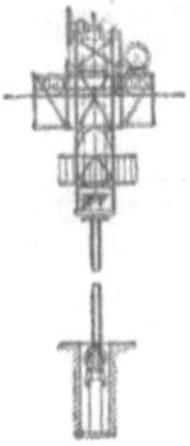

кранъ (m) для подземныхъ калильныхъ печей; кранъ для нагрѣвательныхъ колодцевъ
gru (f) scorrevole pei forni di riscaldamento
grúa (f) para los hornos de recalentamiento 7

---

* A = americanism

1
Deckelabhebevorrichtung (f)
lifting apparatus for the cover
dispositif (m) pour enlever les couvercles

устройство (n) *или* приспособленіе (n) для подъёма крышки
macchina (f) per alzare il coperchio
disposición (f) para levantar las tapas

2
Fingerkran (m)
crane with special gripping device
grue (f) avec poinçon et pince d'accrochage

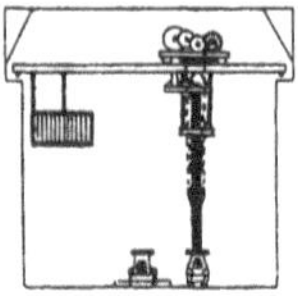

кранъ (m) съ захватами *или* со схватами
gru (f) con tanaglia da presa
grúa (f) de dedos prensores

3
Wärmeofen (m), Glühofen (m)
reheating furnace
four (m) à réchauffer à réverbère

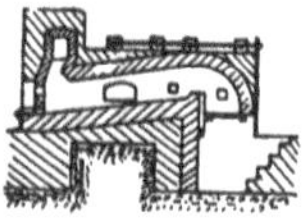

нагрѣвательная печь (f)
forno (m) di riscaldo a riverbero
horno (m) de recalentar de reverbero

4
ausglühen (v)
to anneal
recuire (v)

отжигать
ricuocere (v)
recocer (v)

5
Ausglühflammofen (m)
annealing furnace
four (m) à recuire

калильная печь (f)
forno (m) di ricottura
horno (m) de recocer

6
Wärmofen (m) mit beweglichem Herd
reheating furnace with movable hearth
four (m) à réchauffer à sole mobile

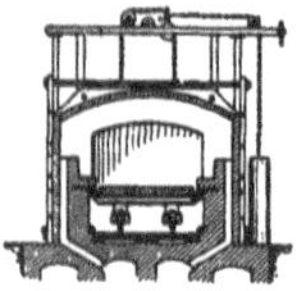

нагрѣвательная печь (f) съ подвижнымъ подомъ
forno (m) di riscaldo a suola mobile
horno (m) calentador con solera móvil

7
Blockeinsetzkran (m), [Blockchargierkran (m)]
ingot charging crane
enfourneuse (f) de lingots, grue (f) de chargement *ou* d'enfournement des lingots

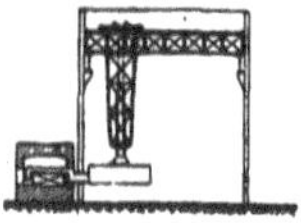

кранъ (m) для садки *или* загрузки слитковъ
gru (f) per caricare i lingotti
grúa (f) para cargar *ó* enhornar lingotes

8
Blockeinspannvorrichtung (f)
ingot holding device
dispositif (m) pour saisir *ou* accrocher les lingots

приспособленіе (n) для закрѣпленія слитковъ
dispositivo (m) da presa per lingotti
disposición (f) para sujetar el lingote

9
den Block einspannen (v)
to grip *or* clamp the ingot
accrocher (v) le lingot

закрѣплять слитокъ
attaccare (v) il lingotto
sujetar (v) el lingote

Rollofen (m)
continuous furnace heating
four (m) roulant

перекатная печь (f)
forno (m) a fondo mobile
horno (m) con solera para rodar los lingotes 1

---

den Block wenden (v) *oder* wälzen (v)
to turn the ingot over
tourner (v) *ou* retourner (v) le lingot

перекатывать *или* поворачивать *или* кантовать слитокъ 2
girare (v) il lingotto
girar (v) *ó* rodar (v) el lingote

Blockeinsetzwagen (m) [Blockchargierwagen (m)]
ingot charging carriage
chariot (m) enfourneur *ou* d'enfournement des lingots, chariot (m) de chargement des lingots

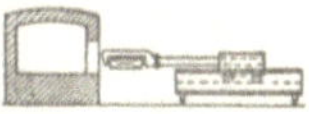

телѣжка (f) для садки *или* для загрузки слитковъ
carro (m) per il caricamento dei lingotti 3
carro (m) para cargar *ó* enhornar lingotes

[Block-] Eindrückvorrichtung (f), Blockdrücker (m)
ingot pushing device
dispositif (m) d'enfournement des lingots, poussoir (m)

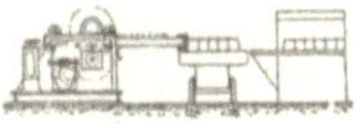

приспособленіе (n) для вдвиганія слитковъ
dispositivo (m) per introdurre *od* infornare i lingotti 4
disposición (f) de empuje para lingotes

[Block-] Ausziehvorrichtung (f)
withdrawing device
dispositif (m) d'enlèvement [du lingot], défourneuse (f)

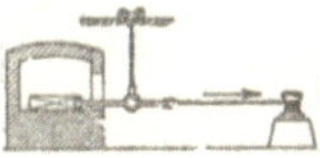

приспособленіе (n) для выниманія слитковъ; разгрузочная машина (f); выталкиватель (m)
dispositivo (m) per ritirare *od* estrarre [i lingotti] 5
disposición (f) para sacar *ó* extraer [los lingotes]

Das Walzen — **Прокатка**
To roll — **Cilindrare, laminare** 6
Laminer — **Laminar**

walzen (v), auswalzen (v)
to roll
laminer (v)

катать; прокатывать; выкатать
laminare (v) 7
laminar (v)

---

vorwalzen (v)
to roll, to cog, to cog down
ébaucher (v)

предварительно прокатать; подготовить прокаткой 8
sbozzare (v)
desbastar (v)

---

fertig walzen (v)
to roll for finishing
finir (v)

окончательно прокатить; сдѣлать готовымъ прокаткой; докатать 9
finire (v)
acabar (v), terminar (v)

1	Vorform (f) first shape dimension (f) primitive	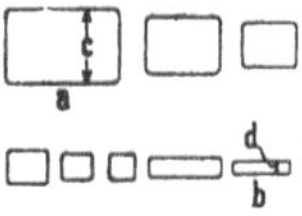 a	предварительная *или* первоначальная форма (f) dimensione (f) primitiva forma (f) primitiva
2	Endform (f) final shape dimension (f) finale	b	окончательная форма (f) dimensione (f) finale forma (f) final
3	Anfangsquerschnitt (m) first *or* earliest section section (f) initiale	c	начальное сѣченіе (n) sezione (f) iniziale sección (f) inicial
4	Endquerschnitt (m) final section section (f) finale	d	окончательное сѣченіе (n) sezione (f) finale sección (f) final
5	strecken (v) to elongate étirer (v), allonger (v)	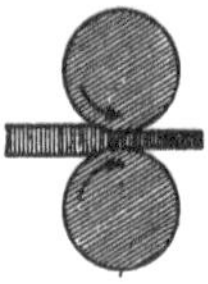	вытягивать; пропустить *или* прокатить черезъ ручей stendere (v), allungare (v) estirar (v), alargar (v)
6	Streckung (f) elongation étirage (m), allongement (m)		вытягиваніе (n) estensione (f), allungamento (m) estiramiento (m), alargamiento (m)
7	Walzendruck (m) pressure of the rolls pression (f) de laminage	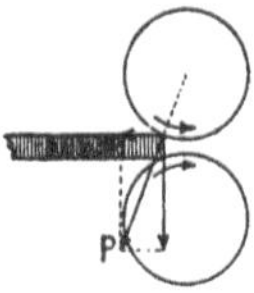	давленіе (n) валковъ pressione (f) di laminazione presión (f) de los cilindros
8	radialer Druck (m) radial pressure pression (f) radiale	P	радіальное давленіе (n) pressione (f) radiale presión (f) radial
9	Umfanggeschwindigkeit (f) circumferential velocity vitesse (f) tangentielle		окружная скорость (f) velocità (f) tangenziale velocidad (f) tangencial
10	Walzenbewegung (f) rotation of rolls rotation (f) des cylindres		движеніе (n) валковъ rotazione (f) dei cilindri rotación (f) de los cilindros
11	leergehen (v) to run idle, to run light (A*) marcher (v) à vide		вращаться при холостомъ ходѣ girare (v) a vuoto andar (v) en vacío

* A = americanism

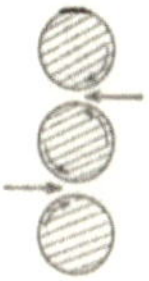

gleich bleibende Richtung (f)
rotation in the same direction
rotation (f) dans le même sens

постоянное *или* неизмѣнное направленіе (n)
rotazione (f) nello stesso senso 1
rotación (f) en la misma dirección

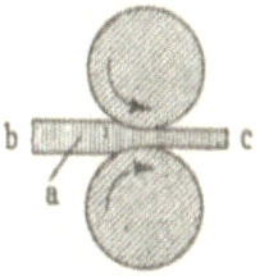

a

Walzstück (n)
piece to be rolled
pièce (f) à laminer, barre (f)

прокатываемый кусокъ (m) металла
pezzo (m) da laminare, barra (f) 2
barra (f), pieza (f) para laminar

---

b

Eintrittseite (f)
inlet, entry side, roller's side
côté (m) de l'entrée

сторона (f) входа
lato (m) dell'entrata 3
lado (m) de entrada

---

c

Austrittseite (f)
exit side, catcher's side
côté (m) de la sortie

сторона (f) выхода
lato (m) di uscita 4
lado (m) de salida

---

das Walzstück anheben (v)
to lift the piece (to be rolled)
soulever (v) la barre (à laminer)

приподнять прокатываемый кусокъ металла
alzare (v) la barra 5
elevar (v) ó levantar (v) la barra

---

das Walzstück erfassen (v)
to grip *or* bite *or* take hold of the piece
saisir (v) la barre

схватить *или* захватить прокатываемый кусокъ металла 6
prendere (v) la barra
coger (v) la barra

---

mit der Zange erfassen (v)
to seize with tongs
saisir (v) avec la tenaille

схватить *или* захватить клещами
prendere (v) colla tanaglia 7
coger (v) con las tenazas

Durchgang (m), Stich (m)
pass
passage (m), passe (f)

проходъ (m)
passaggio (m) 8
pasada (f)

---

zurückgehen (v)
to return
repasser (v)

подать назадъ
ripassare (v) 9
repasar (v)

Höhenlage (f)
height
hauteur (f)

высота (f) расположенія
altezza (f) 10
altura (f)

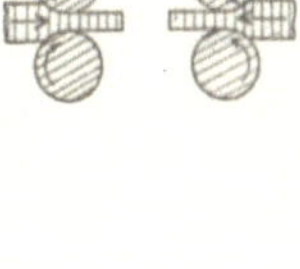

abwechselnde Bewegungsrichtung (f)
reversing the rolls
changement (m) de sens *ou* renversement du laminage

перемѣнное направленіе (n)
cambiamento (m) del senso di laminazione 11
dirección (f) alternativa

1 Kehr- *oder* Reversierwalzwerk (n)
reversing rolling mill
laminoir (m) *ou* train (m) réversible

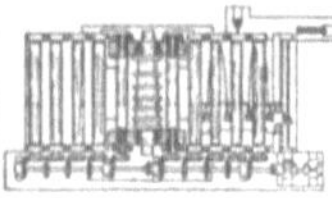

реверсивный прокатный станъ (m)
laminatoio (m) *o* treno (m) riversibile
tren (m) reversible

---

2 Umkehr (f) der Bewegung
reversal
renversement (m)

перемѣна (f) движенія
inversione (f) di marcia
cambio (m) de marcha

---

3 entgegengesetzte Drehung (f)
reverse rotation
rotation (f) en sens inverse

вращеніе (n) въ противоположную сторону
cambiamento (m) di marcia
rotación (f) contraria

---

4 Hingang (m)
going
aller (m)

передній ходъ (m)
andata (f)
ida (f)

---

5 Rückgang (m)
returning
retour (m)

задній ходъ (m)
ritorno (m)
vuelta (f)

---

6 zurückwalzen (v)
to roll on return pass
laminer (v) en arrière

пропустить *или* прокатить въ обратную сторону
laminare (v) indietro
laminar (v) hacia atrás

---

7 Umsteuerungsvorrichtung (f)
reversing gear
dispositif (m) de renversement de marche, servo-moteur (m) de renversement

приспособленіе (n) для перемѣны хода
servo-motore (m)
[aparato (m) de] cambio (m) de marcha

---

8 Beseitigung (f) des Glühspans
removing of the scale
enlèvement (m) des battitures *ou* des oxydes

удаленіе (n) окалины
levare (v) le battiture
separación (f) de las escamas

---

9 Reisigbündel (n)
wood bundle
balai (m), brindilles (f pl)

пучокъ (m) хвои; пучокъ сухихъ вѣтвей
fascina (f), scopa (f)
escoba (f)

---

10 blechwalzen (v), Blech walzen (v)
sheet *or* plate rolling
laminer (v) les tôles

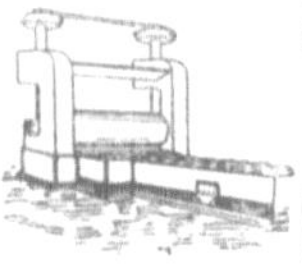

валки (m pl) для прокатки листовъ; листопрокатные валки; листопрокатный станъ
laminare (v) le lamiere
laminar (v) palastros

gemeinsam walzen (v) to roll together laminer (v) ensemble	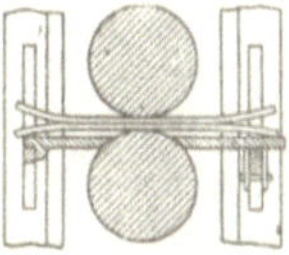	прокатывать совмѣстно laminare (v) insieme laminar (v) múltiple ó juntamente	1
doppeln (v), umbiegen (v) to double plier (v), doubler (v)		согнуть; сдвоить raddoppiare (v), piegare (v) doblar (v)	2
Schwarzblech (n) black sheet tôle (f) noire		чёрная жесть (f) lamiera (f) nera chapa (f) negra, palastro (m)	3
Adjustieren **Adjusting** **Ajustage**		**Отдѣлка** **Aggiustaggio** **Ajustamiento**	4
Zurichtungshalle (f), Richtehalle (f), Adjustagehalle (f) straightening shop atelier (m) de cisaillage	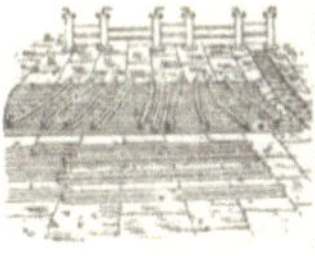	отдѣлочная мастерская (f) locale (m) d'aggiustaggio taller (m) de cortar [á medida]	5
beschneiden (v) to cut, to shear rogner (v), cisailler (v)		обрѣзать refilare (v) recortar (v)	6
zurechtschneiden (v) to dress couper (v) à dimension		обрѣзать какъ слѣдуетъ *или* правильно tagliare (v) a misura cortar (v) á medida	7
hydraulische Blockschere (f) hydraulic shearing machine, hydraulic shear (A*) cisaille (f) hydraulique pour blooms		гидравлическія ножницы (f pl) для слитковъ cesoia (f) idraulica per blooms tijera (f) hidráulica para tochos	8
Blechschere (f) sheet shearing machine cisaille (f) à tôles	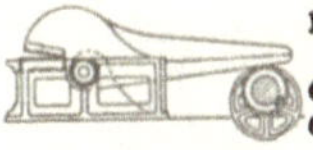	ножницы (f pl) для рѣзки листовъ cesoia (f) da lamiera cizalla (f) para chapa	9
Warmsäge (f) hot saw scie (f) à chaud		пила (f) для рѣзки металла въ горячемъ состояніи sega (f) a caldo sierra (f) para cortar en caliente	10

* A = americanism

1 gerade richten (v)
to straighten
dresser (v)
править; выпрямить
raddrizzatura (f) delle rotaie
enderezar (v)

---

2 Richtmaschine (f)
straightening machine
machine (f) à dresser
правильная машина (f); правильный станокъ (m)
macchina (f) da raddrizzare
máquina (f) de enderezar

---

3 walzgerade (adj)
rough rolled (adj)
fer brut de laminage
выправленный въ валкахъ
greggio (agg) di laminazione
enderezado (adj) con el laminador

---

4 windschief (adj)
warped (adj), twisted (adj)
gauche (adj), oblique (adj)
искривленный; перекошенный
ritorto (agg)
oblicuo (adj)

---

5 krumm (adj)
crooked (adj), bent (adj)
tordu (adj)
кривой
centinato (agg)
torcido (adj)

---

6 Ebnen (n) der Blechtafel
to straighten the sheets
planer (v) les tôles
выправить листы
raddrizzare (v) *o* spianare (v) le lamiere
enderezamiento (m) de los palastros

---

7 wellige Oberfläche (f)
corrugated surface
surface (f) gondolée
волнистая поверхность (f)
superficie (f) ondulata
superficie (f) ondulada

---

8 eiserne Richtplatte (f)
straightening plate
taque (f) à dresser en fonte
желѣзная правильная доска (f)
placca (f) da raddrizzare
placa (f) de hierro para enderezar

---

9 Schlagwerkzeug (n)
straightening hammer
marteau (m) à dresser
ударный инструментъ (m)
maglio (m) da raddrizzare
porra (f)

---

10 Walzenbart (m), Grat (m)
burr, fin
bavure (f)
выступъ (m) на валкѣ
bavatura (f), filetto (m)
rebaba (f)

Drahtwalzen **Wire Rolling** **Tréfilage**	**Валки для прокатки проволоки** **Laminazione del filo di ferro** **Estirado del alambre**	1
herunterwalzen (v) to roll, to reduce (A*) réduire (f) les dimensions par laminage	прокатать laminare (v) laminar (v) á secciones menores	2
umstecken (v) to alter the pass changer (v) de cannelure	перемѣнить cambiar (v) canale cambiar (v) las canales	3
schnellaufende Walze (f) high speed roll cylindre (m) à grande vitesse	быстро вращающійся *или* бѣгающій валокъ (m) cilindro (m) a gran velocità cilindro (m) de gran velocidad	4
zu einem Ring aufwickeln (v) to wind a coil enrouler (v) en couronne	свернуть въ кольцо fare (v) un nodo enrollar (v) alambre, hacer (v) rollos de alambre	5
Spule (f) spool, bobbin, coil (A*) dévidoir (m), bobine (f), enrouleuse (f)	катушка (f) spola (f) devanadera (f)	6
drahtziehen (v), Draht ziehen (v) wire drawing tréfiler (f), étirer (v) le fil, passer (v) à la filière	волоченіе (n) проволоки trafila (f) estirar (v) el alambre	7
Drahtziehbank (f) wire drawing machine, bench banc (m) de tréfilerie	волочильный станокъ (m) banco (m) di trafila banco (m) de estirado	8
Scheibenziehbank (f), Leierziehbank (f) drawing machine with spool banc (m) de tréfilerie à tambours enrouleurs	дисковый волочильный станокъ (m) banco (m) di stiramento con rulli banco (m) de estirado con hilera	9
drehbare Haspel (f) spool enrouleur (m), bobine (f)	вращающаяся лебёдка (f) rullo (m), bobina (f) bobina (f)	10

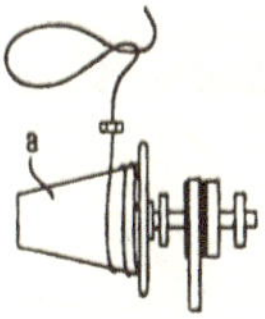

a

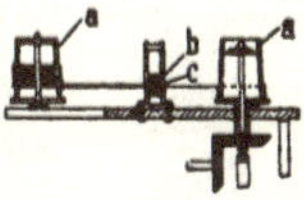

a

* A = americanism

1	Ziehzange (f) wire pliers (pl), pincers (pl) pince (f) à tréfiler		клещи (fpl) для протяжки pinza (f) tenazas (f pl) de estirado
2	Zieheisen (n) draw plate, die filière (f)	b	инструментъ (m) *или* накидка (f) для измѣренія толщины протянутой проволоки; ціэйзенъ (m) filiera (f) hilera (f)
3	kegeliges Loch (n) conical hole trou (m) conique	c	коническое отверстіе (n) foro (m) conico agujero (m) cónico
4	verschiebbar (adj) displacable (adj) mobile (adj)		передвижной spostabile (agg) móvil (adj)
5	Schleppzangenziehbank (f) drawing machine with pliers banc (m) à étirer à pince	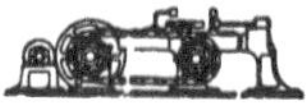	волочильный станокъ (m) banco (m) di stiramento con pinza banco (m) de estirado por tenazas
6	Grobzug (m) preliminary drawing tréfilage (m) grossier *ou* initial		предварительное волоченіе (n) stiramento (m) iniziale estirado (m) inicial
7	Mittelzug (m) medium drawing tréfilage (m) moyen		промежуточное волоченіе (n) stiramento (m) medio estirado (m) medio
8	Feinzug (m) fine drawing tréfilage (m) fin *ou* finisseur	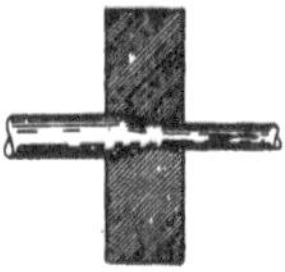	окончательное волоченіе (n) stiramento (m) fino estirado (m) fino
9	Kratzenzug (m) very fine drawing tréfilage (m) très fin		протягиваніе (n) начисто stiramento (m) finissimo estirado (m) muy fino

Beizen (n) des Drahtes pickling the wire décapage (m) du fil		травленіе (n) проволоки pulitura (f) del filo desoxidación (f) ó limpieza (f) del alambre	*1*
poltern (v) removing the pickling acid battage (m) du fil		чистить во вращающемся барабанѣ battitura (f) del filo batido (m) del alambre	*2*
Kalken (n) des Drahtes chalking the wire chauler (v) le fil		чистить проволоку во вращающемся барабанѣ при участіи постороннихъ твёрдыхъ предметовъ calcinatura (f) del filo calizar (v) ó encalar (v) el alambre	*3*
Röhrenwalzen **Tube Rolling** **Laminage de tubes**		**Прокатка трубъ** **Laminazione dei tubi** **Laminación de tubos**	*4*
Eisenrohr (n) hollow iron, iron tube tube (m) en fer		желѣзная труба (f) tubo (m) di ferro tubo (m) de hierro	*5*
gezogenes Rohr (n) drawn tube tube (f) étiré		тянутая труба (f) tubo (m) stirato tubo (m) estirado	*6*
Schrägwalzverfahren (n) nach Mannesmann Mannesman process procédé (m) Mannesmann	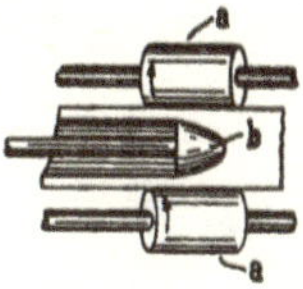	косая геликоидальная прокатка (f) по Маннесману processo (m) Mannesmann procedimiento(m) de la laminación de Mannesmann (con cilindros en ángulo)	*7*
ballige Walze (f) conical roll cylindre (m) bombé	a	валокъ (m) съ измѣняющейся окружной скоростью въ зависимости отъ діаметра cilindro (m) curvato cilindro (m) combado	*8*
Walzdorn (m) roll mandrel mandrin (m)	b	сердечникъ (m) *или* оправка (f) для прокатки трубъ mandrino (m) mandril (m)	*9*
dickwandiges Rohr (n) thick walled tube tuyau (m) à paroi épaisse		толстостѣнная труба (f) tubo (m) a pareti spesse tubo (m) de gran espesor	*10*

1 Pilgerschrittverfahren (n)
tube rolling (Perrins process)
procédé (m) dit »au pas de pèlerin«

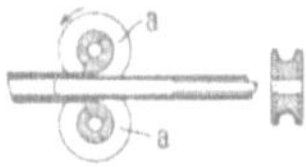

прокатка (f) трубъ на оправкѣ
processo (m) del »au pas de pèlerin«
procedimiento (m) de laminación »á paso de peregrino«

---

2 exzentrische Walze (f)
eccentric roll
cylindre (m) excentrique

a

эксцентричный валокъ (m)
cilindro (m) eccentrico
cilindro (m) excéntrico

---

3 Preßverfahren (n) nach Ehrhardt
Ehrhardt's pressing process
procédé (m) à la presse Ehrhardt

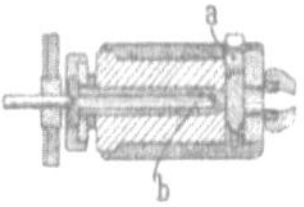

прессованіе (n) по способу Эргардта
processo (m) Ehrhardt col mandrino
procedimiento (m) de compresión sistema Ehrhardt

---

4 Ziehloch (n)
draw hole
orifice (m) de tréfilage *ou* d'étirage

a

ручей (m) *или* отверстіе (n) для пропуска трубы
apertura (f) di stiramento
agujero (m) de estirado

---

5 nahtloses Rohr (n)
seamless tube
tube (m) sans soudure

b

труба (f) безъ швовъ
tubo (m) senza saldatura
tubo (m) sin soldadura ó sin costura

---

6 stumpfgeschweißtes Rohr (n)
butt welded tube
tube (m) soudé par contact

труба (f), сваренная въ притыкъ
tubo (m) saldato a bacio
tubo (m) soldado á tope

---

7 überlappt geschweißtes *oder* flachgeschweißtes Rohr (n)
lap welded tube
tube (m) soudé par recouvrement

труба (f), сваренная въ накладку
tubo (m) saldato ad unghia
tubo (m) soldado á solapa

---

8 schraubenlinig *oder* spiralgeschweißtes Rohr (n)
spiral welded tube
tube (m) soudé en spirale

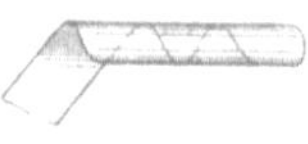

труба (f), сваренная спирально
tubo (m) saldato a spirale
tubo (m) soldado en espiral

---

9 Dornwalze (f) für geschweißte Rohre
mandrel roll for welded tubes
cylindres (m pl) à mandrin pour tubes soudés

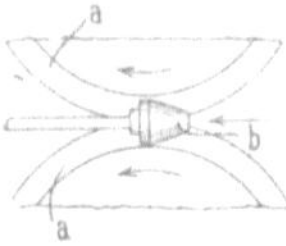

прокатка (f) сварныхъ трубъ на сердечникѣ
cilindro (m) a mandrino per tubi saldati
cilindro (m) con mandril para tubos soldados

ausgekehlte Walze (f) grooved roll cylindre (m) à gorge	a	желобчатый валокъ (m) cilindro (m) a gola cilindro (m) de garganta	1
birn[en]förmiger Dorn (m) pear shaped mandrel mandrin (m) piriforme, olive (f)	b	грушевидный сердечникъ (m) mandrino (m) piriforme mandril (m) en forma de pera ó piriforme	2
zusammenrollen (v) to roll on enrouler (v)		скатать avvolgere (v) enrollar (v)	3

XVI.

Härten des Stahles

Hardening *or* Tempering the Steel

Trempe de l'acier

Закалка стали

Tempera dell'acciaio

Temple del acero

---

1 **Härteöfen**
Tempering Furnaces, Furnaces for Hardening
Fours à tremper
Калильная печь для закалки
Forni per la tempera
Hornos para templar

2 Härteschmiedefeuer (n)
tempering forge
feu (m) de trempe

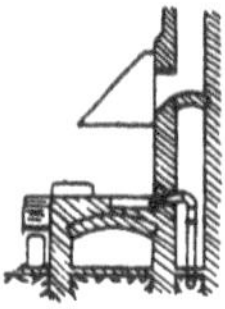

кузнечный горнъ (m) для закалки
fucina (f) per la tempera
fragua (f) de templar

---

3 ausgemauerte Feuergrube (f)
bricked fire place
cendrier (m) *ou* foyer (m) maçonné
выложенное кирпичёмъ углубленіе (n) [горна]
focolare (m) in muratura
foso (m) de fuego *ú* hogar (m) revestido

---

4 Bleiofen (m)
lead tempering bath
four (m) à plomb

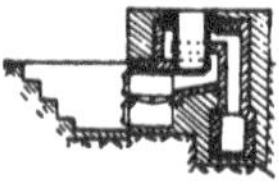

свинцовая *или* свинцово-плавильная печь (f)
bagno (m) di piombo
horno (m) de plomo

---

5 Härteflammofen (m)
tempering flame furnace
four (m) à réverbère à tremper

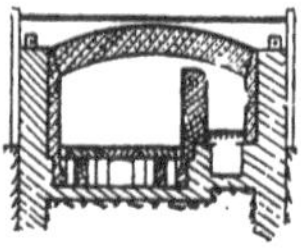

пламенная закалочная печь (f)
forno (m) a riverbero per la tempera
horno (m) de reverbero para templar

Gashärteofen (m)
gas fired furnace for hardening
four (m) de trempe au gaz

газовая закалочная печь (f)
forno (m) a gas per la tempera
horno (m) de gas para templar 1

Schachthärteofen (m)
shaft furnace for hardening
four (m) de trempe à cuve

шахтная закалочная печь (f)
forno (m) a camino *o* forno (m) cilindrico per la tempera
horno (m) de cuba para templar 2

Schachtglühofen (m)
shaft furnace for reheating
four (m) à cuve à recuire

шахтная калильная печь (f)
forno (m) a ricottura
horno (m) de cuba para recocer 3

Feilenhärteofen (m)
file hardening furnace
four (m) à tremper les limes

печь (f) для закалки напилковъ; закалочная печь для напильниковъ
forno (m) per temperare le lime
horno (m) para templar limas 4

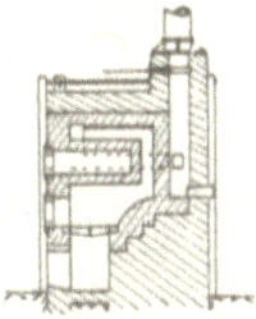

Muffelofen (m)
muffle furnace
fourneau (m) à moufles

муфельная печь (f)
forno (m) a muffola
horno (m) de mufla 5

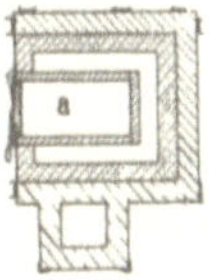

a

Muffel (f) aus Eisen, gußeiserne Muffel (f)
iron muffle, cast iron muffle
moufle (m) en fer *ou* en fonte

чугунный муфель (m)
muffola (f) di ferro, muffola (f) di ghisa
mufla (f) de hierro *ó* de fundición 6

Muffel (f) aus Schamotte
fire clay muffle
moufle (m) en terre réfractaire

шамотовый муфель (m)
muffola (f) di terra refrattaria
mufla (f) de tierra refractaria 7

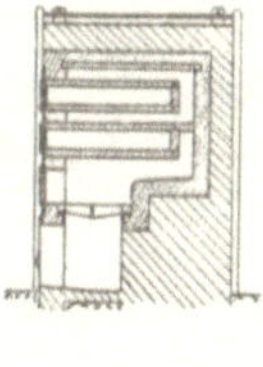

Doppelmuffelofen (m)
double muffle furnace
fourneau (m) à moufles double

двойная муфельная печь (f)
forno (m) a doppia muffola
horno (m) de doble mufla 8

1 Gasmuffelofen (m)
gas fired muffle furnace
four (m) à moufle au gaz
газовая муфельная печь (f)
forno (m) a muffola a gas
horno (m) de mufla á gas *ó* alimentado por gas

---

2 Brenndüse (f)
nozzle
brûleur (m)
горѣлка (f)
becco (m) di combustione
quemador (m), mechero (m)

---

3 mechanischer Gashärteofen (m)
mechanical gas fired furnace for hardening
four (m) de trempe mécanique au gaz

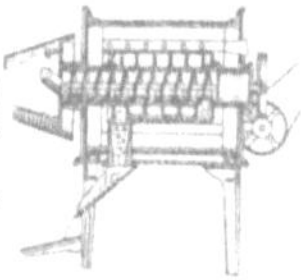

газовая калильная печь (f) съ механической подачей; механическая газовая калильная печь; [фиг.:] вращающаяся газовая калильная печь
forno (m) meccanico a gas per la tempera
horno (m) mecánico de gas para templar

---

4 Luftzuführung (f)
air inlet
entrée (f) d'air
подводъ (m) *или* притокъ (m) воздуха
entrata (f) dell'aria
entrada (f) de aire

---

5 Gaszuführung (f)
gas inlet
entrée (f) *ou* amenée (f) de gaz
подводъ (m) *или* притокъ (m) газа
entrata (f) del gas
entrada (f) de gas

6 Härtevorgang
Process of Hardening
Marche de la trempe
Процессъ закалки
Andamento *o* marcia della tempera
Proceso del temple

7 einfache Härtung (f)
simple hardening
trempe (f) simple
простая закалка (f)
tempera (f) semplice
temple (m) sencillo

---

8 schwierige Härtung (f)
difficult hardening
trempe (f) difficile
сложная закалка (f)
tempera (f) difficile
temple (m) difícil

---

9 besonderes Härtungsverfahren (n)
special hardening method
méthode (f) de trempe spéciale
спеціальный способъ (m) закалки
metodo (m) speciale di tempera
método (m) de temple especial

---

10 Naturhärte (f)
natural hardness
trempe (f) naturelle
естественная *или* природная твёрдость (f)
tempera (f) naturale
temple (m) natural

Glashärte (f) glass hardness trempe (f) parfaite *ou* dure	крѣпкая *или* сильная закалка (f); крѣпкій закалъ (m) tempera (f) perfetta temple (m) perfecto	1
Härtungsfähigkeit (f) hardening capacity capacité (f) de trempe	способность (f) закаливаться proprietà (f) della tempera capacidad (f) de temple	2
aktive Härte (f), Schneidhärte (f) cutting hardness, abrasive hardness trempe (f) active, trempe (f) d'outil coupant	активная твёрдость (f) [рѣжущая твёрдость] resistenza (f) al taglio temple (m) duro, temple (m) de herramienta para cortar	3
passive Härte (f), Abnutzungshärte (f) passive hardness, wear hardness trempe (f) passive, trempe (f) résistant à l'usure	пассивная твёрдость (f); [твёрдость изнашиванія] resistenza (f) allo sfregamento temple (f) resistente al desgaste	4
Härtegrad (m) degree of hardness *or* temper degré (m) de trempe	степень (f) твёрдости grado (m) di tempera grado (m) de temple	5
Härtehitze (f) hardening heat température (f) *ou* chaleur (f) de trempe	температура (f) закалки calore (m) di tempera temperatura (f) de temple	6
Dauer (f) der Erhitzung duration of heating durée (f) de la chauffe	продолжительность (f) нагрѣва durata (f) della tempera duración (f) del temple	7
gefährliche Temperatur (f) dangerous temperature température (f) dangereuse	опасная температура (f) temperatura (f) pericolosa temperatura (f) peligrosa	8
nachlaufen (v) to temper the steel faire (v) revenir l'acier	отпускаться far rinvenire (v) l'acciaio recocer (v) el acero	9
abkühlen (v) to cool refroidir (v)	охладить; охлаждать raffreddare (v) enfriar (v)	10
ablöschen (v) to quench in water tremper (v) dans l'eau	закалить temperare (v) nell'acqua templar (v) en el agua	11

1 heiß ablöschen (v)
to quench hot
tremper (v) très chaud dans l'eau

закалить при высокой температурѣ
temperare (v) al calor rosso nell'acqua
templar (v) á alta temperatura en el agua

---

2 Abschrecken (n)
to plunge in water
saisissement (m) dans l'eau, étonner (v)

быстрое охлажденіе (n)
immersione (f) rapida o brusca nell'acqua
enfriamiento (m) brusco ó á toda agua

---

3 langsames Eintauchen (n)
slow dipping
plonger (v) lentement

медленное погруженіе (n)
immersione (f) lenta
sumergir (v) lentamente

---

4 im Wasser umherführen (v)
to stir in the water
agiter (v) dans l'eau

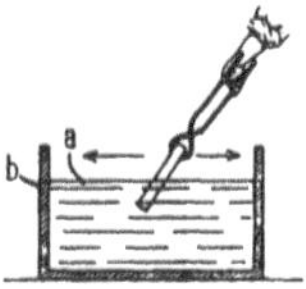

водить въ водѣ
agitare (v) nell'acqua
agitar (v) en el agua

---

5 Kühlbad (n)
quenching bath
bain (m) de trempe

a

ванна (f) для охлажденія
bagno (m) per la tempera
baño (m) para enfriar

---

6 Wasserkasten (m)
water tank
auge (f) *ou* cuve (f) à eau

b

бакъ (m) съ водою
cassetta (f) d'acqua
depósito (m) de agua

---

7 Härteflüssigkeit (f), Ablöschflüssigkeit (f), Kühlflüssigkeit (f)
hardening liquid
liquide (m) de trempe

закалочная жидкость (f)
liquido (m) per la tempera
líquido (m) para templar

---

8 Härten (n) in fließendem Wasser
hardening in running water
trempe (f) dans l'eau courante

закалка (f) въ проточной водѣ
tempera (f) nell'acqua corrente
temple (m) en agua corriente

---

9 Härten (n) in quellendem Wasser
hardening in rising water
trempe (f) dans une auge alimentée par le fond

закалка (f) въ бьющей ключомъ водѣ
tempera (f) entro cassetta che riceve l'acqua dal fondo
temple (m) en una cubeta alimentada por el fondo

Strahlhärtung (f) stream hardening trempe (m) par jet *ou* filet d'eau		закалка (f) подъ струёй воды tempera (f) al getto d'acqua temple (m) á chorro de agua	1
Spritzhärtung (f) hardening by sprinkling trempe (f) par arrosage		закалка (f) въ водяныхъ брызгахъ tempera (f) alla doccia temple (m) á lluvia de agua	2
Lufthärtung (f) air hardening trempe (f) à l'air		воздушная закалка (f) tempera (f) all'aria temple (m) al aire	3
Kohlensäurehärtung(f) carbonic acid hardening trempe (f) à l'acide carbonique		закалка (f) въ углекислотѣ tempera (f) all'acido carbonico temple (m) al ácido carbónico	4
Ölhärtung (f) oil hardening trempe (f) à l'huile		закалка (f) въ маслѣ tempera (f) all'olio temple (m) al aceite	5
Härtemittel (n) hardening agent substance (f) à tremper		закалочное средство (n) sostanza (f) per temperare substancia (f) para templar	6
Kochsalz (n) common salt, sodium-chloride sel (m) marin	$NaCl$	поваренная соль (f) cloruro (m) di sodio sal (f) común, sal (f) marina, cloruro (m) de sodio	7
Salmiak (m) sal ammoniac sel (m) ammoniac	$(NH_4)Cl$	нашатырь (m) sale (m) ammoniaco sal (f) amoníaco	8
angesäuertes Wasser (n) acidulated water eau (f) acidulée		подкисленная вода (f) acqua (f) acidulata agua (f) acidulada	9
Quecksilber (n) mercury, quick silver mercure (m), vif-argent (m)		ртуть (f) mercurio (m) mercurio (m)	10
Kalkmilch (f), Kalkwasser (n) lime water lait (m) de chaux		известковое молоко (n); известковая вода (f) latte (m) di calce lechada (f) de cal	11

	German / English / French	Russian / Italian / Spanish
1	Seife (f) soap savon (m)	мыло (n) sapone (m) jabón (m)
2	angefeuchtete Kohlenlösche (f) moistened cinders fraisil (m) humide	смоченная угольная вола (f) cenere (f) umida ceniza (f) húmeda
3	Blutlaugensalz (n) yellow prussiate of potash *or* potassium prussiate (m) jaune de potasse	жёлтая кровяная соль (f); жёлтое синькали (n) prussiato (m) giallo di potassa prusiato (m) amarillo de potasa ó potásico, ferrocianuro (m) potásico
4	Gummi (m) rubber caoutchouc (m)	резина (f) gomma (f) goma (f)
5	Spiritus (m) methylated spirit esprit (m) de vin	спиртъ (m) spirito (m) di vino alcohol (m) vinico, espíritu (m) de vino
6	Öl (n) oil huile (f)	масло (n) olio (m) aceite (m)
7	Fett (n) fat, grease graisse (f)	жиръ (m) grasso (m) grasa (f)
8	Unschlitt (m) tallow suif (m)	сало (n) sego (m), sevo (m) sebo (m)
9	Fischtran (m) fish oil, train oil, cod liver oil huile (f) de poisson	рыбій жиръ (m) olio (m) di pesce aceite (m) de pescado
10	Wachs (n) wax cire (f)	воскъ (m) cera (f) cera (f)
11	Harz (n) resin, rosin résine (f)	смола (f) resina (f) resina (f)
12	negative Härtung (f) negative hardening trempe (f) négative	отрицательная закалка (f) tempera (f) negativa o fallita temple (m) negativo
13	Werfen (n) *oder* Verziehen (n) des Stahls shrinkage *or* contraction of the steel gauchissement (m) de l'acier	короблеnie (n) стали torcimento (m) dell'acciaio torcimiento (m) ó torcedura (f) del acero

Anlassen, Nachlassen To temper, to reheat Adoucir, recuire	Отпускъ Ricuocere Recocer	1
abbrennen (v) to blaze off recuire (v) l'acier par le flambage	обжигать; отжигать посредствомъ сожиганія покрывающаго предметъ слоя жира ricuocere (v) l'acciaio alla fiamma recocer (v) el acero por medio de la combustión de grasa sobre la pieza	2
Anlaßhärte (f) tempering hardness trempe (f) de recuit	степень (f) отпуска tempera (f) di ricottura temple (m) de recocido	3
Anlauftemperatur (f) tempering temperature température (f) du recuit	температура (f) отпуска temperatura (f) di ricottura temperatura (f) de dar color ó de recocido	4
Anlaßfarbe (f), Anlauffarbe (f) temper colour couleur (f) de recuit	цвѣтъ (m) отпуска colore (m) di ricottura color (m) de recocido	5
blaßgelb (adj) pale yellow (adj) jaune-clair (adj)	блѣдножёлтый цвѣтъ (m) giallo-chiaro (agg) amarillo pálido (adj)	6
hellstrohgelb (adj) straw yellow (adj) jaune (adj) de paille	свѣтлосоломенный цвѣтъ (m) giallo-paglia (agg) amarillo (adj) de paja	7
braun (adj) brown (adj) brun (adj)	бурый bruno (agg) pardo (adj)	8
braun (adj) mit Purpurflecken brown (adj) with purple spots brun (adj) avec taches pourpres	бурый съ пурпуровыми пятнами bruno (agg) con macchie porporine moreno (adj) con manchas de púrpura	9
purpurn (adj) purple (adj) pourpre (adj)	пурпуровый porporino (agg) purpúreo (adj), purpurino (adj	10
veilchenfarben (adj) violet (adj) violet (adj)	цвѣта незабудокъ; голубой violetto (agg) violado (adj)	11

1	kornblau (adj) cornflower blue (adj) bleu-violacé (adj)	василькового цвѣта azzurro-scuro.(agg) azul (adj) violáceo
2	hellblau (adj) pale blue (adj) bleu clair (adj)	свѣтлосиній azzurro-chiaro (agg), celeste (agg) azul (adj) claro
3	meergrün (adj) sea green (adj) vert (adj) mer	цвѣта морской воды; зелёный verde-mare (agg) verde (m) mar
4	Ölbad (n) oil bath bain (m) d'huile	масляная ванна (f) bagno (m) d'olio baño (m) de aceite
5	Bleibad (n) lead bath bain (m) de plomb	свинцовая ванна (f) bagno (m) di piombo baño (m) de plomo
6	kalthämmern (v) to cold hammer, cold working écrouir (v), marteler (v) à froid	обрабатывать молотами въ холодную martellare (v) a freddo batir (v) en frío
7	gehärteter Stahl (m) hardened steel acier (m) trempé	закалённая сталь (f) acciaio (m) temperato acero (m) templado
8	angelassener Stahl (m) annealed, tempered steel acier (m) recuit	отпущенная сталь (f) acciaio (m) ricotto acero (m) recocido
9	verdorbener Stahl (m) spoilt steel acier (m) altéré [par le feu]	недоброкачественная *или* испорченная сталь (f) acciaio (m) alterato [dal fuoco] acero (m) quemado, acero (m) estropeado
10	abgestandener Stahl (m) perished steel acier (m) dénaturé	перетомлённая сталь (f) acciaio (m) denaturato acero (m) agrio *ó* desnaturalizado
11	überhitzter Stahl (m) overheated steel, [burnt steel] acier (m) surchauffé	перегрѣтая сталь (f) acciaio (m) sovra-riscaldato acero (m) recalentado
12	verbrannter Stahl (m) burnt steel acier (m) brûlé	пережжённая сталь (f) acciaio (m) bruciato acero (m) quemado
13	Hartkorn (n) hard grain grain (m) d'acier dur *ou* diamant	зерно (n) на поверхности пережжённой стали grana (f) d'acciaio duro grano (m) del acero duro *ó* diamante

Härteriß (m)
crack, flaw
gercure (f), crevasse (f)
трещина (f), полученная при закалкѣ; закалочная трещина
frattura (f)
grieta (f), hendidura (f) 1

Auffrischen (n) verdorbenen Stahles
restoration of spoilt steel
régénération (f) *ou* amélioration (f) de l'acier altéré
возстановленіе (n) испорченной стали
rigenerazione (f) dell'acciaio alterato
regeneración (f) del acero quemado 2

XVII.

Schutz des Eisens — Protection of Iron — Préservation du fer

Предохраненіе или защита желѣза — Preservazione del ferro — Preservación del hierro

1	rosten (v) to rust rouiller (v)	ржавѣть arrugginire (v) cubrirse (v) de orin, oxidarse (v), enmohecerse (v)
2	Rostschicht (f) layer of rust couche (f) de rouille	слой (m) ржавчины strato (m) di ruggine capa (f) de orin ó de moho ó de óxido
3	Rostschutzmittel (n) rust protection agent enduit (m) contre la rouille	средство (n) для предохраненія отъ ржавчины preservativo (m) contro la ruggine medio (m) preservativo contra la oxidación
4	Oberflächenverschönerung (f) ornamentation of the surface embellissement (m) de la surface	предохраненіе (n) поверхности pulitura (f) della superficie arreglo (m) ú ornamentación (f) de la superficie
5	Anstrich (m) painting couche (f) de peinture	окраска (f) mano (f) di tinta [capa (f) de] pintura (f)
6	Lack (m) lacquer laque (f)	баканъ (m) lacca (f), tinta (f) barniz (m), laca (f)
7	lackieren (v) to lacquer laquer (v)	лакировать tingere (v) barnizar (v) con laca

German / English / French	Russian / Italian / Spanish	No.
Firnis (m) varnish vernis (m)	лакъ (m) vernice (f) barniz (m)	1
firnissen (v) to varnish vernir (v)	лакировать; покрывать (крыть) лакомъ; олифить inverniciare (v) barnizar (v)	2
vorübergehender Anstrich (m) first coat peinture (f) légère, première couche (f)	временная окраска (f) prima mano (f) di tinta primera mano (f) de pintura	3
Mineralfarbe (f) mineral colour couleur (f) minérale	минеральная краска (f) colore (m) minerale color (m) mineral	4
bleibender Anstrich (m) permanent coat peinture (f) définitive	постоянная окраска (f) tintura (f) stabile mano (f) de pintura duradera ó definitiva	5
Grundierung (f) first coat couche (f) de peinture de fond	грунтовка (f) tintura (f) di base fondo (m)	6
Leinölfirnis (m) linseed oil varnish vernis (m) à l'huile de lin	олифа (f) vernice (f) all'olio di lino barniz (m) de aceite de linaza	7
Lösung (f) von Harz in Terpentin solution of resins in turpentine solution (f) de résine dans la térébenthine	растворъ (m) смолы въ скипидарѣ soluzione (f) di resina in trementina disolución (f) de resina en trementina	8
Deckung (f) covering couverture (f)	покрытіе (n) copertura (f) cubierta (f)	9
Bleiweiß (n) white lead céruse (f), blanc (m) de plomb	свинцовыя бѣлила (npl) biacca (f) di piombo albayalde (m), cerusa (f)	10
Zinkweiß (n) zinc white blanc (m) de zinc	цинковыя бѣлила (npl) biacca (f) di zinco blanco (m) de cinc	11
Zinkgrau (n) zinc gray gris (m) de zinc	цинковая сѣрая краска (f) grigio (m) di zinco gris (m) de cinc	12
Eisenmennige (f) iron ochre minium (m) de fer	желѣзная охра (f) minio (m) di ferro minio (m) de hierro	13

1	Berggrün (n) mountain green vert (m) de montagne		мѣдная зелень (f) verde (m) di monte verde (m) de montaña
2	Ruß (m) lamp black suie (f)		сажа (f) fuliggine (f) hollín (m)
3	Inoxydationsverfahren (v) oxidation process procédé (m) d'oxydation		окислительный процессъ (m) processo (m) d'ossidazione procedimiento (m) de oxidación
4	bräunen (v), [brünieren (v)] to burnish brunir (v)		воронить brunire (v) bruñir (v)
5	Chlorantimon (n) antimony trichloride chlorure (m) d'antimoine	$Sb\,Cl_3$	хлористая сурьма (f) cloruro (m) d'antimonio cloruro (m) de antimonio
6	Oxydschicht (f) layer of oxide couche (f) d'oxyde		слой (m) окиси strato (m) d'ossido capa (f) de óxido
7	verkupfern (v) to plate with copper cuivrer (v)		покрыть мѣдью ramare (v) dar (v) un baño de cobre
8	Vitriollösung (f) solution of sulphate of copper solution (f) de vitriol		растворъ (m) купороса soluzione (f) di vetriolo disolución (f) de vitriolo
9	verzinnen (v) to tin étamer (v)		покрыть оловомъ; полудить stagnare (v) estañar (v)
10	Weißblech (n) tinplate fer (m) blanc, tôle (f) étamée		бѣлая жесть (f) latta (f) bianca, stagnata (f) hoja (f) de lata
11	Mattblech (n) pickled sheet tôle (f) mate		матовое желѣзо (n); матовая жесть (f) latta (f) matta chapa (f) mate
12	Verzinnungsanstalt (f) tinplate works atelier (m) d'étamage		фабрика (f) для покрытія желѣза оловомъ; мастерская (f) для производства бѣлой жести stabilimento (m) di stagnatura establecimiento (m) ó taller (m) de estañado
13	blank reiben (v) to polish, to scour blanchir (v), polir (v)		тереть до-чиста *или* до блестящей поверхности pulire (v) pulir (v), pulimentar (v)

oxydfreies Blech (n) sheet metal free from oxides tôle (f) non oxydée *ou* décapée		жесть (f) не покрытая окислами; листъ (m), свободный отъ окисловъ latta (f) desossidata chapa (f) libre de óxido *ó* desoxidada	1
Weißblechkessel (m) tinning vat bac (m) à fer blanc		сосудъ (m) *или* ящикъ (m) для бѣлой жести caldaia (f) per latta stagnata caldera (f) para hoja de lata	2
Fettkessel (m) tallow pot chaudière (f) *ou* bac (m) à graisse	a	сосудъ (m) *или* ящикъ (m) съ жиромъ caldaia (f) per il grasso caldera (f) para grasa	3
Palmfett (n) palm oil graisse (f) de palmier		пальмовый жиръ (m) palmitina (f) palmitina (f), aceite (m) de palma	4
Rindstalg (m) tallow suif (m)		бычачье сало (n) sego (m), sevo (m) sebo (m)	5
Grob- *oder* Zinnkessel (m) tinning vat *or* tank chaudière (f) *ou* bac (m) à étain	b	котёлъ (m) для луженія *или* для покрытія оловомъ caldaia (f) per lo stagno caldera (f) de estaño	6
bleihaltiges Zinn (n) tin containing lead étain (m) plombifère		свинецъ (m), содержащій олово stagno (m) piombifero estaño (m) plomífero	7
Bürst- *oder* Wasch-kessel (m) brushing *or* washing *or* scrubbing pot *or* vat bac (m) de rinçage *ou* à brosser	c	котелъ (m), служащій для очистки; сосудъ (m) для промывки caldaia (f) per la spazzolatura caldera (f) de lavado	8
Hanfbürste (f) hemp brush brosse (f) en chanvre		щётка (f) изъ пеньки spazzola (f) di canapa cepillo (m) de cáñamo	9
Durchführkessel (m) second tinning pot bac (m) de lavage	d	котёлъ (m) *или* сосудъ (m) для повторнаго погруженія листовъ въ олово caldaia (f) di passaggio per la seconda stagnatura cuba (f) *ó* caldera (f) de lavado	10
reines Zinn (n) pure tin étain (m) pur		чистое олово (n) stagno (m) puro estaño (m) puro	11

		e	
1	Walzkessel (m) roll pot *or* vat bac (m) à cylindres		сосудъ (m) съ вальцами caldaia (f) a cilindri cuba (f) ó caldera (f) de cilindros
2	verzinken (v) galvanizing galvaniser (v), zinguer (v)		покрыть цинкомъ; оцинковать zincare (v) galvanizar (v)
3	verbleien (v) to cover with lead plomber (v)		покрыть свинцомъ; освинцовать piombare (v) emplomar (v), dar (v) baño de plomo
4	vernickeln (v) to nickelplate nickeler (v)		покрыть никкелемъ; никкелировать nickelare (v) niquelar (v)
5	emaillieren (v) to enamel émailler (v)		покрыть эмалью; эмалировать smaltare (v) esmaltar (v)
6	Glasfluß (m), Email (m u. n), glasartiger Überzug (m), Schmelz (m) enamel émail (m), couverture (f) vitreuse		эмаль (f) smalto (m) esmalte (m)
7	Einbrennen (n) des Emails firing the enamel fusion (f) *ou* fixation (f) de l'émail au feu		обжигъ (m) эмали fusione (f) dello smalto fusión (f) del esmalte
8	Emaillierofen (m) enamelling furnace four (m) à émailler		эмальировочная печь (f) forno (m) per smaltare horno (m) de esmalta

XVIII.

Erzeugung

Production, Make, Output

Production

Производительность; производство

Produzione

Producción

Gesamterzeugung (f)
total make, total production, total capacity, total output
production (f) totale

общая производительность (f); полное производство (n) 1
produzione (f) totale
producción (f) total

Jahreserzeugung (f)
yearly make, yearly capacity, yearly output
production (f) annuelle

годовое *или* годичное производство (n); производство за годъ (m) 2
produzione (f) annuale
producción (f) anual

Leistungsfähigkeit (f)
productiveness, capacity
capacité (f) *ou* puissance (f) de production

производительная способность (f)
produttività (f) 3
capacidad (f) de producción

Tagesleistung (f)
daily output
production (f) journalière *ou* quotidienne

суточная производительность (f); суточное производство (n)
produzione (f) giornaliera 4
producción (f) diaria

---

durchschnittliche Leistung (f)
average output
production (f) moyenne

средняя производительность (f); среднее производство (n) 5
produzione (f) media
producción (f) media

---

die Leistung steigern (v)
to increase the output
augmenter (v) la production

увеличить производство; усилить производительность
aumentare (v) la produzione *od* il rendimento 6
aumentar (v) la producción

1	die Leistung vermindern (v) to reduce the output diminuer (v) *ou* réduire (v) la production	уменьшить производство *или* производительность diminuire (v) la produzione *od* il rendimento disminuir (v) la producción
2	Massenerzeugung (f) gross production, large output grande production (f)	массовое производство (n) fabbricazione (f) in grande fabricación (f) en gran escala
3	Betriebsarbeit (f) works labour exploitation (f)	работа (f) въ производствѣ lavoro (m) di fabbricazione trabajo (m) de fabricación
4	Handarbeit (f) manual labour *or* work ouvrage (m) fait à la main, travail (m) à la main	ручная работа (f) lavoro (m) a mano labor (f) hecha á mano
5	Maschinenarbeit (f) machine work ouvrage (m) fait à la machine, travail (m) à la machine	машинная работа (f) lavoro (m) a macchina trabajo (m) hecho con máquina
6	Tagschicht (f) day shift poste (m) de jour	дневная *или* денная смѣна (f) lavoro (m) di giorno tanda (f) de día, jornada (f)
7	Nachtschicht (f) night shift poste (m) de nuit	ночная смѣна (f) lavoro (m) di notte tanda (f) de noche
8	achtstündige Arbeitsschicht (f) eight hours shift poste (m) de huit heures	восьмичасовая смѣна (f) lavoro (m) di otto ore tando (f) de ocho horas de trabajo
9	Aufsicht (f) supervision surveillance (f)	надзоръ (m) sorveglianza (f) inspección (f), guardia (f), vigilancia (f)
10	Wartung (f) attendance surveillance (f), service (m)	уходъ (m) servizio (m) cuidado (m)
11	außer Betrieb out of work, shut down, out of operation (A*) hors service	въ бездѣйствіи fuori servizio fuera de servicio

* A = americanism

in Betrieb
in work, in operation (A*)
en service, en marche
въ работѣ
in servizio
en servicio 1

Brennstoffaufwand(m)
consumption of fuel
consommation (f) de combustible
расходъ (m) горючаго *или* топлива
consumo (m) di combustibile
consumo (m) de combustible 2

Kohlenverbrauch (m)
consumption of coal
consommation (f) *ou* dépense (f) de charbon
расходъ (m) угля
consumo (m) di carbone
consumo (m) de carbón 3

Kraftverbrauch (m)
power consumption
consommation (f) *ou* dépense (f) de force
расходъ (m) силы; затрата (f) силы
consumo (m) di forza *o* d'energia
consumo (m) de fuerza 4

Nutzleistung (f)
yield, useful effect, output
effet (m) utile, rendement (m)
полезная производительность (f); полезная работа (f)
rendimento (m)
rendimiento (m) 5

Betriebsicherheit (f)
safe working
sécurité (f) de service *ou* d'exploitation
безопасность (f) дѣйствія
sicurezza (f) di servizio
seguridad (f) de servicio 6

Konzession (f)
license
concession (f)
концессія (f)
concessione (f)
concesión (f) 7

Konzessionsbeschränkung (f)
restriction of license
restriction (f) de concession
ограниченіе (n) условій концессіи
restrizione (f) di concessione
restricción (f) de concesión 8

* A = americanism

XIX.

Lieferung — **Поставка**

Supply, Delivery — **Fornitura**

Livraison — **Suministro, entrega**

1	Einkauf (m) purchase achat (m), acquisition (f)	закупка (f); покупка (f); пріобрѣтеніе (n) acquisto (m), compra (f) compra (f)
2	Verkauf (m) sale vente (f)	продажа (f) vendita (f) venta (f)
3	Deckung (f) des Erzbedarfes meeting the demand for iron ore [action (f) de] faire (v) face au besoin de minerai, approvisionnement (m) en minerai	добываніе (n) *или* добыча (f) необходимой руды coprire (v) le richieste dei minerali cubrir (v) la necesidad ó demanda de mineral
4	Preis (m) der Einheit Eisen und Mangan price of the unit of iron and manganese prix (m) de l'unit de fer et de manganèse	цѣна (f) единицы желѣза и марганца prezzo (m) unitario per ferro e manganese precio (m) unitario para el hierro y el manganeso
5	Käufer (m) buyer, purchaser (A*) acheteur (m), acquéreur (m)	покупатель (m) acquirente (m), compratore (m) comprador (m)
6	Verkäufer (m) seller, vendor vendeur (m)	продавецъ (m) venditore (m) vendedor (m)

* A = americanism

Erzhändler (m)
ore merchant
négociant (m) en minerais

продавецъ (m) руды
negoziante (m) in minerali
negociante (m) en minerales 1

Vermittler (m)
agent
intermédiaire (m), agent (m)

посредникъ (m)
agente (m)
intermediario (m) 2

Vermittelungsgebühr (f), Vergütung (f)
commission
commission (f)

коммиссіонная плата (f); коммиссіонныя (f pl)
provvigione (f)
provisión (f), comisión (f) 3

Lieferungsbedingung (f)
conditions (pl) of supply
conditions (f pl) de livraison

условія (n pl) поставки
condizioni (f pl) di consegna
condición (f) de entrega ó suministro 4

Lieferfrist (f)
date of delivery
date (m) de livraison

срокъ (m) доставки
termine (m) di consegna
plazo (m) de entrega 5

Zahlungsbedingung (f)
conditions (pl) of payment
conditions (f pl) de paiement

условія (n pl) платежа
condizioni (f pl) di pagamento
condiciones (f pl) de pago 6

Erfüllungsort (m)
place of payment
lieu (m) d'accomplissement

мѣсто (n) исполненія обязательствъ
luogo (m) di pagamento
lugar (m) de pago ú obligatorio 7

Annahmeverweigerung (f)
refusal of acception, repudiation
refus (m) de réception

отказъ (m) въ пріёмѣ
rifiuto (m) d'accettazione
repulsa (f) de recepción 8

Aufhebung (f) des Vertrages
cancellation of agreement
annulation (f) du contrat

уничтоженіе (n) контракта
annullamento (m) di contratto
anulación (f) del contrato 9

zu verrechnendes Gewicht (n)
weight to be taken into account
poids (m) à calculer ou à porter en compte

вѣсъ (m), принимаемый въ расчётъ
peso (m) stabilito per la fattura
peso (m) para meter en cuenta ó que se ha de calcular 10

Mehrgewicht (n)
excess weight
surpoids (m), excès (m) de poids

перевѣсъ (m)
eccesso (m) di peso
exceso (m) de peso 11

1 Mindergewicht (n)
underweight
manque (m) de poids
недостающій вѣсъ (m)
manco (m) di peso
falta (f) de peso

2 Gewichtverlust (m)
loss of weight
perte (f) de poids
потеря (f) въ вѣсѣ
perdita (f) di peso
pérdida (f) de peso

3 Verladung (f)
shipment
transbordement (m), manutention (f), chargement (m)
загрузка (f); зафрахтовка (f)
trasbordo (m), caricamento (m)
carga (f), embarque (m)

4 Verladeschein (m), Verladedokument (n)
bill of loading *or* shipping
bordereau (m) de chargement
накладная (f); грузовая вѣдомость (f)
polizza (f) di carico
carta (f) de porte, conocimiento (m) de carga

5 Frachtsatz (m)
tariff
tarif (m) de transport, fret (m)
провозная плата (f)
tariffa (f) di trasporto
tarifa (f) ó precio (m) de transporte

6 Ausnahmesatz (m)
special tariff
tarif (m) exceptionnel *ou* spécial
спеціальный тарифъ (m)
tariffa (f) eccezionale
tarifa (f) excepcional

7 Frachtersparnis (f)
saving of freight
économie (f) de [frais de] transport
экономія (f) въ провозной платѣ
risparmio (m) in spese di trasporto
economía (f) en los gastos de transporte

8 frei Hütte
free at works
franco [à l'] usine
франко заводъ
franco stabilimento
franco taller

9 frei Waggon
free on trucks, f. o. t.
franco wagon
франко вагонъ
franco vagone
franco [sobre] vagón

10 frei an Bord, fab.
free on board, f. o. b.
franc à bord
франко бортъ парохода
franco a bordo
franco [á] bordo

11 Frachtversicherung (f)
transport *or* shipping insurance
assurance (f) de transport
страхованіе (n) клади
assicurazione (f) di trasporto
seguro (m) de transporte

12 Havarie (f)
damage by sea
avarie (f)
аварія (f)
avaria (f)
avería (f)

13 höhere Gewalt (f)
force majeure
force (f) majeure
стихійная сила (f); непреодолимая сила
forza (f) maggiore
fuerza (f) mayor

Rauchbeschädigung (f) damage by smoke endommagement (m) par la fumée	порча (f) отъ дыма; вредъ (m), причиняемый дымомъ danno (m) arrecato dal fumo daño (m) ó detrimento (m) por el humo	1
Landweg (m) overland voie (f) de terre	сухой путь (m) via (f) di terra vía (f) terrestre	2
Landfracht (f) overland transport transport (m) par voiture *ou* par terre	плата (f) за сухопутную перевозку trasporto (m) per terra transporte (m) por tierra	3
Eisenbahnfracht (f) railway freight transport (m) par chemin de fer	плата (f) за перевозку по желѣзнымъ дорогамъ nolo (m) ferroviario transporte (m) por ferrocarril	4
Achsenfracht (f) cartage voiturage (m), camionnage (m), transport (m) par voiture *ou* camion	плата (f) за перевозку на телѣгахъ vagonaggio (m), trasporto (m) su rotabili transporte (m) en carro	5
Wasserweg (m) water way voie (f) d'eau	водный путь (m) via (f) per acqua vía (f) por agua ó marítima ó fluvial	6
Flußfracht (f) river transport transport (m) fluvial	рѣчной фрахтъ (m) trasporto (m) fluviale transporte (m) fluvial	7
Seefracht (f) sea freight *or* shipment fret (m), transport (m) maritime	морской фрахтъ (m) nolo (m) flete (m)	8
Ladestelle (f) place of loading embarcadère (m), lieu (m) de chargement	мѣсто (n) погрузки luogo (m) di carico lugar (m) de carga	9
Verschiffungshafen (m) shipping port port (m) d'embarquement	гавань (f) для погрузки porto (m) d'imbarco puerto (m) de embarque	10
Hafengeld (n) harbour due hurtage (m), droits (m pl) de port	портовыя пошлины (f pl) diritti (m pl) di porto derechos (m pl) de puerto	11
Rheder (m) ship owner armateur (m)	судохозяинъ (m); арматоръ (m) armatore (m) armador (m)	12

1	Flußschiff (n) river boat, barge chaland (m)	баржа (f) pontone (m) barco (m) fluvial
2	Schiffsraum (m) hold cale (f) de bateau	трюмъ (m) stiva (f) bodega (f)
3	Schiffsaiche (f) tonnage tonnage (m)	тоннажъ (m) tonnellaggio (m) tonelaje (m)
4	Tiefgang (m) draft tirant (m) [d'eau]	осадка (f); углубленіе (n) pescaggio (m) calado (m)
5	Leichter (m) lighter allège (f)	лихтеръ (m); грузовое судно (n) alleggio (m), barcone (m), piatta (f) gabarra (f), barcaza (f)
6	Erzdampfer (m) ore steamer [bateau (m) à] vapeur (m) à minerais, steamer (m) à minerais	пароходъ (m) для перевозки руды vapore (m) per minerali vapor (m) para minerales
7	Teilladung (f) partial cargo *or* load cargaison (f) partielle	нагрузка (f) по частямъ carico (m) parziale carga (f) parcial
8	Beiladung (f) supplementary cargo cargaison (f) supplémentaire	дополнительная нагрузка (f) carico (m) supplementare carga (f) suplementaria
9	volle Ladung (f) full cargo cargaison (f) complète	полная нагрузка (f) carico (m) completo carga (f) completa
10	Löschung (f) unloading déchargement (m)	разгрузка (f) scaricamento (m) descarga (f) (de buques), desembarque (m)
11	Löschfrist (f) period of unloading délai (m) de déchargement	срокъ (m) разгрузки termine (m) di scaricamento plazo (m) de descarga ó de desembarque
12	Kostenanschlag (m) estimate, tender devis (m)	смѣта (f) preventivo (m) presupuesto (m)
13	Herstellungskosten (pl), Gestehungspreis (m) cost of producing, prime cost prix (m) de revient	стоимость (f) производства prezzo (m) di produzione coste (m) ó precio (m) de producción ó de fabricación

Ankaufpreis (m) cost price prix (m) d'achat	покупная цѣна (f) prezzo (m) d'acquisto precio (m) de compra	1
Betriebsunkosten (pl) working expenses frais (m pl) d'exploitation	расходы (mpl) по эксплоатацiи; эксплоатацiонные расходы; стоимость (f) эксплоатацiи spese (f pl) d'esercizio gastos (m pl) generales de taller, gastos (m pl) de explotación	2
Unterhaltung (f) maintenance entretien (m), maintien (m)	содержанiе (n); стоимость (f) содержанiя ritenuta (f) entretenimiento (m), manutención (f)	3
Gehalt (m) salary, wages salaire (m), gages (m pl), traitement (m)	окладъ (m); жалованiе (n) salario (m), stipendio (m) sueldo (m), salario (m)	4
Baukosten (pl) building expenses frais (m pl) de construction	стоимость (f) построекъ *или* сооруженiй; расходы (m pl) по постройкѣ spese (f pl) di costruzione gastos (m pl) de construcción	5
allgemeine Unkosten (pl), Generalunkosten (pl) general charges frais (m pl) généraux	общiе расходы (mpl) spese (f pl) generali gastos (m pl) generales	6

ANHANG — ПРИБАВЛЕНIЕ
APPENDIX — APPENDICE
APPENDICE — APÉNDICE

---

1 **Elektrische Stahlerzeugung, Elektrostahlerzeugung**
Electric Steel Manufacture, Manufacture of Steel in the Electric Furnace
Fabrication d'acier au four électrique
Производство стали въ электрическихъ печахъ
Fabbricazione dell'acciaio al forno elettrico
Fabricación del acero al horno eléctrico

2 Elektrostahl (m)
electric steel, steel produced by electrometallurgical methods
acier (m) électrique, acier (m) fabriqué au four électrique
электросталь (f)
acciaio (m) elettrico, acciaio (m) preparato al forno elettrico
acero (m) eléctrico, electroacero (m), acero (m) obtenido en el horno eléctrico

---

3 Elektro-Werkzeugstahl (m)
electric tool steel
acier (m) à outils au four électrique
инструментальная электросталь (f)
acciaio (m) elettrico per utensili
electroacero (m) para herramientas, acero (m) para herramientas producido en el horno eléctrico

---

4 Elektrostahlformguß (m)
electric steel castings
fontes (f pl) d'acier électriques, maclage (m) d'acier au four électrique
формовочное литьё (n) электростали
getto (m) d'acciaio elettrico
acero (m) moldeado producido eléctricamente, fundición (f) de electroacero hecha en moldes

Einsatzmaterial (n)
charge
matières (f pl) chargées, charge (f), matériaux (m pl)

материалъ для загрузки; садочный материалъ (m)
carica (f) per il forno, 1
materie (f pl) caricate
material (m) de carga

---

kalter Einsatz (m)
cold charge
charge (f) froide

холодная завалка (f)
carica (f) fredda per il forno 2
carga (f) fría

---

warmer Einsatz (m), flüssiger Einsatz (m)
hot charge, molten charge
charge (f) chaude, charge (f) liquide

горячая завалка (f); жидкая садка (f)
carica (f) calda *o* liquida per il forno 3
carga (f) caliente *ó* fundida

Raffination (f) des Eisens auf elektrothermischem Wege
electric refining of iron
affinage (m) du fer par le procédé électrothermique *ou* par voie électrothermique

раффинированіе (n) желѣза электротермическимъ путёмъ
affinaggio (m) del ferro 4
per via elettrotermica
refinación (f) del hierro por procedimiento electrotérmico

Veredelungsverfahren (n), Raffinationsverfahren (n), Raffinationsvorgang (m)
process of refining, refining process
procédé (m) d'affinage

способъ (m) раффинированія; раффинировочный процессъ
processo (m) d'affinaggio, marcia (f) 5
di raffinazione
procedimiento (m) *ó* proceso (m) de refinación

Qualitätseisen (n)
refined iron, special iron
fer (m) spécial, fer (m) de qualité

желѣзо (n) лучшаго качества
ferro (m) di qualità 6
hierro (m) de calidad

Qualitätsstahl (m)
special steel
acier (m) spécial

сталь (f) лучшаго качества
acciaio (m) speciale 7
acero (m) especial

Einschmelzen (n) von Eisenschrot
smelting of scrap iron, preliminary melting of scrap
fusion (f) des riblons, refonte (f) des riblons

плавленіе (n) желѣзной ломи
fusione (f) dei rottami 8
fusión (f) de granalla de hierro

Lichtbogenofen (m)
arc furnace, electric arc furnace
four (m) à arc électrique

печь (f) съ вольтовой дугой
forno (m) ad arco voltaico 9
horno (m) de arco voltáico

1 Lichtbogenerhitzung (f), Lichtbogenheizung (f)
arc heating
chauffage (m) par arc électrique
нагрѣванiе (n) вольтовой дугой
riscaldamento (m) ad arco voltaico
calentamiento (m) ó calefacción (f) por arco voltáico

---

2 Lichtbogen (m)
electric arc
arc (m) électrique
свѣтовая *или* вольтова дуга (f)
arco (m) voltaico
arco (m) luminoso

3 Stassanoscher Ofen (m), Stassanoofen (m)
Stassano furnace
four (m) Stassano
печь (f) Стассано
forno (m) Stassano
horno (m) sistema Stassano

---

4 rotierend angeordneter Ofen (m)
rotary furnace
four (m) tournant
вращающаяся печь (f)
forno (m) a rotazione *o* rotativo
horno (m) rotatorio

---

5 feuerfeste Auskleidung (f) des Ofens
refractory furnace lining
garnissage (m) réfractaire du four, revêtement (m) réfractaire du four
огнеупорная футеровка (f) печи
rivestimento (m) refrattario del forno
revestimiento (m) refractario del horno

6 Héroultscher Ofen (m), Héroultofen (m)
Héroult furnace
four (m) Héroult
печь (f) Геру
forno (m) Héroult
horno (m) sistema Héroult

---

7 Kohlenelektrode (f)
carbon electrode
électrode (f) en charbon
a
угольный электродъ (m)
elettrodo (m) di carbone
electrodo (m) de carbón

---

8 hängende Kohlenelektrode (f)
suspended carbon electrode
électode (f) suspendue
висячiй угольный электродъ (m)
elettrodo (m) sospeso
electrodo (m) de carbón suspendido

---

9 Schlackenschicht (f)
layer of slag
couche (f) de scorie
слой (m) шлака; шлаковый слой
strato (m) di scorie
capa (f) de escorias

Metallschicht (f), Metallbad (n)
layer of metal, metal bath
couche (f) de métal, bain (m) de métal *ou* métallique

слой (m) металла; металлическая ванна (f)
strato (m) di metallo, 1
bagno (m) di metallo
capa (f) *ó* baño (m) de metal

Elektrodenreglung (f)
adjustment of electrodes
réglage (m) des électrodes

регулированіе (n) электродовъ
regolazione (f) degli 2
elettrodi
regulación (f) de los electrodos

Abbrand (m) der Elektroden
consumption of electrodes
pertes (f pl) des électrodes, usure (f) des électrodes

угаръ (m) электродовъ
calo (m) *od* usura (f) 3
degli elettrodi
consumo (m) de los electrodos

Elektrodenhalter (m)
electrode holder
anse (f) de l'électrode support (m) d'électrode

электрододержатель (m)
sostegno (m) *o* sopporto 4
(m) degli elettrodi
porta-electrodo (m)

Girodofen (m)
Girod furnace
four (m) Girod

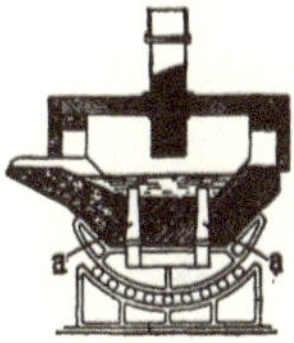

печь (f) Жиро
forno (m) Girod
horno (m) de Girod, 5
[horno (m) basculante]

Bodenelektrode (f)
lower electrode, bottom electrode
électrode (f) de la sole

a

подовый электродъ (m)
elettrodo (m) del
fondo 6
electrodo (m) de la solera, electrodo (m) de fondo

Eisenelektrode (f)
iron electrode
électrode (f) en fer

a

желѣзный электродъ (m)
elettrodo (m) di ferro 7
electrodo (m) de hierro

Elektrodendurchführung (f)
electrode passage
passage (f) de l'électrode

проведеніе (n) электрода
guida (f) *o* traversa-
mento (m) degli elet- 8
trodi
paso (m) de los electrodos

Wasserkühlung (f) der Elektroden
water jacketing of the electrodes, water cooling of the electrodes
refroidissement (m) des électrodes par courant d'eau

водяное охлажденіе (n) электродовъ
raffreddamento (m) ad
acqua degli elettrodi 9
enfriamiento (m) por agua de los electrodos

1 Nathusiusscher Ofen (m)
Nathusius furnace
four (m) Nathusius

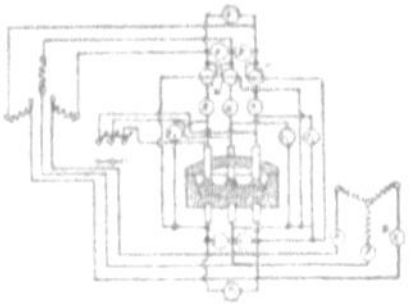

печь (f) Натузіуса
forno (m) Nathusius
horno (m) de Nathusius

---

2 Induktionsofen (m)
induction furnace
four (m) à induction

индукціонная печь (f)
forno (m) ad induzione
horno (m) de inducción

---

3 Erhitzung (f) durch Induktion
induction heating
chauffage (m) par induction

нагрѣваніе (n) путёмъ индукціи
riscaldamento (m) per induzione
calentamiento (m) ó caldeo por inducción

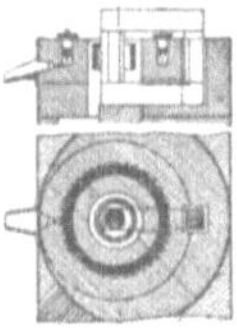

---

4 Kjellinscher Ofen (m), Kjellinofen (m)
Kjellin furnace
four (m) Kjellin

печь (f) Кьелина
forno (m) Kjellin
horno (m) sistema Kjellin

---

5 Schmelzrinne (f)
annular groove *or* hearth, heating ring
chenal (m) de fusion

плавильное кольцо (n)
canale (m) di fusione
canal (f) de fusión

---

6 ringförmige Schmelzrinne (f)
annular melting trough
chenal (m) de fusion annulaire

кольцевой плавильный жолобъ (m)
canale (m) circolare di fusione
canalón (m) de fusión anular

---

7 Colbyscher Ofen (m)
Colby's smelting furnace, Colby furnace
four (m) Colby

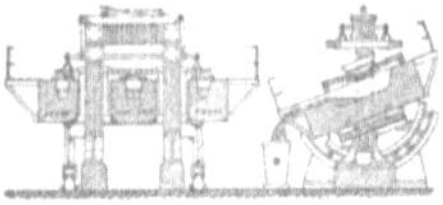

печь (f) Кольби
forno (m) Colby
horno (m) de Colby

---

8 Hiorthscher Ofen (m)
Hiorth furnace
four (m) Hiorth

печь (f) Гіорта
forno (m) Hiorth
horno (m) de Hiorth

---

9 Röchling-Rodenhauserscher Ofen (m)
Roechling-Rodenhauser furnace
four (m) Roechling-Rodenhauser

печь (f) Рехлингъ-Роденгаузера
forno (m) Roechling-Rodenhauser
horno (m) de Roechling-Rodenhauser

---

10 Röchling-Rodenhauserscher Wechselstromofen (m)
Roechling-Rodenhauser alternating current furnace
four (m) à courant alternatif de Roechling-Rodenhauser

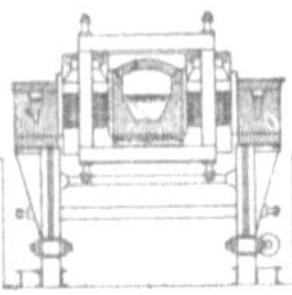

печь (f) Рехлингъ-Роденгаузера перемѣннаго тока
forno (m) Roechling-Rodenhauser a corrente alternata
horno (m) de corriente alterna de Roechling-Rodenhauser

Röchling-Rodenhauserscher Dreiphasenofen (m)
Roechling-Rodenhauser three phase furnace
four (m à courant triphasé de Roechling-Rodenhauser

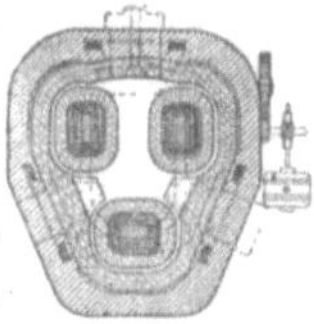

печь (f) Рехлингъ-Роденгаузера трёхфазнаго тока
forno (m) Roechling-Rodenhauser a corrente trifase
horno (m) trifásico de Roechling-Rodenhauser 1

Ofenabdeckung (f)
roof of furnace
couvercle (m) du four, voûte (f) du four

перекрытie (n) печи
ricoprimento (m) *o* coperta (f) *o* volta (f) del forno
cubierta (f) del horno 2

Schmelzherd (m)
smelting hearth, heating hearth
foyer (m) de chauffage

плавильный подъ (m)
crogiuolo (m) *o* suola (f) di fusione
solera (f) de fusión, hogar (m) de fusión 3

Arbeitsherd (m)
hearth, working hearth
foyer (m) de travail

рабочiй подъ (m)
suola (f) di lavoro
solera (f) de trabajo, hogar (m) de trabajo 4

Magnesitstein (m)
magnesite, magnesite brick
brique (f) de magnésite

магнезитовый кирпичъ (m)
mattone (m) di magnesia
piedra (f) magnesita 5

Ginofen (m)
Gin furnace, Gin steel furnace
four (m) Gin

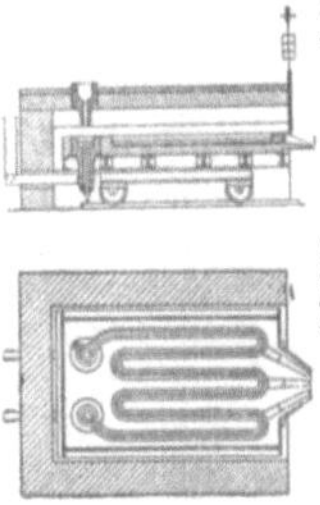

печь (f) Жина
forno (m) Gin
horno (m) de Gin 6

Gérardscher Ofen (m)
Gérard furnace
four (m) Gérard

печь (f) Жерара
forno (m) Gérard
horno (m) de Gérard 7

Frickscher Ofen (m)
Frick furnace
four (m) Frick

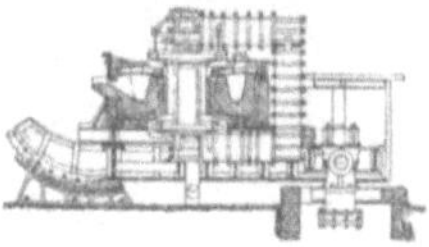

печь (f) Фрика
forno (m) Frick
horno (m) de Frick 8

1 Kellerscher Ofen (m)
Keller furnace
four (m) Keller

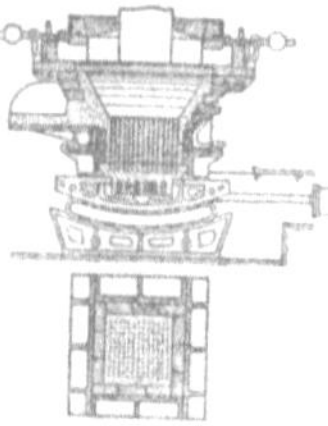

печь (f) Келлера
forno (m) Keller
horno (m) de Keller

---

2 Ischewskyscher Ofen (m)
Ischewsky furnace
four (m) Jschewsky

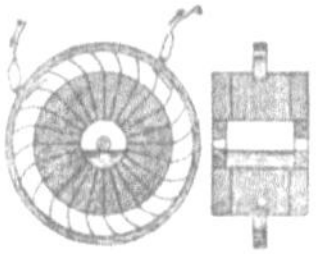

печь (f) Ижевскаго
forno (m) Ischewsky
horno (m) de Ischewsky

---

3 elektrischer Herdofen (m) von Grönwall, Lindblad u. Stalhane (System Elektrometall)
electric hearth furnace Groenwall, Lindblad and Stalhane
four (m) électrique à sole de Groenwall, Lindblad et Stalhane

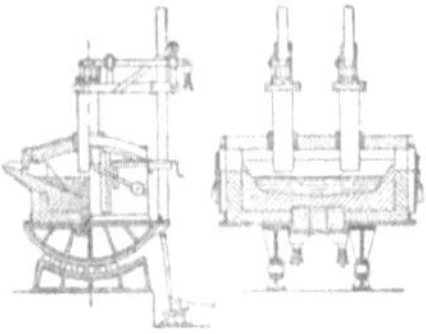

электрическій горнъ (m) Гронваля, Линдбляда и Стальгана
forno (m) elettrico a suola di Groenwall, Lindblad e Stalhane
horno (m) eléctrico de solera de Groenwall Lindblad y Stalhane

---

4 Widerstandsofen (m)
resistance furnace
four (m) à résistance

печь (f) съ сопротивленіемъ
forno (m) a resistenza
horno (m) de resistencia

---

5 Widerstandserhitzung (f), Widerstandsheizung (f)
resistance heating
chauffage (m) par résistance

нагрѣвъ (m) посредствомъ сопротивленія
riscaldamento (m) a resistenza
calentamiento (m) ó caldeo (m) de resistencia, calefacción (f) por resistencia

---

6 Elektrotiegelofen (m)
electric crucible furnace
four (m) électrique à creuset, four (m) à creuset électrique

электрическая тигельная печь (f)
forno (m) elettrico a crogiuolo
horno (m) eléctrico de crisol

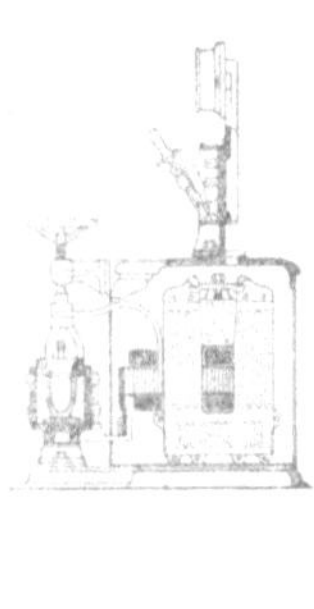

7 Hellbergerscher Ofen (m)
Hellberger furnace
four (m) Hellberger

печь (f) Гельбергера
forno (m) Hellberger
horno (m) de Hellberger

Elektroroheisenerzeugung (f)
electric production of pig iron
production (f) de fer par le procédé électrique

получение (n) или производство (n) чугуна электрическимъ путёмъ
produzione (f) di ghisa elettrica od al forno elettrico 1
producción (f) de hierro eléctrico. obtención (f) ó fabricación (f) de hierro bruto en el horno eléctrico

---

Erschmelzung (f) des Eisens auf elektrothermischem Wege
electric smelting of iron, smelting of iron by electro-thermal methods
réduction (f) de fer par la méthode thermo-électrique, fusion (f) électrothermique du fer

плавленіе (n) чугуна электротермическимъ путёмъ 2
fusione (f) elettrotermica del ferro
fusión (f) del hierro por procedimiento electrotérmico

Stassanoscher Hochofen (m)
Stassano's electric blast furnace, Stassano shaft furnace
haut-fourneau (m) Stassano

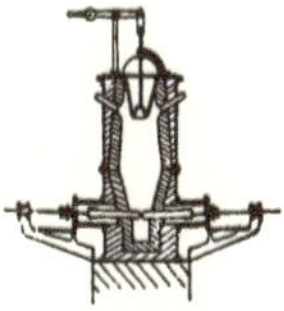

доменная печь (f) или домна (f) Стассано
alto forno (m) Stassano 3
alto horno (m) de Stassano

---

elektrischer Hochofen (m) von Grönwall, Lindblad und Stalhane
Groenwall, Lindblad and Stalhane shaft furnace, electric blast furnace of Groenwall, Lindblad and Stalhane
haut-fourneau (m) électrique de Groenwall, Lindblad et Stalhane

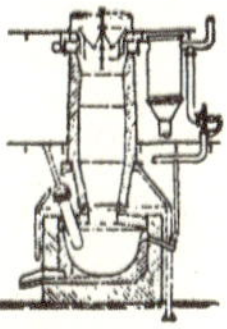

электрическая доменная печь (f) Гронваля, Линдбляда и Стальгана
alto forno (m) elettrico di Groenwall, Lindblad e Stalhane 4
alto horno (m) eléctrico de Groenwall, Lindblad y Stalhane

Héroultscher Hochofen (m)
Héroult electric blast furnace, Héroult shaft furnace
haut-fourneau (m) syst. Héroult

печь (f) для полученія чугуна Геру 5
alto forno (m) Héroult
alto horno (m) de Héroult

Harmetscher Hochofen (m)
Harmet electric blast furnace, Harmet shaft furnace
haut-fourneau (m) syst. Harmet

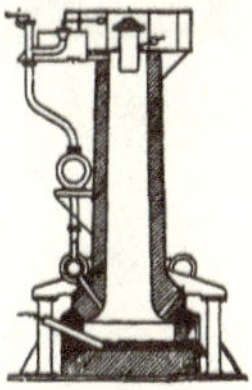

печь (f) для полученія чугуна Гармэ
alto forno (m) Harmet 6
alto horno (m) de Harmet

1 Einphasenofen (m)
single-phase furnace
four (m) à courant monophasé

печь (f) однофазнаго тока
forno (m) a corrente monofase
horno (m) de corriente monofásico

---

2 Drehstromofen (m)
alternating current furnace
four (m) à courant triphasé *ou* alternatif

печь (f) трёхфазнаго тока
forno (m) a corrente trifase
horno (m) de corriente trifásico

---

3 Ofenumformer (m)
furnace transformer
transformateur (m) du four

трансформаторъ (m) печи
trasformatore (m) della corrente per il forno
transformador (m) del horno

---

4 Wärmeverlust (m)
loss of heat, heat losses (pl)
perte (f) de chaleur

потеря (f) тепла
perdita (f) di calore
pérdida (f) de calor

---

5 Wärmestrahlung (f)
radiation of heat
rayonnement (m) de la chaleur

излученіе (n) тепла
irradiazione (f) del calore
radiación (f) del calor

---

6 Stromverbrauch (m)
consumption of current
consommation (f) de courant

расходъ (m) тока
consumo (m) di corrente
consumo (m) de corriente

---

7 Verbrauch (m) pro Tonne Stahl in Kilowatt-Stunden
consumption per ton of steel in kilowatt hours
consommation (f) par tonne d'acier en kilowatts-heure

расходъ (m) тока на тонну стали въ киловаттъ-часахъ
consumo (m) di chilowatt-ora per tonnellata d'acciaio
consumo (m) por tonelada de acero en kilowatt-horas

---

8 Betriebsspannung (f)
working voltage
voltage (m) de régime

рабочее напряженіе (n)
voltaggio (m) di esercizio *o* di regime
voltaje (m) de régimen

---

9 Zustellung (f) des Ofens
fettling the furnace, repairing the lining, relining the furnace (with refractory material)
garnissage (m) du four

ремонтъ (m) огнеупорной футеровки
rivestimento (m) *o* rifacimento (m) del forno
nuevo revestimiento (m) del horno con material refractario

Zustellungskosten (pl)
costs of relining the furnace (with refractory material), costs of repairs *or* fettling
frais (m pl) de garnissage

стоимость (f) ремонта огнеупорной футеровки
spese (f pl) di rivestimento *o* di rifacimento 1
gastos (m pl) del nuevo revestimiento

Ofeneinheit (f)
furnace unit
unité (f) de four, charge (f) d'un four

[единичная] печь (f)
unità (f) di forno, carica (f) di un forno 2
unidad (f) de horno

---

thermischer Wirkungsgrad (m)
thermal efficiency
rendement (m) thermique

термическій коеффиціентъ (m) полезнаго дѣйствія
rendimento (m) termico 3
rendimiento (m) térmico

INDEX

Deutsch — English — Français — Italiano — Español

(Алфавитный указатель для русскаго языка см. стр. 733)

A.

Abaissement de la température 352.4
Abart, -en des Verfahrens 412.7
-, gelbe . . . 115.10
Abbassamento del cono 309.7
- di temperatura 352.4, 447.5
Abbigarrado . 114.5
Abbildungsfehler 279.11
Abblättern . . 481.6
Abbondante . . 87.5
Abbrand 90.2, 216.10
- der Elektroden 567.3
-, Eisen- 378.7
-, Kies- 70.8
Abbrechen, das Ofenmauerwerk 355.7
Abbrennen . . 547.2
Abdampf-kasserolle 247.4
-kolben 247.6
-schale 247.5
- -, Porzellan- . 194.4
Abdampfen . . 247.3
Abdecken . . . 308.5
Abdeckung, Ofen- 569.2
Abdichtung . . 418.1
Abdrehen, die Form 445.7
Abedul 419.3
Aberration . . 32.9
-, permissable . 32.10
Abertura . . . 355.1
- de acceso . . 467.2
- - carga . . . 105.1
- - descarga . . 87.9
- - entrada . . 406.4
- - - de aire . 321.3
- - limpieza . . 163.4 321.8
- - paso 320.7
- - salida de los gases 439.7
- - toma de gas 312.8
- del conducto de humo 417.4
- - frente . . . 291.8
- - tragante . . 307.3
- delantera . . 291.8
- para atizar . 87.10
- - la entrada de aire 87.8
Abeto, en forma de 214.4
Abfall-ende . . 33.6
Abfall-eisen . . 29.5
-, eisenhaltiger 112.3
-, Hütten- . . 355.11
Abfangen, das Eisen 481.2
Abfangplatte . 469.7
Abfließen . . . 338.3
Abfluß-rinne . 298.6
- -, Eisen- . . . 300.5
-rohr 369.8
- -, Wasser- . . 297.7
-, Schlacken- . 300.1
Abfuhr, Aschen- 164.2
Abführung der Gase 314.7
Abgang 75.7
Abgedreht . . . 323.9
Abgestanden . 431.2
-er Stahl . . 548.10
Abgestumpft . 304.2
Abgetrennt . . 31.4
Abgießen . . . 243.8
Abguß 486.9
-tiefe 439.2
Abhämmern . . 55.2
Abhauen . . . 504.8
Abhebe-formmaschine 448.4
- - mit Wendeplatte 449.4
-maschine . . . 448.4
- - für flache Gegenstände 449.1
- - mit Wendeplatte 449.4
-stift 448.6
-vorrichtung . 448.5 452.5
-wagen 448.4
Abhitzekanal . 104.3
Abierto 309.6
Abitazione operaia 151.2
Abklär-flasche . 243.6
-gefäß 243.7
Abklären . . . 243.8
Abkühlen 486.3, 543.10
-, langsames . . 357.6
Abkühlung . . 486.3
-sfläche 486.4
-skurve 272.8
Ablader, verstellbarer 139.8
Ablagerung . . 215.1
-, Flugasche- . 164.4
-, Graphit- . . 106.10
Ablassen der Schlacke 474.6
Ablauftrichter 246.5
Ableitung der Gase 314.7
-srohr, Gas- . . 313.7
Ablöschen . . 543.11
-, heiß 544.1
Ablöschflüssigkeit 544.7
Abmessen . . . 334.8
Abmessung 37.1, 288.3
- desGußstückes423.1
Abnahme . . . 80.1
-beamter . . . 80.2
- des Kalibers . 516.8
-zahl 516.9
Abnehmbar . . 301.6
Abnehmboden 390.9
Abnutschen . . 246.2
Abnützung, rasche - des Ofens 413.4
Abnutzungshärte 543.4
Abolladura . . 504.1
Abono 399.8
About bombé . 520.2
Abrasive . . . 543.3
Abrigo 57.7
Abrir con arco eléctrico 344.2
- - - voltáico . 344.2
- las canales . . 515.3
- por fusión . . 343.6
Abrirse automáticamente 315.1
Abrutschkegel 84.2
Absatz 254.5
-weise 254.4
Absaug-entfeuchter 232.1
-exsiccator . . 232.1
-flasche 246.1
-trockenofen . 233.2
Absaugeöffnung 312.8
-rohr . . . 312.9, 492.6
Absaugen . . . 246.2
Abscheidung des Erzstaubes 315.5
-, Eisen- 361.7
-, Phosphor- . . 398.3 376.12
Abschlacken . 338.2
Abschlagen, selbsttätiges 136.9
Abschlag-formkasten 440.8
-vorrichtung, selbsttätige 137.1
Abschlämmen . 80.5
Abschluß des Schachtes 307.2
-, dichter . . . 470.9
-, luftdichter . 324.1
-, Wasser- . . . 313.4
-, wasserdichter 405.8
- winddichter 324.1
Abschmelzend 374.5
Abschrägung . 293.4
Abschreckbiegeprobe 42.7
Abschrecken . 544.2
-, den Quarz . . 115.8
-, plötzliches . . 447.4
Abschrot . . . 504.7
Absieben . . . 65.2
Absitzen lassen 243.5
Absolut 49.6
Absonderung des Eisens 474.5
Absonderungsfläche 45,8
Absorb, to - the moisture 118.5
Absorber l'humidité 118.5
- la humedad . 118.5
Absorción . . . 269.3
-, aparato de . . 269.2
- de calor . . . 346.2
- - los gases . . 398.4
Absorption der Gase 398.4
Absorption . . 346.2
- apparatus . . 269.2
- bottle 269.3
- coil 270.4
- flask 269.3
- of gases . . . 398.4
- pipette 270.3
- tube 270.5
Absorption . . 270.3
-, appareil d'- . 269.2
- de chaleur . 346.2
- des gaz . . . 398.4
Absorptions-apparat für Gase 269.2
-flasche 269.3
-pipette 270.3
-röhre 270.5
-schlange . . . 270.4
Absperrvorrichtung 313.10
Abstand, Walzen- 515.5
Abstechen . . . 338.6
Abstehen . . . 386.3
- lassen 486.1
Abstellen des Gebläses 338.8
Abstich 338.1
-loch 300.4
-pause 342.8
-probe 339.3
-schaufel . . . 340.7
-sohle 388.5
Abstreif-meißel 524.8
-platte . . 451.2, 524.7
Abstreifen . . . 256.3

Abstreifer . . . 526.3
Abstumpfen . . 242.5
Absturzplatz . 356.4
Abtropfschale . 246.4
Abundante . . 87.5
Abutment . . . 298.3
Abwägen . . 334.10
Abwärts gleiten 335.9
-, nach - gezogen 404.2
Abwasser, säurehaltiges 91.1
Abwechselnd . 531.11
Abweichung . 32.9
-, Dicken- . . . 87.5
-, zulässige . . 32.10
Abwiegen . . 238.10
Abziehen vom Lager 130.9
Abziehformkasten 440.9
Abzug 175.2
- für Mehrgehalt an Kieselsäure, Phosphor und Schwefel 65.9
-kanal 372.7
-öffnung, Rauch- 417.4
Abzweigrohr . 324.5
Acabado 18.9
Acabador . . 518.10
-, tren 510.4
Acabar 529.9
Acarreo de los minerales 128.3
Accendere . . . 417.7
Accensione 86.4.6 473.5
Acception . . . 559.8
accessibile . . 403.7
Accesible . . . 403.7
Acceso 467.2
- de aire . . 337.12
Accesorio, -s de hierro 23.7
Accessible . . . 403.7
Accesso 406.4
Accessorio, -i d'armamento 23.7
Accettazione . 30.1 559.8
Acciaieria al crogiuolo 381.2
- Bessemer . . 387.3
-e - e Thomas . 387.2
- Martin 402.4
- Thomas . . . 387.4
Acciaio 8.4
- al boro . . . 17.7
- - carbonio . . 16.8
- - crogiuolo . 11.7
- - cromo . . . 17.1
- - - e nickel . 16.12
- - manganese 17.2
- - minerale . . 12.7
- - molibdeno . 17.4
- - nickel 16.11, 418.5
- - silicio . . . 16.10
- - titanio . . . 17.5
- - tunsteno . . 17.3
- - vanadio . . 17.6
- alterato . . . 549.2
- - dal fuoco . 548.9
- argentato . . 17.8
- Bessemer . . 11.8
- bruciato . . 548.12
- cementato 13.1, 416.3
- colato dolce 488.4
- - duro 488.5
Acciaio, colato in 488.3
- con frattura a rosa 10.5
- d'affinaggio al basso fuoco 10.4
- da armi . . . 14.6
- - attrezzi . . 13.5
- - ingranaggi . 14.4
- - molle . . . 14.3
- - rocchetti . . 14.4
- - scalpelli . . 13.7
- - utensili . . 13.5
- damascato . . 13.4
- denaturato 548.10
- di Brescia . . 14.7
- - cementazione 13.1
- - - affinato . 13.2
- diamante 13.8, 229.2
- duro 548.13
- elettrico 12.5, 564.4
- - per utensili 564.3
- fabbricato coll'„ore-process" 12.7
-, far rinvenire l' 543.9
- fucinato . . . 11.1
- fuso . . . 11.5, 25.12
- - al crogiuolo 11.7
- greggio . . . 9.7
- grezzo 10.8
- indiano . . . 13.3
-, l'- diventa affinato 386.2
- Martin 12.2
- naturale . . . 9.7
- omogeneo . . 11.5
- ottenuto col forno a riverbero 10.7
- - elettricamente 12.5
- per àncore . 14.5
- - madreviti . 14.2
- - magneti . . 14.8
- - punzonatrici 13.9
- - stampi . . . 14.1
- - torni di grande velocità 13.6
- preparato al forno elettrico 564.2
- pudellato . . 10.8
- raffinato . . . 11.2
- - due volte . 11.3
- ricotto 548.8
- saldato . . . 9.6
- Siemens-Martin 12.3.4
- soffiato . . . 484.3
- sovrariscaldato 548.11
- speciale 16.7, 565.7
- temperato . . 548.7
- Thomas . . . 12.1
- Wootz 13.3
Acciaioso . . . 10.6
Acción atmosférica 89.7
- de la helada . 118.6
- directa 327.3
- oxidante . . . 82.2
Accionamiento hidráulico 509.7
Accomplissement 559.7
Accoppiamento 519.10
Accoppiare . . 519.8
Accoppiato direttamente 170.6
Account, to be taken into 559.10
Accouplement 519.7 136 8
- à friction . . 520.5
- direct 170.6
Accoupler . . . 519.8
Accrochage 136.8, 353.8
- des charges . 353.5
Accrocher le lingot 58.9
- -s -s, dispositif pour 528.8
Accroissement de la réductibilité 81.9
Accumulador . 169.1
Accumulate, to 130.2
Accumulated . 408.1
Accumulateur . 102.4 121.8, 131.1.3, 169.1 266.5
- de chaleur . . 320.9
- hydraulique . 508.3
- hydropneumatique 509.1
Accumulator . 121.8 266.5, 320.9
- building . . . 169.1
-, hydraulic . . 508.3
-, - - working by compressed air 509.1
Accumulatore . 121.8 169.1, 266.5
- idraulico . . 508.3
- - a carico d'aria compressa 509.1
- idro-pneumatico 509.1
Accumulé . . . 408.1
Accuracy of the dimensions agreed upon 87.1
Aceitar 383.4
Aceite . . 238.4, 546.6
- de linaza . . 551.7
- - palma . . . 553.4
- - pescado . . 546.9
Acerado 339.1
Acerdesa . . . 70.1
Acerdèse 70.1
Acero 8.4
- agrio . . . 548.10
- al boro 17.7
- - crisol . . . 11.7
- - cromo . . . 17.1
- - - -níquel . 16.12
- - horno de reverbero 10.7
- - - eléctrico . 12.5
- - manganeso . 17.2
- - molibdeno . 17.4
- - níquel 16.11, 418.5
- - silicio . . . 16.10
- - titanio . . . 17.5
- - tungsteno . 17.3
- - vanadio . . 17.6
- batido . . 9.6, 11.1
- Bessemer . . 11.8
- bresciano . . 14.7
- bruto 9.7
- cementado . 13.1
- - batido . . . 13.2
- - soldado . . 13.2
- colado 488.2
- - dulce . . . 488.4
Acero con burbujas 484.3
- - grano argentino 17.8
- - mancha gris 10.5
- damasceno . 13.4
- de cementación 417.10
-, - acero colado 488.3
- - la India . . 13.3
- - pudelaje . . 10.8
- desnaturalizado 548.10
- -diamante . . 13.8
- doble-refinado 11.3
- dulce 11.6
- duro 548.13
-, el - está afinado 386.2
- eléctrico . . . 564.2
- especial 16.7, 565.7
- estropeado . . 548.9
-, fabricación del 564.1
- fabricado por el procedimiento con minerales 12.7
- fundido 11.5, 25.12
- homogéneo . 11.5
- Martin 12.2
- moldeado producido eléctricamente 564.4
- natural . . . 10.6
- obtenido en el horno eléctrico 564.2
- para anclas . 14.5
- - armas . . . 14.6
- - buterolas . 14.1
- - cinceles . . 13.7
- - estampas . 14.1
- - herramientas 13.5
- - - producido en el horno eléctrico 564.3
- - imanes . . . 14.8
- - machos de roscar 14.2
- - piñones de engranaje 14.4
- - punzones . 13.9
- - resortes . . 14.3
- - tornos de gran velocidad 13.6
- quemado . 548.9.12 549.2
- rápido 13.6
- recalentado 548.11
-, recocer el . . 543.9
- recocido . . . 548.8
- refinado . . . 11.2
- - á fragua baja 10.4
- rico en carbono 16.8
- Siemens-Martin 12.3.4
- soldado . 9.6, 11.1
- templado . . 548.7
- Thomas . . . 12.1
- Wootz 13.3
Acetat, Blei- . . 209.1
Acetate, ammonium 206.7
-, lead 209.1
- of potassium 206.6
Acétate d'ammoniaque 206.7
- de baryte . . 207.7

Acétate de plomb 209.1
- - potasse . . 206.6
Acetato ammonico 206.7
- di bario . . . 207.7
- - piombo . . 209.1
- potassico . . 206.6
Acetato amónico 206.7
- bárico 207.7
- de plomo . . 209.1
- potásico . . . 206.6
- plúmbico . . 209.1
Acetic acid . . 204.4
Acetico 204.4
Acético 204.4
Acetilene . . . 188.5
Acetileno . . . 188.5
Acétique . . . 204.4
Acetylene Bunsen burner 188.5
- gas 418.3
Acétylène . . . 188.5
Achat . . 558.1, 563.1
-mörser 229.1
-schale 229.1
-schneide . . . 237.8
Acheteur . . . 558.5
Achromatic . . 280.1
Achromatique . 280.1
Achromatisch . 280.1
Achse 237.4
Achsenfracht . 561.5
Achsial 472.3
Achteckig . . . 290.5
-kantig 377.7
Aciculaire . . 47.2
Acicular 47.2
Acid . 12.3, 91.1, 203.9
-, acetic 204.4
-, arsenious . . 218.6
- bath 493.10
- brick 306.6
-, carbonic . . 215.13
-, chemically pure sulphuric 204.2
-, chromic . . . 204.7
-, commercial sulphuric 204.1
-, concentrated 242.1
-, diluted . . . 242.2
-, hydrochloric 203.10
-, hydrofluoric 204.9
- ion 263.1
-, molybdic . . 210.7
-, nitric . . . 203.11
-, oxalic 204.5
- proof 7.2
- - box 189.1
-, pyrogallic . 211.13
- room 176.8
-, silicic 216.3
- solution . . . 262.8
- steel 11.8
-, sulphurous . 216.9
-, tartaric 204.6, 419.10
Acide . . 91.9, 203.9
- acétique . . . 204.4
- arsénieux . . 218.6
- arsénique . . 218.5
- azotique . 203.11
- carbonique . 60.4 215.13
- chlorhydrique 203.10
- chromique . . 204.7
- concentré . . 242.1
- dilué 242.2
Acide fluorhydrique 204.9, 222.2
- molybdique . 210.7
- nitrique . . 203.11
- - fumant . 203.12
- oxalique . . . 204.5
- phosphorique soluble 399.7
-, procédé . . . 396.5
- pyrogallique 211.3
-, résister aux -s 7.2
- silicique . . . 216.3
- sulfureux . . 216.9
- sulfurique chimiquement pur 204.2
- - du commerce 204.1
- - libre dans les résidus 216.10
- tartrique . . 204.6 419.10
Acidità 357.2
Acidité 357.2
Acido 91.1, 203.9, 431.2
- acetico . . . 204.4
- arsenico . . 218.5.6
- carbonico . . 60.4 215.13
- cloridrico . 203.10
- concentrato . 242.1
- cromico . . . 204.7
- diluito 242.2
- fluoridrico . . 204.9
- fosforico solubile 399.7
- molibdico . . 210.7
- nitrico . . . 203.11
- - fumante . 203.12
- ossalico . . . 204.5
- pirogallico 211.13
-, processo . . . 396.5
-, resistente agli -i 189.1
-, resistere agli -i 7.2
- silicico . 65.9, 216.3
- solfidrico . . 204.8
- solforico chimicamente puro 204.2
- - commerciale 204.1
- - libero nei residui 216.10
- solforoso . . 216.9
- tartarico . . 204.6 419.10
Ácido . . . 91.1, 203.9
- acético . . . 204.4
- arsenioso . . 218.6
- carbónico . . 60.4 215.13
- clorhídrico 203.10
- concentrado . 242.1
- crómico . . . 204.7
- diluido . . . 242.2
- fluorhídrico . 204.9 222.2
- fosfórico soluble 399.7
- nitrico . . 203.11
- - humeante 203.12
- oxálico . . . 204.5
- pirogálico . 211.13
-, procedimiento 396.5
-, resistente á los -s 189.1
-, resistir á los -s 7.2
Acido silícico . 65.9 216.3
- sulfúrico del comercio 204.1
- - libre en los residuos 216.10
- - ordinario . 204.1
- - químicamente puro 204.2
- sulfuroso . . 216.9
- tartárico . . 204.6 419.10
Acidulado . . . 545.9
Acidulated . . 545.9
Acidulato . . . 545.9
Acidulé 545.9
Acier à burins 13.7
- - la rose . . . 10.5
- - marque d'ancre 14.5
- - outils . . . 13.5
- - - au four électrique 564.3
- - pignons . . 14.4
- - ressorts . . 14.3
- - soufflures . 484.3
- altére . 548.9, 549.2
- argenté . . . 17.8
- au bas-foyer . 10.4
- - bore 17.7
- - carbone . . 16.8
- - chrome . . 17.1
- - - et nickel . 16.12
- - creuset . . 11.7
- - four à réverbère 10.7
- - - électrique 12.5
- - manganèse 17.2
- - molybdène 17.4
- - nickel 16.11, 418.5
- - silicium . . 16.10
- - titane . . . 17.5
- - tungstène . 17.3
- - vanadium . 17.6
- Bessemer . . 11.8
- brûlé . . . 548.12
- cémenté 13.1, 416.3
- chromé . . , 17.1
- corroyé . . . 11.1
- coulé 322.7
-, - en 488.3
- damassé . . . 13.4
- de Brescia . . 14.7
- - cémentation 13.1
- - - à soufflures 13.1
- - - corroyé . 13.2
- - finerie . . . 10.4
- dénaturé . . 549.10
- deux fois raffiné 11.3
- -diamant 13.8, 548.13
- doux . . 11.6, 25.10
- dur 488.5
- électrique . . 564.2
- extra-doux . 11.6
-, fabrication d' 564.1
- fabriqué au four électrique . 564.2
- - par l'ore-process 12.7
-, faire revenir l' 548.9
- fin 11.2
- fleuri 10.5
- fondu . 11.5, 25.12
- - au creuset . 11.7
- homogène . . 11.5
- indien 13.3
-, l'- est affiné . 386.2
- Martin 12.2
Acier moulé en châssis 488.2
- naturel . . . 9.7
- pour aimants 14.8
- - armes . . . 14.6
- - bouterolles et étampes . . 14.1
- - engrenages 14.4
- - forets . . . 14.2
- - poinçons . 13.9
- - tours à grande vitesse . . . 13.6
- puddlé 10.8
- rapide 13.6
- recuit 548.8
- sauvage . . . 10.6
- Siemens-Martin 12.3.4
- soudable . . . 9.6
- souffleux . . 484.3
- spécial . 16.7, 565.7
- sur sole basique 12.4
- surchauffé . 549.11
- Thomas . . . 12.1
- trempé 548.7
- Uchatius . . 12.7
- Wootz 13.3
Aciérie Bessemer 387.3
-s - et Thomas 387.3
- pour la fabrication au creuset . 381.2
- Siemens-Martin 402.4
- Thomas . . . 387.4
Acodado 444.1
Acoplado directamente . . . 170.6
Acoplamiento 519.7.10
- de fricción . 520.5
- - tubos . . . 184.2
Acoplar 519.8
Acqua 140.1
- acida satura 91.1
- acidulata . . 545.9
-, ad 317.2
- ammoniacale 108.7 205.4
- calda 176.6
- -, apparato per 176.5
- combinata chimicamente . 203.8
- compressa . . 509.7
- con cenere di legno 431.4
- corrente . . . 544.8
- depurata . . 146.7
- di barite . . 205.6
- - calce 205.5, 341.3
- - grafite . . . 430.9
- - raffreddamento 297.10
- - refrigerazione 297.10, 298.2
- distillata . . . 203.6
- fetida 431.3
- igroscopica . 203.7
-, impianto d' . 140.3
- impura . . . 146.6
- naturale . . . 146.6
- ossigenata . . 211.3
- regia 204.3
- scaldata . . 297.11
- sotterranea 141.1 289.1
Acquaio 175.4
Acquéreur . . 558.5

Acquirente . . 558.5
Acquisition . . 558.1
Acquisto 558.1, 563.1
Acribadura . . 63.5
Acromatico . . 280.1
Acromático . . 280.1
Acting, double 328.1
-, single . . . 327.8
Action 82.2
- of the blast 350.10
- de la gelée . 118.6
- directe . . . 327.3
- oxydante . . 82.2
Acumulado . . 408.1
Acumulador . . 121.8 266.5
- de calor . . . 320.9
- hidráulico . . 508.3
- - con carga de aire 509.1
Acuoso 60.3
Adapter 190.4
Adding of ore 412.1
Additif 273.3
Addition 425.9, 250.11
- drop by drop 242.8
-, loamy 426.3
- of ferromanganese 398.8
- - nickel . . . 418.6
- - ores 250.12
- - slags . . . 250.12
Addition, -s 71.2, 425.9
- absorbant de l'oxygène 398.10
- carburante . 398.7
- de chaux . . 388.6
- - fer 473.12
- - ferromanganèse 398.8
- - matière argileuse 426.3
- - minerai . . 250.12 412.1
- - nickel . . . 418.6
- - scories . . 250.12 337.8
- désoxydante 398.10
- oxydante . . 250.11
- par gouttes . 242.8
- réductrice . 398.10
Additionner . 485.4
Additiv 273.3
Additive . . . 273.3
Addizionale . 473.12
Addizione carburante 398.7
- del fondente 388.6
- di ferromanganese 398.8
- - minerale . 412.1
- - nickel . . . 418.6
- riducente . 398.7.10
Addolcimento . 147.8
Aderente . . . 490.5
Adhérent . . . 490.5
Adherente . . . 428.9
Adherido . . . 490.5
Adhering . . . 490.5
Adhesion of the slag 374.11
Adhesión de escoria 374.11
Adición 425.9
- absorvente del oxígeno 398.10
- carburante . 398.7
- de efecto reductor 398.10
Adición de escorias 250.12 337.8
- - ferromanganeso 398.8
- - hierro . . . 473.12
- - material arcilloso 426.3
- - mineral . . 412.1
- - minerales 250.12
- - piedra caliza 388.6
- gota á gota . 242.8
- oxidante . . 250.11
Adicionar con ácido 248.5
- - agua 248.5
Adjustable . . 139.8
Adjustagehalle 533.5
Adjustieren . . 533.4
Adjusting . . . 533.4
- screw 521.8
Adjustment . . 522.7
- of electrodes 567.2
Administración 149.6
Administration 149.6
- building . . . 149.6
Admisible . . . 82.10
Admisión . . . 499.7
Admission . . . 499.7
- valve 499.7
- du vent . . . 394.3
- par piston . . 499.4
- - tiroir . . . 499.6
- sur le piston 500.6
Admixture . . 71.2
Adoucir 547.1
Adoucissement des eaux 147.8
Aereo . . 135.11, 171,4
Aéreo 135.11
Aerial 135.11
- railway . . . 331.8
- - charging . 331.7
Aérien 135.9
Affinage . . 7,6, 380.1 386.9
- au bain de scorie 365.8
- - bas-foyer . 363.4
- - vent 387.1
- avec du minerai de fer 415.1
- complet . . . 365.6
- du fer par le procédé électrothermique 565.4
- - - - voie électrothermique 565.4
- imparfait . . 365.7
- par soufflage 387.1
-, premier . . . 365.7
Affinaggio . 7.6 380.1 386.9, 565.5
- al bagno di scorie 365.8
- - basso fuoco 363.4
- - vento . . . 387.1
- col minerale di ferro 415.1
- del ferro per via elettrotermica 565.4
- della ghisa bianca 365.6
- - - grigia . . 365.7
- in convertitore grande 387.5
- - - piccolo . 387.6
- ossidante . . 415.6
Affinare 363.3
Affinato 13.2
Affinatura . . . 380.1
Affinazione . . 363.4
Affiné 361.8
Affiner 363.3
- la fonte . . . 363.6
Affinerie . . . 112.8
Affineur 363.7
Affinità 260.5
- chimica . . 225.11
Affinität, chemische 225.11
Affinitätskonstante 260.5
Affinité 260.5
- chimique . 225.11
Affinity, chemical 225.11
Affûter, outil à 196.8
Afilar 492.2
-, máquina de (v. máquina)
-, útil para . . . 196.8
Afinado 361.8
Afinador 363.7
Afinar 363.3
- la fundición . 363.6
Afinidad 260.5
- química . . . 225.4
Afino 7.6, 380.1, 386.9 414.8
- al bajo hogar 363.4
- - baño de escoria 365.8
- completo . . 365.6
- incompleto . 365.7
- neumático . 387.1
- por cementación oxidante 414.4
- por medio del mineral de hierro 415.1
Aflojar y apretar los tornillos, aparato para 291.4
After blow . 397.10
Agarrado . . . 343.3
Agata 229.1
Ágata 229.1
Agate 229.1
- edge 237.8
- mortar 229.1
Agent . . 147.6, 559.2
-s atmosphériques 89.7
-s de cémentation 415.5
- de précipitation 147.6
- -réceptionnaire 30.2
Agente 559.2
- atmosferico . 118.4
-s de la cementación 415.5
- de precipitación 147.6
Agganciamento 136.8
-, apparecchio d' 136.2
Aggiungere . 473.12
Aggiunta . 71.2, 425.9
- a goccie . . . 242.8
- argillosa . . . 426.3
- di minerale 250.12 412.1
Aggiunta di nickel 418.6
- - scoria . . . 337.8
- - scorie . . 250.12
- ossidante . 250.11
Aggiuntaggio 486.16
Aggiustaggio 533.4.5
Agglomérant . 95.5
Agglomerante . 426.2
Agglomerating 95.4
Agglomération 95.4
Agglomerazione 95.4
Agglomérer . . 376.4
Agglomerieren 95.4
Agglutinamento 349.6
- del coke . . . 106.7
Agglutinant, matière -e 426.2
Agglutinante . 95.5 99.3
- argilloso . . . 95.6
Agglutinarsi . 349.5
Agglutination . 349.6
- du coke . . . 106.7
Agglutinato . . 106.8
Agglutiné . . . 106.8
Agglutiner, s' . 349.5
Aggregativo . . 273.3
Agbiforme 47.2, 214.4
Agitación . . . 80.4
Agitador 176.2
-, separador con 183.2
Agitar en el agua 544.4
Agitare 190.7
- nell' acqua . . 544.4
Agitateur . . . 176.2
- en verre . . . 190.7
-, separateur avec 183.2
Agitation . . . 80.4
Agitatore . . . 176.2
-, apparecchio separatore ed 183.2
Agitazione . . . 80.4
Agiter dans l'eau 544.4
Aglomeración . 95.4
Aglomerado . 94.5.8.7
- calcinado . . 96.1
- de mineral . . 95.10
- secado 95.11
Aglutinación . 349.6
- del cok . . . 106.7
Aglutinado . . 106.6
Aglutinante 95.5, 99.3
- calcáreo . . . 117.9
Aglutinarse . . 103.1 349.5
Ago 391.8
-, a forma d'-hi . 47.2
- d'acciaio . . . 391.7
- di platino . . 194.8
- magnetico . . 182.7
-, -hi neri . . . 283.4
Agrafe 392.9
Agrandar el agujero 52.4
Agrandir le trou 52.4
Agreement . . 559.9
Agregativo . . 273.3
Agrietado . . . 108.4
Agrio 548.10
Agrupación de átomos 224.9
Agua, -s 140.1

Agua acidulada 545.9
- amoniacal . . 108.7 205.4
- calentada . 297.11
- caliente . . . 176.6
- -, aparato de 175.5
- corriente . . . 544.8
- de amoníaco 205.4
- - barita . . . 205.6
- - cal . . 205.5, 340.3
- - cenizas de madera 431.4
- - - vegetales 431.4
- - estiércol . . 431.3
- - grafito . . . 410.9
- - hidratación 203.9
- - manantial . 141.2
- - de purga ácida 91.1
- - refrigeración 297.10, 298.2
- depurada . . 146.7
- destilada . . . 203.6
- higroscópica . 203.7
- natural . . . 146.6
- oxigenada . . 211.3
- químicamente combinada 203.8
- regia 204.3
- subterránea . 141.1 289.1
Agudo 466.2
Aguilon 125.7
Aguja de platino 194.8
-, en forma de -s 47.2
- imantada . . 182.7
- magnética . . 182.7
-s negras . . . 283.4
Agujerear 51.10, 52.3 228.5, 485.1
Agujerearse por el calor 413.7
Agujero . . 39.8, 483.4
- cónico 536.3
- de aire 438.1
- - caldero . . 480.1
- - colada . . . 443.7
- - - redondo . 443.6
- - estirado . . 538.4
- - hombre . . 467.2
- - la busa de colada 480.6
- - - tobera . . 395.1
- - trabajo . . 371.1
- del viento . . 394.5
- en forma de horquilla 443.9
- para la escoria 300.2
- - - sangría . . 300.4
- - las escorias 299.6
Aia 368.8
- a rivestimento di scorie 369.9
Aide-chimiste 173.5
- de laboratoire 174.3
Aigre 44.7
Aiguille 47.2
- aimantée . . 182.7
- de platine . . 194.3
-s noires 283.4
Aiguillé 47.2
Aile 20.2
-, à -s égales . . 20.1
-, - -s inégales . 20.3
- de ventilateur 470.5
Ailette formant piston 472.1
Aimant . . 14.8, 91.11
- d'acier 92.3
- de grue . . . 129.6
- en fer à cheval 92.2
- fixe 94.1
- mobile 93.5
- permanent . . 92.4 93.7
- porteur . . . 129.5
Aimantation 82.3, 91.5
Aimanté 182.7
Air 267.7, 8
- bath 283.5
- blast 396.3
- chamber 145.2, 502.1
- cooling . . . 296.6
- core barrel . 460.3
- current . . . 87.7
- distribution . 324.6
- draught . . . 87.4
- dried 422.10, 429.8
- dry . 231.10, 422.10
- hardening . 359.10 545.3
- heater 318.4
- -, horizontal . 318.6
- -, iron 318.5
- -, vertical . . 319.1
- - with suspended pipes 318.7
- hole 439.7
- in the core . 459.4
- inlet 87.8, 337.12, 542.4
- - hole 321.3
- - valve . . . 321.4
- intake . . . 337.12
- main 324.3
- pipe 324.2
- port 407.8
- pump 178.2
- - bell 178.3
- - cylinder . . 501.4
- - disc 178.4
- - piston . . . 501.5
- - plate 178.4
- - receiver . . 178.3
- pyrometer . . 351.8
- release valve 508.6
- reservoir . . 502.1
- supply 472.8
- valve 406.7
- vessel 145.2
- way 471.8
Air 267.7, 87.4
- ascendant . . 87.7
- aspiré . 469.3, 328.6
- chaud 3.2.5
- -, appareils à 318.4
- -, appareil à - - à tuyaux verticaux suspendus 318.7
- -, - - - - de Cowper 320.8
- -, - - - - en briques 320.5
- -, - - - - - fonte 318.5
- -, - - - - hori-zontal 318.6
- -, - - - - verti-cal 319.1
- -, - - - - Whitwell 320.6
- comprimé . . 402.2
- de combustion 408.2
Air du noyau . 459.4
- froid 322.4
- montant . . . 87.7
- nécessaire . . 350.4
Aire . . . 87.4, 267.7
- ascendente . 87.7
- aspirado . . . 469.3
-, calentador del 318.5
- caliente . . . 300.6
- comprimido . 402.2
- de combustión 408.2
- del macho . . 459.4
- frío 321.4
Airspace between the fire bars 160.3
- - grate bars . 160.3
Airtight 324.1
Aislado 126.1
-, no 305.4
Aiutante di laboratorio 174.3
Ajoute pour appareille de distillation 255.2
Ajouter . . . 478.12
Ajustage . 33.10, 533.4
Ajustamiento . 533.4
Ajutage de pulvérisation 317.5
Akkumulator . 121.8 266.5, 508.3
-, Druckwasser- 508.3
Akkumulatorengebäude 169.1
Aktiv, -e Härte 543.3
Ala 20.2
-, de -s desiguales 20.3
-, - -s iguales . 20.1
Álabe 470.3
Alambic distillatoire 255.5
Alambique . . 255.5
Alambre . 27.10, 28.1
- de acero 27.11, 490.11
- - aluminio . 199.12
- - cobre . . . 199.2.3
- - hierro . . . 199.9
- - medida . . 261.4
- - platino . . 194.7
- graduado . . 261.4
- para atar . . 460.5
- - cuerdas de piano 28.7
- pasado por la hilera 28.5
- perfilado . . 28.6
- plano 28.4
Alargadera . . 190.4
Alargador . . 516.1
Alargamiento . 49.7 53.4, 530.6
- de rotura . . 44.8
Alargar 530.5
Albayalde . . 551.10
Albero 445.2
- a palmole . . 496.4
- d'accoppiamento 520.1
- d'attacco . . 518.9
- di comando . 518.9
- - - principale 78.4
- flessibile . . 492.8
Album dei profili 514.10
- des profils . 514.10
Álbum de los perfiles 514.10
Albumen . . . 212.12
- paper 212.12
Albumina . . 212.12
Albuminato . 212.12
Albumine . . 212.12
Albuminé . . 212.12
Alcachofa de aspiración 140.8
Alcalin 114.2
Alcalino . . . 114.2
Alcohol . . . 184.3 212.2, 447.2
- lamp 184.3
- level 182.6
- vinico 546.5
Alcool 212.2
Aleación . . . 14.10
- de hierro . . 14.9
- - metales . . 351.4
- pobre 15.1
- rica 14.11
Alemán, procedimiento 366.3
Alésage 39.6
Aleta 470.5
- -pistón . . . 472.1
Aletta di stantuffo 472.1
Alfarero . . . 383.1
Alicuoto . . . 239.1
Alimentación automática 331.5
- continua . . 157.4
Alimentation continue 157.4
- et distribution d'eau 140.1
Aliquote . . . 239.1
Aliquoto . . . 239.1
Alisador de escuadra 437.8
- redondo . . . 437.5
Alisar 437.7
- los moldes . 437.1
Alkaline chlorids 361.11
- earths 114.2
- salt 361.9
Alkalisch . . . 114.2
Alkohol 212.2
Allargamento . 53.1 84.6
Allargare . . . 53.2
- il foro . . . 52.4
Allège 562.5
Alleggio . . . 562.5
Allemand, procédé 366.3
Aller 532.4
Alliage 14.10
- à faible teneur 15.1
- - haute teneur 14.11
- de fer 14.9
- - molybdène et nickel 15.8
- métallique . 351.4
Alligator . . . 377.4
Allonge . 190.4, 520.1
- bombée . . . 520.2
Allongement . 49.7 530.6
- de rupture par unité de longueur 44.8
Allonger . . . 530.5
Al otrop . . . 272.5
Allotropia . . . 272.4
Allotropic . . . 272.5

Allotropico . . 272.5
Allotropie . . . 272.4
Allotropique . 272.5
Allotropy . . . 272.4
Alloy 351.4
- cast iron . . 9.1
- constituent . 14.10
-, iron 14.9
- of high percentage 14.11
- - low percentage 15.1
- steel 16.7
Allumage 86.4, 478.5.6
Allumer 417.7
Allumina 115.12, 220.7
Alluminio 199.11, 219.2
Alluminoso . . 357.13 428.7
Allunga 190.4
Allungamento 190.4 580.6
- di rottura . . 44.8
Allungare . . . 580.5
Allure chaude 475.2
- de la fusion 385.10
- - - soufflerie 350.10
- du haut-fourneau 344.3
- extra-chaude 353.1
- froide 352.8
- normale . . . 352.7
- regulière . . 474.10
- variable du haut-fourneau 344.5
Alma . . 22.3, 458.4.8
- de tubo . . . 458.6
Almacén 87.7, 177.7
- de hierro . . 180.6
- - lingotes . . 180.7
- - metales . . 180.5
- - modelos . . 422.2
- - vigas . . . 180.8
Almagre 66.9
Almendrilla . . 114.7
Almidón . . . 211.12
Alomado . . . 518.5
Alotropía . . . 272.4
Alotrópico . . . 272.5
Alquitrán 71.1, 95.9
-, rico en . . . 405.6
Altalena 497.1
Altar del conducto 372.5
- - hogar . . . 368.5
Altare 368.5
Alt-eisen 29.4
-sand 481.11
Alter, to - the pass 535.3
Alterado 68.7
Alteration of angle 51,4
- - concentration of the electrolyte 259.4
Alterato dal fuoco 548.9
Alterazione . . 89.7
Altéré par le feu 548.9
Alternatif . . . 493.5
-, à courant . 568.10 572.2
Alternating . . 166.4
- current furnace 572.1
Alternativo . . 493.5
Alternato . . 568.10
Altezza . . . 531.10
Altezza del crogiuolo 295.8
- - focolare . 369.11
- - pezzo colato 439.2
- della sacca . 302.5
Alto forno 97,1 286.1
- - a carbone di legna 285.2
- - - coke . . . 285.3
- - - petto aperto 286.2
- - - - chiuso 286.3
- - ad antracite 285.4
- -, andamento generale del 346.6
- - blindato . . 287.1
- - con crogiuolo ovale 286.7
- - - inviluppo 286.5
- - elettrico di Groenwall, Lindblad e Stalhane 571.4
- - Harmet . . 571.6
- - Héroult . . 571.5
- -, impianto di -i -i 285.1
- - in muratura massiccia 286.4
- - libero . . . 287.3
- - rivestito . . 286.5
- - scozzese . . 286.6
- - Stassano . . 571.3
Alto horno . . 97.12
- - á pecho abierto 286.2
- - - - cerrado 286.3
- - con macizo de mampostería 286.4
- - - revestimiento de chapa 287.1
- - de antracita 285.4
- - - carbón vegetal 285.2
- - - cok . . . 285.3
- - - crisol ovalado 286.7
- - - frente abierto 286.2
- - - - cerrado 286.3
- - - Harmet . 571.6
- - - Héroult . 571.5
- - - Stassano . 571.3
- - eléctrico de Groenwall, Lindblad y Stalhane 571.4
- - escocés . . 286.6
- -, establecimiento de -s -s 285.1
- -, fenómenos generales en el 346.6
- -, instalación de -s -s 285.1
- - rodeado de pilares de ladrillo 286.5
- - sin macizo 287.3
Altura 89.7, 531.10
- de caída . . 464.5
- - la carrera . 502.7
- - - obra . . . 295.8
- - - pieza colada 439.2
- - los etalajes 302.5
Alumbrado 165.8, 280.4
-, instalación de 171.6
Alumbrar, disposición para 280.7
Alumina 220.7
Alúmina 220.7, 427.11
Alumine 115.12, 220.7
Alumineux 357.13 428.7
Aluminia . . 115.12
Aluminio 199.11, 219.2
Aluminium 219.2, 240.1
-blech 199.11
-draht 199.12
-feilspan 200.2
-pulver 200.1
Aluminium 119.11 219.2
- filings . . 200.2
- powder . . . 200.1
- sheet 199.11
-, silicate of . 427.11
- weighing boat 240.1
- wire 199.12
Aluminoso 115.12 357.13
Aluminum . . 219.2
Alveare 103.6
Alzado 288.1
Alzare il coperchio 528.1
- la barra . . . 581.5
Alzata 464.5, 502.7
Amaigrir . . 116.11
Amaigrissant . 382.8
Amarillo de paja 547.7
- pálido 547.6
Amas 57.2
Amasador de arcilla 483.5
Amasar 119.9, 370.8 425.5
Amboß . . . 502.10
Ambulance station 150.5
Âme 22.3
Amélioration de l'acier altéré 549.2
Amenée 525.5
- d'air 87.8
- de gaz 542.5
- du charbon 104.6 159.4
- - - par vis sans fin 159.6
- - combustible et du lit de fusion 383.5
Américain, châssis 440.6
-, puits tubulaire 141.6
-, système de fermeture 311.7
American throat stopper 311.7
Americano, caja -a 440.6
-, chiusura -a . 311.7
-, sistema - de cierre 311.7
-, staffa -a . . . 440.6
Amerikanisch, -er Formkasten 440.6
-er Gichtverschluß 311.7
Amfoterio . . . 259.7
Amiante . . . 200.8.10
Amianto . . . 200.8.9
Amianto al palladio 201.5
Amido 211.12, 213.2
Amidon 211,.12, 213.2
Ammaccatura . 504.1
Ammesso . . . 82.10
Ammeter . . . 266.9
Amministrazione 149.6
Ammissione del gas 270.6
- - vapore . . . 499.7
Ammonia 108.6, 204.11
-, liquid 108.7
- water 205.4
Ammoniaca . 108.6 204.11
Ammoniacal . 108.7
Ammoniacale . 108.7
Ammoniak . 108.6 204.11
-, essigsaures . 206.7
-, kohlensaures 206.8
-, schwefelsaures 108.8
-wasser 108.7
-, wässeriges . 205.4
Ammoniaque 108.8 204.11
-, gaz 108.6
Ammonico . . 206.1
Ammonio . . . 108.8
Ammonium-Acetat 206.7
-, Chlor- . . . 207.10
-, Fluor- 207.4
-karbonat . . . 206.8
-, molybdaensaures 210.8
-molybdat . . 210.8
-phosphat, Natrium- 207.3
-, Rhodan- . . . 206.1
-, Schwefel- . . 207.5
-sulfat, Eisenoxydul- 208.6
Ammonium . . 206.1
- acetate . . . 206.7
-, carbonate of 206.8
- chloride . . 207.10
- fluoride . . . 207.4
- molybdate . . 210.8
- sodium phosphate 207.3
- sulphate . . . 108.8
- -, ferrous . . 208.6
- sulphide . . . 207.5
-, sulpho-cyanide of 206.1
Ammortizzare il colpo della mazza 502.2
Ammortizzatore 502.6
Ammortizzazione a molla 502.4
Ammucchiamento 180.2
Amoniaco . . 108.6.8 204.11, 207.10
Amónico . . . 206.1
Amorfo 215.8
Amorph 215.8
Amorphe . . . 215.8
Amorphus . . . 215.8
Amortissement par ressort 502.4
Amortisseur . . 502.3 502.6

Amount of contraction 423.2
- - shrinkage 423.2
- - water required 140.4
Amovibile 478.3
Amovible 186.6
Ampèremesser 266.9
Ampèremètre 266.9
Amperimetro 266.9
Amperometro 266.9
Amphibolita 111.6
Amphoter 259.7
Amphotère 259.7
Amphoteric 259.7
Ampiezza della piegatura 43.7
Ampolla 2.8
-s formadas por el desprendimiento de gases 483.5
Analisi 81.1.3, 223.5
- al cannello 234.7
- - -, apparecchi per l' 235.1
- - - ferruminatorio 234.6
- allo spettroscopio 400.11
-, apparato per - di gas 267.10
- arbitrale 227.5
- chimica 236.5
- completa 223.6
- gravimetrica 223.9
- metallografiche 177.4
- per mezzo del l'elettricità 257.1
- - pesata 223.9
- - via secca 224.3
- - - umida 224.4
- preliminare 81.2
-, pronto per l' 234.5
- qualitativa 223.8
- quantitativa 191.2 223.7
- spettrale 400.10
- tecnica del gas 267.3
- volumetrica 223.10 245.6
Análisis 81.1, 109.5 223.5
-, aparato para el - del gas 267.10
- completa 223.6
- cualitativa 223.8
- cuantitativa 191.2 223.7
- de arbitraje 227.5
-, dispuesto para el 234.5
- espectral 400.10
- para la determinación de los pesos 223.9
- por la electricidad 257.1
- - vía húmeda 224.4
- - - seca 224.3
- químico para determinar la potencia calorífica 109.4
- técnico del gas 267.3
Análisis volumétrico 192.5 223.10
Analyse 109.5 223.5
-, Elektro- 257.1
-, Gas- 267.3
-, Gesamt- 223.6
-, Schieds- 227.5
-, Spektral- 400.10
Analyse 81.1.3, 223.5
-, appareil d' - des gaz brûlés 268.4
-, - pour - des gaz 267.10
- complète 223.6
- d'arbitrage 227.5
- du gaz 267.3
- gravimétrique 223.9
- par l'électricité 257.1
- - voie humide 224.4
- - - sèche 224.3
- préliminaire 81.2
-, prêt pour 234.5
- qualitative 223.8
- quantitative 223.7
- spectrale 400.10
- volumétrique 191.2 223.10
Analysen-befund 226.9
-bericht 227.4
- -Fehlergrenze 227.2
-fertig 234.5
-kosten 227.6
-methode 223.4
-unterschied 227.3
-wage 236.5
Analysis 223.5, 109.5
- certificate 227.4
-, electrolytic 257.1
-, ready for 234.5
- result, writing down the 226.8
-, spectroscopical 400.10
-, total 223.6
Analytical 236.5 267.10
Analytisch 223.4
Anblasen 86.4, 337.11
Anbrennen 429.12
Anbruch, zinkischer 361.2
Anchor screw 291.3
- steel 14.5
Anchura de la obra 295.7
Ancla 14.5
Anclaje 290.3
Ancrage 29.13
Ancre 14.5
Andamento della fusione 349.3, 385.10
- - soffieria 350.10
- - tempera 542.6
- freddo 352.8
- generale dell'alto forno 346.6
- normale 352.7
- regolare 474.10
Andamio 181.7
- para verter 181.6
Andar en vacío 530.11
Andata 532.4
Anello 506.6
- di cintura del convertitore 392.6
- - contrappeso 508.5
- - cuoio 506.7
- - ghisa 294.9
Anello di mattoni 309.2
- - paglia 202.2
- - porcellana 193.9
-i - quarzo 115.7
- - sostegno del refrattario 469.7
- in lamiera di ferro 309.1
- intermedio 394.9
- pendente 309.3
- per cucina 455.1
- - stufa 455.1
- portastorte 201.10
- -sopporto per il bagno d'acqua 247.9
- sospeso 309.3
Anemometer 182.2
Anémomètre 182.2
Anemometro 182.2
Anemómetro 182.2
Anfahren der Erze 123.3
- - Kohlen 104.6
Anfangs-kaliber 516.5
-querschnitt 530.3
Anfeuchten 119.8
Anfeuern 417.7, 473.5
Anfibolita 111.6
Anfritten 429.12
Angefeuchtet 546.2
Angegossen 319.4
Angelassen, -er Stahl 548.8
Angelaufen 484.12
Angenietet 186.5
Angesäuert 545.9
Angeschnitten 444.1
Angetrieben 518.3
Angewärmt 447.3
Anglais, fonte -e 5.9
-, four - à cémenter 416.6
-, poutrelle -e 20.10
-, système - par deux convertisseurs 395.3
Angle 51.3
-, at an - of 90° 407.6
-, bulb -s 21.3
- fish plate 24.1
- iron 19.10
- -, bulb 21.5
- -, equal 20.1
- - rim, riveted 295.4
- -, unequal 20.3
- - with equal sides 20.1
- - - round corners 20.4
- - - sharp corners 20.5
- - - unequal sides 20.3
- of bosh 302.8
- - inclination 161.4
- - torsion 51.3
- - twist 51.6
- sleeker 487.6
- splice bar 24.1
Angle 36.10, 293.6
- d'inclinaison 161.4
- de torsion 51.3
- des étalages 302.8
Angolare 19.10
Angolo 36.10, 507.1
-, ad - tondo 20.4
-, - - vivo 20.5
Angolo d'inclinazione 161.4
- della sacca 302.8
- di torsione 51.3
- vivo 426.9
Angular 19.10, 51.4
Anguleux 426.9
Ángulo 36.10
- agudo 426.9
- de inclinación 161.4
- - los etalajes 302.8
- - torsión 51.3
Anhaftend 490.5
Anheben, das Walzstück 531.5
Anhidrido arsénico 218.5
- arsenioso 218.6
- fosfórico 216.5
- plúmbico 210.10
- sulfúrico 217.1
- titánico 219.4
Anhidro 66.3
Anhydre 66.4
Anhydride, arsenic 218.5
-, phosphoric 216.5
-, sulphuric 217.1
-, titanic acid 219.4
Anhydride arsénieux 218.6
- arsenique 218.5
- molybdique 210.7
- phosphorique 216.5
- sulfurique 217.1
- titanique 219.4
Anidride carbonica 81.8
- fosforica 216.5
- solforica 217.1
- titanica 219.4
Anidro 207.9
Anillo 294.10
- de baño de María 247.9
- - carga 508.5
- - chapa de hierro 309.1
- - cocina 455.1
- - cuero 506.7
- - - embutido 507.2
- - graduación 445.5
- - ladrillos 309.2
- - porcelana 193.9
- - soporte de matraz 201.10
- - sujeción del convertidor 392.6
- dentado fundido en la misma pieza 393.1
- intermedio 394.9
- suspendido 309.3
Anima 436.9, 458.4
- curva 461.4
- della rotaia 22.3
- di tubo 458.6
- fragile 459.8
- perduta 461.5
- quadrata 458.5
Animalo 458.2
Animal 418.11
- noir 419.12
Animale 418.11
Animista 458.2
Anion 257.10
Anión 257.10
Anione 257.10
Ankaufpreis 563.1

Anker-schraube 291.3
-stahl 14.5
-, Steh- 378.5
Anlage, Aufbereitungs- 74.1
-, Hammer- . . 495.1
-, Kessel- . . . 151.5
-, Lauge- 89.9
-, Röst- 82.8
-, Schacht- . . . 100.6
-, Zerkleinerungs- 76.6
Anlaß-farbe . . 547.5
-härte 547.3
-maschine . . . 170.1
Anlassen . . . 547.1
Anlauf-farbe . 547.5
-temperatur . . 547.4
Anlegemaßstab 88.7
Annahmeverweigerung 559.8
Annata 34.12
Anneal, to . . . 528.4
Annealed . . . 548.8
Annealing box 415.2
- furnace . . . 528.5
- ore 415.4
Anneau à tourillons 392.6
- de bain-marie 247.9
- - charge . . . 508.5
- - porcelaine 193.9
- - serrage . . 445.5
- - support pour brûleurs 252.6
- - - - creusets 252.6
- denté venu de fonte 393.1
- en briques . . 309.2
- - fonte 294.9
- - tôle de fer 309.1
- suspendu . . 309.3
Annulaire . . . 312.3
-, four 85.5
Annulation du contrat 559.9
Annullamento di contratto 559.9
Anoint, to . . . 383.4
Anordnung der Birnen 388.2
Anse de l'électrode 567.4
Anreicherung der Erze 80.1
Ansatz, erstarrter 343.3
-, Rohr- 297.6
Ansaugen . . . 470.4
Ansaugvolumen328.6
Anschlagpunkt 136.8
Anschluß-gleis 123.9
-stutzen 301.1
Anschweißen 429.13
Ansiedescherben 234.7
Ansintern . . 429.12
Ansteigend . . 404.3
-er Fuchs . . . 372.3
Anstrich . . . 550.5
-, bleibender . . 551.5
-, vorübergehender 551.3
Antecrisol 291.5, 466.5 468.9
Anteojos de mica 253.3
Anthracite 4.2, 100.3
Anthracite blast furnace 285.4
- pig iron . . . 4.2
Anthrazit . . . 100.3
-hochofen . . . 285.4
-roheisen . . . 4.2
Antimoine . . 218.8.9
Antimon . . . 218.8
-, Schwefel- . . 218.9
Antimonio . . 218.8.9
Antimony . . . 218.8
-, sulphide of . 218.9
- trichloride . 552.5
Antracita . 4.2, 100.3
Antracite . 4.2, 100.3
Antrieb, elektrischer 105.6
-, - - der Glockenwinde 314.5
-, liegender . . 187.4
-maschine 168.3, 326.8
-, Müllerscher . 498.3
-, stehender . . 187.5
-welle 518.9
Anulación del contrato 559.9
Anular 312.3
-, horno 85.5
Anulare . 312.3, 423.9
-, forno 85.5
Anvil . 465.5, 502.10
Anwärmen . . 336.4
-, die Pfanne . 479.3
Anzeiger, Gicht-336.1
Anziehen der Schrauben 291.4
Anziehungskraft, magnetische 91.10
Anzug, mit . . 422.4
Anzünden . . . 86.4
Añadido 425.9
Añadir . . . 473.12
Apagachispas, aparato 468.3
Apagar 355.4
-, el 355.3
Apareado . . . 51.1
Apartado . 63.1, 75.8
- á mano . 63.3, 75.10
-, instalación de 75.11 102.3
- por vía seca . 76.2
Apartar . . 63.2, 75.9
- á mano . . . 63.4
Apatit 73.2
Apatita 73.2
Apatite 73.2
Aperto . . 309.6, 363.9
Apertura . . . 355.1
- con arco elettrico 344.2
- d'entrata della fiamma 368.6
- d'uscita . . . 312.8
- del canale per il fumo 417.4
- - cono 309.7
- - petto . . . 291.8
- dell'ugello . . 299.2
- della bocca . 307.3
- di caricamento 105.1
- - lavoro . . . 87.10
- - pulizia . . . 163.4
- - scappamento 499.5
- - spia 301.4
- - stiramento . 588.4
- per l'ugello . 298.8
Apilamiento . 180.2
Apisonado . . . 115.2
-, hormigón . . 289.8
Apisonador á mano 391.5
Apisonamiento 105.4.7
Apisonar 105.6, 489.1
-, máquina de (v. máquina)
Aplanatic . . 279.12
Aplanatico . 279.12
Aplanático . 279.12
Aplanatisch . 279.12
Aplanétique . 279.12
Aplastamiento . 58.7
Aplastar . . . 58.5.6
Aplatir 58.6
Aplatissement . 58.7
Apochromatic : 280.2
Apochromatique 280.2
Apochromatisch280.2
Apocromatico . 280.2
Apocromático . 280.2
Apoyo . . 187.2, 524.6
Appannato . . 277.6
Apparaitre, faire277.3
-, - - la texture 277.14
Apparat, gasanalytischer 267.10
-, photographischer 281.1
Appareillage des briques 308.4
Appearance . . 85.2
- of fracture . . 45.1
- - the flame 399.10
- - - slag . . . 875.1
Appiattimento . 58.5
Appiattire . . . 58.6
Applique . . . 125.9
Appoggio 24.3, 465.5
- per l'utensile di lavoro 371.1
Appréciation d'après l'aspect extérieur 85.2
Approvisionnement en minerai 558.3
Appui 24.3
Apreciación por la vista 85.2
Apretar los tornillos 291.4
Apriete, aparato de 186.1
-, disposición de - para vías de maniobra 187.8
Aprire il foro di colata 388.9
- la tubiera . . 348.2
Aprirsi automaticamente 315.1
- lateralmente 440.5
Aprisionado . . 484.7
Aqua regia . . 204.3
Aquatubulaire 155.3
Aquifère 60.3
Äquimolekular 259.1
Äquivalentgewicht, chemisches 257.6
-, Gramm- . . . 260.2
-konzentration einer Lösung 260.1
-, stöchiometrisches 345.8
Arandela de cuero 506.6.7
Aräometer . . . 180.2
Aräo-Pyknometer nach Eichhorn 180.3
Arbeiten im Ofeninnern 353.4
Arbeiter, Hochofen- 332.8
-wohnung . . . 151.2
Arbeits-bühne . 293.5
-herd . . 368.8, 569.4
-raum 175.1
-schicht, achtstündige 556.8
-schwelle . . . 371.1
-stück, das - - drehen 506.9
- -, - - - wenden 503.9
-tisch, elektrochemischer 265.5
-tür 370.8
-verfahren . . 409.4
-zacken 364.4
Arbitrage . . . 227.5
Arbitraire . . . 87.9
Arbitraje . . . 227.5
Arbitrale . . . 227.5
Arbitrario . . . 87.9
Arbitration analysis 227.5
- chemist . . . 174.1
Arbitre 174.1
Arbitro 174.1
Árbitro 174.1
Árbol de acoplamiento 520.1
- - la terraja 445.2.3
- - macho . . . 459.9
- - machos perfilado 460.1
- - mando principal 78.4
- - núcleo . . . 459.9
- motor 518.9
Arborescent . . 214.4
Arbre à calibre 445.1
- - noyau . . . 459.9
- - - profilé . . 460.1
- d'accouplement 520.1
- d'attaque . . 518.9
- de commande 518.9
- - - principal . 78.4
- - trousse . 445.2.3
- du ventilateur 470.6
- flexible . . . 492.8
Arc 172.1
- de circonférence 514.12
- électrique 344.2, 566.2
- voltaïque . . 344.2
Arc, electric . . 566.2
- furnace . . . 565.9
- heating . . . 566.1
- lamp 172.1
Arch . . . 163.1, 292.1
- lid 384.2
- of the furnace 369.1
- plate 404.1
Archipenzolo . 485.4
Arcilla . 119.6, 276.9 427.10
- calcinada . . 116.8
- esquitosa . . 116.5
- ferruginosa . 118.5
- finamente lavada 276.10.11

Arcilla grasa 116.10, 428.4
- gris 116.3
- inutil 116.9
- magra 428.3
- metamorfoseada 116.6
- plástica . . . 428.2
- reciente . . . 116.2
- refractaria . 115.11
- rósea 116.4
-, secar la . . 116.11
- sedimentaria 116.1
- triturada . . 116.7
Arcilloso . . . 59.6
Arco 172.1
- elettrico . . . 344.2
- luminoso . . 566.2
- voltaico 565.9, 566.2
Arco de círculo 514.12
- - la tobera . 298.8
- eléctrico . . . 344.2
- voltáico . . . 172.1
Area 159.8
- of pressure . 507.5
-, sectional . . . 503.2
Área empedrada 83.3
Arena 5.1
- cuarzosa . . . 426.7
- de aristas vivas 426.6
- - escoria . . . 359.5
- - fundición 425.10 431.8
- - grano puntiagudo 426.6
- - mar 212.6
- - molde adherida 490.5
- - moldear . 425.10
-, echar 483.6
- grasa . . . 425.13
- incrustada . 490.6
- muy arcillosa 426.1
- nueva 426.4
- - limpia . . . 426.5
- seca . . 425.12, 442.4
- verde . . . 425.12
- vieja 431.11
- ya empleada 427.3
Arenario . . . 114.8
Arenisco . . . 114.3.4
Arenoso 79.9
Areo-picnometro secondo Eichhorn 180.3
Areo-picnómetro de Eichhorn 180.3
Aréo-pyknomètre d'Eichhorn 180.3
Aréomètre . . . 180.2
Areometro . . . 180.2
Areómetro . . . 180.2
Arête . . . 36.9, 489.7
-, à -s vives . . 20.5
- supérieure . . 308.7
- vive . . 423.6, 426.6
Argano . 314.5, 464.5
- a mano . . . 314.2
- - vapore . . . 314.3
- di manovra . 124.5
- per la manovra del cono 314.1
Argent . . . 70.7, 219.8
- métallique . . 210.2
Argentato . . . 17.8
Argenté . . 17.8, 108.2
Argenteo . . . 108.2
Argéntico . . . 210.1
Argentifère . . 361.5
Argentifero . . 361.5
Argentífero . . 361.5
Argentiferous . 361.5
Argentino . . . 17.8
Argento . 70.7, 219.8
- metallico . . 210.2
Argile . . 119.6, 276.9 427.0
- cuite 116.8
- délayéé . . 276.10.11
- désagrégée . 116.7
- ferrugineuse 113.5
- finement lavée 276.10.11
- grasse 116.10, 428.4
- grise 116.3
- inutilisable . 116.9
- maigre . . . 428.3
- métamorphosée 116.6
- plastique . . 428.2
- récente . . . 116.2
- réfractaire 115.11 342.5
- - grillée . . 116.12
- rosée 116.4
- schisteuse . . 116.5
- sédimentaire 116.1
- triturée . . . 116.7
Argileux . . . 59.6
Argilite 116.5
Argilla . 119.6, 276.9 427.10
- ferruginosa . 113.5
- grassa 116.10, 428.4
- grigia 116.3
- inservibile . . 116.9
- inusabile . . 116.9
- lavata . . . 276.10.11
- magra 428.3
- metamorfosata 116.6
- plastica . . . 428.2
- recente . . . 116.2
- refrattaria . 115.11
- rosa 116.4
- schistosa . . 116.5
- sedimentare . 116.1
- triturata . . . 116.7
Argillaceous . 59.6
Argilloso . . . 59.6
Argolla de enganche 136.7
Aria . . . 68.7, 267.7
- ascendente . 87.7
- aspirata . . . 469.3
- calda 300.6
- -, apparecchio ad 318.4
- -, - - - a tubi sospesi 318.7
- -, - - - Cowper 320.8
- -, - - - orizzontale 318.6
- -, - - - verticale 319.1
- -, - - - - Whitwell 320.6
- -, - di ghisa ad 318.5
- -, - - mattoni ad 320.5
- compressa . . 402.2
- dell' anima . 459.4
- fredda 322.4
- per la combustione 408.2
Aria soffiata . 350.2
Arista . . . 36.9, 489.7
-, con -s vivas 20.5
- superior . . . 308.7
- viva . . 423.6, 426.6
Arm support of sweep 445.4
- - - template . 445.4
Arma, acero para -s 14.6
Armado 404.6
-, hormigón . . 289.7
Armador . . 561.12
Armadura . . . 459.1
- del macho . 458.8 460.4.7
- - montacargas 329.9
Armamento . . 23.7
Armateur . . . 561.12
Armato 404.6
-, cemento . . . 289.7
Armatore . . 561.12
Armatura . . . 291.1
-e a bilico . . 131.5
- - - con curva 133.1
- del camino . 373.2
- - forno . . . 373.3
- - montacariche 329.9
- - palco di gettata 131.6
- dell' anima 460.4.7
- di sostegno della griglia 368.2
- in ferro dei vagoni 24.9
- per anime . . 459.9
Armature . . . 291.1
- de fer 458.8
- - la base de la cheminée 373.2
- du four . . . 373.3
- - noyau . . . 460.4
Armazón . . . 291.1
- de la base de la chimenea 373.2
- del horno . . 373.3
Arme, acier pour -s 14.6
Armé 404.6
-, béton 289.7
Armed, long . 238.5
-, short 238.4
Armiert 404.6
Armour of the furnace 291.1
- plate 27.8
- - rolling mill 511.1
Armschablone . 445.6
Arnese per sbavare 490.9
Arnione 67.2
Aro 512.8
Arpione per rotaie 24.6
Arracher . . . 354.3
- le moule . . . 436.3
Arrangement . 406.9
- of the converters 388.2
- - wells 141.5
Arranque . . . 170.1
- del lobo . . . 402.1
Arrastrado . . 412.4
Arrastre, disposición de 136.3
-, - - - de chapa de acero remachada 136.5
Arrastre, disposición con casquillo 136.4
-, - - - forjada de quita y pon 136.6
-, - - - - y postiza 136.6
Arreglar el molde 436.4
Arreglo de la superficie 550.4
Arrestare la marcia 355.4
Arrestment . . 238.7
Arresto . 238.7, 353.6
- della gabbia 331.3
- di funzionamento 353.2
- nella discesa 353.5
Arrêt . . . 238.7, 270.1
- dans le fonctionnement 353.2
- de la marche du fourneau 354.6
- du soufflage . 338.8
- momentané . 354.8
Arretierung . . 238.1
Arricchimento dei minerali 80.1
Arrichire la rivestitura 412.6
Arriostramiento 505.7
Arrivage des minerais 123.3
Arrivée d'air . 87.8
- d'eau 297.7
- du gaz . . . 270.6
Arrivo dei minerali 123.3
- del gas . . . 408.4
Arrondi par frottement 427.2
Arrosage 298.4, 545.2
- du charbon . 104.7
Arroser, appareil à 432.11
Arrotato 276.4
Arrotondato . . 427.2
Arroventamento 385.5
Arrugado . . . 47.6
Arrugginire . 550.1
Arrumbamiento 57.5
Arruotare . . . 492.2
Arsen 218.4
-bestimmungsapparat 218.7
-haltig 61.4
-kies 72.4
-säureanhydrid 218.5
Arsénate de soude 210.9
Arsenic . . . 218.4.7
- anhydride . . 218.5
Arsenical . . . 72.4
Arsenicale . . . 72.4
Arsenico . . . 218.4.5
Arsénico . . . 218.4.5
Arsénieux . . . 61.4
Arsenig, -e Säure 218.6
-sauer 210.9
Arsenioso . . . 61.4
Arsenious acid 218.6
Arsenique . . . 218.5
Arsenite, sodium 210.9

Arsenito sodico 210.9
- sódico 210.9
Artesian 141.8
Artesiano 141.8
Artésien 141.8
Artesisch 141.8
Article, boiled 452.4
Articolo di gomma 197.1
Articulación 310.7
- esférica 302.1
Articulation 310.7
Articulo, -s de caucho 197.1
Artificial 68.1
Artificiale 68.1
Artificiel 68.1
Asa 441.8
- de cuero 490.12
- para levantar el modelo 436.1
Asbest 200.8
-drahtnetz 201.3
-gewebe 200.9
-handschuh 201.4
-, Palladium- 201.5
-papier 200.11
-platte 201.1
-schale 201.2
-schnur 200.10
-wolle 200.12
Asbeste 200.8.9
- en palladium 201.5
Asbesto 200.8.9
- al paladio 201.5
- - palladio 201.5
Asbestos 200.8, 201.5
- cord 200.10
- dish 201.2
- fabric 200.9
- glove 201.4
- paper 200.11
- sheet 200.1
- wire net 201.3
- wool 200.12
Ascendant 372.3
Ascendente 86.8
Ascending 372.3
Ascension d'eau 141.3
Ascensión 141.3
Ascenso de la fundición 482.9
Asche, Holzkohlen- 117.12
Aschen-abfuhr 164.2
-fall 368.4
-gehalt 101.9
-kasten 164.1
-keller 163.8
-raum 163.6
-sack 163.7
-zacken 364.5
Asciugare 462.6
- la forma sul posto 462.5
- - siviera 479.3
Asciugato all'aria 422.10
Asciugatura 462.8
- delle forme 462.4
Aseo, cuarto de 150.6
Ash, -es 101.9, 117.12
- cellar 163.8
- door 467.3
- pan 164.1
- pit 163.6, 368.4
- pocket 163.7
Asiento 22.4, 24.3
-, de doble 407.3
Asiento de la tobera 364.7
Asistente químico 173.5
Aspect de la cassure 45.1
- - - flamme 399.10
- - - scorie d'affinerie 375.1
- extérieur 35.2
Aspecto de la llama 399.10
- - - rotura 45.1
- - las escorias de afino 375.1
Aspereza, -s 490.3
- de la superficie 426.8
Asperger les lingotières 341.2
Aspergere le forme 341.2
Aspérité, -s 490.3
Aspersion 298.5
Aspersión 298.5
Aspetto della flamma 399.10
- - frattura 45.1
- - rottura 45.1
- - scoria 375.1
- di frattura stirata 47.8
Aspiración 140.8
Aspirado 328.6
Aspirador 182.8
- de vapor 144.2
Aspirante 142.3, 245.7
Aspirar el aire 470.4
- del horno 360.7
Aspirare dal forno 360.7
- l'aria 470.4
Aspirated 328.6
Aspirateur 182.3
Aspiration 140.8
Aspirato 469.3
Aspirator 182.3
Aspiratore 182.3
- a vapore 144.2
Aspirazione 140.8
Aspiré 469.3
Aspirer hors du haut-fourneau 360.7
- l'air 470.4
Assaggio 192.5
Assay balance 236.7
Asse 237.4, 323.8, 470.6
- della sagoma 445.1
- di rotazione 393.3
Assembler par goujons 442.9
- par vis 442.9
Asseoir le modèle 438.11
Assermenté, chimiste 174.2
Assiale 472.3
Assicurazione di trasporto 560.11
Assiette de lampe 184.5
- en porcelaine poreuse 193.3
Assise de briques 305.9
- - la tuyère 364.7
Assistant chemist 173.5
Assistent 173.5
Assorbimento 269.3
-, apparecchio d' 269.2
- del gas 398.4
- di calore 346.2
Assorbire l'umidità 118.5
Assurance de transport 560.11
Asta 201.9
- de ciervo calcinado 420.1
- del martello 77.5
- della pompa 144.5
- dentata 393.2
Astloch 422.9
Atacador 434.5
- cónico 434.7
- de aire comprimido accionado por grúa 435.2
- - mano y aire comprimido 435.1
- plano 434.6
- suspendido al aire comprimido 435.2
Atacar 278.4
Ataque 277.8
- de ácidos 278.2
- químico 277.9
Atar 460.5
Atelier 422.11
- à dolomie 118.2
- - noyaux 458.1
- d'ébarbage 489.2
- d'étamage 552.12
- de cisaillage 533.5
- - construction mécanique 150.2
- - forge 495.1
- - moulage 421.2
- - réparation 150.3
- des convertisseurs 388.1
- - cornues 388.1
Äther 212.3
- -Extraktionsapparat nach Corleis 181.6
- - - - Rothe 182.1
Atizar 87.10
Atmosfera gazosa 87.3
Atmósfera 214.6
- gaseosa 87.3
Atmosferico 118.4
Atmosférico 89.7
Atmosphäre, Gas- 87.3
Atmosphärisch 118.4
Atmosphere, gaseous 87.3
Atmosphère 214.6
- gazeuse 87.3
Atmospheric 267.9
Atmosphérique 118.4
Atom 224.8.9
-gewicht 225.4
-gewichtstafel 224.7
-gruppe 224.9
-zahl 226.5
Atome 224.8.9
Atomic 224.7
Atomico 225.4
Atómico 225.4
Atomique 225.4
Atomiser 158.2
-, centrifugal 158.6
-, tubular 158.3
Atomo 224.8.9
Átomo 224.8.9
Atracción magnética 91.10
Atruchado 2.2
-, semi- 2.4
Attaccare con acido 278.4
- il lingotto 528.9
Attacco 24.5, 136.2.3
- a bossolo 136.4
- acido 277.9, 278.2
- chimico 277.9
- chiodato in lamiera d'acciaio 136.5
- diretto 327.3
- fucinato 136.6
- per binari di manovra 137.8
Attache 301.7
Attack, to 278.4
Attaque 518.9
- à l'acide 278.2
- chimique 277.9
Attaquer à l'acide 278.4
Attendance 409.5 556.10
Attraction magnétique 91.10
Attractive capacity, magnetic 91.10
Attrazione magnetica 91.10
Attrezzo 13.5
-i del formatore 484.1
Attrito 263.9, 347.2
- elettrolitico degl'ioni 260.8
Ätz-figur 278.1
-kali 204.12
- - in Stangen 204.13
-natron 205.1
-polieren 278.2
-probe 277.8
Ätzen 277.9, 278.4
Aube 470.3
Aufarbeitung 411.5
Aufbau 287.4
-, chemischer 225.10
- der Ziegel 407.9
- des Ofens 403.2
Aufbereitet 75.1
Aufbereitung des Formsandes 431.8
- durch Maschinen 431.9
-, magnetische 91.2
-, maschinelle 431.9
-, nasse 70.7
Aufbereitungsanlage 74.1
-gut 74.4
-verlust 75.7
Aufbrausen 241.5
Aufbrechen 354.3, 375.2
Auffallend, -es Licht 280.5
Auffangen der Funken 468.2

Auffrischen verdorbenen Stahles 549.2
Aufgebe-sohle 888.4
-vorrichtung, selbsttätige 881.5
Aufgeben . . . 86.3
Aufgeber . . . 488.1
Aufgegossen . 519.1
Aufgehängt, drehbar 393.8
Aufgenietet . . 295.4
Aufgeschraubt 524.4
Aufgespeichert 408.1
Aufgesteckt . . 522.1
Aufgichten . . 885.1
-, mit dem - aufhören 854.10
Aufgichtvorrichtung 808.8
Aufgraben . . 488.8
Aufhängebügel 476.7
Aufhängung . . 287.5
-, Ausgleich- . . 287.6
Aufhebung des Vertrages 559.9
Aufhören, mit dem Aufgichten 854.10
Aufklappbar . 440.8
Auflage 524.6
Auflockerung . 81.6
Auflösen . . . 241.4
Auflösung . . . 241.2
Aufnahme, Gas- 898.4
-kammer . . . 472.6
Aufnehmen mit Säure 248.5
- - Wasser . . 248.5
- vom Lager . 180.9
Aufrechtgießen 482.8
Aufrichten, die Birne 896.1
Aufriß 288.1
Aufrühren . . 80.4
Aufsatz-rahmen 453.2
-, Schacht- . . . 467.5
Aufsaugen . . 118.5
Aufschließen . 251.1
Aufschmelzen . 848.6
Aufschüttungsmasse 858.7
Aufseher . . . 882.7
Aufsetzen, den Oberkasten 442.6
Aufsetzvorrichtung 881.3
Aufsicht 556.9
Aufstampfboden 489.11
Aufstechen . . 875.2
Aufsteckbar . . 186.6
Aufsteigend . . 86.8
Aufstreuen von Sand 483.6
Auftragen . . . 481.5
Auftreiben, das Loch 52.4
Aufwallen . . 885.11
Aufwand, Brennstoff- 557.2
Aufwerfhammer 495.4
Aufwickeln, sich 524.9
-, zu einem Ring 585.5
Aufzug, doppelt wirkender 830.3
-, einfach wirkender 880.2
Auge à eau . . 544.6
- alimentée par le fond 544.9
Auge der Form 299.2
Augenlinse . . 279.2
Augmenter la production 555.6
Aumentar la producción 555.6
Aumentare il rendimento 555.6
- la produzione 555.6
Aumento della riducibilità 81.9
Aumento . . . 279.6
- de la reducibilidad 81.9
- particular del objetivo 279.7
- total 279.8
- útil 279.9
Ausbauchung 84.6 298.1
Ausbesserung, gründliche 413.8
Ausbesserungsbedürftig 475.5
-masse 412.6
-werkstatt . . . 150.3
Ausbeute, Gas- 103.3
Ausblasen . . 855.3.4
Ausbreiten . . 53.2
Ausbreiteprobe 53.1
Ausbreitung . . 58.3
Ausbringen . . 75.6
-, Möller- 845.3
Ausdehnung, Stein- 306.1
Ausdrückmaschine, Koks- 106.4
Ausfällen . . . 242.7
-, in der Siedhitze 242.10
Ausfällung der Verunreinigung 147.5
Ausflußöffnung 480.6
Ausfrieren der Erze 89.8
Ausfüllstoff . . 304.6
Ausfütterung 369.10
Ausgebaucht . 504.2
Ausgekehlt . . 539.1
Ausgemauert . 540.3
Ausgeseigert 483.10
Ausgießen . . . 341.9
Ausgleich-aufhängung 287.6
-grube 527.5
-rohr 824.7
-schrot 189.6
Ausgleichen . . 289.4 523.2
Ausgleichung, Wärme- 346.1
Ausglühen . . . 528.4
Ausglühflammofen 528.5
Ausguß 175.4
Aushauen . . . 84.4
Aushobeln . . . 84.3
Aushubtisch, Einzel- 452.6
Ausklauben . . 63.4
Auskleiden . . 156.6
Auskleidung . 869.10
- des Ofens, feuerfeste 566.5
Auskragung . . 478.2
Ausladen . . . 123.4
Auslaß 480.1
-stutzen 480.7
Auslaufen . . . 385.4
Auslaug-hülse . 179.7
-trichter 179.8
Auslaugen . . . 89.6
Auslauger . . . 179.6
Auslegerkran . 125.7
Auslochen . . . 52.3
Auslösevorrichtung 464.3
Auslösung . . . 240.6
Ausmauern der Birne 390.6
Ausmauerung, Schacht- 305.8
Ausmessen . . . 382.2
Ausnahmesatz . 560.6
Ausnutzung, Wärme- 86.7
Ausräumen . . 855.6
Ausrichtmaschine 454.6
Ausrückbar . . 519.9
Ausrücken, die Kupplung 520.7
Ausrüstung des Ofens 373.3
Ausscheidung 857.7
-, Eisen- 482.6
-, Graphit- . . 214.12
-, höckerartige 488.5
-, Kohlenstoff- . 348.8
Ausschlag . . . 240.7
Ausschmieden . 52.6
-, auf $1^1/_2$ Probenbreite 52.7
Ausschubwagen 392.3
Ausschuß . . . 489.1
-blech 27.7
Ausschwenkbar 453.4
Aussehen . . . 35.2
-, Bruch- 45.1
- der Flamme 399.10
- - Schlacke . . 375.1
Außen-besichtigung 35.1
-feuerung . . . 156.3
-haut 486.8
-leiter 167.6
-taster 41.2
-temperatur . . 447.6
Außerbetriebsetzung 354.7
Ausstoß 121.9
Ausstoßen des Bodens 392.2
Ausströmkanal 499.5
Austausch der Analysen 227.8
Austenit 284.1
Austenita . . . 284.1
Austenite . . . 284.1
Austreiben der Kohlensäure 81.8
- flüchtiger Bestandteile 81.7
Austreibung von Wasser 347.6
Austrittseite . . 581.4
Austrocknen . 386.3
Auswahl der Proben 33.1
Auswalzen . . 529.7
Auswaschen . . 246.6
Auswechselbar 391.2 416.1
Auswurf, Birnen- 112.6, 397.8
-, Konverter- . 112.6
Ausziehen . . . 241.7
Ausziehvorrichtung, Block- 529.5
Autel 368.5
- du rampant 872.5
Autoklav . . . 179.4
Autoclave 178.8, 179.4
Autofusibile . . 62.2
Automatico . . 381.5
Automático . . 381.5
Automatique . 381.5
Auxiliary . . . 158.6
Available . . . 279.9
Avance automatique 525.6
- automático . 525.6
Avancrogiuolo 291.5 468.6, 468.9
Avant-creuset 291.5 466.5, 468.9
Avaria 560.12
Avarie 560.12
Avellana, tamaño de 231.7
Average of test results 34.6
- output 555.5
- sample . . . 227.11
- weight 185.5, 384.11
Avería 560.12
Avviamento . . 170.1
Avvitato 524.4
Avvitatura . . 295.2
Avvolgere . . . 539.8
- l'armatura dell'anima 460.7
Avvolgimento 51.8 460.6, 498.1
Axe 287.4
- de rotation . 393.3
Axial 472.3
Axis 287.4
- of grooves . . 515.6
- - rotation . . 393.3
Ayudante de laboratorio 174.8
Azada del moldeador 434.3
Azetylen-Bunsenbrenner 183.5
-gas 418.3
Azione del gelo 118.6
- ossidante . . 82.2
Azoe 221.6
Azotate d'argent 210.1
Azote 221.6.7
Azotique . . . 203.11
Azoto 221.6.7
Azotometer . . 268.5
Azotomètre . . 268.5
Azotometro . . 268.5
Azotómetro . . 268.5
Azufre . . 65.9, 216.7
Azul claro . . . 548.2
- violáceo . . . 548.1
Azulado . . . 484.12
Azzurro-chiaro 548.2
- -scuro 548.1

B.

Babo, -'s boiling sheet 199.4
-, chapa de . . 199.4
-, rete di 199.4
-sches Siedeblech 199.4
-, tôle de . . . 199.4
Bac à brosser 553.8
- - cendres . . 164.1
- - cylindres . 554.1
- - étain 553.6
- - fer blanc . 553.2
- - graisse . . . 553.3
- de lavage . 553.10
- - rinçage . . 553.8
Bacchetta . . 204.13
- di vetro per agitare 190.7
Bâche à eau . 371.4
- de refroidissement 296.7
Bacinella d'asbesto 201.2
- d'evaporazione 247.5
- - di porcellana 194.4
- di cristallizzazione 243.10
- - piombo . . 199.7
- - sgocciolamento 246.4
- - vetro . . . 189.2
- per analisi volumetrica 245.6
- - bagno di sabbia 248.4
Bacino 439.3
- dello staccio 231.1
- di colata . . 443.24
- - - a vasca . 443.5
- - decantazione 81.3
- - refrigerazione 148.5
Back-fähigkeit 103.1
-kohle 99.3
-ofenförmig . . 103.5
Back lash . . 523.10
- plate 364.5
- pressure . . 528.10
- stone 292.7
- titration . . 192.10
Backe, Biege- -n 43.10
-, Brech- 79.2
Backen-bremse 498.2
- des Kokses . 106.7
Backend 99.8
Bad, Brause- . 151.1
-, Dampf- . . . 248.2
-, Kühl- 544.5
-, Luft- 233.5
-, Metall- 567.1
-, Sand- 248.2
-, Wasser- . . . 247.7
Baffle 316.9
- plate 162.8, 292.9 316.4 364.8
- stone 292.5
Baffling 374.7
Bag 271.2
- conveyor . . 139.1
- for facing . . 480.6
Bagger-betrieb 58.3
-, Drehschaufel- 129.1
Bagger, Greif- . 129.1
Bagnare, apparecchio per 432.11
Bagnato 60.2
Bagno d'acido 493.10
- d'acqua . . 247.7.8
- d'aria 233.5
- d'olio . 233.4, 548.4
- di ferro . . . 375.8
- - ghisa . . 395.10
- - metallo . . 567.1
- - piombo 540.4, 548.5
- - sabbia . . 248.3.4
- - scorie 365.8, 370.3
- - vapore . . . 248.2
- per la tempera 544.5
Bagnomaria . . 247.7
Bague à cames 496.4
- de cuir . . . 506.6
- en cuir . . . 506.7
Baguette . . . 391.1
- de fer . . . 401.10
- - - d'essai . . 386.1
- - pompage . 485.3
- - zinc 266.4
- en acier . . . 391.7
- - verre . . . 190.7
Bahn, Ketten- 135.10
-, Mahl- 78.3
-, schmale . . . 504.3
-, Schmalspur- 123.11
-, Seil- (s. Seilbahn)
-, Seilhänge- . 135.11
-, Verschiebe- 137.8
-, Voll- 123.9
-, vollspurige 123.10
Bahnhof, Hütten- 123.5
-, Rangier- . . . 123.6
-, Verschiebe- 123.6
Bain d'acide 493.10
- d'air 233.5
- d'huile . 233.4, 584.4
- de fer 375.8
- - fonte . . . 395.10
- - métal . . . 567.1
- - plomb . . . 548.5
- - sable . . 248.3.4
- - scorie . . . 365.8
- - -s 370.3
- - trempe . . 544.5
- - vapeur . . 248.2
- -marie . . . 247.7.8
- métallique . 567.1
Balonetta, a . . 301.8
Baïonnette, à . 301.8
Baja de la temperatura 352.4
Bajada de la carga 335.8
- del cono . . 309.7
Bajar, la báscula baja 135,.7
Bajo hogar . . 363.4
- horno 364.1
Bajonettverschluß 301.8
Baked 106.8
Baking coal . 99.3
-, non- 99.6
- of the coke . 106.7
Balafre 490.2
Balafré 47.5
Balai 532.9
Balance 184.1
-, analytical . . 236.5
-, automatic . . 236.4
- case 236.8
-, centesimal . 184.3
-, common . . 236.1
-, decimal . . . 184.2
- desiccator . . 238.9
-, hydrostatic . 180.4
- of pressure . 473.2
- pan 238.6
-, quick 236.3
- room 176.7
-, to 523.2
- weight . . . 370.10
Balance 176.7
- à colonne . 235.11
- - gaz 271.6
- - main . . . 236.2
- automatique 236.4
- d'eau 330.4
- d'essai 236.7
- de laboratoire 236.5
- - précision . 236.6
- - Roberval . 236.1
- hydrostatique 180.4
- rapide 236.3
Balance térmico 345.11
Balanced . . . 410.2
Balancier . . . 326.1
Balancin . . . 326.1
- de grúa . . . 476.6
Balancing . . . 523.3
- by weights . 523.4
-, hydraulic . . 524.1
Balanza 176.7
- automática . 236.4
- de agua . . 330.4
- - columna . 235.11
- - ensayo . . 236.7
- - mano . . . 236.2
- - precisión . 236.6
- hidrostática 180.4
- para gas . . 271.6
- - laboratorio 236.5
- rápida . . . 236.3
- Roberval . . 236.1
Balken, kreisförmiger 238.3
Ball, Gummi- . 197.7
Ball . . . 197.7, 376.5
- bearing . . . 300.8
- gate 443.6
- hardness testing machine 54.5
- joint 302.1
- mill 79.1
- of puddled steel 379.9
- shape 96.5
- shaped 376.7, 520.2
- test 54.4
-, to 376.4
Ballast 358.6
Balle de scorie 397.2
- en fer 362.3
BallenderWalze 518.5
Ballenförmig . 376.7
Ballig 537.8
Balling 376.9
- up 376.9
Ballon 175.5
-abfüller . . . 175.7
Ballonfilter . . 175.6
-kipper 176.1
Ballon . 175.5, 198.7
- à fond plat . 187.1
- - fractionner 187.3
- de lavage du brome 222.1
- en verre . . . 186.6
- gradué . . . 185.10
- pour la distillation 284.9
- - - fabrication du chlore 221.10
- rond 186.7
Balón de destilación 254.9
Banc 371.1
- à étirer à pince 536.5
- de manœuvre 395.6
- - tréfilerie . . 535.8
- - - à tambours enrouleurs 535.9
Banchina di caricamento 122.4
Banco 56.3
- di manovra . 395.6
- - stiramento con pinza 536.5
- - - - rulli . . 535.9
- - trafila . . . 535.8
Banco de estirado 535.8
- - - con hilera 535.9
- - - por tenazas 536.5
Band-eisen 19.8, 24.7
-, Förder- . . . 138.5
-förderung . . 138.6
-, Kratz- 139.4
-, Magnesium- . 184.8
-maß 38.9
-, Meß- 38.9
- ohne Ende . 340.9
-, Steig- 138.10
-, Transport- . . 138.5
-transporteur . 138.4
Band 138.5
-, clay 68.8
-, endless . . . 340.9
- iron 19.8
- saw 498.5
Bandage 24.7
Bandagenwalzwerk 512.2
Bandaje 512.2
Bande 138.4
- collectrice . . 138.8
- de magnésium 184.8
- - transport inclinée 138.10
- distributrice 138.9
- sans fin . . . 340.9
- transporteuse 138.5
- - sans fin . . 150.5
Bandiera . . . 445.4
Bannière de trousse 445.1
Baño de aceite 233.4 548.4
- - ácido . . 493.10
- - agua 247.7
- - aire 233.5
- - arena . . 248.3.4

Baño de cobre, dar un 552.7
- - escoria 365.8, 370.3
- - fundición 395.10
- - hierro 375.8
- - María 247.7.8
- - metal 567.1
- - plomo 548.5
- - -, dar 554.3
- - vapor 248.2
- para enfriar 544.5
Baqueta para agujeros de aire 438.1
Bar 18.3.5, 378.1
-, best 378.1
-, flat 18.7
-, inner 441.5
- iron 18.10, 28.9
-, No. 1 378.1
-, notched 44.2
-, puddled 377.6
-, unwrought 19.4
Barba 491.1
Barbe 491.1
Barcaza 562.5
Barco fluvial 562.1
Barcollare 481.3
Barcone 562.5
Barge 562.1
Bárico 207.8
Bario 207.6, 220.8.9
Barita 205.6, 220.9
Barite 205.6, 220.11
Baritina 220.11
Barium 220.8
-acetat 207.7
-, Chlor- 207.6
-chlorid 207.6
-karbonat 220.10
-oxyd 220.9
-sulfat 220.11
Barium 207.6, 220.8
-, carbonate of 220.10
-, chloride of 207.6
-, oxide of 220.9
-, sulphate of 220.11
Barm 419.1
Barniz 550.6, 551.1
- de aceite de linaza 551.7
- para modelos 424.5
Barnizar 551.2
- con laca 550.7
Barra 18.5.10, 531.2
- da siepi 28.9
- - steccati 28.9
- di ghisa 18.3
- - sicurezza 311.2
- - sospensione 310.6
- greggia 18.3
- non lavorata 19.4
- per chiodi del ferro da cavallo 29.2
- - ferri da cavallo 29.1
- - la prova 386.1
- - pompare 485.3
Barra 18.10, 531.2
- con bordón 21.3
- de emparrillado 160.3.8, 368.3
- - ensayo 386.1
- - fundición 18.3
- - hierro bruto 378.1
- - - crudo 18.3
- - sección en cuadrante para columnas 21.2
Barra en bruto 19.4
- móvil 410.6
Barre 18.10, 531.2
- de fer brut 18.3, 378.1
- non travaillée 19.4
Barreau 28.9
- d'épreuve 49.3
- d'essai 49.3
Barreau de grille 160.3.8, 368.3
- - la grille 368.2
- plat de métal 33.5
- - pour les essais 33.4
Barrel 459.10
Barren 18.5
-, Roh- 18.3
Barrena para corchos 196.7.8
Barrenar 343.5
Barretta di prova 49.3
Barrita 204.13
Barro 428.8, 429.7
Barrow 332.1
Bart 491.1
Baryt 220.9
-, essigsaurer 207.7
-, kohlensaurer 220.10
-, schwefelsaurer 220.11
-wasser 205.6
Baryta water 205.6
Baryte 205.6, 207.7
Barytes 220.11
Barytine 220.11
Baryum 220.8.10
Bärzylinder 501.6
Bas-foyer 10.4, 362.2 364.1
Basaltartig 107.1
Basaltico 107.1
Basáltico 107.1
Basaltique 107.1
Basaltlike 107.1
Basamento in calcestruzzo 289.6
Báscula 133.3, 453.4
- automática para carbón 132.4
- centesimal 134.3
- decimal 134.2
-, disposición automática de 479.6
-, la - baja 135.7
-, - - funciona 135.7
- para castañas 176.1
- - vagones 134.1
Basculador de curva 133.1
- - plataforma 132.7
Basculant 133.2
Basculante 132.5
Bascule 132.5
- à bonbonnes 176.1
- - wagons 134.1
- automatique 479.6
- centésimale 134.3
- décimale 134.2
-, la - descend 135.7
-, la - fonctionne 135.7
Basculer 341.8, 393.8
-, faire - la poche 479.4
-, - - pour couler le métal par le bec 481.5
Basculeur automatique à charbon 132.4
- courbe 133.1
Bascula 133.5.6
- a ponte 133.6
- di caricamento 410.2
Base 204.10, 242.3
Base 65.7, 204.10, 242.3
- block 290.3
- box with flange 319.3
-, exposed 290.9
- plate 293.7, 369.4
-, uncovered 290.9
Base 65.7, 204.10, 242.3
- de la cheminée 373.2
- des colonnes 293.7
Base 24.3, 65.7, 204.10 242.3, 445.3
- del ritto del sopporto 496.3
- dell'ugello 364.7
- della colonna 293.7
Base 65.7, 204.10, 242.3
- de hormigón 289.6
- - la chimenea 373.2
- - - columna 293.7
Basic 8.2
- material 117.5
- nitrate of mercury 209.5
Basico 8.2, 356.7
-, processo 397.8
Básico 8.2
-, procedimiento 397.8
Basin 194.4
- and gate 443.2
-, sunk 443.5
- with handle 193.6 194.4
- - mouth piece 443.5
Basique 8.2
-, procédé 397.8
Basis 65.7
-ion 262.4
Basis 65.7, 204.10
Basisch 12.1
Basket 79.5, 140.8
Bassin de coulée 443.4
- - refroidissement 148.5
- -décanteur 81.3
Basso fuoco 362.2
Bastidor 521.2
- con piñones 524.3
- - travesía postiza 522.9
- - cilindros equilibrados 523.1
- - laminador 521.1
- - - cerrado 521.5
- - sierra 493.6
- - tren laminador 520.8
- - vagoneta 477.2
- en forma de C 498.7
- para dúo 521.6
- - posiciones variables 523.1
- - trío 522.3
- porta-cojinete 496.2
- sencillo 498.7
Basto 18.1
Bastoncino di vetro per agitare 190.7
- - zinco 263.4
Basura 155.8
Bateau 127.6
- à vapeur à minerais 562.6
Batería 265.6.7
- de calderas 154.1
- - hornos de cok 103.9
Bath 151.1
-, water 178.6
Bâti 143.4
Batido 9.4
- del alambre 537.2
Batidor 496.7.8
Batidura, -s 112.5
-s de los laminadores 112.4
Bâtiment 149.4
- d'administration 149.6
- de direction 149.7
- - graduation 148.6
- des accumulateurs 169.1
- - chaudières 150.1
- - machines 149.9
- - mélangeurs 389.3
Batir el acero 10.9
- en frío 548.6
Bâtonnet 204.13
Batta pneumatica 484.8
Battage du fil 537.2
Battere 489.1, 503.5
- colla penna del martello in senso trasversale a quello della laminazione 52.3
- i tubi durante la prova idraulica 55.2
Batteria 154.4, 265.6
- di caldaie 154.1
- - forni a coke 103.9
Batterie 265.6
-glas 265.7
-kessel 154.4
-, Koksofen- 103.9
Batterie de chaudières 154.1
- - fours à coke 103.9
- - piles 265.6
Battery 121.8, 265.6
- boiler 154.4
- house 169.1
- jar 265.7
- of boilers 154.1
- - coke ovens 103.9
-, storage 266.5
Battitore a mano 391.5
- meccanico 391.4
Battitura 532.8
- del filo 537.2
Battiture 112.5, 532.8
-s des laminoirs 112.4
Battola 484.6
- pneumatica 484.8
Battuta 484.9
Battuto, calcestruzzo 289.8
Bau-art, Hochofen- 287.5
- aus Stampfmasse 303.6
-eisen 28.8
-, Eisen- 151.3

Bau-fällig . . . 355.5
-grund, unzuverlässiger 288.7
-guß 487.10
-, Holz- 151.4
-kosten 563.5
-stoff 306.4
-, Tage- 58.2
-, Tief- 58.1
-winde 464.6
Bauch 390.3
Bauchig 452.4
Bauxit, weißer 115.9
Bauxita blanca 115.9
Bauxite blanca 115.9
- blanche . . . 115.9
- white 115.9
Bavatura . . . 534.10
Bavure . 489.7, 534.10
- de joint . . . 489.6
Bayonet lock . 301.8
Bayoneta, de . 301.8
Beaker . . 187.6, 194.3
-, hard glass . . 187.7
Beam . . 20.7, 403.8
-, circular . . . 238.3
- engine 326.1
Bean ore 67.5
Beanspruchen . 48.7
Beanspruchung auf Schlagfestigkeit 41.8
- - Verdrehen . 50.4
-, Schlag- . . . 41.8
Bear . . . 343.3, 361.6
Bearbeitung . . 33.10
Bearer 368.2
Bearing 300.8
- bush 496.12
- rod 523.7
Bebedero . . . 443.2
- de cubeta . . 443.5
- - forma cónica 443.8
- en forma de horquilla 443.9
- redondo . . . 443.6
Bec . 300.2, 478.2, 481.5
- à gaz incandescent 281.1
- amovible . . 478.3
- de cornue . 401.11
- - la cornue . 389.9
- - - poche . . 341.7
- - passage du laitier 299.6
Becco . 183.3, 401.11 478.2
- a gas d'olio . 183.8
- - incandescenza 281.1
- ad imboccatura oblunga 159.2
- - - rotonda . 159.1
- amovibile . . 478.3
- Bunsen . . . 183.4
- - per acetilene 183.5
- circolare . . . 159.3
- del convertitore 389.9
- della siviera . 341.7
- di combustione 542.2
- - Teclu . . . 183.7
- per benzina . 183.6
- smontabile . 478.3
Bêche de mouleur 484.3
Becher-glas . . 187.6
-, Hartglas- . . 187.7
-, Porzellan- . . 194.3
-werk 139.9
Bed 56.3, 83.2
-, casting . . . 340.1
- die 504.5
-, filter 147.2
-, pig 340.1
- plate 364.3
Bedarf, geringer 168.6
-, Wasser- . . . 140.4
Bedienung . . . 409.5
Bee hive oven . 103.6
Beeinflussung, Löslichkeits- 258.10
Beer, sour . . . 431.2
Befahren, den Schornstein 165.1
Befestigungsvorrichtung 301.7
Befeuerung der Dampfkessel 360.3
Beförderung, Gicht- 86.1
-, Massen- . . . 138.1
Beförderungsband, Kohlen- 159.5
-vorrichtung . 122.1
Begichtung, Seilbahn- 331.7
Begichtungsvorrichtung 308.8
Begrenzung, Profil- 514.11
Behälter-blech 26.10
-, Gas- 271.3
-, Hoch- 145.8
-, Klär- 146.9
-, Vorrat- 102.4, 131.3
-, Wasser- . . . 145.6
Behaviour in the blast furnace 97.1
Beiladung . . 562.8
Beimengung . 71.2
-, lehmige . . . 426.3
Beinschwarz . 419.12
Beizbrüchigkeit 48.5
Beizen 498.9
- des Drahtes . 537.1
Belag, Gicht- . 307.6
-eisenkaliber . 517.9
Belastung . . 240.12
-, Höchst- . . . 241.1
Belastungs-gefäß 508.4
-ring 508.5
Beleuchtet . . . 280.6
Beleuchtung . 280.4
Beleuchtungsanlage 171.6
-mast 171.8
-vorrichtung . 280.7
-werk . . 165.8, 166.2
-zentrale . . . 165.8
Belga, presa di gas 312.3
Belge, prise de gaz 312.3
Belgisch, -er Gasfang 312.3
Belgo, toma de gas -a 312.3
Belichten . . 281.11
Bell 178.3, 309.9, 310.5
- crusher . . . 78.7
- jar 189.3
Bell lifting rod 310.6 311.5
- safety rod . . 311.2
- shaped . . 309.10
- winch . . . 314.1.5
Bell-Krupp-Metall 5.3
Bell-Krupp metal 5.3
Bell-Krupp, metal 5.3
Bell-Krupp, métal 5.3
Bell-Krupp, metallo 5.3
Bellows . . . 251.4.5
Belly 293.1, 303.7, 382.3 390.1
Bellying . . . 84.6
Belt 138.5
- conveyance . 138.6
- conveyor . . 138.4
- - for coal . . 159.5
- driven 501.1
- - machine . . 170.5
-, endless . . . 340.9
-, inclined . . 138.10
-, iron 295.5
Bench . . 175.3, 535.8
- board 446.4
Bencina 124.8
Bend 320.3
-, to 42.8
-, - - round a mandrel 43.1
-, - - the rivet iron into a loop 43.4
Bending coefficient 43.7
- jaws 43.10
- point 42.3
- press 43.8
- radius 43.6
- stress 488.9
- test . . . 42.2, 44.1
- -, alternating 43.9
- -, cold 42.6
- -, hot 42.5
- - in a cold state 42.6
- - - tempered state 42.7
Benetzvorrichtung 432.11
Benne à charbon en deux compartiments 129.2
- - griffe . . . 129.2
- de chargement 382.1
- - - automatique 129.2
- -drague . . . 129.1
Bent 584.5
Benutzung, wiederholte - des Wassers 148.3
Benzene 108.9
Benzin-brenner 183.6
-lokomotive . . 124.8
Benzina 183.6
Benzine 183.6
Benzine burner 183.6
- locomotive . 124.8
Benzol 108.9
Benzolo 108.9
Beobachtung 278.10
Berechnen . . . 109.5
Berechnung der Analyse . . . 224.6
- - Beschickung 345.1
Berechnung der Schlacken . 345.4
- des Möllers . 334.3
-, Wind- 350.3
Bergen, Gehalt an 101.10
Berggrün . . . 552.1
Berieseln . . . 148.8
Berieselung . . 298.4
Berta 464.12
- a cinghia . . 497.7
Beschädigung, Rauch- . . . 561.1
Beschaffenheit 82.3
Beschick-kran . 410.5
-maschine . . . 410.1
-mulde 410.3
-schwengel . . 410.2
-wagen 410.4
Beschicken 86.3, 157.2
-, mit der Hand 156.7
Beschickung 333.6 345.1
- der Birne . . 395.7
Beschickungskran 410.5
-löffel 411.3
-mulde 410.8
-oberfläche . . 335.5
-säule 335.4
-wagen 410.4
Beschlag, Wagen- 24.9
Beschneiden . . 533.6
-, fertig 33.11
Beschränkt . . 273.6
Beschränkung, Konzessions- . . 557.8
Beschwerungsgewicht . . . 442.11
Beseitigung des Glühspans . 532.8
Besichtigung, Außen- . . . 35.1
Besoin de minerai, faire face au 558.3
Besprengen, die Gußformen . 341.2
Bespritzung . . 298.5
Bessemer-eisen 11.8
-roheisen . . . 8.1
-schlacke . . . 397.7
-stahl 11.8
-stahlwerk . . 387.3
- - und Martin-Verfahren, vereinigtes 412.8
- - und Thomas-Anlage . . . 387.2
-verfahren . . 396.5
Bessemer and open hearth process, combined 412.8
- convertor, small 387.7
- pig iron . . . 8.1
- process . . . 396.5
- slag 397.7
- steel 11.8
- - and Thomas works 387.2
- - works . . . 387.3
Bessemer, acier 11.8
-, aciérie 387.3
- et Martin, procédés - - - combinés 412.8
-, fonte 8.1
-, procédé . 8.1, 396.5

Bessemer, scorie 397.7
Bessemer, acciaieria 387.3
-, acciaio . . . 11.8
- e Martin, processo combinato 412.8
-, ghisa 8.1
-, processo . . 396.5
-, scoria 397.7
Bessemer, accro 11.8
-, escoria . . . 397.7
-, fábrica de acero sistema . . . 387.3
-, procedimiento 8.1 396.5
- y Martin, procedimientos - - - combinados 412.8
Bessemerization 396.5
Beständig . . . 446.5
Beständigkeit, Feuer- 383.11
Bestandteil . . 250.7
-, brennbarer . 360.2
- einer Verbindung 226.2
-, flüchtiger . . 81.7
-, Neben- 71.6
-, sandiger toniger 79.9
-, schädlicher . 71.5
-, Verwitterungs- 427.9
Bestimmen . . 109.3
Bestimmer, Kohlensäure- 216.1
Bestimmung der Stückgröße durch Absieben 65.2
- einzelner Körper 224.2
-, gewichtsanalytische 223.9
-, gravimetrische 223.9
-, maßanalytische 223.10
-, titrimetrische 223.10
Bestmaschinengußeisen 6.7
Beton, Eisen- . 289.7
-, Schütt- . . . 290.1
-, Stampf- . . . 289.9
-unterlage . . . 289.8
Béton 289.6
- armé 289.7
- coulé 290.1
- damé 289.8
Betrieb, außer 556.11
-, Bagger- . . . 58.3
-, Dampfschaufel- 58.4
- der Birne . . 395.2
- des Hochofens 382.2
- - Konverters 395.2
- - Puddelofens 373.6
-, Greifer- . . . 128.7
-, in 557.1
-, paarweise umzechiger 395.3
-, ununterbrochener 344.7, 395.4
Betriebs-arbeit 556.3
-druck 54.9
-ingenieur . . . 382.5
-kessel 158.4
-kraft 168.1
Betriebslaboratorium 174.7
-leiter 332.4
-sicherheit . . . 557.6
-spannung . . . 572.8
-störung 358.2
-strom 169.2
-unkosten . . . 568.2
-zeit 86.6
Betulla 419.3
Beule 504.1
Beurteilung des Vorganges 399.9
- nach dem Aussehen 85.2
Beutelung . . . 481.4
Bevel protractor 40.6
- scale with knob 38.7
Bevelling . . . 293.4
Beweglich . . 528.6
-, allseitig . . . 456.1
Bewegt 93.5
Bewegung . . . 582.2
- des Hebels . 310.11
-, Walzen- . . 580.10
Bewegungsrichtung 93.6
-, abwechselnde 581.11
Bewehrt 404.6
Bezeichnung des Erzes 65.4
Biacca di piombo 551.10
- - zinco . . 551.11
Bian, epuratore 318.1
Bian, lavador . 318.1
Bian, laveur . . 318.1
Bian's washer . 318.1
Bianscher Gaskühler 318.1
Biatomico . . . 225.1
Biatómico . . . 225.1
Biatomique . . 225.1
Bibus' blower . 472.5
Bibus-Gebläse . 472.5
Bibus, soplador 472.5
Bibus, soufflerie 472.5
Bicarbonate, sodium 205.10
Bicarbonate de soude 205.10
Bicarbonato di soda 205.10
- sodico . . . 205.10
Bicarbonato sódico 205.10
Bicchiere . . . 187.6
- a calice . . . 186.2
- di porcellana 194.3
- - vetro infusibile 187.7
- graduato . . 185.9
- per pesare . . 240.2
Bichlorure de mercure 209.6
Bichromate of potassium 206.5
Bichromate de potasse 206.5
Bicromato potassico 206.5
Bicromato potásico 206.5
Biegbar 42.4
Biege-backen . 43.10
-größe 43.7
-halbmesser . . 43.6
-presse 43.8
Biege-probe . . 42.2
- -, Abschreck- 42.7
- -, Härtungs- . 42.7
- -, Hin- und Her- 43.9
- -, Kalt- 42.6
- -, Kerb- . . . 44.2
- -, Schlag- . . 44.1
- -, Warm- . . . 42.5
-spannung . . . 488.9
-stelle 42.3
Biegen . . . 42.8, 43.1
Biegsam 42.4
Biegung, Durch- 43.2
-, Mindestdurch- 43.3
Biela 326.5
- de suspensión 523.7
Biella 326.5.6
Bielle 326.5.6
- de suspension 523.7
Bienenkorbofen 103.6
Bier, abgestandenes 431.2
-hefe 419.1
Bière sure . . . 431.2
Bifilaire 167.4
Bifilar 167.4
Bigarrado . . . 114.5
Bigarré 114.5
Bilan calorifique 345.11
Bilancia 185.6
- a colonna . 235.11
- - mano . . . 236.2
- - ponte . . . 183.6
- automatica . 236.4
- centesimale . 184.3
- d'assaggio . . 236.7
- da tavolo . . 236.1
- decimale . . 184.2
- di caricamento 410.2
- - precisione . 236.6
- idrostatica . 180.4
-, la - segna . . 135.7
- per analisi chimiche 236.5
- - carri 184.1
- - gas 271.6
- rapida 236.3
Bilanciere 326.1, 476.6 523.7
- d'acqua . . . 330.4
- per siviera . 479.2
Bilancio calorifico 345.11
Bilanz, Wärme- 345.11
Bilaterale . . . 128.5
Bildsam 425.2
Bildsamkeit . . 425.3
Bildung 56.2
-, traubenartige 107.2
Bildungsgeschwindigkeit der Ionen 264.2
-, Ionen- 264.2
Bilico 131.5
- automatico . 132.4
Bill of loading 560.4
- - shipping . . 560.4
Bille 54.5
Billet, -s . 18.7.8, 19.2
-, flat -s 21.7
- roll 518.9
- trolley 527.4
Billet-indicateur du poids 134.4
Billetta . 18.8, 378.1
Billette 18.8
Billot 496.7
Bimssteinartig 357.9
Bin 102.4, 131.1, 311.8
-, lime 388.7
Binario a scartamento normale 123.10
- - - ridotto . 123.11
- del ponte . . 133.8
- di manovra . 137.8
- - raccordo . 123.9
- - rovesciamento del carbone 132.3
- principale . . 123.7
- secondario . 123.8
Bind, to - the core spindle 460.7
Binde-draht . . 460.5
-mittel . . 95.5, 426.2
- -, kalkiges . . 117.9
- -, toniges . . 95.6
-vermögen . . 428.1
Binden 95.4
Bindfaden . . . 459.6
Binding 460.6
- core 462.3
- material 95.5, 426.2
- -, argillaceous 95.6
- -, calcareous 117.9
- power 428.1
- ring 445.5
- wire 460.5
Bindung, chemische 345.10
Biossido di manganese 70.2, 217.4
- - piombo . 210.10
- - sodio . . . 211.1
Bióxido de sodio 211.1
Bioxyde de manganèse 70.2, 217.4
- - sodium . . 211.1
Birch charcoal, powdered 419.3
Bird shot . . . 239.6
Birkenkohle, gepulverte 419.3
Birne . . 388.2, 389.7
-, die - aufrichten 396.1
Birnen-auswurf 112.6 397.3
-boden 119.3
- -form 391.6
-förmig 539.2
-halle 388.1
-ring 392.6
-ständer 392.5
-verfahren . . . 396.4
-zapfen 392.7
Birra acida . . 431.2
Bisagra 131.4
Biseau . . 21.8, 293.4
Bisel 293.4
Bismuth 219.1
Bismuto 219.1
Bisogno d'acqua 140.4
Bisolfato di potassa 206.2
Bisolfuro di ferro 69.4
Bisulfure de carbone 212.4
Bisulphate of potassium 206.2
Bisulphide, carbon 212.4

Bite, to 278.4
–, – – the piece 581.6
Bittersalz . . . 208.8
Bituminoso . . 99.3
Bituminous . . 99.2
–, non- 99.6
–, semi- 99.4
Black band . . 69.1
–, lamp . . 430.7, 552.2
–, smoke 430.7
Blacken, to . . 424.9
Blacking . . . 424.5
Blade . . 470.3, 472.1
Blanc de plomb 551.10
– – zinc 218.12, 551.11
Blanchir . . 552.13
Blanco de cinc 551.11
Blando 59.1
Blank reiben 552.13
Blas-form . . . 298.9
-ofen 286.1
Blase 484.2
-balg 251.5
– –, Hand- . . . 487.9
–, Destillier- . . 255.5
-lampe 251.6
-ofen 286.1
-tisch 251.2
Blasen 396.2
-stahl 18.1
– unter vollem Druck 338.7
Blasig 484.3
Blaßgelb . . . 547.6
Blast . . . 338.8, 350.2
– box . 394.4.7.8, 466.9
– capacity . . . 328.7
–, cold . . . 2.5, 328.10
– connection . 300.9
–, continuous . 328.9
– cylinder . . . 328.2
– distribution . 324.6
– dry air, Gayley's method of 329.2
–, drying the . 328.12
– furnace 97.1, 286.1
– – coke 107.3
– – construction 287.4
– – drawing . . 287.6
– –, free 287.3
– – gas . . . 359.11
– –, Harmet electric 571.6
– –, Héroult electric 571.5
– –, independent 287.3
– – manager . . 332.3
– – plant . . . 285.1
– – president . 332.3
– – process 344.3, 345.5
– – scaffolding 337.9
– –, Scotch . . . 286.6
– – section . . . 287.7
– –, separate . . 287.3
– – slag . . . 355.10
– – – treated with steam 95.7
– – smelting . . 336.2
– –, Stassano's electric 571.3
– – with chamber hearth 286.5
– – – closed hearth 286.3
– – – open hearth 286.2
– – – oval hearth 286.7
Blast furnace with rough brickwork 286.4
– – – sheet iron shell 287.1
–, hot . . . 4.5, 328.11
– inlet 394.3.5
– main 324.3
– pipe 324.2
– pressure 328.8, 350.5
–, putting in . 337.11
–, – – – again . 355.2
– tank 394.4
– tube 301.1
–, uniform . . . 328.9
Blatt 45.8
-säge 493.5
Blätterig . . . 45.7
Blau-erz 68.7
-ofen 286.1
-stift 191.1
Blaze, to – off . 547.2
Blech 25.4
–, Aluminium- 199.11
-gefäß 389.8
–, gelochtes . . 27.4
–, geputztes . . 27.6
–, gestreiftes . . 27.3
– -lehre 40.2
-mantel 83.8
– –, Hochofen mit 287.1
–, oxydfreies . . 558.1
–, Platin- 194.9
-ring, Eisen- . . 308.1
-schere 583.9
–, schräg stehendes 316.5
-straße 510.5
-strecke 510.5
-tafel 534.6
–, Tümpel- . . . 292.4
-walze 514.1
– walzen . . . 532.10
–, Well- 308.4
Blei 219.6
-acetat 209.1
-bad 548.5
-flasche 199.5
-gewinnung . . 290.6
-glanz 71.7
-haltig . . 61.2, 553.7
–, Ofen- 361.4
-ofen 540.4
-oxyd 219.7
-röhre 199.6
-schale 199.7
–, Senk- 40.8
-superoxyd . 210.10
-weiß 551.10
-zucker 209.1
Bleibend . . . 551.5
Blenda 72.1
Blende . . 72.1, 281.6
–, Zink- 72.1
Bleu clair . . . 548.2
– -violacé . . . 548.1
Blind, -es Kaliber 516.10
-kaliber . . . 516.10
Blindado . . . 471.7
Blindage . 27.8, 291.1
– du creuset . . 294.4
Blindaggio 287.2, 291.1
– del crogiuolo 294.4
Blindaje 27.8
– de chapa de hierro 287.2
– del crisol . . 294.4
Blindato 287.1
Blindé 471.7
Blister, -s 483.3, 484.2
– steel . . 18.1, 484.3
Blistered . . . 47.4
Blitzableiter . . 165.2
Bloc 361.6
– de grès . . . 114.4
– – laitier . . . 356.2
– octogone . . 377.7
Blocage du trou de coulée . 343.4
Bloccarsi . . . 354.1
Bloccato . 337.3, 343.4
Blocco . . 114.4, 361.6
– di ferro . . . 374.6
– – loppa . . 356.12
Block . . . 18.4, 527.3
-abstreifkran 526.2
–, achtkantiger 377.7
-ausziehvorrichtung 529.5
-chargierwage 529.3
–, den – aus der Kokille drücken 526.4
–, – – einspannen 528.9
–, – – wälzen . . 529.2
–, – – wenden . 529.2
-drücker 529.4
-eindrückvorrichtung 529.4
-einsetz-kran . 528.7
– -wagen . . . 529.3
-einspannvorrichtung 528.8
-eisen 11.4
-förderkran . . 526.6
–, Guß- 485.9
-kopf 485.7
-kran 526.6
-lager 130.7
-schere, hydraulische 533.8
–, Schlacken- . 356.2
-straße 511.4
-transport . . . 526.1
-wagen 527.4
-walze 513.11
-walzkaliber . 517.5
-walzwerk . . . 511.4
-zange 527.1
-ziehkran . . . 527.7
Block 40.5
–, octagonal . . 377.7
Blocking of the hearth 337.3
Bloom, -s 18.5.6, 19.1 362.3, 366.4, 377.1, 533.8
– ball 374.6
– pass 517.5
– roll 513.9
– trolley 527.4
Bloomery fire . 362.2
– –, modern . . 364.1
– –, Swedish . . 364.1
– furnace . . . 363.1
– iron 10.3
Blooming 511.4, 513.11
– mill 377.9, 510.2, 511.4
–, tren 511.4
–, treno 511.4
Bloque de escoria 356.2
– – gres 114.4
– – piedra arenisca 114.4, 306.7
– octogonal . . 377.7
Bloßlegen, das Gefüge 277.4
Blow . . . 41.7, 399.9
–, after 397.10
– bending test . 44.1
– hole 484.1
– pipe burner . 348.9
– stress 41.8
–, to 396.2
–, – – out 355.4
Blower 251.3, 325.3.5 469.9
–, centrifugal . 317.6
–, Cleveland – with one connecting rod 326.6
–, cylindrical . 325.6
–, horizontal . . 326.7
–, hydraulic . . 325.9
–, rotary 472.5
–, vertical . . . 326.2
– with electric drive 328.2
Blowing, continuous 395.4
– in . . . 337.11, 355.2
– out 355.3
– under full pressure 338.7
Blown hollow 484.4
Blowpipe . . . 284.7.8
– lamp . . 285.2, 251.6
– table 251.2
– test 284.6
– testing outfit 285.1
Blue stone . . . 90.6
Blued 484.12
Blumig, -es Floß 8.1
Blutage 482.4
Blutlaugensalz 546.3
–, gelbes 208.7
–, rotes 208.8
Board 276.3
–, free on . . . 560.10
Boat . . . 195.5, 248.9
Bob 40.8
Bobbin 585.6
Bobèchon . . . 480.3
Bobina 585.10
Bobine . . . 585.6.10
Boca 307.1, 308.8, 382.4
– de las tenazas 464.4
– del caldero . 341.7
– – convertidor 389.9
– – martillo . . 504.3
– – quebrantador 465.7
Bocard 77.3.5
Bocarte . . 77.3.4.5
Bocca . . 86.1, 307.1
– del crogiuolo 382.4
– – forno . . . 346.5
– dello spezzamasselli 465.7
– di caricamento aperta 309.6
– – – chiusa . . 309.5
Boccetta capillare 185.6
Bocchetta . . . 342.7
Bocciolo 496.5
Bock 454.2
-formmaschine 454.1
-kran 125.8
Böckerscher Hahnverschluß 301.11
Bodega 562.2
Boden 290.3.7

Boden, auswechselbarer 416.1
-einsetzwagen 392.3
-elektrode . . . 567.6
-, felsiger . . 288.10
-, freigelegter . 290.9
-, gewachsener 288.8
-heizung . . . 385.6
-klappe 467.3
-platte . . 369.4, 390.7
-, scheitrechter 290.8
-, Schieber- . . 105.3
-stampfmaschine 391.3
-stein 290.3
-, sumpfiger . . 288.9
-, wassergekühlter 369.6
Body, foreign . 482.8
- of roll 518.5
-, ore 57.2
-, rotary 445.8
Boecker, grifo esférico de 301.11
-, robinet sphérique de 301.11
-'s valve . . . 301.11
-, valvola di . 301.11
Bog ore 67.4
Bogen-förmig . 27.2
-lampe 172.1
Bogie 410.4
Bohème, grenat de 239.5
Bohlenzaun . . 464.7
Bohnerz 67.5
Bohr-maschine für Eisen u. Stahl 228.4
- - zum Öffnen des Stichloches 343.5
-probe 228.2
-span 228.3
-stahl 17.7
Bohren 228.5
-, in der Längsrichtung 228.8
-, von - Seite . 228.6
-, - oben 228.7
Bohrer, Kohlen- 235.5
-, Kork- 196.7
Boil eruption period 396.7
Boiler 152.1
-, auxiliary . . 153.6
-, concurrent . 153.2
- house 150.1
- plant 151.5
- -, covered . . 151.8
- -, open range 151.7
- plate 26.5
-, single 153.7
- with corrugated flue tube 154.6
- - fire tubes . 155.1
- - large water space 152.8
- - small water space 152.7
- - smoke tubes 155.1
Boiling . 120.3, 385.11
- flask 187.5
- heat 242.10
- on an open fire 120.4
- period 375.9
- plant 120.2
- sheet, Babo's 199.4
-, strong 396.8
Bois 4.1, 98.1
Bois de conifères 418.10
- feuillu 418.9
- sain 422.7
Boite . . 202.3, 411.4
- à échantillons 234.2
- - feu 156.6
- - l'épreuve des acides 189.1
- - noyau . . . 458.3
- - tourillon . . 496.1
- - vent 394.4.7.8, 466.9
- de charge . . 508.4
- - distribution 467.1 499.5
- - la vanne . . 322.3
- - pied avec manchon 319.3
- - sûreté . . . 522.2
- en verre . . . 189.2
Bola . . . 54.4, 376.5
- de acero . . . 379.9
- - escoria . . . 397.2
- - hierro . . . 376.6
- - pudelaje . 376.10
-, en forma de 376.7
-, formar las -s 376.4
Bolla d'aria . . 435.5
Bollitore . . . 154.2
- trasversale . 154.7
Bollone, chiudere con -i 442.9
- di chiusura . 323.4
Bolsa de gasa de tela 430.6
Bolsillo de polvo 316.8
Bolt 24.2
-, Lewis 291.3
Bolted 524.4
Bolting together 295.2
Bolzen, Laschen- 24.2
Bomb, calorimetric 110.2
Bomba calorimetrica 110.2
Bomba 144.5
- á vapor . . . 509.5
- aspirante . . 245.7
- calorimétrica 110.2
- centrifuga . . 143.7
- compresora . 121.1
- de aire 178.2, 501.4
- - circulación 144.1
- - doble efecto 142.8
- - émbolo buzo 144.3
- - - rotatorio 472.5
- - filtración . 245.8
- - impulsión hidráulica 509.6
- - mano . . . 142.1
- - presión . . 509.2
- - simple efecto 142.7
- - vapor . . . 142.6
- - - compound 143.2
- - - gemela . 143.5
- - - independiente 143.4
- duplex 143.1
-, instalación de -s 141.10
- movida por correa 509.4
- mural de vapor 143.3
- neumática . 178.2.3
Bomba para pozo 144.4
- rotatoria . . . 143.6
- Worthington 143.1
Bombe, kalorimetrische 110.2
-, Wärmemeß- . 110.2
Bombe calorimétrique 110.2
Bombé 322.8
- au milieu . . 404.3
Bombement . . 84.6
Bombillo . . . 186.4
Bonbonne . . 175.5.6
Bone black . 419.12
- charcoal . . 419.12
Bonnet . 313.8, 321.7 408.2
Boquilla 301.2, 343.1
Bor, Eisen- . . 16.6
-, Ferro- 16.6
Borace . . . 211.14
Borate de soude 211.14
Borate, sodium 211.14
Borato sodico 211.14
Borato sódico 211.14
Borax 211.14
Bord, abgedrehter 323.9
-, herumlaufender 312.7
Bord 36.8
- blanc 400.3
- de la poche . 477.9
- du trou de travail 371.1
-, franc à . . 560.10
- rouge 424.7
- tombé, à . . . 26.6
- tourné 323.9
Borde 36.8
- blanco 400.3
- circular . . . 312.7
- del caldero . 477.9
- - cilindro . . 312.6
- - horno . . . 308.6
- doblado . . . 26.6
- rojo 424.7
Bördelblech . . 26.6
Border, red . . 424.7
Bordereau de chargement 560.4
Bordino 21.3
Bordo . . 36.8, 312.7
- del cilindro . 312.6
- - forno . . . 308.6
- della siviera 477.9
- di cuoio . . . 507.2
Bordo, franco 560.10
-, - a 560.10
- girato 323.9
Bordón 21.3.4
Bordure circulaire 312.7
- périphérique 312.7
Bore 17.7
Borer 196.7
Boring machine for iron and steel 228.4
Borne d'élément 265.9
- -fontaine . . 146.3
Borne de pila . 265.9
Boro 17.7
Boron steel . . 17.7
Borsa di tela per spolverizzare 430.6
Borsauer, -es Natron 211.14
Bosh . . 302.2.4, 371.4
- brickwork . . 302.3
-, free standing 303.1
- stones 302.7
Boss 436.6
Bossage 518.1
Bosse 504.1
Bossolo 136.4
Botella 188.7
- de generación de gas 268.7
- - presión . . 188.4
- - vidrio de cobalto 188.6
- para la producción de gas 268.7
- - lavar el bromo 222.1
Bother 468.4
Botola a cerniera 131.4
Botryoidal . . . 67.2
Bottich, Lauge- 90.1
Bottiglia 188.7
- a pipetta . . 192.1
- di cobalto . . 188.6
- - decantazione 243.6
- - guttaperca 197.4
- - lavaggio per bromo 222.1
- - - - gas . . 268.1
- - livello . . . 269.7
- - pressione . 188.4
- - Woolff . . . 188.5
- generatrice di gas 268.7
- per filtrazione forzata 246.1
- - reagenti . . 185.2
Bottle 186.3, 439.13
- cap 188.7
-, capillary . . 185.6
-, Woolff's . . . 188.5
Bottom 105.3
- box 440.10
- casting . . . 482.5
- electrode . . 567.6
- flue 104.1
- of crucible . 296.1
- - hearth . . . 296.1
-, perforated . . 391.1
- plate 369.4.6
- roll 513.1
- -, fixed 523.5
- stamp 121.5
-, water cooled 369.6
Bouchage . . . 354.8
- au sable . . . 418.1
Boucher 342.6, 354.9
- le trou de coulée 342.4
- les soufflures 494.2
Bouchon 196.2.4, 445.9 480.3
- d'argile réfractaire 342.5
- en caoutchouc 197.6
Boucle 43.4.5
Boudin 21.3.4
Boue de charbon 101.8
Boueux 77.7
Bouilleur . . . 154.2

Bouilleur-kessel 154.2
- transversal 154.7
Bouillir 187.5
Bouillonnement 375.9 385.11
- violent 396.8
Bouilloner 241.5
Boule 189.5
- de fer 376.6
Boulet 79.1
Boulon 291.4
- d'ancrage 291.3
- d'assemblage 295.3
- d'éclisse 24.2
- de fermeture 323.4
Boulonnage 295.2
Boulonné 524.4
Bourrage 325.1
Bourre 215.6
Bourrelet 21.5
Bourse en toile 480.6
Boursouflé 357.9
Bouteille en gutta-percha 197.4
Bouterolle 14.1
Bóveda 353.5, 369.1
- convexa 404.3
- de la timpa 292.1
- del conducto 372.6
- plana 290.8
- rebajada 404.2
Bow 493.6
Box 189.2. 202.3, 439.13
-, acid proof 180.1
- blower 325.5
-, built-up 440.5
- for columns 440.7
-, lower 440.10
-, middle 441.1
- pass 515.10, 517.3
-, scrap iron 411.2
-, upper 441.2, 442.6
- with movable part 440.9
-, wooden 440.4
Boy, laboratory 174.4
Braccio 125.7, 320.2
-, a -i corti 238.4
-, - - lunghi 238.5
- della sagoma 445.6
- mobile 410.8
Brace 98.3
Bracear 375.7
Bracket 294.3, 300.7, 392.9, 524.6
- carrying front plate 414.1
- crane 127.1
- for bearing bush 496.2
- - the cooling water pipe 298.2
-, iron 307.9
- rim 294.2
Bragante 351.2
Braie 496.9
Brake 498.2
- cylinder 311.3
-, hydraulic 311.1
Bramante 459.6
Brame 18.6
Bramil 40.4
- de mármol 40.5
Bramme 18.6
Branch 320.2
- pipe 324.5
Branche 320.2
-, à trois -s 190.3
Branché 324.5
Brand 34.10
Brandeisen 415.7
Brass column 237.3
- mould 383.3
Brasser 370.7, 375.7
Brassoir 371.6
Braun 547.8
Brauneisenstein 66.11
-knollen 67.1
-, oolithischer 67.6
Braun-erz 68.7
-kohle 98.6
-kohlenfeuerung 155.6
- mit Purpurflecken 547.9
-stein 70.2
Bräunen 552.4
Braunite 69.6
Brausebad 151.1
Brazo 320.2, 445.6
-s anulares 238.3
-, de -s cortos 238.4
-, - -s largos 238.5
- graduado 239.9
Break, to 49.2, 463.8.10
-, - - down the brickwork 355.7
-, - - out 348.2
-, - - up 354.3, 375.2
Breaker 78.1, 522.2
-, eccentric 465.3
- mouth 465.7
Breaking 81.6
- down mill 511.3
- into small pieces 77.1
- of the core 459.7
- - - ore 88.4
- out 354.5
- test 44.3
Breast 390.3
Brescia, acciaio di 14.7
-, acier de 14.7
Brescian steel 14.7
Bresciano, acero 14.7
Brech-backe 79.2
-kapsel 522.2
-koks 107.12
-maul 465.7
-probe 44.3
-stange 371.8
-topf 522.2
Brechen 463.10
Brecher, Massel- 464.9
-, Stein- 78.8
Brei, klebriger 428.9
Breiteisen 21.7
Bremse, Backen- 498.2
-, Wasserdruck- 311.1
Bremszylinder 311.3
Brennbar 360.2
Brenn-düse 542.2
-ofen, Dolomit- 119.1
- - für die Birnenböden 119.3
- -, Stein- 119.2
-stoff-aufwand 557.2
- -, fester 349.1
- -, flammender 336.8
- -gicht 335.3
- -, verkohlter 337.2
-weite 279.3
-zeit 86.6
Brennen 118.8
- des Kalksteins 85.5
Brennen, in Rotglut 385.7
-, Tot- 118.9
-, zusammen- 429.11
Brenner 183.5
-, Azetylen-Bunsen- 183.5
-, Benzin- 183.6
-, Bunsen- 183.4
-, Gebläse- 343.9
-, Langloch- 159.2
-, Ölgas- 183.8
-, Rundloch- 159.1
-, Rundstrahl- 159.3
-, Teclu- 183.7
Breveté 185.5
Brevettato 185.5
Brick 116.12
-, acid 306.6
-, air dried 429.8
- arch 163.1
-, basic 306.5
-, broken -s 112.2
-, Dinas 115.1
- foundation 289.4
- press, hydraulic 120.6
- rim 304.10
- roasting furnace 83.5
- shape 96.2
- standing on edge 321.10
-, to 306.9
-wall 290.2
-work 83.6, 302.9, 303.4
- -, outer - - of shaft 304.8
- -, rough 286.4
Bricked 83.5
Brida 23.8, 517.10
- en ángulo 24.1
- - escuadra 24.1
- plana 23.9
Bride 301.9, 490.12, 507.4
- de boîte à presse-étoupe 507.4
Bridge 86.2, 124.1
- crane 126.4
-, under line 124.2
Brightness of the flame 374.8
Briglia 507.4
- del premistoppa 507.4
Brikettierung 94.5
Brikettierungsanlage 94.6
Brikettierverfahren 94.7
Brillant 1.3
Brillante 1.3
Brille 507.4
-, Glimmer- 258.3
-, Schmidtsche 323.7
-, Schutz- 198.1
Brin collecteur 188.8
- distributeur 188.9
Brindille, -s 582.5
Brinell's method 54.4
Brinell, procédé 54.4
Bringing out the depths 282.7
- the materials to be smelted 333.5
Brique 84.3
- acide 306.6
- alumineuse moulue 428.7
Brique basique 306.5
-s concassés 112.2
- d'étalages 302.7
- de carbone 117.10 306.8
- - cuve 305.10
- - dolomie 117.6
- - laitier 358.8.11
- - magnésite 569.5
- - terre glaise 429.7
- Dinas 115.1
- du creuset 290.3
- réfractaire 156.6
- séchée à l'air 429.8
- sur champ 321.10
- taillée en biseau 293.4
Briquettage 94.5.7
-, installation de 94.6
Briquette 95.10
- de minerai 95.10
-, dried 95.11
- frittee 96.1
- séchée 95.11
-, sintered 96.1
Briquetting 94.5
- method 94.7
- plant 94.6
Briser 354.3, 463.8
Brittle 44.7, 59.8
Brittleness 48.1
-, corroding 48.5
Broken stone foundation 259.5
Brom 211.6
-waschflasche 222.1
Brome 211.6, 222.1
-, appareil à 221.11
Bromierungsapparat 221.11
Bromification apparatus 221.11
Bromificazione, apparato per 221.11
Bromine 211.6
- wash bottle 222.1
Bromisación, aparato de 221.11
Bromo 211.6, 222.1
Bronce 299.1
Bronze 299.1
- tuyère 299.1
Bronzeform 299.1
Bronzo 299.1
Brosse 190.8
- à main en fil d'acier 490.11
- - nettoyer 490.10
- - tubes 190.9
- avec barbe 491.1
- de nettoyage à main 487.10
- en chanvre 553.9
- - fil de fer à bride 490.12
Brosser 553.8
Brouette de chargement 332.1
Brown 547.8
- coal 98.6
- with purple spots 547.9
Broyage 76.7, 482.3
- fin 76.9
- grossier 76.8
-, installation de 76.6
Broyé 95.8
Broyer 76.10, 228.9 229.4

Broyer à boulets 79.1
- - cloche . . . 78.7
Broyeur . . 77.2, 78.2 432.1
- à mâchoires . 78.8
- - meules . . . 78.1
- centrifuge . . 79.4
Bruch 44.9
-aussehen . . . 45.1
-dehnung . . . 44.8
-fläche 45.2
-, Kalt- 48.1
-, Ketten- . . 187.10
-koks 107.10
-probe 44.3
-querschnitt . . 47.3
-, schiefer . . . 44.10
-stein 289.5
-teil, einfacher 239.1
-, Walzen- . . . 514.2
Brüchig 44.6
Brüchigkeit, Beiz- 48.5
Bruciato 268.4
Brücke . 86.2, 133.7
-, Feuer- 368.5
-, Verbindungs- 86.2
-, Wipp- 133.3
Brücken-kran . 126.4
-wage 133.6
Brûlé 87.2
Brûler 418.7
Brûleur . 183.3, 542.2
- à benzine . . 183.6
- - embouchure oblongue 159.2
- - fente 159.2
- - huile lourde 183.8
- - orifice circulaire 159.1
- - vent 343.9
- circulaire à jet en éventail 159.3
- de Bunsen . . 183.4
- - - à l'acétylène 183.5
- - Teclu . . . 183.7
Brun 547.8
- avec taches pourpres 547.9
Brünieren . . . 552.4
Brunir 552.4
Brunire 552.4
Brunnen-anlage 141.5
-, artesischer . 141.8
-elevator, Tief- 142.5
-, Rohr- 141.6
-, Senk- 141.7
Brunnen-stube 141.4
Bruno 547.8
- con macchie porporine 547.9
Bruñir 552.4
Brush . 190.8.9, 490.10
-, circular . . . 491.3
- with side . . 491.1
Brushing pot . 553.8
- vat 553.8
Brust, geschlossene 286.3
-, offene 286.2
-öffnung . . . 291.8
Brut 1.1, 109.1
Bruto 1.1
-, en 19.4
-, poder calorifico 109.1
-, potencia calorífica -a 109.1
Bruttogewicht . 134.8
Bûche de bois . 337.6
Büchse, Quecksilber- 200.4
Büchsen-mitnehmer 136.4
-säule 496.2
Bucket 330.1
- grab 129.2
Buffer 25.3
-feder 25.2
Buffer 25.3
-, elastic 502.3
- spring 25.2
Bügel 301.9
-, Pfannen- . . 479.2
-, Spann- 522.4
Bühne, Arbeits- 293.5
-, Kalkbeschick- 388.6
-, Kipp- 132.5
-, Schiebe- . . . 124.3
-, Senk- 133.4
-, Sturz- 131.7
Building . . . 149.4.6
- expenses . . . 563.5
- ground, unreliable 288.7
- iron 28.8
- material . . . 306.4
- -up of box . . 442.1
- - - the bricks 407.9
Built-up 440.5
Bulb . . . 172.2, 181.3
- angle 21.5
- angles 21.3
- flats 21.3
- iron, flat . . . 21.4
- rail 21.6
Bulb rails . . . 21.3
- tube 189.8
Bulb, hierro . . 21.3
-, llanta 21.4
Bulbo 189.5
Bulldog 113.1, 374.10
Bulle d'air . . 435.5
Bund, Walzen- 513.5
Bundle 533.9
Bung 197.6
Bunker 131.1
Bunsenbrenner 183.4
-, Azetylen- . . 183.5
Bunsen, becco . 183.4
-, - - per acetilene 183.5
-, brûleur de . 183.4
-, - - - à l'acétylène 183.5
- burner 183.4
- -, acetylene . 183.5
-, mechero . . . 183.4
-, - de - de acetileno 183.5
-, quemador . . 183.4
Bunte, buretta a gas 269.5
-, burette a gaz de 269.5
-'s gas burette 269.5
-, probeta de gas de 269.5
-sche Gasbürette 269.5
Buntsandstein . 114.5
Buque . . 26,9, 127.6
Burbuja 375.9, 484.2
- de aire . . . 435.5
Burden . . 333.6.7.9
Bureau, -x . . 149.8
Bureau de direction 149.7
Buretta 192.2
- a gas 269.4
- - - Bunte . . 269.5
Bürette 192.2
-, Buntesche Gas- 269.5
-, Gas- 269.4
Burette . 186.1, 192.2 269.4.6
- à gaz 269.5
- - - de Bunte 269.5
Burgersches Drehventil 323.3
Burger, - s rotary valve 323.3
-, valve rotative de 323.3
Burger, valvola rotativa 323.3
-, válvula giratoria de 323.3
Bürgschaftspflicht 30.3
Buril 504.7
Burin . . 18.7, 504.7
- à air comprimé 402.2
Burn, to - through 418.7
Burned iron . . 48.4
- off 106.2
Burner . 159.3, 183.3
-, acetylene Bunsen 183.5
-, Bunsen . . . 183.4
-, circular slot . 159.1
-, long slot . . 159.2
-, Teclu 183.7
Burning 118.8
- period 86.6
- the filter . . . 250.1
- through . . . 354.4
Burnish, to . . 552.4
Burnt 490.6, 548.11.12
- iron 398.9
Burr . . 489.6, 534.10
Bürste 190.8
-, Gußputz- . 490.10
-, Hanf- 553.9
- mit Bart . . . 491.1
Bürstkessel . . 553.8
Busa 301.2, 343.1, 480.7
- de colada . . 480.6
Buse . . . 301.2, 343.1
Bush 496.1
- catch 136.4
But du triage . 76.1
Butée 502.6
Buterola 14.1
Butoir élastique 502.3
Butt welded tube 538.6
Butterfly valve 406.10, 407.1
Button sleeker 487.4
Buyer 558.5
Buzamiento . . 57.6
Buzo 144.3
By-product . . 108.8
- -s, accidental 391.1
- -s, occasional 361.1
- -s of the blast furnace 355.8

C.

Caballete 125.8, 454.2
Cabestan de manœuvre 124.5
- - triage . . . 124.5
Cabestante de maniobra 124.5
Cabeza . . 22.5, 403.5
- de hierro forjado 495.5
- - la palanca . 410.3
- del bastidor . 521.2
- - compresor 121.4
- - horno . . . 418.9
- - lingote . . 485.7
Cabeza del mazo 502.3
Cabezal transversal 326.4
Cabida 125.5
Cable 331.2
- aereo 331.7
- - de carga . 331.8
- de alambre . 331.2
- - lana de madera 460.8
- metálico 135.9, 331.2
- railway 124.4, 135.9
Câble 135.11
Câble aérien . 331.7
- - de gueulard 331.8
- métallique . 135.9 331.2
Cableway . . . 135.8
Cacerola 193.6
- de evaporación 247.4
Cachet 234.3
Cacheter 234.4
Cadena . 135.10, 311.6
- sin fin 340.9
Cadmia 361.2
Cadmie, -s . . 361.2
Cadmies fines . 361.3
Cadre . . 323.5, 414.3
- coulé creux . 369.7
- de presse à centrer les châssis 454.7
- - - de précision 454.7
- - scie 493.6
- en fer forgé . 440.3
- refroidi . . . 297.2
- supérieur . . 453.2
Caduta 80.8
- delle cariche 358.7

Caduta libera . 497.4
Cagardero . . . 307.1
Cage 330.1, 331.3, 520.9
- à chapeau rapporté 522.9
- - cylindres équilibrés 523.1
- - deux cylindres 521.6
- - pignons 518.8, 524.3
- - trio 522.3
- de laminoir . 520.8
- du noyau . . 460.4
- fermée ordinaire 521.5
Caída . . . 80.8, 464.1
- de las cargas 353.7
- - temperatura 447.5
- libre 497.4
Caisse 325.5
- à poids . . . 239.2
- - poussières . 316.7
- de cémentation 416.7
- - la balance . 236.8
- - pilonnage . 105.7
- en matière réfractaire 414.7
Caja . . . 202.3, 319.3
- americana . . 440.6
- corredera de admisión 499.7
- de cementación 415.2, 416.7
- - charnela . 440.8
- - cilindros . 520.9
- - distribución 467.1, 499.8
- - estopas de Lürmann 306.2
- - fondo con manguito 319.3
- - - en cajes . 319.3
- - hierro forjado 440.3
- - la balanza . 236.8
- - - válvula . 322.3
- - machos 458.3, 459.3
- - madera . . 440.4
- - material refractario 414.7
- - moldeo . 439.13
- - moldes de la máquina de moldear poleas de transmisión 452.1
- - pesas . . . 239.2
- - seguridad . 522.2
- - varias piezas movibles 440.9
- - vidrio . . . 189.2
- - viento 394.4.7.8, 466.9
- del medio . . 441.1
- desmontable . 440.5
- inferior . . 440.10
- llena de agua 318.3
- para columnas 440.7
- - el apisonamiento 105.7
- - muestras . . 284.2
- - trío 522.3
- refrigerante . 296.7
- resistente á los ácidos 189.1
- superior 441.2, 442.6
Cake 106.6
Caked 106.8
Caking capacity 108.1
- of the coal . 106.7
Cal . . 107.1.3, 220.1
- sódica 205.7
Caladeposito . 181.1
Calado 562.4
Calamina . . . 71.9
Calamine . . 71.8.9
-, siliceous . . . 71.10
Calandrino . . 40.6
Calcaire . 78.1, 111.2, 397.9
Calcare 78.1, 111.2. 117.3
Calcareo . . 357.12
Calcáreo . 60.5, 357.12
Calcareous 60.5, 117.9
Calcareux 60.5, 857.12
Calce 117.1, 208.2, 220.1
- sodata 205.7
Calcestruzzo . 289.6
- battuto . . . 289.8
- colato 290.1
Calcico 399.5
Cálcico 207.8
Calcimeter . . 182.4
Calcimètre . . 182.4
Calcimetro . . 182.4
Calcímetro . . 182.4
Calcinación 82.7, 118.8
- completa . . 118.9
- de los minerales de hierro . 81.4
- defectuosa . . 88.9
- en montones . 83.1
- imperfecta . . 88.9
-, instalación de 82.8
- ligera 250.6
- para oxidación 82.1
- - sulfatación 82.5
- perfecta . . . 88.8
- sobre área empedrada 83.3
Calcinado . . . 68.9
Calcinar . 82.6, 429.11
Calcinare . 429.11.12
Calcination . . 82.1
- of iron ores . 81.4
Calcinato . . . 68.9
Calcinatura del filo 537.3
Calcinazione . 233.7
-, debole 250.6
- dei minerali di ferro 81.4
Calcine, to . . . 82.6
Calciné 420.1
Calcined 70.8
-, to be 429.12
Calciner 83.4
-, bricked . . . 83.5
Calcining furnace 83.4
- - for converter bottoms 119.3
- installation . 82.8
- kiln, dolomite 119.1
Calcio . . 207.8, 220.1
Calcium, Chlor- 207.8.9
-chlorid 207.8
-karbonat . . . 220.2
-oxyd 220.1
-phosphat . . . 399.5
-sulfat 220.3
Calcium 207.8
- chloride cylinder 232.2
Calcium, chloride of 207.8
-, - - - free of water 207.9
- - tube . . . 232.3
-, oxide of . . 220.1
-, phosphate of 399.5
-, sulphate of . 220.3, 208.1
Calcolo del letto di fusione 334.3
- - vento . . . 350.3
- dell'analisi . 224.6
- - aria 350.3
- della loppa . 345.4
- delle cariche 345.1
-, ottenuto col . 135.3
Calcopirite . . 72.2
Calcspar . . . 73.1
Calcul de l'analyse 224.6
- des charges . 345.1
- du laitier . . 345.4
- - lit de fusion 334.3
- - vent 350.3
-, obtenu par le 135.3
Calcular . . . 559.10
Calculate, to - the burden 333.10
-, - - - calorific value from the analysis 109.5
Calculation, according to 135.3
- of blast . . . 350.3
- - charge . . . 345.1
- - slags 345.4
- - the analysis 224.6
- - - mixture . 334.3
Calculer . . . 559.10
- la puissance calorifique d'après l'analyse . . . 109.5
Cálculo de las cargas 345.1
- - - escorias . 345.3
- del análisis . 224.6
- - lecho de fusión 334.3
- - viento . . . 350.3
-, obtenido por el 135.3
Caldaia a batterie 154.4
- - bollitori . . 154.2
- - cilindri . . 554.1
- - circolazione 153.3
- - correnti contrarie 153.1
- - - dello stesso senso 153.2
- - focolare interno 154.5
- - - - con bollitori trasversali 154.7
- - - ondulato 154.6
- - gran volume d'acqua 152.8
- - mano . . . 477.5
- - piani . . . 153.9
- - piccolo volume d'acqua 152.7
- - tubi d'acqua 155.3
- - - di fumo 155.1
- - vapore . . . 152.1
- - - a bassa pressione 152.6
- - - - media pressione 152.5
Caldaia a vapore ad alta pressione 152.2
- ausiliare . . . 153.6
- cilindrica composta 154.3
- combinata . . 153.8
- da locomobile 155.2
- di colata . . 477.4.8
- - ferro imbottito 478.4
- - - stampato 478.4
- - passaggio per la seconda stagnatura 553.10
- - riserva . . . 153.5
- generatrice di vapore 178.8
-, impianto coperto di -e 151.8
-, - di -e . . . 151.5
-, - scoperto di -e 151.7
- in servizio . . 153.4
- orizzontale . 152.3
- per il grasso 553.3
- - la spazzolatura 553.8
- - latta stagnata 553.2
- - lo stagno . 553.6
- semplice . . . 153.7
- verticale . . . 152.4
Caldeo . . 86.5, 104.2
- de resistencia 570.5
- por inducción 568.3
- previo 346.9, 347.5
Caldera 26.5
- autoclave . . 178.8
- auxiliar . . . 153.6
- cilindrica múltiple 154.3
- combinada . 153.8
- con hervidores sobrepuestos 153.9
- - hogar interior ondulado 154.6
- - tubos de agua 155.3
- - - - humo . 155.1
- de cilindros 554.1
- - circulación 153.3
- - corriente directa 153.2
- - corrientes invertidas 153.1
- - estaño . . . 553.6
- - Galloway . 154.7
- - gran volumen de agua 152.8
- - hervidor . . 154.2
- - hervidores múltiples 154.4
- - hogar interior 154.5
- - - - con hervidores transversales 154.7
- - lavado . . 553.8.10
- - pequeño volumen de agua 152.7
- - reserva . . 153.5
- - servicio . . 153.4
- - vapor . . . 152.1
- - - de alta presión 152.2
- - - - baja presión 152.6

Caldera de vapor de media presión 152.5
- - - horizontal 152.3
- - - vertical 152.4
- escaleriforme 153.9
-, instalaciones de -s 151.5.6
-, instalación de -s al aire libre 151.7
- para grasa . 553.3
- - hoja de lata 553.2
- semifija . . . 155.2
- sencilla . . . 153.7
- tubular . . . 155.1
Caldero 341.7
- de colada . . 341.6 477.4.3
- - grúa 478.8
- - - con horquilla 479.1
- - hierro embutido 478.4
- fijo 478.7
- montado sobre ruedas 478.6
- para horca . 478.1
Caldissimo, andamento 353.1
Caldo 408.3
Cale 301.10
Cale de bateau 562.2
Calefacción . . 319.2 367.9
- de las calderas 360.3
- directa . . . 463.2
- indirecta . . 463.1
- por arco voltáico 566.1
- - resistencia 570.5
Calentado . . 297.11
Calentador, aparato - del aire 318.4
- de hierro del aire 318.5
- del aire con tubos suspendidos 318.7
- - - de ladrillos refractarios 320.5
- - - sistema Cowper 320.8
- - - Whitwell 320.6
- horizontal del aire 318.6
-, horno (v. horno)
- vertical del aire 319.1
Calentamiento 85.6 86.5
- á fuego abierto 120.4
- de la cabeza del lingote 485.7
- - resistencia . 570.5
- del alquitrán 120.2
- - - por vapor 120.3
- por arco voltáico 566.1
- - el fondo . . 385.6
- - inducción . 568.3
- previo 347.5
Calentar . 336.4, 478.6
- al rojo 385.7
- el caldero . . 479.3
- la fundición . 374.3
Calibrado . 39.1, 514.4
- del tren . . . 514.3
Calibrage des cylindres 514.3
Calibrated . . . 39.1
Calibrato . . . 39.1
Calibre . . 36.11, 444.8
- à mâchoire . 40.1
- amovible . . 446.3
- -mâchoire . . 40.1
Calibre . . 38.10, 444.8
- de compás . 40.1
- - precisión con graduación micrométrica 39.5
- - tornillo . . 39.3
- micrométrico 39.4
- para agujeros 39.8
- - alturas . . 39.7
- - chapa . . . 40.2
- - diámetros interiores 39.6
- - huecos . . . 39.7
- - medir gruesos 39.2
- - profundidades 39.7
Calibré . . 39.1, 514.4
Calibrer 445.6
- le moule . . . 445.7
Calibro 36.11, 38.10, 39.6
- a corsoio . . 39.2
- - mascelle . . 40.1
- - vite 39.3
- di profondità 39.7
- intermediario 516.6
- micrometrico 39.5
- per diametri 39.8
- - fori 39.8
- - lamiere . . 40.2
Calice 186.2
Calidad . . . 32.1.2.3
Caliente, marcha 352.7
-, - - exagerada 353.1
Caliper, -s . . . 40.9
- gauge 40.1
-s inside . . . 41.3
-s outside . . . 11.2
- square 39.2
Caliza 111.2
Calizar el alambre 587.3
Calizo 78.1
Callotta 321.7
Calmarse . . 385..2
Calmer, laisser se 486.1
-, se 385.12
Calo 90.2
- degli elettrodi 567.3
Calomel 209.6
Calomelano . . 209.5
Calor 86.1
- acumulado . 408.1
- crítico . . . 272.10
- de combinación 223.1
- - disociación 262.6
- - fusión . . . 474.2
- - incandescencia 86.10
- - ionización 264.1
- - la reacción 222.7
- - los gases del alto horno 346.5
- del hierro y de la escoria 346.4
- latente 272.6
Calor rojo . . . 86.11
- rosso, al 385.7, 544.1
Calore critico 272.10
- d'incandescenza 86.10
- d'ionizzazione 264.1
- del gas alla bocca del forno 346.5
- della ghisa e della loppa 346.4
- - reazione . . 222.7
- di combinazione 223.1
- - dissociazione 262.6
- - tempera . . 543.6
- immagazzinato 408.1
- latente 272.6
- rosso 86.11
Calórico 222.6
Calorifère . . . 383.9
Calorifero . . . 383.9
Calorific effect 108.11
- value . 108.10, 109.5
- -, gross . . . 109.1
- -, net 109.2
Calorifico . . 108.10
Calorífico . . 108.10
Calorifique . 108.10
Calorimeter . . 110.1 180.6
Calorimètre . . 110.1 180.6
Calorimetric . . 110.2
- method . . . 109.6
Calorimetrico . 110.2
Calorimètrico 108.11
Calorimétrique 109.6
Calorimetro . . 109.6 110.1, 180.6
Calorimetro . . 109.6 110.1, 180.6
Calotte . 321.7, 389.9 390.1
- en caoutchouc 198.2
Cam 496.5
- drum 496.4
- shoe 496.6
Cámara de aire 502.1
- - calefacción 319.2
- - calentamiento 85.6
- - chispas . . 467.6
- - depuración 140.9
- - filtración . 140.9
- - lavado . . . 177.6
- - pozo 141.4
- - recuperacion 320.9
- - refrigeración 329.5
- - secado . . . 462.8
- lateral 316.6
- para el polvo 409.2
- - la preparación del hidrógeno sulfurado 177.1
Camber 293.1
Cambiable 390.9, 391.2
Cambiamento del senso di laminazione 531.11
Cambiamento di concentrazione dell' elettrolito 259.4
- - marcia . . . 532.3
- improvviso di temperatura 118.7
Cambiar canale 535.3
- las canales . . 535.3
Cambiare . . . 376.3
Cambio di profili 522.8
Cambio brusco de temperatura 118.7
- de los análisis 227.8
- - marcha . . 532.2
- - -, aparato de 532.7
- - perfil . . . 522.8
- - sección . . 503.2
- repentino de temperatura 118.7
Came 496.4.5
Camera d'aria 394.7 502.1
- - aspirante . 145.2
- - premente . 145.4
- del pozzo . . 141.4
- della polvere 409.2
- - scoria . . . 409.3
- di asciugatura 462.8
- - decantazione 140.9
- - distribuzione 499.8
- - lavaggio . . 177.6
- - raffreddamento 370.6
- - riscaldamento 85.6, 319.2
- laterale . . . 316.6
- parascintille . 467.6
- per l'idrogeno solforato 177.1
- refrigerante . 329.5
Camicia 446.2
- esterna . . . 304.9
-, falsa 304.7
- libera 305.3
- refrattaria . . 304.5
Camino . 372.9, 149.3 354.6
- del aire . . . 408.8
- - cubilotto . 467.5
- - gas 408.7
- indipendente 165.4
Camion 561.5
Camionage . . 561.5
Camisa . 304.8, 446.2
- de la cuba . 305.6
- - ladrillos . . 390.6
- refractaria . . 304.5 390.5
Campagna d'un forno 418.3
- del forno . . 344.8
Campagne d'un four 418.3
- - fourneau . 344.8
Campana . . . 309.9
-, a forma di . 309.10
- da pompa pneumatica 178.3
- di vetro . . . 189.3
- Hutter 407.2
Campana 78.7, 309.9
- de la bomba neumática 170.3
- - - chimenea 389.1
- - vidrio . . . 189.3

Campana, en forma de 309.10
- Hutter 407.2
Campaña de un horno 413.3
- del horno . . 344.3
Campionatura . 227.9
Campione 30.6, 227.10
- di scoria . . 401.10
- essiccato . . . 231.9
- medio . . . 227.11
- ottenuto con attacco acido 277.8
-, prendere il . 339.3
-, preparazione dei -i 174.9
Campo di colata 339.4
-, intensità del 92.11
- magnetico . . 92.9
- visivo 279.4
Campo de la lente 279.4
- - visión . . . 279.5
-, intensidad de 92.11
- magnético . . 92.9
Canal 85.7
- annulaire . . 312.5
- d'admission de l'air comprimé 501.8
- d'aspiration . 175.2 501.7
- de fumée 85.8, 417.9
- - la sole . . . 104.1
- - pompage . 485.2
- - retour . . . 471.8
- - transporteur 139.6
- - ventilation 175.2
- pour recueillir le plomb 290.6
Canal 85.7, 388.7, 468.6 514.5, 522.6
- abierta . . . 515.9
- acabadora . 516.4.7
- alargadora . 516.1
- anular 312.5
- ascendente de gases calientes 408.5
- cerrada . . 515.10
- ciega . . . 516.10
- colectora . . 164.5
-es con muescas 518.1
- cuadrangular 517.2
- dando la forma del perfil 516.6
- de agujerear 485.2
- - aspiración . 501.7
- - canto . . . 516.2
-es de cilindro blooming 517.5
- - colada 300.5, 395.8 443.3, 468.7
- - - acodada . 444.1
- - - circular . 444.3
- - - - con tubos 444.2
- - escape . . . 499.5
- - estirar . . . 516.1
- - fusión . . . 568.5
- - la chimenea 372.7
- - llamas . . . 372.2
- - presión . . 501.8
- - recalcar . . 516.2
- - regreso . . 471.8
- - retorno . . 471.8
- del transportador 139.6
-es derivadas . 340.3
Canal desbastadora 516.3
- excéntrica . . 518.4
- intermedia . 516.6
- longitudinal . 460.2
- móvil de rascadores 433.3
- ojival 516.11
- ovalada . . . 517.1
-es para bridas 517.10
-es - carriles . 517.7
-es - hierro de clavos 518.3
- - hierros cuadrados 517.3
- - - planos . . 517.3
-es - - zorès . . 517.9
-es - placas de asiento 517.11
-es - recoger el plomo 290.6
-es - sillas . . 517.11
-es - traviesas 517.8
- - verter . . . 131.8
-es - vigas . . 517.6
-es perfiladas . 517.4
- primera . . . 516.5
- transportadora 139.5
- - de rascadores 433.3
Canala 388.7
- di colata . . 395.8
Canale . . 85.7, 514.5
- aperto 515.9
- ascendente . 372.3
- che va al camino 372.2
- chiuso . . . 515.10
- circolare . . 312.5
- - di fusione . 568.6
- collettore . . 164.5
- d'arrivo del gas 408.4
- d'aspirazione 501.7
- da sfioro . . 489.4
- del camino . 372.7
- - fondo . . . 104.1
- - gas 360.5
- dell'acqua . . 313.5
- della suola . 104.1
- di circolazione 471.8
- - colata 300.5, 443.3 468.7
- - - circolare 444.2
- - compressione 501.8
- - derivazione 372.8
- - fusione . . 568.5
- - pompa . . . 485.2
- - riscaldamento 104.2
- - ritorno . . 471.8
- - scarico . . 81.2
- - scolo 298.6
- - stendimento 516.1
- - stiramento . 516.1
- - trasporto . 139.5
- discendente . 372.4
- eccentrico . . 518.4
-, falso 516.10
- finitore . . 516.4.7
- interrotto . 518.4
- laterale . . . 417.3
- montante . . 372.5
- ogivale . . 516.11
- ovale 517.1
Canale per ferro piatto 517.3
- - il fumo . . 417.4
- - la loppa . . 300.1
- - - scoria . . 300.1
- - raccogliere il piombo 290.6
-, primo 516.5
- principale . . 340.2
- profilato . . . 517.4
- quadrangolare 517.2
- sbozzatore . . 516.3
- secondario . 340.3
- trasportatore a scosse 433.4
- - - spinta . . 433.3
- - oscillante . 433.4
- trasversale . 417.2
-, ultimo 516.7
- verticale del gas 408.6
- - - - caldo . 408.5
Canalisation aérienne 171.4
- électrique . . 168.7 171.3
- souterraine . 171.5
Canalización eléctrica 168.7
Canalón de fusión anular 568.6
- transportador á sacudidas 433.2
Canalone . . . 139.5
- di gettata . . 131.8
Canapa . 429.6, 444.5
Cancellation of agreement 559.9
Candelabre . . 171.8
Candelero . . . 523.7
Candle power . 280.9
Cangilón . . . 139.9
Cannel coal . . 99.12
Cannelé 514.4
Cannello della spruzzetta 186.4
- ferruminatorio 234.8
Cannelure . . 504.4 514.3.5
-s à bossages . 518.1
-s - entailles . 518.1
-s - rails . . . 517.7
-s - traverses . 517.8
- - vide . . . 516.10
- d'étirage . . . 516.1
-s de blooming 517.5
- - champ . . . 516.1
-, dernière . . . 516.7
- ébaucheuse . 516.3
- emboitée . . 515.10
- excentrique . 518.4
- fermée . . . 515.10
- finisseuse . 516.4.7
- intermédiaire 516.6
- interrompue . 518.4
- ogive 516.11
- ouverte. . . . 515.9
- ovale 517.1
-s pour éclisses 517.10
-s - fer à clous 518.3
- - -s carrés . . 517.3
- - -s plats . . 517.3
-s - -s zorès . . 517.9
-s - plaques . 517.11
-s - poutrelles 517.6
Cannelure, -s pour selles 517.11
-, première . . 516.5
-s profilées . . 517.4
- quadrangulaire 517.2
- refouleuse . . 516.2
Cantidad de agua 140.2
- - - distribuida por hora 140.3
- - luz 280.10
- - viento . . . 238.7
- necesaria de agua 140.4
-es químicamente equivalentes 257.7
Canto . . 36.5.9, 516.2
-, puesto de . 321.10
- vivo 423.6
Cantonale . . 19.10
- a bordino . . 21.5
- - lati disuguali 20.3
- - - uguali . . 20.1
- ad angolo tondo 20.4
- - - vivo . . . 20.5
Caña, media 19.6, 423.7
Cáñamo 429.6, 444.5
Caño, -s de la escoria 300.1
Caolina . . . 116.13
Caoutchouc . . 197.1 546.4
- durci 202.1
- ware 197.1
Cap 188.7
-, removable . . 524.4
- stopper . . . 188.7
Capa 56.3, 57.1
- de acero de la plancha de blindaje 27.9
- - carbón incandescente 405.7
- - escoria 388.4, 566.9
- - fundición dura de estructura blanca radiada 488.7
- - metal . . . 567.1
- - moho . . . 550.2
- - orín 550.2
- - óxido 550.2, 552.6
- - - de hierro 414.6
- de pintura . . 550.5
- filtradora . . 147.2
- inferior . . . 282.7
-, por -s 391.9
Capacidad 125.5, 240.4 257.4
- de polarización 264.4
- - producción 555.3
- - resistencia del recipiente 261.2
- - temple . . 543.2
- del alto horno 344.9
Capacità 125.5, 240.11
- del forno . . 344.9
- di polarizzazione 264.4
- - resistenza del recipiente 261.2
Capacité . 125.5, 257.4
- de polarisation 264.4

Capacité de production 555.3
- - résistance de la cuve 261.2
- - - du récipient 261.2
- - trempe . . 543.2
- du fourneau 344.9
Capacity . 91.10, 125.5 344.9, 555.3
- of a central station 167.9
-, total 555.1
- value 257.4
-, yearly 555.2
Caperuza de goma 198.2
Capilar 185.6
Capillaire . . . 185.6
- d'arrivée du gaz 270.6
Capillare . . . 185.6
-, tubo 270.6
Capillary bottle 185.6
Capo del laboratorio 173.3
- -forno 332.6
- -servizio . . . 332.4
Capovolgere la staffa 442.5
Cappa d'aspirazione 175.2
- del camino . 339.1
Cappelletto di bottiglia 188.7
Cappello 318.8, 373.1 406.2 505.6, 522.10
- avvitato . . . 524.4
- di guardia . . 23.5
- inchiavardato 524.4
Cappuccio di gomma 198.2
Capsula . 202.4, 235.3 247.5
- di combustione 248.9
- - piombo . . 199.7
- - platino . . 195.2
- - - per incenerazione 195.4
Cápsula . 202.4, 261.6
- de aluminio para pesadas 240.1
- - asbesto . . 201.2
- - combustión 248.9
- - evaporación 247.5
- - filtración . 245.6
- - platino . . 195.2
- - - para incineraciones 195.4
- - plomo . . . 199.7
- para baño de arena 248.4
Capsule . 202.4, 261.6
- à filtrer . . . 245.6
- d'amiante . . 201.2
- d'évaporation 247.5
- de combustion 248.9
- - pesée en aluminium 240.1
- en platine . . 195.2
- - - pour incinérations 195.4
- - plomb . . . 199.7
- pour bain de sable 248.4
Capsulé 261.6
Captación de agua 140.7
- - - subterránea 141.1
Captage d'eau souterraine 141.1
- d'une source 141.2
- de l'eau . . . 140.7
Capuchon de flacon 188.7
Cara de fusión 47.8
Caractère du mineral 65.6
Característica del mineral 65.6
Carattere agglutinante 103.1
Caratteristica del minerale 65.6
Carbide . . . 215.11
- carbon . . . 215.10
- of iron . . . 283.6
Carbon 181.4, 214.9
-, amorphus . . 215.8
- bisulphide . . 212.4
- borer 235.5
- brick 117.10, 306.8
- electrode . . 566.7
- -, suspended . 566.8
- holder 235.4
- monoxide . . 375.3
- - contents . . 360.4
- saw 235.6
-, solid 418.7
- steel 16.8
- -, low 11.6
- -, medium and high 11.5
Carbon fossile . 69.1
Carbón aglutinante 99.3
- bruto 100.7
- comprimido 343.11
- de abedul pulverizado 419.3
- - cuerno . . 419.5
- - cuero . . . 419.4
- - fragua 99.10, 107.6
- - hueso . . 419.12
- - llama corta 99.5
- - - larga . . 99.1
- - madera de coníferas 418.10
- - piedra . . . 98.7
- - tamaño de almendra 101.2
- en grandes pedazos 100.9
- - pedazos de tamaño medio 101.1
- - polvo . . . 101.6
- fino 101.4
- fósil 98.7
- -galleta . . . 101.1
- granulado . . 101.4
- incandescente 405.7
- lavado 102.1
- machacado grueso 100.9
- menudo . . . 101.3
- para cok . . 100.2
- tal como sale de la mina 100.7
- vegetal 4.1, 98.2.3
- - de hojas . . 418.9
Carbonado . . 60.4
Carbonaia . . . 98.4
Carbonatado . 68.6
Carbonate of ammonium 206.8
- - barium . 220.10
- - iron 68.4
- - lime 220.2
- - magnesia . 220.6
- - manganese 69.7
- - potassium . 205.8
- - sodium . . 205.9
Carbonate d'ammoniaque 206.8
- de baryum 220.10
- - chaux . . . 220.2
- - fer 68.4
- - magnésie . 220.6
- - manganèse 69.7
- - potasse . . 205.8
- - soude . . . 205.9
Carbonaté . . . 60.4
Carbonato . . . 68.9
- ammonico . . 206.8
- di bario . . 220.10
- - calce 60.5
- - calcio . . . 220.2
- - ferro 68.4
- - magnesio . 220.6
- - manganese 69.7
- - potassa . . 205.8
- - soda 205.9
- - zinco . . . 71.8
- potassico . . 205.8
- sodico 205.9
Carbonato amónico 206.8
- de bario . . 220.10
- - cal 220.2
- - cinc 71.8
- - hierro . . . 68.4
- - magnesia . 220.6
- - manganeso 69.7
- potásico . . . 205.8
- sódico 205.9
Carbone . 214.9. 16.8
- amorphe . . . 215.8
- de cémentation 215.10
- - trempe . . . 215.9
- solide 418.7
Carbone 566.7
- a corta fiamma 99.5
- - cubi 101.1
- - fiamma lunga 99.1
- agglutinante 99.3
- - a fiamma lunga 99.8
- bituminoso . 99.3
- compresso . 343.11
- d'ossa . . . 418.12
- da coke . . . 100.2
- - fucina . . . 99.10
- - gas 100.1
- di betulla in polvere 419.3
- - cementazione 215.10
- - corno . . . 419.5
- - cuoio . . . 419.4
- - fucina . . . 107.6
- - legna . . 4.4 98.2, 418.9.10, 430.1
- - storta . . . 117.11
- fossile 98.7
- - minuto . . 101.5
- grasso a fiamma lunga 99.7
- - propriamente detto 99.2
Carbone grezzo di miniera 100.7
-, grossezza del 100.8
- in pezzetti . . 101.4
- - pezzi . . . 100.9
- - - grossi come una noce 101.2
- - polvere . . 101.6
- incandescente 405.7
- lavato 102.1
- magro 99.6
- preparato . . 102.1
- sabbioso a fiamma lunga 99.9
- semigrasso . 99.4
Carbonella . . 101.3
Carbonera . . . 98.4
Carbonic acid 60.4, 215.13
- - hardening . 545.4
- oxide 375.3
Carbonico . . . 81.8
Carbónico . . . 81.8
Carboniera . . 100.5
Carbonifero . . 114.6
Carbonilla . . . 155.7
Carbonio . . . 214.9
- amorfo . . . 215.8
- di ricottura . 215.7
- - tempera . . 215.9
- solido 418.7
Carbonioso . . 69.1
Carbonique . . 81.8
Carbonisation 102.6, 105.8, 348.5.6
Carbonisé . . . 337.2
Carbonised . . 337.2
Carboniser . . 427.7
Carbonising period 106.1
- zone 347.3
Carbonizado . 337.2
Carbonizar . . 427.5
Carbonize, to . 427.7
Carbonizzare . 427.7
Carbonizzato . 337.2
Carbono . 16.8, 214.9
- amorfo . . . 215.8
- de cementación 215.10
- - recocido . . 215.7
- - temple . . . 215.9
- sólido 418.7
Carborundo . . 15.5
Carborundum 15.5, 344.1
Carborúndum . 344.1
Carboy 175.5
- filling apparatus 175.7
- filter 175.6
- tipper 176.1
Carburación 347.3, 348.5
- por el carbono sólido 418.7
Carburant . . . 398.7
Carburante . . 398.7
Carburation 347.3, 348.5
- par le carbone solide 418.7
Carburazione . 348.5
- col carbonio solido 418.7
Carbure de fer 215.11
- - silicium 15.5, 344.1

Carburisation . 348.5
- by means of solid carbon 418.7
- material . . . 398.7
- zone 347.3
Carburo di ferro 215.11
- - silicio 15.5, 344.1
Carburo de hierro 215.11
- de silicio 15.5, 344.1
Care of the furnace lining 475.3
Carga . 105.1, 122.2 240.12, 333.4.6, 373.10 409.7, 560.3
- automática . 331.5
- caliente . . . 565.3
- completa . . 562.9
- continua . . . 161.7
- de aire . . . 509.1
- - cok solo . . 337.7
- - combustible 335.3
- - escorias . . 375.6
- - fundición . 478.9
- - los minerales 36.3
- - mineral 334.1, 335.2
- del convertidor 395.7
- - crisol . . . 385.1
-, disposición de
- automática 308.9
-, - - - de la boca 208.8
-, echar la . . . 335.1
- especial . . 478.10
- fría 565.2
- fundida . . . 565.3
-, instalación de
- con grúa giratoria móvil de vía alta 127.7
- máxima 125.4, 241.1
- mecánica . . 157.1
- - del emparrillado 156.8
- parcial 562.7
- pequeña de fundición 374.1
- por cable aéreo 331.7
-, puerta de . . 161.8
- suplementaria 562.8
Cargadero . . . 36.1
Cargador, aparato
- para minerales 123.1
- de minerales 332.9
Cargaison complète 562.9
- partielle . . . 562.7
- supplémentaire 562.8
Cargamento . . 333.4
Cargar . . 104.8, 335.1 374.2, 409.9, 415.3
- á mano . . . 155.7
-, aparato de . 433.1
-, disposición para 406.1
- el emparrillado automáticamente 157.2
- - - mecánicamente 157.2
- las cajas . . . 417.5
-, máquina para (v. máquina)
Cargo, full . . 562.9
-, partial 562.7
Cargo, supplementary 562.8
Carica . 344.6, 373.10 409.7
-, apparecchio di 406.1
- bianca 337.7
- calda per il forno 565.3
- dei minerali . 36.3
- di coke . . . 473.7
- - combustibile 335.3
- - ghisa 374.1, 395.9 478.9
- - minerale . . 334.1 335.2
- - un forno . 573.2
-, fare la 335.1
- fredda per il forno 565.2
- liquida per il forno 565.3
- meccanica del focolare 156.8
- per il forno . 565.1
- speciale . . 478.10
Caricamento . 122.2 333.4, 560.3
- a ferrovia aerea 331.7
-, apparecchio di 308.8
- automatico . 308.9 331.5
- compresso . . 335.7
- del convertitore 395.7
- delle scorie . 375.6
-, sistema di . . 308.8
Caricare . 104.8, 335.1 374.2, 409.9
- a mano . . . 156.7
- il focolare meccanicamente 157.2
- - minerale . . 332.9
- le casse . . . 417.5
Caricato 565.1
Caricatore, apparecchio 433.1
- per minerali . 123.1
Caricatrice a gru 410.5
-, macchina . . 410.1
Carico 240.12
- completo . . 562.9
- d'aria compressa 509.1
- massimo . . . 241.1
- parziale . . . 562.7
- supplementare 562.8
Carmin . . . 212.10
Carmine paper 212.10
Carminio . . 212.10
Carneau à gaz vertical 408.6
- collecteur . . 164.5
- conduisant à la cheminée 372.2
- de chauffage 104.2
- - dérivation . 372.8
- - fumée . . . 35.8
- - la cheminée 372.7
- latéral 417.3
- montant de gaz chauds 408.5
- transversal . 417.2
Carneel 238.1
Carpenter's gauge 40.4
Carpintería de modelos 422.1
Carrello di colata 476.1
- - gru per colata 476.3
- - - - fonderia 476.3
- mobile 126.6
- portastaffa . 454.4
Carrera, altura de la 502.7
Carretilla de carga 332.1
Carriage . 126.6, 392.3
- fittings 24.9
- frame 477.2
- spring 25.1
Carrier 478.5
Carril . . . 22.2, 24.6
- armado . . . 404.6
- de tranvía . . 22.8
- del puente de báscula 133.8
- para minas . 22.9
- - vía ancha . 22.6
- - - de tipo normal 22.6
- - - estrecha . 22.7
Carro aperto . 125.2
- chiuso 125.3
- da lingotti . 527.4
- di colata . . 477.1
- per il caricamento dei lingotti 529.3
- - secchioni da colata 477.3
- - stufa 463.3
- - trasporto di minerali 133.2
- trasbordatore 124.3
Carro 561.5
- de la estufa . 463.3
- - - grúa . . . 126.6
- - - - para fundición 476.3
- - maniobra telescópico 392.3
- - máquina para retirar moldes 448.4
- para cargar lingotes 529.3
- - enhornar lingotes 529.3
- porta-crisol . 477.3
- - -moldes . . 454.4
Carrying capacity 125.4
Carta al carminio 212.10
- albuminata 212.12
- all'albumina 212.12
- - amido . . . 213.2
- - - ed ioduro di potassio 213.4
- - ioduro di potassio 213.3
- alla curcuma 212.9
- - fenolftaleina 212.13
- - sabbia . . . 203.4
- Congo . . . 212.11
- da filtro . . . 244.5
- di guttaperca 197.3
- - tornasole . 212.8
- ozonoscopica 213.1
- -pergamena . 201.7
Carta reagente 212.7
- reattiva . . . 212.7
- smerigliata . 275.8
- vetrata . . . 203.2
Carta de porte 560.4
Cartage 561.5
Carton d'asbeste 200.11
- en guttapercha 197.3
- indicateur du poids 184.4
Cartón de asbesto 200.11
- - gutapercha 197.3
Cartone d'amianto 200.11
- d'asbesto . 200.11
Casa de calderas 150.1
- - máquinas . 149.9
- - mezcla . . . 334.7
- - socorro . . 150.5
- para obreros 151.2
Casca del curtido 429.5
Cascarilla procedente de la laminación 35.6
Casco de fundición 464.8
Case 236.8
- hardening . . 417.9
Cased-in blower 471.7
Casing 378.4
- shell 470.10
Casquillo . . . 136.4
- de cojinete . 496.1
Cassa del contrappeso 508.4
- - portiere . . 149.5
- - vento 394.7, 466.9
- della valvola 322.3
- di cementazione 416.7
- - fondo con manicotto 319.3
- - raffreddamento 296.7
- - regolazione 467.1
- per la cenere 164.1
- - raccogliere le polveri 316.7
Cassage des gueuses 463.8
Cassant 44.6
Casse-gueuses sur roues 465.1
- -pierres . . . 78.9
Casser 463.8.10
- en morceaux 77.1
Casserole . . . 198.6
- d'évaporation 247.4
Casseruola . . . 198.6
Cassetta 282.3
- che riceva l'acqua dal fondo 544.9
- d'acqua . . . 544.8
- - per raffreddamento 371.4
- del sopporto . 496.1
- della bilancia 286.8
- di caricamento 410.8
- - cementazione ossidante 415.2
- in materiale refrattario 414.7
- per la forma 121.7
- - - tempera . 416.8

Cassetta per pesi 239.2
- - rottami piccoli 411.2
Cassetto cilindrico 499.8
- d'ammissione del vapore 499.7
- di distribuzione 499.9
- resistente agli acidi 189.1
Casseur à gueuses hydraulique 465.2
- de gueuses . 464.9
- - - fixe . . 464.10
Cassin . . 364.2, 370.6
Cassure 44.9, 45.1.2, 47.3
- en sifflet . . 44.10
- par tension . 50.2
Cast 25.12
-, hollow . . . 369.7
- iron 6.1, 7.3.4, 312.4 475.1
- -, alloy 9.1
- -, charcoal hearth 7.6
- - crown . . . 294.5
- -, malleable . 12.6
- - muffle . . . 541.6
- -, refined . . 5.2
- - ring 294.9
- -, special . . . 9.1
- on 294.10
- steel 322.7
- -, crucible . . 11.7
- -, hard 488.5
- -, soft 488.4
-, to - from two sides 482.3
-, - - over the lip by tipping 481.5
-, - - the iron . 481.4
-, - - through the plug hole 481.6
Castaña . . . 175.5.6
Castello d'acqua 145.7
Castina 111.2, 349.10 397.9
Castine . 111.2, 117.3 349.10, 397.9
Casting, -s 6.1, 31.9 486.9
-, acid proof -s . 7.2
- bed 340.1
- box 439.13
- carriage 476.1, 477.1
-, cast iron -s . 7.4
-, centrifugal . 482.7
- crane 476.1
-, defective . . . 490.4
-, dry sand . . 487.5
-, fire proof -s . 7.1
-, flat -s 449.1
- hole 494.2
-, hollow 487.2
- house 339.4
-s in chills . . . 447.1
- machine . . . 340.8
-, malleable -s 7.5, 12.6 416.2
- of the iron . 481.1
- pit 475.8
- -, semi-circular 475.9
- scrap 491.8
-, solid 487.1
-, spoiled 489.1
- stress 488.8
-, structural . 487.10
-, tangential . . 482.6
Casting temperature 482.2
-, the - fails . 488.11
-, thin walled 486.11
- wheel 341.4
Catalan hearth 362.2
-, forge -e . . . 362.2
-, scorie -e . . . 112.7
Catalán, forja-a 362.2
-, horno 112.7
-, método . . . 362.1
Catalanian furnace slag 112.7
Catalano, metodo 362.1
Catch 136.3.5
-, detachable forged 136.6
- device 331.3
- member . . . 136.7
Catcher . . . 312.10
-'s side 531.4
Catching of the sparks 468.2
Catena 311.6
- senza fine . . 340.9
Catetometro . . 181.1
Catetómetro . . 181.1
Cathetometer . 181.1
Cathétomètre . 181.1
Cathion 257.9
Catión 257.9
Catione 257.9
Catrame 95.9
-, ricco di . . . 405.6
Caucho 197.1
Caulino 46.6
Caustic potash 204.12 204.13
- - solution . . 205.2
- soda 205.1
- - solution . . 205.3
Caustico . . . 204.12
Cáustico . . . 204.12
Caustique . . 204.12
Cavador de vapor 58.4
Cavalier . . . 239.7.8
Cavaliere . . . 239.7.8
Cavalletto 125.8, 454.2
- di sopporto del convertitore 392.5
- per la trave elastica 496.8
- posteriore . 496.10
Cavallo, ferro da 28.10
Cavar 438.8
Cave aux cendres 163.8
Caverna 2.8
Caverne 2.8
Caverneux . 484.2.4.7
Cavernoso . 484.2.4.7
Cavidad 386.8, 483.11 484.1
Cavità 35.8, 386.8, 484.1
Cavité . 386.8, 483.12 484.1
Cavity 484.1
Cavo metallico 330.8 331.2
Cazuela 78.3
Cazzuola . . . 437.7
Cease, to - charging 354.10
Cebolla 342.5
Ceinture 392.6
- en fer plat . . 295.5
- intermédiaire 394.9
- porte-vent . . 324.4
Celeste 548.2
Cell 265.8.9
Cellar 163.8
Cello de acero 294.7
- - fundición . 294.9
- - hierro forjado 294.6
- - llanta . . . 295.5
Cellulaire . . . 46.7
Cellular 46.7
Cellulare . . . 46.7
Celosía de la viga 308.2
Celular 46.7
Cement . 319.5, 426.2
- copper 90.7
- steel . . 13.1, 416.3
Cément, placer dans le 415.10
Cementación 215.10 416.3
- oxidante . . . 414.4
Cementado . . 13.2
Cementar . . . 418.8
Cementation furnace 416.5
- -, English . . 416.6
- of malleable iron 414.4
- powder . . . 418.8
- process . . . 416.3
Cémentation . 13.1 416.3
- de fer malléable 414.4
- oxydante . . 415.6
Cementato . . . 13.1
Cementazione . 13.1 416.3
- ossidante 414.4, 415.2
Cémenté 13.1
Cémenter . . . 416.5
Cementing box 415.2 416.7
- carbon . . . 215.10
- material . . . 415.5
- powder . . . 418.8
- power 428.1
Cementita . . . 283.6
Cementite . . . 283.6
Cémentite . . . 283.6
Cemento armato 289.7
- calcare . . . 117.9
- di loppa . . . 359.6
Cemento calcáreo 107.9
-, colocar en el 415.10
- de escoria de alto horno 359.6
- para hierro . 319.5
Cendre 101.9
- de bois . . . 431.4
Cendrier 163.6, 164.1 368.4
- maçonné . . 540.3
Ceneraio 163.6, 368.4
Cenere 101.9
- di carbone di legna 117.12
- - legno . . . 431.4
- umida 546.2
- volante . . . 164.4
Cenicero 163.6, 164.1 368.4
Ceniza 101.9
- de carbón vegetal 117.12
-s de madera . 431.4
- húmeda . . . 546.2
-s vegetales . . 431.4
Centering, machine for (s. machine)
Centinato . . . 584.5
Central station, electric 165.5
Central 167.9
- de alumbrado 165.8
- - distribución 165.7
- - electricidad 165.5
- - fuerza motriz 166.1
- eléctrica . . . 165.5
Centrale 167.9
- d'éclairage . 165.8
- de distribution 165.7
- - force motrice 166.1
- électrique . . 165.5
Centrale elettrica 165.5
- per forza . . 166.1
- - luce 165.8
Centrare le staffe 454.7
Centreing frame 451.3, 454.7
- moulding machine 454.6
- ring 451.3
Centrer les châssis 454.6
Centreux . . . 451.3
Centrifugal . . 79.4
- apparatus . . 176.3
Centrifuge . . . 79.4
Centrífugo . . 79.4
Centrifugo . . 148.7
Centro 515.6
Ceñir con llantas de hierro 303.2
Cepillar 84.3
Cepillo 437.10, 490.10
- circular para limpiar fundición 491.3
- con barba . . 491.1
- de cáñamo . 553.9
- para aristas . 491.1
Ceppo 498.2
Cera . . 424.12, 546.10
- da modelli . 424.5
Cerchiare in ferro 303.2
Cerchiatura . . 512.2
Cerchio . 231.2, 295.5
- d'acciaio . . . 294.7
- di ferro battuto 294.6
Cercle 231.2
- de fer 303.2
- - fourneau de cuisine 455.1
- en acier . . . 294.7
- - fer forgé . 294.6
Cerco 231.2
Cerino 459.5
Cernido 432.4
Cerniera . . . 131.4
Cerrado 103.7
Cerrar con sello 234.4

Certificado de análisis 227.4
Certificat d'analyse 226.9, 227.4
Certificate 227.4
Certificato d'analisi 226.9, 227.4
Certified 178.6
Cerusa 551.10
Céruse 551.10
Cerveza ácida 431.2
Cesoia da lamiera 533.9
- idraulica per blooms 533.8
Cessare le cariche 354.10
Cesser le chargement 354.10
Cessione d'ossigeno 375.4
Cesta de dos partes 129.2
- para secar 462.6
Cesto de cok 336.7
Chain 137.9, 311.8
-, endless 340.9
- grate stoker 157.5
- railway 135.10
Chaine 135.10, 311.8
- à godets 139.9
- sans fin 340.9
Chainon d'entraineur 136.7
Chair pass 517.11
Chaise 521.7
Chaland 562.1
Chalcopyrite 72.2
Chaleur 86.7
- accumulée 408.1
- critique 272.10
- d'incandescence 86.10
- d'ionisation 264.1
- de combinaison 223.1
- - dissociation 262.8
- - fusion 474.2
- - la fonte et du laitier 346.4
- - - réaction 222.7
- - trempe 543.6
- des gaz du gueulard 346.5
- latente 272.6
- rouge 86.11
Chalk 113.7, 117.3
Chalking the wire 537.3
Chalumeau 234.6,8
-, ouvrir au 343.6
- oxhydrique 251.7
Chamber 85.6
- hearth 286.5
Chambre à air 502.1
- - - de la conduite d'aspiration 145.2
- - étincelles 467.6
- - poussière 409.2
- d'hydrogène sulfuré 177.1
- de chauffe 85.6, 319.2
- - filtration 140.9
- - la prise d'eau 141.4
- - lavage 177.6
- - récupération 407.7
Chambre de refroidissement 329.5
- - séchage 462.8
- latérale 316.6
Chamois 202.10
- leather 202.10
Chamot 116.12
Chamota 116.12
Chamotte 116.12
Champ de la lunette 279.4
- - vision 279.5
- du spectre rouge jaunâtre 401.5
-, intensité du 92.11
- magnétique 92.9
-, sur 321.10
Champignon 22.5
Change of sectional area 503.2
- - temperature, sudden 118.7
-, to 376.3
Changeability of phases 274.6
Changement de profil 522.8
- - section 503.2
- - sens du laminage 531.11
Changer de cannelure 535.3
Channel 21.1, 81.2, 85.7, 423.7, 443.3, 471.8
-, circular 312.5
-s for running lead 290.6
Chanvre 429.6, 444.5
Chapa 25.4, 40.2
- bruta 27.5
- con borde doblado 26.6
- de acero 25.11
- - - dulce 25.10
- - - fundido 25.12
- - aluminio 199.11
- - Babo 199.4
- - blindaje 293.9
- - caldera 26.3
- - colar la escoria 371.3
- - desecho 27.7
- - hierro 25.6, 287.2
- - - pudelado 25.9
- - hogar 26.7
- - la timpa 202.4
- - platino 194.9
- delgada de hierro 25.7
- desoxidada 553.1
- enderezada 27.8
- estampada 26.12
- estriáda 26.11, 308.4
- fina 26.1
- gruesa 26.3
- inclinada 316.5
- laminada 25.5
- libre de óxido 553.1
- martillada 25.8
- mate 552.11
- negra 26.2, 553.3
- ondulada 27.1, 308.4
- - y combada 27.2
- para buques 26.9
- - calderas 26.5
- - depósitos 26.10
- - el cuerpo cilíndrico 26.8
Chapa para embutir 26.6
- perfilada 26.4
- perforada 27.4
- rayada 27.3
- rebordeada 26.6
Chapeau 313.8, 406.2, 521.2, 522.10
- boulonné 524.4
- en caoutchouc 198.2
Chapelle 298.8
Chapiteau d'entretoisement supérieur 506.6
Chaplet 461.7
-, double headed 461.8
Characteristics of the ore 65.6
Charakter des Erzes 65.6
Charbon 100.5
- à courte flamme 99.5
- - longue flamme 99.1
- brut 100.7
- collant 99.3
- comprimé 343.11
- d'os 419.12
- de bois 4.1, 98.2, 285.2
- - - de conifères 418.10
- - - feuillu 418.9
- - bouleau pulvérisé 419.3
- - corne 419.5
- - cuir 419.4
- - forge 99.10, 107.6
- - terre 98.7
- en morceaux 100.9
- fin 101.4
- gailleteux 101.2
- gras 99.2
-, grosseur du 100.8
- incandescent 405.7
- lavé 102.1
- menu 101.3
- poussiéreux 101.6
- préparé 102.1
- pulvérisé 101.4
Charbonnage 100.5
Charcoal 98.2, 418.9
-, animal 419.12
- ashes 117.12
- blast furnace 285.2
- dust 98.3, 430.1
- heap 98.4
- hearth cast iron 7.6
- - steel 10.4
- iron 365.2
- pig iron 4.1
- powder 430.1,4
Charge 86.1, 134.7, 240.12, 333.4,6, 373.10, 409.7, 565.1
- bogie 410.4
- book 349.4
- bridge 308.1
- coke 473.7
-, cold 565.2
-, dense 335.7
-, general -s 563.6
-, hot 565.3
- labourer 332.9
- level 467.4
-, molten 565.3
Charge of coke without ore 337.7
- - fuel 335.3
- - hoist 333.3
- - ore 335.2
- - -s and fluxes 334.1
- - pig 374.1
- - throat 333.1
- pig iron 395.9
- shovel 409.10
-, special 478.10
-, to 104.8, 335.1, 337.10, 374.2, 409.9, 415.3
-, - - the boxes 417.5
- wagon 410.4
Charge 240.12, 333.4,6,7, 409.7, 565.1
- chaude 565.2
- d'un four 573.2
- de combustible 335.3
- - fonte 374.1, 478.9
- - minerai 334.1, 335.2
- du creuset 385.1
- électrique 264.7
- faible 374.1
- fausse 337.7
- froide 565.2
- liquide 565.2
- maxima 241.1
- spéciale 478.10
- utile 125.4, 134.7
Chargé 395.9
Chargement 105.1, 333.4, 560.3
-, appareil de - de minerais 123.1
- automatique 129.2, 308.9, 331.5
- - de la grille 156.8
- continu 161.7
- de concentration de l'électrolyte 259.4
- - scories 375.6
- des minerais 86.3
-, dispositif de 406.1
-, disposition de - du gueulard 308.8
- du convertisseur 395.7
-, installation de - à grue pivotante et roulante supérieure 127.7
- mécanique de la grille 156.8
- par câble aérien 331.7
- serré 335.7
Charger 104.8, 335.1, 409.9, 374.2
- à la main 156.7
- automatiquement la grille 157.2
- les boites 417.5
- - caisses 417.5
- manuellement 156.7
- mécaniquement la grille 157.2
Chargeur à bascule 132.5
-, appareil 433.1
- de minerai 332.9
- descendant 133.4
- mécanique 410.1

Chargier-kran 410.5
-löffel 411.3
-maschine . . . 410.1
-mulde 410.8
-schwengel . . 410.2
-vorrichtung . 410.1
-wagen, Block- 529.3
Charging 122.2, 331.7
- apparatus 329.8, 433.1
- bar 410.6
- bin 311.8
- box 410.8
- capacity . . 240.11
- carriage . . . 529.3
- cone 84.2
- crane . . . 410.5.7
- device . 308.8, 410.1
- -, automatic 308.9 331.5
- door 161.8, 370.7 417.6
- end 138.8
- floor 388.6
- gallery foot plates 307.6
- hole 105.1
- hopper 311.8, 406.1
- machine . . 410.1
-, mechanical 156.8
- of ores 86.3
- - slag 375.6
- peel 411.3
- platform 388.4, 467.4
- side 402.3
- spoon 411.3
- the converter 395.7
Chariot à laitier 338.5
- d'enfournement des lingots 529.3
- d'étuve . . . 463.3
- de chargement des lingots 529.3
- - coulée . . . 477.1
- - machine à mouler 454.4
- - pont de coulée 476.3
- enfourneur des lingots 529.3
- portepoche . 477.3
- porteur de la poche de coulée 477.3
- roulant de grue 126.6
- servant au démoulage 448.4
- transbordeur 124.3
- transporteur de la poche de coulée 477.3
Charnela . . . 131.4
Charnière . . . 131.4
Charpente du monte-charges 329.9
- en bois . . . 151.4
- - fer 151.3
Charred 420.1
Chassis 282.3
Chasse-pointes 504.6
Châssis . 282.3, 439.9
- à charnière . 440.8
- - pièces rapportés 440.9
- américain . . 440.6
- de grille . . . 368.2
Châssis de la machine à mouler les poulies 452.1
- - moulage . 439.13
- - truck . . . 477.2
- démontable 440.5
- du marteau 496.2
- en bois . . . 440.4
- inférieur . . 440.10
- intermédiaire 441.1
- pour colonnes 440.7
- supérieur 441.2, 442.6
Chatarra 29.5
Château d'eau 145.7
Chaudière 178.10, 26.5
- à bouilleurs . 154.2
- - circulation 153.3
- - contrecourant 153.1
- - étain 553.6
- - faible volume d'eau 152.7
- - foyer intérieur 154.5
- - - - avec bouilleurs transversaux 154.7
- - - - ondulé . 154.6
- - graisse . . . 553.3
- - grand volume d'eau 152.8
- - plusieurs bouilleurs 154.4
- - tubes d'eau 155.3
- - - de fumée 155.1
- - vapeur . . . 152.1
- - - à basse pression 152.6
- - - - haute pression 152.2
- - - - pression moyenne 152.5
- aquatubulaire 155.3
- auxiliaire . . 153.6
- autoclave . . 178.8
- combinée . . 153.8
- cylindrique multiple 154.3
- dans laquelle l'eau et les gaz chauds circulent dans le même sens 153.2
- de Galloway 154.7
- - réserve . . 153.5
- - secours . . 153.6
- demifixe . . . 155.2
- en service . . 153.4
- étagée 153.9
- formée d'un simple corps cylindrique 153.7
- horizontale . 152.3
-, installations de -s 151.5
-, - - -s à l'air libre 151.7
-, - - - découverte 151.7
-, - - -s sous toit 151.8
- mixte 153.8
- verticale . . 152.4
Chauffage 86.5, 104.2 367.9
- à feu nu . . 120.4
- de la tête du lingot 485.7
- des chaudières 360.3
Chauffage direct 463.2
- du goudron . 120.2
- indirect . . . 463.1
- par arc électrique 566.1
- - induction . 568.3
- - la vapeur . 120.3
- - le fond . . 328.6
- - résistance . 570.5
- préalable 346.9, 347.5
Chauffe . 85.6, 367.10
Chauffé 447.3
Chauffer 336.4
- au rouge . . 385.7
- la fonte . . . 374.3
- - poche . . . 479.3
Chaufferie . . . 370.6
Chauffeur . . . 164.3
Chauler le fil . 587.3
Chaux . . 117.1, 205.5 220.1
- sodée 205.7
Chaveta, unir con -s 442.10
Checker (s. chequer)
- plate 27.3
- work of a regenerator 407.8
Checkered . . . 26.11
Cheese 384.3
Chef de service 332.4
- du laboratoire 178.3
- -fondeur . . . 332.6
Chefchemiker . 178.4
Chemical . . . 68.5
Chemie des Eisens 218.5
- - Hochofenganges 345.5
Chemikalien . . 208.5
Chemiker . . . 178.4
-, vereidigter . 174.2
Chemin de fer 22.1
- - - vicinal . . 22.7
Cheminée . . . 149.3
- d'usine . . . 164.6
- de combustion 321.1
- - cubilot . . 467.5
- indépendante 165.4
Chemisch . . . 109.4
- gebunden . . 208.8
- rein 204.2
Chemise de la cuve 305.6
- - revêtement 373.4
-, largeur de la 446.2
- nue 287.3
- réfractaire . . 304.5
Chemist 174.1
-, certified . . . 178.6
-, diplomed . . 178.6
-, sworn 174.2
Chemistry of iron 218.5
- - the blast furnace process 345.5
Chenal 340.2
- d'écoulement 298.6
- de fusion . . 568.5
- - - annulaire 568.6
- en bois . . . 80.7
- latéral 340.3
Chequer (s. checker)
- brick heater . 320.5
- - stove . . . 320.5
- plate 27.3
Chequered . . . 26.11
Cherry coal . . 99.7
- -, baking . . . 99.8
Chest 499.8
Chestnut coal . 101.1
Cheval, fer à . 28.10
Chevalet . 125.8, 454.2
Cheville 424.4
Chevron 519.2
Chiarificazione dell'acqua 146.8
Chiaro 108.2
Chiavarda della stecca 24.2
- di fondazione 291.3
Chiave 522.1
Chiavetta . . 301.10
-, chiudere con -e 442.10
Chicane en bois 80.6
Chief chemist . 178.4
- of laboratory 178.3
chill 6.6, 340.6
- casting . . . 487.7
- mould 446.6
-, preheated . . 447.3
-, warmed . . . 447.3
Chilowatt-ora . 572.7
Chimenea 149.3, 164.6 372.9
- aislada . . . 165.4
- de combustión 321.1
- del cubilote . 467.5
Chimica dell'alto forno 345.5
Chimicamente, combinato 208.8
- puro 204.2
Chimico aiuto 178.5
- arbitro . . . 174.1
- assistente . . 178.5
- capo 178.4
- diplomato . . 178.6
- giurato . . . 174.2
-, studio - del ferro 218.5
Chimie du haut-fourneau 345.5
Chimique . . . 81.5
-, étude - du fer 218.5
Chimiquement combiné 208.8
- pur 204.2
Chimiste arbitre 174.1
- assermenté . 174.2
- diplômé . . . 178.6
- en chef . . . 178.3
Chimney . 164.6, 165.1 372.9
- cooler 149.3
- draught . . . 164.7
- flue 85.8
- hole 417.4
- hood 389.1
-, isolated . . . 165.4
- lid 178.1
- platform . . . 388.8
- stack 164.6
- ventilator . . 164.8
China clay . 116.13
- evaporating basin 194.4
Chio 364.4
Chiodato . . . 186.5
Chiodo per rotaie 24.6
Chip 35.7
-, cast iron . . 464.8
-, to - out . . . 34.4

Chisel 504.7
¬ pneumatic . . 402.2
- steel 18.7
- temper 18.7
¬ to - off . . . 38.1
Chispa 396.9
-s de estrella . 374.9
- - hierro . . . 397.1
Chisporrotear . 482.1
Chiudere, apparecchio per 301.7
- con chiavette 442.10
- la staffa con bolloni 442.9
- le aperture . 355.1
- - soffiature . 494.2
Chiuso . . 103.7, 439.5
Chiusura a baionetta 301.8
- - valvola . . 314.8
- americana . . 311.7
¬ apparecchio di - della bocca 309.4
- del forno . . 307.2
- dell'organo in prova 55.1
- della porta . 168.5
¬ doppia 318.3
- ermetica . . . 324.1
- idraulica . . 318.4
405.8
Chlor . . 211.5, 221.8
-alkalien . . . 361.11
-ammonium . 207.10
-antimon . . . 552.5
-barium 207.6
-calcium 207.8.9, 238.9
- -lösung . . . 329.6
- -röhre 232.3
- ¬ wasserfreies 207.9
- -zylinder . . 232.2
- entwicklungsflasche 221.9
- -kolben . . 221.10
-kalium 207.1
-kalk 208.2
-kupfer 209.3
-magnesium . 208.4
-wasserstoffsäure 208.10
Chlorat, Kalium- 211.2
Chlorate de potasse 211.2
¬ potassium . . 211.2
Chlore 211.5, 221.8.9.10
Chlorhydrique 208.10
Chlorid, Platin- 210.3
Chlorid, alkaline -s 361.11
¬ ammonium 207.10
¬ cupric 209.3
¬ cuprous . . . 209.4
¬ mercuric . . 209.7
¬ mercurous . . 209.6
- of barium . . 207.6
- - calcium 207.8, 329.6
- - - free of water 207.9
- - iron 208.5
- - lime 208.2
- - magnesium 208.4
- - potassium . 207.1
¬ platinic . . . 210.3
¬ stannic . . 208.10
¬ stannous . . . 208.9
Chlorine 211.5, 221.8
- developing apparatus 221.9
Chlorine develo- flask 221.10
Chlorure, -s alcalins 361.11
- cuivreux . . 209.4
- d'ammoniaque 207.10
- d'antimoine . 552.5
- d'étain 208.9
- de barium . . 207.6
- - calcium . . 207.8
208.2, 232.2, 329.6
- - - anhydre . 207.9
- - chaux . . . 208.2
- - cuivre . . . 209.4
- - fer 208.5
- - magnésium 208.4
- - mercure . . 209.7
- - platine . . 210.3
- - potassium . 207.1
- - sodium . . 207.2
- stanneux . . 208.9
Choc 25.2, 41.7
Chock, -s . . . 521.7
- bearing levers 522.5
Choix de la force motrice 168.1
- des échantillons 33.1
Choking the blast furnace scaffolding 337.9
Chopped 429.3
Choque 41.7.8
Chorro de agua 545.1
- - aire 396.3
- - arena . . . 492.9
- - metal . . . 386.7
- - vapor . . . 158.2
- en abanico . 159.3
Chrom 218.1
¬ Eisen- 15.6
¬ Ferro- 15.6
-nickelstahl . . 16.12
-oxyd 218.2
-sauer 206.4
-säureanhydrid 204.7
-stahl 17.1
Chromate de potasse 206.4
Chromate of potassium 206.4
Chromatic . . 279.13
Chromatique 279.13
Chromatisch . 279.13
Chrome . 16.12, 218.1
Chromé 17.1
Chromic acid . 204.7
Chromique . . 204.7
Chromium . . . 218.1
- -nickel-steel . 16.12
¬ sesquioxide of 218.2
- steel 17.1
Chromopyrometer 400.9
Chupón 453.7
Chute . . 181.8, 182.1
- grate 161.7
- launder . . . 80.7
Chute 33.6
-s de fer 29.5
- de température 447.5
- des accrochages 353.7
- - charges . . 353.7
Cianuro de potasio y de titano 361.12
Cianuro di potassio 206.3, 361.10
- - - e di titanio 361.12
Cianuro potásico 206.3, 361.10
Ciclo chiuso . . 148.2
Ciel ouvert, à . 58.2
Cielo abierto, á 58.2
Cierre 23.5
- de aire caliente 322.5
- - bayoneta . 301.8
- - ensayo . . . 55.1
- - la cuba . . 307.2
- - - puerta . . 168.5
- - prueba . . . 55.1
- del aparato calentador 322.1
- - tragante . . 309.4
- - -, sistema americano de 311.7
- doble 318.3
- hermético . . 324.1
- hidráulico . . 318.4
Cilindrare 35.10, 529.6
Cilindrico . . . 96.4
Cilindrico . . . 96.4
Cilindro . 77.8, 512.5
- a canali . . . 514.4
- - compressione 121.3
- - gola 539.1
- - gradini . . 518.6
- - gran velocità 535.4
- - mandrino per tubi saldati 538.9
-, - più -i . . . 325.8
- ad aria . . . 328.3
- blooming . 518.11
- comandato . 518.3
- con scala . . 524.2
- curvato . . . 587.8
- del freno . . 311.3
- - vapore . . . 499.1
- della mazza battente 501.6
- - pompa d'aria 501.4
- di ghisa . . . 312.4
- - guarnizione 472.2
- - mezzo . . . 512.9
- - riempimento 311.8
- - zinco . . . 266.3
- eccentrico . . 538.2
-i equilibrati . 523.1
- essiccatore . 232.4
- finitore . . 518.10
- fisso 498.5
- idraulico . . 393.5
- inferiore . . . 518.1
- - fisso 523.5
- libero 518.4
- per cloruro di calcio 232.2
- - lamiere . . 514.1
- principale . . 458.6
- sbozzatore . . 518.9
- superiore . . 512.8
- - equilibrato 523.6
- - sospeso . . 523.6
Cilindro . 77.8, 458.6
512.5
-, á un 325.7
-, á varios -s . 325.8
- acabador . 518.10
- arrastrado . 518.4
Cilindro, blooming 518.4
- calibrado . . 514.4
- combado . . 587.8
- compresor . . 121.3
- con canales . 514.4
- - mandril para tubos soldados 538.9
- conducido . . 518.3
- de cinc . . . 266.3
- - garganta . 539.1
- - gran velocidad 535.4
- - guarnición 472.2
- - hierro fundido 312.4
- - la bomba de aire 501.4
- - - maza . . 501.6
- - relleno . . . 311.8
- - vapor . . . 499.1
- - - fijo . . . 498.5
- - viento . . . 328.3
- del freno . . 311.3
- equilibrado . 523.1
- escalonado . 518.6
- excéntrico . . 538.2
- graduado . . 524.2
- hidráulico para volcar el convertidor 393.5
- inferior . . . 518.1
- - fijo 523.5
- loco 518.4
- medio 512.9
- para chapa . 514.1
- - cloruro de calcio 232.2
- - palastro . . 514.1
- - secar 232.4
- preparador . 518.9
- superior 512.8, 517.7
- - equilibrado 523.6
Ciment calcaire 117.9
- de laitier portland 359.6
Cimiento . . . 288.5
- de piedra . . 289.5
Cinc . . . 70.6, 218.14
-, libertado del 90.9
Cincel 18.7
- de aire comprimido 402.2
Cincifero . . . 61.3
Cinder . . 112.4, 355.9
- charging . . 337.8
-s, moistened . 546.2
- notch 300.2
- pig iron . . . 6.8
-, rich finery . 366.1
Cinghia, comando a 509.4
- di trasporto per carbone 159.5
Cinglado . . . 377.2
Cinglador de palanca 377.4
- giratorio . . . 377.5
Cinglage . . . 377.2
Cinglar 377.1
Cingler . . . 377.1.4
Cingleur à levier 377.4
- rotatif 377.5
Cinta 188.4
- colectora . . 188.3
- de magnesio 184.3
- - rascadores . 189.4
- distribuidora 188.9

Cinta inclinada de transporte 138.10
- métrica . . . 38.9
- para el transporte del carbón 159.5
- sin fin 340.9
- - - de transporte 138.5
Cintrage 43.6
Cintré 27.2
Cintrer 43.8
Cintura . 295.5, 392.6
Ciocco 387.8
Ciottolo, -i . . 64.9
Circolare . . . 312.5
Circolazione . . 144.1
- d'acqua . . . 297.1
- -, a 322.6
Circonférence 514.12
Circonferenza 514.12
Circuit fermé . 148.2
Circuito cerrado 148.2
Circulación . . 144.1
- del agua en un circuito cerrado 148.2
Circulaire . . . 312.7
Circular . 238.3, 312.7
Circulation . . 148.1
- boiler 153.8
- channel . . . 471.8
-, closed 148.2
- passage . . . 471.8
- pump 144.1
Circulation . . 144.1
- d'eau 297.1
- -, à 322.6
- en circuit fermé 148.2
Circulo . . . 514.12
Circumferential 580.9
Cire . . 424.12, 546.10
Cisaille à tôles 533.9
- hydraulique pour blooms 533.8
Cisaillement . . 34.2
Cisailler 533.6
Cisco de carbón vegetal 98.3
Ciseau 34.4
Cizalla 34.2
- para chapa . 533.9
Claie 230.5
- en bois . . . 317.1
Clair 108.2
Clamp for stand 198.6
- plate 24.5
-, to 442.10
-, - - the ingot 528.9
Clapet . . 301.3, 314.8
- d'entrée d'air 321.4
- d'explosion . 314.9
- de chargement 161.8
- - cheminée . 378.1
Claridad de la llama 374.8
Clarificación . 81.3
- del agua . . . 146.8
Clarification . . 146.9
- de l'eau . . . 146.8
- of water . . . 146.8
Clarifier 248.6
Claro 108.2
Clarté de la flamme 374.8
Clase 34.11
Clase de construcción del alto horno 287.5
- - hierro . . . 17.11
-, - mineral . . 66.1
-, - molde . . . 438.2
- del alambre . 28.2
Classification of ore 65.4
- - minerals . . 66.1
Clave de la plaza del crisol 290.7
- del fondo del crisol 290.7
Clavecin, fil de 28.7
Clavette, relier avec des -s 442.10
Clavija 424.4
Clavo 462.1
- abierto . . . 462.2
- de herradura 29.2
- - macho con patente 461.9
Clay 116.13, 276.9, 427.10
- band 68.8
- brick 428.7
- crucible . . . 382.7
- containing iron 113.5
-, converted . . 116.6
- cutter 433.5
- disc 249.7
- furnace . . . 249.6
-, gray 116.3
-, green 428.3
- gun 342.7
- ironstone . . 68.8
-, lean 382.8
- mixer 433.5
- -, horizontal . 119.6
-, plastic 428.2
- plate 439.6
- plug 342.5
-, puddled . . . 303.6
-, pulverisor for washed . . 276.11
-, reddish . . . 116.4
-, rich in . . . 357.13
-, sedimentary 116.1
-, slaty 116.5
-, soapy 428.4
-, tamped . . . 303.6
-, triturated . . 116.7
-, unctuous . 116.10
-, useless 116.9
-, washed 116.7, 276.10
- work 303.5
-, young 116.2
Clayey 426.1
Clé de voûte de la sole 290.7
Clean 494.1
-, to - the casting 489.5
Cleaner 315.9
Cleaning . . . 315.6
- door 168.3
- hole . . 163.4, 321.8
- shop 489.2
- the hearth . . 342.2
Cleanliness of surface 35.3
Cleanser . . . 489.3
Cleansing drum 493.2
-, further . . . 493.8
- machine . . . 492.1
- material . . . 491.7
- mill, portable 493.3
- tool 490.9
Clearing 355.6
Clef 522.1
Cleveland blower with one connecting rod 326.6
-, forno di torrefazione di 84.1
-, four de grillage du 84.1
-, horno de calcinación de 84.1
-, machine soufflante de - à une bielle 326.6
-, máquina soplante con una biela sistema 326.6
- roasting furnace 84.1
-, sofficria di - ad una biella 326.6
Cleveländer Röstofen 84.1
Clevelandsches Gebläse 326.6
Climb, to - up the chimney 165.1
Clinker 337.4
- grate 162.2
-, to 349.5
Clinkering . . . 106.7
Clip 192.4
-, Mohr's 192.4
-, to 38.11
Cloche . . 78.7, 309.9
- de la pompe à air 178.3
-, en forme de 309.10
- - verre . . . 189.3
- Hutter 407.2
Clogging of the blast furnace scaffolding . 337.9
- up of the roasting furnace . 88.3
Cloison . 319.8, 407.10
Clorato di potassa 211.2
- potásico . . 211.2
Clorhidrico . . 203.10
Cloridrico . . 203.10
Cloro . . 211.5, 221.3.9
Cloruro, -i alcalini 361.11
- ammonico . 207.10
- d'antimonio . 552.5
- di bario . . . 207.6
- - calce 208.2
- - calcio 207.3, 232.4
- - - anidro . . 207.9
- - - secco . . 207.9
- - ferro 208.5
- - magnesia . 208.4
- - platino . . . 210.3
- - rame 209.3
- - sodio . 207.2, 545.7
- mercurico . . 209.7
- mercuroso . . 209.6
- potassico . . 207.1
- ramico . . . 209.3
- ramoso . . . 209.4
- stannico . . 208.10
- stannoso . . . 208.9
Cloruro, -s alcalinos 361.11
- amónico . . 207.10
- bárico 207.6
- cálcico . 207.3, 208.2
- - anhidro . . 207.9
Cloruro cúprico 209.3
- cuproso . . . 209.4
- de antimonio 552.5
- - calcio . . . 232.2
- - estaño . . 208.10
- - sodio 545.7
- estánnico . 208.10
- estannoso . . 208.9
- férrico 208.5
- magnésico . . 208.4
- mercúrico . . 209.7
- mercurioso . 209.6
- platínico . . . 210.3
- potásico . . . 207.1
- sódico 207.2
Clos 103.7
Close, to 308.5
-, - - the openings 355.1
Closing cover 297.5
- device . . . 313.10
- screw 323.4
- trap, hinged . 131.4
Cloth 203.1
Clou à ferrer . 29.2
Clutch 136.2
- for shunting railways 137.8
-, self-acting . . 527.2
-, sliding 519.9
-, to throw in . 520.6
-, - - out the . 520.7
Coagularse . . 354.1
Coal 98.6.7
-, best 100.9
-, bituminous . 99.2
- chute 132.3
- coming from the mine 100.7
-, dressed . . . 102.1
- dust 101.7
- -, fine . . . 430.10
- - furnace . . 155.7
- extraction . . 100.4
- firing 155.4
- grab 129.2
- handling plant 159.4
- hopper 157.3
-, large 100.9
-, long flaming . 99.1
- mine 100.5
-, non-baking . 99.8
-, - -bituminous 99.6
-, powdered . . 430.2
-, pressed . . 343.11
-, rough 100.7
-, semi-bituminous 99.4
- shoot 132.3
-, short flaming 99.5
- slimes 101.8
-, small 101.4
- stamping machine 105.5
- tar industry . 71.1
- tip, automatic 132.4
-, to - the quartz 115.8
-, washed . . . 102.1
- washing plant 102.2
- washings . . 101.8
Coaling door . 368.7
Coat, first . . 551.3.6
-, permanent . . 551.5
Coating . . . 429.10
Cob, to 63.2
Cobalt . . 188.6, 217.11
- glass 235.9
- - bottle . . . 188.6
-, nitrate of . . 212.5

Cobalt oxide . 217.12
Cobalto 212.5 217.11
–, vidrio de . . 188.6
Cobble, -s . . . 101.1
Cobertera de vidrio 189.6
Cobre . . 72.2, 217.7
–, dar un baño de 552.7
- piritoso . . . 72.2
- precipitado de su disolución 90.7
Cobrizo 61.1
Cocción 118.8
- completa . . 118.9
Cocer 95.2
Coche 24.9
- descargador automático 128.2
Cochura 118.8
Cocido . . . 383.10
–, perfectamente 106.2
Cock . . . 188.9, 190.1
Coclea trasportatrice 139.7
Coda 497.2
Codliver oil . . 546.9
Codo 320.3
Coefficient of dissociation 260.5
- - draft 516.9
- - reduction . 516.9
Coefficient . . . 43.7
- de pliage . . 43.7
- - réduction . 516.9
Coefficiente di riduzione 516.9
- - trazione . . 48.9
Coeficiente de la curvatura 43.7
- - - flexión . . 43.7
- - reducción . 516.9
- - tracción . . 48.9
Coesistere . . . 274.9
Coexister . . . 274.9
Cog down, to . 529.8
-s on pinion wheel 393.1
–, to 529.8
Coger con las tenazas 581.7
- la barra . . . 581.6
- lingotes . . . 526.3
Cogging mill . 510.2 511.4
- pass 517.5
- roll 513.11
Coil . . . 270.4, 535.6
- of piping . . 319.6
Coin . . 301.10, 522.1
–, à -s arrondis 20.4
Cojinete 392.5
- de bolas . . . 300.8
- - rodillos . . 325.2
- del muñón . 521.7
Cok 4.3, 102.8
- cribado . . 107.11
- de alto horno 107.3
- - carbón de fragua 107.6
- - fundición . 107.4
- en pedazos . 107.9
–, horno de (v. horno)
- machacado . 107.12
- magro 107.5
- menudo . . 107.13
- para calentar 473.6
Cok para carga 473.7
- quebrantado 107.10
Coke 102.7.8
- basket 336.7
- blast furnace 285.3
–, broken . . . 107.10
- cake 106.6
–, crushed . . 107.12
- dross . . . 107.13
- fork 473.8
–, large 107.9
–, lean 107.5
- oven 103.4.9
- –, closed . . . 103.7
- - gas 103.5
- –, half closed 103.5
- - with utilisation of byproducts 103.8
- pig iron . . . 4.3
- pusher 106.4
- pushing machine 106.4
–, sifted . . . 107.11
- storing place 130.4
Coke 4.3, 102.8
- concassé . . 107.12
- criblé . . . 107.11
- d'allumage . 473.6
- de charbon de forge 107.6
- - fonderie . . 107.4
- - fusion . . . 473.7
- - haut-fourneau 107.3
- des charges . 473.7
- en morceaux 107.9
–, four à (v. four)
- maigre . . . 107.5
- menu . . . 107.13
- moyen . . . 107.10
- sans minerai 337.7
- tamisé . . . 107.11
Coke 4.3, 102.8
- a pezzi . . 107.10
- d'alto forno . 107.3
- da fonderia . 107.4
- di carbone di fucina 107.6
–, forno a (v. forno)
- grosso 107.9
- magro 107.5
- minuto . . 107.12
- per l'accensione 473.6
- spezzato . . 107.12
- vagliato . . 107.11
Cokéfiant, pouvoir 102.9
Coking . 102.6, 105.8
- capacity . . . 102.9
- coal 100.2
Col de cygne . 498.7
Cola . . 419.7, 497.12
Colada . 338.1, 395.8
- centrifuga . . 482.7
- de fundición 481.1
- - las escorias y de la fundición 299.5
- en arcilla . . 487.6
- - arena . . . 487.4
- - coquilla . . 487.7
- - molde . . . 487.8
- - - metálico . 487.7
- - tierra . . . 487.5
–, hacer la . . . 338.6
–, la - fracasa 488.11
Colada, la colada sale mal 488.11
- por el fondo 482.5
- tangencial . . 482.6
Colado 4.7
- en acero 4.7, 488.3
–, hormigón . . 290.1
Colar 371.3
- de los dos lados 482.3
- - pie 482.8
–, dispuesto para 448.1
- en moldes . . 481.4
- por el agujero de colada 481.6
Colare 338.3.6
- da due lati . 482.3
- dal tappo . . 481.6
- in piedi . . . 482.8
–, far - dal becco rovesciandolo 481.5
–, macchina per (v. macchina)
- nelle forme . 481.4
–, pronto per . 448.1
Colata . . 338.1, 443.3
- a forcella . . 443.9
- - forza centrifuga 482.7
- - sifone . . . 482.5
- anulare . . . 444.3
- conica 443.8
- della ghisa . 481.1
- - scoria . . . 474.6
- delle scorie e della ghisa 299.5
- di fianco . . 444.1
–, la - è mancata 488.11
- rotonda . . . 443.6
- tangenziale . 482.6
Colato, calcestruzzo 290.1
- in acciaio . . 488.3
- - argilla . . . 487.5
- - conchiglia . 487.7
- - sabbia . . . 487.4
Colby, forno . . 568.7
–, four 568.7
–, horno de . . 568.7
–'s smelting furnace 568.7
-scher Ofen . . 568.7
Cold blast slide 322.4
- brittleness . . 48.1
- chisel 504.7
- saw 493.4
- short 48.1
- - iron 48.2
–, to - hammer 548.5
- working . . . 548.6
Colección de minerales 177.5
Colector 138.8
- de polvo . . . 316.7
Colla 419.7
Collant 99.3
–, pouvoir . . . 103.1
Collar of the roll 514.6
Collaudatore . 30.2
Collaudo . . 30.12
Colle 419.7
Collecteur 138.8, 164.5
Collecting flue 164.5
- pipe, common 313.0
- tube 271.1
Collection minéralogique 177.5
- of minerals . 177.5
Collector 409.2
Coller 423.4
Collet 513.6
- du cylindre . 514.6
Collettore, tubo 271.1
Collier de suspension 476.8
Colliery 100.5
Collo . . . 390.1, 513.6
Collocamento dei masselli 465.6
- del crogiuolo 385.8
Colmena, horno de 103.6
Colocación de fondo 392.1
- - los machos 461.6
Colocar el modelo 488.11
- en el cemento 415.10
- la caja superior 442.6
- los crisoles . 383.8
- - ladrillos . . 407.9
Colofonia . . . 419.8
Colonna . 293.8, 326.3
–, a forma di -e 47.1
- d'acqua . . . 478.1
- d'ottone . . . 237.3
- della sagoma 455.5
- - sciablona . 455.5
- delle cariche 335.4
- di ferro . . . 294.1
- - ghisa . . . 84.4
Colonnare . . . 47.1
Colonne . 293.8, 326.3
- d'arrière . . 496.10
- d'eau 478.1
- de laiton . . 237.3
- des charges . 335.4
–, en -s 47.1
- - fonte 84.4
Colonnetta del tappo 480.2
Colophane . . . 419.8
Color, dar . . . 547.4
- de alquitrán . 71.1
- del recocido . 547.5
- mineral . . . 551.4
Coloración de la llama 235.7
Coloration de la flamme 235.7
Colorato 400.9
Colorazione della fiamma 235.7
Colore di catrame 71.1
- - ricottura . . 547.5
- minerale . . . 551.4
Coloré 400.9
Coloreado . . . 400.9
Colour 547.5
Coloured . . . 400.9
Colouring of flames 235.7
Colpo della mazza 502.2
Coltello 237.7
- d'agata . . . 237.8
- di platino . . 195.9
- per tappi di sughero 196.5
Column . 84.4, 293.8 326.3
- balance . . 235.11
–, cast iron . . . 84.4
- of water . . . 478.1

Columna . 21.2, 293.8, 326.3
- de agua . . . 478.1
- - fundición . 84.4
- - las cargas . 335.4
- - latón 287.3
- del batidor . 496.8
-, en forma de -s 47.1
- porta-cojinete 496.2
- posterior . . 496.10
Columnar . . . 47.1
Columnario . . 47.1
Comandato . . 518.3
Comando dell'inversione di marcia della mazza battente . . 499.3
- elettrico dell'argano 314.5
- orizzontale . 187.4
- verticale . . . 187.5
Combado . . . 27.2
Combinación . 223.1
- de los metaloides con el hierro 349.9
- química 226.1, 345.10
Combinado, químicamente 214.7
-, silice -a . . . 115.4
Combinaison . 223.1
- chimique . . 226.1, 345.10
- des metalloides avec le fer 349.9
Combination . 223.1
- boiler 153.5
-, chemical . . 226.1.3, 345.10
- of metalloids with iron 349.9
Combinato, silice -a 115.4
Combinazione . 223.1
- chimica 226.1, 345.10
- dei metalloidi col ferro 349.9
Combiné, chimiquement 214.7
-, silice 115.4
Combined . . . 115.4
-, chemically . 208.8
Combining volume 226.7
- weight 226.6
Combustibile . 335.3
- carbonizzato 337.2
- che brucia con flamma 336.8
- solido 349.1
Combustible constituent 360.2
Combustible . 333.5
- carbonisé . . 337.2
- flambant . . 336.8
- privé des matières volatiles 337.2
- solide 349.1
Combustible . . 335.3
- carbonizado . 337.2
- flameando . . 336.8
- sólido 349.1
Combustion . 248.6, 408.2
- boat . . 248.9, 253.1
-, complete 87.6, 248.8
- furnace . . . 249.2
- glass 252.7
Combustion, perfect 248.8
- room 177.3
- shaft 321.1
- tube . . 249.1, 252.6
Combustion . . 177.3, 248.6
- complète 87.6, 248.8
- du carbone . 397.4
Combustión . . 177.3, 248.6
- completa 87.6, 248.8
- del carbono . 397.4
Combustione 177.3, 248.6
- completa 87.6, 248.8
Comercial, en conformidad con las costumbres -es 30.4
-, hierro 17.9
Comignolo . . 164.6
Comisión . . . 559.3
Commande . . 518.9
-, arbre de . . 78.4
- de la quenouille, mécanisme de 480.5
- électrique . . 393.6
- - du treuil de chargement 314.5
- horizontale . 187.4
- hydraulique 509.6.7
- par câbles . . 170.4
- - courroie . . 170.5
- verticale . . . 187.5
Commandé . . 513.3
- mécaniquement 229.6
Commercial . . 204.1
-, suivant l'usage 30.4
Commerciale, ferro 17.9
Commission . . 559.3
Common balance 236.1
- salt 207.2
Communication 86.2
Compact 59.3
Compacte . . . 3.8
Compacto . . . 3.8
Compartiment . 129.2
Compartimiento 181.1
Compas à pointes sèches 41.4
- - ressort . . . 462.1
- d'épaisseur 40.9, 41.2
- - micrométrique 41.1
- diviseur . . . 41.4
- écarté 462.2
- maître de danse 41.3
- ouvert 462.2
- pour alésages 39.6
Compás 40.1
- de gruesos 40.9, 41.2
- - huecos . . . 41.3
- - puntas . . . 41.4
- micrométrico de gruesos con esfera 41.1
Compass 462.1
- spread open . 462.2
- with spread shanks 462.2
Compasso aperto 462.2
Compasso di spessore 40.9, 41.2
- divisore . . . 41.4
- micrometrico 41.1
- per fori . . . 41.3
Compatto . . . 3.8
Compensación de la presión 478.2
Compensado . 237.6
Compensador . 167.7
- de dilatación con prensa-estopas 324.9
Compensateur à disque 324.8
- - presse-étoupes 324.9
Compensating hanging 237.6
- pipe 324.7
Compensation . 237.6
- de la pression 478.2
Compensator . 324.8
Compensatore a premistoppa 324.9
Compensazione 167.7
- della pressione 478.2
Compensé . . . 237.6
Complicado, pieza hueca -a 487.3
Compliqué, moulage creux 487.3
Component . . 274.7
Componente . . 274.7
- d'una combinazione 226.2
- de una combinación 226.2
-i del gas . . . 267.5
Comportarsi, modo di - nel l'alto forno 97.1
Comporter, se, manière de - - dans le haut-fourneau 97.1
Composante . . 274.7
Composé chimique 226.1
- de peroxyde et oxyde de manganèse hydraté 69.8
- oxygéné . . . 214.8
- sulfuré 216.8
Composición . 356.5
- de la carga . 333.7
- del gas . . . 267.4
- molecular . . 225.3
- química . . . 225.9
Composition . . 356.5
-, chemical . . 225.9
-, molecula . . 225.3
- of the burden 333.7
- - - charge . 333.7
- - - gas . . . 267.4
Composition . . 356.5
- chimique . . 225.9
- de la charge 333.7
- du gaz . . . 267.4
Composizione . 356.5
- chimica . . . 225.9
- d'un liquido . 192.7
- del gas . . . 267.4
- della carica . 333.7
- molecolare . 225.3
Composto ossigenato 214.8
Composto solforato 216.8
Compound engine 327.2
-, oxygen . . . 214.8
- steam pump . 143.2
-, volatile -s . 250.7
Compound, pompe à vapeur 143.2
-, machine . . . 327.2
Compound, pompa - a vapore 143.2
- macchina . . 327.2
Compound, bomba de vapor 143.2
-, máquina . . . 327.2
Compra . 558.1, 563.1
Comprador . . 558.5
Compratore . . 558.5
Compresión . . 485.8, 538.3
Compresor . . 121.1
Compressed . . 267.6
Compresseur . 121.5
Compression . 121.1, 485.8
- cylinder . . . 121.3
- des briques . 120.5
Compressione . 121.1, 485.8
- del liquido . 507.8
Compresso . . . 267.6
Compressore . 121.4, 377.4
- rotativo . . . 377.5
Comprimé . . . 267.6
Comprimer . 425.4.6
- le moule . . 442.11
Comprimere . . 425.4
Comprimido . . 267.6
Comprimir . . 425.4
Compte, porter en 559.10
- -gouttes, entonnoir 188.2
- -, flacon - - breveté 185.5
Compteur . . . 184.6
- à gaz 271.8
- d'eau 146.4
Compuerta . . 322.2
Compuesto de fósforo 216.8
- oxigenado . . 214.8
- químico . . . 226.1
Comtois, foyer - couvert 363.10
Comunicación . 86.2
Comunicazione 86.2
Concassage . . 76.7
Concassé . . 107.12
Concasser . . 76.10
Concasseur 77.2, 465.7
- à calcaire . . 78.8
- - cylindres . 77.8
- - minerais . 78.8
Concave . 370.1, 504.2
Concavidad de la superficie 482.10
Concavo . 370.1, 504.2
Cóncavo . . . 370.1
Concentración 259.4
- de los iones . 263.8
- medida en gramos-equivalentes por cm^3 de una disolución 260.1
- por evaporación 246.7

Concentrado . 242.1
Concentrate, -s 75.1
Concentrated . 242.1
Concentration . 246.7
-, equivalent - of a solution . 260.1
- of ions 263.8
- - the ores . . 80.1
- polarisation . 264.5
Concentration . 259.4
- des ions . . . 263.8
- en grammes-équivalents d'une solution 260.1
- par évaporation 246.7
Concentrato . . 242.1
Concentrazione degli ioni 263.8
- equivalente d'una soluzione 260.1
Concentré . . . 75.1
Concentrer, appareil à 246.8
Concentrique . 506.5
Concesión . . 557.7.8
Concession . 557.7.8
Concessione . 557.7.8
Concha, en forma de 407.4
Conchiglia 6.6, 340.6 446.8.7
- riscaldata . . 447.3
Conchoidal . . 45.6
Concia 429.5
Concime 399.8
Concio 306.7
Concrecionado 66.5
Concrecionarse 349.5
Concresciuto . 64.5
Concrete base . 289.6
-, ferro 289.7
-, heaped . . . 290.1
-, reinforced . . 289.7
-, stamped . . . 289.8
- steel 289.7
Concrétionné . 66.5
Concrétionner, se 349.5
Concurrent . . 158.2
Condensación 256.4.6
Condensador de aparato de destilación 255.3
Condensar . . . 256.5
Condensare . . 256.5
Condensation 256.4.6
- tube 256.6
Condensatore . 255.3
Condensazione 255.6 256.4
- per evaporazione 246.7
Condense, to . 256.5
Condenser . . . 256.5
- coil 255.6
Condenseur . . 255.7
- d'appareil distillatoire 255.3
Condensing funnel 246.5
Condición de entrega 559.4
-es - pago . . . 559.6
- suministro . . 559.4
Condition . . . 31.10
-, electrolytic . 258.6
Condition, hygrometric 267.8
- of core sand 427.4
- - payment . . 559.6
- - supply . . . 559.4
Condition, -s de livraison 559.4
-s - - paiement 559.6
Condizione, -i di consegna 559.4
-i - - pagamento 559.6
Condotta aspirante 144.7
- del processo di conversione 395.5
- premente . . 144.8
Condotto . . . 85.7
- d'aria calda 300.6
- d'uscita del gas 313.7
- dei gas caldi 104.3
- del fumo . . 85.8
- - vento . . . 324.2
- dell' acqua . 298.1
- delle fiamme 374.7
- principale del vento 324.3
Conducción de agua 144.6
- - la corriente eléctrica 171.3
- - - operación 395.5
- - las llamas . 374.7
- - los gases . . 314.7
- - porta-modelo 456.2
Conducido . . 513.3
Conductance . 261.1
- limite de l'électrolyte 260.9
Conductancia . 261.1
- limite del electrolito 260.9
Conducteur . . 127.8
-s du courant . 171.3
- - milieu . . . 167.7
- extérieur . . 167.6
- neutre 167.7
-, troisième . . 167.7
Conductibilidad calorífica 352.6
Conductibilité calorifique 352.6
Conduction of heat 352.6
- - the electric current 171.3
- - - gases . . 314.7
-, thermal . . . 352.6
Conductivity . 260.9
Conducto 85.7, 372.5
- á la chimenea 372.2
- ascendente de gases calientes 408.5
- de agua 144.6, 298.1
- - aire caliente 300.6
- - caldeo . . . 104.2
- - derivación . 372.8
- - escape de los gases calientes 104.3
- - gas vertical 408.6
- - humo 85.8, 417.4
- - impulsión mecánica 102.5
- - la plaza . . 104.1
- - - solera . . 104.1
- - las llamas . 374.7
Conducto de llamas ascendente 372.3
- - - inclinado hacia abajo 372.4
- - llegada . . 298.3
- - ventilación 175.2
- - viento . . . 324.2
- del gas hacia el hogar 408.4
- - transportador 139.6
- lateral 417.3
-s sinuosos de los ladrillos del regenerador 407.8
- transportador oscilante 483.4
- transversal . 417.2
Conductor 127.8, 136.3 165.2
- compensador 167.7
- de gas 270.6
- exterior . . . 167.6
- neutro 167.7
Conduit 85.7
- d'admission de l'air comprimé 501.8
- d'aspiration . 501.7
- d'évacuation des gaz chauds 104.3
- de dérivation 372.8
- - fumée . . . 85.8
- - transporteur 139.6
- - - à racloirs 483.3
- oscillant . . . 483.4
Conduite d'aspiration 144.7, 145.2
- d'eau . . 144.6, 298.1
- de départ du gaz 313.7
- - gaz vers le four 408.4
- - l'opération 395.5
- - refoulement 144.8, 145.4
- - vent 324.2
- - - chaud . . 300.6
- - - principale 324.2
- des flammes . 374.7
- - gaz 314.7
- du laboratoire 173.2
- - procédé . . 395.5
Conduttanza limite dell'elettrolito 260.9
Conduttore . . 167.4
- esterno . . . 167.6
Conduttura . . 168.7
- aerea 171.4
- d'acqua . . . 144.6
- del gas 314.7, 406.3
- dell'acqua . . 298.1
- di corrente . 171.3
- sotterranea . 171.5
Conduzione di calore . . . 352.6
Cone 84.2, 309.9, 310.1
-, truncated . . 304.2
Cône 309.7.9
- de fermeture 310.5
- - glissement . 84.2
- tronqué . . . 304.2
Confección de los ladrillos . . 118.1
Confection des briques 118.1
Confezione dell'impasto 119.4
Congé 423.7
- en cuir . . . 423.8
Congealed . . . 273.9
Congiunzione . 190.1
Conglomerado 63.6
Conglomérat . 63.6
Conglomerate . 63.6
Conglomerato . 63.6
Congo, carta . 212.11
-, papel . . . 212.11
- paper . . . 212.11
-, papier . . . 212.11
Coniare 505.1
Conical . 299.4, 422.4
Conico 186.6, 299.4 422.4
Cónico 186.2, 299.4 422.4
Conique 186.2, 299.4 422.4
Connect, to . . 520.6
Connecting bridge 86.2
- cock 190.1
- line 123.9
- rod . 295.3, 326.5.6
- screw 295.3
Connection, blast 300.9
Cono . . . 304.2, 309.9
- aperto 309.6
- chiuso 309.5
- da filtro . . . 244.7
- di chiusura . 310.5
- - platino . . 195.6
- - scivolamento 84.2
Cono 78.7
- central de desviación 84.2
- - - resbalamiento 84.2
- de cierre . . 310.5
- - válvula . . 508.7
- truncado . . 304.2
Conocimiento de carga 560.4
- - los yacimientos 56.1
Consegna . . . 559.4
Conservación de revestimiento del cubilote 475.3
Consistance sirupeuse 247.1
Consistence . . 247.1
Consistencia de jarabe 247.1
Consistenza sciropposa 247.1
Consola 127.1, 300.7
- de hierro 294.1, 307.9
- - la tolva . . 310.2
Console . 127.1, 300.7
- de la plaque antérieure 414.1
-s - - trémie . 310.2
- - support du tuyau d'eau de refroidissement 298.2
-s du gueulard 307.8
- en fer 294.1
- - fonte . . . 307.9
Consommation d'eau 140.5
- de carbone . 348.7

Consommation de chaleur 345.12
- - charbon . . 557.3
- - combustible 557.2
- - courant . . 572.6
- - force 557.4
- - limes . . . 491.6
- - vent 350.4
- maximum de force 168.4
- minimum d'énergie 168.6
- par tonne d'acier en kilowatt-heure 572.7
Constance de la température de la solution 262.5
Constancia de temperatura de la disolución 262.5
Constancy of temperature of a solution 262.5
Constante d'affinité 260.5
- de dissociation 260.5
Constante de afinidad 260.5
- - disociación 260.5
Constituant . . 274.7
- d'un alliage 14.10
- d'une combinaison 226.2
- de la texture 277.2
-s du gaz . . . 267.5
Constitución . 356.5
- química . . . 225.10
Constituent . . 14.10
-, detrimental . 71.5
-, incidental . . 284.3
- of a chemical combination 226.2
- - the charge 348.4
-s - - gas . . . 267.5
-, secondary . . 71.6
-, weathered . . 427.9
Constitution . . 356.5
-, chemical . 225.10
- chimique . 225.10
Constituyente . 274.7
- de la estructura 277.2
Construcción . 28.5
- de hierro . . 151.3
- - ladrillos . . 303.4
- - madera . . 151.4
- - masa refractaria 303.5
- - - - apisonada 303.6
- del alto horno 287.4
- - horno . . . 403.2
Construction 28.8, 151.4, 287.4
- du four . . . 403.2
- - haut-fourneau 287.4
- en bois . . . 151.4
- - fer 151.3
- - pisé réfractaire 303.5
- - - - damé . 303.6
- mécanique . 150.2
Consumo d'acqua 140.5
- d'aria 350.4
- d'energia . . 557.4
- delle lime . . 491.6
Consumo di calore 345.12
- - carbone 348.7, 557.3
- - chilowatt-ora per tonnellata d'acciaio 572.7
- - combustibile 557.2
- - corrente . . 572.6
- - forza . . . 557.4
- - vento . . . 350.4
-, luogo di . . . 169.5
- massimo di forza 168.4
- - simultaneo 168.5
- minimo . . . 168.6
- rapido 413.4
Consumo de agua 140.5
- - calor . . . 345.12
- - carbón . . 557.3
- - carbono . . 348.7
- - combustible 557.2
- - corriente . 572.6
- - fuerza . . . 557.4
- - limas . . . 491.6
- - los electrodos 567.3
- - viento . . . 350.4
- máximo de fuerza 168.4
- - y simultáneo de fuerza 168.5
- mínimo de energía 168.6
- por tonelada de acero en kilowatt-horas 572.7
Consumption 345.12
- of blast . . . 350.4
- - carbon . . . 348.7
- - coal 557.3
- - current . . 572.6
- - electrodes . 567.3
- - files 491.6
- - fuel 557.2
- - water . . . 140.5
- per ton of steel in kilowatt-hours 572.7
Contact 538.6
- étanche . . . 470.7
Contador . . . 134.6
- de agua . . . 146.4
- - gas 271.8
-, mecanismo . 134.6
Contagoccie, imbuto 188.2
Contatore . . . 134.6
- a gas 271.8
- d'acqua . . . 146.4
Contatto 470.7
Contenance . . 125.5
Contener el molde 442.11
Contenido de agua por cent. cúb. de aire 329.4
- - pedazos gruesos 64.9
- en sílice . . . 357.1
Content, cubical -s 125.5
-, guaranteed -s 227.1
-s of fine ore . 65.1
-s - gas 103.2
-s - iron 64.7
-s - slate . . 101.10
Contenuto del crogiuolo . . . 385.1
Continous . . . 254.6
Contorno . . 514.11
- bianco 400.3
- del modello . 422.5
- rosso 424.7
Contorno del modelo 422.5
- - perfil . . 514.11
Contour du modèle 422.5
- - profil . . 514.11
Contra-carril . 23.6
- -presion 453.3, 523.10
- -puerta . . . 162.8
Contracción . 423.2 486.7, 514.8
Contract for the supply of ore 65.3
-, to 413.5
Contracter, se . 413.5 423.3
Contraction . . 423.2 486.7, 514.8
- of the steel 546.13
Contraerse . . 413.5 423.3
Contrapeso . . 310.8
- de agua . . . 330.4
- - la puerta 370.10
Contrappeso . 310.8 508.4
- della porta 370.10
Contrario . . . 532.
Contrat 559.9
- de livraison de minerai 65.3
Contrato . . . 559.9
- de entrega de minerales 65.3
Contratto . . . 559.9
- di fornitura di minerali 65.3
Contraviento . 364.8
Contrazione . . 486.7
Contre-poids . 310.8
- -porte 162.8
- -pression . . 523.10
- -rail 23.6
Contrecourant 153.1
Contrefort . . . 293.3
Contremoule . 453.3
Contrepoids . . 523.4
- de la porte 370.10
Contrepression 507.6
Contrevent . . 364.8
Controlling the press 509.8
Contropressione 507.6, 523.10
Controrotaia . 23.6
Convección . . 260.8
Convection . . 260.8
- current . . . 260.8
Conversión . . 396.4
Conversione . . 395.5
Converted . . . 116.8
- steel 13.1
Converter 387.5, 389.7
- bottom . . . 119.3
- - mould . . . 391.6
- nose 401.11
- process . . . 396.4
- shed 388.1
- shop 388.1
- stand 392.5
- waste 112.6
Convertidor . . 112.6 389.7
-, grande . . . 387.5
Convertidor pequeño 387.6.7
Converting 387.1, 417.9
- furnace . . . 416.5
- -, English . . 416.6
- in large converters 387.5
- - small converters 387.6
- process . . . 416.3
Convertisseur . 112.6 389.7
-, grand 387.5
-, petit 387.6.7
Convertitore . 112.6 389.7
- grande . . . 387.5
- piccolo . . 387.6.7
Convezione . . 260.8
Conveyance . . 138.6
Conveying . . 123.2
- belt 138.5
- of charge . . 86.1
- trough 139.5
Conveyor . . . 138.4
- trough 102.5
Cool, to . . . 543.10
-, - keep the sample 275.6
Cooled 296.3
Cooler . 149.3, 255.7
Cooling 162.5
- box 296.7
- chamber . . . 329.5
- curve 272.8
- device 296.4
- down 486.3
- plant 148.4.7
- pond 148.5
-, slow 357.6
- surface . . . 486.4
- tower . 148.6, 149.2
- trough 371.4
- water . . . 297.10
- - pipe 298.2
- with water circulation 148.1
Copa de cristalización 243.10
- - porcelana . 194.3
- - - para medir 194.1
- - vidrío duro 187.7
- para cloruro de calcio 288.9
Copeau de forage 228.3
- - perçage . . 228.3
Copela 285.3
Coperchio 309.8, 406.2 441.12, 442.6, 445.9
- della volta . 384.2
- di vetro . . . 189.6
Coperta del forno 569.2
Copertura 429.10. 492.5 551.10
- della loppa . 338.4
- di feltro . . . 470.8
Copia 282.10
Copiare . . . 282.10
Copo, en forma de -s 243.1
Coppa ogivale della bilancia 238.6
Coppella . . . 285.3
Copper . 90.4, 217.7
- pyrites 72.2

Copper turnings 199.8
- wire gauze . 199.2
Copperas, blue 90.6
-, green 69.8
-, white 90.10
Coppia di forze 51.1
Coprigiunto piatto 23.9
Coprire . 308.5, 339.5
- con sabbia . 483.6
- - tela 276.1
- le richieste dei minerali 558.3
Coquificación . 102.6 105.8
-, poder de . . 102.9
Coquilla . . 6.6, 340.6 446.6
- calentada . . 447.3
Coquille . . 6.6, 340.6 446.6
- chauffée . . . 447.3
Corazza 27.8
Corbeau 522.5
Corbeille à coke 336.7
Corchete . . . 342.3
Corcho . . . 196.2,3
Cord 200.10
Corda da pianoforte 199.10
- di canapa . . 444.5
- - paglia intrecciata 444.6
Corde de piano 28.7
- en chanvre . 444.5
- - paille tressée 444.6
Cordon d'amiante 200.10
- d'asbeste . . 200.9
-, former un . . 524.9
Cordón de amianto 200.10
- - asbesto . 200.10
- del cilindro . 514.6
-, formar 524.9
Cordone . 369.2, 519.3
- d'amianto . 200.10
- d'asbesto . . 200.10
- del cilindro . 514.6
-, fare un . . 524.9
Core . . . 89.3, 458.4
-, angular . . . 458.5
- barrel 459.10, 460.3
- box 459.3
-, brittle 459.8
-, curved 461.4
- drying stove 463.4
- fork 436.9
- frame 460.4
- groove 458.7
- iron 458.8
- lathe 460.10
- mark 424.8
- maker 458.2
- moulding . . 458.1
- - machine . . 459.2
- nail 461.9
- of the fracture 47.3
- recess 458.7
- sand 427.4
- spindle . . . 459.9
- -, shaped . . . 460.1
- strickle . . . 461.3
- templet . . . 461.3
-, tubular . . . 458.6
Cork . . . 196.2, 197.6
- borer 196.7
- - sharpener . 196.8
- knife 196.5
- plate 196.3
- pliers 196.8
- presser 196.4
Corleis, aparato de éter de 181.6
-, apparato per etere secondo 181.6
-, appareil à éther d'après 181.6
-, Äther-Extraktionsapparat nach 181.6
-' ether apparatus 181.6
Cornalina . . . 288.1
Cornaline . . . 288.1
Corne 201.9
- de cerf calcinée 420.1
Corner 20.4, 36.10, 428.6
- pillar 298.6
Cornflower blue 548.1
Cornier 24.1
Corniera 24.1
Cornière 19.10
- à ailes égales 20.1
- - - inégales . 20.3
- - arêtes vives 20.5
- - bourrelet . 21.5
- - coins arrondis 20.4
Cornish multitubular boiler, semi-portable 155.2
Corno calcinato di cervo 420.1
Cornue . 117.11, 187.8 389.7
-, petite 387.7
Corona . 304.10 451.6
- della marada 294.3
- di ghisa 84.5, 294.5
- formata da ferri d'angolo inchiodati 295.4
Corona 451.6
- de escuadras remachadas 295.4
- - fundición . 84.5 294.5
- - mampostería 304.10
- - moldear . . 451.3
- - paja 202.2
- - pasar el modelo 451.3
- - soporte . . 294.2
Corpo cristallizzato nella miscela 274.1
- dello scivolone 139.6
- di rotazione . 445.5
Corps cristallisé dans le mélange 274.1
- cylindrique . 26.8
- - simple . . . 153.7
- étranger . . . 482.5
Correa 138.4
-, movido por . 509.4
Corredera . . . 105.3
Corredizo . . . 126.6
Corrente alternata 568.10
- -, impianto a . 166.4
- continua, impianto a 166.3
- contraria . . 153.1
- d'aria ascendente 87.7
- - continua . . 328.9
- di convezione 260.8
- di gas . 360.9, 406.6
- - - ricco d'ossigeno 375.5
- - - trasparente 400.6
- - ghisa . . . 339.7
- - regime . . . 169.2
- elettrica . . . 93.3
- gassosa . . . 346.8
- monofase . . 572.1
- monofasica, impianto a 166.5
- polifasica, impianto a 166.6
- trifase 569.1
- trifasica, impianto a 166.7
Correr 338.3
Corrida 57.5
Corriente . . . 169.3
- alterna . . 568.10
- -, instalación de 166.4
- continua de viento 328.9
- -, instalación de 166.3
- de aire . 87.4, 411.6
- - - ascendente 87.7
- - convección 260.8
- - fundición . 339.7
- - gas . . 346.8, 360.9 406.6
- - - rico en oxigeno 375.5
- - - transparente 400.6
- - régimen . . 169.2
- directa . . . 153.2
- eléctrica . . . 93.3
- invertida . . 153.1
Corrode, to . . 278.4
Corroding . . . 48.5
- proof 277.8
Corrosion . . 277.8,9
- rendant le fer cassant 48.5
Corrosión . . . 48.5
Corrosione . . 48.5
Corrosivo . . . 209.7
Corroyage . . . 414.8
Corroyé 9.4
Corroyer l'acier 10.9
Corrugated . . 27.1
Corsoio 89.2
Corta-frio . . . 504.7
Cortado 429.3
Cortar . . 504.8, 533.5
- á medida . . 533.7
- en caliente 533.10
Corte 32.5
- por cizalla . 34.2
- transversal . 34.1
Cost of analysis 227.6
-s - fettling . . 573.1
- - power . . . 168.2
- - producing 562.13
Costs of relining the furnace 573.1
-s - repairs . . 573.1
- price 563.1
-, prime . . . 562.13
Costa longitudinale 519.6
Costante d'affinità 260.5
- di dissociazione 260.5
Costanza di temperatura della soluzione 262.5
Coste de fabricación 562.13
- - producción 562.13
Costero 292.6
Costiera 292.6
Costière 292.6
Costituente . . 274.7
- della lega . . 14.10
- - struttura . . 277.2
- - tessitura . . 277.2
- secondario . 284.3
Costituzione . . 356.5
- chimica . . 225.10
Costra . . 486.6 489.8
- de arena . . 490.7
- - escorias . . 386.5
- - fundición dura de estructura blanca radiada 488.7
- - la fundición 486.8
- superficial . . 489.9
Costruzione al pestone 303.6
- d'alti forni . 287.4
- del forno . . 403.2
- in ferro . . . 151.3
- - legno . . . 151.4
- - mattoni . . 303.4
Costumbre comercial 30.4
Costura 538.5
Côte de l'aspiration 471.4
- - l'entrée . . 581.3
- - la sortie . . 581.4
- du refoulement 471.5
- longitudinale 519.6
Cotta 379.9
Cottage 151.2
Cotto, perfettamente 108.2
Cottura . 106.1, 118.8
- oltrepassata . 118.9
Couch 197.9
Couche 56.3
- d'oxyde . . . 552.6
- - du laminage 35.6
- de charbon incandescent 405.7
- - métal . . . 567.1
- - peinture . . 550.5
- - - de fond . 551.6
- - rouille . . . 550.2
- de scorie . . 566.9
- filtrante . . . 147.2
-, par -s 391.9
-, première . . . 551.3
Coude 320.2
Coudé 444.1
Coulé 4.7

Coulé, béton . 290.1
- en acier . . . 488.3
Coulée . . 300.5, 338.1
- centrifuge . . 482.7
- de la fonte . 481.1
- - - - et du laitier 299.5
- en sable . . . 487.4
- - source . . . 482.5
-, la - ne réussit pas 488.11
-, prêt pour la . 443.1
- tangentielle . 482.6
Couler . 338.3.6, 385.3
- de deux côtés 482.3
- debout 482.8
- en moules . . 481.4
-, laisser - le laitier 338.2
- le métal . . . 481.5
-, machine à (v. machine)
- par la quenouille 481.6
Couleur de recuit 547.5
- minérale . . . 551.4
- retirée de goudron 71.1
Coulissant . . . 162.3
Coulisse . 39.2, 404.4
Couloir de déchargement 131.8
- incliné 132.2
Counter current boiler 153.1
- poise 310.8
- pressure . . . 507.8
- weight . . . 370.10
Counting mechanism 134.6
Coupe de cristallisation 243.10
- horizontale . 287.8
- verticale . . . 288.1
Coupelle 235.3
- de combustion 248.9
Couper 504.8
- à dimension . 33.11 533.7
Couple 51.1
- de forces . . 51.1
-, to 519.8
Coupled, direct 170.6
Coupling 184.2, 519.7.10
- box 519.10
- spindle . . . 520.1
Coupole 321.7
Courant 169.3
- alternatif, installation à 166.4
- - monophasé, installation à 166.5
- - polyphasé, installation à 166.6
- - triphasé, installation à 166.7
- continu, installation à 166.3
- d'air ascendant 87.7
- - continu et régulier 328.9
- - montant . . 87.7
- d'eau 567.9
- -, à 369.6
- de convection 260.8
- - gaz riche en oxygène 375.5
Courant de gaz transparent 400.6
- - régime . . . 169.2
- électrique . . 93.3
- gazeux 346.8, 360.9 406.6
Courbe 133.1
- de concentration 273.7
- - décomposition 265.1
- - refroidissement 272.8
- - solubilité . 273.7
- en ogive . . . 515.2
- surbaissée . . 515.1
Courber . . 42.8, 43.8
Couronne . . . 535.5
- à mouler centreuse 451.3
- de la marâtre 294.3
- - maçonnerie 304.10
- - paille . . . 202.2
- - support . . 294.2
- en fonte 84.5, 294.5
- rivetée en fers cornières 295.4
Courroie 138.4
Course du levier 310.11
- of brickwork 305.9
- - rays 281.3
Coussinet à billes 300.8
- de tourillon . 521.7
Couteau . 237.7, 238.2
- à liége 196.5
- en agate . . . 257.8
- - platine . . . 195.9
Couvercle 309.8, 528.1
- amovible . . 301.6
- de la voûte . 384.2
- du four . . . 569.2
- en verre . . . 189.6
- obturateur . . 297.5
Couvert 439.5
Couverture . 429.10 551.9
- de laitier . . 338.4
- en feutre . . 470.8
- vitreuse . . . 554.6
Couvrir 308.5
- d'une toiture 339.5
Cover . . 189.6, 309.8
-, bolted 524.4
-, removable . . 301.6
-, screwed-on . 524.4
-, to 308.5
-, - - with cloth 276.1
-, - - - lead . . 554.3
Covered 151.8
Covering . 83.8, 305.1
Cow dung . . . 429.1
- hair 429.2
Cowper, apparecchio ad aria calda 320.8
-, appareil à air chaud de 320.8
-, calentador del aire sistema 320.8
-'s stove 320.8
-, Winderhitzer nach 320.8
Crab . . . 126.6, 476.3
Cracher 482.1
Crack . 36.3.4, 386.8 418.6, 549.1
-, free from -s . 36.2
Crack, longitudinal 36.5
Cracked 108.4
Cracking . . 428.10
Craie phosphatée 113.7
Crampon . . . 24.6
Cran de la règle du cavalier 239.9
Crane . . 125.6, 125.7
- beam 476.6
- for the reheating furnace 527.7
- hook 476.5
-, independent . 126.1
-, isolated . . . 126.1
- ladle . . 478.8, 479.1
- link 476.8
- magnet . . . 129.6
-, overhead travelling 126.5
- pneumatic rammer 435.2
-, rotary 127.7
- with grab gear 128.1
- - special gripping device 528.2
Crank 500.9
Crapaud 488.5
Crassier 356.3
Crayon bleu . . 191.1
- en couleur . 191.1
- gras 191.1
Cremagliera . . 323.6
Crémaillère . . 393.2
- avec pignon moteur 323.6
Cremallera . . 393.2
- con piñón . . 323.6
Crepaccio . . . 36.3
- alla superficie 36.6
- longitudinale 36.5
-, senza -i . . . 36.2
- trasversale . 36.4
Crépelé 47.4
Crépine d'aspiration 140.8
Creta fosfatada 113.7
- fosforosa . . 113.7
Creuser 438.8
Creuset . 11.7, 291.6 296.1, 382.2, 468.8
- cuit 383.10
- de fusion . . 252.4
- - Gooch . . . 246.3
- en argile . . 382.7
- - graphite . . 382.5
- - platine . . . 195.1
- - porcelaine . 193.7
- - terre réfractaire 382.7
- libre 290.9
- ovale 286.7
- pour le dosage au chalumeau 234.7
- séché 383.10
Creux . . 35.9, 394.6
Crevasse . 36.3, 413.5 549.1
Crevassé 108.4
Criadero 56.5
- dislocado . . 57.4
- en capas . . . 57.1
- - masa 57.2
- irregular . . 57.4
- sedimentario 57.3
Criba . . 161.1, 230.5
- de aspiración 140.8
- - filtración . 245.4
- - vaivén . . 230.10
Cribado . . . 107.11
Cribadura 65.2, 229.10
-, disposición de 230.2
- seca 230.1
Criblage 63.5
Crible 230.5
Criblé 107.11
Crica 483.7
- de laminación 35.8
Crine 491.1
Crique 386.8
- à la surface . 36.6
- longitudinale 36.5
-, sans -s 36.2
- transversale . 36.4
Crisol 11.7, 291.6, 296.1 382.2, 468.8
- cocido . . . 383.10
- de arcilla refractaria 382.7
- - Gooch . . . 246.3
- - grafito . . . 382.5
- - platino . . 195.1
- - plombagina 382.5
- - porcellana . 193.7
- - tierra refractaria 382.7
- ovalado . . . 286.7
- para el ensayo con el soplete 234.7
- - fusión . . . 252.4
- seco 383.10
Cristal de fusión 252.7
- en forma de abeto 214.4
- en forme de sapin 214.4
Cristalino 46.4, 64.3 242.13
Cristalización . 243.9
Cristalizado . . 214.2
- en la mezcla 274.1
Cristallin 46.4, 64.3 242.13
Cristalline . . 379.6
Cristallino 46.4, 64.3 242.13
Cristallisation . 243.9 357.7
Cristallisé . . . 214.2
- dans le mélange 274.1
Cristallizzato nella miscela 274.1
Cristallizzatore 243.9
Cristallizzazione 243.9, 357.7
Cristallo . . . 214.3
- aghiforme . . 214.4
Critical heat . 272.10
- point 272.9
Critico, punto . 272.9
Crítico, calor 272.10
-, punto 272.9
Critique, chaleur 272.10
-, point 272.9
Crivello 161.1, 230.5
Croce 21.9
Crocetta 525.1
Crochet . 24.4, 342.3 371.6, 441.6
- de mouleur . 436.8

Crochet de suspension 476.5
- - - de la grue 476.5
- magnétique . 129.5
Crochetage . . 525.2
-, installation de 525.1
Crocodile press 377.4
Crogiuolo 11.7, 291.6 295.6, 296.1, 382.2.9, 468.8
- anteriore . . 466.5 468.9
- bloccato . . . 387.3
- d'argilla . . . 382.7
- di fusione . 252.4.5 569.3
- - grafite . . . 382.5
- - piombaggine 382.5
- - platino . . 195.1
- - porcellana 193.7
- essiccato . . 383.10
-, frammenti di 284.7
-, fuso al 11.7
- ovale 286.7
Croix 21.9
Cromatico . 279.13
Cromático . . 279.13
Cromato potásico 206.4
Cromato potassico 206.4
Cromico 204.7
Crómico 204.7
Cromo 15.6, 17.1, 218.1
- - niquel 16.12
- pirómetro . . 400.9
Crooked 238.8, 584.5
Crop end . . . 33.6
Cross back . . 316.9
- baffle 316.9
- bar 520.10
- beam 121.4
- crack 36.4
- flue 417.2
- head 505.6
- iron 21.9
- piece 320.4
- section . 34.1, 508.2
- sleeper 28.3
- tube 154.7
Crosta . . 486.6, 489.8
- d'ossido sul pezzo laminato 35.6
- della ghisa . 486.8
- di sabbia . . 490.7
- - scorie . . . 386.5
- dura a sezione bianca raggiante 488.7
- superficiale . 489.9
Croûte . 486.6, 489.8
- d'oxyde de fer 414.6
- de la fonte . 486.8
- - laminage . 35.8
- - sable 490.7
- - scorie . . . 386.5
- dure à texture blanche rayonnante 488.7
- superficielle . 489.9
Crown 294.5
-, concave . . . 404.2
-, convex . . . 404.3
- plate 404.1
Cru 1.1, 365.5
Crucible 193.7, 252.4 296.1
Crucible belly . 382.3
- cast steel . . 11.7
- charge 385.1
- contents . . . 385.1
- drying apparatus 233.3
-, finished . . 383.10
- furnace . . . 384.4
- -, electric . . 570.6
- -, multiple . . 384.7
- -, single . . . 384.6
-, Gooch's . . . 246.3
- material . . . 381.5
- -, old 382.1
- melting furnace 384.1
- press 383.2
-, ready dried 383.10
- stand 384.3
- steel 11.7
- - process . . 381.1
- - works . . . 381.2
- tongs 252.5
- triangle . . . 252.6
- works 381.4
Crudo 1.1
Crumbling of the ore 89.4
Crumpled . . . 47.6
Crush, to 76.10, 463.8
Crushed . . . 107.12
Crusher . 78.7, 432.1
Crushing . . . 76.7
-, fine 76.9
- machine . . . 77.2
- mill 77.8
- - with vertical runners 78.1
- of the pigs . . 463.6
- plant 76.6
- plate 229.8
Crust 386.5, 486.6, 489.8
-, hard white - with radiated structure 488.7
Cruz 21.9
Crystal 379.7
-, arborescent -s 214.4
-, mixed 274.1
Crystalline 46.4, 242.13
Crystallisation vessel 243.9
Crystallised . . 214.2
Crystallising basin 243.10
- pan 243.10
Cuadrangular . 517.2
Cuadro de distribución 171.2
Cuarto de aseo 150.6
- - lavar . . . 150.6
Cuarzo 72.6
- en pedazos . 115.6
- finamente pulverizado 95.8
Cuarzoso . . . 115.7
Cuba 78.3, 80.9, 303.8
- accesible . . 305.5
- con blindaje 305.2
- de agua . . . 330.5
- - cilindros . . 554.1
- - lavado . . 558.10
- - porcelana . 193.5
- libre 305.3
- llena de agua 318.3
- neumática . . 268.8
- no aislada . . 305.4
- para lejivar . 90.1
- - mercurio . 200.5
Cuba sin macizo 305.3
Cube 125.5
- shape 96.3
Cubeta 231.1
- alimentada por el fondo 544.9
- de agua . . . 371.4
- - colada . . . 443.4
Cubetadraga automática 129.1
Cúbico 96.3
Cubierta . 79.5, 551.9
- de escoria . . 338.4
- - fieltro . . . 470.8
- del horno . . 569.2
- protectora . . 492.5
Cubierto . . . 368.10
Cubilete 187.6
Cubilot . 473.4, 467.5
- à aspiration . 469.2
- - dolomie . . 119.1
- - rigole . . . 468.6
- de fonderie . 466.6
- Ireland . . . 46?.5
- Krigar 469.1
-, petit 469.6
Cubilote . . . 473.3.4
- de aspiración 469.2
- - canal . . . 468.6
- - fundición . 466.6
- Ireland . . . 468.5
- Krigar 469.1
- para dolomita 119.1
- pequeño . . . 469.6
Cubilotto 467.5, 473.4
- ad aspirazione 469.2
- con avancrogiuolo 468.6
- per ghisa . . 466.6
-, piccolo . . . 469.6
Cubique 96.3
Cubo 101.1
Cubrir con una tela 276.1
- la armadura del macho 460.7
- - necesidad de mineral 558.3
Cubrirse de orín 550.1
Cucchiaio . . . 202.9
- di caricamento 411.3
- - corno . . . 201.9
- - platino . . . 195.7
- - scavo . . . 129.1
Cuchara 202.9
- automática . 128.7 129.1
- de carga . . . 411.3
- - colada . . . 477.5
- - platino . . 195.7
Cuchillo 238.2
- de ágata . . . 237.8
- - balanza . . 237.7
- - platino . . 195.9
- para corcho . 196.5
Cuello 390.1
Cuenta-gotas, embudo 188.2
- -, frasco . . . 185.5
-, meter en . 559.10
Cuerda de cáñamo 444.5
- - paja trenzada 444.6
- de piano 28.7, 199.10
Cuerdecilla . . 459.6
Cuerno 419.5
- de ciervo calcinado 420.1
Cuero 325.4
- embutido . . 507.1
- para limpiar 202.10
Cuerpo cilindrico 26.8
- cristalizado en la mezcla 274.1
- extraño . . . 432.8
- flexible del clavo 462.1
Cueva para las cenizas 163.8
Cuffia d'aspirazione 140.8
- di guardia . 23.5
Cuidado . . . 556.10
Cuiller . . 129.1, 202.9 411.1
- à déchargement automatique 128.2
- - mitraille . . 411.2
- - scraps . . . 411.2
- automatique . 128.7
- de chargement 410.8
- - coulée . . . 477.5
Cuillère 202.9
- en platine . . 195.7
Cuir 419.4
- embouti . . 507.12
- - double . . . 507.3
Cuire 119.2.3
Cuisson 118.8
- à fond 118.9
- du coke . . . 106.7
Cuit 116.8
-, parfaitement 106.2
Cuivre . . 90.6, 217.7
- cémenté . . . 90.7
- dissous précipité 90.7
- pyriteux . . . 72.2
Cuivrer 552.7
Cuivreux . . . 61.1
Cuivrique . . . 217.8
Culbutant . . . 408.1
Culbuteur 131.5, 331.6 525.7
- à wagons . . 132.6
- basculant . . 133.2
Culée 293.3
Culm . . . 101.5.6.7
Cuneo 21.8
Cuña . . 21.8, 301.10
Cuocere 119.3
Cuoio 325.4
Cup . . . 310.1, 507.2
- leather packing 507.1
Cupboard . . . 175.2
Cupel 235.3
Cupola . 321.7, 390.1 466.6
- furnace . . 473.3.4
-, rapid 468.6
-, small 469.6
- supporting frame 469.7
Cupric chloride 209.3
Cúprico 209.3
Cuprifère . . . 90.4
Cuprífero . . . 90.4
Cupriferous . . 61.1
Cuproso 209.4
Cuprous chloride 209.4
- oxide, granulated 209.2
Cúpula 321.7

Cura del rivestimento del forno 475.3
Curcuma . . . 212.9
- paper 212.9
- papier 212.9
Current 169.2
-, alternating . 166.4
-, continuous . 166.3
-, electric . . . 93.3
- metre 86.7
-, multiphase . 166.6
- of gas 360.9
-, single phase 166.5
-, three phase . 166.7
Curtido, casca del 429.5
Curva di concentrazione 273.7
- - decomposizione 265.1
- - raffreddamento 272.8
- - solubilità . 273.7
- in ogiva . . . 515.2
- ribassata . . 515.1
Curva 133.1
- de concentración 273.7
- - descomposición 265.1
- - enfriamiento 272.8
- - solubilidad 273.7
- peraltada . . 515.2
- rebajada . . . 515.1
Curvar sobre un mandril 43.1
Curvare 42.8, 138.7
Curvato 537.8
Curvatura . . . 43.6
- circolare . . 294.8
- della leva . . 480.3
Curvature . . 514.12
Curve, flat . . . 515.1
- of decomposition 265.1
- - solubility . 273.7
-, steep 515.2
Curved 27.2
Curvo 461.4
Cuscinetto . . . 522.5
Cushioning . . 502.4
Cut 429.3
-, to . . . 84.4, 533.6
-, - - off 504.8
Cutting hardness 548.3
Cuve 80.9, 83.7, 303.8
- à eau 330.5, 544.6
- - lessiver . . 90.1
- - mercure . . 200.5
- - tremper . . 416.8
- accessible . . 305.5
- avec enveloppe en tôle 305.2
- dégagée . . 305.3.4
- en porcelaine 193.5
- libre 305.3
- non isolée . . 305.4
- pneumatique 268.8
- pour la mesure de la conductance 261.3
Cuve remplie d'eau 318.3
Cuvette . . 78.3, 370.1 443.5
- à broyer . . 229.4
Cyan-kalium . 206.3 361.10
-stickstofftitan 361.12
Cyanide of potassium 206.3
-, potassium . 361.10
Cyanonitride, titanium 361.12
Cyanure de potasse et de titane 361.12
- - potassium . 206.3 361.10
Cycle 327.6
Cylinder 121.3
-, cast iron . . 312.4
-, fixed 498.5
- for ramming piston 453.6
- furnace . . . 367.6
- with scale . . 594.2
Cylindre 77.8, 453.6
- à air 501.4
- - gorge . . . 539.1
- - gradins . . 518.6
- - grande vitesse 535.4
-s - mandrin pour tubes soudés 538.9
-, - plusieurs -s 325.8
- - tôles 514.1
- - vapeur . . 499.1
Cylindre à vent 328.3
- avec échelle . 524.2
- bombé 537.8
- calibré . . . 514.4
- cannelé . . . 514.4
- commandé . 513.3
- de blooming 513.11
- - chargement 311.8
- - presse . . . 121.3
- - zinc 266.3
- du frein . . . 311.3
- - mouton . . 501.6
- ébaucheur . . 513.9
- en fonte . . . 312.4
- entrainé . . . 513.4
-s équilibrés . 528.1
- étanche . . . 472.2
- excentrique . 538.2
- finisseur . . 513.10
- fixe 498.5
- hydraulique pour le renversement 393.5
- inférieur . . 513.1
- - fixe 528.5
- libre 513.4
- médian . . . 512.9
- soufflant . . . 328.3
- supérieur . . 512.8 515.7
- - équilibré . 528.6
- - suspendu . 528.6
Cylindrical . . 96.4
-, mono- 325.7
-, poly- 325.8
Cylindrique . . 26.8

D.

Dachwippe . . 525.2
Dackel 362.3
Dado 96.3
Dam plate . . . 292.9
- stone 292.5
- -, false 292.8
Dama 292.5.9
-, falsa 292.8
-, pietra di . . . 292.5
Damage . 105.4, 434.9
- by sea . . . 560.12
- - smoke . . . 561.1
Damajuana . . 175.5
Damascato . . 13.4
Damasceno . . 13.4
Damascined . . 13.4
Damask 13.4
Damassé 13.4
Damaststahl . . 13.4
Damaszener Stahl 13.4
Dame 292.5.9
- -jeanne . . . 175.5
Damé, béton . 289.8
Damer . . 105.5, 439.1
-, machine à (v. machine)
Damigiana . . 175.5.6
Dämmbrett . . 437.2
Damm-grube . 444.7
-stein, falscher 292.8.5
Damoir 484.5
- à air comprimé 434.8
Damoir à grue et air comprimé 435.2
- - main et à air comprimé 435.1
- en pointe . . 434.7
- plat 434.6
Damp, to . . . 354.9
-, to-down 354.9, 415.9
Damper 297.9
Dampf-bad . . 248.2
-druckschmiedepresse 505.5
-, dunkle Dämpfe 400.8
-dynamo . . . 170.7
-einlaßschieber 499.7
-entwässerer . 179.3
-entwickler . 178.10
-exhaustor . . 144.2
-gebläse . . 325.10
Dampfhammer 377.3 498.4
-, doppeltwirkender 500.5
-, einfachwirkender 498.6
- mit C-förmigem Gestell 498.7
- - einseitigem Gestell 498.7
- - feststehendem Zylinder 498.5
- - Oberdampf 500.6
Dampfkessel 152.1 360.3
-, Hochdruck- . 152.2
-, liegender . . 152.3
-, Mitteldruck- . 152.5
-, Niederdruck- 152.6
-, stehender . . 152.4
Dampf-kocherei 120.3 120.3
-kochkessel . . 178.8
-kraftgebläse 325.10
-kran 127.2
- -, fahrbarer . 127.4
- -, - - - zum Löschen der Schiffe 127.6
- -, feststehender 127.3
-lokomotive . . 124.6
-, mit - behandelt 95.7
Dampfpumpe . 142.6 509.5
-, freistehende . 143.4
-, Verbund- . . 143.2
-, Wand- 143.3
-, Zwillings- . . 143.5
Dampf-sauger . 144.2
-schaufelbetrieb 58.4
-stiefel 499.1
-strahl-gebläse 469.10
- -zerstäuber . 158.2
-topf 178.6
-trichter 178.9
Dampf-überhitzer 179.2
-, Wasser- . . . 360.5
-winde 314.3
-zylinder . . . 499.1
Dämpfen . . . 354.8.9
Dampfer, Erz- . 562.6
Damping . . . 354.8
- down 354.8
- - of the coke 106.9
Daniell, grifo de 252.1
-, robinet de . . 252.1
-, robinetto di . 252.1
-'s safety cock 252.1
-scher Hahn . . 252.1
Danno arrecato dal fumo . 561.1
Daño por el humo 561.1
Dañoso 71.5
Dar el tono . 282.11
- - viento . . . 396.2
Darby, -'s gas exit pipe 312.10
- Gasfang . . 312.10
-, presa di gas 312.10
-, prise de gaz 312.10
-, toma de gas 312.10
Dare l'aria . . 438.1
Darre, Trocken- 438.8
Darrkammer . 462.8

Darta 490.2
Date 84.12
–, de livraison 559.5
–, of delivery 559.5
Dato, -i esterni 85.2
Dauer der Erhitzung 548.7
–, Gärungs- 106.1
–, magnet 92.4, 93.7
Daumen 496.5
–, trommel 496.4
Daylight 280.11
Dayshift 556.6
Dead, -s 90.2
–, roasting 118.9
–, spot 277.6
Dearth of water 140.6
Débrayer 520.7
Débris de creusets 382.1
Decant, to 243.5,8
Decantación 80.5, 243.7
Décantage 80.5
Decantador 146.9
Decantar 243.8
Decantare 243.8
Decantatore 146.9
Decantazione 80.5, 81.3
- dell'acqua 146.5
Décanter 243.7,8
Décanteur 81.3, 146.9
Decanting 80.5
–, apparatus for - emery 275.10
bottle 243.6
vessel 243.7
Décapage du fil 537.1
-rendant le fer cassant 48.5
Décapé 553.1
Décaper à l'acide 493.9
Decarburación total 397.5
Decarburar la fundición 363.6
Decarburare la ghisa 363.6
Décarburation 376.1
complete 397.5
Decarburazione 376.1, 397.4
-completa 397.5
Décarburer la fonte 363.6
Decarburisation 376.1
-complete 397.5
Decarburise, to 363.6
Decarburising period 397.4
Décèlement 224.5
Décharge 369.8
Déchargement 123.4, 127.6, 562.10
-automatique 128.2,3
-de la boîte 411.4
-des deux côtés de la voie 128.5
Déchargeur 132.1
-à bascule 132.5
-automatique 128.2
-mobile 139.8
-rapide 128.6
Déchet, -s 90.2, 355.11
-de coke 107.10
- fer 378.7
ferrifère 112.3
Deci-standard electrode 262.1
Décimètre, double 88.7
Decimetro, doppio 88.7
Decímetro, doble 88.7
Decinormal 262.1
Décinormal 262.1
Decinormale 262.1
Deckel 301.6, 309.8
-abhebevorrichtung 528.1
–, abnehmbarer 301.6
–, aufgeschraubter 524.4
–, Verschluß- 297.5
Deckgläschen 189.6
Deckung 551.9
- des Erzbedarfes 558.3
Déclanchement 240.6
Déclic 464.3
Decomponerse 223.3
Decomporre per elettrolisi 258.2
Decomporsi 223.3, 347.12
Decompose, to 223.3, 347.12, 359.1
Décomposé 428.12
- à l'air 427.9
Decomposed 428.12
Décomposer par électrolyse 258.2
- - voie électrique 258.2
–, se 223.3
Decomposición del mineral 89.4
- por acción atmosférica 89.7
Decomposition 264.9, 358.12
- of limestone 349.10
- - the hydrocarbons 105.9
- pressure 265.4
- product 348.1
- value 264.3
- voltage 265.4
Décomposition 264.3, 358.12
- de la castine 349.10
- des hydrocarbures 105.9
- par les agents atmosphériques 89.7
Decomposizione 348.1, 358.12
- degli idrocarburi 105.9
- del calcare 349.10
Decomposto 427.9
Decoppered 90.5
Découper au ciseau 84.4, 86.1
Découvert 368.9
–, à 438.5
Découvrir 438.8
Decrease of solubility 258.11
Decreasing the unctuosity of clay 116.11
Décrochage automatique 186.9
- du minerai 88.4
Décrocher 348.2
Décrocheur automatique 187.1
Décroissement de la solubilité 258.11
Décuivré 90.5
Decuperated 90.5
Dedil de goma 198.3
Dedo prensor 528.2
Dédoublement des ions 263.2
Deducción á consecuencia de un exceso de ácido silícico, fósforo y azufre 65.9
Deducir del análisis la potencia calorífica 109.5
Deduction for excessive percentage of silicic acid, phosphorus and sulphur 65.9
Déduction pour excès en silice, phosphore et soufre 65.9
Defalco per tenore eccessivo in acido silicico, fosforo e solfo 65.9
Défaut 490.2
- dans la formation des images 279.11
- de coulée 489.10
- - surface 489.11
–, exempt de 490.1
- extérieur 85.5
- visible 85.5
Defect 85.4
–, visible 85.5
Defective 85.4, 355.5
- condition of the hearth 358.9
Defecto 85.4, 490.2
- de colada 489.10
- - la fundición 490.4
- en la formación de las imágenes 279.11
- exterior 85.5
- superficial 489.11
- visible 85.5
Défectueux 85.4
Défectuosité de la fonte 490.4
Defectuoso 88.9
Déferrisation 147.9
Deflection 82.9, 43.2, 240.7
–, minimum 43.3
Deformación angular 51.4
Déformation angulaire 51.4
Deformazione angolare 51.4
Defosforación 376.12
Defosforato 5.3
Defosforazione 376.12, 398.1
Defosforización 398.1
Défourné 88.6
Défournement 87.9
- du four 106.5
- - minerai 88.5
Défourneuse 106.4, 529.5
Dégagé 303.1
Dégagement d'hydrogène 348.3
- d'oxygène 375.4
- de chaleur 346.3
- - l'air 489.8
- - l'oxyde de carbone 375.3
- des gaz 268.7
- - produits volatils 250.7
Dégager 348.2
- à l'arc électrique 344.2
- le modèle 435.6
- les boulons 291.4
–, se 484.6
Dégarnissage 355.6
Degré de carburation 348.6
- - dissociation 253.5
- - - d'une solution 259.3
- - dureté 53.10
- - qualité 32.2
- - trempe 548.5
Degree of carbonisation 348.6
- - dissociation 253.5
- - - of a solution 259.3
- - hardness 53.10, 548.5
- - quality 32.2
- - silication 357.2
- - temper 548.5
Dégrossisseur, train 510.12
Dehnung 49.7
–, Bruch- 44.8
Dehnungszahl 49.9
Dehnzahl 49.9
Deironing 147.9
Dekantieren 243.8
Dekantiergefäß 243.7
Délai de déchargement 562.11
Délayé 276.10
Délayer l'émeri, appareil à 275.10
Delgado 25.7
Délimitation de la levée 502.7
Delivery 382.4, 559.5
- air chamber 145.4
- - vessel 145.4
- conduit 144.8
- of ore 123.3
- pipe 145.3
- pipes 144.8
Demand for iron ore 558.3
–, maximum - for power 168.4
–, minimum 168.6
–, simultaneous maximum 168.5
Demanda de mineral, cubrir la 558.3
Demande maximum de force 168.4
- - et simultanée d'énergie 168.5
- minimum d'énergie 168.6
Démarrage 170.1
Demi-circulaire 475.9
- -clos 108.5

Demi-fixe . . . 155.2
- -gras 99.4
- -produit . . . 18.1
- -truité 2.4
Démolir la maçonnerie 355.7
Demolire la muratura 355.7
Démolition de noyeau 459.7
Démontable . . 440.5 469.8
Démoulage . . 121.9 448.4, 527.3
-, appareil de . 448.5
Démouler . . . 526.2
- le lingot hors des lingotières 526.4
- -s -s, appareil à 526.3
-, machine à (v. machine)
Démouleuse . 448.5.6
Denaturato . 548.10
Dénaturé . . 548.10
Dense . . 59.2, 335.7
-, peu 484.8
Densidad . . . 180.1
- de gas 270.8
Densità 270.7
- d'un gas . . . 270.8
Densité 180.1
- d'un gaz . . . 270.8
Density 270.7
- of a gas . . . 270.8
Denso 59.2
-, poco 484.8
Dent . . 518.10, 504.1
- à chevron . . 519.2
- de pignon . . 519.1
Dentado . 46.3, 393.1
Dentato . . 46.3, 393.1
Dentatura interna 519.5
Dente 455.6
- del pignone 519.1
Denté 393.1
Dentelado . . 426.10
Dentelé . 46.3, 426.10
Dentellato . . 426.10
Deoxidising addition 398.10
Départ du gaz 313.7
Departamento de dolomita . . 118.2
- - moldeo . . 421.2
Dépense de charbon 557.3
- - force 557.4
-s pour la force motrice 168.2
Déphosphoration 5.3, 376.2
Dephosphorising period 398.1
Dephosphorized 5.3
Déplaçable . . 162.1
Déplacement d'air 472.8
- du cavalier 239.10
Déposer, laisser 243.5
Deposit . . 56.5, 147.7
-, dislocated . . 57.4
-, faulted . . . 57.4
- of flue dust 164.4
- - graphit . . 106.10
-, - iron ores . 56.4
-, - ores 56.1
-, sedimentary . 57.3
Depositare, lasciar 243.5
Deposition . . . 215.1
Deposito 64.9. 130.1 147.7, 215.1
- d'ossido di zinco 361.2
- degli acidi . 176.8
- di blocchi . . 130.7
- - cenere . . . 163.8
- - - volante . 164.4
- - coke 130.4
- - ferrami . 130.5.6
- - grafite . . 106.10 214.12
- - loppa . . . 356.3
- - minerali . . 130.3
- - scoria sul becco 401.11
- - travature metalliche 130.8
Depósito . 26.10, 80.9 130.1, 147.7, 215.1
- de agua 145.6, 544.6
- - - bajo presión 145.8
- - aire de la tubería de aspiración 145.2
- - - - - - - impulsión 145.4
- - clarificación 146.9
- - cok 129.4
- - escorias . . 409.3
- - grafito . . 106.10 214.12
- - los ácidos . 176.8
- - metales . . 130.5
- - minerales . 130.3 131.3
-s - óxido de cinc 361.2
- elevado de agua 145.8
- para mercurio 200.4
- - pavesas encendidas 164.4
Dépôt . . 129.4, 130.1 147.7, 215.1
- d'escarbilles . 164.4
- de coke . . . 130.4
- - graphite . 106.10 214.12
- - minerais . . 130.3
- - zinc 361.2
- des acides . . 176.8
Depth, bringing out the -s 282.7
- gauge 39.7
- of casting . . 439.2
- - hardening . 420.4
- - the hearth 369.11
Depuración del agua 146.5
Depurado . . . 5.3
Depurador . . 315.9
Depurare . . . 315.7
Depurato . . . 5.3
Depuratore . 315.10
Depurazione a secco del gas 315.8
- del gas . . . 315.6
- dell'acqua . . 146.5
Derb, -es Eisenerz 59.3
Derecho, -s de puerto 561.11
Derivación . . 372.8
Dérivation . . 372.8
Derivazione . . 372.8
Derramar basculando por el pico 481.5
Derribar la mampostería 355.7
Desacopiar . . 520.7
Desagregación 63.9
- de mampostería 336.6
Desagregado . 64.1
Desagregar por fusión 251.1
Desagregarse 347.2 359.1
Désagrégation . 63.9 81.6
- de la maçonnerie 336.6
Desagrégé . . . 64.1
Désagréger par fusion 251.1
-, se 347.12
Desague 146.1
Desarrollar . . 277.3
Desarrollo de la estructura 277.1
Desazufrado . . 5.4
Desbastado . . 275.4 377.6
Desbastador . . 516.3
-, tren 510.2
Desbastar . . . 529.8
Descanso . . . 524.6
Descarburación 376.1
Descarburar la fundición 363.6
Descarga . 81.2, 123.4 562.10
- á los dos lados de la vía 128.5
- automática . 128.3
- de la caja . . 411.4
- del horno . . 106.5
- - mineral . . 88.5
Descargado . . 88.6
Descargador automático 128.2
- móvil 139.8
- rápido 128.6
Descargamiento automático 128.4
Descargar . . . 106.4
Descend, to . . 335.9
Descendant . . 133.4
Descendente . . 146.1
Descender . . 335.9
Descendre . . . 335.9
-, la bascule descend 135.7
Descenso . . . 146.1
- de la carga . 335.8
- - - temperatura 352.4
- - las cargas . 336.1
- del cono . . . 309.7
Descente de la charge 335.8
- des charges . 336.1
- du cône . . . 309.7
Descobrado . . 90.5
Descomponer por electrolisis 258.2
Descomponerse 347.1.2
Descomposición 89.4.7 264.3, 265.1, 358.12
- de la castina 349.10
Descomposición de los hidrocarburos 105.9
Descompuesto 428.12
- al aire 427.9
Descubierto . . 363.9
-, al 438.5
-, dejar al - la estructura 277.4
Desdoblamiento de los iones 263.2
Desecación del aire, instalación de 329.1
- - viento . . 328.12
Desecador . 231.11.12
- por el vacío . 232.1
Desechar la muestra 34.7
- - prueba . . 34.7
Desecho, -s . . 27.9 355.11
-s de convertidor 112.6
- ferriferro . . 112.3
Desembarque 562.10.11
Desembragar . 520.7
Desenganche automático 136.9
-, mecanismo de - automático 137.1
Desengrasar la arcilla 382.8
Desfosforación 376.12
Desfosforización 398.1
Desgarrarse . . 49.2
Desgaste 32.6
- de la cadena 137.9
- - las limas . . 491.6
- rápido del horno 413.4
-, resistente al . 543.4
Deshojarse . . 431.6
Desiccator 231.12, 232.1
- disc 194.2
-, dried in the 231.11
Design of rolls 514.3
-, to - the passes 514.7
Designación del mineral 65.4
Désignation du mineral 65.4
Designazione del minerale 65.4
Désintégrateur 79.4
Desiodado . . 68.1
Desiodamiento 80.2
Desmenuzar . 76.10
Desmontable . 469.8
Desmoronamiento del mineral 89.4
Desnaturalizado 548.10
Desoldadura . 483.11
Desolforato . . 5.4
Desossidato . . 553.1
Desoxidación . 398.6
- del alambre . 587.1
Desoxidado . . 553.1
Desoxidar por medio del ácido 493
Désoxydant . 398.10
Desoxydation . 398.6
Désoxydation . 398.6
Desperdicio . . 33.6
- de hierro 378.7, 413.1

Desplazamiento del jinete 239.10
Desprender el modelo 435.6
Desprendimiento de calor 346.3
- - gases . . . 483.5
- - oxigeno . . 375.4
- - polvo . . . 468.4
- del mineral . 88.4
Dessécher 270.4
-, appareil à - les gaz 268.2
Dessiccateur 231.11.12
- par le vide . 232.1
Dessiccation de l'air 328.12
Dessin d'atelier 422.11
- de haut-fourneau 287.6
Destapar la piquera 338.9
Destilación . . 106.1
-, aparato de . 254.8 255.3
- con vapor de agua 254.2
- continua . . . 254.6
- del alquitrán, instalación para la . . . 120.1
- en el vacio . 254.3
- fraccionada . 187.4 254.4
- seca 253.11
Destilado . . . 202.6
-, perfectamente 106.2
Destilar . 253.10, 254.7
Destillat 254.1
Destillation, absatzweise 254.4
-, fraktionierte 254.4
-, stetige 254.6
-, Vakuum- . . 254.3
Destillation plant 120.1
Destillations-apparat 254.8
-aufsatz 255.2
-kolben 254.9
-röhre 255.1
-vorlage . . . 255.3
Destillier-blase 255.5
-topf 255.4
Destillieren . . 254.7
Destilliert . . . 203.6
Destrucción del macho 459.7
Désulfuration . 82.4
Désulfuré . . . 5.4
Desulphurisation 82.4
Desulphurized . 5.4
Desunión de la mampostería 336.6
Desviación . . 84.2
Detachable . . 136.6
Détacher 504.8
Deterioración del crisol 353.9
Deterioramento dello sdrucciolo del crogiuolo 353.9
Deterioration of the hearth 353.9
Détérioration de l'ouvrage 353.9
- du creuset . . 353.9
Determinación, aparato para la - del arsénico 218.7
-, - - - - del carbono en el hierro 181.4
-, - - - - del nitrógeno 221.7
- calorimétrica 224.1
- de la conductancia 261.1
- - - densidad 270.7
- - - dureza . . 53.9
- - - potencia calorifica 108.10
- - - solubilidad 258.9
- - un solo cuerpo 224.2
- del grueso por cribadura 65.2
- - tanto por ciento de carbono 215.12
Determinar, aparato para - el tanto por ciento de ácido carbónico 216.1
-, - - - el punto de fusión 250.5
- la potencia calorifica 109.3.4
- - - - por medio del calorimetro 109.6
Determinare, apparecchio per - il tenore di ferro e carbonio 181.4
-, - - - - - - in acido carbonico 216.1
- il potere calorifico 109.3
- - - - col calorimetro 109.6
- - - - in base all'analisi 109.5
Determination, apparatus for - of arsenic 218.7
-, - - - - carbon in iron 181.4
-, - - the - of carbonic acid 216.1
-, - - - - - - melting points 250.5
-, - - - - - - nitrogen 221.7
-, chemical - of the calorific value 109.4
-, gravimetric . 223.9
- of calorific value 108.10
- - carbon . . 215.12
- - density . . 270.7
- - hardness . . 53.9
- - single substances 224.1
- - solubility . 258.9
- - the conductivity 261.1
-, volumetric . 223.10
Détermination, appareil pour la - du point de fusion 250.5
Détermination calorimétrique 224.1
- chimique de la puissance calorifique 109.4
- de la conductance 261.1
- - - densité . . 270.7
- - - dureté . . 53.9
- - - grosseur par criblage 65.2
- - - puissance calorifique 108.10
- - - solubilité 258.9
Determinazione 224.5
-, apparato per la - del contenuto d'arsenico 218.7
-, - - - - - punto di fusione 250.5
-, - - - - dell'azoto 221.7
- calorimetrica 224.1
- chimica del potere calorifico 109.4
- del tenore di carbonio 215.12
- della conduttanza 261.1
- - grossezza per vagliatura 65.2
- - potenza calorifica 108.10
- - solubilità . 258.9
- di un solo corpo 224.2
Determine, to - the calorific value 109.3
-, - - - - - by the calorimetric method 109.6
Déterminer, appareil à - le poids spécifique 271.6
- la puissance calorifique 109.3
- - - - par voie calorimétrique 109.6
Détonant . . . 348.8
Detonante . . . 348.8
Detrimental . . 71.5
Detrimento por el humo 561.1
Detrito 57.3
-i dei crogiuoli 382.1
- di ferro . . . 112.3
Deul 362.3
Deutsch, -es Frischverfahren 366.3
Devanadera . . 585.6
Devanture de foyer 162.7
Develop, to . . 277.3 282.5
Developer . . 178.10
Developing apparatus 221.9
- bottle 268.7
- flask 221.10
Development . 282.6
- of the texture 277.1
Développement de la surface 282.6
Développement de la texture 277.1
- en profondeur 282.7
Développer . . 277.3 282.5
Déversement . 181.6
Déverser 341.9
Dévidoir 585.6
Devil's claw . . 464.3
Devis 562.12
Dezimalwage . 184.2
Dézingué . . . 90.9
Dezinormalelektrode 262.1
Diabas 111.6
Diabasa 111.6
Diabase 111.6
Diabasi 111.6
Diaframma . . 281.6
- di terracotta . 266.1
Diagram of solidification 274.2
Diagrama de las proporciones 274.2
Diagramm, Erstarrungs- 274.2
Diagramma dei tenori 274.2
- delle proporzioni 274.2
Diagramme de solidification 274.2
Dial 240.5
Diamagnetic . . 91.7
Diamagnetico . 91.7
Diamagnético . 91.7
Diamagnétique 91.7
Diamagnetisch . 91.7
Diamant-mörser 229.2
-stahl 18.8
Diamant mortar 229.2
Diamant 229.2
-, acier- 18.8
Diamante . . . 229.2
-, acciaio 18.8
-, acero- 18.8
Diameter of furnace 288.2
- - hearth . . . 295.7
- - wire 28.3
Diamètre de l'ouvrage 295.7
- du fil 28.3
- - fourneau . . 288.2
Diametro del crogiuolo 295.7
- - forno . . . 288.2
Diámetro de la obra 295.7
- del horno . . 288.2
- interior . . . 39.6
Diamond pass . 517.2
Diaphragm 266.1, 281.6
Diario de cargas 349.4
Diatomic . . . 225.1
Dibujo de alto horno 287.6
- - taller . . 422.11
Dicht 59.2
-machen 485.8
-es Roheisen . . 8.8
Dichte-änderung 259.4
-bestimmung . 270.7
-, Gas- 270.8
-, Sirup- 247.1
Dichtigkeitsmesser 180.1
-, Senkwagen- . 180.3

Dichtung . . . 485.8
Dichtungs-fläche 470.7
-fuge 471.6
-walze 472.2
Dick-flüssig . . 419.9
-wandig . . . 587.10
Dickenabweichung 87.5
Die 14.1, 883.6, 504.5 586.2
Diente 518.10
- angular . . 519.2.4
- de engranaje 519.1
- en ángulo . . 519.2
Diferencia . . . 82.9
- admisible . . 82.10
- de los análisis 227.3
- en el grueso . 87.5
Difetto 490.2
- di fusione . 489.10
- - ghisa 490.4
- esterno . . . 85.5
- superficiale 489.11
Difettoso 85.4
Difference in analysis 227.3
- - thickness . 87.5
Différence . . . 82.9
- d'épaisseur . 87.5
- dans les analyses 227.3
Differential-druckfläche 507.6
-fläche 507.6
Differenza . . . 82.9
- ammessa . . . 82.10
- d'analisi . . . 227.3
- di spessore . 87.5
- tollerata . . . 82.10
Dig up, to . . . 488.8
Digesteur . . . 178.5
Digestor 178.5
- de Papin . . 178.5
Dilatación 49.7, 324.7
- de la mampostería 806.1
- - las ladrillos 806.1
Dilatamento . . 478.2
Dilatation . . . 49.7
- de la maçonnerie 806.1
- des briques . 806.1
Dilatazione 49.7, 806.2
- dei mattoni . 806.1
Dilué 242.2
Diluido 242.2
Diluito 242.2
Diluted 242.2
Diluting agent 415.6
Dimension 87.1, 288.3
-s of the casting 423.1
Dimension . . . 288.3
- convenue . . 87.1
-s de la pièce de fonte 423.1
-s en magasin . 87.7
- finale 580.2
- primitive . . 580.1
-s sur parc . . 87.7
Dimensión . . . 288.3
- convenida . . 87.1
-es de la pieza de fundición 423.1
Dimensione . . 288.3
- convenuta . . 87.1
-i del pezzo di ghisa 423.1
- finale 580.2
Dimensione, - i in magazzino 87.7
- primitiva . . 580.1
-i sui piazzali . 87.7
Diminuer la production 556.1
Diminuire il rendimento 556.1
- la produzione 556.1
Diminution de la solubilité 258.11
Diminuzione della sezione 503.8
- - solubilità 258.11
- di polvere alla bocca del forno 97.2
Dinamo . 168.8, 169.6
- a gas 170.8
- - vapore . . . 170.7
Dinamo . 168.8, 169.6
- de gas 170.8
- - vapor . . . 170.7
- -eléctrico . . 169.6
Dinas brick . . 115.1
-, brique 115.1
-, ladrillo . . . 115.1
-, mattone . . . 115.1
-ziegel 115.1
Dioxide, manganese 217.4
Dip 57.6
-, to 316.3
Diplom-Chemiker 173.6
Diplomed . . . 173.6
Dipping, slow . 544.3
Dirección 57.5, 149.7
- alternativa 531.11
- axial 472.3
- de la operación 894.5
- - los rayos . 281.3
Direct, to - the flames on to the hearth 411.7
Directeur des hauts-fourneaux 332.3
Direction, axial 472.3
-s for testing . 31.10
- of movement 93.6
- - rolling . . . 52.8
- - strike . . . 57.5
Direction 57.5, 149.7
- axiale 472.3
Director de altos hornos 332.3
Direktionsgebäude 149.7
Direttore dell'alto forno 332.3
Direzione . . . 149.7
- assiale 472.3
- dei raggi . . 281.3
- del gas . . . 408.7
- dell'aria . . 408.8
- rispetto alla rosa dei venti 57.5
Diriger les flammes vers la sole 411.7
Dirigere la fiamma sulla suola 411.7
Dirigir las llamas hacia la solera 411.7
Diritto di porto 561.11
Disaggregare per fusione 251.1
Disaggregato . 64.1
Disaggregazione 81.6
- all'aria . . . 63.9
Disc . . . 139.3, 519.3
-, cast iron . . 523.8
- compensator 324.8
- mill 512.3
- piston 506.3
- valve 323.2
-, wooden . . 275.11
Discard head . 485.6
Discendente . . 372.4
Discendere . . 335.9
Discesa 353.5
- della carica . 335.8
- delle cariche 336.1
Discharge 81.2, 300.1
-, automatic . . 128.3
- from the converter 397.3
- pipe . . 132.1, 369.8
- towards both sides of the track 128.5
Discharger, adjustable 139.8
-, rapid 128.6
Discharging . . 121.9 123.4
- crane 127.5
- end 138.9
- hole 87.9
Disciogliere . . 241.4
Disco 506.3
- -compensatore 324.5
- di contrappeso 508.5
- - flanella . . 276.8
- - ghisa . . . 523.8
- - legno . . 275.11
- - panno . . . 276.8
Disco . . . 506.3, 519.3
- -compensador de dilatación 324.8
- de flanela . . 276.8
- - hierro fundido 523.8
- - levas 496.9
- - madera . 275.11
- rascador . . . 139.3
Disconnect, to . 520.7
Disegno d'alto forno 287.6
- per officina 422.11
Diseminado . . 71.3
Disgregación . 81.6
Disgregazione della muratura 336.6
Dish 195.4
- for sand bath 248.4
- of porous porcelain 193.3
Dished 261.6
Disinnestare il giunto 520.7
Disintegrate, to 76.1 347.12, 359.1
Disintegration . 76.7 81.6
Disintegrator . 79.4
Disintegratore . 79.4
Dislivello . . . 80.8
Dislocado . . . 57.4
Dislocated . . . 57.4
Dislocato . . . 57.4
Disloqué 574
Disminución de la solubilidad 258.11
- del polvo de los gases del alto horno 97.2
- - tiempo de la fusión 411.10
Disminuir la producción 556.1
Disociación . 253.4.5
- electrolítica . 258.4
Disociar 263.9
Disolución 90.7, 241.2
- ácida 262.8
- clara 241.10
-es correspondientes 262.7
- de índigo . . 211.8
- - jabón . . . 276.5
- - potasa cáustica 205.2
- - resina en trementina 551.8
- - sosa cáustica 205.3
- - vitriolo . . 552.8
- equimolecular 259.1
- equivalente . 259.2
- filtrada clara 244.3
-es isohídricas 262.7
- normal . . . 192.6
- turbia . . . 241.11
Disolvente . . . 241.6
Disolver 241.4
- con ácido . . 248.5
- - agua 248.5
Disossidazione 398.6
Displacable . . 536.4
Disposición de los convertidores 388.2
Disposition des convertisseurs 388.2
Disposizione dei convertitori 388.2
- - mattoni del riempimento 407.9
- parallela . . . 384.8
Disque . . 519.3, 324.8
- de fonte . . . 523.8
- en bois . . 275.11
- - flanelle . . 276.8
Dissectible . . . 469.8
Disseminated . 71.4
Dissemination . 71.3
Disseminato . . 71.3.4
Disséminé . . . 71.4.3
Dissociare . . . 263.9
Dissociate, to . 263.9
Dissociation . 253.4.5
-, electrolytic . 258.4
- limit 253.7
- temperature . 253.6
- theory 260.4
Dissociation . 253.4.5
- électrolytique 258.4
Dissociazione 253.4.5
- elettrolitica . 258.4
Dissocier . . . 263.9
Dissolution . . 24.12
Dissolvant . . . 241.6
Dissolve, to 241.4, 248.5
Dissolving out 89.6
Dissoudre . . 24.4
Dissous 90.7

Dissoziation . . 253.4
Dissoziationsgleichgewicht 262.10
-grad 253.5
-grenze 253.7
-konstante . . . 260.5
-rückgang . . . 263.1
-temperatur . . 253.6
-theorie 260.4
Dissoziieren . . 263.9
Dissulfurato . . 5.4
Distacco, apparecchio automatico di 187.1
- automatico . 186.9
- del minerale . 88.4
Distance between rolls 515.5
-, visual 279.5
Distance entre supports . . 50.1
- focale 279.3
Distancia focal 279.3
Distanza dei cilindri 515.5
- focale 279.3
- visiva 279.5
Distendimento 53.4
Distill, to 253.10, 254.7
Distillare . . . 254.7
- a secco . . 253.10
Distillate . . . 254.1
Distillating flask 254.9
- tube 255.1
Distillation . . 254.1
- apparatus . . 254.8
-, continuous . 254.6
-, dry 253.11
- flask, fractional 187.3
- head 255.2
- pot 255.4
- receiver . . . 255.3
- tube, fractional 187.4
- vessel 255.4
Distillation . . 106.1
- à la vapeur d'eau 254.2
-, appareil de 254.8 255.2
- continue . . . 254.6
- dans le vide . 254.3
- du goudron, installations pour la 120.1
- fractionnée . 254.4
- sèche . . . 253.11
Distillato . . . 203.6
Distillatoire . . 255.5
-, appareil . . . 255.3
Distillazione . . 254.1
-, apparato di . 254.8
-, apparecchio di 255.2
- con vapore acqueo 254.2
- continua . . . 254.6
- del catrame, impianto per la 120.1
- frazionata . . 187.3 254.4
- nel vuoto . . 254.3
- secca . . . 253.11
Distillé . . 254.1, 203.6
- parfaitement 106.2
Distilled 203.6
Distiller 254.7
- à sec 253.10
- par voie sèche 253.10
Distribución á mano 165.7, 500.3
- automática . 500.4
- de fuerza . . 167.3
- - la colada . 339.6
- - - luz 171.7
- - - prensa . . 509.8
- - las aguas . 140.1
- - - materias de fusión 335.6
- del martillo . 499.3
- - viento . . . 324.6
- por el émbolo 499.4
- - grifos . . . 500.1
- - válvula . . 500.2
- - - corredera 499.6
Distribuido . . 140.3
Distribuidor . . 138.9 499.9
- de minerales 308.10
- en forma de concha 407.4
Distributer . 308.10
Distributeur, -rice 138.9
- de minerai 308.10
Distributing station 165.7
- system 168.7
- tube 270.2
Distribution . . 167.3
- of light . . . 171.7
- - the pig iron 339.6
- - - stock . . 335.6
- pipe 324.4
Distribution . . 145.8
- à main . . . 500.3
- automatique . 500.4
- d'eau 140.1
- de force motrice 167.3
- - la fonte . . 339.6
- - - lumière . 171.7
- - - presse . . 509.8
- du marteau 499.33
- par piston . . 499.4
- - robinet . . 500.1
- - soupape . . 500.2
- - tiroir . . . 499.6
Distributore . . 138.9
- del materiale 308.10
Distribuzione . 165.7
- a cassetto cilindrico 499.6
- - mano . . . 500.3
- - robinetti . 500.1
- - stantuffo . . 499.4
- - valvola . . 500.2
- automatica . 500.4
- del vento . . 324.6
- della carica . 335.6
- - ghisa . . . 339.6
- - luce 171.7
- - mazza battente 499.3
- - pressa . . . 509.8
- di forza . . . 167.3
Ditale di gomma 198.3
Dito di gomma 198.3
Divergence . . 32.9
Divided 239.7
-, finely 243.4
Divider, -s . . 41.4
Dividere in piccole palle 376.4
Dividido finamente 243.4
Divisé, finement 243.4
Diviseur 41.4
Division 240.5
- of the rule for the rider 239.9
- plane 424.3
Diviso, finamente 243.4
Divisor, aparato 455.4
Divisore 41.4
-, tubo 270.9
Doblado 42.2
- en anillo . . 294.8
Doblar 42.8, 43.10, 533.2
- el hierro de remaches hasta formar un lazo 43.4
- sobre un mandril 43.1
Doble-refinado 11.3
Doccia . . 151.1, 545.2
Docht 184.4
Dog headed spike 24.6, 464.3
- spike 24.6
Doigt en caoutchouc 198.3
Dolce, acciaio colato 488.4
-, ferro 10.2
-, ghisa . . . 6.4, 7.5
Dolomía 111.3
Dolomie 117.6
- crue 117.5
Dolomit 111.3
-anlage 118.2
-brennofen . . 119.1
-halle 118.2
-masse 117.7
-mehl 117.8
-mischer 119.5
-, Roh- 117.5
-stein 117.6
Dolomita 111.3, 117.6
- bruta 117.5
Dolomite . . . 111.3
- brick 117.6
- calcining kiln 119.1
- mass 117.7
- mixer 119.5
- plant 118.2
- powder . . . 117.8
-, raw 117.5
- shop 118.2
Dolomite 111.3, 117.6
- cruda 117.5
Donner le vent 396.2
Door 101.8
- balance weight 370.10
- counter weight 370.10
- latch 168.5
- of coke oven 104.5
- sill . . . 371.2, 404.5
Doppel-duowalzwerk 518.2
-formmaschine 450.3
-generator . . . 405.3
-muffelofen . . 541.8
-presse 454.5
-pressung . . . 454.5
-puddelofen . . 367.2
-rohr 319.7
-sitzventil . . . 407.3
-T-Eisen 20.9
-zweiwalzwerk 518.2
Doppel-zylinderpumpe 143.1
Doppeln 533.2
Doppelt-chromsauer 206.5
-kohlensauer 205.10
- wirkend 142.8, 328.1
Döpperstahl . . 14.1
Doppio-duo . . 518.2
Dorn, birnenförmiger 539.2
-, um einen - biegen 43.1
-, Walz- 537.8
-walze für geschweißte Rohre 538.9
Dorso 390.2
Dos 390.2
Dosage, appareil pour le - de l'acide carbonique 216.1
-, - - - - - l'azote 221.7
-, - - - - du carbone dans le fer 181.4
- au chalumeau 234.7
- d'un seul corps 224.2
- du carbone 215.12
Dosare 334.7
Dose 202.3
Dosificación 192.9.10
-, aparato de . 193.1
Dosificar . . . 192.8
Dosis de un liquido 192.7
Double-duo . . 518.2
Double, to . . . 533.2
Doubler 533.2
Douche 151.1
Doux, acier 11.6, 25.10
-, fer 10.2
Dovela 293.2
Dowlais mill . 518.2
Down comer . 315.4
- main 146.1
Draft . . 516.9, 562.4
- of passes . . 516.8
Drafting 514.3
Draga . . 58.3, 129.2
Dragage 58.3
- à la pelle à vapeur 58.4
Drague à déchargement automatique 128.2
Dragueux . . . 128.1
Draht . . 27.10, 537.1
-, Aluminium- 199.12
-bürste mit Gurt 490.12
-dreieck 198.9
-, Eisen- 199.9
-eisen 27.12
-, Gefäll- 261.4
-geflecht 318.2
-gewebe 199.1
-, Klavier- . . . 199.10
-netz, Asbest- . 201.3
-nummer . . . 28.1
-, Platin- 194.7
-seil 331.2
- -bahn 135.9
-sorte 28.2
-, Stahl- 27.11
-stärke 28.3
-straße 511.6

Draht-strecke . 511.6
-walzen 535.1
-ziehbank . . . 535.8
-ziehen 535.7
Drain, to - off liquid 246.2
Draining dish . 246.4
Drap 276.1
Draught . 321.2, 332.4
-, forced 158.1
- regulation . . 417.1
Draw hole . . . 538.4
- plate 536.2
-, to - back the nozzles 343.1
-, - - down the iron 503.4
-, - - from the furnace 360.7
-, - - the crucibles 386.4
Drawing . 53.4, 287.6
- down 503.3
-, fine 536.8
- machine . . . 535.8
- - with pliers . 536.5
- - - spool . . 535.9
-, medium . . . 536.7
- off 359.12
- - the ore . . 88.5
-, preliminary . 536.6
-, very fine . . 536.9
Dredge working 58.3
Dredging . . . 58.3
Dreh-achse . . 393.3
-bank, Kern- . 460.10
-beanspruchung 50.4
-bewegung . . 393.7
-festigkeit . . . 50.5
-flammofen . . 402.8
-kolbenpumpe . 143.6 472.5
-kraft 50.9
-kran . . 126.2, 476.4
- -, obenlaufender 127.7
-lade, Kern- . 460.10
-moment . . . 50.8
-puddeln . . . 379.1
-puddelofen . . 367.5
-schaufelbagger129.1
-schieber . . . 297.9
-span, Kupfer- . 199.8
-spannung . . 50.6
-strom-anlage . 166.7
- -ofen 572.2
-tisch-formmaschine 449.3
- - mit Abhebe- und Durchzieh-vorrichtung 452.5
-ventil, Burgersches 323.3
-versuch 50.7
-winkel 51.3
-zapfen 323.8
Drehbar 454.3
- aufgehängt . 393.8
Drehen, das Arbeitsstück . 503.9
- der Birne . . 392.4
-, sich 80.10
Drehend, sich . 95.3
Drehung 50.3
-, entgegengesetzte 532.3
Drei-atomig . . 225.2
-eck, Draht- . . 198.9
-fuß 198.8
Drei-mal-schmelzerei 366.3
-phasenofen, Röchling-Rodenhauerscher 569.1
-polanordnung 94.2
-walzenständer 522.3
-walzwerk . . 512.7
-weg-hahn . . 190.2
- -stück . . 190.3
Dress, to 533.7
Dressed 102.1
- ore 75.1
Dressing 75.7
-, magnetic . . 91.2
-, mechanical . 431.9
- of the moulding sand 431.8
- - - ores . . . 80.1
- plant 74.1
- process . . . 74.2
-, wet 79.7
Dresser 34.3, 40.7, 534.1
-, machine à (v. machine)
Dried 95.11
Drift test . . . 51.9
Drill test . . . 228.2
-, to 228.5
-, - - from above 228.7
-, - - - the side 226.6
-, - - lengthways 228.8
Drille à bouchons 196.7
- - -, affûter les 196.8
Drilling, -s . . 228.3
- machine for iron and steel 228.4
- - - opening the tap hole 343.5
Dripping cooling plant 148.7
Drive, electric 328.2
-, horizontal . . 137.4
-, vertical . . . 137.5
Driver 136.3
-'s stand 127.8
Driving, electric - of the bell winch 314.5
- engine 168.3
- machine . . . 326.8
- off carbonic acid 81.3
- pulley 137.6
- shaft 518.9
Droit, -s de port 561.11
Drop by drop . 242.8
- hammer . . . 497.4
- of pressure . 350.6
- - temperature 352.4, 447.5
- - the top flame 468.1
- stamp, flexible belt 497.7
- - with Müller drive 498.3
-, to 335.9
- weight 464.2
Dropping . . . 374.5
- bottle, patent 185.5
- funnel 188.2
- of the charge 335.8
Dross 107.13
Druck . . . 96.8, 258.7
Druck, atmosphärischer 267.9
-ausgleich . . 473.2
- des Kalibers 516.8
-, ferrostatischer 485.5
-fläche 507.5
-flasche 186.4
-flüssigkeit . . 507.7
-, Flüssigkeits- . 54.7
-kanal 501.8
-leitung 144.8
-messer 179.5
-, Ober- 515.7
-, osmotischer . 258.7
-probe, Wasser- 54.6
-pumpe 509.2
-, radialer . . . 530.8
-rohr 145.3
-sammler . . . 121.8
-schraube . . . 521.8
-seite 471.5
-, Seiten- 515.8
-übersetzer . . 508.2
-ventil 142.4
-, voller 333.7
Druckwasser-Akkumulator 508.3
-betrieb 509.7
-form-maschine 448.3
- -presse 453.5
-presse 450.3
-schmiedepresse505.4
-speicher . . . 508.3
- - mit Luftbelastung 509.1
-steinpresse . . 120.6
Druck-werk . 504.10
-windkessel . . 145.4
Drücken 425.4
-, den Block aus der Kokille 526.4
Druggist's scales 236.1
Drum . . 317.8, 80.10
- apparatus . . 93.9
-, horizontal . . 341.1
Drummond, luce di 280.13
-, lumière de 280.13
-, luz 280.13
Druse 488.4
-, hollow 488.4
Dry sand . . . 427.8
-, to - on the spot 462.5
Drying . 231.2, 233.2 462.6
- and roasting apparatus 233.7
- apparatus . . 268.2
- basket 462.6
- chamber . . . 462.8
- - carriage . . 463.3
- cylinder 232.4, 433.7
- drum 433.7
- house 433.8
- of moulds . . 462.4
- oven 233.1
- plant 329.1
- room 383.7
- stand 233.6
- stove 463.4
- -, transportable basket 462.7
- the blast . . 328.12
- - furnace . . 336.3
- tube 232.5
Dryness 246.9
Dübel 424.4
Ducha 151.1
Duct 360.8
Ductil 44.5
Dúctil 44.5
Ductile 44.5
Ductilidad . . . 425.3
Ductilité 425.3
Ductility . 44.4, 425.3
Duff, gasogeno 405.1
-, gasógeno . . 405.1
-, gazogène . . 405.1
- producer . . 405.1
-scher Generator 405.1
Dulce, acero 11.6, 25.10
-, - colado . . . 488.4
-, fundición . 6.4, 7.5
-, hierro 10.2
-, mineral . . . 68.6
Dull 277.6
Dump 356.3.4
Dumping grate 162.2
- place 356.4
Dung water . . 431.3
Düngemittel . . 399.8
Dünger, Kuh- . 429.1
-, Pferde- . . . 428.11
Dünn 25.7
-flüssig 357.1
-gezogen . . . 28.5
-wandig . . . 486.11
Dúo 521.6
Duowalzwerk . 512.6
Duplex 148.1
Duplex pump . 148.1
Duplexpumpe . 148.1
Dur comme le verre 488.6
- et cassant . . 59.8
Durabilidad 32.4, 89.5
Durabilità . . . 413.2
Durability 32.4, 89.5
Durable 475.4
Duración . . . 413.2
- de la calcinación 86.6
- - - destilación 106.1
- - - oscilación 240.8
- del temple . . 548.7
Durata . . 89.5, 413.2
- d'accensione 86.6
- d'oscillazione 240.8
- del passaggio della carica 344.6
- della campagna d'un forno 413.3
- - colata . . . 342.8
- - tempera . . 548.1
- di cottura . . 106.1
Duration of heating 548.7
- - oscillation . 240.7
Durchbiegung 48.2
Durchbrennen 354.4 413.7
Durchbruch . . 354.5
Durcheinandermischen 432.5
Durchführkessel 553.10
Durchgang . . 531.8
Durchgangsöffnung 320.7
Durchlässigkeit 359.9
- für Gase . . . 96.7
-, magnetische . 91.9
Durchlochen . 51.10

Durchmesser . 451.5
-, Ofen- 288.2
Durchrühren . 375.7
Durchschaufeln 488.9
Durchschlag . 504.6
Durchschnitt-gewicht 135,5, 334.11
-probe 227.11
Durchschnittlich 555.5
Durchsetzzeit . 344.6
Durchsichtigkeit 400.5
Durchstoßen, das Stichloch 338.9
Durchwachsen 64.5 484.5
Durchweichungsgrube 527.5
Durchzieh-boden 390.10
-formmaschine 450.5
-maschine . . . 450.5
- - zum Einformen von Riemenrollen 451.4
Durchzieh-platte 451.2
-vorrichtung . 452.5
Durchziehen von Modellteilen 450.4
Durchzug-formmaschine 450.5
-maschine . . . 450.5
-platte 451.2
-ring . . 451.3, 456.4
Durcissement à l'air 359.10
Durée 413.2
- d'oscillation . 240.8
- de la chauffe 543.7
- - - distillation 106.1
- - - fusion . 411.10
- - marche . . 86.6
- - passage de la charge 344.6
- du grillage . 86.6
Dureté . . 53.8.9, 89.5
- sclérométrique 53.11
Durevole . . . 475.4
Dureza . . . 53.8.9
- esclerométrica 53.4
Durezza . . 6.5, 53.8
- sclerometrica 53.11
Durmiente de emparrillado 368.2
Duro, acciaio colato 488.5
- come il vetro 488.6
Duro, acero colado 488.5
- como el vidrio 488.6
Düse . . . 301.2, 395.1
-, die -n zurückziehen 343.1
-, Oberwind- . 466.8
-, Streu- 317.5
Düsen-querschnitt 350.7
-reihe 466.7
-stock 300.9
Dust 29.6
- bin 316.8
- bother 468.4
- box 409.2
- catcher . . . 316.7
- chamber . . . 409.2
Dust coal . . . 101.6
- collector . . . 409.2
- from throat of furnace 316.1
- nuisance . . . 468.4
- pocket 316.8
Dusting brush 430.8
Duttile 44.5
Duttilità 44.4
Dwelling . . . 151.2
Dynamo, Dampf- 170.7
-, Gas- 170.8
-maschine . . . 169.6
-raum 168.8
-, Turbo- 171.1
Dynamo . 169.6, 170.8
- -electric machine 169.6
- room 168.8
-, turbo- 171.1
Dynamo . 168.8, 169.6
- à gaz 170.8
- - vapeur . . . 170.7
- -électrique . . 169.6

E.

Earth, alkaline -s 114.2
-, argillaceous . 276.9
-, fuller's . . . 116.10
-, washed argillaceous 276.10
-, yellow 66.9
Eau 140.1
- acidulée . . . 545.9
- ammoniacale 108.7 205.4
- boueuse des bocards 77.7
- brute 146.6
- chaude . . . 176.6
- -, appareil à . 176.5
- chimiquement combinée 203.8
- courante . . 544.8
- de baryte . . 205.6
- - cendres de bois 431.4
- - chaux 205.5, 341.3
- - graphite . . 430.9
- - refroidissement 297.10, 298.2
- distillée . . . 203.6
- épurée 146.7
- hygroscopique 203.7
- naturelle . . 146.6
- non épurée . 146.6
- oxygénée . . 211.8
- potassique . . 431.4
- réchauffée . 297.11
- régale 204.3
- souterraine . 141.1
-x-vannes acides 91.1
Ébarbage . . . 489.2
Ébarber . . . 489.4.5
Ébarbeur . . . 489.3
Ébauché 18.3, 377.6
Ébaucher . . . 529.8
Ébaucher la galette d'argile 461.1
Ébaucheur 513.9, 516.3
-, train 377.9, 510.2
Ebene der Windformen 298.7
Ebnen der Blechtafel 534.6
-, mit der Feile 275.3
Ebollizione . . 375.9
- violenta . . . 396.8
Ebonita 202.1
Ebonite 202.1
Ebonite support 202.1
Ébonite 202.1
Ebullición . . 242.10
- violenta . . . 396.8
Ébullition . . 242.10
Ebullizione . 242.10
Écailleux . . . 45.6
Écart 32.9
- toléré 32.10
Écarté 462.2
Écartement des cylindres 515.5
Eccentric . . . 465.3
Eccentricità . . 518.5
Eccentrico . . . 465.3
Eccesso d'ossigeno 349.11
- di peso . . 559.11
- - precipitante 242.9
Echado 57.6
Échange des analyses 227.3
Échantillon 31.4, 33.3
- obtenu par corrosion 277.3
-, préparation des -s 174.9
-, prise des -s . 174.8
Échappement . 499.5
- d'air 508.6
Echar arena . 483.6
Echar fuera el lingote 526.4
Échelle . . 65.8, 240.5 524.2
- de dureté . . 180.8
- - qualité . . 32.2
Ecke 36.10
Eckpfeiler . . . 293.6
Éclairage 165.3, 280.4
-, dispositif d' . 280.7
-, installation d' 171.6
-, - - et de distribution d'énergie 166.2
-, - - - - - de force motrice 166.2
Éclairant . . . 280.9
Éclairé 280.6
Éclat de fonte 464.8
Eclisa . . . 23.8, 24.2
- plana 23.9
Éclisse . . 24.2, 517.10
- cornière . . . 24.1
- d'équerre . . 24.1
- plate 23.9
Economía en los gastos de transporte 560.7
Economical . . 160.9
Economico . . 160.9
Económico . . 160.9
Économie de frais de transport 560.7
- - transport . 560.7
Économique . . 160.9
Écossais, fonte -e 5.10
-, haut-fourneau 286.6
Écoulement . . 47.8
- d'eau . . . 297.8
Écran . . 163.1, 281.6
Écrasement 53.7, 96.8
- à choc . . . 53.5
Écraser 53.6
Écrille 140.10
Écroui 28.5
Écrouir 548.6
Ecuación . . . 345.6
- de una combinación 226.3
- electrolitica . 258.6
Écume 481.8
Écumeux . . 357.10
Écumoir 481.7
Edelstahl . . . 11.2
Édifice moléculaire 225.3
Edificio 149.4
- de la administración 149.6
- - - dirección 149.7
- - los acumuladores 169.1
Edifizio 149.4
- degli uffici . 149.8
- dell'amministrazione 149.6
- della direzione 149.7
- delle caldaie 150.1
- - macchine . 149.9
Edge 36.8.9, 52.8, 237.7
- crack 36.4
- mill 78.1
- of a hammer 504.3
- - the cylinder 312.6
-, sharp 423.6
-, turned . . . 323.9
-, white 400.3
Edged 426.9
Edgeways . . . 508.8
Edison, Scheider von 94.3
Edison apparatus 94.3
Edison, appareil d' 94.3
Edison, apparecchio di 94.3

Edison, aparato 94.3
Efectivo 507.9
Efecto calórico de la reacción 222.6
- calorífico . 108.11
- calorimétrico 108.11
-, de doble 142.8, 328.1
-, de simple . . 142.7 327.8
- del golpe . . 503.1
- gasificador . 349.2
- térmico de la reacción 222.6
Efectuación del ensayo 30.6
Effect 82.2
- of stroke . . 503.1
-, useful 557.5
Effectif 507.9
Effekt, kalorimetrischer 108.11
Effervesce, to . 240.5
Efervescencia violenta 396.8
Effervescenza, produrre 241.5
Effet, à double 142.8 328.1
-, - simple 142.7, 327.8
- calorifique . 108.11
- - de la réaction 222.6
- de la percussion 503.1
- gazéifiant . . 349.2
- utile 557.5
- - du courant 258.3
Effetto, a doppio 142.8, 328.1
-, - semplice . 142.7 327.8
- calorifico . 108.11
- - della reazione 222.6
- gaseificante . 349.2
- termico . . 108.11
- - della reazione 222.6
Effeuiller, s' . 431.8
Efficiency, electrolytic 258.3
-, manometric 472.10
-, thermal . . . 573.3
Effort de torsion subi par un corps 50.4
Effrité 64.1
Effritement 63.9, 89.7
- du mineral . 89.4
Effriter, s' . . . 359.1
Egg shape . . . 96.6
- size 231.5
- sleeker 437.4
Égoutter 246.4
Égouttoir . . . 246.4
Ehrhardt, Preßverfahren nach 538.3
Ehrhardt's pressing process 538.3
Ehrhardt, procédé - à la presse 538.3
Ehrhardt, processo - col mandrino 538.3
Ehrhardt, procedimiento de compresión sistema 538.3
Eichhorn, Aräo-Pyknometer nach 180.3
-, aréo-pyknomètre d' 180.3
Eichhorn, areopicnometro secondo 180.3
Eichhorn, areopicnómetro de 180.3
Eichhorn's hydrometer 180.3
Eigen-art des Erzes 65.6
-vergrößerung 279.7
Ei-form 96.6
-größe 231.5
Einäschern des Filters 250.1
Einatomig . . 224.10
Einbaustück . 521.4
Einbetten . . 415.10
Einbrennen des Emails 554.7
Eindampfen . 246.8.9
Eindampfer . . 246.8
Eindrehen der Kaliber . . 515.3
Eindruckverfahren 54.4
Eindrückvorrichtung, Block- 529.4
Einfach 153.7
-kessel 153.7
- wirkend 142.7, 327.8
Einfallen . . . 57.6
Einfassung, hohlgegossene 369.7
Einfluß, atmosphärischer 118.4
-rinne 395.8
Einformen 421.5, 451.4
Einfrieren . . . 354.1
Einfüllen . . . 104.8
- der Erze . . . 86.3
Eingebaut . . . 286.5
Eingebrannt . 490.6
Eingeschlossen 358.4
Eingeschmolzen, heiß- 475.2
Eingeschnitten 515.4
Eingesetzt . . . 296.8
Eingesprengt . 71.4
Eingriff der Zähne 518.10
Einguß 443.2
-, angeschnittener 444.1
-, einfacher . . 443.6
-, - runder . . . 443.6
-, Gabel- 443.9
-kanal 443.3
-kasten 443.4
-, Keil- 443.8
- mit Vormulde 443.5
-modell 443.7
Einhängend . . 313.2
Einheit 558.4
Einheitspol . . 92.6
Einkauf 558.1
Einklopfen . 438.11
Einlage, Eisen- 458.8
Einlaßschieber, Dampf- 499.7
Einlauf 439.3
Einlegen der Kerne 461.6
Einmalig . . . 438.4
Einmalschmelzerei 365.8
Einmauern . . 306.3
Einölen 383.4
Einpacken . . 415.3
Einphasen-ofen 572.1
-stromanlage . 166.5
Einpudern, mit Kohlenstaub 430.4
Einreiben, mit Spiritus 447.2
Einriß 36.3
Einrücken, die Kupplung 520.6
Einsatz . 373.10, 409.7
-, flüssiger . . . 565.3
-gewicht 409.8
-härtung . . . 417.9
- in das Wasserbad für Reagenzröhren 247.8
-, kalter 564.2
-material . . . 565.1
-menge, kleine 374.1
-, Porzellan- . . 194.2
-roheisen . . . 395.9
-schaufel . . 409.10
-stück 371.2
-tür 370.7
-, warmer . . . 565.3
Einschmelz-glas 252.7
-röhre 252.8
Einschmelzen . 385.9
- von Eisenschrot 565.8
Einschnürung, Kern- 458.7
Einschüttvorrichtung, selbsttätige 308.9
Einsetz-kran . 410.5
- -, Block- . . . 528.7
-maschine . . . 410.1
-wagen, Block- 529.3
Einsetzen 374.2, 409.9
- des Bodens . 392.1
- - Tiegels . . 385.8
Einsetzer . . . 253.1
Einspannen . . 528.9
- der Massel . 465.6
Einspannvorrichtung, Block- 528.8
Einspielen . . . 135.7
Einsprengung 71.3
Einspritzer, Petroleum- 158.7
Einstampfen . 105.4 439.1
Einsteigöffnung 467.2
Einstellung 281.8, 522.7
Eintauchen . . 316.3
-, langsames . . 544.3
Eintieglig . . . 384.6
Eintragöffnung 417.6
Eintritt-öffnung 406.4
-seite 531.3
Einwage . . . 238.11
Einwalzen . . 35.10
Einwerfen von Schlacke 375.6
Einwertig . . . 259.5
Einwirkung, chemische 222.4
-, Frost- 118.6
Einzel-Aushubtisch 452.6
-bestimmung . 224.2
Einzylindrig . 325.7
Eisen, [. . . . 21.1
Eisen-abbrand 378.7
-, Abfall- 29.5
-abflußrinne . . 300.5
-abscheidung . 361.7
-abstich 299.5
-, Alt- 29.4
-, altes 29.4
-arm 118.4
-ausscheidung . 432.6
-bad 375.8
-bahn-fracht . . 561.4
- -material . . 22.1
- -wagenbau . 24.8
-ballen 376.6
-, Band- . . 19.8, 24.7
-band, umgelegtes 295.5
- -, mit -bändern umgeben 308.2
-, basisches 12.1, 399.1
-, Bau- 28.8
-bau 151.3
-, Bessemer- . . 11.8
-beton 289.7
Eisenblech . . 25.6
-, dünnes . . . 25.7
-, gehämmertes 25.8
-, geriffeltes . . 308.4
-mantel 287.2
-ring 300.1
-, schwaches . . 25.7
-tafel 295.1
Eisen, Block- . 11.4
-bor 16.6
-, Brand- 415.7
-, Breit- 21.7
-, brüchiges . . 44.6
-, chemisch reines 210.10, 218.11
-chlorid 208.5
-chrom 15.6
-, das - abfangen 481.2
-, - - strecken . 508.4
-, - - vergießen 481.4
-, - - vorwärmen 374.3
-, Doppel-T- . . 20.9
-, Draht- 27.12
-draht 199.9
- -, dünngezogener 28.5
-einlage 458.8
-elektrode . . . 567.7
-, elektrolytisch hergestelltes 218.12
Eisenerz 58.6
-, arsenhaltiges 61.4
-, bleihaltiges . . 61.2
-, derbes 59.3
-, dichtes . . . 59.2
-, durchwachsenes 64.5
-, erdiges . . . 59.5
-, faseriges . . . 58.9
-, feuchtes . . . 60.2
-, frisches . . . 64.2
-grube 57.8
-, hartes 59.7
-, kalkiges . . . 60.5
-, kohlensäurehaltiges 60.4
-, kristallinisches 64.3
-, kupferhaltiges 61.1
-lagerstätte . . 56.4
-, lockeres, toniges 59.6
-, Magnet- . . . 67.9
-, magnetisches 59.10

Eisenerz, manganhaltiges 70.5
-, mulmiges . . 59.4
-, nasses 60.2
-, nickelhaltiges 61.6
-, phosphorhaltiges 60.7
-, poriges . . . 59.9
-, pulverförmiges 58.9
-, rauhes 64.4
-, schwefelhaltiges 60.6
-, sprödes . . . 59.8
-, staubförmiges 58.8
-, tintanhaltiges 61.5
-, verwittertes . 64.1
-, wasserhaltiges 60.3
-, weiches . . . 59.1
-, zinkhaltiges . 61.3
Eisen, Fasson- . 19.9
-, faulbrüchiges 48.4
-, Fein- 19.2
-, Feinkorn- . . 10.1
-, Fertig- 18.9
-, Flach- 19.7
-, Flachwulst- . 21.4
-, Flanschwulst- 21.6
-, Fluß- 11.4.6
-, flüssig entnommenes 401.8
-, Forellen- . . 2.3
-, Form- 19.9
-, Frisch- 361.8
-, Frischfeuer- . 365.2
-funken 397.1
-, Gärb- 9.4
-, garschmelziges 365.4
-, gediegenes 218.10
-gehalt 64.7
-, Gerb- 9.4
-, geschmeidiges 44.5
-gießerei . . . 475.7
-, Glanz- 1.3
-glanz 66.7
-glimmer . . . 66.6
-, Grob- 19.1
-, Grobkorn- . 9.10
-, großluckiges 2.9
-, Guß- 7.3
-guß 7.4
- -, dünnwandiger 486.11
-, H- 20.9
-, Haken- . . . 29.3
-, halbrundes . 19.6
-haltig 112.3
-, Hämatit- . . 6.2
-, Handels- . . . 17.9
-, heißbrüchiges 48.3
-, heißeingeschmolzenes 475.2
-, Herdfrisch- . 10.3
-, heruntersickerndes 474.4
-, hitziges . . . 474.8
-, hochphosphorhaltiges 216.6
-, hochsiliciertes 1.3
-, Huf- 28.10
-, Hufnagel- . . 29.2
-, Hufstab- . . 29.1
-hydroxyd . . 66.10
-, I- 20.9
-, kaltbrüchiges 48.2
-karbid . . . 215.11
-karbonat . . . 68.4
-, keilförmiges . 21.8
Eisen, Kern- 2.3, 458.8
-kies 72.3
-, kleinluckiges 2.8
-klumpen . . . 361.6
-kohlenstoffbestimmer 181.4
-konstruktion . 151.3
-korn, eingeschlossenes 358.4
-körnchen . . 376.11
-kranz 294.3
-, kristallisiertes 214.2
-lager 180.5
-legierung . . . 14.9
-magnetisch . 91.8
-mangan . . . 15.2
- -titan 16.3
-, Mantel- . . . 293.9
-masse 374.6
-, Matt- 2.6
-, mattes . . . 474.11
-mennige . . 551.13
-, Merkantil- . 17.9
-, metallisches . 218.9
-, Meteor- . . . 214.1
-, minderwertiges 17.12
-, Misch- . . . 473.11
-, Molybdaen- 15.10
-molybdaen . . 15.10
-nickel 15.7
-, Nickel- 15.7
-, Nickelfluß- . 418.5
Eisenoxyd . . . 66.3
-haltig 370.4
-reich 370.5
-, schwefelsaures 69.2
-sulfat 69.2
- von der Teerfarbenerzeugung 71.1
Eisenoxydul . . 66.2
-ammoniumsulfat 208.6
-oxyd 67.8
-, schwefelsaures 69.3
-sulfat 69.3
Eisen-phosphat 399.6
-phosphor . . . 16.4
-, Phosphor- . . 16.4
-platte 291.2
-portlandzement 359.6
-, Puddel- (s. Puddeleisen)
-, Quadrant- . . 21.2
-, Quadrat- . . . 19.3
-, Qualitäts- . . 565.6
-querschnitt, -e für Eisenbahnwagenbau 24.8
-reich 113.3
-, Reif- 24.7
-, Rennfeuer- . 10.2
-, Roh- (s. Roheisen)
-rohr 537.5
-, rotbrüchiges 48.3
-, Rund- 19.5
-sammelraum . 468.9
-sand, Magnet- 68.2
-sau 361.6
-, sauerstoffhaltiges 398.9
-, Säulen- . . . 21.2
-, saures . . 11.8, 397.6
-scheider . . . 482.7
-, schlackenreines 416.4
-, schmiedbares 9.3
Eisen-schrot . . 565.8
-schüssig . . . 113.5
-schwamm . . 347.11
-, schwammiges 376.8
-, Schwarz- . . 1.3
-, Schweiß- . 9.4, 9.8
-, Schweißschmiede- 9.8
-, sehniges . . . 9.9
-separator . . . 432.7
-, Silicium- . 1.2, 15.3
-sorte 17.11
-spat, reifer . . 68.7
-, Spiegel- (s. Spiegeleisen)
-, sprödes . . . 44.7
-, Stab- 18.10
-, Stahl- 8.4
-, Stangen- . . . 18.10
-stärke . . . 486.12
- -, falsche . . . 446.2
Eisenstein, Braun- 66.11
-, Kohlen- . . . 69.1
-, Rot- 66.4
-, sandiger . . . 113.6
-, Schalen- . . . 67.2
-, Spat- 68.5
-, Ton- 68.8
Eisen, Streich- 389.8
-strom 389.7
-sulfid 69.4
-, T- 20.8
-, teigig gewordenes 376.2
-, Thomas- . . . 12.1
-titan 16.2
-träger 294.1
-, Treib- 2.6
-, Tümpel- . . . 292.3
-, U- 21.1
-, überhitztes . 474.9
-, übersättigtes 16.9
-, umgeschmolzenes 474.12
-vanadium . . 16.1
-, Vanadium- . 16.1
-verband . . . 151.3
-verschmelzung 14.9
-, Vierkant- . . 19.3
- vom Rohgang 2.5
-, Walz- 18.2
-wärme 346.4
-, Wasch- . . . 358.5
-, Weiß- (s. Weißeisen)
-werk 151.3
-, Winkel- . . . 19.10
-, Winkelwulst- 21.5
-wolfram . . . 15.9
-, Wulst- 21.3
-, Z- 20.6
-zagel 18.3
-, Zain- 28.9
-zeug 17.10
-, Zieh- 536.2
-, Zusatz- . . . 473.12
Eisern 28.1
Eiweißpapier 212.12
Eje 287.4
- acodado . . . 505.3
- de acero . . . 392.7
- - la pala . . . 470.6
- - piñon . . . 392.8
- - rotación . 323.8 393.3
-, flexible . . . 492.8
Éjecteur placé dans le puits 142.5
Ejector 142.5
Élargir 53.2
Élargissement . 53.1.3
Elasticidad . . 49.9
- de torsión . . 51.5
Elasticità . . . 49.9
-, di torsione . 51.5
Élasticité . . . 49.9
- de torsion . . 51.5
Elasticity . . . 49.9
-, torsional . . 51.5
Elastico 496.7
Elastisch . . . 502.3
Elastizität, Torsions- 51.5
-, Verdrehungs- 51.5
Elastizitätsmodul 49.9
Elección de la fuerza motriz 168.1
- - muestras . 33.1
- - pruebas . . 33.1
Electric 124.7
- arc 344.2
- - furnace . . 565.9
- blast furnace, Harmet 571.6
- - -, Héroult . 571.5
- - -, Stassano's 571.3
- crucible furnace 570.6
- furnace . . . 564.1
- hearth furnace Groenwall, Lindblad and Stalhane 570.3
- motor 105.7
- production of pig iron 571.1
- smelting of iron 571.2
- steel . . 12.5, 564.2
- - castings . . 564.4
- - manufacture 564.1
- tool steel . . 564.3
Eléctricamente, producido 564.4
Electricidad . . 93.4
Électricité . . 93.4
Electricity . . . 93.4
Eléctrico . . . 12.5
Électrique . . . 12.5
Électro 93.2
- -aimant . . . 93.2
- -chimique . . 265.5
- -endosmose . 263.4
Electroacero . 564.2
- para herramientas 564.3
Electro-chemical 265.5
Electrode . . . 261.5
-, dished 261.6
- holder 567.4
-, lower 567.6
-, net shaped . . 261.7
-, passage . . . 567.8
Électrode . . . 567.2
- à capsule . . 261.6
- - manteau cylindrique 261.8
- capsulée . . . 261.6
- de la sole . . 567.8
- - précipitation 261.5
- décinormale . 262.1
- en charbon . 566.7
- en fer 567.7
- normale . . . 261.9

Électrode réticulaire 261.7
- rétiforme . . 261.7
- suspendue . . 566.8
Electrodo . . . 567.2
- de cápsula . . 261.6
- - carbón . . . 566.7
- - - suspendido 566.8
- - envuelta cilíndrica 261.8
- - fondo . . . 467.6
- - hierro . . . 467.7
- - la solera . . 567.6
- - precipitación 261.5
- decinormal . 262.1
- en forma de redecilla 261.7
- normal . . . 261.9
- retiforme . . 261.7
Electro-imán . 93.2
Electrolisis . 258.1.2
Electrolítico . 213.12
Electrolito 257.11, 259.4
- amfoterio . . 259.7
Electrolizar . . 258.2
Électrolyse . 258.1.2
- de l'eau . . 263.10
Electrolyse, to . 258.2
Électrolyser . . 258.2
Electrolysis . . 258.1
Electrolyte . 257.11 259.4
-, amphoteric . 259.7
Électrolyte 257.11, 259.4
- amphotère . . 259.7
Electrolytic . 213.12
Électrolytique 213.12
Electromagnet 93.2
Electromagnetic apparatus, Siemens 93.8
Electro-magnético, aparato - - de Siemens 93.8
Électromagnétique, appareil - de Siemens 93.8
Electromagnetism 93.1
Électromagnétisme 93.1
Electro-magnetismo 91.1
Electrometric . 257.5
Electrometrico 257.5
Électrométrique 257.5
Électropyromètre de Le Chatelier 352.1
Electroquimico 265.5
Electrostenolisis 263.6
Électrosténolyse 263.6
Electro-stenolysis 263.6
Electrotérmico 565.4
Électrothermique 465.4
Elektrisch . . . 93.3
Elektrizitätsquelle 93.4
-speicher . . . 266.5
-werk 165.5
Elektroanalyse 257.1
Elektrochemisch 265.5
Elektrode . . . 567.3
-, Boden- 567.6
-, Dezinormal- . 262.1
Elektrode, Eisen- 567.7
-, Kohlen- . . . 566.7
-, Netz- 261.7
-, Niederschlag- 261.5
-, Normal- . . . 261.9
-, Schalen- . . . 261.6
Elektroden-durchführung 567.8
-halter 567.4
-reglung . . . 567.2
Elektrolyse . . 258.1
Elektrolysieren 258.2
Elektrolyt 257.11 259.7
-, amphoterer . 259.7
Elektrolytisch . 258.3
- hergestellt . 213.12
Elektromagnet 93.2
Elektromagnetisch 93.8
Elektromagnetismus 93.1
Elektrometrisch 257.5
Eletroroheisenerzeugung 571.1
Elektrostahl . . 12.5 564.2
-erzeugung . . 564.1
-formguß . . . 564.4
Elektrostenolyse 263.6
Elektrothermisch 565.4 571.2
Elektrotiegelofen 570.6
Elektrowerkzeugstahl 564.3
Element . 213.6 265.5.9
Élément . 213.6 265.9
- combustible . 360.2
-s de la charge 348.4
- de pile . . . 265.8
- s décomposés à l'air 427.9
Elemento 213.6, 265.9
- argilloso . . . 79.9
- ausiliare . . . 71.6
-i decomposti . 427.9
-i dei gas . . . 267.5
-i della carica 348.4
- nocivo 71.5
- sabbioso . . . 79.9
Elemento 213.6, 265.8
- arcilloso . . . 79.9
- arenoso . . . 79.9
- combustible . 360.2
-s constitutivos del gas 267.5
- dañoso 71.5
-s de la carga 348.4
- descompuesto al aire 427.9
- nocivo 71.5
- secundario . 71.6
- volátil 81.7
Elephant boiler 154.2
Elettricità . . . 93.4
Elettrico 12.5
Elettrochimico 265.5
Elettrodo . . . 567.2
- a capsula . . 261.6
Elettrodo a mantello cilindrico 261.8
- decinormale . 262.1
- del fondo . . 567.6
- di carbone . 566.7
- - ferro . . . 567.7
- di precipitazione 261.5
- normale . . . 261.9
- reticolato . . 261.7
- sospeso . . . 566.8
Elettrolisi . . 258.1.2
Elettrolitico . 213.12
Elettrolito . . 257.11 259.4
- amfoterio . . 259.7
Elettrolizzare . 258.2
Elettromagnete 93.2
Elettromagnetico, apparecchio - di Siemens 93.8
Elettromagnetismo 93.1
Elettrometrico 257.5
Elettrostenolisi 263.6
Elettrotermico 565.4
Elevación 288.1, 502.7
- del agua . . . 141.9
- por espigas . 449.2
Elevado 145.8
Elevador 129.3, 525.1
- de balancín 525.2
- - cangilones 189.9
- - pozo . . . 142.5
Elevar la barra 531.5
Élévateur . . . 129.3
- à godets . . . 189.9
Elevation . . . 288.1
Élévation . . . 288.1
- de l'eau . . . 141.9
Elevato 145.8
Elevator 129.3
-, Tiefbrunnen- 142.5
Elevator . 129.3, 189.9 329.8
- bucket 330.1
- cage 330.1
-, deep well . . 142.5
-, double acting 330.3
- frame 329.9
-, single acting 330.2
Elevatore . . . 129.3
- a secchi . . . 189.9
- - tazze 189.9
- dei rampini . 525.2
- per pozzi . . 142.5
Elevazione d'acqua 141.9
Eliminación de los elementos arcillosos 79.9
- - - - arenosos 79.9
- del azufre . . 82.4
- - fósforo . . 398.3
Eliminare la scoria 377.1
Elimination of argillaceous ingredients 79.9
- - phosphorus 398.3
- - sandy ingredients 79.9
Élimination des matières argileuses 79.9
- - - sableuses 79.9
- du phosphore 398.3
- - soufre . . . 82.4
Eliminazione . 82.5
- d'elementi argillosi 79.9
- - sabbiosi . . 79.9
- del fosforo . 398.3
- - solfo 82.4
- della scoria . 377.2
Elongate, to . . 530.5
Elongation 44.8, 530.6
Email 554.6.7
Émail 554.6.7
Émailler 554.5
-, four à (v. four)
Emaillieren . . 554.5
Emaillierofen . 554.8
Ematite . . 6.2, 66.8
- a superficie vetrosa 66.5
- bruna 66.9
- - a noduli . . 67.1
- rossa 66.4
Embarcadère . 561.9
Embarque 560.3, 561.10
Embarquement 561.10
Embase 291.2
Embed, to . . 415.10
Embellissement de la surface 550.4
Embocadura oblonga 159.2
Emboîté . . . 515.10
Émbolo . 144.3, 311.4
-s colocados uno al lado de otro 506.4
-s - - detrás de otro 506.5
- de bomba . . 509.3
- - disco 506.3
- - la bomba de aire 501.5
- - presión . . 506.1
- del martillo . 499.2
-s gemelos . . . 506.5
- macho 506.2
- rotatorio . . . 472.5
Emboss, to - the hole 52.4
Embouchure de la tuyère 395.1
- oblongue . . 159.2
Embouti 23.2
Emboutir . . . 26.6
Embragar . . . 520.6
Embrague . . . 519.9
Embranchement 123.8
Embrayage mobile 519.9
Embrayer . . . 520.6
Embudo con tubo de vapor 178.9
- cuenta-gotas . 188.2
- de desagüe . 246.5
- - extracción . 179.8
- - filtración . 245.3
- - platino . . 195.6
- - porcelana . 198.4
- - seguridad . 248.1
- para agua caliente 176.6
- - filtros . . . 244.7
- separador . . 188.3
Embutido . . . 23.2
Embutir 26.6
Émeri . 202.11 203.1 275.9

Emery 202.11, 275.9
- cloth 203.1
- disc 492.4
- paper 275.8
- wheel 492.4
Empalizada 464.7
Empalme 123.9
Empaque de arandelas de cuero 506.6
- doble de cuero embutido 507.2
Empaquetado 18.6 378.2
Empaquetadura 325.1
- de arandelas de cuero 506.6
- - cuero embutido 507.1
Empaquetar 415.3
Empaqueter 415.3
Emparrillado 156.8 159.7
- cilindrico 157.6
- con irrigación 162.6
- corredizo 162.3
- de cadena 157.5
- - criba 161.1
- - escalones 161.5
- - madera 317.1
- - pisos 161.6
- - una pieza 160.4
- económico 160.9
- en escalones 85.1
- fijo 161.9
- horizontal 160.7
- inclinado 162.2
- largo 160.6
- móvil 162.1
- para carga continua 161.7
- - escorias 162.2
- sacudidor 157.7
- subdividido 160.5
Empfindlich 240.10
Empfindlichkeit 240.9
Empilage des briques 407.9
- - - du régénérateur 407.8
Empilar los ladrillos 407.9
Empleado 427.3
- encargado de la recepción 30.2
Emploi du gaz 359.12
- répété des eaux 148.3
Emplomar 554.3
Employé 427.3
Employer 33.2
Empoise 521.4.7
Empolvar los moldes 480.5
Empotrar 306.3
Empreinte 54.4
Emprisonné, gaz 484.7
Emptying of the oven 106.5
- the furnace 88.7
Empuesa 521.7
Empuje del viento 165.3
-, disposición de para lingotes 529.4
Enalbar 42.9
Enamel 554.6.7
-, to 554.5
Enamelling furnace 554.8
Encalar el alambre 587.3
Encargado 332.7
Encender 417.7
-, manera de 337.11
-, volver á 355.2
Encendido 86.4, 473.5
-, pavesa -a 164.4
Encerrado 358.4
Encke's blower 471.3
Enckesches Gebläse 471.3
Encke, máquina soplante 471.3
Encke, soufflerie 471.3
Encke, ventilatore 471.3
Enclume inférieure 502.10
Encolar 428.4
Encorvar 42.8, 46.8
End-form 580.2
-kaliber 516.7
-leitfähigkeit des Elektrolyten 260.9
-los 340.9
-platte 414.2
-querschnitt 580.4
-schlacke 412.2
End 33.6, 408.5, 418.9
-, charging 188.5
-, discharging 188.9
- plate 414.2
Enderezado 27.6
- con el laminador 584.3
Enderezamiento de los palastros 584.6
Enderezar 40.7
-, máquina de (v. máquina)
Endommagement par la fumée 561.1
Endosmose, elektrische 268.4
Endosmose électrique 268.4
Endosmosi elettrica 268.4
Endosmosis, electric 268.4
Endósmosis eléctrica 268.4
Endotermico 223.2
Endotérmico 223.2
Endothermic 223.2
Endothermique 223.2
Endroit de pliage 42.3
- défectueux 35.4
Enduire 481.5
Enduit contre la rouille 550.3
Endulzamiento del agua 147.8
Energia 166.2
- di volume 257.2
Energía 167.2
- volumétrica 257.2
Energie, Volumen- 257.2
Énergie 166.2
- hydraulique 167.8
- volumétrique 257.2
Energy 257.2
Enfermé 484.7
Enfoncement sous charge 141.7
Enfourner, machine à (v. machine)
Enfournement 528.7
- des lingots, dispositif d' 529.4
- du creuset 385.8
Enfourneur 529.3
Enfourneuse 410.1
- de lingots 528.7
Enfriadero de chimenea 149.3
- - gradas 148.6
- - torre 149.2
- por riego 148.7
Enfriamiento 148.5 486.3
- á toda agua 544.2
- brusco 544.2
- lento 357.6
- por agua de los electrodos 567.9
- rápido 447.4
Enfriar 548.10, 544.5
- bruscamente el cuarzo 115.8
Enfriarse 364.1
Enganche 136.7
Engine 168.3
-, four cycle 327.6
- house 149.9
-, tandem 327.1
-, two cycle 327.7
Engineer 333.2
- in charge 332.5
- - charge of hoist 333.3
Englisch, -es Roheisen 5.9
-es System 395.3
-er Zementierofen 416.6
English cementation furnace 416.6
- converting furnace 416.6
- pig iron 5.9
- standard joist 20.10
- system 395.3
Englobé 358.4
Engorgement du creuset 337.3
- - four de grillage 88.3
- - haut-fourneau 337.9
Engrais 399.3
Engranaje 14.4
- de los dientes 518.10
- - tornillo sin fin 841.10
Engrasador, aparato - de cable 187.7
Engrasar 333.4
Engrenage 14.4, 518.8
Engrènement des dents 518.10
Enhornamiento del crisol 385.8
Enhornar 410.7
- lingotes 528.7
Enjugador 246.4
Enlace 123.9
Enlargement 521.3
Enlèvement des battitures 582.8
- - cendres 164.2
- - lingots 527.3
- - oxydes 582.8
-, dispositif d' 529.5
- du fond 392.2
- - loup 402.1
Enlever 486.1
- au ciseau 36.1
- les bavures de joint 489.6
- - châssis, appareil à 448.5
- - couvercles, dispositif pour 528.1
- - creusets 386.4
Enlistonado de madera 317.1
Enmasillar 494.4
Enmohecerse 550.1
Enrejado de la viga 308.2
- de madera 317.1
Enrichissement des minerais 80.1
Enriquecimiento de los minerales 80.1
Enrollado 199.3
Enrollamiento 460.6 498.1
Enrollar 589.3
- alambre 585.5
Enroulé 199.3
Enroulement 460.6 498.1
Enrouler 589.3
- en couronne 585.5
-, s' 524.9
Enrouleur 585.10
Enrouleuse 585.6
Ensanchamiento 58.3
Ensanchar 53.6
Ensanche 84.2
Ensayador de petróleo 181.5
Ensayar 80.5
Ensayo 80.6, 81.1
- á la flexión sobre material entallado 44.2
- - - forja 52.5
- al choque 42.1
- con el soplete 234.6.7
- - - -, aparatos para el 235.1
- - pieza separada 31.4
- de doblado 42.2
- - - en caliente 42.5
- - - - frío 42.6
- - flexión 42.2
- - - al choque 44.1
- - - de un cuerpo templado 42.7
- - forjado 52.5
- - horadamiento 228.2
- - la maleabilidad de un cuerpo 58.1

Ensayo de los materiales 41.6
- - penetración por hendidura 54.1
- - - - rayado . 54.1
- - perforación á punzón 51.9
- - rotura 44.3, 49.1
- - -, aparato para el 49.4
- - torsión 50.7, 51.6
- electroquímico 265.5
- en caliente . 31.7
- - frío 31.6
- metalográfico 177.4 272.3
- previo 31.2
Entaille . 518.1, 518.2
- du couteau . 238.2
Entaillé 44.2
Entallado . . . 44.2
Entalladura del brazo graduado 239.9
Entallecido . . 46.6
Enteisenung . . 147.9
Entfernen, die Gußnaht 439.6
Entfernung des Schwefels 82.4
- sandiger, toniger Bestandteile 79.9
Entfeuchter . 231.12
-, Absaug- . . . 232.1
-, im - getrocknet 231.11
Entgasen . . 253.10
Entgasung . 253.11
Entgasungserzeugnis 254.1
Entgegengesetzt 532.3
Enthärtung . . 147.8
Entkohlen . . 363.6
Entkohlung . . 376.1
-, vollständige 397.5
Entkohlungsperiode, Gasfrisch- 397.4
Entkupfert . . 90.5
Entkuppeln . . 520.7
Entladegefäß, Selbst- 128.2
Entlader, Schnell- 128.6
-, Selbst- . . . 128.2.4
Entladung nach beiden Seiten des Gleises 128.5
Entlastet . . . 523.6
Entlastung . . 523.3
Entleeren, den Herd 342.1
Entleerer, Selbst- 128.2
Entleerung des Kastens 411.4
- - Ofens 88.7, 106.5
-, Selbst- 128.3
Entlüftungsventil 145.5, 508.6
Entmischung des Möllers 348.4
Entonnoir 310.1, 348.3
à eau chaude 176.6
- filtrer . . . 245.3
trop-plein . 246.5
Entonnoir comptegouttes 188.2
- d'extracteur . 179.8
- de coulée 443.2,5
- - - à tuyau . 444.2
- - filtre 244.7
- - sûreté . . . 248.1
- en platine . . 195.6
- - porcelaine . 193.4
- pour filtrer à tuyau de vapeur 178.9
- séparateur . . 188.3
Entourer de cercles de fer 303.2
- de maçonnerie 306.3
Entphosphort . 5.3
Entphosphorungsperiode 398.1
Entrada 406.4, 439.3
- de aire 87.8, 542.4
- - gas 542.5
- - vapor por encima del émbolo 500.6
Entrega 65.3
Entraîné 412.4
Entraîneur . 136.3.7
- à manchon . 136.4
- en tôle d'acier rivetée 136.5
- forgé amovible 136.6
Entrare 316.3
Entrata 439.3, 531.3
- d'aria . . . 337.12
- del gas . . . 542.5
- dell'acqua . . 297.7
- - aria 321.3.4, 394.3 542.4
- della fiamma 368.6
Entrée . . 406.4, 439.3
- d'air . 321.3, 337.12 542.4
- de gaz 542.5
Entrepôt à fers 130.5
Entretenimiento 563.3
Entretien . . . 563.3
Entretoise 320.4, 441.5
Entretoisement 505.6
Entry side . . . 531.3
Entschwefelt . 5.4
Entschwefelung 82.4
Entstaubung . 409.1
Entwässerer, Dampf- 179.3
Entweichen der Luft 439.8
- flüchtiger Bestandteile 250.7
Entweichend, -es Gas 484.6
Entwerfen . . . 514.7
Entwickeln 277.3, 282.5
Entwickler, Dampf- 178.10
Entwicklung des Gefüges 277.1
-, Oberflächen- . 282.6
Entwicklungsapparat, Gas- 268.6
-flasche, Chlor- 221.9
- -, Gas- 268.7
-kaliber 516.6
-kolben, Chlor- 221.10
Entziehung . 359.12
Entziehungsöffnung 312.8
-rohr 312.9
Entzinkt 90.9
Envelope . . . 431.7
Enveloppe . 26.8, 79.5 305.1
- d'extracteur . 179.7
- de gaz 431.7
- - protection . 492.5
- des étalages . 302.4
- en tôle . 83.8, 287.1 389.8
- - - de fer . . 287.2
- extérieure de la cuve 304.8
Enveloppé . . . 471.7
Envelopper la tige du noyeau 460.7
Envoltura . . . 460.6
- de aparato de extracción 179.7
- - palastro . . 389.8
- refractaria del tubo 480.8
Envolvente de gas 431.7
Envuelta . . . 261.8
- de chapa . . 83.8
Épais 411.3
Épaisseur . 37.4, 57.7
- de fonte . . 486.12
- - la paroi . . 305.7
- - trempe . . 420.4
- du fil 28.3
- prescrite . . . 87.6
Epoca carbonifera 114.6
Éponge de fer 347.11
Épreuve 49.3
- au choc . . . 41.8
- des acides . . 189.1
- hydraulique 54.6 55.2
- négative . . . 282.4
- positive . . . 282.9
Éprouvette 33.3.8, 186.1
- conique . . . 186.2
- de mètal liquide prélevée 401.8
- - - solidifié . 401.9
- - réserve . . 33.7
Épurateur . . . 315.9
Épuration à sec des gaz du gueulard 315.8
- de l'eau . . . 146.5
- des gaz . . . 315.6
- par voie humide 317.2
Epuratore Bian 318.1
- Theisen . . . 317.7
Epurazione ad acqua 317.2
Épuré 5.3
-, non 146.6
Épurer 315.7
Equalization of pressure 473.2
Equation . . 345.6.11
- of combination 226.3
- - electrolytic condition 258.6
Équation . . . 345.6
- d'état 258.6
- d'une combinaison 226.3
Equazione . . . 345.6
- chimica . . . 226.3
- di stato . . . 258.6
Équerre 24.1
- à lisser . 437.6, 437.8
- pliante . . . 40.6
Equigranulare 75.4
Equilibrado . . 523.1
Équilibrage . . 523.3
- hydraulique . 524.1
- par contrepoids 523.4
Equilibrar . . . 523.2
Equilibrare . . 523.2
- con contrappesi 523.4
Equilibrato . . 523.1
Equilibratore idraulico 524.1
Equilibrazione 523.3
Équilibre . . . 345.7
- calorifique . . 346.1
- de dissociation 262.10
-, être en . . . 274.9
Équilibré . . . 523.1
Équilibrer . . . 523.2
Equilibrio . . . 345.7
- di dissociazione 262.10
-, stare in . . . 274.9
- termico . . . 346.1
Equilibrio 345.7, 523.3
- de disociación 262.10
-, estar en . . . 274.9
- por pesos . . 523.4
- - presión hidráulica 524.1
- térmico . . . 346.1
Equilibrium . . 345.7
- of dissociation 262.10
-, to be in . . . 274.9
Équimoléculaire 259.1
Equi-molecular 259.1
Equimolecular 259.1
Equimolecolare 259.1
Equivalent . . 257.6
-, chemically . 257.7
-, stoichiometric 345.8
Équivalent . . 257.7
- chimique . . 257.6
- stœchiométrique 345.8
Equivalente . . 257.7
-, peso 257.6
- stechiometrico 345.8
Equivalente . . 257.7
- estequiométrico 345.8
- químico . . . 257.6
Erblasen, heiß 4.5
-, kalt 4.6
-, mit heißem Wind 4.5
-, - kaltem Wind 4.6
Erbskohle . . . 101.3
Erde, alkalische -n 114.2
-, Porzellan- . 116.13
Erdig 59.5
Erfassen, das Walzstück 531.6
-, mit der Zange 531.7

Erfüllungsort . 559.7
Ergebnis, Prüfungs- 34.5
-, Versuchs- . . 34.5
Erhaben polieren 277.7
Erhärtung, Luft- 359.10
Erhitzen 86.5
Erhitzer, Wind- (s. Winderhitzer)
Erhitzt 328.11
Erhitzung . . . 543.7
- durch Induktion 568.3
-, Lichtbogen- . 566.1
-, Widerstands- 570.5
Erhöhung der Reduktionsfähigkeit 81.9
Erizado 47.4
Erlenmeyerkolben 186.6
Erlenmeyer glass flask 186.6
Erleuchtet, rot 399.11
Ermetico . . . 324.1
Ermitteln . . . 109.6
Erniedrigung, Temperatur- 352.4
Errore nell' immagine 279.11
Ersatz-kessel . 153.5
-stück 33.7
Erschmelzung des Eisens auf elektrothermischem Wege 571.2
Erstarren 354.1, 486.2
Erstarrt 278.9
Erstarrungs-bild 274.2
-diagramm . . 274.2
Ersticken des Hochofens 337.9
Eruzione . . . 306.7
Erwärmt . . . 297.11
Erz 65.4
-art 66.1
-, aufbereitetes 75.1
-bedarf 558.3
-, Blau- 68.7
-, Bohn- 67.5
-, Braun- 68.7
-dampfer . . . 562.6
-förderung . . 58.5
-förderwagen 138.2
-frischverfahren 412.9
-gemenge . . . 76.3
-gemisch . . . 333.8
-, geröstetes . . 88.10
-, gezogenes . . 88.6
-gicht 335.2
-glühfrischen . 415.1
-, Halden- . . . 62.10
-händler 559.1
-karren 532.1
-, Kieselzink- . 71.10
-, Klaub- 63.3
-ladevorrichtung 123.1
-lagerplatz . . 130.3
-, leicht reduzierbares 62.3
-, - schmelzbares 61.7
-lieferungsvertrag 65.3
-, Linsen- . . . 63.7
Erz, Mangan- . 69.5
-, manganhaltiges Silber- 70.7
-, - Zink- . . . 70.6
-, Nieren- . . . 63.8
-post 334.1
-preßstein . . . 95.10
-probe, bei 100 °C getrocknete 232.7
-puddeln . . . 380.2
-, Purpur- . . . 70.8
-quetsche . . . 78.8
-, Rasen- 67.4
-, Roh- (s. Roherz)
-satz 334.1
-, Scheid- . . . 63.1
-scheider nach Wetherill 94.4
-, schwer reduzierbares 62.5
-, - schmelzbares 62.1
-, See- 67.4
-, selbstgehendes 62.2
-, selbstschmelziges 62.2
-stahl 12.7
-staub . . . 76.4, 315.5
-stock 57.2
-, Stück- 62.8
-, Sumpf- . . . 67.4
-tasche 131.3
-, Temper- . . . 415.4
-, trockenes . . 60.1
-, ungeröstetes . 88.11
-, unvollkommen geröstetes 89.1
-verlader . . . 332.9
-verteiler . . 308.10
-, Wad- 69.8
-wagen 138.2
-walzwerk . . . 77.8
-wäsche 80.6
-, Wiesen- . . . 67.4
-zerreiber . . . 229.9
-ziegel 95.10
-zusatz 412.1
Erzeugnis, Röst- 82.7
Erzeugung, Gesamt- 555.1
Esame dell'andamento della conversione 399.9
- esterno . . . 35.1
Esaminare . . . 30.5
Escala . . . 38.6, 65.8
- de calidad . . 32.2
- - dureza . . . 180.8
- métrica plegable 38.8
Escaleriforme . 153.9
Escalón 35.1
Escalonado . 518.6.7
Escama 532.8
-s de óxido de hierro 414.5
Escamoso . . . 45.6
Escapar 484.6
Escape of air . 439.8
- - heat to upper part 348.2
Escape 464.3
-, conducto de 104.3
- de aire . . . 508.6
- - gas 360.10
- - la tobera . 353.3
- - los productos volátiles 250.7
Escaping . . . 484.6
- of volatile compounds 250.7
Escarbille . . . 164.4
Escarpia 24.6
- de carril . . . 24.6
Escasez de agua 140.6
Escavador, grúa -a 128.1
Escavazione a vapore 58.4
Esclerométrico 53.11
Esclerómetro de bolas 54.5
- - rayado . . 54.3
Escoba 532.9
Escobilla 190.8, 490.10
- de alambre de acero con mango 490.11
- - - con asa de cuero 490.12
- doble de alambre 491.2
- para tubos . 190.9
Escocés, alto horno 286.6
-, fundición -a . 5.10
Escoria 5.2
- ácida 356.6
- arrastrada . . 412.4
- básica 356.7
- Bessemer . . 397.7
-, conteniendo -s 484.10
- de afino . . . 375.1
- - alto horno 355.10
- - - - tratada al vapor 95.7
- - horno catalán 112.7
- - - de enalbar 112.9
- - - - refinar 112.8
- - marcha caliente 357.4
- - - fria . . . 357.5
- - - normal . 357.4
- - pudelaje . . 118.1 374.10
- dulce 366.7
- encerrada . . 377.8
- espesa 412.3
-, exento de -s 484.11
- filamentosa . 358.9
- final 412.2
- flotante . . . 386.6
-, formando . . 349.8
- granulada . . 359.4
- interpuesta . 377.8
- pétrea 357.8
- petrosa . . . 357.8
- pobre en fósforo 399.4
- probre en hierro 118.4
-, que contiene -s 484.10
- rica 366.7
- - en fósforo . 399.3
- - - hierro . . 118.3
-, sin -s . 416.4, 484.11
- Thomas 113.2, 399.2
Escorial 356.3
Escoriero . . . 299.6
Escorificación de fósforo 398.2
Escorificante . 349.3
Escorificar . . 349.7
Escorioso 6.3
Escoupe 484.4
Escuadra 19.10, 24.1
- con aristas vivas 20.5
- - bordón . . 21.5
- - esquinas redondeadas 20.4
- de alas desiguales 20.3
- - - iguales . . 20.1
- para repasar 437.6
- plegable . . . 40.6
Esercizio 174.7, 572.8
- del laboratorio 173.2
-, messa fuori . 355.3
Esfera 41.1
Esférico . 96.5, 464.2
Esfuerzo de torsión 50.4
Eslabón de enganche 476.8
Eslique 75.1
Esmaltar . . . 554.5
-, horno de (v. horno)
Esmalte . . . 554.6.7
Esmanil 72.1
Esmeril 202.11, 275.8.9
Esmerilado . . 203.1
Esmerilar . . . 492.2
-, máquina de (v. máquina)
Esotermico . . 222.9
Espalda . 390.2, 403.4
Espático 68.5
Espato calizo . . 73.1
- fluor 111.4
- pesado . . . 220.11
Espátula . 202.8, 437.3
- de cuchara para pulir 437.4
- - gancho . . 436.8
- - platino . . 195.8
Espèce de fil . 28.2
-s de minerais 66.1
-s de moules . 438.2
Especie 34.11
Espectral, análisis 400.10
Espectro 401.5
- continuo . . . 401.2
Espectroscopio 400.11 401.1
Especular . . . 66.7
-, fundición (v. fundición)
Espejado . . . 71.7
Espellere l'anidride carbonica 81.8
- le materie volatili 81.7
Esperimento . . 31.1
Espeso . . 412.3, 419.9
Espesor 57.7
- de fundición 486.12
-, de gran . . . 537.10
- - la pared . . 305.7
-, de poco . . 486.11
- del alambre . 28.3
- - temple . . . 420.4
- prescrito . . 37.6
Espetón . 339.2, 371.6
- de hierro . 338.10
Espiga 449.2
- de levantar las cajas 448.6
- - rebote . . . 502.6

Espiga fundida en una pieza con el anillo 294.10
Espiral 502.5
Espiritu de vino 447.2, 546.5
Esplosione . . . 314.9
- di gas 358.8
Espolvorear con polvo de carbón 430.4
Esponente dell'atomo 226.5
Esponja de hierro 347.11, 362.3
Esponjoso . . . 376.8
Esporre alla luce 281.11
Esprit de vin 184.3 447.2, 546.5
Espuma 481.8
Espumadera . . 481.7
Espumoso . . 357.10
Esquina, con -s redondeadas 20.4
Esquisto . . . 101.10
- arcilloso . . . 112.1
Esquitoso . . 116.5
Essai 30.6, 31.1
- à chaud . . . 31.7
- - froid 31.6
- - la torsion . 50.7
-, appareil pour l'- du pétrole 181.5
- au chalumeau 234.6
- - -, appareils pour l'- 235.1
- - choc 42.1
- - - sur éprouvette 44.2
- d'écrasement à choc 53.5
- d'élargissement 53.1
- d'un corps à l'écrasement 53.5
- - - - l'élargissement 53.1
- - - - la forge 52.5
- - - au forgeage 52.5
- - - - poinçonnage 51.9
- - - - refoulement 53.5
- de dureté . . 54.5
- - flexion . . . 42.2
- - - après trempe 42.7
- - - au choc . . 44.1
- - forage . . . 228.2
- - forgeage . . 52.5
- - pénétration par striage 54.1
- - perçage 51.9, 228.2
- - pliage . . . 42.2
- - - à chaud . 42.5
- - - - froid . . 42.6
- - - alternatif en sens inverse 43.9
- - - après trempe 42.7
- - poinçonnage 51.9
- - rupture 44.3, 49.1
- - -, appareil pour l' 49.4
- - torsion . . . 51.6
Essai électrochimique 265.5
- hydraulique . 54.6
- préliminaire . 31.2
- sclérométrique 54.1
- sur un échantillon 31.4
- - - morceau détaché 31.4
Essayer 30.5
Esse . . . 164.6, 372.9
Essence 124.8
Essenkanal . . 85.8
Essenza 124.8
Essiccamento . 231.8
-, apparato d' - e di calcinazione 233.7
- dell'aria, impianto per l' 329.1
- della muratura 336.3
Essiccato . . . 231.9
- all'aria . . 231.10
- nell' essiccatore 231.11
Essiccatoio 233.6, 268.2 383.7
- per crogiuoli 233.3
- trasportabile 462.7
Essiccatore 231.11.12
- a vuoto . . . 232.1
- di vapore . . 179.3
Essiccatura delle forme 462.4
Essiccazione 231.8 232.5
- dell'aria . . 328.12
Essigsauer . . . 206.6
Essigsäure . . . 204.4
Eßkohle 99.10
Eßkohlenkoks . 107.6
Essoreuse . . . 176.3
Establezimiento de estañado 552.12
Estaca de guia 442.8
Estacade de chargement 122.3
- - déchargement 131.6
- - déversement 131.6
Estación de alumbrado y distribución de fuerza 166.2
- - maniobra . 123.6
- - socorro . . 150.5
- - taller . . . 123.5
- primaria . . . 165.6
Estado de equilibrio 345.7
-, en - de ruina 355.5
Estampa 14.1
Estampado . . 26.12
Estampage . . 54.4
Estampar . . . 505.1
Estamper 503.6, 505.1
Estampiller . . 34.9
Estanco 470.9
Estánnico . . 208.10
Estannoso . . . 208.9
Estanque de clarificación 81.3
- - enfriamiento 148.5
Estante para colocar los crisoles 383.8
Estante para pipetas 191.8
Estañado . . 552.12
Estañar 552.9
Estaño . 208.10, 218.10
- plomífero . . 553.7
- puro 553.11
Estensione . . . 530.6
Estequiométrico 334.6
Estéril 75.3
Estiércol 431.3
- de caballo . 428.11
- - - descompuesto 428.12
- - vaca 429.1
Estimate . . . 562.12
Estinzione del coke 106.9
Estirado . 53.4, 535.8
- del alambre . 535.1
- fino 536.8
- inicial 536.6
- medio 536.7
- muy fino . . . 536.9
Estiramiento . 530.6
Estirar . . 27.12, 532.6 530.5
- al martillo la pieza de prueba hasta 1½ veces su ancho primitivo 52.7
- el alambre . 535.7
- - hierro . . . 503.4
- - metal con la peña del martillo en sentido transversal del laminado 52.8
Estiria, fundición de 5.7
Estirio, horno de calcinación 84.7
Estopa 306.2
Estracción . . . 57.9
Estrarre 241.7, 436.1
-, dispositivo per 529.5
- i lingotti dalle lingottiere 526.4
- il modello . . 435.8
Estratificado . 46.1
Estratto di liquirizia 278.3
Estrazione 57.9, 100.4
-, apparato d' . 179.6
- del minerali . 58.5
- del fondo . . 392.2
- - modello su macchina a pettine 450.4
- della forma . 448.4
- - mezza staffa, dispositivo per l' 448.5
Estrechamiento 83.10
- del paso de los gases 337.9
Estrella 374.9
Estremità del forno 413.10
- della bilancia 410.3
Estría, anchura de la 54.2
- de la placa pulimentada 275.2
Estriado 26.11
Estribo . 293.3, 301.9
Estribo de suspensión 476.7
- - - del conducto de llegada 298.3
- del caldero . 479.2
- tensor 522.4
Estroncio . . . 221.1
Estropeado . . 548.9
Estropear el molde 436.3
Estructura . . . 277.1
- blanca radiada 488.7
- de las menas de hierro 58.6
- - los granos de arena 427.4
- - - minerales de hierro 58.6
- fina 283.2
- molecular . . 225.3
- sólida 49.10
Estufa 233.1, 433.8, 463.3
-s de secar . . 383.7
- - - machos . 463.4
- para los fondos de convertidores 119.3
Établi à façonner les creusets 383.8
Étage 161.6
Étagé 153.9
Etagenrost . . 161.6
Étagère 383.8
- à pipettes . . 191.8
Étain . . 208.9, 218.10
- plombifère . 553.7
- pur 553.11
Étalage, -s . 302.2.3
-s dégagés . . 308.1
-s libres 308.1
Etalaje, -s . . . 302.2
-s libres 308.1
Étamage . . 552.12
Étamée . . . 552.10
Étamer 552.9
Étampe . 14.1, 502.8
Étanche . 470.9, 472.2
État d'équilibre 345.7
-, en mauvais . 355.5
-, équation d' . 258.6
Etch, to 278.4
Etching 277.9
- figures 278.1
- polishing . . 278.2
Éteindre 355.4
-, appareil pour - les étincelles 468.3
Éter 212.3
-, aparato de - de Corleis 181.6
-, - - - de Rothe 182.1
- sulfúrico . . 212.3
Etere, apparato per - secondo Corleis 181.6
-, - - - - Rothe 182.1
- solforico . . 212.3
Eterogeneo . . 147.7
Ether 212.3
- apparatus, Corleis' 181.6
- -, Rothe's . . 182.1
Éther 212.3
-, appareil à - d'après Corleis 181.6
-, - - - - Rothe 182.1

Éther sulfurique 212.3
Etichetta . . . 185.3
Étincelle . . . 389.1
- de fer 397.1
-s étoilées . . . 374.9
Etiqueta 185.3
Étiquette . . . 185.3
Étirage . . 47.8, 53.4, 530.6
- dû au cylindre supérieur 515.7
Étiré 28.5
Étirer . . 27.12, 580.5
- l'éprouvette sous le marteau à 1½ fois sa largeur primitive 52.7
- le fer 503.4
- - fil 585.7
- sous le marteau 52.6
Étoilé 374.9
Étonner 447.4, 544.2
- le quartz . . 115.8
Étrier 301.9
- de la poche . 479.2
- - serrage . . 522.4
- - suspension 476.7
- - - du tuyau d'arrivée 298.3
Étude chimique du fer 213.5
Étuve 283.1, 433.8, 462.8, 463.8
- à noyaux . . 463.4
- - sécher et griller 233.7
-s de séchage . 383.7
Eudiometer . . 268.3
Eudiomètre . . 268.3
Eudiometro . . 268.3
Eudiómetro . . 268.3
Eutectic 274.4
Eutectico . . . 274.4
Eútectico . . . 274.4
Eutectique . . 274.4
Eutektikum . . 274.4
Eutektisch . . 274.4
Evacuación . . 298.6
Évacuation . . 104.3
Evaporación . 246.7
-, aparato de . 246.8
- del agua . . . 347.6
Evaporar 194.4, 247.3, 256.2
- al seco . . . 246.9
Evaporare . . 247.3, 256.2
- a secco . . . 246.9
-, apparato per 246.8
Evaporate, to 247.3, 256.1.2
-, to - to dryness 246.9
Evaporating basin 194.4, 247.5
- flask 247.6
- pan 247.4
Evaporation . 246.7, 255.8
Évaporation . . 194.4
Evaporator . . 246.8
Evaporazione . 194.4
Evaporazione dell'acqua . . . 347.6
Évaporer 247.3, 256.2
- à siccité . . . 244.9
Évasement . . 478.2
Évent 444.4
Évier 175.4
Evolution of carbonic oxide 375.3
- - heat 346.3
- - oxygen . . 375.4
Evolved 484.6
Exactitud de las dimensiones convenidas 37.1
Exactitude of measurements agreed to 37.1
Exactitude des dimensions convenues 37.1
Examen de l'opération 399.9
- des matières 41.6
- extérieur . . 35.1
Examen con el espectroscopio 400.11
- de la operación 399.9
Examination . 30.6
- according to appearance 35.2
- in dissolved state 224.4
- - dry state . 224.3
-, metallographic 272.3
- of material . 41.6
-, qualitative . 223.8
-, quantitative 223.7
Examine, to . . 30.5
Examiner . . . 30.5
Excavation . . 58.4
Excéntrica, prensa 505.2
-, - de 465.3
Excentrique . . 505.2
Excès 65.9
- d'oxygène . 349.11
- de poids . . 559.11
- - réactif de précipitation 242.9
Exceso 65.9
- de oxigeno 349.11
- - peso . . . 559.11
- - precipitante 242.9
Excess of oxygen 349.11
- - precipitant 242.9
- - weight . . 559.11
Exchanging analyses 227.8
Excoriáceo . . 47.5
Exfoliación . . 431.6
Exhaust port . 499.5
Exhausteur à vapeur 144.2
Exhaustor . . . 144.2
Exhaustor, Dampf- 144.2
Exit pipe . . 312.10
- side 531.4
Exotérmico . . 222.9
Exothermal . . 222.9
Exothermique . 222.9
Expansion . . . 49.7
- of masonry . 306.1
Expelling of volatile matter 81.7
Expendio de calor 346.3
Expense 563.2
Expérience . . 81.1
Experiencia . . 81.1
Experiment . . 81.1, 34.5
-, preliminary . 81.2
Expérimentalement 345.2
Experimentally 345.2
Experimentalmente 345.2
Experimento . 81.1
Exploitation . 57.9, 556.3
- à ciel ouvert 58.2
- au jour . . . 58.2
- en profondeur 58.1
- souterraine . 58.1
Explosible . . . 343.8
Explosion . . . 353.8
-, Gas- 353.8
Explosion . . . 314.9
- de gaz 353.8
Explosión . . . 314.9
- de gas 353.8
Explotación . . 57.9
- á cielo abierto 58.2
- con cavadores de vapor 58.4
- - dragas . . . 58.3
- subterránea . 58.1
Exponente de un átomo 226.5
Exponer á la luz 281.11
- al sol . . . 281.11
Exposant d'un atome 226.5
Expose, to - to the light 281.11
-, - - the structure 277.4
Exposed 290.9
Exposer à la lumière 281.11
Exposición de un cuerpo al choque 41.8
Exprimir la escoria 377.15
Expulsar la escoria 377.5
Expulser la scorie 377.1
Expulsion of water 347.6
Expulsion de l'acide carbonique 81.8
- - l'eau 347.6
- des matières volatiles 81.7
Expulsión de los elementos volátiles 81.7
- - - ladrillos . 121.9
Expulsión del ácido carbónico 81.8
- - agua 347.6
Exsiccator . . 231.12
Extinción . . . 355.3
- de la llama del tragante 468.1
- del cok . . . 106.9
Extinction de la flamme du gueulard 468.1
- du coke . . . 106.9
Extra-chaud, allure - -e 358.1
-doux 11.6
Extracción 100.4, 177.8
-, aparato de 179.6.7
- de agua . . . 140.7
- - - subterránea 141.1
- - minerales . 58.5
- - las cenizas . 164.2
- directa del hierro de su mineral 362.1
Extract 278.3
-, to 241.7
Extracteur . . 179.7
Extraction . . . 100.4
- apparatus . . 179.6
- funnel 179.8
- thimble . . . 179.7
Extraction 57.9, 100.4
-, appareil d' . 179.6
- des cendres . 164.2
- - minerais . . 58.5
- directe du fer de son mineral 362.1
Extracto de regaliz 278.3
Extraer 241.7
-, disposición para 529.5
Extrahieren . . 241.7
Extraire 241.7
Extrait de réglisse 278.3
Extrakt, Süßholz- 278.3
Extraktionsapparat 179.6
- -, Äther- - - nach Corleis 181.6
- -, Äther- - - nach Rothe 182.1
-hülse 179.7
-trichter 179.8
Extrémité de levier 410.3
- du four . . 413.10
Extremo de desperdicio 33.6
- - la lingotera 411.1
- - - palanca 410.3
- del horno . 413.10
- - molde . . . 411.1
- redondeado . 520.2
Exzenterpresse 465.3, 505.2
Exzentrisch . . 538.2
Eye 441.7
- piece 279.2

F.

Faber du Faure, Gasfang nach 811.9
Faber du Faure, prise du gaz 811.9
Faber du Faure, toma de gas 811.9
Faber, presa di gas 811.9
Fabbrica . . . 84.10
Fabbricato per accumulatori 169.1
Fabbricazione . 412.7
- al crogiuolo . 881.1
- dei crogiuoli 881.3
- - -, impianto per la 881.4
- - mattoni . . 118.1
- - pacchetti . 878.2
- dell'acciaio al forno elettrico 564.1
- - - cementato 416.3
- - - con ghisa e rottami 413.1
- - - su suola . 402.3
- della ghisa malleabile 414.4
- di coke . . . 102.7
- - mattonelle . 94.7
- - -, impianto per la 94.6
- in grande . . 556.2
Fabbro 150.4
Fabric 200.9
Fábrica 84.10
- de acero al crisol 881.2
-s de acero de los sistemas Bessemer y Thomas 887.2
- - - Siemens-Martin 402.4
- - - sistema Bessemer 887.3
- - - - Thomas 887.4
Fabricación . . 882.5 556.3
- de aglomerados 94.5.7
- - -, instalación para la 94.6
- - crisoles, taller para la 881.4
- - los crisoles 881.3
- - hierro bruto en el horno eléctrico 571.1
- del acero al crisol 881.1
- - - - horno eléctrico 564.1
- - - cementado 416.3
- - - en horno de reverbero 402.3
- en gran escala 556.2
Fabrication . . 174.8
-, appareil pour la - du chlore 221.9
- au creuset . . 881.2
- d'acier au four électrique 564.1
- - cémenté . . 416.3
Fabrication de l'acier au creuset 881.1
- - - sur sole . 402.3
- des creusets . 881.3
- - -, atelier pour la 881.4
- du coke . . . 102.7
Fabrikzeichen . 84.10
Fabrique . . . 84.10
Faccetta . . . 8.5
Faccia 454.5
- del martello . 504.3
Face 502.9
- guard . . . 197.11
-, hardened - of armour plate 27.9
- plate 457.3
-, to - with charcoal powder 430.4
Face 104.4
- aciérée de la plaque de blindage 27.9
- arrière 408.4
- avant 408.3
- de devant . 424.11
- - tête 403.5
Faceta 8.5
Facette 8.5
Fachgestell . . 888.8
Facilidad de rotura por tensión 50.2
Facilità di frattura per tensione 50.2
Facilité de cassure par tension 50.2
Facing 430.6
Façonnage 436.7, 452.4
Façonné . . . 19.9
Façonner les creusets 388.8
-, machine à (v. machine)
Faden, Schlacken- 858.10
Fagot 378.3
Fagoting . . . 378.2
Fahne, Gummi- 197.9
Fahrbar 127.4
Fail, to . . . 488.11
Faire travailler à la traction 48.7
- un tour de fer 376.3
- une prise d'essai de gaz 269.1
Faisceau lumineux 281.4
Fall 80.8
- of scaffold . . 358.7
- - temperature 352.4 447.5
Fall-kugel . . . 464.2
-rohr . . 146.1, 315.4
-versuch 42.1
-werk 464.1
Falla a cerniera 131.4
Fällen 242.7.11
Fällung 242.6
Fällungsmittel 242.9
Falsa camicia 304.7
- dama 292.8
Falsa escuadra . 40.6
Falsch . . 292.8, 446.2
False lining . . 304.7
Falta de agua . 140.6
- - peso 560.1
-, sin 490.1
Fan 470.5
- blower 470.2
- cupola 469.2
- shaft 470.6
- tailed burner 159.3
Fango del palmento 77.7
- di carbone . 101.8
Fango, -s del bocarte 77.7
- - carbón . . . 101.8
Fangoso 288.9
Farbstift 191.1
Färbung, Flammen- 235.7
Farfalla, valvola a 406.10
Farina 419.2
- d'unghia di bue 420.2
- di frumento . 431.1
Farine 419.2
- de froment . 431.1
- de pieds de bœufs 420.2
Fascia 441.1
Fasciame . . . 79.5
Fascina 532.9
Fascio luminoso 281.4
Fase 274.5.8
Faserig 58.9
-, gerad- 422.8
Faß, Säulen- . 293.7
Fassoneisen . . 19.9
Fassonierung . 436.7
Fassungs-raum 344.9
-rohr 141.3
Fat 546.7
Fattura, peso stabilito per la 559.10
Faulbrüchig . . 48.4
Fault . . 279.11, 490.2
Faulted, deposit 57.4
Faultless . . . 490.1
Faustgröße . . 231.4
Faux, -sse charge 337.7
-, - chemise . . 304.7
-, - dame . . . 292.8
-, - équerre . . 40.6
Favilla, -e a stella 374.9
Fécula 213.2
Feder, Buffer- . 25.2
-manometer . 350.11
-prellung . . . 502.4
-, Spiral- 25.2
-stahl 14.3
-, Wagen- 25.1
-zange 202.7
Federnd 462.1
Fee 227.7
Feed, automatic 525.6
- box 443.4
Feeder 340.3
Fehler, äußerer 35.5
Fehler-frei . . . 490.1
-grenze, Analysen- 227.2
-, oberflächlicher 489.11
-, sichtbarer . . 35.5
-stelle 35.4
Fehlguß 489.1
Feil-hieb . . . 49.5
-span 29.6
- -, Aluminium- 200.2
-staub 29.6
Feile, Guß- . . 491.5
-, mit der - ebnen 275.3
Feilen-härteofen 541.4
-verbrauch . . 491.6
Fein-arbeit . . 366.5
-blech 26.1
- -walzwerk . . 511.2
-eisen 19.2
- -straße 511.5
-erzgehalt . . . 65.1
-korneisen . . . 10.1
-körnig 45.4
-periode 396.6
-puddeln . . . 380.1
-schlacke . . . 366.7
-schleifen . . . 275.5
-schraublehre . 39.4
-schraubzirkel 41.1
-sieb 230.7
-stellschraube . 39.4
-strecke 511.5
- verteilt . . . 243.4
-wage 236.6
-zerkleinerung . 76.9
-zug 536.8
Feld, gelbrotes 401.5
-intensität . . 92.11
-, magnetisches 92.9
-stärke 92.11
Fels, Schiller- . 111.5
Felsig 288.10
Felt cover . . . 470.8
Feltro 470.8
Fendere 354.3
Fendersi 385.3
Fenditura . . . 522.6
Fenolftaleina 212.13
Fenoltaleina . 212.13
Fenomeno di separazione 483.8
Fenómeno de licuación 483.8
-s generales en el alto horno 346.6
Fente 36.3, 85.9, 158.4 522.6
Fer 14.9
- à ajouter . 473.12
- - bandage . . 24.7
- - biseau 21.8, 371.7
- - boudin . . 21.3
- - cheval 28.10, 92.2
- - clous 518.3
- - colonnes . . 21.2
- - étirer . . . 27.12
- - grain fin . . 10.1
- - -s 379.6
- - gros grain . 9.10
- - haute teneur en phosphore 216.6

Fer à l'état pâteux 376.2
- - plancher . . 20.7
- - rivets . . . 43.4
- - souder . . . 378.3
- - U 21.1
- acide 397.6
-, affinage du . 565.4
- affiné . 361.8, 365.2
- aigre 44.7
- anhydre . . . 66.4
- au bois . 10.3, 365.2
- basique . . . 399.1
- blanc . 552.10, 553.2
- brûlé 415.7
- brut 18.3
- - de laminage 534.3
- carré 517.3
- cassant . . . 44.6
- - à chaud . . 48.3
- - - froid . . . 48.12
- chimiquement pur 213.11
- contenant de l'oxygène 398.9
- cornière . . . 295.4
- corroyé . . . 9.4
- cristallisé . . 214.2
- d'angle . . . 19.10
- de construction 28.8
- - cornière . . 19.10
- - finerie . . . 10.2
- - qualité . . 565.6
- - - inférieure 17.12
- - tympe . . . 292.3
- demi-rond . . 19.6
- double T . . . 20.9
- doux 10.2
- ductile . . . 44.5
- ébauché 377.6, 378.1
- écroui 28.5
- électrolytique 213.12
- en barreaux fins rainurés 28.9
- - barres . . . 18.10
- - - façonné . 19.9
- - croix . . . 21.9
- - double T . 20.9
- - lentilles . . 63.7
- - lingot . . . 11.4
- - Z 20.6
-, éponge de . 347.11
- étiré 28.5
-, étirer le . . . 503.4
- exempt de scorie 416.4
- feuillard . . . 19.8
- fondu 11.6
- forgé . . 9.4, 294.6
-, gros -s . . . 19.1
- homogène . . 11.6
- hydraté . . 66.10.11
- laminé 18.2
- magnétique . 67.9
- malléable 9.3, 44.5, 414.4
- marchand . . 17.9
- méplat 19.7
- métallique . . 213.9
- météorique . 214.1
- micacé 66.6
-, mine de (v. mine)
-, minerai de (v. minerai)
-, minium de . 551.13
- natif 213.10
- nerveux 9.9, 379.2
Fer oligiste . . 66.6.7
- - concrétionné 66.5
- oolithique 63.7, 67.6
- oxydé 398.9
- - carbonaté . 68.6
- passé à la filière 28.5
-, petits -s 19.2, 511.5
-, phosphate de 399.6
- phosphoreux 16.4
- plat 19.7, 24.7, 295.5
- - à boudin . 21.4
- - rectangulaire 19.3
- poreux . . . 376.8
- pour clous à ferrer 29.2
- - crochets . . 29.3
- - ferrure de cheval 29.1
- - le mélange 473.11
- préparé par voie électrolytique 213.12
- profilé 19.9
-s -s pour wagons de chemin de fer 24.8
- puddlé 10.8
- rond 19.5
- rouverin . . . 48.4
- soudable . . . 9.8
- soudant . . . 9.8
- soudé . . . 9.4, 25.9
- spathique . . 68.5
- - mûr 68.7
- spécial 565.6
- spéculaire . . 66.7
- spongieux . . 376.8
- sursaturé . . 16.9
- T 20.8
- - à bourrelet 21.6
- vierge . . . 213.10
-, vieux 29.4
- zorès 517.9
- [. 21.1
Fere 394.10
Fermare il forno 338.8
Fermé 309.5
Fermer 308.5
Fermeture . . . 310.5
- à baïonnette 301.8
- - clapet . . . 314.8
- d'épreuve . . 55.1
- d'essai 55.1
- de l'appareil à air chaud . 322.1
- - porte . . . 163.5
-, double . . . 313.3
- du gueulard 307.2, 309.4
- hermétique . 324.1
- hydraulique . 313.4
- imperméable au vent 324.1
-, système de - américain du gueulard . . 311.7
Fermo in terra 488.5.6
Ferne 394.10
Ferraccio . . . 29.4
Ferraille 29.4
Ferrame 130.5
Ferrer 29.1
Ferretería para coches 24.9
- - vagones . . 24.9
Ferreux 69.3
Ferric oxide . 66.3
- -, rich in . . . 370.5
- sulphate . . . 69.2
Ferricianuro potassico 208.8
Ferrico 66.3
Férrico 208.5
Ferrifère . . . 112.3
Ferrífero . . . 112.3
Ferrique 66.3
Ferrit 283.5
Ferrita 283.5
Ferrite 283.5
Ferro-bor . . . 16.6
-chrom 15.6
-legierung . . . 14.9
-mangan . 15.2, 398.8
- -silicium . . . 15.4
- -titan 16.3
-molybdaen . . 15.10
-nickel 15.7
-phosphor . . . 16.4
-silicium . 1.2, 15.3
-statisch 485.5
-titan 16.2
-vanadium . . 16.1
-wolfram . . . 15.9
Ferro-boron . . 16.6
- -chromium . . 15.6
- -concrete . . 289.7
-magnetic . . . 91.8
- -manganese . 15.2, 398.8
- - titaniferous . 16.3
- -molybdenum 15.10
- -nickel 15.7
- -phosphorus . 16.4
- -silico-manganese 15.4
- -silicon . . 1.2, 15.3
- -titanium . . 16.2
- -tungsten . . 15.9
- -vanadium . . 16.1
Ferro-bore . . 16.6
- -chrôme . . . 15.6
- -cyanide de potasse 208.8
- -cyanure de potassium 208.7
- -manganèse . . 15.2, 398.8
- - siliceux . . 15.4
- - titanifère . 16.3
- -magnétique 91.8
- -molybdène . 15.10
- -nickel . . . 15.7
- -phosphore . 16.4
- -silicium . . 1.2, 15.3
- -statique . . . 485.5
- -titane 16.2
-tungstène . . . 15.9
-vanadium . . 16.1
Ferro 14.9
- a bordino . . 21.3
- - colonne . . 21.2
- - croce 21.9
- - cuneo . . . 21.8
- - doppio T . 20.9
- - grana fina . 10.1
- - - grossa . . 9.10
- - nastro . . . 19.8
- - T 20.8
- - - a bordino 21.6
- - Z 20.6
- acido 397.6
- ad angolo . . 19.10
- - U 21.1
Ferro addizionale 478.12
- affinato 361.8, 365.2
- al carbone di legna 365.2
- - cromo . . . 15.6
- - fosforo . . 16.4
- - molibdeno 15.10
- - nickel . . . 15.7
- - titanio . . . 16.2
- - tunsteno . 15.9
- - vanadio . . 16.1
- angolare . . . 19.10
- basico . 12.1, 399.1
- battuto . . . 294.6
- boro 16.6
- bruciato . . . 415.7
- cantonale . . 19.10
- chimicamente puro 213.11
-cianuro di potassa 208.7
- commerciale . 17.9
- con alto tenore in fosforo 216.6
- contenente ossigeno 398.9
- cristallizzato 214.2
- crudo 1.1
- d'affinaggio al basso fuoco 10.3
- d'angolo . . . 295.4
- d'ematite . . . 6.2
- da aggiungere 478.12
- - cavallo 28.10, 29.1
- - chiodi . . . 43.4
- - costruzione 28.8
- - ganci . . . 29.3
- - pudellare . 378.3
- - ridurre in filo 27.12
- - uncini . . . 29.3
- del timpano . 292.3
- di cavallo . . 92.2
- - qualità . . 565.6
- - - inferiore . 17.12
- dolce 10.2
- duttile . . . 44.5
- elettrolitico 213.12
- fibroso . . 9.9, 379.2
- forgiato . . . 495.5
-, fosfato di . . 399.6
- fragile a caldo 48.3
- - - - ed a freddo 48.4
- - - freddo . 48.2
- fratturabile . 44.6
- friabile . . . 44.7
- fucinabile . . . 9.3
- fucinato 9.4
- fuso 11.4.6
- idrato 66.11
- in barre . . . 18.10
- - - sagomate 19.9
- - grossi profili 19.1
- - lingotti . . 11.4
- - piccoli profili 19.2
- laminato . . 18.2
- malleabile 9.3, 44.5
- -manganese . . 15.2, 398.8
- - al titanio . 16.3
-magnetico . . 91.8
- Martin 8.4
- mercantile . . 17.9
- metallico . . 213.9

Ferro meteorico 214.1
- mezzo tondo . 19.6
-, minerale di (v. minerale)
-, miniera di (v. miniera)
-, minio di . . 551.13
- nativo . . . 218.10
- -nickel 15.7
- omogeneo . 11.4.6
- oolitico . 63.7, 67.6
- - minuto . . 67.3
- pastoso . . . 376.2
- per acciaio . 8.4
- - barre da siepi 28.9
- - - - steccati 28.9
- - la miscela 473.11
- - travi 20.7
- piatto 19.7, 24.7, 28.4
- - a bordino . 21.4
- - largo . . . 21.7
- - rettangolare 19.3
- poco buono . 17.12
- poroso 376.3
- profilato . . . 19.9
- pudellato . . 10.8
- saldato . 9.4.8, 25.9
- sbozzato . . . 377.6
- semitondo . . 19.6
- senza scorie . 416.4
-, separare il . . 147.9
- -silicio . . 1.2, 15.3
- - -manganese 15.4
- soprasaturato 16.9
- sottile 28.5
- spatico 68.5
- speculare . . 66.7
-, spugna di . 347.11
- spugnoso . . 376.8
-, stirare il . . . 508.4
- Thomas . . . 12.1
- tondo 19.5
- vergine . . 213.10
- zorès 517.9
Ferro-boro . . 16.6
- -cianuro potásico 208.7.8, 546.3
-cromo 15.6
-fósforo 16.4
- -manganeso . 15.2 398.8
- -mangano-silicio 15.4
- - -titanio . . 16.3
-magnético . . 91.8
-molíbdeno . . 15.10
- -níquel 15.7
- -silicio . . 1.2, 15.3
-titanio 16.2
- -tungsteno . . 15.9
-vanadio 16.1
Ferrocarril . . 22.1
- de cadena . 135.10
- funicular . . 135.8
Ferroso-ferric-oxide 67.8
Ferroso 66.2
- -ammonico, solfato 208.6
Ferroso 69.3
- -amónico, sulfato 208.6
Ferrostatical . 485.5
Ferrostatico . . 485.5
Ferrostático . . 485.5
Ferrovecchio . 29.4
Ferrous ammonium sulphate 208.6
Ferrous oxide . 66.2
- sulphate . . . 69.5
- sulphide 69.4
Ferrovia 22.1
- aerea . . . 331.7.8
- funicolare . . 135.8
- - aerea . . . 135.9
- - di manovra 124.4
- normale . . . 22.6
- secondaria . . 22.7
Ferroviario . . 561.4
Fertig beschneiden 33.11
-eisen 18.9
-kaliber 516.4
-straße 510.4
-strecke 510.4
-walze 518.10
- walzen 529.9
-walzwerk . . . 510.4
-ware 18.9
-waschtrommel . 81.1
Ferrugineux . . 118.5
Ferruginoso . . 118.5
Ferruminatorio 234.8
Ferrure de cheval 29.1
-s - wagons . . 24.9
Fessura 35.8, 36.3, 85.9 158.4, 413.6
- alla superficie 36.6
- longitudinale 36.5
-, senza -e . . . 36.2
- trasversale . 36.4
Fest 87.8, 161.9, 273.10
-liegend . . . 312.2
-stauen 358.5
-stehend . . . 94.1
Festigkeit, absolute 49.6
-, Dreh- 50.5
-, Torsions- . . 50.5
-, Zug- 48.8
Feststellung . . 238.7
Fetido 431.3
Fett 379.4, 425.13, 546.7
-, halb 99.4
-kessel 553.3
-kohle 99.2
-stift 191.1
Fettling 578.1
- the furnace . 572.9
Feu 86.4
-, à l'épreuve du 407.5
-, - feu nu . . . 120.4
- au gueulard . 348.2
- - maximum d'intensité 417.8
- d'affinerie . . 112.8 363.8
- - moderne . . 364.1
- - suédois . . 364.1
- de forge . . . 100.1
- - trempe . . . 540.2
-, mettre hors . 415.9
-, mise en . . 337.11
- montant . . . 86.8
-, plein 417.8
Feucht 60.2
Feuchtigkeit, die - aufsaugen 118.5
-, Luft- 267.8
Feuchtigkeitsgehalt 64.8
-messer 180.7
Feuer, aufsteigendes 86.6
-beständig . . 7.1
Feuer-beständigkeit 162.4, 383.11
-blech 26.7
-brücke . . . 368.5
-fest 117.13
-, Frisch- 363.8
-geschränk . . 162.7
-grube, ausgemauerte 540.3
-, Luppenfrisch- 362.2
-raum . . . 367.10
- -, den - - mit feuerfesten Steinen auskleiden 156.6
-, Renn- 362.2
-schirm 168.1
-tür 368.7
Feuerung . . . 367.9
-, Außen- . . . 156.3
-, Braunkohlen- 155.6
-, Gas- 87.1
-, Holz- 155.5
-, Innen- 156.2
-, Kettenrost- . 157.5
-, Kohlen- . . . 155.4
-, -staub- . . . 155.7
-, mechanische 157.1
- mit Hochofengas 155.10
- - Petroleumrückständen 156.1
-, Müll- 155.8
-, Petroleum- . 384.9
-, Rost- 368.1
-, Schütt- . . . 157.4
-, Schüttelrost- 157.7
-, Teer- 155.9
-, Unter- 156.5
-, Unterwind- . 158.1
-, Vor- 156.4
-, Walzenrost- . 157.6
Feuerugsanlage 151.6
Feuillard . . . 19.2
Feuille d'aluminium 199.11
- de platine . . 194.9
Feuilleté . . . 45.7
Feutre 470.8
Fiala di piombo 199.5
- per lo sviluppo del gas 268.7
Fiamma 235.7
-, a corta . . . 99.5
-, a fiamma lunga 99.1
- alla bocca del forno 360.6
-, brusciare con 336.8
- concentrata . 466.2
- d'accensione 360.11
- del gueulard 468.1
- - sodio . . . 235.8
- illuminante . 400.1
- ossidrica di gas tonante 251.7
- rossa 399.11
Fiancata d'acciaio della piastra da corazza 27.9
Fianco . . 20.2, 444.1
Fibra 379.3
-, a - diritta . . 422.8
Fibra . . . 9.9, 379.3
-, de -s derechas 422.8
Fibre 379.3
Fibre, à -s droites 422.8
Fibreux . . 46.2, 58.7
Fibroso 9.9
Fibrous . . 46.2, 9.9
Ficelle 459.6
Field intensity 92.11
-, magnetic . . 92.9
- of view . . . 279.4
-, yellowish red 401.5
Fieltro 470.8
Figé 343.3
Figer, se 354.1
Figura, -e di corrosione 278.1
Figura, -s de corrosión 278.1
- - fusión . . . 47.8
Figure 278.1
Figure d'écoulement 47.8
- d'étirage . . 47.8
-s de corrosion 278.1
Fijación 282.8, 301.7
- del lingote . 465.6
- por tornillos 295.2
Fijo 94.1
Fil . 27.10, 28.1, 459.6
- à plomb . . . 40.8
- d'acier 27.11, 490.11
- d'aluminium 199.12
- de clavecin . 28.7 199.10
- - cuivre . . . 199.2
- - fer . 198.9, 199.9 460.5
- - laitier . . 358.10
- - mesure . . 261.4
- - platine . . . 194.7
- du milieu . . 167.7
- en caoutchouc 197.8
- en cire . . . 459.5
- gradué . . . 261.4
- méplat 28.4
- neutre . . . 167.7
- pour cordes de piano 28.7
- profilé 28.6
-, troisième . . 167.7
Fila di tubi . . 319.6
-, ultima - del forno 308.6
Fila de toberas 466.7
- paralela . . . 384.8
Filamentoso . . 358.9
Filant 356.6
Filante 356.6
File 491.5.6
- dust 29.6
- hardening furnace 541.4
Filet d'eau . . 545.1
- protecteur . . 136.1
Filetto 584.10
Filiera 536.2
Filière . . 535.7, 536.2
-, passé à la . . 28.5
Filing, -s 29.6, 200.2
Fill, to - the mould 482.4
-, - - up 485.4, 494.4
-, - - - the casting holes 494.2
Fillaferscher Röstofen 85.3
Fillafer's roasting furnace 85.3
Fillafer, four de grillage de 85.3

Fillafer, forno di torrefazione di 85.3
Fillafer. horno de calcinación de 85.3
Filling 337.1, 488.6
- apparatus . . 175.7
- frame 458.2
- material . . . 358.7
Filo 32.5
Filo . . 27.12, 459.6
- a piombo . . 40.8
- d'acciaio 27.11, 490.11
- d'alluminio 199.12
- da pianoforte 199.10
- di compensazione 167.7
- - ferro 27.10, 28.2 199.9, 460.5
- - - piatto . . 28.4
- - - sottile . . 28.5
- - - stirato sottilmente 28.5
- - gomma . . 197.8
- - loppa . . 358.10
- - misura . . . 261.4
- - platino . . 194.7
- - rame 199.2
- metallico . . 198.9
- neutro 167.7
- per corde da pianoforte 28.7
- profilato . . . 28.6
Filon 56.3.5
Filón 56.3.5
Filone 56.5
Filter . . 147.1, 244.1 250.1
-flasche 246.1
-gestell 244.9
-halter 244.8
-kammer . . . 140.9
-kegel 244.7
-, Kies- 147.3
-papier 244.5
-platte 245.2
-presse 244.6
-pumpe 245.8
-röhre 245.5
-schale 245.6
-schicht 147.2
-sieb 245.4
-stativ 244.9
-stechheber . . 245.1
-trichter 245.3
Filter . 147.1.3, 244.4
- bed 147.2
- cone 244.7
- disc 245.2
- paper 244.5
- press 244.6
- pump 245.8
- ring 244.8
-, to 244.1
-, - - by means of vacuum 246.2
Filterbar . . 243.12
Filtered, possible to be 243.12
Filtering flask 246.1
- pipette 245.1
- tube 245.5
Filtern 244.1
- im luftverdünnten Raum 246.2
Filterung . . 243.11
Filthy 481.3
Filtrabile . . 243.12
Filtrable . . . 243.12
Filtración 243.11, 245.1
Filtrado 244.2
Filtrador . . . 177.2
Filtrant 147.2
Filtrante . . . 147.2
Filtrar 244.1.5
- por aspiración 246.2
Filtrare . 244.1, 245.5
- per aspirazione 246.2
Filtrat 244.2
-, klares helles 244.3
Filtrate 244.2
-, clear 244.3
Filtration . . 243.11
- disc 245.6
Filtration 140.9, 243.11
Filtrato 244.2
Filtrazione . 243.11
- forzata . . . 246.1
Filtre . . 147.1, 244.4
- à gravier . . 147.3
- - lumière . . 281.5
- pour bonbonne 175.6
- -presse 244.6
Filtré 244.2
Filtrer 244.1.5
- par aspiration 246.2
Filtro . 147.1, 244.4.5
- da damigiana 175.6
- di ghiaia . . 147.3
- luminoso . . 281.5
Filtro . 147.1, 244.4.6
- de gravilla . 147.3
- - luz 281.5
- - piedras . . 147.3
- para castaña 175.6
-, porta- . . . 244.8.9
Filz-streifen . . 470.8
-überzug . . . 470.8
Fin 534.10
-, acier 11.2
-, charbon . . . 101.4
Finage 5.2
Final 412.2
Finale 412.2
Fine, -s 62.9, 65.1, 76.4 101.4
- ore 65.1
-, to 363.3
Fined 365.2
Fineness of grinding 432.3
Finer 363.7
Finerie 10.2
Finery, covered 363.10
- fire 363.8
- iron 361.8
- process . . . 365.1
Finesse de mouture 432.3
- du broyage . 432.3
Finestra di scappamento 499.5
Finezza della macinatura 432.3
Finger, Gummi- 198.3
- kran 528.2
Finger stall . . 198.3
Fining, gray iron 365.7
- process . . . 363.5
-, white iron . . 365.6
Finir . . . 529.9, 503.7
Finire 529.9
Finish, to 33.11, 503.7
-, - - the core . 461.2
-, - - - moulds 437.1
Finished . 18.9, 27.6
Finishing . . . 412.2
- drum 81.1
- groove 516.4
- roll 518.10
- rolls 510.4
Finissage du noyau 461.2
Finisseur 516.4, 81.1
-, train 510.4
Finito 27.6
Finitore . . . 518.10
-, treno 510.4
Finne 504.3
Fino, carbón . 101.4
Finura del producto molido 432.3
Fioccoso 243.1
Fire 86.8
- bar 160.8, 368.3, 446.8
- - bearer . . . 368.2
- bar, movable 157.7
- box plate . . 26.7
- brick . 116.12 156.6
- bridge 368.5
- chamber . . 367.10
- clay 115.11
- - box 414.7
- -, burned . 116.12
- - crucible . . 382.7
- - muffle . . . 541.7
- - plug 342.5
- place 367.10
- -, bricked . . 540.3
- proof 7.1
- rake 337.5
- resistant, being 162.4
-, to 417.7
- tube 155.1
- wood 337.6
Fireman 164.3
Firing 87.1, 367.9, 478.5
- of steam boilers 360.3
- plant 151.6
- the enamel . 554.7
Firnis 551.1
-, Leinöl- 551.7
Firnissen . . . 551.2
Fisch-rechen . 149.10
-tran 546.9
Fish grid . . 140.10
- oil 546.9
- plate . . . 23.8, 24.1
- - bolt 24.2
- -, flat 23.9
- - pass . . . 517.10
Fisico 273.2
Fisico 81.5
Fissaggio . . . 282.8
Fisso 94.1
Fissure . . 86.3, 413.6 428.10
- d'angle . . . 86.4
Fissure 108.4
Fist size 281.4
Fitting, airtight 324.1
-, iron -s of the chimney 373.2
Fitting, iron -s of the furnace 290.6, 373.3
- shop 150.2
Fix 37.8
Fixage 282.8
Fixation 301.7
- de l'émail au feu 554.7
Fixe 94.1
Fixed 161.9
- oxygen . . . 214.7
Fixieren 282.8
Fixing 282.8
- device 301.7
Flach 515.1
-draht 28.4
-eisen 19.7
-geschweißt . . 538.7
-kaliber 517.3
-lasche 23.9
-rost 160.7
-stampfer . . . 434.6
-wulsteisen . . 21.4
Fläche, Absonderungs- 45.8
-, Bruch- 45.2
-, ebene 438.7
-, gekrümmte . 322.8
-, wagerechte . 438.7
Flackern, unruhig 481.3
Flacon 188.7
- à bouillir . . 187.5
- - dégagement des gaz 268.7
- - densité . . 180.1
- - échantillons 234.1
- - filtrer dans le vide 246.1
- - fond plat . 187.1
- - pipette . . . 192.1
- - pression . . 188.4
- - réactifs . . 185.2
- capillaire, petit 185.6
- comptegouttes breveté 185.5
- d'absorption . 269.2
- de cobalt . . 188.6
- - Kjeldahl . 187.7
- - niveau . . . 269.7
- - Woolff . . . 188.5
- en plomb . . 199.5
- - verre bleu . 188.6
- -laveur de gaz 268.1
- pour le dégagement des gaz 268.7
Flacone di Kjeldahl 187.2
Flake, to . . . 481.6
Flambage . . . 547.2
Flambant . . . 336.8
Flame 235.7
- baffling . . . 374.7
- furnace . . . 540.5
- hole 368.6
-, luminous . . 400.1
-, narrow . . . 466.2
Flameando . . 336.8
Flaming 336.8
Flamme 374.8
-, die -n auf den Herd lenken 411.7
-, Gicht- 360.6
-, Natrium- . . 235.8
-, selbstleuchtende 400.1
-, Stich- 466.2

Flamme, Zünd- 360.11
Flamme 235.7
-, à courte . . . 99.5
-, - longue . . . 99.1
- d'allumage 360.11
- de sodium . . 235.8
- du gueulard 360.6 468.1
- éclairante . . 400.1
- pointante . . 466.2
- rouge . . . 399.11
Flammèche . . 468.2
Flammen-färbung 235.7
-führung . . . 374.7
-loch 368.6
Flammend . . 336.8
Flammig, kurz- 99.5
-, lang- 99.1
Flammofen . 366.10 402.3
-, Ausglüh- . . 528.5
-, Dreh- 402.8
-, Gießerei- . . 465.9
-, Härte- 540.5
- mit gestrecktem Herde 466.1
-, Schmelz- . . 402.5
-stahl 10.7
Flammrohrkessel 154.5
- mit Quersiederohren 154.7
Flanela 276.8
Flanella 276.8
Flanelle 276.8
Flanellscheibe . 276.8
Flange . . . 22.4, 84.5
-, cast iron . . 84.5
-, - -on 319.4
Flanged 26.2
Flangiato . . . 26.6
Flannel disc . . 276.8
Flanschwulsteisen 21.6
Flap valve 301.3, 314.8
Flare, to 481.3
Flasche, Abklär- 243.6
-, Absaug- . . . 246.1
-, Absorptions- 269.3
-, Blei- 199.5
-, Druck- 188.4
-, Filter- 246.1
- für Gasentwicklung 268.7
-, Guttapercha- 197.4
-, Klär- 243.6
-, Kobalt- . . . 188.6
-, Koch- 187.5
-, Niveau- . . . 269.7
-, Pipetten- . . 192.1
-, Reagentien- . 185.2
-, Spritz- 186.3
-, Woolffsche . 188.5
Flaschen . . . 439.13
-kappe 188.7
-schild 185.3
Flask . . 180.1, 439.13
-, flat bottom . 187.1
- for developing gas 268.7
-, Kjeldahl . . . 187.2
-, round bottom 186.7
- stand 198.7
Flat 515.1
-, bulb -s . . . 21.3
Flatten, to . . . 53.2
Flattening out 53.3
Flaw 36.3, 386.8, 490.2 549.1
-, free from -s . 36.2
- in the casting 489.10
Fléau, à - court 238.4
-, - - long . . . 238.5
- circulaire . . 238.3
Flecha 43.2
- minima . . . 43.3
Flèche . . 43.2, 125.7
- minima . . . 43.3
- mobile horizontale 410.6
Fleje 19.8, 24.7
Flessibile 42.4, 492.8
Flessione . 41.2, 43.2
- all'urto . . . 44.1
- minima . . . 43.3
Flete 561.8
Fleuri, acier . . 10.5
Flexible . 42.4, 492.8
Flexion 42.2
- après trempe 42.7
- au choc . . . 44.1
Flexión 42.2
- al choque . . 44.1
Fliegend, -er Fuchs 372.3
Fließend, -er Fuchs 342.4
-es Wasser . . 544.8
Fließfigur . . . 47.8
Floating 386.6
Flocking . . . 243.1
Floconneux . . 243.1
Flojo 59.6
Floky 243.1
Floor level . . 505.7
- of foundry . 475.7
Floß, blumiges 3.1
-, Hart- 3.3
-, luckiges . . . 2.7
-, Spiegel- . . . 3.3
Flotante 386.6
Flottant 386.6
Flour . . 419.2, 420.2
Flow of metal . 339.7
- - slag 300.3
-, to - off . . . 338.3
-, - - out . . . 385.4
Flower wire . . 28.7
Flöz 56.3
Flüchtig 81.7
Flüchtigkeit . . 250.8
Fluctuación de la intensidad de corriente 169.3
- - - tensión . 169.4
Fluctuation of current 169.3
- - voltage . . 169.4
Fluctuation de l'intensité du courant 169.3
- - la tension . 169.4
- du voltage . 169.4
Flue . . . 85.8, 372.2
-, ascending . . 372.3
- boiler 154.5
- - with cross tubes 154.7
- bridge 372.5
-, cross 417.2
- dust 164.4
- gas 87.2
- - testing apparatus 268.4
-, inclined . . . 372.4
Flue, lateral . . 372.8
- roof 372.5
-, side 417.3
-, transverse . . 417.2
- tube 154.6
Flugascheablagerung 164.4
Flügel 470.5
-, Kolben- . . . 472.1
-welle 470.6
Fluid 356.11
- metal 11.4
- pressure . . . 507.8
Fluide 356.11
-, très 357.1
Fluidez, de gran 357.1
Fluido 357.1
Flume 81.2
Fluorammonium 207.4
Fluoride, ammonium 207.5
Fluoridrico . . 204.9
Fluorhidrico . 204.9
Fluorhydrique 204.9
Fluorina 111.4
Fluorine 111.4
Fluorure d'ammoniaque 207.4
Fluoruro ammonico 207.4
Fluoruro amónico 207.4
Fluor-spar . . . 111.4
Flur der Eisengießerei 475.7
Fluß-eisen 11.4.6, 402.3
- -blech 25.10
-fracht 561.7
-metall 11.4
-mittel 111.1
-säure 204.9
- -apparat . . . 222.2
- -bereitungsapparat 222.2
-schiff 562.1
-spat 111.4
-stahl 11.5
Flüßig 4.4
-, dünn- 357.1
- entnommenes Eisen 401.8
-, leicht- . . . 356.11
-, streng- . . 356.12
-, zäh- 356.10
Flüssigkeit . . 192.7
-, Ablösch- . . 544.7
-, Härte- 544.7
-, Kühl- 544.7
-, Titer- 192.5
Flüssigkeitsdruck 54.7, 507.8
Fluting 423.7
Flux . . . 111.1, 397.9
Foam, refining 215.6
Focal 279.3
Focal length . 279.3
Focale 279.3
Focolare 26.7, 367.10 368.8
- a carbone . . 155.4
- - caricamento continuo 157.4
- - catrame . . 155.9
- - gas 87.1
Focolare a gas d'alti forni 155.10
- - griglia . . . 368.1
- - legna . . . 155.5
- - lignite . . . 155.6
- - petrolio . . 384.9
- - polvere di carbone 155.7
- - residui di petrolio 156.1
- - rivestimento di scorie 369.9
- - tirata inferiore 158.1
- anteriore . . 156.4
- con griglia a catena 157.5
- - - - cilindro 157.6
- - - - scosse . 157.7
- da spazzatura 155.8
- esterno . . . 156.3
- in muratura . 540.3
- inferiore . . . 156.5
- interno 154.5, 156.2
- meccanico . . 157.1
- ondulato . . 154.6
- semplice a griglia 336.5
Focussing . . . 281.8
Foggiatura . . 486.7
Foglia di gomma 197.5
Foglio di gomma 197.9
Fogonero . . . 164.3
Foliado 45.7
Foliated 45.7
Fonçage tubulaire 141.7
Foncé 1.4
Fonctionnement 353.2
- continu . . . 344.7
- du haut-fourneau 332.2
- ininterrompu 344.7
- par cuiller automatique 128.7
- - pelle automatique 128.7
Fonctionner, la bascule fonctionne 185.7
Fond 390.7
- à coulisse . . 105.2
- amovible . 390.8.9
- cylindrique perforé 290.10
- de bois gabarié 439.12
- - convertisseur 119.3
- - cornue . . . 391.6
- - la balance . 237.2
- du creuset . . 290.3 291.7
- en scorie . . 370.2
- - terre réfractaire perforée avec des baguettes 301.1
- plat 187.1
- reposant sur poutrelles 290.9
Fondamento . 288.5
Fondant . . . 111.1
Fondation . . 288.5
- en briques . . 289.4
- - moellons . 289.5

Fondation sur pilotis 289.3
Fondazione . 288.5.7
- di mattonato 289.4
- in pietrame di cava 289.5
- su platea di palafitte 289.3
Fondente 111.1, 374.5 397.9
Fondere . . 6.4, 250.3 374.4
Fonderia . 6.1, 468.5
-, macchina per (v. macchina)
Fonderie 107.4, 468.5 475.6
Fondeur . . . 409.6
Fonditore . . . 409.6
Fondo . . 104.1, 440.10
- del convertitore 391.6
- - crogiuolo . 290.3
- dell'ugello . . 297.5
- di convertitore 119.3
- - legno con modello 439.12
- - - piano . 439.11
- forato . . . 391.1
- libero 290.9
- mobile 390.8, 529.1
- - a cerniera . 467.3
- piatto 187.1
- ricambiabile 390.9
- - cilindrico 390.10
- rotondo . . . 186.7
- scorrevole . . 105.3
Fondo . . 390.7, 551.6
- aislado del suelo 290.9
- cambiable . . 390.9 416.1
- cilíndrico perforado 390.10
- de arcilla refractaria perforado con varillas 391.1
- - convertidor 119.3
- - corredera . 105.3
- - la cuba . . 78.3
- del crisol . 290.3.7 291.7
- móvil 390.8
- plano 187.1
Fondre . 250.3, 343.6 409.7
Fondu 11.5
-, non 411.9
Fonte 7.3.4
- à grandes cavernes 2.9
- - haute teneur en silicium 1.3
- - l'anthracite 4.2
- - l'état de fusion 4.4
- - petites cavernes 2.8
- - texture compacte 3.8
- anglaise . . 5.9
- au charbon de bois 4.1
- - coke 4.3
- - nickel . . . 9.2
- - vent chaud 4.5
- - - froid . . . 4.6
Fonte ayant subi un premier affinage 7.6
- basique . . . 8.2
- Bessemer . . 8.1
- blanche à facettes 3.5
- - - structure rayonnée 3.1
- - - texture franchement rayonnée 3.2
- - - vent froid 2.5
- - ordinaire . 2.6
- - poreuse . . 365.4
- brillante . . . 1.3
- brute 1.1
- caverneuse . 2.7
- - très froide . 2.9
- chargée . . . 395.9
- chaude . . . 474.8
- contenant des scories 6.3
- - du nickel . 9.2
- - plus de 1% de silicium et une quantité quelconque de phosphore 8.3
- coulée en sable 4.7
- crue 1.1
-s d'acier électriques 564.4
- d'allure chaude 475.2
Fonte de déphosphoration 5.3
- - finage . . 5.1 7.6
- - Luxembourg 5.6
- - mazéage . . 5.2
- - moulage . . 6.1
- - - moyennement dure 6.5
- - - pour pièces allant au feu 7.1
- - - - - devant résister aux acides 7.2
- - - résistante . 6.8
- - première fusion 475.1
- - puddlage . 8.5
- - Siegen . . . 5.5
- - Styrie . . . 5.7
- - Suède . . . 5.8
- demi-truitée . 2.4
- désulfurée . . 5.4
- douce de moulage 6.4, 7.5
- écossaise . . . 5.10
- en gueuses . 1.1
- épurée . . 5.3, 366.6
- fabriquée à basse température 4.6
- - - haute température 4.5
- fondue à température élevée 475.2
- froide . . . 474.11
- grise 1.5
- - claire . . . 2.1
- - foncée . . . 1.4
- - noire . . . 1.4
- - ordinaire . 1.5
- - riche en silicium 1.3
- -hématite . . 6.2
Fonte malléable 7.5 12.6, 415.4, 416.2
- Martin 8.4
- mazée 5.2, 7.6, 366.6
- métisse . . . 6.3
- miroitante . . 3.3
- - à texture grossière 3.6
- moulée . . . 7.4
- phosphoreuse 8.3
-, pièce de . . . 7.4
- pour acier . . 8.4
- - le procédé Bessemer 8.1
- - moulage en coquille 6.6
- provenant des lavoirs 358.5
- rapide 365.3
-, recevoir la . 481.2
- refondue . 474.12
- sans sable . . 5.1
- spéciale . . . 9.1
- - pour pièces de machines 6.7
- spiegel 3.3
- - à haute teneur en manganèse 3.7
- - - texture grossière 3.6
- - grise 3.4
- - pour puddlage 8.6
- suédoise . . . 5.8
- surchauffée . 474.9
- Thomas . . . 8.2
- très siliceuse 1.3
- trop chaude . 474.9
- truitée 2.2
- - blanche . . 2.3
-, venu de . . 294.10
Foot 22.4
- bellows . . . 251.4
-, cast iron . . 321.6
- plate 307.6
- roller 137.2
Forage 228.2
Forare . . 51.10, 228.5
Foratappi . . 196.7.8
Forato 27.4
Foratura . . 51.9, 52.2
Forca per coke 478.8
Force . . 50.9, 92.10
Force 50.1
- centrifuge . . 482.7
- de torsion . . 50.9
- du damage . 484.9
- - marteau . . 503.1
- hydraulique 107.8
- majeure . . 560.13
- motrice . . . 166.1
Forcella 443.9
Forceps 202.7
Forchetta . . . 478.5
Förder-band . . 138.5
-gefäß 330.1
-gerüst 329.9
-hund 332.1
-kohle 100.7
-kran, Block- . 526.6
-maschinist . . 333.3
-rinne . . 102.5, 139.5
-schale 330.1
-schnecke . . . 139.7
-turm 329.9
Förderer 138.3
-, Gurt- 138.4
-, Sack- 139.1
-, Kratzer- . . . 139.2
Förderlich, -e Vergrößerung 279.9
Förderung . . 100.4
-, Band- 138.6
-, Erz- 58.5
-, Luft- 472.8
-, Wasser- . . . 141.9
Fore hearth . . 156.4 291.5, 364.2, 370.6
- - furnace . . 466.4
- plate . . 364.4, 369.3
Foreign body . 432.8
Forelleneisen . 2.3
Foreman . . . 332.7
Forer 228.5
- dans le sens de la longueur 228.8
- en long . . . 228.8
-, machine à . . 228.4
- sur le côté . 228.6
Foret 14.2
- à charbon . . 235.5
- pour trouer le trou de coulée 343.5
Forge . . 150.4, 540.2
- coal 99.10
- - coke 107.6
- pig iron . . . 8.5
- shop 495.1
- slag, refining 112.8
-, to 52.6
-, - - out to $1^1/_2$ times the test width 52.7
-, - - with the edge of the hammer across the direction of rolling 52.8
Forge . . 52.5, 150.4
- catalane 112.7, 362.2
Forgé 9.4
Forgeage . . . 52.5
Forger 136.6
Forger en matrices 503.6
-, presse à (v. presse)
Forgiare 503.5
-, pressa per (v. pressa)
- su stampo . . 503.6
Forgiatura . . 495.1
Forging press . 504.9
- -, hydraulic . 505.4
- -, steam power 505.5
- test 52.5
Forja . . 52.5, 150.4
- catalana . . . 362.2
- cubierta . . 363.10
- de afino 363.8, 365.1
- - - sueco . . 364.1
- - soldar . . . 378.5
- del Franco-Condado 363.10
- descubierta . 363.9
Forjado 9.4
Forjar en estampa 503.6
-, prensa de (v. prensa)
Fork 436.9
Form . 297.1.4, 299.2.3 394.10
-, achteckige . . 290.5
-, allotrope . . 272.5
-, Arten der -en 433.2
-, ausgebauchte 504.2
-, basaltartige . 107.1
-, beständige . . 446.5
-blech 26.4

Form, bleibende 446.5
–, die - abdrehen 445.7
–, - - füllen . . 482.4
–, - - nacharbeiten 436.4
-draht 28.6
-eisen 19.9
–, geschlossene 439.10
–, gießfertige . 448.1
–, gußeiserne . 340.6
-guß 487.8
- –, Elektrostahl- 564.4
-halle 421.2
- –, zweischiffige 421.3
-kaliber 517.4
Formkasten . 439.13
–, amerikanischer 440.6
–, aufklappbarer 440.8
–, den - wenden 442.5
- der Riemenscheibenformmaschine 452.1
- für Säulen . . 440.7
–, geschnittener 440.9
–, hölzerner . . 440.4
–, zusammensetzbarer 440.5
Form, Kristall- 214.3
–, Kühl- 297.1
Formmaschine . 448.2
–, Drehtisch- . . 449.3
–, Druckwasser- 448.3
- für Doppelpressung 454.5
- - kleine Zahnräder 457.4
- - Rippenrohre 452.3
–, hydraulische 448.3
–, - - mit Wendeplatte 450.2
–, mit Wendeplatte u. Druckwasseraushebung 450.2
–, Räder- 455.2
–, Riemenscheiben- 451.4
–, Zahnräder- . 455.2
Form-masse . . 427.8
-material . . . 425.1
–, mehrmalige . 446.5
–, offene 438.6
-öffnung 298.8
-platte 422.6
-presse 453.1
- –, doppelte . . 454.5
- –, hydraulische 453.5
- - mit drehbarer Wendeplatte 454.3
-preßverfahren 94.7
-rahmen 121.7
-sand . . 425.10, 431.8
- –, fetter . . 425.13
- –, grüner . . 425.12
- –, magerer . 425.12
- –, stark tonhaltiger 426.1
-sattel 364.7
–, schlanke kegelige 299.3
–, Stampf- . . . 105.7
-stoff 425.1
- –, anhaftender 490.5
-stößelführung 456.2
-teil, vorspringender 436.6
–, Verreißen der 436.3
–, vorgeschriebene 33.9
Form-wagen . 454.4
–, Walz- 514.9
-wand . . 297.3, 442.2
–, wassergekühlte 297.1
–, Wind- 298.9
-zacken 364.6
–, Ziegel- 96.2
–, zusammengestellte 446.1
Form 105.7
–, allotropic . . 272.5
–, concave . . . 504.2
–, dished 504.2
–, prescribed . . 33.9
–, specified . . . 33.9
Forma . . 105.7, 121.7
- allotropica . 272.5
- basaltica . . 107.1
- cilindrica . . 96.4
- circolare . . 290.4
–, colare nelle -e 481.4
- concava 370.1, 504.2
- d'ottone . . . 383.3
- dei grani di sabbia 427.4
- del cristallo . 214.3
- - mattone . . 321.9
- di dado . . . 96.3
- - mattone . . 96.2
- - sabbia . . . 340.4
- ferma in terra 438.6
- fissa 446.5
–, gettare nelle -e 481.4
- in staffa . . 439.10
- montata . . . 446.1
- ottagonale . . 290.5
- ovoidale . . . 96.6
- per il fondo del convertitore 391.6
- piazzata . . . 446.1
- prescritta . . 33.9
- pronta per colare 443.1
- sferica 96.5
Forma alotrópica 272.5
- basáltica . . 107.1
- cilíndrica . . 96.4
- circular . . . 290.4
- –, perder la . 423.5
- cóncava 370.1, 504.2
- cristalina . . 214.3
- cúbica 96.3
- de cono truncado 304.2
- - ladrillo . . 96.2
- - los granos de arena 417.4
- - molde . . . 370.1
- - racimo . . . 107.2
- - trébol . . . 520.4
- del ladrillo . 321.9
- - perfil . . . 516.6
- esférica . . . 96.5
- final 530.2
- octagonal . . 290.5
- oval 96.6
- prescrita . . . 33.9
- primitiva . . 530.1
Formación . . 56.2
- de burbujas . 375.9
- - conos . . . 348.3
- - escorias . . 396.6
- - hidrógeno . 348.9
- - las imágenes 279.11
- - óxido de carbono 375.3
Formaggio . . 384.3
Formando escoria 349.8
Formant du laitier 349.8
Formar las bolas 376.4.9
Formare . 421.5, 422.6
- a mano . . . 449.2
- in conchiglia 447.1
- le palle . . . 376.9
–, machina per (v. machina)
Formation . . . 56.2
–, grapelike . . 107.2
- of carbon monoxide 375.3
- - hydrogen . 348.9
- - pipes 348.3
Formation 56.2, 264.2
- d'entonnoir . 348.3
- de voûtes . . 353.5
- des images 279.11
- - scories . . . 396.6
Formato nella staffa 487.8
Formatore 421.4, 434.1
Formatrice . . 448.2
- idraulica . . 448.3
Formatura . 421.12
- a pettine degli ingranaggi 456.4
- - sagoma . . 444.8
- - settore degli ingranaggi 456.4
- chiusa 439.5
- con modelli . 438.3
- d'ingranaggi 455.3
- ferma in terra 438.5
- in sabbia . 425.11
- - staffe . . . 439.9
- perduta . . . 438.4
- senza modello 447.8
Formazione 56.2, 264.2
- a grappoli . . 107.2
- d'imbuto . . 348.3
- del coke . . . 105.8
- dell'ossido di carbonio 375.3
- delle scorie . 396.6
- di mattonelle 94.5
- - volta 353.5
Forme à huit pans 290.5
- allotropique 272.5
- basaltique . . 107.1
- circulaire . . 290.4
- concave 370.1, 504.2
- cristalline . . 214.3
- cubique . . . 96.3
- cylindrique . 96.4
- de brique 96.2, 321.9
- - cuvette . . 370.1
- - grappe . . . 107.2
- concave de la surface 482.10
- des grains de sable 427.4
- fixe 446.5
- octogonale . 290.5
- ovoïde 96.6
- prescrite . . . 33.9
- sphérique . . 96.5
Formen 421.5
-buch 514.10
- der Zahnräder mit Durchzugringen 456.4
Formen, die - nachsehen 342.9
–, - - stäuben . 430.5
–, - Tiegel . . 382.9
- von Zahnrädern 455.3
Former 421.4
-gerätschaft . . 434.1
-schaufel . . . 434.2
-spaten 434.3
-stift 436.5
-werkzeug . . . 434.1
Former les loupes 376.9
Formerei . . 421.12
–, freie 447.8
Forming puddle balls 376.9
Formula d'una combinazione 226.3
Fórmula quimica 226.3
Formung 94.5, 436.7
Fornace da fondere 465.8
Fornello a gas 184.9
- - petrolio . 184.10
- di terracotta 249.6
- essiccatore a vuoto 233.2
Fornitura . . . 65.3
Forno 83.9
- a camino per la tempera 541.2
- - cementazione 416.5
- - - ossidante 415.8
- - coke . . . 103.4.9
- - - a ricupero 103.8
- - - chiuso . . 103.7
- - - del tipo dei forni da pane 103.5
- - corrente monofase 572.1
- - - trifase . . 572.2
- - crogiuoli . 384.1
- - doppia muffola 541.8
- - fondo mobile 529.1
- - gas per la tempera 541.1
- - manica per crogiuoli 384.4
- - muffola . . 541.5
- - - a gas . . 542.1
Forno a palla . 363.1
- - pudellaggio 366.9 367.1
- - –, doppio . . 367.2
- - - girevole . 367.4
- - - rotativo . 367.5
- - - sistema Springer 367.3
- - resistenza . 570.4
- - ricottura . . 541.3
- - riverbero 366.10 402.5, 465.9
- - - a suola lunga 466.1
- - - per la tempera 540.5
- - - rotante . 402.8
- - rotazione . 566.4
- - sistema Piat 384.5
- - suola mobile 416.1
- - tino di Siegerland 83.7

Forno a vento per crogiuoli 384.4
- ad alveare . . 103.6
- - arco voltaico 565.9
- - induzione . 568.2
- al riverbero . 10.7
-, alto (v. alto forno)
- anulare per torrefare il calcare 85.5
- cilindrico . . 367.6
- - per la tempera 541.2
- Colby 568.7
- con crogiuolo anteriore 466.4
- d'affinaggio . 112.8
- d'arroventamento 385.5
- da dolomite . 119.1
- - mattoni . . 119.2
- di cementazione 417.10
- - combustione 249.2
- - fusione . . 362.4
- - - a piatto girevole 367.7
- - ricottura . 95.2 528.5
- - rifusione . 389.2
- - riscaldamento 383.9, 527.7
Forno di riscaldo 364.2, 527.6
- - - a riverbero 528.3
- - - - suola mobile 528.6
- - Roessler . . 252.3
- - torrefazione 83.4 88.3
- - - a gas di Westman 85.2
- - - di Cleveland 84.1
- - - - Fillafer 85.3
- - - - Witkowitz 85.4
- - - in muratura 83.5
- - - stiriano . 84.7
- elettrico 267.2, 564.1
- - a crogiuolo 570.6
- - - muffola . 249.5
- - - suola di Groenwall, Lindblad e Stalhane 570.3
-, fermare il . . 338.8
- fisso 402.7
- Frick 569.8
- fusorio 252.2, 465.8
- Gérard . . . 569.7
- Gin 569.6
- Girod 567.5
- Hellberger . 570.7
- Héroult . . . 566.6
- Hiorth 568.8
-, impianto di -i 151.6
- in marcia alla temperatura massima 411.8
- inglese a cementazione 416.6
- Ireland . . . 468.5
- Ischewsky . . 570.2
- Keller 570.1
Forno Kjellin . 568.4
- Krigar 469.1
- meccanico a gas per la tempera 542.3
- Nathusius . . 568.1
- oscillante . . 403.1
- per cuocere i fondi dei convertitori 119.3
- - la tempera 540.1
- - più crogiuoli 384.7
- - riscaldare . 378.6
- - smaltare . . 554.8
- - temperare le lime 541.4
- - un sol crogiuolo 384.6
- Roechling-Rodenhauser 568.9
- - - a corrente alternata 568.10
- - - - - trifase 569.1
- rotante . . . 403.1
- rotativo 95.3, 566.4
- Siemens-Martin 402.6
- Stassano . . . 566.3
Foro . . . 39.8, 483.4
- conico 536.3
- del vento . . 394.5
- della tubiera 395.1
- di colata 300.4, 338.9 480.6
- - - bloccato . 343.4
- - spia . 163.2, 301.4
- - tiraggio . . 87.8
- - visita . . . 321.8
- per la loppa . 299.6
- - - scoria . . 299.6
- - lo scarico . 87.9
Forza 51.1
- centrifuga . . 482.7
- della battuta 434.9
- di torsione . . 50.9
- idraulica . . 167.8
- maggiore . 560.13
- motrice . . . 168.1
Fosa 340.2
Fosfatado . . . 113.7
Fosfato calcico 399.5
- di ferro . . . 399.6
- sodico 206.9
- - ammoniacale 207.3
- - ammonico . 212.1
Fosfato cálcico 399.5
- de cal 399.5
- - hierro . . . 399.6
- - sosa amónico 207.3
- sódico 206.9
- - y de amoniaco hidratado 212.1
Fosforico . . . 216.5
Fosfórico . . . 216.5
Fosforido . . . 60.7
Fosforo . . 8.3, 216.4
-, povero di . . 399.4
-, ricco di . . . 399.3
Fósforo . . 8.3, 216.4
- -manganeso . 16.5
-, pobre en . . 399.4
-, rico en . . . 399.3
Fosforoso . . . 8.3
Fósil 98.7
Foso de colada 444.7 475.8
Foso de colada cubierto 439.5
- - - semicircular 475.9
- - fuego revestido 540.3
- - las lingoteras 388.5
Fossa di colata 475.8
- - - semicircolare 475.9
- per tubi . . . 444.7
Fosse de coulée 444.7 475.8
- - - demicirculaire 475.9
-, installation d'une 100.6
Fossé 340.2
Fossile 69.1
Fotografico . 281.10
-, apparato . . 282.1
Fotográfico . 281.10
-, aparato . . . 282.1
Foudre 374.4
Fouloir porte-segment 455.5
- - - mobile horizontalement et verticalement 456.1
Foundation . . 288.5 289.3
Foundry . . . 475.6.7
- coke 107.4
- crane 476.2
- - with automatic tipping device 479.6
- cupola 466.6
- pig iron . . . 6.1
- - -, best . . . 6.7
- - -, chill . . . 6.6
- - - for acid proof castings 7.2
- - - - fire proof castings 7.1
- - -, medium hard 6.5
- - -, soft . . . 6.4
- - -, tough . . 6.8
- pit 444.7
- reverberatory furnace 465.9
Fountain . . . 141.6
Four 83.9
- à acier cémenté 417.10
- - arc électrique 565.9
- - avant-creuset 466.4
- - cémenter . 416.5
- - coke . . . 108.4.9
- - - à récupération des sous-produits 108.8
- - - clos . . . 108.7
- - - demi-clos 108.5
- - combustion 249.2
- - courant alternatif. 572.2
- - - - de Roechling-Rodenhauser 568.10
- - - monophasé 572.1
- - - triphasé . 572.2
Four à courant triphasé de Roechling-Rodenhauser 569.1
- - creuset . . 384.1
- - - électrique 570.6
- - - transportable 384.5
- - cuire les briques 119.2
- - - - fonds de ,2,4 convertisseurs 119.3
- - cuve à recuire 541.3
- - - du Siegerland 83.7
- - - pour creusets 384.4
- - émailler . . 554.8
- - fusion . . . 252.2
- - griller de Witkowitz 85.4
- - induction . 568.2
- - loupes . . . 363.1
- - moufle au charbon 249.3
- - - au gaz . 249.4 542.1
- - - électrique 249.5
- - plomb . . . 540.4
- - plusieurs creusets 384.7
Four à puddler 367.1, 378.6
- - - double . . 367.2
- - - rotatif . . 367.5
- - - système Springer 367.3
- - - tournant . 367.4
- - réchauffer . 378.6
- - - à réverbère 528.3
- - - - sole mobile 528.6
- - - en sous-sol 527.6
- - recuire 95.2, 385.5 528.5
- - refondre . . 389.2
- - résistance . 570.4
- - réverbère . 10.7 366.10
- - - à longue sole 466.1
- - - - tremper 540.5
- - - de fonderie 465.9
- - ruche . . . 103.6
- - sécher dans le vide 233.2
- - - transportable 462.7
- - sole 402.5
- - - amovible 416.1
- - - tournante 367.7
- - souder . . . 378.5
- - soufflerie . 286.1
- - tremper . . 540.1
- - - les limes . 541.4
Four à un seul creuset 384.6
- anglais à cémenter 416.6
- annulaire à griller le calcaire 85.5
- Colby 568.7
- culbutant . . 403.1
- cylindrique . 367.6

Four d'affinerie 363.5
- de cémentation 415.8
- - fusion 362.4, 465.8
- - - à réverbère 402.5
- - grillage 83.4, 88.3
- - - au gaz de Westman 85.2
- - - de Fillafer 85.3
- - - du Cleveland 84.1
- - - en maçonnerie 83.5
- - - styrien . . 84.7
- - réchauffage à lingots . . . 527.5
- - Roessler . . 252.3
- - trempe à cuve 541.2
- - - au gaz . . 541.1
- - - mécanique au gaz 542.3
- électrique 267.2, 12.5
- - à creuset . 570.6
- - - sole de Groenwall, Lindblad et Stalhane 570.3
- en pleine température 411.8
- - terre réfractaire, petit . 249.6
Four fixe . . . 402.7
- Frick 569.8
- Gérard . . . 569.7
- Gin 569.6
- Girod 567.5
- Hellberger . 570.7
- Héroult . . . 566.6
- Ischewsky . . 570.2
- Keller 570.1
- Kjellin . . . 568.4
- Nathusius . . 568.1
- oscillant . . 403.1
- Piat 384.5
- réverbère rotatif 402.8
- Roechling-Rodenhauser . 568.9
- rotatif 95.3
- roulant . . . 529.1
- Siemens-Martin 402.6
- Stassano . . . 566.3
- tournant 95.3, 566.4
Fourche 443.9, 478.1
- à coke 473.8
- - poche de coulée 478.5
Fourneau . . . 97.2
- à gaz 184.9
- - moufles . . 541.5
- - - double . . 541.8
- - pétrole . . 184.10
- de cuisine . . 455.1
-, haut- (v. haut-fourneau)
Foyer 26.7
- à alimentation continue 157.4
- - bois 155.5
- - charbon . . 155.4
- - gadoues . . 155.8
- - gaz de haut-fourneaux 155.10
- - goudron . . 155.9
- - grille . . . 368.1
Foyer à lignite 155.6
- - ordures ménagères 155.8
- - pétrole . . . 384.9
- - poussière . 155.7
- - réchauffer . 364.2
- - soufflage sous grille 158.1
- antérieur . . 156.4
- au gaz 87.1
- avec grille à chaîne 157.5
- - - - rouleau 157.6
- - - - secousses 157.7
-, bas- (v. bas-foyer)
- comtois couvert 363.10
- d'affinerie . . 363.8
- de chauffage 569.3
- - travail . . . 569.4
- découvert . . 363.9
- extérieur . . 156.3
- inférieur . . . 156.5
-, installation de 151.6
- intérieur 156.2, 154.5
- - ondulé . . . 154.6
- maçonné . . 540.3
- mécanique . 157.1
- pour résidus de la distillation du pétrole 156.1
- simple à grille 386.5
Fracasar . . . 488.11
Fracción . . . 254.5
Fraccionado . 187.3
Fracht, Achsen- 561.5
-, Eisenbahn- . 561.4
-ersparnis . . . 560.7
-, Fluß- 561.7
-, Land- 561.3
-satz 560.6
-, See- 561.8
-versicherung 560.11
Fraction 254.5
Fractional . . . 187.3
Fractionné . . 254.4
Fractionner . . 187.4
Fractura . . 1.3, 44.9
- en frío 48.1
Fracture . 44.9, 45.1
-, inclined . . 44.10
-, oblique . . 44.10
- of chain . . 137.10
- - roll 514.2
Fracture 44.9
Frágil 59.8
Fragile . 48.2, 459.8 463.11
Fragilidad por corrosión 48.5
Fragilità per corrosione 48.5
Fragilité de tension 50.2
Fragment of a crucible for blow pipe testing 234.7
Fragmentación de la muestra 228.1
Fragmento, -s de crisoles 382.1
- - ladrillo . . 112.2
Fragua 99.10
-, á - baja . . . 102.4
- de templar . 540.2
Frais d'analyse 227.6
- d'exploitation 563.2
- de construction 563.5
- - garnissage . 573.1
- - transport . 560.7
- généraux . . 563.6
Fraisil de charbon de bois 98.3 117.12
- - coke . . . 107.13
- humide . . . 546.2
Fraktion . . . 254.5
Fraktioniert . . 254.4
Fraktions-kolben 187.3
-röhre 187.4
Frame 121.7, 323.5, 454.2
-, hollow cast . 369.7
-, wooden . . . 440.4
-, wrought iron 440.3
Frammento, -i di crogiuolo per l'analisi al cannello 234.7
- di mattoni . 112.2
Franc à bord 560.10
Franco usine . 560.8
- wagon 560.9
Franco a bordo 560.10
- stabilimento . 560.8
- vagone . . . 560.9
Franco bordo 560.10
- taller 560.8
- vagón 560.9
Franco-Condado, forja del 363.10
Frantumare, impianto per 76.6
Frappe du marteau 502.6
- en fer 495.5
Frapper sur les tuyaux à l'aide du marteau pendant l'épreuve hydraulique 55.2
Frappeur . . . 463.9
Frasco capilar 185.6
- con pipeta . 192.1
- cuenta-gotas con patente 185.5
- - - patentado 185.5
- de absorción 269.3
- - clarificación 243.6
- - cocer 187.5
- - filtrar en el vacío 246.1
- - generación de gas 268.7
- - gutapercha 197.4
- - Kjeldahl . . 187.2
- - lavado para gas 268.1
- - nivel . . . 269.7
- - plomo . . . 199.5
- - Woolff . . . 188.5
- para la producción de gas 268.7
- - reactivos . 186.2
Frasquito para pesadas 240.2
Frattura 10.5, 44.9, 45.2 549.1
- a freddo . . . 48.1
- obliqua . . . 44.10
- per tensione . 50.2
Fratturabile . . 44.6
Frazionato . . 187.3
Frazione . . . 254.5
Freccia d'incurvamento 43.2
Free standing 303.1
Freezing 354.1, 486.2
- machine . . . 329.7
- of tap hole . 343.4
- out the ore . 89.8
Fregare con spirito di vino 447.2
Frei an Bord 560.10
-e Formerei . . 447.8
-gelegt 290.9
- Hütte 560.8
-lage 50.1
-stehend 126.1
- Waggon . . . 560.9
Freight 560.7
Freiheit der Phasen 274.6
-, Riß- 36.2
Frein 311.3
- à sabot . . . 498.2
- hydraulique . 311.1
Fremdkörper . 432.3
French boiler . 154.2
Freno 311.3
- a ceppi . . . 498.2
- idraulico . . 311.1
Freno 311.3
- de mordazas 498.2
- - zapatas . . 498.2
- hidráulico . . 311.1
Frente 291.8
- abierto, de . . 286.2
- cerrado, de . 286.3
- del hogar . . 162.7
Fret . . 560.5, 561.8
Friabile 44.7
Friable 59.4
Fricción 347.2
- de tabla . . . 498.3
Frick, forno . . 569.8
Frick, four . . 569.8
Frick furnace . 569.8
Frick, horno de 569.8
Frickscher Ofen 569.8
Friction . 96.8, 347.2
- coupling . . . 520.5
-, electrolytic - of the ions 260.3
- hammer . . . 497.5
- roll . . . 497.6, 513.4
Friction 497.5
Frictional resistance, electrolytic 263.3
Frigorifero . . 329.7
Frigorifico . . 329.7
Frigorifique . . 329.7
Frisch, -es Eisenerz 64.2
-birne 389.7
-eisen 361.8
Frischfeuer . 363.8, 10 364.1
-, bedecktes . 363.10
-betrieb . . . 365.1
-eisen 365.2
-, Luppen- . . . 362.2
-roheisen . . . 7.6
-schlacke . . . 112.8
Frischherd . . 363.8

Frisch-methode 363.5
-sand 431.10
-verfahren . . 363.5
- -, deutsches . 366.3
-vogel . . . 374.11
Frischen 363.6
- auf Flußeisen im Flammofen 402.3
- mit Luft . . . 387.1
-, Wallonen- . . 366.2
Frischer 363.7
Frischereiroheisen 7.6
Frist, Lösch- . 562.11
Frit, to, . . . 429.11
Fritar 429.11
Fritarse . . . 429.12
Frittage 349.6
Fritté 96.1
Fritted, to be 429.12
Fritten, zusammen- 429.11
Fritter ensemble 429.11
- légèrement 429.12
-, se 349.5
Frizione 497.5
- a tavola . . . 498.3
Froid, préparation par le 89.8
Froissé 47.6
Fromage . . . 384.3
Froment 431.1
Front 162.7
- face 424.11
- plate . 418.11, 414.1
- side 104.4
- surface . . 424.11
Front 104.4
Frontal 104.4
Frontale 104.4
Fronte del focolare 162.7
Frosch 496.6
Frost 118.6
Frosteinwirkung 48.6
Frotamiento . . 96.8
- electrolítico de los iones 260.3
Frotar con espíritu de vino 447.2
Frothy 357.10
Frottement 96.8, 347.2
- du tourillon 518.8
- électrolytique des ions 260.3
Frotter à l'esprit de vin 447.2
Frumento . . . 431.1
Fuchs 372.2
-, ansteigender 372.3
-brücke 372.5
-decke 372.6
-, fliegender . . 372.3
-, fließender . . 372.3
-, geneigter . . 372.4
-, Sammel- . . . 164.5
Fucina 99.10
- per la tempera 540.2
Fucinabile . . . 9.3
Fucinare l'acciaio 10.9
Fucinato 9.4
Fucinazione . . 52.5
Fuego 90.2
-, á - abierto . 120.4
-, - todo 417.8
Fuego ascendente 86.8
- de afino sueco 364.1
- - intensidad máxima 417.8
-, retirar el . . 415.9
Fuel 385.3
-, carbonised . 387.2
-, flaming . . . 336.8
-, solid 349.1
Fuelle 251.5
- de cuero . . 325.4
- - mano . . . 487.9
Fuerza 51.1
- aglutinante . 428.1
-s apareadas . 51.1
- de torsión . . 50.9
- del golpe . . 434.9
- hidráulica . . 167.5
- mayor . . . 560.13
- motriz 166.1
Fuga della tubiera 352.3
Fuga de gas . 360.10
- - la tobera . 353.3
Fuge 305.11
-, Dichtungs- . 471.6
-, Rost- 160.3
Führerstand . . 127.8
Führung, sichere 442.7
Führungs-leiste, angegossene 370.9
-pfahl 442.8
Fuir 385.3
Fuite de gaz 360.10
- - la tuyère . 353.3
Fuliggine . . . 552.2
Fulminante . . 343.8
Füll-klappe . . 161.8
-koks 478.6
-mittel 147.6
-öffnung 105.1
-rumpf 181.2
-trichter 157.3
-vorrichtung . 406.1
-zylinder . . . 311.8
Füllen 337.1
-, die Form . . 482.4
Fuller's earth 116.10
Fumant . . . 203.12
Fumante . . . 203.12
Fume cupboard 175.2
-, dark -s . . . 400.8
Fumée . . 85.7, 85.8
- brune 400.7
-s de couleur foncée . . . 400.8
Fumier d'étable 429.1
- de cheval . 428.11
- - - décomposé 428.12
- - vache . . . 429.1
Fuming nitric acid 203.12
Fumo 85.8
- scuro 400.7
Funcionamiento continuo 344.7
- del alto horno 332.2
- - horno de pudelar 373.6
- por cuchara automática 128.7
Funcionar, la báscula funciona 185.7
Fundación . . 288.5
- de ladrillos . 289.4
- - piedra . . . 289.5
Fundación sobre pilotes 289.3
Fundament auf Pfahlrost . 289.3
- aus Bruchsteinen 289.5
- - Ziegelmauerwerk 289.4
Fundente . . . 111.1
- calizo 397.9
Fundición 1.1, 7.3.4 463.5, 475.6
- á la antracita 4.2
- al carbón vegetal 4.1
- - cok 4.3
- - cubilote . . 473.3
- - níquel 9.2
- atruchada . . . 2.2
- - blanca 2.3
- básica 8.2
- blanca muy radiada 8.2
- - ordinaria . . 2.6
- - porosa . . . 365.4
- - radiada . . . 8.1
- caliente . . . 474.8
- colada en moldes de arena 4.7
- - encima de la escoria 5.2
- con ampollas grandes 2.9
- - - pequeñas . 2.8
- - cierta proporción de fósforo 8.3
- - más de 1% silicio y cualquier cantidad de fósforo 8.3
- de electroacero hecha en moldes 564.4
- - Estiria 5.7
- - fractura glaseada 1.3
- - Luxemburgo 5.6
- - molde 7.4
- - primer afino . 7.6
- - - a fusión . 475.1
- - Siegen . . . 5.5
- - Suecia 5.8
- - sobrecalefacción 474.9
Fundición de textura compacta 3.8
- depurada . . . 5.3
- desazufrada . . 5.4
- destinada al procedimiento Bessemer 8.1
- - - - Thomas 8.2
- dulce para moldeo 7.5
- - - - de piezas de máquinas 6.4
- dura 447.1
- en arcilla . . 487.6
- - arena . . . 487.4
- - coquilla . . 487.7
- - estado de fusión 4.4
- - molde . . . 487.8
- - molde metálico 487.7
- - tierra . . . 487.5
- escocesa . . . 5.10
- escoriosa . . . 6.3
- especial . . . 9.1
Fundición especial para moldeo de piezas de máquinas 6.7
- especular . . . 8.3
- - con facetas pequeñas 3.5
- - - gran proporción de manganeso 3.7
- - de textura gruesa 3.6
- - gris 3.4
- - para pudelaje 3.6
- fabricada á alta temperatura 4.5
- - - baja temperatura 4.6
- fría 474.11
- fundida á temperatura elevada 475.2
- gris 1.5
- - clara 2.1
- - muy siliciosa 1.3
- - negra 1.4
- - para moldeo . 7.4
- inglesa 5.9
- limpia de arena 5.1
- maleable 12.6, 415.4 416.2
- Martin 3.4
- mate atruchada y cavernosa 2.7
Fundición mate de marcha fría 2.5
- para acero . . 3.4
- - cargar . . . 395.9
- - moldear en coquillas 6.6
- - moldeo . . . 6.1
- - - de piezas refractarias 7.1
- - piezas de máquinas 487.9
- - - que deben resistir á los ácidos 7.2
- - pudelaje . . . 3.5
- - tubería . . 488.1
- purificada . . 366.6
- que contiene níquel 9.2
- rápida 365.3
-, recibir la . . 481.2
- refundida . 474.12
- rica en silicio y manganeso 365.5
- semi-atruchada 2.4
- - -dura para moldeo 6.5
- -spiegel 3.3
- - con facetas pequeñas 3.5
- - - gran proporción de manganeso 3.7
- - de textura gruesa 3.6
- - gris 3.4
- - para pudelaje 3.6
- tenaz para moldeo 6.8
Fundido . . . 11.5
- en la misma pieza 393.1
- - una pieza . 370.9
-, no 411.9
Fundidor 387.5, 409.6

Fundir . . 250.3, 341.4 374.4
-, dificil á . . 356.12
-, máquina de (v. máquina)
Fundirse, empezar á 374.5
Fune 137.7
Fungo 22.5
Funicolare . . 124.4
Funiculaire . . 124.4
Funicular . . . 124.4
Funke, sternbildende -n 374.9
Funken, Eisen- 397.1
-esse 389.1
-kammer . . . 467.6
-löschvorrichtung 468.3
-sprühen . . . 396.9
Funnel . . 164.6, 176.6 179.8, 245.3, 310.1 488.11
- chaped . . . 105.2
- formation . . 348.3
- holder 244.9
-, protective . . 248.1
- with perforated plate 245.4
Funzionamento 352.2
- a scavo automatico 128.7
- ad acqua compressa 509.7
- continuo . . 344.7
- del forno . . 354.6
- regolare senza urti 472.4
Fuochista . . . 164.3
Fuoco 88.2
-, a - libero . . 120.4
-, a - scoperto 120.4
-, - tutto 417.8
-, al basso 10.3, 363.4
- - massimo d'intensità 417.8
-, andar al 7.1
- aperto 363.9
- ascendente . 86.8
-, basso . 112.7, 362.2
- d'affinaggio . 363.8
- - chiuso . . 363.10
- - Lancashire 364.1
-, messa a . . . 281.5
- per saldare . 378.5
-, resistente al . 187.5
Furche 504.4
-, Längs- 460.2
Furnace . 88.7, 155.7
-, alternating current 572.2
-, annular - for roasting limestone 85.5
-, blast (s. blast furnace)
- coal 99.5
-, Colby 568.7
- construction 402.2
- dust 97.2
-, electric . . . 267.2
- end 413.10
-, externally fired 156.3
-, fixed 402.7
- for hardening 540.1
- - -, mechanical gas fired 542.3
- - making malleable iron 415.8
- - petroleum residue 156.1
-, forced draught 158.1
-, Frick 569.8
- front 162.7
-, gas fired - for hardening 541.1
-, Gérard . . . 569.7
Furnace, Gin . 569.6
-, Girod 567.5
- hand 332.8
- heating, continous 529.1
-, Hellberger . 570.7
-, Héroult . . . 566.6
-, Hiorth 568.8
- in front of the boiler 156.4
- - full heat . . 411.8
- installation . 151.6
-, internally fired 156.2
-, Ischewsky . . 570.2
-, Keller 570.1
-, Kjellin . . . 568.4
- lining . . 83.9, 475.3
-, refractory . . 566.5
- man . . 332.8, 409.6
-, Nathusius . . 568.1
- plate 26.7
-, puddling (s. puddling furnace)
-, Plat 384.5
- practice . . . 409.4
Furnace, reverberatory (s. reverberatory furnace)
-, roasting (s. roasting furnace)
-, Roechling-Rodenhauser 568.9
-, - - alternating current 568.10
-, - - three phase 569.1
-, Roessler's . . 252.8
-, rotary 566.4
-, single-phase . 572.1
- slag, catalanian 112.7
- -, reheating . 112.9
-, Stassano . . . 566.3
-, steel cementing 417.10
- transformer . 572.3
- under the boiler 156.5
- unit 573.2
-, wind 286.1
- with cylinder grate 157.6
- - movable fire bars 157.7
- - removable bottom 416.1
Fuse, to 250.3
Fusibile 252.7
-, difficilmente . 62.1
-, facilmente . . 61.7
Fusibilidad . . 250.4
Fusibilità . . . 250.4
Fusibilité . . . 250.4
Fusibility . . . 250.4
Fusible 61.7
-, difficilement 356.12, 62.1
-, facilement . . 61.7 356.11
- par lui-même 62.2
-, très 357.1
Fusible, dificilmente 62.1
-, fácilmente . . 61.7
-, muy 356.11
- por sí mismo 62.2
Fusing 250.2
Fusion of slags 357.3
- temperature . 474.2
Fusion 4.4, 250.2, 349.3 385.9
- au cubilot . . 473.3
- de fonte et riblons 413.1
Fusion de l'émail au feu 554.7
- des riblons . 565.8
- du laitier . . 357.3
- électrothermique du fer 571.2
- en haut-fourneau 336.2
-, entré en . . . 374.5
- oxydante . . 363.2
-, première . . . 475.1
-, une seule . . 365.8
Fusión 4.4, 250.2, 385.9
-, abrir por . . 343.6
- al alto horno 336.2
- de granalla de hierro 565.8
- - la escoria . 357.3
- - - fundición y desperdicios de hierro 413.1
- del esmalte . 554.7
- - hierro por procedimiento electrotérmico 571.2
-, doble 366.2
- oxidante . . . 363.2
- pastosa . . . 376.2
-, primera . . . 475.1
-, segunda . . . 389.2
-, triple 366.3
-, una sola . . . 365.8
Fusione . . 4.4, 385.9
- al cubilotto . 473.3
- dei rottami . 565.8
- della loppa . 357.3
- dello smalto . 554.7
- elettrotermica del ferro 571.2
- nell'alto forno 336.2
- per ossidazione 363.2
-, prima 475.1
-, una sola . . . 365.8
Fuso 11.4,5,6,7
- insieme . . . 319.4
-, non 411.9
Fusorio 252.2
Fuß der Schiene 22.4
-, gußeiserner . 321.6
-kasten mit Muffe 319.3
-platte 291.2
-rolle 137.2
Futter, feuerfestes 390.5
-, Herd- 412.5
-, Ofen- 83.9

G.

Gabarié . . . 489.12
Gabarit . 36.11, 39.6 40.3
Gabarra 562.5
Gabbia . 331.3, 520.9
- a cilindri equilibrati 523.1
- - due cilindri 521.6
- - pignoni . . 524.3
- - trio 522.3
- aperta 522.9
- chiusa ordinaria 521.5
Gabbia con cappello 522.9
- del montacariche 330.1
Gabbro 111.5
Gabel-einguß . 443.9
-, Koks- 478.8
-kranpfanne . . 479.1
-pfanne 478.1
-tragpfanne . . 478.1
Gabro 111.5
Gadoue 155.8
Gafa, -s protectoras 198.1
Gage, -s 568.4
Gagger 441.6
Gailleteux . . . 101.2
Gailletin 101.1
Gaillette, -s . . 100.9
Gailletterie, -s . 101.2
Gaine . . 304.8, 305.1
- réfractaire . . 480.4
Galena 71.7
Galène 71.7
Galenical . . . 61.2
Galenite 71.7
Galet conducteur 137.2
- de soutien . . 137.2
Galette d'argile 461.1
Galey, Windtrocknungsverfahren von 329.2
Galleggiante . 386.6
Gallertartig . . 115.5
Galleta menuda 101.2

Galloway, caldera de 154.7
Galloway, chaudière de 154.7
Galmei 71.9
Galvaniser . . 554.2
Galvanizar . . 554.2
Galvanizing . 554.2
Gambo . . 311.5, 461.8
- del sopporto per anima 462.1
- della rotaia . 22.3
Gambuto . . . 46.6
Gamin de laboratoire 174.4
Gancho . 24.4, 342.3 441.6
- de fundidor . 337.5
- - suspensión · 476.5
- para moldes . 436.5
Gancio . 24.4, 337.5 441.6, 464.3
- di sospensione 476.5.7
Gandinga . . . 75.1
Gang-art . . . 76.5
-artig 56.5
- der Analyse . 222.3
- des Hochofens 344.4
-gestein 76.5
-, heißgarer . . 358.1
-, stoßfreier . . 472.4
Ganga 76.5
Gangue 76.5
- deposit . . . 56.5
Gangue 76.5
Ganister . . . 114.8
Ganistro 114.8
Gant en amiante 201.4
- - caoutchouc 198.4
Gantry crane . 125.8
Ganzrost . . . 160.4
Gar-frischen . . 365.6
-frischentkohlungsperiode 397.4
-gang 352.7
-schaum . . . 215.6
-schlacke . . . 357.4
-schlackenboden 370.2
-schmelzig . 365.3.4
-, vollständig . 106.2
- werden . . . 386.2
Garantía 30.3
Garantie 30.3
Garanzia . . . 30.3
Gärb-eisen . . . 9.4
-stahl 11.1
Gärben . 10.9, 414.8
-, Stahl 10.9
Garçon de laboratoire 174.5
Garde 524.8
-, plaque de . . 388.3
- -corps du gueulard 307.7
Gare d'usine . 123.5
- de manœuvre 123.6
- - triage . . . 123.6
Garen 376.1
Garganta, cilindro de 539.1
Garnet . . 72.8, 239.5
Garnir la boîte à feu de briques réfractaires 156.6
Garnissage . . 412.6
- de la sole . 369.10 412.5
- - scories . . 374.11
- du four . . . 572.9
- en briques . 390.6
- réfractaire . 390.5
- - du four . 566.5
Garnitur 162.7
Garniture de piston en bagues de cuir 506.6
- en cuir embouti 507.1
Garrafón . . . 175.5
Gärungsdauer . 106.1
Gas 398.4
-ableitungsrohr 313.7
-analyse 267.3
-analytisch . . 267.3
-atmosphäre . . 87.3
-aufnahme . . 398.4
-ausbeute . . . 103.3
-behälter . . . 271.3
-bestandteil, -e 267.5
-blase 484.2
-bürette . . . 269.4.5
-dichte 270.8
-druckmesser . 271.5
-durchlässigkeit 425.7
-dynamo . . . 170.8
-, eingeschlossenes 484.7
-, entweichendes 484.6
-entwicklung . 268.7
-entwicklungsapparat 268.6
- -flasche . . . 268.7
-erzeugung, ununterbrochene 405.5
-explosion . . . 353.8
Gasfang, belgischer 312.3
-, Darbys . . 312.10
-, Langenscher 313.6
- nach Faber du Faure 311.9
-, Parryscher . 310.4
-, ringförmiger 312.3
-, von Hoffs . . 312.1
Gas-feuerung . 87.1
-gebläse 327.5
-gehalt 103.2
-gemenge . . . 360.1
-, Gicht- . . . 359.11
-glühlicht . . . 281.1
-härteofen . . . 541.1
- -, mechanischer 542.3
-heizung . . . 249.4
-hülle 431.7
-kanal, senkrechter 408.6
-, Knall- 343.8
-kocher 184.9
-kohle 100.1
-, Koksofen- . . 108.5
-kühler, Bianscher 318.1
-leitung 406.3
- - nach dem Herde 408.4
-maschinengebläse 327.5
Gas-meßröhre . 269.4
- - nach Bunte 269.5
-muffelofen . . 542.1
-polarisation . 264.6
-probe 269.1
- -, eine - - nehmen 269.1
-prüfer 268.3
-regler 272.1
-reiniger . . . 315.9
-reinigung . . 315.6
-, Röst- 87.2
-röstofen, Westmanscher 85.2
-sack 271.2
-sammelröhre . 271.1
-spannung . . 350.8
-strom . 346.8, 360.9 406.6
- -, durchsichtiger 400.6
- -, rot erleuchteter 399.11
- -, sauerstoffreicher 375.5
-, teerhaltiges . 405.6
-teilungsröhre . 270.9
-uhr 271.8
-ventil 323.1, 406.5
-, verdichtetes . 267.6
-verlust . . . 360.10
-volumeter . . 271.7
-wage 271.6
-wascher . . . 317.4
-waschflasche . 268.1
-weg . . . 360.8, 408.7
-zuführung . . 542.5
-zuführungskapillare 270.6
-zusammensetzung 267.4
Gas 87.2
- analysis . . . 267.3
- analytical apparatus 267.10
- bag 271.2
- balance . . . 271.6
- blowing engine 327.5
- burner 184.9
- burette . . . 269.4
- -, Bunte's . . 269.5
- catcher, Darby's 312.10
- cleaner . . . 315.9
- cleaning . . . 315.6
- coal . . 99.2, 100.1
- collecting tube 271.1
-, compressed . 267.6
- current 346.8, 406.6
- - rich in oxygen 375.5
- developing bottle 268.7
- driven generator 170.8
- duct 360.8
- dynamo . . . 170.8
- envelope . . 431.7
-, escaping . . . 484.6
-, evolved . . . 484.6
- exit pipe, Darby's 312.10
- - -, Langen's 313.6
- - -, Parry's . 310.4
- - -, von Hoff's 312.1
- explosion . . 353.8
- firing 87.1
Gas flue to the hearth 408.4
- generating apparatus 268.6
- generation, continuous 405.5
- inlet 542.5
- - capillary tube 270.6
- light, incandescent 281.1
- meter 271.8
- mixture . . . 360.1
-, occluded . . 484.7
- outlet pipe . 313.7
- - tube 311.9
- - -, circular . 312.3
- oxygen lamp 184.6
- passage . . . 360.8
- piping 406.3
- polarisation . 264.5
- port 408.7
- pressure . . . 350.8
- purification . 315.6
- purifier . . . 315.9
-, regenerated . 408.3
- regulator . . 272.1
- reservoir . . 271.3
- stream, red 399.11
- -, transparent 400.6
-, tarry 405.6
- tee piece . . 270.9
- valve . 323.1, 406.5
- vent 444.4
- volumeter . . 271.7
- wash bottle . 268.1
- washer . . . 317.4
-, waste . . . 155.10
- yield 103.3
Gas 85.2
- acetilene . . . 418.3
- bruciato . . . 268.4
- caldo . 104.3, 408.3
- compresso . . 267.6
- d'alti forni 155.10
- d'olio 183.8
- del forno . 359.11
- di forno a coke 108.5
- - torrefazione 87.2
- fulminante . 343.8
- illuminante . 184.6 418.2
- occluso . . . 484.7
- ossidrico . . 343.8
- ricco d'ossigeno 375.5
- - di catrame 405.6
- sviluppato . . 484.6
- tonante . . . 251.7
Gas 87.1, 103.2
- acetileno . . 418.3
- aprisionado . 484.7
- -es calientes 104.3 408.5
- comprimido . 267.6
- de aceite . . 183.8
- de alto horno 155.10 359.11
- - calcinación 87.2
- - combustion 268.4
- - horno de cok 108.5
- del alumbrado 184.6, 418.2
- detonante . . 343.8
- encerrado . . 484.7
- explosible . . 343.8
- incandescente 281.1

Gas oxhidrico 251.7 348.8
- que escapa . 484.6
- recalentado . 408.3
- rico en alquitrán 405.6
- - - oxígeno . 375.5
Gasa de tela . 430.6
Gaseificante . . 349.2
Gaseificare . . 253.9
Gaseificazione . 253.8 405.4
- del combustibile solido 349.1
Gaseoso 87.3
Gaseous 87.3
Gasificación . . 253.8 405.4
- del combustible sólido 349.1
Gasificador . . 349.2
Gasificar 253.9
Gasification . . 253.8 405.4
- of the solid fuel 349.1
Gasify, to . . . 253.9
Gasifying action 349.2
Gasmeter . . . 271.4
Gasogeno 268.6, 404.7
- con griglia a gradini 404.9
- doppio 405.3
- Duff 405.1
- Morgan . . . 405.2
- Siemens . . . 404.8
Gasógeno 268.6, 404.7
- con parrillas de escalones 404.9
- doble 405.3
- Duff 405.1
- Morgan . . . 405.2
- Siemens . . . 404.8
Gasometer . . . 271.4
Gasometro . . . 271.4
Gasómetro . . . 271.4
Gassoso 346.8
Gastake, von Hoff 312.1
Gasto, -s de análisis 227.6
- de carbono . 348.7
-s - construcción 563.5
-s - explotación 563.3
-s - fuerza motriz 168.2
-s - transporte 560.7
-s del nuevo revestimiento 578.1
-s generales . . 563.6
-s - de taller . 563.2
Gate . . 443.3,6 439.3
-, basin and . . 443.2
-, circular . . . 444.2
-, conical 443.8
-, double branch 443.9
- pin 443.7
- runner, circular 444.3
-, simple 443.6
- with side channels 444.1
Gateau de laitier 356.1
Gato corredizo 126.6
Gattieren . . 333.10
Gattierung . . 333.9
Gattungsnummer 34.11
Gauche 534.4
Gauchissement de l'acier 546.13
Gaufré 26.12
Gauge . . 38.10, 179.5
- board . . . 439.12
-, full 123.10
-, narrow . . 123.11
- of wire . . . 28.1
-, stock line . . 336.1
Gauze 199.1
Gayley's method of blast dry-air 329.2
Gayley, procédé - pour le séchage de l'air 329.2
Gayley, processo d'essiccazione 329.2
Gayley, procedimiento para secar el aire sistema 329.2
Gaz 87.1
- acétylène . . 418.3
- ammoniaque 108.6
- brûlé . . 87.2, 268.4
- chauds 104.3
- comprimé . . 267.6
- d'éclairage . 184.6 418.2
- de four à coke 108.5
- - grillage . . 87.2
- - haut-fourneaux 155.10
- détonant . . 348.8
- du gueulard 315.8 359.11
- emprisonné . 484.7
- enfermé . . . 484.7
- incandescent 281.1
- inclus 484.7
- réchauffé . . 408.3
- riche en goudron 405.6
- - - oxygène . 375.5
- se dégageant 484.6
Gazebeutel, Leinwand 430.6
Gazéifiant . . . 349.2
Gazéification . 253.8 405.4
- du combustible solide 349.1
Gazéifier 253.9
Gazeux 87.3
Gazogène 268.6, 404.7
- avec grille à gradins 404.9
- double 405.3
- Duff 405.1
- Morgan . . . 405.2
- Siemens . . . 404.8
Gazomètre . . 271.4
Gazoso 87.3
Géant 126.7
Gear 406.9, 518.8, 519.1
- bed, live roller 525.5
- of teeth . . . 518.10
-, raising and lowering 456.2
Gear, to put in 520.6
-, - throw out of 520.7
- wheel . . . 455.3,4
- - moulding machine 455.2
- - - - attaching to the wall . 457.2
- - - - mounted on a column 456.5
- - - -, small . 457.4
- - - - with table 457.1
- - - - with two face plates 457.3
-, worm . . . 341.10
Gearing 518.8
-, helical 519.2
-, hollow helical 519.5
- of teeth . . 518.10
Gebäude, Verwaltungs- 149.6
Gebräuchlichkeit, -en 149.4
Gebläse 251.3, 325.3 338.8, 469.9
-, Bibus- 472.5
-brenner 343.9
-, Dampfstrahl- 469.10
-, Enckesches . 471.3
-, Gummi- . . . 197.7
-, Knallgas- . . 251.7
-, Hochdruck- . 470.1
-, Hochdruckschrauben- 471.9
-, Kapsel- . . . 471.1
-lampe 251.6
-, Lehmannsches 471.7
-, liegendes . . 326.7
-, Martin- . . . 472.7
- mit elektrischem Antrieb 328.2
-, Präzisions- . 471.2
-, Roots- 471.1
-, Sandstrahl- . 492.9
-, Schleuder- . 317.6 470.2
-, stehendes . . 326.2
-, Tret- 251.4
-wind 350.2
-zylinder . . . 328.3
Gebogen 294.8
Gebrannt . . . 116.5
Gebrauchstück 33.2
-, ungeteiltes . 31.5
Gebraucht . . . 427.3
Gebühr . . . . 227.[illegible]
-, Vermittlungs- 559.3
Gebunden (chemisch) 115.4
Gediegen . . 213.10
Gefährlich, -e Temperatur 543.8
Gefälldraht . . 261.4
Gefälle 80.8
Gefältelt 47.7
Gefärbt 400.9
Gefäß 261.2
-, Abklär- . . . 243.7
-, Belastungs- . 508.4
-, Dekantier- . 243.7
-, Gieß- 477.4
-, Kristallierungs- 243.9
-, Leitfähigkeits- 261.3
-, Quecksilber- 200.3
Gefeint 5.2, 11.3, 366.6
Geflecht, Draht- 318.2
Geflochten . . . 444.6
Gefluder 81.2
Gefüge 277.1
-bestandteil . . 277.2
- -, Neben- . . . 284.1
-, das - bloßlegen 277.4
- des Eisenerzes 58.6
-, zähes 49.10
Gefurcht . . . 460.1
Gegendruck . 523.10
-fläche 507.6
-platte 458.3
- -, ausschwenkbare 458.4
Gegengewicht . 310.3
- der Tür . . . 370.10
Gegenplatte . 458.3
Gegenstromkessel 153.1
Gegossen . . . 483.3
Gehackt 429.3
Gehalt 563.4
- an Bergen . 101.10
- - Schiefer . 101.10
-, Aschen- . . . 101.9
- einer Flüssigkeit 192.7
-, Eisen- 64.7
-, Feinerz- . . . 65.1
-, Gas- 103.2
-, Kohlenoxyd- 360.4
-, Stück- 64.9
-, verbürgter . 227.1
Gehämmert . . 25.8
Gehänge 237.5, 441.6
-, Kran- 476.8
Gehärtet 548.7
Gehäuse, Schalt- 467.1
-wandung . . 470.10
Gekörnt . 209.2, 283.3 359.4
Gekrümmt . . . 322.8
Gekühlt 296.3
Gekuppelt, direkt 170.6
-, unmittelbar . 170.6
Geländer der Gichtbühne 307.7
Gélatineux 115.5, 243.2
Gelatinoso 115.5, 243.2
Gelatinous . . . 115.4
Gelbeisenerz . 67.7
Gelbrot, -es Feld 401.5
Gelée, action de la 118.6
Gelenk 310.7
-, Kugel- 302.1
Gelichtert . . . 89.1
Gelo 89.8
Gelocht 27.4
Gelungen, gut . 88.8
Gemahlen . . . 428.7
-, fein 95.8
Gemäß 334.9
Gemäuer . . . 88.6
-, Rauh- 304.9
Gemauert . . . 88.5
Gemeinsam walzen 533.1
Gemeinschaftlich 313.9
Gemello 143.5
Gemelo 143.5
Gemenge . . . 63.6

Gemenge, Erz- . 76.3
Gemisch, physikalisches 273.2
Genau 87.3
Genauigkeit der vereinbarten Abmessungen 87.1
Gendarme . . 292.4.10
Geneigt . 315.3, 372.4
Generación de gas 268.7
Generador . . . 404.7
-, aparato - de cloro 221.9
-, - - - gas . . 268.6
- de vapor 152.1, 178.10
Generalunkosten 563.6
Generating apparatus 268.6
Generation . . 405.5
Générateur . . 404.7
- à circulation 153.3
- - contrecourant 158.1
- - faible volume d'eau 152.7
- - foyer intérieur 154.5
- - - - avec bouilleurs transversaux 154.7
- - - - ondulé . 154.6
- - grand volume d'eau 152.8
- - plusieurs bouilleurs 154.4
- - tubes d'eau 155.3
- - - de fumée 155.1
- - vapeur à basse pression 152.6
- - - - pression moyenne 152.5
- aquatubulaire 155.3
- de vapeur . . 152.1
- horizontal . . 152.3
- vertical . . . 152.4
Generator . . . 404.7
-, Doppel- . . . 405.3
-, Duffscher . . 405.1
-, Morganscher 405.2
-, Siemensscher 404.8
-, Treppenrost- 404.9
Generator . . 170.7.8
- room 168.8
-, turbo- 171.1
Generatore . . 178.8
-, apparato - di acido fluoridrico 222.2
- di cloro . . . 221.9
- - gas, apparato 268.6
- - vapore . . 178.10
Génératrice à vapeur 170.7
Genere di costruzione d'alti forni 287.5
Genouillère . . 505.3
Genre de construction de hautfourneau 287.5
Geöffnet 309.6
Gepaßt 39.1
Gepreßt . 28.2, 348.11
Gepulvert . . . 419.3
Geputzt 27.6
Gerade richten 534.1
Geradfaserig . 422.3
Gérard, forno . 569.7
Gérard, four . . 569.7
Gérard furnace 569.7
Gérard, horno de 569.7
Gérardscher Ofen 569.7
Gerät, maßanalytisches 191.2
-, physikalisch-chemische -e 178.1
-, Platin- 194.5
-, Porzellan- . . 193.2
Geräteglas, Jenaer 185.4
Gerätschaft, Former- 434.1
Gerb-eisen . . . 9.4
-stahl 11.1
Gerben . 10.9, 414.8
Gerberlohe . . 429.5
Gerçure 549.1
Gereinigt 146.7, 382.6
Geriffelt 308.4
Gering 400.4
-haltig 15.1
Gerinne, Holz- 80.7
Geröll 64.9
Geröstet . . . 88.10
-, unvollkommen 89.1
Gerüst, Walz- . 520.9
Gesamt-analyse 223.6
-erzeugung . . 555.1
-vergrößerung 279.8
Geschichtet 46.1, 57.1
Geschlämmt . 276.10
Geschliffen . . 276.4
Geschlossen . . 103.7
Geschmeidig . 44.5
Geschmeidigkeit 44.4
Geschmiedet . 186.6
Geschmolzen . 4.4
Geschnitten . . 440.9
Geschränk, Feuer- 162.7
Geschweißt, überlappt 538.7
Geschwindigkeit, Umfang- 530.9
Gesenk, im - schmieden 503.6
Gesichtsfeld . . 279.4
Gesintert . . . 96.1
Gespreizt . . . 462.2
Gesso 220.3
Gestaltlos . . . 215.8
Gestänge, Pumpen- 144.5
Gestanzt 478.3
Gestehungspreis 562.13
Gestein, Gang- 76.5
-, Neben- 76.5
Gestell . . 198.5, 295.6
-, C-förmiges . 498.7
-, einseitiges . . 498.7
-höhe 295.8
-mantel 294.4
-, ovales 286.7
-weite 295.7
Gestört, -e Lagerstätte 57.4
Gestreckt . . . 466.1
Gestreift 27.3
Gestübbe . . . 342.6
Gesund, -es Holz 422.7
-e Stelle 484.9
Geteilt 160.5
Getriebe . 323.6, 518.8
Getrocknet . . 95.11
-, im Entfeuchter 231.11
Gettare da due lati 482.3
- in forma . . 439.13
- nelle forme . 481.4
Gettata 131.6
Getto 31.9
- d'acciaio . . 488.2
- - elettrico . . 564.4
- d'acqua . . . 545.1
- d'aria 396.3
- di ghisa . . . 339.7
- - metallo . . 336.7
- - sabbia . . . 492.9
- - vapore . . . 158.2
Gewachsen, -er Boden 288.8
Gewalt, höhere 560.13
Gewaschen . . 102.1
Gewebe, Asbest- 200.9
-, Draht- 199.1
Gewicht, -e . . 239.3
-analytisch . . 223.9
-ausgleich . . . 521.5
-ausgleichung 523.1.3
- - durch Gewichte 523.4
- - durch Wasserdruck 524.1
-, Brutto- . . . 184.8
-, Durchschnitt- 185.5 334.11
-, Einsatz- . . . 409.8
-kasten 239.2
-, Lade- 184.7
-, Leer- 185.1
-, Netto- 184.9
-, Normal- . . . 185.4
-, Rein- 184.9
-, Roh- 184.8
-, Soll- 185.4
-, Spann- 137.3
-tafel, Atom- . 224.7
-, Tara- 185.1
-, theoretisches 185.2
-, totes 135.1
-verhältnis . . 334.5
-verlust 226.10, 560.2
-, zu verrechnendes 559.10
Gewindebohrstahl 14.2
Gewinnung . . 103.8 359.12
Gewinnungsart 57.9
Gewölbe-bildung 353.5
-deckel 384.2
-, nach abwärts gezogenes 404.2
-, - der Mitte zu ansteigendes 404.3
-platte 404.1
-, Tümpel- . . . 292.1
Gewunden . . 487.3
Geyser 176.5
Gezähe 371.5
Gezahnt 393.2
Gezogen 88.6
Ghiaia 147.3
Ghisa 7.3.4
- a grandi caverne 2.9
- - piccole caverne 2.8
Ghisa a struttura compatta 3.8
- - tenore composto 3.8
- - vento caldo 4.5
- - - freddo . . 4.6
- acciaiosa . . 10.6
- affinata . . . 366.6
- al carbone di legna 4.1
- - coke 4.3
- - nickel . . . 9.2
- all'antracite . 4.2
- allo stato di fusione 4.4
- basica 8.2
- Bessemer . . 8.1
- bianca 365.6
- - a faccette . 3.5
- - - struttura radiale 3.1
- - - - raggiata 3.1
- - calda . . . 2.6
- - da fonderia 7.5
- - fredda . . . 2.5
- - porosa . . . 365.4
- brillante . . . 1.3
- buona per pezzi di macchine 6.7
- calda 474.8
- cavernosa . . 2.7
- colata in sabbia 4.7
- comune . . . 1.5
- con scorie . . 6.3
- contenente nickel 9.2
- - più dell' 1 % di silicio ed una quantità arbitraria di fosforo 8.3
- da affinaggio 7.6
- - costruzioni 487.10
- - fonderia . . 6.1
- - - di media durezza 6.5
- - pudellaggio 8.5
- - tubi 488.1
- defosforata . 5.3
- del Lussemburgo 5.6
- depurata . . 5.8
- desolforata . 5.4
- di prima fusione 475.1
- - primo affinaggio 7.6
- - Siegen . . . 5.5
- - Stiria . . . 5.7
- - Svezia . . . 5.8
- dissulfurata . 5.4
- dolce da fonderia 7.5
- - per fondere pezzi di macchine 6.4
- eccessivamente riscaldata 474.9
- fabbricata a bassa temperatura 4.6
- - ad alta temperatura 4.5
- fortemente radiale 3.2
- - raggiata . . 3.2
- fosforosa . . 8.3
- fredda . . 474.11
- fucinabile . . 12.6

Ghisa grigia 1.5, 865.7
- - da fonderia 7.4
- - siliciosa . . 1.3
- grigio-chiara 2.1
- - -nera 1.4
- inglese 5.9
- malleabile 12.6, 414.4, 416.2
- nera 1.3
- ottenuta con andamento caldo 475.2
- per fondere pezzi che devono resistere agli acidi 7.2
- - - - - vanno al fuoco 7.1
- - fusione in conchiglia 6.6
- - pezzi di macchine 487.9
- povera di silicio e manganese 865.3
-, prendere la . 481.2
- proveniente dai lavatoi 858.5
- - direttamente dagli alti forni 4.4
- raffinata . . 5.2
- resistente da fonderia 6.8
- ricca di silicio e manganese 865.5
- rifusa . . . 474.12
- scozzese . . 5.10
- semitrotata . 2.4
- senza sabbia 5.1
- speciale . . . 9.1
- specolare . . 8.3
- - con forte quantità di manganese 8.7
- - grigia . . . 8.4
- - grossolana . 8.6
- - per pudellaggio 8.6
- svedese . . . 5.8
- Thomas . . . 8.2
- trotata 2.2
- - bianca . . 2.3
Giacimento . . 64.9
- a filone . . . 56.5
- di minerali di ferro 56.4
- dislocato . . 57.4
- massiccio . . 57.2
- minerale . . . 56.1
- stratificato . . 57.1
Giallo-chiaro . 547.6
- -paglia 547.7
Gicht . . 807.1, 835.8
-anzeiger . . . 836.1
-arbeiter . . . 833.1
-aufzug 329.8
- - mit Seilscheibenantrieb 330.8
-beförderung . 86.1
-belag 807.6
-, Brennstoff- . 835.3
-brücke 808.1
-bühne 807.5
-ebene 807.4
-, Erz- 835.2
-flamme . 860.6, 468.1
-gas . . . 815.7, 859.11
- -wärme . . . 846.5
-, geschlossene 809.5
-karren 832.1
Gicht-öffnung . 807.3
-satz, Roheisen- 478.9
-schwamm . . . 861.2
-seilbahn . . . 881.8
-staub 816.1
- -verminderung 97.2
-temperatur . . 851.2
-verschluß . . . 809.4
- -, amerikanischer 811.7
- -, doppelter . 818.3
- -, geöffneter . 809.6
-zacken 864.8
Gichten . 833.4, 835.1
Gieß-bett . . . 840.1
-fertig 443.1
-gefäß 477.4
-grube 475.8
- -, halbkreisförmige 475.9
-halle 839.4
-kran 476.2
- - mit selbsttätiger Kippvorrichtung 479.6
-laufkatze . . . 476.3
-löffel, Hand- . 477.5
-maschine . . . 840.8
-pfanne . 841.6, 477.5
- -, gestanzte . 478.3
-pfannenwagen 477.3
-rad 841.4
-temperatur . . 482.2
-wagen . 476.1, 477.1
Gießen, aufrecht 482.8
-, aus der Schnauze 481.5
- des Eisens . . 481.1
-, durch den Stopfen 481.6
-, von zwei Seiten 482.3
Gießerei 475.6
-eisen, zähes . 6.8
-flammofen . . 465.9
-koks 107.4
-kupolofen . . 466.6
-kuppelofen . . 466.6
-roheisen . . . 6.1
- -, mittelhartes 6.5
- -, weiches . . 6.4
Gilchrist, Thomas- - -Verfahren 397.8
Gin, forno . . . 569.6
Gin, four . . . 569.6
Gin furnace . . 569.6
- steel furnace 569.6
Gin, horno de . 569.6
Ginofen 569.6
Giogo circolare 238.3
Giorno, scavo a 58.2
Gips 208.1
Girar 393.8
- el lingote . . 529.2
Girare a vuoto 530.11
- il convertitore 392.4
- - lingotto . . 529.2
- - pezzo . . . 508.9
Giralingotti . . 525.7
Girasol, papel rojo de 212.10
Girato 323.9
Giratorio . 95.3, 297.9
Girder . 20.7, 808.2
- pass 517.6
- stores 130.8
Girella di base 137.2
Girevole 121.5
Girevole su carrello 478.6
Giro 51.8
- del convertidor 392.4
Girod, forno . . 567.5
-, four 567.5
-, furnace . . . 567.5
-, horno de . . 567.5
Girodofen . . . 567.5
Gisement . . . 56.1.5
- de minerai de fer 56.4
- en amas . . . 57.2
- sédimentaire 57.3
- stratifié . . . 57.1
Git 439.3, 443.3
Gîte de minerai de fer 56.4
- disloqué . . . 57.4
Gitter-artig . . 525.4
-, Gußeisen- . . 321.5
Giudizio dai dati esterni 35.2
Giunto . 293.4, 305.11
310.7, 519.7, 520.6
- a frizione . . 520.5
- - guarnizione 471.6
- - tenuta 405.8, 470.9
- d'imposta . . 293.3
- di dilatazione 324.8
- - - Lürmann 306.2
- idraulico . . 313.4
- per tubo flessibile 184.2
- sferico . . . 302.1
Giuoco . . 87.4, 520.3
- della ghisa . 483.1
- di modelli per formare una puleggia 451.7
Giurato, chimico 174.2
Glace du fond de la balance 237.2
Glaise . . 427.10, 428.8
Gland 507.4
Glanz-eisen . . . 1.3
-, Eisen- 66.7
Glas-artig . . . 554.6
-, Batterie- . . . 265.7
-, Becher- 187.6
-, Einschmelz- . 252.7
-fluß 554.6
-, gefärbte Gläser 400.9
-gerät 185.1
-glocke 189.3
-hahn 190.5
-, Hart- 185.7
-, Jenaer Geräte- 185.4
-hart 488.6
-härte 548.1
-kasten 189.2
-, Kobalt- . . . 235.9
-kopf, roter . . 66.5
-papier 208.2
-, Patenttropf- . 185.5
-platte 189.4
- -, geschliffene 276.4
-, Probe- 284.1
-, Prüf- 186.1
-pulver 203.3
-, Reagenz- . . 186.1
-röhre 190.6
-stab 190.7
-wanne 189.2
-, Webersches . 185.8
Gläschen, Deck- 189.6
Glaseado 1.3
-, quedar . . . 118.10
Glasig 358.1
- werden . . 118.10
Glass 185.9
- bell 189.3
- box 189.2
- bead tube . . 189.9
- cock 190.5
-, coloured -es 400.9
- cover 189.6
-, Jena 185.4
- -flask, Erlenmeyer 186.6
- hard 488.6
-, hard . . 185.7, 187.7
- hardness . . . 548.1
- paper 208.2
- plate 189.4
- plate, cut . . 276.4
- -, uranium . 189.5
- powder . . . 203.3
- rod 190.7
- tube 190.6
- ware 185.1
-, Weber's . . . 185.8
Glätten, die Gußformen 487.1
Glattwalze . . 514.1
Gleichgekörnt . 75.4
Gleichgewicht, Dissoziations- 262.10
-, im - stehen . 274.9
Gleichgewichtszustand 845.7
Gleichmäßig . 828.9
Gleichschwer . 75.5
Gleichstrom-anlage 166.3
-kessel 158.2
Gleichwertig . 257.7
Gleichzeitig . . 168.5
Gleichung . . . 345.6
-, Verbindungs- 226.3
-, Zustands- . . 258.6
Gleis, Anschluß- 128.9
-hammer . . . 497.4
-, Haupt- 128.7
-, Neben- 128.8
-wage 184.1
Gleiten, abwärts 335.9
Glimmer-brille 258.3
-, Eisen- 66.6
-platte 301.5
Glissant 162.3
Glissement 51.4, 84.2
Glissoir 182.2
Globulillo, -s de hematites parda 67.1
Glocke . 809.9, 814.1
-, Glas- 189.3
-, Luftpumpen- 178.3
- nach Hutter . 407.2
Glocken-förmig 309.10
-mühle 78.7
-winde 814.5
Glove 198.4
Glow lamp . . 172.2
Glowing 250.6
Glue 419.7
-, to 423.4
Glüh-frischen . 414.4
-hitze 86.10
-kolben 187.8
-lampe 172.2

Glüh-mittel . . 415.5
-ofen 95.2, 385.5, 528.3
- -, Schacht- . . 541.3
-ring 252.6
-schiffchen . . 253.1
-span . . 414.5, 532.8
- -schicht . . . 414.6
-topf 415.2
Glühen . 250.6, 374.3
-, aus- 528.4
Glühend bleiben 486.5
Glut, Rot- . . 86.11
Gobelet 187.6
- en porcelaine 194.3
- - verre dur . 187.7
Goccia 242.8
- segregata . 483.10
Godet 139.9
- à fusion . . . 253.1
Goggles 198.1
Going 532.4
Gola 589.1
Gold 219.9
Golpe . . 41.7, 484.9
Golpear 463.9
Goma 197.5.6.7.8.9, 546.4
Gomito . 301.1, 310.7, 320.3, 505.3
Gomma 197.1, 546.4
Gondolé 584.7
Gooch, crisol de 246.3
Gooch, creuset de 246.3
Gooch's crucible 246.3
Gooch, imbuto di 246.3
Goochscher Tiegel 246.3
Gordo 19.1
Gorge 589.1
Gosse 340.2
Gota á gota . . 242.8
- segregada . 483.10
Gotear 474.4
Gotera segregada 483.10
Goudron . . 71.1, 95.9
-, riche en . . . 405.6
Gouge 504.7
Goujon, assembler par -s 442.9
Goutte 242.8
Gouttelette, -s de fonte 474.4
- séparée par liquation 483.10
Gouttière à secousse 102.5, 433.2
- de transporteur 139.5.6
- mobile à racloirs 433.3
- oscillante . . 433.4
- transporteuse 139.5
Governor . . . 328.5
Grab 129.2
-, automatic . . 129.1
- gear 128.1
Graben 340.2
-, auf- 438.8
Grad, Härte- . 543.5
Grada 148.6
Grade 32.2
-s of iron . . . 17.11
Gradierwerk . 148.6
Gradin, à -s . . 518.1
Gradin, grille à -s 85.1
Grading . 64.9, 100.8
- by sifting . . 65.2
Gradino, a -i . 518.7
-, griglia a -i . 85.1
Grado d'acidità 357.2
- di carburazione 348.6
- - dissociazione 253.5
- - - d'una soluzione 259.3
- - durezza . . 53.10
- - qualità . . 32.2
- - tempera . . 543.5
Grado de calidad 32.2
- - carburación 348.6
- - disociación 253.5
- - - de una disolución 259.3
- - dureza . . . 53.10
- - silicatación 357.2
- - temple . . . 543.5
Graduación 39.7, 281.8, 522.7
- de la presión hidráulica 508.1
- del tiro . . . 417.1
Graduado 38.7, 269.6
Graduated 191.4, 269.6
Graduation . . 148.6
Graduato . . . 185.9
Gradué 185.9
Grafite . 103.10, 214.11
- lavata 382.6
-, povero di . . 215.5
- purificata . . 382.6
-, ricco di . . . 215.4
Grafitico 215.2
-, non 215.3
Grafítico . . . 215.2
-, no 215.3
Grafito . 106.10, 214.11
- de retorta . . 107.4
- depositado antes de la solidificación 215.6
- lavado 382.6
-, pobre en . . 215.5
-, rico en . . . 215.4
Grain 63.5, 281.3, 369.7
-, hard 548.13
-, open - pig . 2.7
-, quartzy -s . 115.7
-, with -s of equal size 75.4
Grain . . 9.10, 379.7
-, à gros 45.5
- d'acier diamant 548.13
- - dur . . . 548.13
-s de fer . . . 376.11
- - - englobé . 358.4
-s - sable . . . 427.4
-, en -s 209.2
- fin 283.2
- -, à 45.4
-, grosseur de . 100.8
-, à - homogène 75.4
-s quartzeux . . 115.7
Grained, close . 2.8
-, coarse . . 9.10, 45.5
-, compact . . . 3.8
-, fine . 2.1, 10.1, 45.4
-, straight . . . 422.8
-, very open . . 2.9
Graissage, appareil de - du câble 187.7
Graisse . 546.7, 553.3
- de palmier . 553.4
Graisser 383.4
Gram molecular volume 225.8
- - weight . . . 225.7
- molecule . . . 225.5
Gramion 260.7
Gramión 260.7
Gramm-äquivalent 260.2
- -Molekül . . 225.5
- - -gewicht . . 225.7
- - -volumen . . 225.8
-ion 260.7
Gramme equivalent 260.2
- ion 260.7
- molecule . . . 260.6
Gramme-équivalent 260.1
- -ion 260.7
- -molécule . 255.5.7, 260.6
Grammo-equivalente 260.2
- -ione 260.7
- -molecola . . 260.6
Grammol . . . 260.6
Gramo-equivalente 260.1.2
- -molécula . . 260.6
Grana . . 9.10, 379.7
- d'acciaio duro 548.13
- di ghisa . . . 491.8
- fina, a 45.4
- grossa, a . . 45.5
Granalla de fundición 491.8
- - hierro . . . 565.8
Granat . . 72.8, 289.5
Granate . 72.8, 289.5
Granato . 72.8, 289.5
Grandeur de l'intensité 257.3
- - la capacité 257.4
Grandezza dell'intensità 257.3
- della capacità 257.4
Granello, -i di ferro 376.11
Granit 111.7
Granite 111.7
Granito 111.7
Grano 67.5
-i di sabbia . . 427.4
Grano . . 9.10, 379.7
-s cuarzosos . 115.7
-s de arena . . 427.4
-s - acribadura 63.5
-s - hematites parda 67.1
-s - hierro . . 376.11
-s - - encerrados 358.4
-, de - homogéneo 75.4
- del acero diamante 548.13
- - - duro . . 548.13
- fino 283.2
- fino, de . . . 45.4
Grano grueso, á 45.5
- puntiagudo . 426.6
Granulación . . 359.2
Granulado 45.3, 101.4, 283.3
-, finamente . . 45.4
-, toscamente . 45.5
Granular . 45.3, 359.3
Granulare 45.3, 359.3
- il quarzo . . 115.8
Granulate, to . 359.3
Granulated . . 209.2, 359.4
Granulation . . 359.2
Granulato 209.2, 283.3
-, finamente . . 45.4
-, grossamente . 45.8
Granulazione . 359.2
Granulé . . 45.3, 359.4
-, finement . . . 45.4
-, grossièrement 45.5
Granuler . . . 359.3
Granulieren . . 359.3
Granulierung . 359.2
Granulo, -i di ferro trasportato 358.4
Grapa . . . 24.6, 392.9
- de sujeción . 24.5
Grapelike . . . 107.2
Graphit . . . 214.11
-ablagerung . 106.10
-arm 215.5
-ausscheidung 214.12
-, gereinigter . 382.6
-hitzemesser . . 351.7
-pyrometer . . 351.7
-reich 215.4
-, Retorten- . 117.11
-staub 430.3
-tiegel 382.5
-, Vergaser- . 117.11
-wasser 430.9
Graphite 106.10, 117.11, 215.7
- crucible . . . 382.5
-, poor in . . . 215.5
-, powdered . . 430.3
- pyrometer . . 350.7
-, refined 382.6
-, rich in . . . 215.4
-, washed . . . 382.6
- water 430.9
Graphite 106.10, 214.11, 215.7
- de cornue . 117.11
- déposé avant la solidification 215.6
- lavé 382.6
-, pauvre en . . 215.5
-, riche en . . . 215.4
Graphitic . . . 215.2
-, non- 215.3
Graphitique . . 215.2
-, non 215.3
Graphitisch . . 215.2
Grappe 107.2
Grappin 128.12, 129.1
Grappolo . . . 107.2
Gras 99.2
Grasa . . 546.7, 553.3
Graso . . 99.2, 116.10
Grasso 99.2, 428.9, 546.7
-, carbone . . . 99.7
Grat . . . 489.7, 534.10
-einguß 444.3

Grata circular para limpiar fundición 491.3
- doble de alambre 491.2
Grate 85.1, 159.7, 367.10
- area 159.8
- -, total . . . 160.1
- -, useful . . . 160.2
- bar . . 160.3.8, 446.8
-, continuous charging 161.7
- cooling . . . 162.5
-, economical . 160.9
- firing 368.1
- -, simple . . . 336.5
-, fixed 161.9
-, flat 160.7
-, horizontal . . 160.7
- in one section 160.4
-, inclined . . . 161.2
-, long 160.6
-, multistage . . 161.6
- opening . . . 160.3
-, sectional . . 160.5
-, stationary . . 161.9
-, stepped 161.5, 404.9
- with external water cooling 162.6
Graticcio . . . 383.8
- di legno . . . 317.1
Graticola 159.7, 384.3
Graticolato costruito in ferro 446.8
Grattare 354.2
Gratter 354.2
Grattoir 78.6
- double en fil d'acier 491.2
Grau-guß . . . 7.4
-es Roheisen . 1.5
-spiegel 3.4
Graupe 68.5
Gravier 147.3
Gravilla 147.3
Gravimetric . . 223.9
Gravimetrico . 223.9
Gravimétrique . 223.9
Gravimetrisch . 223.9
Gray, silvery . 1.3
Grease 546.7
Greda 429.7
Green wood charcoal 418.9
Greggio 9.7
- di laminazione 534.3
Greif-bagger . 129.1
-kran 128.1
Greifen, selbsttätiges 527.2
Greifer 129.1
-betrieb . . . 128.7
-kübel 129.2
Grélasson, -s . 101.1
Grélat, -s . . . 101.1
Grell, -es Roheisen 2.5
Grenaille à tarer 239.6
-s de criblage . 63.5
- - fonte . . . 491.3
Grenat 72.8
- de Bohème . 239.5
Grenu 283.3
Grenz-leitfähigkeit des Elektrolyten 260.9
-wert 82.8
Grenze, Dissoziations- 253.7
-, Zerfall- . . . 253.7
Gres 114.3.4
Grès 114.3.5
- bigarré . . . 114.5
- houiller . . . 114.6
- rouge 114.3
Grezzo 10.6
Grid 140.10
- bearer . . . 368.2
-, cast iron . . 321.5
Grieskohle . . 101.3
Grieta 86.3, 386.8, 413.6, 428.10, 483.2.11, 549.11
- de laminación 85.8
- en la superficie 86.6
- longitudinal . 86.5
-, sin -s 86.2
- transversal . 86.4
Griffe 128.1
- à poche de coulée 478.5
- automatique . 129.1
- d'attaque . . 519.9
- de serrage . . 24.5
Grifo . . . 183.9, 500.1
- de Daniell . . 252.1
- - tres vías . . 190.2
- - unión . . . 190.1
- - vidrio . . . 190.5
- esférico . . . 191.5
- - de Boecker 301.11
- refractario . . 407.5
- regulador . . 192.3
Grigio di zinco 551.12
Griglia . . 159.7, 160.1
- a caricamento continuo 161.7
- - catena . . . 157.5
- - cilindro . . 157.6
- - crivello . . 161.1
-, a forma di . . 525.4
- - gradini 85.1, 161.5
- - piani 161.6
- - scorrimento 162.6
- - scosse . . . 157.7
- di ghisa . . . 321.5
- - più sbarre . 160.5
- economica . . 160.9
- fissa 161.9
- in una sola sbarra 160.4
- inclinata . . . 161.2
- lunga 160.6
- mobile 162.1
- orizzontale . 160.7
- oscillante . . 162.3
- per pesci . 140.10
- - scorie . . . 162.2
Grillage 82.7.8.9
- bien réussi . 88.8
- de sulfatation 82.5
- défectueux . 88.9
- des minerais de fer 81.4
- en meules . . 83.1
- - stalles . . . 83.3
- - tas 83.1
-, faible 250.6
-, installation de 82.8
- oxydant . . . 82.1
- propre 88.8
Grille . . 156.8, 159.7
- à chaine . . . 157.5
- - chargement continu 161.7
- - étages 161.6
Grille à gradins 85.1, 161.5, 404.9
- - plusieurs panneaux 160.5
- - poisson . 140.10
- - rouleau . . 157.6
- - ruissellement 162.6
- - scories . . . 162.2
- - secousses . 157.7
- - un seul panneau 160.4
- coulissante . 162.3
- déplaçable . . 162.1
- économique . 160.9
- en fonte . . . 321.5
-, - forme de . 525.4
- - rails de fer 446.8
- fixe 161.9
- glissante . . 162.3
- horizontale . 160.7
- inclinée . . . 161.1
- longue 160.6
- mobile 162.1
- non subdivisée 160.4
- qu'on peut mouvoir 162.1
- subdivisée . . 160.5
- -tamis 161.1
Grillé 68.9
Griller 82.6
Grind, to . . . 492.2
-, - - finely . 275.5
-, - - roughly . 275.4
Grinder 229.9
-, cast iron . . 229.7
Grinding 275.2, 482.3
- bench 492.3
- board 276.3
-, coarse 76.8
- emery 275.9
-, fine 76.9
- machine 77.2, 482.1
- -, overhead . 492.7
- material . . . 275.7
- path 78.3
- plate, cast iron 229.6
- surface, clean 277.5
Grip, to - the ingot 528.9
-, - - the piece 531.6
Gripping action, automatic 128.7
- device 528.2
Gris de cinc . 551.12
Gris de zinc . 551.12
Grist 432.2
Grit 114.6
Grob 230.6
-blech 26.3
-eisen 19.1
- -straße 511.3
-kessel 553.6
-korneisen . . . 9.10
-körnig 45.5
-schleifen . . . 275.4
-sieb 230.6
-spiegel 3.6
-strecke 511.3
-zerkleinerung 76.8
-zug 536.6
Groenwall, Lindblad and Stalhane, electric hearth furnace 570.3
- - - - shaft furnace 571.4
Groenwall, Lindblad et Stalhane, four électrique à sole de 570.3
- - - -, haut-fourneau électrique de 571.4
Groenwall, Lindblad e Stalhane, alto forno elettrico di 571.4
- - - -, forno elettrico a suola di 570.3
Groenwall, Lindblad y Stalhane, alto horno eléctrico 571.4
- - - -, horno eléctrico de solera de 570.3
Grönwall, Lindblad und Stalhane, elektrischer Herdofen von 570.3
- - - -, elektrischer Hochofen von 571.4
Groove . 85.9, 305.11, 423.7, 504.4, 514.5, 518.2
-, annular . . . 568.5
-, longitudinal . 460.2
Grooved 514.4
Groppo 402.1
Gros fers . . . 19.1
-, proportion de 64.9
- train 511.3
Groß-bessemerei 387.5
-koks 107.9
-luckig 2.9
-stückig . 100.9, 108.1
-wasserraumkessel 152.8
Grosse tôle . . 26.3
Grosseur 65.2
- d'œuf 231.5
- de noisette . 231.7
- - noix 231.6
- - poing . . . 231.4
- du charbon . 100.8
- - grain . . . 231.3
Grossezza . . . 65.2
- d'uovo 231.5
- del filo di ferro 28.3
- - grano . . . 231.3
- di nocciuola . 231.7
- - noce 231.6
- - pugno . . . 231.4
Grossissement . 279.6
- à la distance de la vue distincte propre 279.7
- obtenu par l'objectif 279.7
- total à la distance de la vue distincte 279.8
- utile 279.9
Grossolano . . 3.6
Ground 288.6
-, over 427.1
- water . . . 289.12
Group of atoms 224.9
- - lines 401.4
- - machines . 170.2

Groupe d'atomes 224.9
- de machines 170.3
- - raies 401.4
Gru . . . 125.6, 129.6
- a braccio . . 125.7
- - cavalletto . 125.8
- - magnete . . 129.5
- - mensola . . 127.1
- - ponte . . . 126.5
- - portico . . 126.3
- - tanaglia per lingotti 526.5
- - torre girevole 126.7
- - vapore . . . 127.2
- con scavatore automatico 128.1
- - tanaglia da presa 528.2
- da deposito . 129.4
- - fonderia con dispositivo di rotazione automatico 479.6
- - muro . . . 125.9
- di colata . . 476.1
- - trasbordo a cavalletto 127.5
- fissa a vapore 127.3
- girevole . . . 126.2
- - mobile . . . 127.7
- indipendente 126.1
- mobile a cavalletto 126.4
- - - vapore . . 127.4
- - - - per scarico di navi 127.6
- per caricare i lingotti 528.7
- - - le cassette 410.7
- - colata . . . 476.2
- - estrarre i lingotti dalle lingottiere 526.2
- - fonderia . . 476.2
- - il trasporto dei lingotti 526.6
- - infornare le cassette 410.7
- radiale . . . 476.4
- scorrevole pel forni di riscaldamento 527.7
Grúa . . . 125.6, 129.6
- aislada 126.1
- caballete de transbordo 127.5
- con tenazas . 526.5
- corredera . . 126.5
- de aguilón . 125.7
- - almacén . . 129.4
- - colada . . . 476.1
- - - con disposición automática de báscula 479.6
- - consola . . 127.1
- - dedos prensores 528.2
- - imán 129.5
- - pared . . . 125.9
- - pescante . . 125.7
- - puerta fundida en una pieza 870.9
- - vapor . . . 127.2
- - - fija 127.3
- - - móvil . . 127.4
Grúa de vapor móvil para descargar los buques 127.6
- - - rodante . 127.4
- -draga 128.1
-, escavadora . 128.1
- fija de caballete 125.8
- giratoria . . 126.2
- - central . . 476.4
- - de torre . . 126.7
- - móvil de vía alta 127.7
- independiente 126.1
- móvil 126.5
- mural 125.9
- para cargar . 410.5
- - - lingotes . 528.7
- - el transporte de los lingotes 526.6
- - enhornar lingotes 528.7
- - - los moldes 406.7
- - - fundición 476.2.3
- - los hornos de recalentamiento 527.7
- - sacar los lingotes de los moldes 526.2
- -portal 126.3
Grube, Ausgleich- 527.5
-, Durchweichungs- 527.5
-, Eisenerz- . . 57.8
-, Gieß- 475.8
-, Steinkohlen- . 100.5
-, Wärme- . . . 527.5
Gruben-klein . 62.9
-schiene 22.9
Grue . . 125.6, 126.6
- à aimant porteur 129.5
- - console . . 127.1
- - crochet magnétique 129.5
- - démouler . 526.2
- - flèche . . . 125.7
- - grappin . . 128.1
- - griffe . . . 128.1
- - lingots pour pits 527.7
- - mâchoires . 128.1
- - portique . . 126.8
- - vapeur . . . 127.2
- avec pince à lingots 526.5
- - poinçon et pince d'accrochage 528.2
- chevalet de transbordement 127.5
- d'applique . . 125.9
- d'enfournement des lingots 528.7
- - - récipients 410.7
- de chargement 410.5
- - - des lingots 528.7
- - - - récipients 410.7
- - coulée . . . 476.2
- - - à bascule automatique 479.6
Grue de dépôt 129.4
- - magasin . . 129.4
- - transvasement 476.2
- dragueuse . . 128.1
- fixe à chevalet 125.8
- - - portique . 125.8
- - - vapeur . . 127.3
- isolée 126.1
- -mouton . . . 464.1
- murale . . . 125.9
- pivotante . . 126.2
- - centrale . . 476.4
- - et roulante supérieure 127.7
- - géante . . . 126.7
- roulante à vapeur 127.4
- - - - pour le déchargement des bateaux 127.6
Grueso . . . 87.5, 57.7
- del grano . . 100.8
Grumeau, -x d'hématite brune 67.1
Grund-lage . . 65.7
-mauer 288.5
-platte aus Spiegelglas 287.2
-riß 287.8
-stoff 213.6
-wasser 289.1
- -gewinnung . 141.1
- -spiegel . . . 289.2
Grundierung . 551.6
Grünsteinschiefer 111.6
Grupo de máquinas 170.3
- - rayas . . . 401.4
Gruppe, Kessel- 154.1
-, Koksofen- . . 103.9
Gruppo di atomi 224.9
- - linee 401.4
- - macchine . 170.3
Grus-kohle . . 101.4
-, Kohlen- . . . 101.4
Gualcito . . . 47.6
Guante de asbesto 201.4
- - goma . . . 198.4
Guanto d'amianto 201.4
- di gomma . . 198.4
Guarantee . . . 80.3
Guaranteed . . 227.1
Guard . 197.11, 519.3, 524.5.8
- plate 388.3
- rail 28.6
Guardare le tubiere 842.9
Guardia . 28.5, 492.5, 524.8
- medica . . . 150.5
Guardia 556.9
Guarnición . . 825.1
- del bastidor . 521.4
Guarnitura . . 521.4
Guarnizione . . 825.1, 848.3, 471.6
- a manicotto . 507.1
- ad angolo . . 507.1
- - U 507.3
- di anelli di cuoio 506.6
Gueulard 86.1, 807.12
- fermé 809.5
- ouvert 809.6
Gueule du moule 448.3
Gueuse 1.1, 889.9, 463.7
- intermédiaire 840.3
Gueuset . 889.9, 840.1, 463.7
Guía, -s 442.8, 524.8
- de porta-modelo 456.2
- del crisol . . 479.7
- segura 442.7
Guida . . 442.8, 524.7
- degli elettrodi 567.8
- del portasagoma 456.2
- in ghisa per porta 870.9
- per la secchia 479.7
- sicura 442.7
Guidage . . . 442.7.8
- de la poche . 479.7
- venu de fonte 870.9
Guide . . 479.7, 524.7
- bar, cast-on . 870.9
- pin 448.6
- roller 187.2
-, safe 442.7
Guide 524.7
- du portesegment 456.2
Guidé, marteau 497.14
Guija 72.6
Gummi 546.4
-ball 197.7
-faden 197.8
-fahne 197.9
-finger 198.3
-gebläse 197.7
-handschuh . . 198.4
-, Hart- 202.1
-kappe 198.2
-platte 195.5
-schlauch . . 197.10
-stopfen 197.6
-stöpsel 197.6
Gurt 490.12
-förderer . . . 188.4
-transporteur . 188.4
Gürtel 295.5
Guß, aufsteigender 482.5
-block 485.9
-, der - mißlingt 488.11
-, den - putzen 489.5
-, Eisen- 8.4
Gußeisen . . . 7.8
-, Bestmaschinen- 6.7
- erster Schmelzung 475.1
-gitter 321.5
-kranz . . 84.5, 294.5
-, Qualitätsmaschinen- 6.7
-säule 84.4
-scheibe 523.8
-, schmiedbares 12.6
-, Sonder- . . . 9.1
-, Spezial- . . . 9.1
-splitter 464.8
-, Temper- . . . 7.5
Guß-eisern . . . 321.6
-fehler 489.10

Guß, feuerbeständiger 7.1
-feile 491.5
-form, die - -en besprengen 341.2
- -, die - -en glätten 487.1
- -, einmalige . 488.4
- -, verlorene . 488.4
-, Grau- 7.4
-haut 486.8
-loch, die Gußlöcher verstopfen 494.2
-naht, die - - entfernen 489.6
Guß-narbe . . . 490.2
-putzbürste . 490.10
-, Roheisen- . . 7.4
-satz 81.9
-, säurebeständiger 7.2
-, schmiedbarer 12.6 416.2
-schaden . . . 490.4
-schale 340.6
-schrot 491.8
-spannung . . . 488.8
-stahl 11.7
- -blech 25.10
- -drahtbürste mit Handgriff 490.11
Guß-stück 423.1, 486.9
- -, volles . . . 487.1
-, Tangential- . 482.6
-, Temper- . 7.5, 12.6
-, Weich- 7.5
-, Zentrifugal- . 482.7
Gut, Aufbereitungs- 74.4
-, eisenoxydhaltiges 370.4
-, hältiges . . . 75.2
-, Röst- 82.6
-, unhältiges . . 75.3
-, verhüttbares 74.5
Gutapercha . . 197.2
Güte-stufe . . . 32.2
-vorschrift . . . 32.1
Guttaperca . . 197.2
Guttaperchaflasche 197.4
-gerät 197.2
-papier 197.3
Guttapercha . . 197.2
Guttapercha bottle 197.4
- sheet 197.3
- ware 197.2
Gutter 395.8
Gypse 220.3
Gypsum 220.3

H.

H-Eisen 20.9
H-iron 20.9
Habitación para obreros 151.2
Habitation ouvrière 151.2
Haché 429.3
Hachurer en noir 424.10
Hack, to 438.8
Hafen-geld . 561.11
-, Verschiffungs- 561.10
Haft-intensität der Ionen 264.7
-stärke der Ionen 264.7
Hahn 183.9
-, Daniellscher . 252.1
-, Dreiweg- . . 190.2
-, feuerfester . . 407.5
-, Glas- 190.5
-, Quetsch- . . . 192.4
-, Regulier- . . 192.3
-steuerung . . 500.1
-, Verbindungs- 190.1
-verschluß . 301.11
Hair 429.2
Haire 364.5
Haken 342.3
-eisen 29.3
-nagel 24.6
-platte 24.4
Halb-fett . . . 99.4
-geschlossen . 103.5
-kreisförmig . 475.9
-rund 19.6
-weißes Roheisen 2.5
-zeug 18.1
Halbiert, -es Roheisen 2.3
-, schwach . . . 2.4
-, stark 2.2
Halde, Schlacken- 356.3
Halde . . 62.10, 356.3
Haldenerz . . . 62.10
Half 424.2
- finished . . . 18.1
Hall 421.2
Halle, Dolomit- 118.2
-, Gieß- 339.4
Halle de coulée 339.4
- - mélange . . 334.7
- - moulage . . 421.2
Halle de moulage à double travée 421.3
- des convertisseurs 388.1
- - cornues . . 388.1
- - mélangeurs 389.3
Hals 390.1
Haltbar 475.4
Haltbarkeit 32.4, 89.5 418.2
Haltepunkt, -e 272.9
Halter, Filter- . 244.8
-, Kohlen- . . . 235.4
Hältig 75.2
Haltigkeit, Schneid- 32.5
Hämatit . . 6.2, 66.8
-eisen 6.2
Hammer-anlage 495.1
-, atmosphärischer 501.2
-bahn 502.9
-, Dampf 377.5
-, den - prellen 502.2
-finne, mit der - - quer zur Walzrichtung schmieden 52.8
-, Gleis- 497.4
-hütte 495.1
-kolben 499.2
-kopf . . 495.5, 502.8
-, Kurbel- . . . 500.9
-, Luft- 501.2
-, Luftdruck- . 501.3
-, Modell- . . . 435.7
-, Parallel- . . . 497.4
-, pneumatischer 501.2
-, Preßluft- . . 491.4
-, Rahmen- . . . 497.4
-, Reibungs- . . 497.5
-schlag 112.5
-, Schwanz- . . 497.1
-steuerung . . 499.3
-, Transmissions- 501.1
-, Wickel- . . . 497.7
-, Wipp- 497.3
-, Zuschlag- . . 463.9
Hammer . . . 52.8
-, belt driven . 501.1
-, compressed air 501.3
- cylinder . . . 501.6
Hammer face . 502.9
-, hydraulic . . 495.2
- mark 504.1
- operated by a crank 500.9
- piston 499.2
-, pneumatic . . 491.4
- scale 112.5, 414.5
- shop 495.1
-, to . . . 52.6, 503.5
-, - cold . . . 548.6
-, - let the - rebound 502.2
-, - hammer the bloom 377.1
-, - - - tube during the hydraulic test 55.2
- valve gear . . 499.3
Hammered . . 25.8
Hammering test 53.1
Hämmern . . . 503.5
-, ab- 55.2
Hand, mit der - beschicken 156.7
-arbeit 556.4
-blasebalg . . 437.9
-feger 437.10
-formmaschine für bauchige Gegenstände 452.4
- - mit drehbarer Modellplatte 450.1
- - - Stiftenabhebung 449.2
- - - Wendeplatte 450.1
-gießlöffel . . . 477.5
-griff . . 441.8, 490.12
-kelle 477.5
-kippvorrichtung 479.5
-preßluftstampfer 435.1
-puddeln . . . 373.9
-pumpe 142.1
-rad 523.9
-scheidung . . 75.10
-schuh, Asbest- 201.4
- -, Gummi- . . 198.4
-stampfer . . . 391.5
-steuerung . . 500.3
-wage 236.2
-winde 314.2
Hand bellows . 437.9
- brush . . . 437.10
Hand ladle . . 477.5
- moulding machine with pin lifting arrangement 449.2
- pneumatic rammer 435.1
- puddling . . 373.9
- pump 142.1
- rammer . . . 391.5
-rail pass . . . 517.9
- regulation . . 500.3
- scales 236.2
- tipping crane ladle 479.1
- - mechanism 479.5
- wheel 523.9
- winch 314.2
Handels-eisen . 17.9
-üblich 30.4
Handle . . 193.6, 495.6
-, crooked . . . 238.8
- of peel 410.3
-, riveted . . . 477.6
-, wooden . . . 477.7
Handling plant 159.4
- the converter 395.2
Hanf 429.6
-bürste 553.9
-seil 444.5
Hangar 441.6
Hänge-bahn, Seil- 135.11
-eisen des Zuflußrohres 298.3
Hängen der Gicht 353.5
Hängend . . . 318.7
Hanger, -s . . 479.2
Hanging . . 237.5.6
- of the charge 353.5
Harbour due 561.11
Hardened . . . 27.9
Hardenite . . . 284.2
Hardening . 359.10
- agent 545.6
- by sprinkling 545.2
- capacity . . . 543.2
- carbon 215.9
-, difficult . . . 542.8
- heat 543.6
- in rising wather 544.9
- - running water 544.8
- liquid 544.7

Hardening medium, semi-fluid 419.9
- method, special 542.9
-, negative . . 546.12
-, simple 542.7
- trough 416.8
Hardness . 53.8, 180.8
-, abrasive . . . 543.3
-, natural . . 542.10
-, passive . . . 543.4
-, sclerometric . 53.11
Harina 419.2
- de pezuña de buey 420.2
- - trigo 481.1
Harmet electric blast furnace 571.6
Harmet, haut-fourneau syst. 571.6
Harmet, alto forno 571.6
Harmet, alto horno de 571.6
Harmetscher Hochofen 571.6
Hart 59.7
-floß 8.3
-glas 185.7
- -becher . . . 187.7
-gummi 202.1
- -gußform . . 447.1
- -kruste . . . 488.7
- -roheisen . . 6.6
-korn 548.13
-mangan . . . 70.4
-perlit 284.4
Härte 53.8
-, aktive 543.3
-flammofen . . 540.5
-flüssigkeit . . 544.7
-, Glas- 543.1
-grad . . 53.10, 543.5
-hitze 543.6
-messung . . . 53.9
-mittel 545.6
- -, dickflüssiges 419.9
-, Natur- . . . 542.10
-ofen 540.1
- -, Feilen- . . . 541.4
- -, Gas- 541.1
- -, Schacht- . . 541.2
-, passive . . . 543.4
-probe, Kugel- 54.4
-prüfer, Ritz- . 54.3
-pulver 418.8
-riß 549.1
-, Ritz- 53.11
-schmiedefeuer 540.2
-skala 180.8
-tiefe 420.4
-trog 416.8
-, Verschleiß- . 82.6
-vorgang . . . 542.6
Härten in fließendem Wasser 544.8
- - quellendem Wasser 544.9
Hartilit 284.1
Hartilita 284.1
Hartilite 284.1
Hartit 284.2
Hartita 284.2
Hartite 284.2
Hartshorn, charred 420.1
Härtung einfache 542.7
-, Einsatz- . . . 417.9
-, negative . . 546.12
-, Oberflächen- . 417.9
-, schwierige . 542.8
Härtungs-biegeprobe 42.7
-fähigkeit . . . 543.2
-kohle 215.9
-verfahren, besonderes 542.9
- -, Nickel- . . 418.4
Harz . . 546.11, 551.8
Haselnußgröße 231.7
Haspel, drehbare 535.10
Hatch, to . . 424.10
Haube 318.8, 321.7 390.1
Haufen 376.5
-, in - setzen . 376.4
-röstung 88.1
Haupt-chemiker 173.4
-druck 120.8
-gleis 123.7
-laboratorium . 174.6
-nonne 453.6
-werk 165.6
-windleitung . 324.3
Haus-halt, Wärme- 345.11
-, Maschinen- . 149.9
-, Pförtner- . . 149.5
Hausmannit . . 70.3
Hausmannita . 70.3
Hausmannite . 70.3
Haut 486.8
-, Walz- 35.6
Häutchen . . . 483.2
Haut-fourneau 97.1, 288.4
- - à l'anthracite 285.4
- - - chemise nue 287.3
- - - creuset ovale 286.7
- - - enveloppe en tôle 287.1
- - - poitrine fermée 286.3
- - - - ouverte 286.2
- - au charbon de bois 285.2
- - - coke . . . 285.3
- - avec massif en maçonnerie 286.4
- - écossais . . 286.6
- - électrique de Groenwall, Lindblad et Stalhane 571.4
- - enveloppé . 286.5
- -, installation de -s -x 285.1
- -, phénomènes qui se produisent dans le 346.6
- - Stassano . . 571.3
- - syst. Harmet 571.6
- - - Héroult . 571.5
Hauteur . . . 531.10
- de chute . . . 464.5
- - l'ouvrage . 295.8
- - la levée . . 502.7
- - - pièce coulée 439.2
- des étalages . 302.5
Havarie . . . 560.12
Haz de luz . . 281.4
- luminosa . . 281.4
Hazelnut size . 231.7
Head 22.5, 255.2, 485.7 502.8, 505.6
-, ball shaped . 520.2
-, dead 485.6
-, discard . . . 485.6
-, lost 485.6
- melter 332.6
- of ingot mould 411.1
- - laboratory . 178.3
- plate . 292.10, 496.9
-, wrought iron 495.5
Heap 98.4
- roasting . . . 88.1
Heaped 290.1
Hearth . . 156.4, 295.6 368.8, 403.6, 569.4
-, accessible . . 403.7
-, annular . . . 568.5
- block 290.3
-, catalan . . . 362.2
-, closed 286.3
-, covered . . . 439.5
- for heating . 364.2
- hole 291.8
- jacket 294.4
-, Lancashire . 364.1
- level 291.7
- lining . . . 369.10
-, low 363.8
- ring machine 455.1
- mould 438.6
- moulding . . 438.5
-, movable . . . 528.9
-, open . 286.2, 363.4.9
- opening . . . 291.8
-, oval 286.7
- plate 369.5
- steel, basic open 12.4
- -, acid open . 12.3
- -, charcoal . . 10.4
- -, open 12.2
- surface . . . 466.3
Heat 86.7
- absorption . 346.2
-, accumulated 408.1
- accumulator . 320.9
- balance . . 345.11
- change due to reaction 222.6
- conduction . 352.6
- consumption 345.12
-, critical . . 272.10
- equation . . 345.11
-, escape of - to upper part 348.2
-, full 417.8
-, in full 411.8
- - iron and slag 346.4
- interchange . 346.1
- losses 572.4
- of combination 228.1
- - combustion 408.2
- - dissociation 262.6
- - incandescence 86.10
- - ionisation . 264.1
- - reaction . . 222.7
-, red 86.11
- storage . . . 320.9
-, stored 408.1
Heat test . . . 31.7
-, to - the iron 374.3
-, - - - ladle . . 479.3
-, - - to red heat 385.7
Heater 318.4
-, chequer brick 320.5
Heating . 364.2, 568.3
-, bottom . . . 385.6
- chamber 85.6, 319.2
- coke 478.6
-, direct 468.2
- flue 104.2
- furnace 95.2, 385.5
- hearth 569.3
-, indirect . . . 468.1
- iron 77.6
- of the head . 485.7
-, preliminary . 347.5
- ring 568.5
- stove 95.2
- zone, preliminary 346.9
Heavy spar . 220.11
Hebe-kopf . . . 496.5
-tisch 525.3
-vorrichtung, Stopfen- 480.5
Hebel 310.10
-, Stütz- 522.5
-werk 310.9
Heben der Blöcke 527.3
Heber 186.5
-, Meß- 191.4
-, Stech- (s. Stechheber)
Hede 429.6
Hefe, Bier- . . 419.1
Heftig, -es Kochen 396.8
Height 531.10
- of bosh . . . 302.5
- - hearth . . . 295.8
Heiß ablöschen 544.1
-brüchig 48.3
- eingeschmolzen 475.2
- erblasen . . . 4.5
-gar 353.1
-wassertrichter 176.6
-er Wind . . 328.11
-wind-leitung . 300.6
- -schieber . . 322.5
Heissen 374.1
Heiz-gas, vorgewärmtes 408.3
-kammer 85.6, 319.2
-kanal 104.2
-ofen 383.9
-raum 367.10
-wert 108.11
- -bestimmung, chemische 109.4
- - - des Kokses 108.10
- -, den - - aus der Analyse berechnen 109.5
- -, - - - bestimmen 109.3
- -, - - - durch einen Heizwertmesser ermitteln 106.6
- -, - - - kalorimetrisch ermitteln 109.6

Heiz-wert-messer 109.6, 110.1 180.6
- -, oberer . . . 109.1
- -, unterer . . 109.2
- -untersuchung 224.1
Heizen des Blockkopfes 485.7
Heizer 164.3
Heizung, Boden- 385.6
-, Lichtbogen- . 566.1
-, mittelbare . . 463.1
-, unmittelbare 463.2
-, Widerstands- 570.5
Helada 89.8
Helical 519.2
Hélice transporteuse 139.7
Helicoidal . . . 471.9
Hélicoïdal . . . 471.9
Hellberger, forno 570.7
Hellberger, four 570.7
Hellberger furnace 570.7
Hellberger, horno de 570.7
Hellbergerscher Ofen 570.7
Hellblau . . . 548.12
Helligkeit der Flamme 374.8
Hellstrohgelb . 547.7
Helm 495.6
Helve 495.6
- hammer . . . 495.4
Helver 495.4
Hematite . . . 66.8
-, brown 66.11
- iron 6.2
- - ore 66.5
- pig iron . . . 8.1
-, red 66.4
Hématite . . . 66.8
- brune . . 66.11, 67.1
- rouge 66.4
- - mamelonnée 66.5
Hematites . 6.2, 66.8
- parda 66.11
- roja 66.4
- - concrecionada 66.5
Hemd 446.2
Hemp 429.6
- brush 553.9
- rope 444.5
Hendidura 54.1, 85.9 549.1
- oblonga . . . 159.2
Heraus-heben, das Modell 485.8
- -, die Tiegel . 386.4
-nehmen, die Tiegel 386.4
Herbeischaffen der Schmelzstoffe 338.5
Herd 291.6, 342.2, 368.9 403.6
-, Arbeits- 368.8, 569.4
-, beweglicher . 528.6
-, den - entleeren 342.1
-eisen 369.5
-fläche 466.3
-form 438.6
-formerei . . . 438.5
Herd, Frisch- . 368.8
- -eisen 10.3
- -roheisen . . 7.6
- -stahl 10.4
-frischen . . . 363.4
-futter . 369.10, 412.5
-, gestreckter . 466.1
-gewölbe . . . 369.1
-ofen, elektrischer - - von Grönwall, Lindblad und Stalhane 570.3
-ringmaschine 455.1
-, Schmelz- 468.8, 569.3
-sohle 291.7
-tiefe 369.11
-, verdeckter . 489.5
-, Vorwärme- . 364.2
-wand 369.2
-wange 369.2
Hérissé 46.3
- d'aiguilles . . 47.2
Herkunft . . . 65.5
Hermético . . . 324.1
Hermétique . . 324.1
Héroult electric blast furnace 571.5
- furnace . . . 466.6
- shaft furnace 571.5
Héroult, four . 566.6
-, haut-fourneau syst. 571.5
Héroult, alto forno 571.5
-, forno 566.6
Héroult, alto horno de 571.5
-, horno sistema 566.6
Héroultscher Hochofen 571.5
- Ofen 566.6
Herradura . . . 28.10
Herramienta, -s 13.5, 371.5
- de rebarbado 490.9
-s del moldeador 434.1
- para cortar . 543.3
Herrichten der Probe 83.8
Herstellung der Schliffe 274.10
- - Steine . . . 118.1
- des Teiges . . 119.4
Herstellungskosten 562.13
-platz, am - - trocknen 462.5
Herumlaufend 312.7
Herunter-sickernd 474.4
-walzen 535.2
Hervidor . . . 154.2
- sobrepuesto . 158.9
- transversal . 154.7
Hervir 241.5
Hervor . . . 385.11
Hidrante . . . 146.3
Hidratación . . 206.8
Hidratado . . . 66.10
Hidráulico . . 54.6
Hidrocarburo . 105.9
Hidrófero . . 115.12
Hidrógeno 221.4, 348.9
- sulfurado 177.1, 204.8
Hidrolisis . . 263.10
Hidrosilicato de cinc 71.10
Hidrostático . 180.4
Hidroxil 262.3
Hierro . . 11.4, 397.1
- ácido 397.6
- afinado 361.8, 365.2
- al niquel . . 15.7
- amarillo . . . 67.7
- angular . . . 19.10
- anhidro . . . 66.3
- básico 399.1
- batido 9.4
- bruto . . 1.1, 378.1
- bulb 21.3
- carbonatado litoideo 69.1
- colado . . 7.3, 321.5
- comercial . . 17.9
- con alta proporción de fósforo 216.6
- - gran proporción de fósforo 216.6
- cristalizado . 214.2
- crudo . . . 1.1, 18.3
- cuadrado . . 517.3
- de calidad . . 565.6
- - - inferior . 17.12
- - clavos . . . 518.9
- - desecho . . 29.5
- - fundición . 389.5
- - grano fino . 10.1
- - - grueso . . 9.10
- - parrilla . . 160.8
- - pudelaje . . 10.8
- - remaches . 48.4
- - timpa . . . 292.3
- desbastado . 377.6
- doble T . . . 20.9
- dúctil 44.5
- dulce 10.2
- - soldado . . . 9.8
- duro y quebradizo 44.7
- eléctrico . . . 571.1
- electrolítico 218.12
- en barras . . 18.10
- - cruz 21.9
- - cuña 21.8
- - estado de fusión pastosa 376.2
- - varillas finas ranuradas 28.9
- - Z 20.6
- espático . . . 68.5
- - alterado . . 68.7
- especular . . 66.7
-, esponja de . 347.11
- esponjoso . . 376.8
-, estirar el . . 508.4
- fibroso . . 9.9, 379.2
- fino 19.2
- forjado . 9.4, 294.6
-, fosfato de . . 399.6
- fundido 11.6, 312.4
- gordo 19.1
- granulado . . 379.6
- -hematites . . 6.2
- hidratado . . 66.10
- laminado . . 18.2
- magnético . . 67.9
- maleable . 9.3, 12.6 44.5
- media caña . 19.6
-, mena de . . . 58.6
- metálico . . . 218.9
- meteórico . . 214.1
- micáceo . . . 66.6
-, mina de . . . 57.8
Hierro, mineral de (v. mineral)
-, minio de . . 551.13
- muy quebradizo 48.4
- nativo . . . 218.10
- oolítico . 68.7, 67.3
- oxidado . . . 398.9
-, óxido de 71.1, 398.9
- pantanoso . . 67.4
- para añadir 478.12
- - cargar . . . 395.9
- - clavos de herradura 29.2
- - construcciones 28.8
- - estirar . . . 27.12
- - ganchos . . 29.3
- - herraduras . 29.1
- - la mezcla 478.11
- - soldar . . . 378.3
- pardo 66.11
- - oolítico . . 67.6
- perfilado . . . 19.9
-s perfilados para vagones de ferrocarril 24.8
- pisolítico . . 67.5
- plano 517.3
- poroso 376.8
- procedente de la hematites 6.2
- - del lavado . 358.5
- pudelado . . 25.9
- que gotea . . 474.4
- quebradizo . 44.6
- - en caliente 48.3
- - - frio . . . 48.2
- quemado . . 415.7
- quimicamente puro 218.11
- rectangular plano 19.3
- redondo . . . 19.5
- refinado á fragua baja 10.3
- simple T . . . 20.8
- sin escoria . 416.4
- sobresaturado 16.9
- soldado . . 9.4, 9.8
- T 20.8
- - con bordón 21.6
- U 21.1
- viejo 29.4
- virgen . . . 218.10
- zorès 517.9
High pressure blower 470.1
- - spiral blower 471.9
Higrómetro . . 180.7
Higroscópico . 206.7
Hilada de ladrillos 305.9
Hilera . . 535.9, 536.2
-, pasado por la 28.5
Hilfs-chemiker 178.5
-kessel 153.6
Hilo de asbesto 201.3
- - cera 459.5
- - escoria . 358.10
- - goma . . . 197.8
Hin- und Herbiegeprobe 48.9
-gang 532.4
Hinged 131.4
Hinter-einanderliegend 506.5
-mauerung . . 304.8

Hintersäule . . 496.10
Hiorth, forno . 568.8
Hiorth, four . 568.8
Hiorth furnace 568.8
Hiorth, horno de 568.8
Hiorthscher Ofen 568.8
Hiposulfito sódico 210.6
Hirschhorn, gebranntes 420.1
Histéresis . . . 278.1
Hitze, Glüh- . . 86.10
-, Härte- 543.6
-, in voller - befindlich 411.8
-messer . 180.5, 351.5
- -, elektrischer 352.1
- -, optischer . 352.2
-, Schmelz- . . 474.2
Hitzig, -es Eisen 474.8
Hoch-behälter . 145.8
-druck 120.8
- -dampfkessel 152.2
- -gebläse . . . 470.1
- - -, Kapsel- . 472.7
- -schraubengebläse 471.9
-feuerfest . . . 428.6
-haltig 14.11
-kantig . . . 321.10
- - stellen . . . 508.8
-ofen 97.1
- -abstich . . . 338.1
- -anlage . . . 285.1
- -, Anthrazit- . 285.4
- -arbeiter . . 332.8
- -bau 287.4
- - -art 287.5
- -betrieb . . . 354.6
- -direktor . . 332.3
- -, elektrischer - - von Grönwall, Lindblad und Stalhane 571.4
- -, freistehender 287.3
- -gang 344.3
- -gas 155.10
- -, Harmetscher 571.6
- -, Heroultscher 571.5
- -, Holzkohlen- 285.2
- -koks . 107.3, 285.3
- - mit Blechmantel 287.1
- - - eingebautem Gestell 286.5
- - - geschlossener Brust 286.3
- - - offener Brust 286.2
- - - ovalem Gestell 286.7
- - - Rauhgemäuer 286.4
- -riß 287.7
- -schlacke . 355.10
- - -, mit Dampf behandelte 95.7
- -schmelze . . 336.2
- -, schottischer 286.6
- -, Stassanoscher 571.3
- -werk 285.1
- -zeichnung . 287.6
-phosphorhaltig 216.8
Hoch-prozentig 14.11
-siliziert . . . 1.3
-spannungsanlage 167.1
-strahlig, -es Roheisen 3.2
Höchst-bedarf an Kraft 168.4
- -, gleichzeitiger 241.1
-belastung . . . 241.1
-pressung . . . 472.9
Höckerartig . 483.5
Hoff, von -s Gasfang 312.1
Hoff, von -'s gas exit pipe 312.1
Hoff, prise de gaz von 312.1
Hoff, presa di gas von 312.1
Hoff, toma de gas von 312.1
Hogar . . 26.7, 367.10
- anterior . . . 156.4
- automático . 157.1
-, bajo 363.4
- con emparrillado de cadena 157.5
- - emparrillado cilíndrico 157.6
- - - sacudidor 157.7
- - soplador por debajo del emparrillado 158.1
- de alimentación continua 157.4
- - carga mecánica 157.1
- - fusión . . . 569.3
- - gas 87.1
- - parrilla . . 368.1
- - petróleo . . 384.9
- - trabajo . . 569.4
- exterior . . . 156.3
- inferior . . . 156.5
- interior 154.5, 156.2
- - ondulado . 154.6
- para alquitrán 155.9
- - basuras . . 155.8
- - carbón . . 155.4
- - carbonilla . 155.7
- - gas de altos hornos 155.10
- - leña 155.5
- - lignito . . 155.6
- - residuos de petróleo 156.1
- revestido . . 540.3
- sencillo de parrilla 336.5
Höhenlage . . 531.10
Hohl 394.6
-gegossen . . . 369.7
-guß 487.2
-kehle 423.7
-raum 484.1
- -, gewundener 487.3
- -, verzettelter 487.3
Hoist . . 329.8, 464.6
- frame 329.9
-, inclined . . . 331.4
Hoja 493.5
- de ata 552.10, 553.2
Hoja de sierra 493.7
-, en forma de -s 45.7
Hold 562.2
Holder 191.8
Holding device 528.8
Hole 163.4
-, conical . . . 536.3
- gauge 89.8
Höllenstein . . 210.1
Hollín 552.2
Hollow . 35.9, 423.7.8
-, serpiginous . 487.3
Holm, Preß- . . 121.4
Holz 98.1
-aschenwasser . 431.4
-bau 151.4
-feuerung . . . 155.5
-gerinne 80.7
-, gesundes . . 422.7
-horde 317.1
-kohle 98.2
-kohlen-asche 117.12
- -hochofen . . 285.2
- -lösche . . . 98.3
- -meiler . . . 98.4
- -roheisen . 4.1, 7.6
- -staub 430.1
-konstruktion . 151.4
-scheibe . . . 275.11
-scheit 337.6
-schraube . . . 436.2
-stiel 477.7
-verband . . . 151.4
-werk 151.4
-wollseil 460.8
Hölzern 440.4
Homogène . . . 11.5
-, non 484.5
Homogéneo . . 11.5
-, no 484.5
Homogeneous, non 484.5
Honeycombed . 357.9 484.4
Hood 318.8, 321.7, 389.1
-, removable 522.9.10
Hoof flour . . . 420.2
- meal 420.2
Hook . . 342.3, 476.5
- iron 29.3
- plate 24.4
Hoop 231.2, 294.7, 295.5
- iron . . . 19.8, 24.7
Hopper . 131.2, 310.1
- brackets . . . 310.2
Horadamiento 52.2 228.2
Horca 478.1
Horde, Holz- . 317.1
Hormigón . . . 289.6
- armado . . . 289.7
- apisonado . . 289.8
- colado 290.1
Horn-blatt . . . 201.9
-blende 72.7
-kohle 419.5
Horn charcoal 419.5
- sheet 201.9
Hornablenda . 76.7
Hornaguera . . 98.7
Hornblende . . 72.7
Hornillo de arcilla 249.6
- - gas 184.9
- - petróleo . 184.10
Horno . . 88.9, 308.6
- á reverbero de larga placa 466.1
Horno á temperatura máxima 411.8
-, alto (v. alto horno)
- anular para calcinar la piedra caliza 85.5
- basculante . 408.1 567.5
- catalán . . . 112.7
- calentador con solera móvil 528.6
- cilíndrico . . 367.6
- con fondo cambiable 416.1
- - máquina soplante 286.1
- - solera cambiable 416.1
- - - para rodar los lingotes 529.1
- cubierto de afino 368.10
- de afino . . . 368.8
- - arco voltáico 565.9
- - calcinación 88.3 88.4
- - - de Cleveland 84.1
- - - estirio . . 84.7
- - - de Fillafer 85.3
- - - - gas de Westman 85.2
- - - - mampostería 88.5
- - - - Witkowitz 85.4
- - cementación 415.8, 416.5
- - cocer . . . 95.2
- - cok . 103.4, 104.5
- - - cerrado . 103.7
- - - con recuperación 103.8
- - - semicerrado 103.5
Horno de Colby 568.7
- - colmena . . 103.6
- - combustión 249.2
- - corriente alterna Roechling-Rodenhauser 568.10
- - - monofásico 572.1
- - - trifásico . 572.2
- - crisol delantero 466.4
- - cuba 88.7
- - - para crisoles 384.4
- - - - recocer 541.3
- - - - templar 541.2
- - doble mufla 541.8
- - enalbar . . 112.9
- - esmaltar . . 554.8
-s - foso 527.5
- - Frick . . . 569.8
- - fusión 252.2, 362.4 465.8
- - - de reverbero 402.5
- - gas para templar 541.1
- - Gérard . . 569.7
- - Gin 569.6

Horno de Girod 567.5
- - Hellberger 570.7
- - Hiorth . . . 568.8
- - inducción . 568.2
- - Ischewsky . 570.2
- - Keller . . . 570.1
- - mufla . . . 541.5
- - - á gas . . 542.1
- - - al carbon 249.3
- - - alimentado por gas 542.1
- - - eléctrico . 249.5
- - - para gas . 249.4
- - Nathusius . 568.1
- - plomo . . . 540.4
- - pudelar 367.1 373.6
- - - rotatorio 367.5
- - - sistema Springer 367.3
- - recalentamiento 527.6.7
- - recalentar 364.2 370.6, 378.6
- - - de reverbero 528.3
- - recocer 95.2, 385.5 528.5
- - refinar . . . 112.8
- - resistencia . 570.4
- - reverbero 10.7 366.10
- - - para taller de fundición 465.9
- - - - templar 540.5
- - - rotatorio 401.8
- - Roechling-Rodenhauser 568.9
- - Roessler . . 252.3
- - secar en el vacío 233.2
- - segunda fusión 389.2
- - solera giratoria 367.7
- de un solo crisol 384.6
- - zamarras . 363.1
- descubierto . 363.9
- doble de pudelar 367.2
- eléctrico 12.5, 267.2 564.3
- - de crisol . . 570.6
- - - solera de Groenwall, Lindblad y Stalhane 570.3
- fijo 402.7
- giratorio . . . 95.3
- - de pudelar 367.4
- inglés de cementación 416.6
- mecánico de gas para templar 542.3
- oscilante . . 403.1
- para acero de cementación 417.10
- - cocer ladrillos 119.2
Horno para crisoles 384.1
- - hacer carbón vegetal 98.4
- - templar . . 540.1
- - - limas . . 541.4
- - varios crisoles 384.7
- rotatorio . . 566.4
- Siemens-Martin 402.6
- sistema Héroult, 566.6
- - Kjellin . . 568.4
- - Plat 384.5
- - Stassano . . 566.3
- transportable para crisoles 384.5
- trifásico de Roechling-Rodenhauser 569.1
Horquilla . . . 479.1
- para cok . . 473.8
- portacaldero 478.5
- portacuchara 478.5
Horse dung . 428.11
- -, decomposed 428.12
- -, rotten . . 428.12
Horseshoe . . . 28.10
- iron 29.1
- magnet . . . 92.2
Hosenrohr . . . 320.1
Hot air main . 300.6
- blast valve . 322.5
- brittle iron . 48.5
- saw 533.10
Hotte 175.2
- à étincelles . 389.1
- de la cheminée 389.1
Houille . 98.7, 430.2
- à coke 100.2
- - gaz 100.1
- crue 100.7
- demi-grasse 99.4
- grasse 99.2
- maigre . . . 99.6
- - à longue flamme 99.7
- - collante . . 99.8
- - sableuse . . 99.9
- menue 101.5
- pour feu de forge 100.1
Houiller 69.1
Houillère . . . 100.5
Housing 520.8.9, 521.1
- accessories . 521.4
-, balanced -s . 523.1
- for two rolls 521.6
-, open topped . 522.9
-, ordinary . . 521.5
-, simple 521.5
-, three high . . 522.3
Hoyo 35.9
- para las cenizas 163.7
Hub-begrenzung 502.7
-höhe 464.5
Hub-stange . . 311.5
Hueco 39.7
-s de los dientes 455.6
- entre las barras de emparrillado 160.3
Huevo, tamaño de 231.5
Huf-eisen . . . 28.10
- -magnet . . . 92.2
-nageleisen . . 29.2
-stabeisen . . . 29.1
Huile . . 233.4, 546.6
- de lin 551.7
- - poisson . . 546.9
- lourde 183.8
Huiler 333.4
Hulla . . 98.7, 430.2
- blanda 99.3
- grasa 99.2
- menuda . . . 101.5
- para fragua . 100.1
- rica en gases 100.1
- seca 99.6
- - aglutinante 99.8
- - arenosa . . 99.9
- - de llama larga 99.7
- semigrasa . . 99.4
Hullera 100.5
Hullero 114.6
Hülse, Auslaug- 179.7
-, feuerfeste . . 480.4
-, gebrannte . . 480.8
-, Muffen- . . . 519.10
Humeante . . 208.12
Humedad . . . 64.8
- de aire 267.8
- del aire . . . 329.3
Húmedo 60.2
Humide 60.2
Humidité . . . 64.8
- de l'air 267.8, 329.3
Humidity of the air 267.8, 329.3
Humo 430.8
- moreno . . . 400.7
- pardo 700.7
Humpy 483.5
Hund, Förder- 332.1
Hunderterwage 184.3
Hundimiento sobre carga 141.7
Hurdle 317.1
Hurgón 371.6
Hurtage . . . 561.11
Husillo 622.1
Hütte, Hammer- 495.1
-, Martinstahl- . 402.4
-, Puddel- . . . 366.9
Hüttenabfall 355.11
-bahnhof . . . 123.5
-männisch . . . 346.7
-sohle 288.6
Hutter, Glocke nach 407.2
Hutter, cloche . 407.2
Hutter, campana 407.2
Hutter's bell . 407.2
Hybrid 259.8
Hybride 259.8
Hydrant 146.3
Hydraté . . . 115.12
Hydrate of potash 204.12
- de fer . . . 66.10
Hydrated silicate of aluminia 115.12
- water 203.8
Hydratwasser . 203.8
Hydraulic . . 54.6.7
Hydraulique . 54.6.7
Hydraulisch . . 54.6
Hydrocarbon . 105.9
Hydrocarbure . 105.9
Hydrochloric acid 203.10
Hydrofluoric acid 204.9
- -, apparatus for producing 222.2
Hydrogen 221.4, 348.9
- peroxide . . . 211.3
-, sulphuretted 204.8
Hydrogène . . 221.4 348.9
- sulfuré 177.1, 204.8 242.11
Hydrolyse . . 263.10
Hydrolysis . 263.10
Hydrometer . . 180.2
-, Eichhorn's . . 180.3
Hydropneumatique 509.1
Hydrosilicate de zinc 71.10
Hydrostatic . . 180.4
Hydrostatique 180.4
Hydrostatisch . 180.4
Hydroxide of iron 66.10
Hydroxyl . . . 262.3
- ion 262.3
Hydroxyle, ion 262.3
Hydroxylion . 262.3
Hygrometer . . 180.7
Hygromètre . . 180.7
Hygrometric . 267.8
Hygroscopic . 208.7
Hygroscopique 208.7
Hygroskopisch 208.7
Hypochlorure d'étain 208.10
- de cuivre . . 209.3
- stannique . 208.10
Hyposulphite of sodium 210.6
Hyposulfite de soude 210.6
Hysterese . . . 273.1
Hysteresis . . . 273.1
Hystérésis . . . 273.1

I.

I-Eisen 20.9
I-iron 20.9
Ida 532.4
Idrato 66.11
Idraulico . . . 54.6
Idrico 67.4
Idro-pneumatico 509.1
Idrocarburo . . 105.9
Idrogeno 221.4, 348.9
- solforato . . 177.1 204.8

Idrogeno solferato, apparato per l'177.2
Idrolisi . . . 268.10
Idrossido ferrico 66.10
- di ferro . . . 66.10
Idrossile, silicato di zinco 71.10
Idrostatico . . 180.4
Igniting 86.4
Ignition flame 360.11
Igrometro . . . 180.7
Igroscopico . . 203.7
Illuminante . 400.1, 418.2
Illuminated . . 280.6
Illuminating gas 418.2
Illumination . 280.4
- apparatus . . 280.7
Illuminato . . . 280.6
Illuminazione 171.8, 280.4
-, apparecchio d' 280.7
-, impianto d' . 171.6
Iluminación . . 280.4
Image 279.10
- fault 279.11
Image 279.11
- virtuelle . . 279.10
Imagen . . . 279.11
- virtual . . . 279.10
Imán . . . 14.8, 91.11
- de acero . . . 92.3
- - la grúa . . 129.6
- en forma de herradura 92.2
- fijo 94.1
- móvil 93.5
- permanente 92.4, 93.7
Imanación 82.3, 91.5
Imantación 82.3, 91.5
Imantado . . . 182.7
Imbarco . . . 561.10
Imboccatura oblunga 159.2
- rotonda . . . 159.1
Imbottito . . . 478.4
Imbuto 246.5, 348.3
- caricatore . . 157.3
- con tubo di vapore 178.9
- contagoccie . 188.2
- d'estrazione . 179.8
- di colata . . 443.5
- - Gooch . . . 246.3
- - porcellana . 193.4
- - scolo 246.5
- - sicurezza . 248.1
- filtrante . . . 245.5
- per acqua calda 176.6
Immagazzinato 408.1
Immagine . . 279.11
- virtuale . . 279.10
Immersione brusca nell' acqua 544.2
- lenta 544.3
- rapida nell' acqua 544.2
Immissione superiore del vapore 500.6
Impacchettare 415.3.10
Impact 41.7
- test 42.1
Impastare . . . 119.9
- i crogiuoli . 382.9
Impasto 119.4
- del coke . . . 106.7
- siliceo 115.2
Impelación . . 471.5
Imperfecto . . 88.9
Imperméable . 324.1
Impianto per forgiatura 495.1
Impiegato per il collaudo 80.2
Impiego, secondo 481.12
Impilata dei mattoni di ricuperatore 407.8
Impinging . . . 280.5
Imprimere il modello 438.11
Imprégné . . . 60.2
Imprime-cartes 134.5
Imprimir, mecanismo para - los talones 134.5
Impurità 147.5, 340.5
- chimica . . . 147.4
Impureté, -s 147.5, 340.5
Impurity . . . 147.5
-, chemical . . 147.4
-ies 340.5
Impuro 146.6
Impulsión . . . 142.4
- eléctrica . . . 398.6
- - del torno para la campana 314.5
- hidráulica . . 509.6
- horizontal . . 137.4
- mecánica . . 102.5
- vertical . . . 137.5
Impureza, -s . 340.5
- química . . . 147.4
Inaffiare le forme 341.2
Incandescence . 86.10
Incandescencia 86.10
Incandescent . 281.1 405.7
Incandescente . 281.1 405.7
Incandescenza 86.10
Incassato . . . 296.8
Incastellatura a cavalletto 454.2
Incavo dell'anima 458.7
Incenerazione . 195.4
Incenerimento del filtro 250.1
Inchiavardato 524.4
Inchiodato . . 295.4
Incident . . . 280.5
Incidental . . 284.3
Incidente . . . 280.5
Incineración . 195.4
- del filtro . . 250.1
Incineration dish 195.4
Incinération . . 195.4
- du filtre . . . 250.1
Inclinación 57.6, 80.8
- del emparrillado 161.3
Inclinado . . . 331.4
- hacia abajo . 372.4
Inclinaison 57.6, 80.8 161.4
Inclinaison de la grille 161.3
Inclinare . . . 341.8
-, apparecchio per - le damigiane 176.1
Inclination 57.6, 161.4
- of grate . . . 161.3
Inclinato . . . 132.2
-, a piano . . . 331.4
Inclinazione . . 161.4
- della griglia . 161.3
- rispetto all' orizzonte 57.6
Incliné 132.2
- vers le bas . 372.4
Inclined . . 44.10, 61.2
Inclus 484.7
Inclusione . . 377.8
Incollare 423.4
Inconvénient des poussières 468.4
Inconveniente causato dalle ceneri 468.4
- - - polveri . 468.4
Increase, to - the outpout 555.6
Increasing the reductibility 81.9
Increspato . . . 47.4
Incrustated . . 64.5
Incrustado . . 490.6
Incrustation . 429.10
Incrusté 490.6
Incudine . . . 502.10
Incurvamento . 43.2
Indaco 211.8
Indépendant . 165.4
Independent . . 306.3
Independiente . 126.1
Index d'un atome 226.5
India, acero de la 13.3
India rubber cork 197.6
Indian steel . . 13.3
Indiano, acciaio 13.3
Indicación normal 82.7
Indicador del descenso de las cargas 336.1
Indicateur de la descente des charges 336.1
Indication . . . 224.5
- de l'année . . 34.12
- normale . . . 82.7
Indicatore della discesa delle cariche 336.1
Índice de un átomo 226.5
Indien, acier . 13.3
Indigo 211.7
Índigo 211.8
Indigo solution 211.8
Indigolösung . 211.8
Indipendente . 126.1
Indisch, -er Stahl 13.3
Inducción . . . 170.2
Induction . . . 170.2
Induction furnace 568.2
Induction heating 568.3
- machine . . . 170.2
Induktion . . . 568.3
Induktions-maschine 170.2
-ofen 568.2
Industria metallurgica 17.10
Industrie du fer 17.10
Induzione 170.2, 568.2.3
Inégalité de surface 490.3
Infirmerie de service 150.5
Inflamación . . 86.4 360.11
Influence, atmospheric 118.4
- of the frost . 118.6
- on solubility 258.10
Influence atmosphérique 118.4
- exercée sur la solubilité 258.10
Influencia atmosférica 118.4
- sobre la solubilidad 258.10
Influenza sulla solubilità 258.10
Infornare . . . 410.7
-, dispositivo per - i lingotti 529.4
Infornatore, macchina -rice 410.1
Infusibile 114.1, 187.7
Infusibilidad . 425.8
Infusibilità . . 425.8
Infusibilité . . 425.8
Infusibility . . 425.8
Infusible . . . 114.1
Ingate with side channels 444.1
Ingegnere di servizio 332.5
Ingeniero de la explotación 332.5
- - - fabricación 332.5
Ingénieur de l'exploitation 332.5
Inglés, fundición -a 5.9
-, horno - de cementación 416.6
-, perfil 20.10
-, sistema - para dos convertidores 395.3
Inglese, forno - a cementazione 416.6
-, ghisa 5.9
-, rosso 276.2
-, sistema - con due convertitori 395.3
-, trave 20.10
Ingombrante 468.11
Ingorgo del forno di torrefazione 88.3
Ingot 485.9
Ingot 18.4, 485.9, 526.4
- holding device 528.9

Ingot charging carriage 529.3
- - crane . . . 528.7
- conveyance . 526.1
- crane . . . 526.5.6
- dogs 527.1
- iron 11.6
- metal . 11.6, 402.3
- mould . 411.1, 446.7
- pushing device 529.4
- steel 11.5
- stores 180.7
- stripper . . . 526.3
- stripping crane 526.2
- tongs 527.1
Ingranaggio . 14.4 893.1
- a vite perpetua 841.10
- - - senza fine 841.10
- dei denti . 518.10
Ingrandimento 279.6
- reale 279.7
- totale 279.8
- utile 279.9
Ingrassare . . 888.4
Ingrassatore per fune 187.7
Ingredient . . 79.9
Inlettore di petrolio 158.7
Iniezione d'aria finale 897.10
Injecteur à pétrole 158.7
- - vapeur . . 469.10
Injector 158.7
Inlet 87.8, 489.3, 448.3 581.3
- hole 406.4
- pipe 297.7
- valve 821.4
Innaffiamento . 298.4 817.5
- del carbone . 104.7
Innen-druck . . 258.8
-feuerung . . . 156.2
-temperatur . . 447.7
Innestare il giunto 520.6
Inoxydationsverfahren 552.3
Inquadratura . 823.5
Inserted 296.8
Inserting the pig 465.6
- the plug . . . 892.1
Inserto 296.8
Inserviente del laboratorio 174.5
Insolubile . . 241.9.12
- nell'acido . . 241.13
Insoluble 24.12, 241.9
- dans l'acide 241.13
Insoluble . . 241.9.12
- en el ácido 241.13
Inspección 88.1, 556.9
Inspect, to - the tuyeres 842.9
Inspecter les tuyères 842.9
Inspection hole 88.1, 801.4
- of the blow . 899.9
-, outer 85.1
Inspector . . . 80.2
Instalación de calderas cubierta 151.8
Installation . . 151.6
-, electric . . . 169.7
Instrument . . 88.5
Instrument de mesure 88.5
Instrumento de medición 88.5
- - medida . . 88.5
- - - eléctrico 266.7
Insurance . . 560.11
Intaccato . . . 44.2
Intacco . . . 518.12
Intagliato 47.5, 515.4
Intaglio . . . 518.12
Intake 887.12
Intensidad . . . 257.3
- de campo . . 92.11
- - corriente . 169.3
- - polo 92.5
- - retención de los iones 264.7
- - torsión . . 50.6
- - tracción . . 48.9
- luminosa . . 280.9
- polar 92.5
Intensità . . . 257.3
- del campo . . 92.11
- di ritenuta degl'ioni 264.7
- luminosa . . 280.9
- polare 92.5
Intensität, Feld- 92.11
Intensité 257.3
- de champ . . 92.11
- - retenue des ions 264.7
- du courant . 169.3
- lumineuse . . 280.9
- polaire 92.5
Intensity . . . 92.11
- of retention of the ions 264.7
- - tensile stress 48.9
- - torsional stress 50.6
- value 257.3
Intercambiable 478.3
Interchange . . 846.1
Interchangeable 891.2
Intérieur du haut-fourneau 288.4
Interior of blast fournace 288.4
Interior del alto horno 288.4, 858.4
Intermédiaire . 894.9 559.2
Intermediario . 559.2
Intermedio . . 894.9
Interno dell'alto forno 288.4
Interposé . . . 877.8
Interpuesto . . 877.8
Interrompu . . 518.4
Interrotto . . . 518.4
Interrupción, -es de la marcha 858.2
- del pasaje de los gases 858.6
Interval 842.8
Intervalle entre barreaux de grille 160.3
Intervalle entre les coulées 842.8
Intervalo entre las barras del emparrillado 160.3
- - - coladas . 842.8
Intoppo 858.6
Intrecciare . . 460.9
Intrecciato . . 444.6
Introducción de aire abundante 87.5
- - modelo en la máquina de peine 450.4
- del viento . . 894.3
Introducir por laminación 85.10
Introduction d'air amplement suffisante 87.5
Introduire par laminage 85.10
Introdurre i lingotti, dispositivo per 529.4
Introduzione d'aria abbondante 87.5
Inumidire . . . 119.8
Inverniciare . . 551.2
Inversión 406.8, 449.5
Inversione . . . 406.8
-, apparecchio d' 406.9
- di marcia . . 582.2
Invertir, apparato de 406.9
Inviluppo 79.5, 286.5
- d'estrazione . 179.7
- di gas 431.7
- - lamiera . . 83.8
Involucro refrattario 480.8
Inyectado . . . 850.2
Inyector de petróleo 158.7
Iodate, potassium 211.11
Iode 211.7.10
Iodine 211.7
- solution . . 211.10
Iodio 211.7.10
Iodure de potassium 211.11, 213.3
Ioduro de potasio 213.3.4
Ioduro di potassio 211.11, 213.3
Ion . . . 257.8, 260.3
-, einwertiges . 259.5
-, mehrwertiges 259.6
-, Säure- 262.2
Ion . . . 257.8, 260.7
-, basic 262.4
-, hybrid 259.8
-, monovalent 259.5
-, multivalent . 259.6
Ion 257.8, 260.3
- acide 262.2
- basique . . . 262.4
- hybride . . . 259.8
- hydroxyle . . 262.3
- monovalent 259.5
- multivalent 259.6
- neutre 259.8
Ion oxhydrile . 262.3
- polyvalent . 259.6
Ión 257.8, 263.2, 264.8
- ácido 262.2
- básico 262.4
- hidroxil . . . 262.3
- monovalente 259.5
- neutro 259.8
- polivalente . 259.6
Ione 257.8
- acido 262.2
- basico 262.4
- idrossile . . . 262.3
- monovalente 259.5
- neutro 259.8
- polivalente . 259.6
Ionen-bildungsgeschwindigkeit 264.2
-spaltung . . . 263.2
-verdichtung . 263.8
Ionisation . . . 264.1
Ionisationswärme 264.1
Ionización . . . 264.1
Ionizzazione . 264.1
Iposolfito di soda 210.6
Ireland, cubilot 468.5
Ireland, cubilote 468.5
Ireland, forno 468.5
Ireland furnace 468.5
Irelandscher Ofen 468.5
Iridio 219.11
Iridium 219.11
Iron 181.4
-, added . . . 478.12
- alloy 14.9
-, angle 18.10
- ball 876.6
-, band 19.8
-, bar . . . 18.10, 28.9
- -, large - -s . 19.1
- -, small - -s . 19.2
-, basic 899.1
- bath 875.8
-, beating . . . 77.6
- blocks 861.6
-, bloomery . . 10.3
-, brittle 44.7
-, building 28.8, 151.3
-, burned . . . 48.4
-, burnt . 898.9, 415.7
- carbide . . 215.11
-, - of 283.6
-, charcoal . . 865.2
-, cast (s. cast iron)
- cement . . . 819.5
-, chemically pure 213.11
-, chemistry of 213.5
-, chloride of . 208.5
-, coarse grained 9.10
-, cold short . . 48.2
-, commercial . 17.9
- containing oxygen 398.9
-, constructional 28.8
-, core 458.8
-, corrugated . 27.1
- covering . . . 83.8
-, cristalline . . 379.6
-, cross 21.9

Iron, crystallised 214.2
-, crystalline white 8.5
-, curved corrugated 27.2
-, ductil 44.5
-, electric refining of 565.4
- electrode . . 567.7
-, electrolytic 218.12
-, fibrous . 9.9, 379.2
-, fine grained . 10.1
-, fined 365.2
-, finery 361.8
-, finished . . . 18.9
-, flat 19.7
-, flat bulb . . . 21.4
- from washery 358.5
- grains . . . 376.11
- -, enclosed . . 358.4
-, gray spiegel . 8.4
-, H- 20.9
-, half-round . . 19.6
-, hematite . . . 6.2
-, high phosphorous 216.6
Iron, hook . . . 29.3
-, hollow 537.5
-, hoop 19.8, 24.7, 303.2
-, horseshoe . . 29.1
-, hot 474.8
-, - brittle . . . 48.3
-, - smelted . . 475.2
-, I- 20.9
-, ingot (s. ingot iron)
-, knobbled . . 10.3
- loss 378.7
-, malleable . 7.5, 9.3 414.4
-, markedly spiegel looking 8.2
-, melting . . . 474.4
-, merchant . . 17.9
-, metallic . . . 218.9
-, meteoric . . . 214.1
-, mixed . . . 478.11
- muffle 541.6
-, nail - for horseshoes 29.2
-, oblong 19.3
- ochre . . . 551.13
- ore 415.4
- -, argillaceous 59.6
- -, arsenical . 61.4
- -, black . . . 69.6
Iron ore, botryoidal 67.2
- -, brittle . . . 59.8
- -, brown . . . 66.11
- -, calcareous . 60.5
- -, compact . . 59.3
- - containing carbonic acid 60.4
- - containing lead 61.2
- - - water . . 60.3
- -, crystalline . 64.3
- -, cupriferous 61.1
- -, dense . . . 59.2
- -, earthy . . . 59.5
- -, easily fusible 61.7
- -, fibrous . . . 58.6
- -, fine 58.8
- -, fresh 64.2
- -, friable . . . 59.4
- -, galenical . 61.2
- -, hard 59.7
- -, hematite . . 66.5
- -, incrustated 64.5
- -, loose 59.6
- -, magnetic . 59.10
- -, manganiferous 70.5
- -, micaceous . 66.6
Iron ore mine . 57.8
- -, moist . . . 60.2
- -, nickeliferous 61.6
- - nodules, brown 67.1
- -, oolitic . . . 67.3
- -, oolitic brown 67.6
- -, phosphatic 60.7
- -, porous . . . 59.9
- -, powdery . . 58.8
- -, raw 64.4
- -, refractory . 62.1
- -, sandy . . . 118.6
- -, small . . . 58.8
- -, soft 59.1
- -, sparry . . . 68.9
- -, specular . . 66.7
- -, sulphurous 60.6
- -, titaniferous 61.5
- -, water bearing 60.3
- -, weathered . 64.1
- -, wet 60.2
- -, yellow . . . 67.7
- -, zinciferous 61.3
- oxide 415.4
-, - of 71.1
Iron particles 376.11
-, pasty 376.2
-, phosphate of 399.6
-, pig (s. pig iron)
-, pisolitic . . . 67.5
- plated shaft . 305.2
-, porous 376.8
- Portland cement 359.6
-, puddled . . . 10.8
-, pure 213.10
- pyrites 72.3
-, quadrant . . 21.2
- rake 371.6
- receiver . . . 466.5
-, red short . . 48.3
-, refined 361.8, 365.2 565.6
-, remelted . . 474.12
-, rivet 43.4
- rod 401.10
-, rolled 18.2
-, round 19.5
- runner 300.5
-, sand cast . . 4.7
- scale 414.5
-, scrap . 29.4.5, 565.8
-, section . . . 19.9
- -s for building rolling stock 24.8
- separation . . 361.7
-, sheet (s. sheet iron)
- shell 83.8
- shoe 496.3
-, short 44.6
- shot 491.8
-, slag free . . 416.4
-, soft . . . 10.2, 44.5
- spar 68.6
- spark 397.1
-, sparry 68.6
-, spathic . . . 68.5
-, special 565.6
-, specular . . . 3.3
-, spongy 347.11, 376.8
-, square 19.3
-, stamped . . . 478.4
-stone, clay . . 68.8
- stores 180.5
-, strip . . . 19.8, 24.7
-, superheated . 474.9
-, supersaturated 16.9
-, T- 20.8
-, tapping 338.10, 339.2
-, thickly liquid 474.11
- tube 537.5
Iron, U- 21.1
-, ungraded . 17.12
- ware 17.10
- -, small . . . 23.7
-, waste . . 29.5, 378.7
-, wedge shaped 21.8
-, weld (s. weld iron)
- wire 199.9
- -, thin drawn 28.5
-, wrought (s. wrought iron)
-, Z- 20.6
Irradiazione del calore 572.5
- di calore . . 352.5
Irrigare . . . 148.8
Irrigazione . . 148.7
Irregular . . . 57.4
Irregularity, -ies of working 358.2
Irrigación . . . 162.6
Ischewsky, forno
-, four 570.2
-furnace 570.2
-, horno de . . 570.2 570.2
-scher Ofen . . 570.2
Isohidria de las disoluciones ácidas 262.8
Isohídrico . . 262.7.9
Isohydric . . 262.7.9
Isohydry of acid solutions 262.8
Isohydrie der Säurelösungen 262.8
Isohydrie des solutions acides 262.8
Isohydrique . 262.7.9
Isohydrisch . 262.7.9
Isoidria delle soluzioni acide 262.8
Isoidrico . . 262.7.9
Isolato 148.4
-, non 305.4
Isolated 148.4
Isolé 126.1
-, non 305.4
Isolement . . 318.10
Isteresi 278.1
Istrumento di misura elettrico 266.7

J.

Jabón . . 276.5, 546.1
Jacket 294.4
- sheet iron . . 26.8
Jahres-erzeugung 555.2
-zahl 34.12
Jambage, à simple 498.7
Japan, to . . . 424.9
Jar 189.3
Jarabe, consistencia de 247.1
Jauche 481.3
Jauge 38.10
- à coulisse . . 39.2
Jauge à relever les alésages 39.6
- - vis 39.3
- de profondeur 39.7
- du fil 28.1
- micrométrique 39.4.5
- pour les tôles 40.2
- - trous . . . 39.8
Jaugé 191.6
Jaula 79.5
Jaune-clair . . 547.6
- de paille . . . 547.7
Jaw 43.10, 79.2
Jefe de laboratorio 178.3
- - servicio . . 332.4
Jena glass . . . 185.4
Jena, verre de 185.4
Jena, vetro di - per apparati 185.4
Jena, vidrio de - para aparatos 185.4
Jenaer Geräteglas 185.4
Jet 140.8
Jet 443.3, 485.6
- d'air 396.3
Jet d'eau . . . 545.1
- de coulée . . 443.7
- - - annulaire 444.3
- - - conique . 443.8
- - - coudé . . 444.1
- - - en fourche 443.9
- - - rond . . . 443.6
- - - simple . . 443.6
- - fonte 339.7
- - gaz rouge 399.11
- - métal . . . 336.7
- - sable 492.9
- - vapeur . . . 158.2
- en éventail . 159.3

Jetty 181.6
Jeu . . . 87.4, 520.3
- de la bascule 185.6
- - modèles pour machines à mouler les poulies 451.7
Jeweller's red . 276.2
Jib crane . . . 125.7
Jig 189.6
Jinete 289.7.8
Jod 211.7
-kalium . . . 211.11
- -papier . . . 218.3
- -stärkepapier 218.4
Jodlösung . . 211.10
Joint 28.5, 302.1, 305.11, 310.7
-, airtight . . . 324.1
-, tight 470.9
Joint . . 305.11, 471.6
- de dilatation de Lürmann 306.2
- en cuir . . . 506.7
- étanche . . . 470.9
- hydraulique . 405.8
- sphérique . . 302.1
Joist, English standard 20.10
Jonction . . . 190.1
Jornada 556.6
Jour, exploitation au 58.2
Journal 496.2
- friction . . . 513.8
Juego . . . 87.4, 520.3
- de la báscula 185.6
- - modelos para poleas de transmisión 451.7
- - piezas de fundición 31.9
- entre los cilindros 515.5
-, por -s 31.8
Jumeau, -elle . 148.5
Jump, to . . . 58.6
Jumping 58.7
- up test 58.5
Junction 123.9
Juncture . . . 489.8
Junta 305.11
- de empaquetadura 471.6
- estanca . . . 470.9
- hidráulica . . 405.8
Jurado, químico oficial 174.2
Juwelierrot . . 276.2

K.

Kai, Verlade- . 122.4
Kalcimeter. . . 182.4
Kali-apparat . 181.3
-, Ätz- 204.12
-, - - in Stangen 204.13
-, chromsaures . 206.4
-, doppeltchromsaures 206.5
-, essigsaures . 206.6
-hydrat . . . 204.12
-, kohlensaures 205.8
-lauge 205.2
-, saures schwefelsaures 206.2
-, schwefelsaures 205.11
-salpeter 419.6
Kaliber . 514.5, 515.3
-, Anfangs- . . . 516.5
-, Belageisen- . 517.9
-, Blind- . . . 516.10
-, blindes . . 516.10
-, Blockwalz- . 517.5
-, die - entwerfen 514.7
-, End- 516.7
-, Entwicklungs- 516.8
-, Flach- 517.3
-, Form- 517.4
-, geschlossenes 515.10
-, Laschen- . . 517.10
-, Nagel- 518.3
-, offenes 515.9
-, Oval- 517.1
-, periodisches . 518.1
-, Schienen- . . 517.7
-, Schluß- . . . 516.7
-, Schwellen- . . 517.8
-, Spitzbogen- 516.11
-, Stauch- . . . 516.2
-, Streck- . . . 516.1
-, Träger- . . . 517.6
-, unterbrochenes 518.4
-, Unterschlagplatten- 517.11
-, Vierkant- . . 517.2
-walze 514.4
Kalibrieren der Walzen 514.3
Kalibriert . . . 89.1
Kalium 221.2
-acetat 206.6
-bichromat . . 206.5
-chlorat 211.2
Kalium-chlorid 207.1
-chromat . . . 206.4
-cyanid 206.3
-eisen-cyanid . 208.8
- -cyanür . . . 208.7
-ferricyanat . . 208.8
-ferrocyanat . 207.7
-, Jod- 211.11
-karbonat . . . 205.8
-sulfat 205.11
Kalk . . . 117.1, 220.1
-beschickbühne 388.6
-, Chlor- 208.2
-, kohlensaurer 220.2
-licht 280.13
-milch 545.11
-, Natron- . . 205.7
-reich 357.12
-, schwefelsaurer 208.1, 220.3
-spat 78.1
-stein 85.5, 111.2, 117.3
-wasser . 205.5, 341.3, 545.11
Kalken des Drahtes 537.3
Kalkig . . 60.5, 117.9
Kalorimeter . . 110.1, 180.6
Kalorimetrisch 108.11, 110.2
Kalt-biegeprobe 42.6
-bruch 48.1
-brüchig 48.2
-guß 489.1
-hämmern . . . 548.6
- legen 415.9
-probe 81.6
-sägemaschine 493.4
-schweiße . . . 386.8
-windschieber 322.4
Kältemaschine 329.7
Kamin . . 164.6, 519.1
-beschlag . . . 373.2
-bühne 388.8
-kühler 149.3
Kamm-walze . 519.4
-walzenständer 524.3
Kammer, Aufnahme- 472.6
-, Heiz- . . 85.6, 319.2
-, Seiten- 316.6
-, Sieb- 140.9
-walze, hohle . 519.5
-, Wind- 502.1
Kanal 85.7
-, Abhitze- . . . 104.3
Kanal, Ausström- 499.5
-, Einguß- . . . 448.3
-, Essen- 85.8
-, Heiz- 104.2
-, Rauch- 85.8
-, ringförmiger 312.5
-, Sohlen- . . . 104.1
-, Umström- . . 471.8
-, Kanäle zur Bleigewinnung 290.6
Kante 36.9
-, scharfe . . . 423.6
Kantenriß . . . 36.4
Kantig 426.9
Kantvorrichtung 525.7
Kanzel 395.6
Kanzleigebäude 149.8
Kaolin 116.13
Kapazität, Polarisations- 264.4
Kapazitätsgröße 257.4
Kapelle 235.3
Kapillare, Gaszuführungs- 270.6
Kapillarfläschchen 185.6
Kappe . 406.2, 522.10
-, Flaschen- . . 188.7
-, Gummi- . . . 198.2
-, Verschluß- . . 23.5
Kappenständer 522.9
Kapsel 202.4
-, Brech- 522.2
-gebläse 471.1
-hochdruckgebläse 472.7
-werk 471.7
Karbidkohle . 215.10
Karborund 15.5, 344.1
Karminpapier 212.10
Karneolstein . 238.1
Kartendruckvorrichtung 134.5
Käse 384.3
Kasserolle . . . 193.6
-, Abdampf- . . 247.4
Kassette, Schiebe- 282.3
Kasten 411.4
-, Aschen- . . . 164.1
-formerei . . . 439.9
-gebläse 325.5
Kasten, Glas- . 189.2
-, Kühl- 296.7
-, säurefester . 189.1
-, Trocken- . . . 233.1
Kathetometer . 181.1
Kathion 257.9
Katze, Lauf- . . 126.6
Käufer 558.5
Kautschukware 197.1
Kegel . . 309.7, 310.5
-, Abrutsch- . . 84.2
-, Filter- 244.7
-form 304.2
- -, abgestumpfte 304.2
-förmig 299.4
-, Platin- 195.6
-, Ventil- 508.7
Kegelig . 299.3, 422.4
Kehrwalzwerk . 582.1
Keil 301.10
-einguß 448.8
-förmig 371.7
-stück 293.2
Kelch 186.2
-, Meß- 185.9
-, Prüf- 186.2
-, Reagenz- . . 186.2
Keller, Aschen- 168.8
Keller, forno . 570.1
Keller, four . . 570.1
Keller furnace 570.1
Keller, horno de 570.1
Kellerscher Ofen 570.1
Kennzeichen . 34.8
Keps 331.3
Kerb-biegeprobe 44.2
-schlagprobe . 44.2
Kern . . . 458.4, 461.2
-arbeiter . . . 458.2
-büchse 459.3
- des Bruchquerschnittes 47.3
-dreh-bank . 460.10
- -lade 460.10
-drücker 424.8
-einschnürung . 458.7
-eisen . . . 2.3, 458.8
- -richtmaschine 459.1
-formerei . . . 458.1
-formmaschine 459.2
-gabel 486.9
-gerippe 460.4
-kasten 458.3
-luft 459.4

Kern-macher . 458.2
-macherei . . . 458.1
-marke 424.8
-nagel, Patent- 461.9
-, Röst- 89.3
-sandbeschaffenheit 427.4
-schablone . . 461.3
-schacht 304.5
-spindel 459.9
- -, die - - umwickeln 460.7
- -, gefurchte . 460.1
- -, hohle . . 459.10
- -, profilierte . 460.1
- -, unrunde . . 460.1
-stück 458.3
-stütze 461.7
-trockenofen . 463.4
-, zerbrechlicher 459.8
Keroseneoil stove 184.10
- tester 181.5
Kessel-anlage . 151.5
- -, freistehende 151.7
- -, überdachte 151.8
-, Batterie- . . . 154.4
-, Betrieb- . . . 158.4
-blech 26.5
-, Bouilleur- . . 154.2
-, Bürst- 553.8
-, Dampf- . . . 152.1
-, Dampfkoch- . 178.8
-, Druckwind- . 145.4
-, Durchführ- 553.10
-, Einfach- . . . 153.7
-, Ersatz- 153.5
-, Fett- 553.3
-, Flammrohr- . 154.5
-, Gegenstrom- 153.1
-, Gleichstrom- 153.2
-, Grob- 553.6
-gruppe 154.1
-haus 150.1
-, Hilfs- 153.6
-, Lokomobil- . 155.2
-, Rauchrohr- . 155.1
-, Saugwind- . . 145.2
-, Siederohr- . . 155.1
-, Staffel- . . . 153.9
-, Umlauf- . . . 153.3
-, Verbund- . . 153.8
-, Walz - 554.1
-, Wasch- . . . 553.8
-, Wasserröhren- 155.3
-, Weißblech- . 553.2
-, Wellrohr- . . 154.8
-, Wind- 394.4
-, Zinn- 553.6
Kessler, aparato 93.10
Kessler apparatus 93.10
Kessler, apparecchio 93.10
Kessler, appareil 93.10
Kesslerscher Apparat 93.10
Kette 311.6
-, endlose . . . 340.9
Ketten-bahn . 135.10
-bruch 187.10
-rostfeuerung . 157.5
-verschleiß . . 187.9
Key 522.1
Kick 482.10
Kidney ore 63.8, 67.2
Kies-abbrand . 70.8
-, Arsen- 72.4
-, Eisen- 72.3
-filter 147.3
-, Kupfer- . . . 72.2
-, Magnet- . . . 68.3
Kiesel, Mangan- 70.4
-sauer 427.11
- säure-anhydrid 216.3
- -, gallertartige 115.5
- -, gebundene 115.4
- -reich 115.3
-zinkerz 71.10
Kieselig 115.2, 357.11
Killing 385.12
Kiln . 83.4.5, 119.12
Kilowatt-heure 572.7
- -hora 572.7
- -hour 572.7
- -Stunde . . . 572.7
Kipp, aparato de 221.5
Kipp, apparato di 221.5
Kipp's apparatus 221.5
Kipp, appareil de 221.5
Kipp, -scher Apparat 221.5
Kipp-bühne . . 132.5
-ofen 403.1
-vorrichtung . 331.6
- -, elektrische 393.6
- -, Hand- . . . 479.5
- -, selbsttätige 479.6
Kippen 341.8
-, die Pfanne . 479.4
-, durch - aus der Schnauze gießen 481.5
Kipper 131.5
-, Kurven- . . . 133.1
-, Plattform- . . 132.7
-, selbsttätiger Kohlen- 132.4
-, Wagen- . . . 132.6
kish 481.6
Kiste, die -n laden 417.5
Kitt, Rost- . . . 319.5
-, Stickstoffbestimmungs- Kjeldahl-kolben 187.2
apparat nach 221.7
Kjeldahl, flacon de 187.2
Kjeldahl, flacone di 187.2
Kjeldahl flask . 187.2
Kjeldahl, frasco de 187.2
Kjellin, forno . 568.4
Kjellin, four . . 568.4
Kjellin furnace 568.4
Kjellin, horno sistema 568.4
Kjellinscher Ofen 568.4
Klappe 301.3
-, Boden- . . . 467.3
-, Füll- 161.8
-, Sicherheits- . 314.9
-, Verschluß- . 181.4
Klappenverschluß 314.8
Klar 241.10
Klär-behälter . 146.9
-flasche 243.6
-teich 81.3
Klären 243.5
Klärung des Wassers 146.8
Klassieren . . . 65.2
Klauben, aus- . 63.4
Klauberz . . . 63.3
Klaue, Ochsen- -n 420.3
Klauenmehl . . 420.2
Klavierdraht . 28.7
199.10
Klebrig 428.9
Kleeblattform 520.4
Klein-bahnschiene 22.7
-bessemerbirne 387.7
-bessemerei . . 387.6
-eisenzeug . . . 23.7
-gefüge 283.2
-kupolofen . . 469.6
-kuppelofen . . 469.6
-luckig 2.8
-spiegelig, -es Weißeisen 3.5
-wasserraumkessel 152.7
-zackig . . . 426.10
Klemm-platte . 24.5
-vorrichtung . 136.2
- - für Verschiebebahnen 137.8
Klemme für Elemente 265.9
-, Ständer- . . . 198.6
Klumpen, Eisen- 361.6
Knabbelkoks 107.12
Knallgas . . . 343.8
-gebläse 251.7
Knead, to 119.9, 425.5
Kneten . 119.9, 425.5
Kniehebelpresse 505.3
Knife 78.6
Knitterig . . . 47.6
Knob 38.7
Knobbled . . . 10.3
Knocking, -s . 62.8
Knollen, Brauneisenstein- 67.1
Knot 422.9
Knüppel . . . 18.8
Kobalt 217.11
-flasche 188.6
-glas 235.9
-nitrat 212.5
-oxydul . . . 217.12
Koch-abschnitt 375.9
- -Eruptionsperiode 396.7
-flasche 187.5
-kessel, Dampf- 178.8
-periode . . . 375.9
-puddeln . . . 379.4
-salz . . . 207.2, 545.7
-zeit 375.9
Kochen, heftiges 396.8
Kocher, Gas- . 184.9
-, Petroleum- 184.10
Kocherei, Dampf- 120.3
- mit offenem Feuer 120.4
-, Teer- 120.2
Kohle 104.6.7
-, aufbereitete . 102.1
-, Back- 99.3
-, Braun- 98.6
-, Erbs- 101.3
-, Eß- 99.10
-, Fett- 99.2
-, Förder- . . . 100.7
-, Gas- 100.1
-, gepreßte . . 343.11
-, gewaschene . 102.1
-, Gries- 101.3
-, großstückige 100.9
-, Grus- 101.4
-, halbfette . . 99.4
-, Härtungs- . . 215.9
-, Holz- (s. Holzkohle)
-, Horn- 419.5
-, Karbid- . . . 215.10
-, Koks- 100.2
-, kurzflammige 99.5
-, langflammige 99.1
-, Laubholz- . . 418.9
-, Leder- 419.4
-, Mager- 99.6
-, Nuß- 101.2
-, Perl- 101.3
-, Roh- 100.7
-, Schmiede- . . 100.1
-, Sinter- 99.7
-, sinternde Sand- 99.9
-, Staub- 101.6
-, Stein- 98.7
-, Stück- 100.9
-, Temper- . . . 215.7
-, Würfel- . . . 101.1
-, Zement- . . 215.10
Kohlen-beförderungsband 159.5
-bohrer 235.5
-eisenstein . . 69.1
-elektrode . . . 566.7
- -, hängende . 566.7
-feuerung . . . 155.4
-größe 100.8
-grube, Stein- . 100.5
-grus 101.4
-halter 235.4
-heizung . . . 249.3
-kasten, zweiteiliger 129.2
-kipper, selbsttätiger 132.4
-klein, Stein- . 101.5
-lösche 546.2
- -, angefeuchtete 546.2
-oxydentwicklung 375.3
- -gehalt . . . 360.4
-sack 303.7
-säge 235.6
-sandstein . . . 113.6
-sauer 200.2
-säure . . 81.8, 215.13
- -bestimmer . 216.1
- -haltig 60.4
- -härtung . . 545.4
-scheider . . . 102.3
-schicht, glühende 405.7
-schlamm . . . 101.8
-stampfmaschine 105.5
-staub 101.7
- -feuerung . . 155.7

Kohlen-staub, mit - - einpudern 480.4
-stoff . . 214.9, 418.7
- -, amorpher . 215.8
- -art 214.10
- -ausscheidung 348.8
- -bestimmung 215.12
- -, gestaltloser 215.8
- -stahl 16.8
- -stein 306.8
- -verbrauch . 348.7
- -ziegel . . . 117.10
-sturzbahn . . 182.3
-verbrauch . . 557.3
-wäsche 102.2
-wasserstoff, -e 105.9
-zeche 100.5
-zufuhr 159.4
- - durch Schnecke 159.6
Kohlung 348.5
- durch festen Kohlenstoff 418.7
Kohlungs-grad 348.6
-stoff 398.7
-zone 347.3
Kokille 340.6, 446.7 526.4
Kokillenform . 446.6
Koks . . . 102.8, 106.7
-ausdrückmaschine 106.4
-, Brech- . . . 107.12
-, Bruch . . . 107.10
-erzeugung . . 102.7
-, Eßkohlen- . . 107.6
-, Füll- 478.6
-gabel 478.8
-gicht, leere . . 337.7
-, Gießerei- . . 107.4
-, Groß- 107.9
-, Hochofen- . . 107.3
-hochofen . . . 285.3
-klein 107.13
-kohle 100.2
-korb 336.7
-, Knabbel- . 107.12
-kuchen 106.6
-lagerplatz . . 130.4
-, Mager- 107.5
-ofen 108.4
- -batterie . . . 108.9
- - für Gewinnung der Nebenerzeugnisse 103.8
- -gas 108.5
- -, geschlossener 108.7
- -gruppe . . . 108.9
- -, halbgeschlossener backofenförmiger 103.5
- -tür 104.5
- ohne Erz . . 337.7
-roheisen . . . 4.3
-, Satz- 478.7
-, Sieb- 107.11
Kolben . 311.4, 506.2
-, Abdampf- . . 247.6
-, Destillations- 254.9
-, Erlenmeyer- . 186.6
-flügel 472.1
-, Fraktions- . . 187.3
-, Glüh- 187.8
-, Hammer- . . 499.2
-, hintereinanderliegende 506.5
-, Kjeldahl- . . 187.2
Kolben, Meß- 185.10
-, Mönchs- . . . 506.2
-, nebeneinanderliegende 506.4
-, Preß- . 121.2, 506.1
-, Pumpen- . . 509.3
-, Rund- 186.7
-, Scheiben- . . 506.3
-, Steh- 187.1
-steuerung . . 499.4
-träger 198.7
Kollergang . . 78.1
Kolophonium . 419.8
Kompensationsaufhängung 237.6
Komponente . 274.7
Kondensation . 256.4
Kondensationsröhre 256.6
Kondensieren . 256.5
Konglomerat . 68.6
Kongopapier 212.11
Königs-wasser 204.3
-welle 78.4
Konsolkran . . 127.1
Konstante, Affinitäts- 260.5
-, Dissoziations- 260.5
Konstitution, chemische 225.10
Konstruktion, Eisen- 151.3
Konus, Platin- 195.6
Konvektionsstrom 260.8
Konverter 389.7, 395.2
-auswurf . . . 112.6
-halle 388.1
Konzentrationspolarisation 264.5
Konzentriert . 242.1
Konzession . . 557.7
Konzessionsbeschränkung 557.8
Kopf . . . 22.5, 408.5
-ende 413.9
-, kugelförmiger 520.2
-platte . . 496.9, 505.6
-, schmiedeeisener 495.5
-, Ständer- . . . 521.2
-, verlorener . . 485.6
Kopieren . . 282.10
Korb 79.5
-, Saug- 140.8
Kork 196.2
-bohrer 196.7
- -schärfer . . 196.8
-messer 196.5
-platte 196.2
-presse 196.3
-zange 196.6
Korn 379.7
-blau 548.1
-größe . . 100.8, 281.3
-puddeln . . . 379.6
-, quarzige Körner 115.7
Körnen 359.3
Körnig 45.3
-, fein- 45.4
-, grob- 45.5
Körnung 100.8, 359.2
Körper 224.2
Korrespondierend 262.7
Kosten-anschlag 562.12
-, Bau- 563.5
Kosten der Kraft 168.2
-, Herstellungs- 562.13
-, Zustellungs- . 578.1
Kraft 168.2.4
-, Dreh- 50.9
-linie 92.10
-sammler . . . 508.3
-spannung, magnetische 92.7
-station 166.1
-, Torsions- . . 50.9
-übertragung . 167.2
- -, unmittelbare 327.3
-übertragungswerk 166.2
-verbrauch . . 557.4
-verteilung . . 167.3
-werk . . 166.1 167.9
Kräftepaar . . 51.1
Krampstock . . 481.7
Kran 125.6
-, Ausleger- . . 125.7
-balken 476.6
-, Beschick- . . 410.5
-, Beschickungs- 410.5
-, Block- 526.6
-, -abstreif . . . 562.2
-, -chargier- . . 528.7
-, -einsetz- . . . 528.7
-, -förder- . . . 526.6
-, -zangen- . . . 526.5
-, -zieh- 527.7
-, Bock- 125.8
-, Brücken- . . 126.4
-, Chargier- . . 410.5
-, Dampf- . . . 127.2
-, Dreh- 264.5
-, Einsetz- . . . 410.5
-, fahrbarer Dampf- 127.4.6
-, feststehender Dampf- 127.3
-, Finger- . . . 528.2
-, freistehender 126.1
-gehänge . . . 476.8
-, Gieß- 476.2
-, Greif- 128.1
-haken 476.5
-, Konsol- . . . 127.1
-, Lager- 129.4
-, Lauf- 126.5
-, Magnet- . . . 129.5
-magnet 129.6
-, Mulden-chargier- 410.7
-, -einsetz- . . . 410.7
-, obenlaufender Dreh- 127.7
-pfanne 478.4
-, Portal- 126.3
-preßluftstampfer 485.2
-, Stripper- . . 562.2
-, Tiefofen- . . 527.7
-, Tor- 126.3
-, Turmdreh- . . 126.7
-, Überlade- . . 125.8
-, Verladebock- 127.5
-, Wand- 125.9
-, Zangen- . . . 526.5
Kranz 295.4
-, aufgenieteter - aus Winkeleisen 295.4
-, Eisen- 294.3
-, Gußeisen- 84.5, 294.5
Kranz, Mauer- 304.10
-modell 451.6
-, Stroh- 202.2
-, Trag- 294.2
Kratzband . . 139.4
Kratze 371.6
-, keilförmige . 371.7
Kratzen 354.2
-tür 370.8
-zug 536.9
Kratzer 139.3
-förderer . . . 139.2
-scheibe 139.3
-transporteur . 139.2
Kreide, Phosphat- 113.7
Kreis-bogen . 514.12
-form 290.4
-förmig 238.3
-lauf, geschlossener 148.2
Kreiselwipper . 133.2
Kremp-blech . 26.6
-lasche 24.1
Kreuzeisen . . 21.9
Krigar, cubilot 469.1
-, cubilote . . . 469.1
-, forno 469.1
- furnace . . . 469.1
Krigarscher Ofen 469.1
Krispelig . . . 47.4
Kristall-form . 214.3
-, Misch- 274.1
-, Tannenbaum- 214.4
Kristallierschale 243.10
Kristallierungsgefäß 243.9
Kristallinisch . 46.4 64.3, 242.13
Kristallisiert . 214.2
Kritisch, -e Punkte 272.9
Krücke 387.5
Krumm 534.5
Krümmer-kern 461.4
-, Rohr- 320.3
Krümmling . . 320.3
Kruste . . 486.6, 489.8
-, Schlacken- . . 386.5
Kübel, Greifer- 129.2
Kuchen, Koks- 106.6
-, Schlacken- . . 356.1
Kugel-form . . 96.5
-förmig 520.2
-gelenk 302.1
-hahn-pipette . 191.5
- -stechheber . 191.5
-härte-probe . . 54.4
- -prüfer . . . 54.5
- -lager 300.8
-mühle 79.1
-röhre 189.8
-, Schlacken- . . 397.2
Kuh-dünger . . 429.1
-haar 429.2
Kühl-anlage, Wasser- 148.4
-bad 544.5
-flüssigkeit . . 544.7
-form 297.1
-halten, die Probe 275.6
-kammer . . . 329.5
-kasten 296.7
-schlange . . . 255.6
-teich 148.5
-trog 371.4

Kühl-turm . . . 149.2
-vorrichtung . 296.4
-wasser . . . 297.10
- -rohr 298.2
Kühler . . 255.7, 329.5
-, Kamin- . . . 149.3
-, Riesel- 148.7
Kühlung, Luft- 296.6
-, Rost- 162.5
-, Rück- 148.1
-, Wasser- . . . 296.5
Künstlich . . . 68.1
Kupfer 217.7
-, Chlor- 209.3
-chlorid 209.3
-chlorür 209.4
Kupfer-drahtnetz 199.2
- -rolle 199.3
-drehspan . . . 199.8
-haltig . . . 61.1, 90.4
-kies 72.2
-oxyd 217.8
- -, gekörntes . 209.2
-sulfat 90.6
-vitriol 90.6
-, Zement . . . 90.7
Kupolofen . . . 478.4
-, Gießerei- . . 466.6
-, Klein- 469.6
-, Saug- 469.2
-schmelzen . . 478.3
Kuppel 321.7
Kuppeln 519.8
Kuppelofen . . 478.4
-, Gießerei- . . 466.6
-, Klein- 469.6
-, Saug- 469.2
-schmelzen . . 478.3
Kupplung . . . 519.7
-, ausrücksbare 519.9
-, die - ausrücken 520.7
-, - - einrücken 520.6
-, - - lösen . . . 520.7
-, - - schließen 520.6
-, Reibungs- . . 520.5
Kupplung, Schlauch- 184.2
Kupplungs-muffe 519.10
-spindel 520.1
-zapfen 518.7
Kurbel 288.8
-hammer . . . 500.9
-stange 326.5.6
Kurve 515.1
-, flache 515.1
-, steile 515.2
Kurvenkipper . 188.1
Kurz-armig . . 238.4
-flammig 99.5

L.

Label 185.3
Laberinto de madera 80.7
Labirinto di legno 80.7
Labor hecha á mano 556.4
Laborant . . . 174.3
Laboratoire . . 178.2 368.8
- de fabrication 174.7
- principal . . 174.6
- public 178.1
Laboratorio . . 178.2 368.8
- d'esercizio . . 174.7
- principale . . 174.6
- pubblico . . 178.1
Laboratorio . . 178.2 368.8
- de servicio . 174.7
- principal . . 174.6
- público . . . 178.1
Laboratorium-betrieb 178.2
-diener 174.5
-junge 174.4
-, öffentliches . 178.1
-tisch 175.3
-vorstand . . . 178.3
Laboratory . . 178.2
- bench 175.3
- boy 174.4
-, chief 174.6
-, public 178.1
- servant . . . 174.5
- table, electro-chemical 265.5
- working . . . 178.2
Labour 556.3
-, manual . . . 556.3
Labourer . . . 332.9
Lac, minerai des -s 67.4
Laca 550.6
Lacca 550.6
Lâchage de la scorie 474.6
Lâcher le laitier 338.2
Lacht 375.1
Lack 550.6
-, Modell- . . . 424.5
Lackieren . . . 550.7
Lackmuspapier 212.8
-tinktur 211.9
Lacquer . . . 550.6
Lacquer, to . . 550.7
Lade-gewicht . 184.7
-mulde 410.8
-stelle 561.9
-vorrichtung, Erz- 123.1
Laden 489.13
-, die Kisten . . 417.5
Ladle . 341.6, 477.4.8
- car . . . 477.3, 478.6
- carriage . . . 477.1
- carrier 478.5
-, fixed 478.7
- for ring carrier 478.1
- guide 479.7
- handle 479.2
- hangers . . . 479.2
- on wheels . . 478.6
- pouring appliance 480.1
- sample 401.7
- support . . . 479.2
-, stamped iron 478.4
Lado de aspiración 471.4
- - entrada . . 581.3
- - impelación 471.5
- - la presión . 471.5
- - salida . . . 581.4
- frontal 104.4
Ladrillo 96.2
- ácido 306.6
- aluminoso molido 428.7
- básico 306.5
- de barro . . 429.7
- - carbono 117.10, 306.8
- - dolomita . 117.6
- - escoria . 358.8.11
- - greda . . . 429.7
- - los etalajes 302.7
- Dinas 115.1
- para cuba . 305.10
- puesto de canto 321.10
- refractario . 156.6 329.5
- secado al aire 429.8
Ladung, Teil- . 562.7
-, volle 562.9
Lager, Block- . 180.7
-büchse 496.1
-, Eisen- 180.5
-größe 87.7
-kran 129.4
Lager, Kugel- . 300.8
-, Modell- . . . 422.2
-platz, Erz- . . 180.3
- -, Koks- . . . 180.4
-, Roheisen- . . 180.6
-stätte, Eisenerz- 56.4
- -, gangartige . 56.5
- -, geschichtete 57.1
- -, gestörte . . 57.4
- -, massige . . 57.2
- -, Trümmer- . 57.2
- -, verworfene 57.4
-stättenkunde . 56.1
-, Träger- . . . 180.8
-vorrichtung . 180.1
-, Zapfen- . . . 521.7
Lagerung . . . 56.2
-, dichte 335.7
-, stetige 521.5
-, veränderliche 528.1
Lago 67.4
Laine d'amiante 200.12
- de bois . . . 460.8
- - laitier . . . 358.9
Lait de chaux . 205.5 545.11
Laiteral 364.4
Laitier 299.5
- acide 356.6
- basique . . . 356.7
- chaud 357.4
- court au crochet 356.7
- de haut-fourneau traité à la vapeur 95.7
- du haut-fourneau 355.10
- filant 356.6
-, formant du . 349.8
- froid 357.5
- granulé . . . 359.4
- pierreux . . . 357.8
Laiton 237.3
Lama di sega . 493.7
Lambicco . . . 255.5
Lame . . 78.6, 493.5
- de scie 493.7
Lamellare . . . 45.7
Lamelle 45.8
Lamiera 25.4, 40.2, 295.1
- a prominenze 26.12
- d'acciaio 25.11, 186.5
- - fuso 25.12
- d'alluminio 199.11
Lamiera da caldaie 26.5
- - focolare . . 26.7
- - rivestimento 26.8
- del timpano . 292.4
- di ferro 25.6, 309.1
- - - omogeneo 25.10
- - - saldato . 25.9
- - platino . . . 194.9
- - rivestimento 293.9
- - sbarramento 371.3
- - scarto . . . 27.7
- finita 27.6
- flangiata . . . 26.6
- forata 27.4
- greggia . . . 27.5
- grossa 26.3
- inclinata . . . 316.5
- laminata . . . 25.5
- martellata . . 25.8
- nera . . 26.2. 588.3
- ondulata 27.1, 308.4
- - a curva . . 27.2
- per navi . . . 26.9
- - serbatoi . . 26.10
- - trattenere le scorie 371.3
- profilata . . . 26.4
- protettrice . . 388.3
- rigata 27.3
- sagomata . . 26.4
- sottile 25.7, 26.1, 511.2
- striata . 26.11, 27.3
Lamina 45.8
Lámina . 45.8, 493.5
Laminación . . 35.6
- de tubos . . . 587.4
Laminado . 18.2, 53.4
Laminador 112.4, 534.3
- de chapas . . 510.5
- - planchas para blindaje 511.1
- para chapa fina 511.2
- para ruedas . 512.3
- rápido 511.7
-, tren . . 377.9, 510.1
Laminage . . . 35.6
- de tubes . . . 587.4
-, réduire les dimensions par 585.2
Laminar . . . 529.6.7
- á secciones menores 585.2
- hacia atrás . 582.6

Laminar juntamente 583.1
- múltiple . . . 583.1
- palastros . . 582.10
Laminare 529.6.7, 535.2
- indietro . . . 582.6
- insieme . . . 583.1
- le lamiere . 582.10
Laminated 45.6, 46.1
Laminato . . . 18.2
Laminatoio . . 112.4
- riversibile . . 582.1
Laminazione . 85.7
- dei tubi . . . 587.4
- del filo di ferro 535.1
Laminé 18.2
Laminer . . . 529.6.7
- en arrière . . 582.6
- ensemble . . 583.1
- les tôles . . 582.10
Laminilla . . . 45.8
Laminoir . . . 112.4
- à blindages . 511.1
- - roues . . . 512.3
- - tôles 510.5
- - - minces . . 511.2
- duo 512.6
- réversible . . 582.1
Lamp 172.1
- black . 430.7, 552.2
-, incandescent 172.2
- plate 184.5
- standard . . 171.8
Lampada . . . 184.5
- a gas illuminante ed ad ossigeno 184.6
- - mercurio . 281.2
- - spirito . . . 184.3
- ad arco 172.1, 344.2
- al magnesio . 184.7
- - microscopio 278.8
- - saldatore . 235.2 251.6
Lampadina ad incandescenza 172.2
Lámpara . . . 184.5
- de alcohol . . 184.3
- - arco voltáico 172.1
- - gas del alumbrado y de oxígeno 184.6
- - incandescencia 172.2
- - magnesio . 184.7
- - mercurio . 281.2
- - soplete . . . 251.6
- incandescente 172.2
- para microscopio 278.8
- - soplete . . . 235.2
Lampe, Blase- . 251.6
-, Gebläse- . . . 251.6
-, Leuchtgassauerstoff- 184.6
-, Lötrohr- . . . 235.2
-, Magnesium- . 184.7
-, Quecksilber- . 281.2
-, Spiritus- . . . 184.3
Lampe 184.5
- à arc 172.1
- - chalumeau 251.6
- - esprit de vin 184.3
- - gaz d'éclairage et à oxygène 184.6
Lampe à incandescence 172.2
- - mercure . . 281.2
- - soufflerie . 251.6
- au magnésium 184.7
- pour chalumeau 235.2
- - microscope 278.8
Lampenteller . 184.5
Lana d'amianto 200.12
- d'asbesto . . 200.12
- di legno . . . 460.8
- - loppa . . . 358.9
Lana de asbesto 200.12
- - escoria . . 358.9
- - madera . . 460.8
Lancashire Frischherd 364.1
-, fuoco d'affinaggio 364.1
- hearth 364.1
Lance à jet de sable 492.10
Land-fracht . . 561.3
-weg 561.2
Lang-armig . . 238.5
-lochbrenner . 159.2
-rost 160.6
Länge, genaue 37.3
-, vorgeschriebene 37.2
Langen's gas exit pipe 313.6
Langen, presa di gas 313.6
Langen, prise de gaz 313.6
Langen, toma de gas de 313.6
Langenscher Gasfang 313.6
Längenriß . . . 36.5
Längs-furche . 460.2
-rippe 519.6
-riß 36.5
-schwelle . . . 23.4
Langsam . . . 357.6
Languette à sable 441.4
Lanterna 458.8, 459.1 460.3
- per anima . 459.10
- scannellata per anima 460.1
Lanterne 79.5, 171.8 460.3
- à noyau . . 459.10
Lanza del chorro de arena 492.10
Lanzette 487.3
Lap welded . . 588.7
Lappen, Trag- . 300.7
Lápiz azul . . 191.1
- de color . . . 191.1
Laque 550.6
- à modèles . . 424.5
Laquer 550.7
Large-plat . . 21.7
Larget 18.7
Larguero . . . 23.4
- de parrilla . 368.2
Lasche 23.8
-, Flach- 23.9
-, Kremp- . . . 24.1
-, Stoß- 23.8
Lasche, Winkel- 24.1
Laschen-bolzen 24.2
-kaliber . . . 517.10
Lash 523.10
Lastra 18.5
- di gomma . . 197.5
- - marmo . . 287.1
- - sughero . . 196.3
- - vetro . . . 189.4
- - - all'urano 189.5
- - - colorato . 400.9
- - - da specchi 287.2
- fotografica . 282.2
Lastrina di mica 301.5
Lata 552.10
Latch 168.6
Latent 272.6
Latente 272.6
Latéral 316.6
Lateral 316.6
Laterale 316.6
Lathe 383.1
Lato 20.2
-, a -i disuguali 20.3
-, - -i uguali . 20.1
- anteriore . 424.11
- aspirante . . 471.4
- d'uscita . . . 531.4
- del foro di colata 403.4
- dell'entrata . 531.3
- della carica . 403.3
- premente . . 471.5
Latón 388.3
Latta bianca 552.10
- desossidata . 553.1
- matta . . . 552.11
- stagnata . . . 553.2
Latte di calce 545.11
Latticelike . . 525.4
Laubholzkohle 418.9
Lauch 374.8
Lauf-bühne . . 308.3
-katze 126.6
- -, Gieß- . . . 476.3
-kran 126.5
-zapfen 518.6
Läufer 78.2
Lauge-anlage . 89.9
-bottich 90.1
-, entkupferte . 90.5
-, entzinkte . . 90.9
-, Kali- 205.2
-, kupferhaltige 90.4
-, Mutter- . . . 274.3
-, Natron- . . . 205.3
-rückstand . . 89.3
-, zinkhaltige . 90.8
Laugen, aus- . 89.6
Laugung . . . 89.6
Launder . 80.7, 81.2
Lavabo, -s . 150.6.7
-, installation de -s 150.7
Lavadero de carbón 102.2
- - minerales . 80.6
Lavado . . . 80.2.3
- de los minerales 79.6
-, finamente . . 276.10
-, instalación de 317.3
Lavador Bian . 318.1
- de gas 317.4
- Theisen . . . 317.7
Lavage . . . 80.2,3
Lavage des minerais 79.6
-, installation de 317.3
Lavaggio 80.2.3, 317.3
- a gas 317.4
- dei minerali . 79.6
- del carbone . 102.2
- di minerali . 80.6
Lavar . . 222.1, 246.6
-, cuarto de . . 150.6
-, aparato para - el esmeril 275.10
- la arcilla . . 433.6
Lavare 246.6
- l'argilla . . . 433.6
-, apparecchio per - lo smeriglio 275.10
Lavato 102.1
Lavatoio 150.6.7, 358.5
Lavatory . . 150.6.7
Lavatura dei minerali 79.6
Lavé 102.1
-, finement . . 276.10
Laver 246.6
- l'argile . . . 433.6
Laverie 80.6
Laveur à gaz . 317.4
- Bian 318.1
- Theisen . . . 317.7
Lavoir . . 150.5, 358.5
- à charbon . . 102.2
- - minerais . . 80.6
Lavorato, non . 19.4
Lavorazione . . 33.10
Lavoro 54.9
- a draga . . . 58.3
- - macchina . 556.5
- - mano . . . 556.4
- di fabbricazione 556.3
- - giorno . . . 556.6
- - notte . . . 556.7
- - otto ore . . 556.8
-i interni del forno 358.4
-, sistema di . . 409.4
Layer of coals, incandescent 405.7
- - metal . . . 567.1
- - oxide . . . 552.6
- - rust 550.2
- - slag 566.9
Layers, in . . . 391.9
Laying-in of cores 461.6
Lazo 434.5
Leaching plant 89.9
- vat 90.1
Lead . . . 61.2, 219.6
- acetate . . . 209.1
- basin 199.7
- bath 548.5
- bottle 199.5
- dish 199.7
-, oxide of . . . 219.7
-, peroxide of 210.10
- pipe 199.6
- tempering bath 540.4
-, to cover with 554.3
-, white . . . 551.10
Leak, to . . . 385.3.4
Leaking of the tuyere 358.3
Lean 107.5

Leather . . . 202.10
- bellows 325.4
- charcoal 419.4
- cup 507.2
- hollow 423.8
- packing 506.6
- -, double U . 507.3
- ring 506.7
Leave, to - molten steel quiescent 386.3
Le Chatelier, elektrisches Pyrometer von 352.1
Le Chatelier, électropyromètre de 352.1
Le Chatelier, pirometro elettrico di 352.1
Le Chatelier, pirómetro eléctrico de 352.1
Lechada de cal 545.11
Lecho, -s comprimidos 335.7
- de calcinación 88.2
- - colada . . . 340.1
- - fusión . . 334.2.3
Leck werden . 385.3
Lecken der Form 353.3
Lederhohlkehle 423.8
-kohle 419.4
-, Putz- 202.10
-ring 506.7
- -liderung . . 506.6
-stulp 507.2
Ledern 325.4
Leer-gehen . 530.11
-gewicht 185.1
Leg 320.2
Lega 14.10
- a basso tenore 15.1
- ad alto tenore 14.11
- di ferro 14.9
- - molibdeno e nickel 15.8
- metallica . . 351.4
Legeeisen 369.5
Légèrement, fritter 429.12
Legge delle fasi 274.5
Legierung, Eisen- 14.9
-, Ferro- 14.9
-, hochprozentige 14.11
-, niedrigprozentige 15.1
Legierungskörper 14.10
Legna 4.1
Legnaccio . . 453.2.3
Legno . . . 80.7, 98.1
- sano 422.7
Lehm 428.8
-guß 487.6
-kuchen, den - - herrichten 461.1
-platte 439.6
-stein 429.7
Lehmann, soplador 471.7
Lehmann, soufflerie 471.7
Lehmann's blower 471.7
Lehmannsches Gebläse 471.7
Lehmig 426.3
Lehrboden . 439.12
Lehre 36.11, 38.10, 40.3
-, Blech- 40.2
-, Feinschraub- 39.4
-, Loch- 39.8
-, Mikrometer . 39.5
-, Rachen- 40.1
-, Schieb- 39.2
-, Schraub- 38.3
-, Schub- 39.2
-, Taster- 40.1
-, Tiefen- 39.7
Leichtflüssig . 356.11
Leichter 562.5
Leierziehbank . 535.9
Leim 419.7
Leimen, zusammen 423.4
Leinölfirnis . . 551.7
Leinwandgazebeutel 480.6
Leinen, Schmirgel- 203.1
Leistung, die - steigern 555.6
-, - - vermindern 556.1
-, durchschnittliche 555.5
-, stündliche - der Wasserversorgung 140.3
-, Tages- 555.4
Leistungsfähigkeit 555.3
- des Kraftwerkes 167.9
Leiter, Außen- 167.6
-, Mittel- 167.7
-, Null- 167.7
Leitfähigkeit, End- - des Elektrolyten 260.9
Leitfähigkeits-bestimmung 261.1
-gefäß 261.3
Leitung, Druck- 144.8
- des Prozesses 395.5
-, Saug- 144.7
-, Strom- . . 171.3.4.5
-, Wasser- 144.6
Leitungsplan . 168.7
Lejía cincifera 90.8
- cuprífera . . . 90.4
- descobrada . 90.5
- libertada del cinc 90.9
Lejiviación . . 89.6
-, instalación de 89.9
Lejivar 90.1
Length, exact . 37.3
-, focal 279.3
- of stroke . . 502.7
-, prescribed . . 37.2
-, specified . . . 37.2
-ways 228.8
Lenken, die Flamme auf den Herd 411.7
Lens 280.3
Lente 278.9, 279.4, 280.3
Lenticolare . . 280.3
Lenticular . . . 280.3
Lentille 63.7
Leña . . . 98.1, 155.5
Leño 387.6
Lessivage . 89.6, 90.3
-, installation de 89.9
Lessive cuprifère 90.4
- décuivrée . . 90.5
- dézinguée . . 90.9
- zincifère . . . 90.8
Lessiver 90.1
Letame di cavallo 428.11
- - - decomposto 428.12
- - vacca 429.1
Letto di fusione 333.9.10, 334.2
- - torrefazione 83.2
Leucht-gas . . 418.2
- -sauerstofflampe 184.6
-kraft, geringe 400.4
Leva 310.10.11
- articolata . . 505.3
- di registro . . 522.5
- per la regolazione dei cuscinetti 522.5
-, sistema di -e 310.9
Leva 496.4.5.6
Levadizo 452.6
Levadura de cerveza 419.1
Levantamiento de los lingotes 527.3
- del fondo . . 392.2
- hidráulico . . 450.2
Levantar . 375.2, 436.1
- el convertidor 396.1
- - modelo . . 435.8
- la barra . . . 581.5
- las cajas . . . 448.6
- - -, disposición de 448.5
- - tapas, disposición para 528.1
- los crisoles . 386.4
- y pasar el modelo, disposición de 452.5
- - romper . . 354.3
Levare 504.8
- dal deposito . 130.9
- i crogiuoli . . 386.4
- il portavento 348.1
- le battiture . 532.8
Levée 502.7
-, hauteur de la 502.7
-, table tournante à 452.6
Level . . 182.6, 288.6
- of ground water 289.2
- plate 290.8
- workings, deep 58.1
Levelling bottle 269.7
- rule 40.7
Lever 310.10.11, 525.2.5
Leverage . . . 310.9
Levier . . . 310.10.11
- coudé 505.3
- de chargement 410.2
-, disposition de -s 310.9
Levigare 275.7, 276.6
- con attacco acido 278.2
- in rilievo . . 277.7
Levigare, motore per 276.7
Levigato . . . 274.10
Levigazione . . 276.3
Levure de bière 419.1
Lewis bolt . . 291.3
Ley de las fases 274.5
Liant . . . 95.5, 426.2
Libelle 435.5
Liberazione . . 240.6
Libro de cargas 349.4
License 557.7.8
Licht, auffallendes 280.5
-bogen 566.2
- -erhitzung . 566.1
- -heizung . . 566.1
- -, mittels elektrischen - -s öffnen 344.2
- -ofen 565.9
-bündel 281.4
-filter 281.5
-grau 2.1
-menge 280.10
-quelle, äußere 280.8
-stärke 280.9
-verteilung . . 171.7
Licopodio . . 442.3
Licorice extract 278.3
Licuación 488.8
Lid 378.1
- of blast box . 394.8
Liderung, doppelte 507.3
-, Lederring- . . 506.6
-, Stulpen- 507.1
Lieferfrist 559.5
Lieferungsbedingung 559.4
-vertrag, Erz- . 65.3
Liége 196.3
Liegend 326.7
Lieu d'accomplissement 559.7
- de chargement 561.9
- - déversement 356.4
Lievito di birra 419.1
Life 413.2
- of blast furnace 344.8
- - furnace . . 413.3
Lift 329.8
-, double acting 330.3
- frame 329.9
- hammer . . . 495.4
-, hydraulic . . 330.6
-, inclined . . . 331.4
-, pneumatic . . 330.7
-, single acting 330.2
-, to - the crucibles 386.4
-, - - - piece . 581.5
- with rope drive 330.8
Lifter 441.6
Lifting apparatus for the cover 528.1
- blocks 525.1
- carriage . . . 448.4
- device . 448.5, 480.5
- handle 436.1
- ingots 527.3
- rod 310.6
- table 525.3
- -, single . . . 452.6

Lifting type machine for flat castings 449.1
Liga 71.7, 95.5
Light 171.7
- bundle . . . 281.4
- filter 281.5
-, impinging . . 280.5
Lighter 562.5
Lighting and power station 166.2
- installation . 171.6
- power, low . 400.4
- station 165.8
Lightning conductor 165.2
- rod 165.2
Ligne aérienne 171.4
- de force . . . 92.10
- médiane des cannelures 515.6
- souterraine . 171.5
Lignite 98.6
- fired furnace 155.6
Lignite . . 98.6, 155.6
Lignito . 98.6, 155.6
Lima . . . 49.5, 491.5
- fine 275.5
- grossa 275.4
Limadura, -s . 29.6
-s de aluminio . 220.2
Limaille . 29.6, 215.6
- d'aluminium 200.2
Limatura . . . 29.6
- d'alluminio . 200.2
Lime . . . 117.1, 205.7 220.1
- bin 388.7
- brick 428.7
-, carbonate of 220.2
- charging floor 388.6
-, chloride of . 208.2
- light 280.13
-, rich in . . . 357.12
- water . 205.5, 341.3 545.11
Lime 49.5
- à fonte . . . 491.5
Limesoda feldspar 111.5
Limestone . . 349.10
- flux 397.9
Limit 258.7
- of error of analysis 227.2
- value 82.8
Limitado . . . 278.6
Limitato 278.6
Limite 82.8
- d'erreurs d'analyse 227.2
- de dissociation 258.7
Limite 82.8
- d'alzata . . . 502.7
- d'errore nell'analisi 227.2
- di dissociazione 253.7
Limité 278.6
Limite de disociación 253.7
- - errores del análisis 227.2
- - la elevación 502.7
Limited 278.6
Limiting conductivity of the electrolyte 260.9
Limonita . . . 67.4
Limonite . 66.11, 67.4
- in grani . . . 67.5
- pisolitica . . 67.5
Limpiar 202.10, 491.7 492.1
- la pieza de fundición 489.5
Limpido . . . 241.10
Limpieza 163.3, 493.2
- de las parrillas 337.4
- del alambre . 587.1
- - crisol . . . 842.2
- suplementaria 493.8
Limpio . 277.5, 494.1
- de arena . . 5.1
Line 84.2
-, aerial 171.4
- of force . . . 92.10
-, overhead . . 171.4
-, stock 335.5
-, to - the furnace with fire bricks 156.6
-, underground 171.5
Linea 401.4
- dei centri dei canali 515.6
- del manganese 401.6
- - sodio . . . 401.3
- di forza . . . 92.10
- - taglio . . . 84.2
Linea aérea . . 171.4
- de fuerza . . 92.10
- - la regla . . 289.9
- media de las canales 515.6
- subterránea . 171.5
Lineal, Reiter- . 289.7
Lingot 11.4, 18.4, 485.9
Lingote . 130.7, 463.7
- de fundición 339.9
- - hierro . . . 11.4
-, echar fuera el 526.4
Lingotera 446.7, 388.5
- de carga . . . 410.8
- para metralla 411.2
Lingotière 340.6, 341.2 446.7
Lingottiera . . 446.7 526.2
Lingotto . . 11.4, 18.4 485.9
-, estrarre i -i dalle lingottiere 526.4
Linie, Kraft- . . 92.10
-, Walz- 515.6
Liniengruppe . 401.4
Lining . . 412.5, 83.9
-, false 304.7
- material for repairs 412.6
- of shaft . . . 304.5
-, refractory . . 390.5
- the converter 390.6
Link 476.8
Linse, Augen- . 279.2
Linseed oil varnish 551.7
Linsen-erz . . . 68.7
-system 280.3
Linterna 460.3
- para machos 459.10
Lip 478.2
-, interchangeable 478.3
- of ladle . . . 341.7
Liquated . . 483.10
Liquation . . . 483.8
Liquazione . . 483.8
Liquid 246.2
- ammonia . . 108.7
-, thinly 357.1
Liquide 192.7
- d'arrêt 270.1
- de trempe . . 544.7
- -mère 274.3
- sous pression 507.7
Liquido 192.7, 356.11 565.3
- d'assaggio . . 192.5
- di chiusura . 270.1
- -madre 274.3
- per la tempera 544.7
- premente . . 507.7
- titolato . . 192.5.8
Liquido 192.7
- comprimido . 567.7
- filtrado . . . 244.2
- -madre 274.3
- para el análisis volumétrico 192.5
- - templar . . 544.7
- separador . . 270.1
Liquirizia . . . 278.3
Liquor 274.3
Liquorice extract 278.3
Lisciare 487.2
- le forme . . . 487.1
Lisciatore curvo 487.4
- rotondo . . . 487.5
Liscivazione . . 89.6
Liscivia a zinco 90.8
- liberata dallo zinco 90.9
- privata del rame 90.5
- ramifera . . . 90.4
Lisciviazione . 90.1
-, impianto di . 89.9
Lisser 487.2
- les moules . . 487.1
Lit 56.3
- de coulée . . 340.1
- - fusion 333.9.5, 334.2
- - grillage . . . 83.2
Litharge massicot 219.7
Litmus paper . 212.8
- solution . . . 211.9
Litoideo 69.1
Live roller gear bed 525.5
Livella 182.6
Livellare . . . 40.7
Livello 269.7
- a bolla d'aria 485.5
- degli ugelli . 298.7
- idrostatico . . 289.2
Livraison . . . 65.3
Livre des charges 349.4
Lixiviación . . 89.6
Lixiviation . . 89.6
- plant 89.9
- residue 90.3
- vat 90.1
Load . . . 125.4, 184.7 240.12
-, maximum . . 241.1
Load, partial . 562.7
-, torsional . . . 50.9
Loading 122.2, 560.4
- device 123.1
- hopper . . . 131.2
- plant 122.1
- - with rotary crane above 127.7
- ramp 122.3
- staiths 122.4
-, torsional . . . 504
- wharf . . . 122.3.4
Loam 428.8
- brick 429.7
- cake 461.1
- casting . . . 487.6
-, converted . . 116.6
-, gray 116.3
-, young 116.2
Loamy 426.3
Lobo 343.3, 361.6, 402.1
- de escoria . 401.11
Locale d'aggiustaggio 583.5
- dei convertitori 388.1
- - mescolatori 389.3
- per dosare . . 334.7
- - le dinamo . 168.8
- - mescolare . 334.7
Loch, Abstich- 300.4
-, das - auftreiben 52.4
-, kegeliges . . 586.3
-lehre 89.8
-probe 51.9
-ring 504.5
-, Schau- 301.4
-stempel 52.1
- -stahl 18.9
-, Stich- 300.4
-taster 41.3
Lochen, aus- . . 52.3
Löcherig . . . 484.4
Lochung 52.2
Lock 301.8
Locker 59.6
Lockern der Schrauben 291.4
-, das Modell . 485.6
Lockerung des Steinverbandes 386.6
Locomobile . . 155.2
Locomotiva a vapore 124.6
- ad essenza . 124.8
- elettrica . . . 124.7
Locomotive . . 124.6
-, electric . . . 124.7
- steam crane . 127.4
- - - for unloading ships 127.6
Locomotive à essence 124.8
- - vapeur . . 124.6
- électrique . . 124.7
Locomotora de bencina 124.8
- - vapor . . . 124.6
- eléctrica . . 124.7
Lode 56.3
Lodge 149.5
Löffel 202.9
-, Platin- 195.7
Loge de portier 149.5
Logement de la vanne 322.3
Lohe, Gerber- . 429.5

Loi des phases 274.5
Lokomobilkessel 155.2
Lokomotive, Benzin- 124.8
-, Dampf- . . . 124.6
-, elektrische . 124.7
Lomo transversal 316.9
Longarina . . 23.4
Longherina . . 23.4
Longitud exacta 37.3
- prescrita . . . 37.2
Longrine . . . 23.4
Longueur exacte 37.3
- prescrite . . 37.2
Loop 43.4.5
Looping mill . 511.6
Loose bottom . 390.8
Loosen, to - the pattern 435.6
Loosening, device for - and tightening the nuts 291.4
- of the brickwork 336.6
Lopin 366.4
Loppa . . 299.6, 355.9
- acida 356.6
- basica 356.7
- calda 357.4
- dell'alto forno 355.10
-, fare la 338.2
- filante 356.6
- fredda 357.5
- granulata . . 359.4
- pietrosa . . . 357.8
- secca 356.7
Lordo 184.8
Los-boden . . . 390.8
-brechen . . . 343.2
- - des Erzes . 88.4
-drücken der Mündungsbären 402.1
Lösche, Holzkohlen- 98.3
Löschen der Schiffe 127.6
- des Kokses . 106.9
Löschfrist . . 562.11
Löschung . . 562.10
Lösen 241.4
-, die Kupplung 520.7
Löslich 241.8
-, un- 241.9
Löslichkeit 241.3, 273.4
-, beschränkte 273.6
-, vollkommene 273.5
Löslichkeits-beeinflussung 258.10
-bestimmung . 258.9
-fläche 273.8
-kurve 273.7
-verminderung 258.11
Loss . . . 90.2, 378.7
- due to dressing 75.7
- - - roasting . 89.2
- - - screening 75.7
- of gas . . . 360.10
- - heat 572.4
- - metal . . . 378.8
- - pressure . . 350.6
- - weight 226.10, 560.2
Lösung 259.3
-, äquimolekulare 259.1
-, äquivalente . 259.2
-, erstarrte . . . 273.9
-, feste 273.10
Lösung, gleichwertige 259.2
-, isohydrische -en 262.7
-, klare 241.10
-, korrespondierende -en 262.7
-, Normal- . . . 192.6
-, trübe . . . 242.11
-, Vitriol- . . . 552.8
- von Harz in Terpentin 551.8
Lösungs-druck, elektrolytischer 263.7
-mittel 241.6
-tension, elektrische 263.7
Lot, Senk- . . . 40.8
Lötrohr 234.8
-lampe 235.2
-probe 234.6
-prüfgerätschaft 235.1
Loup 343.3, 361.6, 402.1
- de bec de cornue 401.11
Loupe 278.9, 362.3, 363.1, 376.6, 379.9
- de puddlage 376.10
-, en forme de 376.7
Lowering . . . 522.8
- of bell 309.7
- - cone 309.7
- - temperature 352.4
- stage 183.4
Lubricator . . 187.7
Luce 165.8
- del giorno . 280.11
- di Drummond 280.13
- incidente . . 280.5
- solare . . . 280.12
Lucidato . . . 424.6
Lucignolo . . . 184.4
Luckig 2.7
-es Floß . . . 365.4
-, groß- 2.9
-, klein- 2.8
Luft . . . 267.7, 439.8
-akkumulator 509.1
-bad 233.5
-belastung . . . 509.1
-bild 279.10
-dicht 324.1
-, die - ansaugen 470.4
-druck 267.9
- -aufzug . . . 330.7
- -hammer . . 501.3
- -meißel . . . 402.2
-einström-klappe 321.4
- -öffnung . . . 321.3
-erhärtung . 359.10
-feuchtigkeit . 267.8, 329.3
-förderung . . 472.8
-, Frischen mit 387.1
-hammer . . . 501.2
-härtung . . . 545.3
-hitzemesser . . 351.8
-kühlung . . . 296.6
-leere 469.5
-leerenmesser . 178.7
-pumpe 178.2
-pumpen-glocke 178.3
- -kolben . . . 501.5
- -teller 178.4
- -zylinder . . 501.4
-pyrometer . . 351.8
Luft, Saug- . . 469.3
-sauger 183.3
-seilbahn . . 135.11
-spieß 438.1
-spindel 460.3
-stein 429.8
-strahl 396.3
-strom 411.6
- -, aufsteigender 87.7
-temperatur . . 256.2
-trocken 231.10, 422.10
-ventil 406.7
-verdünnt . . . 246.2
-verdünnung . 469.4
-weg 408.8
-zuführung . . 542.4
- -, reichliche . 87.5
-zuführungsöffnung 87.8
-zug 87.4
-zutritt . . . 337.12
Lüfter, Schornstein- 164.8
Lugar de carga 561.9
- - fabricación 462.5
- - pago 559.7
- - vaciar la escoria 356.4
- - yacimiento de minerales de hierro 56.4
- obligatorio . 559.7
- para verter la escoria 356.4
Lumière 171.7
- d'admission de l'air comprimé 501.8
- d'aspiration . 501.7
- d'échappement 499.5
- de Drummond 280.13
- - grille . . . 100.3
- du jour . . 280.11
- - soleil . . 280.12
- incidente . . 280.5
Lumineux . . . 280.9
Luminosità della fiamma 374.8
Luminoso . . . 280.9
Luminous . . . 400.1
Lump 362.3
Lump, -s . . . 101.1
- coal 101.1
- of puddled steel 379.9
- ore 62.8
Lunette 279.4
- de Schmidt . 323.7
-s en mica . . 258.13
-s protectrices 198.1
Lungern 488.7
Lunghezza esatta 87.3
- precisa . . . 87.3
- prescritta . . 87.2
Lunker . . . 483.11
Luogo di carico 561.9
- - pagamento 559.7
Lupe 278.9
Luppe 362.3
Luppen-frischfeuer 362.2
-machen 376.9
-mühle 377.5
-quetsche . . . 377.4
-walzwerk . . . 377.9
Lürmann, caja de estopas de 306.2
-, tobera de escoria sistema 299.8
Lürmann, giunto di dilatazione 306.2
-, tubierina per la loppa 299.8
-, - - - scoria . 299.8
Lürmann, joint de dilatation de 306.2
-, presse-étoupes de 306.2
-, tuyère à laitier 299.8
Lürmann slag tuyere 299.8
-'s stuffing box 306.2
Lürmannsche Schlackenform 299.8
- Stopfbüchse . 306.2
Lussemburgo, ghisa del 5.6
Lustrare 276.6
Lustrino 215.6
Luter les ouvertures 355.1
Lutte 383.7
Luxembourg, fonte de 5.6
Luxemburg pig iron 5.6
Luxemburger Roheisen 5.6
Luxemburgo, fundición de 5.6
Luz 171.7
- de calcio . 280.13
- Drummond 280.13
- exterior . . . 280.8
- incidente . . 280.5
- natural . . 280.11
- solar 280.12
Lycopode . . . 442.3
Lycopodium . . 442.3
Lye containing copper 90.4
- - zinc 90.8
-, decoppered . 90.5
-, decuperated . 90.5
- freed from zinc 90.9
Lykopodium . 442.3
Llama 399.10
- aguda 466.2
-, de - corta . . 99.5
- - inflamación 360.11
-, - llama larga 99.1
- - sodio . . . 285.8
- delgada . . . 466.2
- - tragante . . 360.6, 468.1
- luminosa . . 400.1
- roja 399.11
Llamear . . . 481.3
Llanta 19.7, 24.7, 295.5
- basta 22.7
- bulb 21.4
- con bordón . 21.4
- de hierro . . 303.2
Llave para girar el husillo 522.1
Llenar 485.4
- el molde . . . 482.4
Lluvia de agua 545.2

M.

Maca 495.4
Macchia porporina 547.9
Macchina . . . 149.9
- a bilanciere . 326.1
- - colonna per formare ingranaggi 456.5
- - due piattaforme per formare ingranaggi 457.3
- - - tempi . . 327.7
- - getto di sabbia 492.9
- - pettine . . 450.4
- - - con piattaforma spostabile 452.5
- - quattro tempi 327.6
- - sagoma per formare ingranaggi 455.4
- - sciablona per formare ingranaggi 455.4
- - tandem . . 327.1
- - tavola per formare ingranaggi 457.1
- - telescopio per formare puleggie 452.2
Macchina accoppiata direttamente 170.6
- caricatrice . . 410.1
- - a vagone . 410.4
- compound . . 327.2
- d'avviamento 170.1
- d'induzione . 170.2
- da affilare . . 492.3
- - formare a cavalletto 454.1
- - - - mano con piattaforma rovesciabile 450.1
- - - - - - sollevamento a spina della staffa 449.2
- - - - pettine 450.5
- - - anelli per cucine 455.1
- - - - - stufe . 455.1
- - - con piattaforma girevole 449.3
- - - - - rovesciabile 449.4
- - - doppia . . 450.3
- - - ingranaggi a pettine 456.3
- - - - - settore 456.3
- - parete per formare 457.2
- - raddrizzare 534.2
- - spianare sospesa 492.7
- di comando . 168.3
- elettrica, impianto di -e -he 169.7
Macchina gemella 326.9
- frigorifera . . 329.7
- idraulica per formare a mano con piattaforma rovesciabile 450.2
- infornatrice . 410.1
- motrice . . . 326.8
- murale per formare 457.2
- non polarizzata 169.8
- per alzare il coperchio 528.1
- - colare . . . 340.8
- - comando a cinghia 170.5
- - - - fune . . 170.4
- - fabbricare le anime 459.2
- - fare il foro di colata 343.5
- - - la bocchetta 342.7
- - fonderia . 448.1
- - formare . . 448.2
- - - con estrazione della forma a carrello 448.4
- - - e per fonderia 448.1
- - - idraulica 448.3
Macchina per formare ingranaggi 455.2
- - - le pentole 452.4
- - - pezzi piatti 449.1
- - - piccoli ingranaggi 457.4
- - - puleggie 451.4
- - - - di grande diametro 451.5
- - - radiatori 452.3
- - intrecciare la paglia 460.9
- - la preparazione del fondo 391.3
- - - prova a rottura 49.4
- - pigiare elettrica 105.6
- - - il carbone 105.5
- - precisare la posizione delle staffe 454.6
- - raddrizzare le lanterne 459.1
- - sbavare . . 492.1
- - sfornare il coke 106.4
- - tritare . . . 77.2
- reversibile . . 169.9
Macchinista . . 127.8 333.2
- del montacariche 333.3
Machacado . . 100.9
Machacadora . 78.8
Machacar . . 76.10
Machero . . . 458.2
Machine 170.3
-, belt driven . 170.5
-, boring 228.4
- casting . . . 487.9
-, casting . . . 340.8
-, charging . . 410.1
-, cleansing . . 492.1
-, coal stamping 105.5
-, coke pushing 106.4
-, crushing . . . 77.2
-, direct coupled 170.6
-, drilling . . . 228.4
-, driving . . . 326.8
-, dynamo-electric 169.6
- for centering the core iron 459.1
- - moulding gear wheels by means of a tooth block 455.4
- - - large pulleys 451.5
- - testing tensile strength 49.4
-, freezing . . . 329.7
-, grinding 77.2, 432.1 492.7
-, hearth ring . 455.1
-, induction . . 170.2
-, mixing . . 432.10
-, moulding (s. moulding machine)
-, non-polarized 169.8
-, printing . . . 134.5
- puddling . . 378.9
-, ramming . . 391.3
-, reversible . . 169.9
-, rope driven . 170.4
-, starting . . . 170.1
-, stopping . . . 342.7
-, straightening 534.2
-, to 33.11
-, weighing . 134.2.8
- work 556.5
Machine 149.9
- à accouplement direct 170.6
- - balancier . 326.1
- - boucher le trou de coulée 342.7
- - charger . . 410.1
- - commande par courroie 170.5
- - - - câbles . 170.4
- - couler . . . 340.8
- - damer le charbon 105.5
- - - les fonds 391.3
- - démouler . 448.4
- - - avec plaque à modèle renversable 449.4
- - - pour pièces plates 449.1
- - deux temps 327.7
- - dresser . . 534.2
- - enfourner . 410.1
- - façonner les moules 448.2
- - faire les tresses de paille 460.9
Machine à forer pour fer et acier 228.4
- - jet de sable 492.9
- - meuler . . 492.3
- - - suspendue 492.7
- - mouler . . 448.1.2 454.4
- - - à chevalet 454.1
- - - - double effet 450.3
- - - - la main avec plaque à modèle renversable 450.1
- - - - modèle rentrant 450.5
- - - - plateau-peigne 450.5
- - - avec plateau tournant 449.3
- - - et à démouler avec passage du modèle à travers la table tournante 452.5
- - - fixée à une paroi 457.2
Machine à mouler hydraulique 448.3
- - - les cercles de fourneau de cuisine 455.1
- - - - engrenages à colonne 456.5
- - - - - au moyen d'un fouloir porte-segment 455.4
- - - - - avec plateau-peigne 456.3
- - - - - - table 457.1
- - - - - - traversée 456.3
- - - - noyaux 459.2
- - - - petites roues dentées 457.4
- - - - poulies de grand diamètre 451.5
- - - - roues dentées 455.2
- - - - - - avec deux plateaux 457.3
- - - - tuyaux à ailettes 452.3
- - - murale . 457.2
- - - par pression 458.1
- - plateau-peigne tournant 452.5
- - quatre temps 327.6
- - redresser les tiges de noyau 459.1
- compound . . 327.2
- d'ébarbage . 492.1
- d'induction . 170.2
- de démarrage 170.1
- - nettoyage . 492.1

Machine dynamo-électrique 169.6
- électrique, installation de 169.7
- frigorifique . 329.7
- hydraulique à mouler avec plaque renversable à modèle 450.2
- jumelle . . . 326.9
- motrice . . . 326.8
- - de laminoir 512.4
- non polarisée 169.8
- pneumatique 183.1
- pour le façonnage des moules de pièces à forme ventrue 452.4
- - - moulage à la main à tige de démoulage 449.2
- - - - à la main à tige de soulèvement 449.2
- - - - à la main de pièces à forme rebondie 452.4
- - moulage des poulies 451.4
- réversible . . 169.9
- soufflante de Cleveland à une bielle 326.6
- - horizontale 326.7
- tandem . . . 327.1
- télescopique à mouler les poulies 452.2
Machiniste . . 333.2
- du monte-charges 333.3
Macho . . 388.6, 424.8
- acodado . . . 461.4
- cuadrado . . 458.5
- de fundición 459.2
- - roscar . . . 14.2
- frágil 459.8
- perdido . . . 461.5
Mâchoire . 40.1, 79.2 464.4
-s de cintrage . 48.10
- - pliage . . . 48.10
- du concasseur 465.7
Mächtigkeit . . 57.7
Macina 78.2
- a campana . 78.7
- - cilindri . . 77.9
- - - per minerali 77.8
- - palle 79.1
- centrifuga . . 79.4
Macinare . . . 228.9
Macinato . . . 95.8
- troppo fino . . 427.1
Macinatoio . . 78.1
Macinatrice . . 77.2
Macinatura . 482.2.3
Macinazione . . 78.3
Macizo 487.1
- de la cuba . 304.9
- de mampostería 286.4
-, sin 287.3
Maclage d'acier au four électrique 564.4
Maçon 485.4
Maçonné 540.3
Maçonner . . . 306.3
Maçonnerie . . 83.5.6
- de la cuve . . 305.8
- des étalages . 302.3
- extérieure de la cuve 304.8
Maculato . . . 283.3
Madera . . 80.7, 98.1
- de coniferas 418.10
- sana 422.7
Madrevite . . . 14.2
Madrier 464.7
Maestro de altos hornos 332.6
- -fundidor . . 332.6
Magasin . 87.7, 177.7
- à fers 130.5
- de modèles . 422.2
- des fontes . . 130.6
Magazzino 87.7, 177.7
- dei modelli . 422.2
- di ferrami . 130.5.6
- - massi . . . 130.7
- - travature metalliche 130.8
Mager-Kohle . 99.6
-koks 107.5
- machen . . 116.11
Magerungsmittel 382.8
Maglia 280.4
- d'attacco . . 186.7
- fine 280.7
- grossa 280.6
Maglio 52.6
- a caduta libera 497.4
- - cinghia . . 497.7
- - frizione . . 497.5
- - manovella . 500.9
- - molle . . . 497.3
- - leva con molle 497.3
- - trasmissione 501.1
- - vapore 377.3, 498.4
- - - a cilindro fisso 498.5
- - - - doppio effetto 500.5
- - - - semplice effetto 498.6
- - - ad un sol montante 498.7
- - - con immissione superiore del vapore 500.6
- ad aria compressa 501.3
- atmosferico . 501.2
- da raddrizzare 534.9
- di frizione a tavola con comando sistema Müller 498.3
- pneumatico . 501.2
-, kohlensaure . 220.6
-, schwefelsaure 208.3
Magnesia . . . 220.5
-, carbonate of . 220.6
Magnesia 117.2, 208.3 220.5
Magnesia 117.2, 220.5
Magnésie 117.2, 208.3 220.5
- carbonatée . . 220.6
Magnesio 184.7, 220.4
Magnesit . . . 117.4
-masse 348.10
-stein 569.5
Magnesita . . . 117.4
Magnesite 117.4, 220.6 348.10, 569.5
- brick 569.5
- mass 348.10
Magnésite 117.4, 348.10
Magnesium . . 220.4
-band 184.8
-, Chlor- 208.4
-chlorid 208.4
-karbonat . . . 220.6
-lampe 184.7
-sulfat 208.3
Magnesium . . 220.4
-, chloride of . 208.4
- lamp 184.7
- oxide 117.2
-, - of 220.5
- ribbon 184.8
-, sulphate of . 208.3
Magnésium . . 184.7 220.4
Magnet . . . 91.11
-, bewegter . . 93.5
-, Dauer- . . 92.4, 93.7
-eisen-erz . . . 67.9
- -sand 68.2
-, Elektro- . . . 93.2
-, feststehender 94.1
-, Hufeisen- . . 92.2
-kies 68.3
-kran 129.5
-, Kran- 129.6
-nadel 182.7
-stahl 14.8
-, Stahl- 92.3
-trommel . . . 93.9
Magnet . . 91.11, 92.2 129.6
- crane 129.5
-, movable . . 93.5
-, stationary . . 94.1
- steel 14.8
Magnete . 16.8, 91.11
- a ferro di cavallo 92.2
- d'acciaio . . 92.3
- da gru 129.6
- fisso 94.1
- mobile 93.5
- permanente . 92.4 93.7
Magnetic . . . 68.2
Magnetico 59.10, 91.4
Magnético . . . 91.4.9
Magnétique . . 59.10 91.4.10
Magnetisation . 82.3 91.5
Magnetisch 59.10, 91.4
-, dia- 91.7
-, eisen- 91.8
-, nicht 91.7
-, para- 91.6
-, quer- 91.7
Magnetisierung 82.3 91.5
Magnetism . . 91.3
Magnétisme . . 91.3
Magnetismo . . 91.3
Magnetismus . 91.3
-, Elektro- . . . 93.1
Magnetit . . . 67.9
-, künstlicher . 68.1
Magnetita . . . 67.9
Magnetita artificial 68.1
- en polvo . . 68.9
Magnetite . . . 67.9
-, artificial . . . 68.1
Magnetite . 67.9, 68.2
- artificiale . . 68.1
Magnétite . . . 67.9
- artificielle . . 68.1
Magnetización 82.3 90.5
Magnetizzazione 82.3 91.5
Magnetomotive 92.7
Magnétomoteur, -rice 92.7
Magnetomotor, -riz 92.7
Magneto-motore, - - -rice 92.7
Magnetomotorisch 92.7
Magnification, available 279.9
-, real 279.7
-, total 279.8
Magnifier . . . 278.9
Magnitud de la capacidad 257.4
- - - intensidad 257.3
Magro 425.12
-, carbone . . . 99.6
-, coke 107.5
-, render . . 116.11
Magro 428.3
-, cok 107.5
Mahl-bahn . . . 78.3
-feinheit 432.3
-gut 432.2
Maigre 425.12
-, coke 107.5
-, houille 99.6
Maille 280.4
Main 324.3
-, down 146.1
- flue 372.7
-, hot air 300.6
-, outer -s . . . 167.6
- runner 340.2
- track 123.7
Main, à 314.2
Maintenance . 563.3
Maintenir l'échantillon froid 275.6
Maintien . . . 563.3
Maison ouvrière 151.2
Maitre de danse 41.3
- fondeur . . . 332.6
Make, to - the burden 334.4
-, total 555.1
-, yearly 555.2
Malaxage . . . 432.9
Malaxer 425.5
Malaxeur . . 432.10
- à argile . . . 433.5
- - - horizontal 119.6
- - dolomie . . 119.5
Maleabilidad . 44.4
Maleable 415.4, 416.2
Malear 52.6
Malla 280.4
- ancha 280.6
Malleabile . . . 9.3
Malleabilità . . 44.4
Malléabilité . . 44.4
Malleability . . 44.4
Malleable . . . 7.5

Malléable . . . 7.5
Malleableising 414.4
Malta refrattaria 117.13
- silicea 115.2
Mamelonné . . 66.5
Mampostear . . 306.3
Mampostería . 88.5
- de la cuba . . 305.8
Man hole 168.3, 321.8 467.2
- in charge of hoist 333.3
- - - - throat . 331.1
Manager 332.3
-, general . . . 332.3
-'s office 149.7
-, under 332.4
Managing the process 395.5
Manantial . . . 141.2
- de electricidad 93.4
Mancato . . . 488.11
Mancha 10.5
- de púrpura . 547.9
Manche . . . 495.6.3
- courbe 487.4
- en bois . . . 477.7
- rivé 477.6
Manchon . . . 136.4
- d'accouplement 519.10
- venu de fonte 319.4
Manco di peso 560.1
Mancanza d'acqua 140.6
Mandíbula . . 79.2
Mando, árbol de 78.4
- mecánico . . 229.9
Mandrel 537.9
-, pear shaped . 539.2
- roll for welded tubes 538.9
Mandril 537.9
- en forma de pera 539.2
- piriforme . . 539.2
Mandrin . 48.1, 537.9
- piriforme . . 539.2
Mandrino 48.1, 537.9
- piriforme . . 539.2
Manera de colocar los ladrillos 407.9
- - empilar los ladrillos 407.9
- - encender 337.11
Maneral 478.5
Mangan 217.2
-, Eisen- 15.2
-erz, eigentliches 69.5
-, Ferro- 15.2
-haltig 70.5.6.7
- -, stark 8.7
-, Hart- 70.4
-kiesel 70.4
-oxyd 217.5
-oxydul 217.3
- -oxyd 217.6
-, Phosphor- . . 16.5
-spat 69.7
-spektrum . . . 401.6
-stahl 17.2
-superoxyd . . 217.4
Manganese 8.7, 217.2
- dioxide . . . 217.4
- ore, proper . 69.5
- oxide 217.3
- spar 69.7
Manganese spectrum 401.6
- steel 17.2
Manganese 8.7, 217.2
- al fosforo . . 16.5
Manganèse 8.7, 217.2
- hydraté . . . 69.8
Manganésé 70.5.6.7
Manganesifero 70.5
Manganesífero 70.5
Manganeso . . . 8.7
- hidratado . . 69.8
- negro 70.2
Manganeux . . 217.3
Manganic oxide 217.5
Manganico . . 69.6
Mangánico . . 70.3
Manganiferous 70.5
Manganique . . 69.6
Manganit . . . 70.1
Manganita . . . 70.1
- anhidra . . . 69.6
Manganite . . . 70.1
Mangano-phosphore 16.5
Manganoso . . 217.6
-, ácido - -mangánico 217.6
-, oxyde - -manganique 217.6
Manganous oxide 217.3
Mangelhaft . . 88.9
Mangel, Wasser- 140.6
Mango 490.11
- de bocarte . 77.5
- - madera . . 477.7
- remachado . 477.6
Manguera . . . 184.1
Manguito . . . 319.3
- de acoplamiento 519.10
- fundido en una pieza con el tubo 31.49
- - unión . . . 297.6
Manica 384.4
Manico 495.6
- di fusione . 294.10
- - legno . . . 477.7
- ribadito . . 477.6
Manicotto . . . 319.3
- d'accoppiamento 519.10
- fuso insieme 319.4
- mobile 519.9
Maniobra . . . 123.6
- telescópico . 392.3
Manivela . . . 238.8
Manivelle 238.8, 500.9
- de serrage . . 523.9
Mannesmann, procédé . . 537.7
Mannesmann, procedimiento de laminación de 537.7
Mannesmann process 537.7
Mannesmann, processo 537.7
Mannesmann, Schrägwalzverfahren nach 537.7
Maniglia 441.3
Maniglia a vite per estrarre il modello 436.1
Mano, a 314.2
- di tinta . . . 550.5
- - -, prima . . 551.3
Mano, de . . . 314.2
- - mortero . . 229.5
- - pintura definitiva 551.5
- - - duradera 551.5
- - -, primera . 551.3
Manœuvre . . 123.6
- à télescope . 392.3
Manometer . . 178.7 179.5, 271.5, 350.9
-, Feder- 350.11
-, Quecksilber- . 350.9
Manomètre . . 179.5
- à mercure . . 350.9
- - tube élastique 350.11
- - vide 178.7
- métallique . 350.11
- pour les gaz . 271.5
Manometric . 472.10
Manometrico 472.10
Manométrico 472.10
Manométrique 472.10
Manometrisch 472.10
Manometro . . 179.5
- a mercurio . 350.9
- - tubo elastico 350.11
- metállico . 350.11
Manómetro . . 179.5
- de mercurio 350.9
- - tubo elástico 350.12
- metálico . . 350.11
Manovella 238.8, 500.9
- di serraggio . 523.9
Manovra . . . 123.6
- a telescopio, apparecchio di 392.3
- del convertitore 395.2
- - tappo, apparecchio di 480.5
Manque d'eau . 140.6
- de poids . . . 560.1
Manteau 261.3
- en tôle . . . 83.8
Mantel 305.1
-blech 26.8
-, Blech- 83.8
-eisen 298.9
-elektrode . . . 261.3
-platte 294.3
-, Rast- 302.4
Mantello . 261.3, 305.1
- della sacca . 302.4
Manteo 57.6
Mantice di cuoio 328.4
Mantle bracket 294.3
- sheet iron . . 298.9
- - steel 298.9
Manufacture . 564.1
- of cement steel 416.3
- - crucibles . 381.3
- - ingot metal in the reverberatory furnace 402.3
- - steel in the electric furnace 564.1
Manure 399.8
Manutención . 568.3
Manutention . 560.3
Map of distributing system 168.7
Maquette . . . 366.4
Máquina 149.9
- acoplada directamente 170.6
- compound . . 327.2
- con transmisión por cable 170.4
- - - por correa 170.5
- de afilar . . . 492.3
- - - suspendida 492.7
- - apisonar de aire comprimido 484.8
- - - el carbón 105.5
- - - eléctrica . 105.6
- - - los fondos 391.3
- - arranque . 170.1
- - balancín . . 326.1
- - barrenar la piquera 343.5
- - cuatro tiempos 327.6
- - dos tiempos 327.7
- - enderezar . 584.2
- - - las armaduras 459.1
- - esmerilar . 492.3
- - fabricar los machos de fundición 459.2
- - fundir . . . 340.3
- - hacer machos de fundición 459.2
- - inducción . 170.2
- - moldear . . 448.2
- - - á mano con elevación por espigas 449.2
- - - à mano con placa de modelos reversible 450.1
- - - à mano para potes 452.4
- - - - presión 453.1
- - - anillos de cocinas 445.1
- - - con mesa giratoria 449.3
- - - - - - con disposición de levantar y pasar el modelo 452.5
- - - - placa de inversión 449.4
- - - - - reversible y levantamiento hidráulico 450.2
- - - de doble efecto 450.3
- - - - pasar el modelo de un lado á otro 450.5
- - - - peine . 450.5
- - - engranajes 455.2
- - - - con dos platos 457.5
- - - - de mesa 457.1
- - - - montada sobre una columna 456.5

Máquina de moldear engranajes por aparato divisor y plantilla 455.4
- - - hidráulica 448.3
- - - - con placa de inversión 450.2
- - - mural . . 457.2
- - - para engranajes pequeños 457.4
- - - poleas de transmisión 451.4
- - - - - - de grande diámetro 451.5
- - - ruedas de engranajes con peine 456.3
- - - sobre soporte de caballete 454.1
- - - tubos de aletas 452.3
- - moldeo . . 340.3
- - peine . . . 450.4
- - quebrantar lingotes 464.9
- - retirar moldes para objetos planos 449.1
- - taladrar para hierro y acero 228.4
- - trenzar la paja 460.9
- dinamo-eléctrica 169.6
- eléctrica, instalación de -s -s 169.7
- fija de quebrantar lingotes 464.10
- frigorífica . . 329.7
- gemela . . . 326.9
- motriz . 168.3, 326.3
- - de tren laminador 512.4
- no polarizada 169.3
- para cargar hornos 410.1
- - descargar el cok 106.4
- - limpiar . . 492.1
- - tapar la piquera 342.7
- reversible . . 169.9
- soplante 325.3, 350.2, 350.10, 469.9
- - con una biela sistema Cleveland 326.6
- - de caja . . 325.5
- - - chorro de vapor 469.10
- - - cilindro . 327.6
- - - gas . . . 327.5
- - - precisión 471.2
- - - turbina . 327.4
- - - vapor . 325.10
- - eléctrica . . 328.2
- - Encke . . . 471.3
- - horizontal . 326.7
- - vertical . . 326.2
- tándem . . . 327.1
- telescópica de moldear poleas 452.2
Maquinista . . 333.1
Maquinista de montacargas 333.3
Marada 294.23
Marâtre . . . 294.23
Marble plate . . 287.1
Marbre 287.1
Marca 84.5
- della pesata . 184.4
- di fabbrica . 84.10
Marca 84.8
- de fábrica . . 84.12
Marcar 84.9
Marcare 84.9
Marcha . 353.2, 532.7
- caliente 352.7, 357.4
- - exagerada . 353.1
- de fusión . . 349.2
- - la combustión 248.7
- - - coquificación 105.8
- - - fusión . 335.10
- - - máquina soplante 350.10
- - - separación 74.3
- del alto horno 344.3,4
- - análisis . . 222.3
- fría . . 352.3, 357.5
- -, de 2.5
- normal 352.7, 357.4
- regular . . 474.10
- sin choques . 472.4
- - golpes . . . 472.4
- suave 472.4
- variable del alto horno 344.5
Marchand, fer . 17.9
Marche 86.6
- de l'analyse . 222.3
- - la carbonisation 105.8
- - - combustion 248.7
- - - trempe . . 542.6
- des opérations de séparation 74.3
- douce 472.4
- du fourneau . 354.6
- - haut-fourneau 344.4, 332.2
- - lavage . . . 80.2
- - travail au four à puddler 373.6
-, en 557.1
- régulière . . 474.10
- sans chocs . . 472.4
Marcher à vide 530.11
Marcia 355.4
- caldissima . . 352.1
- continua . . . 395.4
- dell'alto forno 332.2, 344.3,4
- - operazione di pudellaggio 373.6
- della soffieria 350.10
- - tempera . . 542.6
- di raffinazione 565.5
- fredda 352.3
-, messa in . . 337.11
-, mettere fuori di 415.9
- normale . . . 352.7
- regolare . . 474.10
- variabile dell'alto forno 344.5
Marco 323.5
- colado hueco 369.7
- de parrilla . 368.2
Marco de prensa de precisión 454.7
- del agujero de trabajo 371.1
- refrescado . . 297.2
- superior . . . 453.2
Marécageux . . 288.9
Margosa 340.3
María, baño de 247.7
Mariposa, obturador de 406.10
-, válvula de . 406.10
Mark . . 84.8, 424.8
-, punch 41.5
-, to 84.9
Marking gauge 40.4
Marmite de Papin 178.5
Marmo 287.1
Marmól 287.1
Marmorplatte . 287.1
Marque 84.8
- de fabrique . 84.10
Marsh ore . . . 67.4
Marshy 288.9
Marteau 52.6
- à air comprimé 501.3
- - dresser . . 534.9
- - friction . . 497.5
- - levier . . . 495.3
- - manche . . 495.3
- - manivelle . 500.9
- - planche avec commande Müller 498.3
- - queue . . . 497.1
- - soulèvement 495.4
- - transmission 501.1
- de frappeur . 463.9
- - mouleur . . 485.7
- guidé 497.4
- hydraulique . 495.2
- -pilon à simple effet 498.6
- - - - jambage 498.7
- - - vapeur 377.3, 498.4
- - - - à double effet 500.5
- - - - avec admission sur le piston 500.6
- - avec cylindre fixe 498.5
- - - montant en col de cygne 498.7
- pneumatique 491.4, 501.2
Martelé 25.3
Marteler 503.5
- à froid 548.6
- l'éprouvette à 1 1/2 fois sa largeur 52.7
- le métal avec la panne du marteau transversalement au sens de laminage 52.8
Martellare . . . 503.5
- a freddo . . . 548.6
Martellato . . . 25.3
Martello . . 52.8, 77.4, 495.3
- ad altalena . 497.1
- frontale . . . 495.4
Martello idraulico 495.2
- pneumatico . 491.4
Martens microscope stand 281.9
Martens, Mikroskopgestell nach 281.9
Martens, sostegno da microscopio secondo 281.9
Martens, soporte de microscópio sistema 281.9
Martens, support de microscope d'après 281.9
Martensit . . . 284.2
Martensita . . 284.2
Martensite . . . 284.2
Martillado . . . 25.3
Martillar . . . 52.6
- los tubos durante la prueba hidráulica 55.2
Martillo 52.7
- de aire comprimido 501.3
- - caída libre 497.4
- - - por fricción de tabla con impulso sistema Müller 498.3
- - cola 497.1
- - correa . . . 497.7
- - golpear . . 463.9
- - moldeador 485.7
- - palanca . . 495.3
- - - horizontal 495.4
- - resortes á pedal 497.3
- - vapor . . . 498.4
- hidráulico . . 495.2
- neumático . . 491.4, 501.2
- -pilón á vapor con entrada de vapor por encima del émbolo 500.6
- - - - de bastidor en forma de C 498.7
- - - - de bastidor sencillo 498.7
- - - - - doble efecto 500.5
- - con cilindro de vapor fijo 498.5
- - de simple efecto 498.6
- - - vapor . . 377.3
- rebotador . . 495.4
Martin-gebläse 472.7
-ofen, Siemens- 402.6
-roheisen . . . 8.4
-stahl 12.2
- -hütte 402.4
- -Verfahren, vereinigtes Bessemer- und 412.3
Martin blower 472.7
- steel 12.2
Martin, acier . 12.2
-, fonte 8.4

Martin, procédés Bessemer et - combinés 412.8
-, soufflerie . . 472.7
Martin, acciaieria 402.4
-, acciaio . . . 12.2
-, ferro 8.4
-, processo combinato Bessemer e 412.8
-, ventilatore ad alta pressione 472.7
Martin, acero . 12.2
-, fundición . . 8.4
-, procedimientos Bessemer y - combinados 412.8
-, ventilador de alta presión 472.7
Martinet à manivelle 500.9
- - queue . . . 497.1
- - ressort . . . 497.3
Martinete de caída 464.1
- - - libre . . . 497.4
- - fricción . . 497.5
- - resortes á pedal 497.3
- -disco de manivela 500.9
- mecánico movido por transmisión 501.1
Martinetto libero 497.5
- parallelo . . 497.4
Martino 464.2
Masa 57.2
- aglutinada . 106.8
- - de cok . . . 106.6
- de acero . . . 379.9
- - dolomita . 117.7
- - hierro . . . 374.6
- - magnesita 348.10
- no fundida . 411.9
- muy refractaria 428.6
- para moldear 427.8
- - recomponer el revestimiento 412.6
- refractaria . . 303.5
- - apisonada . 303.6
- silicea apisonada 115.2
Máscara . . . 197.11
Mascella . 60.1, 79.2
- automatica . 129.1
-e di piegatura 48.10
Maschensieb . . 230.4
Maschera . . 197.11
Maschine, Anlaß- 170.1
-, direkt gekuppelte 170.6
-, Dynamo- . . 169.6
- für Riemenbetrieb 170.5
- - Seilbetrieb 170.4
-, Induktions- . 170.2
-, Misch- . . . 432.10
- mit Abhebewagen 448.4
-, Polier- . . . 276.7
-, umkehrbare . 169.9
Maschine, unmittelbar gekuppelte 170.6
-, unpolarisierte 169.8
-, Zerkleinerungs- 77.2
-, Zerreiß- . . . 49.4
Maschinell . . . 481.9
Maschinen-anlage, elektrische 169.7
-arbeit 556.5
-guß 487.9
-haus 149.9
-puddeln . . . 378.9
-satz 170.3
-wärter . . . 333.2
Maschinist, Förder- 333.3
Masilla 494.3
Masillar 494.4
Maske 197.11
-, Schutz . . . 197.11
Masonry . . . 306.1
-, rough 304.9
Masque . . . 197.11
Maß 38.4
-analytisch . . 191.2
-, Band- 38.9
-, festes 37.8
-, fixes 37.8
-, Porzellan- . . 194.1
-, Schräg- . . . 40.6
-, Schrumpf- . . 514.8
-stab 38.6
- -, Anlege- . . 38.7
- -, Meter- . . . 38.8
-, Stich- 39.6
-, Streich- . . . 40.4
Mass 138.1
-, baked 106.8
-, caked 106.8
-, unmelted . . 411.9
Massa 138.1
- agglutinata . 106.8
- d'acciaio . . . 465.4
- di ferro . . . 374.6
- - magnesite 348.10
- per arricchire la rivestitura 412.6
Masse 427.8
-, Aufschüttungs- 358.7
-, Dolomit- . . 117.7
-guß 487.5
-, hochfeuerfeste 428.6
-pfropfen . . . 342.5
-, ungeschmolzene 411.9
-, zusammengebackene 106.8
-zustellung . . 303.5
Masse 138.1
- à mouler . . 427.8
- agglutinée . . 106.8
- d'acier 379.9
- de fer 374.6
- - magnésite 348.10
- non fondue . 411.9
- pour boucher 342.6
- riche en oxyde de fer 370.4
- servant à réparer le garnissage 412.6
Massel . . 463.7, 465.5
-bett 340.1
-brecher . . . 464.9
- -, fahrbarer . 465.1
Massel-brecher, hydraulischer 465.2
- -, standfester 464.10
-, Roheisen- . . 339.9
Massello . . 463.6.7
- d'acciaio . . 379.9
- ottagonale . . 377.7
Massellotta . . 485.6
Masselotte . . . 485.6
Massen-beförderung 138.1
-erzeugung . 556.12
Massiccio . . . 57.2
Massicot, litharge 219.7
Massif 59.3
- de maçonnerie 33.6
- en maçonnerie 286.4, 304.9
Massig 57.2
Masso 130.7
Mast, Beleuchtungs- 171.8
Mastic . . 319.5, 494.3
- de fer 319.5
Mastice 494.3
- di ferro . . . 319.5
-, mettere del . 494.4
Mastiquer . . . 494.4
Mat 277.6
- de lanterne . 171.8
Mate 2.5
Materia agglomerante 426.2
-e caricate . . 565.1
-e di fusione . 333.5
- estranea . . . 432.8
- eterogenea da separare 147.7
- non fusa . . 411.9
- per levigare . 275.7
- - smagrire la pasta 382.8
- plastica . . . 425.2
- prima 118.3
-e prime 333.5
- refrattaria . . 407.5
- volatile . . . 81.7
Materia de fusión 333.5
- espesa para templar 419.9
- orgánica . . . 427.6
- para calcinar 82.6
- - desengrasar la arcilla 382.8
- - moldear . . 427.8
- - tostar . . . 82.6
- precipitada . 147.7
-, primeras -s . 118.3
- separada . . 147.7
Material, Einsatz- 564.1
-, Form- -ien . 425.1
Material 358.6
-, basic 117.5
- containing ferric oxide 370.4
- for making plug 342.6
-, highly refractory 428.6
-, lean 382.8
-, organic . . . 427.6
-, plastic 425.2
-, refractory . . 407.5
-, -s for crucibles 381.5
Material, to be smelted 333.5
Matérial, - aux 565.1
- aux de moulage 425.1
- aux de remblayage 358.7
- aux pour la confection des routes 358.6
- aux de construction 306.4
Material de relleno 358.7
- diseminado en la masa 71.3
-es mezclados al hierro 71.2
- para crisoles 381.5
- - la construcción de caminos 358.6
- - retardar la cementación oxidante 415.6
- - terraplenar 358.7
- plástico . . . 425.2
- que contiene óxido de hierro 370.4
- refractario . 414.7
Materiale . . . 33.5
- da costruzione 306.4
- - torrefare . 82.6
- di riempimento 304.6
-i - - 358.7
- per ferrovie . 22.1
- - formatura . 427.8
-i - la costruzione delle strade 358.6
-i - - formatura 425.1
- - sbavare . . 491.7
-, piccolo - d'armamento 23.7
- refrattario . . 414.7
- - per i crogiuoli 381.5
Matière 41.6
- à fondre 335.6, 409.7
- - griller . . . 82.6
- - polir 275.7
- - tremper épaisse 419.9
- agglomérante 95.5
- - argileuse . 95.6
- agglutinante 426.2
- amaigrissante 382.8
- animale . . 418.11
- argileuse . . 79.9
-s chargées . . 565.1
- de cémentation 415.5
- - remplissage 304.6
-s disséminées dans la masse 71.3
- figée 343.3
- organique . . 427.6
- plastique . . 425.1
- pour boucher 342.6
- - creusets . . 381.5
-s - l'ébarbage 491.7
- - le nettoyage 491.7

Matière pour retarder la cémentation oxydante 415.8
- précipitée 147.7
- première 118.3, 333.5
- provenant d'animaux 418.11
- réfractaire 414.7
- sableuse 79.9
- volatile 81.7
Matita bleu 191.1
- colorata 191.1
- grassa 191.1
Matraccio a fondo piatto 187.1
- - - rotondo 186.7
- conico 186.6
- d'evaporazione 247.6
- per distillazione frazionata 187.3
- resistente al fuoco 187.5
- tarato 185.10
Matras à évaporation 247.6
Matraz 198.7
- de destilación 254.9
- - - fraccionada 187.3
- - evaporación 247.6
- - fondo plano 187.1
- - lavado 186.3
- - vidrio 186.6
- graduado 185.10
- para la fabricación del cloro 221.10
- redondo 186.7
Matrice 333.5, 503.6
- à anneau 504.5
Matrice 333.5
- anulare 504.5
Matricer 503.6, 505.1
Matrix 333.5, 504.5
Matriz 333.5
- de agujero 504.5
Matt, -es Eisen 474.11
-e Stelle 277.6
Matt-eisen 2.6
-blech 552.11
Mattonato 289.4
Mattone 96.2
- a coltello 321.10
- - sezione trapezoidale 293.2
- acido 306.6
- alluminoso macinato 428.7
- basico 306.5
- crudo 429.7
- del tino 305.10
-i della sacca 302.7
- di carbone 117.10 306.8
- - dolomite 117.6
- - loppa 358.8,11
- - magnesia 569.5
- Dinas 115.1
- per ritto 321.10
- refrattario 156.6
- seccato all'aria 429.8
- silicioso 306.6
Mattonella 94.5
- di minerale 95.10
- secca 95.11
- sgretolata 96.1
Mauer-kranz 304.10
-sattel 84.8
-sockel 290.2
-stärke 305.7
-werk 306.1
Mauerung, Hinter- 304.8
-, Rast- 302.3
Maul 464.1
Maximum load 241.1
Maza 68.4
- de acero 465.4
- esférica 464.2
Mazalote 485.6
Mazé 5.2
Mazéage 5.2
Mazo 391.4
- de bocarte 77.4
Mazza 463.9, 499.2
- battente 499.3
- in ferro forgiato 495.5
Mazzuolo da formatore 435.7
Measure 88.4,9, 334.9 486.10
-, fixed 87.8
-, to 88.1, 334.8
-, - - the temperature 352.3
-, - - - test piece 88.2
Measurement 87.1 88.3
-, electrometric 257.5
- of hardness 58.9
- - temperature 351.3
Measuring apparatus, electric 266.7
- flask 185.10
- glass 185.9
- instrument 88.5
- point 41.5
- rule 88.6
- tube, graduated 269.6
- vessel 194.1
- wire 261.4
Mechanical 156.8
Meccanico 81.5
Mecánico 378.10
Mécanique 157.1
Mecha 184.4
Mechanisch 150.2
- beschicken 157.2
- betrieben 229.9
Mèche 184.4
Mechero 183.3, 542.2
- Bunsen 183.4
- circular con chorro en abanico 159.3
- con soplete 343.9
- de bencina 183.6
- - Bunsen de acetileno 183.5
- - embocadura oblonga 159.2
- - gas de aceite 183.8
- - - incandescente 281.1
- - - oxhidrico 251.7
- - hendidura oblonga 159.2
- - orificio circular 159.1
- - Teclu 183.7
- -soplete 251.6
Media caña 423.7
- - de cuero 423.8
Médian 515.6
Medición 88.3
Medida 88.3,4, 191.4
- de capacidad 334.9
- - la contracción 423.2
- - - dureza 58.9
- - las temperaturas 351.3
- - porcelana 194.1
- electrométrica 257.5
- fija 87.8
- para volumen 334.9
Medio para evitar la formación de grietas 428.10
- - - - - - hendiduras 428.10
- preservativo contra la oxidación 550.3
Medir 88.1, 89.2
-, copa para 194.1
-, instrumento para - la presión de los gases 271.5
- la temperatura de un cuerpo por medio de su radiación 352.3
- las dimensiones de la muestra 88.2
Meergrün 548.3
Meeting the demand for iron ore 558.3
Mehl 419.2
-, Dolomit- 117.8
-, Klauen- 420.2
-, Steinkohlen- 430.10
-, Torf- 429.4
-, Weizen- 431.1
Mehr-fach 154.3
-gehalt 65.9
-gewicht 559.11
-leitersystem 167.5
-phasenstromanlage 166.6
-teilig 440.2
-tieglig 334.7
-wertig 259.6
-zylindrig 325.8
Meiler, Holzkohlen- 98.4
Meißel, Abstreif- 524.8
-stahl 13.7
Meißeln, weg- 86.1
Mélange 119.7, 482.9
- de dolomie 117.7
- - minerais 76.3 333.8
- eutectique 274.4
- gazeux 360.1
- physique 273.2
Mélanger 482.5
- à la pelle 438.9
Mélangeur 95.1, 389.3,5 432.10
- cylindrique 389.6
- de fonte 389.5
Melt, to 250.3, 374.4
-, - - away 343.6
Meltableness 250.4
Melter 332.6
Melting (s. a. smelting) 250.2, 349.3
Melting down 385.9
- down process 418.1
- - -, triple 366.3
- furnace 362.4, 384.1
- in a cupola furnace 478.4
- iron 474.4
- of scrap, preliminary 565.8
- - slags 357.3
- period 411.10
- point 250.5
- pot 382.2
-, process of 349.3
- temperature 474.2
- trough, annular 568.6
- tube 252.9
- zone 347.4
Member 136.7
Mena de hierro 58.6
- difícilmente reducible 62.5
Ménagement du revêtement du cubilot 475.3
Menge, chemisch gleichwertige -n 257.7
Mengen 333.9
-untersuchung 223.7
Mengung 333.9
Menisco 482.10
Menisco della ghisa 482.10
Meniskus 482.10
Ménisque 482.10
Menne method 343.7
Menne, procédé 343.7
Menne, procedimiento 343.7
Menne, processo 343.7
Menneverfahren 343.7
Mennige, Eisen- 551.13
Mensola 127.1, 300.7
- di ferro 307.9
- per il tubo dell'acqua di refrigerazione 298.2
Mensur 185.9
Menu 65.1
- de la mine 62.9
Menudo 101.2,3,4,5
Méplat 19.7
Mercantile, ferro 17.9
Mercato, secondo l'uso del 30.4
Merchant 559.1
- iron 17.9
Mercure 200.4, 545.10
- métallique 209.8
Mercuric chloride 209.7
- oxyde 209.9
Mercurico 209.7
mercúrico 209.7
Mercurio 200.3, 545.10
- metallico 209.8
Mercurio 350.9. 545.10
-, depósito para 200.4
- metálico 209.8
Mercuroso 209.6
Mercurous chloride 209.6

Mercury 209.5, 545.10
- box 200.4
- lamp 281.2
-, metallic . . . 209.8
- pressure gauge 350.9
- tongs 200.6
- trough . . . 200.5
- vessel 200.3
Merkantileisen 17.9
Merkmal . . . 34.8
- des Erzes . . 65.6
Merma de fuego 90.2
Mesa 457.1
- de laboratorio 175.3
- - soplado . . 251.2
- - trabajo para los ensayos electroquímicos 265.5
- giratoria 452.5, 493.1
- - levadiza . . 452.6
Mescolanza . . 119.7 482.9
- dei minerali . 333.8
- di dolomite . 117.7
- - minerali . . 76.3
- gassosa . . . 360.1
Mescolare 334.7, 425.5 432.5
- colla pala . . 438.9
Mescolatore . . 95.1 389.3.5
- cilindrico . . 389.6
- d'argilla . . . 483.5
- - orizzontale 119.6
- di dolomite . 119.5
Mescolatrice . 432.10
Mesh sieve . . . 230.4
Meshed, wide . 230.6
Meß-apparat . 266.7
- -, elektrischer 266.7
-band 38.9
-heber 191.4
-instrument . . 38.5
-kelch 185.9
-kolben . . . 185.10
-pipette 191.4
-punkt 41.5
-rohr 269.6
-röhre 192.2
- -, Gas- 269.4
-werkzeug . . . 38.5
Messa a fuoco . 281.8
- fuori esercizio 355.3
- in marcia . 337.11
Messen 38.1
-, ab- 334.8
-, aus- 38.2
-, die Temperatur 352.3
Messer, Ampère- 266.9
-, Dichtigkeits- 180.1
-, Druck- . . . 179.5
-, Feuchtigkeits-180.7
-, Heizwert-110.1, 180.6
-, Hitze- 180.5
-, Kork- 196.5
-, Luftleeren- . 178.7
-, Platin- 195.9
-, Schabe- . . . 78.6
-, Senkwagendichtheits- 180.3
-, Volt- 266.8
-, Wasser- . . . 146.4
-, Wind- 182.2
Messingform . . 383.3
Messingsäule . 237.3
Messung 38.3
-, elektrometrische 257.5
-, Härte- 53.9
Mesurage . . . 38.3
Mesure 38.3.4.5
-, appareil de - électrique 266.7
- de la dureté . 53.9
- - porcelaine . 194.1
- des températures 351.3
- déterminée . 37.8
- du retrait . . 423.2
- électrométrique 257.5
-, fil de 261.4
- pour volume 334.9
Mesurer . 38.1, 334.8
-, appareil à - la pression des gaz 271.5
- la température d'un corps par son rayonnement 352.3
- les dimensions de l'éprouvette 38.2
Mesureur . . . 269.6
Metà modello . 424.2
Metal . . 25.4, 213.8
- alloy 351.4
- bath 567.1
-, Bell-Krupp . 5.3
- coming to nature 374.5
-, direct 4.4
-, dropping . . 374.5
-, fluid 11.4
-, hot 4.4
-, ingot 11.6
-, insufficient . 484.8
- pyrometer . . 351.6
- tube, flexible 200.7
-, washed . . . 5.3
Metal . . 130.5, 213.8
- Bell-Krupp . 5.3
- de la aleación 14.10
- forjado . . . 9.4
- líquido . . 401.7.8
- negro 72.1
- que empieza á fundirse 374.5
- soldado . . . 9.4
- solidificado . 401.9
Métal . . . 33.5, 213.8
- Bell-Krupp . 5.3
- entré en fusion 374.5
- forgé 9.4
- liquide . . . 401.7
- solidifié . . . 401.9
- soudé 9.4
Métalico 199.1
-, de sonido . . 108.3
Metall 213.8
-, abschmelzendes 374.5
-bad 567.1
-, Bell-Krupp- . 5.3
-hitzemesser . 351.6
-kunde 272.2
-legierung . . . 351.4
-mikroskopie . 272.2
-, Platin- 194.6
-probe, erstarrte 401.9
-pyrometer . . 351.6
-salz 427.5
-schicht 567.1
Metall-schlauch 200.7
-spiegel . . . 482.10
-strahl 386.7
-untersuchung 272.3
-verlust 378.8
-verschmelzung 351.4
Metallic 209.8
Metallico . . . 130.8
-, di suono . . 108.3
Métallique . . . 23.1
-, son 108.3
Metallisch . . . 209.8
- klingend . . . 108.3
Metallo . 40.7, 218.8
- Bell-Krupp . 5.3
- fondente . . . 374.5
- fucinato . . . 9.4
- fuso 11.4
- liquido . . . 401.7
- omogeneo . . 11.4
- saldato . . . 9.4
Metallografia . 272.2
- speciale del ferro 283.1
Metallografico . 177.4
Metallographic 272.3
Metallographie, spezielle - des Eisens 283.1
Métallographie 272.2
- spéciale du fer 283.1
Metallographical research 177.4
Métallographique 177.4
Metallographisch 177.4
Metallography 272.2
-, special 283.1
Metalloid 218.7, 349.9
Metalloide 218.7, 349.9
Métalloïde 218.7, 349.9
Metallurgical . 346.7
- room 177.4
Metallurgico . . 17.10
Métallurgique . 346.7
Metalografía . 272.2
- especial del hierro 283.1
Metalográfico . 177.4
Metaloide 218.7, 349.9
Metalurgico . . 346.7
Metamorfosato 116.6
Metamorfoseado 116.6
Métamorphosé 116.6
Metasilicate . . 356.9
Métasilicate . . 356.9
Metasilicato . . 356.9
Metasilikat . . 356.9
Meteoreisen . . 214.1
Meteoric 214.1
Meteorico . . . 214.1
Meteórico . . . 214.1
Météorique . . 214.1
Meter, laufendes 36.7
-maßstab . . . 38.8
Meter 146.4
-, gas 271.8
- scale 38.6
Method . . 31.3, 412.7
-, acid 396.5
-, briquetting . 94.7
Method, electrometallurgical 564.2
-, - -thermal . . 571.2
-, Menne 348.7
- of analysis . 223.4
- - calcination 82.9
- - roasting . . 82.9
- - working . . 57.8
-, stoichiometrical - of Mrazek 334.6
Methode, analytische 223.4
Méthode d'affinage 363.5
- d'analyse . . 223.4
- d'essai 31.3
- d'exploitation 57.9
- d'extraction . 57.9
- de grillage . 82.9
- - trempe spéciale 542.9
- stœchiométrique de Mrazek 334.6
- thermoélectrique 571.2
Methylated . . 546.5
Métis 6.3
Metodo catalano 362.1
- d'affinaggio . 363.5
- d'analisi 31.3, 223.4
- d'estrazione . 57.9
- di preparazione al gelo 89.8
- speciale di tempera 542.9
- stechiometrico Mrazek 334.6
Método catalán 362.1
- de afino . . . 363.5
- - análisis . . 223.4
- - ensayo . . . 31.3
- - explotación 57.9
- - extracción . 57.9
- - fabricación 412.7
- - refundición 474.1
- - temple especial 542.9
- - trabajo . . 409.4
- estequiométrico de Mrazek 334.6
Metralla 29.5
Metre 36.7
Mètre à ruban 38.9
- courant . . . 36.7
- pliant 38.8
Metrico 38.8
Métrico 38.8
Metro a nastro 38.9
- corrente . . . 36.7
Metro lineal . . 36.7
Mettere il forno fuori di marcia 415.9
Mettre hors feu 355.4
- le four hors feu 415.9
Meule 78.1
- à charbon de bois 98.4
- - émeri . . . 492.4
-s de broyeur . 78.2
Meuler 492.2
-, machine à (v. machine)
Mezcla 334.7
- de gases . . . 360.1
- - las cargas . 333.9

Mezcla de minerales 76.3, 333.8
- eútectica . . 274.4
- física 273.2
- para tapar la piquera 342.6
Mezclado . . . 71.2
Mezclador 95.1, 389.5 482.10
- cilíndrico . . 389.6
- de arcilla horizontal 119.6
- - dolomita . 119.5
- - hierro crudo 389.5
- - - de fundición 389.5
Mezclar 333.10, 425.5 482.5
- con la pala . 438.9
Mezzo per impedire la formazione di fessure 428.10
Mica 253.3
Mica plate . . 301.5
- spectacles . . 253.3
Micaceo 66.6
Micáceo 66.6
Micaceous iron ore 66.6
Micrometer caliper 39.4
- calipers . . . 41.1
- screw gauge 39.4
Micrometrico . 39.5
Micrométrico, calibre 39.4
Micrométrique, jauge 39.4.5
Micrometro . . 39.4
Microscope . 278.5.6
- lamp 278.8
- stand, Martens 281.9
Microscopical . 278.6
Microscopio . 278.5.6
Mikrometer-lehre 39.5
-schraube . . . 39.4
-zirkel 41.1
Mikroskop . . . 278.5
-, durch das - prüfen 278.6
-gestell nach Martens 281.9
Mikroskopie, Metall- 272.2
Mikroskopierlampe 278.8
Mikroskopieren 278.6
Mill 510.2
- bars 378.1
-, big 511.3
- scale 414.5
-, small 511.5
-, three high . . 512.7
- train 510.1
-, two high . . 512.6
Mild steel . 11.6, 12.1
Mina . . . 22.9, 100.7
- de carbón . . 100.5
- - hierro . . . 57.8
Mince 25.7
- de la mine . 62.9
Minder-gewicht 560.1
-wertig 17.12
Mindestdurchbiegung 43.3
Mine station . 123.5
- workings, deep 58.1
Mine 22.8
- de charbon . 100.5
- - fer 57.8
Minerai 58.5
-, besoin de . . 558.3
- brut 62.7
- carbonaté grillé 68.9
- concentré . . 75.1
- cru 62.7
- d'argent manganésé 70.7
- de fer 56.4
- - - à teneur d'acide carbonique 60.4
- - - aquifère . 60.3
- - - argileux . 68.8
- - - - non compact 59.6
- - - arsénieux 61.4
- - - bleu . . . 68.7
- - - brun . . 68.7
- - - brut . . . 64.4
- - - calcareux 60.5
- - - carbonaté 60.4
- - - compact . 59.3
- - - cristallin 64.3
- - - cuivreux 61.1
- - - dense . . 59.2
- - - désagrégé 64.1
- - - dur . . . 59.7
- - - - et cassant 59.8
- - - effrité . . 64.1
- - - en grains 67.5
- - - - rognons 67.2
- - - facilement réductible 62.3
- - - fibreux . 58.7
- - - frais . . . 64.2
- - - friable . . 59.4
- - - fusible par lui-même 62.2
- - - humide . 60.2
- - - imprégné d'eau 60.2
- - - jaune . . . 67.7
Minerai de fer magnétique 59.10
- - - manganésé 70.5
- - - massif . . 59.3
- - - nickelifère 61.6
- - - phosphoreux 60.7
- - - plombifère 61.2
- - - poreux . 59.9
- - - pulvérulent 58.8
- - - sablonneux 113.6
- - - sulfureux 60.6
- - - tendre . . 59.1
- - - terreux . 59.5
- - - titanifère 61.5
- - - veiné d'autres matières 64.5
- - - zincifère . 61.3
- - halde 62.10
- - manganèse proprement dit 69.5
- - scheidage . 63.1
- - zinc manganésé 70.6
Minerai défourné 88.6
- des lacs . . . 67.4
- - prairies . . 67.4
- difficilement fusible 62.1
- - réductible . 62.5
- en grains . . 63.5
- - morceaux . 62.8
- - rognons . . 63.8
- facilement fusible 61.7
- grillé 88.10
- gros 62.8
- houiller . . . 69.1
- imparfaitement grillé 89.1
- non grillé . . 88.11
- pour fonte malléable 415.4
- réfractaire . . 62.1
- riche 63.1
- rugeux . . . 64.4
- sec 60.1
- séché à 100° C 232.7
- trié . . . 63.1, 75.1
- - à la main . 63.3
- - au marteau 63.3
Mineral . . 66.1, 177.5
- colour 551.4
Mineral de hierro 56.4
- apartado . . 63.1
- - á mano . . 63.3
- bruto 62.7
- calcinado . . 88.10
- crudo 62.7
- de cinc manganesífero 70.6
- - hierro . . . 415.1
- - - acuoso . . 60.3
- - - amarillo . 67.7
- - - arcilloso . 68.8
- - - - flojo . . 59.6
- - - arenoso . 113.6
- - - arsenioso 61.4
- - - azul . . . 68.7
- - - blando . . 59.1
- - - bruto . . 64.4
- - - calcáreo . 60.5
- - - carbonado 60.4
- - - carbonatado calcinado 68.9
- - - cincífero . 61.3
- - - cobrizo . 61.1
- - - compacto 59.3
- - - con vetas de otros minerales 64.5
- - - cristalino 64.3
- - - denso . . 59.2
Mineral de hierro desagregado 64.1
- - - difícilmente fusible 62.1
- - - duro . . . 59.7
- - - en riñones 67.2
- - - fácilmente fusible 61.7
- - - fibroso . 58.7
- - - fosforido 60.7
- - - frágil . . 59.8
- - - fresco . . 64.2
- - - friable . 59.4
- - - fusible por sí mismo 62.2
- - - húmedo . 60.2
- - - magnético 59.10
Mineral de hierro manganesífero 70.5
- - - niquelífero 61.6
- - - pardo . . 68.7
- - - plomizo . 61.2
- - - poroso . 59.9
- - - pulverulento 58.8
- - - que contiene ácido carbónico 60.4
- - - sulfuroso 60.6
- - - terroso . 59.5
- - - titanífero 61.5
- - manganeso 69.5
- - plata manganesífero . . . 70.7
- - vaciadero . 62.10
- descargado . 88.6
- deslodado . . 63.1
- dulce 68.6
- en granos . . 63.5
- - pedazos . . 62.8
- - riñones . . 63.8
- fácilmente reducible 62.3
- grueso 62.8
- imperfectamente calcinado 89.1
- menudo . . . 62.9
- no calcinado 88.11
- para fundición maleable 415.4
- partido con la maza 63.3
- secado á 100° de Celsius 232.7
- - - 100 centígrados 232.7
- seco 60.1
- tostado . . . 88.10
Minerale 12.7
- a pezzi . . . 62.8
- autofusibile . 62.2
- carbonato torrefatto 68.9
- d'acciaio . . . 68.6
- d'argento manganesifero 70.7
- della scarica 62.10
- di ferro . . . 56.4
- - - argilloso . 59.6
- - - arsenioso 61.4
- - - bagnato . 60.2
- - - cavernoso 59.6
- - - compatto 59.3
- - - con alto tenore in acqua 60.3
- - - - rame . . 61.1
- - - - tenore in carbonato di calce 60.5
- - - con tenore in piombo 61.2
- - - - - - - zinco 61.3
- - - concresciuto 64.5
- - - contenente acido carbonico 60.4
- - - cristallino 64.3
- - - crudo . . 64.4
- - - d'origine idrica 67.4
- - - delle paludi e dei laghi . 67.4
- - - denso . . 59.2

Minerale di ferro disaggregato 64.1
- - - duro . . 59.7
- - - fibroso . . 58.7
- - - fosforoso 60.7
- - - fragile . . 59.8
- - - friabile . 59.4
- - - in arnioni 67.2
- - - magnetico 59.10
- - - manganesifero 70.5
- - - nickelifero 61.6
- - - polverulento 58.8
- - - poroso . . 59.9
- - - sabbioso 113.6
- - - scavato di fresco 64.2
- - - situato nei giacimenti di carbon fossile 69.1
- - - solforoso 60.6
- - - tenero . . 59.1
- - - terroso . 59.5
- - - titanifero 61.5
- - manganese propriamente detto 69.5
- - zinco manganesifero 70.6
- difficilmente fusibile 62.1
- - riducibile . 62.5
- disseminato in una massa 71.3
- essiccato a 100° C 232.7
- facilmente fusibile 61.7
- - riduttibile . 62.3
- greggio . . . 62.7
- imperfettamente torrefatto 89.1
- in pezzi piccoli 63.5
- minuto di detrito 62.9
- non torrefatto 88.11
- per ghisa malleabile 415.4
- preparato . . 75.1
- reniforme . . 63.8
- scaricato . . 88.6
- scelto 63.1
- secco 60.1
- spaccato . . . 63.3
- torrefatto . . 88.10
Mineralfarbe . 551.4
Mineraliensammlung 177.5
Mineralised . . 75.2
-, non 75.3
Mineralizado . 75.2
Minéralogique 177.5
Minette 67.3
Miniera 22.9
- di carbone fossile 100.5
- - ferro 57.8
Mining, ore . . 58.5
Minio di ferro 551.13
Minio de hierro 551.13
Minium de fer 551.13
Minuto 62.9
-, minerale . . . 65.1
Mirilla . . 168.2, 301.4
Miroitant . . . 8.3
Miroitement de la fonte 488.1
Miscela . 229.4, 482.9
- eutectica . . 274.4
- fisica 273.2
Misch-apparat . 95.1
-eisen 478.11
-kristall 274.1
-maschine . . 482.10
-trichter 119.7
Mischen, durcheinander 482.5
Mischer 389.5
-bühne 389.4
-, Dolomit- . . . 119.5
-gebäude . . . 389.3
-haus 389.3
Mischung, eutektische 274.4
Mise à feu . . . 86.4
- au point . . . 281.8
- en feu . . . 337.11
- - place de la gueuse 465.6
- - - des noyaux 461.6
- - - du fond . 392.1
- - stock . . . 130.2
- - suspension par agitation 80.4
- hors feu . . . 355.3
Mispickel . . . 72.4
Mißlingen, der Guß mißlingt 488.11
Misura 88.3.4.5
- del ritiro . . 423.2
- della durezza 53.9
-, filo di 261.4
- fissa 37.8
- per volume . 334.9
Misurare . 38.1, 334.8
- la temperatura d'un corpo per mezzo della sua radiazione 352.3
- le dimensioni della provetta 38.2
Misuratore d'acqua 146.4
- di porcellana 194.1
- - pressione per gas 271.5
Misurazione . . 38.3
191.4
- elettrometrica 257.5
Mitad del modelo 424.2
Mitnehmer . . 136.3
-, angenieteter - aus Stahlblech 136.5
-, aufsteckbarer geschmiedeter 136.6
-, Büchsen- . . 136.4
-glied 136.7
Mitraille . 29.5, 411.2
Mittelbar . . . 463.1
Mitteldruckdampfkessel 152.5
-, Füll- 147.6
-hart 6.5
-kasten 441.1
-leiter 167.7
-walze 512.9
-wert der Versuchsergebnisse 34.6
Mittelzug . . . 586.7
Mix, to - together 482.5
Mixed 274.1
Mixer 95.1, 119.5, 389.6
- platform . . . 389.4
Mixing 482.9
- apparatus . . 95.1
- cone 119.7
- machine . . 482.10
- shed . . 384.7, 389.3
Mixture 119.4
-, eutectic . . . 274.4
- of ore 333.8
- - ores . 76.3, 333.8
- - - and fluxes 334.2
-, physical . . . 273.2
Mobile . . 189.8, 390.8
586.4
Mode d'empilage des briques 407.9
- d'exploitation 57.9
- d'extraction . 57.9
- de travail . . 409.4
Model . . 422.3, 424.12
Modelage . . . 422.1
Modelar los crisoles 382.9
Modèle . . . 422.2.3
- à couronne . 451.6
- annulaire . . 423.9
- de jet de coulée 443.7
- - segment de denture 455.6
- en cire . . . 424.12
- - deux parties 424.1
-, introduction et enlèvement du 450.4
- rentrant . . . 450.4
Modell 422.3
-brett 439.11
-, das - herausheben 435.8
-, - - lockern . 435.6
-formerei . . . 438.3
-, getciltes . . . 424.1
-hälfte 424.2
-hammer . . . 435.7
-heber 436.1
-lack 424.5
-lager 422.2
-platte 422.6
- -, drehbare . 449.5
-, ringförmiges 423.9
-sand 425.10
-satz, Riemenscheiben- 451.7
-tischlerei . . . 422.1
-träger 455.5
- -, allseitig beweglicher 456.1
-umriß 422.5
-, Wachs- . . 424.12
Modellista, sezione -i 422.1
Modello . . . 422.2.3
- anulare . . . 423.9
- del dente . . 455.6
- di cera . . 424.12
- - colata . . . 443.7
- - una corona 451.6
- in due pezzi 424.1
-, senza . . . 447.8
Modelo . 40.3, 422.1.3
- anular 423.9
- de agujero de colada 443.7
Modelo de cera 424.12
- - dos mitades 424.1
- - huecos de los dientes 455.6
- - una corona 451.6
Moderar 474.3
Moderatore di gas 272.1
Modificare le fasi 274.6
Modificarse las fases 274.6
Modification, allotropic 272.5
- of the method 412.7
Modification des phases 274.6
Modo de calcinación 82.9
- - explotación 57.9
- - extracción . 57.9
Module d'élasticité 49.9
Modulo d'elasticità 49.9
Módulo de elasticidad 49.9
Modulus of elasticity 49.9
-, Young's . . . 49.9
Moellon 289.5
Moho 550.2
Mohr's clip . . 192.4
Mohr, sale di . 208.6
Moisten, to 119.8, 431.5
Moistened . . . 546.2
Moisture . 64.8, 329.3
Moitié de modèle 424.2
Mojar 119.8
Mola 78.2
- a smeriglio . 492.4
- trasportabile 493.3
Molde . . . 4.7, 121.7
- cerrado . . 439.10
-, colar en -s . 481.4
- de arena . . 340.4
- - carga . . . 410.8
- - fundición . 340.6
- - latón 383.3
- descubierto . 438.6
- dispuesto para colar 443.1
- fijo 446.5
- metálico 446.6, 487.7
- - calentado . 447.3
- montado . . . 446.1
- para el apisonamiento 105.7
- - fondo de convertidor 391.6
- - fundición dura 447.1
- - metralla . . 411.2
- perdido . . . 438.4
Moldeado . . . 564.4
- de engranajes 455.3
- - las ruedas dentadas con sectores que atraviesan la mesa 456.4
Moldeador 421.4, 434.1
Moldear . 421.5, 425.10
- á mano . . . 449.2
-, fundición para (v. fundición)
-, máquina de (v. máquina)

Moldeo 341.4, 421.1
- al descubierto 488.5
- con calibre 444.8
- - modelos 488.3
- - terraja 444.8
- en arena 425.11
- - caja 489.9
- - la tierra 447.8
-, fundición para (v. fundición)
-, máquina de (v. máquina)
Molecola 224.9
- biatomica 225.1
- -grammo 225.5.7
- monatomica 224.10
- triatomica 225.2
Molecolare 225.3
Molécula 224.9
- biatómica 225.1
- -gramo 225.5.8
- monatómica 224.10
- triatómica 225.2
Moléculaire 225.3
Molecular 225.3, 258.5
Molecule 224.9, 260.6
-, diatomic 225.1
-, monatomic 224.10
-, triatomic 225.2
Molécule 224.9
- biatomique 225.1
- monatomique 224.10
- triatomique 225.2
Molekül 224.9
-, einatomiges 224.10
-, dreiatomiges 225.2
-gewicht, Gramm- 225.7
-, Gramm 225.5
-, zweiatomiges 225.1
Molekular 225.3
-gewicht 225.6
-volumen 258.5
Molestia por desprendimiento de polvo 468.4
Molette du câble 331.1
Molibdato d'ammonio 210.8
Molibdato amónico 210.8
Molibdeno 15.8
Molibdeno 17.4, 219.13
- -níquel 15.8
Molíbdico 210.7
Molido 428.7
- demasiado fino 427.1
Molino centrífugal 79.4
- de bolas 79.1
- - campanas 78.7
- - cilindros 77.9
- - - para minerales 77.8
- - conos 78.7
- - exprimir la escoria 377.5
- - expulsar la escoria 377.5
- - limpieza transportable 493.3
- - mezcla 432.10
- - tubo 79.3
- triturador 432.1
Molla 14.3
- a spirale 502.5
- da vagone 25.1
- del respingente 25.2
Möller 334.2
- -ausbringen 345.3
-, Berechnung des -s 334.3
-, Entmischung des -s 348.4
-haus 334.7
Möllern 333.10
Möllerung 333.9, 334.4
Molote 121.7
Molten 401.8, 565.3
Moltiplicatore di pressione 508.2
Molybdaen 219.13
-eisen 15.10
-, Eisen- 15.10
-, Ferro- 15.10
-nickel 15.8
-sauer 210.8
-säureanhydrid 210.7
-stahl 17.4
Molybdate d'ammoniaque 210.8
Molybdate, ammonium 210.8
Molybdène 15.8, 219.13
Molybdenum 219.13
- steel 17.4
Molybdic acid 210.7
Molybdique, acide 210.7
-, anhydrite 210.7
Moment, Dreh- 50.8
-, Torsions- 50.8
Moment of torsion 50.8
Moment de torsion 50.8
Momento di torsione 50.8
Momento de torsión 50.8
Monatomic 224.10
Monatomico 224.10
Monatómico 224.10
Monatomique 224.10
Mönch 383.6, 453.7
-kolben 506.2
Monocilindrico 325.7
Mono-cylindrical 325.7
Monocylindrique 325.7
Monofase 572.1
Monofasico 166.5
Monofásico 572.1
-, instalación -a 166.5
Monophasé, à courant 572.1
-, installation -e 166.5
Monovalent 259.7
Monovalente 259.5
Montacargas 329.8.9
- con balanza de agua 330.4
- - contrapeso de agua 330.4
- de cable 330.8
- - doble efecto 330.3
- - simple efecto 330.2
- hidráulico 330.6
- inclinado 331.4
Montacargas neumático 330.7
Montacariche 329.8.9
- a bilanciere d'acqua 330.4
- - cavo 330.8
- - doppio effetto 330.3
- - piano inclinato 331.4
- - semplice effetto 330.2
- idraulico 330.6
- pneumatico 330.7
Montado 446.1
Montaggio del fondo 392.1
Montant 86.9
- de cage 521.1
- du marteau 496.2
- en col de cygne 498.7
Montante 372.2
-, ad un sol 498.7
Montar el molde 442.1
Montare la forma 442.1
Montato 446.1
Monte-charges 329.8.9
- - à balance d'eau 330.4
- - - câble 330.8
- - - double effet 330.3
- - - simple effet 330.2
- - hydraulique 330.6
- - incliné 331.4
- - pneumatique 330.7
Monté 446.1
Monter dans la cheminée 165.1
- le moule 442.1
Montone 464.1
Montón 83.1
Montre 189.7
Morceau 107.9
- détaché 81.4
-, en gros -x 108.1
- poreux 107.7
Mordaza 498.2
- par coger lingotes 526.3
-s para doblar 43.10
Mordente 277.9
Mordere 278.4
Moreno con manchas de púrpura 547.9
Morgan, gasogeno 405.2
Morgan, gasógeno 405.2
Morgan, gazogène 405.2
Morgan producer 405.2
Morganscher Generator 405.2
Morro de la tobera 297.4
Mörser 228.10
-, Achat- 229.1
-, Diamant- 229.2
-, Stahl- 229.3
Morsetto 192.4
- per elementi 265.9
- - treppiede 198.6
Mort-terrain 76.5
Mortaio 228.10
- d'acciaio 229.3
- - diamante 229.2
- d'agata 229.1
- da miscela 229.4
Mortar 228.10, 229.3.4
-, refractory 117.13
Mortero 228.10, 229.4.5
- de ágata 229.1
- en acero 229.3
- - diamante 229.2
- refractario 117.13
Mortier 228.10, 229.4.5
- diamant 229.2
- en acier 229.3
- - agate 229.1
- réfractaire 117.13
Mörtel, feuerfester 117.13
Mortise, to 52.3
Moteur 168.3
- à polir 276.7
- électrique 328.2
Mother liquor 274.3
Motion 393.7
Motor 105.7
- for polishing 276.7
Motor 137.6, 168.3
-, árbol 518.9
- para pulimentar 276.7
Motore 326.8
- per levigare 276.7
Motrice 168.3, 512.4
Mottled, strongly 2.2
Moufle en fer 541.6
- - fonte 541.6
- - platine 195.3
- - terre réfractaire 541.7
-, four à (v. four)
-, fourneau à (v. fourneau)
Mouiller 119.8
Moulage 421.1.2, 486.9
- à découvert 488.5
- - la main 449.2
- - - trousse 444.8
- au calibre 444.8
- - sable 425.11
- avec modèles 488.3
- creux 487.2
- - compliqué 487.3
- d'acier 488.2
- - dur 488.5
- de construction 487.10
- - tuyaux 488.1
- des engrenages avec modèle à segments traversant la table 456.4
- - roues dentées 455.3
- en acier doux 488.4
- - argile 487.6
- - châssis 439.9, 487.8
- - coquille 447.1, 487.7
- - fonte grise 7.4
- - sable 425.11, 487.4
- - terre 447.8, 487.5
-, fonte de (v. fonte)
- froid 489.1
- par introduction et enlèvement du modèle 450.4
- - modèle rentrant 450.4

Moulage pour pièces de machine 487.9
Mould 883.3.5
-, built-up . . . 446.1
- carriage . . . 454.4
-, cast iron . . 840.6
- casting . . . 487.8
-, chill 840.6
-, closed . . . 439.10
-, false 446.2
- frame 121.7
-, permanent . . 446.5
- ready for casting 448.1
-, temporary . . 488.4
-, to 421.5
-, - - the crucibles 882.9
- trolley 454.4
Moulder 421.4
-'s hammer . . 485.7
-'s peel 484.2
-'s spade 484.3
-'s tools 484.1
Mouldery . . . 488.3
Moulding 421.1, 488.5
- board 422.6
- box for pulley moulding machine 452.1
- flask for pulley moulding machine 452.1
-, free 447.8
- hall 421.2
- -, two span . . 421.3
- in boxes . . . 489.9
- machine . . . 448.2
- -, centreing . 454.6
- -, core 459.2
- - for ribbed pipes 452.3
- -, gear wheel 455.2
- -, - - - - attaching to the wall 457.2
- -, - - - - with table 457.1
- -, - - - - - two face plates 457.3
- -, hand - - for belled articles 452.4
- -, - - - with turnover pattern plate 450.1
- -, hydraulic . 448.3
- -, - - - with turnover table 450.2
- -, pulley 451.4, 452.1
- -, small gear wheel 457.4
- -, stripping plate 450.5
- -, - - gear wheel 456.3
- -, - - moulding machine with turning table 452.5
- -, telescopic - - for pulleys 452.2
- -, turnover type 449.4
- -, upright . . 454.1
- - with double ramming action 454.5
- - - lifting carriage 448.4
- - - rotary table 449.3
Moulding machine ramming two travelling pattern tables 450.3
- material . . . 425.1
- -, adhering . 490.5
- of gear wheels 455.3
- - - - with stripping plates 456.4
- press 453.1
- -, hydraulic . 453.5
- - with rotatable turnover plate 454.3
- - - two travelling pattern tables 450.3
- sand . 425.10, 431.8
- -, adhering . . 490.5
Moule . . 121.7, 430.5
-s à gueusets . . 340.1
-, couler en -s . 481.4
- couvert . . . 439.5
- de pilonnage 105.7
- en fonte . . . 340.6
- - laiton . . . 888.3
- - sable 340.4
- fermé . . . 439.10
- monté 446.1
- ouvert 438.6
- perdu 438.4
- pour fond de cornue 391.6
- - moulage en coquille 447.1
- prêt pour la coulée 448.1
Moulé 7.4
- en châssis . . 488.2
Moûler . . 421.5, 427.8
- à traversière 451.2
- les creusets . 882.9
-, machine à (v. machine)
Mouleur 421.4, 434.1
Moulin 482.1
- à cingler . . . 377.5
- - cylindres . 77.9
- de nettoyage transportable 498.3
Moulu 95.8
- trop fin . . . 427.1
Mountain green 552.1
Mouth . . 382.4, 464.4
- piece 448.5
Mouton . 464.1, 497.4 501.6
- à courroie . . 497.7
- en forme de boule 464.2
Mouture 482.3
Mouvement . . 93.6
- de la bascule 185.6
- - rotation . . 393.7
- du levier . 310.11
Movement . . . 93.6
- of the lever 310.11
- - - rider . . 289.10
Mover, prime . 168.3
Móvil . . 189.8, 586.4
Movimento . . 93.6
- automatico . 525.6
- della leva . 310.11
- di rotazione . 393.7
Movimiento . . 93.6
- de la báscula 185.6
- - - palanca 310.11
- - rotación . . 393.7
- vertical . . . 183.4
Moyen, coke . 107.10
- d'éviter les fissures 428.10
Moyenne des résultats d'essai 84.6
Mozo de laboratorio 174.5
Mrazek, método estequiométrico de 334.6
Mrazek, metodo stechiometrico 334.6
Mrazek, méthode stœchiométrique de 334.6
Mrazek, stoichiometrical method of 334.6
Mrazeks stöchiometrisches Verfahren 334.6
Mucchio 88.1
Muchacho de laboratorio 174.4
Mucillagginoso 428.5
Mucilagineux . 428.5
Mucilaginoso . 428.5
Mucilaginous . 428.5
Muck bar 18.3, 378.1
Mud gun . . . 342.7
Muela 78.1
- de esmeril . . 492.4
-s - triturador . 78.2
Muelle 502.4
- de carga . . 122.4
- - coches . . . 25.1
- - tope 25.2
- - vagones . . 25.1
Muesca . . . 518.12
Muestra 33.3, 34.7, 227.10
- de escoria . 401.10
- - metal solidificado 401.9
- media . . . 227.11
-, preparación de las -s 174.9
- secada 231.9
-, toma de -s . . 174.8
Muffe 319.3
-, angegossene 319.4
-, Kupplungs- 519.10
Muffel aus Eisen 541.6
- - Schamotte . 541.7
-, gußeiserne . 541.6
-ofen 541.5
- -, Doppel- . . 541.8
- -, elektrischer 249.5
- - für Gasheizung 249.4
- - - Kohlenheizung 249.3
- -, Gas- 542.1
-, Platin- 195.3
Muffenhülse . 519.10
Muffle 195.3
- furnace . . . 541.5
- -, double . . . 541.8
- -, electric . . 249.5
- - for coal . . 249.3
- - - gas . . . 249.4
- -, gas fired . 542.1
Muffola 249.5
- a carbone . . 249.3
- - gas 249.4
- di ferro . . . 541.6
- - ghisa . . . 541.6
- - platino . . 195.3
- - terra refrattaria 541.7
Muffola, forno a (v. forno)
Mufla de fundición 541.6
- - hierro . . . 541.6
- - platino . . 195.3
- - tierra refractaria 541.7
-, horno de (v. horno)
Mühle 482.1
-, Glocken- . . 78.7
-, Kugel- 79.1
-, Luppen- . . 377.5
-, Rohr- 79.3
-, Schleuder- . . 79.4
-, Walzen- . . . 77.9
Mulde. Beschick- 410.8
-, mit Wasser gefüllte 318.3
Mulden-chargierkran 410.7
-einsetzkran . 410.7
-form 370.1
-kopf 411.1
-rolle 188.7
Mulino a cilindri per minerali 77.8
- - tubo 79.3
Müller, comando sistema 498.3
Müller, commande 498.3
Müller drive . 498.3
Müller, impulso sistema 498.3
Müllerscher Antrieb 498.3
Müllfeuerung . 155.8
Mulmig, -es Eisenerz 59.4
Multiple stage boiler 153.9
Multiplicador de presión 508.2
Multiplicateur de pression 508.2
Multistage . . . 161.6
Multitubular . 155.2
Multivalent . . 259.6
Mundstück . . 301.2
Mündung der Birne 389.9
Mündungsbär 401.11 402.1
Muni de petites pointes 426.10
Münzstahl . . . 14.7
Muñequilla . . 441.9
Muñón . . . 518.6,8
- de acero . . . 392.7
- hueco 394.6
Mur 84.8
Mûr 68.7
Mural 125.9
Murare 306.3
Muratura . . 88.5,6
- del tino . . . 305.8
- esterna della camicia 304.8
- massiccia . . 286.4
Muro 84.8
Muso dell'ugello 297.4
Muschelschieber 407.4
Mushroom valve 407.4
Mutterlauge . . 274.3

N.

Nacelle à fusion 253.1
- en platine . . 195.5
Nach-arbeiten, die Form 436.4
-blasen . . . 397.10
-füllen . 337.10, 485.4
-kochen 386.3
-lassen 547.1
-laufen 543.9
-reinigung . . 493.8
-rennen 363.3
-sehen, die Formen 342.9
-weis 224.5
Nachtschicht . 556.7
Nadel-boden . . 391.1
-, die -n zurückziehen 391.8
-förmig 47.2
-holzkohle . . 418.10
-, Platin- 194.8
-, schwarze -n . 288.4
Nagelkaliber . 518.3
Nahtlos 538.5
Nail iron for horseshoes 29.2
- pass 518.3
Nappe d'eau souterraine 289.1
- de ruissellement 149.1
- souterraine . 289.2
Narbe, Guß- . . 490.2
Narbig 47.5
Narrowing . . . 83.10
Naß 60.2
-er Weg 224.4
-reinigung . . . 317.2
Nässe 64.8
Nässen der Kohle 104.7
Nastro 19.8
- a raschiatori 189.4
- di magnesio . 184.8
- - materiale . 33.5
- - prova . . . 33.4
- inclinato . . 138.10
- trasportatore 138.5
Nathusius, forno 568.1
Nathusius, four 568.1
Nathusius furnace 568.1
Nathusius, horno de 568.1
Nathusiusscher Ofen 568.1
Natif, fer . . 218.10
Nativo, ferro 218.10
-, hierro . . . 218.10
Natrium 221.3
-ammoniumphosphat 207.3
-arsenit 210.9
-bikarbonat . 205.10
-chlorid 207.2
-flamme 285.8
-hyposulfit . . . 210.6
-karbonat . . . 205.9
-linie 401.3
-phosphat . . . 206.9
-presse 182.5
Natrium-sulfat 205.12
-sulfit 210.5
-superoxyd . . 211.1
-zange 202.8
Natron, arsenigsaures 210.9
-, Ätz- 205.1
-, borsaures . 211.14
-, doppeltkohlensaures 205.10
-hydrat 205.1
-kalk 205.7
-, kohlensaures 205.9
-lauge 205.3
-, phosphorsaures 206.9
-, schwefelsaures 205.12
-, schwefligsaures 210.5
Natur-härte . 542.10
-wasser 146.6
Natura 82.3
Natural, acero . 10.6
Naturale, acciaio 9.7
Naturaleza . . 82.3
Nature 82.3
Nave . . . 26.9, 421.3
Navecilla de aluminio para pesadas 240.1
- - fusión . . . 253.1
- - platino . . . 195.5
Navicella . . . 202.4
- d'alluminio per pesare 240.1
- di fusione . . 253.1
- - platino . . 195.5
Navire 26.9
Neat's foot flour 420.2
- - meal 420.2
Neben-bestandteil 71.6
-einander liegend 506.4
-erzeugnis 103.8, 361.1
-se des Hochofens 355.8
-se, zufällige . 361.1
-gefügebestandteil 284.3
-gestein 76.5
-gleis 123.8
-kanal 340.3
Necesidad de mineral 558.3
Neck 518.6
Needle, black -s 288.4
- bottom . . . 391.1
-, magnetic . . 182.7
- shaped 47.2
Négatif 282.4
Negativ . 282.4, 546.12
Negativa . . . 282.4
Negative . . . 282.4
Négociant en minerais 559.1
Negociante en minerales 559.1
Negoziante in minerali 559.1
Negro animal 419.12
- de humo . 430.7.8
Neigungswinkel 161.4
Nerf 9.9, 379.3
Nero animale 419.12
Nerofumo . . 430.7.8
Nervatura . . . 379.3
- incassata . . 296.8
Nerveux . . 9.9, 46.2
Nervio . . . 9.9, 22.3
- inserto 296.8
- longitudinal . 519.6
- -reforzador de las paredes de los tubos 319.9
Nervoso 46.2
Nervudo 46.2
Nervure rapportée 296.8
Nessler, réactif de 211.4
Nessler, reactivo de 211.4
Nessler's reagent 211.4
Nessler, reattivo di 211.4
Neßlersches Reagens 211.4
Net 186.1
- shaped . 46.8, 261.7
Net 494.1
-, puissance calorifique -te . 109.2
Neto, poder calorifico 109.2
-, potencia calorifica -a . 109.2
Netteté de la surface 35.3
Nettogewicht . 134.9
Nettoyage . . . 163.3
- des grilles . . 337.4
- du creuset . . 342.2
- supplémentaire 493.8
Nettoyé 27.6
Nettoyer . . . 490.10
- les moulages 489.5
Netz-elektrode 261.7
-förmig 46.8
-, Kupferdraht- 199.2
-rolle, Kupferdraht- 199.3
-, Schutz- . . . 186.1
-vorrichtung 482.11
Neubildungsgeschwindigkeit der Ionen 264.8
Neumático . . . 178.3
Neutral . 167.7, 242.4
Neutralise, to . 242.5
Neutraliser . . 242.5
Neutralisieren . 242.5
Neutralizar . . 242.5
Neutralizzare . 242.5
Neutre 242.4
Neutro 242.4
Nez de la tuyère 297.4
Nicht-graphitisch 215.3
-metall 218.7
Nickel 217.9
-eisen 15.7
-, Eisen- 15.7
-, Ferro- 15.7
-flußeisen . . . 418.5
-haltig . . . 9.2, 61.6
-härtungsverfahren 418.4
-, Molybdaen- . 15.8
-oxydul . . . 217.10
-stahl 16.11
-zusatz 418.6
Nickel . . . 9.2, 217.9
- hardening method 418.4
- -molybdenum 15.8
- oxide . . . 217.10
- steel . . 16.11, 418.5
Nickel . . . 9.2, 217.9
Nickelare . . . 554.4
Nickeler 554.4
Nickelifère . . 61.6
Nickelifero . . 61.6
Nickeliferous . 61.6
Nickelio 217.9
Nickelplate, to 554.4
Niederblasen 355.3.4
-druck 120.7
- -dampfkessel 152.6
-gehen der Gicht 335.8
-hängend . . . 309.3
-schlag . 147.7, 242.12
- -elektrode . . 261.5
- -mittel 147.6
-schlagen der Gichtflamme 468.1
-schmelzen . . 374.4
-spannungsanlage 166.8
Niedrigprozentig 15.1
Nierenerz . . . 63.8
Nieteisen, das - zu einer Schleife biegen 48.4
Night shift . . 556.7
Nippers 464.3
Niquel . . . 217.9.10
Niquelar 554.4
Niquelífero . . 61.6
Nitidez de la superficie 35.3
Nitrat, Kobalt- 212.5
-, Silber- 210.1
Nitrate, basic - of mercury 209.5
- of cobalt . . 212.5
- - palladium . 210.4
- - potash . . . 419.6
-, potassium . . 419.6
-, silver 210.1
Nitrate d'argent 210.1
- de cobalt . . 212.5
- - mercure basique 209.5
- - palladium . 210.4
- - potasse . . 419.6

Nitrato d'argento 210.1
- di cobalto . . 212.5
- - mercurio basico 209.5
- - palladio . . 210.4
- - potassa . . 419.6
Nitrato argéntico 210.1
- de cobalto . . 212.5
- - paladio . . 210.4
- - plata 210.1
- mercúrico básico 209.5
- potásico . . . 419.6
Nitre 419.6
Nitric acid . 203.11 203.12
Nitrico . . . 203.11
Nítrico . . . 203.11
Nitrique . . . 203.11
Nitro 419.6
Nitrocianuro de titano 361.12
Nitrogen 221.6, 221.7
Nitrogeno . . . 221.6
Nitrógeno . . 221.6.7
Nitrometer . . 181.2
Nitromètre . . 181.2
Nitrometro . . 181.2
Nitrómetro . . 181.2
Niveau 439.4
-flasche 269.7
Niveau 269.7
- à bulle d'air 435.5
- d'eau 182.6
- de chargement 467.4
- à coulée . . . 388.5
Niveau à la nappe souterraine 289.1
- - maçon . . . 435.4
- des tuyères à vent 298.7
- du gueulard 307.4
Nivel 269.7
- de agua 182.6, 435.5
- - - subterránea 289.2
- - albañil . . . 435.4
- - burbuja de aire 435.5
- - carga . . . 467.4
- - las toberas de aire 298.7
- del suelo de la fábrica 288.6
Nocciolo della frattura 47.3
Nocciuola, grossezza di 231.7
Noce, grossezza di 231.6
Nocivo 71.5
Nodo . . 43.4.5, 422.9
-, fare un . . . 535.5
Nodular 63.8
Nodule 67.1
Nodule, -s d'hématite brune 67.1
Nodulo 67.1
Nœud 422.9
Noir de fumée 430.7
Noisette, -s . . 101.2
-, grosseur de . 231.7
Noix, grosseur de 231.6
Nolo 561.8
Nolo ferroviario 561.4
Non-baking . . 99.6
- -bituminous . 99.6
- -graphitic . . 215.3
- -polarized . . 169.8
Nonne 383.5
-, Haupt- . . . 458.6
Nordpol 91.2
Noria 189.9
Normal-angabe 32.7
-elektrode . . . 261.9
-gewicht 135.4
-lösung 192.6
-tabelle 55.3
Norme 32.7
North pole . . 91.12
Norton, pozo de 141.6
Norton, puits tubulaire de 141.6
Notch . . 49.5, 299.6
-, cinder 300.2
Notched . . 44.2, 46.3 426.10
Notch, -es of the rule for the rider 239.9
Noyau . . 424.8, 458.4
- carré 458.5
- coudé 461.4
- de grillage . 89.3
- - tuyau . . . 458.6
- - la cassure . 47.3
- fragile . . . 459.8
- perdu . . . 461.5
Noyauteur . . . 458.2
Nozzle . . 297.4, 301.2 343.1, 430.6, 492.10 542.2
- box 430.7
Nozzle brick sleeve 430.8
- section 350.7
Nucleo di torrefazione 89.3
Núcleo 459.9
- de calcinación 89.3
- - la sección transversal de rotura 47.3
Nudo 422.9
Nuez, tamaño de 231.6
Nuisance . . . 468.4
Nuisible 71.5
Nullleiter . . . 167.7
Number, atomic 226.5
- of kind . . . 34.11
- - sort 34.11
- - year 34.12
Numéro d'ordre 34.11
- de fil 28.1
- - la série . . 34.11
Numero d'ordine 34.11
- del filo 28.1
Número de clase 34.11
- - especie . . . 34.11
- del alambre . 28.1
- - año 34.12
Nummer, Draht- 28.1
-, Gattungs- . . 34.11
Nußkohle . . . 101.2
Nut, -s . . 101.2, 291.4
- coal 101.2
Nutsche 246.1
Nutzleistung . 557.5

O.

Obenlaufend . 127.7
Ober-dampf . . 500.7
-druck 515.7
-feuer 348.2
-fläche, kantige 426.9
- -, polierte . . 424.8
- -, rundgeriebene 427.2
- -, wellige . . 534.7
-flächenentwicklung 282.6
- -härtung . . 417.9
- -kruste . . . 489.9
- -rauheit . . . 426.8
- -reinheit . . . 85.3
- -riß 86.6
- -verschönerung 550.4
-flächlich, -er Fehler 489.11
-gestell 296.2
-irdisch 171.4
-kante 308.7
-kasten 441.2
- -, den - - aufsetzen 442.6
-walze 512.8
- -, entlastete . 523.6
-winddüse . . . 466.8
Obiettivo . . . 279.1
Object, illuminated 280.6
- of separation 76.1
Objectif . . . 279.1.7
Objective 279.1
Objekt, beleuchtetes 280.6
-tisch 281.7
-träger 278.7
Objektiv 279.1
Objet éclairé . 280.6
Objetivo . . . 279.1
Objeto alumbrado 280.6
- del apartado 76.1
Oblicuo . 44.10, 534.4
Oblique . 44.10, 534.4
Obliquo 44.10
Oblong . 19.3, 159.2
Oblongo 159.2
Oblungo 159.2
Obra 295.7
- del crisol . . 295.6
Obrero 151.2
- de alto horno 382.8
- - plataforma 383.1
- machero . . . 458.2
Observación . 278.10
- exterior . . . 85.1
Observar con el microscopio 278.6
Observation . 278.10
Observer au microscope 278.7
Obstrucción . . 358.6
- de horno de calcinación 88.3
- - la piquera . 348.4
- del crisol . . 387.3
Obstruction . . 348.3
Obstruction du trou de coulée 348.4
Obtención de hierro bruto en el horno eléctrico 571.1
Obturación con arena 418.1
Obturador de mariposa 406.10
Obturateur, -rice 28.5
- à charniere . 131.4
Obturation au sable 418.1
Occhiale, -i di mica 258.3
-i di protezione 198.1
Occhio d'attacco 476.8
Occluded . . . 484.7
Occlusion . . . 484.8
Occluso 484.7
Ochre 66.9
-, iron 551.13
Ochsenklaue . 420.3
Ocker 66.9
Ocra di ferro . 67.7
Ocre 66.9
Octagonal 290.5, 377.7
Octogonal . . . 290.5
Octogone . . . 377.7
Oculaire 279.2
Ocular 279.2
Oculare 279.2
Oeil de la tuyère 299.2
Oeuf, grosseur d' 231.5
Öfchen, Ton- . 249.6
Ofen 403.2
-abdeckung . . 569.2
-, aus dem - saugen 380.7
-, Bienenkorb- 103.6
-, Blas- 286.1

Ofen, Blase- . . 286.1
-, Blau- 256.1
-blei 361.4
-, Blei- 540.4
-, Colbyscher . 568.7
-, Doppelpuddel- 367.2
-, Drehpuddel 367.5
-, Drehstrom- . 572.2
-durchmesser . 288.2
-einheit 573.2
-, Einphasen- . 572.1
-, eintiegliger . 384.6
-, elektrischer . 267.2
-, - Herd- . . . 570.3
-, - Muffel- . . . 249.5
-, Elektrotiegel- 570.6
-, Emaillier- . . 554.8
-ende 413.10
-, feststehender 402.7
-, Flamm- . . 366.10
-, Frickscher . . 569.8
-futter . . 83.9, 475.3
-gang, gleichmäßiger 474.10
- -, wechselnder 344.5
-, Gérardscher . 569.7
-, Gin- 569.6
-, Girod- 567.5
-, Glüh- . 95.2, 528.3
-, Härte- 540.1
-, Hellbergerscher 570.7
-, Héroultscher 566.6
-, Hiorthscher . 568.8
-, Hoch- (s. Hochofen)
-, in voller Hitze befindlicher 411.8
-, Induktions- . 568.2
-inneres . 288.4, 353.4
-, Irelandscher 468.5
-, Ischewskyscher 570.2
-, Kellerscher . 570.1
-, Kjellinscher . 568.4
-, Kleinkuppel- 469.6
-, Koks- (s. Koksofen) 108.4
-, Krigarscher . 469.1
-, Lichtbogen- . 565.9
-mauerwerk, das - abbrechen 355.7
-, mehrtiegliger 384.7
- mit auswechselbarem Boden 416.1
-, Muffel- 541.5
-, - - für Gasheizung 249.4
-, - - - Kohlenheizung 249.3
-, Nathusiusscher 568.1
-, Puddel- . . . 367.1
-rand 308.6
-reise . . 344.8, 418.3
-, Röchling-Rodenhauserscher 568.9
-, - - Dreiphasen- 569.1
-, - - Wechselstrom- 568.10
-, Roll- 529.1
-, Rößlerscher . 252.3
-, rotierend angeordneter 566.4
-, Saugkupol- . 469.2
-schacht 303.8
-, Schmelz- 252.2, 362.4
Ofen, sich drehender 95.3
-sohle 291.7
-, Spur- 468.8
-, Stassanoscher 566.3
-, Stück- 363.1
-, Teller- 367.7
-, Tief- 527.8
-umformer . . 572.3
-, Verbrennungs- 249.2
-, Wärme- . . . 528.3
-, Wende- . . . 367.4
-, Widerstands- 570.4
-, Zementstahl- 419.10
-, Zylinder- . . 367.6
Offen 125.2
-e Brust 286.2
-er Herd . . . 368.9
-es Feuer . . . 120.4
-es Kaliber . . 515.9
Office, -s . . 149.6.7
- buildings . . 149.5
Officina . . . 422.11
- dei fabbri . . 150.4
- delle riparazioni 150.3
- di sbavatura 489.2
- meccanica . . 150.2
- per le anime 458.1
- - preparare la dolomite 118.2
Öffnen, das Stichloch- 338.9
-, mittels elektrischen Lichtbogens 344.2
-, sich selbsttätig 315.1
Öffnung, Brust- 291.8
-, die -en verstreichen 355.1
-, Einsteig- . . . 467.2
-, Luftzuführungs- 87.8
-, Schau- 168.2
-, Zieh- 87.9
Oficina, -s . . . 149.8
Oggetto 281.7
- illuminato . . 280.6
Ogiva, in . . . 515.2
Ogivale . . . 516.11
Ogive 516.11
-, en 515.2
Ohr 441.7
Oll 383.4, 546.8
- bath . . 233.4, 548.4
- fired furnace 384.9
- gas burner . 183.8
- hardening . . 545.5
-, linseed - varnish 551.7
-, to 383.4
Ojival 516.11
Ojo de la tobera 299.2
Okular 279.2
Öl 546.6
-bad 548.4
- - -Trockenschrank 233.4
-gasbrenner . . 183.8
-härtung . . . 545.5
Oliare 383.4
Oligiste . . . 66.5.6
Oligisto 66.7
- micaceo . . . 66.6
Olio . . . 233.4, 546.6
Olio di lino . . 551.7
- - pesce . . . 546.9
Olive 539.2
Oltrepassato . . 118.9
Omogeneo . . . 11.4
-, non 484.5
Ondulado . . . 27.1
Ondulato . . . 27.1
Ondulé 27.2
Oolitic 63.7
Oolitico 63.7
Oolitico 67.3
Oolithique . . . 63.7
Oolithisch . . . 67.6
Open hearth furnace 402.6
- - -, tilting . . 403.1
- - pig iron . . 8.4
- - steel 12.2
- - -, acid . . . 12.3
- - -, basic . . . 12.4
- - - works . . 402.4
-, to open automatically 315.1
-, - - the tap hole by means of electric arc 344.2
Opening . 160.3, 514.5
- of the tuyere 299.2
- out the hole . 52.4
Operación . . . 395.5
-es preparatorias 74.2
Operaio 151.2
- addetto a caricare il minerale 332.9
- - all'affinaggio 368.7
- dell'alto forno 332.8
- di piattaforma 333.1
- pudellatore . 373.8
Operar una reacción 222.5
Operating valve 499.9
Operation, in . 557.1
-, out of . . . 556.11
Opération . . . 395.5
- au convertisseur 395.2
- métallurgique 346.7
-s préparatoires 74.2
Operazione continua 395.4
- metallurgica 346.7
Oprimir el molde 442.11
Optical 352.2
Óptico 352.2
Optique 352.2
Optisch 352.2
Or 219.9
Ordine 84.11
- d'ugelli . . . 466.7
Ordon 496.8
Ordure ménagère 155.8
Ore 131.3
-s and fluxes . 334.1
-, bean 67.5
- body 57.2
-, bog 67.4
- briquette . . 95.10
-, brown 68.7
Ore, calcined . 88.10
- charge 335.2
- deposit, solid 57.2
- -, stratified . . 57.1
-, difficultly reducible 62.5
- distributer . 308.10
-, drawn 88.6
-, dressed . . . 75.1
- dried at 100° C 232.7
-, dry 60.1
- dust . . 76.4, 815.5
-, easily reducible 62.3
- grinder, mechanically driven 229.9
- house 334.7
-, incompletely roasted 89.1
-, iron (s. iron ore)
- loading device 123.1
-, marsh 67.4
-, meadow . . . 67.4
- merchant . . 559.1
- mining . . . 58.5
-, nodular . . . 63.8
-, oolitic 63.7
- process 12.7, 412.9
-, proper manganese 69.5
- puddling . . 380.2
-, purple 70.8
- raising 58.5
-, raw 88.11
-, roasted . . . 88.10
-, screened . . . 63.1
-, self-fluxing . 62.2
-, - -fusible . . 62.2
- separator, Wetherill's 94.4
- steamer . . . 562.6
- stockwork . . 57.2
- storing place 130.3
- to be calcined 82.6
- - - roasted . 82.6
-, unroasted . . 88.11
- wagon 138.2
- washery . . . 80.6
- washing . . . 79.6
-, waste heap . 62.10
Ore-process 12.7, 412.9
Orecchio . . . 441.7
Orecchione . . 301.9
Oreille 441.7
Oreja 441.7
Organic 427.6
Organico . . . 427.6
Orgánico . . . 427.6
Organique . . . 427.6
Organisch . . . 427.6
Orgauo 55.1
Orifice circulaire 159.1
- d'admission du vent 394.5
- d'amenée d'air 87.8
- d'entrée . . . 406.4
- - d'air 321.3
- d'étirage . . . 538.4
- de chargement 105.1
- - coulée 489.3, 480.1, 480.6
- - départ du gaz 312.8
- de la tuyère . 895.1
- - nettoyage . 168.4, 321.8

Orifice de sortie des gaz 439.7
- - tisonage 87.10
- - tréfilage 538.4
- du canal de fumée 417.4
Orificio circular 159.1
- de inspección 88.1
- - la escoria 229.7
Origen 65.5
Origin 65.5
Orin 550.1
Orizzonte 57.6
Orlo 36.8
- del crogiuolo 382.4
- girato 323.9
Ornamentación de la superficie 550.4
Ornamentation of the surface 550.4
Orneblenda 72.7
Oro 219.9
Orologio 189.7
Orsatapparat 268.4, 269.8
Orthosilicate 356.8
Orthosilikat 356.8
Ortosilicato 356.8
Oscilación 240.7.8
Oscilante 408.1
Oscillant 408.1
Oscillante 162.3, 393.8
Oscillating trough 433.4
Oscillation 240.7.8
Oscillazione 240.7.8
- della basculla 135.6
- - bilancia 135.6
Osmio 219.10
Osmium 219.10
Osmondit 284.6
Osmondita 284.6
Osmondite 284.6
Osmotic 258.7
Osmotico 258.7
Osmótico 258.7
Osmotique 258.7
Osmotisch 258.7
Ossalico 204.5
Osservare al microscopio 278.6
Osservazione 278.10
Ossidante 82.1
Ossidare 250.10
Ossidato 484.12
- all'aria 68.7
Ossidazione 350.1, 363.2
Ossido 35.6
- d'alluminio 220.7
- di bario 220.9
- - calcio 220.1
- - carbonio 360.4
- - cromo 218.2
- - ferro 414.5
- - -, alto tenore in 370.5
- - - della fabbricazione dei colori di catrame 71.1
- - magnesio 220.5
- - manganese 217.3
- - mercurio 209.9
- - nickel 217.10
Ossido di piombo 219.7
- - rame 217.8
- - - granulato 209.2
- - zinco 218.12, 361.2
- ferrico 66.3
- ferroso 66.2
- manganico 69.6, 70.3, 217.5.6
- manganoso 217.6
Ossidrico 251.7
Ossigenato 211.3
Ossigeno 184.6, 214.5
- atmosferico 214.6
- combinato chimicamente 214.7
-, dare l' 343.6
-, ricco d' 375.5
Ostruzione del passaggio del gas 337.9
Ottagonale 290.5
Ottico 352.2
Ottone 237.3
Otturato 537.8
Otturazione con sabbia 418.1
Outfit 235.1
Outil, -s 13.5, 371.5
- à affûter les drilles à bouchons 196.8
- coupant 543.3
- d'ébarbage 490.9
Outlet 312.8
- pipe 297.8, 313.7
- tube 311.9, 312.3.9
Outline of pattern 422.5
Output 555.6, 557.5
-, daily 555.4
-, large 556.2
- of water supply per hour 140.3
-, total 555.1
-, yearly 555.2
Ouvert 309.6
Ouverture 355.1
- d'arrivée d'air 87.8
- d'échappement 499.5
- de défournement 87.8
- - la calotte 339.9
- - - poitrine 291.8
- - nettoyage 163.4
- du gueulard 307.2
Ouvrage 295.6.7, 296.2
- fait à la main 556.4
Ouvrier 151.2
- au gueulard 333.1
- de haut-fourneau 332.8
- noyauteur 458.2
Ouvrir 354.3
- au chalumeau 348.6
- - moyen de l'arc voltaïque 344.2
-, s'- automatiquement 315.1
Oval 286.7
Ovalkaliber 517.1
Oval 96.6, 517.1
Ovalado 517.1
Ovalarse 423.5
Ovale 517.1
-, farsi 423.5
Ovaliser, s' 423.5
Ovalizzarsi 423.5
Oven 103.4
Overflow level 439.4
- pipe 146.2
Overground 427.1
Overhead line 171.4
- traveller 126.5
Overheated 548.11
Overheating of the iron 474.7
Overland 561.2
- transport 561.3
Overmeasure 486.10
Ovoidale 96.6
Ovoïde 96.6
Owner, ship 561.12
Ox hoofs 420.3
Oxalic acid 204.5
Oxálico 204.5
Oxalique 204.5
Oxalsäure 204.5
Oxhídrico 343.8
Oxhydrile 262.3
Oxhydrique 251.7
Oxidación 82.1, 350.1
Oxidado 393.9, 484.12
Oxidante 82.2
Oxidar 250.10
Oxidarse 550.1
Oxidation 350.1
- process 552.3
Oxide, cobalt 217.12
-, ferric 66.3
-, ferrous 66.2
-, granulated cuprous 209.2
-, manganese 217.3
-, manganic 217.5
-, manganous 217.3
-, mercuric 209.9
-, nickel 217.10
- of barium 220.9
- - calcium 220.1
- - copper 217.8
- - iron from the coal tar industry 71.1
- - lead 219.7
- - magnesium 220.5
- scale 414.6
- of zinc 218.12
Oxidise, to 250.10
Oxidising action 82.2
- addition 250.11
- calcination 82.1
- effect 82.2
- roasting 82.1
- smelting 363.2
Oxidized 484.12
Óxido 550.2
- crómico 218.2
- cúprico 217.8
- de bario 220.9
- - calcio 220.1
- - carbono 360.4, 375.3
- - cinc 218.12, 361.2
Óxido de cobre en granos 209.2
- - hierro 370.4, 393.9
- - - carbonatado 68.6
- - - producido en la fabricación de los colores de alquitrán 71.1
- - -, rico en 370.5
- - magnesio 220.5
- - molibdeno 210.7
- - plomo 219.7
-, libre de 553.1
- mangánico 70.3
- manganoso-mangánico 217.6
- mercúrico 209.9
- pulga 210.10
Oxigenado 211.3
Oxígeno 184.6, 214.5
- de la atmósfera 214.6
- químicamente combinado 214.7
Oxyd, Eisen- 66.3
-frei 553.1
-häutchen 483.2
-schicht 552.6
Oxydant 82.1.2
Oxydation 350.1, 552.3
Oxydationswirkung 82.2
Oxyde, -s 112.5, 532.8
- cuivrique 217.8
- d'aluminium 220.7
- de calcium 220.1
- - carbone 360.4
- - cuivre 217.8
- - - en grains 209.3
- - fer 370.4
- - - anhydre 66.4
- - - hydraté 66.11
- - - provenant de la fabrication des couleurs retirées du goudron 71.1
- - -, riche en 370.5
- - magnésium 220.5
- - mercure 209.9
- - plomb 219.7
- - zinc 218.2
- ferreux 66.2
- ferrique 66.3
- manganeux 217.3
- manganique 69.6, 70.3
- manganoso-manganique 217.6
- plombique 219.7
- puce 210.10
- salin 217.6
Oxydé 68.6, 484.12
-, non 553.1
Oxyder 250.10
Oxydieren 250.10
Oxydierend 82.1
Oxydiert 484.12
Oxydul, Eisen- 66.2
-oxyd, Eisen- 67.8
-, schwefelsaures Eisen- 69.3
Oxygen 214.5, 349.11

Oxygen, atmospheric 214.6
-, chemically combined 214.7
- compound . . 214.8
-, fixed 214.7
Oxygen, rich in 375.5
Oxygène 184.6, 214.5
- atmosphérique 214.6
- chimiquement combiné 214.7
Oxygène de l'atmosphère 214.6
Oxygéné 211.3
Oxyhydrogen blow pipe 251.7
- gas 348.8
Ozone 213.1
Ozone paper . 213.1
Ozono 213.1
Ozonoscopico . 213.1
Ozonpapier . . 213.1

P.

Paar, Kräfte- . 51.1
Pacchetto . 18.6, 378.2
- di ferro da pudellare 378.3
Pack, to 415.3
Packing . 325.1, 418.1
- drum 472.2
- joint 471.6
- material . . . 304.8
- surface . . . 470.7
Packung . . . 325.1
Pagamento . . 589.6
Paglia . . 202.2, 429.9
- tritata 429.3
Pago 559.6
Palement . . . 559.6
Paille 202.2
-s d'oxyde de fer 414.5
- de laminage . 35.7
- hachée 429.3
paint, to - black 424.9
Painting 550.5
Pair of tongs . 372.1
Paja . . . 202.2, 429.9
- cortada . . . 429.3
Paket, Schweiß- 378.3
Paketieren . . 378.2
Pala . . . 434.4, 438.9
- d'arresto . . 340.7
- da formatore 434.2
- del ventilatore 470.3
- di chiusura . 340.7
- - ritegno . . 339.8
- per caricare 409.10
Pala 434.4, 438.9, 470.5
- automática para cargar 129.2
- de alisar . . . 437.7
- - defensa . . 340.7
- - retención . 339.8
- del moldeador 434.2
- para cargar 409.10
Paladio . 201.5, 219.12
Palafitta 289.3
Palanca 310.10.11, 495.6
- de apoyo . . 522.5
- - carga . . . 410.2
- - cuña 371.7
- - punta . . . 371.8
-, disposición de -s 310.9
Palanquilla plana 21.7
Palastro . 25.4, 389.8 533.3
- de hierro . . 25.6
Palco di gettata 131.6.7
Pale blue . . . 548.2
- yellow 547.6
Paleta 470.3
- de fundidor . 337.5
Palier 392.5
Palier à rouleaux 325.2
- d'arrêt de la cage 331.3
Palissade en madriers 464.7
Palizzata . . . 464.7
Palla . . . 79.1, 366.4
-, a forma di . . 376.7
- d'acciaio . . . 379.9
- della berta . 464.2
- di ferro 362.3, 376.6
-e - pudellaggio 376.10
- - scoria . . . 397.2
-, dividere in piccole -e 376.4
-, piccola . . . 376.5
Palladio . 201.5, 219.12
Palladium . . 219.12
-asbest 201.5
-oxydulnitrat . 210.4
Palladium . . 219.12
- asbestos . . . 201.5
-, nitrate of . . 210.4
Palladium . . . 201.5 219.2
Pallino di piombo per tarare 239.6
Palm oil 553.4
Palmfett 553.4
Palma, aceite de 553.4
Palmento . . 77.3.7
Palmer . . . 39.3.4
Palmier, graisse de 553.4
Palmitina . . . 553.4
Palmola . . . 496.4.5
Palo per illuminazione 171.3
Palude 67.4
Palustre 288.9
Pan 164.1
Pan, à huit -s . 290.5
Pane 504.3
Pane di coke . 106.6
- - ghisa . . . 339.9
Panier à sécher 462.6
Paniere da coke 336.7
Panne 502.9
- du marteau . 52.8 504.3
Panneau 160.4
Panno 276.8
Pantalla . 163.1, 281.6
Pantanoso . . . 67.4
Pantómetro . . 40.6
Panzer-platte . 27.8
-plattenwalzwerk 511.1
-strecke 511.1
Papel Congo 212.11
- de albumen 212.12
Papel de curcuma 212.9
- - esmeril . . 275.8
- - fécula . . . 213.2
- - - de ioduro de potasio 213.4
- - fenoltaleina 212.13
- - filtrar . . . 244.5
- - ioduro de potasio 213.3
- - ozono . . . 213.1
- - tornasol . . 212.8
- - vidrio . . . 203.2
- esmerilado . 203.4
- pergamino . 201.7
- reactivo . . . 212.7
- rojo de girasol 212.10
Paper 200.11
Papier, Asbest- 200.11
-, Filter- 244.5
-, Glas- 203.2
-, Guttapercha- 197.3
-, Pergament- . 201.7
-, Sand- 203.4
Papier à l'albumine 212.12
- - amidon . . 213.2
- - l'émeri . . . 275.8
- - filtrer . . . 244.5
- - l'iodure de potassium 213.3
- - la phénolphtaléine 212.13
- - ozone . . . 213.1
- - réactif . . . 212.7
- - sable 203.4
- albuminé . 212.12
- carmin . . . 212.10
- Congo . . . 212.11
- d'amiante . 200.11
- d'amidon à iodure de potassium 213.4
- de curcuma . 212.9
- - tournesol . 212.8
- - verre . . . 203.2
- filtrant 244.5
- parcheminé . 201.7
Papillon, valve à 406.10
Papin, digestor de 178.5
Papin, marmite de 178.5
Papin, pentola di 178.5
Papinscher Topf 178.5
Paquet 378.2
- de fer à souder 378.3
Paquetage . . . 378.2
Paquete 18.6
- de hierro para soldar 378.3
Paquete para laminar 18.8
Par de fuerzas 51.1
Parachever le moule 436.4
Paracolpi . . . 25.3
Parada de la colada 342.8
- - - máquina soplante 338.8
- del alto horno 354.6.7
-, disposición de - de la plataforma 331.3
- momentánea 354.8
Parafulmine . 165.2
Parafuoco . . . 163.1
Parallelhammer 497.4
-reihe 384.8
-reißer 40.5
-reißstock . . . 40.5
Paramagnetic . 91.6
Paramagnetico 91.6
Paramagnético 91.6
Paramagnétique 91.6
Paramagnetisch 91.6
Paramento del hogar 162.7
Parar momentáneamente la marcha 354.9
Pararrayos . . 165.2
Parascintille . 467.6
Paratonnerre . 165.2
Paraurti 25.3
Parc 37.7
- à lingots . . 130.7
- - poutrelles . 130.8
- - wagons . . 125.1
Parchemin . . 201.8
Parcheminé . . 201.7
Parchment paper 201.7
- pipe 201.8
Parco di carri 125.1
Parcours de l'air 408.8
- du gaz . . . 408.7
Pardo 547.8
Pared de la caja 125.9, 470.10
-es de la plataforma 307.7
- - - tobera . . 297.3
- - los etalajes 302.3
- - separación fija 441.3
- del molde . . 442.2
- - tubo 319.9
- intermedia . 319.8
- lateral del horno 369.2
- separadora . 316.4
Parer 503.7
Parete 305.7

Parete del tino 305.6
- dell'ugello . . 297.3
- della cassa . 470.10
- - forma . . . 442.2
- - sacca . . . 302.3
- di separazione 407.10
- distinta . . . 316.4
- laterale . . . 369.2
- - vuota . . . 369.7
- separata . . . 316.4
- spessa, a . . 537.10
- trasversale . . 316.9
Paris red . . . 276.2
Park, Wagen- . 125.1
Paroi 305.7
- de l'enveloppe 470.10
- - la tuyère . 297.3
- - laiteral . . 364.4
- - séparation fixe 441.3
-s des étalages 302.3
- du moule . . 442.2
-s - tube . . . 319.9
- épaisse, à . 537.10
- latérale du four 369.2
- mince . . . 486.11
-s réfractaires . 304.5
- transversale . 316.9
Parque de vagones 125.1
Parrilla . 160.3, 368.2
- de escalones . 404.9
-, en forma de . 525.4
- formada con carriles 446.8
Parry gas exit pipe 310.4
Parry, presa di gas 310.4
Parry, prise de gaz 310.4
Parry, toma de gas 310.4
Parryscher Gasfang 310.4
Part, cooled -s of the blast furnace 296.3
-, consisting of several -s 440.2
-, - - two -s . . 440.2
-, defect 35.4
-, grooved . . . 515.4
-, lower 304.1
-, movable . . 440.10
-, proportional 289.1
-, removable -s 390.4
-, sound 484.9
-, undercut . . 515.4
-, upper 303.9
Part déterminée 289.1
- égale 289.1
Parte aliquota 289.1
- combustibile 360.2
-i costitutive del gas 267.5
- dello spettro giallo-rossastro 401.5
-i di ricambio 390.4
- - volume . . 345.9
- frontale . . . 104.4
- inferiore . . . 304.1
- intaccata . . 515.4
- intagliata . . 515.4
-i raffreddate dell'alto forno 296.3
Parte sana . . 484.9
- sporgente di formatura 436.6
- spugnosa . . 484.8
- superiore . . 303.9
Parte accesoria de la estructura 284.3
- alicuota . . . 289.1
- alomada . . . 518.5
- de volumen . 345.9
-, en dos -s . . 440.1
-, - varias -s . . 440.2
- entallada . . 515.4
- hueca del cilindro 515.4
- inferior . . . 304.1
- - de la obra . 296.1
- poco densa . 484.8
- refrigerada del alto horno 296.3
- saliente del modelo 436.6
- sana 484.9
-s separables . 390.4
- suelta 484.8
- superior . . . 303.9
- - de la obra . 296.2
Particella, -e di ferro 376.11
-e in sospensione 263.5
Particle . . . 376.11
-, suspended -s 263.5
Partícula, -s de hierro 376.11
-s en suspensión 263.5
Particule, -s de fer 376.11
-s en suspension 263.5
Partido con la maza 63.3
Partie accessoire de la texture 284.3
- aliquote . . . 289.1
-s amovibles . 390.4
- convexe . . . 390.3
- - du creuset 382.3
- creuse du cylindre 515.4
- de modèle en relief 436.6
-, en deux -s . 440.1
-, - plusieurs -s 440.2
- étroite 382.4
- inférieure . . 304.1
- - de l'ouvrage 296.1
- mate 277.6
- peu dense . . 484.8
- refroidie du haut-fourneau 296.3
- saine 484.9
- supérieure . . 303.9
- - de l'ouvrage 296.2
Partir con la maza y apartar 63.4
Partition . . 407.10
Pas 51.8
Pasada 531.8
Pasador, unir con -es 442.9
Pasaje de los gases 353.6
Pasar 451.2.3
Paso 320.7
- de la carga . 344.6
- - - llama . . 368.6
Paso de los electrodos 567.8
- - - gases . . 337.8
- inferior . . . 124.2
- por debajo . 124.2
- superior . . . 124.1
Pass . . 514.5.7, 531.8
-, blind . . . 516.10
-, closed . . . 515.10
-, diamond . . . 517.2
-, false 516.10
-, first 516.5
-, last 516.7
-, middle 516.6
-, open 515.9
-, oval 517.1
-, periodical . . 518.1
-, splayed circular 516.11
-, straight . . . 516.1
-, to alter the . 535.3
-, up-set 516.2
Passage . 360.3, 567.8
- opening . . . 320.7
Passage . 320.7, 531.8
- au-dessus . . 124.1
- de l'électrode 567.8
- - la charge . 344.6
- - - flamme . 368.6
- du modèle à travers la table tournante 452.5
- sous la voie . 124.2
- supérieur . . 124.1
Passaggio 320.7, 531.8 553.10
- del gas . . . 337.9
- della carica . 344.6
- superiore . . 124.1
Passe 531.8
Passer à la filière 535.7
Passerella . . . 308.1
Passiv, -e Härte 543.4
Passoire 246.4
Pasta 382.8
- grassa 428.9
Pasta 119.4
- adherente . . 428.9
Paste, loamy . 428.9
Pastoso 376.2
Pasty 376.2
Pâte 119.4
- grasse collante 428.9
- très réfractaire 428.8
Patent-kernnagel 461.9
-tropfglas . . . 185.5
Patent core nail 461.8
- dropping bottle 185.5
Patentado . . . 185.6
Patente 461.9
Paternoster elevator 189.9
Paternosterwerk 189.9
Pâteux 376.2
Path 78.3
Patin 22.4
Patin 22.4
Pattern 36.11. 422.3.6
- blacking . . . 424.5
- half 424.2
Pattern holder with horizontal and vertical movement 456.1
- maker 458.2
- mouldery . . 438.3
- plate raising and lowering gear 456.2
- -, turnover . . 450.1
-, ring shaped . 423.9
-, sectional . . 424.1
- shop 422.1
- store 422.2
- tables, travelling 450.3
- varnish . . . 424.5
Pattino 22.4
Pause, Abstich- 342.8
Pavesa encendida 164.4
Pavimento della piattaforma di caricamento 307.6
Pavimento de la plataforma del tragante 307.6
Payment . . 559.6.7
Pea coal 101.3
Pear shaped . . 539.2
Pearlash . . . 117.12
- solution . . . 481.4
Pearlite 283.7
-, hard 284.4
Pearly 283.3
Peat 98.5
-, powdered . . 429.4
Peau de chamois 202.10
- - crapaud . . 483.5
Pepple filter . . 147.3
Pece greca . . 419.8
Pecho abierto, á 286.2
- cerado, á . . 286.3
Pedal 497.3
Pédale 251.4
Pedale 251.4
Pedazo 100.9
-, en grandes -s 108.1
- poroso 107.7
Peel 409.10, 410.3, 434.4
-, balanced . . 410.2
Peep hole 88.1, 163.2 301.4
Pegar 423.4
Pegging rammer 434.7
Peindre en noir 424.9
Peine 450.4.5, 456.3
Peinture 550.5
- définitive . . 551.5
- légère 551.3
Pèlerin, „au pas de -" (processo) 538.1
Película de óxido 483.2
Peligotröhre . 232.6
Peligot tube . . 232.6
Peligot, tube de 232.6
Peligot, tubo de 232.6
Peligot, tubo di 232.6
Pelle . . . 434.4, 438.9
- à vapeur . . 58.4
- automatique 128.7 129.1.2
- de barrage . 340.7
- - chargement 409.10, 411.3

Pelle de mouleur 434.2
- - retenue . . 339.8
Pelle per pulire 202.10
Pelleton 411.3
Pellicle of oxygen 483.2
Pellicola d'ossido 483.2
Pellicule d'oxyde 483.2
Pelo di vacca . 429.2
Pelo de vaca . 429.2
Pencil, blue . . 191.1
- for marking glass 191.1
Pendage 57.6
Pendente . . . 309.3
Pendiente . . . 57.6
Penetración por hendidura 54.1
- - rayado . . . 54.1
Pénétration par striage 54.1
Penetrazione per striatura 54.1
Penna del martello 52.8
Pennello da nerofumo 430.8
Pente 80.8
Pentola 452.4
- d'evaporazione 247.4
- di distillazione 255.4
- - Papin . . . 178.5
Pentolaio . . . 383.1
Peña del martillo 504.3, 52.8
Pera d'innaffiamento 317.5
- di gomma . . 197.7
Pera de goma . 197.7
-, en forma de . 539.2
Peraltado . . . 515.2
Perçage 51.9
Percée 354.5
Percentage . . 14.11
- of ashes . . . 101.9
- - moisture . . 64.8
Percer 51.10, 228.5, 338.6, 343.2, 413.7
- dans le sens de la longueur 228.8
- en long . . . 228.8
- le trou de coulée 388.9
- par-dessus . . 228.7
- sur le côté . 228.6
Perceuse pour fer et acier 228.4
Perçoir 504.5
Percussion . . 503.1
Perder la forma circular 423.5
Pérdida de calor 572.4
- - gas 360.10
- - metal . . . 378.8
- - peso 226.10, 560.2
- - presión . . 350.6
- en la preparación 75.7
- por calcinación 89.2
Perdigón, -es para tarar 239.6
Perdita 90.2
Perdita di calore 572.4
- - ferro 378.7
- - peso 560.2
- - pressione . 350.6
- - gas 360.10
- - metallo . . 378.8
- in peso . . 226.10
- per torrefazione 89.2
- - trattamento 75.7
Peregrino, „á paso de -" (procedimiento) 538.1
Perfecto, calcinación -a 88.8
Perfil 514.10
- de alto horno 287.7
- inglés 20.10
- laminado . . 514.9
Perfilado 19.9, 436.7
Perforación . . 51.9
Perforado . . . 27.4
- con varillas . 391.1
Perforar . . . 51.10
- por fusión . . 354.4
Perforare a fuoco 354.4
Perforated . . 27.4
Perforation . . 52.2
Perforatrice per ferro ed acciaio 228.4
Perforé 27.4
- avec des baguettes 391.1
Pergamena . . 201.8
Pergament-papier 201.7
-schlauch . . . 201.8
Pergamino . . 201.7
Period . . 86.6, 106.1
- of unloading 562.11
- - working charge 344.6
Période d'affinage 396.6
- de bouillonnement 375.9
- - - et de projections 396.7
- - déphosphoration 398.1
- - formation des scories 396.6
- - la combustion du carbone 397.4
Periodical . . . 518.1
Periodisch . . . 518.1
Periodo d'ebollizione 375.9
- d'eruzione e lizione 89.6.7
- di decarburazione 397.4
- - defosforazione 398.1
- - formazione delle scorie 396.6
Periodo de afino 396.6
- - combustión de carbono 397.4
- - defosforización 398.1
- - ebullición 375.9
- - - y de proyecciones 396.7
Período de formación de escorias 396.6
- - - - burbujas 375.9
- - paso de la carga 344.6
Périphérique . 312.7
Perished . . . 548.10
Perl-kohle . . . 101.3
-röhre 189.9
Perla 189.9
Perle 189.9
Perlit 283.7
Perlita 283.7
Perlite 283.7
- dure 284.4
Permanent 93.7, 551.5
- magnet . . . 92.4
Permanente . . 92.4
Permeabilidad 359.7
- á los gases . 96.7 425.7.9
- magnética . 91.9
Permeabilità . 359.9
- al gas . . 96.7, 425.7
- magnetica . . 91.9
Permeabilität . 91.9
Perméabilité . 359.9
- au gaz . 96.7, 425.7
- magnétique . 91.9
Permeability . 359.9
- for gas . . . 425.7
-, magnetic . . 91.9
- to gases . . . 96.7
Perno con ingranaggio 392.8
- d'acciaio . . 392.7
- del vento . . 394.6
- vuoto 394.6
Perno de anclaje 291.3
Perossido di ferro 67.8
- - manganese 217.4
- - piombo . 210.10
- - sodio . . . 211.1
Peroxide, hydrogen 211.3
- of lead . . . 210.10
- - sodium . . 211.1
Peróxido de hierro 67.5
- - - anhidro . 66.3
- - - hidratado 66.10
- - manganeso 217.4
- - plomo . . 210.10
- y óxido de manganeso hidratado 69.8
Peroxyde de fer 67.8
- - - hydraté . 66.10
- - manganèse 70.2 217.4
- - plomb . . 210.10
- et oxyde de manganèse hydraté 69.8
Persanerstahl . 14.7
Persulfato de hierro 69.2
Perte au feu . 90.2
- - grillage . . 89.2
- - triage . . . 75.7
- de chaleur . . 572.4
Perte de gaz . 360.10
- - poids . . . 560.2
- - pression . . 350.6
-s des électrodes 567.3
- en métal . . . 378.8
- - poids . . 226.10
Perturbación, -es de la marcha 353.2
Perturbation dans le fonctionnement 353.2
Perturbazione di funzionamento 352.2
Pesa 239.2.3
Pesada 235.10, 238.11 240.1
Pesafiltro . . . 240.2
Pesage . 133.5, 235.10
Pesar . 238.10, 334.10
Pesare . 238.10, 240.1 334.10
Pesata . 134.4, 235.10 238.11
Pescaggio . . . 562.4
Pescante 125.7
Pesée, -s 176.7, 235.10 238.11
Peser . 238.10, 334.10
Peso 226.10, 239.3, 442.11
- atomico 224.7, 225.4
- della carica . 409.8
- di combinazione 226.6
-, - eguale . . . 75.5
- equivalente chimico . . . 257.6
- in molecolegrammi 225.7
- lordo 134.8
- medio 135.5, 334.11
- molecolare . 225.6
- netto 134.9
- normale . . . 135.4
- stabilito per la fattura 559.10
- tenditore . . 137.3
- teorico 135.2
Peso . . 134.4, 235.10
- atómico 224.7, 225.4
- bruto 134.8
-, de igual . . . 75.5
- - la carga . . 409.8
-, determinación de los -s 223.9
- en moléculagramos 225.7
- equivalente químico 257.6
- medio . 135.5, 334.11
- molecular . . 225.6
- neto 134.9
- normal . . . 135.4
- para contener el molde 442.11
- - meter en cuenta 559.10
- - oprimir el molde 442.4
- que se ha de calcular 559.10
- relativo de un cuerpo en su más simple combinación 226.6
- tensor 137.3
- teórico 135.2
- total 134.8

Pestello . 229.5, 383.6
Pestle 229.5
Pestone 303.6
Petit, -s fers . . 19.2
- train 511.5
Pétreo 357.8
Pétrir 119.9
Petrol locomotive 124.8
Pétrole 156.1
Petróleo 156.1
Petroleum-einspritzer 158.7
-feuerung . . . 384.9
-kocher . . . 184.10
-prober 181.5
-rückstand . . 156.1
Petroleum injector 158.7
- residue . . . 156.1
- stove . . . 184.10
- tester 181.5
Petrolio 156.1
Petroso 357.8
Pettine . 450.4, 451.2
Petto 291.8
- aperto 286.2
- chiuso 286.3
Pezuña, -s de buey 420.3
Pezzo 7.1
- colato 489.2
- - fermo in terra 487.6
- - in argilla . 487.5
- - - conchiglia 487.7
- - - sabbia . . 487.4
- da laminare . 531.2
- di ghisa . . . 423.1
- - - sottile . 486.11
- - legno . . . 387.6
- - macchina . 487.9
-i - macchine . 6.4
- - prova . . . 33.3
- - ricambio . 371.2, 390.4
- - riserva . . . 33.7
- - schiuma . . 107.7
- formato nella staffa 487.8
- fuso 486.9
-, il - è scarto 488.11
-, in due -i . . 440.1
-, - -i grossi . . 108.1
-, - più -i . . . 440.2
- interno . . . 31.5
- laminato . . 35.6
- levigato 274.11, 275.2
- massiccio . . 487.1
- piatto 449.1
- pronto 33.2
- riportato . . 440.9
- sbavato . . . 489.4
- scarto 489.1
- separato . . . 31.4
- vuoto 487.2
Pfahlrost . . . 289.3
Pfanne 238.2
-, die - anwärmen 479.3
-, - - kippen . . 479.4
-, fahrbare . . . 478.6
-, Gabel- 478.1
-, Stand- 478.7
-, Verdunst- . . 183.1
Pfannen-ausguß 341.7
-bügel 479.2
-führung . . . 479.7
Pfannen-rand . 477.9
-wagen 477.3
Pfeiler, Eck- . 293.6
-, Stein- 84.3
Pferde-dünger 428.11
-mist, verrotteter 428.12
Pförtnerhaus . 149.5
Pfosten, Wasser- 146.3
Pfropfen, Masse- 342.5
Phase 274.6.8
- rule 274.5
Phase 274.8.5
Phasenregel . . 274.5
Phenolphtalein-papier 212.13
Phenolphtalein paper 212.13
Phénolphtaléine 212.13
Phenomena, general - in the blast furnace 346.6
Phénomène de liquation 483.8
- - ségrégation 488.8
-s qui se produisent dans le haut-fourneau 346.6
Phosphat, Calcium- 399.5
-, Eisen- 399.6
-kreide 113.7
Phosphate, ammonium-sodium 207.3
- chalk 113.7
- of calcium . 399.5
- - iron 399.6
- - sodium . . 206.9
-, sodium ammonium 212.1
Phosphate de chaux 399.5
- - fer 399.6
- - soude . . . 206.9
- - - ammoniacal 207.3
- - - et d'ammoniaque hydraté 212.1
Phosphaté . . . 113.7
Phosphatic . . 60.7
Phosphor 216.4, 398.2
-abscheidung 376.12, 398.3
-arm 399.4
-eisen 16.4
-, Eisen- 16.4
-, Ferro- 16.4
-gehalt 8.3
-haltig 60.7
-mangan . . . 16.5
-reich 399.3
-roheisen . . . 8.3
-salz 212.1
-sauer 206.9
-säure-anhydrid 216.5
- -, lösliche . . 399.7
Phosphor-manganese 16.5
Phosphore 8.3, 216.4
-, pauvre en . . 399.4
-, riche en . . . 399.3
Phosphoreux . 8.3
Phosphoric . . 8.3
- acid, soluble 399.7
- anhydride . . 216.5
Phosphorique . 216.5
Phosphorite . . 78.2
Phosphorus 65.9, 216.4
-, high 216.6
-, poor in . . . 399.4
-, rich in 399.3
Photographic apparatus 282.1
- plate 282.2
Photographique 281.10
-, appareil . . . 282.1
Photographisch 281.10
Photography, technical 281.10
Physical 68.5
Physico-chemical apparatus 178.1
Physikalisch . 81.5
Physique . . . 81.5
Piallare 84.3
Pialletto per lisciare 437.2
Piano wire 28.7, 199.10
Piano 161.6
- a scosse . . . 433.2
- caricatore a bilico 132.5
- d'acciaio . . . 233.2
- dei camini . 388.8
- - mescolatori 389.4
- della bocca . 307.4
- - fonderia . . 475.7
- - mazza battente 502.9
- delle condutture 168.7
- di carica . . 388.4
- - - per l'addizione del fondente 388.6
- - caricamento 467.4
- - colata . . . 388.5
- - lavoro . . . 293.5
- - levigazione 276.3
- - macinazione 78.3
- - rovesciamento 131.7
- - separazione 424.3
- inclinato . . . 132.2
- ineguale . . . 490.3
Piano, cuerda de 28.7
Pianoforte, corda da 28.7
Pianta 287.8
Piastra . . 18.5, 384.3, 517.11
- anteriore . . 369.3
- d'amianto . . 201.1
- d'appoggio . 465.5
- d'asbesto . . . 201.1
- d'estremità . 414.2
- da corazza . 27.8.9
- di base . . . 291.2
- - fondazione in ferro 291.2
- - gomma . . 197.9
- - guardia . . 292.9
- - protezione . 162.8
- - riscaldamento 176.4
- - terracotta . 249.7
- - triturazione 229.8
- - - di ghisa . 229.6
Piastra di vetro arrotato 276.4
- - zinco per elementi 266.2
- filtrante . . . 245.2
- frontale 292.10, 418.11
- intermedia . 505.7
Piastrina a gancio 24.4
- - rampone . . 24.5
- d'appoggio per la base 24.3
- d'attacco . . 24.5
- di ritegno . . 24.4
Piat, forno a sistema 384.5
Piat, four . . . 384.5
Piat furnace . 384.5
Piat, horno sistema 384.5
Piatofen 384.5
Piatta 562.5
Piattaforma . . 307.7
- a bilico . . . 132.7
- di caricamento 307.5.6
- girevole . . . 449.3
- mobile 133.4
- rovesciabile . 449.4
- spostabile . 452.5.6
Piattello della lampada 184.5
- di bilancia per cloruro di calcio 238.9
- - ebonite . . 202.1
- ogivale della bilancia 238.6
Piatto 18.7
- della pompa pneumatica 178.4
- di porcellana porosa 193.3
- girevole 367.7, 493.1
Piazzale 37.7
Piazzare il coperchio 442.6
- per piano . . 503.8
Piazzato 446.1
Piazzatura delle anime 461.6
Picadura . . . 49.5
Picar 338.9
Picchetto di guida 442.8
Piccolo treno . 511.5
Pick, to 63.4
Picking ore . . 63.3
Pickle 493.10
-, to 493.9
Pickled . . . 552.11
Pickling acid . 587.2
- the wire . . 587.1
Picnometer . . 180.1
Picnometro . . 180.1
Picnómetro . . 180.1
Pico 481.5
- de caldero . . 478.2
- desmontable . 478.3
- intercambiable 478.3
Pie 22.4, 251.4
- del árbol de la terraja 445.3
-s de Rey . . . 39.2
Piece 49.3
-, consisting of two -s 440.1
-, detached . . 31.4
-, eye 279.2

Piece for use . . 33.2
- - -, undivided 81.5
-, in large -s . . 108.1
-, porous 107.7
-, „T" 190.3
- to be cleaned 489.4
- - - rolled . . 531.2
Pièce 7.1
- à ébarber . . 489.4
- - employer . 33.2
- - forme rebondie 452.4
- - - ventrue . 452.4
- - laminer . . 531.2
- - lisser ronde 487.5
-s allant au feu 7.1
- coulée . . . 439.2
- d'essai 33.3.8
- de fonte . 7.4, 81.9 486.9
- - - à parois minces 486.11
- - - creuse . . 487.2
- - - massive . 487.1
- - - pleine . . 487.1
- - garniture de la cage 521.4
- - machine . . 487.9
-s - -s 6.7
- - réserve . . 33.7
-s en caoutchouc 197.1
-s en gutta-percha 197.2
- manquée . . 489.1
-, petites -s en fer 23.7
- plate 449.1
- rapportée . . 371.2 440.9
- utilisable . . 33.2
- - entière . . . 31.5
Pied à coulisse 39.2
-s de bœuf . . 420.3
- - l'arbre à calibre 445.3
- - - de trous-e 445.3
- - profondeur 39.7
Piede . . . 22.4, 445.3
- del martello . 77.6
- della colonna 293.7
- di ghisa . . . 321.6
Piedra 84.3
- arenisca 114.3, 306.7
- - abbigarada 114.5
- - bigarrada . 114.5
- - de la formación hullera 114.6
- caliza . 85.5, 111.2
- de cal 117.3
- infernal . . . 210.1
- magnesita . . 569.5
- pómez, semejante á 357.9
- pudding . . . 114.7
Piegare 42.8, 43.8, 533.2
- a nodo il ferro da chiodi 43.4
- la fiamma del gueulard 468.1
- sopra un mandrino 43.1
Piegatura . . . 41.2
- a caldo . . 42.5.6
- - freddo . . 42.6
- dopo la tempera 42.7
Pieghevole . . 42.4
Pieno, di troppo 146.2
Piercer 504.6
Pierre 290.2
- calcaire . . . 117.3
- de taille . . . 306.7
- faisant vis-à-vis à la dame 292.7
- infernale . . 210.1
Pierreux 357.8
Pietra 84.3
- arenaria . . . 114.3
- - dell'epoca carbonifera 114.6
- - in blocchi . 114.4
- - screziata . . 114.5
- di dama . . . 292.5
- - dietro . . . 292.7
- da taglio . . 306.7
Pietrame di cava 289.5
Pietroso 357.8
Pieu de guidage 442.8
Pieza 7.2
- colada 439.2
- de consolidación 320.4
- - ensayo . . . 33.3.8
- - fundición . 7.4 81.9, 486.9
- - - de poco espesor 486.11
- - - hueca . . 487.2
- - - maciza . . 487.1
- - - para construcciones 487.10
- - máquina . . 487.9
-s de máquinas 6.4.7
- - prueba . . 52.7
- - recambio . 371.2
- - repuesto . . 33.7
- defectuosa . . 489.1
- hueca complicada 487.3
- movible . . . 440.9
- para laminar 531.2
- - rebarbar . . 489.4
-s refractarias . 7.1
- separada . . 31.4
- útil no dividida 31.5
- utilizable . . 33.2
Pig . . 339.9, 463.6.7
-, basic 8.2
- bed 340.1
- breaker . . 464.1.9
- -, hydraulic . 465.2
- -, portable . . 465.1
- -, stable . . 464.10
-, high silicon . 365.5
- iron 1.1, 339.6.9, 475.1
- -, anthracite . 4.2
- - bath . . . 395.10
- -, Bessemer . 8.1
- -, charcoal . 4.1
- -, charge . . 395.9
- - charge . . 473.9
- -, cinder . . . 6.3
- -, close grained 2.8
- -, coarsely crystalline 3.6
- -, coke 4.3
- -, cold blast . 4.6
- -, compact grained 3,8
- - containing nickel 9.2
Pig iron, dark gray 1.4
- -, dephosphorized 5.3
- -, desulphurized 5.4
- -, English . . 5.9
- -, fine grained 2.1
- - for castings 6.1
- - - malleable castings 7.5
- - - puddling 8.5
- - - refining . 7.6
- -, forge 8.5
- -, foundry (s. foundry pig iron).
- -, gray 1.5
- -, hematite . . 8.1
- -, high silicon 1.3
- -, highly radiated 3.2
- -, hot blast . 4.5
- -, hightly mottled 2.4
- -, Luxemburg 5.6
- -, malleable 7.5, 12.6
- - mixer . . . 389.5
- - -, cylindrical 389.6
- -, mottled white 2.3
- -, open hearth 8.4
- -, platy 3.5
- -, phosphoric 8.3
- -, porous . . . 2.7
- -, refined . . . 366.6
- - rich in silicon 1.3
- -, sandless . . 5.1
- -, Scotch . . 5.10
- -, Siegerland 5.5
- -, specular forge 8.6
- -, Swedish . . 5.8
- - stores . . . 130.6
- -, Styrian . . 5.7
- -, strongly mottled 2.2
- -, very open grained 2.9
- - wagon . . . 341.5
- -, white . . . 2.6
- -, - cold blast 2.5
- -, - spiegel looking 3.1
- lead 361.4
-, low silicon . 365.3
-, open grain . . 2.7
-, - white . . . 365.4
-, sand cast . . . 4.7
Pigging back . 398.7
Pigiamento . . 105.4
Pigiare . 105.5, 425.3
Pigiata 303.5
Pignon 14.4
- à chevrons . 519.4
- creux 519.5
- denté 519.4
- moteur . . . 323.6
Pignone . 518.8, 519.1
- a spina di pesce 519.4
Pila 265.8
- termoelettrica 266.8
Pila 265.8.9
- para templar 416.8
- termo-eléctrica 266.6
Pilar angular . 293.6
- de hierro fundido 321.6
Pilar de ladrillo 286.5
- - mampostería 290.2
- - piedra . . . 84.3
Pilastro 293.6
- della sagoma 455.5
- - sciablona . 455.5
- di pietra . . . 84.3
Pile 378.3
- foundation . 289.3
- up, to 376.4
Pile 265.6
- thermoélectrique 266.6
Piletta 434.5
- a punta . . . 434.7
- piatta 434.6
- pneumatica a mano 435.1
- - servita da gru 435.2
Pilgerschrittverfahren 533.1
Pilier d'angle . 296.6
- de cœur . . . 298.6
- en brique . . 84.3
- - fonte . . . 321.6
Piling . . 378.2, 464.7
- and welding of weld steel . 10.9
Pillar 84.3
Pilon . . . 383.6, 391.4
- à main . . . 391.5
- de bocard . . 77.4
- - mortier . . 229.5
- en acier . . . 465.4
Pilone 383.6
Pilonnage . . . 105.4
Pilonneuse . . 105.5
- électrique . . 105.6
Pilote 289.3
Pilotis 289.3
Pin 194.3, 424.4, 436.5
-, cast-on . . . 294.10
- lifting arrangement 449.2
Pince . . 192.4, 526.5
- à charbon . . 235.4
- - creuset . . 252.5
- - liége . . . 196.6
- - mercure . . 200.8
- - noyau . . . 436.9
- - sodium . . 202.6
- - tréfiler . . . 536.1
- d'accrochage 528.2
- d'élément . . 265.9
- de support . 196.5
Pinceau à noir de fumée 430.8
Pincel para negro de humo 430.8
Pincers 536.1
Pincette 202.7
Pincher 527.1
Pine charcoal 418.10
Pinion . . 323.6, 518.8 519.4
- steel 14.4
- trunnion . . 392.8
- wheel 393.1
Pinsel, Schwärze- 430.8
Pintar 431.5
- de negro . . 424.9
Pintura 550.5
Pinza . . 198.6, 464.4 536.1.5
- per crogiuolo di fusione 252.5

Pinza, -s 192.4, 202.7
- para carbón 285.4
- - los machos 436.9
-s para soportes 198.6
Pinzetta 202.7
- per anima 436.9
- - sodio 202.6
- - tenere il mercurio 200.6
Pinzette 202.7
Piñón 323.6
- de dientes angulares 519.4
- - engranaje 14.4
- hueco 519.5
Piombaggine 882.5
Piombare 554.3
Piombifero 553.7
Piombino 40.8
Piombo 40.8, 219.6
- del forno 361.4
-, raccogliere il 290.6
Pipe 144.7, 297.7, 483.11
- clay 428.2
-, double 319.7
-, fixed 312.2
-, horizontal 315.2
-, inclined 315.3
- junction 295.6
-, ribbed 452.3
-, suspended 318.7
-, vertical 315.4.8
Pipeta 191.3.8
- con grifo esférico 191.5
- de absorción 270.3
- - filtración 245.1
- - medida 191.4
- - pesadas 240.4
- graduada 191.6
- - automática 191.7
Pipetta 191.3, 192.1
- a robinetto sferico 191.5
- d'assorbimento 270.3
- di misurazione 191.4
- filtrante 245.1
- per pesare 240.4
- tarata 191.4.6
- - automatica 191.7
Pipette 191.3
-, Absorptions- 270.3
-, Kugelhahn- 191.5
-, Meß- 191.4
-, selbsttätige Voll- 191.7
-, Stech- 191.3
-, Voll- 191.6
Pipetten-flasche 192.1
-ständer 191.8
Pipette 191.3, 240.4
-, automatic plain 191.7
- bottle 192.1
-, graduated 191.4
- holder 191.8
-, plain 191.6
- stand 191.8
-, weighing 191.5
Pipette 186.4, 191.3.8
- à filtrer 245.1
- avec robinet à boule 191.5
Pipette d'absorption 270.3
- graduée 191.4
- jaugée 191.6
- - automatique 191.7
- pour pesées 240.4
Piping 298.1, 483.7
Piquera 300.4, 338.9
Piriforme 539.2
Pirita arsenical 72.4
- calcinada 70.8
- cobriza 72.2
- de cobre 72.2
- - hierro 69.4, 72.3
- magnética 68.3
Pirite 70.8
- arsenicale 72.4
- di ferro 69.4, 72.3
- magnetica 68.3
- ramosa 72.2
Piritoso 72.2
Pirogálico 211.13
Pirogallico 211.13
Pirolusita 70.2
Pirolusite 70.2
Pirometria 351.3
Pirometro 180.5, 351.5
- a grafite 351.7
- ad aria 351.8
- elettrico di Le Chatelier 352.1
- metallico 351.6
- ottico 352.2
Pirómetro 180.5, 351.5
- de aire 351.8
- - grafito 351.7
- eléctrico de Le Chatelier 352.1
- metálico 351.6
- óptico 352.2
Piropo 239.5
Pisé réfractaire 308.5
- - damé 308.6
- siliceux 115.2
Pissette 186.3
Piso 161.6
- de la fundición 475.7
- - las chimeneas 388.8
Pisolitic 67.5
Pisolitico 67.5
Pisolítico 67.5
Pisón 301.4, 434.5
- cónico 434.7
-plano 434.6
Piston 311.4, 470.5
- blade 472.1
-, solid 506.3
- valve gear 499.4
- vane 472.1
Piston 174.3, 311.4.5
- à disque 506.3
- - plaque 506.3
-s concentriques 506.5
- de compression 506.1
- - pompe 509.3
- du marteau 499.2
-s en tandem 506.5
- hydraulique 506.2
- inférieur 121.6
-s parallèles 506.4
- plongeur 121.2, 144.3, 453.7, 506.2
Piston pneumatique 501.5
- rotatif 472.5
Pistón compresor 121.2
- inferior 121.6
Pit 163.6
- coal 98.7
Pit, -s 527.7
-s chauffés 527.5
-s ordinaires 527.5
Pits 527.5
Pivot 323.8, 441.9
Pivotant 126.2
Placa 364.3, 466.1
Placa anterior 413.11, 414.1
- de apoyo 465.5
- - arcilla 439.6
- - asbesto 201.1
- - asiento 24.3, 517.11
- - base 291.2
- - cabeza 496.9
- - calentamiento 176.4
- - chapa de hierro 295.1
- - cierre 23.5
- - - del fondo 390.7
- - cinc para pilas 266.2
- - contrapresión 458.3
- - - de báscula 458.4
- - corcho 196.3
- - extremo 414.2
- - filtración 245.2
- - frente 413.11
- - goma 197.5.9
- - guía 524.7
- - hierro 291.2
- - - para enderezar 584.8
- - hogar 369.5
- - inversión 449.5, 450.2
- - - giratoria 454.3
- - la bóveda 404.1
- - - solera 369.4
- - mármol 237.1
- - mesa 451.1
- - mica 301.5
- - modelos 422.6
- - - reversible 449.5
- - pasar 451.2
- - rasquete 446.4
- - revestimiento 373.4
- - soporte 469.7
- - - circular 294.3
- - tobera 364.6
- - trituración 229.8
- - - de fundición 229.6
- - vidrio 189.4
- - - de uranio 189.5
- - - pulimentado 276.4
- del compresor 121.5
- delantera 369.3
- fotográfica 282.2
- frontal 292.10
- inferior de cristal de la balanza 287.2
Placa intermedia de arriostramiento 505.7
- lateral 364.4
- posterior 364.5
- pulimentada 274.10.11
- refractaria 249.7
- reversible 450.2
Placca 524.5
- anteriore 369.3
- d'argilla 439.6
- d'estremità 414.2
- da formare 422.6
- - raddrizzare 534.8
- del focolare 369.5
- - rustico 364.5
- della suola 369.4
- di fondo 364.3, 390.7
- - - della cassa del vento 394.8
- - rivestimento 373.4
- frontale 413.11, 414.1
- girevole 121.5
- in faccia all'ugello 364.8
- laterale di lavoro 364.4
- modello rovesciabile 449.5
- per l'ugello 364.6
- - sagomare 446.4
- posteriore 364.5
Place of loading 561.9
- - payment 559.7
-, to - edgeways 503.8
Place, mise en 465.6
Placer dans le cément 415.10
- de champ 503.8
- le châssis supérieur 442.6
Placing the crucible 385.8
Plaited 444.6
Plan 287.8
Plan d'appui 238.2
- de haut-fourneau 287.6
- - la canalisation électrique 168.7
- - réseau 168.7
- en projection horizontale 287.8
- incliné 132.2
Plancha de blindaje 27.8.9
- - dama 292.9
- - hierro 25.6
- para blindaje 511.1
- protectora 388.3
Planche 498.3
- à calibrer 445.6
- - modèles 439.11
- - trousser 445.6
- de damage 489.11
- - fond 422.6
Plancher 20.7
- de la plate-forme du gueulard 307.6
Plancheta de repasar 487.2
Planchette à lisser 487.2
- - polir 276.3
Plane 238.2

Plane, horizontal 438.7
- of throat . . 307.4
-, to 34.3
-, - - by filing 275.3
Planear 34.3
Planer 503.7
- les tôles . . . 534.6
Planicie de carga 307.4
Plano de apoyo del cuchillo 238.2
- - dientes angulares 519.4
- - la canalización eléctrica 168.7
- - tragante . . 307.4
- inclinado . . 132.2
- - para verter el carbón 132.3
- para verter . 131.8
Planscheibe . . 457.3
Plant 118.2
-, alternating current 166.4
- boiler 153.4
-, continuous, current 166.3
-, electric . . . 169.7
-, high tension 167.1
-, low tension . 166.8
-, multiphase current 166.6
-, single phase current 166.5
-, three phase current 166.7
Planta 287.8
Plantilla . 36.11, 40.3 455.4
-, porta . . 455.5, 456.1
Plaque 25.4, 506.3
- à filtrer . . . 245.2
- - modèle renversable 449.5
- - mouler à traversière 451.2
- - traverser . 451.2
- - triturer . . 229.8
- antérieure . . 414.1
- d'amiante . . 201.1
- d'appui 24.3, 465.5
- d'argile . . . 439.6
- d'avant . . . 369.3
- d'élément en zinc 266.2
- de blindage 27.3.9
- - bout 414.2
- - calibre amovible 446.4
- - charge . . . 508.5
- - chauffage . 176.4
- - chio 364.4
- - contrevent 364.8
- - dame . . . 292.9
- - devant . . 413.11
- - fermeture du fond 390.7
- - fond 364.3
- - - do la boite à vent 394.8
- - garde 388.3, 524.7
- - la sole . . . 369.4
- - laiteral . . 364.4
- - marbre . . 237.1
- - pression à bascule 453.4
- - revêtement 373.4
- - rustine . . . 364.5
Plaque de support 469.7
- - tête 496.9
- - trituration en fonte 229.6
- - trousse amovible 446.4
- - verre coloré 400.9
- - voûte . . . 404.1
- du foyer . . . 369.5
- en caoutchouc 197.5
- - fer 291.2
- - liége 196.3
- - mica 301.5
- - terre réfractaire 249.7
- - tôle de fer . 295.1
- - verre . . . 189.4
- - - d'urane . 189.5
- - - poli . . . 276.4
- frontale . . 292.10
- intermédiaire d'entretoisement 505.7
- obturatrice . 23.5
- photographique 282.2
- renversable . 454.3
- supportant la pression 453.3
Plaquette en caoutchouc 197.9
- polie . 274.11, 275.2
Plastic 425.2
Plasticidad . . 425.3
Plasticità . . . 425.3
Plasticité . . . 425.3
Plasticity . . . 425.3
Plastico . 425.2, 428.2
Plástico 425.2
Plastique . . . 425.2
Plata . . . 70.7, 219.8
- metálica . . 210.2
Plataforma . . 132.7 293.5
- basculante . 132.5
- de carga 307.5, 388.4
- - las chimeneas 388.8
- - los mezcladores 389.4
- - maniobra . 395.6
- - movimiento vertical 184.4
- - revista . . . 308.3
- - visita . . . 308.3
- del andamio . 131.7
- - montacargas 330.1
- - tragante . 307.5.6
- para la adición de cal 388.6
- - - - - piedra caliza 388.6
- que baya y sube 133.4
Plate . . . 18.5, 514.1
-, boiler 26.5
-, checker 27.3
-, chequered . . 26.11
-, fire box . . . 26.7
-, flanged . . . 26.6
-, furnace . . . 26.7
- glass base . . 237.2
-, hot 176.4
-, inclined . . . 316.5
-, iron 291.2
- mill 510.5
Plate of porous porcelain 193.3
-, perforated . . 27.4
-, photographic 282.2
-, punched . . . 27.4
- rolling . . 532.10
-, rotatable turnover 454.3
-, shell 26.8
-, ship 26.9
-, stripping . . 450.5
-, thin 26.1
-, to - with copper 552.7
- with patterns 422.6
-, wrought iron 25.9
Plate-forme . . 293.5
- - à bascule . 132.7
- - de chargement 388.4
- - - déversement 131.7
- - - manœuvre 395.6
- - - visite . . 308.3
- - des cheminées 388.8
- - - mélangeurs 389.4
- - du gueulard 307.5.6
- - pour l'addition de chaux 388.6
Platea di palafitte 289.3
- in calcestruzzo 289.6
Plateado 108.2
Plateau 457.3
- de balance . 238.6
- - compresseur 121.5
- - pompe à air 178.4
- des meules . 78.3
- -peigne . . . 450.5
- - tournant . . 452.5
- tournant 121.5, 449.3 493.1
Platform 124.3, 388.4
- brackets . . . 307.8
- of weigh bridge 133.7
Platillo de balanza 238.6
- - ebonita . . 202.1
- - goma endurecida 202.1
Platin-blech . . 194.9
-chlorid 210.3
-draht 194.7
-gerät 194.5
-kegel 195.6
-konus 195.6
-löffel 195.7
-messer 195.9
-metall 194.6
-muffel 195.3
-nadel 194.8
-schale 195.2
-schiffchen . . 195.5
-spatel 195.8
-tiegel 195.1
-veraschungsschale 195.4
Platine . . 18.7 194.5.6
Platinic chloride 210.3
Platínico . . . 210.3
Platino . . . 194.5.6
Platinum . . . 194.6
- basin 195.2
- boat 195.5
- cone 195.6
- crucible . . . 195.1
- incineration dish 195.9
- knife 195.9
- muffle 195.3
- pin 194.8
- sheet 194.9
- spatula . . . 195.8
- spoon 195.7
- ware 194.5
- wire 194.7
Plato 323.2
- de la bomba neumática 178.4
- - - lámpara . 184.5
- - porcelana porosa 193.3
Plâtre 220.3
Platte 18.5
-, Abfang- . . . 469.7
-, Abstreif- . . . 524.7
- Form- 422.6
-, Gegendruck- 453.3
-, photographische 282.2
-, Preß- 121.5
-, Ton- 249.7
Plattformkipper 132.7
Platy 3.5
Play . . . 37.4, 520.3
- of the weighing machine 135.6
-, surface . . . 488.1
Plaza 104.1
- del crisol . . 291.7 290.7
Plazo de descarga 562.11
- - desembarque 562.11
- - entrega . . 559.5
Plegable . . 88.8, 42.4
Plegado 47.7
Pletina 18.7
Pliable 42.4
Pliage 42.2
- à chaud . . . 42.5
- - froid 42.6
- alternatif . . 43.9
- après trempe 42.7
Pliant . . . 88.8, 42.4
Plier 42.8, 43.8, 433.2
- autour d'un mandrin 43.1
- en boucle le fer à rivets 43.4
Pliers . . 196.6, 252.5
Plissé 47.7
Plomada 40.3
Plomb . . 40.8, 219.6
- à tarer 239.6
- de fourneau . 361.4
-, recueillir le . 290.6
Plombagina . . 382.5
Plomber 554.3
Plombifère . . 61.2
Plomífero . . . 558.7
Plomizo 61.2
Plomo . . 199.5, 219.6
-, dar baño de . 554.3

Plomo de horno 361.4
-, recoger el . . 290.6
Plongement . . 57.6
Plonger 316.3
- lentement . . 544.3
Plongeur . . . 121.2
Plug . . . 55.1, 445.9
- hole 481.6
- pin 391.8
- ramming machine 391.3
-, removable . . 390.9
-, - cylindrical 390.10
-, to plug the tap hole 342.4
Plumb bob . . 40.8
- line 485.4
- rule 485.4
Plúmbico . . . 209.1
Plunge, to - in water 544.2
Plunger 121.2
-, hydraulic . . 506.2
- pump 144.3
-, triplicate -s . 506.4
Plungerpumpe 144.3
Pneumatic . . 268.8
Pneumatico . . 178.2
Pneumatique . 183.1
Pneumatisch . 501.2
Pobre, aleación 15.1
Poch-eisen . . . 77.6
-schuh 77.6
-stempel . . . 77.4
-trübe 77.7
-werk 77.3
Poche 341.7
- à cendres . . 163.7
- - fourche . . 478.1
- - main 477.5
- - scories . . . 409.3
- de coulée . . 341.6 477.3.4.8
- - dépôt des cendres 163.7
- - grue 478.8
- - - à fourche 479.1
- en tôle emboutie 478.7
- fixe 478.7
- roulante . . . 478.6
Pocket 163.7
Poder 57.7
- aglutinante . 428.1
- calorífico bruto 109.1
- - neto 109.2
- de aglutinarse 103.1
- - atracción magnética 91.10
- - coquificación 102.9
- - resistencia á la presión y al frotamiento 96.8
- luminoso . . 280.9
- - débil 400.4
Poggiastorte di paglia 202.2
Poids . . 184.4, 239.3
- à calculer . 559.10
- - porter en compte 559.10
- atomique 224.7, 225.4
- brut 184.8
- de la charge 409.8
- égal, de . . . 75.5
Poids en grammes-molécules 225.7
- équivalent chimique 257.6
- maximum . 240.11
- moléculaire . 225.6
- mort 135.1
- moyen 135.5, 334.11
- net 184.9
- normal . . . 135.4
- pour comprimer le moule 442.11
- relatif d'un corps dans sa combinaison la plus simple 226.6
- spécifique . . 271.6
- tendeur . . . 137.3
- théorique . . 135.2
Poignée 441.8
- pour enlever le modèle 436.1
Poil de vache . 429.2
Poinçon 18.9, 52.1, 371.8 504.6
- pour trous d'air 438.1
Poinçonnage 51.9, 52.2
Poinçonner 34.9, 51.10 52.3
Poing, grosseur de 231.4
Point 339.1
-, critical . . . 272.9
-, defect 85.4
-, hardened . . 339.1
- of decomposition 264.9
Point critique . 272.9
- d'accouplement 136.8
- d'accrochage 136.8
- d'où l'on prend la mesure 41.5
- de décomposition 264.9
- - fusion . . . 250.5
Pointant 466.2
Pointe à noyau brevetée 461.9
- aciérée . . . 339.1
- de mouleur . 436.5
-, petite . . . 426.10
- sèche 41.4
Pointeau de soupape 508.7
Pointed 426.10
Poire en caoutchouc 197.7
- - - pour gaz . 271.2
Poitrine 291.8
- fermée 286.3
- ouverte . . . 286.2
Poker 88.2
Pol-anordnung, Drei- 94.2
-, Einheits- . . . 92.6
-, Nord- 91.12
-stärke 92.5
-, Süd- 92.1
Polaire 92.5
Polar 92.5
Polare 92.5
Polarisation . . 264.5
Polarisation, Gas- 264.6
-, Konzentrations- 264.5
-, Verdichtungs- 264.5
Polarisation capacity 264.4
Polarisation . . 264.4
- d'un gaz . . . 264.6
- de concentration 264.5
Polarisationskapazität 264.4
Polarisé, non . 169.8
Polarización . 264.4
- de concentración 264.5
- - un gas . . . 264.6
Polarizado, no 169.8
Polarized, non 169.8
Polarizzato, non 169.8
Polarizzazione 264.4
- d'un gas . . . 264.6
- di concentrazione 264.5
Pole 92.12
Pôle ayant une unité d'intensité 92.6
-, disposition à trois -s 94.2
- -nord 91.12
- -sud 92.1
Polea de enrollamiento 498.1
- - transmisión 451.4
- motriz 187.6
Poli, plaquette -e 274.11
-, surface -e . 274.10
Police man . . 197.9
Polier-knopf . . 487.5
-maschine . . . 276.7
-rot 276.2
- -S 487.4
-schaufel . . . 487.7
Polieren 276.6
-, erhaben . . . 277.7
Poliert 424.6
Polifasico . . . 166.6
Polifásico, instalación -a . 166.6
Polimorfo . . . 272.7
Polir 275.7, 276.6, 552.13
- à la lime . . 275.3
- en relief . . . 277.7
- les moules . . 487.1
-, moteur à . . 276.7
- par attaque à l'acide 278.2
Polish, to 276.6, 552.13
Polished 424.6
Polishing . . . 277.7
- slicker 487.8
Polissage fin . 245.5
- grossier . . . 275.4
- préparatoire . 275.4
Polissoir rond . 487.5
Polivalente . . 259.6
Polizza di carico 560.4
Polmone di gas 271.2
Polo nord . . . 91.12
- sud 92.1
- unitario . . . 92.6
Polo 92.5
- norte 91.12
- sur 92.1
- unitario . . . 92.6
Poltern 587.2
Polvere 97.2
- d'alluminio . 200.1
Polvere del gas 816.1
- di carbon fossile 480.2.10
- - carbone . . 101.7 155.7
- - - di legna . 480.1
- - cementazione 418.8
- - concia . . . 429.5
- - dolomite . . 117.8
- - grafite . . . 480.3
- - licopodio . 442.3
- - minerale . . 76.4
- - torba . . . 429.4
- - vetro . . . 208.3
- - zinco . . . 861.3
-, in 419.3
-, ridursi in . . 859.1
Polverizzarsi . 859.1
Polverizzatore 432.1
- a fessura . . 158.4
- - getto di vapore 158.2
- - tubo 158.3
- ad ugelli . . 158.5
- centrifugo . 158.6
- per argilla lavata 276.11
Polverulento . 58.8
Polvo 68.2
- de aluminio 200.1
- - carbón 101.7, 480.4
- - - vegetal . 480.1
- - cinc 861.3
- - dolomita . . 117.8
- - gas de alto horno 816.1
- - grafito . . . 480.3
- - hulla 480.2
- - - fino . . 480.10
- - licopodio . 442.3
- - los gases . . 97.2
- - mineral 76.4, 815.5
- - turba . . . 429.4
- - vidrio . . . 208.3
- para cementar 418.8
Poly-cylindrical 325.8
Polymorph . . 272.7
Polymorphe . 272.5
Polymorphous 272.7
Polyphasé, installation -e 166.6
Polyvalent . . 259.6
Pompa 144.5
- a comando idraulico 509.6
- - compressione 121.1
- - doppio effetto 142.8
- - mano . . . 142.1
- - semplice effetto 142.7
- - stantuffo tuffante 144.3
- - trasmissione 509.4
- - vapore 142.6, 509.5
- - - gemella . 143.5
- - - isolata . . 143.4
- aspirante . . 245.7
- centrifuga . . 143.7
- compound a vapore 143.2
- con comando a cinghia 509.4
- d'aria 501.4
- da muro a vapore 143.3

Pompa di circolazione 144.1
- duplex 148.1
- filtrante 245.8
- idraulica 509.6
-, impianto di -e 141.10
- per pozzi 144.4
- pneumatica 178.2.3
- premente 509.2
- rotativa 148.6
- Worthington 148.1
Pompage 485.2
Pompare 485.1.3
Pompe 144.5
- à air 178.2.3
- - circulation 144.1
- - commande hydraulique 509.6
- - compression 121.1
- - double effet 142.8
- - filtrer 245.8
- - main 142.1
- - piston plongeur 144.3
- - simple effet 142.7
- - vapeur 142.6, 509.5
- - - compound 148.2
- - - isolée 148.4
- - - jumelle 148.5
- - - murale 148.3
- - - verticale avec bâti 148.4
- - vide 245.7
- centrifuge 148.7
- commandé par courroie 509.4
- de compression 509.12
- - puits 144.4
- duplex 148.1
-, installation de -s 141.10
- rotative 148.6
- Worthington 148.1
Pomper 485.1
Pond 148.5
Poner de canto 503.8
Pont 124.1, 188.7
- basculant 188.8
- -bascule 188.6
- dechargement 808.1
- - communication 86.2
- - coulée 476.8
- -grue 126.4
- -roulant 126.5
- - á démouler 526.2
- - de chargement 410.5
- - magnétique 129.5
- - pour le transport des lingots 526.6
Ponte 124.1, 126.5, 188.7
- a bilico 188.8
- del canale 872.5
- di comunicazione 86.2
Pontone 562.1
Poquette 488.3
Porcelain 193.3
- beaker 194.3
- crucible 193.7
- evaporating basin 194.4
- funnel 193.4
- measuring vessel 194.1
Porcelain ring 193.9
- trough 193.5
- tube 193.8
- ware 193.2
Porcelaine 116.13
Porcelana 116.13
Porcellana 116.13
Poreux 59.9, 107.8, 857.9
Porfidico 358.2
Porfirico 358.2
Porge, -s 864.6
Porig 59.9
Porigkeit 96.9, 359.8
Porosidad 96.9, 359.8
Porosità 96.9, 359.8
Porosität 96.9
Porosité 96.9, 359.8
Porosity 96.9, 359.8
Poroso 59.9, 107.8, 857.9, 484.4
Porous 2.7, 357.9
Porphyrartig 358.2
Porphyrique 358.2
Porphyritic 358.2
Porporino 547.10
Porra 584.9
Port 407.8, 561.11
- d'embarquement 561.10
Porta 163.5
- a corsoio 236.9
- - coulisse 404.4
- d'accesso 406.4, 467.2
- del focolare 868.7
- - forno a coke 104.5
- di caricamento 161.8, 870.7, 417.6
- - lavoro 870.8
- - pulizia 163.3
- - visita 406.4
Porta-caldero 478.5
- -calibre 445.1
- -cojinete 496.2
- -crisol 477.3
- -cuchara 478.5
- -electrodo 567.4
- -filtro 244.8, 244.9
- -modelo 455.5, 456.2
- - móvil en todos sentidos 456.1
- -objeto, -s 278.7, 281.7
- -plantilla 455.7, 456.1
- - móvil en todos sentidos 456.1
- -retorta 188.1
- -viento 800.9, 801.1
Portable 469.8
Portacarbone 285.4
Portada 462.3
- de macho 424.8
Portafiltro 244.8
Portal crane 126.3
Portalkran 126.3
Portamodello 439.12, 451.3
- su macchina a pettine 451.1
Portante 478.1.5
Portaoggetti 278.7, 281.7
Portapipette 191.8
Portaprovini per bagno d'acqua 247.8
Portarse, modo de - en el alto horno 97.1
Portasagoma 456.2
- mobile universale 456.1
Portastaffa 454.4
Portastorte 201.10
Portata 49.11, 240.12, 462.3
- del martello 503.1
- di nodo 424.8
- - vista 279.5
- massima 125.4, 241.1
- oraria dell'impianto d'acqua 140.3
Portátil 465.1
Portatile 465.1
Portatubi 258.2
Portavento 800.9, 848.1
Porte 163.5
- à brasser 870.7
- -calibre 445.2
- coulissante 404.4
- de chargement 870.7, 417.6
- - fond à charnières 467.3
- - four à coke 104.5
- - nettoyage 163.3
- - râblage 870.8
- - tisonnage 87.10
- du foyer 868.7
- -glissière 236.9
- -objet 278.7, 281.7
- -segment 456.2
- -vent 800.9, 801.1
Porte 560.4
Portée 49.11, 462.3
- de noyau 424.8
Portepoche 477.3
Portería 149.5
Porter's lodge 149.5
Porticina 801.6
Portico 126.3
Portier 149.5
Portiere 149.5
Portion, defective 85.4
-, liquated 483.10
- of the texture 277.2
-, segregated 483.10
-, starved - of cast with insufficient metal 484.8
Portique 125.8, 126.3
Portland cement, iron 359.6
- -, slag 359.6
Portland, ciment de laitier 859.6
Porto 561.11
- d'imbarco 561.10
Porzellan-abdampfschale 194.4
-becher 194.3
-einsatz 194.2
-erde 116.13
-gerät 193.2
-maß 194.1
-, poriges 193.3
-ring 193.9
-röhre 193.8
-tiegel 193.7
-trichter 193.4
-wanne 193.5
Posa del crogiuolo 385.8
Posibilidad de modificarse las fases 274.6
Posición á 90° 407.6
- horizontal 394.2
- libre 50.1
- variable 528.1
- vertical 394.1
Positif 282.9
Position, horizontal 394.2
-, vertical 394.1
Position à 90° 407.6
- horizontale 394.2
- verticale 394.1
Positiv 282.9
Positiva 282.9
Positive 282.9
Positivo 282.9
Posizione a 90° 407.6
- libera 50.1
- orizzontale 394.2
- verticale 394.1
Possibilità di modificare le fasi 274.6
Possibilité de modification des phases 274.6
Post 146.3
Poste de conducteur 127.8
- - huit heures 556.8
- - jour 556.6
- - nuit 556.7
Poste de alumbrado 171.8
Postizo 186.6
Posto del macchinista 127.8
- in alto 145.8
Pot 255.4
- furnace 384.1
- steel process 381.1
Pot de cémentation 415.2
- pour la distillation 255.4
Potasa 206.2
- cáustica 204.12, 205.2
- - en barritas 204.13
Potash 546.3
- bulb 181.3
-, caustic 204.12
-, hydrate of 204.12
-, nitrate of 419.6
Potásico 181.3
Potasio 221.2, 381.12
Potassa 205.8
-, apparato per 181.3
- caustica 204.12, 205.2
- - in bacchette 204.13
- - - cannelli 204.13
Potasse 205.8
-, appareil à 181.3
- caustique 204.12, 205.2
- - en bâtonnets 204.13
Potassico 205.8
Potassio 206.3, 221.2
Potassique 481.4
Potassium 206.3, 221.2
-, acetate of 206.6
-, bichromate of 206.5
-, bisulphate of 206.2
-, carbonate of 205.8
- chlorate 211.2
-, chloride of 207.1
-, chromate of 206.4
- cyanide 361.10

Potassium, cyanide of 206.3
- ferricyanide . 208.8
- ferrocyanide 208.7
- iodate . . . 211.11
- iodide and starch paper 213.4
- - paper . . . 213.3
- nitrate 419.6
-, sulphate of 205.11
Pote 452.4
- de cementación 415.2
Potencia 57.7
- calorífica . 108.10
- - bruta . . . 109.1
- - neta 109.2
- de la central 167.9
Potencial de descomposición 265.3
Potential, Zersetzungs- 265.3
Potential, magnetomotive 92.7
- of decomposition 265.3
Potentiel de décomposition 265.3
Potenza 57.7
- agglomerante 428.1
- calorifica . 108.10
- della tempera 420.4
Potenziale di decomposizione 265.3
Potenzialità della centrale 167.9
Potere calorifico 109.3
- - massimo . . 109.1
- - minimo . . 109.2
- - superiore . 109.1
- d'attrazione magnetica 91.10
- illuminante debole 400.4
- luminoso . . 280.9
Potier 383.1
Pottasche . . . 205.8
Potter's lathe . 383.1
-'s wheel 383.1
Poudingue . . 114.7
Poudre à cémenter 418.8
- d'aluminium 200.1
- de dolomie . 117.8
- - houille . . 430.10
- - lycopode . 442.3
- - tourbe . . . 429.4
- - verre . . . 203.2
Poulie 451.4
- d'enroulement 498.1
- de commande 187.6
- motrice . . . 187.8
Poupée de rabat 496.8
Pour, to - out 341.9
Pouring appliance 480.1
- head 448.3
- - with sunk basin 448.5
- level 388.5
- side 403.4
Pourpre . . . 547.10
Poussée du vent 165.3
Poussier de charbon 430.4
- - - de bois . 430.1
- - graphite . . 430.3
Poussier de houille 430.2
Poussière . . . 155.7
- de charbon . 101.7
- - minerai . . 76.4
- des gaz . . . 97.2
- du gueulard 316.1
-, tomber en . 347.12
Poussiéreux . . 101.6
Poussoir 529.4
Poutre 308.2
- en acier . . . 403.8
Poutrelle 20.7,9, 130.8
- anglaise . . . 20.10
- cintrée 294.8
Pouvoir agglutinant 428.1
- cokéfiant . . 102.9
- collant 103.1
- d'attraction magnétique 91.10
- éclairant . . . 280.9
- - faible . . . 400.4
Powder dry . . 247.2
Powdered . . . 429.4
Powdery . . . 58.8
Power 168.4
- consumption 557.4
- distribution . 167.3
-, low lighting 400.4
-, motive 168.1
- of the light . 280.9
- station 166.1
- transmission . 167.3
Pozo 141.4,5
- artesiano . . 141.8
- de hundimiento sobre carga 141.7
- - Norton . . 141.6
-, instalación de un 100.6
- tubular . . . 141.6
Pozzetto di sfioro 439.4
- per la cenere 163.7
Pozzo 141.4,7
- artesiano . . 141.8
- di combustione 321.1
-, impianto di . 100.6 141.5
- ordinario . . 527.5
- tubolare . . . 141.6
Practice 409.4
Prägwerk . . . 505.1
Prairie 67.4
Präzisionsgebläse 471.2
-wage 286.6
Préalable . . . 347.5
Precetto, -i per la qualità 82.1
Precio de compra 563.1
- - fabricación 562.13
- - producción 562.13
- - transporte . 560.5
- unitario para el hierro y el manganeso 558.4
Precipitación . 147.6 242.6
- de las impurezas 147.5
Precipitado . . 147.7 242.12
- de su disolución 90.7
Precipitant . . 147.6
Précipitant . . 147.6
Precipitante . . 147.6 242.9
Precipitar . . . 242.7
- con hidrógeno sulfurado 242.11
- en ebullición 242.10
Precipitare . . 242.7
- all'ebullizione 242.10
- coll'idrogeno solforato 242.11
Precipitate . . 147.7 242.12
-, to 242.7
-, - - by means of sulphuretted hydrogen 242.11
-, - - in boiling heat 242.10
Precipitating agent 147.6
Precipitation . 242.6
- electrode . . 261.5
- of impurities 147.5
Précipitation . 147.6 242.6
- des impuretés 147.5
Precipitato . . 147.7 242.12
Precipitazione 242.6 261.5
- delle impurità 147.5
Précipité 90.7, 147.7 242.12
Précipiter . . . 242.7
- en ébullition 242.10
- par l'hydrogène sulfuré 242.11
Precisare la posizione delle staffe 454.8
Precision balance 286.6
- blower 471.2
Précision . . . 286.6
Precisión . . . 89.5
Precisione . . 286.6
- delle dimensioni convenute 87.1
Preheated . . . 447.3
Préhension automatique 527.2
Preis, Ankauf- . 563.1
- der Einheit Eisen und Mangan 558.4
-, Gestehungs- 562.13
Préliminaire . 81.2
Preliminare . . 81.2
Preliminary . . 81.2
Prell-bolzen . . 502.6
-klotz 496.7
Prellen, den Hammer 502.2
Prellung 496.7
-, Feder- 502.4
Premente . . . 142.4
Premistoppa . 324.9
Prendere colla tanaglia 531.7
- il campione . 339.3
- la barra . . . 531.6
- - ghisa . . . 481.2
- un campione del gas 269.1
- - provino del gas 269.1
Prendre un échantillon de gaz 269.1
Prensa . 202.5, 504.10
- de crisoles . . 383.2
- - eje acodado 505.3
- - escoria . . . 359.7
- - estampar . 505.1
- - excéntrica . 465.3
- - filtro 244.6
- - forjar . . . 504.9
- - - de presión de vapor 505.5
- - moldear . . 453.1
- - - con placa de inversión giratoria 454.3
- - - de doble efecto 454.5
- - - doble . . 454.5
- - - hidráulica 453.5
- - precisión 454.6,7
- -estopas . . . 324.9
- excéntrica . . 505.2
- hidráulica de forjar 505.4
- - de ladrillos 120.6
- para corchos 196.4
- - doblar . . . 43.8
- - encorvar . . 43.8
- - filtrar . . . 244.6
- - sodio . . . 182.5
Prensado de los ladrillos 120.5
Prensaestopas . 507.4
Prensar 425.6
Prensión automática 527.2
Preparación . . 74.4
- de la arena de fundición 431.8
- - - pasta . . 119.4
- - las piezas de ensayo 33.8
- - - placas pulimentadas 274.10
- - los minerales por la helada 80.8
- del lecho de fusión 334.4
- física y química 81.5
- húmeda . . . 79.7
-, instalación de 74.1
- magnética . . 91.2
- mecánica . . 431.9
Preparador . . 513.9
-, tren 510.3
Preparar, aparato para - el hidrógeno sulfurado 177.2
- la torta de arcilla 461.1
Preparare il letto di fusione 333.10
Préparateur, train 510.3
Preparation of proof 33.8
- - test piece . 33.8
- - the mixture 119.4
- - - stones . . 118.1
-, physical and chemical 81.5
- room 174.9
Préparation . . 80.11
-, appareil pour la - de l'hydrogène sulfuré 177.2

Préparation de la pâte 119.4
- des éprouvettes 33.8
- - minerais par le froid 89.8
- - paquets 378.2
- - pièces d'essai 33.8
- - surfaces polies 274.10
- du lit de fusion 334.4
- - sable de fonderie 481.8
- humide 79.7
-, installation de 74.1
- magnétique 91.2
- mécanique 431.9
- physique et chimique 81.5
Preparato 75.1, 102.1
Préparatoire 74.2
Preparatore 174.3
-, treno 510.3
Preparatorio 74.2
Preparazione 346.9
- al gelo 89.8
- dei pacchetti 378.2
- del fondo 391.3
- - letto di fusione 334.4
- della prova 33.8
- delle superfici levigate 274.10
-, impianto di 74.1
- magnetica 91.2
- meccanica 431.9
- - della sabbia 481.8
- - e chimica 81.5
- per via umida 79.7
Prepare, to - the loam cake 461.1
Préparé 102.1
Préparer le lit de fusion 333.10
Preparing the slides 274.10
Presa 141.3, 528.2
- all'aria 359.10
- automatica 527.2
- d'acqua 140.7
- - sotterranea 141.1
- d'una sorgente 141.2
- del campione 30.6
- - - di scoria 401.10
- - gas 359.12
- di campione 227.9
- - gas 312.9
- - - anulare 312.3
- - - belga 312.3
- - - Darby 312.10
- - - Faber 311.9
- - - Hoff 312.1
- - - Langen 313.6
- - - Parry 310.4
- - metallo liquido per la prova 401.7
- - provetta 401.7
-, dispositivo da - per lingotti 528.8
Prescripción, -es de calidad 32.1
Prescriptions, -s de qualité 32.1
Prescrizione, -i di prova 31.10
-i per la qualità 32.1
Preservativo contro la ruggine 550.3
President, blast furnace 332.3
Presión 96.8
-, á plena 338.7
-, alta 120.8
- atmosférica 267.9
-, baja 120.7
-, bajo 145.8
-, de alta 152.2
-, - baja 152.6
- - ensayo 54.8
- - las canales 516.8
- - los cilindros 530.7
- - - etalajes 303.3
-, - media 152.5
- del aire 267.9
- - gas 350.8
- - liquido 507.8
- - viento 165.3, 328.8 350.5
- efectiva 507.9
- ferrostática 485.5
- final 120.8
- hidráulica 54.7 314.4, 508.1
- interior 258.8
- lateral 515.8
- máxima 472.9
- normal de trabajo 54.9
- osmótica 258.7
- preliminar 120.8
- preparatoria 120.8
- radial 580.8
- vertical del cilindro superior 515.7
Preß-flüssigkeit 507.7
-formmaschine 458.1
-holm 121.4
-kolben 121.2, 506.1
-luft-hammer 491.4
- -stampf-maschine 434.8
- -stampfer, Hand- 435.1
- - -, Kran- 435.2
-platte 121.5
-pumpe 121.1
-stein, Erz- 95.10
- -, gesinterter 96.1
- -, getrockneter 95.11
- verfahren nach Ehrhardt 588.3
-zylinder 121.3
Press 182.5, 504.10
- cross beam 121.4
-, eccentric 505.2
- plate 121.5
- plunger 121.2, 506.1
-, to 425.6
-, - - the pattern home 438.11
Pressa 202.5, 504.10
- a leva a gomito 505.3
- - - articolata 505.3
- - vapore per forgiare 505.5
- ad eccentrico 505.2
- da filtro 244.6
- - formare 458.1
Pressa da formare con piattaforma spostabile 454.3
- - - due faccie 454.5
- - loppa 359.7
- - piegare 43.8
- idraulica da formare 458.5
- - - mattoni 120.6
- - per forgiare 505.4
- per coniare 505.1
- - crogiuoli 383.2
-e - forgiare 504.9
- - stampare 505.1
- - tappi di sughero 196.4
Pressare 425.6
Pressato 28.2
Pressatura dei mattoni 120.5
Presse 202.5, 504.10
-, Biege- 43.8
-, Exzenter- 465.3 505.2
-, Filter- 244.6
-, Kniehebel- 505.3
-, Kork- 196.3
-, Natrium- 182.5
-, Schlacken- 359.7
-, Schmiede- 504.9
Presse 121.3, 202.5 504.10
- à bille pour l'essai de dureté 54.5
- - bouchons 196.4
- - briques hydrauliques 120.6
- - centrer les châssis 454.6
- - cingler 377.4
- - cintrer 43.8
- - courber 43.8
- - creusets 383.2
- - estamper 505.1
- - excentrique 465.3, 505.2
- - filtrer 244.6
- - forger 504.9
- - - à vapeur 505.5
- - - hydraulique 505.4
- - genouillère 505.3
- - laitier 359.7
- - levier coudé 505.3
- - matricer 505.1
- - mouler 458.1
- - - à double effet 454.5
- - - avec plaque renversable 454.3
- - plier 43.8
- - sodium 182.5
- de précision 454.6
- -étoupes 324.9, 507.4
- - - de Lürmann 306.2
- hydraulique à mouler 458.5
Pressed 348.11
Pressen 425.6
- der Ziegel 120.5
Presser 196.4, 425.6
- plate 458.3
- plate with throw over motion 458.4
Pressing of the bricks 120.5
- process, Ehrhardt's 588.3
Pression 54.4
-, à basse 152.6
-, - haute 152.2
-, - pression moyenne 152.5
-, - pleine 338.7
- atmosphérique 267.9
-, basse 120.7
- d'eau 508.1
- d'épreuve 54.8
- de l'air 267.8
- - laminage 530.7
- des étalages 303.3
- du gaz 350.8
- - liquide 507.8
- - vent 165.3, 328.8 350.5
- effective 507.9
- ferrostatique 485.5
- finale 120.8
-, haute 120.8
- hydraulique 54.7 314.4
- intérieure 258.8
- latérale 515.8
- maxima 472.9
- normale de travail 54.9
- osmotique 258.7
- préliminaire 120.7
- radiale 580.8
-, sous 148.8
-, supportant la 453.3
Pressione 54.4, 507.9
-, a bassa 152.6
-, - media 152.5
-, - tutta 338.7
-, ad alta 152.2
-, alta 120.8
- atmosferica 267.9
- d'acqua 508.1
- del gas 350.8
- - vento 165.3, 328.8 350.5
- dell'aria 267.9, 350.5
- di laminazione 530.7
- - lavoro 54.9
- - prova 54.8
- ferrostatica 485.5
- finale 120.8
- idraulica 54.7, 314.4
- iniziale 120.7
- interna 258.8
- laterale 515.8
- massima 472.9
- osmotica 258.7
- radiale 580.8
- sulla sacca 303.2
- verticale 515.7
Pressung des Windes 350.5
-, Höchst- 472.9
Pressure 165.3
- above the atmospheric 507.9
-, atmospheric 267.9
- bottle 188.4
-, ferrostatical 485.5
- fluid 507.7
- gauge 179.5, 350.9
-, high 120.8
-, highest 472.9

Pressure, hydraulic 54.7
-, internal . . . 258.8
-, lateral 515.8
-, low . . 120.7, 152.6
-, maximum . . 472.9
-, medium . . . 152.5
- of top roll . . 515.7
- - the rolls . . 530.7
- on the bosh . 303.3
-, osmotic . . . 258.7
- passage . . . 501.8
- port 501.8
-, preliminary . 120.7
- pump . 121.1, 509.2
-, radial 530.8
- side 471.5
- transmittor . 508.2
- valve 142.4
Presupuesto . 562.12
Presura 296.2
Prevention of cracking 428.10
Preventivo . 562.12
Previo 31.2
Prezzo d'acquisto 563.1
- di produzione 562.13
- unitario per ferro e manganese 558.4
Price 563.1
- of the unit of iron and manganese 558.4
Prick, to - the molten metal 485.1
Pricker . 488.1, 485.3
Primärstation . 165.6
Primitif 530.1
Primitivo . . . 530.1
Prise à l'air . 359.10
- d'eau 141.3
- d'échantillon 227.9
- - de la scorie avec une baguette de fer 401.10
- d'essai 80.6, 227.9.10 228.1
- - à la coulée 339.3
- - de métal liquide 401.7
- - séchée . . . 231.9
- de gaz 312.9
- - - annulaire 312.3
- - - belge . . 312.3
- - - Darby . 312.10
- - - Faber du Faure 311.9
- - - Langen . 313.6
- - - Parry . . 310.4
- - - von Hoff 312.1
- - mesures . . 38.3
- du gaz . . . 359.12
Print 424.8
-, to 282.10
Printing machine 134.5
Prix d'achat . . 563.1
- de l'unit de fer et de manganèse 558.4
- - revient . 562.13
- - - de la force motrice 168.2
Probar 80.5
Probe . . 80.6, 83.3.8
Probe, Abschreckbiege 42.7
-, Ausbreite- . . 53.1
-, Biege- 42.2
-, Brech- 44.3
-, Bruch- 44.3
-, die - ausmessen 38.2
-, - - kühlhalten 275.6
-, - - verwerfen 34.7
-druck 54.8
-, getrocknete . 231.9
-glas 234.1
-gut 227.10
-, Härtungsbiege- 42.7
-, Hin- und Herbiege- 42.9
-, Kaltbiege- . . 42.6
-, Kerb-biege- . 44.2
-, - schlag- . . . 44.2
-, Kugelhärte- . 54.4
-, Loch- 51.9
- mit einem abgetrennten Stück 31.4
-nahme . 174.8, 227.9
-schachtel . . . 234.2
-, Schlag- . 42.1 53.5
-, -biege- 44.1
-, Schmiede- . . 52.5
-stab 49.3
-, Stauch- 53.5
-stoff 227.10
-streifen 33.4
-stück 33.3
-, Verdreh- . . . 51.6
-, Verwinde- . . 51.6
-, Warmbiege- . 42.5
-, Wasserdruck- 55.2 54.6
-, Zerreiß- . . . 49.1
Proben-auswahl 33.1
-breite, auf 1½ - - ausschmieden 52.7
-verschluß . . . 55.1
Prober, Petroleum- 181.5
Probeta . 49.3, 186.1 192.2, 234.1
- cónica 186.2
- de gas 269.4
- - - de Bunte 269.5
- - metal liquido 401.8
- graduada . . 269.6
Probierstange . 336.1
Procédé 395.5
- à deux soulèvements 366.3
- - la presse Ehrhardt 538.3
- - un soulèvement 366.2
- - une seule fusion 365.8
- acide 396.5
- allemand . . 366.3
- au convertisseur 396.4
- - minerai . . 412.9
- basique . . . 397.8
- Bessemer 8.1, 396.5
-s - et Martin combinés 412.8
- Brinell 54.4
- d'affinage . 368.5 565.5
Procédé d'analyse 31.3
- d'empreinte par pression 54.4
- d'estampage par pression 54.4
- d'oxydation . 552.3
- de briquettage 94.7
- - grillage . . 82.9
- - lavage . . 80.1.2
- - puddlage . 378.7
- - refonte . . 474.1
- - trempe au nickel 418.4
- dit „au pas de pèlerin" 538.1
- électrique . . 571.1
- Gayley pour le séchage de l'air 329.2
- Mannesmann 537.7
- Menne 343.7
- par fusion de fonte et riblons 413.1
- Thomas-Gilchrist 397.8
- wallon 366.2
Procedencia . . 65.5
Procedimento di torrefazione 82.9
Procedimiento 411.5
- ácido 396.5
- alemán . . . 366.3
- básico 397.8
- Bessemer . . 396.5
-s - y Martin combinados 412.8
- con minerales 12.7
- de afino . . . 366.5
- - - del mineral 412.9
- - compresión sistema Ehrhardt 538.3
- - conversión 396.4
- - doble fusión 366.2
- - ensayo . . . 31.3
- - la calcinación 82.9
- - laminación „á paso de peregrino" 538.1
- - - de Mannesmann 537.7
- - oxidación . 552.3
- - pudelaje . . 378.7
- - refinación . 565.5
- - templar al níquel 418.4
- - triple fusión 366.3
- - una sola fusión 365.8
- del estampado 54.4
- Menne 343.7
- para secar el aire sistema Gayley 329.2
- por fusión de la fundición y desperdicios de hierro 413.1
- Thomas-Gilchrist 397.8
- valón 366.2
Procedure of analysis 222.3
Proceso de deslodamiento 80.2
- - la combustión 248.7
- - - fabricación de aglomerados 94.7
- - - separación 74.3
- - lavado . . . 80.2
- - refinación . 565.5
- del temple . . 542.6
- metalurgico . 346.7
Process 363.5
-, basic 397.8
-, blast furnace 344.3
-, combined Bessemer and open hearth 412.8
-, direct 412.9
-, dressing . . . 74.2
-, metallurgical 346.7
- of coking . . 105.8
- - combustion 248.7
- - hardening . 542.6
- - refining . . 565.5
- - separation . 74.3
- - smelting . 385.10
-, Walloon . . . 366.2
-, washing . . . 80.2
Processo 411.5
- acido 396.5
- ad una sola rifusione 366.2
- basico 397.8
- Bessemer . . . 396.5
- combinato Bessemer e Martin 412.8
- con doppia rifusione 366.3
- - una sola fusione 365.8
- d'affinaggio 363.5 365.1, 366.5, 565.5
- d'essiccazione Gayley 329.2
- d'ossidazione 552.3
- del „au pas de pèlerin" 538.1
- di combustione 248.7
- - conversione 395.5, 396.4
- - formazione del coke 105.8
- - lavaggio . 80.2
- - rifusione . 474.1
- - separazione 74.3
- - stampo a pressione 54.4
- - tempera al nickel 418.4
- diretto 362.1
- Ehrhardt col mandrino . 538.3
- Mannesmann 537.7
- Menne . . . 343.7
- per la fabbricazione di mattonelle 94.7
- preparatorio 74.2
- tedesco . . . 366.3
- Thomas . . . 397.8
- vallone . . . 366.2
Processus de la combustion 248.7
Procuring of water 140.7

Procuring water from a subterranean source 141.1
Prodotto animale 418.11
- del trattamento 74.4
-i dell'industria metallurgica 17.10
- della decomposizione 348.1
- di distillazione 254.1
- - torrefazione 82.7
- filtrato 244.2
- finito 18.9
- incompleto . 18.1
- molto refrattario 428.6
- non finito . . 18.1
- per alto forno 74.5
-i secondari dell'alto forno 355.8
-i - occasionali 361.1
- sterile 75.3
- utile 75.2
- volatile . . . 250.7
Producción . . 555.3
- anual 555.2
-, aparato para la - de ácido fluorhídrico 222.2
- continua de gas 405.5
- de cok 102.7
- - gas 268.7
- - hierro eléctrico 571.1
- diaria 555.4
- media 555.5
- total 555.1
Producer . . 404.7.8
-, double 405.3
-, stepped grate 404.9
Producing . . 562.13
-, apparatus for - hydrofluoric acid 222.2
Product, calcined 82.7
-, half-finished . 18.1
-, mineralised . 75.2
-, non-mineralised 75.3
- of decomposition 348.1
- - distillate . . 254.1
- - distillation 254.1
- - dressing . . 74.4
- - roasting . . 82.7
- ready for smelting 74.5
-, semi-manufactured 18.1
Production, direct - of wrought iron 362.1
-, electric - of pig iron 571.1
-, gross 556.2
- of coke . . . 102.7
-, total 555.1
Production . . 555.3
- annuelle . . 555.2
-, appareil pour la - de l'acide fluorhydrique 222.2
-, - - - - des gaz 268.6
Production de fer par le procédé électrique 571.1
- - gaz continue 405.5
-, grande . . . 556.2
- journalière . 555.4
- moyenne . . 555.5
- quotidienne . 555.4
- totale 555.1
Productiveness 555.3
Producto, -s acabados 18.9
- accesorio del alto horno 355.8
- - no constante 361.1
- - ocasional . 361.1
-, animal . . . 418.11
-s bastos . . . 18.1
- de calcinación 82.7
- - descomposición 348.1
- - destilación 254.1
- - la preparación 74.4
-s - - siderurgia 17.10
- estéril 75.3
- mineralizado 75.2
- molido 432.3
-s para ferrocarriles 22.1
- pulverizado . 432.2
- utilizable para la fusión 74.5
- volátil 250.7
Produit accessoire du haut-fourneau 355.8
- - non constant 361.1
- broyé 432.2
- de distillation 254.1
-s - l'industrie du fer 17.10
- - la décomposition 348.1
- du grillage . 82.7
- - triage . . . 74.4
- filtré 244.2
- fini 18.9
-s pour chemins de fer 22.1
- riche en métal 75.2
- stérile 75.3
- utilisable pour la fusion 74.5
- volatil 250.7
Produrre effervescenza 241.5
Produttività . . 555.3
Produzione . . 555.6
- annuale . . . 555.2
- continua di gas 405.5
- di ghisa al forno elettrico 571.1
- - - elettrica . 571.1
- giornaliera . 555.4
- media 555.5
- totale 555.1
Profil 514.9
-album . . . 514.10
-begrenzung . 514.11
-e für Eisenbahnwagenbau 24.8
Profil de haut-fourneau 287.6
Profil de laminage 514.9
Profilato 19.9
-i per costruzione di vagoni 24.8
Profile album 514.10
Profilé . . 19.9, 24.8
Profiled 26.4
Profiliert . . . 460.1
Profilo 19.2, 40.3, 514.9
- ad intagli . . 518.1
- con intacchi . 518.1
- d'un alto forno 287.7
- per ricalcare 516.2
Profondeur . . 39.7
- de la sole du four 369.11
Profondità . . 39.7
Profundidad . 39.7
- de la solera del horno 369.11
Progress of melting 349.3
- - smelting . 385.10
Proiezione . . 397.3
-i del convertitore 112.6
- di scintille . 396.9
Projection, -s . 396.7 397.3
- d'étincelles . 396.9
-s du convertisseur 112.6
- horizontale . 287.8
Projection, provided with -s 26.12
Prominenza, a -e 26.12
- del suolo . . 290.7
- - terreno . . 290.7
Proof 277.8
Proporción . . 274.2
- de óxido de carbono 360.4
- - pedazos gruesos 64.9
- en peso . . . 334.5
Proportion by weight 334.5
- of lump ore . 64.9
Proportion de gros 64.9
- - menu . . . 65.1
- - roches . 101.10
- en poids . . . 334.5
Proportional . 239.1
Proporzione . . 274.2
- di minerale in pezzi nel deposito 64.9
- - - - - - giacimento 64.9
- - - minuto nel deposito 65.1
- - - - - giacimento 65.1
- in peso . . . 334.5
Propre 494.1
-, grillage . . . 88.8
Proprietà della tempera 548.2
Protección . . 186.1
Protecteur, -rice 186.1, 198.1
Protecting cap 492.5
- cover 492.5
- plate 162.8
Protecting shield 162.8
Protective . . 248.1
Protector, -a . 186.1 388.3
Protettore, -rice 388.3
Protezione . . 186.1
Protossido di cobalto 217.12
Protóxido de cobalto 217.12
- - hierro . . . 66.2
- - manganeso 217.3
- - níquel . . 217.10
Protoxyde de baryte 220.9
- - cobalt . . 217.12
- - fer 66.2
- - manganèse 217.3
- - nickel . . 217.10
Protractor . . . 40.6
Prova . . 31.1.3, 224.5
- a caldo . . . 31.7
- - freddo . . . 31.6
- - rottura . . 49.4
- alla frattura . 44.3
- - trapanatura 228.2
- del materiale 41.6
- di allargamento 53.1
- - appiattimento 53.5
- - flessione . . 41.2
- - - all'urto . 44.1
- - - su campione intaccato 44.2
- - foratura 51.9, 228.2
- - frattura . . 49.1
- - fucinazione 52.5
- - penetrazione per striatura 54.1
- - piegatura . 41.2
- - - a caldo . 42.5
- - - - freddo . 42.6
- - - dopo la tempera 42.7
- - - ripetuta in sensi opposti 43.9
- - punzonatura 51.9
- - schiacciamento 53.5
- - torsione . . 51.6
- idraulica 54.6, 55.2
- per urto . . . 42.1
- preliminare . 31.2
- sclerometrica 54.1
- sopra un pezzo separato 31.4
Provare 30.5
Provenance . . 65.5
Provenienza . . 65.5
Provetta . 38.2, 186.1
- liquida presa per la prova 401.8
- solidificata . 401.9
Provino . 186.1, 269.1
Provisión . . . 559.3
Provisto de puntas pequeñas 426.10
Provvigione . . 559.3
Provvista d'acqua 140.1
Proyección, -es 396.7 397.3
- de chispas . . 396.9
- horizontal . . 287.8
Prozeß 395.5

Prueba 33.1
- de aplastar . 53.5
- - la colada . 339.3
- - metal solidificado 401.9
- - recalcar . . 53.5
- hidráulica 54.6, 55.2
- negativa . . . 282.4
- obtenida por ataque 277.8
- por doblado . 48.9
- positiva . . . 282.9
Prüf-gerätschaft, Lötrohr- 235.1
-glas 186.1
-kelch 186.2
Prüfen 30.5
Prüfer, Gas- . . 268.3
-, Kugelhärte- . 54.5
-, Ritzhärte- . . 54.3
Prüfung 30.6
- auf nassem Wege 224.4
- - trockenem Wege 224.3
- hydraulische . 54.6
-, Stoff- 41.6
Prüfungs-art . 31.3
-ergebnis . . . 34.5
-verfahren . . . 31.3
-vorschrift . . 31.10
Prussiate of potash, yellow 546.3
- - potassium, red 208.8
- - -, yellow . . 208.7 546.3
Prussiate jaune de potasse 546.3
Prussiato giallo di potassa 546.3
Prusiato amarillo de potasa 546.3
- - potásico . . 546.3
Psilomclan . . 69.6
Psilomelane . . 69.6
Psilomelano . . 69.6
Puddel-eisen . 10.8
-hütte 366.9
-luppe . . . 376.10
-ofen . . 367.1, 373.6
- -, Dopqel- . . 367.2
- -, Dreh- . . . 367.5
- -, Springerscher 367.3
- -, wendbarer 367.4
-roheisen . . . 8.5
-schlacke 113.1, 374.10
-spiegel 8.6
-stahl 10.8
-verfahren . . . 373.7
Pudellaggio . . 366.9 373.7
- a grana . . . 379.6
- - mano . . . 373.9
- d'acciaio . . . 379.8
- di ferro fibroso 379.2
- - minerale . . 380.2
-, forno a (v. forno)
-, ghisa da . . . 8.5
-, - per 8.6
- grasso 379.4
- magro 379.5
- meccanico . . 378.9
- rotativo . . . 379.1
Pudellare 366.8, 373.3
-, apparecchio meccanico per 378.10
Pudellato . . . 10.8
Pudellatore, operaio 373.8
Pudellatura . . 113.1
Puddeln . . . 366.8
- auf Korn . . 379.6
-, fettes 379.4
Pudding, piedra 114.7
Pudding stone 114.7
Puddinga . . . 114.7
Puddingstein . 114.7
Puddlage . 8.5 366.9
- à la machine 378.9
- - - main . . . 373.9
- d'acier 379.8
- de fer nerveux 379.2
- - minerai . . 380.2
- en fer à grains 379.6
- - scories . . . 379.4
- gras 379.4
- mécanique . . 378.9
-, procédé de . 373.7
- rotatif 379.1
- sec 379.5
Puddle ball . 376.6.10
- bar 18.3
-, to . . . 366.8, 375.7
Puddlé 10.8
Puddled 10.8
Puddler 373.8
-, mechanischer 378.10
Puddler 373.3
-, mechanical 378.10
Puddler . 366.8, 375.7
-, four à (v. four)
Puddleur . . . 373.8
- mécanique 378.10
Puddling 8.5
- bar 371.8
- door 370.8
-, dry 379.5
- for cristalline iron 379.6
- furnace . . . 367.1
- -, double . . . 367.2
- -, revolving . 367.5
- -, rotary . . . 367.4
- -, Springer's . 367.3
- - with revolving hearth 367.7
-, mechanical . 378.9
- of fibrous iron 379.2
- - steel 379.8
- process . . . 373.7
-, refining . . . 380.1
-, revolving . . 379.1
- tools 371.5
- works 366.9
Pudelado . . . 25.9
Pudelador . . . 373.8
Pudelaje 8.5
- á mano . . . 373.9
- - máquina . 378.9
-, acero de (v. acero)
- caliente . . . 379.4
- de acero . . . 379.8
- - hierro fibroso 379.2
- - - granulado 379.6
- - mineral . . 380.2
- giratorio . . 379.1
-, hierro de (v. hierro)
- mecánico . 378.10
Pudelaje, procedimiento de 373.7
- seco 379.5
Pudelar . 366.8, 375.7
-, horno de (v. horno)
Pudinga 63.6
Puente 124.1, 133.7.8 368.5
- -báscula . . . 133.6
- de báscula . 133.3
- - carga . . . 308.1
- - comunicación 86.2
- del conducto 372.5
- giratorio de torre 126.7
- -grúa corredera 126.4
Puerta 163.5
- corrediza . . 236.9
- de amasar . . 370.8
- - carga 161.8, 370.7 417.6
- - corredera . 404.4
- - fondo de bisagra 467.3
- - limpieza . . 163.3
- - trabajo . . 370.8
- del hogar . . 368.7
- - horno de cok 104.5
Puerto 561.11
- de embarque 561.10
Puesto del conductor 127.8
Puffer 25.3
-, elastischer . . 502.3
-, federnder . . 502.3
Pug mill . . . 78.1
-, to 119.9
Pugno, grossezza di 231.4
Puissance . . . 57.7
- calorifique 108.10 109.3
- - brute . . . 109.1
- - maxima . . 109.1
- - minima . . 109.2
- - nette 109.2
- de la centrale 167.9
- - production 555.3
Puits 141.5, 142.5, 527.5
- à enfoncement sous charge 141.7
- artésien . . . 141.8
- de combustion 321.1
- - la prise d'eau 141.4
-, installation d'un 100.6
- tubulaire américain 141.6
- - de Norton . 141.6
Puleggia . . . 451.4
- di comando . 187.6
Pulimentado . 275.1
Pulimentar . . 275.7 276.6 552.13
- con la lima . 275.3
- en relieve . . 277.7
-, motor para . 276.7
- por ataque de ácidos 278.2
Pulimento . . . 277.5
- acabado . . . 275.5
- fino 275.5
- preparatorio . 275.4
Pulir 487.4, 492.2, 552.13
Pulire 202.10, 552.13
- con acido . . 493.9
Pulire il pezzo 489.5
- le forme . . . 487.1
Pulito 494.1
Pulitura del crogiuolo 342.2
- - filo 537.1
- della superficie 550.4
- supplementare 493.8
Pulizia 163.3
- delle griglie . 337.4
Pull 48.6
- through of pattern 450.4
Pulley . . 137.6, 331.1
- moulding machine 451.4
- pattern . . . 451.7
Pulp 77.7
Pulsometer . . 142.2
Pulsometro . . 142.2
Pulsómetro . . 142.2
Pulver, Aluminium- 200.1
-förmig 58.8
-, Glas- 203.3
-trocken 247.2
-, Zementier- . 418.8
Pulvérisateur à fente 158.4
- - jet de vapeur 158.2
- - tubes concentriques 158.3
- - tuyère . . . 158.5
- centrifuge . . 158.6
- d'argile délayée 276.11
- - finement lavée 276.11
- -injecteur . . 158.3
Pulvérisation . 317.5
Pulvérisé . . . 101.4
Pulverised . . 95.8
Pulverisor for washed argillaceous earth 276.11
- - - clay . . 276.11
Pulverizado . . 95.8
Pulverizador centrífugo 158.6
- de chorro de vapor 158.2
- - hendiduras 158.4
- - toberas . . 158.5
- para arcilla finamente lavada 276.11
- tubular . . . 158.3
Pulvérulent . . 58.8
Pulverulento . 58.5
Pumice stone like 357.9
Pump 121.1
-, belt driven . 509.4
-, centrifugal . 143.7
-, double acting 142.8
-, duplex 143.1
-, hydraulic . . 509.6
- piston 509.3
- plunger . . . 509.3
-, rotary 143.6
-, single acting 142.7
-, Worthington 143.1
Pumpanlage . 141.10

Pumpe, Dampf- 142.6, 509.5
-, doppelt wirkende 142.8
-, Doppelzylinder- 143.1
-, Drehkolben- 143.6 472.5
-, Druck- 509.2
-, Duplex- . . . 143.1
-, einfach wirkende 142.7
-, Filter- 245.8
-, freistehende Dampf- 143.4
-, Hand- 142.2
-, Luft- 178.2
-, Plunger- . . . 144.3
-, Preß- 121.1
-, Riemen- . . . 509.4
-, Rotations- . . 143.6
-, Saug- 245.7
-, Schacht- . . . 144.4
-, Schleuder- . . 143.7
-, Tauchkolben- 144.3
-, Umlauf- . . . 144.1
-, Verbunddampf- 143.2
-, Wanddampf- 143.3
-, Wasserdruck- 509.6
-, Worthington- 143.1
-, Zentrifugal- . 143.7
-, Zirkulations- 144.1
-, Zwillingsdampf- 143.5
Pumpen 485.1
-gestänge . . . 144.5
-kolben 509.3
-steiger 485.2
-stock 485.3
Pumping plant 141.10
- station . . . 141.10
Punch . . 13.9, 52.1 383.6, 504.6
Punch mark . . 41.5
-, to . . . 50.10, 52.5
Punched 27.4
Punta 436.5
- d'acciaio . . . 339.1
Punta 41.4
- acerada . . . 339.1
- pequeña . . 426.10
Punto critico . 272.9
- d'agganciamento 136.8
- di decomposizione 264.9
- - flessione . . 42.3
- - fusione . . 250.5
- - piegatura . 42.3
- - riferimento 41.5
- difettoso . . . 35.4
Punto crítico . 272.9
- de descomposición 264.9
- - enganche . 136.8
- - flexión . . . 42.3
- - fusión . . . 250.5
- donde se toma la medida 41.5
Punzón . 13.9, 52.1 383.6, 504.6
Punzonar 34.9, 52.3
Punzonare 34.9, 51.10 52.3
Punzonatrice . 13.9
Punzonatura . 51.9
Punzone 52.1, 504.6
Puño, tamaño de 231.4
Purchase . . . 558.1
Purchaser . . . 558.5
Purezza della superficie 35.3
Purga, agua de 91.1
Purificación de los gases 315.6
- húmeda . . . 317.2
- seca del gas de alto horno 315.8
Purificado . . . 366.6
Purificar . . . 315.7
Purification . . 146.5
-, dry - of the waste gases 315.7
-, wet 317.2
Purificato . . . 382.6
Purified 146.7
Purifier 315.9
Purify, to . . . 315.7
Purin 431.3
Puro 218.11
Purple 547.10
- ore . . . 70.8, 216.10
- spot 547.9
Purpur-erz . . . 70.8
-fleck 547.9
Purpúreo . . 547.10
Purpurino . . 547.10
Purpurn . . . 547.10
Push conveyor 139.1
Pusher 106.4
Pushing device 529.4
- machine, coke 106.4
- trough 433.3
Pustule 483.3
Put-on, to - - the upper box 442.6
-, to - in gear . 520.6
-, - - under tensile stress 48.7
Putting in blast again 355.2
Putz-häkchen . 436.8
-leder 202.10
-maschine . . . 492.1
-mittel 491.7
-mühle, tragbare 493.3
-öffnung 163.4
-scheuertrommel 493.2
-stück 489.4
-werkzeug . . 490.9
Putzen 489.5
Putzer 489.3
Putzerei 489.2
Pyknometer . . 180.1
Pyknomètre . . 180.1
Pyrit 72.3
Pyrite arsenicale 72.4
- cuivreuse . . 72.2
- de fer . . 69.4, 72.3
- grillée 70.8
- magnétique . 68.3
Pyrites, arsenical 72.4
-, calcined . . . 70.8
-, magnetic . . 68.3
Pyriteux 72.2
Pyrogallic acid 211.13
Pyrogallique . 211.13
Pyrogallussäure 211.13
Pyrolusit . . . 70.2
Pyrolusite . . . 70.2
Pyrometer 180.5, 351.5
-, elektrisches - von Le Chatelier 352.1
-, Metall- . . . 351.6
-, optisches . . 352.3
Pyrometer 180.5, 351.5
-, optical 352.2
-, thermo-electric (Le Chatelier) 352.1
Pyromètre 180.5, 351.5
- à air 351.8
- - graphite . . 351.7
- électrique de Le Chatelier 352.1
- métallique . . 351.6
- optique . . . 352.2
Pyrometric . . 351.3
Pyrométrie . . 351.3
Pyrop 239.5
Pyrope 239.5

Qu.

Quadersandstein 114.4, 306.7
Quadrangolare 517.2
Quadrangulaire 517.2
Quadranteisen . 21.2
Quadrant iron . 21.2
Quadrateisen . 19.3
Quadratisch . . 304.4
Quadro 414.3
- di distribuzione 171.2
- raffreddato . 297.2
Quai de chargement 122.4
Qualità 32.1.3
- del filo di ferro 28.2
- di ferro . . . 17.11
- inferiore . . . 17.12
Qualitativ . . . 223.8
Qualitative . . 223.8
Qualitäts-eisen 565.6
-maschinenguß-eisen 6.7
-stahl 565.7
Qualité 32.1.3
- d'un fer cassant à froid 48.1
Quality 32.2.3
-ies of iron . . 17.11
- of wire 28.2
Quantità chimicamente equivalenti 257.7
- d'acqua . . . 140.2
- d'aria . 328.7, 472.8
- di luce . . . 280.10
Quantitativ . . 223.7
Quantitative . . 223.7
Quantité, -s chimiquement équivalentes 257.7
- d'eau 140.2
- - nécessaire . 140.4
- - par heure de la distribution d'eau 140.3
- de lumière . 280.10
- - vent 328.7
Quantity, chemically equivalent -ies 257.7
- of light . . 280.10
- - water . . . 140.2
- weighed for analysis 238.11
Quartering the sample 228.1
Quartieren des Probegutes 228.1
Quartz . . 72.6, 115.9
- in lumps . . . 115.6
-, pulverised . . 95.8
- ware 201.6
Quartz . . 72.6, 115.8
- en morceaux 115.6
- finement broyé 95.8
- - moulu . . . 95.8
Quartzeux . . . 115.7
Quartzose . . . 426.7
Quartzy 115.7
Quarz 72.6
Quarz, den - abschrecken 115.8
-, fein gemahlener 95.8
-gerät 201.6
-sand 426.7
-, Stück- 115.6
Quarzig 115.7
Quarzo . 72.6, 115.7.8
- finamente macinato 95.8
-, pezzo di . . . 115.6
Quarzoso . . . 426.7
Quebradizo . . 48.3
Quebrantado 107.10
Quebrantador . 465.7
- de lingotes montado sobre ruedas 465.1
- - - portátil . 465.1
- hidráulico de lingotes 465.2
Quebrantadora 77.2 78.8, 79.2

Quebrantamiento 77.1
- de los lingotes 463.6
Quebrantar 76.10, 228.9 463.10
Quecksilber . 545.10
-büchse 200.4
-chlorid 209.7
-chlorür 209.6
-gefäß 200.3
-lampe 281.2
-manometer . . 350.9
-, metallisches . 209.8
-oxyd 209.9
-oxydulnitrat . 209.5
-wanne 200.5
-zange 200.6
Quedar rojo . . 486.5
Quelle, Elektrizitäts- 93.4
Quellend 544.9
Quellfassung . 141.2
Quemado 417.5, 548.12
Quemador . . . 542.2
- Bunsen . . . 183.4
- de Teclu . . . 183.7
Quench, to - hot 544.1
-, - - in water 543.11
Quenching . . 447.4
- apparatus . . 468.3
- bath 544.5
- of the coke . 106.9
Quenouille . 480.2.5
Quer-haupt 505.6, 326.4
-laufend 316.9
-magnetisch . . 91.7
-riß 36.4
Querschnitt . . 34.1
-, Bruch- 47.3
-, Düsen- 350.7
-, quadratischer 304.4
-, runder 304.3
-veränderung . 503.2
-verringerung . 503.3
Quer-schwelle . 23.3
-siederohr . . . 154.7
-stab 520.10
-steg 320.4
-zug 417.2
Quetschhahn . 192.4
Quetsche, Erz- . 78.8
-, Luppen- . . . 377.4
Queue 497.1.2
- de rat pour fontes 491.3
Quick silver . 545.10
Quiescent . . . 386.3
Quiet, to 486.1
Química del alto horno 345.5
- - hierro . . . 213.5
Químicamente combinado 208.8
- puro . 204.2, 218.11
Químico 81.5
- árbitro 174.1
- -jefe 173.4
- oficial [jurado] 174.2
- titulado . . . 173.6
Quita y pon, de 301.6
Quitar con el cincel 86.1
- las rebarbas des junta 489.6

R.

Rabat 496.7.8
Rabattu 26.6
Rabbit stand . 496.8
Rabble . . 88.2, 371.6
-, pointed . . . 371.8
-, to 375.7
-, wedge shaped 371.7
Râblage 370.8
Râble . . 337.5, 371.6
Raboter 34.3
Raccolta delle scintille 468.2
- di minerali . 177.5
Raccord de tuyau 184.2, 297.6
Raccordement . 123.9
Raccordo . . . 423.7
-, binario di . . 123.9
- in cuoio . . . 423.8
Rachenlehre . . 40.1
Racimo 107.2
Rack . . . 383.8, 393.2
- with pinion . 323.6
Raclette 139.2
Racloir . . . 139.2.3
Rad, Hand- . . 523.9
-lenker 23.6
Raddoppiare . 533.2
Raddrizzare . . 459.1
- il convertitore 396.1
- le lamiere . . 534.6
-, macchina da (v. macchina)
Raddrizzatura delle rotaie 534.1
Räder-form-maschine 455.2
-walzwerk . . . 512.3
Radiación . . . 352.3
- de calor 352.5, 572.5
Radiado . . 3.1, 46.5
Radial 530.8
Radiale . . 3.1, 46.5
Radiated . . . 46.5
-, highly 3.2
Radiation . . 352.3.5
- of heat 352.5, 572.5
-, pyrometer . 352.2
-, thermal . . . 352.5
Radiation calorifique 352.5
Radiatore . . . 452.3
Radiazione . . 352.3
- di calore . . 352.5
Radio de curvatura 43.6
- - flexión . . . 43.6
Radiolated . . 46.5
Radius 43.6
Raffinage . . . 414.8
Raffinaggio . . 414.8
Raffination des Eisens auf elektrothermischem Wege 565.4
Raffinations-verfahren 565.5
-vorgang . . . 565.5
Raffinato . . . 5.2
Raffinazione . . 565.5
Raffiné 11.3
Raffiniert . . . 11.3
Raffreddamento 255.6, 486.3
- ad acqua . . 296.5
- - - degli elettrodi 567.9
- - aria 296.6
- della griglia 162.5
-, dispositivo di 296.4
- improvviso . 447.4
- lento 357.6
-, sistema di . . 296.4
Raffreddare . 543.10
- il forno . . . 415.9
Raffreddato . . 296.3
- con acqua . . 369.6
Ragazzo del laboratorio 174.4
Raggiante . . . 488.7
Raggiato . 3.1, 46.5
Raggio 281.3
- di curvatura . 43.6
- - piegatura . 43.6
Rahmen . 323.5, 414.3
-, Aufsatz- . . . 453.2
-, Form- 121.7
-, gekühlter . . 297.2
-hammer . . . 497.4
-, schmiedeeiserner 440.3
Rai, ayant des -s 46.6
Raie 401.4
- bleue 400.2
- de sodium . . 401.3
- du manganèse 401.6
Rail . . . 22.2.8, 404.6
-, bulb -s . . . 21.3.6
- for light railway 22.7
- - mines . . . 22.9
- - trunk lines 22.6
-, guard 23.6
-, heavy 22.6
-, light 22.7
- pass 517.7
- spike 24.6
Rail . . . 22.2, 517.7
- armé 404.6
- de fer 446.8
- - grande voie 22.6
- - tramway . . 22.8
- - voie normale 22.6
- du pont à bascule 133.8
- pour chemin de fer vicinal 22.7
- - mines . . . 22.9
- - voie étroite 22.7
Railway . . . 135.9.10
-, aerial 331.8
- freight 561.4
-, full gauge . 123.10
-, light 22.7
- material . . . 22.1
-, narrow gauge 123.11
Rainure 504.4
- de tuyau . . 458.7
- longitudinale 460.2
Rainuré 27.3
Raise, to - the converter 396.1
Raised 394.1
Raising 522.8
- of water . . . 141.9
-, ore 58.5
Rajado 108.4
Rake . . . 342.3, 337.5
Ralentir 474.3
Rallentare . . . 474.3
Ram, hydraulic 506.2
-, to 425.4
Rama 320.2
Ramare 552.7
Ramasseur . . 78.5
Rame . . . 61.1, 217.7
- di cementazione 90.7
-, privato del . 90.5
Ramico 209.3
Ramifero . . . 90.4
Ramificación . 324.5
Ramificato . . . 324.5
Rammer 391.4.5, 434.5
-, flat 434.6
-, pneumatic . . 434.8
Ramming action, double 454.5
- machine . . . 391.3
- piston 453.7
Ramoso 72.2
Rampa di caricamento 122.3
Rampa de carga 122.3
Rampant . . 372.2.5
- ascendant . . 372.3
- incliné vers le bas 372.4
Rampe, Verlade- 122.3
Rampe de chargement 122.3
Rampino 342.3, 525.1
Rampone . . . 24.5
Rand 36.8
- des Zylinders 312.6
- der Walze . . 514.6
Range, open . . 151.7
Rangée de tubes 319.6
- - tuyères . . 466.7
- parallèle . . . 384.8
Rangier-bahnhof 123.6
-seilbahn . . . 124.4
-spill 124.5
-winde 124.5
Ranura 504.4
- de macho . . 458.7
- longitudinal . 460.2

Ranurado . . . 28.9
Rap, to 485.6
Rapid 468.6
Rapide 236.3
-, acier 13.6
Rapido 236.3
Rápido 236.3
-, acero 13.6
Rapporté . . . 295.8
Rarefacción del aire 469.4
Rarefaction . . 469.3
Raréfaction de l'air 469.4
Rarefazione . . 469.4
Rascador . . . 139.2
-, aparato . . . 78.5
-, disco 139.3
Rascar 354.2
Raschiare . . . 354.2
-, apparecchio per 78.5
Raschiatoio . . 78.6 139.2, 371.6
- conico 371.7
Raschiatore . 139.3.4
Rasenerz 67.4
Raspador . . . 78.6
Rasqueta . . . 78.6
Rasquete . . 446.3..4
Rast-druck . . 303.3
-form 302.6
-höhe 302.5
-mantel 302.4
-mauerung . . 302.3
-stein 302.7
-winkel 302.8
Rauch-abzug-öffnung 417.4
-beschädigung 561.1
-, brauner . . . 400.7
-fang 389.1
-gasuntersuchungs-apparat 268.4
-kanal 85.8
-rohrkessel . . 155.1
Rauchend . . 203.12
Rauh 64.4
-gemäuer 286.4, 304.9
-waschtrommel 80.11
Rauheit, Ober-flächen- 426.8
Rauhigkeit . . 490.8
Raum für die Probenahme 174.8
- - metallographische Untersuchungen 177.4
-inhalt 125.5
-, luftverdünnter 246.2
-teil 345.9
-, Wasch- . . . 150.6
Ravalement . . 483.7
Raw 9.7, 62.7
- material . . . 118.3
- ore 62.7
Ray 281.3
Raya 401.4
- azul 400.2
- de manganeso 401.6
- - sodio . . . 401.3
Rayado 27.3
Rayar en negro 424.10
Rayo 281.3
-, con -s 46.5
Rayon 281.3
- de cintrage . 43.6
- - pliage . . . 43.6
Rayonnant 46.5, 488.7
Rayonné . . . 3.1
Rayonnement . 352.3
- calorifique . . 352.5
- de la chaleur 572.5
Rayure, largeur de la 54.2
Reacción . . . 222.6
-es de la combustión 248.7
- endotérmica . 223.2
- exotérmica . 222.9
-, operar una . 222.5
- química . . . 222.4
Reaccionar . . 222.5
React, to . . . 222.5
Réactif, -s 185.2, 203.5
- de Nessler . . 211.4
- - précipitation 242.9
Reaction 222.6
-, chemical . . 222.4
-, endothermic 223.2
-, exothermal . 222.9
Réaction . . . 186.2
- chimique . . 222.4
-s de la combustion 248.7
- endothermique 223.2
- exothermique 222.9
Reactivo, -s 203.5, 212.7
- de Nessler . . 211.4
Reagens, Nesslersches 211.4
Reagent 203.5
- bottle 185.2
-, Nessler's . . . 211.4
Reagente . . . 185.2
- precipitante . 147.6
Reagentien . . 203.5
-flasche 185.2
Reagenz-glas . 186.1
-kelch 186.2
-papier 212.7
-röhre 247.8
Rear 496.10
Reagieren . . . 222.5
Réagir 222.5
Reagire 222.5
Reaktion . . . 222.6
-, chemische . . 222.4
-, wärmegebende 222.9
-, wärmeverzehrende 223.2
Reaktions-temperatur 222.8
-wärme 222.7
Reattivo . 203.5, 212.7
- di Nessler . . 211.4
Reazione . . . 222.6
- chimica . . . 222.4
- endotermica . 223.2
- esotermica . . 222.9
Rebaba . . . 534.10
Rebajado . . . 404.2
Rebarba de junta 489.6
Rebarbado . . 489.2
Rebarbador . . 489.3
Rebarbar . . . 489.4
Rebondi 452.4
Rebondir, laisser - le mouton 502.2
Rebord du cylindre 312.6
- - fourneau . 308.6
Reborde para contener la arena 441.4
Reborde torneado 323.9
Rebordeado . . 26.6
Rebosadero . . 439.4
Rebotador 495.4, 496.7
Rebotar el martillo 502.2
Rebote 502.6
- por muelles . 502.4
Rebound, to let the hammer 502.2
Rebut . . 27.7, 489.1
Recalcar 58.5
Recalentado . . 408.3
Recalentador . 179.1
- de vapor . . 179.2
Recalentamiento 527.6
-, horno de (v. horno)
Recalentar . . 370.6
-, horno de (v. horno)
Recambio . . . 371.2
Recarburación 398.5
Recarburation 398.5
Recarburisation 398.5
Receiver 255.3, 466.5 468.9, 472.6
Récent 116.2
Recente 116.2
Recepción . . . 80.12
- del almacén . 180.9
Réception 80.1, 559.8
Recess . . 423.7, 458.7
Recevoir la fonte 481.2
Réchaud à gaz 184.9
- - pétrole . . 184.10
Réchauffage . . 112.9
Réchauffé . . 297.11
Réchauffer . . 364.2
-, four à (v. four)
Rechen, Fisch- 140.10
Rechnungsmäßig 135.3
Recherche . . . 81.1
-, appareil pour la - de l'arsenic 218.7
-s au spectroscope 400.11
- métallographique 177.4, 272.3
Recibir la fundición 481.2
Reciente 116.2
Récipient . . . 261.2
- à chlorure de calcium 238.9
- - mercure . . 200.3
- de chargement 410.8
- en verre pour piles 265.7
- pour la mesure de la conductance 261.3
Recipiente . . 261.2
- d'acqua 316.2, 330.5
- d'assorbimento 269.3
- del contrappeso 508.4
- di cristallizzazione 243.9
- - decantazione 243.7
Recipiente per la misura della conduttanza 261.3
Recipiente 102.4, 261.2
- de agua . . . 316.2
- - aire 472.6
- - carga . . . 508.4
- - decantación 243.7
- - gas 271.3
- - tolva 181.1
- para la medida de la conductancia 261.3
- - mercurio . 200.3
- - solución potásica 181.3
Recocer . . 95.2, 528.4 547.1
- el acero . . . 543.9
- - - por medio de la combustión de grasa sobre la pieza 547.2
-, horno de (v. horno)
Recocido . . . 547.3
-, carbono de . 215.7
Recoil 496.7
- spindle . . . 502.6
Recomponer el revestimiento 412.6
Recortar 33.11, 533.6
- con el cincel 34.4
Recorte, ... 33.6
Recoupe, -s de creusets 382.1
Recouvrement 533.7
Recouvrir . . 415.10
- de drap . . . 276.1
Recueillir les étincelles 468.2
- - flammèches 468.2
Recuire 92.2, 528.4, 547.1
-, four à (v. four)
-, - - cuve à . . 541.3
- l'acier par le flambage 547.2
Recuit 547.3
Recul de la dissociation 268.1
Reculer les buses 348.1
Recuperación . 103.8
Recuperador de calor 407.7
- - Whitwell . 320.6
Récupérateur . 407.7
- de chaleur . 320.9
- Whitwell . . 320.6
Récupération . 407.7
- des sousproduits 103.8
Red heat 86.11, 385.7
- hot 486.5
-, jeweller's . . 276.2
-, Paris 276.2
- short iron . . 48.3
Red de protección 136.1
- protectora . . 136.1
Redacción de los resultados del análisis 226.8
Rédaction des résultats de l'analyse 226.8

Redecilla, en forma de 46.8, 261.7
Redondeado . . 520.2
- por frotamiento 427.2
Redondo . . . 186.7
Redresser . . . 459.1
Reducción 347.1, 382.4 398.6
- de la muestra 228.1
- - - sección . 503.3
- - - - de las canales 516.8
- directa . . . 347.7
- indirecta . . 347.8
Reduce, to, 250.9 347.9, 585.2
-, - - the output 556.1
Reducibilidad . 81.9
- difícil 62.6
- fácil 62.4
Reducible, Difficultly 62.5
-, easily 62.3
Reducible, difícilmente 62.5
-, fácilmente . . 62.3
Reducir 250.9, 347.9
Réducteur, -rice 398.10
Réductibilité . 81.9
- difficile . . . 62.6
- facile 62.4
Reductibility . 81.9
Réductible, difficilement 62.6
-, facilement . . 62.3
Reduction 398.6, 516.9
-, difficult . . . 62.6
-, direct 347.7
-, easy 62.4
-, indirect . . . 347.8
- of cross section 503.3
- - furnace dust 97.2
- - passes . . . 516.8
- temperature 347.10
- zone 347.1
Réduction 347.1
- de fer par la méthode thermoélectrique 571.2
- - la durée de la fusion 411.10
- - - poussière au fourneau 97.2
- - - prise d'essai 228.1
- - - teneur en poussière des gaz du gueulard 97.2
- - section . . 503.3
- - - des cannelures 516.8
- directe . . . 347.7
- indirecte . . 347.8
Reductor, de efecto 398.10
Réduire 250.9, 347.9
- la production 556.1
- les dimensions par laminage 585.2
Reduktion . . . 398.6
-, direkte . . . 347.7
Reduktion, indirekte 347.8
Reduktionsfähigkeit 81.9
-temperatur . 347.10
-zone 347.1
Reduzierbar, leicht 62.3
-, schwer . . . 62.5
Reduzierbarkeit, leichte 62.4
-, schwere . . . 62.6
Reduzieren 250.9 347.9
Réemploi . . 431.12
Refilare 533.6
Refinación . . . 565.5
- del hierro por procedimiento electrotérmico 565.4
Refinado . 10.3, 414.8
-, doble- 11.3
Refinar 112.8
Refine, to . . . 363.3
Refined . . 5.2, 11.2
-, double 11.3
- iron 565.6
-, the steel becomes 386.2
Refiner 363.7
Refining 7.6, 363.5 366.5, 386.9, 414.8
- foam 215.6
- forge slag . . 112.8
- in the open hearth 363.4
- of iron, electric 565.4
- process . . . 565.5
-, single 365.8
- with iron ore 415.1
Refondre . . . 389.2
Refondu . . . 474.12
Refonte 474.1
- des riblons . 565.8
Réformation des ions 264.8
Reforzador, nervio 319.9
Refoulement . 53.5.7
Refouler 53.6
Refouleux . . . 516.2
Réfractaire 62.1, 356.12
Refractario . 115.11 565.5
Refractoriness 162.4 306.9, 383.11
Refractory 62.1, 356.12
-, highly 428.6
Refrattario . 115.11 356.12
Refrescado . . 297.2
- por agua 297.1, 322.6
Refrescar la prueba 275.6
Refrigeración . 148.1 255.6
- del emparrillado 162.5
-, instalación de - del agua 148.4
- por agua . . 296.5
- - aire 296.6
Refrigerado . . 296.3
- por agua 297.1, 369.6
Refrigerador . 255.7
Réfrigérant . . 255.7
- à cheminée . 149.3
Réfrigérant, appareil 296.4
-, - - à ruissellement 148.7
-, installation d'appareils -s pour les eaux 148.4
Refrigerante . 329.5
- a camino . . 149.3
- - corrente . . 148.7
- ad irrigazione 148.7
Refrigerante, aparato 296.4
-, caja 296.7
Refrigeration surface 486.4
Réfrigération . 149.2
- du foyer . . . 162.5
Refrigeratore . 255.7
Refrigerazione 148.1.5
-, impianto di - a gradini 148.6
-, - - - dell'acqua 148.4
Refroidi . . . 297.12
Refroidir 415.9, 543.10
Refroidissement 148.1.5, 486.3
- des électrodes par courant d'eau 567.9
- lent 357.6
- par l'air . . . 296.6
- - l'eau 296.5
- soudain . . . 447.4
Refroidisseur 255.6.7
-, appareil - à ruissellement 148.7
Refuerzo . . . 521.3
Refundición . . 474.1
Refundido . . 474.12
Refus de réception 559.8
Refusal of acceptation 559.8
Refuse destructor furnace 155.8
Refuser l'échantillon 34.7
Regaliz 278.3
Regar 148.8
Regard 88.1, 163.2, 301.4
Regelung des Luftstromes 411.6
Regeneración . 264.8
- del acero quemado 549.2
Regenerador 407.7.8
Regenerated . 408.3
Régénérateur 407.7.8
Regeneration velocity of the ions 264.8
Régénération . 264.8
- de l'acier altéré 549.2
Regenerator . 407.7.8
Régime 169.2
Regime 169.2
Régimen . . . 169.2.5
Register pin . . 442.8
Registrare . . . 522.4
Registrazione . 522.7
Registre 322.2
- à air froid . . 322.4
- tournant . . 297.9
Registro 522.5
- delle cariche 349.4
- girevole . . . 297.9
Registro giratorio 297.9
Regla . . 239.9, 485.3
- con jinete . . 239.7
- de metal para enderezar 40.7
- graduada . . 38.7
Réglage . 192.3, 522.7
- de l'air . . . 411.6
- - la pression d'eau 508.1
- des électrodes 567.2
- du tirage . . 417.1
Reglamento de ensayo 31.10
Règle 485.3
- à dresser . . 40.7
- divisée . . . 38.6.7
- du cavalier 239.7.9
Règlement d'essai 31.10
Regler 328.5
-, Gas- 272.1
Réglisse 278.3
Reglung, Wasserdruck- 508.1
Regolamento di prova 31.10
Regolatore del tiraggio 417.1
- di gas . . . 272.1
- - pressione . 328.5
Regolazione . . 192.3
- degli elettrodi 567.2
- dell'aria . . . 411.6
- della pressione d'acqua 508.1
Regolo 38.6
- del cavaliere 239.7.9
- di metallo per livellare 40.7
Regreso 471.8
Reguera 340.2
- de agua . . . 318.5
- - descarga . 81.2
- - evacuación 298.6
- - la escoria . 300.3
- lateral 340.3
Regulación de la corriente de aire 411.6
- - los electrodos 567.2
Regulador 192.3, 328.5
- de gas 272.1
Régulateur . . 328.5
- de gaz 272.1
Regulating cock 192.3
- slide valve . 499.9
Regulation . . 417.1 522.7
-, automatic . . 500.4
- box 467.1
- by stop cock 500.1
- of the air current 411.6
- - water pressure 508.1
-, self- 500.4
Regulator 272.1, 328.5
Regulierhahn . 192.3
Rehacer la dosificación 192.10
Reheat, to . . . 547.1

Reheating 86.5, 541.8
- furnace 527.6.7, 528.3
- - slag 112.9
- - with movable hearth 528.9
- oven 383.9
Rehusar la muestra 84.7
- la prueba . . 84.7
Reib-hammer, Stangen- 498.3
-schale 229.4
Reibeplatte . . 229.6
-, gußeiserne . 229.6
Reiben, blank 552.13
Reiber 229.5
-, gußeiserner . 229.7
Reibung 347.2
-, elektrolytische - der Ionen . 260.3
-, Zapfen- . . . 513.8
Reibungs-hammer 497.5
-kupplung . . 520.5
-rolle 497.6
-widerstand, elektrolytischer 268.3
Reichlich . . . 87.5
Reifeisen . . . 24.7
Reif, -er Eisenspat 68.7
-, Stahl- 294.7
-er Tiegel . . 388.10
Reifen 281.2
-walzwerk . . 512.2
Reinforced . . 289.7
Reingewicht . 184.9
Reinheit, Oberflächen- 85.3
Reinigen . . . 315.6
Reiniger, Gas- 316.1
Reinigung des Herdes 342.2
-, Nach- 493.8
-, Wasser- . . . 146.5
Reinigungsöffnung 321.8
-tür 163.3
Reise, Ofen- . . 344.8
Reisigbündel . 532.9
Reißstock, Parallel- 40.5
Reißer, Parallel- 40.5
Reitel 496.7
-säule 496.8
Reiter 239.8
-lineal 239.7.9
-verschiebung 239.10
Reject, to - the test 84.7
Rejcter l'échantillon 84.7
Rejilla de hierro colado 321.5
- - hilos de asbesto 201.3
- para peces . 140.10
Relatif, poids . 226.6
-, volume . . . 226.7
Relativo, peso . 226.6
-, volumen . . . 226.7
Release 240.6
Relever le convertisseur 396.1
Releveur . . . 525.2
Relief 277.7
-, en 486.6
Relief polishing 277.7
- valve 145.5
Reliefpolieren . 277.7
Relier avec des clavettes 442.10
Relieve 277.7
Relining the furnace 572.9, 573.1
Rellenar 104.8, 337.10
Relleno 182.1, 337.1 358.7
-, aparato para el - de las castañas 175.7
Reloj 189.7
Remachado . . 186.5
Remache . . . 43.4
Remain, to - red hot 486.5
Remblayage . . 358.7
Remelting furnace 389.2
- process . . . 474.1
Remontée de la fonte 482.9
Removable . . 301.6
Removal of ashes 164.2
- - clinker . . 337.4
- - the plug . . 392.2
Remove, to - the burr 489.6
-, - - - seam . . 489.6
Remover 375.7, 376.3
Removing of the scale 532.8
- the dust . . . 409.1
- - pickling acid 587.2
Remplir 104.8, 337.10 485.4
- le moule . . . 482.4
Remplissage . . 337.1
-, appareil pour le - des bonbonnes 175.7
- des murs . . 304.7
Rendement 75.6, 557.5
- des minerais 345.3
- électrolytique 258.3
- en gaz 103.3
- manométrique 472.10
- thermique . . 573.3
Render magro 116.11
Rendimento . . 75.6 555.6.7
- dei minerali . 345.3
- elettrolitico . 258.3
- in gas 103.3
- manometrico 472.10
- termico . . . 573.3
Rendimiento . 75.6 557.5
- de la mezcla 345.3
- electrolitico . 258.3
- en gas 103.3
- manométrico 472.10
- térmico . . . 573.3
Renflement . . 298.1 518.5
Renforcement . 521.3
- des parois du tube 319.9
Rengel 339.2
Reniforme . . . 63.8
Rennfeuer . . . 362.2
-eisen 10.2
-schlacke . . . 112.7
Rennen 362.1
Renversable . . 449.5
Renversement 393.5 406.8, 532.2
-, appareil de 393.4, 406.9
-, - - - à commande électrique 393.6
- automatique 479.6
- de marche, dispositif de 532.7
-, dispositif de 331.6
- du convertisseur 392.4
- - laminage 531.11
Renverser . . . 341.8
Repair . . 412.6, 573.1
-, in want of . 475.5
-, out of 355.5
- shop 150.3
-, thorough . . 413.8
-, to - the mould 436.4
Repairing the lining 572.9
Reparación . . 150.3
- general . . . 413.8
-, necesitado de 475.5
Réparation . . 150.3
- à fond 413.8
-, demandant une 475.5
- fondamentale 413.8
-, nécessitant une 475.5
Réparer le garnissage 412.6
- - moule . . . 436.4
Repartición de las materias de fusión 335.6
Repartidor . . 270.9
Répartition des matières à fondre 335.6
- du vent . . . 324.6
Repasar 437.2, 531.9
- los moldes . . 437.1
Repasser 531.9
Repos 385.12
Reposar, dejar 248.5, 356.3, 486.1
Reposer, laisser 386.3
-, - se 486.1
Reposo . . . 385.12
Reprendre avec de l'acide 248.5
- - - l'eau . . . 248.5
Reprise du magasin 180.9
Repudiation . 559.8
Repuesto . . . 33.7
Repulsa de recepción 559.8
Required . . . 140.4
Resbalamiento 84.2
Réseau 168.7
-, en 46.8
Reserve piece . 33.7
Réserve 33.7
Reservoir 131.3, 145.6
-, elevated . . . 145.8
Réservoir 26.10, 30.9 102.4, 131.3
- à air 502.1
- - gaz 271.3
- - mercure . . 200.4
- collecteur . . 472.6
- d'air de la conduite de refoulement 145.4
Réservoir d'eau 145.6 316.1
- - sous pression 145.8
- de clarification 146.9
- - distribution 145.8
- surélevé . . . 145.8
Résidu 216.10
-s de la distillation du pétrole 156.1
- - lessivage . 90.3
- - pyrites grillées 70.8
- insoluble . 241.12
- - dans l'acide 241.13
Residue . 90.2.3, 156.1
-, undissolved 241.12
- unsoluble in acid 241.13
Residuo . . . 216.10
-i di lavaggio . 90.3
-i - petrolio . . 156.1
-i - piriti dopo la torrefazione 70.8
- insolubile . 241.12
- - nell'acido 241.13
Residuo . . . 216.10
-s de lejiviación 90.3
-s - petróleo . 156.1
-s - piritas calcinadas 70.8
- insoluble . 241.12
- - en el ácido 241.13
Resin 419.8, 546.11, 551.8
Resina . . 546.11, 551.8
Résine . . 546.11, 551.8
Resistance . . . 32.5
- against fire . 162.4
- capacity of the vessel 261.2
-, electric . . . 267.1
-, electrolytic frictional 268.3
- furnace . . . 570.4
- heating . . . 570.5
-, magnetic . . 92.8
- to pressure and friction . . 96.8
- - shock . . . 41.9
- - tensile stress 48.8
- - wear . . . 32.6
Résistance . 32.4, 89.5 261.2, 306.9
- à l'action du feu 162.4
- - l'écrasement et au frottement 96.8
- - l'usure . . . 32.6
- - la torsion . 50.5
- - - traction . 48.8
- absolue . . . 49.6
- au choc . . . 41.9
- - feu 383.11
- - striage . . . 53.11
- de frottement électrolytique 268.3
- du taillant . . 32.5
- - tranchant . 32.5
- électrique . . 267.1
- magnétique . 92.8
Resistant . . . 385.2
Résistant . 6.8, 385.2
Resistencia 32.4, 96.8 306.9
- á la torsión . 50.5

Resistencia á la tracción 48.8
- absoluta . . . 49.6
- al choque . . 41.9
- - desgaste . . 32.6
- - fuego 162.4, 383.11
- de frotamiento electrolítica 263.3
- del corte . . 32.5
- - filo 32.5
- eléctrica . . 267.1
- magnética . . 92.8
Resistente . 6.8, 385.1 385.2
Resistenza 32.4, 261.2 306.9
- al fuoco 162.4, 383.11
- - taglio 32.5, 543.3
- all'urto . . . 41.9
- alla pressione e triturazione 96.8
- - torsione . . 50.5
- - trazione . . 48.8
- allo sfregamento 32.6, 543.4
- assoluta . . . 49.6
- d'attrito elettrolitica 263.3
- elettrica . . . 267.1
- magnetica . . 92.8
Resorte 14.2
- espiral . . . 502.5
Resoufflage . . 355.2
Respingente . . 25.2.3
- elastico . . . 502.3
Respiradero . . 439.7
Respiro . 439.7, 444.4
Ressort 14.3
- de choc . . . 25.2
- - tampon . . 25.2
- - wagon . . . 25.1
- en spirale . . 502.5
Restandardize 192.10
Restare rosso . 486.5
Restarting . . . 355.2
Rester rouge . 486.5
Restoration of spoilt steel 549.2
Restricción de concesión 557.8
Restriction of license 557.8
Restriction de concession 557.8
Restringimento 83.10
Restrizione di concessione 557.8
Result of analysis 226.9
- - experiment 34.5
- - test 34.5
Resultado de ensayo 34.6
- del análisis . 226.9
- - ensayo . . . 34.5
Résultat d'essai 34.6
- de l'essai . . 34.5
- moyen d'essai 227.11
Retardar la cementación oxidante 415.6
Retarder la cémentation oxydante 415.6
Retassement 488.7.11
Retassure . . 488.11
Rete 199.3
-, a forma di . 46.8
Rete di Babo . 199.4
- - filo metallico ed asbesto 201.3
- - protezione . 136.1
- in filo di rame 199.2
- metallica . . 199.1
Retención . . . 264.7
- de las chispas 468.2
Retenue 264.7
Retention . . . 264.7
Reticolare . . . 46.8
Reticolato . . . 261.7
- di protezione 136.1
Réticulaire 46.8, 261.7
Reticular . . . 46.8
Reticulated . . 46.8
Rétiforme . . . 261.7
Retiforme . . . 261.7
Retirar el fuego del horno 415.9
- las boquillas 343.1
- - busas . . . 343.1
- - varillas . . 391.8
-, máquina de (v. máquina)
- moldes . . . 448.4
Retirer le modèle 435.8
- les baguettes 391.8
- - creusets . . 386.4
Retitrer . . . 192.10
Retorno, canal de 471.8
Retort 187.8
- graphite . . 117.11
- stand 188.1
Retorta . 117.11, 187.8
- de destilación 255.4.5
Retorte 187.8
Retorten-graphit 117.11
-halter 188.1
Retour 582.5
-, canal de . . . 471.8
Retourner . . . 376.3
- la pièce . . . 503.9
- le châssis . . 442.5
- - lingot . . . 529.2
Retrait . 423.2, 486.7 514.8
-, avoir du . . . 423.3
Rétrécissement 83.10 382.4
Retroceso de la disociación 263.1
Rétrogradation de la dissociation 263.1
Retrogradazione della dissociazione 263.1
Retrogression of dissociation 263.1
Return pass . . 582.6
-, to 581.9
Returning . . . 582.5
Réussi, grillage bien 88.8
Réussir, ne pas 488.11
Reveal, to - the structure 277.4
Revelación . . 224.5
- de la superficie 282.6
- - las capas inferiores 282.7
Revelamiento de la estructura 277.1
Revelar 282.5
Revenir, faire - l'acier 543.9
Reverberación de la fundición 483.1
Reverberatory furnace 10.7, 366.10 402.5
- -, revolving . 402.8
- - with long hearth 466.1
Réverbère . . . 10.7
-, four à (v. four)
Reverbero . . 10.7
-, horno de (v. horno)
Reversal . . . 582.2
Reverse 582.3
Reversibile . . 169.9
Reversible . . . 169.9
Réversible . . . 169.9
Reversierwalzwerk 582.1
Reversing . . . 406.8
- arrangement 406.9
- gear . . 406.9, 582.7
- rolling mill . 582.1
- the rolls . . 581.11
Revestido 305.1, 540.8
Revestimiento . 305.1 373.4, 429.10
- de acero de la plancha de blindaje 27.9
- - chapa . . . 287.1
- - - de hierro 287.2
- - la camisa de la cuba 304.8
- - - solera . . 412.5
- - ladrillos . . 390.6
- - los etalajes 302.4
- - solera . . 369.10
- del horno . . 83.9
- intermedio . 304.7
-, nuevo - del horno con material refractario 572.9
- refractario del horno 566.5
Revestir el hogar con ladrillos refractarios 156.6
Revêtement . . 373.4
- du four . . . 83.9
- réfractaire du four 566.5
Revêtir la boite à feu de briques réfractaires 156.6
Revisar las toberas 342.9
Revolución . . 445.8
Révolution . . 445.8
Revolvedor . . 88.2
Revolving . . 80.10
- furnace . . . 95.3
- hearth 367.7
Rheder . . . 561.12
Rhodanammonium 206.1
Rhodonit . . . 70.4
Rhodonite 69.7, 70.4
Riavolo, -i di ferro 371.5
Rib, inserted . 296.8
-, longitudinal . 519.6
Ribadito 477.6
Ribaltabile . . 458.4
Ribassato . . . 404.2
Ribbon 184.8
Riblon . . 29.5, 413.1
Ribollimento 385.11
Ribollire 386.3
Ribordo di cuoio 507.2
Ricalcare . . . 516.2
Ricambiabile . 390.9 391.2
Ricambio . . . 371.2
Ricarburazione 398.5
Ricco di ferro . 118.3
Ricerca metallografica 272.3
Ricevitore intermedio 472.6
Rich in iron . 118.3
- - silicic acid 114.3
Riche en oxyde de fer 370.5
-, minerai . . . 63.1
Richiesta di minerale 558.3
Richt-maschine 584.2
- -, Kerneisen- . 459.1
-platte, eiserne 584.8
-scheit 435.3
-schiene 40.7
Richtehalle . . 583.5
Richten, gerade 584.1
Richtung, achsiale 472.3
-, Bewegungs- . 98.6
-, gleich bleibende 581.1
Rico, aleación -a 14.11
- en gases . . . 100.1
- - óxido de hierro 370.5
Ricoprimento del forno 569.2
Ricoprire con polvere di carbone 480.4
Ricotto 548.8
Ricottura . . . 95.2
-, carbonio di . 215.7
-, forno di (v. forno)
Ricuocere 528.4, 547.1
- l'acciaio alla fiamma 547.2
Ricuperatore 407.7.8
- di calore . . 320.9
- Whitwell . . 320.6
Ricupero . . . 108.8
-i dei crogiuoli 382.1
Rider 289.7.8
Riducente . . . 398.7
Riducibile, difficilmente 62.5
Riducibilità . . 81.9
- difficile . . . 62.6
- facile 62.4
Ridurre . 250.9, 347.9
Ridursi in polvere 359.1
Riduttibile, facilmente 62.3
Riduzione 347.1, 398.6
- del campione 228.1
- - tempo di fusione 411.10

Riduzione di sezione dei canali 516.8
- diretta 347.7
- in coke . . . 106.3
- indiretta . . . 347.8
Riego . . 148.7, 298.4
- de carbón . . 104.7
Riemen-betrieb 170.5
-pumpe 509.4
-rolle 451.4
-rollenformmaschine 451.4
-scheibenformmaschine 451.4
- - - für große Durchmesser 451.5
- -modellsatz . 451.7
Riempimento . 304.6 337.1
Riempire 337.10, 485.4
-, apparato per - le damigiane 175.7
- la forma . . . 482.4
Riesel-fläche . . 149.1
-kühler 148.7
-rost 162.6
-werk 148.6
Rifacimento . . 578.1
- del forno . . 572.9
Riferimento . . 41.5
Riffelblech . . 26.11
Riffeled 26.11
Rifinire 503.7
Rifinitura dell'anima 461.2
Rifiutare la prova 34.7
Rifiuto d'accettazione 559.8
Rifornitore . . 145.6
Rifusione . . . 389.2
-, doppia 366.3
-, una sola . . . 366.2
Rifuso 474.12
Riga 435.3
Rigato 27.3
Rigeneratore . 407.7
Rigenerazione degl'ioni 264.8
- dell'acciaio alterato 549.2
Rigola . . . 80.7, 340.2
Rigole 468.6
- à chaux . . . 388.7
- - eau 313.5
-s - laitier . 300.1.3
- d'écoulement 81.2 298.6
- de chargement 395.8
- - coulée 300.5, 468.7
- transporteuse 102.5
Rilievo 277.7
Rim . 36.8, 84.5, 294.2
-, cast iron . . 84.5
-, circular . . 312.7
- of furnace . . 308.6
- - ladle 477.9
- pattern . . . 451.8
-, upper 308.7
Rimasuglio . . 88.6
Rimescolare . . 375.7
Rimestamento . 80.4
Rimozione del deposito 402.1
- - groppo . . 402.1
Rinçage 558.8
Rindstalg 419.11, 558.5
Rinforzo 521.3
- dei tramezzi 319.9
Ring 294.8
-, Belastungs- . 508.5
- der Walze . . 514.6
-einguß 444.3
-förmig 312.3
-, gußeiserner . 294.9
-, Leder- 506.7
-, niederhängender 309.3
-liderung, Leder- 506.6
-ofen zum Brennen des Kalksteins 85.5
-, Porzellan- . . 183.9
-, Schmiedeeisen- 294.6
-, Wasserbad- . 247.9
-, zu einem - aufwickeln 535.5
-, zum - gebogen 294.8
Ring 183.9
- carrier 478.1
-, middle . . . 394.9
- shaped 423.9
-, suspended . . 309.3
- weight 508.5
Ringard . . 88.2, 389.2
- en fer . . . 338.10
- pointu 371.8
Ringhiera della piattaforma 307.7
Rinne, Abfluß- 298.6
-, Einfluß- . . . 395.8
-, Förder- 102.5, 139.5
-, parallele -n . 340.3
-, Schmelz- . . . 568.5
-, schwingende 433.4
-, Sturz- 131.8
-, Wasser- . . . 313.5
Rinnentrog . . 189.6
Rinvenire, far - l'acciaio 543.9
Riñón 67.2
-, mineral en -es 63.8
Riparare 487.6
- la formatura 436.4
- le forme . . . 487.1
Riparatura, bisognoso di 475.5
Riparazione . . 150.3
- radicale . . . 413.8
Ripassare 503.7, 581.9
Riposare, lasciar 486.1
Rippe 296.8
-, eingesetzte . 296.8
-, Längs- 519.6
Rippenrohr . . 452.3
-formmaschine 452.3
Riprendere con acido 248.5
- - acqua . . . 248.5
Riscaldamento 85.6 86.5, 367.9
- a fuoco libero 120.4
- - - scoperto . 120.4
- - resistenza . 570.5
- ad arco voltaico 566.1
- del catrame . 120.2
- - - a vapore 120.3
- - fondo . . . 385.6
- - getto 485.7
- delle caldaie 360.3
- diretto 463.2
Riscaldamento eccessivo della ghisa 474.7
- indiretto . . . 463.1
- per induzione 568.3
- preliminare . 347.5
Riscaldare . . . 378.6
- al calor rosso 385.7
- la ghisa . . . 374.3
Riscaldato . . . 447.3
Riscaldo 364.2
-, forno di (v. forno)
Riser 444.4
Riserva 33.7
Rising air current 87.7
- fire 86.8
- of the iron in the mould 482.9
Risoffiamento . 355.2
Risparmio in spese di trasporto 560.7
Riß 36.3
-freiheit 36.2
-, Hochofen- . . 287.7
Rissebildung, Verhüten der 428.10
Rissig 108.4
Risucchio . . 488.11
Risultato della prova 34.5
- medio 34.6
Ritagliare . . . 33.11
Ritaglio 33.6
Ritardare l'affinaggio ossidante 415.6
Ritegno 24.4
Ritenuta 264.7, 563.3
Ritirare, dispositivo per 529.5
- gli aghi . . . 391.8
Ritirarsi . 418.5, 423.3
Ritiro . . 423.2, 488.7 514.8
Ritornare . . 385.12
Ritorno 582.5
-, canale di . . 471.8
Ritorto 534.4
Ritto del sopporto 496.2.3
-, per 321.10
Ritz-härte . . . 53.11
- -prüfer . . . 54.3
- versuch . . . 54.1
Riuscito, torrefazione ben -a 88.8
Rivé 477.6
Rivelare 277.3
- la struttura . 277.4
River boat . . 562.1
- transport . . 561.7
Riverbero . . . 10.7
-, forno a (v. forno)
Riversibile . . 532.1
Rivestimento . 26.8 79.5
- d'acciaio della piastra da corazza 27.9
- del forno . . 572.9
- della suola 369.10 412.5
- di lamiera . . 389.8
- - mattoni . . 390.6
- - scorie 369.9, 374.11
- interno del forno 83.9
Rivestimento refrattario 304.5, 390.5
- - del forno . 566.5
Rivestire il focolare con mattoni refrattari 156.6
Rivestito 286.5
Rivestitura . . 412.6
- della suola . 412.5
Rivet 48.4
Rivet iron . . . 48.4
Riveté 136.5
Riveted 136.5
Road material . 358.6
Roast, to 82.6
Roasted 88.10
Roasting 82.1
- bed 83.2
- core 89.3
-, defective . . 88.9
- furnace 83.4.5, 88.3
- -, Cleveland . 84.1
- -, Fillafer's . 85.3
- -, Styrian . . 84.7
- -, Westman's gas fired 85.2
- -, Witkowitz . 85.4
- gas 87.2
- in heaps . . . 83.1
- of iron ores . 81.4
-, period of . . 86.6
- plant 82.8
-, proper 88.8
- temperature . 86.9
-, weak 250.6
Roberval, balance de 236.1
Roberval, balanza 236.1
Robinet . 183.3, 500.1
- à boule . . . 191.5
- - l'épreuve du feu 407.5
- - trois voies . 190.2
- de Daniell . . 252.1
- - jonction . . 190.1
- - réglage . . 192.3
- en verre . . . 190.5
- sphérique de Boecker 301.11
Robinete refractario 407.5
Robinetto 183.3, 500.1
- a regolazione 192.3
- - tre vie . . . 190.2
- di congiunzione 190.1
- - Daniell . . 252.1
- - vetro . . . 190.5
- sferico 191.5
Roca 288.10
Rocchetto . . 14.4
Roccioso . . . 288.10
Roche 101.10
Rocheux . . . 288.10
Röchling-Rodenhauserscher Dreiphasenofen 569.1
- - Ofen 568.9
- - Wechselstromofen 568.10
Rociar 148.8
-, aparato de . 432.11
- los moldes . . 341.2
Rocking trough 433.4
Rocky 288.10
Rod . . . 18.10, 165.2

Rod mill 511.6
-, wire 27.12
Rodante 127.4
Rodar el lingote 529.2
- los lingotes 529.1
Rodillo 325.2
- conductor 137.2
-s conductores 525.5
- de apoyo 137.2
- para encorvar la cinta 138.7
Rodonita 70.4
Rodonite 70.4
Roechling-Rodenhauser alternating current furnace 568.10
- - furnace 568.9
- - three phase furnace 569.1
Roechling-Rodenhauser, forno 568.9
Roechling-Rodenhauser, four 568.9
- -, - à courant alternatif de 568.10
- -, - - - triphasé de 569.1
Roechling-Rodenhauser, horno de 568.9
- -, - - corriente alterna 568.10
- -, - trifásico de 569.1
Roessler, forno di 252.3
Roessler, four de 252.3
Roessler's furnace 252.3
Roessler, horno de 252.3
Rogner 533.6
Rognon 67.2
-, minerai en -s 68.8
Roh-barren 18.3, 377.6
-blech 27.5
-dolomit 117.5
Roheisen 1.1
-, Anthrazit- 4.2
-bad 395.10
-, Bessemer- 8.1
-, dichtes 8.8
-, dunkelgraues 1.4
-, Einsatz- 395.9
-, englisches 5.9
-, entphosphortes 5.3
-, entschwefeltes 5.4
-erzeugung, Elektro- 571.1
-, flüssiges 4.4
-, Frischfeuer- 7.6
-, Frischerei- 7.6
- für den Temperguß 7.5
- - feuerbeständigen Guß 7.1
- - säurebeständigen Guß 7.2
-, gefeintes 5.2, 366.6
-, gemeines weißes 2.6
-, geschmolzenes 4.4
-, gewöhnliches graues 1.5
-, - weißes 2.6
-gichtsatz 478.9
Roheisen, Gießerei- 6.1
-, graues 1.5
-, grelles 2.5
-guß 7.4
-, halbiertes 2.3
-, halbweißes 2.5
-, Hartguß- 6.6
-, heiß erblasenes 4.5
-, Herdfrisch- 7.6
-, hochstrahliges 3.2
-, Holzkohlen 4.1, 7.6
-, in Sandformen gegossenes 4.7
-, kalt erblasenes 4.6
-, Koks- 4.3
-lager 130.6
-, lichtgraues 2.1
-, Luxemburger 5.6
-, Martin- 8.4
-massel 389.9
-mischer 389.5
- -, walzenförmiger 389.6
-, mit heißem Wind erblasenes 4.5
-, - kaltem Wind erblasenes 4.6
- - mehr als 1% Silicium und beliebigem Phosphorgehalt 8.3
-, mittelhartes Gießerei- 6.5
-, nickelhaltiges 9.2
-, Phosphor- 8.3
-, Puddel- 8.5
-, sandfreies 5.1
-, schlackenhaltiges 6.3
-, schottisches 5.10
-, schwach halbiertes 2.4
-, schwedisches 5.8
-, Siegerländer 5.5
-, siliciumreiches graues 1.3
-, Stahl- 8.4
-, stark halbiertes 2.2
-, steierisches 5.7
-, Thomas- 8.2
-, tiefgraues 1.4
-wagen 341.5
-, weiches Gießerei- 6.4
-, weißstrahliges 3.1
Roh-erz 62.7
-frischen 365.7
-gang 2.5, 352.8
-gewicht 134.8
-kohle 100.7
-material 118.3
-schiene 378.1
-schlacke 357.5
-schmelzig 365.5
-stahl 9.7
-stoff 118.3
-wasser 146.6
-zaggel 18.3
Rohr, Absauge- 312.9 492.6
-ansatz 297.6
-brunnen 141.6
-, dickwandiges 537.10
-, Druck- 145.3
-, einhängendes 318.2
Rohr, Eisen- 587.5
-, Fall- 146.1
-, Fassungs- 141.3
-, festliegendes 312.2
-, flachgeschweißtes 538.7
-, geneigtes 315.3
-, geschweißtes 538.9
-, gezogenes 537.6
-, Hosen- 320.1
-kern 458.6
-krümmer 320.3
-leitung 298.1
-, Meß- 269.6
- mit Scheidewänden 316.4
-mühle 79.3
-, nahtloses 538.5
-, Saug- 145.1
-, schraubenlinig geschweißtes 538.8
-, Schütt- 132.1
-, senkrechtes 315.4
-, Siphon- 320.1
- spiralgeschweißtes 538.8
-, Strahl- 492.10
-strang 319.6
-, stumpfgeschweißtes 538.6
-trichter 444.2
-, überlappt geschweißtes 538.7
-, wagerechtes 315.2
-zerstäuber 153.3
-, zweischenkliges 320.1
Röhrchen, Wiege- 240.3
Röhre, Absorptions- 270.5
-, Blei- 190.6
-, Destillations- 255.1
-, die - während der Wasserdruckprobe abhämmern 55.2
-, Fraktions- 187.4
-, Glas- 190.6
-, hängende 318.7
-, Kugel- 189.8
-, Meß- 192.2
-, Perl- 189.9
-, Porzellan- 193.3
-, Sicherheits- 189.10
-, Spritz- 186.4
-, Verbrennungs- 249.1
-, Verteilungs 270.2
Röhren-guß 488.1
-strang 319.6
-träger 253.2
-walzen 537.4
-wischer 190.9
Rojo, al 385.7
- de joyeros 276.2
- - pulimentar 276.2
-, quedar 486.5
Roll-bahn, Zuführungs- 525.5
-faß 493.2
-ofen 529.1
Roll 377.9, 512.5
-, conical 537.8
-, direct coupled 513.3
- drafting 514.3
-, eccentric 538.2
-, grooved 514.4, 539.1
Roll, high speed 535.4
-, intermediate -s 510.3
- mandrel 537.9
-, middle 512.9
- of copper wire gauze 199.3
- on, to 539.3
- opening 514.5
- pot 554.1
-, stepped 518.6
-, to 529.6.7, 529.8, 535.2
-, - - for finishing 529.9
-, - - in 35.10
-, - - on return pass 532.6
-, - - together 533.1
- turning 515.3
- vat 554.1
Rolle, Fuß- 137.2
-, Mulden- 138.7
-, Reibungs- 497.6
Rolled 18.2
-, rough 534.3
Rollen-lager 325.2
-tisch 525.3
-, zusammen- 539.3
Roller 137.2
- bearing 325.2
- mill 77.9
-'s side 531.3
- table 524.5
Rolling 35.6
- mill 510.5
- - engine 512.4
- -, high speed 511.7
- - scale 414.5
- -, small section 511.5
- -, twin 512.6
- -, universal 512.1
- stock 24.8, 125.1
Rollo, -s de alambre, hacer 535.5
Romper 343.2, 463.8
- y arrancar 354.3
Rompere 463.8.10
Romperse por tracción 49.2
Rompersi per trazione 49.2
Rompipietre a mascelle 78.8
Rompre, se - par traction 49.2
Rondelle de support de ballon 201.10
Ronger par le feu 354.4
Roof, concave 404.2
-, convex 404.3
- of furnace 569.2
- - the furnace 369.1
-, to 389.5
Room 168.8
- for metallographical researches 177.4
- - sampling 174.8
Root's blower 471.1
Roots Gebläse 471.1
Root, soufflerie 471.1
-, ventilateur de 471.1
Root, ventilatore 471.1
Root, ventilador 471.1

Rope 331.2
- drive 330.8
- driven machine 170.4
- lubricator . . 137.7
- pulley 331.2
- railway . . . 135.9
- -, overhead 135.11
Ropeway, aerial 135.11
Rosa dei venti 57.7
-, frattura a . . 10.5
Rose, acier à la 10.5
Rose steel . . . 10.5
Rosenstahl . . 10.5
Rosin 546.11
Rößlerscher Ofen 252.3
Rosso inglese . 276.2
- per levigare 276.2
-, restare . . . 486.5
Rost 159.7, 302.2, 303.1
-beschickung, mechanische 156.8
-, beweglicher . 162.1
-, den - mechanisch beschicken 157.2
-, fester 161.9
-feuerung . . . 368.1
- -, einfache . . 336.5
-, Flach- 160.7
-fläche 159.8
- -, gesamte . . 160.1
- -, wirksame . 160.2
-, freistehender 303.9
-fuge 160.3
-, Ganz- 160.4
-, geteilter . . . 160.5
-kitt 319.5
-kühlung . . . 162.5
-, Lang- 160.6
-neigung . . . 161.3
-, Riesel- 162.6
-schicht 550.2
-, Schiebe- . . . 162.3
-, Schlacken- . . 162.2
-schlagen . . . 337.4
-, Schütt- . . . 161.7
-schutzmittel . 550.3
-schwelle . . . 368.2
-, Sieb- 161.1
-spalt 160.3
-, Spar- 160.9
-spat 68.9
-stab . . 160.3, 368.3
-, Staffel- 161.6
-träger 368.2
-, Treppen- 85.1, 161.5
Röst-anlage . . 82.8
-apparat 238.7
-bett 83.2
-erzeugnis . . . 82.7
-gas 87.2
-gut 82.6
-kern 89.3
Röstofen . . 83.4, 88.3
-, Cleveländer . 84.1
-, Fillaferscher 85.3
-, gemauerter . 88.5
-, steirischer . . 84.7
-, Westmanscher Gas- 85.2
-, Witkowitzer . 85.4
Röst-temperatur 86.9
-verfahren . . 82.9
-verlust 89.2
Rosten 550.1
Rösten der Eisenerze 81.4
-, schwaches . . 250.6
Röstung, gut gelungene 88.8
-, Haufen- . . . 83.1
-, mangelhafte . 88.9
-, oxydierende . 82.1
-, schwefelige . 82.5
-, Stadel- 83.3
-, sulfatisierende 82.5
Rotabile, su -i 561.5
Rotación . . . 393.3
- contraria . . 532.3
- de los cilindros 530.10
- en la misma dirección 531.1
Rotaia 222.3
- armata . . . 404.6
- da tramway . 22.8
- per ferrovia normale 22.6
- - - secondaria 22.7
- - miniera . . 22.9
Rotante 402.8
Rotary 133.2
Rotatif 80.10
Rotating apparatus 393.4
- cylinder . . . 393.5
- motion . . . 393.7
- position . . . 393.8
Rotation 393.3
- in the same direction 531.1
- of rolls . . 530.10
-, reverse . . . 532.3
Rotation 393.3
-, appareil de . 393.4
- dans le même sens 531.1
- des cylindres 530.10
- en sens inverse 532.3
Rotations-körper 445.8
-pumpe 143.6
Rotativo . 80.10, 95.3
Rotatorio . . . 143.6
Rotazione . . . 393.3
-, apparecchio di - a comando elettrico 393.6
-, - per la . . . 393.4
- automatica . 479.6
- dei cilindri 530.10
- nello stesso senso 531.1
Rot-brüchig . . 48.3
-eisenstein . . . 66.4
-glut 86.11
- -, in - - brennen 385.7
Rothe, aparato de éter de 182.1
Rothe, apparato per etere secondo 182.1
Rothe, appareil à éther d'après 182.1
Rothe, Äther-Extraktionsapparat nach 182.1
Rothe's ether apparatus 182.1
Rotolo di rete in filo di rame 199.3
Rottame 355.11, 411.2
-i di ferro . . . 29.5
Rotten 428.12
Rottura . 44.8.9, 354.5
- del cilindro . 514.2
- dell'anima . . 459.7
- della catena 187.10
- obliqua . . . 44.10
Rótulo 185.3
Rotura . . 44.3.9, 354.5
- de la cadena 187.10
- del cilindro . 514.2
- oblicua . . . 44.10
- por tensión . 50.2
Roue 512.3
- à potier . . . 383.1
- de coulée . . 341.4
- dentée 455.2
-, sur -s 465.1
Rouge 86.11
- à polir 276.2
-, au 385.7
-, rester 486.5
Rough 47.5, 100.7, 304.9
- rolled 534.3
Roughing mill 510.2 511.4
- rolls 377.9
- train 377.9
Roughness . . . 426.8 490.3.8
Rouille 550.2
Roulant 127.3
Rouleau 325.2
-x d'amenée . . 525.5
- de friction . 497.6
- pour courber la bande 138.7
Round, -s . . . 18.10
- ground . . . 427.2
-, to - off . . . 423.5
Roussier 63.8
Route 358.6
Rouverin . . . 48.4
Rovesciabile . . 449.4
Rovesciamento 131.7
- della cassetta 411.4
-, meccanismo di 331.6
Rovesciare . . 481.5
- la caldaia . . 479.4
Rovesciatore . 131.5
- di carri . . . 132.6
- girevole . . . 133.2
Row of tuyeres 366.7
-, parallel . . . 384.8
Rozamiento del muñón 513.8
Rub, to - over with oil 383.4
-, - - with alcohol 447.2
-, - - - spirits . 447.2
Ruban 88.9
- à racloirs . . 130.4
- de transport incliné 138.10
Rubber 546.4
- ball 197.7
- bung 197.6
- cap . . . 197.9, 198.2
- coupling . . . 184.2
- finger stall . 198.3
- glove 198.4
- plate 197.5
- stopper . . . 197.6
- strip 197.8
- tubing 184.1, 197.10
Rubber union . 184.2
Ruche 103.6
Rücken 390.2
-, querlaufender 316.9
Rückgang . . . 532.5
-, Dissoziations- 263.1
Rück-Kohlung . 398.5
-kühlung . . . 148.1
-seite 403.4
-stand 241.13
- -, in Säure unlöslicher 241.13
- -, Lauge- . . . 90.3
- -, unlöslicher 241.12
-stein 292.7
-titrieren . . 192.10
Rudesse de la surface 426.8
Rueda 512.3
- de alfarero . 383.1
- - engranaje . 456.3
- - fricción . . 497.6
- - fundir . . . 341.4
- - moldeo . . 341.4
- dentada . . . 456.4
-, montado sobre -s 465.1, 478.6
Rugeux 64.4
Ruggine 550.2
Rugosidad . . . 490.8
Rugosité 490.8
Rugoso 47.7
Ruhigwerden 385.12
Rühr-haken . . 371.6
-stab 190.7
-vorrichtung . 176.2
-werk 176.2
Rühren 375.7
Ruisseler . . . 148.8
Ruissellement . 148.7
Rule . . . 38.6, 435.3
-, divided - for the rider 239.7
-s for testing . 31.10
Rullo . . 325.2, 535.10
- conduttore . 525.5
- d'avvolgimento 498.1
- di frizione . . 497.6
-i per curvare il nastro 138.7
Rumbo 57.5
Rumpf, Füll- . 131.2
-, Sammel- . . . 131.1
Run of mine . 100.7
-, to - idle . . 530.11
-, - - light . . 530.11
-, - - off 338.3
-, - - out . . . 385.4
Rund 304.3
-eisen 19.5
-gerieben . . . 427.2
-kantig 20.4
-knopf 487.5
-kolben 186.7
-körper 445.8
-lochbrenner . 159.1
-strahlbrenner 159.3
Runner . 78.2, 300.5
-, conical . . . 443.8
-, main 340.2
- pin 448.7
-, vertical -s . . 78.1
- with side channels 444.1

Ruota 512.3
- del pentolaio 388.1
- dentata . . . 393.1
- per colare . . 341.4
Ruptura 354.5
Rupture 44.3
Rupture de chaîne 137.10
- - cylindre . . 514.2
Ruß 552.5
Rüssel der Form 297.4
Rust 550.2
- protection , agent 550.3
-, to 550.1
Rustico 292.7
Rustina . 292.7, 364.5
Rustine 292.7 364.5
Rüstung 291.1
Rutsche 132.2
Ruvidezza . . . 483.3
Ruvido 426.9

S.

S, Polier- . . . 487.4
Sabbia 4.7
- a spigoli vivi 426.6
- argillosa . . . 426.1
- bruciata . . . 490.6
-, coprire con 483.6
- da formare aderente 490.5
- di fonderia 425.10
- - loppa . . . 359.5
- - magnetite . 68.2
- - mare 212.6
- fresca 426.5
- già usata . . 427.3
- grassa . . . 425.13
- magra . . . 425.12
- nuova 426.4, 431.10
- quarzosa . . 426.7
- secca 442.4
-, togliere la . . 493.2
- vecchia . . 431.11
Sabbioso . . . 79.9
Sable 4.7
- à arêtes vives 426.6
- - saupoudrer 442.4
- de fonderie 425.10 431.8
- - laitier . . . 359.5
- - mer 212.6
- - moulage . 425.10
- - - adhérent 490.5
- déjà employé 427.3
- frais 426.4
- gras 425.13
- incrusté . . . 490.6
- magnétique . 68.2
- maigre . . 425.12
- neuf . . 426.5, 431.10
- quartzeux . . 426.7
- sec 442.4
- très argileux 426.1
- vert 425.12
- vieux . . . 431.11
Sableux 79.9
Sablonneux . . 118.6
Sabot . . 291.2, 498.2
- de bocard . . 77.6
- - la came . . 496.6
Sac 139.1
- à poussière . 316.8 409.2
- en caoutchouc pour gaz 271.2
Sacar, disposición para 529.5
- el mineral . . 88.5
- los crisoles . 386.4
Sacca 302.2.3
- di gas 271.2
- libera 303.1
Sacco 139.1
da polvere . 316.8
Sack, Aschen- . 163.7
-förderer . . . 139.1
-, Kohlen- . . . 303.7
-, Staub- 316.8
Sacktransporteur 139.1
Sack conveyor 139.1
Saco 139.1
- de polvo . . . 316.8
- para gas . . . 271.2
Sacudida . . . 483.2
Saddle 84.8
Safety catch . . 331.3
- cock, Daniell's 252.1
- device 314.9
- funnel . . . 139.10
- net 136.1
- rod 311.2
- stake 442.7
- valve 314.9
Säge, Blatt- . . 498.5
-blatt 498.7
-bogen 498.6
-, Kohlen- . . . 235.6
-maschine, Kalt- 498.4
Saggio . . 31.1, 174.8
- di torsione . 50.7
- - trazione . . 49.1
Sagoma . . 40.3, 444.8 446.3
- per anima . . 461.3
Sagomare . . . 446.4
- la forma . . . 445.7
Sagomato . . . 19.9
Saigern 488.9
Saigerungserscheinung 483.8
Sain 490.1
Saisir avec la tenaille 531.7
- la barre . . . 531.6
- les lingots, dispositif pour 528.8
Saisissement dans l'eau 544.2
Sal ammoniac 207.10 545.8
Sal, -es alcalinas 361.9
- amoníaco . . 545.8
- común . . . 545.7
- marina . . . 545.7
- metálica . . 427.5
Sala d'analisi . 175.1
- dei campioni 174.8
- - saggi . . . 174.8
- delle bilancie 176.7
- di lavoro . . 175.1
- per la preparazione dei campioni 174.9
- - le analisi metallografiche 177.4
- - - combustioni 177.3
Sala de combustión 177.3
- - las balanzas 176.7
- - - dinamos . 168.8
- - los convertidores 388.1
Sala de los mezcladores 389.3
- - preparación de las muestras 174.9
- - trabajo . . 175.1
- para ensayos metalográficos 177.4
- - la toma de muestras 174.8
Salaire 568.4
Salario 568.4
Salary 568.4
Saldabile 9.5
Saldare . . . 378.4.5
- insieme . . 429.13
Saldato 9.4
- a bacio . . . 538.6
- - spirale . . 538.8
- ad unghia . 538.7
Saldatore . . . 235.2
Saldatura . . . 588.5
Sale 558.2
-i alcalini . . . 361.9
- ammoniaco . 545.8
- comune . . . 207.2
- da cucina . . 207.2
- di Mohr . . . 208.6
- metallico . . 427.5
Salida 439.7
- de la escoria 474.6
- - los gases . . 444.4
- del agua . . . 297.8
- - aire 439.8
- - gas 318.7
Saliente 486.6
Salin 217.6
Salir mal . . 488.11
Salire nel camino 165.1
Salirse 385.3
Salitre 419.6
Salle d'analyse 175.1
- de combustion 177.3
- - pesée . . . 176.7
- - préparation des échantillons 174.9
- - travail . . . 175.1
- des balances 176.7
- - dynamos . 168.8
- - prises d'échantillon 174.8
- - recherches métallographiques 177.4
Salmiak . 207.10, 545.8
Salnitro 419.6
Salpeter, Kali- . 419.6
-sauer 210.1
-säure 203.11
- -, rauchende 203.12
Salpetre 419.6
Salpêtre 419.6
Salt 361.9
-, common 207.2, 545.7
-, metallic . . . 427.5
Saltarregia . . 40.6
Salz, alkalische -e 361.9
-, Bitter- 208.3
-, gelbes Blutlaugen- 208.7
-, Koch- 207.2
-, Phosphor- . . 212.1
-, rotes Blutlaugen- 208.8
-säure 203.10
Sammel-fuchs . 164.5
-herd 466.5
-raum, Eisen- . 468.9
-rohr 313.9
- -, gemeinschaftliches 313.9
-röhre, Gas- . . 271.1
-rumpf 131.1
-trichter . . . 131.2
-trumm 138.8
Sammler 266.5
-, Druck- 121.8
-gebäude . . . 169.1
Sammlung, Stein- 177.5
Sample . . . 227.11
- bottle 234.1
- box 234.2
-, dried 231.9
- of gas, to take a 269.1
- - slag taken with an iron rod 401.10
-, solidified . . 401.9
-, to - the gas . 269.1
Sampling 174.8, 227.9
- material . . 227.10
Sand 483.6
-, Alt- 431.11
-bad 248.3
- -schale 248.4
-, eingebrannter 490.6
-form . . . 4.7, 340.4
-formerei . . 425.11
-frei 5.1
-, Frisch- . . . 431.10
-, frischer . . . 426.5
-, gebrauchter . 427.3 431.12
-guß 487.4
-haken 441.6
-kern, verlorener 461.5
-kohle, sinternde 99.9
-kruste 490.7
-leiste 441.4
-, Magneteisen- 68.2
-papier 203.4
-, reiner 426.5
-, scharfer . . . 426.6

Sand, Schlacken- 359.5
-, See- 212.6
-stein 114.3
- -, Bunt- 114.5
- -, Kohlen- 114.6
- -, Quader- 114.4, 306.7
-strahlgebläse 492.9
-, ungebrauchter 426.4
-verdichtung 418.1
Sand 212.6
- bath 248.3.4
- blast apparatus 492.9
-, burnt 490.6
- cast iron 4.7
- - pig 4.7
- casting 487.4
-, clayey 426.1
-, clean fresh 426.5
- coal, sintering 99.9
- core, lost 461.5
-, dry 427.8, 442.4
- edge 441.4
-, fat 425.13
-, filling 483.6
-, fresh 431.10
-, green 425.12
-, magnetic 68.2
- mould 340.4
- -, open 438.6
- moulding 425.11
-, old 431.11
- paper 202.4
- packing 418.1
-, quartzose 426.7
-, sharp 426.6
- skin 490.7
-, unused 426.4
-, used 427.3, 431.11
Sandig 79.9
Sandless 5.1
Sandstone 114.3, 300.7
- in blocks 114.4
-, variegated 114.5
Sandy 79.9, 118.6
Sangrar 338.6
- la escoria 338.2
Sangria 300.4, 338.1
Sano 490.1
Sapin, en forme de 214.4
Sapone 276.5, 546.1
Sardoine 288.1
Sattel, Form- 364.7
-, Mauer- 84.8
Saturo 91.1
Satz, Guß- 81.9
-koks 478.7
-, Maschinen- 170.3
-weise 31.8
Sau 361.6
-, Eisen- 361.6
Sauber 494.1
Sauer 11.8
Sauerstoff 214.5
-abgabe 375.4
-, atmosphärischer 214.6
-aufnehmend 398.10
-, chemisch gebundener 214.7
-haltig 398.9
-reich 375.5
-überschuß 349.11
-verbindung 214.8
Saugkanal 501.7
Saug-korb 149.8
-kupolofen 469.2
-kuppelofen 469.2
-leitung 144.7
-luft 469.3
-pumpe 245.7
-rohr 145.1
-ventil 142.3
-windkessel 145.2
Saugeseite 471.4
Saugen 360.7, 483.7
-, aus dem Ofen 360.7
Sauger, Dampf- 144.2
-, Luft- 182.3
Säule 293.8, 326.3, 456.5
-, Gußeisen- 84.4
-, Hinter- 496.10
-, Messing- 287.3
-, Reitel- 496.8
Säulen-eisen 21.2
-förmig 47.1
-fuß 293.7
-wage 235.11
-zahnräderformmaschine 456.5
Saumspiegel 3.4
-, weißer 400.3
Saumon de coke 106.6
Saupoudrer 442.4
- avec du sable 483.6
- de poussier de charbon 480.4
- les moules 480.5
Säure 203.9
-, arsenige 218.6
-bad 493.10
-beständig 7.2
-, chemisch reine Schwefel- 204.2
-, Chlorwasserstoff- 203.10
-, Essig- 204.4
-fest 189.1
-, Fluß- 204.9
-, gewöhnliche käufliche Schwefel- 204.1
-haltig 91.1
-, in - unlöslicher Rückstand 241.13
-ion 262.2
-, konzentrierte 242.1
-lösung 262.8
-, mit - aufnehmen 248.5
-, - - beizen 493.9
-, Oxal- 204.5
-, Pyrogallus- 211.13
-, rauchende Salpeter- 203.12
-, Salpeter- 203.11
-, Salz- 203.10
-, schweflige 216.9
-, starke 242.1
-, verdünnte 242.2
-, Wein- 204.6
Säurenraum 176.8
Sauterelle 40.6
Sauvage, acier 10.6
Saving of freight 560.7
Savon 276.5, 546.1
Saw 235.6
- blade 493.7
- bow 493.6
-, cold 493.4
- frame 493.6
Saw, hot 533.10
- web 493.7
Sbarra 160.3
- della griglia 368.3
- di ferro 338.10
- - griglia 160.8
Sbarramento 371.3
Sbavare 489.5, 490.9
Sbavato 489.4
Sbavatore 489.3
Sbavatura 489.2
Sbocco d'acqua 146.3
Sbozzare 529.8
- la torta di argilla 461.1
Sbozzato 377.6
Sbozzatore 513.9
-, treno- 377.9, 510.2
Scabro 488.5
Scabrosità della superficie 426.8
Scacciare i prodotti volatili 250.7
Scaffold 144.5, 348.3, 353.6.7
Scaffolding of the charge 353.5
- - - roasting furnace 88.3
Scaglia 112.5, 431.6
-e d'ossido di ferro 414.5
-e dei laminatoi 112.4
- di laminazione 85.7
Scala 65.8, 240.5, 524.2
- delle durezze 180.8
- di qualità 32.2
- metrica 38.8
Scaldare 336.4
Scaldato 297.11
Scale, -s 35.8, 38.6.7.8, 55.3, 65.8, 112.4.5, 236.1, 414.5
- of hardness 180.8
-, to 431.6
Scalpellare 36.1
Scalpello 13.7, 489.7, 504.7
- ad aria compressa 402.2
Scaly 45.6
Scambio d'analisi 227.8
Scampanare il modello 485.6
Scanalatura, lunghezza della 54.2
Scannellato 460.1
Scannellatura 460.2, 504.4
Scappamento 499.5
Scarica 62.10
Scaricamento 562.10.11
- automatico 128.3
Scaricato 88.6
Scaricatore 480.1
- a bilico automatico pel carbone 182.4
- automatico 128.2
- rapido 128.6
- spostabile 189.3
Scarico 81.2, 121.9, 128.4, 356.4
- automatico 128.4
Scarico bilaterale rispetto al binario 128.5
- del forno 106.5
- - minerale 88.5
- della loppa 300.3
- - scoria 300.3
Scarred 47.5
Scartamento dei cilindri 515.5
- normale 128.10
- ridotto 128.11
Scarto 27.7
Scatola 202.3
- da anime 459.3
- del sopporto 496.1
- di sicurezza 522.2
- per anime 458.3
- - asciugare 462.6
- - campioni 234.2
Scatolina 202.3
Scavare 438.8
Scavato di fresco 64.2
Scavatore 129.2
- automatico 128.1
Scavo 129.1
- a giorno 58.2
- - vapore 58.4
- automatico 128.7
- sotterraneo 58.1
Scegliere 68.2, 75.9
Scelta 75.8
- dei campioni 33.1
- della forza motrice 168.1
Scelto, minerale 63.1
Schabe-messer 78.6
-vorrichtung 78.5
Schablone 36.11, 40.3
Schablonenformerei 444.8
-halter 445.4, 455.5
- -, allseitig beweglicher 456.1
-spindel 445.1
Schablonier-maschine, Zahnräder 455.4
Schacht 303.8
-anlage 100.6
-aufsatz 467.5
-ausmauerung 305.8
-, freigelegter 305.4
-, freistehender 305.3
-glühofen 541.3
-härteofen 541.2
-, Kern- 304.5
- mit Mantel 305.2
-, Ofen- 303.8
- -, Siegerländer 88.7
-pumpe 144.4
-stein 305.10
-wandung 305.6
-, zugänglicher 305.5
-, Zwischen- 304.7
Schachtel, Probe- 234.2
Schadhaftwerden des Gestelles 353.9
Schädlich 71.5
Schaff-haken 342.3
-platte 369.3
Schaft 77.5
Schälchen, Verbrennungs- 248.9
Schale 446.7
-, Abdampf- 247.5
-, Achat- 229.1

Schale, angewärmte 447.3
-, Blei- 199.7
-, Kristallier- 243.10
-, Platin- 195.2
-, Platinveraschungs- 195.4
-, Reib- 229.4
-, Sandbad- 248.4
-, Sieb- 231.1
Schalen-eisenstein 67.2
-elektrode 261.6
-form 446.6
-guß 487.7
Schalt-brett 171.2
-gehäuse 467.1
Schamotte 116.12 541.7
-stein, gemahlener 428.7
Scharf 426.6
-kantig 20.5
Schärfen, Korkbohrer- 196.8
Schaufel 470.3
-, Abstich- 340.7
-, Einsatz- 409.10
-, Former- 434.2
Schaufeln, durch- 438.9
Schaukelofen 403.1
Schauloch 301.4
Schaum 481.8
Schaumig 107.8, 357.10
Schaumstück 107.7
Schauöffnung 88.1 163.2, 301.4
Scheggia di ghisa 464.8
Scheibe 519.3
-, Flanell- 276.8
-, Gußeisen- 523.8
-, Kratzer- 139.3
-, Trieb- 137.6
Scheiben-ausgleicher 324.8
-kolben 506.3
-ziehbank 535.9
Scheidage 63.1, 75.10
Scheiderz 63.1
Scheide-trichter 183.3
-- und Schüttelvorrichtung 183.2
-vorrichtung 75.11
- - mit Dauermagnet 93.7
-wand 319.8, 407.10
- -, Rohr mit -wänden 316.4
-zweck 76.1
Scheiden 63.2, 75.9
Scheider, Eisen- 432.7
-, Erz- 94.4
-, Kohlen- 102.3
- von Edison 94.3
Scheidung 75.8
-, Hand- 75.10
-, nasse 79.8
-, trockne 76.2
Scheit, Holz- 337.6
-recht 290.8
Scheitel des Bodens 290.7
Schenkel 20.2, 320.2
-, federnder 462.1
-, gespreizter 462.2
Scherben, Ansiede- 234.7
Scherben, Tiegel- 382.1
Scherenschnitt 34.2
Scheuertrommel, Putz- 493.2
Schiacciamento 53.5.7
Schiacciare 53.6
Schicht 45.8
-, Filter- 147.2
-, Metall- 567.1
-, Oxyd- 552.6
-, Rost- 550.2
-, Schlacken- 566.9
-, Stein- 305.9
-, Tag- 556.6
-weise 391.9
Schieblehre 39.2
Schiebe-bühne 124.3
-kassette 282.3
-rost 162.3
-tür 236.9, 404.4
Schieber-boden 105.3
-, Dreh- 297.9
-steuerung 499.6
-ventil 322.2
Schiebung 51.4
Schieds-analyse 227.5
-chemiker 174.1
Schief, -er Bruch- 44.10
Schiefer 101.10
-, Grünstein- 111.6
-, Ton- 112.1
Schiefrig 116.5
Schiene 22.2
-, armierte 404.6
-, bewehrte 404.6
-, Gruben- 22.9
-, Kleinbahn- 22.7
-, Richt- 40.7
-, Vollbahn- 22.6
-, Wäge- 133.8
Schienen-kaliber 517.7
-nagel 24.6
-rost 446.5
Schiff 127.3
-, Fluß- 562.1
Schiffchen, Glüh- 258.1
-, Platin- 195.5
Schiffs-aiche 562.3
-blech 26.9
-raum 562.2
Schild, Flaschen- 185.3
Schillerfels 111.5
Schippe 434.4
Schirbel 366.4
Schirm, Feuer- 163.1
Schist 112.1
Schiste 101.10
- argileux 112.1
Schisteux 116.5
Schisto 101.10
- argilloso 112.1
Schistoso 116.5
Schiuma 107.7, 481.8
Schiumaiuola 481.7
Schiumoso 107.8, 357.10
Schlacke 250.12, 366.1
-, basische 356.7
-, Bessemer- 397.7
-, eingeschlossene 377.8
-, eisen-arme 113.4
-, -reiche 113.3
-, Fein- 366.7
-, Frischfeuer- 112.8
Schlacke, gekörnte 359.4
-, Hochofen- 355.10
-, kurze 356.7
-, lange 356.6
-, mitgerissene 412.4
-, phosphor-arme 399.4
-, -reiche 399.3
-, Puddel- 113.1
-, Rennfeuer- 112.7
-, saure 356.6
-, Schweißofen- 112.9
-, schwimmende 386.6
-, steife 412.3
-, steinige 357.8
-, Thomas 113.2, 399.2
Schlacken-abfluß 300.1
-ansatz 374.11
-bad 370.3
-bildend 349.8
-bildungsperiode 396.6
-blech 371.3
-block 356.2
-decke 338.4
-faden 358.10
-fang 409.3
-form 299.7
-frei 484.11
-halde 356.3
-haltig 6.3, 484.10
-herd 369.9
-kammer 409.3
-kruste 386.5
-kuchen 356.1
-kugel 397.2
-loch 299.6
-presse 359.7
-puddeln 379.4
-rein 416.4
-rost 162.2
-sand 359.5
-schicht 566.9
-spur 300.2
-stein 358.8
-trift 300.3
- und Eisenabstich 299.5
-verschmelzung 357.3
-wagen 338.5
-wärme 346.4
-wolle 358.9
-ziegel 358.11
-zusatz 337.8
Schlag 41.7
-beanspruchung 41.8
-biegeprobe 44.1
-festigkeit 41.8.9
-probe 42.1, 53.5
- -, Kerb- 44.2
-stärke 434.9
-versuch 42.1
-werkzeug 534.9
-wirkung 503.1
Schlamm, -s 101.8
Schlamm, Kohlen- 101.8
Schlämmapparat, Schmirgel- 275.10
Schlämmen 80.5
-, Ab- 80.5
-, den Ton 433.6
Schlange, Absorptions- 270.4
Schlank 299.3
Schlauch 184.1
-, Gummi- 197.10
Schlauch-kupplung 184.2
-, Metall- 200.7
-, Pergament- 201.7
Schleif-brett 276.3
-fläche, reine 277.5
-maschine, hängende 492.7
-mittel 275.7
-riß 275.2
-schmirgel 275.9
-stuhl 492.3
Schleife 43.4.5
Schleifen 492.2
-, Grob- 275.4
Schleimig 243.2, 428.5
Schlepp-walze 513.4
-zangenziehbank 536.5
Schleuder 176.3
-gebläse 317.6, 470.2
-mühle 79.4
-pumpe 143.7
-zerstäuber 158.6
Schlich 75.1
Schlichten 503.7
Schliech 75.1
Schlieg 75.1
Schließen, die Kupplung 520.6
Schliff 274.10
-fläche 275.1
-stück 274.11
Schlitz 85.9, 468.7, 522.6
-zerstäuber 158.4
Schloß 462.3
Schlot 164.6
Schluß-kaliber 516.7
-pfropfen 445.9
Schlüssel 522.1
-, aufgesteckter 522.1
Schmal, -e Bahn 504.3
-spurbahn 123.11
Schmelz 554.6
Schmelzbar, leicht 61.7
-, schwer 62.1
Schmelzbarkeit 250.4
Schmelz-buch 349.4
-flammofen 402.5
-gang 349.3
-herd 468.8, 569.3
-hitze 474.2
-meister 332.6
-ofen 252.2, 362.4, 465.3
-punktbestimmungsapparat 250.5
-reise 413.3
-rinne 568.5
- -, ringförmige 568.6
-röhrchen 252.9
-stoff 333.5, 409.7
-tiegel 252.4
- -zange 252.5
-verlauf 385.10
-zeit 411.10
-zone 347.9
Schmelzen 250.2.3 363.2
-, oxydierendes 363.2
Schmelzer 409.6
Schmelzerei 463.5
Schmelzig, roh- 365.5
Schmelzung, erste 475.1
Schmidt, lunette de 323.7
Schmidt's spectacle valve 323.7

Schmidt, valvola 323.7
Schmidt, válvula-luneta sistema 323.7
Schmidtsche Brille 323.7
Schmiedbar 9.3, 12.6 416.2
Schmiede . . . 150.4
-eisenring . . . 294.6
-eisern 440.3
-feuer, Härte- . 540.4
-kohle 100.1
-presse 504.9
- -, Dampfdruck- 505.5
- -, Druckwasser- 505.4
- -, hydraulische 505.4
-probe 52.5
Schmieden . . 503.6
-, aus- 52.6
-, im Gesenk . . 503.6
-, mit der Hammerfinne quer zur Walzrichtung 52.8
Schmiege . . . 40.6
Schmieren, Seil- 137.7
Schmirgel . . 202.11
-leinen 203.1
-papier 275.8
-scheibe 492.4
-schlämmapparat 275.10
Schnauze 478.2, 481.5
-, aus der - gießen 481.5
-, auswechselbare 478.3
Schnecke . . . 159.6
-, Förder- . . . 139.7
Schneckengetriebe 341.10
Schneid-haltigkeit 32.5
-härte 543.3
Schneide . . . 237.7
-, Achat- 237.8
Schneiden, zurecht- 533.7
Schnell-drehstahl 13.6
-entlader . . . 128.6
-laufend 535.4
-wage 236.3
-walzwerk . . . 511.7
Schnitt, Scheren- 84.2
Schnur, Asbest- 200.10
Schonung des Ofenfutters 475.3
Schöpfprobe . 401.7
Schore 441.5
Schornstein . . 164.6
-, den - befahren 165.1
-, freistehender 165.4
-lüfter 164.8
-ventilator . . 164.8
-zug 164.7
Schottisch, -er Hochofen 286.6
-es Roheisen . 5.10
Schraffieren, schwarz 424.10
Schräg-aufzug 331.4
-maß 40.6
-rost 161.2
Schräg stehend 316.5
-walzverfahren nach Mannesmann 537.7
Schrank, Trocken- 233.1
Schraublehre . 39.3
Schraube . . . 291.4
-, Anker- 291.3
-, Druck- 521.5
-, Feinstell- . . 39.4
-, Holz- 436.2
-, Mikrometer- . 39.4
Schrauben-gebläse, Hochdruck- 471.9
-linig 538.8
-, zusammen- 442.9
Schrei 379.9
Schrot 29.5
-, Ausgleich- . 139.6
-meißel 504.7
-mulde 411.2
-, Tarier- 239.6
Schrubber, doppelter - aus Draht 491.2
Schrumpfmaß . 514.8
Schub-förderrinne 433.3
-lehre 39.2
-rinne 433.3
Schuh 496.3
Schuppig . . . 45.6
Schür-öffnung . 87.10
-stange 88.2
Schütt-beton . 290.1
-feuerung . . . 157.4
-rohr 132.1
-rost 161.7
-rumpf 131.2
Schüttel-rinne . 433.2
-rostfeuerung . 157.7
-sieb 230.10
-vorrichtung . 133.2
Schutz-blech . 388.3
-brille 198.1
-haube 492.5
-maske 197.11
-mittel, Rost- . 550.3
-netz 136.1
-platte 162.8
-trichter . . . 248.1
Schütze 340.7
Schwach 25.7
-halbiertes Roheisen 2.4
Schwal 366.1
-arbeit 365.8
-boden 370.2
Schwamm, Eisen- 347.11
-, Gicht- 361.2
Schwammig . . 376.8
Schwankung, Strom- 169.3
Schwanz . . . 497.2
-hammer . . . 497.1
Schwarz-blech 26.2 533.3
-eisen 1.3
- schraffieren 424.10
- streichen . . 424.9
- strichen . . 424.10
Schwärze . . . 430.7
-pinsel 430.8
Schwedisch, -es modernes Frischfeuer 364.1
-es Roheisen . 5.8
Schwefel . 82.4, 216.7
-ammonium . . 207.5
-antimon . . . 218.9
-äther 212.3
-haltig 60.6
-kies 69.4
-kohlenstoff . . 212.4
-sauer 69.2.3
-säure-anhydrid 217.1
- -, chemisch reine 204.3
- -, freie - - in Abbränden 216.10
- -, gewöhnliche käufliche 204.1
-trioxyd 217.1
-verbindung . 216.8
-wasserstoff . . 204.5
- -apparat . . . 177.2
- -, mit - - fällen 242.11
- -raum 177.1
Schweflig . . . 82.5
-e Säure 216.9
-sauer 210.5
Schweiß-bar . . 9.5
-eisen 9.4.8
- -blech 25.9
-feuer 378.5
-metall 9.4
-ofen 378.6
- -schlacke . . 112.9
-paket 378.3
-schmiedeeisen 9.6
-stahl 9.8
Schweißen, zusammen- 378.4
Schwelle, eiserne 28.1
-, gepreßte . . . 28.2
-, Längs- 28.4
-, Quer- 28.3
-, Rost- 368.2
Schwellenkaliber 517.8
Schwengel, Beschick- 410.2
-kopf 410.3
Schwer 62.6
-spat 220.11
Schwimmend, -e Schlacke 386.6
Schwindmaß . 423.2
Schwinden . . 423.3
Schwindung . . 486.7
Schwing-hebelmaschine 326.1
-rinne 433.4
-sieb 230.10
Schwingend . . 433.4
Schwingungsdauer 240.8
Sciablona . . . 455.4
Sciacquare . . 246.6
Scie 493.6
- à charbon . . 235.6
- - chaud . . 533.10
- - froid . . . 493.4
- - lame 493.5
- alternative . 493.5
Scintilla 396.9
- di ferro . . . 397.1
Scintillare . . . 482.1
Sciogliere . . . 241.4
Sciropposo . . 247.1
Sciupare la formatura 436.3
Scivolamento . 84.2
Scivolone 132.2, 139.5.6
Sclerometer . . 54.3
Scléromètre . . 54.3
Sclerometric . 53.11
Sclerometrico 53.11 54.1
Sclérométrique 53.11
Sclerometro a punta 54.3
- - sfera 54.5
Scolo 246.5
Scomposizione dei minerali 89.4
Scontrino della pesata 134.4
Scoop 202.4
Scopa 532.9
Scopo della separazione 76.1
Scoria 6.3, 355.9, 366.1, 481.8
- Bessemer . . 397.7
-, contenente delle -e 484.10
- d'alto forno trattata al vapore 95.7
- d'inclusione . 377.8
- di basso fuoco 112.7
- - forno d'affinaggio 112.8
- - pudellaggio 374.10
- - pudellatura 113.1
- - ricottura . 112.9
-, esente da -e 484.11
- finale 412.2
- galleggiante . 386.6
- povera di ferro 113.4
- - - fosforo . 399.4
- ricca di ferro 113.3
- - - fosforo . 399.3
- - - ossidi . . 366.7
- secca 412.3
-, senza -e . . . 416.4
- Thomas 113.2, 399.2
- trascinata dalla colata 412.4
Scorie . . . 6.3, 366.1
- Bessemer . . 397.7
- catalane . . . 112.7
-, contenant des -s 484.10
- d'affinerie . . 375.2
- de bas-foyer . 112.7
- - feu d'affinerie 112.8
- - forge catalane 112.7
- - puddlage 113.1, 374.10
- - réchauffage 112.9
- douce 366.7
- entraînée . . 412.4
- épaisse 411.3
-, exempt de . . 416.4 484.11
- finale 411.2
- flottante . . . 386.6
- interposée . . 377.8
- pâteuse . . . 411.3
- pauvre en fer 113.4
- - - phosphore 399.4
- riche 366.7
- - en fer . . . 113.3
- - - phosphore 399.3
- surnageante . 386.6
- Thomas 113.2, 399.2
Scorifiant . . . 349.8

Scorificante . . 349.8
Scorificare . . . 349.7
Scorification du phosphore 398.2
Scorificazione del fosforo 398.2
Scorifier 234.7, 349.7
Scorrevole . . . 105.3
Scorrimento . . 162.6
Scorritoio . . . 326.4
Scossa 102.5
Scotch blast furnace 286.6
- cleaner . . . 436.8
- pig iron . . . 5.10
- trowel 437.7
Scour, to . . 552.13
Scozzese, alto forno 286.6
-, ghisa 5.10
Scrap . . 27.7, 491.8
- - box 411.2
- iron 29.4.5
Scrap, -s . . . 411.2
Scraper 78.5
- disc 189.3
- knife 78.6
- plate 189.3
Scraping 354.2
- belt 189.4
- device 78.5
- of the slag on the converter nose 402.1
Scratch 54.2
- hardness . . . 53.11
- test 54.1
Screen 388.3
-, to 63.2, 75.9
Screened . . . 63.1
Screening . . . 75.7
- device 75.11
Screpolarsi della muratura 336.6
Screpolato . . . 108.4
Screziato . . . 114.5
Screw 295.3
- caliper 39.3
- conveyor . . 139.7 159.6
- gauge 39.3.4
- key 522.1
- taps 14.2
- together, to . 442.9
Screwed on . . 524.4
Screwing down 522.8
- together . . . 295.2
- up 522.8
Scribing block . 40.5
Scrubber . . . 317.4
-, double - of wire 491.2
Scrubbing pot 553.8
- vat 553.8
Sdoppiamento degli ioni 268.2
Sdrucciolo del crogiuolo 358.9
Sea freight . . 561.8
- green 548.3
- sand 212.6
- shipment . . 56.1
Seal . . . 234.3, 318.4
-, to 234.4
Sealing liquid . 270.1
Seam . . . 56.3, 489.6.7
Seamless 588.5
Seat, double . . 407.3
Sebo 419.11, 546.8, 553.5
Sec 60.1
-, à 76.2
- comme la poudre 247.2
Secadero . . 231.11.12 383.7
- de crisoles . . 233.3
- transportable 462.7
Secado . . 95.11, 231.8
- al aire 231.10, 422.10 429.8
- de los moldes 462.4
- en el desecador 231.11
- - - secadero 231.11
Secar . . . 230.4, 336.3
-, aparato para - los gases 268.2
-, - - - y calcinar 233.7
- en el lugar de fabricación 462.5
- la arcilla . 116.11
Seccato all'aria 429.8
Secchia 479.7
- in due pezzi 129.2
Secchio 189.9
Secchione da colata 477.3
Sección circular 304.3
- cuadriforme . 304.4
- de la boquilla 350.7
- - - tobera . . 350.7
- del espectro rojo-amarillenta 401.5
- en cuadrante 21.2
- final 580.4
- inicial 580.3
Secco . . 60.1, 412.3
-, a 76.2
- come la polvere 247.2
Séchage . 231.8, 232.4 336.3
-, appareil de . 232.5
- des moules . 462.4
- installation de - de l'air 329.1
Séché 95.11
- à l'air 231.10, 422.10
- dans le dessicateur 231.11
- - - séchoir . 231.11
Sécher 233.7
- sur place . . 462.5
Sécheur 433.7
Séchoir . . 231.11.12
- à creusets . . 233.3
Seco . . . 60.1, 425.12
-, á 246.9
-, - via -a . . . 76.2
- como el polvo 247.2
-, hulla -a . . 99.6.7
Secousse 102.5
Section 84.1
-, circular . . . 304.3
-, earliest . . . 580.3
-, final 580.4
-, first 580.3
- iron 19.9
-, iron -s 24.8
- of pass . . . 514.9
-s - boshes . . 302.6
-, square 304.4
- wire, small . 28.6
Section 84.1
- carrée 304.4
- circulaire . . 304.3
- de la busc . . 350.7
- - rupture . . 45.2
- finale 530.4
- initiale . . . 580.3
- obtenue par cisaillement 84.2
Sectional . . . 424.1
- area 508.2
Sécurité d'exploitation 557.6
- de service . . 557.6
Sede, a doppia 407.3
- piana 323.2
Sedia 521.7
Sediment . . . 147.7
Sédimentaire . 57.3
Sedimentär . . 116.1
Sedimentare . . 116.1
Sedimentario . 57.3
Sedimentary . 57.3 116.1
Sedimento . . . 147.7
Sedimento di detriti 57.3
See-erz 67.4
-fracht 561.8
-sand 212.6
Sega 493.6
- a caldo . . 533.10
- - freddo . . . 493.4
- alternativa . 493.5
- per carbone . 235.6
Segment de denture 455.6
- -fouloir . . . 455.5
Segnare, la bilancia segna 135.7
Segno lasciato dalla lima 49.5
Sego 419.11, 546.8, 553.5
Segregación . . 357.7
- de hierro . . 361.7
Segregado . . 488.10
Segregate, to . 488.9
Segregated . 488.10
Segregation . . 488.8
- of graphite 214.12
Ségrégation . . 488.8
- de fer 361.7
- - graphite . 214.12
Segregato . . 488.10
Segregazione di ferro 361.7
Seguridad de servicio 557.6
-, tubo de . . 189.10
-, válvula de . 314.9
-, varilla de . . 311.2
Seguro de transporte 560.11
Sehne 379.3
-puddeln . . . 379.2
Sehnig . . . 9.9, 46.2
Sehweite . . . 279.5
Seife 546.1
Seifenlösung . 276.5
Seigern 488.9
Seigerungserscheinung 488.8
Seilbahn 185.8
-begichtung . . 331.7
-, Draht- 185.9
-, Luft- 185.11
-, Rangier- . . . 124.4
-, Verschiebe- . 124.4
Seil-betrieb . . 170.4
-hängebahn . 185.11
-scheibe 331.1
-scheibenantrieb 330.8
-schmierer . . . 137.7
-trommel . . . 331.1
Seiten-druck . 515.8
-kammer . . . 316.6
-stein 292.6
-zug 417.3
Seize, to - with tongs 531.7
Sel, -s alcalins 361.9
- ammoniac . . 545.8
- commun . . 207.2
- marin 545.7
- métallique . . 427.5
Selbst-entladegefäß 128.2
-entladend . . 128.4
-entlader . . 128.2.4
-entleerer . . . 128.2
-entleerung . . 128.3
-gehend 62.2
-greifer 129.1
- -betrieb . . . 128.7
-leuchtend . . 400.1
-schmelzig . . 62.2
-steuerung . . 500.4
-tätig 186.9
- -, sich - - öffnen 315.1
Selection of motive power 168.1
- - test pieces . 33.1
Self-acting . . . 527.2
- -discharger . 128.2
- -discharging wagon 128.4
- -feeding furnace 157.4
- - grate . . . 161.7
- -fusible . . . 62.2
- -fluxing . . . 62.2
- -regulation . 500.4
Sella di muro . 84.8
Sellar 234.4
Selle . . . 24.3, 517.11
- à crochet . . 24.4
- de mur . . . 84.8
Seller 558.6
Sello 234.3.4
Semelle 496.3
Semi-bituminous 99.4
- -fluid 419.9
- -manufactured 18.1
- -portable . . 155.2
Semiatruchado . 2.4
Semicerrado . 103.5
Semicircolare . 475.9
Semicircular . 475.9
Semifijo 155.2
Semigraso . . . 99.4
Semigrasso . . 99.4
Semiproducto . 18.1
Semitrotato . . . 2.4
Senk-blei . . . 40.8
-brunnen . . . 141.7
-bühne 138.4
-lot 40.8
-recht 394.1
-wage 180.2
-wagendichtheitsmesser 180.3
Senkung des Kegels 309.7
- - Metallspiegels 482.10

Sens du mouvement 93.6
- inverse, en . 582.3
Sensibile . . 240.10
Sensibilidad . . 240.9
Sensibilità . . . 240.9
Sensibilité . . . 240.9
Sensibility, magnetic 91.10
Sensible . . . 240.10
Sensitive . . 240.10
Sensitiveness . 240.9
Senso 531.11
- del movimento 93.6
Sentanilla . . 40.6
Sentido del movimiento 93.6
Separable . . . 390.4
Separación 74.3, 75.8
- à mano . . . 75.10
- de carbono . 348.8
- - la fundición 474.5
- - las escamas 532.8
- - los elementos de la carga 348.4
- - polvo de mineral 315.5
- del hierro . . 147.9 432.6
- - polvo . . . 409.1
- electrolítica . 265.2
- húmeda . . . 79.8
- por vía seca . 76.2
Separado . . . 147.7
Separador 188.3, 270.1
- centrífugo . . 176.3
- con agitador 183.2
- - imán permanente 93.7
- de agua . . . 179.3
- - minerales Wetherill 94.4
- magnético . . 532.7
Separar 75.9
Separare . . 63.2, 75.9 147.7
- il ferro . . . 147.9
Separarse . . . 483.9
Separarsi . . . 483.9
Separate, to . . 75.9
Séparateur . . 188.3
- à aimant permanent 93.7
- avec agitateur 183.2
- d'eau 179.3
- de minerais de Wetherill 94.4
- magnétique . 432.7
Separating and shaking apparatus 183.2
- funnel 188.3
- plant 102.3
- wall 319.8
Separation 74.3, 75.8 357.7, 361.7
- by hand . . . 75.10
-, dry 76.2
-, electrolytic . 265.2
-, humpy 483.5
-, magnetic . . 91.2
- of carbon . . 348.8
- - graphite . 214.12
- - iron 432.6
- - phosphorus 376.12
Separation of the constituents of the charge 348.4
- - - iron . . . 474.5
- - - ore dust . 315.5
-, wet 79.8
Séparation 74.3, 367.7
- à sec 76.2
- de carbone . 348.8
- - la fonte . . 474.5
- des éléments de la charge 348.4
- - poussières . 315.5 409.1
- électrolytique 265.2
Separator, Eisen- 432.7
Separator, magnetic 432.7
- with permanent magnet 93.7
Separatore . . 270.9
- centrifugo . . 176.3
- con magnete permanente 93.7
- di minerali secondo Wetherill 94.4
-, dispositivo . . 75.11
- ed agitatore, apparecchio 183.2
- magnetico . . 432.7
-, -rice 188.3
Separazione 74.3, 75.8
- a mano . . . 75.10
- - secco . . . 76.2
- degli elementi della carica 348.4
- del ferro . . 432.6
- della ghisa . 474.5
- delle polveri 315.5 409.1
- di carbone . 348.8
- - ferro 361.7
- elettrolitica . 265.2
-, impianto di . 102.3
- umida 79.8
Séparer, se . . 483.9
Serrated 46.3
Serbatoio 26.10, 80.9 102.4
- d'acqua . . . 145.6
- d'aria 394.4
- di decantazione 146.9
- - gas 271.3
- - minerali . . 131.3
- elevato . . . 145.8
- per mercurio 200.4
- posto in alto 145.8
Serie di getti . 81.9
- - stacci . . . 230.8
-, per 81.8
Serie de tamices 230.8
- - tubos . . . 319.6
-, por -s 31.8
Série 34.11
- de pièces de fonte 81.9
- - tamis . . . 230.8
-, par 81.8
Series, in . . . 81.8
Serpentin à dessécher 270.4
- pour l'absorption 270.4
- refroidisseur 255.6
Serpentin de refrigeración 255.6
- para la absorción 270.4
- - secar . . . 270.4
Serpentino d'assorbimento 270.4
- di condensazione 255.6
- - raffreddamento 255.6
Serpiginous . . 487.3
Serrage 24.5
-, appareil de . 186.2
-, - - - pour voies de manœuvre 187.8
- des cannelures 516.8
Serraggio . . . 523.9
Serraviti . . . 291.4
Serré 335.7
Serre-fil 265.9
Serrer et dégager les boulons, appareil pour 291.4
Servant, laboratory 174.5
Service pipe . 146.1
Service 332.4, 556.10
- du four . . . 409.5
-, en 557.1
-, hors 556.11
Servicio 174.7
- de convertidor 395.2
- del horno . . 409.5
- - laboratorio 173.2
-, en 557.1
-, fuera de . . 556.11
Servizio . 332.5, 556.10
- del forno . . 409.5
-, fuori 556.11
-, in 557.1
Servo-monteur de renversement 532.7
Servo del laboratorio 174.5
- -motore . . . 532.7
Sesquiossido di ferro 66.4, 67.8
- - - idrato . . 66.11
- - manganese 217.5
Sesquioxide of chromium 218.2
Sesquióxido de hierro 67.8
- - - anhidro . 66.3
- - manganeso 217.5
Sesquioxyde de chrome 218.2
- - fer . . . 66.3, 67.8
- - manganèse 217.5
Set, by -s . . . 31.8
- of castings . 89.9
- - machines . 170.3
- - pulley patterns 451.7
- - sieves . . . 230.8
Setaccio 230.3
Setting 486.2
- -in the crucible 385.8
Settling tank . 81.3 146.9
Settore 456.3
Setz-boden . . 467.4
-wage 435.4
Setzen, in Haufen 376.4
Seuil de porte 404.5
- du trou de travail 371.1
Sevo . . 419.11, 546.8 558.5
Sezione . . 34.1, 516.8
- bianca radiante 488.7
- circolare . . . 304.3
- dell'ugello . . 350.7
-i della sacca . 302.6
- di contropressione 507.6
- - pressione . 507.5
- finale 580.4
- iniziale . . . 580.8
- modellisti . . 422.1
- quadrata . . 304.4
- trapezoidale 293.2
- verticale . . . 288.1
Sfera . . . 54.5, 300.8
Sferico 96.5
Sferosiderite argillosa 68.8
- carboniosa . 69.1
Sfioratore . . . 146.2
Sfioro 439.4
Sfogliarsi . . . 481.6
Sfondare bruciando 413.7
Sformare . . . 435.8
Sfornamento . 106.5
Sfornare 106.4
Sfregamento . 32.6
- del collo . . . 518.8
Sfregiato . . . 47.5
Sgocciolamento 246.4
- della ghisa . 474.4
Sgocciolatore brevettato 185.5
Sgretolato . . . 96.1
Sguarnitura . . 355.6
Shade, to . . 282.11
Shaft 77.5, 303.8, 304.5 470.6, 495.6
-, accessible . . 305.5
- brick . . . 305.10
- crucible furnace 384.4
-, flexible . . . 492.8
-, free 305.4
- furnace for hardening 541.2
- - - reheating 541.3
- -, Grönwall, Lindblad and Stalhane 571.4
- -, Héroult . . 571.5
- -, Siegerland 88.7
- -, Stassano . . 571.3
- hammer . . . 495.3
-, independent . 306.3
- installation . 100.6
- lining 305.8
- plant 100.6
- pump 144.4
- top 467.5
-, vertical . . . 78.4
- wall 305.6
-, well 141.2
Shaking apparatus 183.2
- grate . . 157.7, 162.1
- sieve 230.10
- trough . 139.6, 483.2
Shank 462.1
-, spread -s . . 462.2
Shape 96.2
-, basaltlike . . 107.1

Shape, circular 290.4
-, concave - of the hearth 370.1
-, cylindrical . 96.4
-, specified . . . 33.9
-, final 530.2
-, first 530.1
-, octagonal . . 290.5
- of brick . . . 321.9
- - pass . . . 514.11
-, prescribed . . 33.9
Shaped 460.1
Shaping 436.7
- groove 516.3
- pass 517.4
Sharpener . . . 196.8
Shear, hydraulic 533.8
- steel 13.2
-, to 533.6
Shearing line . 84.2
- machine . . . 533.9
- -, hydraulic . 533.8
- resistance . . 32.5
Shed 334.7
Sheet 194.9
- billets 18.7
-, black 533.3
- gauge 40.2
- iron . . 25.6, 292.4
- -, black . . . 26.2
- -, corrugated 308.4
- -, finished . . 27.6
- -, hammered . 25.8
- - ring 309.1
- -, jacket . . . 26.8
- - plate 295.1
- -, profiled . . 26.4
- - provided with projections 26.12
- -, raw 27.5
- -, riffeled . . 26.11
- - scraps . . . 27.7
- - shell . . . 287.12
- -, tank 26.10
- -, thick 26.3
- -, thin 25.7
- -, unfinished . 27.5
- metal 25.4
- - free from oxides 553.1
- -, rolled . . . 25.5
-, pickled . . 552.11
- roll 514.1
- rolling . . . 532.10
- - mill 510.5
- - -, thin . . . 511.2
- shearing machine 533.9
- steel 292.4
- - plate 295.1
Shelf stand . . 383.8
Shell 83.8
- electrode, cylindrical 261.8
- of bosh . . . 302.4
- plate 26.8
Shield 162.5
Shift 556.6
-, eight hours . 556.8
Shingle, to . . 377.1
Shingling . . . 377.2
Ship owner . 561.12
- plate 26.9
Shipment 560.3, 561.8
Shipping . . . 560.4
- insurance . 560.11
- port 561.10
Shock . . 41.7.9, 472.7
- bending test . 44.1
- crushing test 58.5
- stress 41.5
- test 42.1
- - on notched bar 44.2
Shoe 77.6
- brake 498.2
-, cam 496.6
-, iron 496.3
Shoot . 131.8, 132.2.3
Shop 118.2
- drawing . . 422.11
Short iron . . . 44.6
Shortening of the melting period 411.10
Shot . . . 239.6, 491.8
Shoulder . . . 390.2
Shovel . . 434.4, 340.7
Shower bath . 151.1
Shrink, to 418.5, 423.3
Shrinkage 423.2, 514.8
- of the steel 546.13
Shunting cable railway 124.4
- drum 124.5
- railway . . . 137.8
- station 123.6
- track 123.8
Shut down . 556.11
- - of the furnace 354.7
Shutting off the blast 338.8
Siccité, à . . . 246.9
Sicher 442.7
Sicherheit, Betriebs- 557.6
Sicherheits-klappe 314.9
-röhre 189.10
-stange 311.2
-vorrichtung . 314.9
Sichtbar . . . 35.6
- machen . . . 277.3
Sichtungsanlage 102.3
Sicurezza, barra di 311.2
- di servizio . 557.6
-, tubo di . . 189.10
Side 408.3
- chamber . . . 316.6
- channel . . . 444.1
- flue . . . 372.8, 417.3
- leg 320.2
- stone 292.6
- wall 369.2
Siderita 68.5
Siderite 68.5
- calcinata . . 68.9
- ossidata all'aria 68.7
Siderosa . . . 68.4
Sidérose 68.4
Siderurgia . . . 17.10
Siding 123.8
Sieb 230.3
-, feines 230.7
-, Filter- 245.4
-, grobes . . . 230.6
-kammer . . . 140.9
-koks 107.11
-, Maschen- . . 230.4
-rost 161.1
-satz 230.8
Sieb-schale . . 231.1
-, Schüttel- . 230.10
-, Schwing- . 230.10
-vorrichtung . 230.2
- -, mechanische 230.9
-, Wurf- 230.5
Sieben 438.10
Siebung . . . 229.10
Siede-blech, Babosches 199.4
-hitze 242.10
-rohrkessel . . 155.1
Sieder 154.2
Siège, à double 407.3
- de coulée . 480.1.6
- horizontal . . 323.2
Siegel 234.3
Siegen, fonte de 5.5
Siegen, fundición de 5.5
-, ghisa di 5.5
Siegerland, forno a tino di 83.7
Siegerland, four à cuve du 83.7
Siegerland pig iron 5.5
- shaft furnace 83.7
Siegerländer Roheisen 5.5
- Schachtofen . 83.7
Siemens, aparato electromagnético de 93.8
Siemens, apparecchio elettromagnetico di 93.8
Siemens, appareil électromagnétique de 93.8
Siemens' butterfly valve 407.1
- electromagnetic apparatus 93.8
Siemens, elektromagnetischer Apparat von 93.8
-, gasogeno . . 404.8
-, gasógeno . . 404.8
-, gazogène . . 404.8
Siemens-Martin, acciaio 12.3.4
- -Martin, acéro 12.3.4
- -Martin, acier 12.3.4
- -, aciérie . . 402.4
- -, fábrica de acero 402.4
- -, forno . . 402.6
- -, four . . . 402.6
- -, horno . . 402.6
- -Martin-ofen . 402.6
- -stahl, basischer 12.4
- - - -, saurer . 12.3
- -Martin steel works 402.4
- producer . . 404.8
-, valve à papillon de 407.1
-, valvola a farfalla 407.1
-, válvula de mariposa sistema 407.1
-sche Wechselklappe 407.1
-scher Generator 404.8
Sierra . . . . . 498.
- alternativa . 498.
- de hojas . . . 498.
- - láminas . . 498.
- en frio . . . . 498.
- para carbón . 235.
- - cortar en caliente 533.1
Sieve . . . 230.3.4.
-, fine . . . . . 230.
- grate . . . . 161.
-, to 438.1
-, wide meshed 230.
Sieving . . . . 482.
Sifflet 44.1
Sifón . . . . . 186.
Sifone . . 186.5, 482.
Sift, to 438.1
Sifted 107.1
Sifting . . 65.2, 229.1
- device . . . . 230.
-, dry . . . . . 230.
Sigillare . . . . 234.
Sigillo . . . . . 234.
Sight hole . . . 168.
Sign . . . . . . 34.
Silber . . . . . 219.
-erz, manganhaltiges 70.
-haltig . . . . . 861.
-hell . . . . . . 108.
-, metallisches . 210.
-nitrat . . . . . 210.
-oxyd, salpetersaures 210.
-stahl . . . . . 17.
Silica brick . . 306.
Silicatación . . 357.
Silicate of aluminium 427.1
- - aluminia, hydrated 115.1
-, zinc 361.1
Silicate d'alumine 427.1
- - hydraté . 115.1
- de manganèse 70.
- - zinc . . . 361.1
Silication . . . 357.
Silicato d'alluminio 427.1
- di zinco . . 361.1
- - zinco idrossilo 71.1
- idrato di alluminia 115.1
Silicato de alúmina 427.1
- - cinc . . . 361.1
- - manganeso 70.
Silice . . 65.9, 216.
- combinée . . 115.
- gélatineuse . 115.
-, riche en . . . 115.
Silice combinata 115.
- gelatinosa . . 115.
-, ricco in . . . 115.
Sílice . . . . . 356.
- aluminosa hidrófera 115.1
- combinada . 115.
- gelatinosa . . 115.
-, rico en . . . 115.
Siliceux . . 1.3, 357.1
Silíceo . . . . 115.
Siliceo . . 115.2, 357.1
Siliceous 71.10, 115. 357.1

Silicic acid 65.9, 216.3
- -, combined . 115.4
- -, gelatinous . 115.5
- -, rich in . . 115.8
Silicico 216.3
Silicico 216.3
Silicid of carbon 15.5
Silicio 8.3, 216.2, 344.1
Silicioso . 1.3, 357.11
Silicique 216.3
Silicium 216.2
-eisen . . . 1.2, 15.3
-, Ferromangan- 15.4
-karbid . 15.5, 344.1
-reich 1.3
-stahl 16.10
Silicium . . 1.3, 216.2
Silicon 1.3
- steel 16.10
Silicospiegel . 15.4
Silico-spiegel . 15.4
Silikat, Tonerde- 427.11
Silizierungsgrad 357.2
Sill 371.1
Silla . . . 24.3, 517.11
- de gancho . . 24.4
- - muro . . . 34.3
Sillar de piedra arenisca 306.7
Silver 219.8
-, metallic . . . 210.2
- nitrate 210.1
- ore, manganiferous 70.7
-, quick . . . 545.10
- steel 17.8
Silvery 108.2
- gray 1.3
Simbolo chimico 226.4
Símbolo quimico 226.4
Simultané . . . 168.5
Simultaneo . . 168.5
Simultáneo . . 168.5
Single-phase furnace 572.1
Sink 175.4
Sinter-kohle . . 99.7
- -, backende . 99.8
-, Walz- 85.8
-, Walzen- . . . 112.4
Sinter, to . . . 349.5
Sintered 96.1
Sintering . . . 349.6
- coal 99.7
Sintern 349.5
Sinternd 99.9
Sinterung . . . 349.6
Sinuoso, conductos -s 407.3
Siphonrohr . . 320.1
Sirupdichte . . 247.1
Sirupeux . . . 247.1
Sistema a due conduttori 167.4
- - più conduttori 167.5
- di fabbricazione col minerale 412.9
- - - dell'acciaio con ghisa e rottami 418.1
Sistema di lavoro 409.4
- - lenti 280.3
- - prova . . . 31.3
-i differenti di fabbricazione 412.7
- inglese con due convertitori 395.3
- lenticolare . . 280.3
Sistema bifilar 167.4
- de dos conductores 167.4
- - muchos conductores 167.5
- inglés para dos convertidores 395.3
- lenticular . . 280.3
Sitio de un defecto 35.4
Siviera 341.6.7, 477.4.8
- a portante . . 478.1
- fissa 478.7
- girevole su carrello 478.6
- per gru . . . 478.8
- - - con portante 479.1
Size 37.7, 100.8, 231.4
-, equal 75.4
- of coal . . . 100.8
- - grain . . . 231.3
Sizing by sifting 65.2
Skala 65.8
-, Härte- 180.8
Skimmer 339.8, 481.7
Skin . . . 486.8, 490.7
- due to rolling 35.6
-, hard white - with radiated structure 488.7
Skip 332.1
Skrubber . . . 317.4
Skum 481.8
Slab 366.4
- bloom 18.6
Slack 101.4
- coal 101.4
Slag 112.7, 355.9, 366.1
-, acid 356.6
- adhering to the converter nose 401.11
- ball 397.2
-, basic 113.3, 356.7, 399.2
- bath 370.3
- bed 370.2
-, blast furnace 95.7
- block 356.2
- bottom . . . 370.2
- brick . . . 358.8.11
- cake 356.1
- chamber . . . 409.3
- cement . . . 359.6
-, containing 484.10
- cover 388.4
- crust 386.5
-, enclosed . . . 377.8
- discharge . . 300.1
-, finishing . . . 412.2
-, floating . . . 386.6
- forming . . . 348.8
- - period . . . 396.6
- free 416.4
-, - from -s . 484.11
-, granulated . 359.4
- hearth 369.9
Slag hole . . . 299.6
-, included . . . 377.8
- notch 299.6
- plate 371.3
- pocket 409.3
-, poor 357.5
- - in iron . . 118.4
- - - phosphorus 399.4
- Portland cement 359.6
- press 359.7
- puddling . . 379.4
-, raw 357.5
-, rich 357.4
-, - fining . . . 366.7
- - in iron . . 118.3
- - - phosphorus 399.3
- sand 359.5
-, stiff 412.3
- stone 358.6
-, stony 357.8
- taken away . 412.4
-, Thomas . . . 118.2
- thread . . . 358.10
-, to 349.7
-, to - out . . . 338.2
-, tuyere 299.7
- - Lürmann . 299.8
- wagon 338.5
- washing process 365.8
- wool 358.9
Slagging . . . 299.5
- of the phosphorus 396.2
Slaker, round . 487.5
Slate 101.10
-, argillaceous . 112.1
Slaty 116.5
Slecker, round 487.5
Sledge hammer 468.9
Sleeker 487.4
-, round 487.5
Sleeper 28.3
-, iron 28.1
-, longitudinal . 28.4
- pass 517.6
-, pressed . . . 28.2
Sleeve 480.4
- rod 480.2
Slicker, round 487.5
Slide 274.11, 275.1, 278.7
-, cold blast . . 322.4
- valve 322.2, 479.7.9
- -, cast steel . 322.7
- - gear 499.6
Sliding bottom 105.3
- box 282.3
- clutch 519.9
- door . . 286.9, 404.4
- grate 162.3
Slime, -s 77.7, 90.3, 101.8
Slimy 248.2
Slip, angular . 51.4
- of scaffold . . 358.7
Slot . 85.8, 468.7, 522.6
- atomiser . . . 158.4
-, circular . . . 159.1
-, long 159.2
- sprayer . . . 158.4
Slow down, to 474.3
Slung in a rotating position 398.8
Smagrire la pasta 332.8
Small, -s . . . 62.9
Smaltare 554.5
-, forno per (v. forno)
Smalto 554.6.7
Smelt, to 333.5, 374.4
Smelting . 74.5, 336.2
Smelting, s. a. melting
-, electric - of iron 571.2
-, fine 366.5
-, furnace 252.2, 362.4 465.8
- -, Colby's . . 568.7
- hearth . 468.8, 569.3
- house 463.5
- of iron by electrothermal method 571.2
- - scrap iron . 565.8
Smerigliato . . 203.1
Smeriglio 202.11, 203.1 275.7.9
Smettere le cariche 354.10
Sminuzzare . . 77.1
Smistamento . 123.6
Smith's coal . . 100.1
Smithsonita . . 71.8
Smithsonite . . 71.8
Smithy 150.4
Smoke 561.1
- black 430.7
-, brown 400.7
- stack 164.6
- tube 155.1
Smontabile 440.5, 469.8
Smooth 472.4
-, to 492.2
-, - - the moulds 487.1
Smoother . . 487.2.8
Snap flask . . . 440.8
Soaking pit . . 527.5
- - crane . . . 527.7
- -, heated . . . 527.5
Soap 546.1
- solution . . . 276.5
Soapy 428.4
Sobrecalefacción 474.9
- de la fundición 474.7
Sobreespesor . 486.10
Sobresaturado . 16.9
Sockel, Mauer- . 290.2
-, Stein- 290.2
Socket 445.3
-, spindle and . 445.1
- wrench . . . 522.1
Socle en maçonnerie 290.2
- - pierre . . . 290.2
Socorro, casa de 150.5
-, estación de . 150.5
Soda 205.9
Soda, caustic . 205.1
- lime 205.7
Soda 205.9
- caustica . . 205.1.3
Sodato 205.7
Sodé 205.7
Sodico 205.9
Sódico 205.7
Sodio . . 182.5, 221.3
Sodium . 182.5, 221.3

Sodium 221.3
- ammonium phosphate 212.1
- arsenite . . . 210.9
- bicarbonate 205.10
- borate . . . 211.14
-, carbonate of 205.9
- chloride . . . 545.7
- flame 285.8
-, hyposulphite of 210.6
- line 401.3
-, peroxide of . 211.1
-, phosphate of 206.9
- pliers 202.6
- press 182.5
-, sulphate of . 205.12
- sulphite . . . 210.5
Soffiamento a tutta pressione 838.7
Soffiante a gas 827.5
- elettrica . . . 828.2
Soffiare 896.2
Soffiato 850.2
Soffiatura 488.11, 484.2 494.2
Soffieria 251.2.3, 825.3
- a cassa . . . 825.5
- - cilindro . . 825.6
- - gas 827.5
- - vapore . 825.10
- di Cleveland ad una biella 826.6
- elettrica . . . 828.2
- idraulica . . . 225.9
- orizzontale . 826.7
- verticale . . . 826.2
Soffietto . 251.5, 825.3
- a mano . . . 487.9
- - pedale . . . 251.4
Soft 44.5
- iron 10.2
- steel 11.6
Softening . . . 147.8
Soglia della porta 404.5
- per l'utensile di lavoro 871.1
Sohlplatte . . . 869.4
Sohle, Aufgebe- 888.4
-, Herd- 291.7
-, Hütten- . . . 288.6
-, Ofen- 291.7
-, zugängliche . 403.7
Sohlenkanal . . 104.1
Soil 288.8
-, marshy . . . 288.9
-, natural . . . 288.8
-, rocky . . . 288.10
Sol de l'usine . 288.6
- - la fonderie 475.7
- marécageux . 288.9
- naturel . . . 288.8
- peu sûr . . . 288.7
- rocheux . . 288.10
Solapa 538.7
Soldable 9.5
Soldado 9.4
- á solapa . . . 538.7
- - tope 538.6
- en espiral . . 538.8
Soldadura . . . 538.3
Soldar . 878.4.5, 429.13
- el acero . . . 10.9
Sole plate . . . 291.2
Sole . . . 12.4, 403.6
- à courant d'eau 869.6
- - réchauffer . 870.6
Sole accessible 403.7
- amovible . . 416.1
- du creuset . . 291.7
- - four . . . 869.11
- en scories . . 869.9
- mobile 528.6
- tournante . . 867.7
Solera 104.1, 864.3, 403.6
- accesible . . 403.7
- cambiable . . 416.1
- de escorias . 870.2
- - fusión . . . 569.3
- - trabajo . . 569.4
- del horno . 869.11
- giratoria . . 867.7
- movil 528.6
- para escorias 869.9
- refrigerada por agua 869.6
Solfato acido di potassa 206.2
- d'ammonio . 108.8
- di bario . . 220.11
- - calcio 206.1, 220.3
- - magnesia . 208.3
- - potassa . 205.11
- - rame 90.6
- - soda . . . 205.12
- - zinco . . . 90.10
- ferrico 69.2
- ferroso 69.3
- - -ammonico 208.6
- potassico . 205.11
- sodico . . . 205.12
Solfidrico . . . 204.8
Solfito di soda 210.5
Solfo . . . 65.9, 216.7
Solfocianuro ammonico 206.1
Solforato . . . 204.8
Solforico . . . 204.1
Solforoso . . . 60.6
Solfuro ammonico 207.5
- d'antimonio . 218.9
- di carbonio . 212.4
- - piombo . . 71.7
- - zinco . . . 72.1
Solid 475.4
Solide 885.2
Solidez 413.2
Solidificación . 215.6 486.2
- al aire . . . 859.10
Solidificado . . 401.9
Solidification . 215.6 274.2, 854.1, 486.2
Solidificato . . 401.9
Solidificazione 486.2
- all'aria . . 859.10
Solidifié 278.9
Solidified . . . 278.9
Solidifier, se . . 854.1
Solidité 413.2
Solido . . 278.9, 885.2
Sólido . . 49.10, 885.2
Sollecitare un corpo per trazione 48.7
Sollecitazione alla torsione 50.4
- d'un corpo per urto 41.8
Sollevamento a spina 449.2
- dei lingotti . 527.3
Sollevare . . . 875.2
Sollgewicht . . 185.4
Solliciter par traction 48.7
Solubile . 241.8, 899.7
Solubilidad . . 241.3 258.9, 278.4
- completa . . 278.5
- limitada . . . 278.6
Solubilità 241.3, 258.9 278.4.8
- completa . . 278.5
- limitata . . . 278.6
Solubilité 241.3, 258.9 278.4
- complète . . 278.5
- limitée 278.6
Solubility 241.3, 258.10
-, limited . . . 278.6
-, perfect . . . 278.5
Soluble . 241.8, 899.7
-, rendre - par fusion 251.1
Soluble . 241.8, 899.7
-, hacer - por fusión 251.1
Solución de cloruro de calcio 829.6
- potásica . . . 181.3
- sólida 278.9
- - cristalizada 278.10
Solution 192.5
-, caustic potash 205.2
-, - soda 205.3
-, clear 241.10
-, congealed . . 273.9
-, equi-molecular 259.1
-, equivalent . . 259.2
-, isohydric -s . 262.7
- of chloride of calcium 829.6
- - resins in turpentine 551.8
- - sulphate of copper 552.8
- pressure, electrolytic 263.7
-, solid 273.10
-, solidified . . 273.9
-, turbid . . . 241.11
Solution 259.4
- acide 262.8
- claire . . . 241.10
-s correspondantes 262.7
- cristallisée . 278.10
- d'indigo . . . 211.7
- de chlorure de calcium 829.6
- - potasse caustique 205.2
- - résine dans la térébenthine 551.8
- - savon . . . 276.5
- - soude caustique 205.3
- - vitriol . . . 552.8
- équimoléculaire 259.1
- équivalente . 259.2
- filtrée claire . 244.3
-s isohydriques 262.7
- normale . . . 192.6
- solidifiée . . . 273.9
- titrée 192.5
- trouble . . 241.12
Soluzione 241.2, 259.3
- acida 262.8
- chiara . . . 241.10
-i corrispondenti 262.7
- cristallizzata 287.10
- d'indaco . . . 211.8
- di cloruro di calcio 829.6
- - potassa caustica 205.2
- - resina in trementina 551.8
- - sapone . . . 276.5
- - soda caustica 205.3
- - vetriolo . . 552.8
- equimolecolare 259.1
- equivalente . 259.2
- filtrata chiara 244.3
- - limpida . . 244.3
-i isoidriche . . 262.7
- limpida . . 241.10
- normale . . . 192.6
- solida 278.9
- torbida . . 241.11
Solvente 241.6
Sombrerete . . 318.8 406.2
- de botella . . 188.7
Someter á la tracción 48.7
Sommet de voûte de la sole 290.7
Sommier de grille 868.2
- - presse . . . 121.4
Sommità del compressore 121.4
Son métallique, rendant un 108.3
Soucoupe en ébonite 202.1
Sonder-gußeisen 9.1
-satz 478.10
-stahl 16.7
Sonido metálico, de 108.3
Sonnenlicht . 280.12
Soplado 251.2
- posterior . 897.10
Soplador Bibus 472.5
- de chorro de arena 492.9
- hidráulico . . 825.9
- Lehmann . . 471.7
- por debajo del emparrillado 158.1
Sopladura . . . 494.2
Soplante, máquina (v. máquina)
Soplar 896.2
- de nuevo . 897.10
-, el - á plena presión 838.7
Soplete . 284.6.8, 251.3
- de pie 251.4
Soplo á plena presión 838.7
Soporte . . . 198.5.6
- de caballete . 454.1
- - desecador . 233.6
- - la placa anterior 414.1
- - - plataforma del tragante 307.8
- - - terraja . . 445.4
- - - tolva . . 310.2.3

Soporte de los cojinetes del convertidor 392.5
- - macho . . 461.7.8
- - matraz . . 198.7
- - microscópio sistema Martens 281.9
- - porcelana . 194.2
- - rodillos . . 325.2
- del filtro . . 244.9
- - marco . . . 414.3
- - tubo de agua de refrigeración 298.2
- para crisoles 252.6
- - el baño de María 247.8
- - tubo 253.2
Sopporto 198.5, 392.5.9 445.4
- a rulli 325.2
- con due gambi 462.2
- - un gambo e due lamiere 461.8
- degli elettrodi 567.4
- del filtro . . 244.9
- - quadro . . 414.3
- - rampino . . 525.1
- dell'anima con una lamiera 461.7
- della crocetta 525.1
- - piattaforma di caricamento 307.8
- - tramoggia 310.2
- di laminatoio 520.8 521.1
- - porcellana 194.2
- per anime brevettato 461.9
- - essiccatoio 233.6
- - il tubo dell'acqua di refrigerazione 298.2
- - storta . . . 198.7
Soprasaturato . 16.9
Sorbit . . 283.8, 284.5
Sorbita 283.8
Sorbite . 283.8, 284.5
Sorgente . . . 141.2
- d'elettricità . 93.4
- di luce esterna 280.8
Sorte de fer . . 17.11
Sortie 439.7
Sorvegliante . 332.7
Sorveglianza . 556.9
Sosa 207.3
- cáustica . . 205.1.3
Sospendere momentaneamente l'andamento 354.9
Sospensione . 237.5 310.6
- a compensazione 237.6
-, in 263.5
Sospeso 309.3
Sosta momentanea 354.8
- nel funzionamento del forno 354.6
Sostanza animale 418.11
- densa per tempera 419.9
Sostanza ferrosa 370.4
- neutra 242.4
- organica . . 427.8
- per la cementazione 415.5
- - ritardare l'affinaggio ossidante 415.6
- - temperare . 545.6
Sostegno . . . 469.7
- da microscopio secondo Martens 281.9
- degli elettrodi 567.4
- del filtro . . 244.9
- della placca frontale 414.1
- - tramoggia 310.2.3
- per essiccatoio 233.6
- - la storta . . 188.1
Sotterraneo . . 58.1
Sottile 25.7
Sottopassaggio 124.2
Sottovia 124.2
Soubassement en béton 289.6
Soucoupe en caoutchouc durci 202.1
Soudable . . . 9.5.6
Soudant 9.8
Soude 205.9
- caustique . 205.1.3
Soudé 9.4
- en spirale . . 538.8
- par contact . 538.6
- - recouvrement 538.7
Souder . . . 378.4.5
- ensemble . . 429.3
Soudure 538.5
Soufflage . . . 251.2
- à pleine pression 338.7
- sous grille . . 158.1
Soufflant . . . 328.3
-, machine -e (v. machine)
Soufflante à gaz 327.5
Souffler 396.2
Soufflerie . . 251.3.6 325.3, 469.9
- à caisse . . . 325.5
- - cylindres . 325.6
- - gaz 327.5
- - haute pression à coquilles 472.7
- - pédale . . . 251.4
- - piston rotatif 472.5
- - vapeur . . 325.10
- avec moteur électrique 328.2
- Bibus 472.5
- de précision . 471.2
- Encke 471.3
- hélicoïdale . 471.9
- - à haute pression 471.9
- hydraulique . 325.9
- Lehmann . . 471.7
- Martin 472.7
- Root 471.1
- rotative 327.4, 472.5
- verticale . . . 326.2
Soufflet à main 487.9
- de forge . . . 251.5
- en cuir . . . 325.4
Souffleur à vapeur 469.10
Souffleux . . . 484.3
Soufflure 13.1, 336.8 484.2
Soufre . . 65.9, 216.7
Souillure par des substances chimiques 147.4
Soulèvement . 449.2
-, procédé à deux -s 366.3
-, - - un 366.2
Soulever 375.2
- la barre . . . 531.5
- les châssis . . 448.6
Sounding, metallic 108.3
Soupape 328.4, 500.2
- à air 145.5
- - double siège 407.3
- d'aspiration . 142.3
- d'échappement d'air 508.6
- de refoulement 142.4
Source 141.1
- of electricity 93.4
- - light, exterior 280.8
Source 141.2
- d'électricité . 93.4
- de lumière extérieure 280.8
-, en 482.5
Sous-sol 527.8
Soute 131.1
- aux cendres . 163.8
Souterrain . . . 58.1
South pole . . 92.1
Soutien 137.2
Sovrariscaldato 548.11
Sow . . . 340.3, 361.6
Spaccare . . . 354.3
- il minerale in pezzi 63.4
Spaccato . . . 63.3
- verticale . . . 288.1
Space cavity . 484.1
Spachtelfarbe . 494.3
Spachteln . . . 494.4
Spade 484.3
Spaddle 494.3
Spalt, Rost- . . 160.3
Spalten 263.9
Spaltung . . . 258.4
-, elektrolytische 258.4
-, Ionen- 263.2
Span 49.11
Span, Bohr- . . 228.3
Spann-bügel . 522.4
-gewicht . . . 137.3
-sprödigkeit . . 50.2
Spannung, Betriebs- 572.3
-, Biege- 488.9
-, Dreh- 50.6
-, Gas- 350.8
-, Guß- 488.8
-, innere . . . 488.10
-, magnetomotorische 92.7
-, Torsions- . . 50.6
Spannung, Verbrauchs- 169.5
-, Zersetzungs- . 265.4
-, Zug- 48.9
Spannungs-größe 257.3
-schwankung . 169.4
-verlust 350.6
Spar 68.6
Spar, -s 144.5
-, heavy . . . 220.11
Spare boiler . . 158.5
- piece 38.7
Spark 468.2
- chamber . . . 467.6
- quenching apparatus 468.3
-, star like -s . 374.9
Sparking . . . 396.9
Sparrost 160.9
Sparry 68.6
Spat-eisenstein 68.5
-, Fluß- 111.4
-, Kalk- 78.1
-, Mangan- . . . 69.7
-, reifer Eisen- . 68.7
-, Rost- 68.9
-, Schwer- . . 220.11
-, Zink- 71.8
Spatel 202.8
-, Platin- 195.8
Spaten, Former- 484.3
Spath calcaire . 78.1
- fluor 111.4
- pesant . . . 220.11
Spathic 68.5
Spathique . . . 68.5
Spatico 68.5
Spato calcare . 78.1
- fluore 111.4
- manganico . 69.7
Spatola . 202.8, 487.3
- di corno . . . 201.9
- - platino . . 195.8
Spatula 202.8
Spatule . 202.8, 487.3
- à manche courbe 487.4
- en platine . . 195.8
Spazzatura . . 155.8
Spazzola . . . 190.8
- a barba . . . 491.1
- - mano . . 487.10
- - - in filo d'acciaio 490.11
- circolare . . . 491.3
- di canapa . . 553.9
- doppia in filo d'acciaio 491.2
- in filo di ferro a striglia 490.12
- per sbavare . 490.10
- - tubi 190.9
Spazzolatura . 553.8
Specie del filo di ferro 38.2
- di formatura 488.2
- - minerali . . 66.1
Specific gravity flask 180.1
Specification . 32.7
- of quality . . 32.1
Spécification normale 32.7
Specificazione normale 32.7
Specolare, ghisa (v. ghisa)
Spectacles . . . 253.8

Spectral, analyse -e 400.10
Spectre 401.5
- continu . . . 401.2
Spectroscope . 400.11 401.1
Spectroscopical 400.10
Spectrum . . . 401.6
-, uninterrupted 401.2
Spéculaire . . . 66.7
Specular 66.7
- forge pig iron 8.6
- iron 8.3
Speculare 66.7
Speicher, Druckwasser- 508.3
-, Elektrizitäts- 266.5
Spektral-analyse 400.10
-analytisch . . 400.11
Spektroskop . . 401.1
Spektrum, Mangan- 401.6
-, ununterbrochenes 401.2
Spengere . . 355.3.4
-, apparecchio per - le scintille 468.3
Spengimento del forno 354.7
Spennellare . . 481.5
Sperimentalmente 345.2
Sperrflüssigkeit 270.1
Sperrig 463.11
Spesa d'analisi 227.6
-, -e d'sercizio . 563.2
- di costruzione 563.5
-e - rifacimento 578.1
-e - rivestimento 578.1
-e - trasporto . 560.7
-e generali . . 563.6
- per la forza motrice 168.2
Spessore 87.5
- del filo di ferro 28.3
- della parete . 305.7
- - tempera . . 420.4
- di ghisa . . 486.12
- prescritto . . 87.6
Spettanza . . . 227.7
Spettrale, analisi 400.10
Spettro 401.5
- continuo . . . 401.2
Spettroscopio 400.11 401.1
Spezial-gußeisen 9.1
-stahl 16.7
Spezzamasselli 464.9 465.7
- ad eccentrico 465.3
- fisso 464.10
- idraulico . . 465.2
- portatile . . . 465.1
Spezzare 463.8
Spezzarottami . 464.1
Spezzato . . . 107.12
Spezzatura dei masselli 463.6
Sphen 72.5
Sphérique . . . 96.5
Spia . . . 88.1, 168.2
Spianare colla lima 275.3
- le lamiere . . 584.6
Spianatura colla lima grossa 275.4
- - - fine . . . 275.5
Spiegel 8.3
-eisen 8.3
- -, stark manganhaltiges 8.7
-floß 8.3
-glas 337.2
-, Grau- 8.4
-, Grob- 8.6
-, Puddel- 8.6
-, Saum- 8.4
-, Silico- 15.4
Spiegel 8.3
- containing a large amount of manganese 8.7
-, high manganese 8.7
- iron, gray . . . 8.4
- looking, white 8.1
- -, markedly . . 8.2
Spiegel, fonte (v. fonte)
Spiegel, fundición (v. fundición)
Spiel des Eisens 488.1
- - Gebläses . 350.10
- der Wage . . 185.6
-raum . . . 37.4, 520.3
Spieß, eiserner 338.10
-probe der Schlacke 401.10
Spigolo 36.9
- superiore . . 308.7
- vivo . . 423.6, 426.6
Spike 24.6
Spiky 46.6
Spill, Rangier- . 124.5
Spilla 486.5
Spillo per dare l'aria 488.1
Spina . . 424.4, 449.2
- di estrazione 448.6
- - pesce . . 519.2.4
Spindel 445.1
-fuß 445.3
-, Kern- 459.9
-, Kupplungs- . 520.1
-, Luft- 460.3
-, Schablonen- . 445.1
-stock 445.2
Spindle . 445.2, 459.9
- and socket . 445.1
- box 524.3
- housings . . 524.3
Spinning machine, straw rope 460.9
Spinnmaschine, Strohseil- 460.9
Spinta 488.3
Spiral-feder . . 25.2
-geschweißt . . 538.8
Spiral blower . 471.9
- spring 502.5
- welded . . . 538.8
Spirale . . 471.9, 502.5
Spirit 447.2
- lamp 184.3
- level . . 182.6, 485.5
-, methylated . 546.5
Spirito 184.3
- di vino 447.2, 546.5
Spiritus 546.5
-lampe 184.3
-, mit - einreiben 447.2
Spit, to 482.1
Spitz 371.8
-balg, lederner 325.4
-bogenkaliber 516.11
-stampfer . . . 434.7
-zirkel 41.4
Spitze, verstahlte 339.1
Splay, to . . . 423.5
Splayed . . . 516.11
Splice bar, angle 24.1
Splinter 35.7
-, cast iron . . 464.8
Split shank . . 462.1
Splitter, Gußeisen- 464.8
-, Walz- 35.7
Splitting up of ions 263.2
Spoiled 489.1
Spoilt 548.9
Spola 535.6
Spolverizzare . 430.6
- le forme . . . 430.5
Spongieux 107.8, 376.8
Spongy 347.11, 376.8
Spool 535.6
Spoon . . 195.7, 202.9
- tool 437.4
Sporgente . . . 436.6
Sporto della staffa 441.4
Spostabile 139.8, 536.4
Spostamento del cavaliere 239.10
Spot, dead . . 277.6
-, dull 277.6
Spratzen 482.1
Spray nozzle . 317.5
Sprayer 158.2
-, centrifugal . 158.6
- nozzle atomiser 158.5
-, tubular . . . 158.3
Spraying . . . 298.5
Spread open . 462.2
Spreading, wide 463.11
Spring 25.2
- beam 496.7
- compass . . . 462.1
- cushioning . 502.4
- pressure gauge 350.11
- steel 14.3
Springer, forno a pudellaggio sistema 367.3
Springer, four à puddler sistème 367.3
Springer, horno de pudelar sistema 367.3
Springer's puddling. furnace 367.3
Springerscher Puddelofen 367.3
Sprinkle, to - the moulds 341.2
Sprinkling . . . 545.2
- apparatus . 432.11
Spritz-flasche . 186.3
-härtung . . . 545.2
-röhre 186.4
Spröde 44.7
Sprödigkeit, Spann- 50.2
Sprue 443.3
Sprung 418.6
Spruzzamento . 296.5
Spruzzare . . . 482.1
Spruzzetta . . 186.3.4
Spugna d'aspirazione 140.8
- di ferro . . 347.11
Spugnoso 357.9, 376.8
Spül-junge . . 174.4
-raum 177.6
Spule 535.6
Spumoso . . 357.10
Spur 468.7
-ofen 468.6
-, Schlacken- . 300.2
Spurt, to . . . 482.1
Squadra falsa . 40.6
- per lisciare 487.6.8
- - riparare . 487.6.8
Squamoso . . . 45.6
Square 19.3
- corner smoother 487.8
Squeezer . . . 377.4
-, rotary 377.5
Stab-eisen . . . 18.10
-, Rost 160.8
-, unbearbeiteter 19.4
Stabilimento . 288.6
- di forni a pudellaggio 366.9
- - stagnatura 552.12
-, franco 560.8
Stabilità 89.5
Stable 464.10
Staccare 375.2
Staccarsi a scaglie 431.6
Stacciare . . 488.10
Stacciatura . . 432.4
- meccanica . . 230.9
Staccio . . . 230.3.8
- a maglie . . . 230.4
- - - fini 230.7
- - - grosse . . 230.6
- - scosse . . 230.10
- filtrante . . . 245.4
- fine 230.7
- grossolano . 230.6
Stack . . 303.8, 372.9
Stadelröstung . 33.3
Staffa 439.9
- americana . . 440.6
- con pezzi riportati 440.9
- da aprirsi lateralmente 440.8
- - colonne . . 440.7
- di ferro . . . 440.3
- - legno . . . 440.4
- per formare in conchiglia 447.1
- - gettare in forma 439.13
- - siviera . . . 479.2
- smontabile . 440.5
- speciale per puleggie 452.1
Staffel-kessel . 158.9
-rost 161.6
-walze 518.6
Stage 131.7
- boiler, multiple 158.9
- for the slide 231.7

Staging, -s round furnace 808.3
Stagnare . . . 552.9
Stagnata . . 552.10
Stagnatura . . 552.12
Stagno . 218.10, 558.6
- piombifero . 558.7
- puro 558.11
Stahl 546.13
-, abgestandener 548.10
-, angelassener 548.8
-, Anker- 14.5
-, aus - gegossen 488.3
-, basischer Siemens-Martin- 12.4
-, Bessemer- . . 11.8
-, Blasen- . . . 18.1
-, blasiger . . . 484.3
-blech . . 25.11, 186.5
-, Bohr- 17.7
-, Chrom- . . . 17.1
-, Chromnickel- 16.12
-, Damast- . . . 18.4
-, Damaszener . 18.4
-, der - wird gar 886.2
-deul 879.9
-, Diamant- . . 18.8
-, doppelt gefeinter 11.3
-, - raffinierter 11.3
-, Döpper- . . . 14.1
-draht 27.11
-, Edel- 11.2
-eisen 8.4
-, Elektro- (s. Elektrostahl).
-, Erz- 12.7
-erzeugung, elektrische 564.1
-, Feder- 14.3
-, Flammofen- . 10.7
-, Fluß- 11.5
-formguß . . . 488.2
-, Gärb- 11.1
- gärben 10.9
-, gehärteter . . 548.7
-, Gerb- 11.1
-, Gewindebohr- 14.2
-, Guß- 11.7
-guß, harter . . 488.5
- -schieber . . 322.7
- -, weicher . . 488.4
- -zapfen . . . 392.7
Stahl, Herdfrisch- 10.4
-, indischer . . 18.3
-, Kohlenstoff- . 16.8
-, Lochstempel- 13.9
-, Magnet- . . . 14.8
-magnet 92.3
-, Mangan- . . 17.2
-, Martin- . . . 12.2
-, Meißel- . . . 18.7
-, Molybdaen- . 17.4
-mörser 229.3
-, Münz- 14.7
-nadel 391.7
-, Nickel- . . . 16.11
-, Persaner- . . 14.7
-, Puddel- . . . 10.8
-puddeln . . . 379.8
-, Qualitäts- . . 565.7
-reif 294.7
-, Roh- 9.7
- roheisen . . . 8.4
-, Rosen- 10.5
Stahl, saurer Siemens-Martin 12.3
-, Schnelldreh- . 13.6
-, Schweiß- . . 9.6
-seite der Panzerplatte 27.9
-, Silber- 17.8
-, Silicium- . . . 16.10
-, Sonder- . . . 16.7
-, Spezial- . . . 16.7
-stein 68.6
-stößel 465.4
-, Thomas- . . . 12.1
-, Tiegel- . . . 11.7
-, -guß 11.7
-, Titan- 17.5
-träger 408.8
-, Trieb- 14.4
-, überhitzter 548.11
-, Uchatius- . . 12.7
-, Vanadin- . . 17.6
-, verbrannter 548.12
-, verdorbener . 548.9 549.2
-, Waffen- . . . 14.6
-werk, Bessemer- 387.3
- -, Thomas- . 387.4
-, Werkzeug- . 18.5
-, wilder 10.6
-, Wolfram- . . 17.3
-, Wootz- . . . 18.3
-, Zement- . . . 18.1
-, -gärb- 18.2
Stalth 122.4
Stake 486.5
Stall roasting . 88.3
Stalle 88.3
Stamp 84.8, 52.1, 77.4 121.6, 383.6, 497.7
- mill 77.3
-, to 84.9, 489.1
Stampa 340.1
Stampare 282.10, 505.1
Stampato . . . 478.4
Stamped 289.8
Stamper 391.4
Stampf-beton . 289.8
-form 105.7
-maschine mit elektrischem Antriebe 105.6
- -, Kohlen- . . 105.5
- -, Preßluft- . . 484.8
-masse 308.6
- -, kieselige . . 115.2
Stampfen, ein- 105.4 489.1
Stampfer . 391.4, 484.5
-, Flach- 484.6
-, Spitz- 484.7
Stamping . . . 105.4
- board . . . 489.11
- form 105.7
- machine, coal 105.5
- - driven by electric motor 105.6
- mass, siliceous 115.2
- press 505.1
Stampo 14.1, 77.4, 105.7
Stanchion, iron 294.1
-, steel 294.1
Stand-fest . . 464.10
-pfanne 478.7
-rohr 315.8
Stand 127.8, 198.5, 384.3 520.8, 521.1
- -by boiler . . 158.5
Stand, rear . 496.10
Standard . 171.8, 454.2
- electrode . . 261.9
- scale 55.3
- solution . . 192.5.6
- specification . 32.7
- strength of a solution 192.7
-, titration . . . 192.7
- weight 185.4
-, with single . 498.7
Ständer . 198.5, 293.8 326.3
-, Birnen- . . . 392.6
-, Dreiwalzen- . 522.3
-, Kammwalzen- 524.3
-, Kappen- . . . 522.9
-klemme 198.6
-kopf 521.2
-, Pipetten- . . 191.8
-, Walzen- 520.8, 521.1
-, Zweiwalzen- . 521.6
Stanga 339.2
- a punta . . . 371.8
- di ferro . . 338.10
Stange 204.13
-, bewegliche . 410.6
-, gezahnte . . . 398.2
-, Schür- 88.2
-, Trag- 523.7
Stangen-eisen . 18.10
-reibhammer mit Müllerschem Antrieb 498.3
Stanneux . . . 208.9
Stannic chloride 208.10
Stannico . . . 208.10
Stannique . . 208.10
Stannoso . . . 208.9
Stannous chloride 208.9
Stantuffo . 811.4, 458.7 472.1
- a disco . . . 506.3
- - piatto . . . 506.3
- della mazza . 499.2
- della pompa . 509.3
- - - d'aria . . 501.5
- di pressione . 121.2
- inferiore . . . 121.6
-i paralleli . . . 506.4
- premente . . 506.1
-i sovrapposti a tandem 506.5
- tuffante 144.3, 506.2
Stapeln 180.2
Staple 441.7
Star like 374.9
Starch 211.12
- paper 218.2
Stare in equilibrio 274.9
Starkhalbiert, -es Roheisen 2.2
Stärke 211.12
-, Draht- 28.3
-papier 218.2
-, vorgeschriebene 87.6
-, Wand- 805.7
Starr, -e Form 446.5
Starting . . . 387.11
- machine . . . 170.1
Stassano, alto forno 571.3
Stassano, alto horno de 571.3
Stassano, -'s electric blast furnace 571.3
-, forno 566.3
Stassano, four . 566.3
Stassano furnace 566.3
- shaft furnace 571.3
-, haut-fourneau 571.3
Stassano, horno sistema 566.3
Stassanoscher Hochofen 571.3
- Ofen 566.3
State, crystalline 214.3
-, in dissolved . 224.4
-, - dry 224.3
- of equilibrium 345.7
- - smelting . 385.10
Station, Kraft- 166.1
-, Primär- . . . 165.6
Station 165.7
-, primary . . . 165.6
Station de secours 150.5
- primaire . . . 165.6
Stationary . . . 94.1
Stativ 198.5
-, Filter- 244.9
Stato d'equilibrio 345.7
-, equazione di 258.6
-, in cattivo . . 355.5
Staub-belästigung 468.4
-, Erz- 76.4
-fang . . 316.7, 409.2
-fänger 316.7
-förmig 58.8
-, Gicht- 316.1
-kammer . . . 409.2
-kohle 101.6
-, Kohlen- . . . 101.7
-sack 316.8
-, Zink- 361.3
Stäuben, die Formen 480.5
Stauch-kaliber 516.2
-probe 58.5
Stauchen . . . 58.6
-, zusammen- . 58.6
Stauchung . . 58.7
Stay, -s 414.3
- plate 24.3
Stazione di distribuzione 165.7
- - manovra . . 123.6
- - smistamento 123.6
- metallurgica 123.5
- per luce e trasporto d'energia 166.2
- primaria . . . 165.6
Steam 360.5
- admitted above the piston 500.7
- - below the piston 500.8
- bath 248.2
- boiler 152.1
- blower . . . 325.10
- boiler, high pressure 152.2
- -, horizontal . 152.3
- -, low pressure 152.8

Steam boiler, medium pressure 152.5
- -, vertical . . 152.4
- boiling . . . 120.3
- chest 499.8
- crane 127.2
- -, fixed 127.3
- -, locomotive 127.4
- coal 99.5
- cylinder . . . 499.1
- developer . 178.10
- distillation . 254.2
- driven generator 170.7
- dynamo . . . 170.7
- exhaustor . . 144.2
- funnel 178.9
- hammer . . . 377.3
- - admitting steam above the piston 500.6
- -, double acting 500.5
- -, overhanging type 498.7
- -, single acting 498.6
- - with fixed cylinder 498.5
- - - single standard 498.7
- jet atomiser . 158.2
- - blower . . 469.10
- - sprayer . . 158.2
- locomotive . 124.6
- pot 178.6
- power forging press 505.5
- pump 142.6, 509.5
- -, isolated . . 143.4
- -, twin 143.5
- shovel excavation 58.4
- superheater . 179.2
- trap 179.3
- winch 314.3
Steamer 562.6
Steamer à minerais 562.6
Stecca . . . 23.8, 24.2
- a corniera . . 24.1
- piatta 23.9
Steccato 23.9
Stechheber . . 191.3
-, Filter- 245.1
-, Kugelhahn- . 191.5
-, Voll- 191.6
-, Wiege- 240.4
Stechiometrico 384.6
Stechpipette . . 191.3
Steel 289.7
-, acid . . 11.8, 397.6
-, alloy 16.7
-, anchor 14.5
-, annealed . . 548.8
-, basic 12.1
- beam 403.8
- bearer 403.8
-, Bessemer . . 11.8
-, best tool . . . 18.8
-, blister . 18.1, 484.3
-, boron 17.7
-, Brescian . . . 14.7
-, burnt . . 548.11.12
-, carbon (s. carbon steel)
- cast 488.3
- casting . . . 488.2
Steel castings, electric 564.4
-, cement . . . 18.1
- cementing furnace 417.10
-, chisel 18.7
-, chromium . . 17.1
-, - -nickel . . . 16.12
-, converted . . 18.1
-, crucible (s. crucible steel)
-, damask . . . 18.4
-, direct - from the ore process 12.7
-, double refined 11.3
-, - shear . . . 18.2
-, electric (s. electric steel)
-, extra hard . 18.8
- face of armour plate 27.9
- for dies and stamps . . . 14.1
- - punches . . 18.9
- - screw taps . 14.2
- furnace, Gin 569.6
-, half hard and hard 11.5
-, hardened . . 548.7
-, hearth (s. hearth steel)
-, high speed tool 18.6
- hoop 204.7
-, indian 18.3
-, ingot (s. ingot steel)
-, magnet . 14.8, 92.3
-, manganese . 17.2
Steel, Martin . 12.2
-, mild . . . 11.6, 12.1
-, molten 386.3
-, molybdenum 17.4
- mortar 229.3
-, nickel . 16.11, 418.5
- nose of breaker 465.4
- of a reverbatory furnace 10.7
-, overheated 548.11
-, perished . . 548.10
-, pinion 14.4
- plate 25.11
- -, cast 25.12
- - catch, riveted 136.5
- -, mild 25.10
- plug pin . . . 391.7
- point 339.1
-, pot 381.1
- produced by electrometallurgical methods 564.2
-, puddled 10.8, 379.9
-, raw 9.7
-, refined 11.2
-, rose 10.5
-, shear 18.2
- shell 389.8
-, silicon 16.10
-, silver 17.8
-, small arm . . 14.6
-, soft 11.6
-, special . 16.7, 565.7
-, spoilt . 548.9, 549.2
-, spring 14.3
-, tempered . . 548.8
-, the - becomes refined 386.2
Steel, titanium . 17.5
-, tool 18.5
-, tungsten . . . 17.3
-, vanadium . . 17.6
-, weldable . . 9.6
-, weld (s. weld steel)
-, wild 10.6
- wire 27.11
- works 402.4
- -, basic 387.4
- -, Bessemer . 387.3
-, wrought . . . 11.1
Steep 515.2
Steg . . . 22.3, 441.5
Steh-anker . . 378.5
-kolben 187.1
Steierisch, -es Roheisen 5.7
-er Röstofen . . 84.7
Steif, -e Schlacke 412.3
Steig-band . 188.10
-kanal 408.5
-rohr 145.3
Steiger 444.4
-öffnung 444.4
Steigern, die Leistung 555.6
Steil 515.2
-aufzug 330.8
Stein 118.1
-ausdehnung . 306.1
-, basischer . . 306.5
-, Boden- 290.3
-brecher 78.8
-brennofen . . 119.2
-, feuerfester . . 156.6
-form 321.9
-kohle 98.7
Steinkohlengrube 100.5
-klein 101.5
-mehl 430.10
-staub 430.2
Stein, Kohlenstoff- 306.8
-pfeiler 84.3
-presse, Druckwasser- 120.6
-, Pudding- . . 114.7
-ring 309.2
-sammlung . . 177.5
-, Sand- 114.3
-, saurer 306.6
-schicht 305.9
-, Schlacken- . 358.8
-sockel 290.2
-, Stahl- 68.6
-, Tümpel- . . . 292.2
-verband . . . 336.6
-zustellung . . 303.4
Steinern 320.5
Steinig 357.8
Stella 374.9
Stell-ring . . . 445.5
-winkel 40.6
Stelle, eingeschnittene 515.4
-, lockere . . . 484.8
-, matte 277.6
-, unganze . . 386.8
Stellen, hochkantig 503.8
Stellung, 90⁰- . 407.6
-, liegende . . 394.2
-, senkrechte . 394.1
Stelo ammortizzatore 502.6
Stelo della rotaia 22.3
Stempel 77.4
-, Loch- 52.1
-, Poch- 77.4
-schaft 77.5
-, Unter- 121.6
Stempeln . . . 84.9
Stendere 530.5
Stendimento . 516.1
Stengelig . . . 46.6
Sténolyse électrique 268.6
Stenolysis, electro- 268.6
Step grate . . . 83.1
- shaped 518.7
Stepped 161.5
- grate producer 404.9
Sterco di cavallo 428.11
- - - decomposto 428.12
- - vacca . . . 429.1
Sterile 75.3
Stérile 75.3
Sternbildend . 374.9
Stetig . . 254.6, 521.5
Steuer-kasten . 499.8
-schieber . . . 499.9
Steuern der Presse 509.8
Steuerung durch Kolben 499.4
-, Hammer- . . 499.3
-, Schieber- . . 499.6
Stich . . 300.4, 531.8
-flamme 466.2
Stichloch . . . 300.4
-, das - durchstoßen 338.9
-, - - öffnen . . 338.9
-, - - verschließen 342.4
-, Öffnen des -es 343.5
-, Verstopfung des -es 343.4
-stopfmaschine 342.7
Stichmaß . . . 39.6
Stichel 437.3
Stick caustic potash 204.13
Sticking of the blast furnace 337.9
Stickstoff . . . 221.6
-bestimmungsapparat nach Kjeldahl 221.7
Stiel 495.6
-, angenieteter . 477.6
-hammer . . . 495.3
Stiff 412.3
Stiffening of the tube walls 319.9
Stift 424.4
Stiftenabhebung 449.2
Still 255.5
Stillstand des Hochofenbetriebes 354.6
Stink cupboard 175.2
Stipendio . . . 568.4
Stir, to - in the water 544.1
-, - - vertically 485.4
- up, to 375.7

Stiramento 58.4, 516.1
- finissimo . . . 536.9
- fino 536.8
- iniziale . . . 536.6
- medio 536.7
Stirare al maglio 52.6
- il campione sotto il maglio ad 1 volta e 1/2 la sua larghezza 52.7
- - ferro 503.4
Stirato 47.8
- sottilmente . 28.5
Stiria, ghisa di . 5.7
Stiriano, forno di torrefazione 84.7
Stirn-fläche . . 424.11
-platte 292.10
-seite . . 104.4, 403.5
Stirrer 176.2
Stirring 80.4
- device 176.2
- hole 87.10
- rod 485.3
Stirrup 301.9
Stiva 562.2
Stöchiometrisch 334.6
Stock 130.2
Stock, Düsen- . 300.9
Stock 335.6
- column . . . 335.4
- crane 129.4
- line 335.5
- - gauge . . . 336.1
- room 177.7
- size 87.7
-work, ore . . 57.2
Stœchiométrique 334.6
Stoff, bildsamer 425.2
-, organischer . 427.6
-prüfung . . . 41.6
-streifen 33.5
-, tierischer . 418.11
Stoichiometrical 334.6
Stoke, to - automatically 157.2
-, - - by hand . 156.7
-, - - mechanically 157.2
Stoker . 157.5, 164.3
-, mechanical . 157.1
Stoking, mechanical 156.3
Stone 114.7
-, blue 90.6
- breaker . . . 78.8
- pillar 84.3
- ring 309.2
- wall 290.2
- work 308.4
Stop 188.8
- cock . . 191.5, 500.1
-, to - up the tap hole 342.4
Stopfbüchsbrille 507.4
-büchse, Lürmannsche 306.2
-büchsenausgleicher 324.9
-maschine, Stichloch- 342.7
Stopfen 480.4
-, durch den - gießen 481.6
Stopfen, Gummi- 197.6
-hebevorrichtung 480.5
Stoppage of the blast furnace 354.6
Stopper 188.7
-, double 318.3
- head 480.3
- lifting device 480.5
- of throat . . 307.2
- plug 480.3
- rod 480.2
Stopping down of the furnace 354.7
- machine . . . 342.7
- the blast . . . 338.8
- up of tap hole 343.4
Stöpsel, Gummi- 197.6
Storage . 320.9, 422.2
- battery 121.8, 266.5
Store . . 130.1.5, 177.7
-, taking from the -s 130.9
- tank 102.4
-, to 130.2
Stored 408.1
Storing place . 130.3
- reservoir for ore 131.3
Störöffnung . 87.10
Storta . . 117.11, 187.8
- di distillazione 254.9, 255.5
- - misura . . 185.10
- generatrice di cloro 221.10
- verticale . . . 187.1
Störung, Betriebs- 353.2
Stoßfrei 472.4
Stoßlasche . . 23.8
Stößel 455.5
-, Stahl- 465.4
Stößer 229.5
Stoupat 300.4
Stove 95.2
-, chequer brick 320.5
-, Cowper's. . . 320.3
-, Whitwell . . 320.6
Stracottura . . 118.9
Strada 358.6
Strahl-härtung 545.1
-rohr 492.10
Strahlengang . 281.3
Strahlig 46.5
Strahlung . . . 352.5
-, aus der - messen 352.3
-, Wärme- . . . 572.5
Straighten, to . 534.1
-, - - the sheets 534.6
Straightening hammer 534.9
- machine . . . 534.2
- plate 534.3
- shop 533.5
Strain figures . 47.3
Strainer, mechanical 280.3.9
Straining chamber 140.9
- dish 281.1
Strang, Röhren- 319.6
Strap . . 301.9, 490.12
Straße, Walz- . 510.1
Straßenbahnschiene 22.8
Stratificato 461, 57.1
Stratifié . . 46.1, 57.1
Stratified . . . 57.1
Strato, a -i . . 391.9
- d'amianto . . 201.1
- d'asbesto . . 201.1
- d'ossido . . . 552.6
- - di ferro . . 414.6
- - sul pezzo laminato 35.6
- di carbone incandescente 405.7
- - mattoni . . 305.9
- - metallo . . 567.1
- - ruggine . . 550.2
- - scorie . . . 566.9
- filtrante . . . 147.2
Stratum 57.1
Straw 429.9
-, chopped . . . 429.3
-, cut 429.2
- ring 202.2
- rope, plaited 444.6
- - spinning machine 460.9
- yellow 547.7
Streak 64.6
Stream 399.11
- hardening . . 545.1
- of metal 339.7, 336.7
Strecke, Walz- . 510.1
Strecken. . . . 530.5
-, das Eisen . . 503.4
Streckkaliber . 516.1
Streckung 58.4, 530.6
Streich-eisen . 339.8
-maß 40.4
Streichen . . . 57.5
-, schwarz . . . 424.9
Streifen, blauer 400
-, Probe- 33.4
-, Stoff- 33.5
Strengflüssig. 356.12
Strength 306.9
- of blow 503.1, 484.9
- - pole 92.5
-, tensile . . 48.8, 49.4
-, torsional . . 50.4
-, ultimate tensile 49.6
- under shock . 41.9
Stress . . 48.6, 488.8
-, internal . . 488.10
-, tensile . . 48.7.8.9
-, tortional . . . 50.4
Stretching . . . 58.4
Streu-düse . . . 317.5
-düsenzerstäuber 158.5
-sand 442.4
Stria, lunghezza della 54.2
Striage 58.11
Striato 26.11
Striatura . . . 54.1
- del pezzo levigato 275.2
Strich 64.6
-breite 54.2
Strichen, schwarz 424.10
Strickle 461.3
- bench board 446.4
- board . 445.6, 461.3
-, to 445.7
-, - - the core . 461.2
Strickling board 446.3
Strie de la plaquette polie 275.2
-, largeur de la 54.2
Strié 26.11
Striglia . . . 490.12
Strike 57.5
String 459.6
Stringitubi a morsetto 192.4
Strip 33.4
- iron . . . 19.8, 24.7
- mill 512.2
- of material . 33.6
-, to - the ingots 526.4
-, - - the mould 486.3
Stripe, blue . . 400.2
Strippen 526.4
Stripper 526.3
-kran 526.2
-werk 526.3
Stripping crane 526.2
- plate . . 451.2, 524.7
- - gear wheel moulding machine 456.3
- - moulding machine 450.5
- - - - with turning table 452.5
Striscia bleu . 400.2
- di materiale . 33.5
- - prova . . . 33.4
- turchina . . . 400.2
Stroh 429.9
-, gehacktes . . 429.3
-kranz 202.2
-seil, geflochtenes 444.6
- -spinnmaschine 460.9
Stroke 503.1
-, height of . . 464.5
-, length of 464.5, 502.7
Strom-ausbeute 258.3
-, elektrischer . 98.3
-, Gas- 360.9
-, Konvektions- 260.8
-leitung 171.3
- -, oberirdische 171.4
- -, unterirdische 161.5
-schwankung . 169.3
-verbrauch . . 572.6
Strombatura per l'ugello 298.8
Strontium . . . 221.1
Stronzio 221.1
Stropicciare con spirito di vino 447.2
Structural casting 487.10
Structure of iron ore 58.6
-, to expose the 277.4
-, - reveal the . 277.4
-, tough 49.10
Structure . . . 8.1
- des grains de sable 427.4
- - minerais de fer 58.6
- moléculaire . 225.3

Structure résistante 49.10
Stuffing 325.1
- box compensator 324.9
- - gland . . . 507.4
- -, Lürman's . 306.2
Struktur des Eisenerzes 58.6
-, zähe 49.10
Strumento, -i di guttaperca 197.2
- - misura . . . 388.5
Struttura . . . 8.1
- dei grani di sabbia 427.4
- del minerale di ferro 58.6
- fine 288.2
- molecolare . 225.3
- resistente . . 49.10
- tenace 49.10
Stück 362.8
-erz 62.8
-gehalt 64.9
-größe 65.2
-kohle 100.9
-quarz 115.6
-ofen 363.1
Stückig, groß- . 100.9
Studio chimico del ferro 218.5
Stufa 438.8, 462.8, 463.3
- d'essiccazione 238.1, 438.7
- per anime . . 463.4
Stufenwalze . . 518.6
Stulpliderung . 507.1
Stumpfgeschweißt 538.6
Stündlich . . . 140.3
Sturz-bahn, Kohlen- 182.3
-bühne 181.7
-gerüst 181.6
-rinne 181.8
Stürzen der Gicht 358.7
Stütz-hebel . . 582.5
-weite 49.11
Stütze des Rahmens 414.3
-, Kern- 461.7
Stutzen, Auslaß- 480.7
Styrian pig iron 5.7
- roasting furnace 84.7
Styrie, fonte de 5.7
Styrien, four de grillage 84.9
Subdividido . . 160.5
Subdivisé . . . 160.7
-, non 160.4
Subir por la chimenea 165.1
Sublimación . . 256.7
-, aparato de . 256.9
Sublimado corrosivo 209.7
Sublimar . . . 256.8
Sublimare . . . 256.8
Sublimate, to . 256.8
Sublimation . . 256.7
Sublimationsapparat 256.9
Sublimation . . 256.7
- apparatus . . 256.9
Sublimation . . 256.7
-, appareil de . 256.9
Sublimato corrosivo 209.7
Sublimazione . 256.7
-, apparato di . 256.9
Sublimer . . . 257.8
Sublimieren . . 256.5
Substance, single -s 224.2
-, animal . . . 418.11
-, neutral . . . 242.4
-, organic . . . 427.8
Substance à tremper 545.6
- neutre 242.4
- nuisible . . . 71.5
- riche en oxyde de fer 370.4
- secondaire . . 71.8
Substancia aglutinante 426.2
- neutra 242.4
- para pulimentar 275.7
- - templar . . 545.6
Substanz, neutrale 242.4
Subterranean . 141.1
Subterráneo . . 58.1
Succhiarola . . 140.8
Succhiello per carbone 285.5
Suck-in, to - - the air 470.4
-, to - off liquid 246.2
Suction air . . 469.3
- - chamber . . 145.2
- - vessel . . . 145.2
- basket 140.8
- conduit . . . 144.7
- cupola 469.2
- passage . . . 501.7
- pipe 144.7, 145.1, 492.6
- port 501.7
- pump 245.7
- side 471.4
- valve 142.3
Suddivisione del regolo del cavaliere 289.9
Südpol 92.1
Suecia, fundición de 5.8
Sueco, forja de afino 364.1
Suède, fonte de 5.8
Suèdois, feu d'affinerie 364.1
-, fonte -e . . . 5.8
Sueldo 563.4
Suelo de la fábrica 288.6
- - - fundición 475.7
- - roca . . . 288.10
- fangoso . . . 288.9
- natural . . . 288.8
Suelta 240.6
Suelto 484.8
Suffisant 87.5
Sughero 196.2
Suie 552.2
Suif 419.11, 546.8, 553.5
Sujeción 24.5
Sujetar el lingote 528.9
- - -, disposición para 528.8
Sulfat, Eisenoxyd- 69.2
Sulfat, Kupfer- 90.6
-, Zink- 90.10
Sulfatación . . 82.5
Sulfatation . . 82.5
Sulfate acide de potasse 206.2
- d'ammoniaque 108.8
- de baryte . 220.11
- - chaux 208.1, 220.3
- - cuivre . . . 90.6
- - fer ammoniacal 208.6
- - magnésie . 208.3
- - potasse . . 205.11
- - soude . . 205.12
- - zinc 90.10
- ferreux . . . 69.5
- ferrique . . . 69.2
Sulfatisierend . 82.5
Sulfato ácido de potasa 206.2
- cálcico 208.1
- de amoníaco 108.8
- - bario . . 220.11
- - cal 220.3
- - cinc 90.10
- - cobre . . . 90.6
- ferroso . . . 69.5
- - -amónico . 208.6
- magnésico . . 208.3
- potásico . . 205.11
- sódico . . . 205.12
Sulfid, Eisen- . 69.4
-, Natrium- . . 210.5
Sulfite de soude 210.5
Sulfito sódico . 210.5
Sulfocianuro amónico 206.1
Sulfocyanure d'ammonium 206.1
Sulfurado . . . 204.8
Sulfure d'ammoniaque 207.5
- d'antimoine . 218.9
- de fer 69.4
- - plomb . . . 71.7
Sulfuré . . 72.1, 204.5
Sulfureux . . . 60.6
Sulfúrico . . . 204.5
Sulfurique . . 204.12
Sulfuro amónico 207.5
- de antimonio 218.9
- - carbono . . 212.4
- - hierro . . . 69.4
Sulfuroso . . . 60.6
Sulphate, ferric 69.2
-, ferrous . . . 69.3
- of barium . 220.11
- - calcium . . 208.1 220.3
- - copper 90.6, 552.8
- - magnesium 208.3
- - potassium 205.11
- - sodium . . 205.12
- - zinc 90.10
Sulphatising calcination 82.5
- roasting . . . 82.5
Sulphide, ammonium 207.5
-, ferrous . . . 69.4
- of antimony . 218.9
Sulphite, sodium 210.5
Sulphocyanide of ammonium 206.1
Sulphur . . 65.9, 216.7
- compound . . 216.8
Sulphuretted hydrogen 204.8
- -, apparatus for producing 177.2
- - chamber . . 177.1
Sulphuric acid chemically pure 204.2
- -, commercial 204.1
- -, free - - in purple ore 216.10
- anhydride . . 217.1
Sulphurous . . 60.6
- acid 216.9
Sumergir . . . 316.3
- lentamente . 544.3
Suministro . . 559.4
Sumpf-erz . . . 67.4
-ofen 466.4
Sumpfig 288.9
Sunk well . . . 141.7
Sunlight . . . 280.12
Suola 104.1, 291.7, 403.6
- accessibile . . 403.7
- di fusione . . 569.3
- - lavoro . . . 569.4
- - scorie . . . 370.2
- mobile 416.1
- raffreddata con acqua 369.6
Suolo 290.7
- della fonderia 475.7
- dello stabilimento 288.6
-, di - metallico 103.3
Superficie . . . 35.3
- ad angoli vivi 426.9
- appannata . . 277.6
- arrotondata . 427.2
- curva 322.8
- d'irrigazione 149.1
- del focolare . 466.3
- della carica . 335.5
- - griglia . . . 159.8
- - suola . . . 405.3
- di contatto . 470.7
- - contropressione 507.6
- - pressione . 507.5
- - raffreddamento 486.4
- - rottura . . 45.2
- - solubilità . 273.8
- ineguale . . . 490.8
- levigata 270.10, 275.1
- - propria . . 277.5
- lucidata . . . 424.6
- ondulata . . . 584.7
- orizzontale . 438.7
- piana 488.7
- ruvida 426.9
- scabra 488.5
- totale della griglia 160.1
- utile della griglia 160.2
Superficie . . . 35.3
- combada . . 322.8
- de ángulos agudos 426.9
- - contrapresión 507.6
- - empaquetatura 470.7
- - emparrillado 159.8

Superficie de enfriamiento 486.4
- - la carga . . 335.5
- - - estampa . 502.9
- - - placa . . 466.3
- - - rotura . . 45.2
- - presión . . 507.5
- - pulimento limpia 277.5
- - revolución . 445.8
- - riego 149.1
- - separación . 424.3
- - solubilidad 278.8
- del mazo . . 502.9
- horizontal . . 488.7
- ondulada . . 584.7
- plana 488.7
- pulimentada . 275.1 424.6
- redondeada por frotamiento 427.2
- total del emparrillado 160.1
- útil del emparrillado 160.2
Superheater . . 179.1
Superoxid, Blei- 210.10
Supersaturated 16.9
Supervision . . 556.9
Supply . . 140.1, 559.4
- of air, ample 87.5
- - coal by means of a screw conveyor 159.6
- - ore 65.3
Supplying the coal 104.6
Support . 202.1, 392.5
- for water supply pipe 298.3
- of the funnel 310.3
Support . . 50.1, 198.5 524.6
- à introduire dans le bain-marie 247.8
- d'électrode . 567.4
- de ballon . . 198.7 201.10
- - cornue . . . 188.1
- - filtre . . . 244.3.9
- - la plate-forme du gueulard 307.8
- - - trémie . 310.2.3
- - - trousse . . 445.4
- - microscope d'après Martens 281.9
- - noyau . . 461.7.8
- - séchoir . . 233.6
Support de tube 258.2
-s des barreaux de la grille 368.2
- - paliers du convertisseur 392.5
- du balancier 528.7
- - cadre . . . 414.3
- - massif . . . 294.3
- en porcelaine 194.2
Supporting brackets 392.9
- girders . . . 308.2
- ring 201.10
Sur 481.2
Surbaissé . . . 404.2
Surchauffe de la fonte 474.7
Surchauffé . . 474.9
Surchauffeur . 179.1
- à vapeur . . 179.2
Surcuisson . . 118.9
Surélevé 145.8
Surépaisseur . 486.10
Sûreté, dispositif de 314.9
-, tige de . . . 311.2
-, tube de . . 189.10
Surface 85.3
- converting . 417.9
-, corrugated . 584.7
- crack 86.6
- crust 489.9
-, curved 322.8
- defect . . . 489.11
- development 282.6
-, edged 426.9
- gauge 40.5
- of fracture . 45.2
- - slide 275.1
- - solubility . 278.8
- play of iron . 488.1
-, polished . . . 424.6
- roughness . . 426.8
-, round ground 427.2
- temperature . 447.6
Surface 85.3
- active de la grille 160.2
- anguleuse . . 426.9
- arrondie par frottement 427.2
- bombée . . . 322.8
- de contact étanche 470.7
- - contrepression 507.6
- - grille . . . 159.8
- - - totale . . 160.1
- - la cassure . 45.2
- - - charge . . 335.5
- - - sole . . . 466.3
Surface de pression 507.5
- - refroidissement 486.3
- - révolution 445.8
- - séparation . 424.3
- - solubilité . 278.8
- des vides de la grille 160.2
- gondolée . . 584.7
- horizontale . 488.7
- plane 488.7
- polie . 274.10, 275.1 424.6
- - propre . . . 277.5
- totale de la grille 160.1
- utile de la grille 160.2
Surnageant . . 336.6
Surplus . . . 486.10
Surpoids . . . 559.11
Surriscaldatore 179.1
- di vapore . . 179.2
Surround, to - with iron hoops 308.2
Sursaturé . . . 16.9
Soursoufflage . 397.10
Surveillance 556.9.10
Surveillant . . 332.7
Suspended 263.5, 309.9
- in a rotating position 393.8
Suspender las cargas 354.10
Suspendido . . 309.3
- en disposición de girar 393.8
- para girar . . 393.8
Suspendiert . . 263.5
Suspendre le chargement 354.10
- momentanément la marche 354.9
Suspendu . . . 309.3
- pour pouvoir basculer 393.8
Suspension . . 287.5
- hook 476.7
Suspension 30.4, 287.5
- à compensation 287.6
- compensée . . 287.6
-, en 263.5
Suspensión . . 287.5 310.6
- compensada . 287.6
- de las cargas 353.5
-, en 263.5
Süßholzextrakt 278.3
Svedese, ghisa . 5.8
Svezia, ghisa di 5.8
Sviluppare 277.3, 282.5
Sviluppato . . 484.6
Sviluppo d'idrogeno 348.9
- del calore . . 346.3
- - gas 268.7
- della struttura 277.1
- - superficie . 282.6
- - tessitura . . 277.1
- in profondità 282.7
Swab 480.8
Swage, to . . . 508.6
Swedish bloomery fire 364.1
- pig iron . . . 5.8
Sweep 445.4
- templet . . . 445.6
-, to - the mould 445.7
Swing crane . 126.2
Swinging sieve 280.10
Switchboard . 171.2
Switching . . . 406.8
- arrangement 406.9
Swivel damper 297.9
Sworn chemist 174.2
Symbol, chemisches 226.4
Symbol, chemical 226.4
Symbole chimique 226.4
Syphon 186.5
- pipe 320.1
Syrup consistence 247.1
System, englisches 395.3
-, Linsen- . . . 280.3
System, English 395.3
-, multiple wire 167.5
- of lenses . . . 280.3
- - working . . 57.8
-, two wire . . 167.4
Système à deux conducteurs 167.4
- - - fils 167.4
- - plusieurs conducteurs 167.5
- - - fils 167.5
- anglais par deux convertisseurs 395.3
- bilifaire . . . 167.4
- de lentilles . 280.3

T.

T-bearer, circular -s 294.8
T-Eisen 20.8
- iron 20.8
- -, double . . . 20.9
T-piece 190.3
T-Träger 20.8
- -, zum Ring gebogener 294.8
T. tubo en . . . 190.3
T-vigueta . . . 294.8
Tabella dei pesi atomici 224.7
- normale . . . 55.3
Tabelle, Normal- 55.3
Tabique 319.8, 407.10
Tabla de fondo "con modelo 439.12
- - los pesos atómicos 224.7
- - modelo . 439.11
- del cilindro . 513.9
Tabla normal . 55.3
Table . . 251.2, 451.1
- of atomic weights 224.7
-, rotary 449.3
-, turnover . . . 450.2
-, - top 449.5
Table 457.1
- de laboratoire 175.3
- - laminoir . . 524.5
Table de soufflage 251.2
- - support des modèles 451.1
- - travail pour les essais électrochimiques 265.5
- du cylindre . 513.5
- normale . . . 55.8
- tournante . . 452.5 493.1

Table tournante à levée 452.6
Tableau de distribution 171.2
- des poids atomiques 224.7
Tablero de laminador 524.5
- de rodillos . 525.3
Tablette en corne 201.9
Tablier à rouleaux 525.3
- de laminoir . 524.5
Tablilla de asta 201.9
- - pulimentar 276.3
Taches pourpres 547.9
Tafel, Eisenblech- 295.1
-wage 236.1
Taffrail round platform 307.7
Tagebau . . . 58.2
Tages-leistung . 555.4
-licht 280.11
Tagliar via . . 84.4
Tagliare 504.8
- a misura . . 533.7
Taglio 82.5
Tagliuolo . . . 504.7
Tagschicht . . 556.6
Tail 497.2
- hammer . . . 497.1
Tailling, -s . . . 75.3
Taillant 82.5
Tajadera . . . 504.7
Take hold, to -
- of the piece 531.6
-, to - out the crucibles 386.4
Taking from the stores 130.9
- over 80.1
Taladrado . . . 228.3
Taladrar 228.5
- á lo largo . . 228.8
- desde arriba 228.7
- en sentido longitudinal 228.8
-, máquina de . 228.4
- por el costado 228.6
- - el lado . . . 228.6
Taladro para carbón 235.5
Talg, Rinder- 419.11
Taller 123.5
- de construcción mecánica 150.2
- - cortar . . . 533.5
- - estañado . 552.12
- - forja 495.1
- - fundición . 465.9
- - los convertidores 388.1
- - machos . . 458.1
- - moldeo . . 421.2
- - - de dos naves 421.3
- - pudelaje . . 366.9
- - rebarbado . 489.2
- - reparación 150.3
-, franco 560.8
Tallow . 419.11, 546.8 553.5
- pot 553.3
Talón 184.5
- del peso . . . 184.4
Tamaño 101.1
- corriente de almacén 87.7
- de almendra 101.2
- - avellana . . 231.7
- - huevo . . . 231.5
- - nuez 231.6
- - puño 231.4
- del carbón . 100.8
- - grano . . . 231.3
Tambor 317.8
-, aparato de . 93.9
- de cable . . . 331.1
- - enrollamiento 498.1
- - fricción . . 497.6
- - guarnición 472.2
- horizontal . . 341.1
- lavador de acabado 81.1
- - preparatorio 80.11
- - rotativo . . 80.10
- para la limpieza 493.2
- - secar 433.7
Tambour . . . 317.8
-, appareil à . . 93.9
- de nettoyage 493.2
- du câble . . . 331.1
- enrouleur . . 535.9
- étanche . . . 472.2
- horizontal . . 341.1
- laveur rotatif 80.10
- sécheur . . . 433.7
Tamburo 317.8, 470.5
-, apparecchio a 93.9
- d'avvolgimento 498.1
- del cavo . . . 331.1
- di guarnizione 472.2
- orizzontale . 341.1
- per finire il lavaggio 81.1
- - lavaggio . . 80.10
- - primo lavaggio 80.11
- - togliere la sabbia 493.2
Tamigio 230.3
Tamis 230.3.8
- à filtrer . . . 245.4
- - mailles . . 230.4
- - secousses. 230.10
- cuvette . . . 231.1
- fin 230.7
- grossier . . . 230.6
Tamisage . . 229.10
- à sec 230.1
-, dispositif de . 230.2
- mécanique, appareil de 230.9
Tamisé . . . 107.11
Tamiser . . . 488.10
Tamiz 230.3.8
- de cubeta . . 231.1
- - filtración . 245.4
- - mallas . . . 230.4
- - - anchas . . 230.6
- - valvén . . 230.10
- fino 230.7
Tamizado mecánico, aparato para el 230.9
Tamizar . . . 488.10
Tamped 303.6
Tamper 484.5
Tampon . 25.2, 480.3
Tampon d'argile réfractaire 342.5
- de choc . . . 25.3
Tan 429.5
- bark 429.5
Tanaglia 372.1, 526.5
- da lingotti . 526.3
- - presa . . . 528.2
- per lingotti . 527.1
Tanda de día . 556.6
- - noche . . . 556.7
Tandem engine 327.1
-, macchina a . 327.1
-, machine . . . 327.1
- maschine . . 327.1
- pistons 506.5
Tándem, máquina 327.1
Tando de ocho horas de trabajo 556.8
Tangencial . . 482.6
Tangential . . 482.6
-guß 482.6
Tangentiel . . . 482.6
Tangenziale . . 482.6
Tank . . 81.3, 145.6
-, high level . . 145.8
- sheet iron . . 26.10
Tannenbaumkristall 214.4
Tanto por ciento de agua 64.8
- - - - carbono 215.12
- - - - cenizas 101.9
- - - - esquisto 101.10
- - - - gas . . 108.2
- - - - hierro . 64.7
- - - - humedad 64.8
- - - - minerales finos 65.1
- - - - pedazos gruesos 84.9
- - - garantizado 227.1
Tap 183.9
- cinder . 112.9, 113.1 357.4, 374.10
- hole . . 300.4, 342.4
- - stopping machine 342.7
-, to 388.8.9
-, - - off the slag 388.2
-, - - the hearth 342.1
-, - - the iron . 481.2
Tapa . . . 309.8, 528.1
- de cierre . . 297.5
- de la caja de viento 394.8
- - - chimenea 378.1
- - quita y pon 301.6
- del prensaestopas 507.4
Tapadera de la bóveda 384.2
Tapar . 308.5, 342.6.7
- la colada . . 342.4
- - piquera . . 342.4
- las aberturas 355.1
- - sopladuras . 494.2
Tape measure . 38.9
Taper 518.5
Tapering . . . 295.4
- pass 518.4
Tapón . . 196.2, 445.9 480.3.5
Tapón de arcilla 342.5
- de goma . . 197.6
Tappare 342.6
- il forno . . . 342.4
- le aperture . 355.1
Tappet 496.5
- drum 496.4
Tapping bar . 338.10
- interval . . . 342.8
- iron . 338.10, 339.2
- of blast furnace 338.1
- - the slag . . 474.6
- sample . . . 339.3
- shovel 340.7
- side 403.4
Tappo . . 342.5, 480.2
- della valvola . 508.7
- di gomma . . 197.6
- - sughero . 196.2.4
Taque à dresser en fonte 584.8
- de fond . . . 364.3
- - varme . . . 364.6
Tar 95.9
- boiling plant 120.2
- destillation plant 120.1
- furnace . . . 155.8
Tara 135.4
-gewicht 135.4
Tarar 239.6
Tarare 239.4
Tarato 135.10
Tare 135.1
- shot 239.4
-, to 239.4
Tarer 239.4.6
Tarieren . . . . 239.
Tarierschrot . . 239.6
Tarif de transport 560.5
- exceptionnel 560.6
- spécial 560.6
Tarifa de transporte 560.5
- excepcional . 560.6
Tariff 560.5
-, special 560.6
Tariffa di trasporto 560.5
- eccezionale . 560.6
Tarjea 388.7
Tarry 405.6
Tartaric . . . 419.10
- acid 204.6
Tartarico . . . 204.6
Tartárico . . . 419.10
Tártrico . . . 419.10
Tartrique . . . 204.6
Tary 405.6
Tas 83.1, 376.5
Tasa 227.7
Tasche, Erz- . . 131.3
-, Vorrat- . . . 131.1
Tassa 227.7
Tassage 105.4
Tasser 376.4
Taster, Außen- . 41.2
-, Innen- 41.3
-lehre 40.1
-, Loch- 41.3
-zirkel 40.9
Tauchkolbenpumpe 144.3
Taucherkolbenpumpe 144.3
Tavola 457.1

Tavola a rulli . 525.3
- del cilindro . 513.5
- per oggetti . . 281.7
Tavolo 236.1
- con soffieria . 251.2
- da lavoro . . 175.3
- di lavoro elettrochimico 265.5
Tavolozzo . . 489.11
- portamodello 489.12
Taxe 227.7
Taza de porcelana 194.3
Tazza 189.9
Tear, to 49.2
Techar 339.5
Technik, photographische 281.10
Technique photographique, la 281.10
Teclu, becco di 188.7
Teclubrenner . 188.7
Teclu, brûleur de 188.7
Teclu burner . 188.7
Teclu, mechero de 188.7
-, quemador de 188.7
Tecnica fotografica, la 281.10
Técnica fotográfica, la 28.10
Tedesco, processo 866.3
Tee piece, gas 270.9
Teeming nozzle 480.6
Teer 95.9
-destillationsanlage 120.1
-farbenerzeugung 71.1
-feuerung . . . 155.9
-haltig 405.6
-kocherei . . . 120.2
Teeth 518.10
Teich, Klär- . . 81.3
-, Kühl- 148.5
Teig 119.4
Teigig 376.2
Teil 367.8
-, glatter erhabener 390.2
-ladung 562.7
-, oberer 303.9
-, trennbare -e 390.4
-, unterer . . . 304.1
Teilchen, suspendierte 263.5
Teilung . 240.5, 524.2
- des Reiterlineals 239.9
Teilungsröhre, Gas- 270.9
Teinter . . . 282.11
Teinture d'iode 211.10
- de tournesol 211.9
Tela 276.1
- a smeriglio . 208.1
- metallica . . 318.2
- smerigliata . 208.1
Tela . . . 276.1, 480.6
- de alambre de cobre 199.2
- - - - - enrollada 199.3
- - asbesto . . 200.9
- esmerilada . . 208.1
- metálica 199.1, 318.2
Telaio 477.2
- della sega . . 493.6
- per centrare le staffe 454.7
- provvisorio a legnaccio 453.2
Telescope carriage 392.3
Télescope . . . 392.3
Telescopic . . 452.2
Telescopio . . . 392.3
Telescópico . . 392.3, 452.2
Télescopique . 452.2
Teleskop-riemenscheibenformmaschine 452.2
-wagen 392.3
Teller aus porigem Porzellan 193.3
-, Lampen- . . 184.5
-, Luftpumpen- 178.4
-ofen 367.7
-ventil 323.2
Temper 373.1
-erz 415.4
-guß . . . 7.5, 12.6
- -eisen 7.5
- -, Roheisen für den 7.5
-kohle 215.7
-ofen 415.3
Temper 548.5
-, chisel 18.7
- colour 547.5
-, to 547.1
-, - - the steel . 548.9
Tempera 42.7
- al getto d'acqua 545.1
- - nickel . . . 418.4
- all'acido carbonico 545.4
- - aria 545.3
- - olio 545.5
- alla doccia . 545.2
- della superficie 417.9
- di ricottura . 547.3
- difficile . . . 542.8
- entro cassetta che riceve l'acqua dal fondo 544.9
- fallita . . . 546.12
-, forno per la (v. forno)
- naturale . . 542.10
- negativa . . 546.12
- nell'acqua corrente 544.8
- perfetta . . . 548.1
- pericolosa . . 548.8
- semplice . . . 542.7
Temperare . . 545.6
- al calor rosso nell'acqua 544.1
- nell'acqua . . 548.11
Temperato . . . 548.7
Temperatur, Anlauf- 547.4
-, Außen- 447.6
-, die - eines Körpers aus seiner Strahlung messen 852.3
-, Dissoziations- 258.6
-erniedrigung . 852.4
-, gefährliche . 548.8
Temperaturgefälle 447.5
-, Gicht- 851.2
-, Gieß- 482.2
- im Hochofen 851.1
-, Innen- 447.7
-konstanz der Lösung 262.5
-messung . . . 851.3
-, Röst- 86.9
-, Verkokungs- 106.3
-wechsel, plötzlicher 118.7
Temperatura . 118.7
-, a bassa . . . 4.6
-, ad alta 4.5.6
- alla bocca del forno 848.2, 851.2
-, - - massima . 411.8
- della reazione 222.8
- di dissociazione 258.6
- - fusione 474.2, 482.2
- - ricottura . 547.4
- - riduzione 847.10
- - - in coke . 106.3
- - torrefazione 86.9
- esterna . . . 447.6
- interna . . . 447.7
-, misurare la . 852.3
- nell'alto forno 851.1
Temperatura, á baja 4.6
-, á alta . . 4.5, 544.1
-, - temperatura máxima 411.8
- de calcinación 86.9
- colada . . . 482.2
- - coquificación 106.3
- - dar color . 547.4
- - disociación 258.6
- - fusión . . . 848.2
- - la reacción 222.8
- - recocido . . 547.4
- - reducción 847.10
- - temple . . . 548.6
- elevada . . . 475.2
- en el alto horno 851.1
- - - bragante 851.2
- exterior . . . 447.6
- interior . . . 447.7
-, medir la . . . 852.3
- peligrosa . . 548.8
Temperature . 86.9
-, dangerous . . 548.8
- in the blast furnace 851.1
-, internal . . . 447.7
- of coking . . 106.3
- - incandescence 86.10
- - reaction . . 222.6
-, to measure the - of a body by means of its radiation 852.3
Température . 118.7
-, à basse . . . 4.6
-, - haute . . . 4.5
- au gueulard . 851.2
- dangéreuse . 548.8
- dans le haut-fourneau 851.1
- de carbonisation 106.3
Température de coulée 482.2
- - dissociation 258.6
- - grillage . . 86.9
- - la réaction . 222.8
- - réduction 847.10
- - trempe . . 548.6
- du recuit . . 547.4
- élevée 475.2
-, en pleine . . 411.8
- extérieure . . 447.6
- intérieure . . 447.7
-, mesurer la . 852.3
Tempered . . . 548.8
Tempering . . 357.6
- bath 540.4
- flame furnace 540.5
- forge 540.2
- furnace . . . 540.1
- hardness . . . 547.3
- temperature . 547.4
Temperit . . . 284.5
Temperita . . . 284.5
Tempérite . . . 284.5
Tempern . . . 357.6
Templado . . . 42.7
Templar 416.8
- á alta temperatura en el agua 544.1
- al níquel . . 418.4
- en el agua . 548.11
-, horno para (v. horno)
Template . 86.11, 89.6, 40.3, 445.4
Temple 548.2
- á chorro de agua 545.1
- - lluvia de agua 545.2
- al aceite . . . 545.5
- - ácido carbónico 545.4
- - aire 545.3
- de herramienta para cortar 548.3
- - recocido . . 547.3
- - superficie . 417.9
- difícil 542.8
- duro 548.3
- en agua corriente 544.8
- en una cubeta alimentada por el fondo 544.9
- natural . . 542.10
- negativo . . 246.12
- perfecto . . . 548.1
- resistente al desgaste 548.4
- sencillo . . . 542.7
Templet . 86.11, 445.6
- moulding . . 444.8
Tempo, a due -i 327.7
-, - quattro -i 327.6
- di fusione . 411.10
Temporary . . 488.4
Temps, à deux 327.7
-, - quatre . . . 327.6
Tenace 49.10
Tenacidad . . . 49.8
Tenacità 49.8
Ténacité 49.8
Tenacity 49.8
Tenaglia per tappi di sughero 196.6

Tenaille 372.1
- à déclic . . . 464.3
- à lingots . . 527.1
Tenaz 6.3
Tenaza, -s . . . 372.1
-s con escape . 464.3
-s de estirado . 536.1
-s para corcho 196.6
-s - crisoles . 252.5
-s - lingotes 527.1
-s - sodio . . . 202.6
-s - tener bajo mercurio 200.6
Tendance des ions à conserver la charge électrique 264.7
- - - - retenir la charge électrique 264.7
Tender 562.12
Tendeur, poids 187.3
Tenditore . . . 291.4
-, peso 187.3
Tendre 59.1
Tenedor 301.9
Tenere fresco il campione 275.6
Tenero 59.1
Teneur 1.3
- d'un liquide . 192.7
- en cendres . 101.9
- - chiste . . 101.10
- - eau par cm³ d'air 329.4
- - fer 64.7
- - fines 65.1
- - gaz 108.2
- - humidité . 64.8
- - oxyde de carbone 360.4
- - silice . . . 357.2
- garantie . . . 227.1
Tenon . . 424.4, 441.9
- venu de fonte 294.10
Tenone 441.9
Tenore 3.8
-, alto - in ossido di ferro 370.5
- di carbonio 215.12
- garantito . . 227.1
- in acqua 60.3, 329.4
- - cenere . . . 101.9
- - ferro 64.7
- - gas 108.2
- - ossido di carbonio 360.4
- - schisto . . 101.10
- - umidità . . 64.8
Tensible 49.1
Tensile . . . 48.7.8.9
Tension 48.8.9
- brittleness . . 50.2
-, high 167.1
-, low 166.8
-, magnetomotive 92.7
- screw 522.4
- weight 187.3
Tension 50.2
- de coulée . . 488.8
- - décomposition 265.4
- - pliage . . . 488.9
- - régime . . 169.5
- - torsion . . 50.6
- - traction . . 48.9
Tension électrolytique de la solution 263.7
-, installation à basse 166.8
-, - - haute . . 167.1
- interne . . 488.10
- magnétomotrice 92.7
Tensión 50.2
- de colada . . 488.8
- - descomposición 265.4
- - régimen . . 169.5
- electrolitica de la disolución 263.7
- de flexión . . 488.9
-, instalación de alta 167.1
-, - - baja . . . 166.8
- interna . . 488.10
- magnetomotriz 92.7
Tensione . 48.9, 50.2
- al luogo di consumo 169.5
- di colata . . 488.8
- - decomposizione 265.4
- - flessione . . 488.9
- - torsione . . 50.6
- elettrolitica della soluzione 263.7
-, impianto a bassa 166.8
-, - ad alta . . 167.1
- interna . . 488.10
- magneto-motrice 92.7
Tensor 522.4
-, peso 187.3
Tenuta 405.8
Teoria della dissociazione 260.4
- sui giacimenti minerali 56.1
Teoría de la disociación 260.4
Térébenthine . 551.8
Termico . . . 108.11
Térmico 222.6
Terminación del macho 461.2
Terminador, tren 510.4
Terminal for cells 265.9
Terminar 508.7, 529.9
Termine di consegna 559.5
- - scaricamento 562.11
Termoelettrico 266.6
Termo-eléctrico 266.6
Terpentin . . . 551.8
Terra 428.8
- a spigoli vivi 426.6
-e alcaline . . . 114.2
- argillosa . . . 426.1
- da porcellana 116.13
- di fonderia 425.10
- fresca 426.5
- grassa 425.13
- magra . . . 425.12
- nuova 426.4
- per tappare . 342.6
Terra refrattaria 116.12, 541.7
Terracotta 116.8, 249.6
Terrain peu sûr 288.7
Terraja . 444.8, 446.3
- de brazo . . 445.6
- - macho . . . 461.3
Terrajar el molde 445.7
Terraplenar . . 358.7
Terrassenartig 518.7
Terrazza . . . 308.3
Terre à porcelaine 116.13
-s alcalines . . 114.2
- cuite 116.6
-, en 447.8
- glaise . 428.8, 429.7
- réfractaire . 249.6
Terreno 290.7
- di fondazione poco sicuro 288.7
- naturale . . . 288.5
- palustre . . . 288.9
- roccioso . . 288.10
Terreno poco seguro 288.7
Terreux 59.5
Terril 356.3
Terroso 59.5
Tessitura . . . 277.1
- fine 283.2
Tessuto metallico 199.1
- d'amianto . . 200.9
- d'asbesto . . 200.9
Test 31.1, 224.5, 228.2
- bar 49.3
- by bending in opposite directions 48.9
-, calorimetric . 224.1
-, cold 31.6
- glass 186.2
-, hot 31.7
-, hydraulic . . 54.6
- paper 212.7
- piece 33.3, 38.2, 49.3 386.1
- - supported at both ends 50.1
- plug 55.1
-, preliminary . 31.2
- pressure . . . 54.8
- result 34.6
- rod . . . 49.3, 386.1
- sample . . . 401.7
- -, molten . . . 401.8
-, spectroscopical 400.11
- strip 33.4
-, tensible . . . 49.1
-, to 30.5
- tube 186.1
- - holder for water baths 247.8
- with detached piece 31.4
Testa . . 22.5, 403.5
- arrotondata . 520.2
- del forno . . 413.9
- - martello . . 502.5
- della cassetta 411.1
- - gabbia . . 521.2
- in ferro forgiato 495.5
Testata del cavalletto 496.9
Tester . . 174.3, 181.5
Testing . 30.6, 234.7
- apparatus . . 268.4
- conditions . . 31.10
- machine . . . 54.5
- method . . . 31.3
-, microscopical 278.6
Tête 22.5
- de cuiller . . 411.1
- - la cage . . 521.2
- - levier . . . 410.3
- - marteau . . 502.8
- du four . . . 413.9
- - lingot . . . 485.7
- en fer forgé . 495.5
- perdue 485.6
Tetroxide, trimanganic 217.6
Tettoia, doppia - per formatura 421.3
- per formatura 421.2
Teufelsklaue . 464.3
Textura 3.6
Texture 277.1
-, fine 283.2
Texture 3.2
- blanche rayonnante 488.7
- fine 283.2
Theisen, epuratore 317.7
Theisen, lavador 317.7
Theisen, laveur 317.7
Theisenscher Wäscher 317.7
Theisen's washer 317.7
Theoretisch . . 135.2
Théorie de la dissociation 260.4
- des gisements 56.1
Theory 260.4
- of deposit of ores 56.1
Thermal 352.5
Thermique . . 578.3
Thermisch . . 578.3
Thermocouple . 352.1
Thermo-electric pyrometer (Le Chatelier) 352.1
Thermoélectrique 266.6
Thermopile . . 266.6
Thermosäule . 266.6
Thickness . . . 57.7
- of false mould 446.2
- - wall 305.7
Thimble 179.7
Thin drawn . . 28.5
Thistle funnel 189.10
Thomas-anlage, Bessemer- und 387.2
-eisen 12.1
- -Gilchrist-Verfahren 397.8
-roheisen . . . 8.2
-schlacke 113.2, 399.2
-stahl 12.1
- -werk 387.4
Thomas-Gilchrist process 397.8
- slag . . 113.2, 399.2

Thomas works, Bessemer steel and 887.2
Thomas, acier . 12.1
-, aciérie 887.4
-, fonte 8.2
- -Gilchrist, procédé 897.8
-, scorie . 118.2, 899.2
Thomas, acciaieria 887.4
-, acciaio 12.1
-, ferro 12.1
-, ghisa 8.2
-, processo . . . 897.8
-, scoria . 118.2, 899.2
Thomas, acero . 12.1
-, escoria 118.2, 899.2
-, fábrica de acero sistema 887.4
- -Gilchrist, procedimiento 897.8
-, procedimiento 8.2
Thorough . . . 418.8
Thread . . . 858.10
-, waxed 459.5
Three-pole construction 94.2
- way cock . . 190.2
Throat 307.12
-, closed 309.5
- flame 300.6
- of furnace . . 316.1
- - the converter 889.9
-, opened . . . 309.6
- opening . . . 307.3
- platform . . . 307.5
- stopper . . . 309.4
- -, American . 311.7
- temperature . 851.2
- over motion . 458.4
-, to - in clutch 520.6
-, - - out of gear 520.7
-, - - - the clutch 520.7
Ticket 184.4
- printing machine 184.5
Tie . 23.1, 826.4, 441.5
- rail 404.6
- rod 378.5
Tief-bau 58.1
-brunnenelevator 142.5
-gang 562.4
-grau 1.4
-ofen 527.6
- -kran 527.7
Tiefen-entwicklung 282.7
-lehre 33.7
Tiegel . . 882.2, 885.8
-bauch 882.3
-, die - formen 882.9
-, - - herausheben 886.4
-, - - herausnehmen 886.4
-fabrik 881.4
-, fertig getrockneter 888.10
-, Goochscher . 246.3
-gußstahl . . . 11.7
-herstellung . . 881.3
-inhalt 885.1
-masse 881.5
-ofen, Elektro- 570.6
Tiegel, Platin- . 195.1
-, Porzellan- . . 193.7
-presse 888.2
-schachtofen . 884.4
-scherben- . . . 882.1
-, Schmelz- . . . 252.4
-schmelzofen . 884.1
-stahl 11.7
- -darstellung . 881.1
- -hütte 881.2
-trockner . . . 888.3
Tiempo, de cuatro -s 827.6
-, - dos -s . . . 827.7
- - la fusión . 411.10
Tierisch, -er Stoff 418.11
Tierra, -s alcalinas 114.2
-, en la 447.8
- porcelana . 116.13
- refractaria . . 541.7
Tige, à 46.6
- - soulever les châssis 448.6
- d'amortisseur 502.6
- de bocard . . 77.5
- - bouchon . . 480.2
- - butée . . . 502.6
- - démoulage 449.2
- - démouleuse 448.6
- - noyau . . . 458.8
-s - pompe . . 144.5
- - soulèvement 449.2
- - sûreté . . . 311.2
- - suspension . 310.6
- du piston . . 311.5
Tightening, device for - the nuts 291.4
Tijera hidráulica para tochos 583.8
Tilt hammer . 495.4
-, to - the converter 396.1
Tilter 525.7
Tilting 408.1
- apparatus, electric 398.6
- wagon 182.6
Timbrascontrino 184.5
Timón 528.9
Timpa 292.12
Timpano . . 292.12
Tin 218.10
- containing lead 558.7
-, pure 558.11
-, to 558.9
Tingere . 431.5, 550.7
- in nero . . . 424.9
Tinglado de colada 339.4
Tinktur, Lackmus- 211.9
Tinning pot, second 558.10
- tank 558.6
- vat 558.2,6
Tino . . . 58.7, 303.8
- a camicia libera 305.3
- accessibile . . 305.5
- blindato . . . 305.2
- di lisciviazione 90.1
- libero 305.3
Tino non isolato 305.4
Tinozza piena d'acqua 318.3
Tinplate . . . 552.10
- works . . . 552.12
Tinta 550.5,6
Tintura d'iodio 211.9
- di base . . . 551.6
- - tornasole . 211.9
- stabile 551.5
Tintura de tornasol 211.9
- - yodo . . . 211.10
Tip 182.4
-, to 341.8
-, to - the ladle 479.4
Tipper 176.1
-, rotary 183.2
Tipping 481.5
- bridge 183.3
- device 181.1,5, 381.6
- jetty 181.6
- mechanism . 479.5
- platform . . . 182.7
- stage 181.7, 182.5
- staiths 181.6
- the box . . . 411.4
- - converter . 392.4
- wagon 182.6
Tira de ensayo 88.4
- - material . . 88.5
Tirage 87.4, 321.2, 417.1
- de cheminée . 164.7
Tiraggio 87.4,8, 321.2
- del camino . 164.7
Tirant . 378.5, 520.10
- d'air 87.4
- d'eau 562.4
Tirante . 320.4, 378.5, 520.10
- sospeso del tubo d'entrata 298.3
Tirar una prueba 282.10
Tirare a secco 246.9
- una copia . 282.10
Tirata inferiore 158.1
Tire mill . . . 512.2
Tirer une épreuve 282.10
Tiro 321.2
- de la chimenea 164.7
Tiroir 499.6
- à coquille . . 497.4
- d'admission . 499.7
Tisch, Blase- . 251.2
-, drehbarer . . 498.1
-, Hebe- 525.3
-platte 451.1
-, Rollen- . . . 525.3
-, Walz- 524.5
-zahnräderformmaschine 457.1
Tischlerei, Modell- 422.1
Tisonnage . . . 87.10
Tissu d'asbeste 200.9
- métallique . . 199.1
Titan 219.3
-dioxyd 219.4
-, Eisen- 16.2
-, -mangan- . . 16.3
-, Ferro- 16.2
-, -mangan- . . 16.3
-haltig 61.5
-säureanhydrid 219.4
Titanstahl. . . . 17.5
Titane . . 17.5, 219.3
Titanic acid anhydride 219.4
Titanico 219.4
Titánico 219.4
Titanifère . . . 16.3
Titanifero . . . 61.5
Titanífero . . . 61.5
Titaniferous . . 16.3
Titanio . . 16.2, 17.5 219.3
Titanique . . . 219.4
Titanit 72.5
Titanita 72.5
Titanite 72.5
Titanium . . . 219.3
- cyanonitride 361.12
- steel 17.5
Titano 219.3
Titer einer Flüssigkeit 192.7
-flüssigkeit . . 192.5
Titolare 192.8
Titolato 192.5
Titolo d'un liquido 192.7
Titrage 192.9
-, appareil de . 193.1
Titrate, to . . . 192.8
Titration . . . 192.9
- apparatus . . 193.1
-, back 192.10
- solution . . . 192.5
- standard . . . 192.7
Titre d'un liquide 192.7
Titré 192.5
Titrer 192.8
- à nouveau . 192.10
Titrierapparat . 193.1
Titrieren . . 192.8,9
-, Rück- . . . 192.10
Titrimetrisch 223.10
Tobera . 158.5, 394.10
- cónica 299.3
- de aire . . . 298.7
- - bronce . . . 299.1
- - escoria sistema Lürmann 299.8
- - la escoria . 299.7
- - los etalajes 302.6
- - viento superior 466.8
- del orificio de la escoria 299.7
- refrescada por agua 297.1
- refrigerado por agua 297.1
- -regadera . . 317.5
Tocho . . . 18.4, 583.8
- laminado . . 378.1
Toggle lever press 505.3
Togliere dal magazzino 180.9
- la sbavatura 489.8
Toile 430.6
- d'amiante . . 201.3
- d'émeri . . . 203.1
- en fil de cuivre 190.2
- - - - - enroulée 190.3
- métallique 199.1 318.2

Toiture 389.5
Tôle 25.4, 40.2
- à bord rabattu 26.6
- - - tombé . . 26.6
- - emboutir . 26.6
- - réservoirs . 26.10
- brute 27.5
- d'acier . 25.11, 186.5
- d'écoulement de la scorie 371.3
- d'enveloppe . 26.8 293.9
- de Babo . . . 199.4
- - chaudière . 26.5
- - corps cylindrique 26.8
- - fer 287.2
- - foyer . . . 26.7
- - la tympe . 292.4
- - navires . . 26.9
- - rebut . . . 27.7
- décapée . . . 558.1
- en acier doux 25.10
- - - fondu . . 25.12
- - fer 25.6
- - - soudé . . 25.9
- étamée . . 552.10
- fine . . . 25.7, 26.1
- gaufrée . . . 26.12
-, grosse 26.3
- inclinée . . . 316.5
- laminée . . . 25.5
- martelée . . . 25.8
- mate . . . 552.11
- mince 25.7, 26.1, 511.2
- nettoyée . . . 27.6
- noire . 26.2, 583.3
- non oxydée . 558.1
- ondulée 27.1, 308.4
- - cintrée . . . 27.2
- perforée . . . 27.4
- profilée . . . 26.4
- protectrice . 388.3
- rainurée . . . 27.3
- striée . 26.11, 308.4
Tolerance . . . 82.9
-, permissable . 82.10
Tolérance 82.10, 87.4 486.10
Tolerancia 82.10, 87.4 486.10
- en el grueso . 87.5
Toléré 82.10
Tolleranza . . 87.4
Tollerato . . . 82.10
Tolva 310.1.3
- de carga . . . 181.2
- - - del carbón 157.3
- - mezcla . . . 119.7
Toma de agua 297.7
- - - de manantial 141.2
- - gas . 812.8, 859.12
- - - anular . . 812.3
- - - belga . . 812.3
- - - Darby . 812.10
- - - Faber du Faure 811.9
- - - Langen . 813.6
- - - Parry . . 810.4
- - - von Hoff 812.1
- - los gases . . 814.7
- - metal líquido 401.7
- - una muestra 227.9
- - - - de escoria con una varilla de hierro 401.10
Tomar una muestra del gas 269.1
Tomber en poussière 847.12, 859.1
Ton 427.10
-, bildsamer . . 428.2
-, den-schlämmen 433.6
-, eisenschüssiger 113.5
-eisenstein . . . 68.8
-erde . . . 220.7, 276.9
- -, geschlämmte 276.10
- -, kieselsaure 427.11
- -reich . . . 357.13
- -silikat . . . 427.11
- - -, wasserhaltiges 115.12
-, fetter 428.4
-, feuerfester . 115.11
-, gebrannter . 116.8
-, grauer 116.3
-haltig, stark . 426.1
-, junger 116.2
-kiste 414.7
-, magerer . . . 428.3
-mischer, wagerechter 119.6
-öfchen 249.6
-platte 249.7
-, rötlicher . . . 116.4
-schiefer 112.1
-, schiefriger . 116.5
-schneider . . . 485.5
-, sedimentärer 116.1
-tiegel 382.7
-, unbrauchbarer 116.9
-zelle 268.1
-, zerriebener . 116.7
Ton of steel, per 572.7
Tone, to . . . 282.11
Tonel de agua . 330.5
Tonelada de acero, por 572.7
Tonelaje 184.7, 562.3
Tonen 282.11
Tongs 200.6, 372.1, 464.3
Tonig 59.6
Tonnage . 184.7, 562.3
Tonne d'acier, par 572.7
Tonnellaggio . 184.7 562.3
Tonnellata d'acciaio, per 572.7
Tono, dar el . 282.11
Tool, puddling -s 371.5
- steel 13.5
- -, best 13.8
- -, electric . . 564.3
- -, high speed 13.6
Tooth 518.10
- block . . . 455.4.6
- - holder . . . 455.5
-, cast 519.1
-, helical 519.2
Toothed . . . 426.10
Top 467.5
- blowing tuyere 466.8
- casting 482.3
-, closed 309.5
- flame 468.1
- of crucible . 296.2
Top of hearth . 296.2
- - housing . . 521.2
- - the base . . 290.7
-, opened 309.6
- plate 496.9
- print 424.8
-, removable . 522.9.10
- roll . . . 512.8, 515.7
- -, balanced . . 523.6
Tope . . . 25.3, 238.7
- de la leva . . 496.6
- elástico . . . 502.3
Topf, Dampf- . 178.6
-, Destillier- . . 255.4
-, Papinscher . 178.5
Töpferscheibe . 383.1
Topping out of the slag 299.5
Torba . . 98.5, 429.4
Torbido . . . 241.11
Torcedura . . . 51.8
- del acero . . 546.13
Torcer 51.7
Torcere 51.7
Torchio per sodio 182.5
Torcido 534.5
Torcimento dell'acciaio 546.13
Torcimiento del acero 546.13
Tordre 51.7
Tordu 585.5
Torf 98.5
-mehl 429.4
Torkran 126.3
Tornasol, papel de 212.8
-, tintura de . . 211.9
Tornasole, carta di 212.8
-, tintura di . . 211.9
Torneado . . . 328.8
Tornillo 89.3
- de cierre . . 323.4
- - eclisa . . . 24.2
- - presión . . 521.8
- - unión . . . 295.3
-, fijado por -s 524.4
- para madera 436.2
- sin fin 159.6
- transportador 189.7
-, unir con -s . 442.9
Tornio 13.6
- da anime . 460.10
Tornitura dei cilindri 515.3
- di rame . . . 199.8
Torno 464.6
- de alfarero . 383.1
- - mano . . . 314.2
- - vapor . . . 314.3
- para la campana 314.1.5
- - machos . 460.10
Torre di refrigerazione 149.2
- girevole . . . 126.7
Torre 126.7
- de agua . . . 145.7
Torrefare . . . 82.6
Torrefatto . . . 68.9
Torrefazione . 70.8
- all'aria . . . 88.3
- ben riuscita . 88.8
- dei minerali di ferro 81.4
Torrefazione difettosa 88.9
-, impianto di . 82.8
- in mucchi . . 83.1
- ossidante . . 82.1
- per eliminazione del solfo 82.5
Torsion . 50.3.4, 51.2.3
- angle 51.3
- test 50.7
- - in which the torsion is measured by the angle of twist 51.6
Torsión . . 50.3, 51.2
Torsione . 50.3.4, 51.2
Torsional . . 50.4.5
Torsions-beanspruchung 50.4
-elastizität . . 51.5
-festigkeit . . . 50.5
-kraft 50.9
-moment . . . 50.8
-spannung . . 50.6
-versuch 50.7
Torta di argilla 461.1
Torta 384.3
- de arcilla . . 461.1
- - escoria. . . 356.1
Tostado . . . 88.10
-, ser 429.12
Tostar 429.11
Tostión, instalación de 82.8
Tot-brennen . . 118.9
-gemahlen . . . 427.1
-es Gewicht . 185.1
Tough 6.8
Tour 13.6, 51.8
- à noyaux . 460.10
- - potier . . . 383.1
- de fer 376.3
- - réfrigération 149.2
Tourbe . . 98.5, 429.4
Tourillon 518.6, 392.6
- à pignon . . 392.8
- creux 394.6
- en acier . . . 392.7
Tournage des cylindres 515.3
Tournant . . . 95.3
Tourné 323.9
Tourner le lingot 529.2
Tournesol, papier de 212.8
-, teinture de . . 211.9
Tourniquet . . 496.4
Tournure de cuivre 199.8
Tourte 384.3
Toutvenant . . 100.7
Tower 149.2
- crane, rotary 126.7
Trabajo 33.10
- à la forja de afino 365.1
- continuo . . 395.4
- de afino . . . 366.5
- - fabricación 556.3
- en convertidores pequeños 387.6
- - el interior del alto horno 353.4

Trabajo en grandes convertidores 887.5
- hecho con máquina 556.5
-, método de . . 409.4
Tracciaparallele 40.5
Tracciare i profili 514.7
Tracciato dei canali 514.3
- per blooming 517.5
- - ferri zorès 517.9
- - ferro da chiodi 518.3
- - piastre . . 517.11
- - rotaie . . . 517.7
- - stecche . 517.10
- - traverse . . 517.8
- - travi 517.6
Tracciatore . . 40.5
- a mano . . . 40.4
Tracción . . 48.6, 48.9
Tracé des cannelures 514.3
Tracer les cannelures 514.7
Track 123.7
Traction 48.6.7
- unitaire . . . 48.9
Trade, customary in 30.4
- mark 34.10
Trafila 535.7.8
Tragante . . 307.1.3
- abierto . . . 309.6
- cerrado . . . 309.5
Trag-bar . . . 493.3
-fähigkeit . . . 125.4
-gabel 478.5
-kraft 240.11
-kranz 294.2
-lappen 300.7
-pfanne, Gabel- 478.1
-pratze 392.9
-stange 523.7
-stück, eisernes 307.9
Träger . . 20.7, 294.8
- des Gichtbelages 307.8
- - Kühlwasserrohres 298.2
- - Trichters . 310.2
- der Vorderplatte 414.1
-, Eisen- 294.1
-, englischer . . 20.10
-kaliber 517.6
-, Kolben- . . . 198.7
-lager 180.8
-netz 308.2
-, Objekt- . . . 278.7
-, Röhren- . . . 253.2
-, Rost- 368.2
-, T- 20.8
Traguardo . . 88.1
Train 377.9
-, intermediate 510.3
- of rolls . . . 510.1
- oil 546.9
Train à bandages 512.2
- - fil 511.6
- - larges plats 512.1
- - petits fers . 511.5
- - tôles 510.5
- - - minces . . 511.2
- - verges . . . 511.6
- de laminoir , 510.1
Train dégrossisseur 510.2
- duo 512.6
- -ébaucheur 377.9 510.2
- finisseur . . . 510.4
-, gros 511.3
- moyen 510.3
-, petit 511.5
- préparateur . 510.3
- rapide 511.7
- réversible . . 532.1
- trio 512.7
- universel . . 512.1
Trait 64.6
- de lime . . . 49.5
Traitement . . 411.5 563.4
Trajet des gaz 360.8
- - rayons . . . 281.2
Tramezzo . . 319.8.9
Tramoggia 105.2, 310.1
- -collettore . . 131.1
- di caricamento 131.2
- - mescolanza 119.7
- separatrice . 188.3
Tramway rail . 22.8
Tran, Fisch- . . 546.9
Tranchant . . 82.5
Tranche 504.7
Transbordador 124.3
Transbordement 127.5, 560.3
Transbordeur . 124.3
Transbordo . . 127.5
Transformador del horno 572.3
Transformateur du four 572.3
Transformer, furnace 572.3
Transmisión . . 501.1
- de aire . . . 472.8
- - la corriente eléctrica 171.3
- directa de fuerza 327.3
- por cable . . 170.4
- - correa . . . 170.5
Transmission . 167.2
-, direct - of power 327.3
Transmission . 501.1
- par vis sans fin 341.10
Transmissionskammer 501.1
Transmittor . . 508.2
Transparence . 400.5
Transparencia . 400.5
Transparency . 400.5
Transparent . . 400.6
Transparente . 400.6
Transport-band 188.5
-, Block- 526.1
Transport . . . 123.2 561.3.7
- band 188.5
- insurance . 560.11
- of charge . . 86.1
- - large masses 188.1
Transport . . . 123.2
- au gueulard . 86.1
- d'énergie . . 167.2
- des cendres . 164.2
- - lingots . . . 526.1
Transport des matières premières 333.5
- en masse . . 188.1
- fluvial 561.7
- funiculaire . 135.8
- maritime . . 561.8
- par bande . . 188.6
- - camion . . 561.5
- - chemin de fer 561.4
- - ruban . . . 188.6
- - terre 561.3
- - voiture . 561.3.5
- sur bande . . 188.6
Transportable . 462.7
Transportador 188.3
- con rascadores 189.2
- de cinta . . . 188.4
- - correa . . . 188.4
- - sacos . . . 189.1
- vibrante . . . 433.2
Transporte . . 123.2
- al cargadero . 86.1
- de energía . 167.2
- - fuerza . . . 167.2
- - las materias de fusión 333.5
- - los carbones á los hornos 104.6
- - - lingotes . 526.1
- del carbón á la caldera 159.4
- - carbón por tornillo sin fin 159.6
- en carro . . . 561.5
- - masa 188.1
- fluvial 561.7
- por cinta . . 188.6
- - ferrocarril . 561.4
- - tierra . . . 561.3
Transporter . . 188.3
Transporteur . 188.3
-, Band- 188.4
-, Gurt- 188.4
-, Kratzer- . . . 189.2
Transporteur 188.3.5
- à bande . . . 188.4
- - - sans fin . 159.5
- - chaîne . . 135.10
- - courroie . . 188.4
- - raclettes . . 189.2
- - racloirs . . 189.2
- aérien à câble 135.11
- - - - métallique 135.9
- funiculaire . 135.9
- pour sacs . . 189.1
-, rigole -se . . 102.5
Transporting installation 122.1
Transvasement 476.2
Transverse . . 417.2
Tranvía 22.8
Trap 131.4
Trapa de bisagras 131.4
- - charnela . . 131.4
Trapanare . . . 228.5
- di fianco . . . 228.6
- - sopra . . . 228.7
- per lungo . . 228.8
Trapanatura . . 228.2
Trapano per ferro ed acciaio 228.4
Trappe 131.4
Trasbordatore . 124.3
Trasbordo 127.5, 560.3
-, impianto per - a gru girevole mobile 127.7
Trascinato . . . 412.4
Trasformare in gas 253.10
Trasformarsi, facilità di - in coke 102.9
Trasformatore della corrente per il forno 572.3
Trasformazione in coke 102.6
Traslado de aire 472.8
Trasmissione . 501.1
- diretta 327.3
Trasparente . . 400.6
Trasparenza . . 400.5
Trasportabile . 462.7
Trasportatore 188.3.5
- a catena . . 135.10
- - cinghia . . 188.4
- - nastro . . . 188.4
- - raschiatoio 189.2
- - scosse . . . 102.5
- aereo . . . 135.11
- di sacchi a nastro 189.1
-, coclea - rice 159.7
Trasporto 123.2, 188.2
- a nastro . . . 188.6
- alla bocca . . 86.1
- dei lingotti . 526.1
- del carbone . 104.6
- della cenere . 164.2
- delle materie di fusione 333.5
- - - prime . . 333.5
- di carbone a coclea 159.6
- - - alla caldaia 159.4
- - forza . . . 167.2
- fluviale . . . 561.7
- in massa . . . 188.1
- per terra . . 561.3
- su rotabili . . 561.5
Trasudamento della ghisa 482.9
Tratamiento . . 411.5
Tratschtrommel 81.1
Trattamento 74.4, 75.7
- magnetico . . 91.2
Tratteggiare in nero 424.10
Trattenere . . . 371.3
Tratto 64.6
- di nastro collettore 188.8
- - - distributore 188.9
Traubenartig . 107.2
Travail 33.10, 54.9
- à l'intérieur du haut-fourneau 358.4
- - la machine 556.5
- - - main . . . 556.4
- au bas-foyer . 365.1
- - grand convertisseur 387.5
- continu . . . 395.4
- d'affinage . . 366.5
- d'un corps à la torsion 50.4

Travail de la loupe 365.7
- en petits convertisseurs 387.6
-, mode de . . . 409.4
Travaillé, non . 19.4
Travatura . . . 180.8
Trave . . 20.7, 308.2
- a curvatura circolare 294.8
- d'acciaio . . . 403.8
- di collegamento 820.4
- elastica . . 496.7.8
- inglese . . . 20.10
Travée, à double 421.3
Traveller, overhead 126.5
Travelling ladle 478.6
- platform . . . 124.3
Traversa 23.3, 441.3.5 505.6, 517.8, 524.6
- di ferro . . . 23.1
- pressata . . . 23.2
- superiore ribaltabile 453.4
Traversamento degli elettrodi 567.8
Traverse 441.5
Traverse 23.3, 326.4, 517.8
- de grue . . . 476.6
- emboutie . . 23.2
- en fer 23.1
- métallique . . 23.1
Traversé 456.3, 485.5
Traverser . . . 451.2
Travesía . . . 522.10
- fijada por tornillos 524.4
- postiza . . . 522.9
Travesta superior 505.6
Traviesa 23.3, 441.5
- de hierro . . 23.1
- embutida . . 23.2
Trayecto de los gases 360.8
Trazado de las canales 514.3
Trazar las canales 514.7
Trazione . . . 48.6.7
Trazo 64.6
- de lima . . . 49.5
Treatment . . . 33.10
Trébol 518.7, 520.4
Treccia in lana di legno 460.8
Tréfilage 535.1, 538.4
- fin 536.8
- finisseur . . . 536.8
- grossier . . . 536.7
- initial 536.7
- moyen 536.7
- très fin 536.9
Tréfiler . 535.7, 536.1
Tréfilerie . . . 535.8
Trèfle . . 518.7, 520.4
Trefolo . 518.7, 520.4
Treibeisen . . . 2.6
Treiben des Eisens 482.9
Treillis de poutre 308.2
Trementina . . 551.8
Trementina . . 551.8
Trémie . 105.2, 181.1 310.1
- à charbon . . 157.3
- de chargement 181.2, 157.3
- - mélange . . 119.7
Trempe 42.7
- à l'acide carbonique 545.4
- - l'air 545.3
- - l'huile . . . 545.5
- active 543.3
- au nickel . . 418.4
- dans l'eau courante 544.8
- - une auge alimentée par le fond 544.9
- d'outil coupant 548.3
- de recuit . . 547.3
- - surface . . 417.9
- difficile . . . 542.8
- dure 543.1
-, four de (v. four)
- naturelle . . 542.10
- négative . . 546.12
- par arrosage 545.2
- - filet d'eau . 545.1
- - jet d'eau . . 545.1
- parfaite . . . 543.1
- passive . . . 548.4
- résistant à l'usure 548.4
- simple 542.7
Trempé 548.7
Tremper 416.8
- dans l'eau . 543.11
-, four à (v. four)
- très chaud dans l'eau 544.1
Tren 514.3
- acabador . . 510.4
- blooming . . 511.4
- de alambre . 511.6
- - chapas . . . 510.5
- desbastador . 510.2
- doble dúo . . 518.2
- dúo 512.6
- laminador . . 510.1 512.4
- - de tochos . 377.9
- mediano . . 511.3
- para aros . . 512.2
- - bandajes . . 512.2
- - chapa fina . 511.2
- pequeño . . . 511.5
- preparador . 510.3
- rápido 511.7
- reversible . . 532.1
- terminador . 510.4
- trío 512.7
- universal . . 512.1
Trench 395.8
Trennbar . . . 390.4
Trennung . . . 265.2
-, elektrolytische 265.2
Trennungs-ebene 424.3
-vorgang . . . 74.3
Treno a corazze 511.1
- - duo 512.6
- - fili 511.6
- - lamiere . . 510.5
- - - sottili . . 511.2
- - larghi piatti 512.1
- - trio 512.7
Treno a verghe 511.6
- blooming . . 511.4
- dellaminatoio 510.1
- finitore . . . 510.4
- grosso 511.3
- per cerchiature 512.2
- - ruote . . . 512.3
-, piccolo . . . 511.5
- preparatore . 510.3
- rapido 511.7
- riversibile . . 532.1
- sbozzatore . . 377.9 510.2
- universale . . 512.1
Trenzado . . . 444.6
Trenzar 460.9
Trépied 198.8
Treppenartig . 518.7
Treppenrost . . 85.1 161.5
-generator . . . 404.9
Treppiede . 198.5.6.8
Tresse de paille 460.9
- en laine de bois 460.8
Tressé 444.6
Tretgebläse . . 251.4
Treuil 464.6
- à main . . . 314.2
- - vapeur . . 314.3
- de chargement 314.5
- - manœuvre du cône 314.1
Triage 74.4, 75.8, 102.3 229.10
- à la main . . 75.10
- - sec 76.2
- du fer 432.6
-, installation de 74.1 75.11, 102.3
- par voie humide 79.8
- sec 76.2
Triangle 198.9
Triangle en fil de fer 198.9
Triangolo di filo metallico 198.9
- per sostenere i crogiuoli 252.6
Triángulo de alambre 198.9
- para crisoles 252.6
Triatomic . . . 225.2
Triatomico . . 225.2
Triatómico . . 225.2
Triatomique . . 225.2
Trichloride, antimony 552.5
Trichter 310.1
-, Ablauf- . . . 246.5
-, Auslaug- . . 179.8
-bildung . . . 348.8
-, Dampf- . . . 178.9
-, Extraktions- . 179.8
-förmig 105.2
-, Füll- 157.3
-, Misch- 119.7
-, Porzellan- . . 198.4
-, Sammel- . . . 131.2
-, Scheide- . . . 188.3
-, Schutz- . . . 248.1
-, Tropf- 188.2
Trickling cooling plant 148.7
Trié 63.1
Triebscheibe . 137.6
-stahl 14.4
Trier . . . 63.2, 75.9
- à la main . . 63.4
- au marteau . 63.4
Trieur à aimant permanent 93.7
- de minerais de Wetherill 94.4
Trifase 569.1
Trifasico . . . 166.7
Trifásico . . . 572.2
-, instalación -a 166.7
Trift, Schlacken- 300.3
Trigo 431.1
Trimanganic tetroxide 217.6
Trio . . . 512.7, 522.3
Trío 522.3
Triowalzwerk . 512.7
Triphasé, à courant 569.1, 572.2
-, installation -e 166.7
Triplicate . . . 506.4
Tripod 196.8
Trípode 196.8
Tripolaire, disposition 94.2
Tripolar, disposición 94.2
Tripolare, costruzione 94.2
Tritare . 76.10, 77.2
Tritato 429.3
Trituración . . 76.7
- fina 76.9
- grosera . . . 76.8
-, instalación de 76.6
Triturado . . . 116.7
Triturador . . 78.2
- de fundición 229.7
- - minerales de mando mecánico 229.9
- - muelas . . . 78.1
-, molino . . . 482.1
Trituradora . . 77.2
Triturar . 76.10, 228.9
Triturare 76.10, 228.9
Triturate, to 228.9 251.1
Triturated . . . 116.7
Triturateur de minerai commandé mécaniquement 229.9
- en fonte . . 229.7
Trituration . . 229.6
Triturato . . . 116.7
Trituratore di ghisa 229.7
- - minerali a comando meccanico 229.9
Triturazione . 76.7 96.8
- fina 76.9
- grossa 76.8
- sottile 76.9
Trituré 116.7
Triturer 228.9, 229.8 425.5
Trocken 60.1
-anlage 329.1
-apparat 233.7, 269.2
-darre 433.8

Trocken-gestell 233.6
-kammer . . . 462.8
- -wagen . . . 463.3
-kasten 233.1
-korb 462.6
Trockenofen, Absaug- 233.2
-, fahrbarer . . 462.7
-, Kern- 463.4
Trocken-puddeln 379.5
-, Pulver- . . . 247.2
-raum 383.7
-reinigung der Gichtgase 315.7
-röhre 232.5
-schrank 233.1
- -, Ölbad- . . . 233.4
-siebung 230.1
-trommel . . . 483.7
-turm 232.2
-er Weg 224.3
-zylinder . . . 232.4
Trockne, zur - eindampfen 246.9
Trocknen . . . 462.5
- der Formen . 462.4
Trockner, Tiegel- 233.3
Trocknung . . 231.8
Trog 80.9
-, Rinnen- . . . 189.6
Trolley . 454.4, 527.4
Trommel . . . 817.8
-apparat 93.9
-, Daumen- . . . 496.4
-, Magnet- . . . 93.9
-, Putzscheuer- 498.2
-, Rauhwasch- . 80.11
-, Tratsch- . . . 81.1
-, Trocken- . . . 483.7
-, Vorwasch- . . 80.11
-, wagerechte . 841.1
-, Wasch- . . . 80.10
Trommel, appareil à 93.9
- de nettoyage 493.2
- - préparation 80.11
- -finisseur . . . 81.1
Trommel preparatorio 80.11
Tronco di cono 304.2
Tronqué 304.2
Troostit 284.4
Troostita . . . 284.4
Troostite . . . 284.4
Trop-plein 146.2, 489.4
Tropf-glas, Patent- 185.5
-trichter 188.2
Tropfen, ausgeseigerter 488.10
-weise 242.8
Trotato 2.2
Trou . . . 89.8, 483.4
- à laitier . . . 299.6
- conique . . . 536.3
- d'air 488.1
- d'homme 321.8, 467.2
- de coulée . . 300.4
898.9, 468.7
- - laitier . . . 299.7
- - travail . . . 871.1
Trouble . . . 241.11
Trouer 848.5
Trough . 80.9, 189.5
298.6
- charging crane 410.7
Trough filled with water 318.3
- plate pass . . 517.9
-, pneumatic . . 262.8
- roller 188.7
Trousse . 455.5, 444.8
- à noyau . . . 461.3
- amovible . . 446.3
Trousser 445.6
- le moule . . . 445.7
Trowel 487.3.7
Trübe 241.11
Truciolo di rame 199.8
- - trapanatura 228.3
Truck 392.3
- balance . . . 184.1
-, closed 125.3
-, free on -s . . 560.9
-, open 125.2
-, rectangular funnelshaped 106.2
Truck 477.2
- de manœuvre à télescope 392.4
Truck de maniobra telescópico 392.3
Truelle à lisser 437.7
Truité 2.2
Trumm, Sammel- 188.8
-, Verteilungs- . 188.9
Trümmerlagerstätte 57.3
Truncado . . . 304.2
Truncated . . . 304.2
Trunk line . . 22.6
Trunnion . . 392.7.8
-, hollow 394.6
- ring 392.6
Trusquin . . 40.4.5
Tubazione del gas 406.3
Tube 252.8
- brush 190.9
-, butt welded . 588.6
- casting . . . 488.1
-, central . . . 318.1
-, drawn 587.8
- for wash bottle 186.4
-, lap welded . 588.7
- mill 79.3
-, Peligot . . . 232.6
- rolling . 587.4, 588.1
-, seamless . . 588.5
-, spiral welded 588.8
- support . . . 253.2
-, suspended . . 318.2
-, thick walled 587.10
- wall 319.9
-, welded . . . 588.9
- with baffle plates 316.4
Tube 190.9
- à boules . . . 189.8
- - chlorure de calcium 232.2
- - combustion 249.1
- - dessécher . 270.5
- - deux branches 320.1
- - filtrer . . . 245.5
- - fractionner 187.4
- - fusion . . . 252.8
- - -, petit . . . 252.9
- - perles . . . 189.9
Tube à potasse 181.3
- - trois branches 190.3
- -broyeur . . 79.3
- collecteur de gaz 271.1
- concentrique, à -s -s 158.3
- d'absorption . 270.4
- d'eau 155.3
- de condensation 256.6
- - distillation 255.1
- - distribution 270.2
- - fumée . . . 155.1
- - Peligot . . 232.6
- - pesée . . . 240.3
- - séchage . . 233.4
- - séparation des gaz 270.9
- - sûreté . . 189.10
- - trop-plein . 146.2
- double 319.7
- élastique . 850.11
- en fer 587.5
- - porcelaine . 193.8
- - trompette . 320.1
- - U d'un appareil de séchage 232.5
- - - pour chlorure de calcium 232.3
- - verre . . . 190.6
- étiré 587.8
- gradué . . . 269.6
- métallique flexible 200.7
- réfractaire 480.4.8
- sans soudure 588.5
- soudé 588.9
- - en spirale . 588.8
- - par contact 588.6
- - - recouvrement 588.7
Tubería 488.1
- de agua . . . 144.6
- - aspiración . 144.7
145.2
- - gas 406.3
- - impulsión . 144.8
145.4
- - presión . . 144.8
- - viento . . . 324.2
- principal de viento 324.3
Tubetto di fusione 252.9
- - vetro . . . 190.6
- per pesare . . 240.3
Tubiera . 298.9, 342.9
394.10
- conica 299.3
- di bronzo . . 299.1
- raffreddata a circolazione d'acqua 297.1
Tubierina per la loppa 299.7
- - - - Lürmann 299.8
- - - scoria . . 299.7
- - - - Lürmann 299.8
Tubing 197.10, 298.1
-, rubber 184.1
Tubito de fusión 252.9
Tubo 55.2, 343.9, 480.7
Tubo a bulbo . 189.8
- - due braccia 320.1
- - getto . . . 492.10
- - pareti distinte 316.4
- - - separate . 316.4
- - - spesse . 587.10
- - tre vie . . . 190.3
- ad U 320.1
- aspirante . . 145.1
- capillare d'ammissione del gas 270.6
- centrale . . . 318.1
- collettore . . 318.9
- - di gas . . . 271.1
- -compensatore 324.7
- con perle . . 189.9
- d'acqua . . . 155.3
- d'allungamento 190.4
- d'aspirazione 492.6
- d'assorbimento 270.5
- d'entrata . . 298.3
- - dell'acqua . 297.7
- d'essicazione 232.5
- d'uscita dell'acqua 297.8
- dello sfioratore 146.2
- di combustione 249.1
- - condensazione 256.6
- - distillazione 255.1
- - distribuzione 270.2
- - ferro 587.5
- - fumo . . . 155.1
- - fusione . . . 252.8
- - gettata . . . 182.1
- - giunzione . 297.6
- - gomma . 197.10
- - Peligot . . 232.6
- - pergamena 201.8
- - piombo . . 199.6
- - porcellana . 193.8
- - presa . . . 161.3
- - scarico 146.1, 369.8
- - sicurezza . 189.10
- - troppo pieno 146.2
- - vapore . . . 178.9
- - vetro 190.6
- -distributore . 324.4
- divisore per gas 270.9
-, doppio 319.7
-, - - per apparecchiò di distillazione 255.2
- elastico . . 850.11
- fisso 312.2
- flessibile . . 184.1.2
- - metallico . 200.7
- graduato . . 269.6
- inclinato . . 315.3
- orizzontale . 315.2
- per cloruro di calcio 232.3
- - distillazione frazionata 187.4
- - filtrare . . . 245.5
- premente . . 145.3
- ramificato . . 324.5
- refrattario . 480.4.8
- saldato . . . 588.9
- - a bacio . . 588.6
- - - spirale . . 588.8

Tubo ad unghia 588.7
- senza saldatura 588.5
- sospeso . 313.2, 318.7
- stirato 587.6
- verticale . 315.4.9
Tubo 480.8
- accesorio de destilación 255.2
- capilar conductor de gas 270.6
- central . . . 318.1
- circular . . . 324.4
- -colector común 313.9
- - de gas . . . 271.1
- -compensador 324.7
- con paredes separadores 316.4
- -conductor del gas 313.7
- de agua . . . 155.3
- - alargamiento 190.4
- - aleta 452.3
- - ascensión . 141.3
- - aspiración . 145.1 492.6
- - bolas 189.8
- - colada . . . 480.7
- - combustión 249.1
- - condensación 256.6
- - desagüe . . 146.2
- - descarga de agua 369.8
- - descenso . . 146.1
- - destilación . 255.1
- - dilatación . 324.7
- - distribución 270.2 324.4
- - dos brazos . 320.1
- - - ramas . . 320.1
- - ensayos . . 186.1
- - filtración . 245.5
- - fusión . . . 252.8
- - goma . . . 197.10
- - gran espesor 587.10
- - hierro . . . 587.5
- - humo . . . 155.1
- - impulsión . 145.3
- - Peligot . . 282.6
- - pergamino . 201.8
- - perlas . . . 189.9
- - pesadas . . 240.3
- - plomo . . . 199.6
- - porcelana . 193.8
- - ramificación 324.5
- - relleno . . 182.1
- - salida del agua 297.8
- - - - gas . . 313.7
- - seguridad 189.10
- - toma de agua 297.7
- - - - gas . . 312.9
Tubo de vapor 178.9
- - vidrio . . . 190.6
- del porta-viento 301.1
- descendente . 146.1
- doble 319.7
- elástico . . . 350.11
- en T 190.3
- - U para cloruro de calcio 282.3
- - - - secar . 282.5
- estirado . . . 587.6
- fijo 312.2
- flexible . . . 184.1
- - metálico . . 200.7
- graduado . 185.9 269.6
- horizontal . . 315.2
- inclinado . . 315.3
- para destilación fraccionada 187.4
- - la absorción 270.5
- - secar . . . 270.5
- refractario . 480.4
- repartidor de gas 270.9
- sin costura . 538.5
- - soldadura . 588.5
- soldado . . . 588.9
- - á solapa . . 538.7
- - - tope . . . 538.6
- - en espiral . 588.8
- suspendido 318.2 318.7
- vertical . . . 315.4
- - de bajada . 315.8
Tubolare . . . 141.6
Tubulaire . . . 141.6
Tubular . 141.6, 158.3
Tubulure de coulée 480.7
- du porte-vent 301.1
- fixe 312.2
- venue de fonte 319.4
Tuch, mit - überziehen 276.1
Tuffante 144.3
Tülle 478.1
Tümpel 292.2
-blech 292.4
-eisen 292.3
-gewölbe . . . 292.1
-stein 292.2
Tungsten . . . 218.3
- steel 17.3
Tungstène 17.3, 218.3
Tungsteno . . . 218.3
Tunnel sous la voie 124.2
Tunsteno . . . 15.9
Tup 464.2
Tür, Feuer- . . 368.7
-, Koksofen- . . 104.5
-schwelle . . . 404.5
Türverschluß . 168.5
Turacciolo di sughero 196.2
Turba 98.5
Turbid 241.11
Turbina 327.4
Turbio 241.11
Turbo-dynamo 171.1
-gebläse 327.4
Turbo blower . 327.4
- dynamo . . . 171.1
- generator . . 171.1
Turbo-compresseur 327.4
-dynamo . . . 171.1
-génératrice . . 171.1
Turbo-dinamo . 171.1
- -soffiante . . 327.4
Turm-drehkran 126.7
-, Kühl- 149.2
-, Wasser- . . . 145.7
Turn 51.8
- over, to . . . 488.9
- -, to - - the ingot 529.2
- -, to - - the piece 503.9
-, - - the box . 442.5
- - top table . 449.5
- - type moulding machine 449.4
Turned 323.9
Turning 515.3
- crane 476.4
- force 50.9
- moment . . . 50.8
- motion . . . 393.7
- table 452.5
Turnings . . . 199.8
Turntable . . . 493.1
Turpentine . . 551.8
Tuyau 55.2
- à ailettes . . 452.3
- - chicanes . . 316.4
- - compensation 324.7
- - noyau . . . 459.3
- - paroi épaisse 587.10
- branché . . . 324.5
- central 318.1
- collecteur général 313.9
- d'arrivée . . 298.3
- - d'eau . . . 297.7
- d'ascension d'eau 141.3
- d'aspiration 145.1, 492.6
- d'écoulement d'eau 297.8
- de décharge . 369.8
- - déchargeur 182.1
- - distribution 146.1
- - la prise d'eau 141.3
Tuyau de prise de gaz 312.9
- - refoulement 145.3
- - vapeur . . . 178.9
- descendant . 146.1
- distributeur . 324.4
- en caoutchouc 197.10
- - parchemin . 201.8
- - plomb . . . 199.6
- flexible . . . 184.1
- horizontal . . 315.2
- incliné 315.3
- suspendu . . 313.1
- vertical . . . 315.4
- - de descente 315.9
- - suspendu . 318.7
Tuyauterie de gaz 406.3
Tuyere . 298.9, 299.1 394.10
-, cooled 297.1
-, conical . . . 299.4
- hole 395.1
- level 298.7
- nozzle 295.4
- opening . . . 298.8
- plate 364.6
- saddle 364.7
- wall 297.3
Tuyère 158.5
- à laitier . . . 299.7
- - - Lürmann 299.8
- - vent . . . 298.7.9
- conique . . . 299.3
- de pulvérisation 317.5
- - secours . . 302.6
- des étalages . 302.6
- du trou de laitier 299.7
- en bronze . . 299.1
- refroidie par circulation d'eau 297.1
- supérieure . . 466.8
Twin engine . 326.9
- steam pump . 143.5
Twist 50.3
-, to 51.7
Twisted 584.4
Twisting ingots 527.3
- moment . . . 50.8
Twyer (s. Tuyere)
Tymp 292.3
- arch 292.1
- plate 292.3
- sheet iron . . 292.4
- - steel 292.4
- stone 292.2
Tympe 292.1.2
Tymplon . . . 292.3
Type of construction of blast furnace 287.5

U.

U-Eisen 21.1
U, guarnizione ad 507.3
U-iron 21.1
- -pipe 320.1
U, tube en . . . 282.3
U, tubo ad . . . 320.1
U, tubo en . . 282.3
Überdachen . . 389.5
Überdruck . . 507.9
Überführung . 124.1
Überhebvorrichtung 525.1
Überhitzer . . 179.1
Überhitzer, Dampf- 179.2
Überhitzt . . . 474.9
Überhitzung des Eisens 474.7

Überladekran 125.8
Überlappt geschweißt 588.7
Überlauf 489.4
-rohr 146.2
Übermaß 486.10
Übersättigt 16.9
Überschuß des Fällungsmittels 242.9
-, Sauerstoff- 849.11
Übertragung, Kraft- 167.2
Überziehen, mit Tuch 276.1
Überzug 429.10
-, Filz- 470.8
-, glasartiger 554.6
Uchatius, acier 12.7
Uchatiusstahl 12.7
Ufficio 149.8
Ugello 158.5, 298.9 301.2
- di bronzo 299.1
- superiore 466.8
Uhr, Gas- 271.8
-glas 189.7
Umbiegen 588.2
Umbral de la puerta 404.5
Umfanggeschwindigkeit 580.9
Umformer, Ofen- 572.8
Umgeben 808.2
Umgehungskanal 872.8
Umgelegt 295.5
Umgeschmolzen 474.12
Umgewandelt, -er Ton 116.6
Umherführen, im Wasser 544.4
Umhüllung 805.1
Umidità 64.8
- dell' aria 267.8 329.3
Umido 79.7.8
Umkehr der Bewegung 582.2
Umkehrbar 169.9
Umkehrung 406.8
Umkleidungsplatte 878.4
Umlauf-kessel 158.3
-pumpe 144.1
Umlegen 295.5
Umränderung, rote 424.7
Umriß, Modell- 422.5
Umschaltung 406.8
Umschmelz-ofen 889.2
-verfahren 474.1
Umsetzen 876.3
Umstecken 585.3
Umsteuerungsvorrichtung 582.7
Umsteuervorrichtung 406.9
Umströmkanal 471.8
Umwandlungspunkt, -e 272.9
-wärme 272.10
Umwickeln, die Kernspindel 460.7
Umwicklung 460.6
Umzechig 895.3
Unbearbeitet 19.4
Unbrauchbar 116.9
Uncinetto 436.8
Uncino 29.3
Uncoupling, automatic 186.9
- device, automatic 187.1
Unctuous 116.10
Unctuosity of clay 116.11
Underbridge 124.2
Undercut 515.4
Underface, to - the mould 480.5
Underground 171.5
Underside 390.2
Underweight 560.1
Undissolved 241.12
Unebenheit 490.3
Unevenness 490.3
Unfallwache 150.5
Unfest 37.9
Unfinished 27.5
Unfix 37.9
Unfixed 37.9
Unganz 386.8
Ungebraucht 426.4
Ungeröstet 88.11
Ungeschmolzen 411.9
Ungeteilt 81.5
Unghia 538.7
-e di bue 420.3
Ungleichschenklig 20.3
Unhältig 75.3
Unidad de horno 578.2
Uniform 328.9
Uninterrupted 401.2
Union 184.2
Unión 123.9
- de tubo 184.2, 297.6
Unir con chavetas 442.10
- - pasadores 442.9
- - tornillos 442.9
Unit 578.2
- of iron and manganese 558.4
- - pole 92.6
Unità di forno 578.2
Unitaire 48.9
Unitario 92.6
Unité d'intensité 92.6
- de four 578.2
- - longueur 44.8
Universalwalzwerk 512.1
Unkosten, allgemeine 563.6
-, Betriebs- 563.2
Unloading 123.4 562.10.11
Unlöslich 241.9.12
Unmelted 411.9
Unmittelbar 327.3
Unpolarisiert 169.8
Unreinigkeit 340.5
Unreliable 288.7
Unroasted 88.11
Unruhig flackern 481.3
Unrund 460.1
- werden 423.5
Unschlitt 546.8
Unschmelzbar 114.1
-keit 425.8
Unsoluble 241.13
Untar 431.5
Unterbau 288.5
Unterbrechung 254.5
Unterbrochen 518.4
Unterdampf 500.8
Unterfeuerung 156.5
Unterführung 124.2
Untergestell 296.1
Unterhaltung 563.3
Unterirdisch 171.5
Unterkasten 440.10
Unterlag-platte 24.3
-plattenkaliber 517.11
-ring 201.10
Unterlage, Beton- 289.6
Untersatz 884.3
- aus Hartgummi 202.1
Unterstempel 121.6
Unterstützung des Trichters 310.3
Untersuchen 80.5
Untersuchung 267.3
-, gasanalytische 267.3
-, metallographische 177.4, 272.3
-, qualitative 223.8
-, quantitative 223.7
-, spektralanalytische 400.11
Untersuchungsapparat, Rauchgas- 268.4
Unterwalze 518.1
-, festliegende 528.5
Unterwindfeuerung 158.1
Ununterbrochen 844.7
Unwrought 19.4
Unzuverlässig 288.7
Uovo, grossezza d' 231.5
Up-edge, to 503.8
Upset, to 53.6
Upsetting test 53.5
Upright 394.1
Uptake 872.3, 408.5.6
Urane 189.5
Uranglasplatte 189.5
Uranio 189.5
Uranium glass plate 189.5
Urano 189.5
Urto 41.7.8
Usage commercial 30.4
Usato 427.3
Usciolo di scolo 298.6
- per la loppa 300.2
- - - scoria 300.2
Uscita 312.8
- del gas 313.7
- dell'acqua 297.8
- - aria 439.8
Use, repeated 481.12
-, - - of water 148.3
Usine 123.5, 288.6
-, franco à l' 560.8
Uso del mercato 30.4
- ripetuto dell'acqua 148.3
Uso repetido 481.12
- del agua 148.3
Ustensile, -s de mouleur 434.1
-s en quartz 201.6
Usura degli elettrodi 567.3
- della catena 137.9
Usure 32.8
- de la chaîne 137.9
- des électrodes 567.3
- rapide du four 418.4
-, résistant à l' 543.4
Utensile 13.5, 371.5
- di lavoro 371.1
-i di quarzo 201.6
Utensilio, -s de cuarzo 201.6
-s - gutapercha 197.2
Útil para afilar las barrenas para corchos 196.8
Utile 75.2
Utilisable 33.2
Utilisation 103.8
- of heat 86.7
- - slag 358.3
Utilisation de la chaleur 86.7
- du laitier 358.3
Utilizable 33.2
Utilización de la escoria 358.3
- del calor 86.7
Utilizzazione del calore 86.7
- della loppa 358.3

V.

Vaciadero 62.10
Vaciado 355.6
- del horno 88.7
Vaciar 341.9
Vaciar el crisol 342.1
- la escoria 356.4
Vaciarse 385.4
Vacilar 481.3
Vacillare 481.3
Vaciller 481.3
Vacío 469.5
Vacío, aparato para hacer el 183.1
-, en 580.11
-, - el 288.2

Vacio, por el . 232.1
Vacuometro . . 178.7
Vacuómetro . . 178.7
Vacuum . 246.2, 469.5
- apparatus . . 188.1
- desiccator . . 232.1
- distillation . 254.3
- drying oven . 233.2
- manometer . 178.7
-, partial . . . 469.4
Vacuummètre . 178.7
Vagliare . . 438.10
-, apparecchio per 230.2
-, dispositivo per 230.2
Vagliato . . . 107.11
Vagliatura 65.2, 229.10
- a secco . . . 230.1
Vagón 24.8
- abierto . . . 125.2
- cerrado . . . 125.3
- de carga . . . 410.4
-, franco 560.9
- para descargamiento automático 128.4
- - el transporte de los lingotes 340.5
- - escoria . . 338.5
- tolva rectangular 105.2
Vagonaggio . . 561.5
Vagone 24.8
- a scarico automatico 128.4
- da minerale . 332.1
-, franco 560.9
- per loppa . . 338.5
- - minerali . . 562.6
- - trasportare la ghisa 341.5
- tramoggia rettangolare 105.2
Vagoneta . . . 477.2
- de colada 476.1, 477.1
- para lingotes 527.4
- - minerales . 188.2
Vaivén, criba de 230.10
-, tamiz de . . 230.10
Vakuum-apparat 188.1
-destillation . . 254.3
-meter 178.7
Valeur de décomposition 264.3
- - l'intensité . 257.3
- limite 32.8
Vallone, processo 366.2
Valón, procedimiento 366.2
Valor de descomposición 264.3
- limite 32.8
- medio de los resultados de ensayo 34.6
Valore di decomposizione 264.3
- limite 32.8
Valutazione della densità 270.7
Valve . 32.8, 328.4
-, Boecker's . 301.11
- box 322.3
Valve, Burger's rotary 323.3
- cone 508.7
-, double seat . 407.3
- gear. 499.3
-, hot blast . . 322.5
- of refractory material 407.5
- - the air heater 322.1
- regulation . . 500.2
-, Schmidt's spectacle 323.7
-, watercooled . 322.6
Valve 328.4
- à air 406.7
- - circulation d'eau 322.6
- - gaz 406.5
- - papillon . 406.10
- - - de Siemens 407.1
- d'admission . 499.9
- rotative de Burger 323.3
Valvola 301.3, 313.10 314.8, 328.4
- a campana . 322.2
- - circolazione d'acqua 322.6
- - conchiglia . 407.4
- - doppia sede 407.3
- - gas . 323.1, 406.5
- - farfalla . 406.10
- - - Siemens . 407.1
- - sede piana . 323.2
- ad aria . . . 406.7
- - - calda . . 322.5
- - - fredda . . 322.4
- aspirante . . 142.3
- d'esplosione . 314.9
- di Boecker 301.11
- - chiusura . . 378.1
- - - dei ricuperatore 322.1
- - scappamento dell'aria 508.6
- in acciaio fuso 322.7
- - materia refrattaria 407.5
- per l'aria . . 145.5
- - l'entrata dell'aria 321.4
- premente . . 142.4
- rotativa Burger 323.3
- Schmidt . . . 323.7
Válvula . 322.3, 338.4
- corredera . . 499.6
- - de admisión 499.7
- de acero fundido 322.7
- - aire 406.7
- - - frío . . . 322.4
- - aspiración . 141.3
- - bisagra . . 314.8
- - - de explosión 314.9
- - - - seguridad 314.9
- - charnela . . 301.3
- - cierre . . 313.10
- - compuerta . 322.2
- - corredera . 322.2
- - doble asiento 407.3
- - entrada de aire 321.4
Válvula de escape de aire 508.6
- - gas . . 323.1, 406.5
- - impulsión . 142.4
- - mariposa 406.10
- - - sistema Siemens 407.1
- - plato 323.2
- - presión . . 142.4
- en forma de concha 407.4
- giratoria de Burger 323.3
- luneta sistema Schmidt 323.7
- refrescada por agua 322.6
Vanadin . . . 219.5
-stahl 17.6
Vanadio . . 16.1, 17.6 219.5
Vanadium 17.6, 219.5
-eisen 16.1
-, Eisen- 16.1
-, Ferro- 16.1
Vanadium . . 219.5
- steel 17.6
Vane . . . 470.3, 471.1
Vanga da formatore 434.3
Vanne 322.2.3
- à air chaud . 322.5
- - - froid . . . 322.4
- - gaz 323.1
- - siège horizontal 323.2
- d'isolement 313.10
- en acier coulé 322.7
Vano 49.11
- tra sbarre . . 160.3
Vapeur 120.3
-, à 314.3
- - minerais . . 562.6
- admise au-dessus du piston 500.7
- - au-dessous du piston 500.8
- d'eau 254.2
-s de couleur foncée 400.8
Vapor 120.3
-, de 314.3
- - agua 254.2, 360.5
-es obscuros . . 400.8
- para minerales 562.6
- que entra por debajo del émbolo 500.8
- - - - encima del émbolo 500.7
Vapore 58.4
-, a 314.3
- acqueo . . . 254.2
- d'acqua . . . 360.5
- immesso inferiormente 500.8
- - superiormente 500.7
-i scuri 400.8
Vaporisation . 255.8
Vaporización . 255.8
Vaporizar . . . 256.1
Vaporizzare . 256.1
Vaporizzazione 255.8
Variazione della sezione 503.2
Variazione di concentrazione dell'elettrolito 259.4
- - spessore . . 87.5
- nella corrente 169.3
- - tensione . . 169.4
Vaporiser . . . 256.1
Variación de concentración del electrolito 259.4
Variante, -s du procédé 412.7
Variation of cross section 503.2
Variation brusque de température 118.7
- de concentration de l'électrolyte 259.4
- - la soufflerie 350.10
Variedad amarilla 115.10
- de carbono 214.10
-es - los métodos de fabricación 412.7
Variegated . . 114.5
Varietà di carbonio 214.10
- gialla . . . 115.10
Variété de carbone 214.10
- jaune . . . 115.10
Variety of carbon 214.10
-, yellow . . . 115.10
Varilla 28.9
- de acero . . . 391.7
- - agujerear . 455.3
- - cinc 266.4
- - ensayo . . . 49.3
- - hierro . . 401.10
- - - del alma . 458.8
- - seguridad . 311.2
- - suspensión . 310.6
- - tapon . . . 480.2
- - -, mecanismo de 480.5
- - vidrio . . . 190.7
Varme 364.6
Varnish . 424.5, 551.1
-, to 551.2
Vasca 443.5
- di mercurio . 200.5
- - porcellana . 193.5
- pneumatica . 268.8
Vase à cristallisation 243.9
- - décanter . . 243.7
- - égoutter . . 246.4
- d'evaporation 247.4
- - en porcelaine 194.4
- gradué . . . 185.9
- poreux 266.1
- pour la distillation 255.4
Vasija de platino 195.2
- - plomo . . . 199.7
Vaso di vetro per batterie 265.7
- per campione 284.1
- - mercurio . 200.3
Vaso de cristalización 243.9

Vaso de medir las densidades 180.1
- - porcelana para evaporar 194.4
- - vidrio de batería 265.7
- poroso 266.1
Vástago, -s de la bomba 144.5
- del émbolo . 311.5
Vat . . . 80.9, 552.2
Vegetal 98.2
Veilchenfarben 547.1
Vein 56.3
Veine 56.3.5
Veiné d'autres matières 64.5
Velocidad de formación de los iones 264.2
- - regeneración de los iones 264.8
- tangencial . . 580.9
Velocità di formazione degl'ioni 264.2
- - rigenerazione degl'ioni 264.8
- tangenziale . 580.9
Velocity, circumferential 580.9
- of formation of ions 264.2
Vena 56.3
Vendedor . . . 558.6
Vendeur 558.6
Vendita 558.2
Venditore . . . 558.6
Vendor 558.6
Vent 165.3, 439.7, 444.4
-, au - chaud . 4.5
-, - - froid . . . 4.6
- chaud 328.11, 300.6
- de la soufflerie 350.2
-, donner le . . 396.2
- froid 328.10
- -, à 2.5
Venta 558.2
Vente 558.2
Ventil 328.4
-, Doppelsitz- . 407.3
-, Druck- 142.4
-, Entlüftungs- . 145.5, 508.6
-, Gas- . . 323.1, 406.5
-gehäuse 322.3
-kegel 508.7
-, Luft- 406.7
-, Saug- 142.3
-, Schieber- . . 322.2
-stange 480.2
-steuerung . . 500.2
-, Teller- 323.2
-, wassergekühltes 322.6
Ventilación . . 175.2
Ventilador blindado 471.7
- centrifugo , . 371.6, 470.2
- de alta presión 470.1
- - - - Martin . 472.7
- - chimenea . 164.8
- - envoltura . 471.7
- helicoidal de alta presión 471.9
Ventilador Root 471.1
Ventilateur . . 470.5
- à haute pression 470.1
- blindé 471.7
- centrifuge . 317.6, 470.2
- de cheminée 164.8
- - Root 471.1
- enveloppé . . 471.7
Ventilation . . 175.2
Ventilator 164.8, 317.6
Ventilatore . . 469.9, 470.3
- a getto di vapore 469.10
- - spirale ad alta pressione 471.9
- ad alta pressione 470.2
- - - - Martin . 472.7
- blindato . . . 471.7
- centrifugo . 317.6, 470.2
- del camino . 164.8
- di precisione 471.2
- Encke 471.3
- Root 471.1
- rotativo . . . 472.5
Venting channel 485.2
Vento 57.5
-, a - caldo . . 4.5
-, - - freddo . . 4.6
- caldo . . . 328.11
- freddo . . . 328.10
- soffiato . . . 350.2
Ventosa 145.5
Ventouse à air 145.5
Ventre 84.8, 293.1, 303.7, 390.3
- du creuset . . 382.3
Ventre 84.6, 293.1, 303.7, 390.3
- del crogiuolo 382.3
Ventru 452.4
Veränderlich . 523.1
Veränderungsmöglichkeit der Phasen 274.6
Veraschungsschale, Platin- 195.4
Verbale sui risultati dell'analisi 226.8
Verband, Eisen- 151.3
Verbindung, chemische 226.1
- der Metalloide mit dem Eisen 349.9
-, Schwefel- . . 216.8
Verbindungsbrücke 86.2
-gewicht . . . 226.6
-gleichung . . 226.3
-hahn 190.1
-schraube . . . 295.3
-volumen . . . 226.7
-wärme 223.1
Verbleien . . . 554.3
Verbrannt, -er Stahl 548.12
Verbrauch, Kohlen- 557.3
- pro Tonne Stahl in Kilowatt-Stunden 572.7
-sspannung . . 169.5
-, Strom- 572.6
Verbrauch, Wasser- 140.5
-, Wind- 350.4
Verbrennung . 248.6
-, vollkommene 248.8
-, vollständige . 87.6
Verbrennungs-luft 408.2
-ofen 249.2
-raum 177.3
-röhre 249.1
-schacht 321.1
-schälchen . . . 248.9
-vorgang . . . 248.6
Verbund-dampfpumpe 148.2
-kessel 158.8
-maschine . . . 327.2
Verdampfen . . 256.1
- bei Lufttemperatur 256.2
-, trocken . . 253.10
Verdampfung . 255.8
-, trockne . . 253.11
Verdampfungsprodukt 254.1
Verde di monte 552.1
- -mare 548.3
Verde de montaña 552.1
- mar 548.3
Verdeckt . . . 439.5
Verdichten . . 256.5
Verdichtet . . . 267.6
Verdichtung . 256.4
-, Ionen- 263.8
-, Sand- 418.1
Verdichtungspolarisation 264.5
Verdickung . 518.5, 521.3
Verdorben, -er Stahl 548.9
Verdrehen 50.4, 51.7
Verdrehprobe . 51.6
Verdrehung . . 51.2
Verdrehungselastizität 51.5
Verdünnt . . . 242.2
Verdünnungsmittel 415.6
Verdunsten . . 256.2
Verdunstpfanne 188.1
Veredelung . . 386.9
Veredelungsverfahren 565.5
Vereidigt . . . 174.2
Vereinbart . . . 87.1
Verengung . . . 88.10
Verfahren, basisches 397.8
-, Birnen- . . . 396.4
-, Eindruck- . . 54.4
-, Preß- - nach Ehrhardt 538.3
-, Raffinations- . 565.5
-, Röst- 82.9
-, saures basisches 396.5
-, Umschmelz- . 474.1
-, Veredelungs- 565.5
-, vorbereitendes 74.2
Verflüchtigen . 256.5
-, sich 256.3
Verflüchtigung 256.4
Verfrachtung . 123.2
Verga 511.6
Vergasen . . . 253.9
Vergasend . . . 349.3
Vergasergraphit 117.11
Vergasung 253.8, 405.4
- des festen Brennstoffes 349.1
- mit Wasserdampf 254.2
Verge 511.6
Vergießen, das Eisen 481.4
Vergrößerung . 279.6
-, förderliche . 279.9
Vergütung . . . 559.3
Verhalten im Hochofen 97.1
Verhüten der Rissebildung 429.10
Verhüttbar . . 74.5
Verificatore di petrolio 181.5
Verjüngung . . 382.4
Verkauf 558.2
Verkäufer . . . 558.6
Verkohlen . . . 427.7
Verkohlt 337.2
Verkoken . . . 105.8
Verkokung . . 102.6
Verkokungsfähigkeit 102.9
-temperatur . 106.3
Verkupfern . . 552.7
Verkürzung der Schmelzzeit 411.10
Verlade-anlage mit obenlaufendem Drehkran 127.7
-bockkran . . . 127.5
-dokument . . 560.4
-kai 122.4
-rampe 122.3
-schein 560.4
-vorrichtung . 122.1
Verladung 122.2, 560.3
Verlangsamen . 474.3
Verlauf des Hochofenganges 344.3
Verloren, -e Gußform 488.4
-er Kopf 485.6
-er Sandkern . 461.5
Verlust, Aufbereitungs- 75.7
-, Gas- 360.10
-, Gewicht- . . . 560.2
-, Röst- 89.2
-, Spannungs- . 350.6
Vermindern, die Leistung . . 556.1
Verminderung, Gichtstaub- 97.2
-, Löslichkeits- 258.11
Vermischung . 432.9
Vermittler . . . 559.2
Vermittlungsgebühr 559.3
Vernice 551.1
- all'olio di lino 551.7
Vernickeln . . 554.4
Vernier caliper 39.5
Vernir 551.2
Vernis 551.1
- à l'huile de lin 551.7
Verre 186.6
- à clarifier . . 243.6
- - fusion . . . 252.7
- - réactions . 186.2
-, appareil en . 185.1
- bleu 188.6
- d'urane . . . 189.5

Verre de cobalt 285.9
- - Jena 185.4
- de montre . . 189.7
- - pesée 240.2
- - Weber . . . 185.8
- dur . . . 185.7, 187.7
- poli 276.4
- pulvérisé . . 203.3
Verreißen der Form 436.3
Verrottet . . 428.12
Verruga 483.3
Versare . 243.8, 341.9
-, apparecchio per - a mano 479.5
Verschiebbar . 536.4
Verschiebe-bahn 187.8
-bahnhof . . . 123.6
-seilbahn . . . 124.4
-winde 124.5
Verschiebung, Reiter- 239.10
Verschiffungs-hafen 561.10
Verschlacken . 349.7
Verschlackung des Phosphors 398.2
Verschleiß-härte 82.6
-, Ketten- . . . 187.9
Verschließen, das Stichloch 342.4
Verschluß, Bajonett- 301.8
-deckel 297.5
- des Winderhitzers 322.1
-, Gicht- 309.4
-kappe 23.5
-kegel 310.5
-klappe 131.4
-, Klappen- . . 314.8
-, Proben- . . . 55.1
-schraube . . . 323.4
-, Tür- 168.5
Verschmelzung, Eisen- 14.9
-, geringhaltige 15.1
-, hochhaltige . 14.11
-, Metall- 351.4
-, Schlacken- . 357.3
Verschmelzungskörper 14.10
Verschmieren . 494.4
Verschraubung 295.2
Verser 243.8
-, dispositif pour - à la main 479.5
- la poche . . . 479.4
Versetzung . . 358.6
Versicherung, Fracht- 560.11
Versiegeln . . 234.4
Verspannen . 442.10
Versplinten . . 442.9
Verstahlt . . . 339.1
Verstärkung . 521.3
Versteifung der Rohrwände 319.9
Verstellbar . . 189.8
Verstellung . . 522.8
Verstopfen, die Gußlöcher 494.2
Verstopfung des Gestells 337.3
- des Röstofens 88.3
- - Stichloches 342.4
Verstreichen . 355.1
Versuch 31.1
-, Dreh- 50.7
-, Fall- 42.1
-, Ritz- 54.1
-, Schlag- . . . 42.1
-, Torsions- . . 50.7
Versuchs-ergebnis 34.5.6
-mäßig 345.2
-stab 49.3
-stück 33.3
-wage 236.7
Vert de montagne 552.1
- mer 548.3
Vertedero . . . 131.6
- de las aguas 175.4
Vertedor, apparato 331.6
- inclinado . . 132.2
Verteiler, Erz- 308.10
Verteilt, fein . 243.4
Verteilung des Roheisens 339.6
- der Schmelzstoffe 335.6
-, Kraft- 167.3
-, Licht- 171.7
Verteilungs-rohr 324.4
-röhre 270.2
-trumm 133.9
-werk 165.7
-zentrale . . . 165.7
Verter . . 131.6, 243.8
-, disposición para - á mano 479.5
- la escoria . . 356.4
Vertiefung 35.9, 518.2
Vertrag 559.9
-, Erzlieferungs- 65.3
Verunreinigung 147.4.5
-, chemische . . 147.4
Verwaltungsgebäude 149.6
Verwandtschaft, chemische 225.11
Verwaschung . 80.3
Verwerfen, die Probe 34.7
Verwertung der Schlacke 358.3
Verwinden . . 51.7
Verwindeprobe 51.6
Verwittern . . 39.7
Verwittert . . . 64.1
Verwitterung . 63.9 39.7
Verwitterungsbestandteil 427.9
Verworfen, -e Lagerstätte 57.4
Verzettelt, -er Hohlraum 487.3
Verziehen des Stahls 546.13
Verzinken . . . 554.2
Verzinnen . . . 552.9
Verzinnungsanstalt 552.12
Vessel 194.1
- for measuring conductivity 261.3
Veta 56.3, 64.5
Vetrato 203.2
Vetrificarsi . 118.10
Vetrina della bilancia 236.8
Vetriolo 552.8
Vetro 189.2
- al cobalto . . 235.9
- all'urano . . 189.5
-, apparato di . 185.1
- arrotato . . . 276.4
- da orologio . 189.7
- - specchi . . 237.2
- di Jena per apparati 185.4
- - Weber . . . 185.8
- duro 185.7
- fusibile . . . 252.7
- infusibile . . 187.7
Vetroso . . 66.5, 358.1
Via, a tre -e 190.2.3
- di terra . . . 561.2
- elettrotermica 565.4
- per acqua . . 561.6
- secca 224.3
- umida 224.4
Vía aérea de cable 135.11
- - - - metálico 135.9
- ancha 22.6
- auxiliar . . . 123.8
- de empalme . 123.9
- - enlace . . . 123.9
- - maniobra . 137.8
- - tipo normal 22.6
-, - tres -s . . . 190.2
- - unión . . . 123.9
- estrecha 22.7, 123.11
- fluvial 561.6
- funicular de maniobra 124.4
- húmeda . . . 224.4
- marítima . . 561.6
- normal . . 123.10
- por agua . . 561.6
- principal . . 123.7
- seca 224.3
- terrestre . . . 561.2
Viaduct 124.1
Vibrante . . . 433.2
Vidange du four 88.7
Vide . . . 178.7, 469.5
-, à 245.7
-, appareil à faire le 183.1
-, dans le . . . 246.1
- de grille . . . 160.3
- - la grille . . 160.2
-, par le 232.1
Vider le creuset 342.1
-, se 385.4
Vidrio 186.6
-, aparato de . 185.1
-s coloreados . 400.9
- de cobalto . 188.6 235.9
- - Jena para aparatos 185.4
- - reloj 189.7
- - uranio . . . 189.5
- - Weber . . . 185.8
- duro . . 185.7, 187.7
- pulimentado 276.4
Vidrioso 358.1
Viento 165.3
- caliente . . . 328.11
-, dar el 396.2
Viento de la máquina soplante 350.2
- frio 328.10
- inyectado . . 350.2
Vientre . 298.1, 303.7 390.3
- del crisol . . 382.3
Vierkant-eisen 19.3
-kaliber 517.2
Vier-seitig . . . 105.2
-taktmaschine . 327.6
Vieux fer . . . 29.4
View 279.4
Vif-argent . . 545.10
Viga 130.8
Vigilancia . . . 556.9
Vigueta 20.7
- de acero . . 403.8
- - perfil inglés 20.10
- doble T . . . 20.9
- T doblada en anillo 294.8
Violado . . . 547.11
Violent 396.8
Violento . . . 396.8
Violet 547.11
Violetto . . . 547.11
Virar 282.11
Virare 282.11
Virer 282.11
Virgin sand . . 426.4
Virtuale . . . 279.10
Viruta, -s de cobre 199.8
- - laminación 35.7
- - taladrado . 208.3
Vis 39.3
- à bois 436.2
-, assembler par 442.9
- de serrage . . 521.8
- sans fin . . . 159.6
- transporteuse 139.7
Viscoso . 356.10, 428.5
Viscous . . . 356.10
Visibile, rendere 277.3
Visible, hacer . 277.3
-, to make . . . 277.3
Vision 279.5
Visión 279.5
Visita 321.8
-, porta di . . . 406.4
Visiter la cheminée 165.1
Visivo 279.4
Visqueux 356.10, 428.5
Vista . . . 35.2, 279.5
Visual distance 279.5
Vite 39.3
- a legno . . . 436.2
- di collegamento 295.3
- - pressione 445.5 521.8
- per registrare i cilindri 522.4
- perpetua . . 341.10
- senza fine . 341.10
Vitesse de formation des ions 264.2
- - réformation des ions 264.8
- - régénération des ions 264.8
- tangentielle . 580.9
Vitreo 358.1

Vitreo 858.1
Vitreous 858.1
-, to become . 118.10
Vitreux . 858.1, 554.6
Vitrificarse . 118.10
Vitrifier, se . 118.10
Vitriol, Kupfer- 90.6
-lösung 552.8
-, Zink- . . . 90.10
Vitriol . . 90.6, 552.8
-, blue 90.6
-, green 69.3
-, white . . . 90.10
Vitriolo 552.8
- azul 90.6
- blanco . . . 90.10
- verde 69.3
Vivianite . . . 68.7
Voie, à trois -s 190.2
- auxiliaire . . 123.8
- d'eau 561.6
- de manœuvre 187.8
- - raccordement 123.9
- - terre 561.2
- électrique . . 258.2
- étroite . 123.11, 22.7
- funiculaire de manœuvre 124.4
-, grande 22.6
- humide . . . 224.4
- normale 123.10, 22.6
- principale . . 123.7
- sèche 224.3
- surélevée pour déchargement de charbon 182.3
Voiturage . . . 561.5
Voiture 561.3
Volant 523.9
Volante 523.9
Volatil 81.7
Volátil 81.7
Volatile . 81.7, 250.7
- matter 81.7
Volatilidad . . 250.8
Volatilise, to . 256.3
Volatiliser, se . 256.3
Volatilità . . . 250.8
Volatilité . . . 250.8
Volatility . . . 250.8
Volatilizarse . 256.3
Volatilizzarsi . 256.3
Volcador 131.5, 525.7
-, aparato . . . 331.6
- de vagones . 182.6
- giratorio . . 183.2
Volcar 841.8
-, aparato para - de impulsión eléctrica 893.6
Volcar, aparato para - el convertidor 893.4
- el caldero . . 479.4
Volée 476.6
Voll-bahn . . 123.10
- -schiene . . . 22.6
-drehen des Kernes 461.2
-er Druck . . . 838.7
-feuer 417.8
-guß 487.1
-pipette 191.6
- -, selbsttätige 191.7
-spurig . . . 123.10
-stechheber . . 191.6
Volta . . 853.1, 404.1
- convessa . . . 404.3
- del canale . . 372.6
- - focolare . . 369.1
- - forno . . . 569.2
- - timpano . . 292.1
- - piatta . . . 290.8
- ribassata . . 404.2
Voltage . . . 169.4,5
- de régime 169.5, 572.8
Voltaggio di esercizio 572.8
- - regime . . . 572.8
Voltaje de régimen 572.8
Voltameter . . 266.8
Voltamètre . . 266.8
Voltametro . . 266.8
Voltámetro . . 266.8
Voltmesser . . 266.8
Volume . 225.8, 345.9
-, aspirated . . 328.6
- energy 257.2
-, molecular . . 258.5
Volume . 125.5, 334.9
- d'air aspiré . 328.6
- - nécessaire . 350.4
- d'eau, à faible 152.7
- -, - grand . . 152.8
- d'un gramme-molécule 225.8
- du fourneau . 344.9
- moléculaire . 258.5
- partiel 345.9
- relatif d'un gaz dans sa combinaison la plus simple 226.7
Volume 257.2
- d'acqua, a gran 152.8
- -, - piccolo . 152.7
- d'una molecola-grammo 225.8
- del forno . . 344.9
- di aspirazione 328.6
- - combinazione 226.7
- molecolare . 258.5
Volumen-energie 257.2
-, Gramm-Molekül- 225.8
-, Molekular- . . 258.5
-, Verbindungs- 226.7
Volumen 125.5, 334.9
- aspirado . . . 328.6
- de agua, de gran 152.8
- - -, - pequeño 152.7
- - una molécula-gramos 225.8
- molecular . . 258.5
- relativo de un gas en su más simple combinación 226.7
Volumeter . . . 271.7
-, Gas- 271.7
Volumètre à gaz 271.7
Volumetric . . 223.10
- apparatus . . 191.2
Volumetrico . 193.1
Volumétrico . 223.10
Volumétrique . 191.2
Volumetro per gas 271.7
Volúmetro para gas 271.7
Volumineux . . 248.3
Voluminös . . 248.3
Voluminoso . . 248.3, 463.4
Voluminous . . 248.3
Volute spring . 502.5
Volver á encender 355.2
Von Hoff gastake 812.1
Vorbereitung, physikalische und chemische 81.5
Vorbereitungsraum 174.9
-zone 346.9
Vorder-platte 413.11, 414.1
-seite 403.3
Vordruck . . . 120.7
Vorfeuerung . 156.4
Vorform 530.1
Vorgang 399.9
-, allgemeine Vorgänge im Hochofen 346.6
- beim Verkoken 105.8
-, hüttenmännischer 346.7
-, Trennungs- . 74.3
Vorgeschrieben 83.9
Vorgewärmt . . 408.3
Vorglühherd . 870.6
Vorherd 291.5
Vorkaliber . . 516.3
Vorlage, Destillations- 255.3
Vormulde . . . 443.5
Vornahme der Probe 80.6
Vorrat-behälter 102.4, 131.3
-raum 177.7
-tasche 131.1
Vorrichtung zum Lockern und Anziehen der Schrauben 291.4
Vorschrift, Güte- 82.1
-, Prüfungs- . . 81.10
Vorschub, selbsttätiger 525.6
Vorspringend . 436.6
Vorstoß 190.4
Vorstraße . . . 510.2
Vorstrecke . . 510.2
Vorübergehend, -er Anstrich 551.3
Vorversuch . . 81.2
Vorwalze . . . 518.9
Vorwalzen . . 529.8
Vorwalzwerk . 510.2
Vorwärme-herd 364.2
-zone 346.9
Vorwärmen, das Eisen 374.3
Vorwärmung . 347.5
Vorwaschtrommel 80.11
Voussoir 293.2
Voûte . . 358.5, 369.1
- bombée au milieu 404.3
- convexe . . . 404.3
- de la sole . . 290.7
- - - tympe . . 292.1
- du four . . . 569.2
- - rampant . . 372.6
- en briques . 163.1
- plate 290.8
- surbaissée . . 404.2
Vuelta . . 51.8, 532.5
-, dar - á la caja 442.5
-, - - - - pieza 503.9
Vuotare 841.8
- il crogiuolo . 842.1
Vuotarsi 385.4
Vuotatura del forno 88.7
Vuoto . . 394.6, 469.5
-, a 282.1
-, apparato per fare il 183.1
-, nel 254.3
- sagomato . . 487.3

W.

Wache, Unfall- 150.5
Wachs . . . 546.10
-faden 459.5
-modell . . . 424.12
Wachsen des Mauerwerks 806.1
Wad 69.8
Waderz 69.8
Waffenstahl . . 14.6
Wage 135.6
-, Brücken- . . 183.6
-, Dezimal- . . . 184.2
-, die - spielt ein 185.7
-einsatz für Chlorcalcium 238.9
Wage, Fein- . . 236.6
-, Gas- 271.6
-, Gleis- 184.1
-, Hand- 236.2
-, Hunderter- . 184.3
-, hydrostatische 180.4
-kasten 236.3
Wage, Präzisions- 236.6
-, Säulen- . . . 235.11
-, Schnell- . . . 236.3
-, selbsttätige . 236.4
-, Senk- 180.2
-, Tafel- 236.1
-, Versuchs- . . 236.7

Wage, Waggon- 184.1
-, Wasser- 182.6
-, Zehner- 134.2
-, Zentesimal- 134.3
Wäge-karte 134.4
-schiene 133.8
-schiffchen aus Aluminium 240.1
-vorrichtung 133.5
-zimmer 176.7
Wagen, Ausschub- 392.3
-beschlag 24.9
-, Block- 527.4
-, -chargier- 529.3
-, -einsetz- 529.3
-, Bodeneinsetz- 392.3
-, Erz- 138.2
-, -förder- 138.2
-feder 25.1
-, geschlossener 125.3
-gestell 477.2
-kipper 132.6
-, offener 125.1
-park 125.1
-, Roheisen- 341.5
-, Schlacken- 338.5
-, selbstentladender 128.4
-, Teleskop- 392.3
-, vierseitiger, trichterförmiger 105.2
Wägen 238.10
-, ab- 334.10
Wagerecht 119.6
Wages 563.4
Waggon (s. wagon)
Waggonwage 184.1
Wagon balance 184.1
-, closed 125.3
-, open 125.2
-, self-discharging 128.4
- tipping device 133.1
Wagon 24.8
- à déchargement automatique 128.4
- de chargement 410.4
- fermé 125.3
-, franco 560.9
- ouvert 125.2
- pour le transport de la fonte 341.5
- trémie rectangulaire 105.2
Wagonnet à lingots 527.4
- - minerais 138.2
- de coulée 476.1
Wagschale 288.6
Wägung 235.10
Wahl der Betriebskraft 168.1
Wall 290.2
- crane 125.9
-, fixed division 441.3
-, - partition 441.3
- of box 442.2
- rim 304.10
- saddle 84.8
- steam pump 143.3
- thickness of the casting 486.10
Wall-platte 292.9
-stein 292.5
Walled, thick 537.10
Walled, thin 486.11
Wallen 385.11
Wallnußgröße 231.6
Wallon, procédé 366.2
Wallonenfrischen 366.2
Walloon process 366.2
Walnut size 231.6
Walz-blech 25.5
-dorn 537.9
-eisen 18.2
-form 514.9
-gerade 534.3
-gerüst 520.9
-haut 35.6
-kessel 554.1
-linie 515.8
-richtung 52.8
-sinter 35.8
-splitter 35.7
-straße 510.1
-strecke 510.1
-stück 531.2
- -, das - - anheben 531.5
- -, - - - erfassen 531.6
-tisch 524.5
-werk, Bandagen- 512.2
- -, Block- 511.4
- -, Doppelzwei- 513.2
- -, Erz- 77.8
- -, Feinblech- 511.2
- -, Kehr- 532.1
- -, Luppen- 377.9
- -, Panzerplatten- 511.1
- -, Räder- 512.3
- -, Reifen- 512.2
- -, Schnell- 511.7
- -, Universal- 512.1
- -, Vor- 510.2
Walze 512.5
-, angetriebene 518.3
-, ausgekehlte 539.1
-, ballige 537.8
-, Blech- 514.1
-, Block- 518.11
-, Dichtungs- 472.2
-, exzentrische 538.2
-, Fertig- 518.10
-, Glatt- 514.1
-, Kaliber- 514.4
-, Kamm- 519.4
-, Schlepp- 513.4
-, schnellaufende 535.4
Walzen 529.6.7
-abstand 515.5
-bart 534.10
-bewegung 530.10
-, Blech 532.10
-bruch 514.2
-bund 513.5
-druck 530.7
-, fertig 529.9
-form 98.4
-förmig 389.6
-, gemeinsam 533.1
-, herunter- 535.2
-kessel 153.7
- -, einfacher 153.7
- -, mehrfacher 154.3
- - mit Sieder 154.2
-mühle 77.9
-, Röhren- 537.4
-rostfeuerung 157.6
Walzen-sinter 112.4
-ständer 520.8, 521.1
- - für Gewichtsausgleichung 523.1
- - stetige Lagerung 521.5
- - - veränderliche Lagerung 523.1
- -, Kamm- 524.3
- - ohne Gewichtausgleich 521.5
-zugmaschine 512.4
-, zurück- 532.6
Wälzen, den Block 529.2
Wand-dampfpumpe 143.3
-, Form- 297.3
-formmaschine 457.2
-kran 125.9
-stärke 305.7
-stärkenkernstütze 461.8
Wände 62.8
Wanderzapfen 392.8
Wandung, Schacht- 305.6
Wange 369.2
Wanne 268.8
-, Glas- 189.2
-, pneumatische 268.8
-, Porzellan- 193.5
-, Quecksilber- 200.5
Wanze 483.3
Ware 185.1
-, iron 17.10
Warm, to 336.4
Warm-biegeprobe 42.5
-probe 31.7
-säge 533.10
Warma 364.6
Wärme 272.6
-, aufgespeicherte 408.1
-ausgabe 346.3
-ausgleichung 346.1
-ausnutzung 86.7
-bilanz 345.11
-einnahme 346.2
-gebend 222.9
-, gebundene 272.6
-grube 527.5
-haushalt 345.11
-, Ionisations- 264.1
-leitung 352.6
-meßbombe 110.2
-ofen 528.3
-platte 176.4
-speicher 320.9, 407.7.8
-strahlung 352.5, 572.5
-tönung der Reaktion 222.6
-, Umwandlungs- 272.10
-verbrauch 345.12
-verlust 572.4
-verzehrend 223.2
-, Zerfall- 262.6
Warmed 447.3
Wärmofen mit beweglichem Herd 528.6
Warp, to 524.9
Warped 534.4
Wartung 556.10
Warzenblech 26.12
Wasch-eisen 358.5
-flasche, Brom- 222.1
- -, Gas- 268.1
-kessel 553.8
-raum 150.6
-trommel, Fertig- 81.1
- -, sich drehende 80.10
-verfahren 80.2
-vorrichtung 150.7 317.3
Wäsche 80.6
-, Erz- 80.6
-, Kohlen- 102.2
Waschen der Erze 79.6
Wascher, Gas- 317.4
-, Theisenscher 317.7
Wash bottle 186.3.4
-, to - out 246.6
-, - - the clay 433.5
Washed 116.7
- metal 5.3
Washer 317.3.4
-, Bian's 318.1
-, Theisen's 317.7
Washery 80.6
Washing 80.3
- device 317.3
- drum, preliminary 80.11
- -, revolving 80.10
- of the ores 79.6
- plant, coal 102.2
- pot 558.8
- process 80.2
- -, slag 365.8
- room 177.6
- vat 553.8
Wasser 148.3
-abflußrohr 297.7
-abschluß 318.4
-, angesäuertes 545.9
-bad 247.7.8
- -ring 247.9
-, Baryt- 205.6
-bedarf 140.4
-behälter 145.6, 316.2
-, chemisch gebundenes 203.8
-dampf 254.2, 360.5
-, destilliertes 203.6
-dicht 405.8
Wasserdruck 314.4 524.1
-aufzug 330.6
-bremse 311.1
-probe 54.6, 55.2
-pumpe 509.6
-reglung 508.1
Wasser, erwärmtes 297.11
-, fließendes 544.8
-förderung 141.9
-frei 207.9
-gefäß 330.5
-gehalt in 1 ccm Luft 329.4
-gekühlt 297.1
-, gereinigtes 146.7
-gewinnung 140.7
- -, Grund- 141.1
-, Grund- 289.1
-haltig 60.3
-hammer 495.2
-, Holzaschen- 431.4
-, Hydrat- 203.8

Wasser, hygroskopisches 203.7
-, im - umherführen 544.4
-, Kalk- 205.5
-kasten 371.4, 544.6
-, Königs- 204.3
-kraft 167.8
- -gebläse 325.9
-, Kühl- 297.10
- -anlage 148.4
-kühlung 296.5
- - der Elektroden 567.9
-leitung 144.6
-mangel 140.6
-menge 140.2
-messer 146.4
-, mit - aufnehmen 248.5
-, Natur- 146.6
-pfosten 146.3
-, quellendes 544.9
-raumkessel, Klein- 152.7
-reinigung 146.5
-rinne 318.5
-, Roh- 146.6
-röhrenkessel 155.3
-säule 478.1
-spiegel, Grund- 289.2
-stoff 221.4
- -bildung 348.9
- -superoxyd 211.3
-tonnenaufzug 330.4
-turm 145.7
-verbrauch 140.5
-verschluß 318.4
-versorgung 140.1.3
-wage 182.6, 485.5
-wärmer 176.5
-weg 561.6
-zuflußrohr 297.8
Wässerig 205.4
Waste 90.2, 355.11 378.7
- containing iron 112.3
- end 33.6
- gas furnace 155.10
- - heat 346.5
- gases 315.7
- heat flue 104.3
- heap ore 62.10
- water containing acid 91.1
Watch glass 189.7
Water 91.1
-, acidulated 545.9
-, ammonia 205.4
- apparatus, warm 176.5
- balanced lift 330.4
- bath 178.6, 247.7.8
- - ring 247.9
- bearing 60.3
- chemically combined 203.8
- circulation 148.1
- column 478.1
- conduit 144.6
- contents per cm³ of air 329.4
- cooled 322.6, 369.6
- cooling 296.5
- -, external 162.6
- - of the electrodes 567.9
Water cooling plant 148.4
- discharge pipe 369.8
-, distilled 20.63
-, filthy 431.3
- funnel, hot 176.6
-, hydrated 203.8
-, hygroscopic 203.7
- inlet pipe 297.7
- jacketed frame 297.2
- jacketing of the electrodes 567.9
- level 182.6, 485.5
- meter 146.4
-, natural 146.6
- outlet pipe 297.8
- post 146.3
- power 167.8
- pressure 314.4, 508.1
- purification 146.5
-, purified 146.7
- seal 318.4, 405.8
- space, large 152.8
- -, small 152.7
- supply 140.1.3
- - pipe 298.3
- tank 316.2, 330.5 371.4, 544.6
- tower 145.7
- trough 318.5
- tube 155.3
- - boiler 155.3
-, warmed 297.11
- way 561.6
Wavy 45.7
Wax 546.10
- model 424.12
Waxed 459.5
Wear 32.6
- and tear of the furnace, quick 418.4
- hardness 548.4
- of chain 187.9
Weathered 64.1
Weathering 63.9, 89.7
Web 20.2, 22.3, 496.7
Weber's glass 185.8
Weber, verre de 185.8
Weber, vetro di 185.8
Weber, vidrio de 185.8
Webersches Glas 185.8
Wechselklappe 406.10
-, Siemenssche 407.1
Wechselstromanlage 166.4
-ofen, Röchling-Rodenhauserscher 568.10
Wechselnd, -er Ofengang 344.5
Wedge 301.10
- inlet 448.8
- piece 293.2
- shaped 21.8
Weg, Land- 561.2
Wegebaustoff 358.6
Wegmeißeln 36.1
Weich 59.1
-guß 7.5
Weigh bridge 133.6.7
- - rail 133.8
-, to 238.10, 334.10
Weighing 235.10
- appliances 133.5
- boat 240.1
Weighing bottle 240.2
- machine 135.6
- -, centesimal 134.3
- -, decimal 134.2
- -, the - - is in equilibrium 135.7
- - ticket 134.4
- pipette 240.4
- - with stopcocks 191.5
- tube 240.3
Weight 135.4, 239.3 442.11
-, atomic 224.7, 225.4
- case 508.4
- equivalent, chemical 257.6
-, gross 134.8
-, molecular 225.6
-, net 134.9
- of charge 409.8
-, - equal 75.5
- ring 508.5
-, theoretical 135.2
- to be taken into account 559.10
-s case 239.2
Weinsäure 204.6, 419.10
Weißblech 552.10
-kessel 558.2
Weiß-eisen 2.6
- -, kleinspiegeliges 3.5
- -, strahliges 3.1
-es Roheisen 2.6
-strahl 3.1
Weißstrahlig, -e Hartgußkruste 488.7
-es Roheisen 3.1
Weizenmehl 481.1
Weld iron 9.8
- steel 9.6
- -, piling and welding of 10.9
-, to 378.4, 429.13
Weldable 9.5.6
Welded 538.6
Welding fire 378.5
- furnace 378.6
Well 141.5
-, artesian 141.8
- chamber 141.4
- shaft 141.2
- tube 141.3
Wellblech 27.1, 308.4
-, bogenförmiges 27.2
Wellrohrkessel 154.6
Welle, Antrieb- 518.9
-, biegsame 492.8
-, Königs- 78.4
Wellen 385.11
Wellig 534.7
Wendbar 367.4
Wende-ofen 367.4
-platte 449.4.5
- -, drehbare 454.3
-platten-abhebeformmaschine 449.4
- -maschine mit Druckwasserpresse 450.2
-vorrichtung 393.4
-zylinder 393.5
Wenden, das Arbeitsstück 503.9
-, den Block 529.2
Wenden, den Formkasten 442.5
Werfen des Stahls 546.13
Werk, Eisen- 151.3
Werkstatt, Ausbesserungs- 150.3
-zeichnung 422.11
Werkstätte, mechanische 150.2
Werkzeug, Former- 434.1
-, Meß- 38.5
-, Putz- 490.9
-, Schlag- 534.9
-stahl 18.5
- -, Elektro- 564.3
Westman, forno di torrefazione a gas di 85.2
Westman, four de grillage au gaz de 85.2
Westman, horno de calcinación de gas de 85.2
Westman's gas fired roasting furnace 85.2
Westmanscher Gasröstofen 85.2
Wet 317.2
-, to - the moulds 341.2
Wetherill, Erzscheider nach 94.4
Wetherill's ore separator 94.4
Wetherill, separador de minerales de 94.4
Wetherill séparateur de minerais de 94.4
Wetherill, separatore di minerali secondo 94.4
-, trieur de minerais de 94.4
Wetting the coal 104.7
Wheat flour 481.1
Wheel 341.4
- barrow 332.1
- rolling mill 512.3
White lead 551.10
Whitwell, apparecchio ad aria calda 320.6
-, appareil à air chaud 320.6
-, calentador del aire 320.6
-, recuperador de 320.6
-, récupérateur 320.6
-, ricuperatore 320.6
- stove 320.6
Whitwellscher Winderhitzer 320.6
Wick 184.4
Wickel-feder 502.5
-hammer 497.7
-rolle 498.1
-trommel 498.1
Widening 84.6
Widerlager 293.3, 465.5
Widerstand 267.1
-, elektrischer 267.1

Widerstanderhitzung 570.5
-fähig 885.2
Widerstandfähigkeit 306.9
- gegen Druck und Zerreibung 96.8
Widerstandheizung 570.5
-kapazität des Gefäßes 261.2
-, magnetischer 92.8
-ofen 570.4
Width 57.7
- of scratch . . 54.2
-, specified . . . 87.8
Wieder-anblasen 355.2
-verwendung des gebrauchten Sandes 481.12
Wiege 188.3
-gläschen . . . 240.2
-röhrchen . . . 240.3
-stechheber . . 240.4
Wiegen . . . 235.10
Wiesenerz . . . 67.4
Wild steel . . . 10.6
Wilderstahl . . 10.6
Winch . . 464.6, 314.1
Wind 350.2
-berechnung . . 350.3
-dicht 324.1
-druck 165.3
Winderhitzer . 318.4 322.1
-, eiserner . . . 318.5
-, liegender . . 318.6
- mit hängenden Röhren 318.7
- nach Cowper 320.8
-, stehender . . 319.1
-, steinerner . . 320.5
-, Whitwellscher 320.6
Wind, erhitzter 328.11
-form 298.7.9
-frischen 387.1
-, heißer . . . 328.11
-, kalter . . . 328.10
-kammer . . . 502.1
-kasten . 394.7, 466.9
- -deckel . . . 394.8
-kessel 394.4
- -, Saug- . . . 145.2
-klappe 321.4
-kranz . . 301.1, 324.4
-leitung 324.2
- -, Heiß- . . . 300.8
-loch 394.5
-menge 328.7
-messer 182.2
-öffnung 395.1
-pfeife 489.7
-pressung 328.8, 350.5
-schieber, Kalt- 322.5
-schief 584.4
-spannung . . . 328.8
-stock 300.9
-strom, gleichmäßiger 328.9
-trocknung . 328.12
Wind-trocknungsverfahren von Gayley 329.2
-verbrauch . . 350.4
-verteilung . . 324.6
-zacken 364.8
-zuführung . . 394.3
-zylinder . . . 328.3
Wind box . . . 466.9
- furnace . . . 286.1
- pressure . . . 165.3
-, to - a coil . . 585.5
-, - - the core barrel 460.7
Winde, Bau- . . 464.6
-, Dampf- . . . 314.3
- für die Glocke 314.1
-, Glocken- . . . 314.5
-, Hand- 314.2
-, Rangier- . . . 124.5
-, Verschiebe- . 124.5
Winding 460.6
- drum . 331.2, 498.1
Windung . . . 51.8
Winkel, Dreh- . 51.3
Winkeleisen . . 19.10 295.4
-, gleichschenkliges 20.1
-, rundkantiges 20.4
-, scharfkantiges 20.5
-, ungleichschenkliges 20.3
Winkel-knopf . 487.6
-lasche 24.1
-, Stell- 40.6
-veränderung . 51.4
-wulsteisen . . 21.5
-zahn 519.2
Wipp-brücke . 133.3
-hammer . . . 497.3
Wippe 525.2
-, Dach- 525.2
Wipple hammer 497.3
Wipper, Kreisel- 133.2
Wire . . 27.10.11, 194.7
- brush, cast steel - - with handle 490.11
- - with strap 490.12
- drawing . . . 585.7
- - machine . . 585.8
-, flat 28.4
- gauze . 199.1, 318.2
- mill 511.6
-, multiple - system 167.5
- net 201.3
-, neutral . . . 167.7
- pliers 536.1
- rod 27.12
- rolling 535.1
- rope 331.2
-, third 167.7
- triangle . . . 198.9
-, two - system 167.4
Wirksam . . . 160.2
Wirkung, Oxydations- 82.2
-, vergasende . 349.2
Wirkungsgrad, elektrolytischer 258.3
-, manometrischer 472.10
-, thermischer . 578.3
Wischer, Röhren- 190.9
Wismut 219.1
Withdraw, to - the pattern 485.8
-, - - the plug pin 391.8
Withdrawing device 529.5
Witkowitz, forno di torrefazione di 85.4
Witkowitz, four à griller de 85.4
Witkowitz, horno de calcinación de 85.4
Witkowitz roasting furnace 85.4
Witkowitzer Röstofen 85.4
Wobbler 513.7, 520.4
Wohnung, Arbeiter- 151.2
Wolfram . . . 218.3
-, Eisen- 15.9
-, Ferro- 15.9
-stahl 17.3
Wolle, Asbest- 200.12
-, Schlacken- . 358.9
Wood 98.1
- ash liquor . . 481.4
- bundle 532.9
- construction 151.4
- fired furnace 155.5
- hurdle 317.1
- wool rope . . 460.8
- screw 486.2
-, sound 422.7
- trough 80.7
Wooden . . . 275.11
Wool 200.10
Woolff, bottiglia di 188.5
Woolff, flacon de 188.5
Woolff, frasco de 188.5
Woolff's bottle 188.5
Woolffsche Flasche 188.5
Wootz 18.3
Wootz, acciaio 18.3
Wootz, acero . 18.3
Wootz, acier . 18.3
Wootzstahl . . 18.3
Work . 303.4.5, 366.9
-, free at -s . . 560.8
-, in 557.1
-, machine . . . 556.5
-, manual . . . 556.4
-, out of . . . 556.11
Working . . . 173.2
- boiler 153.4
-, cold . . 352.8, 548.6
-, continuous . 344.7
- current . . . 169.2
- down 411.5
-, endothermic . 358.1
- expenses . . . 563.2
-, fine 366.5
- hearth 569.4
-, hydraulic . . 509.7
- inside the blast furnace 353.4
-, irregular . . 352.8
-, - - of blast furnace 344.5
- (mining) 57.9, 58.1.2.3
-, normal . . . 352.7
- of the blast furnace 322.2, 344.4
- - - puddling furnace 373.6
-, open -s . . . 58.2
- platform . . 298.5 395.6
- pressure . . . 54.9
-, regular - of the furnace 474.10
- room 175.1
-, safe 557.6
- sill 371.1
-, smooth . . . 472.4
- too hot . . . 358.1
- voltage . . . 572.8
- without shocks 472.4
Works drawing 422.11
- laboratory . 174.7
- labour 556.3
- manager . . 332.4
Workmen's cottage 151.2
- dwelling . . . 151.2
Workshop, mechanical 150.2
Worm gear . 341.10
Worthington, bomba 143.1
Worthington, pompa 143.1
Worthington, pompe 143.1
Worthington pump 143.1
Worthington-pumpe 143.1
Wrackguß . . . 489.1
Wrench, socket 522.1
Wrinkled . . . 47.7
Wrought 9.4
- iron . 9.4, 25.9, 362.1
- - box 440.3
- - head 495.5
- - plate 25.9
- - ring 294.6
Wulsteisen . . 21.3
Würfelform . . 96.3
-kohle 101.1
-werk der Wärmespeicher 407.8
Wurfsieb . . . 280.5

Y.

Yacimiento . . 56.1
- de minerales de hierro 56.4
Yeast 419.1
Yellowish red . 401.5
Yeso 220.3
Yield 75.6, 108.3, 557.5
Yodo 211.7
Yoduro potásico 211.11
Young's modulus 49.9
Yunque . . . 502.10

Z.

Z-Eisen 20.6
Z-iron 20.6
Zacken 364.3
–, Arbeits- 364.4
–, Aschen- 364.5
–, Form- 364.6
–, Gicht- 364.8
–, Wind- 364.8
Zackig 46.3
Zagel, Eisen- 18.3
–, Roh- 18.3
Zäh 6.8
-flüssig 356.10
Zähigkeit 49.8
Zählwerk 134.6
Zahlungsbedingung 559.6
Zahn 518.10
–, aufgegossener 519.1
-kranz, angegossener 393.1
-lückenmodell 455.6
-rad 455.3, 456.4
-räder-durchzugformmaschine 456.3
- -formmaschine 455.2
- - - auf einer Säule 456.5
- - - mit zwei Planscheiben 457.3
- -schablöniermaschine 455.4
-stange 323.6, 393.2
- - mit Getriebe 323.6
–, Winkel- 519.2
Zaineisen 28.9
Zamarra 362.3, 366.4
Zängarbeit 377.2
Zange 372.1
–, Block- 527.1
–, Feder- 202.7
–, Kork- 196.6
–, mit der - erfassen 531.7
–, Natrium- 202.6
–, Quecksilber- 200.6
–, Schmelztiegel- 252.5
–, Zieh- 536.1
Zängen 377.1
Zangenkran 526.5
Zapata 496.3, 498.2
- de bocarte 77.6
Zapfen 441.9
–, angegossener 294.10
–, Birnen- 392.7
–, hohler 394.6
–, Kupplungs- 513.7
-lager 521.7
–, Lauf- 513.6
-reibung 513.8
Zaun, Bohlen- 464.7
Zeche, Kohlen- 100.5
Zehnerwage 134.2
Zeichen, chemisches 226.4
–, Fabrik- 34.10
Zeichnung, Hochofen- 287.6
Zeichnung, Werkstatt- 422.11
Zelle, Ton- 266.1
Zellig 46.7
Zement, Eisenportland- 359.6
-gärbstahl 18.2
-kohle 215.10
-kupfer 90.7
-stahl 18.1
- -darstellung 416.3
- -ofen 417.10
-taster 41.3
Zementier-kiste 416.7
-ofen 416.5
- -, englischer 416.6
-pulver 418.8
Zementieren 416.3
Zementit 283.6
Zentesimalwage 134.3
Zentralrohr 313.1
Zentrale, Beleuchtungs- 165.8
–, elektrische 165.5
–, Verteilungs- 165.7
Zentriermaschine 454.6
Zentrifugal-guß 482.7
-pumpe 143.7
-zerstäuber 158.6
Zentrifuge 176.3
Zeppa 301.10
Zerbrechlich 459.8
Zerfall 253.4
-grad einer Lösung 259.3
-grenze 253.7
-wärme 262.6
Zerfallen 263.9, 347.12 359.1
- des Erzes 89.4
Zerkleinern 76.10
Zerkleinerung 76.7
- der Masseln 463.6
–, Fein- 76.9
–, Grob- 76.8
Zerkleinerungsanlage 76.6
-maschine 77.2
-platte 229.8
Zerlegbar 469.8
Zerreiben 228.9
Zerreibung 96.8
Zerreiß-festigkeit 48.8
-maschine 49.4
-probe 49.1
Zerreißen 49.2
Zerrieben 116.7
Zerschlagen 463.8
Zersetzen, sich 223.8
Zersetzung 358.12
- des Kalksteins 349.10
- der Koklenwasserstoffe 105.9
Zersetzungs-kurve 265.1
-potential 265.3
-produkt 348.1
-punkt 264.9
-spannung 265.4
-wert 264.3
Zerstäuber, Dampfstrahl- 158.2
- für geschlämmte Tonerde 276.11
–, Rohr- 158.3
–, Schleuder- 158.6
–, Schlitz- 158.4
–, Streudrüsen- 158.5
–, Zentrifugal- 158.6
Zerstückelung 77.1
Zertrümmerung des Kerns 459.7
Ziegel 407.9
–, Dinas- 115.1
–, Erz- 95.10
-form 96.2
–, hochkantig stehender 321.10
–, Kohlenstoff- 117.10
-mauerwerk 289.4
–, Schlacken- 358.11
-steinbrocken 112.2
Ziegelung 94.5
Zieh-eisen 536.2
-loch 538.4
-öffnung 87.9
-platte 446.4
-schablone 446.3
-zange 536.1
Ziehen des Erzes 88.5
–, Draht 535.7
Zinc 218.11
- cylinder 266.3
- deposit 361.2
- dust 361.3
- gray 551.12
- ore, manganiferous 70.6
- ore, siliceous 71.10
–, oxyde of 218.12
- plate for cells 266.2
- rod 266.4
- silicate 361.13
- white 551.11
Zinc 70.6, 218.11
- carbonaté 71.8
- sulfuré 72.1
Zincare 554.2
Zincblende 72.1
Zincifère 61.3
Zinciferous 61.3
Zinco 61.3, 218.11
–, liberato dallo 90.9
Zinguer 554.2
Zink 218.11
-blende 72.1
-erz, Kiesel- 71.10
- -, manganhaltiges 70.6
-grau 551.12
-haltig 61.3, 90.8
-oxyd 218.12
-platte für Elemente 266.2
-silikat 361.13
-spat 71.8
-stab 266.4
-staub 361.3
-sulfat 90.10
-vitriol 90.10
-weiß 551.11
-zylinder 266.3
Zinkisch 361.2
Zinn 218.10
–, bleihaltiges 558.7
-chlorid 208.10
-chlorür 208.9
-kessel 558.6
–, reines 558.11
Zirkel 41.4
–, Feinschraub- 41.1
-gußputzbürste 491.3
–, Mikrometer- 41.1
–, Spitz- 41.4
–, Taster- 40.9
Zirkulationspumpe 144.1
Zócalo de mamposteria 290.2
Zoccolo della palmola 496.6
- in muratura 290.2
Zolfo 216.7
Zona di carburazione 347.3
- - fusione 347.4
- - preparazione 346.9
- - riduzione 347.1
- - riscaldamento 346.9
Zona calentadora previa 346.9
- de carburación 347.3
- - caldeo previo 346.9
- - fusión 347.4
- - reducción 347.1
Zona mate 277.6
Zone, Vorwärme- 346.9
Zone 346.9
Zone de carburation 347.3
- - chauffage préalable 346.9
- - fusion 347.4
- - réduction 347.1
Zorès 517.9
Zucker, Blei- 209.1
Zuflußrohr 298.3
–, Wasser- 297.8
Zuführungsrollbahn 525.5
Zug 48.6, 321.2
–, auf - beanspruchen 48.7
–, Fein- 536.8
-festigkeit 48.8
–, Grob- 536.6
–, Kratzen- 536.9
–, Luft- 87.4
–, Mittel- 536.7
-reglung 417.1
–, Schornstein- 164.7
-spannung 48.9
-stange 310.6, 378.5
Zugänglich 305.5
Zulässig 32.10
Zündflamme 360.11
Zunder 112.5
Zurechtschneiden 583.7
Zurichtungshalle 583.5

Zurück-gehen . 531.9
-walzen 532.6
-ziehen, die Düsen 843.1
- -, - Nadeln . 391.8
Zusammen-bauen der Form 442.1
-brennen . . 429.11
-fritten . . . 429.11
-gebacken . . . 106.8
-gestellt 446.1
-leimen 423.4
-rollen 539.3
-schmelzverfahren 413.1
-schrauben . . 442.9
-schweißen . . 378.4
-setzbar 440.5
-setzung 356.5
- -, chemische . 225.9
- - der Beschikkung 333.7
-, Gas- 267.4
Zusammensetzung, molekulare 225.3
-stauchen . . . 53.6
-stellung der Analyse 226.8
-ziehen, sich . . 413.5 423.3
Zusatz-eisen . 473.12
-, oxydierender 250.11
-, Schlacken- . 337.8
-, tropfenweiser 242.8
- von Ferromangan 398.8
Zuschlag-hammer 463.9
-kalkstein . . . 397.9
-, sauerstoffaufnehmender 398.10
Zusetzen von Erzen 250.12
- - Schlacken 251.12
Zustandsgleichung 258.6
Zustellung des Ofens 572.9
-, Masse- . . . 308.5
-, Stein- 303.4
Zustellungskosten 578.1
Zutat 425.9
Zwei-atomig . . 225.1
-leitersystem . 167.4
-malschmelzerei 366.2
-schenkelig . . 320.1
-schiffig 421.3
-taktmaschine . 327.7
-teilig 440.1
-walzwerk . . . 512.6
-walzenständer 521.6
Zwillingsdampfmaschine 326.9
- -pumpe . . . 143.5
Zwillingsdampfmaschine 326.9
Zwischen-boden 505.7
-ring 394.9
-schacht 304.7
-straße 510.3
-strecke 510.3
-walzwerk . . . 510.3
-wand 407.10
- -, feste 441.3
Zwitterion . . . 259.8
Zylinder, Brems- 311.3
-, feststehender 498.5
-, Füll- 311.8
-gebläse 325.6
-, gußeiserner . 312.4
-, Luftpumpen- 501.4
- mit Teilung . 524.2
-ofen 367.6
-, Preß- 121.3
-, Wende- . . . 393.5
Zylindrisch . . 261.8

АЛФАВИТНЫЙ УКАЗАТЕЛЬ

для русскаго языка*)

А.

Абсорпціонная пипетка 270.3
- склянка . 269.3
-ный аппаратъ 269.2
Аварія . . . 560.12
Автоклавъ . . 179.4
Автоматическій 182.4
Автоматически открываться 315.1
Агатовая опорная призма 237.8
Агтломерація 95.4
Аггрегатъ машинный 170.3
Аддитивный . 278.2
Азбестовый шнуръ 200.10
Азбестъ . . . 200.8
- палладизированный 201.5
Азотистосинеродистый титанъ 361.12
Азотная кислота 208.11
Азотнокаліевая соль 419.6
Азотнокобальтовая соль 212.5
Азотнортутная соль закиси 209.5
Азотносеребряная соль 210.1
Азотометръ . 268.5
Азотъ 221.6
Аккумуляторное помѣщеніе 169.1
Аккумуляторъ 121.8, 266.4
- воздушный 509.1
- гидравлическій съ воздушнымъ резервуаромъ 509.1
- напорной воды 508.3
Аллонжъ . . 190.4
Аллотропическая форма 272.5
Аллотропія . 272.4
Алмазная сталь 13.8
- ступка . . . 229.2
Альбомъ профилей 514.10
Альбуминовая бумага 212.2
Алькоголь . . 212.2
Алюминіевая лодочка для отвѣшиванія 240.1
-вый порошокъ 200.1
Алюминій . . 219.2
- листовой . 199.11
Американскій колошниковый затворъ 311.7
Аммiакъ 103.6, 204.11
Аммiачная вода 108.7
Аммоній молибденокислый 210.8
- роданистый 206.1
- сѣрнистый . 207.5
- сѣрнокислый 108.8
- углекислый 206.8
- уксуснокислый 206.7
- фтористый . 207.4
- хлористый 207.10
Аморфный углеродъ 215.8
Амперметръ . 266.9
Амфиболъ . . 72.7
Анализаторъ для дыма 268.4
Анализъ вѣсовой 223.9
- газа 267.3
- качественный 223.8
- количественный 223.7
- рѣшающій . 227.5
Анализъ спектральный 400.10
- сухимъ путемъ 224.3
- элементарный 248.6
Аналитическіе вѣсы 236.5
-скій методъ . 223.4
-ское изслѣдованіе газа 267.3
Ангидридъ сѣрный 217.1
- титановый . 219.4
- фосфорный 216.5
Англійскій способъ бессемерованія 395.3
- чугунъ . . 5.9
Анемометръ . 182.2
Аніонъ . . 257.10
Анкерный болтъ 291.3
Антимоній . . 218.8
Антрацитовый 4.2
Антрацитъ . 100.3
Апатитъ . . . 73.2
Апланатичный 279.12
Апохроматическій 280.1
Аппаратъ абсорпціонный 269.2
- для бромированія 221.11
- - газоваго анализа 267.10
- - извлеченія эфиромъ при анализѣ системы Корлейсъ 181.6
- - образованія хлора 221.9
- - опредѣленія точки плавленія 250.5
- - - углекислоты 216.1
Аппаратъ для отмучиванія наждака 275.10
- - полученія плавиковой кислоты 222.2
- - производства газа 268.6
- Киппа . . . 221.5
- освѣтительный 280.7
- перегонный 254.8
- пескоструйный 492.9
- поглощающій 269.2
- Тейссена . 317.7
- титровальный 193.1
- фотографическій 282.1
Ареометръ . 180.2
Арео-пикнометръ системы Эйхгорна 180.3
Арка плоская 290.8
Арматоръ . 561.12
Арматура . . 404.6
- желѣзная сердечника 458.8
- печи 373.3
- рельсовая . 404.6
Арретиръ . . 238.7
Артезіанскій колодецъ 141.8
Аспираторъ . 182.3
Ассистентъ . 178.5
Атмосфера газовая 87.3
Атмосферный кислородъ 214.6
Атомная цифра 226.5
-ный вѣсъ . 325.4
Атомъ 224.8
Аустенитъ . . 284.1
Ахроматическій 280.1

*) Алфавитный указатель для нѣмецкаго, англійскаго, французскаго, итальянскаго и испанскаго языковъ см. стр. 574.

Б.

Баба стальная 465.4
- шаровидная 464.2
Бадья 311.3
Базальтообразный 107.1
Баканъ . . . 550.6
Баклушка . . 448.7
Бакъ напорный, высоко поставленный 145.8
- съ водою . 544.6
Балансиръ . 310.10
- крана . . . 476.6
Балансъ тепловой 345.11
Балда 463.9
Балка 20.7
- англійская . 20.10
- желѣзная . 294.1
-, несущая переднюю доску 414.1
- опорная . . 524.6
- сводовая . . 404.1
- стальная . . 408.3
Балки для поддержанія колошникового пола 307.3
Баллонъ . . 175.4
Бандажное желѣзо 24.7
-ный станъ . 512.2
Банка освѣтлительная 248.6
Баня водяная 247.7
- воздушная . 283.5
- масляная . 233.4
- паровая . . 248.2
- песчаная . 248.3
Барабанный приборъ 93.9
Барабанъ . . 317.3
- вращающійся 493.2
- - переносный 493.3
- - промывной 80.10
- горизонтальный 341.1
- для окончательной промывки 81.1
- - предварительной промывки 80.11
- - чистки отливокъ 493.2
- дробильный 79.4
- наматывающій 493.1
Барабанъ отдѣлочный 493.2
- переносный отдѣлочный 493.3
- съ насаженными кулаками 496.4
- - - лодыжками 496.4
Баржа 562.1
Баритовая вода 205.6
Баритъ . . 220.11
Барій 220.8
- хлористый . 207.6
Бассейнъ для охлажденія воды 148.5
- отсадочный 81.3
- отстойный . 146.9
Батарейный котелъ 154.4
- сосудъ . . . 265.7
Батарея . . . 265.6
- коксовальныхъ печей 103.9
- котловъ . . 154.1
- термоэлектрическая 266.6
Башмакъ . . 77.6
- деревянный кулака 496.6
- - лодыжки . 496.6
- - пальца . . 496.6
- стойки . . . 444.3
Башня водоемная 145.7
- водонапорная 145.7
- запасная для руды 181.3
- охлаждающая 149.2, 149.3
Безвоздушное пространство 469.5
Бездѣйствіе 555.11
Безконечный 340.9
Безменъ . . . 236.3
Безопасность дѣйствія 557.6
Безупречный 490.1
Беккера клапанъ вращающійся 301.11
Белля-Круппа металлъ 5.3
Бензиновая горѣлка 188.6
Бензиновозъ . 124.8
Бензиновый локомотивъ 124.8
Бензолъ . . . 108.9
Бертолетова соль 211.2
Бессемерованіе 396.4
- большое . . 387.5
- малое . . . 387.6
Бессемерованія англійскій способъ 395.3
Бессемеровская мастерская 387.3
Бессемеровскій заводъ 387.3
- процессъ . 396.5
- чугунъ . . 8.1
Бетонная подстилка 289.6
Бетонъ неутрамбованный 290.1
- сыпучій . . 290.1
- утрамбованный 289.3
Бибуса вентиляторъ 472.5
Билетъ автоматическихъ вѣсовъ 134.4
Бимсовое желѣзо 21.3
Бичовка . . . 459.6
Біана газоохладитель 318.1
- промыватель 318.1
Блауофенъ . 286.1
Блескъ желѣзный 66.7
- свинцовый . 71.7
Блуминъ . . 511.4
Блѣдножелтый цвѣтъ 547.6
Бобковая руда 67.5
Боекъ . 502.8, 504.3
- кованый желѣзный 495.5
Бокалъ, употребляемый для демонстрированія реакцій 186.2
Боковое давленіе 515.8
Бокситъ бѣлый 115.9
Болванка 18.4, 485.9
- для прокатки листового желѣза 18.6
Болванка квадратная 18.8
- плоская . . 18.7
- сырая . . . 18.3
Болванъ . . 383.6
Болотистый . 288.9
Болотная руда 167.4
Болтовое соединеніе 295.2
Болтъ анкерный 291.3
- отбойный . 502.6
- соединительный 295.3
- стыковый . 142.9
- фундаментный 291.3
Бомба калориметрическая 110.2
Бористая сталь 17.7
Борнонатріевая соль 211.14
Боровокъ . . 372.2
- восходящій 372.3
- понурый . . 372.4
Боровъ собирательный 164.5
Бородавкообразное выдѣленіе 483.5
Борозда . . . 340.2
Бороздка продольная 460.2
Борозды параллельныя 340.3
Бочка валка 513.5
- вращающаяся 493.2
- - переносная 493.3
Брикетированіе 94.5
Брикетный заводъ 94.6
Брикетъ . . 343.11
- высушенный 95.11
- спекшійся . 96.1
Бромъ 211.6
Броневая плита 27.3
Бронепрокатный станъ 511.1
Бронзовая фурма 290.1
Брусковое желѣзо 18.10
Брусокъ, предназначенный для испытанія 49.3

Брусъ восьмигранный 877.7
- необработанный 19.4
- опорный . . 524.6
- темпельный 292.3
Бугель для подвѣски ковша 479.2
Будка сторожевая 149.5
Булатъ . . . 18.4
- индійскій . 18.3
Бумага азбестовая 200.11
- альбуминовая 212.2
Бумага гуттаперчевая 197.3
- іодъ-каліевая 213.3
- - -крахмальная 213.4
- карминовая 212.10
- крахмальная 213.2
- куркумовая 212.9
- лакмусовая 212.8
- наждачная . 275.8
- озоновая . 213.1
- пергаментная 201.7
- песчаная . 203.4
- реактивная 212.7
- фенолфталеиновая 212.13
Бумага фильтровальная 244.5
Бунзеновская горѣлка 183.4
- - для ацетилена 183.5
Бунте газовая бюретка 269.5
Бура 211.14
Бургерса вращающійся клапанъ 323.3
Буртикъ валка 514.6
Бурый . . . 547.3
Бурый съ пурпуровыми пятнами 547.9
Бусъ 62.9
Бутыль свинцовая 199.5
Буферная рессора 25.2
Буферъ . . . 25.3
- эластичный 502.3
Бѣгуны въ рудной мельницѣ 78.2
Бѣлила свинцовыя 551.10
- цинковыя 551.11
Бюгель . . . 301.9
Бюретка . . . 192.2
- газовая . . 269.4
- - Бунте . . 269.5

В.

Вагонетка, автоматически разгружающаяся 128.4
- для перевозки руды 188.2
- четырехсторонняя воронкообразная 105.2
Вагонная рессора 25.1
-ные вѣсы . 184.1
-ный опрокидыватель 132.6
- паркъ . . . 125.1
Вагончикъ быстроразгружающійся подвѣсный 128.6
- для перевозки руды 188.2
- саморазгружающійся подвѣсный 128.2
- четырехугольный воронкообразной формы 105.2
Вагонъ для откатки шлаковъ 888.5
- для уборки чугуна 841.5
- - - шлаковъ 888.5
- закрытый . 125.3
- открытый . 125.2
- саморазгрузочный 128.4
- съ литейнымъ ковшемъ 477.1
Вагранка . . 478.4
Вагранка Айэрленда 468.5
- Кригара . . 4691
- литейная . 466.6
- малая . . . 469.6
- со всасываніемъ воздуха 469.2
- съ передовымъ горномъ 468.6
Вадъ 89.8
Вакуумметръ 178.7
Ваккуумъ-аппаратъ 188.1
- -сушильня . 232.2
- ·эксикаторъ 232.1
Валки 512.5
- для прокатки листовъ 532.10
- - - проволоки 585.1
Валокъ, быстро бѣгающій 585.4
- верхній . . 512.8
- - уравновѣшенный 523.6
- желобчатый 539.1
- листовой . . 514.1
- неподвижный нижній 523.5
- нижній . . 518.1
- - безъ подъема 523.5
- обжимной 518.11
- отдѣлочный 518.10
- подготовительный 518.9
-, получающій движеніе 518.3
- средній . . 512.9
- ступенчатый 518.6
Валокъ съ измѣняющейся окружной скоростью въ зависимости отъ діаметра 587.8
- холостой . . 518.4
- черновой . 518.9
- шестеренный 519.4
- - пустотный 519.5
- эксцентричный 538.2
Валъ гибкій . 492.8
- главный вертикальный 78.4
- калиброванный 514.4
- поршня . . 470.6
- приводный . 518.9
Вальцовая мельница 77.9
- рудодробилка 77.8
Ванадіевая сталь 17.6
Ванадіевое желѣзо 16.1
Ванадій . . . 219.5
Ванна для охлажденія 544.5
- кислотная 493.10
- масляная . 548.4
- металлическая 875.3
- ртутная . . 200.3
- свинцовая . 548.5
- фарфоровая 193.5
- чугуна 875.8, 895.10
- шлаковая . 870.3
Вантузъ . . . 145.5
Ватерпасъ . . 485.5
Вбивать . . 483.11
Ввальцевать 85.10
Вдавить при прокаткѣ 85.10
Вдавливанія способъ 54.4
Вдвиганіе слитковъ 529.4
Веденіе доменной печи 882.2
- процесса . . 895.5
Величина емкости 257.4
- загиба . . . 48.7
- зеренъ . . . 281.3
- кусковъ угля 100.8
- напряженія 257.3
- предѣльная 82.8
- разложенія 264.4
Величиною съ грѣцкій орѣхъ 281.6
- - кулакъ . 281.4
- - орѣшекъ . 281.7
- - яйцо . . . 281.5
Венйса . . . 72.8
Вентиляторъ Бибуса 472.5
- винтовой высокаго давленія 471.9
- дымовой трубы 164.8
- коробчатый 471.7
- - высокаго давленія 472.7
- Лемана . . 471.7
- Мартина . . 472.7
- прецизіонный 471.2
- Рута 471.1

Вентиляторъ съ вращающимся поршнемъ 471.1
- - вращающи-мися поршня-ми 472.5
- центробѣж-ный 317.6, 470.2
- Эмке 471.3
Вертикальный 394.1
Вертушка дымо-вой трубы 164.8
Верхъ станины 521.2
Вестмана обжи-гательная га-зовая печь 85.2
Ветхій 355.5
Вещества жи-вотныя 418.11
- обжигаемыя 82.6
Вещество . . 274.7
- вяжущее . 426.2
- для чистки 491.7
- - шлифовки 275.7
- независимое 274.7
- нейтральное 242.4
- обуглерожи-вающее 398.7
- окисляющее 415.5
- органическое 427.6
- осаждающее 147.6
- связующее . 95.5 426.2
- - глинистое 95.5
-, уменьшающее пластичность глины 382.8
Вaбалчиваніе 80.4
Взвѣшеніе . 235.10
Взвѣшиваніе 235.10
Взвѣшивать 238.10
Взрывъ газа 358.8
Взятіе пробы 227.9
- - на умень-шеніе 238.1
Взять пробу газа 209.1
- газовую пробу 209.1
Вивіанитъ . . 68.7
Видоизмѣненія процесса 412.7
Видъ пламени 399.10
- шлака . . . 375.1
Вилка 436.9
Вилообразный литникъ 443.9
Вилы для пере-носки 478.5
- - сортировки кокса 478.8
Винная кислота 419.10
Винтовая лерка 39.3
Винтовой вен-тиляторъ вы-сокаго давле-нія 471.9
- калибръ . . 39.3
- прессъ . . 504.10
- транспортеръ 139.7
Винтъ для де-рева 436.2
- зажимной . 323.4
- микрометри-ческій 39.4
- нажимной . 521.8
- транспортный 139.7
Выарировать 282.11
Висмутъ . . . 219.1
Висячій . . . 566.8
Витвелля воз-духонагрѣва-тель 320.6
Витериля рудо-отдѣлитель 94.4
Витковицкая обжигатель-ная печь 85.4
Витокъ . . . 51.8
Вкладышъ . 371.2
- для цапфы 521.7
Включеніе . . 71.3
Включенный 484.7
Вкрапленный 71.4
Вкраплина . 71.3
Влажность воз-духа 267.8, 329.3
Вліяніе атмос-ферное 118.4
- мороза . . . 118.6
- на раствори-мость 258.10
Вмѣстимость 344.9
Внезапный . 118.7
Вода аммiачная 108.7
- баритовая . 205.6
- гигроскопи-ческая 203.7
- гидратная . 203.8
- грунтовая . 141.1
- дестилирован-ная 203.6
- известковая 205.5 341.3, 545.11
- натуральная 146.6
- неочищенная 146.6
- охлаждающая 297.10
- очищенная 146.7
- подкисленная 545.9
- подогрѣтая 297.11
- подпочвенная 289.1
Вода почвенная 141.1
- химически связанная 203.8
Водить въ водѣ 544.4
Водка царская 204.3
Водная окись желѣза 66.11
-ный силикатъ глинозема 115.12
Вододѣйствую-щая воздухо-дувная ма-шина 325.10
Водоемъ . . . 145.6
- общій . . . 316.2
Водозабирная труба 141.3
Водомѣръ . . 146.4
Водонапорная башня 145.7
- труба . . . 485.2
-ный насосъ 509.6
- каналъ . . 485.2
Водообращеніе замкнутое 148.2
Водоотводная труба 297.7, 369.3
Водоочищеніе 146.5
Водопроводная труба 297.8
Водопроводъ 144.6
Водородъ . . 221.4
- сѣрнистый . 204.3
Водоснабженіе 140.1
Водостолбовой подъемникъ 330.6
Водотрубный котелъ 155.3
Водяная баня 247.7
- проба . . . 54.6
- сила 167.8
Водяное охлаж-деніе 296.5
Водяной за-творъ 318.4
- паръ 360.5
- столбъ . . . 478.1
Водяные вѣсы 182.6, 330.4
Вовгонка . . 256.7
Вовгонять . . 256.8
Воздуходувка 469.9
- вертикальная 326.2
- вододѣйствую-щая 325.10
- высокаго да-вленія 470.1
- горизонталь-ная съ од-нимъ шату-номъ 326.7
Воздуходувка кливлендская съ однимъ шатуномъ 326.6
- паровая . . 325.10
- пароструйная 469.10
-, приводимая въ движеніе газовымъ дви-гателемъ 327.5
-, - - - отъ элек-трическаго двигателя 328.2
-, - - - турбиной 327.4
- съ балан-сиромъ 326.1
- цилиндриче-ская 325.6
Воздуходувки 325.3
Воздуходувная машина см. воздуходувка
Воздуходувный мѣхъ 251.5
- цилиндръ . 328.3
Воздухонагрѣ-ватель 318.4
- Витвелля . 320.6
- каменный . 320.5
- Коупера . . 320.8
- съ вертикаль-ными трубами 319.1
- - висячими трубами 318.7
- - лежачими трубами 318.6
- - чугунными трубами 318.5
Воздухонепро-ницаемый 324.1
Воздухоподводя-щій рукавъ 301.1
Воздухопроводъ 324.2
- главный . . 324.3
Воздухъ . . . 267.7
- всасываемый 469.3
- въ сердечникѣ 459.4
- - стержнѣ . 459.4
- - шишкѣ . 459.4
- для сгоранія 408.2
Воздушная баня 235.5
- камера . . . 502.1
- коробка . 394.4.7
- линія . . . 171.4
- проводка . . 171.4
- тяга 87.4
Воздушное охлажденіе 296.6

Воздушной сушки 422.10
Воздушно-сухое 422.10
Воздушносухой 231.10
Воздушный каналъ 408.8
- клапанъ . . 145.5 406.7, 508.6
- колпакъ всасыванія 145.2
- - нагнетанія 145.5
- насосъ . . . 178.2
- пирометръ . 351.8
Вознагражденіе 227.7
Восстановимая трудно руда 62.5
Восстановимость легкая 62.4
- трудная . . 62.6
Восстановимый легко 62.3
Восстановленіе испорченной стали 549.2
- косвенное . 347.8
- непосредственное 347.7
- непрямое . 347.8
- прямое . . 347.7
Восстановляемость легкая 62.4
- трудная . . 62.6
Восстановлять 250.9, 347.9
Войлочная обшивка 470.8
Волнистый . 534.7
Волокнистый 58.7
Волокно . . . 379.3
-, съ прямыми волокнами 422.8
Волосъ коровій 429.2
Волоченіе окончательное 586.8
- предварительное 586.6
- проволоки . 585.7
- промежуточное 586.7
Волочильная плита 446.4
-ный станокъ 585.8 586.5
- шаблонъ . . 446.3
Волуметръ газовой 271.7
Вольтаметръ 266.8
Вольфрамистая сталь 17.3
Вольфрамъ . 218.3
Воронить . . 552.4
Воронка 310.1, 246.5
- для горячаго фильтрованія 178.9
- - горячей воды 176.6
- - загрузки . 181.2
- - засыпки извести 388.7
- угля 157.3
- дѣлительная 188.3
- капельная . 188.2
- мѣшалки . 119.7
- Царри . . . 310.4
- предохранительная 248.1
- трубчатая . 444.2
- фарфоровая 193.4
- фильтровальная 245.3
- экстракціонная 179.8
Воронкообразный 105.2
Воротъ для колокола 314.1
- паровой . . 314.3
- ручной . . . 314.2
- сложный . 464.6
Вортингтона паровой насосъ 143.1
Восковая модель 424.12
-вой фитиль . 459.3
Воскъ . . . 546.10
Восьмигранный 377.7
Восьмиугольный 290.5
Впитывать влагу 118.5
Впускной жолобъ 395.8
Вращеніе въ противоположную сторону 532.3
Вращаться при холостомъ ходѣ 530.11
Вращающійся 95.3 535.10
Вращеніе конвертера 392.4
- реторты . . 392.4
Вредный . . 71.5
Вредъ, приносимый пылью 468.4
-, причиняемый дымомъ 561.1
Временный . 551.3
Всасываемый воздухъ 469.3
Всасыванія сторона 471.4
Всасывающая сѣтка 140.8
- труба . . . 145.1
Всасывающій клапанъ 142.3
- насосъ . . . 245.7
- трубопроводъ 144.7
Вскипать . . 241.5
Вставка . . . 253.1
- для водяной бани 247.8
- днища . . . 392.1
- фарфоровая 194.2
Вставленный 296.8
Вставное кольцо для водяной бани 247.9
Втулка муфты 519.10
- нажимная сальника 507.4
- огнеупорная 480.4
- - обожженная 480.8
- шишечная . 459.3
Вульфова стклянка 188.4
Вутца сталь . 18.3
Выборъ движущей силы 168.1
- образцовъ . 33.1
- рабочей силы 168.1
Выбрасываніе искръ 396.9
Выбросы . . 397.3
- металла изъ конвертера 112.6
- - - реторты 112.6
Вывѣтриваніе 63.9 89.7
Вывѣтрѣлый 59.4 64.1
Выгребаніе руды 88.5
Выгребная руда 88.6
-ное отверстіе 87.9
Выгрузка 121.9, 123.4
- пути съ обѣихъ сторонъ 128.5
Выдавить слитокъ изъ изложницы 526.4
Выдача . . . 100.4
Выдвижная дверка 236.9
-ное дно . . . 105.3
Выдувка . . 355.3
Выдуть . . . 355.4
Выдѣленіе . . 357.7
- бородавкообразное 483.5
- графита . 214.12
- желѣза . . 432.6
Выдѣленіе кислорода 375.4
- комковатое 483.5
- летучихъ веществъ 81.7
- - соединеній 250.7
- примѣсей . 147.5
- соединеній желѣза 147.9
- сѣры . . . 82.4
- углекислоты 81.9
- углерода . . 348.3
- - окончательное 397.5
- фосфора . 376.12 398.3
Выдѣлить газъ 258.10
Выдѣлять сплавы 483.9
Выемка 121.9, 504.4
Выкатать . . 529.7
Выкладка печи 83.9
Выкачать . . 485.1
Выковать . . 52.6
Выкопать . . 438.8
Выкружка . 423.7
- кожаная . . 423.8
Выламывать 343.2
Вылить . . . 341.9
Вымораживаніе рудъ 89.8
Выниманіе слитковъ 529.5
Вынимать . . 343.2
Вынуть модель 485.8
- стержни . . 391.8
Выпаривательная колба 247.6
- кострюля . 247.4
- чашка . . . 247.5
Выпаривать . 247.3
Выпарить досуха 246.9
Выправить листы 534.6
Выправленный въ валкахъ 534.3
Выпрямить . 534.1
Выпуклый . 504.2
Выпускное окно 388.5
- отверстіе . . 300.4
- - забить . . 342.4
Выпускной каналъ 499.5
- патрубокъ . 480.7
Выпускъ забить 342.4
- изъ доменной печи 338.1
- сдѣлать . . 338.9
- шлаковъ и чугуна 299.5

Выпускъ шлаковый 300.13
Выпустить . 333.6
Выравниваніе давленія 478.2
Выравнивать 503.7
Вырастаніе желѣза 482.9
Вырубить зубиломъ 34.4
Высасывать изъ печи 360.7
Выскребать . 354.2
Высосать . . 485.1
- воздухъ . . 470.4
Высота горна 295.3
- заплечиковъ 302.5
- подъема . . 464.5
- расположенія 581.10
- хода 502.7
Выстругать . 34.3
Выступъ на валкѣ 534.10
- формы . . . 436.6
Высушенный 95.11 383.10
- въ эксикаторѣ 231.11
Высушить . . 336.3
Выталкиватель 529.5
Вытеканіе воздуха 439.3
Вытекать . . 385.4
Вытягиваніе . 530.6
- частей модели 450.4
Вытягивать . 530.5
Вытяжная плита 451.2
-ное кольцо . 451.3
-ной шкафъ . 175.2
Выходъ . . . 75.6
- чугуна изъ шихты 345.3
Вычетъ въ цѣнѣ за большее содержаніе кремнекислоты, фосфора и сѣры 65.9
Вычисленіе количества дутья 350.3
Выщелачиваніе 89.6
Выщелочить водою 248.5
Вѣдомость грузовая 560.4
Вѣса одинаковаго 75.5
- равнаго . . 75.5
Вѣсовая . . . 176.7
-вое отношеніе 334.5
-вой анализъ 223.9
Вѣсъ атомный 225.4
- брутто . . . 134.3
- граммъ-молекулы 225.7
- молекулярный 225.6
- недостающій 560.1
- нетто . . . 134.9
- нормальный 135.4
-, принимаемый въ расчетъ 559.10
- садки . . . 409.3
- соединенія . 226.6
- средній . . 135.5 334.11
- тара 135.1
- теоретическій 135.2
- химически эквивалентный 257.6
Вѣсы 132.5
- автоматическіе 236.4
- аналитическіе 236.5
- водяные 132.6, 330.4
- газовые . . 271.6
- гидростатическіе 130.4
- десятичные 134.2
- мостовые . 132.6
- приходятъ въ равновѣсіе 135.7
- пробирные . 236.7
- ручные . . 236.2
- сотенные . 134.3
- столовые . 236.1
- съ коромысломъ 235.11
- - помостомъ 132.6
- - чашками 235.11
- точные . . 236.6
Вяжущая способность 428.1
Вязальная проволока 460.5
Вязкій . . 6.3, 49.10 356.10
Вязкость . . 49.3

Г.

Габбро . . . 111.5
Гавань для погрузки 561.10
Газеификація 405.4
- твердаго горючаго 349.1
Газовая атмосфера 87.3
- закалочная печь 541.1
- кухня . . . 184.9
- муфельная печь 542.1
- смѣсь . . . 350.1
- топка . . . 87.1
Газовики . . 404.7
Газовикъ двойной 405.3
- Диффа . . . 405.1
- Моргана . . 405.2
- Сименса . . 404.8
- со ступенчатой топкой 404.9
Газовыдѣленіе 253.11
Газовый каналъ 408.7
- - вертикальный 408.6
- кипятильникъ 184.9
Газовый клапанъ 313.10, 323.1 406.5
- пузырь . . 484.2
- уголь . . . 100.1
Газодинамо . 170.3
Газокалильный свѣтъ 281.1
Газометръ . . 271.4
Газообразные продукты обжига 87.2
Газообразованіе 253.3, 349.2
- непрерывное 405.5
- постоянное 405.5
Газоотводная труба 312.9, 313.7, 467.5
- - общая . . 313.9
- - центральная 313.1
Газоотводъ 312.3 314.7
Газоохладитель Біана 318.1
Газоочиститель 315.9
Газоподводная капилярная трубка 270.6
Газопроводъ . 408.3
Газопромыватель 317.4
Газопроницаемость 425.7
Газораздѣлительная трубка 270.9
Газособирательная трубка 271.1
Газособиратель 271.3
Газоуловитель кольцевой 312.3
- Лангена . . 313.6
- Парри . . . 310.4
- Фабра-дю-Фора 311.9
- фонъ-Гофа . 312.1
Газъ включенный 484.7
- гремучій . . 343.3
- коксовальныхъ печей 108.5
- колошниковый 359.11
- образовать . 253.9
- подогрѣтый горючій 408.3
- свѣтильный 418.2
- сжатый . . 267.6
- смолистый . 405.6
-, содержащій смолу 405.6
Газъ улетучивающійся 484.5
- этиленовый 418.3
Галмей . . . 71.9
- кремнекислый 71.10
Ганистеръ . . 114.3
Гарантія . . 30.3
Гарденитъ . . 284.2
Гаусманитъ . 70.3
Гашеніе кокса 106.9
Геликоидальная косая прокатка по Маннесману 537.7
Гельбергера печь 570.7
Гематитъ 6.2, 66.3
Генераторъ двойной 405.3
- Диффа . . . 405.1
- Моргана . 405.2
- Сименса . . 404.8
- со ступенчатой топкой 404.9
Генераторы . 404.7
Геру печь для полученія чугуна 571.5
Гіорта печь . 568.3
Гибкій . 42.4, 492.3

Гигрометръ . 180.7
Гигроскопическая вода 203.7
Гидравлическій 465.2, 533.8
- аккумуляторъ 508.3
- ковочный прессъ 505.4
- молотъ . . 495.2
- подъемникъ 330.6
- прессъ для кирпичей 120.6
- тормазъ . . 311.1
- цилиндръ . 393.5
Гидравлическое испытаніе 54.6
Гидрантъ . . 146.3
Гидратная вода 203.8
Гидратъ окиси желѣза 66.10
- - калія . 204.12
- - натрія . . 205.1
Гидрокислый іонъ 262.3
Гидролизъ . 263.10
Гидропневматическій аккумуляторъ 509.1
Гидростатическіе вѣсы 180.4
Гильза экстракціонная 179.7
Гипсъ . 208.1, 220.3
Гиря 464.2
Гистерезисъ . 273.1
Гейлея способъ сушки воздуха 329.2
Гладилка полировальная S-образная 487.4
- съ рукояткой 487.2
- фасонная 487.3.8
Глазъ фурмы 298.8 299.2
Глина . 427.10, 428.8
- желѣзистая 113.5
- жирная 116.10, 428.4
- красноватая 116.4
- метаморфированная 116.6
- молодая . . 116.2
- негодная . . 116.9
- обожженная 116.8
- огнеупорная 115.11
- осажденная 116.2
- отмученная 116.2
- пластичная 428.2
- растертая . 116.7
- сланцеватая 116.5
- сѣрая . . . 116.3
- тощая . . . 428.3
- фарфоровая 116.13
Глинистая примѣсь 426.3
Глинистый . 59.6
- желѣзнякъ 63.8
- - желтый . 63.7
- сланецъ . . 112.1
Глиноземистый 357.13
Глиноземъ . 220.7 276.9
- отмученный 276.10
Глиномялка . 433.5
Глиняная отливка 487.6
- пластинка . 249.7
- плита . . . 439.6
Глиняный кирпичъ 429.7
- пористый сосудъ 266.1
- тигель . . . 382.7
- фильтръ . . 175.6
Глубина ванны 369.11
- закалки . . 420.4
- отливки . . 439.2
Глыба шлака 356.2
Глядѣлка 33.1, 298.4
Гнуть 42.3
Годъ 84.12
Голова красная стеклянная 66.5
Головка 22.5, 403.5 522.10
- коромысла . 410.3
- лотка . . . 411.1
- молота . . . 502.3
- печи 413.9
- станины . . 521.2
- шарообразная 520.2
Головчатое желѣзо 21.3
Голубой . . 547.11
Гончарный станокъ 383.1
Горизонтальный 394.2
Горизонтъ воздушныхъ фурмъ 298.7
- засыпи . . 307.4
Горло конвертера 389.9
- реторты . . 389.9
Горнъ . 291.6, 295.6
- кричный закрытый 363.10
- - открытый 363.9
- - современный 364.1
- кузнечный для закалки 540.2
- нижній . . 291.5
- опорожнить 342.1
- передній . . 291.5
Горнъ передовой 468.9
- сварочный . 378.5
- сыродутный 362.2
- тигельный . 384.4
- электрическій Гронваля, Линдблада и Стальгана
Горшокъ для прокаливанія 415.2
Горѣлка 183.3, 542.2
- бензиновая 183.6
- бунзеновская 183.4
- - для ацетилена 183.5
- для масляного газа 183.8
- разрѣзная . 159.2
- системы Теклю 183.7
- съ дутьемъ 348.9
- - метловиднымъ пламенемъ 159.1
Горѣлое желѣзо 415.7
Горѣніе . . . 118.8
- полное 87.6, 248.8
Горѣнія время 86.6
Горючее, дающее пламя 336.8
- обугленное 337.2
Горючій . . . 360.2
- матеріалъ обугленный 337.2
Горячій . 4.5, 328.10 474.8, 475.2
Готовый къ анализу 234.5
Гофъ, фонъ-Гофа газоуловитель 312.1
Градирня 148.6, 149.2
Градуированная измѣрительная трубка 269.6
- пипетка . . 191.4
Граммолекула 225.5 260.6
Граммъ-іонъ . 260.7
- - эквивалентъ 260.2
Гранатъ 72.8, 239.5
Гранитъ . . . 111.7
Гранулированный 359.4
Гранулировать 359.3
Грануляція . 359.2
Гратъ 489.7
Графита не содержащій 215.3
Графитистый сильно 215.4
Графитный пирометръ 351.7
Графитовая пыль 480.3
-вый тигель 382.5
Графитъ . . 214.11
- отмученный 480.9
- ретортный 117.11
- содержащій 215.2
- очищенный 382.6
Гремучій газъ 348.8
Гроздеобразное образованіе 107.2
Громоздкій . 463.11
Громоотводъ 165.2
Грохотъ . . . 230.5
- съ крупными отверстіями 230.6
- - мелкими отверстіями 230.7
Грохоченіе 229.10
- сухое . . . 230.1
Грохоченный коксъ 107.11
Грузовая вѣдомость 560.4
-вой резервуаръ 508.4
Грузчикъ руды 332.9
Грузъ натяжной 187.3
- полезный . 134.7
- придавливающій 442.11
Грунтовая вода 289.1
Грунтовка . . 551.6
Грунтъ болотистый 288.9
- ненадежный строительный 288.7
- прочный . . 288.8
- скалистый 288.10
Группа линій 401.4
Грушевидный 589.2
Грязь угольная 101.8
Губка 107.7
Губчатое желѣзо 347.11, 361.8
Губчатый 107.8, 376.8
- металлъ . 347.11
Губы сгибающаго пресса 43.10
Гусаръ . . . 239.8
Густой . . 474.11
Гуттаперчевая бумага 197.3
- стклянка . 197.4
-выя принадлежности 197.2
Гуна тигель 246.3
Гюттера колоколъ 407.2

Д.

Давать брызги 482.1
- усадку 428.8
Давленіе атмосферное 267.9
- боковое 515.8
- валковъ 580.7
- внутреннее 258.8
- воды 314.4
- воздуха 267.9
- -, вдуваемаго въ печь 328.8
- высокое 120.8
- вѣтра 165.3
- дутья 350.5
- жидкости 54.7 507.8
- кладки заплечиковъ 303.3
- наивысшее 472.9
- низкое 120.7
- нормальное 515.7
- осмотическое 258.7
- пробное 54.8
- рабочее 54.9, 507.9
- радіальное 580.8
- ферростатическое 485.5
Давить 425.4
Даніэля кранъ 252.1
Данныя анализа 226.9
Дать течь 385.3
Дверка 131.4
- выдвижная 286.9
Дверца топочная загрузочной камеры 161.8
Дверцы коксовальной печи 104.5
- люка для чистки 163.3
Двигатель 168.3 326.8
- двухтактный 327.7
- четырехтактный 327.6
Движеніе балансира 310.11
- валковъ 580.10
- вращательное 393.7
Дворницкая 149.5
Дворъ доменный 340.1
- литейный 340.1
Двукремнеземикъ 356.9
Двуокись марганца 217.4
- свинца 210.10
Двупроводная система 167.4
Двусварочный 13.2
Двутавровое желѣзо 20.9
Двууглекислый натръ 205.10
Двуугленатріевая соль 205.10
Двухатомная молекула 225.1
Двухколѣнная труба 320.1
Двухколѣнчатая труба 320.1
Двухопорный клапанъ 407.3
Двухромовокаліевая соль 206.5
Двухромовокислый калій 206.5
Деготь 95.9
Дезинтеграторъ центробѣжный 79.4
Декантировать 243.8
Депрессія воздуха 469.4
Дерби труба 312.10
Дерево 98.1
- здоровое 422.7
Деревянный 440.4
Державка шаблона 445.4
Держатель шаблона 455.5
Держать на парахъ 354.8
Дерновая руда 67.4
Дестилированная вода 203.6
Дестиллятъ 254.1
Десятичные вѣсы 184.2
Дефосфоризація 398.3
Дефосфорированный 5.3
- чугунъ 5.3
Динамо 169.6
Динамомашина 169.6
Динамомашинное отдѣленіе 168.8
Динасъ кирпичъ 115.1
Директоръ доменнаго завода 332.3
Дирекція 149.7
Дисковая щетка для чистки отливокъ 491.3
Дисковый волочильный станокъ 535.9
- компенсаторъ 324.8
- поршень 506.3
Дискъ 519.3
- глиняный приготовить 461.1
- деревянный 275.11
- опорный для тягового каната 187.2
- съ насаженными пальцами 496.4
- чугунный 523.5
Джверса колодецъ 527.6
Диссоціаціи постоянная 260.5
Диссоціація 258.5
- электролитическая 258.4
Диссоціировать 263.9
Диффа генераторъ 405.1
Діабазъ 111.6
Діаграмма застыванія 274.2
Діамагнитный 91.7
Діаметръ горна 295.7
- печи 288.2
Діафрагма 281.6
Длина предписанная 87.2
- согласно предписанію 87.2
- точная 87.3
Длиннопламенный 99.1
Длинноплечій 288.5
Днище 390.7
- откидное 467.3
- отъемное 390.8
- - коническое 390.9
- промежуточное 505.7
- съ соплами 390.10 391.1
Дно бѣгунной чаши 78.3
- выдвижное 105.3
Доброкачественность 32.2
Добываніе воды 140.8
- газа 359.12
- грунтовой воды 141.1
- необходимой руды 558.3
Добыча необходимой руды 558.3
- газа 103.3
- на рудникахъ 100.4
Добычи система 57.9
Доводить 363.3
Договоръ письменный на поставку руды 65.3
Доказательство 224.5
Докатать 529.9
Доломитовая масса 117.7
- мука 117.8
Доломитовый заводъ 118.2
- кирпичъ 117.6
- порошокъ 117.8
Доломитообжигательная печь 119.1
Доломитъ 111.3
- сырой 117.5
Доменная печь см. печь доменная
- плавка 336.2
Доменное производство 332.2
Доменные шлаки, обработанные паромъ 95.7
Доменный дворъ 340.1
- заводъ 285.1
- мастеръ 332.6
- процессъ 344.3
- рабочій 332.8
- сокъ 355.10
- шлакъ 355.10
Домна со свободностоящей махтой 287.3
- Стассано 571.3
Домница 363.1
Дополнить 337.10

Доппель-дуо-станъ 518.2
Дорога канатная 135.9
- -, ведущая на колошникъ 331.8
- - воздушная 135.11
- канатно-проволочная 135.11
- проволочно-канатная 135.9
- сортировочная канатная 124.4
- узкоколейная 123.11
- цѣпная . 135.10
- ширококолейная 123.10
Доска желѣзная правильная 534.8
- задняя 364.5, 414.2
- модельная вращающаяся 449.5
- направляющая 524.7
- передняя . 364.4 413.11
- подмодельная 489.11
- полировальная 276.3
- пріемная . . 524.5
- противофурменная 364.8
- распредѣлительная 171.2
- соковая 292.9, 364.4
- хвостовая . 364.5
Доска фурменная 364.6
Доски, ограничивающія рабочее пространство 364.3
Доставка . . 100.4
- къ колошнику 86.1
- плавильныхъ матеріаловъ 333.5
- рудъ на дневную поверхность 58.5
- угля 159.4
Доступный . 403.7
Доступъ воздуха 337.12
Досыпать . 337.10
Дощечка калиберная для измѣренія толщины листовъ 402
- полировальная 339.8, 437.7
Драгированіе 58.3
Древесноугольная доменная печь 285.2
- куча . . . 98.4
- пыль . 98.3, 430.1
Древесно-угольный 4.1
Древесный уголь 98.2
- - мелкій . . 98.3
Дробилка . . 78.8
- гидравлическая для свинокъ 465.2
Дробилка для свинокъ 464.9
- - штыковъ . 464.9
- неподвижная для свинокъ 464.10
- - - - штыковъ 464.10
- подвижная для свинокъ 465.1
- трубчатая . 79.3
Дробильная мельница съ бѣгунами 78.1
- установка . 76.6
- ный барабанъ 79.4
Дробить 76.10, 359.3 463.7
Дробленіе 76.7, 359.2
- крупное . . 76.8
- мелкое . . 76.9
- чугунныхъ свинокъ 463.6
- - штыковъ . 463.6
Дробленый . 359.4
Дробь для тарированія 239.6
-, служащая для чистки отливокъ 491.8
Дрова 337.6
Дрожжи пивныя 419.1
Друза 482.4
Друммондовъ свѣтъ . . 280.13
Дубильная корка 429.5
Дуга круга . 514.12
Дуговая лампа 172.1
Дуо-станъ . . 512.6
- - двойной . 518.2
Дутье 251.3, 350.2, 396.3
- горячее . 328.11
- гремучимъ газомъ 251.7
- ножнымъ мѣхомъ 251.4
- подъ полнымъ давленіемъ 338.7
- полное . . . 338.7
- равномѣрное 328.9
- холодное . 328.10
Духовая фурма 298.9
Духомѣръ пружинный 350.11
- ртутный . . 350.9
Душъ 151.1
Душь 181.1
Дымовая труба 164.6, 372.9
Дымовой каналъ 85.8, 417.4
Дымоходъ . . 104.2
Дымъ бурый 400.7
Дыромѣръ . 39.8
Дѣйствіе напорной водой 509.7
- непрерывное 344.7
- окисляющее 82.2
- полезное тока 258.3
Дѣйствія двойного 328.1
- простого . . 327.8
Дѣлительная воронка 188.3

Е.

Елочный кристаллъ 214.4
Емкость . . . 125.5
- полиризаціи 264.4
Емкость полиризаціонная 264.4

Ж.

Жалованіе . 563.4
Жаръ калильный 86.10
- плавильный 474.2
Жгутъ плетеный соломенный 444.6
Желвакообразный бурый желѣзнякъ 67.1
Желвакъ . . 504.1
Желобчатый 539.1
- лотокъ . . 139.6
Желѣза сортъ 17.11
Желѣзистая настыль 361.8
Желѣзистый 118.5
Желѣзная балка 294.1
- конструкція 151.3
- одежда . . 88.8
- оковка . . . 24.9
- охра . . . 551.13
Желѣзная руда см. руда желѣзная
- слюдка . . 66.6
- труба . . . 587.5
Желѣзное кольцо подъ шахтой 294.3
Желѣзный . 23.1
Желѣзный блескъ 66.7
- кожухъ . . 88.8
- колчеданъ . 69.4
- кронштейнъ 307.9
- листъ . 25.6, 295.1
- обручъ . . 295.5
- рудникъ . . 57.8
- складъ . . . 130.5
Желѣзнякъ бурый 66.11
- - желвакообразный 67.1
- глинистый . 68.8
- желтый глинистый 68.7
Желѣзнякъ красный 66.4
- магнитный . 67.9
- оолитоваго строенія 67.3
- оолитовый бурый 67.6
- песчанистый 113.6
- скорлуповатый 67.2
- углистый . 69.1
- шпатоватый 68.5
Желѣзо бандажное 24.7
- бессемеровское 11.8

Желѣзо бимсовое 21.3
- бористое . . . 16.6
- бракованное 27.7
- брусковое . 18.10
- ванадіевое . 16.1
- волнистое . 27.1
- - съ глубокими волнами 27.2
- головчатое . 21.3
- горѣлое . . 415.7
- губчатое . 347.11 361.3, 376.3
- двутавровое 20.9
- для выдѣлки крюковъ 29.3
- - - подковныхъ гвоздей 29.2
- - кожуха . 298.9
- - проволоки 27.12
- жилистое . 9.9
- заклепочное согнуть въ петлю 48.4
- зетовое . . 20.6
- Z-образное . 20.6
- квадрантное 21.2
- квадратное . 19.3
- кислаго процесса 397.6
- клиновое . 21.3
- ковкое . 9.1, 44.5
- - литое . . 11.6
- колосниковое 21.3
- корытное . 21.1
- красноломкое 48.3
- кремнистое 15.3
- крестообразнаго сѣченія 21.9
- кристаллическое 214.2
- кричное 10.3, 365.2
- круглое . . 19.5
- крупнозернистое 9.10
- крупносортное 19.1
- листовое корабельное 26.9
- - котельное 26.5
- - литое . . . 25.10
- - полосатое 27.3
- - прокованное 25.8
- - сварочное 25.9
- - толстое . 26.3
- - тонкое 25.7, 26.1
- ломкое . . . 44.6
- -ломъ . . . 29.5
Желѣзо лучшаго качества 565.6
- марганцовокремнистое 15.4
- матовое . 552.11
- мелкозернистое 10.1
- мелкосортное 19.2
- металлическое 218.9
- метеорное . 214.1
- молибденистое 15.10
- мягкое . . . 44.5
- недоброкачественное 17.12
- неотдѣланное листовое 27.5
- никкелистое 15.7
- обручное . 19.8
- основного процесса 399.1
- отдѣланное листовое 27.6
- отмытое . . 358.5
- очищенное . 366.6
- пересыщенное 16.9
- плоскобимсовое 21.4
- полосовое 18.10, 19.7
- полукотельное 26.3
- полукруглое 19.6
-, полученное сыродутнымъ способомъ 10.2
-, - химическимъ путемъ 213.12
- продажное 17.9
- продыравленное листовое 27.4
- прокатное . 18.2
- пудлинговое 10.8
- резервуарное 26.10
- рифленое . 26.11
- - листовое . 308.4
- самородное 213.10
- сварочное 9.4,.8
-, свободное отъ шлаковъ 416.4
- старое ржавое 29.4
- строительное 28.8
- съ содержаніемъ кислорода 398.9
- сыродутное 10.2
- тавро-бимсовое 21.6
Желѣзо тавровое 20.8
- теплоломкое 48.3
- титанистое . 16.2
- томасовское 12.1
- тѣстообразное 376.2
- угло-бимсовое 21.5
- угловое . . 19.10
- - съ полками неодинаковой величины 20.3
- - - - одинаковой величины 20.1
- U-образное . 21.1
-, употребляемое для построекъ 28.8
- фасонное . 19.9
- ферровольфрамистое 15.9
- фосфористое 16.4
-, химически чистое 218.11
- хладноломкое 48.2
- хлорное . . 208.5
- хромистое . 15.6
- хрупкое . . 44.7
- хрупколомкое 48.4
- четырехгранное 19.3
- шахматное 26.11
- швеллерное 21.1
- шинное . . 19.5
- широкое полосовое 21.7
Желѣзистосинеродистый калій 208.7
Желѣзобетонъ 289.7
Желѣзосинеродистый калій 208.8
Желѣзосодержащіе отбросы 112.3
Жерара печь 569.7
Жеребейка . 461.7
- двойная . . 461.8
- патентованная въ видѣ штифта со шляпкой 461.9
Жеребокъ . . 461.7
- двойной . . 461.8
- патентованный въ видѣ штифта со шляпкой 461.9
Жесткій . . . 412.3
Жесть алюминіевая 199.11
- бѣлая . . 552.10
- матовая . 552.11
- не покрытая окислами 553.1
- платиновая 194.9
- черная . . . 26.2
Жидкій . . . 357.1
Жидкость для затвора 270.1
- закалочная 544.7
- - густая . . 419.9
- напорная . 507.7
Жижа навозная 431.3
Жилистый 9.9, 46.2
Жилка . . . 379.3
Жильный . . 56.5
Жина печь . 569.6
Жирный . 116.10
- уголь . . . 99.2
Жиръ 546.7
- животный 419.11
- пальмовый . 553.4
- рыбій . . . 546.9
Жмакъ . . . 376.6
Жолоба параллельные 340.3
Жолобъ . . . 340.2
- впускной . 395.8
- деревянный 80.7
- для подачи угля, движущійся толчками 102.5
- - чугуна . . 300.5
- качающійся 433.4
- наклонный, по которому скатывается грузъ 131.3
-, наполненный водой 318.5 318.3
- отводной . . 298.6
- подвижной со скребками 433.3
- - съ лопатками 433.3
- со встряской 433.2
- спускной . 132.2
- съ водою . 313.5
- транспортерный 139.5
Жомъ для крицъ 377.4, 377.5
Жукъ . . . 361.6
Журналъ плавильный 349.4

З.

Забить выпускъ 342.4
- отверстіе выпускное 342.4
- отверстія . . 355.1
Заборъ досчатый 464.7
Забрасывать топливо отъ руки 156.7
Забутка . . . 304.6
Заваливать . 335.1
Завалка горячая 565.3
- холодная . 565.2
- шлаковъ . . 375.6
Зависаніе колоши 358.5
Заводскіе отбросы 355.11
-скій инженеръ 332.5
- процессъ . 346.7
Заводъ бессемеровскій 337.3
- брикетный . 94.6
- доломитовый 118.2
- доменный . 285.1
- сталеплавильный 381.2
- томасовскій 337.4
- чугуноплавильный 285.1
Завѣдующій лабораторіей 178.3
- производствомъ 332.4
Загиба величина 43.7
- мѣсто . . . 42.3
Загибъ концовъ поперечинъ 23.5
Заглушить доменную печь 354.9
Загнуть на оправѣ 43.1
Заготовка . . 18.8
Загроможденіе 358.6
- горна . . . 337.3
Загружать колосниковую рѣшетку механическимъ путемъ 157.2
- топку отъ руки 156.7
Загрузить . . 104.8
Загрузка 122.2, 333.6 560.3
- автоматическая 308.9
- конвертера 395.7
Загрузка механическая колосниковой рѣшетки 156.8
- руды . . . 86.3
Загрузочная воронка 131.2
- набережная 122.4
- платформа . 122.3
Загрузочное устройство съ ходячимъ по немъ краномъ 127.7
Загрузочный ковшъ 157.3
- цилиндръ . 311.8
Загрязненіе воды отъ химически растворенныхъ въ ней элементовъ 147.4
- химическое 147.4
Задвижка вращающаяся 297.9
- запорная . 322.2
- изъ литой стали 322.7
-, регулирующая поступленіе ненагрѣтаго воздуха 322.4
-, - притокъ нагрѣтаго воздужа 322.5
Заднебойный молотъ 497.1
Задувка . . 337.11
- новая . . . 355.2
Задѣлка утрамбованной массой 303.6
Зажиганіе . 86.4
Зажимной винтъ 323.4
- приборъ . . 136.2
- - для сортировочныхъ путей 137.8
Зажимъ для резиновыхъ трубокъ 192.4
- - штатива . 198.6
- - элементовъ 265.9
Зазоръ между колосниками 160.3
Зазубрины мелкія 426.10
Закаленный . 548.7
Закаливаться способность 543.2
Закалить . 548.11
- при высокой температурѣ 544.1
Закалка . . . 6.6
- воздушная . 545.3
- въ бьющей ключомъ водѣ 544.9
- - водяныхъ брызгахъ 545.2
- - маслѣ . . 545.5
- - проточной водѣ 544.8
- - углекислотѣ 545.4
- крѣпкая . . 548.1
- отрицательная 546.2
- подъ струей воды 545.1
- простая . . 542.7
- сильная . . 543.1
- сложная . . 542.8
Закалки процессъ 542.6
Закалочная жидкость 544.7
- - густая . . 419.9
- трещина . . 549.1
Закалочное средство 545.6
Закалочный лотокъ 416.8
Закалъ крѣпкій 543.1
Закисная азотнокислая ртуть 209.5
Закись желѣза 66.2
- кобальта . 217.12
- марганца . 217.3
- никкеля . 217.10
- -окись желѣза магнитная 67.8
- - марганца . 217.6
- сѣрнокислая желѣза 69.3
Заключенный 377.8
Закрасить черной краской 424.9
Закрытый . . 439.5
Закрѣпить . 442.10
Закрѣпленіе . 282.8
Закрѣплять слитокъ 528.9
Закупка . . . 558.1
Замазать отверстія 355.1
Замазка желѣзная 319.5
- чугунная . 319.5
Замедлить . . 474.3
Замкнутый . 148.2
Замокъ . . . 462.3
- захватывающій 136.3
Замуровать . 306.3
Замша для чистки 202.10
Запальное пламя 360.11
Запечатать . 234.4
Заплечики . . 302.2
- свободные . 303.1
Заполненіе . 337.1
Заполнить . . 104.8
- форму . . . 482.4
Запорная задвижка 322.2
Запоръ трубы 55.1
Заростн . . . 484.5
Зарубка для гусара 239.9
Заслонка . . 404.4
- дымовой трубы 373.1
- рабочаго окна 370.4
Засореніе обжигательной печи 88.3
Застаиваніе колоши 358.5
Застываніе . 354.1 486.2
Застывшій . . 273.9 401.9
Засыпать . . 335.1
- колосниковую рѣшетку механическимъ путемъ 157.2
Засыпка . . . 333.6
- колоши . . 333.4
- - посредствомъ канатной дороги 331.7
- механическая колосниковой рѣшетки 156.8
- руды . . . 86.3
Засыпное отверстіе 105.1
- устройство . 406.1
Засыпь, плотно лежащая 335.7
Засыпщикъ . 333.1
Засѣчка рычага для рейтера 239.9
- - - ѣздока . 239.9

Затвердѣваніе на воздухѣ 359.10
Затворъ американскій колошниковый 311.7
- водяной 313.4, 405.8
- воздухонагрѣвателя 322.1
- воздухонепроницаемый 324.1
- дверецъ . . 163.5
- двойной . . 311.7 313.3
- клапанный 314.8
- колошниковый 309.4
- Люрмана . 306.2
- плотный . . 470.9
- при помощи клапановъ 314.8
- трубы . . . 55.1
- шаровой Беккера 301.11
- шахты . . . 307.2
- штыковой . 301.8
Затрамбовать 439.1
Затрата силы 557.4
Затычка выпускного отверстія 343.4
Заусенцы . . 489.7
Зафрахтовка . 560.3
Захватить клещами 531.7
- прокатываемый кусокъ металла 581.6
Захватъ для каната 136.3
- концовъ поперечинъ 23.5
- наставной кованый 136.6
- - со втулкой 136.4
Заштриховать черной краской 424.10
Защемляющаяся пластинка 24.5
Звено захватывающее 136.7
Звукъ металлическій дающій 108.3
Звѣздообразный 374.9
Зданіе водоемное 145.6
-, въ которомъ помѣщаются миксера 389.3
- конвертеровъ 388.1
- правленія . 149.6
- дирекціи . . 149.7
- конторы . . 149.8
- машинное . 149.9
- котельное . 150.1
Зейгированная капля 488.10
Зейгировать . 488.9
Зеленый . . . 548.3
Зелень мѣдная 552.1
Землечерпаніе паровое 58.4
Землистый . 59.5
Земли щелочныя 114.2
Земля жирная формовочная 425.13
Зеркальный . 3.3
Зерна кварца 115.7
- чугуна включенныя 358.4
Зерненіе . . . 359.2
Зернистый 45.3, 283.3
- бѣлый чугунъ 2.6
Зернить . . . 359.3
Зерно 379.7
- на поверхности пережженной стали 548.13
Зернышки кварцевыя 115.7
Зернышко желѣза 376.11
Зигенскій чугунъ 5.5
Змѣевикъ для поглощенія 270.4
- холодильника 255.6
Знакъ 424.8
Значеніе среднее результатовъ испытанія 84.6
Зола древеснаго угля 117.12
- смоченная угольная 546.3
Золотниковая коробка 499.3
-вое распредѣленіе 499.6
Золотникъ . 499.2
- коробчатый 407.4
- - плоскій . . 407.4
- паровпускной 499.7
Золото 219.8
Зольникъ 163.6, 164.1 368.4
Зубецъ угольчатый 519.2
- шевронный 519.2
Зубило пневматическое 402.2
- прорубное . 504.7
Зубчатая рейка 393.2
- - съ шестерней 393.4
Зубчатый . . 46.3
- ободъ, отлитый за одно съ . . . 393.1
Зубъ листовой шестерни 519.1
Зумпфъ . . . 466.5
Зѣвъ 464.4
- дробилки . 465.7

И.

Игла платиновая 194.8
Иглообразный 47.2
Иглы черныя 283.4
Игольчатый . 47.2
Игра вѣсовъ 135.6
- отливки . . 483.1
Ижевскаго печь 570.2
Избытокъ кислорода 349.11
- осадителя . 242.9
- осадочнаго средства 242.9
Изверженіе искръ 396.9
- конвертера . 397.3
- реторты . . 397.3
Известковая вода 205.5, 341.3
Известковое молоко 341.3, 545.11
Исвестковый 60.5 357.12
Исвестковый растворъ 117.9
- шпатъ . . . 73.1
- флюсъ . . . 397.9
Известняки, содержащіе фосфоръ 113.7
Известнякъ . 111.2 117.3
- плотный . . 111.2
Известь 117.1, 220.1
- патристая . 205.7
- сѣрнокислая 208.1
- углекислая 220.2
- фосфорнокислая 73.2
- хлорная . . 208.2
Извилистая пустота 487.3
Извлечь . . . 241.7
Изгарь . . . 112.5
- желѣзная . 414.5
Изготовленіе кирпичей 118.1
- шлифовъ . 274.10
Издѣлія желѣзныя 17.10
Изложница . 446.7
- для закаленной отливки 447.1
- - отбѣленной отливки 447.1
- - твердой отливки 447.1
- нагрѣтая . 447.3
- подогрѣтая 447.3
- чугунная . 349.6
Излома видъ 45.1
Изломъ . 44.9, 45.2
- косой . . . 44.10
Излученіе тепла 352.5
Измельчать . 76.10
- тонко . . . 427.1
Измельченіе . 76.7
Измельченіе крупное 76.8
- мелкое . . . 76.9
Измолоть до пыли 427.1
Измѣненіе концентраціи электролита 259.4
- поперечнаго сѣченія 503.2
Измѣненія возможность 274.6
Измѣреніе 88.3, 238.3
- температуры 351.3
- электрометрическое 257.5
Измѣритель касательный съ указателемъ 41.1
Измѣрительная колба 185.10
-ный приборъ 38.5

Измѣрить температуру тѣла на основаніи его лучеиспускательной способности 352.3
Изнашиваніе быстрое печи 413.4
- подпилковъ 491.6
- цѣпи . . . 187.9
Изображеніе мнимое 279.10
Изогидричность кислотныхъ растворовъ 262.8
Изогидричный 262.9
Изогнутый . 322.8
Изслѣдованіе аналитическое газа 267.3
- калориметрическое 224.1
- качественное 223.8
- количественное 223.8
- металлографическое 272.3
- при помощи спектральнаго анализа 400.11
Изъянъ . . . 84.5
- на поверхности 489.11
- наружный . 85.5
- отливки . 489.10
Индукціонная машина 170.2
Инжекторъ 469.10
- керосиновый 158.7
Инструкція для испытанія 81.10
Инструментальная электросталь 564.3
Инструментальный 13.5
Инструментъ для измѣренія толщины протянутой проволоки 536.2
-, служащій для чистки отливокъ 490.9
- ударный . . 534.9
Инструменты 371.5
- формовщиковъ 434.1
Интенсивность магнитнаго поля 92.11
- полюса . . 92.5
Иридій . . 219.11
Искаженіе изображенія 279.11
Искривленный 534.4
Искротушитель 468.3
Искроулавливающая камера 467.6
Искры желѣза 397.1
- звѣздообразныя 374.9
Испареніе . . 255.8
- воды 347.6
Испарить . . 256.1
Испариться . 256.2
Использованіе неоднократное воды 148.3
- тепла . . . 86.7
- шлака . . . 358.3
Испорченный 548.9
Испытаніе . . 80.8
- гидравлическое 54.6
- матеріаловъ 41.6
- на изгибъ . 42.2
- - - врубленнаго образца 44.2
- - - въ нагрѣтомъ видѣ 42.5
Испытаніе на изгибъ попемѣнно въ одну и другую сторону 43.9
- - - послѣ предварительнаго быстраго охлажденія 42.7
- - - посредствомъ ударовъ 44.1
- - изломъ . . 44.3
- - ковкость . 52.5
- - крученіе . 50.7
- - пробивку дыръ 51.9
- - разрывъ 44.3, 49.1
- - раскатку . 53.1
- - расковку . 53.5
- - сгибаніе . 42.2
- - скручиваніе 50.7, 51.6
- посредствомъ протравы 277.8
Испытать . . 80.7
Источникъ наружный свѣта 280.8
- электричества 98.4

I.

Іодистый калій 211.11
Іодъ 211.7
- -каліевая бумага 213.3
Іодъ-крахмальная бумага 213.4
Іонъ 257.3
- гидроксильный 262.3
Іонъ кислотный 262.2
- многовалентный 259.6
Іонъ одновалентный 259.5
- основной . . 262.4
- промежуточный 259.8

К.

Кайма бѣлая 400.3
Каламинъ . 71.10
Каленіе красное 86.11
Кали-аппаратъ 181.3
- ѣдкое . . 204.12
- - въ формѣ палочекъ 204.13
Калиберная дощечка для измѣренія толщины листовъ 40.2
Калибрированный 89.1
Калиброванный валъ 514.4
Калибровка валковъ 514.3
Калибръ 86.11, 88.10, 514.5
- винтовой . . 89.3
- для измѣренія глубины 89.7
- - - круглыхъ отверстій 89.8
- - - толщины листовъ 40.2
- микрометрическій 39.5
- періодическій 518.1
- постоянный 40.1
- раздвижной 89.2
Калибры начертить 514.7
Калильная лампа 172.2
Калильная печь 95.2, 385.5, 528.5, 540.1
- - подземная 527.6
Калильный жаръ 86.10
Каліевая селитра 419.6
Калій 221.2
- двухромовокислый 206.5
- желѣзистосинеродистый 208.7
- желѣзосинеродистый 208.8
- іодистый . 211.11
- кислый сѣрнокислый 206.2
- сѣрнокислый 205.11
Калій углекислый 205.8
- уксуснокислый 206.6
- хлористый 207.1
- хлорноватокислый 211.2
- хромовокислый 206.4
- ціанистый 206.3, 361.10
Калійный щелокъ 205.3
Каломель . . 209.6
Калориметрическая бомба 110.1
-скій эффектъ 108.11
-ское изслѣдованіе 224.1

Калориметръ 110.1, 180.6
Калорическое дѣйствіе 108.11
Кальциметръ 182.4
Кальцій безводный хлористый 207.9
- хлористый . 207.8
Каменноугольная копь 100.5
- мелочь . . 101.5
- мука . . . 430.10
- пыль 430.2, 101.7
Каменный . . 320.5
Камень боковой 292.6
- заднiй . . . 292.7
- порожный 292.5, 292.8
- тесаный . . 306.7
- шлаковый . 358.8
Камера боковая 316.6
- воздушная 466.9, 502.1
- для фильтрованія 140.9
- запасная . . 102.4
- искроулавливающая 467.6
- нагрѣвательная 85.6, 319.2
- сушильная . 462.8
- съ сѣткой . 140.9
- холодильная 329.5
- шлаковая . 409.3
Камневидный 357.8
Кампанія печи 344.8, 413.3
Канализація воздушная 171.4
- подземная . 171.5
Каналъ 85.7, 321.2
- боковой . . 417.3
- водонапорный 485.2
- воздушный 408.8
- всасыванія 501.7
- въ поду печи 104.1
- выпускной . 499.5
- газовый . . 408.7
- газопроводный вертикальный 408.6
- для газа . . 360.8
- - отвода отходящихъ газовъ 104.3
- - циркуляціи 471.8
- дымовой 85.8, 417.4
- кольцевой . 312.5
- литниковый 443.3
- нагнетанія . 501.8
Каналъ обводный 372.8
- пароотводный 372.7
-, поднимающійся кверху 408.5
- подовый . . 104.1
- поперечный 417.2
-, приводящій газъ въ печь 408.4
- топочный . 104.2
Каналы для собиранія свинца 290.6
Канатная дорога 185.9
Канатно проволочная дорога 185.11
Канатъ изъ древесной шерсти 460.8
- - плетеной соломы 444.6
- пеньковый . 444.5
- проволочный 331.2
Канифоль . . 419.8
Кантовать слитокъ 529.2
Каолинъ . 116.13
Капель . . . 235.3
Капельная воронка 188.2
- патентованная стклянка . 185.5
Капилярная газоподводная трубка 270.6
- стклянка 185.6
Капля вейгированная 483.10
Капсюля . . 202.4
Карандашъ синій 191.1
- цвѣтной . . 191.1
Карбидъ желѣза 215.11
- кремнія 15.5, 344.1
Карборундъ . 15.5, 344.1
Каретка формовочная 454.4
Карманъ для золы 163.7
Карминовая бумага 212.10
Касательный измѣритель съ указателемъ 41.1
Кассета . . . 282.3
Катанный листъ 25.5
Катать . . . 529.7
Катетометръ . 181.1
Катіонъ . . . 257.9
Катки, придающіе лентѣ форму лотка 138.7
Катушка . . 535.6
Каучуковый товаръ 197.1
Качества формовой земли для приготовленія шишекъ 427.4
Качественный 223.8
Качество . . 32.3
Кашица клейкая 428.9
Квартира рабочая 151.2
Кварцевой . 115.7
Кварцевый сосудъ 201.6
- песокъ . . . 426.7
Кварцъ . . . 72.6
- въ кускахъ 115.6
-, измельченный въ порошокъ 95.8
Келлера печь 570.1
Керосинка . 184.10
Керосиновая грѣлка 184.10
-вый инжекторъ 158.7
Кесслера приборъ 93.10
Киппа аппаратъ 221.5
Кипѣніе ванны 379.4
- и выдѣленіе газовыхъ пузырей 385.11
- сильное . . 396.8
Кипятильникъ газовый 184.9
Кипяченіе въ открытой печи 120.4
Кирпичи заплечиковъ 302.7
Кирпичная кладка 303.4, 304.10
-ный ломъ . 112.2
- фундаментъ 289.4
Кирпичъ воздушной сушки 429.8
- глиняный . 429.7
- динасъ . . . 115.1
- для дѣла шахты 305.10
- доломитовый 117.6
- кислый . . 306.6
- кремнистый 115.1
- магнезитовый 569.5
Кирпичъ необжигаемый 429.8
- основной . . 306.5
-, поставленный на ребро 321.10
- углеродистый 117.10, 306.8
- шахты . . 305.10
- шлаковый . 358.11
Кислородное соединеніе 214.8
Кислородъ . 214.5
- атмосферный 214.6
- воздуха . . 214.6
-, химически связанный 214.7
Кислота . . . 203.9
- азотная . 203.11
- винная 204.6, 419.10
- дымящая азотная 203.12
- концентрированная 242.1
- кремніевая . 216.3
- молибденовая 210.7
- мышьяковая 218.5
- ортомышьяковая 218.5
- плавиковая 204.9
- разбавленная 242.2
- соляная . 203.10
- сѣрная обыкновенная, продажная, неочищенная 204.1
- - свободная въ остаткахъ отъ отжига колчедановъ 216.10
- - химически чистая 204.2
- сѣрнистая . 216.9
- уксусная . 204.4
- фосфорная растворимая 399.7
- фтористоводородистая 204.9
- хлористоводородистая 203.10
- хромовая . . 204.7
- щавелевая . 204.5
Кислотная ванна 493.10
Кислотность . 357.2
Кислотопостоянная отливка 7.2
Кислотоупорный ящикъ 189.1
Кистеобразный двусторонній скребокъ изъ проволоки 491.2

Кисть для нанесенія чернилъ 430.8
Кишка резиновая 197.10
Кіянка для расколачиванія модели 435.7
Кладка . . . 83.6
- внутренняя шахты 304.5
- каменная . 303.4
- кирпичная 303.4
- - конвертера 380.6
- наружная шахты 304.9
- промежуточная шахты 304.7
- шахты . . . 305.8
Клапанная коробка 322.3
-ное распредѣленіе 500.2
-ный затворъ 314.3
Клапанъ 301.3, 318.10 328.4
- бабочкой . 406.10
- - системы Сименса 407.1
- Бургерса вращающійся 323.3
- воздушный 145.5 406.7, 508.6
- вращающійся Беккера 301.11
- всасывающій 142.3
- газовый . 318.10 323.1, 406.5
- двухопорный 407.3
- для выпуска воздуха 508.6
- нагнетательный 142.4
- огнеупорный въ видѣ крана 407.5
-, охлаждаемый водой 322.6
- перекидной 406.10
- - Сименса . 407.1
- предохранительный 314.9
-, регулирующій впускъ воздуха 321.4
- съ водянымъ охлажденіемъ 322.6
- тарелкообразный 323.2
Клей 419.7
Клейкая кашица 428.9
Клеймо фабричное 84.10
Клещи . . . 372.1
- для протяжки 586.1
- - слитковъ . 527.1
Кливелендская обжигательная печь 84.1
Кливлендскіе мѣха съ однимъ шатуномъ 326.6
Клиновидный 371.7
Клиновое желѣзо 21.8
Клинообразный 371.7
- литникъ . . 443.8
Клинъ . . . 293.2
Клопъ желѣзный 482.3
Клѣтка . . . 330.1
Клѣть 520.9
Клюка . . . 371.6
- клиновидная 371.7
Ключъ для поворота нажимнаго винта 522.1
- - установки нажимнаго винта 522.1
Клюшка 371.6, 481.7
- клинообразная 371.7
Кобальтовое стекло 235.9
Кобальтъ . 217.11
Кованый желѣзный боекъ 495.5
Ковать . . . 503.5
- въ штампахъ 503.6
- лицомъ молота поперечно къ направленію прокатки 52.8
Ковкій 9.3, 12.6, 416.2
Ковкое желѣзо 44.5
Ковкость . . 44.4
Ковочные пресса 504.9
Ковриги шлака 356.1
Ковшъ . 80.9, 341.6
- для переноски на вилахъ 478.1
- загрузочный 157.3
- захватывающій 129.2
Ковшъ изъ листового желѣза 389.8
- литейный . 477.4 477.8
- - штампованный 478.4
- на телѣжкѣ 478.6
- неподвижный 478.7
- передвижной 478.6
-, подвѣшиваемый къ крану 478.8
- съ цапфами, подвѣшиваемый къ крану 479.1
- ухватный . 478.1
Коэффиціентъ 516.9
- термическій полезнаго дѣйствія 578.3
Кожа обугленная 419.4
Кожаный . . 325.4
Кожухъ заплечиковъ 302.4
- горна . . . 294.4
- желѣзный . 88.8 298.9
- изъ листового желѣза 287.2
- предохранительный 492.5
- шахты . . . 304.9
Козелъ . . . 361.6
- шлаковый 401.11
Козлы . . . 454.2
Койка быстроразгружающаяся подвѣсная 128.6
- саморазгружающаяся подвѣсная 128.2
Кокильная отливка 487.7
Коксовальная печь см. печь коксовальная
Коксованіе . 102.6
Коксованія періодъ 106.1
- процессъ . 105.8
Коксовая мелочь 107.13
-вые отбросы 107.12
Коксовый . . 4.3
- пирогъ . . 106.6
- складъ . . . 130.4
- уголь . . . 100.2
Коксовыталкиватель 106.4
Коксъ 102.8
-, вполнѣ спѣлый 106.2
- въ колошѣ 478.7
- - обломкахъ 107.10
- грохоченный 107.11
- для доменныхъ печей 107.3
- - литейныхъ мастерскихъ 107.4
- - растопки . 478.6
- - садки . . 478.7
- изъ кузнечнаго угля 107.6
- крупный . . 107.9
- литейный . 107.4
- мелкій . . 107.13
- отборный . 107.9
- тощій . . . 107.5
Колба выпарительная 247.6
- для кипяченія 187.5
- - образованія хлора 221.10
- - фракціонированія 187.3
- измѣрительная 185.10
- круглодонная 186.7
- Кьельдаля . 187.2
- перегонная 254.9
- плоскодонная 187.1
- стеклянная 186.6
Колебаніе напряженія 169.4
- силы тока . 169.3
Колебанія продолжительность 240.3
Колебаться . 481.3
Колесо для разливки 341.5
- литейное . . 341.4
-, приводимое въ движеніе отъ руки 523.9
- съ насаженными пальцами 495.4
Количества химически эквивалентныя 257.7
Количественный 223.7
Количество всасываемаго воздуха 328.6
- дутья . . . 328.7
- потребное воды 140.4
- свѣта . . . 280.10

Количество тепла, уносимое газами 346.5
Коллекція минераловъ 177.5
Колобокъ желѣза 376.6
Колода . . . 369.5
- съ водою для охлажденія инструментовъ 371.4
Колодезь . . 141.5
Колодецъ . . 141.5
- абессинскій 141.6
- артезіанскій 141.8
- Джверса . . 527.6
- нагрѣвательный 527.6
- нортоновскій 141.6
- опускной . 141.7
- трубчатый . 141.6
Колодцы выравнивающіе 527.5
Колоколообразный 309.10
Колоколъ . . 309.9
- воздушнаго насоса 178.2
- Гюттера . . 407.2
Колокольчатая мельница 78.7
Колонкообразный 47.1
Колонна 293.8, 326.3
- латунная . 237.3
- чугунная . 84.4
Колосники ступенчатые 85.1
Колосниковая обыкновенная топка 336.6
- рама 368.2
- рѣшетка . . 159.7
- рѣшетка см. рѣшетка колосниковая
- топка . . . 368.1
Колосниковое желѣзо 21.8
Колосникъ 160.8, 368.3
Колоша горючаго 335.8
- рудная . . 335.2
- спеціальная 473.10
- холостая . . 337.7
- чугуна . . . 473.9
Колошниковая канатная дорога 331.8
- крышка . . 309.8
- площадка . 307.5
- пыль . . . 316.1
Колошниковая телѣжка 332.1
Колошниковое отверстіе 307.3
- пламя . . . 360.6
Колошниковые подъемники 329.8
Колошниковый американскій затворъ 311.7
- газъ . . . 359.11
- затворъ . . 309.4
- мостъ . 86.2, 308.1
- подъемникъ съ канатной передачей 330.8
Колошникъ . 307.1
- закрытый . 309.5
- открытый . 309.6
Колпакъ всасыванія воздушный 145.2
- нагнетанія воздушный 145.5
- стеклянный 189.3
- стклянки . 188.7
Колпачокъ резиновый 198.2
Колчеданъ желѣзный 69.4
- магнитный . 68.3
- мышьяковый 72.4
- мѣдный . . 72.2
- сѣрный 69.4, 72.3
Колышекъ направляющій 442.8
Кольби печь 568.7
Кольцевая печь для обжига известняковъ 85.5
- труба . . . 467.1
-вой газоуловитель 312.3
- каналъ . . 312.5
- литникъ . . 444.3
Кольцеобразная модель 423.9
Кольцо . . . 231.2
- вставное для водяной бани 247.9
- вытяжное . 451.3
- грузовое . . 508.5
- для подкладыванія 201.10
- желѣзное . 294.6
- - подъ шахтой 294.3
- изъ листового желѣза 309.1
- - тавроваго желѣза 294.8
- кирпичной кладки 309.2
- кожаное . . 506.7
Кольцо манжетное уплотняющее 507.1
-, поддерживающее шахту 294.2
- плавильное 568.5
- плоское желѣзное 309.1
- приклепанное изъ углового желѣза 295.4
- промежуточное 394.9
- соломенное 202.2
- стягивающее изъ желѣза 294.6
- установочное 445.5
- фарфоровое 193.9
- чугунное . 84.5 294.5.9
- штативное для прокаливанія 252.6
Колѣно . . 320.2.3
- восходящее газопроводнаго канала 408.5
- наклонное газопроводнаго канала 408.7
Колѣнчатый прессъ 505.3
Комбинированный способъ Бессемера и Мартенса 412.8
Комковатое выдѣленіе 482.5
Коммиссіонныя 559.3
Комната для взвѣшиванія 176.7
- - взятія пробъ 174.8
- - металлографическихъ изслѣдованій 177.4
- - мытья посуды 177.6
- - подговительныхъ работъ 174.9
- - работъ съ кислотами 176.8
- - - - сѣроводородомъ 177.1
- - сожженія 177.3
- - элементарнаго анализа 177.3
Компенсаторъ дисковый 324.8
Компенсаторъ сальниковый 324.9
Компенсаціонная подвѣска 237.6
- труба . . . 324.7
Компенсація тепла 346.1
Комплектъ машинъ 170.2
Компонента . 274.7
Компрессорный молотъ 501.3
Конвекціонный токъ 260.8
Конвертеръ . 389.7
Конгломератъ 63.6
Конго-бумага 212.11
Конденсаціонная трубка 256.6
Конденсація . 256.4
Конденсировать 256.5
Конецъ . . . 403.5
- насталенный 389.1
- распредѣлительный 138.9
- собирательный 138.8
- соединительный валка 513.7
Коническій . 299.4 536.3
Консистенція сиропа 247.1
Консоль . . . 300.7
Консольный кранъ 127.1
Конструкція деревянная 151.4
- желѣзная . 151.3
- съ тремя полюсами 94.2
- трехполюсная 94.2
Контора . . . 149.3
Контрактъ на поставку руды 65.3
Контръ-рельсъ 23.6
- форсъ . . . 293.3
Контуръ профиля 514.11
Конусообразный 299.4, 309.10
Конусъ . . . 310.5
- клапана . . 508.7
- платиновый 195.6
- придать . . 422.4
- фильтровальный 244.7
Концентраціонная поляризація 264.5

Концентрація іоновъ 263.8
- эквивалентная раствора 260.1
Концентрированный 242.1
Концессія . . 557.7
Копировать 282.10
Копежъ для чугуна 468.9
Коперъ . . . 464.1
Копыта бычачьи 420.3
Копь каменноугольная 100.5
Кора 486.8
- бѣлолучистая закаленной отливки 488.7
- - отбѣленной отливки 488.7
- - твердой отливки 488.7
Корзина для сушки 462.6
- съ коксомъ 336.7
Корка . 486.6, 489.8
- дубильная . 429.5
- поверхностная 489.9
- песку . . . 490.7
Коробка . . . 202.3
- воздушная 394.4.7
- для храненія образцовъ 234.2
- золотниковая 499.8
- клапанная . 322.3
- охладительная 296.7
- предохранительная 522.2
Коробленіе стали 546.13
Коробчатый вентиляторъ 471.7
- золотникъ . 407.4
Коромысло 310.10
- для посадки 410.2
- круглое . . 238.3
- садочной машины 410.2
Короткопламенный 99.5
Короткоплечій 238.4
Корпусный листъ 26.8
Корытное желѣзо 21.1
Косвенный . 347.8
Костеръ . . . 98.4
Кострюля . . 193.6
- выпаривательная 247.4
Костыль рельсовый 24.6
Костяной уголь 419.12
Котелъ батарейный 154.4
- водотрубный 155.3
- вспомогательный 153.6
- Галовея . . 154.7
- для выпариванія 178.8
- - луженія . 553.6
- - повторнаго погруженія листовъ въ олово 553.10
- - покрытія оловомъ 553.6
- запасной . . 153.5
- комбинированный 153.8
- - цилиндрическій 154.3
- локомобильный 155.2
- одиночный 153.7
- папиновъ . 178.5
- паровой 152.1, 178.6
- - вертикальный 152.4
- - высокаго давленія 152.2.3
- - горизонтальный 152.3
- - низкаго давленія 152.6
- - средняго давленія 152.5
- рабочій . . 153.4
- сложный . 153.8
- - цилиндрическій 154.3
-, служащій для очистки 553.8
- составной . 153.8
- - цилиндрическій 154.3
- съ большимъ объемомъ воды 152.8
- - дымогарными трубками 155.1
- - жаровой волнистой трубой 154.6
- - кипятильникомъ 154.2
- - малымъ объемомъ воды 152.7
- - параллельнымъ теченіемъ 153.2
Котелъ съ пламенными трубами 154.5
- - поперечными кипятильными трубками 154.7
- - принудительной циркуляціей воды 153.3
- - противотокомъ 153.1
- трубчатый . 155.1
- французскій 154.2
- этажный . . 153.9
Котельная . . 150.1
- установка крытая 151.8
- -, стоящая подъ открытымъ небомъ 151.7
Коуцера воздухонагрѣватель 320.8
Кочегарка . . 150.1
Кочегаръ . . 164.3
- механическій 156.8, 157.1
Кошка . . . 126.6
Край 36.8
- литейнаго ковша 477.9
- острый . . 423.6
- печи 308.6
- цилиндра . 312.6
Крановой магнитъ 129.6
Кранъ 183.9
- Даніэля . . 252.1
- для выниманія слитковъ изъ изложницъ 526.2
- - загрузки слитковъ 528.7
- - литейнаго ковша 476.1
- - - - съ автоматическимъ опрокидывателемъ 479.6
- - нагрѣвательныхъ колодцевъ 527.7
- - переноски слитковъ 526.6
- - подземныхъ калильныхъ печей 527.7
- - посадки шихты 410.5
- - садки слитковъ 528.7
- - складовъ . 129.4
Кранъ консольный 127.1
- магазинный 129.4
- мостовой . . 126.4
- - подвижной 126.5
- на козлахъ 125.8
- - кронштейнахъ 127.1
- паровой . . 127.2
- - неподвижный 127.3
- подвижной . 127.4
- - - для разгрузки судовъ 127.6
- перегрузочный 125.8
- - на козлахъ 127.5
- поворотный 126.2 476.4
- - башенный 125.7
- - на подвижныхъ козлахъ 126.3
- регулировочный 192.3
- свободностоящій 126.1
- соединительный 190.1
- со стрѣлкой 125.7
- - схватами . 528.2
- - - для слитковъ 526.5
- стеклянный 190.5
- стѣнной поворотный 125.9
- съ захватами 528.2
- - клещами для слитковъ 526.5
- - лотками для посадки 410.7
- - магнитомъ 129.5
- - самосхватомъ 128.1
- трехходовый 190.2
Краны . . . 125.6
Краска минеральная 551.4
- цинковая сѣрая 551.12
Красноломкое желѣзо 48.3
Крахмалъ . 211.12
Крахмальная бумага 213.2
Кремнеземомъ богатый 115.3
Кремнеземъ студенистый 115.5
Кремнекислота 216.3
- связанная . 115.4

Кремнекислотой богатый 115.3
Кремнекислый галмей 71.10
- марганецъ . 70.4
Кремнисто-зеркальный 15.4
Кремнистый . 1.3 15.3, 115.2, 357.11
- кирпичъ . . 115.1
Кремній . . . 216.2
Крестовина насоса 121.4
Крешеръ . . 193.3
Кривая круга 514.12
- крутая . . . 515.2
- охлажденія 272.8
- плоская . . 515.1
- разложенія 265.1
- растворимости 273.7
Кривой . . . 534.5
Кривошипный молотъ 500.9
Кристаллизаторъ 243.10
Кристаллизаціонный сосудъ 243.9
Кристаллическій 46.4, 64.3, 214.2 242.13
Кристаллъ елочный 214.4
Критическая температура 272.9
Крица . 362.3, 376.6
- пудлинговая 376.10
- стальная . . 379.9
Крицы кусокъ 366.4
Кричное желѣзо 365.2
- производство 365.1
Кричные шлаки 112.8
Кричное желѣзо 10.3
Кричный горнъ см. горнъ кричный
- мастеръ . . 363.7
- способъ выдѣлки желѣза 363.5
Кровавикъ . 66.5
Крокусъ . . 276.2
Кромка . . . 36.9
- верхняя . . 308.7
Кронциркуль для измѣренія внутреннихъ размѣровъ 41.3
- -толщиномѣръ 40.9, 41.2
Кронштейнъ . 300.7
- воронки . . 310.2
- желѣзный . 307.9
Круглодонная колба 186.7
Круглый . . 443.6
Кругообразная форма 290.4
Кругъ наждачный 492.4
-, покрытый фланелью 276.3
Крупнозеркальный 3.6
Крупнозернистый 9.10, 45.5
Крупносортное желѣзо 19.1
Крупности одинаковой 75.4
- равной . . . 75.4
Крутая кривая 515.2
Крутящій моментъ 50.8
Крученіе . . 50.3
Крыло . . . 470.3
- поршневое . 472.1
Крыть лакомъ 551.2
Крышечный катающійся подъемъ 525.2
Крышка 131.4, 297.5 309.8, 406.2, 522.10
- воздушной коробки 394.8
- колошниковая 309.8
- люка для чистки 163.3
- навинченная 524.4
- спимающаяся 301.6
Крѣпкій . . . 484.9
Крѣпость . . 89.5
Крюкъ крана 476.5
Крючковатая подкладка 24.4
Крючокъ 337.5, 342.3
- для выниманія модели 436.1
- - вытаскиванія модели 436.1
- - образованія отдушинъ 438.1
- - удаленія песка 441.6
- - чистки . . 436.8
Кубиковый . 96.3
Кубъ перегонный 255.4, 255.5
Кувалда . . . 463.9
Кузнечная проба 52.5
Кузнечный горнъ для закалки 540.2
- уголь . . . 99.10
Кузница . . 150.4
Кузовъ вагона 477.2
Кулакъ . . . 496.5
Кулачникъ . 101.1
Купоросъ бѣлый 90.10
- мѣдный . . 90.6
- синій . . . 90.6
- цинковый . 90.10
Куркумовая бумага 212.9
Кусковая руда 62.8
-вый уголь . 100.9
Кусокъ металла прокатываемый 531.2
- цѣльный, предназначенный къ употребленію 31.5
Кухня газовая 184.9
- керосиновая 184.10
Куча 376.5
- древесноугольная 98.4
- шлаковъ . . 356.3
Кучи образовать 376.4
Кьельдаля колба 187.2

Л.

Лаборантъ . 173.5 174.3
Лабораторная работа 173.2
-ный сторожъ 174.5
Лабораторія главная 174.6
- заводская . 174.7
- общественная 173.1
Лазъ . 321.8, 467.2
Лакировать . 550.7 551.2
Лакмусовая бумага 212.8
Лакъ 551.1
- модельный 424.5
Лампа для кислорода и свѣтильнаго газа 184.6
- - микроскопныхъ работъ 278.8
- - паяльной трубки 235.2
- дуговая . . 172.1
- калильная . 172.2
- магніевая . 184.7
- паяльная съ дутьемъ 251.6
- ртутная . . 282.2
- спиртовая . 184.3
Лампочка накаливанія 172.2
Лангена газоуловитель 313.6
Лапа 392.9
Ларь деревянный 80.7
Латунная колонна 237.3
- форма . . . 383.3
Лебедка . . . 464.6
- вращающаяся 535.10
- для колокола 314.1
- паровая . . 314.3
- ручная . . 314.2
- сортировочная 124.5
Легкоплавкій 61.7 356.11
Леженъ продольный 23.4
Лемана вентиляторъ 471.7
Лента безконечная 340.9
-, движующаяся наклонно 138.10
- желѣзная обхватывающая 295.5
- магніевая . 184.8
- пильная . . 493.7
- со скребками 139.4

Лента транспортная 138.5
- - для угля . 159.5
Ленточная пила 493.5
-ный транспортеръ 138.4
Ленъ 429.6
Лерка 38.10
- винтовая . 39.3
- микрометрическая 39.5
Летка 300.4
Летучесть . . 250.8
Ле-Шателье электрическій пирометръ 352.1
Лещадь 290.3, 291.7
- обнаженная 290.9
-, покатая на двѣ стороны 84.8
Лигнитъ . . 98.6
Ликоподій . . 442.3
Лимонитъ . . 66.11
Линейка вывѣрочная 160.7
- масштабная 38.5
- провѣрочная 40.7
Линія воздушная 171.4
- натрія . . . 401.3
- подземная . 171.5
- силовая . . 92.10
- средняя валковъ 515.6
Листовая литая сталь 25.12
- сталь . . . 25.11
Листовое желѣзо 25.6
- - корабельное 26.9
- - котельное 26.5
- - литое . . 25.10
- - рифленое . 308.4
- - тонкое 25.7, 26.1
Листовой валокъ 514.1
- металлъ . . 25.4
Листопрокатные валки 582.10
-ный станъ . 510.5
Листъ 45.8
- для днища . 26.6
- - корпусовъ 26.8
- - огневой коробки 26.7
- желѣзный . 25.6 295.1
- - косо установленный 316.5
- защитный . 388.8
- катанный . 25.5
- корпусный . 26.8
- пильный . . 493.7
-, свободный отъ окисловъ 553.1
Литая никкелевая сталь 418.5
Литейная . . 475.6
- вагранка . . 466.6
- отражательная печь 465.9
- пламенная печь 465.9
- яма . . 444.7, 475.8
Литейное колесо 341.4
Литейный . . 6.1
- дворъ . . . 340.1
- ковшъ 477.4, 477.8
- коксъ . . . 107.4
- сарай . . . 339.4
Литниковый каналъ 443.3
- ящикъ . . . 443.4
Литникъ 439.3, 443.2
- вилообразный 443.9
- клинообразный 443.8
- кольцевой . 444.3
Литникъ надрѣзанный 444.1
- простой круглый 443.6
- съ зумпфомъ 443.5
Литой зубъ шестерни 519.1
Литый . . . 11.5
Лить съ двухъ сторонъ 482.3
- черезъ спускное отверстіе 481.6
Литье желѣза 481.1
- машинное . 487.9
- стальное мягкое 488.4
- - твердое . 488.5
- - фасонное 487.10
- строительное 487.10
- формовочное электростали 564.4
- чугунное . 7.4
Лихтеръ . . . 562.5
Лобовая поверхность 424.11
- плита . . 292.10
Лодочка алюминіевая для отвѣшиванія 240.1
- платиновая 195.5
Лодыжка . . 496.5
Ложечка платиновая 195.7
Ложка . 202.9, 477.5
Локомобильный котелъ 155.2
Локомотивъ бензиновый 124.8
Ломать 354.3, 463.10
Ломкое желѣзо 44.6
Ломкость протравленнаго желѣза 48.5
Ломкій стержень 459.8
Ломокъ . . . 371.8
Ломъ 371.8
- желѣзный 338.10
- - длинный . 339.2
- кирпичный 112.2
- шуровой . . 88.2
Лопата 340.7, 434.4 470.3
- для посадки 409.10
Лопатка . . . 434.4
- формовочная 434.3
- формовщика 434.2
Лопаточка . 202.8
Лотокъ для посадки 410.8
- - - желѣзной мелочи 411.2
- желобчатый 139.6
- закалочный 416.8
-, наполненный водой 318.3
- податочный 139.5
Лощинка . . 339.8
Луговая руда 67.4
Лупа 272.9
Лучистый 3.1, 46.5
Лучокъ пилы 493.6
Люксембургскій чугунъ 5.6
Люкъ для чистки 321.8
- колодца . . 141.4
- смотровой . 163.2
Люлька 138.3, 330.1
- вращающаяся 138.2
Люрмана затворъ 306.2
- шлаковая фурма 299.8
Ляписъ . . . 210.1

M.

Магазинный кранъ 129.4
Магистраль 123.10
Магнезитовая масса 343.10
-вый кирпичъ 569.5
Магнезитъ . . 117.4
Магнезія 117.2, 220.5
- углекислая 220.6
Магнетитъ . . 67.9
- искусственный 68.1
Магнитизмъ . 91.3
Магнитная закись-окись желѣза 67.8
Магнитная масса полюса 92.5
- стрѣлка . . 182.7
-ное обогащеніе 91.2
Магнитный 59.10, 91.4.9, 92.8
- желѣзнякъ 67.9
- колчеданъ . 68.3
- песокъ . . 68.2
- полюсъ, равный единицѣ 92.6
Магнитодвижущее напряженіе 92.7
Магнитъ . . . 91.11
Магнитъ крана 129.6
- неподвижный 94.1
- подвижной 93.5
- подковообразный 92.1
- постоянный 92.4
- стальной . . 92.3
Магніевая лампа 184.7
- лента . . . 184.8
Магній . . . 220.4
- сѣрнокислый 208.3
- хлористый . 208.4
Малка 40.6
Малозеркальный 8.5
Мальчикъ при лабораторіи 174.4
Манганитъ . 70.1
Манжета кожаная 507.2
Манометрическое полезное дѣйствіе 472.10
Манометръ . 179.5
- пружинный 350.11
- ртутный . . 350.9
Марганецъ . 217.2

Марганецъ кремнекислый 70.4
- фосфористый 16.5
Марганцовая руда собственно 69.5
- сталь . . . 17.2
Марганцовистая желѣзная руда 70.5
Марганцово-кремнистый 15.4
Марганцовый шпатъ 69.7
Мартеновская мастерская печь . . 402.4.6
Мартеновскій чугунъ 8.4, 12.2
Мартенситъ . 284.2
Мартина вентиляторъ 472.7
Маска . . . 197.11
Масло 546.6
Масляная ванна 548.4
Масса 427.8
- доломитовая 117.7
- кремнистая для сбивки 115.2
- магнезитовая 348.10
- магнитная полюса 92.5
- нерасплавленная 411.9
- огнеупорная высокаго качества 428.6
-, подлежащая измалыванію 482.2
- скоксовавшаяся 106.6
-, служащая для починки пода печи 412.6
- спекшаяся . 106.8
- тигельная . 381.5
- тощая . . . 382.8
- формовая . 427.8
- чугуна . . 374.6
Массикотъ . . 219.7
Мастерская для бессемерованія 387.8
- - обработки доломита 118.2
- - производства бѣлой жести 552.12
- - томасированія 387.4
- мартеновская 402.4
Мастерская механическая 150.2
- модельная . 422.1
- модельно-столярная 422.1
- молотобойная 495.1
- молотовая . 495.1
- отдѣлочная 583.5
- пудлинговая 366.9
- ремонтная . 150.3
- тигельная . 381.4
Мастеръ кричный 363.7
Масштабная линейка 38.7
Масштабъ . . 38.6
- въ метрахъ 38.8
- усадочный . 423.2
Материкъ . . 288.8
Матеріалъ въ состояніи текучести 47.8
- горючій обугленный 337.2
- для забутки 304.6
- - загрузки . 565.1
- - насыпей . 358.7
- - пробы . 227.10
- - устройства дорогъ 358.6
- желѣзнодорожный 22.1
- плавильный 409.7
- пластичный 425.2
- садочный . 565.1
-, содержащій окись желѣза 370.4
- строительный 306.4
- сырой . . . 118.3
- флюсующій 111.1
- формовочный пристывшій 490.5
Матеріалы формовые 425.1
Матовое желѣзо 552.11
- мѣсто . . . 277.6
Маточный растворъ 274.3
Матрица . . . 504.5
- для изготовленія тиглей 383.5
Маховичекъ . 523.9
Мачта фонарная 171.8
Машина воздуходувная см. воздуходувка
Машина гидравлическая для разламыванія штыковъ 465.2
- для выгрузки кокса 106.4
- - выдавливанія кокса 106.4
- - забивки выпускного отверстія 342.7
- - измельченія 77.2
- - испытанія на разрывъ 49.4
- - канатной передачи 170.4
- - посадки шихты 410.1
- - привода ремнемъ 170.5
- - пробиванія выпускного отверстія 348.5
- - пуска въ ходъ 170.1
- - разламыванія штыковъ 464.9
- - разливки . 340.8
- - размола . 482.1
- - сбивки днища 391.3
- - свиванія соломенныхъ жгутовъ 400.9
- - смѣшиванія 482.10
- - точной установки модельной доски 454.6
- - утрамбовки угля 105.5
- - формовки см. машина формовочная
- - чистки . . 492.1
- индукціонная 170.2
- -компаундъ паровая 327.2
- неподвижная для разламыванія штыковъ 464.10
- неполяризованная 169.8
- обратимая . 169.9
- паровая сдвоенная 326.9
- передвижная для разламыванія штыковъ 465.1
Машина пневматическая 268.8
- правильная 534.2
- прокатная . 512.4
- разгрузочная 529.5
- реверсивная 169.9
-, соединенная непосредственно 170.6
- съ послѣдовательнымъ расширеніемъ 327.2
- - рамой въ видѣ козелъ 454.1
- - электрическимъ приводомъ для утрамбовки угля 105.6
- -тандемъ-паровая 327.3
- формовочная 448.2
- - вытяжная 450.5
- - - для ременныхъ шкивовъ 451.4
- - - - шестеренъ 456.3
- - гидравлическая 448.3
- - - со съемной опокой и съ поворотной доской 450.2
- - для зубчатыхъ колесъ 455.2
- - - ременныхъ шкивовъ большого діаметра 451.5
- - - шестеренъ 457.4
- - - конфорокъ 455.1
- - - ребристыхъ трубъ 452.3
- - на колоннѣ для зубчатыхъ колесъ 456.5
- - настѣнная 457.2
- - ручная для выпуклыхъ предметовъ 452.4
- - - съ поворотной модельной доской 450.1
- - - - подъемомъ опоки при помощи штифтовъ 449.2

Машина формовочная сдвоенная 450.3
- - со столомъ для зубчатыхъ колесъ 457.1
- - - съемной опокой 448.4
- - - - - для формованія плоскихъ предметовъ 449.1
- - - - - и съ поворотной доской 449.4
- - со съемнымъ и съ вытяжнымъ приспособленіями 452.5
- - съ двумя планшайбами для шестеренъ 457.3
- - - поворотнымъ столомъ 449.3
- - телескопическая для ременныхъ шкивовъ 452.2
- холодильная 329.7
- черпательная съ поворотными черпаками 129.1
Машинистъ . 333.2
- при подъемѣ 333.3
Машинный аггрегатъ 170.3
Мгновенный . 447.4
Мелкозазубренный 426.10
Мелкозернистый 45.4
Мелкосортное желѣзо 19.2
Мелкость размола 432.3
Мелочь каменноугольная 101.5
- коксовая . 107.13
- рудная . . 62.9
- угольная . . 101.4
Мельница . . 432.1
- вальцовая . 77.9
- для крицъ . 377.5
- дробильная съ бѣгунами 78.1
- колокольчатая 78.7
- рудная съ бѣгунами 78.1
- шаровая . . 79.1
Мензурка . . 185.9
- фарфоровая 194.1
Менискъ . 482.10
Менне способъ 343.7
Мерейный . . 47.4
Металлическая ванна 375.3, 395.10
- платина . . 194.6
- соль 427.5
Металлическій 209.3, 213.9
- пирометръ . 351.6
- сплавъ . . 351.4
Металлографія 272.2
- спеціальная желѣза 283.1
Металлографическое изслѣдованіе 272.3
Металлоидъ . 213.7
Металломикроскопія 272.2
Металлоподъемникъ 444.4
Металлопріемникъ 291.6, 296.1
Металлособиратель 466.5
Металлургическій процессъ 346.7
Металлъ . . . 213.8
- Белля-Круппа 5.3
- губчатый . 347.11
- листовой . . 25.4
- платиновый 194.6
-, расплавляющійся по каплямъ 374.5
- сварочный . 9.4
Метаморфированный 116.6
Метасиликатъ 356.9
Метеорный . 214.1
Методъ анализа 223.4
- испытанія . 81.3
Метръ погонный 36.7
Механизмъ автоматическихъ вѣсовъ 134.5
- для выдавливанія слитковъ изъ изложницъ 526.3
- - выжиманія слитковъ изъ изложницъ 526.3
- рычажный . 310.9
- счетный . . 134.6
Механическій 230.9 378.10
Микрометрическая лерка 39.5
Микрометрическій винтъ 39.4
- калибръ . . 39.5
- толщиномѣръ 41.1
Микроскопическое строеніе 283.2
Микроскопный штативъ системы Мартенса 281.9
Микроскопъ . 278.5
- простой . . 278.9
Миксеръ . . 389.5
- цилиндрическій 389.6
Мильбарсъ . 378.1
Минеральная краска 551.4
Многовалентный іонъ 259.6
Многопроводная система 167.5
Многотигельный 384.7
Многофазная установка 166.6
Многоцилиндровый 325.8
Модель . . . 422.3
- восковая . 424.12
- кольцеобразная 423.9
- литника . . 443.7
- обода . . . 451.6
- разрѣзная . 424.1
- разъемная . 424.1
Модельная плита 422.6
- поворотная доска 449.5
Модуль упругости 49.9
Мокрый . 60.2, 79.8
Молекула . . 224.9
- двухатомная 225.1
- одноатомная 224.10
- трехатомная 225.2
Молекулярный вѣсъ 225.6
- объемъ . . 258.5
- составъ . . 225.3
Молибденистая сталь 17.4
Молибденистый никкель 15.8
Молибденовая кислота 210.7
Молибденово-аммоніевая соль 210.8
Молибденово-кислый аммоній 210.8
Молибденъ 219.13
Молоко известковое 341.3 545.11
Молотобоина 112.5
Молотобойная мастерская 495.1
Молотобойня 495.1
Молотовая мастерская 495.1
Молотовище . 495.6
Молотокъ для расколачиванія модели 435.7
Молоточекъ пневматическій 491.4
Молотъ гидравлическій 495.2
- качающійся 497.3
- компрессорный 501.3
- кривошипный 500.9
- паровой 377.3, 489.4 498.4
- - дѣйствія двойного 500.5
- - - простого 498.6
- - съ верхнимъ паромъ 500.6
- - съ неподвижнымъ цилиндромъ 498.5
- - - односторонней станиной 498.7
- - - С-образной станиной 489.7
- пестовой . . 497.4
- приводный . 501.1
- рычажный . 495.3
- съ наматывающимъ барабаномъ 497.7
- - пневматическимъ буферомъ 501.2
- - прямымъ ударомъ 494.4
- тренія . . . 497.3
- фрикціонный 497.5
- - съ доской съ приводомъ Мюллера 498.3
- хвостовой . 497.1
Моль . 225.5, 260.6
Моментъ крученія 50.3
Мора соль . . 208.6
Моргана генераторъ 405.2

Морянка . . 13.1
Мостикъ качающійся 133.3
Мостки . . . 308.3
Мостовой кранъ 126.4
- - подвижной 126.5
Мостовые вѣсы 132.6
Мостъ колошниковый 86.2, 308.1
Моторъ двухтактный 327.7
- полировальный 276.7
- четырехтактный 327.8
Мощность мѣсторожденія 57.5
- центральной станціи 167.9
Мразека стехіометрическій способъ 334.6
Мука 419.2
- доломитовая 117.8
- каменноугольная 430.10
- пшеничная 431.1
- роговая . . 420.2
- торфяная . 429.4
Мультипликаторъ 508.2
Мутный . . 241.11
Муть толчейная 77.7
Муфельная печь 249.3, 541.5
Муфель платиновый 195.3
- чугунный . 541.6
- шамотовый 541.7
Муфта прилитая 319.4
- раздвижная 519.9
- соединительная 519.10
- сцѣпленія . 520.5
- тренія . . . 520.5
- фрикціонная 520.5
Муфты . . . 519.7
Мыло 546.1
Мышьяковая кислота 218.5
Мышьяковистокислый натрій 210.9
Мышьяковистонатріевая соль 210.9
Мышьяковистый 61.4
Мышьяковый колчеданъ 72.4
Мышьякъ . . 218.4
Мѣдистый . . 61.1
Мѣдная зелень 552.1
Мѣдный колчеданъ 72.2
Мѣдный купоросъ 90.6
- растворъ . 90.4
Мѣдь 217.7
- сѣрнокислая 90.6
- хлористая . 209.4
- хлорная . . 209.3
- цементная . 90.7
Мѣра 38.4
- объемная . 334.9
Мѣрить . . . 38.1
Мѣрникъ колоши 336.1
Мѣсить . . . 119.9
Мѣсто врѣзанное 515.4
- исполненія обязательствъ 559.7
- крѣпкое . . 484.9
- погрузки . . 561.9
- рыхлое . . 484.8
- цѣлое . . . 484.9
Мѣсторожденіе желѣзной руды 56.4
- жильное . . 56.5
- обломочное 57.3
- пластовое . 57.1
- разсыпное . 57.3
- сплошное . 57.2
- съ нарушеннымъ строеніемъ 57.4
Мѣсторожденія полезныхъ ископаемыхъ 56.1
Мѣтка 424.8
Мѣха вертикальные 326.2
- кливлендскіе съ однимъ шатуномъ 326.6
- лежачіе . . 326.7
- цилиндрическіе 325.6
- ящичные . 325.5
Мѣхъ воздходувный 251.5
- кожаный клинообразный 325.4
- - клинчатый 325.4
- ручной . . 437.9
Мѣшалка . . 176.2
- горизонтальная для доломита 119.6
- для доломита 119.5
Мѣшокъ для газа 270.2
- полотняный, служащій для припыливанія 430.6
Мѣшочекъ холщовый для припудриванія древесноугольной пылью 430.6
Мягкій . . 44.5, 59.1
Мясить . . . 425.5
Мятый . . . 47.6

Н.

Набережная загрузочная 122.4
- погрузочная 122.4
Набивка . . . 325.1
- двойная . . 507.3
- манжетная . 507.1
Наблюденіе 278.10
Набойка 303.5, 342.6
Наборъ для анализа съ паяльной трубкой 235.1
- моделей для формовки ременныхъ шкивовъ 451.7
- пробочныхъ сверлъ 196.7
- рѣшетъ . . 230.8
- ситъ 230.8
Наварить . 429.13
Навинченная крышка 524.4
Навозъ конскій 428.11
- коровій . . 429.1
Навозъ сгнившій конскій 428.12
Навѣска . . 238.11
Нагнетанія сторона 471.5
Нагнетательная труба 145.3
Нагнетательный клапанъ 142.4
- насосъ 121.1, 509.2
- трубопроводъ 144.8
Нагрузка . 240.12
- дополнительная 562.8
- максимальная 241.1
- на скручиваніе 50.4
- отъ скручиванія 50.4
- полная . . . 562.9
- по частямъ 562.7
Нагрѣваніе . 86.5
- верхней части болванки 485.7
Нагрѣваніе вольтовей дугой 566.1
- предварительное 347.5
- путемъ индукціи 568.3
Нагрѣвательная камера 85.6, 319.2
- печь . 383.9, 528.3
- - съ подвижнымъ подомъ 528.6
- пластина . 176.4
-ный колодецъ 527.6
Нагрѣвать чугунъ 374.3
Нагрѣваться до температуры краснаго каленія 385.7
Нагрѣвъ посредствомъ сопротивленія 570.5
Нагрѣтый . 297.11, 328.11, 447.3
Надворъ . . . 556.9
Надламывать 375.2
Надрѣзанный 444.1
Надставка на шахту 467.5
Надстройка печи 403.2
Надфурменная часть горна 296.1
Наждакъ . 202.11
- для шлифованія 275.9
Наждачная бумага 275.8
-ное полотно 203.1
-ный кругъ . 492.4
Нажимная втулка сальника 507.4
-ной винтъ . 521.8
- стаканъ . . 522.2
Названіе руды 65.4
Накатываніе крицъ 376.9

Накидка для измѣренія толщины протянутой проволоки 536.2
Накладка . . 23.8
- плоская . . 23.9
- угловая . . 24.1
Накладная . 560.4
Наклоненіе отъ руки 479.5
Наклонить ковшъ 479.4
Наклонная труба 315.3
- - для грузки въ насыпку 182.1
-ный желобъ 131.8
- подъемникъ 331.4
Наклонъ заплечиковъ 302.8
- колосниковой рѣшетки 161.3
Наковальня 502.10
Накопленный 408.1
Наличникъ молота 502.9
Намагниченіе 82.3 91.5
Намагничиваніе 82.3, 91.5
Наматываться 524.9
Наматывающій роликъ 498.1
Наносить . . 431.5
Напилокъ для чистки отливокъ 491.5
Напильникъ для чистки отливокъ 491.5
Наполненіе . 337.1
Наполнить ящики 417.5
Напорная жидкость 507.7
-ный резервуаръ, высоко поставленный 145.8
Направить пламя къ поду 411.7
Направленіе движенія 93.6
- неизмѣнное 531.1
- оси 472.3
- перемѣнное 531.11
- пламени . . 374.7
- постоянное 531.1
Направляющая точная 449.7
-щія ковша . 479.7
- шаблонодержателя 456.2
Напряженіе внутреннее 488.10
- въ отливкѣ 488.8
- магнитнаго поля 92.11
- магнитодвижущее 92.7
- на мѣстѣ потребленія 169.5
- отъ изгиба 488.9
- - крученія . 50.6
- - растяженія 48.9
- - скручиванія 50.6
- при изгибѣ 488.9
- разложенія 265.4
Напыльникъ 388.3 389.1
Наростъ шлаковый 374.11, 386.5
- - у горла реторты 401.11
Насадить . . 374.2
Насадка 313.3, 373.10
- предохранительная на перегонную колбу 255.2
- регенератора 407.8
- тиглей . . . 355.8
Насосная установка 141.10
Насосъ водонапорный 509.6
- воздушный 178.2
- всасывающій 245.7
- двойного дѣйствія 142.8
- для фильтрованія 245.8
- дуплексъ . 143.1
- нагнетательный 121.1, 509.2
Насосъ паровой 142.6, 509.5
- - Вортингтона 143.1
- - компаундъ 143.2
- - свободностоящій 143.4
- - сдвоенный 142.5
- приводный 509.4
- простого дѣйствія 142.7
- ротаціонный 142.6
- ручной . . 142.1
- со скальчатыми поршнями 143.3
- стѣнной паровой 143.3
- съ ныряющими поршнями 144.3
Насосъ, устанавливаемый въ колодцѣ 144.4
- центробѣжный 143.7
- циркуляціонный 144.1
Наставной . . 136.6
- захватъ со втулкой 136.4
Насталенный конецъ 339.1
Настойка лакмуса 211.9
Настыль 343.3, 353.6
- желѣзистая 361.8
- оплавить при помощи вольтовой дуги 344.2
- цинковая . 361.2
- шлаковая . 386.5
Насыпаніе песку 483.6
Натереть спиртомъ 447.2
Натристая известь 205.7
Натріевый прессъ 182.5
Натрій . . . 221.3
- мышьяковистокислый 210.9
- сѣрнистокислый 210.5
- сѣрнокислый 205.12
- фосфорнокислый 206.9
- хлористый . 207.2
Натровый щелокъ 205.3
Натръ двууглекислый 205.10
- углекислый 205.9
- ѣдкій . . . 205.1
Натузіуса печь 568.1
Натяжной грузъ 137.3
Находиться въ равновѣсіи 274.9
Начальникъ доменнаго цеха 332.3
Начальный ручей 516.5
Начертить калибры 514.7
Нашатырь . 207.10 545.8
Негативъ . . 282.4
Негодный . . 116.9
Недоброкачественный 548.9
Недожженный 89.1
Недостатокъ воды 140.6
Незакрѣпленное положеніе 50.1
Нейтрализовать 242.5
Нейтральный 242.4
Необжигаемый кирпичъ 429.8
Необожженный 88.11
Неоднократный 148.3
Неопредѣленный 37.9
Неплавкій . . 114.1
- уголь . . . 99.6
Неплавкость . 425.8
Неподвижный 94.1 127.3, 402.7, 441.3
Неполадка въ горну 353.9
Неполяризованная машина 169.3
Непосредственное возстановленіе 347.7
Непрерывное дѣйствіе 344.7
Непрерывный 395.4 401.2, 405.5
Непрямой . . 347.3
Неравнобокій 20.3
Нерасплавленный 411.9
Нерастворимый 241.9.12
Неспекающійся уголь 99.6
Несслеровъ реактивъ 211.4
Неточный . . 37.9
Нефтяное отопленіе 384.9
Никкелевая сталь 16.11
Никкелистое желѣзо 15.7
Никкель . . . 217.9
- молибденистый 15.8
Нитрометръ . 181.2
Нить восковая 459.5
- резиновая . 197.3
- шлаковая 358.10
Ножикъ платиновый 195.9
- пробочный . 196.5
Ножка стойки 444.3
- пружинящая 462.1
Ножки растопыренныя 462.2
Ножницы гидравлическія для слитковъ 533.8

Ножницы для рѣзки листовъ 533.9
Ножъ 504.7
- для нарѣзанія пробокъ 196.5
Ножъ скребной 78.6
Ноздреватый 2.7 365.4, 484.4
Номеръ сортовый 34.11
Нормы . . . 82.7
Норія 189.9
Носокъ ковша 478.2
- смѣняемый 478.3
Носъ 389.9
- ковша 341.7, 478.2
Носъ смѣняемый 478.3
Нутромѣръ . 41.3
- остроконечный 39.6
Ныряло 458.7, 506.2

О.

Обводный каналъ 372.8
Обдѣлка полная сердечника 461.2
- - стержня . 461.2
- - шишки . . 461.2
Обезсѣренный 5.4
Обезуглерожи612ваніе 376.1
- полное . . . 397.5
Обезуглероживать чугунъ 363.6
Обжечь до спеканія 118.9
Обжигаемыя вещества 82.6
Обжиганіе въ кучахъ 83.1
- - стойлахъ . 83.3
- желѣзныхъ рудъ 81.4
- окислительное 82.1
- окисляющее 82.1
- съ цѣлью образованія сѣрнокислыхъ солей 82.5
Обжигательная печь 83.4
- - съ наружной кладкой 83.5
- установка . 82.8
Обжигать . . 547.2
Обжигъ . . . 82.9
- неудачный . 88.9
- слабый . . 250.6
- удачный . . 88.8
- эмали . . . 554.7
Обжимать . . 377.1
Обжимка . . 377.2
Обжимной валокъ 513.11
Обжимочный станъ 510.2
Обзоливаніе фильтра 250.1
Облицевать топочное пространство огнеупорными кирпичами 156.6
Обломочное мѣсторожденіе 57.3
Обманка роговая 72.7
- цинковая . 72.1
Обмотать патронъ 460.7
- фонарь . . 460.7
Обмотка . . . 460.6
Обмуровать . 306.3
Обмуровка . 305.1
Обмывка рудъ 79.6
Обмѣнъ анализами 227.8
Обмѣрить образецъ 38.2
Обмѣръ . . . 38.3
Обнаженная лещадь 290.9
Обнаружить . 277.3
- структуру . 277.4
Обогатить руду 63.2
Обогащать . 63.2
Обогащеніе магнитное 91.2
- рудъ 80.1
Обогащенный 102.1
Ободъ зубчатый, отлитый съ . . . 393.1
- стальной . . 294.7
Обожженный 88.10 116.10, 480.8
- желѣзный шпатъ 68.9
Обозначеніе . 34.5
Оболочка газовая 431.7
Оборудованіе складовъ 130.1
- шахты . . . 100.6
Обрабатывать молотами въ холодную 548.6
Обработка . . 33.10
- мокрымъ путемъ 79.7
- предварительная химическая 251.1
- рудъ въ сыродутныхъ горнахъ 362.1
Образецъ . . 33.3
Образованіе водорода 348.9
- воронки . . 348.3
Образованіе кокса 102.7
- котла въ печи 88.3
- крицъ . . . 376.9
- окиси углерода 375.3
- трещинъ въ модели 436.3
- усадочныхъ раковинъ 483.7
- щелей въ кладкѣ 336.6
Обратимая машина 169.9
Обратный ручей 516.6
Обручное желѣзо 19.8
Обручъ желѣзный 295.5
Обрѣзать . . 533.6
- какъ слѣдуетъ 533.7
- правильно . 533.7
- соразмѣрно 33.11
Обслуживаніе 409.5
Обставная плита 373.4
Обстукивать молоткомъ трубу во время водяной пробы 55.2
Обточенный . 323.9
Обточка калибровъ 515.3
Обугленное горючее 337.2
- топливо . . 337.2
-ный горючій матеріалъ 337.2
Обуглероживаніе 348.5, 398.5
- твердымъ углеродомъ 418.7
Обуглероживающій матеріалъ 398.7
Обуглить . . 427.7
Обхватить желѣзными связями 308.2
Обшивка дымовой трубы 373.2
Объективъ . 279.1
Объемистый . 243.3
Объемная мѣра 334.9
- энергія . . 257.2
-ное опредѣленіе 223.10
Объемъ . . . 344.9
- граммъ-молекулы 225.8
- молекулярный 258.5
- соединенія . 226.7
Обязательство 30.3
Овальный ручей 517.1
Огнепостоянство 333.11
Огнестойкій . 335.2
Огнеупорность 162.4, 333.11
Огнеупорный 115.11 117.13, 390.5, 407.5 480.4
Огонь полный 417.3
Огражденіе колошника 307.7
Ограниченіе условій концессіи 557.3
Одежда горна 294.4
- желѣзная . 83.8
- кирпичная 304.10
Одноатомная молекула 224.10
Одновалентный іонъ 259.5
Однокремнеземикъ 356.8
Односварочный 13.2
Однотигельный 384.6
Однофазная установка 166.5
Одноцилиндровый 325.7
Оживальный ручей 516.11
Озерная руда 67.4
Озоновая бумага 213.1
Окалина 112.5, 414.5
- изъ подъ валковъ 112.4
Окисленіе . . 350.1
- примѣсей желѣза 366.5

Окисленный 484.12
Окислитель 415.5
Окислительная плавка 363.2
- примѣсь 250.11
Окислительный 82.1
- процессъ 552.3
Окислы желѣза 414.5
Окислять 250.10
Окисляющій 82.3
Окись азотнокислая серебра 210.1
- барія 220.9
- безводная желѣза 66.4
- водная желѣза 66.11
- желѣза 66.3
- -, получаемая при производствѣ гудронныхъ красокъ 71.1
- зерненая мѣди 209.2
- кальція 220.1
- магнія 220.5
- марганца 217.5
- мѣди 217.8
- ртути 209.9
- свинца 219.7
- сѣрнокислая желѣза 69.2
- хрома 218.2
- цинка 218.12
Окладъ 563.4
Окно 85.9
- для перемѣшиванія клюшкой 370.8
- проходное 320.7
Оковка желѣзная 24.9
Оконечность печи 413.10
Окончательный ручей 516.7
Окошко пламенное 36?.6
Окраска 550.5
- временная 551.3
- постоянная 551.5
Окрашиваніе пламени 235.7
Окрашивать 282.11
Окуляръ 279.2
Олифа 551.7
Олифить 551.2
Олово 218.10
- хлористое 208.9
- хлорное 208.10
- чистое 553.11
Оолитовая желѣзная руда 63.7
Оолитовый 67.6
Опасный 543.8
Опиливать напилкомъ на плоскость 275.3
Опилки 29.6
- алюминіевыя 200.2
Оплавить 343.6
- настыль при помощи вольтовой дуги 344.2
Опока 439.13
- американская 439.6
- верхняя 441.2
- деревянная 440.4
- для колоннъ 439.7
- машины для формовки ременныхъ шкивовъ 452.1
- нижняя 440.10
- откидная 440.8
- разборная 440.9
- составная 440.5
- средняя 441.1
- фальшивая 439.12
Опора 465.5
- водопровода 298.2
- на каткахъ 325.2
- - роликахъ 325.2
- рамы 414.3
- стойки для конвертера 392.5
- - - реторты 392.5
Опоражниваніе автоматическое 128.3
- лотка 411.4
- печи 88.7
- ящика 411.4
Опорная балка 524.6
- призма 237.7
Опорный брусъ 524.6
- рычагъ 522.5, 523.7
- шкивъ для тягового каната 137.2
Опорожнить горнъ 342.1
Оправка для прокатки трубъ 537.9
Опредѣленіе величины кусковъ грохоченіемъ 65.2
- количества дутья 350.3
- объемное 223.10
Опредѣленіе отдѣльныхъ тѣлъ 224.2
- плотности газа 270.7
- проводимости 261.1
- растворимости 258.9
- электропроводности 261.1
Опредѣлить размѣры образца 38.2
- теплотворную способность 109.3
Опрокидыватели 131.5
Опрокидыватель 331.6
- вагонный 132.6
- платформенный 132.7
- съ криволинейнымъ подъемомъ 133.1
- электрическій 393.6
Опрокидывать 341.8
-, опрокидывая, лить черезъ носъ ковша 481.5
Оптическій пирометръ 352.2
Опусканіе колошъ 335.8
- шихты 335.8
Опускаться 335.9
Опускной колодецъ 141.7
Опытные данные, на основаніи опытныхъ данныхъ 345.2
Опытъ 81.1
- предварительный 81.2
Органическое вещество 427.6
Орлецъ 70.4
Оросительный охладитель 148.7
Орошать 148.8
Орошеніе 298.4
Орса приборъ 269.8
Ортомышьяковая кислота 218.5
Ортосиликатъ 356.8
Орѣшникъ 63.5, 101.2
- мелкій 101.3
Осадить 53.6
Осадка 53.7, 562.4
Осадокъ 147.7, 242.12
Осадочное средство 147.6
Осаждать 53.6, 242.6
- при температурѣ кипѣнія 242.10
- сѣроводородомъ 242.11
Осажденіе 242.6
- примѣсей 147.5
- увлекаемой тягою золы 164.4
Осажденный 116.1
Осаживаніе 53.7
Освинцовать 554.3
Освобожденіе кислорода 375.4
Освѣтитель 280.7
Освѣтительная центральная станція 165.3
- и силовая станція 166.2
Освѣтлительная банка 243.6
Освѣтлить 243.5
Освѣщать 281.11
Освѣщеніе 280.4
Освѣщенный 280.6
Осколокъ плены 35.7
- чугунный 464.8
Ослабленіе связи между камнями 336.6
Осмій 219.10
Осмондитъ 284.6
Осмотическое давленіе 258.7
Осмотръ наружный 35.1
Осмотрѣть дымовую трубу внутри 165.1
- формы 342.9
Основаніе 65.7, 204.10, 242.3, 288.5
- изъ зеркальнаго стекла 237.2
- колоннъ 293.7
- станины 496.3
- стоекъ 293.7
- шлифа 275.2
Основной 306.5
Остановить доменную печь 354.9
Остановка доменной печи 354.6.7
- дутья 338.8
Остатки вывѣтрившихся горныхъ породъ 427.9
- отъ выщелачиванія 90.3
- - обжиганія 90.2

Остатки получающіеся при добываніи сѣрной кислоты изъ сѣрнихъ колчедановъ 70.8
Остатокъ нерастворимый 241.12
- - въ кислотѣ 241.13
Остаться раскаленнымъ 486.5
Остроконечный нутромѣръ 39.6
Острый край 423.6
Ось 237.4
- вращенія . 393.3
Осѣданіе засыпи 354.5
Отбирать руду 63.2
- - отъ пустой породы 63.4
Отбой 496.7
- дать молоту 502.2
- пружинный 502.4
Отбойный болтъ 502.6
Отборный уголь 100.9
Отбросъ . . . 33.6
Отбросы заводскіе 355.11
- желѣзосодержащіе 112.3
- коксовые . 107.12
Отбѣленный 5.2
Отвалъ . . . 356.4
Отведеніе газа 359.12
Отверстіе входное 406.4, 467.2
- выгребное . 87.9
- выпускное 300.4 388.5, 480.16
- - забить . . 342.4
- - пробить . 338.9
- груди . . . 291.8
- для впуска воздуха 321.3
- - вывода дыма 417.4
- - наблюденія 88.1 298.4
- - подвода воздуха 87.8
- - пропуска трубы 538.4
- - прохода дутья 394.5
- - разбивки настылей и спекшихся массъ руды 87.10
- - стока чугуна 468.7
- - чистки . . 163.4
Отверстіе засыпное 105.1
- коническое . 536.3
- колошниковое 307.3
- отводное . 312.8
- рабочее . . 417.6
- смотровое . 88.1
- соковое . . 300.2
- спускное для воды 81.2
- фурменное . 395.1
- шлаковое . 299.6
Отводной жолобъ 298.6
Отводъ . . . 324.5
- газовъ . . . 314.7
Отвѣсить . 334.10
Отвѣсъ . 40.8, 435.4
Отвѣтвительная труба 324.5
Отгонка газа 258.11
Отдача электролитическая 258.3
Отдушина . . 439.7
Отдѣлать отливку 489.5
Отдѣленіе желѣза 361.7
- мокрое . . . 79.8
- рудной пыли 315.5
- сухое . . . 76.2
- чугуна . . 474.5
- электролитическое 265.2
- электромашинное 168.8
Отдѣлитель желѣза 432.7
Отдѣлка 493.8, 533.4
Отдѣлочная . 489.2
- мастерская 533.5
Отдѣлочный барабанъ 493.2
- валокъ . 513.10
- переносный барабанъ 493.3
- станокъ . . 492.1
- станъ . . . 510.4
Отдѣлять руду отъ пустой породы 63.4
Отжигательная печь 415.8
Отжигать . . 528.4
Отжигъ . . . 357.6
Отказаться отъ испытанія 34.7
Отказъ въ пріемѣ 559.8
Откатъ . . . 100.9
Отклоненіе 82.9, 240.7
- допустимое 82.10
- толщины . 87.5
Открываться автоматически 315.1
Открытый ручей 515.9
Отливка . . 486.9
- восходящей струей 482.5
- въ глинѣ . 487.6
- - изложницахъ 487.7
- - массу . . 487.5
- - пескѣ . . 487.4
- глиняная . 487.6
- желѣза . . 481.1
- кокильная . 487.7
- машинная . 487.9
- не удается 488.11
-, обжигаемая для придаванія ей ковкости 7.5
- по касательной 482.6
- полая . . . 487.2
- полная . . 487.1
- пустотѣлая 487.2
- стальная мягкая 488.4
- - твердая . 488.5
- тангенціальная 482.6
- тонкостѣнная чугунная 486.11
- трубъ . . . 488.1
- фасонная стальная 488.2
- формовочная 487.8
- холодная . 489.1
- центробѣжная 482.7
- цѣльная . . 487.1
- чугунная . 7.4
Отливки сгладить 489.6
- снять . . . 489.6
Отлитая партія 31.9
-тый изъ стали 488.3
Отлить вертикально 482.8
Отличный отъ нормальнаго 37.9
Отложеніе . . 215.1
- графита . 106.10
Отмученный 116.1
- глиноземъ 276.10
- графитъ . . 430.9
Отмучиваніе . 80.5
Отмучивать глину 433.6
Отмѣрить . . 334.8
Отмѣтить . . 34.9
Отмѣтка . . . 34.8
Отмѣчать . . 34.9
Отношеніе вѣсовое 334.5
Отобрать руду 63.2
Отодвинуть назадъ сопло 343.1
Отопленіе колошниковымъ газомъ 155.10
- косвенное . 463.1
- не непосредственное 463.1
- непосредственное 463.2
- нефтью . . 384.9
- нефтянмыми остатками 156.1
- паровыхъ котловъ 360.3
- съ пода . . 385.6
Отпускаться . 543.9
Отпускъ . . . 547.1
- и натягиваніе болтовъ 291.4
Отпущенный 548.8
Отражательная печь 10.7, 366.10
- - вращающаяся 402.8
- - съ вытянутымъ подомъ 466.1
-ный листъ . 163.1
Отрицательный 546.12
Отрубить . . 504.8
Отрываніе шлаковаго нароста 402.1
Отрѣзокъ трубки 184.1
Отсадочный бассейнъ 81.3
Отсасывающая труба 492.6
Отсасывать . 246.2
Отслаиваніе . 431.6
Отстойный сосудъ 146.9
Отстояться . 336.3
- дать . 243.5, 486.1
Отсѣсть дать 243.5
Оттянуть молоткомъ до полуторной длины 52.7
Отцѣнка автоматическая 136.9
Отъемное днище 390.8
- - коническое 390.9
Охладитель съ орошеніемъ 148.7
Охладительная коробка 296.7
-ное устройство 296.4
Охладить . 543.10
- быстро кварцъ 115.8

Охлаждаемый 297.2
Охлаждать 548.10
Охлажденіе . 486.3
- быстрое . . 544.2
- водою . . . 296.5
- водяное электродовъ 567.8
- воздухомъ . 296.6
- колосниковой рѣшетки 162.5
- мгновенное 447.4
- медленное . 357.6
Охлажденіе обратное искусственное 148.1
Охра 66.9
- желѣзная 551.13
Оцинковать . 554.2
Очертаніе красное 424.7
- модели . . 422.5
Очистка . . . 355.7
- воды 146.5
- газа 315.6
Очистка мокрая 317.2
- колошниковой рѣшетки 337.4
- сухая колошниковыхъ газовъ 315.7
Очищать . . 315.6
Очищеніе повторнымъ пудлингованіемъ 380.1
Очищенія процессъ 366.5
Очищенный . 146.7 366.6, 382.6
Очки предохранительные 198.1
- слюдяные . 253.8
- Шмидта . . 323.7
Очко для наблюденія 88.1
- фурмы . . . 299.2
Ошлакованіе 250.12
- фосфора . . 398.2
Ошлаковать . 349.7

П.

Паденіе . . . 57.6
- температуры 447.5
Пазъ 504.4
Пакетъ . . . 378.3
Палецъ . . . 496.5
- резиновый . 198.3
Палладированный асбестъ 201.5
Палладій . 219.12
Палочка стеклянная для помѣшиванія 190.7
- цинковая . 266.4
Пальмера толщиномѣръ 89.4
Пальмеръ . . 89.4
Пальмовый жиръ 558.4
Панталонная труба 320.1
Папиновъ котелъ 178.5
- сосудъ . . . 178.5
Пара силъ . 51.1
Параллельный 384.8
Парамагнитный 91.6
Паркъ вагонный 125.1
Паровозъ . . 124.6
Паровой котелъ см. котелъ паровой
- молотъ см. молотъ паровой
- насосъ см. насосъ паровой
Паровпускной золотникъ 499.7
Пародинамо . 170.7
Парообразователь 178.10
Пароотводный каналъ 372.7
Парораспредѣленіе золотниковое 499.6
- молота . . . 499.3
- поршневое . 499.4
Пароструйный распылитель 158.2
Паросушитель 179.3
Пароходъ для перевозки руды 562.6
Партія литого продукта 81.9
Паръ верхній надъ поршнемъ 500.6
- водяной . . 360.5
- нижній подъ поршнемъ 500.8
Пары темные 400.8
Пассъ 188.4
Патронъ . . . 459.9
- полый . . 459.10
- съ отдушинами 460.3
- фасонный . 460.1
Патрубокъ . 297.6
- выпускной . 480.7
- фурменный 300.9 301.1
Паяльная лампа съ дутьемъ 251.6
- трубка . . . 234.8
-ный столъ . 251.2
Пемзовидный 357.9
Пеньковый канатъ 444.5
Перевозка . . 123.2
- слитковъ . 526.1
Переворачивать 376.3
Перевѣсъ . 559.11
Перегонка въ разрѣженномъ пространствѣ 254.3
Перегонка непрерывная 254.6
- сухая . . 253.11
- съ водянымъ паромъ 254.2
- фракціонированная 254.4
- частичная . 254.4
Перегонная колба 254.9
- трубка . . . 255.1
-ный аппаратъ 254.8
- кубъ 255.4
Перегонять . 254.7
Перегородка 319.8
- неподвижная 441.3
Перегрузочный кранъ 125.8
- - на козлахъ 127.5
Перегрѣватель 179.1
- пара 179.2
Перегрѣвъ чугуна 474.7
Перегрѣтый . 474.9 548.11
Передаточникъ 138.3
Передача силы 167.2
- - непосредственная 327.3
- - прямая . . 327.3
- червячная 341.10
Передвиженіе пробки 480.5
- ѣздока . . 239.10
Передвижной 139.8 478.6, 536.4
Передувка . 397.10
Передѣлочный 7.6
Передѣлъ на поду отражательной печи 402.3
Передѣлъ чугуна въ ковкое желѣзо 414.4
- - - кричномъ горну 363.4
Передѣлываемый легко 365.3
- трудно . . . 365.5
Передѣлывать чугунъ 363.6
Пережженный 548.12
Пережечь . . 118.9
Пережимъ . 88.10
Перекатная печь 529.1
Перекатывать слитокъ 529.2
Перекидное устройство 406.9
-ной клапанъ 406.10
Перекидываніе 406.8
Перекись водорода 211.3
- натрія . . . 211.1
Перекопать . 438.9
Перекошенный 534.4
Перекрытіе печи 569.2
Перекрыть . 339.5
Перемѣна . . 406.8
- внезапная температуры 118.7
- движенія . 532.2
- рѣзкая температуры 118.7
- хода 532.7
Перемѣнить . 535.3
Перемѣнный 391.2
- ходъ доменной печи 344.5
Перемѣшиваніе въ-ручную 373.10
Перемѣшивать 375.7

Перемѣщеніе лентою 138.6
- массовыхъ грузовъ 138.1
Переносный . 493.3
Переплавка двукратная 366.2
- однократная 365.8
Переплавки процессъ 474.1
Переплавленный 474.12
Переработка 411.5
Переспѣлый 353.1
Пересыщенный 16.9
Перетомленный 548.10
Переугливаніе 102.6
Переугливаться способность 102.9
Перехватываніе источника 141.2
Переходъ закругленный 423.7
Періодъ кипѣнія 375.9, 396.7
- окончательнаго выдѣленія углерода 397.4
- полнаго выдѣленія фосфора 398.1
- - обезуглероживанія 397.4
- шлакообразованія 396.6
Перлитъ . . 283.7
Перчатка азбестовая 201.4
- резиновая . 198.4
Пескоструйная труба 492.10
-ный аппаратъ 492.9
Песокъ . . . 4.7
-, бывшій въ употребленіи 427.3, 431.11
- жирный формовочный 425.13
- изъ остроугольныхъ песчинокъ 426.6
- кварцевый . 426.7
- магнитный . 68.2
- морской . . 212.6
-, не бывшій въ употребленіи 426.4
- пригорѣвшій 490.6
- свѣжій . 431.10
- сухой . . . 442.4
Песокъ формовочный 425.10
- - съ сильной примѣсью глины 426.1
- - тощій . . 425.12
- чистый свѣжій 426.5
- шлаковый . 359.5
Песочная форма 310.4
Пестовой молотъ 497.4
Пестъ . 77.4, 229.5, 383.6, 391.4
- для ручной сбивки 391.5
Песчаникъ . 114.3
- желѣзистый 113.6
- пестрый . . 114.5
- плитообразный 114.4
- углистый . 115.6
Песчанистый 113.6
Петля 43.5
Печать . . . 234.3
Печь англійская для цементаціи 416.6
- волчья . . . 286.1
- вращающаяся 95.3
- - пламенная 402.3
- газовая закалочная 541.1
- - калильная механическая 542.3
- - - съ механической подачей 542.3
- - обжигательная Вестмана 85.2
- Гельбергера 570.7
- Гіорта . . . 568.8
- глиняная малая 249.6
- для закалки напилковъ 541.4
- - нѣсколькихъ тиглей 384.7
- - обжига доломита 119.1
- - обжиганія днищъ конверторовъ 119.3
- - - кирпичей 119.2
- - одного тигля 384.6
- - переплавки 389.2
Печь для плавки тигельной стали 384.1
- - полученія цементной стали 417.10
- - - чугуна Гармэ 571.6
- - - - Геру . 571.5
- - сожженія 249.2
- - цементаціи 416.5
- - элементарнаго анализа 249.2
- доломитообжигательная 119.1
- доменная антрацитовая 285.4
- - коксовая . 285.3
- -, работающая на антрацитѣ 285.4
- -, - - древесномъ углѣ 285.2
- -, - - коксѣ . 285.3
- - свободностоящая 287.3
- - Стассано . 571.3
- - съ выложеннымъ горномъ 286.5
- - - желѣзнымъ кожухомъ 287.1
- - - закрытой грудью 286.3
- - - кирпичнымъ кожухомъ 286.4
- - - овальнымъ металлопріемникомъ 286.7
- - - - нижнимъ горномъ 286.7
- - - открытой грудью 286.2
- - шотландская 286.6
- - электрическая Гронваля, Линдблада и Стальгана 571.4
- единичная . 573.2
- Жерара . . 569.7
- Жина . . . 569.6
- Жиро . . . 567.5
- закалочная для напилковъ 541.4
- - шахтная . 541.2
- зигенская шахтная 83.7
- Ижевскаго . 570.2
- калильная . 95.2, 385.5, 528.5, 540.1
Печь калильная шахтная 541.3
- качающаяся 403.1
- Келлера . . 570.1
- кливелендская обжигательная 84.1
- коксовальная 103.4
- - закрытая . 103.7
- - полузакрытая 103.5
- - съ улавливаніемъ побочныхъ продуктовъ 103.3
- коксовая . . 103.4
- Кольби . . 568.7
- кольцевая для обжига известняковъ 85.6
- литейная пламенная 465.9
- мартеновская 402.6
- многотигельная 384.7
- муфельная . 541.5
- - газовая . . 542.1
- - двойная . 541.3
- - для газа . 249.4
- - - угля . . 249.3
- - электрическая 249.5
- нагрѣвательная 383.9, 528.3
- - съ подвижнымъ подомъ 528.6
- нагрѣтая совершенно 411.3
- наклоняющаяся 403.1
- Натузіуса . 568.1
- неподвижная 402.7
- обжигательная 83.4
- - Витковицкая 85.4
- - съ наружной кладкой 83.5
- - Филлафера 85.3
- - штирійская 84.7
- однотигельная 384.6
- отжигательная 415.3
- отражательная 366.10
- - съ вытянутымъ подомъ 466.1
- перекатная 529.1
- Піа 384.5

Печь плавильная 252.2, 389.2 465.8
- - отражательная 402.5
- пламенная 366.10
- - закалочная 540.5
- - съ вытянутымъ подомъ 466.1
- подземная калильная 527.6
- пудлинговая 367.1
- - вращающаяся 367.5
- - двойная . 367.2
- - поворачивающаяся 367.4
- - Шпрингера 367.3
- Ресслера . . 252.3
- Рехлингъ-Роденгаузера 568.9
- - перемѣннаго тока 568.10
- - трехфазнаго тока 569.1
- сварочная . 378.6
- свинцовая . 540.4
- системы Сименсъ-Мартена 402.6
- сталетомильная 416.5, 417.10
- - англійская 416.6
- сушильная для сердечниковъ 463.4
- - - стержней 463.4
- - - шишекъ 463.4
- - переносная 462.7
- съ вольтовой дугой 565.9
- - зумпфомъ 466.4
- - металлособирателемъ 466.4
- - перемѣннымъ подомъ 416.1
- сыродутная 286.1
- - шахтная 363.1
- тарелочная 367.7
- тигельная электрическая 570.6
- ульевая для коксованія 103.6
- ульевидная 103.6
- Фрика . . . 569.8
- цилиндрическая 367.8

Печь электрическая 267.2
- эмальировочная 554.8
Пиво выдохшееся 431.2
Пика 88.2
Пикнометръ . 180.1
Пила для рѣзки металла въ горячемъ состояніи 533.10
- - холодной распиловки 493.4
- - угля . . . 235.6
- ленточная . 493.5
Пильная лента 493.7
-ный листъ . 493.7
Пинцетъ . . 202.7
Пипетка . . . 191.3
- абсорпціонная 270.3
- автоматическая на полное пусканіе 191.7
- для отвѣшиванія 240.4
- - поглощенія 270.3
- измѣрительная 191.4
- на полное выпусканіе 191.6
- съ одной мѣткой 191.6
- - шарикомъ между краями 191.5
- фильтровальная 245.1
Пиритъ . 69.4, 72.3
Пирогаллолъ 211.13
Пирогъ коксовый 106.6
Пиролюзитъ . 70.2
Пирометръ 180.5, 351.5
- воздушный 351.3
- графитный . 351.7
- металлическій 351.6
- оптическій . 352.2
- электрическій Ле-Шателье 352.1
Пиропъ . . . 239.5
Пирротинъ . 63.3
Піа печь . . 394.5
Плавающій . 386.6
Плавень . . 111.1

Плавиковая кислота 204.9
-вый шпатъ . 111.4
Плавикъ . . 111.4
Плавиленная трубка 252.9
Плавильная печь 252.2, 362.4, 389.2, 465.8
-ное кольцо . 568.5
Плавильный жаръ 474.2
- журналъ . 349.4
- матеріалъ . 409.7
- подъ 569.3
- тигель . . . 252.4
Плавильня . 463.5
Плавильщикъ 409.6
Плавить 250.3, 374.4
Плавка въ вагранкахъ 473.3
- доменная . 336.2
- древесноугольная 7.6
- окислительная 363.2
Плавкость . . 250.4
Плавленіе . . 250.1 395.9
- желѣзной ломи 565.8
- чугуна электротермическимъ путемъ 571.2
Плавный . . 472.4
Пламенный ходъ 368.6
Пламя восходящее 86.8
- запальное 360.11
- колошниковое 360.6
- натрія . . . 235.8
- острое . . . 466.2
- полное . . . 417.8
- самосвѣтящееся 400.1
Планка защемляющаяся 24.5
- прилитая направляющая 370.9
Плацъ . . . 287.8
- канализаціи 168.7
- сѣти 168.7
Пластина азбестовая 201.1
- нагрѣвательная 176.4
- подставки . 238.2
- полированная стеклянная 276.4
- пробковая . 196.3
- резиновая . 197.5
- фильтровальная 245.2

Пластина фотографическая 282.2
Пластинка глиняная 249.7
- для закрѣпленія на ней стеклышка съ изслѣдуемымъ объектомъ 278.7
- защемляющаяся 24.5
- изъ урановаго стекла 189.5
- роговая . . 201.9
- слюдяная . 301.5
- стеклянная 189.4
- цинковая . 266.2
Пластинчатый 45.7
Пластичность 425.3
Пластичный матеріалъ 425.2
Пластовой . . 57.1
Пластъ . . . 56.3
Плата за перевозку на телѣгахъ 561.5
- - - по желѣзнымъ дорогамъ 561.4
- - - сухопутную 561.3
- коммиссіонная 559.3
- провозная . 560.5
Платина металлическая 194.6
- хлорная . . 210.3
- четыреххлористая 210.3
Платиновая жесть 194.9
- игла 194.8
- лодочка . . 195.5
- ложечка . . 195.7
- посуда . . . 194.5
- проволока . 194.7
- чашка . . . 195.2
- - для обзоливанія 195.4
Платиновый конусъ 195.6
- металлъ . . 194.6
- муфель . . 195.3
- ножикъ . . 195.9
- сосудъ для обзоливанія . 195.4
- тигель . . . 195.1
- шпатель . . 195.8
Платформа для завалки 388.4
- - обслуживанія миксеровъ 389.4
- загрузочная 122.3
- мостовая . . 132.6

Платформа на уровнѣ колошниковаго отверстія 467.4
- опрокидывающаяся 132.5
- опускающаяся 133.4
- пріемная, на которую выкидываются грузы 131.7
Платформенный опрокидыватель 132.7
Плауновое сѣмя 442.3
Плена . . 35.6, 346.8
Пленка . . . 436.8
Плетеный . . 444.6
Плита арматуры 378.4
- броневая . 27.8
- вытяжная . 451.2
- глиняная 439.6
- для измельченія 229.8
- - прямолинейнаго движенія 446.4
- защитная . 162.8
- лицевая . 292.10
- модельная . 422.6
- мраморная . 227.1
- обставная . 373.4
- опорная . . 469.7
- основная . . 291.2
- отражательная 163.1
- передняя . . 369.3
- подовая . . 369.4
- прессовальная 121.5
- прижимная 453.3
- - откидная 453.4
- чугунная для растиранія 220.6
- -, облегающая темпель 292.4
Плитнякъ . . 100.9
Плитообразный песчаникъ 114.4
Плиты, ограничивающія рабочее пространство 364.3
Плоская кривая 515.1
-кій ручей 516.10 517.3
Плоскобимсовое желѣзо 21.4
Плоскодонная колба 187.1
Плоскость горизонтальная 438.7
Плоскость наклонная 132.2
- отслоенія . 45.3
- разъема . . 424.3
Плотность газа 270.3
Плотный 59.2, 470.9
Плошка . . . 184.5
Площадка для забрасыванія извести 388.6
- - маневрированія 395.6
- - машиниста 127.8
- - обслуживанія миксеровъ 389.4
- колошниковая 307.5
- погрузочная 122.3 388.4
- рабочая . . 293.5
- у колосника 86.2
- - напыльниковъ 388.3
Площадь колосниковой рѣшетки 159.8
- пода 466.3
- полная колосниковой рѣшетки 160.1
- растворимости 278.3
Плунжеръ . 121.2, 506.2
Пневматическая машина 268.3
- трамбовка . 434.8
-скій подъемникъ 330.7
- молоточекъ 491.4
-ское зубило 402.2
Побѣжалый 484.12
Поваренная соль 207.2, 545.7
Повернуть ковшъ 479.4
- обрабатываемый предметъ 503.9
- опоку . . . 442.5
Поверхность волнистая 534.7
- давленія . . 507.5
- засыпи . . 335.5
- излома . . . 45.2
- изогнутая . 322.3
- лещади . . 290.7
- лобовая . 424.11
-, округленная треніемъ 427.2
- орошаемая 149.1
- охлажденія 486.4
Поверхность полированная 424.6
- противодавленія 507.6
- торцовая . 424.11
- угловатая . 426.9
- уплотняющая 470.7
- чистая шлифа 277.5
- шлифа . . . 275.1
Поворачиваніе отъ руки 479.5
Поворачивать слитокъ 529.2
- кранъ . . . 126.2
- - башенный 126.7
- - на подвижныхъ козлахъ 126.3
- столъ . . . 493.1
Поглотительная пипетка 270.3
Поглощающій аппаратъ 269.2
Поглощеніе газовъ 398.4
Погонный метръ 36.7
Погруженіе медленное 544.3
Погрузить . 316.3
Погрузочная площадка 122.3 388.4
Податочный лотокъ 139.5
Подать назадъ 531.9
Подача автоматическая 331.5
- воды 141.9
- воздуха . . 472.8
- лентою . . 138.6
- угля . , . 159.4
- - посредствомъ безконечнаго винта 159.6
Подвалъ для золы 163.8
Подвергнуть газъ сухой перегонкѣ 253.10
- крученію . . 50.4
- растяженію 48.7
- скручиванію 50.4
- удару . . . 41.8
Подвиганіе самодѣйствующее 525.6
Подвижной . 93.5, 127.4
Подвижный 410.6 465.1
Подводъ воздуха 542.4
- - вполнѣ достаточный 87.5
- газа 542.5
- горячаго дутья 300.7
- дутья . . 394.3
Подвозъ руды 123.3
- угля . . . 104.6
Подвѣска . . 237.5
- компенсаціонная 237.6
- къ крану . 476.8
Подвѣсная скоба для водопроводной трубы 298.3
-ный хомутъ 476.7
- шлифовальный станокъ 492.7
Подвѣшенъ такъ, чтобы можно было вращать 393.8
Подготовить прокаткой 529.8
Подготовка машинная 431.9
- мокрымъ путемъ 79.7
- физическая и химическая 81.5
- формовочнаго песка 431.3
Поддержка шаблона 455.5
Поддоменникъ 339.4
Поддонъ прессы 121.6
Поддувало . 163.6
Подземная капильная печь 527.6
- канализація 171.5
- проводка . 171.5
- разработка мѣсторожденія 58.1
Подкатывать желѣзо 503.4
Подкисленный 545.9
Подкладка . 24.3
- изъ роговой резины 202.1
- - твердой резины 202.1
- крючковатая 24.4
- съ ребордою 24.4
Подкова . . 28.10
Подковообразный магнитъ 92.4
Подмодельная доска 439.11

Поднятіе слитковъ 527.3
Поднять конвертеръ 396.1
- реторту . . 396.1
Подовая плита 369.4
-вый каналъ 104.1
- электродъ . 567.6
Подогрѣватель 364.2, 370.6
- дутья . . . 318.4
Подогрѣвъ . 347.5
Подогрѣтый . 408.3
Подогрѣть . 336.4
- ковшъ . . . 479.3
Подошва рельса 22.4
Подпилокъ для чистки отливокъ 491.5
Подпора . . . 293.3
Подпорка воронки 310.3
Подпочвенная вода 289.1
Подправить форму 436.4
Подпрудокъ . 62.9
Подставка воздушнаго насоса 178.4
- для колбы . 198.7
- - трубокъ . 258.2
- подъ тигли изъ огнеупорной массы 384.3
- стойки . . . 445.3
- чугунная . 321.6
Подстилка бетонная 289.6
- кучи 88.2
Подсчетъ анализа 224.6
Подсыпательный песокъ 442.4
Подсѣвокъ . 62.9
Подушка . 521.4
Подчистка . 493.8
Подшипникъ 496.1
- шариковый 300.8
Подъ . . 368.8, 408.6
- вагранки . . 468.8
- горна . . . 291
- доступный . 403.7
-, охлаждаемый водой 369.6
- печи 412.5
- - въ видѣ конуса 84.2
- плавильный 569.3
-, покрытый спѣлыми шлаками 370.2
- рабочій . . 569.4
- шлаковый печи 369.9
Подъемная сила 125.4, 240.11
Подъемники колошниковые 329.8
Подъемникъ водостолбовой 330.6
- гидравлическій 330.6
- двойного дѣйствія 330.3
- колошниковый съ канатной передачей 330.8
- наклонный 331.4
- пневматическій 330.7
- простого дѣйствія 330.2
Подъемный сводъ 384.2
Подъемъ . . 100.4
- воды . . . 141.9
- катающійся крышечный 525.2
Позитивъ . . 282.9
Поковки . . . 23.7
Покой пріемный 150.5
Покровное стеклышко 180.6
Покровъ . 429.10
Покрывать лакомъ 551.2
- формы прилыломъ 480.5
Покрытіе . . 551.9
- слоемъ песка 418.1
Покрыть . . 308.5
- крышею . . 339.5
- мѣдью . . . 552.7
- оловомъ . . 552.9
- свинцомъ . 554.3
- сукномъ . . 276.1
- угольной пылью 480.4
- цинкомъ . . 554.2
- эмалью . . 554.5
Покупатель 558.5
Покупка . . 558.1
Поле зрѣнія . 279.4
- магнитное . 92.9
Полиморфный 272.7
Полировальная доска 276.3
- дощечка . . 487.7
-ный красный порошокъ 276.2
- моторъ . . 276.7
Полированная поверхность 424.6
- стеклянная пластина 276.4
Полировать . 276.6
- въ рельефъ 277.7
Полировка травящая 278.2
Полка уголка 20.2
Полки 383.8
Полный . . . 562.9
Половина модели 424.2
Положеніе вертикальное 394.1
- горизонтальное 394.2
- незакрѣпленное 50.1
Полозокъ . . 487.4
Поломка валковъ 514.2
Полоса войлока 470.8
- матеріала . 33.5
- пробная . . 33.4
- синяя . . . 400.2
Полосатый . 27.3
Полосовое желѣзо 18.10, 19.7
- - съ зубчатой поверхностью 28.9
- - широкое . 21.7
Полотно наждачное 208.1
- пилы . . . 498.7
Полудить . . 552.9
Полужирный 99.4
Полузеркальный 8.6
Полукотельное желѣзо 26.3
Полупродуктъ 18.1
Полученіе . . 75.6
- газа . . . 359.12
- цементной стали 416.3
- чугуна электрическимъ путемъ 571.1
Полъ завода 288.6
- колошниковой площадки 307.6
- литейной . 475.7
- на уровнѣ колошниковаго отверстія 467.4
Полый 369.7, 394.6, 459.10
Пользованіе неоднократное водой 149.3
Полѣно . . . 337.6
Полюсъ магнитный, равный единицѣ 92.6
- сѣверный . 91.12
- южный . . 92.1
Поляризаціонная емкость 264.4
Поляризація газа 264.6
- концентраціи 264.5
- концентраціонная 264.5
Помостъ . . 86.2
- вѣсовой . . 183.7
- - вагонный 184.1
- для перегрузки сбрасываніемъ 131.6
Помощникъ главнаго химика 173.5
- химика, не получившій высшаго образованія 174.3
Помѣщеніе аккумуляторное 169.1
- для динамомашинъ 168.8
- - рабочихъ 151.2
- котельное . 150.1
- машинное . 149.9
- миксеровъ . 389.3
- рабочее . . 175.1
- ретортъ . . 388.1
Пониженіе температуры 352.4
Понурый 372.4, 404.2
Поперечина 28.3, 326.4, 505.6, 520.10
- для прикрѣпленія шаблона 445.4
- желѣзная . 23.1
- штампованная 23.2
Пополнить . 485.4
Пористость . 96.9 359.3
Пористый . . 59.9
- глиняный сосудъ 266.1
Порогъ 292.5, 404.5
- большой . . 368.5
- задній . . . 372.5
- ложный . . 292.8
- малый . . . 372.5
- рабочій . . 371.1
- шлаковый . 371.3
Порода пустая 75.3, 76.5
Порожный камень 292.5
Порокъ . . . 85.4
- на поверхности 489.11
- наружный 85.5
- отливки . 489.10
Порошкообразная желѣзная руда 58.3

Порошокъ алюминіевый 200.1
- для цементаціи 418.8
- доломитовый 117.2
- каменноугольный мелкій 430.10
- красный полировальный 276.2
- стеклянный 203.3
- торфяной мелкій 429.4
- цементующій 418.8
- шлифовальный 275.7
Порча горна . 353.9
- отъ дыма . 561.3
- при отливкѣ 490.4
Поршень . . 311.4
- воздушнаго насоса 501.5
- вращающійся 470.5
- дисковый . 506.3
- компрессора 501.5
- молота . . . 499.2
- насоса . . . 509.3
- -ныряло . . 121.1
- плоскій . . 506.3
- пресса . . . 506.1
- -скалка . . 453.7
Поршневое крыло 472.1
- парораспредѣленіе 499.4
Поршни, послѣдовательно сопряженные 506.5
-, рядомъ лежащіе 506.4
-, совмѣстно сопряженные 506.4
Портландскій желѣзистый цементъ 359.6
Порфировидный 358.2
Посадить . . 374.2 409.9
- верхнюю опоку 442.6
Поспѣваніе товара 376.1
Посредникъ . 559.2
Поставить ребромъ 503.8
Постоянный 551.5
Постоянство температуры раствора 262.5
Постройка печи 408.2
Постройки . 149.4
Посуда кварцевая 201.6
Посуда платиновая 194.5
- стеклянная 185.1
- фарфоровая 193.2
Посыпаніе пескомъ 483.6
Поташъ . . . 205.8
Потенціалъ разложенія 265.3
Потеря въ вѣсѣ 226.10, 560.2
- - упругости 350.6
- газа . . . 360.10
- металла . . 378.3
- при обжиганіи 89.2
- - обогащеніи 75.7
- тепла . . . 572.4
Потокъ газа 406.6
- -, богатый кислородомъ 375.5
- -, освѣщеннаго краснымъ цвѣтомъ 399.11
Потребленіе наибольшее силы 168.4
- тока одновременное наибольшее 168.5
Почвенная форма 438.6
- формовка . 438.5
Почковидная руда 63.8
Пошлины портовыя 561.11
Поясъ возстановленія 347.1
- конвертера 392.6
- обугливанія 347.3
- плавленія . 347.4
- подготовительный 346.9
- реторты . . 392.6
Правило . . . 435.3
- фазъ 274.5
Правильный станокъ 534.2
- - для стержневыхъ сердечниковъ 459.1
Править . . . 534.1
Превращать въ газъ 253.9, 256.1
Превращеніе въ газъ 405.4
Предметъ освѣщенный 280.6
- очищаемый 489.4
-, предназначенный для очистки 489.4
Предотвращеніе образованія рванинъ 428.10
- - трещинъ 428.10
Предохраненіе поверхности 550.4
Предохранительная коробка 522.2
- плита . . . 162.8
- сѣтка . . . 186.1
- трубка . . 189.10
- тяга 311.2
Предохранительное приспособленіе 314.9
-ный клапанъ 314.9
- кожухъ . . 492.5
Предѣлъ диссоціаціи 258.7
- отклоненія . 87.4
- погрѣшности анализа 227.2
Предѣльное значеніе 32.8
Прекратить завалку колошъ 354.10
- засыпку колошъ 354.10
Пресса ковочные 504.9
Прессовальная плита 121.5
Прессованіе кирпичей 120.5
- по способу Эргардта 538.3
Прессованный уголь 348.11
Прессъ 202.5, 504.10
- винтовой . 504.10
- гидравлическій для кирпичей 120.6
- - ковальный 505.4
- для загиба . 48.8
- - загибанія 48.8
- колѣнчатый 505.3
- натріевый . 182.5
- паровой ковальный 505.5
- пробочный . 196.4
- сгибающій . 48.8
- тигельный . 383.2
- формовочный 453.1
- - двойной . 454.5
- - гидравлическій 453.5
- - съ поворотной и опрокидывающейся модельной доской 454.3
Прессъ шлаковый 359.7
- штамповочный 505.1
- эксцентриковый 465.3, 505.2
Прецизіонный вентиляторъ 471.2
Прибавленіе никкеля 418.6
- по каплѣ . 242.8
- руды 250.12, 412.1
Прибойникъ . 437.2
Приборъ барабанный 93.9
- для возгонки 256.9
- - выпариванія 246.8
- - высушиванія 268.2
- - газоваго анализа 267.10
- - заполненія баллона 175.7
- - извлеченія эфиромъ при анализѣ системы Рота 182.1
- - измѣренія давленія газовъ 271.5
- - - объема газа 271.7
- - изслѣдованія топочныхъ газовъ 268.4
- - испытанія керосина 181.5
- - насыпанія бромомъ 221.11
- - образованія хлора 221.9
- - объемнаго анализа 193.1
- - опредѣленія азота 221.7
- - - содержанія мышьяка 218.7
- - - - углерода въ желѣзѣ 181.4
- - - точки плавленія 250.5
- - опрокидыванія баллона 175.7
- - отдѣленія желѣза 432.7
- - - и встряхиванія 183.2
- - полученія сѣроводорода 177.1
- - - теплой воды 176.5

Приборъ для полученія фтористоводородной кислоты 222.2
- - преобразованія давленія 503.2
- - смазки каната 187.7
- - смѣшиванія 95.1
- - сушенія и обжиганія 233.7
- - экстрагированія 179.6
- зажимной . 136.2
- - для сортировочныхъ путей 137.8
- измѣрительный 38.5
- Кесслера . 93.10
- Орса 269.8
- подающій . 433.1
- самодѣйствующій расцѣпляющій 187.1
- смачивающій 432.11
- сушильный 268.1
- Эдисона . . 94.3
- электрическій измѣрительный 266.7
- электромагнитный Сименса 93.8
Приборы второстепенные 314.6
- для объемнаго анализа 191.2
Прибыль . . 485.6
Приведеніе въ состояніе покоя 385.12
Привести муфту въ сцѣпленіе 520.6
- - къ расцѣпленію 520.7
Приводный валъ 518.9
- молотъ . . 501.1
- насосъ . . . 509.4
- шкивъ . . . 187.6
Приводъ . . 518.8
- вертикальный 187.5
- горизонтальный 187.4
- электрическій 314.5
Пригорѣвшій песокъ 490.6
Пригорѣть . 429.12
Приготовленіе образца 33.3
Приготовленіе огнеупорной массы 119.4
- пакетовъ . 378.2
- тиглей . . . 381.3
Приданіе стѣнкамъ трубъ жесткости 319.9
- формы . . . 486.7
Придатокъ . 486.10
Придать конусъ 422.4
Прижимная плита 458.3
Призма агатовая опорная 237.8
- опорная . . 237.7
Приклепанный 295.4, 477.6
Прилитая муфта 319.4
Прилитый . 294.10 370.9
Примѣненіе вторичное 431.12
- повторное 431.12
- шлака . . . 358.3
Примѣси . . 340.5
Примѣсь 71.2, 425.9 432.8
- глинистая . 426.3
- окислительная 250.11
- окисляющая 250.11
- поглощающая кислородъ 393.10
Принадлежности гуттаперчевыя 197.2
Принимать вытекающее желѣзо 481.2
- некруглую форму 423.5
Принятіе со склада 130.9
Приподнять прокатываемый кусокъ металла 581.5
Припылъ . 429.10
Присадка ферромангана 398.8
- чугуна . . 478.12
- шлаковъ . . 387.8
Присоединеніе трубки къ водопроводному крану 184.2
Приспособленіе для автоматической засыпки 308.9
- - грохоченія 230.2
Приспособленіе для загрузки и доставки 122.1
- - - руды . . 123.1
- - закрѣпленія слитковъ 528.8
- - засыпки колошъ 306.8
- - опрокидыванія 331.6
- - отпуска и натягиванія болтовъ 291.4
- - перемѣшиванія 176.2
- - поворота . 393.4
- - подпиранія клѣтки 331.3
- - подъема крышки 528.1
- - приподниманія 525.1
- - просѣиванія 230.2
- - расцѣпленія клещей 464.3
- - снимація опоки 448.5
- - укрѣпленія 301.7
- механическое для просѣиванія 230.9
- передвижное разгрузочное 139.8
- предохранительное 314.9
Пристывшій формовочный матеріалъ 490.5
Притокъ воздуха 337.12, 542.4
- газа 542.5
Притягательная способность магнита 91.10
Приходъ тепла 348.2
Пріемка . . . 30.1
Пріемная доска 524.5
- платформа, на которую выкидываются грузы 131.7
Пріемникъ . 472.6
- для перегонки 255.8
Пріемщикъ . 30.2
Пріостановка доменной печи 337.9
Проба 339.3
Проба, взятая изъ выпущеннаго металла 339.3
- водой . . . 54.6
- высушенная 231.9
- гибомъ . . 42.2
- горячая . . 31.6
- жидкаго металла 401.8
- загибомъ . 42.2
- застывшая металла 401.9
- зачерпываніемъ 401.7
- кузнечная . 52.5
- надъ отрѣзаннымъ образцомъ 31.4
- на изгибъ въ нагрѣтомъ состояніи 42.6
- - - послѣ предварительной закалки 42.7
- нанесеніемъ царапинъ 54.1
- на пробивку дыръ 51.9
- - разрывъ . 49.1
- - ударъ . . 42.1
-, полученная сверленіемъ 228.2
- при помощи паяльной трубки 284.6
- склерометрическая 54.1
- средняя . 227.11
- сухимъ путемъ 224.3
- травленіемъ 277.8
- ударная . . 42.1
- холодная . 31.6
- шлаковъ клюшкой 401.10
- - ломомъ . 401.10
Пробивать дыры 51.10, 52.3
Пробивка дыръ 52.2
Пробирка 186.1, 234.1
Пробить выпускное отверстіе 338.9
- дыры . 51.10, 52.3
Пробка 196.2, 445.9 480.3
- изъ огнеупорной массы 342.5
- резиновая . 197.6
Пробойникъ . 504.6
Пробочный ножикъ 196.5
- прессъ . . . 196.4

Провариваніе на открытомъ огнѣ 120.4
- посредствомъ пара 120.3
- смолы . . . 120.2
Проведеніе обыкновенной дороги подъ путепроводомъ желѣзной дороги 124.2
- - - по путепроводу надъ желѣзною дорогою 124.1
- электрода . 567.3
Проводимость предѣльная электролита 260.9
Проводка надземная 171.4
- подземная . 171.5
- электрическаго тока 171.2
Проводки . . 524.8
Проводъ внѣшній 167.6
- нейтральный 167.7
- нулевой . . 167.7
- средній . . 167.7
- уравнительный 167.7
Провозная плата 560.5
Проволока . 27.11
- алюминіевая 199.12
- вязальная . 460.5
- желѣзная . 199.9
- - тонкотянутая 28.5
- измѣрительная 261.4
- платиновая 194.7
- плоская . . 28.4
- стальная . 27.11
- фасонная . 28.6
- фортепіанная 28.7, 199.10
Проволоки номеръ 28.1
- сортъ . . . 28.2
Проволочная сѣтка 199.1, 318.2
- ткань . 199.1, 318.2
- щетка см. щетка проволочная
Проволочно-канатная дорога 185.9
- ный канатъ 331.3
- станъ . . . 511.6
- треугольникъ 198.9

Прогибъ . . 48.2
- минимальный 48.3
- наименьшій 48.3
Прогораніе . 354.4
Прогорѣть . 413.7
Продавецъ . 558.6
- руды . . . 559.1
Продажа . . 558.2
Продолжительность коксованія 106.1
- нагрѣва . . 543.7
- непрерывной работы печи 418.3
- пребыванія въ печи 344.6
Продольный лежень 23.4
Продувать . . 396.2
Продувка въ конвертерахъ 387.1
Продувки процессъ 396.4
Продуктъ готовый 18.9
- - для металлургичекой обработки 74.5
- обжиганія . 82.7
- обработки . 74.4
- перегонки . 254.1
- - частичный 254.5
- подготовки 74.4
- разложенія 348.1
- рудоносный 75.2
- сухой перегонки 254.1
- съ содержаніемъ металловъ 75.2
Продукты газообразные обжига 87.2
- горѣнія . . 87.2
- побочные доменной плавки 355.8
- - случайные 361.1
Продуха . . . 439.7
Продырявленный 27.4
Прозрачность 400.5
Прозрачный 241.10 244.3, 400.6
Производительность водоснабженія въ часъ 140.3
- общая . . . 555.1
- полезная . . 557.5
- средняя . . 555.5
- суточная . . 555.4
- уменьшить . 556.1
- усилить . . 555.6

Производить внутренній осмотръ дымовой трубы 165.1
- травящую полировку 278.2
Производство годовое 555.2
- годичное . . 555.2
- кокса . . . 102.7
- кричное . . 365.1
- массовое . . 556.2
- полное . . . 555.1
- среднее . . 555.5
- суточное . . 555.4
- тигельной стали 381.1
- томленой стали 416.3
- увеличить . 555.6
- уменьшить . 556.1
- чугуна электрическимъ путемъ 571.1
Происхожденіе 65.5
Прокатать . . 535.2
- предварительно 529.8
Прокатить въ обратную сторону 532.6
- окончательно 529.9
- черезъ ручей 530.5
Прокатка 53.4, 529.4
- косая геликоидальная по Маннесману 537.7
- сварныхъ трубъ на сердечникѣ 538.9
- трубъ . . . 537.4
- - на оправкѣ 538.1
Прокатная машина 512.4
-ное желѣзо . 18.2
- ный станъ . 510.1
Прокатываемый кусокъ металла 531.2
Прокатывать 529.7
- совмѣстно . 533.1
Прокладка . 325.1
- кожаная кольцевая 506.6
Прокованное листовое желѣзо 25.8
Пролетъ . . 49.11
Проливать желѣзо 481.3
Промежутокъ времени между двумя выпусками 342.8

Промывалка 186.3
Промывальная фабрика 80.6
Промыватель 317.3
- Біяна . . . 318.1
Промывка . . 80.2
- рудъ . . . 79.6
Промывная стклянка 268.1
- - для брома 222.1
-ной вращающійся барабанъ 80.10
Промытый . 102.1
Промыть . . 246.6
Проницаемость 359.9
- для газовъ 96.7
- магнитная . 91.9
Пропускной ручей 516.1
Пропустить въ обратную сторону 532.6
Проростать . 484.5
Прорости . . 484.5
Прорубное зубило 504.7
Просвѣтъ между колосниками 160.3
Простираніе . 57.5 64.6
Пространство безвоздушное 469.5
- рабочее печи 288.4
- свободное . 520.3
- топочное . 367.10
Просѣваніе . 432.4
Просѣвать . 433.10
Просѣвъ . . 432.4
Просѣиваніе 229.10
- сухое . . . 230.1
Противовѣсъ 310.3
- дверецъ . 370.10
Противодавленіе 523.10
Противофурменная доска 364.8
Протягиваніе начисто 536.9
Проушина . . 441.7
Профили желѣза для вагоностроенія 24.8
Профиль валка 514.9
- доменной печи 287.7
Проходъ . . 531.3

Процессъ брикетированія 94.7
- горѣнія . . 248.7
- заводскій . 346.7
- кислый основной 396.5
- металлургическій 346.7
- окислительный 552.3
- очищенія . 366.5
- подготовительный 74.2
- промывки . 80.2
- пудлингованія 378.7
- раздѣленія 74.3
- рудный . . 412.9
- сплавленія . 418.1
Процессы общіе въ доменной печи 346.6
Процѣживаніе воды 146.8
Прочность 32.4, 306.9 413.2
- абсолютная 49.6
- на крученіе 50.5
- - разрывъ . 48.8
- - растяженіе 48.8
- - ударъ . . 41.9
- по отношенію къ изнашиванію 32.6
Прочный . . 475.4
Проявить . . 277.3 282.5
- строеніе . . 277.4
Проявленіе сильно освѣщенныхъ мѣстъ 282.6
- строенія . . 277.1
Пружина наматывающая 502.5
Пружинный духомѣръ 350.11
- манометръ 350.11
- отбой . . . 502.4
Пружинящій 462.1
Прутки желѣзные для выдѣлки мелкосортныхъ издѣлій 28.9
Прутковое желѣзо для выдѣлки подковъ 29.1
Прутъ для изслѣдованія хода плавки 386.1
Прямолинейный 290.8
Прямослойное 422.8
Псиломеланъ 69.6
Пуансонъ . . 52.1
Пуговка круглая 487.5
- угловая . 487.6
- фасонная . 487.8
Пуддельбарсъ 377.6
Пуддингъ . . 114.7
Пудлингеръ механическій 378.10
Пудлингованіе во вращающихся печахъ 379.1
- въ печахъ съ вращающимся подомъ 379.1
- въ-ручную . 378.9
- механическое 378.9
- на зернистое желѣзо 379.6
- - сталь . . 379.8
- при посредствѣ руды 380.2
- сухое . . . 379.5
Пудлинговать 366.8
Пудлинговая крица 376.10
- мастерская 366.9
- печь см. печь пудлинговая
Пудлинговые шлаки 113.1, 374.10
Пудлинговый 8.5 чугунъ 10.8
Пудлинговщикъ 378.8
Пузырчатая сталь 484.3
Пузырь . . . 484.2
- газовый . . 484.2
Пульверизаторъ для отмученнаго глинозема 276.11
Пульзометръ 142.2
Пунсонъ . . 52.1
Пурпуровый 547.10
Пусковая машина 170.1
Пустота 469.5, 483.4 484.1
- извилистая 487.3
Пустотный шестеренный валокъ 519.5
Пустотѣлый 369.7 394.6
Путь водный 561.6
- главный . . 123.7
- запасный . 123.8
- примыкающій 123.9
- сухой . . . 561.2
Пучекъ свѣтовыхъ лучей 281.4
- сухихъ вѣтвей 532.9
- хвои 532.9
Пылесобиратель 316.8
Пылеуловитель 316.7, 409.2
Пыль графитовая 430.3
- древесноугольная 98.3, 430.1
- каменноугольная 101.7, 430.2
- колошниковая 316.1
- рудная . . . 76.4
- цинковая . 361.3
Пѣна 481.8
Пѣнистый . 357.10
Пята рельса 22.4

Р.

Работа въ производствѣ 556.3
- лабораторная 173.2
- машинная . 556.5
- непрерывная 395.4
- полезная . 557.5
- ручная . . 556.4
- съ двукратнымъ расплавленіемъ 366.2
- - однократнымъ расплавленіемъ 365.8
Работы внутри печи 353.4
Рабочій на колошникѣ печи 333.1
- столъ въ лабораторіи 175.3
Рабочій токъ 169.2
- у доменной печи 332.8
Равнобокій . 20.1
Равновѣсіе диссоціаціонное 262.10
Равномѣрный 328.9, 474.10
Радіальный . 580.8
Радіусъ загиба 43.6
Разбавленный 242.2
Разбивка на куски 77.1
- руды . . . 88.4
Разбирать . . 75.9
- руду отъ пустой породы 63.4
Разбить . . . 463.8
Разборка ручная 75.10
Разборка сухая 76.2
Разборки цѣль 76.1
Разборная опока 440.9
Разбрызгиватель пароструйный 158.2
- съ плоскими щелями 158.4
- центробѣжный 158.6
Разгрузка . 123.4 562.10
- автоматическая 128.3
- печи 106.5
- пути съ обѣихъ сторонъ 128.5
Разгрузочная машина 529.5
Разгрузочное передвижное приспособленіе 139.8
Раздвижная муфта 519.9
-ной калибръ 89.2
Разжижающее средство 415.6
Разламывать 354.3
Разложеніе 358.12
- известняка 349.10
- углеводородовъ 105.9
- шихты . . . 348.4
Разложиться 359.1
Размѣръ . . 288.3
- нормальный 87.8
- опредѣленный 87.8
- увеличенный 486.10

Размѣры, имѣющіеся на складѣ 37.7
- отливки . . 423.1
Разница въ анализахъ 227.3
Разновидность желтая 115.10
- углерода 214.10
Разновѣски . 239.3
Разновѣсъ 239.23
Разобщеніе . 240.6
Разогрѣть 336.4, 417.7
Разорвать . . 49.2
Разработка открытая 58.2
- подземная мѣсторожденія 58.1
- разносомъ . 58.2
Разрушеніе сердечника 459.7
- стержня . . 459.7
- шишки . . 459.7
Разрушить кладку стѣнъ шахты 355.7
Разрывать . . 49.2
Разрывъ цѣпи 137.10
Разрыхлѣніе 81.6
Разрѣженіе воздуха 469.4
Разрѣзный . 440.9
Разрѣзъ вертикальный 288.1
-, сдѣланный ножницами 84.2
Разсмотрѣть подъ микроскопомъ 278.6
Разстояніе между валками 515.5
- фокусное . 279.3
- яснаго зрѣнія 279.5
Разстройство хода плавки 353.2
Разсыпаться 359.1
Разсыпное мѣсторожденіе 57.3
Разъемный . 469.8
Раковина 35.8, 175.4
- усадочная 483.11
Рама 323.5
- для наполненія опоки пескомъ 453.2
- - точной установки модельной плиты 454.7
- колосниковая 368.2
- охлаждаемая 297.2
- полая . . . 369.7
- топочная . 162.7
Рама топочныхъ дверецъ 368.7
- центрирующая 454.7
- чугунная . 440.3
Рамка стержневая 460.4
Раскатать . . 53.2
Раскатывать 53.2
Раскисленіе . 398.6
Расковка . . 53.7
Раскопать . . 488.8
Распадаться . 359.1
Распаденіе 253.4, 347.12
- руды . . . 80.4
- шихты на составныя части 348.4
Распаръ . . . 303.7
Расплавить . 374.4
Расплавляемыя по частямъ количества чугуна 374.1
Расположеніе конвертеровъ 388.2
- ретортъ . . 388.2
Распредѣленіе воздуха 324.6
- доменнаго чугуна 339.6
- клапанное . 500.2
- кранами . . 500.1
- плавильныхъ матеріаловъ 335.6
- свѣта . . . 171.7
- силы . . . 167.3
Распредѣленный мелко 243.4
Распредѣлительный конецъ 133.9
Распылитель пароструйный 158.2
- центробѣжный 158.6
- съ плоскими щелями 158.4
Распыляющее сопло 317.5
Раствореніе . 241.2
Растворимость 241.3, 273.4
- ограниченная 273.6
- полная . . 273.5
- совершенная 273.5
Растворимый 399.7 241.8
Растворитель 241.6
Растворить . 241.4 243.5
Растворъ водный амміака 205.4
- древесной золы 431.4
- застывшій . 273.9
- известковый 117.9
- индиго . . . 211.8
- іода . . . 211.10
- кислый послѣ выдѣленія металловъ 91.1
- купороса . 552.8
- маточный . 274.3
- мутный . 241.11
- мыла . . . 276.5
- мѣдный . . 90.4
- нормальный 192.6
- огнеупорный 117.13
- послѣ выдѣленія мѣди 90.5
- - - цинка . . 90.9
- прозрачный 241.10
- смолы въ скипидарѣ 551.8
- твердый . 273.10
- титровальный 192.5
- хлористаго кальція 329.6
- цинковый . 90.8
- эквивалентный 259.2
- эквимолекулярный 259.1
Растворы изогидричные 262.7
Растертый . . 116.7
Растирать . . 223.9
Растопка . . 473.5
Растопыренныя ножки 462.2
Растяженіе 48.6, 49.7
Расходъ воды 140.5
- воздуха . . 350.4
- горючаго . 557.2
- дутья . . . 350.4
- напильниковъ 491.6
- силы . . . 557.4
- тепла 345.12, 346.3
- тока на тонну стали въ киловаттъ часахъ 572.7
- топлива . . 557.2
- углерода . . 348.7
- угля 557.3
Расходы общіе 563.6
- по постройкѣ 563.5
- - эксплоатаціи 563.2
Расцѣпить муфту 520.7
Расцѣпленіе самодѣйствующее 136.9
Расцѣпляющій самодѣйствующій приборъ 137.1
Расчетъ шихты 334.3, 345.1
- шлаковъ . . 345.4
Расшатать модель 485.6
Расширеніе . 84.6
- кладки . . 306.1
Расширить отверстіе 52.4
Расщепленіе іоновъ 263.2
Раффинированіе 414.8
- желѣза электротермическимъ путемъ 565.4
- посредствомъ руды 415.1
- стали посредствомъ прокатки и сварки 10.9
Раффинированная сталь 11.1
Раффинировочный процессъ 565.5
Рванина . . . 36.3
Реагенты . . 203.5
Реагировать . 222.5
Реактивная стклянка 185.2
- бумага . . . 212.7
Реактивъ несслеровъ 211.4
Реактивы . . 203.5
Реакція съ выдѣленіемъ тепла 222.9
- - поглощеніемъ тепла 223.2
- химическая 222.4
- экзотермическая 222.9
- эндотермическая 223.2
Ребро для удержанія формовочнаго песка 441.4
- поперечное для удержанія формовочнаго песка 441.5
- продольное 519.6
Ребровой ручей 516.2

Реверсивная машина 169.9
-ный прокатный станъ 532.1
Регенераторъ 407.7 820.9
Регулированіе водяного напора 508.1
- притока воздуха 411.6
- тяги 417.1
- электродовъ 567.2
Регулировочный кранъ 192.3
Регуляторъ . 328.5
- давленія газа 272.1
- притока газа 272.1
Резервуарное желѣзо 26.10
Резервуаръ грузовой 508.4
- для газа . . 271.3
- запасной . . 102.4
- напорный, высоко поставленный 145.8
- общій съ водою 316.2
- отстойный . 146.9
Резина . . . 546.4
Резиновая кишка 197.10
- нить 197.8
- перчатка . 198.4
- пластина . 197.5
- пробка . . . 197.6
- трубка . . 197.10
- этикетка . . 197.9
Резиновый колпачокъ 198.2
- палецъ . . 198.3
- шаръ . . . 197.7
Результатъ испытанія 84.5
Рейка зубчатая 393.2
- - съ шестерней 323.6
Рейтеръ . . . 289.8
Рельсовый костыль 24.6
Рельсъ . . . 22.1
- вѣсового помоста 183.3
- городскихъ дорогъ 22.8
- направляющій 23.6
- рудничныхъ дорогъ 22.9
- трамвайный 22.8
- узкоколейныхъ дорогъ 22.7
Рельсъ ширококолейныхъ дорогъ 22.6
Рельсы, расположенные въ видѣ колосниковъ 446.8
Ремонта требующій 475.5
Ремонтъ капитальный 418.8
- огнеупорной футеровки 572.9
Реостатъ . . 267.1
Ресмусъ . . . 40.5
- раздвижной 40.4
Ресслера печь 262.3
Рессора буферная 25.2
- вагонная . . 25.1
- спиральная 25.2
Реторта 187.3, 389.7
- для малаго бессемерованія 387.7
Ретортный графитъ 117.11
Рехлингъ-Роденгаузера печь 568.9
- - - перемѣннаго тока 568.10
- - - трехфазнаго тока 569.1
Ржавѣть . . 550.1
Рифленое желѣзо 26.11
Ровнять . . . 503.7
Роговая обманка 72.7
Рогъ жженый олений 420.1
- обугленный 419.5
Роданистый аммоній 206.1
Роликовая опора 325.2
Роликъ нижній 187.2
- опорный для тягового каната 187.2
- фрикціонный 497.6
Ролленгангъ 525.5
Рольгангъ . . 525.5
- подводящій 525.5
Ротаціонный насосъ 142.6
Ртутная лампа 281.2
-ный духомѣръ 350.9
- манометръ . 350.9
Ртуть . . . 545.10
Ртуть закисная азотнокислая 209.5
- металлическая 209.9
- хлористая . 209.6
- хлорная . . 209.7
Рубашка . . 446.2
Рубецъ на поверхности отливки 490.2
Рубцеватый . 47.5
Руда бобковая 67.5
- болотная . . 67.4
- въ видѣ почекъ 63.8
- выгребная . 88.6
-, высушенная при 100° 232.7
- дерновая . . 67.4
- для отжига 415.4
- желѣзная бурая 63.7
- - волокнистая 58.7
- - вывѣтрѣлая 59.3, 64.1
- - желтая . . 67.7
- - землистая 59.5
- - известковая 60.5
- - кристаллическая 64.3
- -, куски которой проникнуты другимъ минераломъ 64.5
- - магнитная 59.10
- - марганцовистая 70.5
- - мокрая . . 60.2
- - мягкая . . 59.1
- - оолитовая 63.7
- - плотная . 59.2
- - пористая . 59.9
- - рыхлая глинистая 59.6
- - свѣжая . 64.2
- - синяя . . 68.7
- - сливная . 59.3
- -, содержащая воду 60.3
- -, - марганецъ 70.5
- -, - мышьякъ 61.4
- -, - мѣдь . . 61.1
- -, - никкель 61.6
- -, - свинецъ 61.2
- -, - сѣру . . 60.6
- -, - титаній . 61.5
- -, - углекислоту 60.4
- -, - фосфоръ 60.7
- -, - цинкъ . 62.3
- - сплошная 59.3
Руда желѣзная съ содержаніемъ воды 60.3
- - сырая . . 64.4
- - сѣрнистая 60.6
- - твердая . 59.7
- - углекислотная 60.4
- - фосфористая 60.7
- - хрупкая . 59.8
- изъ отваловъ 62.10
- кусковая . . 62.8
-, легко возстановляемая 62.3
- легкоплавкая 61.7
- луговая . . 67.4
- марганцовая собственно 69.5
- необожженная 62.7, 88.11
-, - вполнѣ . . 89.1
- обогащенная 63.1
- - въ мелкомъ состояніи 75.1
- обожженная 88.10
- озерная . . 67.4
- отобранная 63.1
- порошкообразная желѣзная 58.8
- почковидная 63.8
-, пронизывающая куски пустой породы 64.5
- пурпуровая 70.8
- ручной разборки 63.3
- самоплавкая 62.2
- серебряная, содержащая марганецъ 70.7
- стальная . . 68.6
- сортированная 63.1
- сухая . . . 60.1
- сырая . . . 62.7
- тугоплавкая 62.1
- цинковая, содержащая марганецъ 70.6
Рудная колоша 335.2
- мелочь . . 62.9
- мельница съ бѣгунами 78.1
- пыль . . . 76.4
- смѣсь . . . 76.3
- сыпь . . . 334.1
Рудникъ желѣзный 57.8
- съ шахтой . 100.6
Рудный процессъ 412.9

Рудный складъ 180.3
- штокъ . . . 57.2
Рудодробилка 78.8
- вальцовая . 77.8
Рудоносный продуктъ 75.2
Рудоотдѣлитель Витериля 94.4
Рудоотдѣлительное приспособленіе съ постояннымъ магнитомъ 98.7
Рудоразборка 75.8
Рудоразборное устройство 75.11
Рудораспредѣлитель 808.10
Рукавъ воздухоподводящій 800.9, 801.1
- для спуска . 132.2
Рукоятка . . 288.8
Рулетка . . 88.9
Рута вентиляторъ 471.1
Ручей, вытянутый въ вертикальномъ направленіи 516.2
- для балокъ 517.6
Ручей для желѣза Зореса 517.9
- - накладокъ 517.10
- - подкладокъ 517.11
- - прокатки желѣза для гвоздей 518.3
- - пропуска трубы 588.4
- - рельсовъ . 517.7
- - шпалъ . . 517.8
- закрытый 515.10
- начальный 516.5
- обжимнаго стана 517.5
- обратный . 516.6
- овальный . 517.1
- оживальный 516.11
- окончательный 516.7
- открытый . 515.9
- плоскій 516.10, 517.3
- подготовительный 516.3
- пропускной 516.1
- ребровой . . 516.2
- черновой . 516.3
- четырехгранный 517.2
- чистовой . . 516.4
Ручей съ неравномѣрнымъ вырѣзомъ 518.4
- - углубленіями 518.1
- фасонный . 517.4
Ручка деревянная 477.7
- приклепанная 477.6
Рыло фурмы 297.4
Рыхлый 59.6, 484.8
Рычагъ для гусара 289.7
- - рейтера . 289.7
- - ѣздока . . 289.7
- опорный 522.5, 523.7
Рычажный молотъ 495.3
- - съ ножнымъ приводомъ 497.3
- механизмъ . 810.9
Рѣзакъ . . . 504.7
Рѣшетка изъ теса 817.1
- колосниковая горизонтальная 160.7
- - для шлаковъ 162.2
- - наклонная 161.2
- колосниковая неподвижная 161.9
Рѣшетка колосниковая, охлаждаемая водой 162.6
- - подвижная 162.1
- - продольная 160.6
- - простая . 160.4
- - ситообразная 161.1
- - скользящая 162.3
- - составная . 160.5
- - ступенчатая 85.1, 161.5
- - съ водянымъ охлажденіемъ 162.6
- - - непрерывной загрузкой 161.7
- - - - засыпкой 161.7
- - цѣльная . 160.4
- - экономическая 160.9
- - этажная . 161.6
- чугунная . 821.5
Рѣшеткообразный 525.4
Рѣшето . 230.3.4.6.7
Рядовой уголь 100.7
Рядъ параллельный 384.8
- трубъ . . . 319.6
- фурмъ . . . 466.7

С.

Садка . 378.10, 409.7
- жидкая . . 565.3
- чугуна . . . 395.9
Садочная машина 410.1
-ный матеріалъ 565.1
Сажа 552.2
Сало 546.8
- бычачье . . 558.5
Сальниковая крышка 507.4
- вый компенсаторъ 324.9
Самодѣйствующій 132.4
Самозахватъ . 128.7
Самокатъ подводящій 525.5
Самоплавкій . 62.2
Саморазгрузочный вагонъ 128.4
Саморазгрузъ 128.2
Самородный 218.10
Самосвѣтящійся 400.1
Сарай литейный 339.4
Сахаръ свинцовый 209.1
Сбавка въ цѣнѣ за большее содержаніе кремнекислоты, фосфора и сѣры 65.9
Сборка опоки 442.1
Сваливаніе . 130.2
Свалки мѣсто 356.4
Свариваемый 9.5
Сваривать . . 378.4
Сварочная сталь 11.1
Сварочный металлъ 9.4
- горнъ . . . 378.5
Сверлильный станокъ для желѣза и стали 228.4
Сверлить . . 228.5
- въ продольномъ направленіи 228.8
- сбоку . . . 228.6
Сверлить сверху 228.7
Сверло для проверчиванія въ пробкахъ отверстій 196.7
- - угля . . . 235.5
- пробочное . 196.7
Свернуть кольцо 535.5
Свидѣтельство объ анализѣ 227.4
Свинецъ . . 219.6
-, получаемый изъ кладки печей 361.4
-, содержащій олово 558.7
- уксуснокислый 209.1
Свинка 18.3.5, 339.9 463.7
Свинцовая ванна 548.5
Свинцово-плавильная печь 540.4
Свинцовый блескъ 71.7
-вые бѣлила 551.10
Свинчакъ . . 71.7
Свищъ . 386.8, 422.9
Свободное пространство 520.3
Свободностоящій 126.1, 143.4
Сводовая балка 404.1
Сводъ 321.7
- боровка . . 372.6
-, выпуклый къ серединѣ 404.3
-, изогнутый внизъ 404.2
- куполомъ . 404.3
- надъ подомъ 369.1
- подъемный 384.2
- понурый . . 404.2
- темпеля . . 292.1
Свойства руды 65.6
- формовой земли для приготовленія шишекъ 427.4

Свѣжій . . . 64.2
Свѣтильный газъ 418.2
Свѣтильня восковая 459.5
Свѣтлосиній . 548.2
Свѣтлосоломенный цвѣтъ 547.7
Свѣтофильтръ 281.5
Свѣтъ газокалильный 281.1
- дневной . 280.11
- друммондовъ 280.13
- падающій . 280.5
- солнечный 280.12
Связанный . 115.4
Связующее вещество 95.5
Связываніе мелкихъ частицъ 95.4
- мелкой руды въ куски разнообразной формы 94.5
Сгибаемый . 42.4
Сгибать . . . 42.8
Сгладить отливки 489.6
Сглаживать . 503.7
- литейныя формы 487.1
Сгораніе совершенное 87.6, 248.8
Сгущать . . . 256.5
Сдвигъ при крученіи 51.4
Сегрегація . 483.8
Селитра каліевая 419.6
Сердечниковая трубка 459.3
- часть . . . 458.5
Сердечникъ . 383.6 458.4
- грушевидный 539.2
- для прокатки трубъ 537.9
- ломкій . . . 459.8
- потерянный 461.5
- трубы . . . 458.6
- - съ отводомъ 461.4
- шишечный . 458.8
Сердоликъ . 388.1
Сердцевина обжигаемой массы 89.3
Серебристая сталь 17.8
Серебристый 108.1
Серебро . . . 219.8
- металлическое 210.2
- содержащій 361.5
Серебряная руда, содержащая марганецъ 70.7
Серьга . . . 301.9
Сдвоить . . . 588.2
Сдѣлать выпускъ 339.9
Сжатый газъ 267.6
Сжимать . . 425.6
Сидеритъ . . 68.3
Сила воды . 167.8
- крученія . . 50.9
- непреодолимая 560.13
- подъемная . 125.4 240.11
- рабочая тока 169.2
- свѣта . . . 280.9
- - незначительная 400.4
- стихійная 560.13
- удара . . . 434.9
- удерживающая іоновъ 264.7
Силикатъ водный глинозема 115.12
- глинозема 427.11
- цинка . . 361.13
Силико-шпигель 15.4
Силовая . . . 166.1
- линія . . . 92.10
Силособиратель 503.3
Символъ химическій 226.4
Сименса генераторъ 404.8
- перекидной клапанъ 407.1
- электромагнитный приборъ 93.8
Сименсъ-мартеновская сталь 12.3
Синькали . . 208.7
- красное . . 208.8
Система балокъ 308.2
- двупроводная 167.4
- колосниковыхъ балокъ 368.2
- линзъ . . . 280.3
- многопроводная 167.5
- трубъ . . . 319.6
Сито . . . 230.3,4
- крупное . . 230.6
- мелкое . . . 230.7
- подвижное 230.10
- сотрясающееся 230.10
- фильтровальное 245.4
Ситообразная колосниковая рѣшетка 161.1
Сифонная труба 320.1
Сифонъ . . . 186.5
Скала . . 65.8, 240.5
- твердости . 53.10 180.8
Скалистый . 238.10
Скатать . . . 539.3
Скатъ 30.8
Скважность . 96.9
Скелетъ шишечный 460.4
Складкообразный 47.7
Складочная яма 131.1
Складчатый . 47.7
Складъ . . . 177.7
- балокъ . . 130.8
- болванокъ . 130.7
- желѣза . . 130.5
- кокса . . . 130.4
- моделей . . 422.2
- рудный . . 130.3
- чугуна . . 130.6
Складываніе 130.2
Склеить . . . 423.4
Склерометрическая проба 54.1
- твердость . 53.11
Склерометръ 54.3
- шаровой . . 54.5
Скоба 392.9
- для удаленія песка 441.6
- подвѣсная . 476.7
- - для водопроводной трубы 298.3
- - - ковша . 479.2
Скольженіе при крученіи 51.4
Скорлуповатый желѣзнякъ 67.2
Скорость новообразованія іоновъ 264.8
- образованія іоновъ 264.2
- окружная . 530.9
Скосъ 298.4
Скребки . . . 78.5
Скребной ножъ 78.6
Скребокъ 78.6, 139.3
- изъ проволоки двусторонній кистеобразный 491.2
Скрубберъ . 317.4
Скрутить . . 51.7
Скручиваніе . 50.3 51.2
Скручивать . 51.7
Скручивающее усиліе 50.9
-ющій моментъ 50.8
Скрытая теплота 272.6,10
Скрѣпить болтами 442.9
- чеками . . 442.9
Скрѣпленіе болтовое 295.2
Слагаемое . . 274.7
Слагающая соединенія 226.2
Сланецъ глинистый 112.1
Сланцеватый 116.5
Сливать . . . 243.3
Сливная труба 146.2
Сливной . . . 59.3
Сливистый . 248.2
Слизкій . . . 428.5
Слитокъ . . . 485.9
- закрѣплять 528.9
Слоистый . . 46.1
Слой верхній шлака въ печахъ съ открытой грудью 333.4
- кладки . . 305.9
- металла . . 567.1
- окалины на поверхности желѣза 414.6
- окиси 483.2, 552.6
- окисловъ . 414.6
- раскаленнаго угля 405.7
- ржавчины . 550.2
- фильтрующій 147.2
- шлака . . . 566.9
Слоями . . . 391.9
Слюдка желѣзистая 66.6
- желѣзная . 66.6
Слюдяная пластинка 301.5
-ныя очки . . 258.3
Смазать масломъ 383.4
Смачиваніе угля 104.7
Смачивать . . 119.8
Смола 95.9, 546.11
Смолистый . 405.6
Смотритель . 332.7
Смотровое отверстіе 163.2
Смоченный . 546.2
Смочить . . . 119.8
Смывка . . . 80.3
Смѣна восьмичасовая 556.8
- денная . . . 556.6

Смѣна дневная 556.8
- ночная . . 556.7
Смѣняемый . 478.3
Смѣняемыя части 390.4
Смѣсь газовая 360.1
- рудная . . 76.3
- рудъ 338.8
- физическая 273.2
- эвтектическая 274.4
Смѣта . . . 562.12
Смѣшать . . 432.5
Смѣшеніе . . 432.9
- рудъ и флюсовъ въ желательномъ соотношеніи 333.9 334.4
Смягченіе воды 147.8
Сносъ 80.3
Снять отливки 489.6
Собирательный конецъ 138.8
Совокъ для посадки 411.3
Согнуть 42.8, 533.2
- заклепочное желѣзо въ петлю 43.4
Сода 205.9
Содержаніе . 563.3
- влаги . . . 64.8
- воды въ одномъ кубическомъ метрѣ воздуха 329.4
- газа 103.2
- гарантированное 227.1
- желѣза . . 64.7
- золы 101.9
- кусковой руды 64.9
- мелкой руды 65.1
- окиси углерода 360.4
- пустыхъ породъ 101.10
- сланцовъ 101.10
Содержимое тигля 385.1
Соединеніе кислородное 214.8
- металлоидовъ съ желѣзомъ 349.9
- сѣрнистое . 216.8
- химическое 226.1, 345.10
Соединительный конецъ валка 518.7
Соединять . . 519.3
Сожженіе . . 248.6
Сожигательная 177.3
Соковая доска 292.9, 364.4
-вое очко . . 300.2
Соколъ . . . 38.2
Сокращеніе продолжительности плавленія 411.10
Сокъ 355.9
- доменный 355.10
Соли щелочныя 361.9
Солома . . . 429.9
- рубленная . 429.3
Соломокрутка 460.9
Соль азотнокаліевая 419.6
- азотнокобальтовая 212.5
- азотнортутная закиси 209.5
- азотносеребряная 210.1
- бертолетова 211.2
- борнонатріевая 211.14
- горькая . . 208.3
- двуугленатріевая 205.10
- двухромовокаліевая 206.5
- желтая . . 208.7
- кислая сѣрнокаліевая 206.2
- - углекатріевая 205.10
- красная кровяная 208.8
- металлическая 427.5
- молибденовоаммоніевая 210.3
- Мора . . . 208.6
- мышьяковистонатріевая 210.9
- окиси желѣза 69.2
- поваренная 207.2, 545.7
- сѣрнистонатріевая 210.5
- сѣрнобаріевая 220.11
- сѣрножелѣзистоаммоніевая 208.6
- сѣрнокаліевая 205.11
- сѣрнокальціевая 208.1, 220.3
Соль сѣрномагніевая 208.3
- сѣрномѣдная 90.6
- сѣрнонатріевая 205.12
- сѣрноцинковая 90.10
- углеаммоніевая 206.8
- углебаріевая 220.10
- углежелѣвистая 68.3
- углеизвестковая 111.2
- углекаліевая 205.8
- углекальціевая 220.2
- углемагніевая 220.6
- угленатріевая 205.9
- уксусноаммоніевая 206.7
- уксуснобаріевая 207.7
- уксуснокаліевая 206.6
- уксусносвинцовая 209.1
- фосфорноаммонійконатріевая 207.3 212.1
- фосфорножелѣзистая 399.6
- фосфорнокальціевая 399.5
- фосфорнонатріевая 206.9
- хлорноватокаліевая 211.2
- хромовая желтая 206.4
- - красная . 206.5
- хромовокаліевая 206.4
Соляная кислота 203.10
Сооруженіе для колошниковаго подъемника 329.9
Сопло . 301.2, 395.1
- отодвинуть назадъ 343.1
- распыляющее 317.5
Сопоставленіе данныхъ анализа 226.8
Сопротивленіе емкости сосуда 261.2
- магнитное . 92.8
- разрыву . . 48.8
Сопротивленіе растяженію 48.8
- сжатію и раздавливанію 96.8
- скручиванію 50.5
- удару . . . 41.9
- электрическое 267.1
- электролитическаго тренія 263.3
Сорбитъ 284.5, 284.3
Сорта руды . 66.1
Сортировочная канатная дорога 124.4
- лебедка . . 124.5
- станція . . 123.6
Сортовый номеръ 84.11
Составленіе шихты 333.7, 333.9 334.4
Составлять шихту 333.10
Составляющая соединенія 226.2
Составной . . 440.5 446.1
-ныя части газа 267.5
Составъ . . . 356.5
- газа 267.4
- молекулярный 225.3
- химическій 225.9
Состояніе въ доменной печи 97.1
- - домнѣ . . 97.1
- равновѣсія 345.7
Состоящій изъ двухъ частей 440.1
- - нѣсколькихъ частей 440.2
Сосудъ батарейный 265.7
-, въ которомъ производится шлакованіе со свинцомъ 234.7
- глиняный пористый 266.2
- для бѣлой жести 553.2
- - декантированія 243.7
- - кипяченія 187.5
- - опредѣленія проводимости 261.3
- - - электропроводности 261.3

Сосудъ для повторнаго погруженія листовъ въ олово 553.10
- - прокаливанія 415.2
- - промывки 553.8
- - ртути 200.3, 200.4
- - сливанія жидкости съ осадка 243.7
- - хлористаго кальція 238.9
- изъ листового желѣза 389.8
- - синяго кобальтоваго стекла 188.6
- кварцевый . 201.6
- кристаллизаціонный 243.9
- отстойный . 146.9
- папиновъ . 178.5
- съ вальцами 554.1
- - водою . . 380.5
- - жиромъ . 553.3
Сотенные вѣсы 134.3
Сохраненіе футеровки печи 475.3
Сохранять пробу холодною 275.6
- рѣжущія свойства 32.5
Сочлененіе сферическое 802.1
Спекаемость . 108.1
Спеканіе . . 849.6
- кокса . . . 106.7
Спекать . . . 849.6
Спекаться . 429.11
- способность 108.1
Спекающійся уголь 99.3
Спектра желто-красная часть 401.5
Спектральный анализъ 400.10
Спектроскопъ 401.1
Спектръ марганца 401.6
- непрерывный 401.2
- сплошной . 401.2
Спекшійся . . 96.1
Спинка реторты 390.2
Спиральная рессора 25.2
Спиртовая лампа 184.3
Спиртъ . 212.2, 546.5
Сплавленіе . 250.2
Сплавленіе шлака 357.3
Сплавлять . . 250.3
Сплавъ металлическій 351.4
Сплавы выдѣлять 483.9
Сплошной 57.2, 59.3
Способность притягательная магнита 19.10
- связывать . 428.1
Способъ закалки никкелевой стали 418.4
- испытанія . 81.3
- Менне . . . 343.7
- раффинированія 565.5
- сушки воздуха Гейлея 329.2
Спросъ наибольшій на электрическую энергію 168.4
- - одновременный на электрическую энергію 168.5
- наименьшій на . . . 168.6
Спрыскиваніе 298.5
Спрыснуть чугунныя формы 341.2
Спусканіе конуса 309.7
Спускать шлакъ 338.2
Спускъ . . . 182.2
- конуса . . . 309.7
- шлаковъ . . 474.6
Спѣлый ходъ 352.7
- - переработки 365.6
- шлакъ . . . 366.7
Спѣль 215.6
Средство для предохраненія отъ ржавчины 550.3
- закалочное 545.6
- размягчающее 415.6
Сродства химическаго константа 260.5
Сродство химическое 225.11
Срокъ доставки 559.5
- разгрузки 562.11
Срубить зубиломъ 86.1
Ставъ 520.9
Стаканчикъ для отвѣшиванія 240.2
Стаканъ батарейный 265.7
- Вебера . . . 185.8
- изъ закаленнаго стекла 187.7
- нажимной . 522.2
-, употребляемый при химическихъ работахъ 187.6
- фарфоровый 194.3
Сталеплавильный заводъ 381.2
Сталетомильная печь . 416.5, 417.10
-ный ящикъ 416.7
Сталь алмазная 13.8
- бессемеровская 11.8
- бористая . . 17.7
- быстрорѣжущая 13.6
- ванадіевая . 17.6
- вольфрамистая 17.2
- Вутца . . . 13.3
- дамасская . 13.4
- дважды раффинированная 11.3
- двойной раффинировки 11.3
- двусварочная 13.2
- дикая . . . 10.6
- для быстрой обработки металловъ 13.6
- - зубилъ . . 13.7
- - прессовыхъ штемпелей 13.9
- - пуансоновъ 13.9
- - штампъ . 15.1
- закаленная 548.7
- инструментальная 13.5
- испорченная 548.9
- кремнистая 16.10
- кричная самая твердая, обнаруживающая темныя пятна при изломѣ 10.5
- литая . . . 11.5
- - листовая 25.12
- лучшаго качества 11.2, 565.7
- марганцовая 17.2
- мартеновская 10.7, 12.2
Сталь молибденистая 17.4
- никкелевая 16.11
- - литая . . 418.5
- односварочная 13.2
- отпущенная 548.8
- перегрѣтая 488.11
- пережженная 548.12
- перетомленная 548.10
-, полученная изъ чугуна при помощи окисленія рудой 12.7
-, - на поду отражательной печи 10.7
- поспѣла . . 386.2
- пудлинговая 10.8
- пузырчатая 484.3
- раффинированная, полученная посредствомъ прокатки и сварки 11.1
- сварочная 9.6, 11.1
- серебристая 17.8
- сименсъ-мартеновская, полученная кислымъ способомъ 12.3
- - -, - основнымъ способомъ 12.4
- специальная 16.7
- сырая . . . 9.7
- тигельная . 11.7
- - литая . . 11.7
- титанистая . 17.5
- томасовская 12.1
- углеродистая 16.3
- Ухатіуса . . 12.7
- хромистая . 17.1
- хромоникелевая 16.12
- цементная . 13.1
Стальная проволока 27.11
- руда 68.6
- сторона броневой плиты 27.9
- ступка . . . 229.3
Стальной магнитъ 92.3
- ободъ . . . 294.7
- стержень . 391.7
Станина безъ уравновѣшенія валковъ 521.5
- для дуо . . 521.6
- - тріо . . . 522.3

Станина задняя 496.10
- молота . . 496.2
- передняя . 496.9
- прокатнаго стана 521.1
- съ отъемной головкой 522.9
- - - крышкой 522.9
- - уравновѣшенными валками 523.1
- шестеренная 524.3
Станины доменной печи 291.1
- поддерживающія 496.8
- покатныхъ становъ 520.8
Становиться некруглымъ 423.5
- стекловидцымъ 118.10
Станокъ волочильный 535.8, 536.5
- - дисковый 535.9
- гончарный . 333.1
- для выточки сердечниковъ 460.10
- - - стержней 460.10
- - - шишекъ 460.10
- - размельченія 77.2
- - точной установки модельной плиты 454.6
- отдѣлочный 492.1
- подвѣсный шлифовальный 492.7
- правильный 534.2
- - для шишечныхъ сердечниковъ 459.1
- сверлильный для желѣза и стали 228.4
- съ рамой въ видѣ козелъ 454.1
- формовочный для стержней 459.2
- шлифовальный 492.3
Станція для освѣщенія 166.2
- - передачи силы 166.2
- металлургическаго завода 123.5
- насосная . 141.10
- первичная . 165.6
- распредѣлительпая центральная 165.7
Станція силовая центральная 166.1
- сортировочная 123.6
- центральная освѣтительная 165.8
- электрическая 165.5
Станъ бандажный 512.2
- бѣгающій . 511.7
- въ два валка 512.6
- - три валка 512.7
- двойной . . 513.2
- для обжима слитковъ 511.4
- - прокатки броневыхъ плитъ 511.1
- - - колесъ . 512.3
- - - колецъ . 512.2
- - - кровельнаго желѣза 511.2
- - - обжатыхъ крицъ 377.9
- - - тонкаго листового желѣза 511.2
- крупный мелкосортный 511.7
- листопрокатный 510.5, 532.10
- мелкій среднесортный 511.7
- мелкосортный 511.5
- отдѣлочный 510.4
- подготовительный 510.2
- проволочный 511.6
- прокатный . 510.1
- промежуточный 510.3
- реверсивный прокатный 532.1
- универсальный 512.1
-черновой . 511.3
Стассано домна 571.3
Стекать . . . 333.3
Стекла окрашенныя 400.9
Стекло для впаиванія платины въ обыкновенное стекло 252.7
- закаленное 185.7
- Іенское для приборовъ 185.4
- кобальтовое 235.9
Стекловидный 358.1
Стекловиднымъ становиться 118.10
Стеклышко покровное 189.6
- часовое . . 189.7
Стеклянная колба 186.6
- палочка для помѣшиванія 190.7
- пластинка . 189.4
- посуда . . 185.1
- трубка . . 190.6
Стеклянный колпакъ 189.3
- кранъ . . . 190.5
- ящикъ . . . 189.2
Степень диссоціаціи 253.5
- раствора . . 259.3
- обжатія . . 514.8
- обуглероживанія 348.6
- окремнѣнія 357.2
- отпуска . . 547.3
- твердости . 543.5
Стержень . . 458.4
- ломкій . . 459.8
- песта 77.5
- подвижный 410.6
- потерянный 461.5
-, предназначенный для испытанія 49.3
- рельса . . . 22.3
- стальной . . 391.7
- стойки . . . 445.2
- трубы . . . 458.6
- - съ отводомъ 461.4
Стержневой сердечникъ 458.8
- шаблонъ . . 461.3
Стержнеобразный 46.6
Стержни вынуть 391.8
Стехіометрическій способъ Мразека 334.6
- эквивалентъ 345.8
Стклянка абсорпціонная 269.3
- вульфова . 188.5
- гуттаперчевая 197.4
- для добыванія газа 268.7
- - нагрѣванія подъ увеличеннымъ давленіемъ 188.4
- - отсасыванія 246.1
- - отстаиванія 243.6
Стклянка для поглощенія 270.5
- - поддержанія уровня 269.7
- патентованная капельная 185.5
- промывная 268.1
- - для брома 222.1
- реактивная 185.2
- съ пипеткою 192.1
Стклянoчка капиллярная 185.6
Стоимость анализа 227.6
- построекъ . 563.5
- производства 562.13
- ремонта огнеупорной футеровки 578.1
- силы 168.2
- содержанія 563.3
- сооруженій 563.5
- эксплоатаціи 563.2
Стойка . 293.8, 326.3 445.1
- задняя . . 496.10
- передняя . 496.9
Стойки доменной печи 291.1
- поддерживающія 496.8
Столбчатый . 1071
Столбъ водяной 473.1
- каменный . 84.3
- термоэлектрическій 266.6
- фонарный . 171.3
- шихты . . . 335.4
Столикъ предметный 281.7
Столъ 450.1
- отдѣльный . 452.6
- паяльный . 251.2
- поворотный 493.1
- рабочій въ лабораторіи 175.3
- - - электрохимической лабораторіи 265.5
- распредѣлительный 395.6
- съ роликами 525.3
Сторона входа 531.3
- выпуска . . 403.4
- выхода . . 531.4
- задняя . . . 403.4
- лобовая передняя 104.4
- передняя . 403.3
- рабочая . . 403.3
- стальная броневой плиты 27.9
Сторожка . . 149.5

Сторожъ лабораторный 174.5
Страхованіе клади 560.11
Строеніе микроскопическое 283.2
- химическое 225.10
Строенія второстепенная часть 284.3
Строительное литье 487.10
-ный матеріалъ 306.4
Стронцій . . 221.1
Стружка, полученная при сверленіи 228.3
Стружки мѣдныя 199.8
Структура вязкая 49.10
- желѣзной руды 58.6
- тягучая . . 49.10
Структуры составная часть 277.2
Струя воздуха 396.3
- газа прозрачная 400.6
- металла . . 386.7
- чугуна . . 339.7
Стрѣлка магнитная 182.7
Студенистый 115.5
Ступенчатый 518.7
- валокъ . . . 518.6
Ступка 228.10, 229.4
- агатовая . . 229.1
- алмазная . 229.2
- стальная . . 229.3
Стыковый болтъ 24.2
Стыкъ шаровой 302.1
Стылый чугунъ 2.5
Стѣнка боковая печи 369.2
- опоки . . . 442.2
- поперечная 316.9
- промежуточная 407.10
Стѣнки кожуха 470.10
- заплечиковъ 302.3
Стѣнки фурмы 297.3
- шахты . . . 305.6
Стѣнной поворотный кранъ 125.9
Стѣны шахты 305.6
Стягиваться . 413.5
Судно грузовое 562.5
Судохозяинъ 561.12
Сужденіе о процессѣ 399.9
- по наружному виду 35.2
Суженіе 83.10, 382.4
Сулема . . . 209.7
Сурьма . . . 218.8
- сѣрнистая . 218.9
- хлористая . 552.5
Сухой . . 60.1, 76.2
-, какъ порохъ 247.2
- совершенно 247.2
- уголь . . . 99.9
Сучковатый . 47.5
Сушеніе . . . 231.8
- воздуха . 328.12
Сушилка 329.1, 433.8
Сушило . . . 462.8
Сушильная трубка 232.5
Сушильникъ для тиглей 233.3
Сушильный барабанъ 433.7
- шкафъ . . . 232.2
- цилиндръ . 232.4
Сушильня . . 329.1, 333.7, 433.8, 462.8
Сушить . . . 336.3
- на мѣстѣ изготовленія 462.5
Сушка 231.8
- воздуха . 328.12
- формъ . . . 462.4
Сфалеритъ . 72.1
Сферическая часть шлема 390.3
-ское сочлененіе 302.1
Схватить клещами 531.7
- прокатываемый кусокъ металла 531.6
Схваты для слитковъ 527.1
Схватываніе автоматическое 527.2
Сцѣпить . . . 519.8
- муфту . . . 520.6
Сцѣпки мѣсто 136.8
Сцѣпленіе зубцовъ 518.10
Съемный . . 391.2
Сыпучій бетонъ 290.1
Сыпь рудная 334.1
Сыродутная печь 286.1
- шахтная печь 363.1
-ные шлаки . 112.7
-ный горнъ . 362.2
Сырой . . 9.7, 64.4
Сѣверный полюсъ 91.12
Сѣдло фурмы 364.7
Сѣмя плауновое 442.4
Сѣмячко . . 101.3
Сѣра . . 5.4, 216.7
Сѣрная кислота, свободная въ остаткахъ отъ отжига колчедановъ 216.10
- - химически чистая 204.2
Сѣрнистая сурьма 218.9
-тое соединеніе 216.8
Сѣрнистокислый натрій 210.5
Сѣрнистый . 60.6, 216.9
- аммоній . . 207.5
- водородъ . 204.3
- углеродъ . 212.4
Сѣрнобаріевая соль 220.11
Сѣрножелѣзистоаммоніевая соль 208.6
Сѣрнокаліевая соль 205.11
- - кислая . . 206.2
Сѣрнокальціевая соль 208.1, 220.3
Сѣрнокислая закись желѣза 69.3
Сѣрнокислая известь 208.1
- мѣдь . . . 90.6
- окись желѣза 69.2
Сѣрнокислый аммоній 108.3
- калій . . 205.11
- - кислый . 206.2
- магній . . . 208.3
- натрій . . 205.12
- цинкъ . . . 90.10
Сѣрномагніевая соль 208.3
Сѣрномѣдная соль 90.6
Сѣрнонатріевая соль 205.12
Сѣрноцинковая соль 90.10
Сѣрный ангидридъ 217.1
- колчеданъ 69.4, 72.3
- эфиръ . . . 212.3
Сѣроводородная 177.1
Сѣроводородъ 204.3
Сѣтка азбестовая 201.3
- Бабо 199.4
- всасывающая 140.8
- въ трубку свернутая 199.3
- для задержанія рыбы 140.10
- изъ мѣдной проволоки 199.2.3
- предохранительная 136.1
- проволочная 199.1, 318.2
- -, выложенная азбестомъ 201.3
Сѣткообразный 46.8
Сѣченіе живое рѣшетки 160.2
- круглое поперечное 304.3
- начальное . 530.3
- окончательное 530.4
- поперечное 84.1
- сопла . . . 350.7
- четырехгранное поперечное 304.4

Т.

Таблица атомныхъ вѣсовъ 224.7
- нормальная 55.3
Тавро-бимсовое желѣзо 21.6
Тавровыя балки, согнутыя въ кольцо 294.3
-вое желѣзо . 20.8
Тангенціальная отливка 482.6
Тарелка изъ пористаго фарфора 193.3
Тарелочная печь 367.7
-ный клапанъ 323.2
Тарировать . 239.4
Тарифъ спеціальный 560.6
Твердости опредѣленіе 58.9
- стекла . . . 488.6

Твердость . . 53.8
- активная . 543.3
- естественная 542.10
- пассивная . 543.4
- природная 542.10
- склерометрическая 53.11
Твердый 59.7, 273.10
Тейссена аппаратъ 317.7
Телескопическая формовочная машина для ременныхъ шкивовъ 452.2
Телѣжка для загрузки слитковъ 529.3
- - литейнаго ковша 476.3
- - посадки шихты 410.4
- - садки слитковъ 529.3
- - слитковъ 527.4
- - сушильной камеры 463.3
- - установки днища 392.3
- колошниковая 332.1
- подвижная 126.6
- съ литейнымъ ковшемъ 477.3
- формовочная 454.4
Темпель . . . 292.2
Темпельная доска 292.4
-ный брусъ . 292.3
Температура внутренняя 447.7
- внѣшняя . . 447.8
- возстановленія 347.10
- въ доменной печи 351.1
- диссоціаціи 258.6
- закалки . . 543.6
- коксованія . 106.3
- колошника 351.2
- критическая 272.9
- литья . . . 482.2
- обжига . . 86.9
- опасная . . 543.3
- отпуска . . 547.4
- плавленія въ областяхъ печи, гдѣ имѣется еще значительное количество невозстановленныхъ рудъ 348.2
- превращенія 272.9
Температура реакціи 222.8
Теорія диссоціаціи 260.4
Тепло накопленное 408.1
Тепловой балансъ 345.11
- эффектъ . 108.11
- - химической реакціи 222.6
Теплоломкое желѣзо 48.3
Теплопроводность 352.6
Теплопроизводительности вычисленіе по даннымъ анализа 109.5
- опредѣленіе калориметрическимъ путемъ 109.6
Теплопроизводительность полная 109.1
- рабочая . . 109.2
Теплота диссоціаціи 262.6
-, заключенная въ колошниковыхъ газахъ 346.5
-, заключающаяся въ чугунѣ и шлакахъ 346.4
- іонизація . 264.1
- реакціи . . 222.7
- скрытая 272.6.10
- соединенія . 223.1
-, уносимая чугуномъ и шлакомъ 346.4
Теплотворной способности опредѣленіе 108.10
- - - химическимъ путемъ 109.4
Тереза . . . 182.6
Тереть до блестящей поверхности 552.13
- до-чиста . 552.13
Терка съ механическимъ приводомъ 229.9
- чугунная . 229.7
Термическій . 573.3
Термоэлектрическая батарея 266.6
-скій столбъ . 266.6
Тесаный камень 306.7
Техника фотографіи 281.10
Теченіе газа 360.9
Течь въ фурмѣ 358.3
Тигель . . . 382.2
- глиняный . 382.7
- графитовый 382.5
- Гуча 246.3
- изъ глины . 382.7
- - графита . 382.5
- плавильный 252.4
- платиновый 195.1
- фарфоровый 193.7
Тигельная масса 381.5
- мастерская 381.4
- электрическая печь 570.6
Тигельный горнъ 384.4
- прессъ . . . 383.2
Тигли вынуть 386.4
- высушенные готовые 383.10
- формовать . 382.9
Тигля широкая часть 382.3
Типъ доменной печи 287.5
Титанистая желѣзная руда 61.5
- сталь . . . 17.5
-стое желѣзо 16.2
Титанитъ . . 72.5
Титановый ангидридъ 219.4
Титанъ . . . 219.3
- азотистосинеродистый 361.12
Титровальный аппаратъ 193.1
- растворъ . . 192.5
Титрованіе . 192.9
- обратное . 192.10
Титровать . . 192.8
Титръ жидкости 192.7
Ткань азбестовая 200.9
- проволочная 199.1, 318.2
Товаръ каучуковый 197.1
Токъ воздуха, подымающійся кверху 87.7
- - равномѣрный 328.9
- газа 360.9
- газовъ . . . 346.5
- конвекціонный 260.3
- рабочій . . 169.2
- электрическій 93.3
Толчейная муть 77.7
-ный шламъ . 77.7
Толчея . . . 77.3
Толщина желѣзныхъ стѣнокъ 486.12
- предписанная 37.6
- проволоки . 28.3
-, согласно предписанію 37.6
- стѣнъ . . . 305.7
Толщиномѣръ микрометрическій 41.1
- Пальмера . 39.4
Томаса и Гильхриста способъ 397.3
Томасовская фабрика 387.4
-скіе шлаки . 118.2
Томасовскій заводъ 387.4
- чугунъ . . 8.2
- шлакъ . . . 399.2
-ское желѣзо 12.1
Томлянка . . 13.1
Тонкостѣнная чугунная отливка 486.11
Тонкотянутая желѣзная проволока 28.5
Тоннажъ . . 562.3
Топка 367.9
- внутренняя 156.2
- внѣшняя . 156.7
- газовая . . 87.1
- газомъ доменныхъ печей 155.10
- для бураго угля 155.6
- - дровъ . . 155.5
- - лигнита . 155.6
- - мусора . . 155.8
- - смолы . . 155.9
- - угля . . . 155.4
- - угольной пыли 155.7
- колосниковая 368.1
- мазутомъ . 156.1
- механическая 157.1
- наружняя . 156.3
- нижняя . . 156.5
- нефтяная . 384.9
- обыкновенная съ колошниковой рѣшеткой 336.5
- передняя . 156.4
- передъ котломъ 156.4

Топка подъ котломъ 156.5
- съ автоматической загрузкой 157.1
- съ дутьемъ подъ рѣшетку 158.1
- - качающимися колосниками 157.7
- - колосниковой рѣшеткой 368.1
- - непрерывной верхней засыпкой 157.4
- - нижнимъ дутьемъ 158.1
- - роликовыми колосниками 157.6
- - цѣпной колосниковой рѣшеткой 157.5
Топливо обугленное 337.2
- пламенное . 336.8
Топочная дверца загрузочной камеры 161.8
- рама 162.7
-ное пространство 367.10
-ный ходъ . . 104.2
- каналъ . . 104.2
Тормазной цилиндръ 311.3
Тормазъ гидравлическій 311.1
- съ колодкой 498.2
Торфъ 98.5
Торцовая поверхность 424.11
Точилка для пробочныхъ сверлъ 196.8
Точка измѣренія 41.5
- исходная при измѣреніи 41.5
- разложенія 264.9
Точность условленныхъ размѣровъ 87.1
Точный . . . 449.7
Тощій коксъ 107.5
- уголь . . . 99.6
Травеллеръ . 126.3
Траверса . . 505.6
Травить . . . 278.4
- кислотою . 498.9
Травленіе . . 277.9
- проволоки . 537.1
Трамбовка . 391.4 484.5
-, дѣйствующая сжатымъ воздухомъ 484.8
Трамбовка, дѣйствующая сжатымъ воздухомъ и подвѣшиваемая къ крану 485.2
- заостренная 484.7
- плоская . . 484.6
- пневматическая для подвѣшиванія къ крану 485.2
- ручная . . . 391.5
-, дѣйствующая сжатымъ воздухомъ 485.1
- - пневматическая 485.1
Транспортеръ 138.3
- винтовой . . 139.7
- для мѣшковъ 139.1
- ленточный . 138.4
- со скребками 139.2
Транспортная лента 138.5
- - для угля . 159.5
Транспортъ . 128.2
- слитковъ . . 526.1
Треніе 347.2
- въ цапфахъ 513.8
- электролитическое іоновъ 260.3
Треножникъ 198.8
Треугольникъ проволочный 198.9
Трефъ . . . 518.7
Трехатомная молекула 225.2
Трехполюсная конструкція 94.2
Трехфазная установка 166.6
Трехходовый кранъ 190.2
Трещина 86.3, 418.6
- закалочная 549.1
- на поверхности 86.6
- поверхностная 86.6
-, полученная при закалкѣ 549.1
- поперечная 86.4
- продольная 86.5
- у кромки . 86.4
Тріо-станъ . . 512.7
Тростить . . 284.4
Труба безъ швовъ 588.5
- вертикальная 315.4.8
- водозабирная 141.3
Труба водонапорная 485.2
- водоотводная 297.7, 369.8
- всасывающая 145.1
- газоотводная 312.9, 313.7
- - общая . . 313.9
- - центральная 313.1
- главная воздухопроводная 324.3
- горизонтальная 315.2
- двойная . . 319.7
- двухколѣнная 320.1
- Дерби . . 312.10
- дымовая . . 164.6 372.9
- - свободностоящая 165.4
- желѣзная . 587.5
- колошниковая 467.5
- нагнетательная 145.3
- наклонная . 315.3
- - для грузки въ насыпку 132.1
- отвѣтвительная 324.5
- отсасывающая 492.6
- панталонная 320.1
- пескоструйная 492.10
-, подающая воду 297.8
- подвѣшенная 313.2
- распредѣлительная 324.4, 467.1
-, сваренная въ накладку 588.7
-, - притыкъ 588.6
-, - спирально 588.8
- сифонная . 320.1
- сливная . . 146.2
- спускная . 146.1
- съ перегородками 326.4
- тянутая . . 587.6
-, укрѣпленная неподвижно 312.2
- уравнительная 324.7
Трубка . . . 184.1
- газоподводная капиллярная 270.6
- газораздѣлительная 270.9
- газособирательная 270.1
Трубка градуированная измѣрительная 269.6
- для запаиванія 252.8
- - отвѣшиванія 240.3
- - сожженія 249.1
- - фракціонированія 187.4
- конденсаціонная 256.6
- металлическая 200.7
- паяльная . 234.8
- Пелиго . . 232.6
- пергаментная 201.3
- перегонная 255.1
- плавиленная 252.9
- поглотительная 270.5
- предохранительная 189.10
- промывалки 186.3
- распредѣлительная 270.2
- резиновая 197.10
- свинцовая . 199.6
- сердечниковая 459.3
- стеклянная 190.6
- сушильная . 232.5
- съ раздутіемъ, наполненнымъ стеклянными бусами 189.9
- - хлористымъ кальціемъ 232.3
- - шарообразными раздутіями 189.3
- Т-образная . 190.3
- фарфоровая 193.9
Трубопроводъ 298.1
- всасывающій 144.7
- для горячаго воздуха 300.6
- нагнетательный 144.8
- напорный . 144.3
Трубочка фильтровальная 245.5
Трубчатая воронка 444.2
- дробилка . . 79.3
-тый колодецъ 141.6
- котелъ . . . 155.1
Трудноплавкій 356.12
Трюмъ . . . 562.2
Тугоплавкій . 62.1
Турбогенераторъ 171.1
Турбодинамо 171.1

Тусклый . . 277.8
Тѣло вращенія 445.8
-, кристаллизованное въ смѣси 274.1
- постороннее 432.8
Тѣстообразный 876.2
Тяга . . 175.2, 873.5
- воздушная . 87.4
- дымовой трубы 164.7
- запасная . . 811.2
Тяга подвѣсная конуса 810.6
- предохранительная 811.2
- стопорнаго аппарата 480.2
Тягучесть 44.4, 49.8
Тягучій . . . 49.10
Тяжъ 873.5
Тянутая труба 537.8
Тянуть желѣзо 503.4

У.

Уборка . . . 355.6
Убыль въ вѣсѣ 226.10
Увеличеніе . 279.6
- возстановительной способности 81.9
- истинное микроскопа 279.8
- - объектива 279.7
- потребное . 279.9
Угаръ 878.7
- электродовъ 567.3
Углеаммоніевая соль 206.8
Углебаріевая соль 220.10
Углевысыпатель автоматическій 132.4
Угледержатель 235.4
Углежелѣзистая соль 68.4
Углеизвестковая соль 111.2
Углекаліевая соль 205.8
Углекальціевая соль 220.2
Углекислая известь 220.2
- магнезія . . 220.6
Углекислота 215.13
Углекислый аммоній 206.8
- калій . . . 205.8
- натръ . . . 205.9
Углемагніевая соль 220.6
Угломойка . 102.2
Угленатріевая кислая соль 205.10
- соль 205.9
Углеопрокидыватель самодѣйствующій 132.4
Углерода опредѣленіе 215.12
Углеродистый 16.8
- кирпичъ . 117.10 306.8
Углеродъ . . 214.9
Углеродъ аморфный 215.8
- вакала . . . 215.9
- карбида . 215.10
- отжига . . 215.7
- сѣрнистый . 212.4
Углистый желѣзнякъ 69.1
- песчаникъ . 115.6
Угло-бимсовое желѣзо 21.5
Угловатая поверхность 426.9
Угловая кладка 24.1
-вое желѣзо 19.10
-вой устой . . 293.6
Угломѣръ . . 40.6
Углубленіе . 35.9 518.2, 562.4
- горна, выложенное кирпичемъ 540.3
Уголокъ . . 19.10
- неравнобокій 20.3
- равнобокій . 20.1
- съ закругленными кромками 20.4
- - острыми кромками 20.5
Уголь 36.10
- заплечиковъ 303.8
- крученія . . 51.3
- наклона . . 161.4
Уголь березовый, измельченный въ порошокъ 419.3
- бурый . . . 98.6
- величиною въ орѣхъ 101.2
- въ кускахъ 100.9
- - - величиною въ кулакъ 101.1
- газовый . . 99.1
- длиннопламенный 99.1
- - спекающійся 99.7
- древесный . 98.2
- - мелкій . . 98.3
- жирный 99.2, 99.3
- изъ лиственнаго лѣса 418.9
Уголь изъ хвойнаго лѣса 418.10
- каменный . 98.7
- коксовый . 100.2
- короткопламенный 99.5
- костяной . 419.12
- крупный . . 100.9
- кузнечный . 99.10
- кусковый . 100.9
- мелкій каменный 101.5
- неплавкій . 99.6
- неспекающійся 99.6
- обогащенный 102.1
- отборный . 100.9
- полужирный 99.4
-, полученный изъ кожи 419.4
-, - - рога . . 419.5
- прессованный 343.11
- промытый . 102.1
- рядовой . . 100.7
- самый мелкій 101.6
- смолистый . 99.3
- спекающійся 99.3
- сухой . . . 99.9
- - спекающійся 99.8
- съ короткимъ пламенемъ 99.5
- тощій . . . 99.6
Угольная грязь 101.8
- мелочь . . 101.4
Угольникъ . 19.10
- неравнобокій 20.3
- равнобокій . 20.1
- съ закругленными кромками 20.4
- - острыми кромками 20.5
Угольный шламъ 101.8
- электродъ висячій 566.8
- ящикъ о двухъ частяхъ 129.2
Угольчатый зубецъ 519.2
Удаленіе днища 392.2
- золы 164.2
- окалины . . 532.8
- песчаныхъ и глинистыхъ частей 79.9
- рудной копоти 409.1
- - пыли . . 409.1
- сѣры . . . 82.4
Ударное дѣйствіе 503.1
-ный инструментъ 534.9
Ударъ . . 41.7, 42.1
Ударять молоткомъ по трубѣ во время гидравлическаго испытанія . 55.2
Удлиненіе при разрывѣ 44.8
Удобреніе . . 399.8
Узкоколейная дорога 123.11
Указатель колоши 338.1
Укладка кирпичей 407.9
Уклонъ . . . 80.8
Укрѣпленіе штыка 465.8
Уксусная кислота 204.4
Уксусноаммоніевая соль 206.7
Уксуснобаріевая соль 207.7
Уксуснокаліевая соль 206.6
Уксуснокислый аммоній 206.7
- калій . . . 206.6
- свинецъ . . 209.1
Уксусносвинцовая соль 209.1
Улавливаніе искръ 468.2
Улавливать вытекающее желѣзо 481.2

Улетучивающійся газъ 484.6
Улетучиться . 236.3
Уложить . . 415.3
Улучшеніе . 386.9
Ульевидная печь 103.6
Уменьшеніе колошниковой пыли 97.2
- поперечнаго сѣченія 503.3
- растворимости 258.11
- ручьевъ . . 516.8
Умывальникъ 150.7
Умывальня . 150.6
Уничтоженіе колошниковаго пламени 468.1
- контракта . 559.9
Упаковать . . 415.3
Уплотненіе . 418.1, 485.8
- двойное . . 507.3
- манжетное . 507.1
Уплотненный шовъ 471.6
Уплотняющій цилиндръ 472.2
Употребленіе 33.2
Управленіе . 149.6
- автоматическое 500.4
- отъ руки . 500.3
- прессомъ . 509.8
- притокомъ воздуха 411.6
Упругость газовъ 350.8
- дутія . 328.3, 350.5
- при крученіи 51.5
- скручиванія 51.5
Упругость электролитическая раствоpенія 263.7
Уравненіе . . 345.6
- соединенія . 226.3
- состоянія . 258.6
Уравновѣсить 523.2
Уравновѣшенный верхній валокъ 528.6
Уравновѣшиваніе 523.3
- посредствомъ противовѣса 523.4
- - грузовъ . 523.4
- при помощи гидравлическаго давленія 524.1
Уровень . . . 439.4
- водяной . . 435.5
- грунтовой воды 289.2
- заводского пола 288.6
- подпочвенной воды 289.2
Усадка . . . 436.7
Усадочная раковина 483.11
-ный масштабъ 423.2
Усиліе крутящее 50.9
- при ударѣ . 41.8
Условія платежа 559.6
- поставки . . 559.4
- техническія 32.1
Усреднить . . 242.5
Установка . . 522.7
- высокаго напряженія 167.1
Установка для выщелачиванія 89.9
- - провариванія смолы 120.1
- днища . . . 392.1
- дробильная 76.6
- обжигательная 82.8
- котельная подъ навѣсомъ 151.8
- -, стоящая подъ открытымъ небомъ 151.7
- многофазнаго тока 166.6
- насосная . 141.10
- на фокусъ . 281.8
- неправильная 522.8
- низкаго напряженія 166.8
- однофазнаго тока 166.5
- перемѣннаго тока 166.4
- постояннаго тока 166.3
- сердечниковъ 461.5
- стержней . 461.6
- трехфазнаго тока 166.7
- шишекъ . . 461.6
- электрическихъ машинъ 169.7
Установки котельныя 151.5
Устой угловой 293.6
Устраненіе колошниковаго пламени 468.1
Устройство воздуходувное 469.9
Устройство для кантованія 525.7
- - обжига . 82.8
- - отгона летучихъ веществъ изъ смолы 120.1
- - охлажденія воды 148.4
- - питанія генератора 406.1
- - поворачиванія 525.7
- - подъема крышки 528.1
- - толченія . 77.3
- доменныхъ печей 237.4
- загрузочное съ ходячимъ по немъ краномъ 127.7
- засыпное . 308.3
- освѣщенія . 171.6
- охладительное 296.4
- перекидное 406.9
- топки . . . 151.6
- шахты . . . 100.6
Утилизація тепла , 86.7
Утолщеніе . 298.1 518.5, 521.3
Утрамбованный бетонъ 289.8
Утрамбовка . 105.4
Уханіе колоши 353.7
Ухатіуса сталь 12.7
Ухватный ковшъ 478.1
Ухватъ . . . 478.5
Уходъ . . . 556.10
Ушко 441.7

Ф.

Фабра-дю-Фора газоуловитель 311.9
Фабрика для обработки рудъ 74.1
- - покрытія желѣза оловомъ 552.12
- - промывки угля 102.2
- обогатительная 102.3
- промывальная 80.6
Фаза 274.8
Фарфоровая ванна 193.5
Фарфоровая ванночка 193.5
- воронка . . 193.4
- вставка . . 194.2
- мензурка . 194.1
- посуда . . . 193.2
- трубка . . . 193.8
- чашечка для выпариванія 194.4
Фарфоровое кольцо 193.9
Фарфоровый стаканъ 194.3
- тигель . . . 193.7
Фасонированіе 436.7
Фасонная гладилка 437.3.8
Фасонная проволока 23.6
- стальная отливка 488.2
Фасонное желѣзо 19.9
- - листовое . 26.4
- стальное литье 488.2
Фасонный . . 460.1
- ручей . . . 517.4
Фенолфталеиновая бумага 212.13
Ферритъ . . 238.5
Ферроборъ . 16.6
Феррованадій 16.1
Ферровольфрамистый 15.9
Ферровольфрамъ 15.9
Ферромагнитный 91.8
Ферромангантитанъ 16.3
Ферромангaнъ 15.2
Ферромолибденъ 15.10
Ферроникель 15.7
Ферросилицій 1.2 15.3
Ферростатическое давленіе 485.5
Ферротитанъ 16.2
Феррофосфоръ 16.4
Феррохромъ . 15.6

Физико-химическіе приборы и аппараты 178.1
Фиксированіе 282.8
Филлафера обжигательная печь 85.3
Фильтратъ 244.2
- прозрачный свѣтлый 244.3
Фильтрація 248.11
Фильтровальная бумага 244.5
- воронка 245.3
- пипетка 245.1
- пластина 245.2
- трубочка 245.5
Фильтровальное сито 245.4
Фильтровальный конусъ 244.7
- штативъ 244.9
Фильтровать 244.1
- въ разрѣженномъ пространствѣ 246.2
Фильтродержатель 244.8
Фильтрпрессъ 244.6
Фильтрующій слой 147.2
Фильтрующійся 248.12
Фильтръ 147.1, 244.4
- глиняный 175.8
- съ гравіемъ 147.3
Фитиль 184.4
- восковой 459.5
Фланецъ 812.7
- обточенный 828.9
Флюгерка 164.3
Флюсующій матеріалъ 111.1
Флюсъ 111.1
- известковый 397.9
Фокусное разстояніе 279.3
Фонарный столбъ 171.8
Фонарь 459.9
- патронный 460.1
- полый 459.10
- съ отдушинами 460.3
Форма 121.7
- аллотропическая 272.5
- восьмиугольная 290.5
- выпуклая 504.2
-, готовая къ отливкѣ 443.1
- для болванокъ 446.7
Форма для днища реторты 391.6
- - утрамбовки 105.7
- закрытая 439.10
- изложницы 446.6
- изъ желтой мѣди 383.3
- кирпича 96.2
- кирпичей 821.9
- кристалловъ 214.3
- круга 290.4
- куба 96.3
-, могущая служить лишь одинъ разъ 438.4
- окончательная 530.2
- открытая 438.6
- первоначальная 530.1
- песочная 438.6 340.4
- постоянная 446.5
- почвенная 438.6
- - закрытая 439.5
- предварительная 530.1
- сборная 446.1
-, согласно предписанію 33.9
- соединительныхъ трефъ 520.4
- усѣченнаго конуса 304.2
- цилиндрическая 96.4
- чашеобразная 370.1
- чугунная 340.6
- шара 96.5
- яйца 96.6
Формація 56.2
Формовая масса 427.3
Формованіе кирпичей подъ прессомъ 120.5
Формовать 421.5
Формовка 421.1 425.11
- въ опокахъ 439.9
- - открытую 438.5
- - почвѣ 438.5
- зубчатыхъ колесъ 455.3
- - - по шаблону 455.4
- - - при помощи вытяжныхъ колецъ 456.4
- по моделямъ 438.3
- почвенная 438.5
Формовка по шаблону 444.8
- свободная 447.8
- сердечниковъ 458.1
- стержней 458.1
- шестеренъ 455.3
- шишекъ 458.1
Формовочная 421.2
- жирная земля 425.13
- лопатка 434.3
- машина см. машина формовочная
- отливка 437.8
-, раздѣленная рядомъ колоннъ на двѣ части 421.3
- шпилька 436.5
Формовочное литье электростали 564.4
Формовочный песокъ 425.10
- - жирный 425.13
- - тощій 425.12
- - съ сильной примѣсью глины 426.1
- прессъ см. прессъ формовочный
- пристывшій матеріалъ 490.5
- станокъ для шишекъ 459.2
Формовыя чернила 430.7
Формовщикъ 421.4
Формы осмотрѣть 342.9
- чугунныя спрыснуть 341.2
Форсунка пароструйная 158.2
- плоская тарелчатая 159.3
- съ длинными прорѣзами 159.2
- - круглымъ выходомъ 158.3
- - концентрическими щелями 158.3
- - метловиднымъ пламенемъ 159.1
- - пламенемъ въ видѣ вѣера 159.3
- - плоскими щелями 158.4
- - соплами 158.5
Форсунка центробѣжная 158.6
Фортепіанная проволока 28.7
Форштосъ 190.4
Фосфатъ желѣза 399.6
Фосфористый 16.4 60.7
Фосфорная кислота растворимая 399.7
- соль 212.1
Фосфорно-аммоній-но-натріевая соль 207.3
Фосфорножелѣзистая соль 399.6
Фосфорнокальціевая соль 399.5
Фосфорнокислая известь 73.2
Фосфорнокислый натрій 206.9
Фосфорнатріевая соль 206.9
Фосфорный ангидридъ 216.5
Фосфоръ 216.4
Фотографическій 282.1
Фракціонированная перегонка 254.4
Фракція 254.5
Франко бортъ парохода 560.10
- вагонъ 560.9
- заводъ 560.8
Фрахтъ морской 561.8
- рѣчной 561.7
Фрика печь 569.8
Фрикціонная муфта 520.5
-ный молотъ 497.5
- роликъ 497.6
Фришеваніе въ пламенной печи 402.3 402.3
Фтористый аммоній 207.4
Фундаментъ изъ бутовой кладки 289.5
- - кирпичной кладки 289.4
- на ростверкѣ и на сваяхъ 289.3
Фурма воздушная 298.9
- изъ фосфористой бронзы 299.1

Фурма, имѣющая видъ остраго усѣченнаго конуса 299.3
-, охлаждаемая водой 297.1
- шлаковая . 299.7
- - Люрмана . 299.8
Фурменная доска 364.6
-ное отверстіе 395.1
- сѣдло . . . 364.7
-ный глазъ . 298.8, 299.2
- патрубокъ . 300.9, 301.1
Фурмы . . 394.10
- верхнія . . 466.8
- въ заплечикахъ 302.6
- для верхняго дутья 466.8
Футеровка внутренней шахты 304.8
- огнеупорная печи 566.5
- - реторты . 390.5
- печи 83.9
- пода печи 369.10

Х.

Хвостъ . . . 497.2
Химикъ главный 173.4
-, имѣющій аттестатъ объ окончаніи высшаго учебнаго заведенія 173.6
- -консультантъ 174.1
- присяжный 174.2
- -экспертъ . 174.1
Химическая реакція 222.4
Химически связанный 214.7
- чистый . 213.11
- эквивалентный вѣсъ 257.6
- эквивалентныя количества 257.7
Химическій . 147.4
- знакъ . . . 226.4
- символъ . . 226.4
- составъ . . 225.9
Химическія свойства желѣза 213.5
Химическое соединеніе 226.1, 345.10
- сродство . 225.11
- строеніе . 225.10
Химія доменнаго процесса 345.5
Хладноломкое желѣзо 48.2
Хладноломкость 48.1
Хлопьевидный 243.1
Хлористая мѣдь 209.4
- ртуть . . . 209.6
- сурьма . . . 552.5
Хлористоводородистая кислота 203.10
Хлористое олово 208.9
Хлористый аммоній 207.10
- барій . . . 207.6
- калій . . . 207.1
- кальцій . . 207.8
- - безводный 207.9
- магній . . . 208.4
- натрій . . . 207.2
Хлористыя щелочи 361.11
Хлорная известь 208.2
- мѣдь 209.3
- платина . . 210.3
- ртуть . . . 209.7
Хлорновато-каліевая соль 211.2
Хлорновато-кислый калій 211.2
Хлорное желѣзо 208.5
- олово . . 208.10
Хлоръ . 211.5, 221.8
Ходъ анализа 222.3
- безъ толчковъ 472.4
- доменной печи 344.4
- дутья . . 350.10
- дымовой . . 85.3
- задній . . . 532.5
- лучей . . . 281.3
- обратный диссоціаціи 263.1
- передній . . 532.4
- перемѣнный доменной печи 344.5
- переработки спѣлый 365.6
- - сырой . . 365.7
- переспѣлый 353.1
- печи равномѣрный 474.10
- плавки 349.3, 385.10
- плавный . . 472.4
- пламенный 368.6
- пудлинговой печи 373.6
- спѣлый . . 352.7
- сырой . . . 352.8
- топочный . 104.2
Ходячій . . . 127.4
Холодильная машина 329.7
Холодильникъ 255.7, 329.5
Холодильный приборъ 329.5
Холодный . 328.10
Холостая колоша 337.7
-стой валокъ 513.4
Хомутъ . . . 522.4
- подвѣсный 476.7
Хроматическій 279.13
Хромистая сталь 17.1
-стое желѣзо 15.6
Хромовая кислота 204.7
Хромовокаліевая соль 206.4
Хромовокислый калій 206.4
Хромоникелевая сталь 16.12
Хромопирометръ 400.9
Хромпикъ . . 206.5
Хромъ 218.1
Хрупкій . . . 59.8
Хрупколомкій 48.4
Хрупкость вслѣдствіе внутреннихъ напряженій 50.2

Ц.

Цапфа валка 513.6
-, вокругъ которой происходитъ вращеніе 323.8
- конвертера . 392.7
- полая . . . 394.6
- прилитая . 294.10
- реторты . . 392.7
- стальная . . 392.7
- съ надѣтой шестерней 392.8
Царапина напильникомъ 49.5
Царапинъ отсутствіе 36.2
Царапины ширина 54.2
Царская водка 204.3
Цвѣта васильковаго 548.1
- морской воды 548.3
- незабудокъ 547.11
Цвѣтъ блѣдно-желтый 547.6
Цвѣтъ свѣтло-соломенный 547.7
- отпуска . . 547.5
Цементація поверхностная 417.9
Цементная мѣдь 90.7
- сталь . . . 13.1
Цементованіе поверхностное 417.9
Цементующій порошокъ 418.3
Цементитъ . 283.6
Цементъ желѣзистый портландскій 359.6
Центрирующая рама 454.7
Центрифуга . 176.3
Центробѣжная отливка 482.7
Центробѣжный вентиляторъ 317.6, 470.2
- дезинтеграторъ 79.4

Центробѣжный насосъ 148.7
- распылитель 158.6
Цилиндрическій 96.4
Цилиндръ воздуходувный 828.3
- воздушнаго насоса 501.4
- гидравлическій 898.5
- для вращенія ретортъ 898.5
- - хлористаго кальція 282.2
- загрузочный 311.8
- компрессора 501.4
- насоса . . . 121.8
- паровой . . 499.1
Цилиндръ подвѣшенный 809.3
- пресса . . . 453.6
-, служащій бабой молота 501.6
- со скалой . 524.2
- - шкалой . 524.2
- сушильный 282.4 488.7
- тормазной . 811.3
- уплотняющій 472.2
- цинковый . 266.3
- чугунный . 812.4
Цинковая настыль 861.2
- обманка . . 72.1
- пыль . . . 861.3
Цинковая руда, содержащая марганецъ 70.6
- сѣрая краска 551.12
Цинковый купоросъ 90.10
- растворъ . 90.8
- цилиндръ . 266.3
- шпатъ . . . 71.8
Цинковыя бѣлила 551.11
Цинкъ . . . 218.11
- сѣрнокислый 90.10
Циркуль остроконечный дѣлительный 41.4
Циркуляціонный насосъ 144.1
Циркуляція полная 148.1
Цифра атомная 226.5
Ціанистый калій 206.8, 861.10
Ціэйвенъ . . 536.2
Цоколь изъ каменной кладки 290.2
Цѣльный . . 487.1
Цѣна единицы желѣза и марганца 558.4
- покупная . 568.1
Цѣпкость іоновъ 264.7
Цѣпная дорога 185.10
Цѣпь 811.6
- безконечная 840.9

Ч.

Чанъ для выщелачиванія 90.1
Части смѣняемыя 890.4
- составныя газа 267.5
Частички въ механически взвѣшенномъ состояніи 268.5
Часть верхняя 808.9
- вредная составная 71.5
- запасная . . 871.2
- нижняя . . 804.1
- нѣкоторая . 289.1
- по объему . 845.9
- составная горючая 860.2
- шишечная . 458.5
Часы газовые 271.8
Чашеобразная форма 870.1
Чашечка для сожженія 248.9
- фарфоровая для выпариванія 194.4
Чашка азбестовая 201.2
- выпаривательная 247.5
- вѣсовъ . . 288.6
- для песчаной бани 248.4
- - просѣиванія 231.1
- - стеканія . 246.4
- - титрованія 245.6
- платиновая . 195.2
- - для обзоливанія 195.4
Чашка свинцовая 199.7
Чека . . . 801.10
Чеканочный прессъ 505.1
Чекмарь . . . 437.2
Червячная передача 841.10
Черепки тиглей 882.1
Чернила формовочныя 480.7
Черновой валокъ 518.9
- ручей . . . 516.3
Черпакъ . . 477.5
Черпаніе . . 58.3
Черпательная машина съ поворотными ковшами 129.1
Чертежъ доменной печи 287.6
- рабочій . 422.11
Чертилка . . 40.5
Четырехгранный ручей 517.2
Четыреххлористая платина 210.3
Чешуйчатый 45.6
Чистильщикъ 489.3
Чистить во вращающемся барабанѣ 587.2
- отливку . . 489.5
- проволоку во вращающемся барабанѣ при участіи посторонних твердыхъ предметовъ 587.3
Чистка горна 842.2
Чистовой ручей 516.4
Чистота поверхности 85.3
Чистый 494.1, 558.11
Чувствительность 240.9
Чувствительный 240.10
Чугунная колонна 84.4
- отливка . . 7.4
- плита . . . 2912
- -, облегающая темпель 292.4
- рѣшетка . . 821.5
Чугунникъ 864.2, 870.6
Чугунное кольцо 84.5, 294.5,10
- литье . . . 7.4
Чугуноплавильный заводъ 285.1
Чугунный 229.6, 821.6, 440.3
- дискъ . . . 523.8
- муфель . . 541.6
- складъ . . 180.6
- цилиндръ . 812.4
Чугунъ . . 1.1, 7.3
- англійскій . . 5.9
- антрацитовый 4.2
- бессемеровскій 8.1
-, богатый кремніемъ 1.3
-, - фосфоромъ 216.6
- бѣлый . . . 2.6
- - зернистый 2.6
- - лучистый 3.1
Чугунъ бѣлый обыкновенный 2.6
- - передѣльный 2.6
- - сырого хода 2.5
-, выплавленный на антрацитѣ 4.2
-, - - коксѣ . 4.3
- горячаго хода 4.5
- горячій . . 474.8
-, горячо расплавленный 475.2
- густой . . 474.11
- для кислотопостоянныхъ отливокъ 7.2
- - литья съ закалкой 6.6
- - насадки . 895.9
- - огнестойкихъ отливокъ 7.1
- древесно-угольной плавки 4.1
- древесно-угольный 4.1
- - - для передѣлки въ горнахъ 7.6
- зеркальный 8.3
- -, богатый содержаніемъ марганца 8.7
- зигенскій . 5.5
- изъ краснаго желѣзняка 6.2
- ковкій 12.6, 416.2
- коксовый . 4.3
- кремнисто-зеркальный 15.4
- крупно-ноздреватый 2.9

Чугунъ крупноверкальный 8.6
- литейный . 6.1
- - средней твердости 6.5
- лучшаго качества для машиннаго литья 6.7
- - - - машиныхъ отливокъ 6.7
- люксембургскій 5.6
- маловеркальный 8.5
- мартеновскій 8.4
- мелко-ноздреватый 2.8
- мягкій литейный для машиннаго литья 6.4
- - - - машинныхъ отливокъ 6.4
- ноздреватый 2.7
- - скоропередѣлывающійся 865.4
- обезсѣренный 5.4

Чугунъ освобожденный отъ сѣры 5.4
-,- - фосфора 5.3
- отбѣленный 5.2
-,отлитый въ песокъ 4.7
- первой плавки 475.1
- перегрѣтый 474.9
- передѣлочный древесно-угольной плавки 7.6
- переплавленный 474.12
- пересыщенный 16.9
- плотнаго строенія 8.8
- половинчатый 2.3
- полуверкальный 8.6
-,полученный при горячемъ ходѣ печи 4.5
-,- - холодномъ ходѣ печи 4.6

Чугунъ предназначенный для передѣла въ сталь 8.4
- пудлинговый 8.5
- - высшаго сорта 8.6
-,расплавленный въ доменной печи 4.4
- расплавляющійся и стекающій внизъ 474.4
-,свободный отъ песка 5.1
- свѣтлосѣрый 2.1
- серебристый 1.3
- сильно кремнистый 1.3
- - лучистый 8.2
- - половинчатый 2.2
- слабо половинчатый 2.4
-,содержащій никкель 9.2

Чугунъ, содержащій одинъ процентъ кремнія и любое количество фосфора 8.3
-,- примѣсь шлаковъ 6.3
- спеціальный 9.1
- стылый . . 2.5
- съ каймой . 3.4
- - однопроцентнымъ содержаніемъ кремнія и любымъ содержаніемъ фосфора 8.3
- сѣрый . . 1.5, 7.4
- - кремнистый 1.3
- темносѣрый 1.4
- томасовскій 8.2
- третной сѣрый 2.4
- трехчетвертной 2.2
- холоднаго хода 4.6
- холодный . 2.5
- шотландскій 5.10
- штирійскій 5.7
Чушка . . . 18.5

Ш.

Шаблонная формовка 444.8
Шаблонодержатель 455.5
- свободно передвигающійся во всѣ стороны 456.1
Шаблонъ 86.11, 40.3
- впадинъ зубчатаго колеса 455.6
- для прямолинейнаго движенія 446.3
- - формовки спицъ 445.6
- сердечниковый 461.3
- шишечный . 461.3
Шамотовый муфель 541.7
Шамотъ . . 116.12
- размельченный 428.7
Шариковый подшипникъ 800.8
Шарикъ шлаковый 897.2
Шарниръ . . 810.7
Шаровидный 96.5

Шаровой затворъ Беккера 801.11
- склерометръ 54.5
Шарообразный 96.5, 876.7
Шаръ резиновый 197.7
Шатунъ . . . 826.5
Шахматное желѣзо 26.11
Шахта . . . 803.8
- внуренняя доменной печи 805.8
-, гдѣ происходитъ сгораніе 821.1
- доменной печи 803.8
- доступная . 805.5
- свободностоящая 805.3
- съ кожухомъ 805.2
- - раскрытой обмуровкой 805.4
Шахтная закалочная печь 541.2
- зигенская печь 88.7

Шахтная калильная печь 541.3
Шведскій чугунъ 5.8
Швеллерное желѣзо 21.1
Шевронный зубецъ 519.2
Шейка валка 518.6
- рельса . . . 22.3
- сердечника 458.7
- стержня . . 458.7
- шишки . . 458.7
Шерберъ . . 234.7
Шероховатость 490.3, 490.8
- поверхности 426.8
Шерсть азбестовая 200.12
- шлаковая . 858.9
Шестеренная станина 524.3
-ный валокъ 519.4
- - пустотный 519.5
Шестоватый . 46.6
Шило для образованія отдушинъ 488.1
Шинное желѣзо 19.8
Шипъ 424.4, 441.9

Ширококолейная дорога 123.10
Шихта . . . 834.2
- чугуна . . 478.11
Шихтарникъ 834.7
Шихтованіе . 833.9 834.4
Шихтовать 833.10
Шишельникъ 458.2
Шишечная втулка 459.3
- часть . . . 458.5
-ный каркасъ 460.4
- ящикъ . . 458.3
Шишка . . . 458.4
- ломкая . . 459.8
- потерянная 461.5
- трубы . . . 458.6
- - съ отводомъ 461.4
Шкала 65.3, 240.5
- твердости . 58.10 180.8
Шкапикъ вѣсовъ 286.8
Шкафъ вытяжной 175.2
- сушильный 233.1
Шкивъ для канатной передачи 831.1

Шкивъ опорный для тягового каната 187.2
- приводный . 187.6
Шкурка . . 203.4
- стеклянная 203.2
Шлаки бессемеровскіе 397.7
-, богатые содержаніемъ желѣза 113.3
-, бѣдные содержаніемъ желѣза 113.4
- доменные, обработанные паромъ 95.7
- кричные . . 112.8
- пудлинговые 113.1, 374.10
- сварочныхъ печей 112.9
- содержащій 484.10
- сыродутные 112.7
- томасовскіе 113.2
Шлаковая ванна 370.3
- камера . . . 409.3
- куча 356.3
- настыль . . 336.5
- нить . . . 353.10
- фурма . . . 299.7
- шерсть . . . 358.9
Шлаковикъ . 409.3
Шлаковое отверстіе 299.6
Шлаковый выпускъ 300.13
- камень . . . 358.8
- кирпичъ . 358.11
- козелъ . . 401.11
- наростъ . 374.11 386.5
- - у горла реторты 401.11
- песокъ . . . 359.5
- подъ печи . 369.9
- порогъ . . . 371.3
Шлаковый прессъ 359.7
- слой 566.9
- шарикъ . . 397.2
Шлакообразовательный 349.8
Шлакъ 355.9, 366.1
- богатый . . 366.7
- - фосфоромъ 399.3
-, бѣдный фосфоромъ 399.4
- въ видѣ крупныхъ глыбъ 356.2
- гранулированный 359.4
- доменный 355.10
- дробленый . 359.4
- жесткій . . 412.3
- заключенный 377.8
- камневидный 357.8
- кислый тянущійся 356.6
- основной короткій 356.7
- плавающій . 386.6
-, полученный въ концѣ операціи 412.2
- спускать . . 388.2
- спѣлый 357.4, 366.7
- сырой . . . 357.5
- томасовскій 399.2
-, увлеченный жидкимъ металломъ 412.4
Шламъ толченый 77.7
- угольный . 101.8
Шлема сферическая часть 390.3
Шлемъ . . 390.1
Шлифовальный подвѣсный станокъ 492.7
- порошокъ . 275.7
- станокъ . . 492.3
Шлифованіе окончательное 275.5
- предварительное 275.4
Шлифовать . 492.2
Шлифовка грубая 275.4
- тонкая . . . 275.5
Шлифъ . . 274.11
Шляхъ . . . 75.1
Шмидта очки 323.7
Шнекъ . . . 189.7
Шнуръ азбестовый 200.10
Шовъ уплотненный 471.6
Шотландскій чугунъ 5.10
Шпаклевка . 494.3
Шпаклевать 494.4
Шпала . . . 23.3
- желѣзная . 23.1
- штампованная 23.2
Шпатель 202.3, 436.8
- платиновый 195.8
Шпатоватый желѣзнякъ 68.5
Шпатъ известковый 73.1
- марганцовый 69.7
- обожженный желѣзный 68.9
- плавиковый 111.4
- тяжелый . 220.11
- цинковый . 71.8
Шпигель . . 8.3
Шпилька для образованія отдушинъ 438.1
- формовочная 436.5
Шпиндель соединительный 520.1
Шпрингера печь пудлинговая 367.3
Шпуръ для стока чугуна 468.7
Штампованный 23.2, 478.4
Штамповать . 503.6
Штамповочный прессъ 505.1
Штанга насоса 485.3
Штангенциркуль 39.2
Штанги насоса 144.5
Штативное кольцо для прокаливанія 252.6
Штативъ . . 193.5
- для высушиванія 233.6
- - пипетокъ 191.8
- - ретортъ . 188.1
- микроскопный системы Мартенса 281.9
- фильтровальный 244.9
Штемпель . . 52.1
Штирійская обжигательная печь 84.7
-скій чугунъ 5.7
Штифтъ . . 434.4
- приподнимающій 443.6
Штокъ конуса 310.6
- поршня . . 311.5
- рудный . . 57.2
Штыбъ . . . 101.6
Штыки бѣлые чугуна 11.4
Штыковой затворъ 301.3
Штыкъ 183.5, 463.7
Шубригель . 39.2
Шуровой ломъ 38.2
Шурупъ . . 436.2

Щ.

Щавелевая кислота 204.5
Щека дробилки 79.2
Щелокъ калійный 205.2
- натровый . 205.3
Щелочи хлористыя 361.11
Щелочныя соли 361.9
Щелочный . 114.2
Щель . 35.9, 305.11 522.6
Щель между колосниками 160.3
Щетка . . . 190.8
- дисковая для чистки отливокъ 491.3
- для прочистки трубокъ 190.9
- - чистки отливокъ 490.10
- изъ пеньки 553.9
- -кисть двусторонняя проволочная 491.2
Щетка круглой формы для чистки литья 491.3
- проволочная въ видѣ двусторонней кисти 491.2
- - съ бородкой 491.1
- - - поясомъ 490.12
- ручная . . 437.10
Щетка стальная проволочная съ ручкою для чистки отливокъ 490.11
Щипцы для натрія 202.6
- - плавильнаго тигля 252.5
- - собиранія ртути 200.6
- пробочные . 196.6
Щипчики . . 202.7

Ѣ.

Ѣдкій натръ 205.1
Ѣдкое кали 204.12
Ѣдкое кали въ формѣ палочекъ 204.13
Ѣдокъ . 289.8

Э.

Эвдіометръ . 268.8
Эвтектика . . 274.4
Эвтектическая смѣсь 274.4
Эдисона приборъ 94.8
Эжекторъ 142.5
Эквивалентная концентрація раствора 260.1
Эквивалентный 257.6
- растворъ 259.2
Эквивалентъ стехіометрическій 345.8
Эквимолекулярный растворъ 258.1
Экзотермическая реакція 222.9
Экономія въ провозной платѣ 560.7
Экранъ 168.1
Эксгаусторъ паровой 141.2
Эксикаторъ 231.12
Эксплоатаціонные расходы 568.2
Экстрагировать 241.7
Экстрактъ лакричнаго корня 289.8
- солодкаго корня 278.8
Экстракціонная воронка 179.8
- гильза 179.7
- ный аппаратъ 179.6
Эксцентриковый прессъ 465.3, 505.2
Эксцентричный 538.2
Элеваторъ 129.3
- для глубокихъ колодцевъ 142.5
Электрическій 398.6
Электроанализъ 257.1
Электровозъ 124.7
Электрододержатель 567.4
Электродъ въ видѣ сѣтки 261.7
- - - чашки 261.6
- децинормальный 262.1
- для осадка 261.5
- нормальный 261.9
- подовый 567.6
- сѣтчатый 261.7
Электродъ угольный висячій 566.8
- цилиндрическій 261.8
Электролизовать 258.2
Электролизъ 258.1
- аналитическій 257.1
Электролитическая отдача 258.3
-ское отдѣленіе 265.2
- треніе іоновъ 260.3
Электролитъ 257.11 промежуточный 259.7
Электромагнетизмъ 98.1
Электромагнитъ 98.2
Электрометрическое измѣреніе 257.5
Электросталь 12.5
- инструментальная 564.3
Электростенолизъ 263.6
Элементарный анализъ 248.6
Элементъ 218.6, 265.8
Эластичный . 502.3
Эмалировать . 554.5
Эмаль 554.6
Эмальировочная печь 554.8
Эмке вентиляторъ 471.3
Эндосмосъ электрическій 263.4
Эндотермическая реакція 223.2
Энергія объемная 257.2
Этажерка для пипетокъ 191.3
Этикетка . 185.3
- резиновая 197.9
Этикетъ . 185.3
Этиленовый газъ 418.3
Эфиръ . . 212.3
- сѣрный . 212.3
Эффектъ калориметрическій 108.11
- тепловой химической реакціи 222.6

Я.

Явленіе зейгированія 488.8
- ликваціи 488.8
Ядро пожога . 89.3
- поперечнаго сѣченія 47.3
Яйцевидный . 96.6
Яма литейная 444.7, 475.8
- - полукруглая 475.9
- складочная 181.1
Яркость пламени 374.8
Ярлыкъ 185.3
Ярлычекъ 185.3
Ярусная колосниковая рѣшетка 161.6
Ячеистый . 46.7
Ящикъ быстро разгружающійся подвѣсный 128.6
Ящикъ для бѣлой жести 553.2
- - цементаціи 416.7
- изъ огнеупорной массы 414.7
- кислотоупорный 189.1
- литниковый 443.4
- основной съ муфтой 319.3
- отстойный 146.9
Ящикъ саморазгружающійся подвѣсный 128.2
- стеклянный 189.2
- съ жиромъ 553.3
- угольный о двухъ частяхъ 129.2
- шишечный 458.3
Ящичные мѣха 325.5

R. Oldenbourg, München.

Illustrierte Technische Wörterbücher in 6 Sprachen.
Herausgegeben von Alfred Schlomann, Ingenieur.

BAND III:

Dampfkessel, Dampfmaschinen, Dampfturbinen

Unter redaktioneller Mitwirkung von Ingenieur WILHELM WAGNER.

XI und 1322 Seiten mit nahezu 3500 Abbildungen und zahlreichen Formeln.

Der Band enthält etwa 7300 Worte in jeder der 6 Sprachen.

In Leinwand gebunden Preis M. 14.—.

INHALTSÜBERSICHT:

A. DAMPFKESSEL.

Brennstoffe. Feste Brennstoffe, Flüssige Brennstoffe, Gasförmige Brennstoffe. — **Wärmeerzeugung.** Verbrennung, Heizwertbestimmung, Zug, Gasanalyse, Temperaturmessung. — **Feuerungsanlagen.** Feuerung, Rost, Feuerungsteile, Feuerungstypen, Feuerzüge, Schornsteine. — **Wärmeübertragung.** — **Arbeitsvorgang im Kessel.** Wasserumlauf und Dampfbildung, Theorie des Wasserdampfes. — **Materialien und Materialprüfung.** Kesselbaumaterial, Materialprüfung, Mechanische Untersuchung, Technologische Proben. — **Kesselbau.** Bearbeitung der Materialien, Vernietung, Kesselteile und ihre Verbindung. — **Kesselsysteme.** — **Kesselarmatur.** Dampfabsperrorgane, Sicherheitsventile, Speiseventile und Warnapparate, Wasserstandapparate, Manometer. — **Kesselaufstellung.** Lagerung, Einmauerung, Kesselanlage. — **Speisevorrichtungen.** Wasserbehälter, Speisepumpen, Injektoren, Wasserleitung, Wasserreinigung, Mechanische Wasserreinigung, Chemische Wasserreinigung. Speisewasservorwärmer. — **Dampfüberhitzer.** — **Wartung der Dampfkessel.** Kesselbedienung, Kesselreinigung, Beschädigung und Ausbesserung. — **Kesselexplosion.** — **Untersuchung von Dampfkesselanlagen.** Kesselkontrolle, Kesselleistung und Wärmebilanz. — **Dampfrohrleitung.** Rohrverbindung, Rohrverlegung.

B. DAMPFMASCHINEN.

Theorie der Dampfmaschine. Wärmetheorie, Kondensation, Getriebe, Dampfverteilung, Steuerwirkung, Reglung. — **Dampfmaschinenteile.** Zylinder, Kolben und Kolbenstange, Stopfbüchse, Kreuzkopf und Gleitbahn, Maschinenrahmen, Schubstange, Kurbelwelle und Kurbelwellenlager, Schwungrad, Riemen- und Seiltrieb, Exzenter, Steuerungen, Regler, Dampfzu- und Ableitung. — **Kondensator.** — **Maschinentypen.** — **Aufstellung der Maschine.** — **Maschinenbetrieb.** Wartung der Maschine, Schmierung, Leistungsbestimmung.

C. DAMPFTURBINEN.

Theorie der Dampfturbine. Strömende Bewegung des Dampfes, Arbeitsvorgang in der Turbine, Arbeitsstufen, Turbinenverluste. — **Dampfturbinenteile.** Leitapparat, Laufrad, Turbinenlagerung, Turbinenreglung. — **Turbinenanlagen.**

Alphabetisch geordnetes Wortregister mit Angabe der Seite und Spalte, in denen jedes einzelne Wort zu finden ist.

Illustrierte Technische Wörterbücher in 6 Sprachen.

Herausgegeben von Alfred Schlomann, Ingenieur.

BAND V:

Eisenbahnbau und -Betrieb

Unter Mitwirkung
des Vereines für Eisenbahnkunde zu Berlin,
des Vereines Deutscher Maschineningenieure
bearbeitet von Diplom-Ingenieur **AUGUST BOSHART.**

XIV und 870 Seiten mit über 1900 Abbildungen und zahlreichen Formeln.

Der Band enthält etwa 4700 Worte in jeder der 6 Sprachen.

In Leinwand gebunden Preis M. 11.—.

INHALTSÜBERSICHT:

---

*) Ausschließlich elektr. Straßenbahnen und Straßenkabelbahnen.

Illustrierte Technische Wörterbücher in 6 Sprachen.

Herausgegeben von Alfred Schlomann, Ingenieur.

V. **Gleisverbindungen.**

a) Weichen und Kreuzungen: 1. Anordnungen von Weichen und Kreuzungen, 2. Die Ablenkungsvorrichtung, 3. Weichenstellvorrichtung*), 4. Herzstücke und Zwangschienen, 5. Besondere Art von Weichen (Kletterweichen, Straßenbahnweichen), 6. Weichenverbindungen.

b) Drehscheiben und Schiebebühnen: 1. Drehscheiben α) Bauart und Einteilung, β) Einzelteile, γ) Antrieb, 2 Schiebebühnen α) Bauart und Einteilung, β) Einzelteile, γ) Antrieb.

VI. **Bahnhofsanlagen.**

a) Grundformen und Gleisanordnungen.

b) Bauliche Anlagen der Bahnhöfe: 1. Anlagen für den Personen- und Gepäckverkehr α) Empfangsgebäude, Wartehallen, β) Nebengebäude, Abortgebäude, γ) Bahnsteige, 2. Anlagen für den Güter- und Tierverkehr α) Güterschuppen usw., β) Rampen, γ) Verladeeinrichtungen, δ) Wägevorrichtungen, 3. Anlagen für den Lokomotiv- und Wagendienst α) Lokomotivschuppen nebst Anlagen zur Bekohlung usw., β) Anlagen zur Wasserversorgung, γ) Anlagen zur Unterbringung und Instandhaltung der Wagen, 4. Ausrüstung der Bahnhöfe mit Anlagen verschiedener Art.

VII. **Elektrische Bahnanlagen.**

a) Allgemeines.

b) Kraftanlagen: 1. Stromerzeugung, 2. Stromumformung, 3. Stromausgleichsbatterien.

c) Streckenausrüstung: 1. Oberirdische Stromzuführung, 2. Stromzuführung durch dritte Schiene, 3. Unterirdische Stromzuführung, 4. Elektrische Stoßverbindung.

VIII. **Signal- und Sicherungswesen.**

a) Signale.

b) Stell- u. Blockeinrichtungen: 1. Stellwerke, 2. Stelleitung, 3. Signalantrieb, 4. Weichensicherung, 5. Kraftstellwerke, 6. Blockanlagen α) Allgemeines, β) Wechselstromblockung, γ) Zugstabsystem, δ) Selbsttätige Zugdeckung.

c) Bahntelegraphen, Fernsprecher und Läutwerke.

d) Sonstige Sicherungseinrichtungen.

IX. **Werkzeuge und Geräte für Betrieb und Unterhaltung.**

X. **Eisenbahnbetrieb.**

Alphabetisch geordnetes Wortregister mit Angabe der Seite und Spalte, in denen jedes einzelne Wort zu finden ist.

a) Deutsch, englisch, französisch, italienisch, spanisch in einem Alphabet.

b) Russisch.

---

*) Weichensicherung und Fernbedienung siehe Kap. VIII.

Illustrierte Technische Wörterbücher in 6 Sprachen.

Herausgegeben von Alfred Schlomann, Ingenieur.

BAND VI:

Eisenbahnmaschinenwesen

Unter Mitwirkung
des Vereines für Eisenbahnkunde zu Berlin,
des Vereines Deutscher Maschineningenieure
bearbeitet von Diplom-Ingenieur **AUGUST BOSHART.**

XIII und 796 Seiten mit über 2100 Abbildungen und zahlreichen Formeln.

Der Band enthält etwa 4300 Worte in jeder der 6 Sprachen.

In Leinwand gebunden Preis M. 10.—.

INHALTSÜBERSICHT:

g) Tender.
h) Triebwagen.
i) Feuerlose Lokomotiven, Gaskraftlokomotiven etc.
k) Schneeräumungsvorrichtungen.
l) Lose Ausrüstungsgegenstände der Lokomotiven und Wagen.

III. Wagen.

a) Allgemeines über Wagenbau: 1. Untergestell, 2. Wagenkasten, 3. Türen, 4. Fenster, 5. Übergangseinrichtung, 6. Wandverkleidung.
b) Spezielle Wagenarten und ihre besondere Einrichtung: 1. Personenwagen, 2. Gepäck- und Postwagen, 3. Güterwagen, 4. Wagen besonderer Art.
c) Wagenheizung.
d) Lüftung.

IV. Fahrzeuge der Bahnen besonderer Bauart.

V. Zugbeleuchtungssysteme.

a) Einzelbeleuchtung mit Kerzen und flüssigen Brennstoffen: 1. Verschiedenes, 2. Ölbeleuchtung.
b) Gasbeleuchtung: 1. Fettgasbeleuchtung, 2. Steinkohlengas, 3. Mischgas, 4. Gasglühlicht.
c) Elektrische Zugbeleuchtung: 1. Mit Akkumulatoren, 2. Mit Lichtmaschinen, 3. Einzelteile der elektrischen Zugbeleuchtung.

VI. Fahrzeuge der elektrischen Bahnen.

a) Fahrzeuge:
b) Fahrzeugausrüstung: 1. Stromabnehmer α) Allgemeines, β) Bügel, γ) Rolle, δ) Stromabnehmer besonderer Bauart, 2. Motor, 3. Fahrschalter, 4. Vielfachsteuerung, 5. Bremseinrichtung, 6. Sonstige Einrichtungen für elektrische Wagen.
c) Akkumulatorenbetrieb.

VII. Eisenbahnfähranlagen.

VIII. Eisenbahnwerkstätten.

a) Allgemeines und Anordnung.
b) Werkstattabteilungen.
c) Werkstatteinrichtung und Arbeitsvorgang: 1. Lokomotivwerkstatt, 2. Wagenwerkstatt, 3. Sonstige Werkstattanlagen, 4. Werkstatteinrichtungen für elektrische Bahnen, 5. Wohlfahrtseinrichtungen.

Alphabetisch geordnetes Wortregister mit Angabe der Seite und Spalte, in denen jedes einzelne Wort zu finden ist.

a) Deutsch, englisch, französisch, italienisch, spanisch in einem Alphabet.
b) Russisch.

Illustrierte Technische Wörterbücher in 6 Sprachen.

Herausgegeben von Alfred Schlomann, Ingenieur.

BAND VIII:

Der Eisenbeton im Hoch- und Tiefbau

Unter der redaktionellen Mitarbeit von
Ingenieur HEINRICH BECHER, Berlin

VII und 415 Seiten mit über 900 Abbildungen und zahlreichen Formeln

Der Band enthält etwa 2400 Worte in jeder der 6 Sprachen

In Leinwand gebunden Preis M. 6.—.

INHALTSÜBERSICHT:

Illustrierte Technische Wörterbücher in 6 Sprachen.

Herausgegeben von Alfred Schlomann, Ingenieur.

BAND IX:

Werkzeugmaschinen

Unter redaktioneller Mitwirkung
von Ingenieur Wilhelm Wagner

X und 706 Seiten mit über 2200 Abbildungen und zahlreichen Formeln.

Der Band enthält etwa 3900 Worte in jeder der 6 Sprachen.

In Leinwand gebunden Preis M. 9.—.

INHALTSÜBERSICHT:

Illustrierte Technische Wörterbücher in 6 Sprachen.

Herausgegeben von Alfred Schlomann, Ingenieur.

VI. **Schleifmaschinen**
Typen und Gestelle
Arbeitsweise und Antrieb
Schleifstein

VII. **Scheren und Lochmaschinen**
Arten und Antrieb
Arbeitsweise

VIII. **Schmiedemaschinen**
Hämmer
Schmiedepressen
Stauch- und Nietmaschinen
Biege- und Richtmaschinen
Krämp- und Kümpelmaschinen

IX. **Form- und Gießereimaschinen**

B. Holzbearbeitungsmaschinen.

X. **Sägemaschinen**
Gattersägen
Steifsägen
Schweifsägen
Bandsägen
Kreissägen

XI. **Holzhobelmaschinen**
Spanhobelmaschinen
Abricht- und Dickenhobelmaschinen
Kehl- und Fügemaschinen
Holzfräsmaschinen

XII. **Sandpapiermaschinen**

XIII. **Stemm- und Holzbohrmaschinen**

XIV. **Holzdrehbänke und Kopiermaschinen**

XV. **Zinkenschneidmaschinen und Rahmenmaschinen**

XVI. **Spaltmaschinen**

XVII. **Holzbiegemaschinen und Pressen**

XVIII. **Faßbindemaschinen**

XIX. **Maschinen für Wagenräder**

XX. **Zündholzmaschinen**

XXI. **Anlagen für Holzbearbeitung**
Betriebseinrichtung
Schutzvorrichtungen

XXII. **Holzarten**
Technische Eigenschaften der Hölzer
Wichtige Nutzhölzer

Alphabetisch geordnetes Wortregister.

Illustrierte Technische Wörterbücher in 6 Sprachen.
Herausgegeben von Alfred Schlomann, Ingenieur.

BAND X:

Motorfahrzeuge

(Automobile, Motorboote, Motorluftschiffe, Flugmaschinen)

.·. Unter dem Protektorate des Kaiserlichen Automobil-Clubs zu Berlin .·. des Royal Automobile Club of Great Britain — des Automobile-Club d'Italia, — des St. Petersburger Automobil-Clubs, — des Moskauer Automobil-Clubs — und des Real Automóvil Club de España und unter Mitwirkung der ·.· Automobiltechnischen Gesellschaft, ·.· des Motor-Yachtverbandes — der Motorluftschiff-Studiengesellschaft — des Kaiserlichen Aeroklubs, sämtlich zu Berlin, sowie bedeutender ausländischer Automobilklubs und Gesellschaften und zahlreicher hervorragender Fachleute und Industriefirmen

bearbeitet von

Dipl.-Ing. RUDOLF URTEL, BERLIN

XVI und 996 Seiten mit etwa 1800 Abbildungen und zahlreichen Formeln.
Der Band enthält etwa 5900 Worte in jeder der 6 Sprachen.

In Leinwand gebunden Preis M. 12.50.

INHALTSÜBERSICHT:

Kritiken über die I. T. W. aus der „Zeitschrift des Vereines Deutscher Ingenieure"

12. Februar 1910:

„Der soeben erschienene fünfte und sechste Band der I. T. W. ist bearbeitet von Dipl.-Ing. A. Boshart unter Mitwirkung des Vereines für Eisenbahnkunde, des Vereines Deutscher Maschineningenieure, beide in Berlin, und einer ganzen Reihe der angesehensten Fachleute diesseits und jenseits des Ozeans.

Das Haus R. Oldenbourg befolgt mit den bekannten sechssprachigen technischen Wörterbüchern das Verfahren der großen Dampfergesellschaften, die ihren eigenen Rekord schlagen. Jeder Band bringt neue Überraschungen stets angenehmer Art.

Der Inhalt des fünften und sechsten Bandes ist so reichhaltig, wohlgeordnet und zweckmäßig und angenehm durch Abbildungen fast künstlerischer Ausführung erläutert, daß, ganz abgesehen von den technisch-sprachlichen Zwecken, zu denen die Bücher in erster Linie geschrieben sind, Lehrer und Lernende sowie die im Eisenbahnbau und -betrieb stehenden Beamten und strebsamen Arbeiter die Bücher u. U. auch zur Vorbereitung auf Prüfungen und zu sonstiger sachlicher Unterweisung mit Nutzen verwenden können. . . .

Die gleiche Anerkennung verdient Bd. VI. Die einzelnen Abschnitte; Gemeinsame Einrichtungen für Lokomotiven und Wagen: Lokomotiven und Triebwagen; Wagen; Fahrzeuge der Bahnen besonderer Bauart; Zugbeleuchtungssysteme; Fahrzeuge der elektrischen Bahnen; Eisenbahnfähranlagen und Eisenbahnwerkstätten, behandeln das große Gebiet mit schon gewohnter Gründlichkeit und Zuverlässigkeit. Heizung und Lüftung sind in dem Abschnitt »Wagen« eingegliedert. Das Buch, dessen Inhalt mir so nahe befreundet ist, hat bei eingehender Prüfung nie versagt.

Die sprachliche Richtigkeit und die Schärfe des Ausdruckes ist durch die Wahl der Mitarbeiter gewährleistet, unter denen sich eine ganze Reihe führender Persönlichkeiten der Gelehrten- und der Beamtenwelt des Faches wie auch des einschlägigen Großgewerbes der in Frage kommenden Länder befindet. Die deutschen Ausdrücke sind von einem bekannten Gelehrten besonders auf sprachliche Reinheit geprüft. Die Aufbringung und das einträchtige Zusammenhalten dieses wohlgeordneten Heeres fleißiger und sicherer Helfer, deren in dem ganzen Unternehmen schon über 1100 tätig sind, ist vielleicht das Bewundernswerteste an dem ganzen Werke.

Vom typographischen Standpunkt ist hervorzuheben, daß es gelungen ist, bei gleicher äußerer Seitengröße und bei einer nur um 3 mm vermehrten Länge des Satzspiegels die schon erhebliche Zahl von 61 Zeilen für jede Seite des ersten Bandes in Band V und VI auf 79 Zeilen zu steigern, ohne daß die Annehmlichkeit des Gebrauches des Buches dadurch im mindesten gelitten hätte. Das Auge wird durch die wohlgeformten und scharfgeschnittenen Buchstaben selbst bei schwacher Beleuchtung nicht ermüdet, und die sehr sauber ausgeführten Abbildungen, die bei der Vergrößerung

Illustrierte Technische Wörterbücher in 6 Sprachen.

Herausgegeben von Alfred Schlomann, Ingenieur.

Kritiken a. d. „Zeitschrift d. Vereines Deutscher Ingenieure"

12. Februar 1910.

(Fortsetzung.)

durch eine Lupe überraschend viele Einzelheiten erkennen lassen, bieten neben schneller und eindeutiger Belehrung angenehme Zerstreuung und anregende Unterhaltung. Das Papier ist, bei trotzdem großer Festigkeit, noch erheblich dünner geworden, so daß jeder Band nicht einmal die Stärke eines Reisehandbuches bester Ausführung mit entsprechender Seitenzahl hat. Die Bücher werden deshalb auch leicht, neben Baedeker und Meyer, ihren Weg in die Rocktasche des reisenden Technikers finden. Die etwa 4700 Wortbegriffe des V. und etwa 4300 des VI. Bandes, in jeder der sechs Sprachen ausgedrückt, nebst mehr als 1900 bezw. 2100 Abbildungen und zahlreichen Formeln sind fürwahr mit Aufwand geringer Masse verarbeitet, und die vom anhaltenden Schreiben ermüdete Hand weiß diese Erleichterung wohl zu schätzen. Könnten die Verleger deutscher Tageszeitungen und belletristischer Werke nicht aus dem Buche lernen, daß die Überbleibsel gotischer Schriftmalerei in unsere Zeit nicht mehr passen?

Während sich in Bd. V ein sorgfältig bearbeitetes drei Seiten langes Verzeichnis übrigens meist harmloser Druckfehler befindet (außerdem fand ich nur »Halbstation« $229{,}_4$), fehlt dieses in Bd. VI ganz. Es scheint demnach hier gelungen zu sein, den von einem solchen Werke gewiß besonders schwer fern zu haltenden Kobold, dem der Setzerkasten als Domäne überantwortet ist, schon vor der Stereotypierung zu bannen. Wenigstens sind mir auch sonst keine Spuren dieses ärgerlichen Gastes aufgefallen.

Der Preis der auch ansprechend und zweckmäßig gebundenen Bücher ist mäßig gegenüber dem Reichtum des Gebotenen.

Der hohe Wert auch des V. und VI. Bandes der Deinhard-Schlomannschen Wörterbücher erhellt am besten aus dem Vergleich mit andern, sonst als gut bezeichneten technischen Wörterbüchern, die regelmäßig dann versagen, wenn man ihrer Hilfe am dringendsten bedarf, weil keine Ableitung von andern Begriffen tunlich ist. Andre, dem Verfasser gerade geläufige Wortbegriffe werden dagegen bis zum Überdruß und bis zu gänzlicher Erschöpfung des Stoffes — aber auch des Lesers — abgehandelt.

Die Abfassung eines solchen Werkes übersteigt eben infolge des reißend schnellen Fortschrittes der technischen Entwicklung auf den alten wie auf neuen Sondergebieten bei weitem die Kräfte einzelner, noch so tüchtiger Kenner technischer Begriffe und sprachlicher Wortbildung, und es konnte deshalb eine auch nur entfernt ähnliche Leistung lediglich durch eine Vielheit unbedingt zuverlässiger und den ihnen zugewiesenen Anteil vollständig beherrschender und durchdringender Mitarbeiter zustande gebracht werden.

Auszusetzen habe ich an dem V. und VI. Bande der Illustrierten Technischen Wörterbücher nichts. Wenn ich mir indessen einen Vorschlag gestatten darf, so wäre es der, daß bei dem weiteren Fortgange des Unternehmens allgemeine, häufig wiederkehrende Begriffe sowie Materialien, Materialfehler und Herstellverfahren aus den die einzelnen Sonderzweige behandelnden Bänden ausgeschieden und in einem besonderen Bande zusammengefaßt würden. Ein Ansatz hierzu ist schon gleich im ersten Bande gemacht. Das Verfahren wäre nur weiter auszudehnen, und es gibt auch viele Stoffe, die sich nicht nur in den verschiedenen Zweigen

Illustrierte Technische Wörterbücher in 6 Sprachen.

Herausgegeben von Alfred Schlomann, Ingenieur.

Kritiken a. d. „Zeitschrift d. Vereines Deutscher Ingenieure“

12. Februar 1910.

(Fortsetzung.)

des Maschinenbaues wiederholen würden. Ähnlich verhält es sich mit manchen Bau- und Maschinenteilen (Flügel, Wange, Schulter, Knie, Gelenk usw.) und mit Worten, die einen Zustand oder eine Form bezeichnen. So steht das englische Wort camber in Bd. V richtig für »Wölbung des Pflasters«, es bedeutet aber auch z. B. die Aufbiegung oder den Aufbug, den man langen Trägern für Eisenbahnwagen sowie für Brücken und für sonstige Bauwerke in Stahl und Eisen gibt, damit sie nach dem fertigen Zusammenbau des Ganzen unter der Einwirkung der dann auftretenden Belastung gerade werden, ferner die Aufbiegung oder den Pfeil der Tragfedern und die Wölbung des Daches der Eisenbahnwagen (s. Bd. VI). Auch der sogenannte »Schweinerücken« nach oben gekrümmter Eisenbahnschienen würde unter die gleiche Bezeichnung fallen. Das Wort müßte sich also, um vollständig zu sein, in vielen einzelnen Bänden wiederholen, von denen aber vielleicht derjenige, der gerade gebraucht wird, dem Suchenden nicht zur Hand ist. Auch auf Wortbegriffe, die Fehler des Stoffes oder der Bearbeitung, sowie auf solche, die Arbeitsverfahren zur Herstellung von Roh- und Fertigerzeugnissen bezeichnen, wäre das Gesagte anzuwenden.

Durch die Deinhardt-Schlomannschen Wörterbücher wird in erfreulichster Weise ein wahrer Notstand beseitigt, der durch die gewaltigen Anstrengungen um das Zustandekommen und um das Wiederflottmachen des Technolexikons nach dessen Schiffbruch am besten gekennzeichnet ist. Die ganze Anlage der illustrierten Wörterbücher ist äußerst glücklich, die Ausführung tadellos, und sie verdient Anerkennung weit über das Maß hinaus, an das der rührige und vornehme Verlag schon seit langem in der Fachpresse des In- und Auslandes gewohnt ist. Dem sich nach den bisherigen Erfolgen in durchaus sicheren Bahnen bewegenden großzügigen und ungewöhnlich nützlichen Unternehmen wird gewiß allseitig der ersprießlichste Fortgang gewünscht.“

---

4. September 1909:

„Das Wörterbuch, dessen dritter Band mir vorliegt und dessen vierter Teil bereits erschienen ist, ist nach dem bekannten Verfahren der Herren Deinhardt und Schlomann planmäßig geordnet und mit einem alphabetischen Verzeichnis versehen. In dem planmäßig geordneten Hauptteil sind zahlreiche Haupt- und Eigenschaftswörter, ja sogar viele Zeitwörter durch Zeichnung dargestellt. Das Verfahren gewährt in sehr erwünschter Weise dem Benutzer des Wörterbuches vollständige Klarheit über den Begriff des gesuchten Wortes. Es eignet sich natürlich vor allem für ein technisches Wörterbuch und bedeutet zweifellos einen erheblichen Fortschritt auf diesem Gebiete.

Der mir vorliegende Band zeichnet sich ebenso wie die früheren durch die Frische des Inhaltes aus. Die Verfasser haben ihren Wortschatz aus dem Leben gegriffen und damit ein für die Praxis vorzüglich brauchbares Werk geschaffen. Veraltete Ausdrücke sind ersichtlich mit mutigem Entschluß über Bord geworfen, und nur das heute noch Lebendige ist aufgenommen. Die Rücksicht auf praktische Brauchbarkeit ist überall ausschlaggebend gewesen; auch Wörter, die mehr der Umgangssprache als der Schriftsprache angehören, findet man vertreten. Beispielsweise ist selbst der „Schaufelsalat“ nicht ausgelassen.“

Illustrierte Technische Wörterbücher in 6 Sprachen.

Herausgegeben von Alfred Schlomann, Ingenieur.

Kritiken a. d. „Zeitschrift d. Vereines Deutscher Ingenieure"

31. Juli 1909:

„Für den Gebrauch des schaffenden Ingenieurs, der in der Regel Spezialist auf einem ziemlich begrenzten Gebiete der Technik ist, wäre ein großes technisches Sprachlexikon, das sich über alle Gebiete der angewandten Naturwissenschaften erstreckt, ebenso unzweckmäßig wie der Gebrauch eines Gesamtlexikons der Technik. Mehr als 90 % des Inhalts sind für ihn Ballast, das Nachschlagen in den Bänden des Werkes ist lästig, ganz abgesehen von den Anschaffungskosten. Ueberaus zeitgemäß war darum der Gedanke des Fachwörterbuches, geschaffen von Spezialisten des betreffenden Faches. Es ist bei seinem geringen Umfange leicht verwendbar und darum leicht verkäuflich, kann mit neuen Auflagen schnell die neuesten Fortschritte des betreffenden Faches berücksichtigen und findet bei seiner Durchsichtigkeit unter Fachleuten jederzeit freiwillige Unterstützung.

Die illustrierten technischen Fach-Wörterbücher von A. Schlomann zeichnen sich durch den bekannten, überaus glücklichen Aufbau nach der Methode Deinhardt-Schlomann aus, durch systematische Gruppierung aller Fachausdrücke nach technischen Gesichtspunkten und durch reichliche Illustrierung (im vorliegenden Bande über 1000 Abbildungen auf 386 Seiten)."

13. Juni 1908:

„Die Redaktion dieser Zeitschrift hat mich gebeten, die genannten Wörterbücher zu besprechen, obwohl ihr — oder richtiger, gerade weil ihr bekannt war, daß ich mich in einem Gutachten sehr günstig darüber ausgesprochen habe. Dieses von anerkannt objektiver Auffassung zeugende Ersuchen glaubte ich nicht ablehnen zu dürfen, obwohl ich nur als Lexikograph, nicht als Techniker sprechen kann.

Ich schicke also gleich unmißverständlich voraus, daß mein Urteil sich ausschließlich auf die **lexikographische** Seite des Unternehmens bezieht, nicht auf die technisch-fachmännische . . . .

. . . Der Plan, nach dem die vorliegenden technischen Wörterbücher abgefaßt sind, ist eben ein außerordentlich **praktischer**, aus der Praxis für die Praxis gedachter, und in diesem praktischen Gedanken ist zugleich eine bedeutsame lexikographische Erwägung zur Geltung gekommen, nämlich die, daß das Streben nach Vollständigkeit an sich vergeblich, nutzlos wäre, denn „Vollständigkeit" in der Feststellung des Sprachgebrauches ist bei lebenden Sprachen überhaupt eine Unmöglichkeit.

Wie sehr die vorliegenden zwei Bände in der Aufnahme und Auswahl und Darstellung des technischen Sprachschatzes den praktischen Bedürfnissen der technischen Fachleute genügen, darüber enthalte ich mich natürlich, wie eingangs begründet, jedes Urteils. An und für sich halte ich es auch bei eifrigstem Bemühen der Verfasser für unvermeidlich, daß bei diesem ersten Versuch eine Menge Lücken, eine Menge Unzutreffendes von technischen Fachleuten bemängelt werden könnte. Die Methode der Sammlung und Darstellung des Sprachschatzes aber halte ich vom rein lexikographischen Standpunkt aus für eine sehr beachtenswerte Neuerung, und ich kann daher nur die Hoffnung aussprechen, daß die fachmännisch-technische Ausführung im einzelnen dem glücklichen Plan entsprechend gelingen möge."

Illustrierte Technische Wörterbücher in 6 Sprachen.

Herausgegeben von Alfred Schlomann, Ingenieur.

Einige Urteile anderer Fachzeitschriften:

Das Wörterbuch ist dazu berufen, dem in Technikerkreisen seit langer Zeit gefühlten Bedürfnis nach einem zuverlässigen Hilfsmittel bei dem Studium fremdsprachlicher Literatur abzuhelfen. *Elektrotechnische Zeitschrift.*

Der große Wert dieses umfangreichen Sprachwerkes dürfte sich in der Praxis bald herausstellen. *Glückauf.*

Besonders bewundert habe ich an dem Band für Elektrotechnik die so gut wie absolute Vollständigkeit und die Korrektheit der Übersetzung. In dieser Hinsicht übertrifft das vorliegende Werk alles Bisherige bei weitem. *Professor Niethammer, Brünn.*

Der Band X der Schlomannschen Wörterbücher reiht sich in gleicher Ausführung den bisherigen an. Die im Motorfahrzeug vorkommenden Elemente sind nicht allein im Wort, sondern auch zum großen Teil im Bilde dargestellt, so daß dadurch begriffliche Verwechslungen ausgeschlossen sind. Wir haben eingehend die folgenden beiden Fragen geprüft: 1. Gibt das Wörterbuch für den Industriellen, Ingenieur und Kaufmann, welcher in einer der sechs Sprachen einen Fachartikel liest, in jeder Beziehung den gewünschten Aufschluß? 2. Erhält der Automobilist, welcher infolge einer Panne im Auslande gezwungen ist, sich Reserveteile zu beschaffen bzw. seinen Wagen in Reparatur zu geben, durch das Wörterbuch alle Fachausdrücke, welche erforderlich sind, übersetzt? — Beide Fragen können wir bejahen. *Stahl und Eisen.*

Jeder neue Band dieses rühmlichst bekannten, in der Weltliteratur einzig dastehenden Unternehmens ruft immer aufs neue Bewunderung hervor. Auch in dem vorliegenden Bande zeigt sich wieder, wie genial der Gedanke war, mit Hilfe der technischen „Weltsprache", d. h. mit Hilfe der Zeichnung, ein sechssprachiges Wörterbuch so herzustellen, daß es eben in allen sechs Sprachen mit gleichem Vorteile benutzt werden kann. So klein und einfach die Zeichnungen sind, so bewundernswert ist ihre Auswahl, ihre Anordnung und nicht zum wenigsten ihre Ausführung; man wird daher das kleine Buch sehr häufig nicht nur als Wörterbuch sondern geradezu als technisches Konversationslexikon mit Vorteil verwenden können. *Zeitschr. f. d. Berg-, Hütten- u. Salinenwesen.*

Wirtschaftlich sind diese Wörterbücher, weil ihre Einteilung in Fachgruppen es dem Fachmann gestattet, sich nur den gerade notwendigen Band anzuschaffen, organisatorisch, weil einmal diese Unterteilung es möglich macht, jedes Fach für sich entstehen zu lassen, und weil das in allen Sprachen — mit Ausnahme des Russischen — durchgehende alphabetische Inhaltsverzeichnis die internationale Gebrauchsfähigkeit ermöglicht; wissenschaftlich, weil die Gruppierung aller zu einem Fachgebiete gehörigen Gegenstände, nach dem sachlichen Zusammenhang und durch Skizzen eindeutig gekennzeichnet, eine wirklich erschöpfende und gleichzeitig übersichtliche Durcharbeit ermöglicht. *Werkstatts-Technik.*

Mit den zehn Bänden liegt nun schon ein recht umfassendes Werk vor, das im I. Band die Maschinen-Elemente und die gebräuchlichsten Werkzeuge gibt und so den in den verschiedenen Zweigen Tätigen es ermöglicht, zunächst mit zwei oder drei Bänden der Sammlung auszukommen, was auch in bezug auf den Geldpunkt der Beschaffung nicht unwesentlich ist, obschon die Preise der einzelnen Bände bei dem sehr großen Arbeitsaufwand mäßig erscheinen. Der Verlag Oldenbourg hat sich durch die Bereitstellung der von vornherein notwendigen Mittel zweifellos ein großes Verdienst erworben, aber auch wohl alle Aussicht, einen Ersatz für seine Ausgaben zu bekommen. *Kölnische Zeitung.*

Zahlreiche weitere Urteile der Presse, wie auch ausführliche Prospekte über jeden Band der I. T. W. vom Verlag R. Oldenbourg, München 32 und Berlin W. 10.

www.ingramcontent.com/pod-product-compliance
Lightning Source LLC
LaVergne TN
LVHW092114300926
849161LV00002B/127
9783486738780